i+ Interactif de Chenelière Éducation, le nouveau standard de l'enseignement

- **Créer** des préparations de cours et des présentations animées.
- **Partager** des annotations, des documents et des hyperliens avec vos collègues et vos étudiants.
- **Captiver** votre auditoire en utilisant les différents outils performants.

Profitez dès maintenant des contenus spécialement conçus pour ce titre.

i+ Interactif

Créer | Partager | Captiver

MODULO

PRJ001113 ISBN 978-2-89732-051-5

CODE D'ACCÈS ÉTUDIANT →

VOUS ÊTES ENSEIGNANT ?
Communiquez avec votre représentant pour recevoir votre code d'accès permettant de consulter les ressources pédagogiques en ligne exclusives à l'enseignant.

http://mabibliotheque.cheneliere.ca

2e ÉDITION

CALCUL
À PLUSIEURS VARIABLES

JAMES STEWART
Université McMaster
et Université de Toronto

ADAPTATION
JEAN GUÉRIN
École polytechnique de Montréal

RÉVISION SCIENTIFIQUE
ALAIN CHALIFOUR
Université du Québec à Trois-Rivières

MODULO

Calcul à plusieurs variables
2ᵉ édition

Traduction et adaptation de : *Calculus, Early Transcendentals*, Eighth Edition, de James Stewart
© 2016, 2012 Cengage Learning (ISBN 978-1-285-74155-0)

ALL RIGHTS RESERVED. No part of this work covered by the copyright herein may be reproduced, transmitted, stored, or used in any form or by any means graphic, electronic, or mechanical, including but not limited to photocopying, recording, scanning, digitizing, taping, Web distribution, information networks, or information storage and retrieval systems, except as permitted under Section 107 or 108 of the 1976 United States Copyright Act, without the prior written permission of the publisher.

TOUS DROITS RÉSERVÉS. Aucune partie de cet ouvrage protégé par le présent copyright ne peut être reproduite, transmise, archivée ou utilisée sous toute forme ou par tout moyen graphique, électronique ou mécanique, y compris, entre autres, la photocopie, l'enregistrement, la numérisation, l'enregistrement magnétique, la distribution Web, les réseaux d'information ou les systèmes de stockage et de récupération d'information, à l'exception des cas prévus par la Section 107 ou 108 du Copyright Act des États-Unis de 1976, sans l'autorisation écrite préalable de l'éditeur.

© 2016, 2011 Groupe Modulo Inc.

Conception éditoriale : Éric Mauras et Martine Rhéaume
Édition : Renée Théorêt
Coordination : Solange Lemaitre-Provost
Traduction pour la 2ᵉ édition : Marc Genest
Traduction de l'édition précédente : Léon Collet
Correction d'épreuves : Katie Delisle
Illustrations : TECHarts
Conception graphique : TECHarts et Josée Bégin
Conception de la couverture : Micheline Roy
Impression : TC Imprimeries Transcontinental

Source iconographique
Couverture : Nicholas/Getty Images

Des marques de commerce sont mentionnées ou illustrées dans cet ouvrage. L'Éditeur tient à préciser qu'il n'a reçu aucun revenu ni avantage conséquemment à la présence de ces marques. Celles-ci sont reproduites à la demande de l'auteur ou de l'adaptateur en vue d'appuyer le propos pédagogique ou scientifique de l'ouvrage.

Le matériel complémentaire mis en ligne dans notre site Web est réservé aux résidants du Canada, et ce, à des fins d'enseignement uniquement.

L'achat en ligne est réservé aux résidants du Canada.

Catalogage avant publication de Bibliothèque et Archives nationales du Québec et Bibliothèque et Archives Canada

Stewart, James, 1941-2014
  [Calculus. Français]
  Calcul à plusieurs variables
  2ᵉ édition.
  Traduction de la 8ᵉ édition de : Calculus.
  Comprend un index.
  ISBN 978-2-89732-051-5

  1. Calcul différentiel – Manuels d'enseignement supérieur. 2. Calcul intégral – Manuels d'enseignement supérieur. I. Guérin, Jean, 1967- . II. Titre. III. Titre : Calculus. Français.

  QA303.2.S7314 2016   515   C2016-940315-7

MODULO

5800, rue Saint-Denis, bureau 900
Montréal (Québec) H2S 3L5 Canada
Téléphone : 514 273-1066
Télécopieur : 514 276-0324 ou 1 800 814-0324
info.modulo@tc.tc

TOUS DROITS RÉSERVÉS.
Toute reproduction du présent ouvrage, en totalité ou en partie, par tous les moyens présentement connus ou à être découverts, est interdite sans l'autorisation préalable de Groupe Modulo Inc.
Toute utilisation non expressément autorisée constitue une contrefaçon pouvant donner lieu à une poursuite en justice contre l'individu ou l'établissement qui effectue la reproduction non autorisée.

ISBN 978-289732-051-5

Dépôt légal : 1ᵉʳ trimestre 2016
Bibliothèque et Archives nationales du Québec
Bibliothèque et Archives Canada

Imprimé au Canada

1 2 3 4 5 ITIB 20 19 18 17 16

Gouvernement du Québec – Programme de crédit d'impôt pour l'édition de livres – Gestion SODEC.

Ce projet est financé en partie par le gouvernement du Canada | Canada

AVANT-PROPOS DE L'ÉDITION ANGLAISE

> Une grande découverte peut résoudre un problème important, mais la résolution de tout problème porte en soi un peu de découverte. Le problème peut être élémentaire, mais s'il stimule la curiosité et la créativité, si vous le résolvez à votre façon, vous ressentirez peut-être la tension et le sentiment de triomphe que fait naître la découverte.
>
> GEORGE POLYA

L'art d'enseigner, disait l'écrivain Mark Van Doren, est l'art d'aider à découvrir. En écrivant cet ouvrage, je me suis efforcé d'aider les étudiants à découvrir le calcul à plusieurs variables, sa puissance pratique et son étonnante beauté. Dans cette édition, comme dans les sept précédentes, mon but est d'amener les étudiants à sentir l'utilité du calcul à plusieurs variables, et à mieux maîtriser la manipulation des expressions et des concepts, mais aussi de leur donner l'occasion de découvrir la puissance pratique et l'étonnante beauté de ce sujet. Newton a sans aucun doute éprouvé un sentiment de triomphe lorsqu'il a fait ses grandes découvertes. Mon but est que les étudiants partagent un tant soit peu la même excitation en parcourant le chemin qui est tracé dans les pages de ce manuel.

Et cela, en accordant une importance particulière à la compréhension des concepts. Je crois que tout le monde reconnaît qu'il s'agit là du but premier dans l'enseignement du calcul à plusieurs variables. En fait, la réforme dans le domaine a pris son envol à la conférence de Tulane en 1986, dont la première recommandation fut : Mettre l'accent sur la compréhension des concepts. J'ai tenté d'atteindre cet objectif par l'usage d'une règle de trois, soit présenter les sujets géométriquement, numériquement et algébriquement. La visualisation, l'expérimentation numérique et graphique, et d'autres méthodes, ont radicalement changé la façon d'enseigner le raisonnement conceptuel. Plus récemment, cette règle de trois est passée à une règle de quatre en insistant sur l'écriture ou la description.

En écrivant cette 8e édition, je suis parti de l'idée qu'il était possible de mettre l'accent sur la compréhension des concepts tout en conservant les meilleurs acquis du calcul avancé traditionnel. Cet ouvrage est donc un produit de la réforme dans un contexte de curriculum traditionnel : des exemples soigneusement choisis préparent les énoncés théoriques, eux-mêmes soutenus par des démonstrations et des problèmes pertinents. Tout au long de l'ouvrage, l'accent est mis sur l'apprentissage actif et les démarches nécessaires à la résolution de problèmes.

Les principaux changements apportés à cette 8e édition sont les suivants :
- Plus de 20 % de nouveaux exercices dans chaque chapitre.
- Quelques exemples ajoutés supplémentaires.
- Actualisation des données de certains exemples et exercices.
- Dans le chapitre 4, une nouvelle application montre un modèle mathématique simple : une réduction de la traînée grâce à un maillot de bain peut avoir un effet sur la performance.

AVANT-PROPOS DE L'ÉDITION FRANÇAISE

Cette deuxième édition de *Calcul à plusieurs variables* reprend la mise à jour des sections de *Calculus concernant* les suites et les séries, ainsi que le calcul différentiel et intégral à plusieurs variables. Nous tenons pour acquis que l'étudiant maîtrise les concepts du calcul différentiel et intégral à une variable, de même que les concepts de base de l'algèbre linéaire. Ces notions sont néanmoins résumées en annexe à titre de rappel.

Cette adaptation constitue un cours complet de calcul avancé et se veut plus flexible quant au choix des sujets et à l'ordre de présentation. Dans cette optique, l'ouvrage original demeure cependant fortement remanié.

- Les chapitres sont plus courts, et chacun porte sur un sujet précis. Dans certains cas, des sections provenant de chapitres différents dans *Calculus* sont regroupées pour assurer la cohérence de l'ouvrage.

- Des sujets sont ajoutés, notamment une section sur les polynômes de Taylor à deux variables (section 4.5) et un chapitre beaucoup plus élaboré sur l'optimisation (chapitre 5).
- Plusieurs nouveaux exercices d'un niveau de difficulté plus élevé sont proposés afin d'aider les étudiants à développer leurs habiletés techniques.
- Tous les exemples et les exercices respectent le système international (SI) d'unités.

Quelques particularités

Tout d'abord un conseil aux étudiants : il est beaucoup plus profitable de lire et de comprendre une section du manuel avant d'entreprendre les exercices. Il convient d'examiner attentivement les définitions pour bien saisir la signification exacte des termes. De plus, avant de lire chaque exemple, mieux vaut cacher la solution et essayer de le résoudre de manière autonome, ce qui sera plus bénéfique au moment de lire la solution. S'entraîner à penser logiquement est l'un des objectifs de ce cours. Il importe donc que l'étudiant apprenne à écrire les solutions des exercices une étape à la fois, en enchaînant les étapes avec des phrases explicatives – il faut éviter de dresser des listes d'équations ou de formules sans liens entre elles.

EXERCICES SUR LES CONCEPTS Cet ouvrage propose plusieurs tyfies de problèmes. Au début de certaines séries d'exercices, on demande d'expliquer la signification des concepts de base de la section. De même, les révisions des quatre parties de l'ouvrage comprennent des tests intitulés *Compréhension des concepts* et *Vrai ou faux*. Une grande importance est accordée aux problèmes qui combinent les approches graphique, numérique et algébrique. De nombreux exemples et exercices traitent de fonctions définies par des données numériques ou des graphiques tirés d'applications pratiques.

CLASSEMENT PROGRESSIF DES EXERCICES Chaque série d'exercices est soigneusement graduée. Chacune commence avec des exercices sur les concepts de base et des problèmes servant à développer des habiletés techniques. La série progresse ensuite vers des exercices qui posent des défis plus importants et comportent des applications et des démonstrations.

PROJETS L'étudiant est invité à s'investir et à devenir un apprenant actif en travaillant (peut-être en groupe) sur trois types de projets : les *Applications*, qui sont conçues pour stimuler l'imagination ; les *Projets de laboratoire*, qui requièrent souvent l'utilisation d'un logiciel de calcul symolique ; les *Sujets à explorer*, qui anticipent des résultats abordés ultérieurement ou encouragent la découverte grâce à la reconnaissance de régularités.

RÉSOLUTION DE PROBLÈMES Les étudiants éprouvent habituellement des difficultés à résoudre des problèmes lorsqu'il n'y a pas de marche à suivre bien définie qui mène à la réponse. En réalité, la stratégie en quatre étapes de résolution de problèmes de George Polya a connu peu d'amélioration. Ces étapes sont les suivantes : la compréhension du problème, l'élaboration d'une stratégie de résolution, la mise en œuvre de cette stratégie et la vérification des résultats. Cette même stratégie est appliquée, explicitement ou non, dans tout le manuel. Après chaque série de problèmes de révision, les sections *Problèmes supplémentaires* montrent, à l'aide d'exemples, comment s'attaquer à des problèmes stimulants de calcul avancé. Ces derniers ont été choisis dans le respect du conseil du mathématicien David Hilbert : « Pour attirer, un problème de mathématiques doit être difficile mais accessible, sinon il rebute. »

OUTILS TECHNIQUES Bien utilisés, les calculatrices et les ordinateurs sont de puissants outils facilitant la découverte et la compréhension des concepts étudiés dans cet ouvrage. Deux icônes indiquent clairement à quelle occasion un tel outil est nécessaire. L'icône signifie que l'exercice nécessite l'utilisation d'une calculatrice graphique ou d'un ordinateur ; Quant au symbole LCS, il est réservé aux problèmes qui exigent le recours à un logiciel de calcul symbolique (comme Derive, Maple, Mathematica et les calculatrices TI-89 ou TI-92). Toutefois, le crayon et le papier sont loin d'être désuets. Le calcul et les esquisses à la main sont souvent préférables à l'usage d'outils informatiques pour illustrer et renforcer des concepts. Professeurs et étudiants doivent apprendre à déterminer quand il convient de privilégier une méthode plutôt que l'autre.

MISES EN GARDE Le symbole indique qu'il y a risque d'erreurs. Il est placé dans la marge en face de situations où des erreurs sont fréquemment commises.

REMERCIEMENTS DE L'AUTEUR

La préparation de cet ouvrage, tout comme celle des précédentes éditions, a surtout nécessité du temps pour lire les judicieux conseils et remarques (quelquefois contradictoires) d'un grand nombre de consultants des plus qualifiés. J'apprécie énormément tout le temps qu'ils ont consacré à comprendre les raisons de mes choix. J'ai beaucoup appris de mes rapports avec chacun d'eux et je leur en suis reconnaissant.

Consultants pour la 8ᵉ édition

Jay Abramson, *Arizona State University*
Adam Bowers, *University of California San Diego*
Neena Chopra, *The Pennsylvania State University*
Edward Dobson, *Mississippi State University*
Isaac Goldbring, *University of Illinois at Chicago*
Lea Jenkins, *Clemson University*
Rebecca Wahl, *Butler University*

Consultants numériques

Maria Andersen, *Muskegon Community College*
Eric Aurand, *Eastfield College*
Joy Becker, *University of Wisconsin–Stout*
Przemyslaw Bogacki, *Old Dominion University*
Amy Elizabeth Bowman, *University of Alabama in Huntsville*
Monica Brown, *University of Missouri–St. Louis*
Roxanne Byrne, *University of Colorado at Denver and Health Sciences Center*
Teri Christiansen, *University of Missouri–Columbia*
Bobby Dale Daniel, *Lamar University*
Jennifer Daniel, *Lamar University*
Andras Domokos, *California State University, Sacramento*
Timothy Flaherty, *Carnegie Mellon University*
Lee Gibson, *University of Louisville*
Jane Golden, *Hillsborough Community College*
Semion Gutman, *University of Oklahoma*
Diane Hoffoss, *University of San Diego*
Lorraine Hughes, *Mississippi State University*
Jay Jahangiri, *Kent State University*
John Jernigan, *Community College of Philadelphia*
Brian Karasek, *South Mountain Community College*
Jason Kozinski, *University of Florida*
Carole Krueger, *The University of Texas at Arlington*
Ken Kubota, *University of Kentucky*
John Mitchell, *Clark College*
Donald Paul, *Tulsa Community College*
Chad Pierson, *University of Minnesota, Duluth*
Lanita Presson, *University of Alabama in Huntsville*
Karin Reinhold, *State University of New York at Albany*
Thomas Riedel, *University of Louisville*
Christopher Schroeder, *Morehead State University*
Angela Sharp, *University of Minnesota, Duluth*
Patricia Shaw, *Mississippi State University*
Carl Spitznagel, *John Carroll University*
Mohammad Tabanjeh, *Virginia State University*
Capt. Koichi Takagi, *United States Naval Academy*
Lorna TenEyck, *Chemeketa Community College*
Roger Werbylo, *Pima Community College*
David Williams, *Clayton State University*
Zhuan Ye, *Northern Illinois University*

Consultants des éditions précédentes

B. D. Aggarwala, *University of Calgary*
John Alberghini, *Manchester Community College*
Michael Albert, *Carnegie-Mellon University*
Daniel Anderson, *University of Iowa*
Amy Austin, *Texas A&M University*
Donna J. Bailey, *Northeast Missouri State University*
Wayne Barber, *Chemeketa Community College*
Marilyn Belkin, *Villanova University*
Neil Berger, *University of Illinois, Chicago*
David Berman, *University of New Orleans*
Anthony J. Bevelacqua, *University of North Dakota*
Richard Biggs, *University of Western Ontario*
Robert Blumenthal, *Oglethorpe University*
Martina Bode, *Northwestern University*
Barbara Bohannon, *Hofstra University*
Jay Bourland, *Colorado State University*

REMERCIEMENTS

Philip L. Bowers, *Florida State University*
Amy Elizabeth Bowman, *University of Alabama in Huntsville*
Stephen W. Brady, *Wichita State University*
Michael Breen, *Tennessee Technological University*
Robert N. Bryan, *University of Western Ontario*
David Buchthal, *University of Akron*
Jenna Carpenter, *Louisiana Tech University*
Jorge Cassio, *Miami-Dade Community College*
Jack Ceder, *University of California, Santa Barbara*
Scott Chapman, *Trinity University*
Zhen-Qing Chen, *University of Washington-Seattle*
James Choike, *Oklahoma State University*
Barbara Cortzen, *DePaul University*
Carl Cowen, *Purdue University*
Philip S. Crooke, *Vanderbilt University*
Charles N. Curtis, *Missouri Southern State College*
Daniel Cyphert, *Armstrong State College*
Robert Dahlin
M. Hilary Davies, *University of Alaska Anchorage*
Gregory J. Davis, *University of Wisconsin–Green Bay*
Elias Deeba, *University of Houston–Downtown*
Daniel DiMaria, *Suffolk Community College*
Seymour Ditor, *University of Western Ontario*
Greg Dresden, *Washington and Lee University*
Daniel Drucker, *Wayne State University*
Kenn Dunn, *Dalhousie University*
Dennis Dunninger, *Michigan State University*
Bruce Edwards, *University of Florida*
David Ellis, *San Francisco State University*
John Ellison, *Grove City College*
Martin Erickson, *Truman State University*
Garret Etgen, *University of Houston*
Theodore G. Faticoni, *Fordham University*
Laurene V. Fausett, *Georgia Southern University*
Norman Feldman, *Sonoma State University*
Le Baron O. Ferguson, *University of California–Riverside*
Newman Fisher, *San Francisco State University*
José D. Flores, *The University of South Dakota*
William Francis, *Michigan Technological University*
James T. Franklin, *Valencia Community College, East*
Stanley Friedlander, *Bronx Community College*
Patrick Gallagher, *Columbia University–New York*
Paul Garrett, *University of Minnesota–Minneapolis*
Frederick Gass, *Miami University of Ohio*
Bruce Gilligan, *University of Regina*
Matthias K. Gobbert, *University of Maryland, Baltimore County*
Gerald Goff, *Oklahoma State University*
Stuart Goldenberg, *California Polytechnic State University*
John A. Graham, *Buckingham Browne & Nichols School*
Richard Grassl, *University of New Mexico*
Michael Gregory, *University of North Dakota*
Charles Groetsch, *University of Cincinnati*
Paul Triantafilos Hadavas, *Armstrong Atlantic State University*
Salim M. Haïdar, *Grand Valley State University*
D. W. Hall, *Michigan State University*
Robert L. Hall, *University of Wisconsin–Milwaukee*
Howard B. Hamilton, *California State University, Sacramento*
Darel Hardy, *Colorado State University*
Shari Harris, *John Wood Community College*
Gary W. Harrison, *College of Charleston*
Melvin Hausner, *New York University/Courant Institute*
Curtis Herink, *Mercer University*
Russell Herman, *University of North Carolina at Wilmington*
Allen Hesse, *Rochester Community College*
Randall R. Holmes, *Auburn University*
James F. Hurley, *University of Connecticut*
Matthew A. Isom, *Arizona State University*
Gerald Janusz, *University of Illinois at Urbana-Champaign*
John H. Jenkins, *Embry-Riddle Aeronautical University, Prescott Campus*
Clement Jeske, *University of Wisconsin, Platteville*
Carl Jockusch, *University of Illinois at Urbana-Champaign*
Jan E. H. Johansson, *University of Vermont*
Jerry Johnson, *Oklahoma State University*
Zsuzsanna M. Kadas, *St. Michael's College*
Matt Kaufman
Matthias Kawski, *Arizona State University*
Frederick W. Keene, *Pasadena City College*
Robert L. Kelley, *University of Miami*
Akhtar Khan, *Rochester Institute of Technology*
Marianne Korten, *Kansas State University*
Virgil Kowalik, *Texas A&I University*
Kevin Kreider, *University of Akron*
Leonard Krop, *DePaul University*
Mark Krusemeyer, *Carleton College*
John C. Lawlor, *University of Vermont*
Christopher C. Leary, *State University of New York at Geneseo*
David Leeming, *University of Victoria*
Sam Lesseig, *Northeast Missouri State University*
Phil Locke, *University of Maine*
Joyce Longman, *Villanova University*
Joan McCarter, *Arizona State University*
Phil McCartney, *Northern Kentucky University*

Igor Malyshev, *San Jose State University*
Larry Mansfield, *Queens College*
Mary Martin, *Colgate University*
Nathaniel F. G. Martin, *University of Virginia*
Gerald Y. Matsumoto, *American River College*
James McKinney, *California State Polytechnic University, Pomona*
Tom Metzger, *University of Pittsburgh*
Richard Millspaugh, *University of North Dakota*
Lon H Mitchell, *Virginia Commonwealth University*
Michael Montaño, *Riverside Community College*
Teri Jo Murphy, *University of Oklahoma*
Martin Nakashima, *California State Polytechnic University, Pomona*
Ho Kuen Ng, *San Jose State University*
Richard Nowakowski, *Dalhousie University*
Hussain S. Nur, *California State University, Fresno*
Norma Ortiz-Robinson, *Virginia Commonwealth University*
Wayne N. Palmer, *Utica College*
Vincent Panico, *University of the Pacific*
F. J. Papp, *University of Michigan–Dearborn*
Mike Penna, *Indiana University–Purdue University Indianapolis*
Mark Pinsky, *Northwestern University*
Lothar Redlin, *The Pennsylvania State University*
Joel W. Robbin, *University of Wisconsin–Madison*
Lila Roberts, *Georgia College and State University*
E. Arthur Robinson, Jr., *The George Washington University*
Richard Rockwell, *Pacific Union College*
Rob Root, *Lafayette College*
Richard Ruedemann, *Arizona State University*
David Ryeburn, *Simon Fraser University*
Richard St. Andre, *Central Michigan University*
Ricardo Salinas, *San Antonio College*
Robert Schmidt, *South Dakota State University*
Eric Schreiner, *Western Michigan University*
Mihr J. Shah, *Kent State University–Trumbull*
Qin Sheng, *Baylor University*
Theodore Shifrin, *University of Georgia*
Wayne Skrapek, *University of Saskatchewan*
Larry Small, *Los Angeles Pierce College*
Teresa Morgan Smith, *Blinn College*
William Smith, *University of North Carolina*
Donald W. Solomon, *University of Wisconsin–Milwaukee*
Edward Spitznagel, *Washington University*
Joseph Stampfli, *Indiana University*
Kristin Stoley, *Blinn College*
M. B. Tavakoli, *Chaffey College*
Magdalena Toda, *Texas Tech University*
Ruth Trygstad, *Salt Lake Community College*
Paul Xavier Uhlig, *St. Mary's University, San Antonio*
Stan Ver Nooy, *University of Oregon*
Andrei Verona, *California State University–Los Angeles*
Klaus Volpert, *Villanova University*
Russell C. Walker, *Carnegie Mellon University*
William L. Walton, *McCallie School*
Peiyong Wang, *Wayne State University*
Jack Weiner, *University of Guelph*
Alan Weinstein, *University of California, Berkeley*
Theodore W. Wilcox, *Rochester Institute of Technology*
Steven Willard, *University of Alberta*
Robert Wilson, *University of Wisconsin–Madison*
Jerome Wolbert, *University of Michigan–Ann Arbor*
Dennis H. Wortman, *University of Massachusetts, Boston*
Mary Wright, *Southern Illinois University–Carbondale*
Paul M. Wright, *Austin Community College*
Xian Wu, *University of South Carolina*

Je tiens également à remercier R. B. Burckel, Bruce Colletti, David Behrman, John Dersch, Gove Effinger, Bill Emerson, Dan Kalman, Quyan Khan, Alfonso Gracia-Saz, Allan MacIsaac, Tami Martin, Monica Nitsche, Lamia Raffo, Norton Starr, et Jim Trefzger pour leurs suggestions ; Al Shenk et Dennis Zill pour m'avoir autorisé à utiliser des exercices provenant de leurs documents ; COMAP pour m'avoir permis d'utiliser leur matériel ; George Bergman, David Bleecker, Dan Clegg, Victor Kaftal, Anthony Lam, Jamie Lawson, Ira Rosenholtz, Paul Sally, Lowell Smylie et Larry Wallen, pour leurs idées d'exercices ; Dan Drucker pour l'application « Une course d'objets qui roulent » (p. 334) ; Thomas Banchoff, Tom Farmer, Fred Gass, John Ramsay, Larry Riddle, Philip Straffin et Kalus Volpert pour leurs idées d'applications ; Dan Anderson, Dan Clegg, Jeff Cole, Dan Drucker et Barbara Frank pour leurs suggestions d'amélioration des nouveaux exercices ; Marv Riedesel et Mary Johnson pour leur rigueur dans la relecture des épreuves ; et Jeff Cole et Dan Clegg pour leur minutieux travail dans la préparation et la lecture des épreuves du solutionnaire.

Je remercie aussi tous ceux qui ont contribué à la parution des éditions précédentes : Ed Barbeau, George Bergman, Fred Brauer, Andy Bulman-Fleming, Bob Burton, David Cusick, Tom DiCiccio, Garret Etgen, Chris Fisher, Leon Gerber, Stuart Goldenberg, Arnold Good, Gene Hecht, Harvey Keynes, E. L. Koh, Zdislav Kovarik, Kevin Kreider, Émile LeBlanc, David Leep, Gerald Leibowitz, Larry Peterson, Mary Pugh, Lothar Redlin, Carl Riehm, John Ringland, Peter Rosenthal, Dusty Sabo, Doug Shaw, Dan Silver, Simon Smith, Saleem Watson, Alan Weinstein et Gail Wolkowicz.

Merci aussi à Kathi Townes, Stephanie Kuhns, Kristina Elliott et Kira Abdallah de TECHarts pour la production des figures de l'ouvrage et à l'équipe de Cengage Learning : Cheryll Linthicum, chargée de projet au contenu ; Stacy Green, chargé de projet senior au développement du contenu ; Samantha Lugtu, associée au développement du contenu ; Stephanie Kreuz, assistante de production ; Lynh Pham, au développement numérique ; Ryan Ahern, directeur du marketing ; et Vernon Boes, directeur artistique. Ils ont tous fait un excellent travail.

Je souligne finalement la chance que j'ai eu de travailler avec quelques-uns des meilleurs éditeurs en mathématiques du milieu dans les trois dernières décennies : Ron Munro, Harry Campbell, Craig Barth, Jeremy Hayhurst, Gary Ostedt, Bob Pirtle, Richard Stratton, Liz Covello, et maintenant Neha Taleja. Tous ont grandement contribué au succès de cet ouvrage.

JAMES STEWART

REMERCIEMENTS DE L'ADAPTATEUR

J'aimerais remercier mes collègues de l'École Polytechnique de Montréal pour leur aide dans la préparation de ce livre et, de façon spéciale, Charles Audet et Guy Jomphe pour leurs nombreux commentaires et les documents généreusement mis à ma disposition. Je tiens également à exprimer ma gratitude à l'équipe Modulo, notamment Martine Rhéaume et Éric Mauras, tous deux éditeurs concepteurs, Renée Théorêt, éditrice, et Solange Lemaitre-Provost, chargée de projet, qui m'ont permis de mener à bien ce projet.

JEAN GUÉRIN

REMERCIEMENTS DE L'ÉDITEUR

Nous tenons à remercier toutes les personnes qui ont contribué à l'évaluation de cet ouvrage : Alexandre Blondin Massé, de l'Université du Québec à Montréal, Alain Chalifour, de l'Université du Québec à Trois-Rivières qui a aussi fait la révision scientifique de l'ouvrage, Kacher Fatiha de l'École polytechnique de Montréal, Hamani Ibrahime, de l'Université du Québec à Trois-Rivières, Stéphane Lafrance, de l'École de technologie supérieure, Jérôme Soucy, de l'Université Laval, et Jocelyn Veilleux, de l'Université de Sherbrooke. Leurs judicieux conseils nous ont aidés à mener à bien cette deuxième édition de l'ouvrage.

TABLE DES MATIÈRES

AVANT-PROPOS III

PARTIE I	SUITES ET SÉRIES	**1**

CHAPITRE 1	LES SUITES ET LES SÉRIES NUMÉRIQUES	2

- **1.1** Les suites 3
  - Exercices **1.1** 13
  - PROJET DE LABORATOIRE Les suites logistiques 15

- **1.2** Les séries 16
  - Exercices **1.2** 24

- **1.3** Les séries à termes positifs 27
  - Le test de l'intégrale 27
  - L'estimation de la somme d'une série au moyen d'une intégrale 31
  - Le test de comparaison 33
  - L'estimation de sommes 36
  - Exercices **1.3** 37

- **1.4** Les séries alternées 40
  - L'estimation de sommes 42
  - Exercices **1.4** 43

- **1.5** La convergence absolue, le test du rapport et le critère de Cauchy 44
  - Les réarrangements 48
  - Exercices **1.5** 49

- **1.6** Une stratégie pour tester la convergence d'une série 51
  - Exercices **1.6** 52

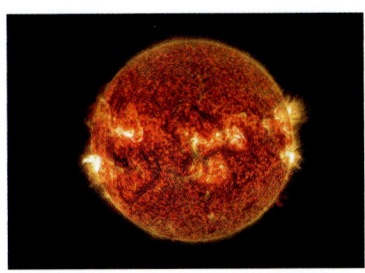

CHAPITRE 2	LES SÉRIES DE TAYLOR	54

- **2.1** Les séries entières 55
  - Exercices **2.1** 59

- **2.2** Le développement des fonctions en séries entières 61
  - La dérivation et l'intégration de séries entières 62
  - Exercices **2.2** 65

- **2.3** Les séries de Taylor et de MacLaurin 67
  - La multiplication et la division de séries entières 77
  - Exercices **2.3** 78
  - PROJET DE LABORATOIRE Une limite difficile à atteindre 80

- **2.4** Des applications des polynômes de Taylor 81
  - L'approximation des fonctions par des polynômes 81
  - Des applications en physique 85
  - Exercices **2.4** 88
  - APPLICATION Le rayonnement stellaire 91

- **2.5** Les nombres complexes 92
  - La forme polaire d'un nombre complexe 94
  - La fonction exponentielle complexe 97
  - Exercices **2.5** 98

Révision 100
Problèmes supplémentaires 103

PARTIE II FONCTIONS, DÉRIVÉES ET OPTIMISATION — 109

CHAPITRE 3 LES FONCTIONS DE PLUSIEURS VARIABLES — 110

3.1 Les fonctions de plusieurs variables — 111
Les fonctions de deux variables — 111
Les graphes — 114
Les courbes de niveau — 116
Les fonctions de trois variables ou plus — 121
La notation vectorielle — 122
Exercices **3.1** — 123

3.2 Les limites et la continuité — 129
La continuité — 133
Les fonctions de trois variables et plus — 134
Exercices **3.2** — 135

3.3 Les cylindres et les surfaces quadriques — 137
Les cylindres — 137
Les surfaces quadriques — 138
Les applications des surfaces quadriques — 141
Exercices **3.3** — 142

CHAPITRE 4 LES DÉRIVÉES DES FONCTIONS DE PLUSIEURS VARIABLES — 145

4.1 Les dérivées partielles — 146
Les interprétations des dérivées partielles — 148
Les fonctions de trois variables ou plus — 151
Les dérivées d'ordre supérieur — 151
Les équations aux dérivées partielles — 153
La fonction de production de Cobb-Douglas — 155
Exercices **4.1** — 156

4.2 Les plans tangents et les approximations linéaires — 162
Les plans tangents — 162
Les approximations linéaires — 164
Les différentielles — 166
Les fonctions de trois variables ou plus — 168
Exercices **4.2** — 169
APPLICATION Le maillot de bain Speedo LZR Racer — 171

4.3 La règle de dérivation en chaîne — 173
La dérivation implicite — 177
Exercices **4.3** — 179

4.4 Les dérivées directionnelles et le vecteur gradient — 182
Les dérivées directionnelles — 182
Le vecteur gradient — 185
Les fonctions de trois variables ou plus — 186
La maximisation de la dérivée directionnelle — 187
Les plans tangents aux surfaces de niveau — 189
L'importance du vecteur gradient — 191
Exercices **4.4** — 192

4.5 Les approximations de Taylor en deux variables — 195
L'erreur d'approximation — 198
La notation vectorielle — 200
Exercices **4.5** — 201

| CHAPITRE 5 | **L'OPTIMISATION** | 203 |

5.1 Les valeurs extrêmes des fonctions de deux variables 204
Les maximums et les minimums absolus 209
Exercices **5.1** 213
APPLICATION La conception d'une benne à ordures 215
SUJET À EXPLORER Les approximations quadratiques
                           et les points critiques 216

5.2 L'optimisation des fonctions de plusieurs variables 216
Condition du premier ordre pour l'optimisation sans contraintes 217
Le signe d'une matrice 219
La méthode du gradient pour l'optimisation sans contraintes 224
Exercices **5.2** 228

5.3 Les multiplicateurs de Lagrange 230
L'optimisation avec une contrainte d'égalité 230
L'optimisation avec deux contraintes d'égalité. 235
L'interprétation des multiplicateurs de Lagrange 237
Les fonctions de plus de deux variables........................... 239
L'optimisation avec une contrainte d'inégalité 241
Exercices **5.3** 243
APPLICATION La science des fusées 246
APPLICATION L'optimisation d'une turbine hydroélectrique 248

Révision 250
Problèmes supplémentaires 254

PARTIE III INTÉGRALES MULTIPLES   257

| CHAPITRE 6 | **LES INTÉGRALES DOUBLES** | 258 |

6.1 Les intégrales doubles sur des rectangles 259
L'intégrale définie – Rappels 259
Les volumes et les intégrales doubles 260
La méthode du point milieu 263
Les intégrales itérées 263
La valeur moyenne d'une fonction 267
Les propriétés des intégrales doubles 269
Exercices **6.1** 269

6.2 Les intégrales doubles sur des domaines généraux 271
Les propriétés des intégrales doubles 277
Exercices **6.2** 279

6.3 Les coordonnées polaires 280
Les courbes polaires. 283
La symétrie 285
La représentation de courbes polaires à l'aide d'outils graphiques.......... 285
Exercices **6.3** 287
PROJET DE LABORATOIRE Les familles de courbes polaires 289

6.4 Les intégrales doubles en coordonnées polaires..................... 289
Exercices **6.4** 294

6.5 Les applications des intégrales doubles 296
La densité et la masse 296
Les moments et le centre de masse 297
Les moments d'inertie 299
Les probabilités 300
L'espérance mathématique 303
Exercices **6.5** 304

CHAPITRE 7   LES INTÉGRALES TRIPLES 306

7.1 Les intégrales triples 307
Les applications des intégrales triples 312
Exercices **7.1** 315
SUJET À EXPLORER   Le volume des hypersphères 317

7.2 Les coordonnées cylindriques et sphériques 317
Les coordonnées cylindriques 318
Les vecteurs de base en coordonnées cylindriques 319
Les coordonnées sphériques 321
Les vecteurs de base en coordonnées sphériques 323
Exercices **7.2** 325

7.3 Les intégrales triples en coordonnées cylindriques 326
Exercices **7.3** 328
SUJET À EXPLORER   L'intersection de trois cylindres 328

7.4 Les intégrales triples en coordonnées sphériques 329
Exercices **7.4** 332
APPLICATION   Une course d'objets qui roulent 334

7.5 Les changements de variables dans les intégrales multiples 335
Les changements de variables dans les intégrales triples 342
Exercices **7.5** 343

Révision 345
Problèmes supplémentaires 348

PARTIE IV   ANALYSE VECTORIELLE   351

CHAPITRE 8   LES FONCTIONS VECTORIELLES 352

8.1 Les fonctions vectorielles et les courbes paramétrées 353
Les courbes paramétrées 354
La représentation de courbes paramétrées à l'aide d'un ordinateur 356
Exercices **8.1** 358

8.2 Les dérivées et les intégrales des fonctions vectorielles 360
Les dérivées 361
Les règles de dérivation 363
Les intégrales 364
Exercices **8.2** 365

8.3 La longueur d'arc et la courbure 366
L'abscisse curviligne 368
La courbure 369
Les vecteurs normal et binormal 372
Exercices **8.3** 373

8.4 L'étude du mouvement dans l'espace : la vitesse et l'accélération 376
Les composantes tangentielle et normale de l'accélération 380
Les lois de Kepler sur le mouvement des planètes 381
Exercices **8.4** 384
APPLICATION   Les lois de Kepler 386

CHAPITRE 9   LES INTÉGRALES CURVILIGNES ET L'ANALYSE VECTORIELLE DANS LE PLAN 388

9.1 Les champs vectoriels 389
Les champs de gradients 393
Les lignes de courant 394
Exercices **9.1** 396

TABLE DES MATIÈRES XIII

9.2	Les intégrales curvilignes	397
	Les intégrales curvilignes dans l'espace	403
	Les intégrales curvilignes de champs vectoriels	404
	Exercices **9.2**	407
9.3	Le théorème fondamental des intégrales curvilignes	409
	L'indépendance du chemin	411
	La conservation de l'énergie	416
	Exercices **9.3**	417
9.4	Le théorème de Green	419
	Généralisation du théorème de green	422
	Exercices **9.4**	425

CHAPITRE 10 LES INTÉGRALES DE SURFACE ET L'ANALYSE VECTORIELLE DANS L'ESPACE 427

10.1	Les surfaces paramétrées et leurs aires	428
	Les surfaces paramétrées	428
	Les surfaces de révolution	432
	Les plans tangents	432
	L'aire d'une surface paramétrée	433
	L'aire des graphes de fonctions de deux variables	435
	L'aire des surfaces de révolution	436
	Exercices **10.1**	437
10.2	Les intégrales de surface	439
	Les surfaces paramétrées	440
	Les graphes de fonctions de deux variables	441
	Les surfaces orientées	443
	Les intégrales de surface de champs vectoriels	445
	Exercices **10.2**	449
10.3	Le rotationnel et la divergence	451
	Le rotationnel	451
	La divergence	454
	Le leplacien	455
	Les formes vectorielles du théorème de Green	456
	Exercices **10.3**	457
10.4	Le théorème de Stokes	459
	Une interprétation du rotationnel	464
	La démonstration du théorème 4 de la section 10.3	464
	Exercices **10.4**	465
10.5	Le théorème de flux-divergence	467
	Une interprétation de la divergence	471
	Exercices **10.5**	472

Révision 475
Problèmes supplémentaires 480

Annexe A	Les vecteurs et les matrices	484
Annexe B	Les équations des droites et des plans	497
Annexe C	La démonstration des théorèmes	503
Annexe D	Les aires et les longueurs en coordonnées polaires	506

Réponses aux exercices impairs 509
   Chapitre 1 509
   Chapitre 2 510
   Partie I Révision 513
   Problèmes supplémentaires. 514

   Chapitre 3 514
   Chapitre 4 517
   Chapitre 5 520
   Partie II Révision 521
   Problèmes supplémentaires. 522

   Chapitre 6 522
   Chapitre 7 525
   Partie III Révision 527
   Problèmes supplémentaires. 527

   Chapitre 8 527
   Chapitre 9 529
   Chapitre 10 530
   Partie IV Révision 532
   Problèmes supplémentaires. 532

Index 533

Pages de référence

PARTIE 1

SUITES ET SÉRIES

CHAPITRE 1 LES SUITES ET LES SÉRIES NUMÉRIQUES

CHAPITRE 2 LES SÉRIES DE TAYLOR

RÉVISION

PROBLÈMES SUPPLÉMENTAIRES

© Amnartk / Shutterstock

CHAPITRE 1

LES SUITES ET LES SÉRIES NUMÉRIQUES

- **1.1** Les suites
- **1.2** Les séries
- **1.3** Les séries à termes positifs
- **1.4** Les séries alternées
- **1.5** La convergence absolue, le test du rapport et le critère de Cauchy
- **1.6** Une stratégie pour tester la convergence d'une série

© Ozerov Alexander / Shutterstock.com

Les suites et les séries infinies ont été étudiées depuis l'Antiquité et occupent encore aujourd'hui une place centrale en mathématiques. Elles peuvent servir notamment à calculer l'aire de régions bornées par des courbes. Elles interviennent aussi dans la représentation décimale des nombres. C'est Newton qui a eu l'idée de représenter des fonctions sous forme de séries afin de les évaluer numériquement, d'où l'importance des séries dans le calcul différentiel et intégral. Ces mêmes séries permettent aussi d'intégrer certaines fonctions, telle e^{-x^2}, qui ne possèdent pas de primitive simple. Par ailleurs, de nombreuses fonctions mathématiques qui sont employées en physique et en chimie (les fonctions de Bessel, par exemple) sont définies par des séries.

Dans ce chapitre, nous nous familiariserons avec les concepts de suites et de séries numériques infinies, et nous discuterons de leur convergence. Les outils développés seront ensuite utilisés au chapitre 2 pour étudier les séries de Taylor, qui sont des séries d'un type particulier représentant des fonctions.

1.1 LES SUITES

Une **suite** est une liste de nombres écrits dans un ordre bien défini :

$$a_1, a_2, a_3, a_4, \ldots, a_n, \ldots$$

Le nombre a_1 est appelé le « premier terme », a_2 est le « deuxième terme » et, en général, a_n est le « n-ième terme ». Comme nous traiterons uniquement des suites infinies, chaque terme a_n aura toujours un successeur a_{n+1}.

À chaque entier positif n correspond un terme a_n, ce qui fait qu'une suite peut être définie comme une fonction ayant pour domaine l'ensemble des entiers positifs. Cependant, nous représenterons habituellement la valeur de la fonction en n par a_n au lieu d'utiliser la notation $f(n)$ habituellement employée pour les fonctions.

NOTATION La suite $\{a_1, a_2, a_3, \ldots\}$ se note aussi

$$\{a_n\} \quad \text{ou} \quad \{a_n\}_{n=1}^{\infty}.$$

EXEMPLE 1 Certaines suites peuvent être définies au moyen d'une formule pour leur n-ième terme. Dans les exemples suivants, on donne trois descriptions de la suite : une en utilisant la notation précédente, une autre en donnant la formule qui la définit et une troisième en écrivant explicitement les termes de la suite. Remarquons que n ne commence pas obligatoirement à 1.

a) $\left\{\dfrac{n}{n+1}\right\}_{n=1}^{\infty}$ $\quad a_n = \dfrac{n}{n+1} \quad \left\{\dfrac{1}{2}, \dfrac{2}{3}, \dfrac{3}{4}, \dfrac{4}{5}, \ldots, \dfrac{n}{n+1}, \ldots\right\}$

b) $\left\{\dfrac{(-1)^n(n+1)}{3^n}\right\}_{n=1}^{\infty}$ $\quad a_n = \dfrac{(-1)^n(n+1)}{3^n} \quad \left\{-\dfrac{2}{3}, \dfrac{3}{9}, -\dfrac{4}{27}, \dfrac{5}{81}, \ldots, \dfrac{(-1)^n(n+1)}{3^n}, \ldots\right\}$

c) $\left\{\sqrt{n-3}\right\}_{n=3}^{\infty}$ $\quad a_n = \sqrt{n-3}, n \geq 3 \quad \left\{0, 1, \sqrt{2}, \sqrt{3}, \ldots, \sqrt{n-3}, \ldots\right\}$

d) $\left\{\cos\dfrac{n\pi}{6}\right\}_{n=0}^{\infty}$ $\quad a_n = \cos\dfrac{n\pi}{6}, n \geq 0 \quad \left\{1, \dfrac{\sqrt{3}}{2}, \dfrac{1}{2}, 0, \ldots, \cos\dfrac{n\pi}{6}, \ldots\right\}$

EXEMPLE 2 Trouvons la formule du terme général a_n de la suite

$$\left\{\frac{3}{5}, -\frac{4}{25}, \frac{5}{125}, -\frac{6}{625}, \frac{7}{3125}, \ldots\right\}$$

en supposant que tous les termes sont construits de la même façon que les premiers termes.

SOLUTION On a

$$a_1 = \frac{3}{5} \quad a_2 = -\frac{4}{25} \quad a_3 = \frac{5}{125} \quad a_4 = -\frac{6}{625} \quad a_5 = \frac{7}{3125}.$$

On remarque que le numérateur de la première fraction est 3 et que le numérateur des fractions augmente de 1 d'un terme au suivant. Le numérateur du deuxième terme est 4, celui du troisième terme est 5 et, en général, celui du n-ième terme sera $n+2$. Les dénominateurs sont les puissances de 5, donc le dénominateur de a_n est 5^n. Le signe des termes étant successivement positif puis négatif, on doit multiplier par une puissance de -1. Dans l'exemple 1 b), le facteur $(-1)^n$ signifie que la suite commence avec un terme négatif. Ici, la suite commence avec un terme positif, et on multiplie donc par $(-1)^{n-1}$ ou $(-1)^{n+1}$. On trouve

$$a_n = (-1)^{n-1}\frac{n+2}{5^n}.$$

EXEMPLE 3 Les suites ci-dessous ne possèdent pas de définition sous la forme d'une formule simple (contrairement à l'exemple 2).

a) La suite $\{p_n\}$, où p_n est la population mondiale le 1er janvier de l'an n.

b) Si on appelle a_n le chiffre du n-ième rang décimal du nombre e, alors $\{a_n\}$ est une suite bien définie dont les premiers termes sont

$$\{7, 1, 8, 2, 8, 1, 8, 2, 8, 4, 5, \ldots\}.$$

c) La **suite de Fibonacci** $\{f_n\}$ est définie par récurrence par les conditions

$$f_1 = 1 \quad f_2 = 1 \quad f_n = f_{n-1} + f_{n-2} \quad n \geq 3.$$

Chaque terme est la somme des deux termes précédents. Les premiers termes sont

$$\{1, 1, 2, 3, 5, 8, 13, 21, \ldots\}.$$

C'est un mathématicien italien du XIIIe siècle, du nom de Fibonacci, qui a envisagé cette suite alors qu'il cherchait à résoudre un problème concernant la reproduction des lapins (voir l'exercice 83).

On peut représenter graphiquement une suite comme celle de l'exemple 1 a), $a_n = n/(n+1)$, en traçant ses termes sur une droite numérique (voir la figure 1) ou en représentant son graphe (voir la figure 2). Une suite étant une fonction qui a pour domaine l'ensemble des entiers positifs, son graphe consiste en des points isolés, de coordonnées

$$(1, a_1) \quad (2, a_2) \quad (3, a_3) \quad \ldots \quad (n, a_n)$$

Les figures 1 et 2 montrent que les termes de la suite $a_n = n/(n+1)$ tendent vers 1 lorsque n devient grand. Ainsi, on peut rendre la différence

$$1 - \frac{n}{n+1} = \frac{1}{n+1}$$

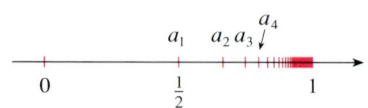

FIGURE 1

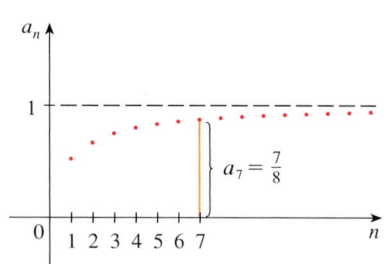

FIGURE 2

aussi petite qu'on veut en prenant n suffisamment grand, ce qui s'écrit

$$\lim_{n \to \infty} \frac{n}{n+1} = 1.$$

En général, la notation

$$\lim_{n \to \infty} a_n = L$$

signifie que les termes de la suite $\{a_n\}$ tendent vers L lorsque n devient grand. La définition suivante de la limite d'une suite est très semblable à la définition de la limite à l'infini d'une fonction.

> **1 DÉFINITION**
>
> Une suite $\{a_n\}$ a pour **limite** L, et on écrit
>
> $$\lim_{n \to \infty} a_n = L \text{ ou } a_n \to L \text{ lorsque } n \to \infty$$
>
> si on peut rendre ses termes a_n aussi proches de L qu'on le veut en prenant n suffisamment grand. Si $\lim_{n \to \infty} a_n$ existe, on dit que la suite « converge » (ou qu'elle est **convergente**). Sinon, on dit que la suite « diverge » (ou qu'elle est **divergente**).

La figure 3 illustre la définition 1 en représentant les graphes de deux suites dont la limite est L.

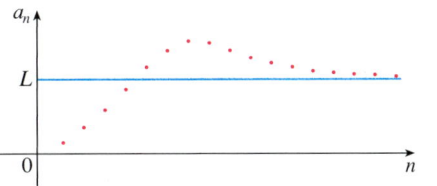 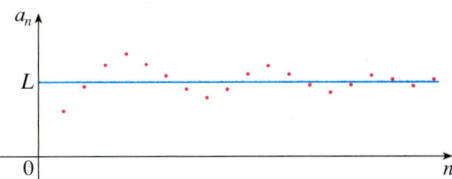

FIGURE 3
Les graphes de deux suites telles que $\lim_{n \to \infty} a_n = L$.

Voici une version plus précise de la définition 1.

> **2 DÉFINITION**
>
> Une suite $\{a_n\}$ a pour **limite** L, et l'on écrit
>
> $$\lim_{n \to \infty} a_n = L \text{ ou } a_n \to L \text{ lorsque } n \to \infty$$
>
> si pour tout $\varepsilon > 0$ il existe un entier positif correspondant N (dépendant de ε) tel que
>
> $$\text{si } n > N \text{ alors } |a_n - L| < \varepsilon.$$

Sur la figure 4 qui illustre la définition 2, les termes a_1, a_2, a_3, ... sont représentés sur une droite numérique. Aussi petit que soit l'intervalle $]L - \varepsilon, L + \varepsilon[$ choisi, il existe un N tel que tous les termes de la suite à partir de a_{N+1} appartiennent à cet intervalle.

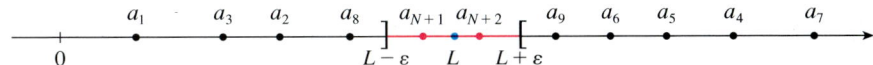

FIGURE 4

La figure 5 illustre également la définition 2. Les points du graphe de $\{a_n\}$ sont compris entre les droites horizontales $y = L + \varepsilon$ et $y = L - \varepsilon$ si $n > N$. Cette représentation doit être valide quel que soit ε, et habituellement un ε plus petit exige un plus grand N.

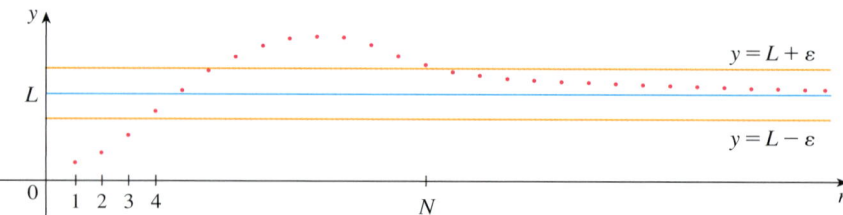

FIGURE 5

La seule différence entre la limite d'une suite $\lim_{n \to \infty} a_n = L$ et la limite à l'infini d'une fonction $\lim_{x \to \infty} f(x) = L$ est que n doit être un entier. Ainsi, on obtient le théorème suivant, illustré à la figure 6.

3 THÉORÈME

Si $\lim_{x \to \infty} f(x) = L$ et $f(n) = a_n$ lorsque n est un entier, alors $\lim_{n \to \infty} a_n = L$.

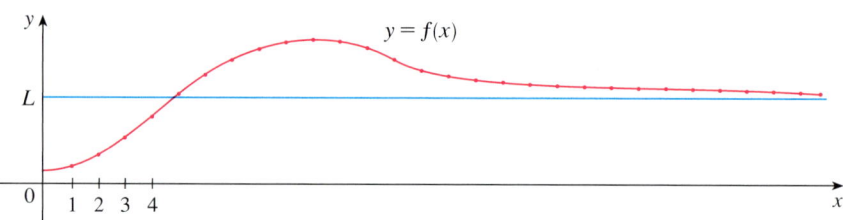

FIGURE 6

En particulier, puisque $\lim_{x \to \infty} (1/x^r) = 0$ lorsque $r > 0$, on a

4
$$\lim_{n \to \infty} \frac{1}{n^r} = 0 \text{ si } r > 0.$$

Si a_n devient grand lorsque n devient grand, on utilise la notation $\lim_{n \to \infty} a_n = \infty$. Voici la définition précise de cette limite.

5 DÉFINITION

$\lim_{n \to \infty} a_n = \infty$ signifie que pour tout nombre positif M, il existe un entier N tel que

si $n > N$ alors $a_n > M$.

Si $\lim_{n \to \infty} a_n = \infty$, alors la suite $\{a_n\}$ diverge, mais d'une façon particulière. On dit que $\{a_n\}$ diverge vers ∞.

Les propriétés des limites de fonctions sont aussi valides pour les limites des suites et leur démonstration est similaire.

LES PROPRIÉTÉS DES LIMITES POUR LES SUITES

Si $\{a_n\}$ et $\{b_n\}$ sont des suites convergentes et si c est une constante, alors

$$\lim_{n\to\infty}(a_n+b_n)=\lim_{n\to\infty}a_n+\lim_{n\to\infty}b_n$$

$$\lim_{n\to\infty}(a_n-b_n)=\lim_{n\to\infty}a_n-\lim_{n\to\infty}b_n$$

$$\lim_{n\to\infty}ca_n=c\lim_{n\to\infty}a_n,\ \lim_{n\to\infty}c=c$$

$$\lim_{n\to\infty}(a_nb_n)=\lim_{n\to\infty}a_n\cdot\lim_{n\to\infty}b_n$$

$$\lim_{n\to\infty}\frac{a_n}{b_n}=\frac{\lim_{n\to\infty}a_n}{\lim_{n\to\infty}b_n}\ \text{si}\ \lim_{n\to\infty}b_n\neq 0$$

$$\lim_{n\to\infty}a_n^p=\left[\lim_{n\to\infty}a_n\right]^p\ \text{si}\ p>0\ \text{et}\ a_n>0.$$

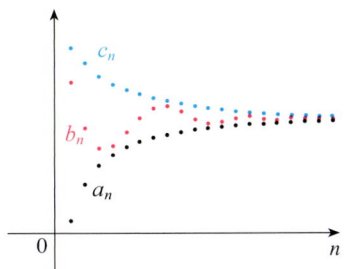

FIGURE 7
La suite $\{b_n\}$ est prise en sandwich entre les suites $\{a_n\}$ et $\{c_n\}$.

Le théorème du sandwich, aussi appelé «théorème des gendarmes», peut être adapté aux suites (voir la figure 7).

LE THÉORÈME DU SANDWICH POUR LES SUITES

Si, pour un certain n_0, $a_n\leq b_n\leq c_n$ lorsque $n\geq n_0$ et si $\lim_{n\to\infty}a_n=\lim_{n\to\infty}c_n=L$, alors $\lim_{n\to\infty}b_n=L$.

Le théorème suivant donne un autre résultat utile concernant les limites de suites. Sa démonstration est demandée à l'exercice 87.

6 THÉORÈME

$$\text{Si}\ \lim_{n\to\infty}|a_n|=0\ \text{alors}\ \lim_{n\to\infty}a_n=0.$$

EXEMPLE 4 Calculons $\lim_{n\to\infty}\dfrac{n}{n+1}$.

SOLUTION On divise d'abord le numérateur et le dénominateur par la puissance la plus élevée de n, puis on utilise les propriétés des limites :

$$\lim_{n\to\infty}\frac{n}{n+1}=\lim_{n\to\infty}\frac{1}{1+\dfrac{1}{n}}=\frac{\lim_{n\to\infty}1}{\lim_{n\to\infty}1+\lim_{n\to\infty}\dfrac{1}{n}}$$

$$=\frac{1}{1+0}=1.$$

Cet exemple confirme l'hypothèse faite à partir des figures 1 et 2.

Ici, l'équation 4 a été employée avec $r=1$.

EXEMPLE 5 La suite $a_n=\dfrac{n}{\sqrt{10+n}}$ est-elle convergente ou divergente ?

SOLUTION Comme dans l'exemple 4, on divise le numérateur et le dénominateur par n :

$$\lim_{n\to\infty}\frac{n}{\sqrt{10+n}}=\lim_{n\to\infty}\frac{1}{\sqrt{\dfrac{10}{n^2}+\dfrac{1}{n}}}=\infty,$$

car le numérateur est une constante et le dénominateur tend vers 0. Donc, $\{a_n\}$ diverge.

EXEMPLE 6 Calculons $\lim_{n\to\infty} \dfrac{\ln n}{n}$.

SOLUTION On remarque que le numérateur et le dénominateur tendent vers l'infini lorsque $n \to \infty$. On ne peut pas appliquer directement la règle de l'Hospital, puisque celle-ci ne s'applique pas aux suites mais aux fonctions d'une variable réelle. On peut toutefois l'appliquer à la fonction $f(x) = (\ln x)/x$.

On obtient
$$\lim_{x\to\infty} \frac{\ln x}{x} = \lim_{x\to\infty} \frac{1/x}{1} = 0.$$

Le théorème 3 permet de conclure que
$$\lim_{n\to\infty} \frac{\ln n}{n} = 0.$$

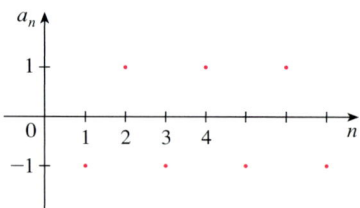

FIGURE 8

EXEMPLE 7 Déterminons si la suite $a_n = (-1)^n$ converge ou diverge.

SOLUTION Pour se faire une idée, on écrit quelques termes de la suite :
$$\{-1, 1, -1, 1, -1, 1, -1, \ldots\}.$$

La figure 8 montre le graphe de cette suite. Comme ses termes oscillent infiniment entre 1 et -1, la suite a_n ne tend vers aucun nombre. Par conséquent, $\lim_{n\to\infty}(-1)^n$ n'existe pas et donc, par convention, on dit que la suite $\{(-1)^n\}$ diverge.

Le graphe de la suite de l'exemple 8 est présenté à la figure 9. Il confirme la réponse trouvée.

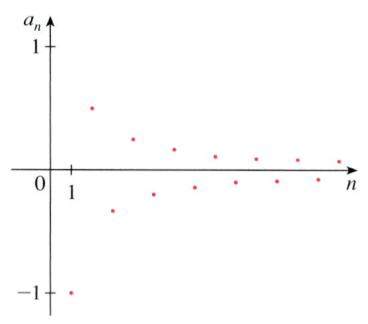

FIGURE 9

EXEMPLE 8 Évaluons $\lim_{n\to\infty} \dfrac{(-1)^n}{n}$ si elle existe.

SOLUTION On a
$$\lim_{n\to\infty} \left|\frac{(-1)^n}{n}\right| = \lim_{n\to\infty} \frac{1}{n} = 0$$

donc le théorème 6 permet d'écrire
$$\lim_{n\to\infty} \frac{(-1)^n}{n} = 0.$$

Selon le théorème suivant, la suite qu'on obtient en appliquant une fonction continue aux termes d'une suite convergente converge elle aussi. La démonstration est demandée à l'exercice 88.

> **7 THÉORÈME**
> Si $\lim_{n\to\infty} a_n = L$ et si la fonction f est continue en L, alors
> $$\lim_{n\to\infty} f(a_n) = f(L).$$

EXEMPLE 9 Calculons $\lim_{n\to\infty} \sin(\pi/n)$.

SOLUTION La fonction sinus étant continue en 0, le théorème 7 permet d'obtenir
$$\lim_{n\to\infty} \sin(\pi/n) = \sin\left(\lim_{n\to\infty} (\pi/n)\right) = \sin 0 = 0.$$

EXEMPLE 10 Discutons de la convergence de la suite $a_n = n!/n^n$, où $n! = 1 \times 2 \times 3 \times \cdots \times n$.

SOLUTION Le numérateur et le dénominateur tendent vers l'infini lorsque $n \to \infty$, mais ici il n'y a pas de fonction correspondant aux termes de la suite qui permettrait d'utiliser la règle de l'Hospital (car $x!$ n'est pas défini lorsque x n'est pas un entier). On écrit quelques termes pour voir ce que devient a_n quand n devient grand :

$$\boxed{8} \qquad a_1 = 1 \quad a_2 = \frac{1 \times 2}{2 \times 2} \quad a_3 = \frac{1 \times 2 \times 3}{3 \times 3 \times 3} \quad a_n = \frac{1 \times 2 \times 3 \times \cdots \times n}{n \times n \times n \times \cdots \times n}.$$

Selon ces expressions et le graphe de la figure 10, les termes décroissent et semblent tendre vers 0. Pour confirmer ceci, on remarque que

$$a_n = \frac{1}{n}\left(\frac{2 \times 3 \times \cdots \times n}{n \times n \times \cdots \times n}\right)$$

et l'expression entre parenthèses est inférieure ou égale à 1 puisque son numérateur est inférieur (ou égal) à son dénominateur. Par conséquent,

$$0 < a_n \leq \frac{1}{n}.$$

On sait que $1/n \to 0$ lorsque $n \to \infty$. Selon le théorème du sandwich, on a donc $a_n \to 0$ lorsque $n \to \infty$. En conclusion, la suite $\left\{\dfrac{n!}{n^n}\right\}$ converge vers 0.

EXEMPLE 11 Pour quelles valeurs de r la suite $\{r^n\}$ converge-t-elle ?

SOLUTION On sait que $\lim_{x \to \infty} a^x = \infty$ pour $a > 1$ et que $\lim_{x \to \infty} a^x = 0$ pour $0 < a < 1$.

On pose $a = r$ et, selon le théorème 3, on a

$$\lim_{n \to \infty} r^n = \begin{cases} \infty & \text{si } r > 1 \\ 0 & \text{si } 0 < r < 1. \end{cases}$$

De plus, on a évidemment

$$\lim_{n \to \infty} 1^n = 1 \quad \text{et} \quad \lim_{n \to \infty} 0^n = 0.$$

Si $-1 < r < 0$, alors $0 < |r| < 1$, de sorte que

$$\lim_{n \to \infty} |r^n| = \lim_{n \to \infty} |r|^n = 0$$

et donc $\lim_{n \to \infty} r^n = 0$ en vertu du théorème 6. Si $r = -1$, alors $\{r^n\}$ diverge, comme à l'exemple 7. La figure 11 montre le graphe de cette suite pour diverses valeurs de r et la figure 8 illustre le cas $r = -1$.

Comment tracer le graphe d'une suite

Certains logiciels de calcul symbolique disposent de commandes spéciales qui permettent de créer des suites et de tracer directement leurs graphes. Toutefois, la plupart des calculatrices graphiques représentent le graphe d'une suite à l'aide d'équations paramétriques (voir la section 8.1). Ainsi, on peut représenter la suite de l'exemple 10 à l'aide des équations paramétriques

$$x = t \quad y = t!/t^t$$

en commençant avec $t = 1$ et en réglant le pas t à 1. Le résultat est illustré à la figure 10.

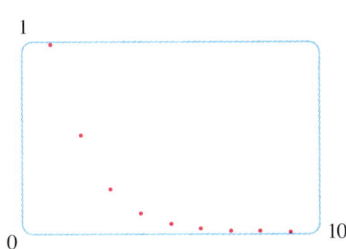

FIGURE 10

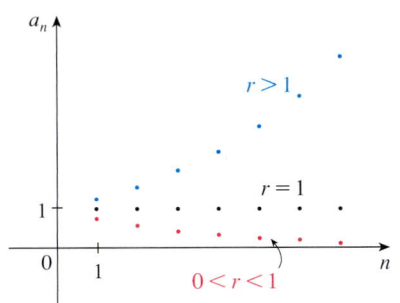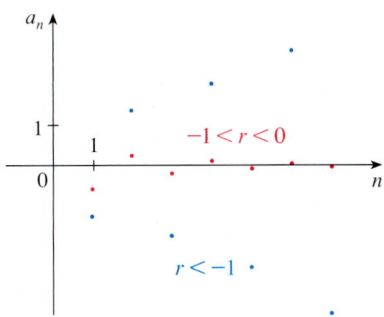

FIGURE 11
La suite $a_n = r^n$.

Les résultats de l'exemple 11 sont résumés ci-dessous à titre de référence.

> **9** La suite $\{r^n\}$ converge si $-1 < r \leq 1$ et diverge pour toutes les autres valeurs de r :
> $$\lim_{n \to \infty} r^n = \begin{cases} 0 & \text{si } -1 < r < 1 \\ 1 & \text{si } r = 1. \end{cases}$$

> **10 DÉFINITION**
>
> Une **suite** $\{a_n\}$ est **croissante** si $a_n \leq a_{n+1}$ pour tout $n \geq 1$, autrement dit si $a_1 \leq a_2 \leq a_3 \leq \cdots$. Elle est **décroissante** si $a_n \geq a_{n+1}$ pour tout $n \geq 1$. Une suite est dite **monotone** si elle est croissante ou décroissante.

EXEMPLE 12 La suite $\left\{\dfrac{3}{n+5}\right\}$ est décroissante, car

$$\frac{3}{n+5} > \frac{3}{(n+1)+5} = \frac{3}{n+6}$$

Le deuxième membre est plus petit parce que son dénominateur est plus grand.

et donc $a_n > a_{n+1}$ pour tout $n \geq 1$.

EXEMPLE 13 Montrons que la suite $a_n = \dfrac{n}{n^2+1}$ est décroissante.

SOLUTION 1 On doit montrer que $a_{n+1} \leq a_n$, autrement dit que

$$\frac{n+1}{(n+1)^2+1} \leq \frac{n}{n^2+1}.$$

Cette inégalité est équivalente à celle qu'on obtient en effectuant le produit croisé :

$$\frac{n+1}{(n+1)^2+1} \leq \frac{n}{n^2+1} \iff (n+1)(n^2+1) \leq n[(n+1)^2+1]$$
$$\iff n^3 + n^2 + n + 1 \leq n^3 + 2n^2 + 2n$$
$$\iff 1 \leq n^2 + n.$$

Or $n \geq 1$, donc l'inégalité $n^2 + n \geq 1$ est vérifiée. On a donc $a_{n+1} \leq a_n$, et la suite $\{a_n\}$ est décroissante.

SOLUTION 2 Soit la fonction $f(x) = \dfrac{x}{x^2+1}$. On peut déterminer la monotonicité de la suite en utilisant la fonction $f(x)$ où $a_n = f(n)$ comme suit :

$$f'(x) = \frac{x^2+1-2x^2}{(x^2+1)^2} = \frac{1-x^2}{(x^2+1)^2} < 0 \text{ lorsque } x^2 > 1.$$

La fonction f est donc décroissante sur $[1, \infty[$, ce qui implique que $f(n) \geq f(n+1)$ pour tout entier positif n. Par conséquent, $\{a_n\}$ est décroissante.

11 DÉFINITION

Une suite $\{a_n\}$ est **bornée supérieurement** (ou majorée) s'il existe un nombre M tel que

$$a_n \leq M \quad \text{pour tout } n \geq 1.$$

Elle est **bornée inférieurement** (ou minorée) s'il existe un nombre m tel que

$$m \leq a_n \quad \text{pour tout } n \geq 1.$$

Si elle est bornée supérieurement et inférieurement, alors $\{a_n\}$ est une suite **bornée.**

Par exemple, la suite $a_n = n$ est bornée inférieurement ($a_n > 0$) mais non supérieurement. La suite $a_n = n/(n+1)$ est bornée, car $0 < a_n < 1$ pour tout n.

Une suite peut être bornée sans être convergente. Par exemple, la suite $a_n = (-1)^n$ satisfait à $-1 \leq a_n \leq 1$, mais elle est divergente, comme on l'a vu à l'exemple 7. De plus, une suite peut être monotone sans être convergente. Par exemple, $a_n = n$ tend vers ∞. Cependant, toute suite à la fois bornée et monotone est convergente. Ce fait est démontré au théorème 12, mais en observant la figure 12, on peut comprendre intuitivement pourquoi cette affirmation est vraie. Si $\{a_n\}$ est croissante et si $a_n \leq M$ pour tout n, alors les termes doivent forcément se regrouper et tendre vers un certain nombre $L \leq M$.

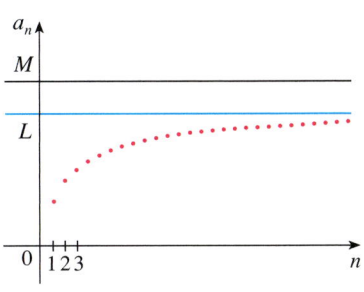

FIGURE 12

La démonstration du théorème 12 repose sur l'**axiome de complétude** pour l'ensemble $\mathbb{R}$ des nombres réels. Selon cet axiome, si S est un ensemble non vide de nombres réels qui possède une borne supérieure M (c'est-à-dire que $x \leq M$ pour tout x dans S), alors S possède une **plus petite borne supérieure** b. Cela signifie que b est une borne supérieure pour S, et que si M est n'importe quelle autre borne supérieure, alors $b \leq M$. L'axiome de complétude exprime le fait que la droite réelle n'a ni lacune ni trou.

12 THÉORÈME DES SUITES MONOTONES

Toute suite monotone bornée est convergente.

DÉMONSTRATION

Soit $\{a_n\}$ une suite croissante. Comme $\{a_n\}$ est bornée, l'ensemble $S = \{a_n \mid n \geq 1\}$ possède une borne supérieure. Selon l'axiome de complétude, cet ensemble possède une plus petite borne supérieure L. Étant donné $\varepsilon > 0$, $L - \varepsilon$ n'est pas une borne supérieure pour S (puisque L est la plus petite borne supérieure). Par conséquent,

$$a_N > L - \varepsilon \quad \text{pour un certain entier } N.$$

Toutefois, comme la suite est croissante, $a_n \geq a_N$ pour tout $n > N$. Donc, si $n > N$, on a

$$a_n > L - \varepsilon$$

de sorte que

$$0 \leq L - a_n < \varepsilon$$

puisque $a_n \leq L$. Par conséquent,

$$|L - a_n| < \varepsilon \quad \text{lorsque } n > N$$

d'où
$$\lim_{n\to\infty} a_n = L.$$

Il existe une démonstration semblable (en utilisant la plus grande borne inférieure) pour $\{a_n\}$ décroissante.

Le théorème 12 montre qu'une suite croissante et bornée supérieurement converge. (De même, une suite décroissante et bornée inférieurement converge.) On recourt souvent à ce fait dans l'étude des séries infinies.

EXEMPLE 14 Étudions la suite $\{a_n\}$ définie par la relation de récurrence

$$a_1 = 2 \qquad a_{n+1} = \tfrac{1}{2}(a_n + 6) \quad \text{pour } n = 1, 2, 3, \ldots$$

SOLUTION On commence par calculer les premiers termes.

$a_1 = 2$ $\qquad a_2 = \tfrac{1}{2}(2+6) = 4 \qquad a_3 = \tfrac{1}{2}(4+6) = 5$

$a_4 = \tfrac{1}{2}(5+6) = 5,5 \qquad a_5 = 5,75 \qquad a_6 = 5,875$

$a_7 = 5,9375 \qquad a_8 = 5,968\,75 \qquad a_9 = 5,984\,375$

> On utilise souvent l'induction mathématique, aussi appelée « raisonnement par récurrence » ou simplement « récurrence », lorsqu'on étudie les suites définies par récurrence.

Ces premiers termes suggèrent que la suite est croissante et que les termes tendent vers la valeur 6. Pour confirmer que la suite est croissante, on montre par récurrence que $a_{n+1} \geq a_n$ pour tout $n \geq 1$. C'est vrai pour $n = 1$, car $a_2 = 4 > a_1$. On suppose que l'inégalité est aussi vraie pour $n = k$. Alors, on a

$$a_{k+1} \geq a_k$$

d'où
$$a_{k+1} + 6 \geq a_k + 6$$

et
$$\tfrac{1}{2}(a_{k+1} + 6) \geq \tfrac{1}{2}(a_k + 6)$$

donc
$$a_{k+2} \geq a_{k+1}.$$

On a déduit que $a_{n+1} \geq a_n$ est vrai pour $n = k+1$. L'inégalité est donc vraie pour tout n, par récurrence.

On vérifie maintenant que $\{a_n\}$ est bornée pour tout n. La suite étant croissante, on sait déjà qu'elle possède une borne inférieure $a_n \geq a_1 = 2$ pour tout n. On montre ensuite que $a_n < 6$ par récurrence. Puisque $a_1 < 6$, cette affirmation est vraie pour $n = 1$. On suppose qu'elle est vraie aussi pour $n = k$. Alors,

$$a_k < 6$$

d'où
$$a_k + 6 < 12$$

et
$$\tfrac{1}{2}(a_k + 6) < \tfrac{1}{2}(12) = 6$$

donc
$$a_{k+1} < 6$$

ce qui prouve que $a_n < 6$ pour tout n.

La suite $\{a_n\}$ étant croissante et bornée, le théorème 12 implique qu'elle possède une limite, mais sans préciser sa valeur. Sachant que $L = \lim_{n\to\infty} a_n$ existe, la relation de récurrence permet d'écrire

$$\lim_{n\to\infty} a_{n+1} = \lim_{n\to\infty} \tfrac{1}{2}(a_n + 6) = \tfrac{1}{2}\lim_{n\to\infty} a_n + 6 = \tfrac{1}{2}(L + 6).$$

Une démonstration de ce résultat est demandée à l'exercice 70.

Or $a_n \to L$, donc $a_{n+1} \to L$ également (lorsque $n \to \infty$, on a aussi $n+1 \to \infty$). Par conséquent,

$$L = \tfrac{1}{2}(L + 6).$$

La résolution de cette équation en L donne $L = 6$, comme on l'avait prévu.

Exercices 1.1

1. a) Qu'est-ce qu'une suite ?
   b) Que signifie l'expression $\lim_{n\to\infty} a_n = 8$?
   c) Que signifie l'expression $\lim_{n\to\infty} a_n = \infty$?

2. a) Qu'est-ce qu'une suite convergente ? Donnez deux exemples.
   b) Qu'est-ce qu'une suite divergente ? Donnez deux exemples.

3-12 Donnez les cinq premiers termes de la suite.

3. $a_n = \dfrac{2^n}{2n+1}$

4. $a_n = \dfrac{n^2 - 1}{n^2 + 1}$

5. $a_n = \dfrac{(-1)^{n-1}}{5^n}$

6. $a_n = \cos \dfrac{n\pi}{2}$

7. $a_n = \dfrac{1}{(n+1)!}$

8. $a_n = \dfrac{(-1)^n n}{n! + 1}$

9. $a_1 = 1$, $a_{n+1} = 5a_n - 3$

10. $a_1 = 6$, $a_{n+1} = \dfrac{a_n}{n}$

11. $a_1 = 2$, $a_{n+1} = \dfrac{a_n}{1 + a_n}$

12. $a_1 = 2$, $a_2 = 1$, $a_{n+1} = a_n - a_{n-1}$

13-18 Trouvez la formule du terme général a_n de la suite, en supposant que tous les termes sont construits de la même façon.

13. $\left\{\tfrac{1}{2}, \tfrac{1}{4}, \tfrac{1}{6}, \tfrac{1}{8}, \tfrac{1}{10}, \ldots\right\}$

14. $\left\{4, -1, \tfrac{1}{4}, -\tfrac{1}{16}, \tfrac{1}{64}, \ldots\right\}$

15. $\left\{-3, 2, -\tfrac{4}{3}, \tfrac{8}{9}, -\tfrac{16}{27}, \ldots\right\}$

16. $\{5, 8, 11, 14, 17, \ldots\}$

17. $\left\{\tfrac{1}{2}, -\tfrac{4}{3}, \tfrac{9}{4}, -\tfrac{16}{5}, \tfrac{25}{6}, \ldots\right\}$

18. $\{1, 0, -1, 0, 1, 0, -1, 0, \ldots\}$

19-22 Calculez, à la quatrième décimale, les dix premiers termes de la suite et utilisez-les pour tracer le graphique de la suite à la main. La suite semble-t-elle avoir une limite ? Si oui, calculez cette limite. Si non, expliquez pourquoi.

19. $a_n = \dfrac{3n}{1 + 6n}$

20. $a_n = 2 + \dfrac{(-1)^n}{n}$

21. $a_n = 1 + \left(-\tfrac{1}{2}\right)^n$

22. $a_n = 1 + \dfrac{10^n}{9^n}$

23-56 Déterminez si la suite converge ou diverge. Si elle converge, trouvez sa limite.

23. $a_n = \dfrac{3 + 5n^2}{n + n^2}$

24. $a_n = \dfrac{3 + 5n^2}{1 + n}$

25. $a_n = \dfrac{n^4}{n^3 - 2n}$

26. $a_n = 2 + (0{,}86)^n$

27. $a_n = 3^n 7^{-n}$

28. $a_n = \dfrac{3\sqrt{n}}{\sqrt{n} + 2}$

29. $a_n = e^{-1/\sqrt{n}}$

30. $a_n = \dfrac{4^n}{1 + 9^n}$

31. $a_n = \sqrt{\dfrac{1 + 4n^2}{1 + n^2}}$

32. $a_n = \cos\left(\dfrac{n\pi}{n+1}\right)$

33. $a_n = \dfrac{n^2}{\sqrt{n^3 + 4n}}$

34. $a_n = e^{2n/(n+2)}$

35. $a_n = \dfrac{(-1)^n}{2\sqrt{n}}$

36. $a_n = \dfrac{(-1)^{n+1} n}{n + \sqrt{n}}$

37. $\left\{\dfrac{(2n-1)!}{(2n+1)!}\right\}$

38. $\left\{\dfrac{\ln n}{\ln 2n}\right\}$

39. $\{\sin n\}$

40. $a_n = \dfrac{\tan^{-1} n}{n}$

41. $\{n^2 e^{-n}\}$

42. $a_n = \ln(n+1) - \ln n$

43. $a_n = \dfrac{\cos^2 n}{2^n}$

44. $a_n = \sqrt[n]{2^{1+3n}}$

45. $a_n = n \sin(1/n)$

46. $a_n = 2^{-n} \cos n\pi$

47. $a_n = \left(1 + \dfrac{2}{n}\right)^n$

48. $a_n = \sqrt[n]{n}$

49. $a_n = \ln(2n^2 + 1) - \ln(n^2 + 1)$

50. $a_n = \dfrac{(\ln n)^2}{n}$

51. $a_n = \arctan(\ln n)$

52. $a_n = n - \sqrt{n+1}\sqrt{n+3}$

53. $\{0, 1, 0, 0, 1, 0, 0, 0, 1, \ldots\}$

54. $\left\{\tfrac{1}{1}, \tfrac{1}{3}, \tfrac{1}{2}, \tfrac{1}{4}, \tfrac{1}{3}, \tfrac{1}{5}, \tfrac{1}{4}, \tfrac{1}{6}, \ldots\right\}$

55. $a_n = \dfrac{n!}{2^n}$

56. $a_n = \dfrac{(-3)^n}{n!}$

57-63 Utilisez le graphe de la suite pour décider si celle-ci converge ou diverge. Si elle converge, estimez la valeur de la limite à partir du graphe, puis prouvez que votre estimation est correcte. (Pour des conseils sur la représentation graphique des suites, consultez la note en marge de la page 9.)

57. $a_n = (-1)^n \dfrac{n}{n+1}$

58. $a_n = \dfrac{\sin n}{n}$

59. $a_n = \arctan\left(\dfrac{n^2}{n^2+4}\right)$

60. $a_n = \sqrt[n]{3^n + 5^n}$

61. $a_n = \dfrac{n^2 \cos n}{1+n^2}$

62. $a_n = \dfrac{1 \cdot 3 \cdot 5 \cdot \cdots \cdot (2n-1)}{n!}$

63. $a_n = \dfrac{1 \cdot 3 \cdot 5 \cdot \cdots \cdot (2n-1)}{(2n)^n}$

64. a) Déterminez si la suite définie par récurrence est convergente ou divergente :
$$a_1 = 1, \quad a_{n+1} = 4 - a_n \text{ pour } n \geq 1.$$
b) Qu'arrive-t-il si le premier terme est $a_1 = 2$?

65. Un capital de 1000 \$ investi au taux d'intérêt de 6 % composé annuellement vaut $a_n = 1000(1,06)^n$ au bout de n années.
a) Trouvez les cinq premiers termes de la suite $\{a_n\}$.
b) Est-ce que cette suite converge ou diverge ? Expliquez votre réponse.

66. Si vous déposez 100 \$ à la fin de chaque mois dans un compte qui rapporte 3 % d'intérêt par année, composé mensuellement, le montant des intérêts accumulés après n mois est donné par la suite
$$I_n = 100\left(\dfrac{1,0025^n - 1}{0,0025} - n\right)$$
a) Trouvez les six premiers termes de la suite.
b) Quel montant d'intérêts aurez-vous accumulé après deux ans ?

67. Le bassin d'un pisciculteur contient 5000 poissons-chats. Le nombre de poissons-chats augmente de 8 % par mois et le pisciculteur recueille 300 poissons-chats par mois.
a) Montrez que la population de poissons-chats P_n après n mois est donnée récursivement par
$$P_n = 1,08 P_{n-1} - 300 \, ; \quad P_0 = 5000.$$
b) Combien y a-t-il de poissons-chats dans le bassin après six mois ?

68. Calculez les 40 premiers termes de la suite définie par
$$a_{n+1} = \begin{cases} \frac{1}{2} a_n & \text{si } a_n \text{ est un nombre pair} \\ 3a_n + 1 & \text{si } a_n \text{ est un nombre impair} \end{cases}$$
et $a_1 = 11$. Refaites cet exercice pour $a_1 = 25$. Énoncez une conjecture sur ce type de suite.

69. Pour quelles valeurs de r la suite $\{nr^n\}$ est-elle convergente ?

70. a) Si $\{a_n\}$ converge, montrez que
$$\lim_{n \to \infty} a_{n+1} = \lim_{n \to \infty} a_n.$$
b) Une suite $\{a_n\}$ est définie par $a_1 = 1$ et $a_{n+1} = \dfrac{1}{1+a_n}$ pour $n \geq 1$. En supposant que $\{a_n\}$ converge, trouvez sa limite.

71. Supposez que vous savez que $\{a_n\}$ est une suite décroissante et que tous ses termes sont compris entre les nombres 5 et 8. Expliquez pourquoi cette suite possède une limite. Que pouvez-vous dire à propos de la valeur de cette limite ?

72-78 Déterminez si la suite est croissante, décroissante ou non monotone. Est-elle bornée ?

72. $a_n = \cos n$

73. $a_n = \dfrac{1}{2n+3}$

74. $a_n = \dfrac{1-n}{2+n}$

75. $a_n = n(-1)^n$

76. $a_n = 2 + \dfrac{(-1)^n}{n}$

77. $a_n = 3 - 2ne^{-n}$

78. $a_n = n^3 - 3n + 3$

79. Trouvez la limite de la suite
$$\left\{\sqrt{2}, \sqrt{2\sqrt{2}}, \sqrt{2\sqrt{2\sqrt{2}}}, \ldots\right\}.$$

80. Une suite $\{a_n\}$ est définie par $a_1 = \sqrt{2}$, $a_{n+1} = \sqrt{2 + a_n}$.
a) Par récurrence ou autrement, montrez que $\{a_n\}$ est croissante et bornée supérieurement par 3. Appliquez le théorème des suites monotones pour montrer que $\lim_{n \to \infty} a_n$ existe.
b) Trouvez $\lim_{n \to \infty} a_n$.

81. Montrez que la suite définie par
$$a_1 = 1 \qquad a_{n+1} = 3 - \dfrac{1}{a_n}$$
est croissante et que $a_n < 3$ pour tout n. Déduisez que $\{a_n\}$ converge et trouvez sa limite.

82. Montrez que la suite définie par
$$a_1 = 2 \qquad a_{n+1} = \dfrac{1}{3 - a_n}$$
satisfait à $0 < a_n \leq 2$ et qu'elle est décroissante. Déduisez que cette suite converge et trouvez sa limite.

83. a) Fibonacci a posé le problème suivant : on suppose que les lapins sont immortels et que, chaque mois, chaque paire de lapins produit une paire de nouveau-nés qui commenceront à se reproduire à l'âge de deux mois. On commence avec une paire de nouveau-nés. Combien de paires de lapins y aura-t-il au n-ième mois ? Montrez que la réponse est f_n, où $\{f_n\}$ est la suite de Fibonacci définie à l'exemple 3 c).
b) Posez $a_n = \dfrac{f_{n+1}}{f_n}$ et montrez que $a_{n-1} = 1 + \dfrac{1}{a_{n-2}}$. Supposez que $\{a_n\}$ converge et trouvez sa limite.

84. a) Soit $a_1 = a$, $a_2 = f(a)$, $a_3 = f(a_2) = f(f(a))$, ..., $a_{n+1} = f(a_n)$, où f est une fonction continue. Si $\lim_{n\to\infty} a_n = L$, montrez que $f(L) = L$.

b) Illustrez votre réponse en a) en prenant $f(x) = \cos x$, $a = 1$ et estimez la valeur de L avec cinq décimales exactes.

85. a) Utilisez un graphe pour estimer la valeur de
$$\lim_{n\to\infty} \frac{n^5}{n!}.$$

b) Utilisez le graphe tracé en a) pour trouver les plus petites valeurs de N qui correspondent à $\varepsilon = 0{,}1$ et à $\varepsilon = 0{,}001$ dans la définition 2.

86. Utilisez la définition 2 pour prouver directement que $\lim_{n\to\infty} r^n = 0$ lorsque $|r| < 1$.

87. Démontrez le théorème 6. (*Suggestion* : Utilisez la définition 2 ou le théorème du sandwich.)

88. Démontrez le théorème 7.

89. Prouvez que si $\lim_{n\to\infty} a_n = 0$ et que $\{b_n\}$ est bornée, alors $\lim_{n\to\infty}(a_n b_n) = 0$.

90. Soit $a_n = \left(1 + \dfrac{1}{n}\right)^n$.

a) Montrez que si $0 \leq a < b$, alors
$$\frac{b^{n+1} - a^{n+1}}{b - a} < (n+1)b^n.$$

b) Déduisez que $b^n[(n+1)a - nb] < a^{n+1}$.

c) Utilisez $a = 1 + \dfrac{1}{n+1}$ et $b = 1 + \dfrac{1}{n}$ dans la partie b) pour montrer que $\{a_n\}$ est croissante.

d) Utilisez $a = 1$ et $b = 1 + \dfrac{1}{2n}$ dans la partie b) pour montrer que $a_{2n} < 4$.

e) Utilisez les parties c) et d) pour montrer que $a_n < 4$ pour tout n.

f) Utilisez le théorème 12 pour montrer que $\lim_{n\to\infty}\left(1 + \dfrac{1}{n}\right)^n$ existe. (La limite est e.)

91. Soit a et b deux nombres positifs tels que $a > b$. Soit a_1 leur moyenne arithmétique et b_1 leur moyenne géométrique :
$$a_1 = \frac{a+b}{2} \quad b_1 = \sqrt{ab}.$$

Répétez ce processus de sorte que, en général,
$$a_{n+1} = \frac{a_n + b_n}{2} \quad b_{n+1} = \sqrt{a_n b_n}.$$

a) Montrez par récurrence que
$$a_n > a_{n+1} > b_{n+1} > b_n.$$

b) Déduisez que $\{a_n\}$ et $\{b_n\}$ convergent.

c) Montrez que $\lim_{n\to\infty} a_n = \lim_{n\to\infty} b_n$. Gauss a nommé la valeur commune de ces limites la **moyenne arithmético-géométrique** des nombres a et b.

92. a) Montrez que si $\lim_{n\to\infty} a_{2n} = L$ et si $\lim_{n\to\infty} a_{2n+1} = L$, alors $\{a_n\}$ converge et $\lim_{n\to\infty} a_n = L$.

b) Si $a_1 = 1$ et si
$$a_{n+1} = 1 + \frac{1}{1 + a_n}$$
trouvez les huit premiers termes de la suite $\{a_n\}$, puis utilisez la partie a) pour montrer que $\lim_{n\to\infty} a_n = \sqrt{2}$, ce qui donne le **développement en fraction continue**
$$\sqrt{2} = 1 + \cfrac{1}{2 + \cfrac{1}{2 + \cdots}}.$$

93. La taille d'une population de poissons isolée est modélisée par la formule
$$p_{n+1} = \frac{bp_n}{a + p_n}$$
où p_n est la population de poissons après n années, et a et b sont des constantes positives qui dépendent de l'espèce et de l'environnement. Supposez que la population en l'an 0 est de $p_0 > 0$.

a) Montrez que si $\{p_n\}$ converge, alors les seules valeurs possibles pour sa limite sont 0 et $b - a$.

b) Montrez que $p_{n+1} < \left(\dfrac{b}{a}\right) p_n$.

c) Utilisez la partie b) pour montrer que si $a > b$, alors $\lim_{n\to\infty} p_n = 0$; autrement dit, la population s'éteint.

d) Supposez maintenant que $a < b$. Montrez que si $p_0 < b - a$, alors $\{p_n\}$ est croissante et $0 < p_n < b - a$. Montrez aussi que si $p_0 > b - a$, alors $\{p_n\}$ est décroissante et $p_n > b - a$. Déduisez que si $a < b$, alors $\lim_{n\to\infty} p_n = b - a$.

PROJET DE LABORATOIRE

LCS LES SUITES LOGISTIQUES

En écologie, la suite définie par l'**équation logistique**
$$p_{n+1} = kp_n(1 - p_n)$$
sert à modéliser la croissance d'une population. Dans cette équation, p_n représente la taille de la population de la n-ième génération d'une espèce. Pour simplifier les calculs,

on suppose en fait que p_n est une fraction de la taille maximale de la population, de sorte que $0 \leq p_n \leq 1$.

Une écologiste intéressée par la prédiction de la taille de la population dans le temps pose les questions suivantes : La taille de la population se stabilisera-t-elle à une valeur limite ? Variera-t-elle de façon cyclique ? Se comportera-t-elle de façon aléatoire ?

Écrivez un programme informatique pour calculer les n premiers termes de cette suite en commençant avec une population initiale p_0, où $0 < p_0 < 1$. À l'aide de votre programme, effectuez les opérations décrites ci-dessous.

1. Calculez 20 ou 30 termes de la suite pour $p_0 = \frac{1}{2}$ et pour deux valeurs de k telles que $1 < k < 3$. Représentez les suites graphiquement. Semblent-elles converger ? Recommencez ce travail pour une autre valeur de p_0 comprise entre 0 et 1. La limite dépend-elle du choix de p_0 ? Dépend-elle du choix de k ?

2. Calculez les termes de la suite pour une valeur de k comprise entre 3 et 3,4 et représentez-les graphiquement. Que remarquez-vous à propos du comportement des termes de la suite ?

3. Expérimentez avec d'autres valeurs de k comprises entre 3,4 et 3,5. Qu'arrive-t-il aux termes de la suite ?

4. Pour des valeurs de k comprises entre 3,6 et 4, calculez et représentez graphiquement au moins 100 termes, puis commentez le comportement de la suite. Que se passe-t-il si vous donnez à p_0 la valeur 0,001 ? Ce type de comportement, qualifié de « chaotique », décrit la variation de populations d'insectes dans certaines conditions.

1.2 LES SÉRIES

Le record actuel du calcul d'une approximation décimale de π a été obtenu en 2014 par « houkouonchi » et comporte plus de 13,3 mille milliards de décimales.

Que veut-on dire quand on exprime un nombre sous la forme d'un nombre décimal infini ? Par exemple, qu'est-ce que ça signifie quand on écrit

$$\pi = 3{,}14159\ 26535\ 89793\ 23846\ 26433\ 83279\ 50288\ \ldots$$

La convention qui sous-tend notre notation décimale est que tout nombre peut s'écrire sous la forme d'une somme infinie. Dans ce cas-ci, cela signifie que

$$\pi = 3 + \frac{1}{10} + \frac{4}{10^2} + \frac{1}{10^3} + \frac{5}{10^4} + \frac{9}{10^5} + \frac{2}{10^6} + \frac{6}{10^7} + \frac{5}{10^8} + \ldots$$

où les trois points ($\cdots$) indiquent que la somme se poursuit à l'infini et que plus on ajoute de termes, plus on s'approche de la valeur réelle de π.

En général, si on tente d'additionner les termes d'une suite infinie $\{a_n\}_{n=1}^{\infty}$, on obtient une expression de la forme

1
$$a_1 + a_2 + a_3 + \cdots + a_n + \cdots$$

qui est appelée **série infinie** (ou simplement **série**) et qui est notée par

$$\sum_{n=1}^{\infty} a_n \quad \text{ou} \quad \sum a_n.$$

Quel sens peut-on donner à la somme d'un nombre infini de termes ?

Tableau 1.1

n	Somme des n premiers termes
1	0,500 000 00
2	0,750 000 00
3	0,875 000 00
4	0,937 500 00
5	0,968 750 00
6	0,984 375 00
7	0,992 187 50
10	0,999 023 44
15	0,999 969 48
20	0,999 999 05
25	0,999 999 97

Il est impossible de trouver une somme finie pour la série

$$1 + 2 + 3 + 4 + 5 + \cdots + n + \cdots$$

car si on additionne successivement les termes, on obtient les sommes cumulatives 1, 3, 6, 10, 15, 21, ..., et le n-ième terme est $n(n+1)/2$, qui devient très grand lorsque n augmente.

Cependant, si on additionne successivement les termes de la série

$$\frac{1}{2} + \frac{1}{4} + \frac{1}{8} + \frac{1}{16} + \frac{1}{32} + \frac{1}{64} + \cdots + \frac{1}{2^n} + \cdots,$$

on obtient $\frac{1}{2}, \frac{3}{4}, \frac{7}{8}, \frac{15}{16}, \frac{31}{32}, \frac{63}{64}, \ldots, 1 - \frac{1}{2^n}, \ldots$ Le tableau 1.1 montre que les sommes partielles obtenues par l'addition d'un nombre de plus en plus grand de termes s'approchent de plus en plus de la valeur 1. De fait, en additionnant suffisamment de termes de la série, on peut rendre les sommes partielles aussi proches qu'on le veut de 1. Il est donc raisonnable de dire que la somme de cette série infinie est 1 et d'écrire

$$\sum_{n=1}^{\infty} \frac{1}{2^n} = \frac{1}{2} + \frac{1}{4} + \frac{1}{8} + \frac{1}{16} + \cdots + \frac{1}{2^n} + \cdots = 1.$$

On utilise un raisonnement semblable pour déterminer si une série générale comme celle en 1 possède une somme ou non. On considère les **sommes partielles**

$$s_1 = a_1$$
$$s_2 = a_1 + a_2$$
$$s_3 = a_1 + a_2 + a_3$$
$$s_4 = a_1 + a_2 + a_3 + a_4$$

et, en général,

$$s_n = a_1 + a_2 + a_3 + \cdots + a_n = \sum_{i=1}^{n} a_i.$$

Ces sommes partielles forment une nouvelle suite $\{s_n\}$, qui possède une limite ou non. Si $\lim_{n \to \infty} s_n = s$ existe (c'est-à-dire que cette limite est un nombre fini), alors, comme dans l'exemple précédent, on l'appelle la « somme de la série infinie $\sum a_n$ ».

2 DÉFINITION

Soit la série $\sum_{n=1}^{\infty} a_n = a_1 + a_2 + a_3 + \cdots$, et soit s_n sa n-ième somme partielle :

$$s_n = \sum_{i=1}^{n} a_i = a_1 + a_2 + \cdots + a_n.$$

Si la suite $\{s_n\}$ converge et si $\lim_{n \to \infty} s_n = s$, alors la **série** $\sum a_n$ est dite **convergente**, et on écrit

$$a_1 + a_2 + \cdots + a_n + \cdots = s \quad \text{ou} \quad \sum_{n=1}^{\infty} a_n = s.$$

Le nombre s est la **somme** de la série. Sinon, la **série** est **divergente**.

La somme d'une série est donc la limite de la suite de ses sommes partielles. La notation $\sum_{n=1}^{\infty} a_n = s$ signifie que l'addition d'un nombre suffisant de termes de la série permet d'approcher le nombre s d'aussi près qu'on le désire. Remarquez que

$$\sum_{n=1}^{\infty} a_n = \lim_{n \to \infty} \sum_{i=1}^{n} a_i.$$

Comparez cette expression avec l'intégrale impropre :

$$\int_1^{\infty} f(x)\, dx = \lim_{t \to \infty} \int_1^t f(x)\, dx.$$

Pour évaluer cette intégrale, on effectue l'intégration de 1 à t, puis on fait tendre $t \to \infty$. Pour une série, on additionne de 1 à n, puis on fait tendre $n \to \infty$.

EXEMPLE 1 Supposons que nous savons que la somme des n premiers termes de la série $\sum_{n=1}^{\infty} a_n$ est

$$s_n = a_1 + a_2 + \cdots + a_n = \frac{2n}{3n+5}$$

Alors, la somme de la série est la limite de la suite $\{s_n\}$:

$$\sum_{n=1}^{\infty} a_n = \lim_{n\to\infty} s_n = \lim_{n\to\infty}\frac{2n}{3n+5} = \lim_{n\to\infty}\frac{2}{3+\dfrac{5}{n}} = \frac{2}{3}.$$

Dans l'exemple 1, on nous donnait une expression représentant la somme des n premiers termes, mais il n'est généralement pas facile de trouver une telle expression. Dans l'exemple 2, toutefois, on examine une série bien connue pour laquelle on peut trouver une formule explicite pour s_n.

EXEMPLE 2 La **série géométrique** est un exemple important de série infinie :

$$a + ar + ar^2 + ar^3 + \cdots + ar^{n-1} + \cdots = \sum_{n=1}^{\infty} ar^{n-1}, \ a \neq 0.$$

On obtient chaque terme en multipliant son prédécesseur par la **raison** r. (Le cas particulier où $a = \tfrac{1}{2}$ et $r = \tfrac{1}{2}$ a déjà été considéré à la page 17.)

Si $r = 1$, alors $s_n = a + a + \cdots + a = na \to \pm\infty$. Puisque $\lim_{n\to\infty} s_n$ n'existe pas, la série géométrique diverge dans ce cas.

Si $r \neq 1$, on a

$$s_n = a + ar + ar^2 + \cdots + ar^{n-1}$$

et

$$rs_n = ar + ar^2 + \cdots + ar^{n-1} + ar^n.$$

En soustrayant ces deux équations, on obtient

$$s_n - rs_n = a - ar^n$$

3
$$s_n = \frac{a(1-r^n)}{1-r}.$$

Si $-1 < r < 1$, alors $r^n \to 0$ lorsque $n \to \infty$. On a donc

$$\lim_{n\to\infty} s_n = \lim_{n\to\infty}\frac{a(1-r^n)}{1-r} = \frac{a}{1-r} - \frac{a}{1-r}\lim_{n\to\infty} r^n = \frac{a}{1-r}.$$

Par conséquent, lorsque $|r| < 1$, la série géométrique converge et sa somme est $a/(1-r)$.

Si $r \leq -1$ ou $r > 1$, la suite $\{r^n\}$ diverge (voir l'équation 9 de la section 1.1) et donc, selon l'équation 3, $\lim_{n\to\infty} s_n$ n'existe pas. La série géométrique diverge donc dans ces deux cas.

Voici un résumé des résultats de l'exemple 2.

---

4 THÉORÈME

La série géométrique

$$\sum_{n=1}^{\infty} ar^{n-1} = a + ar + ar^2 + \cdots$$

converge si $|r| < 1$ et, dans ce cas, sa somme est

$$\sum_{n=1}^{\infty} ar^{n-1} = \frac{a}{1-r} \quad |r| < 1.$$

Si $|r| \geq 1$, la série géométrique diverge.

La figure 1 présente une démonstration géométrique du résultat de l'exemple 2. Si les triangles sont tracés comme dans la figure et si s est la somme de la série, alors, puisque les triangles sont semblables,

$$\frac{s}{a} = \frac{a}{a-ar}, \text{ donc } s = \frac{a}{1-r}.$$

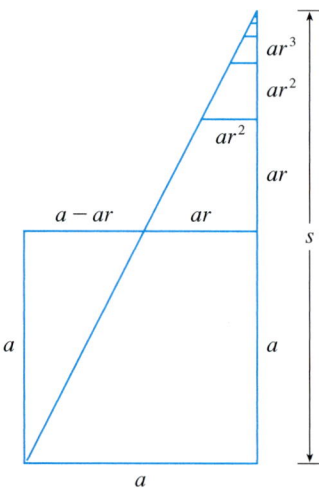

FIGURE 1

Exprimée en mots, la somme d'une série géométrique convergente est

$$\frac{\text{premier terme}}{1 - \text{raison}}.$$

EXEMPLE 3 Trouvons la somme de la série géométrique

$$5 - \frac{10}{3} + \frac{20}{9} - \frac{40}{27} + \cdots$$

SOLUTION Le premier terme est $a = 5$ et la raison est $r = -\frac{2}{3}$. Comme $|r| = \frac{2}{3} < 1$, la série converge, selon le théorème 4, et sa somme est

$$5 - \frac{10}{3} + \frac{20}{9} - \frac{40}{27} + \cdots = \frac{5}{1-\left(-\frac{2}{3}\right)} = \frac{5}{\frac{5}{3}} = 3.$$

Que signifie en réalité l'affirmation selon laquelle la somme de la série de l'exemple 3 est égale à 3 ? On ne peut évidemment pas additionner un nombre infini de termes un par un. Cependant, selon la définition 2, la somme totale est la limite de la suite des sommes partielles. La somme d'un nombre suffisamment grand de termes permet donc de s'approcher aussi près qu'on veut du nombre 3. Le tableau 1.2 montre les 10 premières sommes partielles s_n, et le graphe de la figure 2 montre comment la suite des sommes partielles tend vers 3.

Tableau 1.2

n	s_n
1	5,000 000
2	1,666 667
3	3,888 889
4	2,407 407
5	3,395 062
6	2,736 626
7	3,175 583
8	2,882 945
9	3,078 037
10	2,947 975

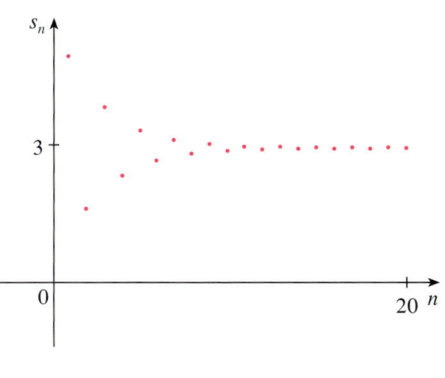

FIGURE 2

EXEMPLE 4 Est-ce que la série $\sum_{n=1}^{\infty} 2^{2n} 3^{1-n}$ converge ou diverge ?

SOLUTION On réécrit d'abord le n-ième terme de la série sous la forme ar^{n-1} :

$$\sum_{n=1}^{\infty} 2^{2n} 3^{1-n} = \sum_{n=1}^{\infty} \left(2^2\right)^n 3^{-(n-1)} = \sum_{n=1}^{\infty} \frac{4^n}{3^{n-1}} = \sum_{n=1}^{\infty} 4\left(\frac{4}{3}\right)^{n-1}.$$

Une autre façon de déterminer a et r consiste à écrire les premiers termes :

$$4 + \frac{16}{3} + \frac{64}{9} + \cdots$$

Il s'agit d'une série géométrique avec $a = 4$ et $r = \frac{4}{3}$. Comme $|r| > 1$, la série diverge, selon le théorème 4.

EXEMPLE 5 On administre un médicament à un patient à la même heure chaque jour. Supposez que la concentration du médicament est C_n (mesurée en mg/mL) après l'injection du n-ième jour. Avant l'injection du jour suivant, il reste seulement 30 % du médicament dans le sang et la dose quotidienne augmente la concentration de 0,2 mg/mL.
a) Trouvez la concentration après trois jours.
b) Quelle est la concentration après la n-ième dose ?
c) Quelle est la concentration limite ?

SOLUTION a) Juste avant l'administration de la dose quotidienne, la concentration est réduite à 30 % de la concentration de la journée précédente, c'est-à-dire, $0,3 C_n$. Avec la nouvelle dose, la concentration augmente de 0,2 mg/mL et donc,

$$C_{n+1} = 0,2 + 0,3 C_n.$$

En commençant avec $C_0 = 0$ et en posant $n = 0, 1, 2$ dans cette équation, on obtient

$$C_1 = 0,2 + 0,3 C_0 = 0,2$$
$$C_2 = 0,2 + 0,3 C_1 = 0,2 + 0,2(0,3) = 0,26$$
$$C_3 = 0,2 + 0,3 C_2 = 0,2 + 0,2(0,3) + 0,2(0,3)^2 = 0,278.$$

La concentration après trois jours est de 0,278 mg/mL.

b) Après la n-ième dose, la concentration est
$$C_n = 0,2 + 0,2(0,3) + 0,2(0,3)^2 + \cdots + 0,2(0,3)^{n-1}.$$

Il s'agit d'une série géométrique finie, où $a = 0,2$ et $r = 0,3$. Donc, selon l'équation 3, on obtient
$$C_n = \frac{0,2[1-(0,3)^n]}{1-0,3} = \frac{2}{7}[1-(0,3)^n] \text{ mg/mL}.$$

c) Parce que $0,3 < 1$, on sait que $\lim_{n\to\infty}(0,3)^n = 0$. Donc, la concentration limite est
$$\lim_{n\to\infty} C_n = \lim_{n\to\infty} \frac{2}{7}[1-(0,3)^n] = \frac{2}{7}(1-0) = \frac{2}{7} \text{ mg/mL}.$$

EXEMPLE 6 Écrivons le nombre $2,\overline{317} = 2,317\,171\,7\ldots$ sous la forme d'une fraction (un rapport de nombres entiers).

SOLUTION Le nombre s'écrit
$$2,317\,171\,7\ldots = 2,3 + \frac{17}{10^3} + \frac{17}{10^5} + \frac{17}{10^7} + \cdots$$

Après le premier terme, on a une série géométrique avec $a = 17/10^3$ et $r = 1/10^2$. Par conséquent,
$$2,\overline{317} = 2,3 + \frac{\frac{17}{10^3}}{1-\frac{1}{10^2}} = 2,3 + \frac{\frac{17}{1000}}{\frac{99}{100}}$$
$$= \frac{23}{10} + \frac{17}{990} = \frac{1147}{495}.$$

EXEMPLE 7 Trouvons la somme de la série $\sum_{n=0}^{\infty} x^n$, où $|x| < 1$.

SOLUTION Il faut noter que cette série débute avec $n = 0$ et donc que le premier terme est $x^0 = 1$.

(Pour cette série, on convient que $x^0 = 1$ même lorsque $x = 0$.) On a donc
$$\sum_{n=0}^{\infty} x^n = 1 + x + x^2 + x^3 + x^4 + \cdots$$

Cette série est géométrique avec $a = 1$ et $r = x$. Comme $|r| = |x| < 1$, elle converge et le théorème 4 permet d'obtenir la somme

5
$$\sum_{n=0}^{\infty} x^n = \frac{1}{1-x}.$$

EXEMPLE 8 Montrons que la série $\sum_{n=1}^{\infty} \frac{1}{n(n+1)}$ converge et trouvons sa somme.

SOLUTION Cette série n'est pas géométrique. On doit donc revenir à la définition d'une série convergente et calculer les sommes partielles :
$$s_n = \sum_{i=1}^{n} \frac{1}{i(i+1)} = \frac{1}{1\times 2} + \frac{1}{2\times 3} + \frac{1}{3\times 4} + \cdots + \frac{1}{n(n+1)}.$$

On remarque que les termes s'annulent par paires. Il s'agit d'un exemple de somme télescopique : les annulations réduisent la somme à deux termes.

La figure 3 illustre l'exemple 8 en montrant les graphes de la suite des termes $a_n = \dfrac{1}{n(n+1)}$ et de la suite $\{s_n\}$ des sommes partielles. On remarque que $a_n \to 0$ et que $s_n \to 1$. Pour deux interprétations géométriques de l'exemple 8, on peut se référer aux exercices 78 et 79.

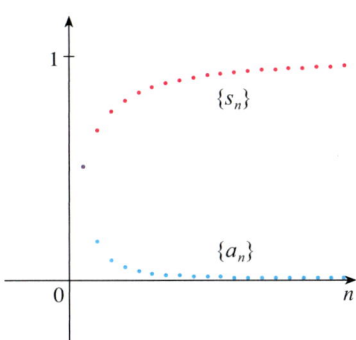

FIGURE 3

On simplifie cette expression en la décomposant en fractions simples :
$$\frac{1}{i(i+1)} = \frac{1}{i} - \frac{1}{i+1}.$$

On obtient
$$s_n = \sum_{i=1}^{n} \frac{1}{i(i+1)} = \sum_{i=1}^{n} \left(\frac{1}{i} - \frac{1}{i+1} \right)$$
$$= \left(1 - \frac{1}{2}\right) + \left(\frac{1}{2} - \frac{1}{3}\right) + \left(\frac{1}{3} - \frac{1}{4}\right) + \cdots + \left(\frac{1}{n} - \frac{1}{n+1}\right)$$
$$= 1 - \frac{1}{n+1}$$

et
$$\lim_{n \to \infty} s_n = \lim_{n \to \infty} \left(1 - \frac{1}{n+1}\right) = 1 - 0 = 1.$$

Par conséquent, la série donnée converge et
$$\sum_{n=1}^{\infty} \frac{1}{n(n+1)} = 1.$$

EXEMPLE 9 Montrons que la **série harmonique**
$$\sum_{n=1}^{\infty} \frac{1}{n} = 1 + \frac{1}{2} + \frac{1}{3} + \frac{1}{4} + \cdots \text{ diverge.}$$

SOLUTION Pour cette série particulière, il est commode de considérer les sommes partielles $s_2, s_4, s_8, s_{16}, s_{32}, \ldots$ et de montrer qu'elles deviennent arbitrairement grandes. On effectue les calculs suivants :

$$s_1 = 1$$
$$s_2 = 1 + \tfrac{1}{2}$$
$$s_4 = 1 + \tfrac{1}{2} + \left(\tfrac{1}{3} + \tfrac{1}{4}\right) > 1 + \tfrac{1}{2} + \left(\tfrac{1}{4} + \tfrac{1}{4}\right) = 1 + \tfrac{2}{2}$$
$$s_8 = 1 + \tfrac{1}{2} + \left(\tfrac{1}{3} + \tfrac{1}{4}\right) + \left(\tfrac{1}{5} + \tfrac{1}{6} + \tfrac{1}{7} + \tfrac{1}{8}\right)$$
$$> 1 + \tfrac{1}{2} + \left(\tfrac{1}{4} + \tfrac{1}{4}\right) + \left(\tfrac{1}{8} + \tfrac{1}{8} + \tfrac{1}{8} + \tfrac{1}{8}\right)$$
$$= 1 + \tfrac{1}{2} + \tfrac{1}{2} + \tfrac{1}{2} = 1 + \tfrac{3}{2}$$
$$s_{16} = 1 + \tfrac{1}{2} + \left(\tfrac{1}{3} + \tfrac{1}{4}\right) + \left(\tfrac{1}{5} + \cdots + \tfrac{1}{8}\right) + \left(\tfrac{1}{9} + \cdots + \tfrac{1}{16}\right)$$
$$> 1 + \tfrac{1}{2} + \left(\tfrac{1}{4} + \tfrac{1}{4}\right) + \left(\tfrac{1}{8} + \cdots + \tfrac{1}{8}\right) + \left(\tfrac{1}{16} + \cdots + \tfrac{1}{16}\right)$$
$$= 1 + \tfrac{1}{2} + \tfrac{1}{2} + \tfrac{1}{2} + \tfrac{1}{2} = 1 + \tfrac{4}{2}$$

De même, $s_{32} > 1 + \tfrac{5}{2}$, $s_{64} > 1 + \tfrac{6}{2}$, et en général
$$s_{2^n} > 1 + \frac{n}{2}$$

C'est le savant français Nicole Oresme (1323-1382) qui a élaboré la méthode utilisée à l'exemple 9 pour montrer que la série harmonique diverge.

ce qui montre que $s_{2^n} \to \infty$ lorsque $n \to \infty$ et donc que $\{s_n\}$ diverge. Par conséquent, la série harmonique est divergente.

6 THÉORÈME

Si la série $\sum\limits_{n=1}^{\infty} a_n$ converge, alors $\lim\limits_{n \to \infty} a_n = 0$.

DÉMONSTRATION

Soit $s_n = a_1 + a_2 + \cdots + a_n$. Alors, $a_n = s_n - s_{n-1}$. Comme la série $\sum a_n$ converge, la suite des sommes partielles $\{s_n\}$ converge. Soit $\lim_{n\to\infty} s_n = s$. Puisque $n-1 \to \infty$ lorsque $n \to \infty$, on a aussi $\lim_{n\to\infty} s_{n-1} = s$. Par conséquent,

$$\lim_{n\to\infty} a_n = \lim_{n\to\infty}(s_n - s_{n-1}) = \lim_{n\to\infty} s_n - \lim_{n\to\infty} s_{n-1}$$
$$= s - s = 0.$$

NOTE 1 À toute série $\sum a_n$, on associe deux suites : la suite $\{s_n\}$ de ses sommes partielles et la suite $\{a_n\}$ de ses termes. Si $\sum a_n$ converge et a pour somme s, alors la limite de la suite $\{s_n\}$ est s et, comme l'affirme le théorème 6, la limite de la suite $\{a_n\}$ est 0.

NOTE 2 En général, la réciproque du théorème 6 n'est pas vraie. Si $\lim_{n\to\infty} a_n = 0$, on ne peut pas conclure que $\sum a_n$ converge. Par exemple, pour la série harmonique $\sum 1/n$, on a $a_n = 1/n \to 0$ lorsque $n \to \infty$, mais on a montré à l'exemple 9 que $\sum 1/n$ diverge.

7   TEST DE DIVERGENCE

Si $\lim_{n\to\infty} a_n \neq 0$ ou si $\lim_{n\to\infty} a_n$ n'existe pas, alors la série $\sum_{n=1}^{\infty} a_n$ diverge.

Le test de divergence découle du théorème 6 parce que, si la série ne diverge pas, alors elle converge, et donc $\lim_{n\to\infty} a_n = 0$.

EXEMPLE 10 Montrons que la série $\displaystyle\sum_{n=1}^{\infty} \frac{n^2}{5n^2+4}$ diverge.

SOLUTION On a

$$\lim_{n\to\infty} a_n = \lim_{n\to\infty} \frac{n^2}{5n^2+4} = \lim_{n\to\infty} \frac{1}{5+4/n^2} = \frac{1}{5} \neq 0$$

donc, selon le test de divergence, la série diverge.

NOTE 3 Si on trouve que $\lim_{n\to\infty} a_n \neq 0$, on sait que $\sum a_n$ diverge. Si on trouve que $\lim_{n\to\infty} a_n = 0$, on ignore si $\sum a_n$ converge ou diverge. Rappelez-vous de l'avertissement formulé dans la note 2 : Si $\lim_{n\to\infty} a_n = 0$, la série $\sum a_n$ peut converger ou diverger.

8   THÉORÈME

Si les séries $\sum a_n$ et $\sum b_n$ convergent, alors les séries $\sum ca_n$ (où c est une constante), $\sum(a_n + b_n)$, $\sum(a_n - b_n)$ convergent aussi et

i) $\displaystyle\sum_{n=1}^{\infty} ca_n = c\sum_{n=1}^{\infty} a_n$,

ii) $\displaystyle\sum_{n=1}^{\infty} (a_n + b_n) = \sum_{n=1}^{\infty} a_n + \sum_{n=1}^{\infty} b_n$,

iii) $\displaystyle\sum_{n=1}^{\infty} (a_n - b_n) = \sum_{n=1}^{\infty} a_n - \sum_{n=1}^{\infty} b_n$.

Ces propriétés des séries convergentes découlent des propriétés relatives aux limites des suites de la section 1.1 appliquées à $\{s_n\}$. À titre d'exemple, la démonstration de la partie ii) du théorème 8 est donnée ci-après.

Soit

$$s_n = \sum_{i=1}^{n} a_i \quad s = \sum_{n=1}^{\infty} a_n \quad t_n = \sum_{i=1}^{n} b_i \quad t = \sum_{n=1}^{\infty} b_n.$$

La n-ième somme partielle de la série $\sum(a_n + b_n)$ est

$$u_n = \sum_{i=1}^{n} (a_i + b_i).$$

On a donc

$$\lim_{n \to \infty} u_n = \lim_{n \to \infty} \sum_{i=1}^{n} (a_i + b_i) = \lim_{n \to \infty} \left(\sum_{i=1}^{n} a_i + \sum_{i=1}^{n} b_i \right)$$

$$= \lim_{n \to \infty} \sum_{i=1}^{n} a_i + \lim_{n \to \infty} \sum_{i=1}^{n} b_i = \lim_{n \to \infty} s_n + \lim_{n \to \infty} t_n = s + t.$$

Par conséquent, $\sum(a_n + b_n)$ converge et sa somme est

$$\sum_{n=1}^{\infty} (a_n + b_n) = s + t = \sum_{n=1}^{\infty} a_n + \sum_{n=1}^{\infty} b_n.$$

EXEMPLE 11 Trouvons la somme de la série $\displaystyle\sum_{n=1}^{\infty} \left(\frac{3}{n(n+1)} + \frac{1}{2^n} \right)$.

SOLUTION La série $\sum_{n=1}^{\infty} 1/2^n$ est une série géométrique avec $a = \frac{1}{2}$ et $r = \frac{1}{2}$, donc

$$\sum_{n=1}^{\infty} \frac{1}{2^n} = \frac{\frac{1}{2}}{1 - \frac{1}{2}} = 1.$$

Selon l'exemple 8,

$$\sum_{n=1}^{\infty} \frac{1}{n(n+1)} = 1.$$

Par conséquent, en vertu du théorème 8, la série donnée converge et

$$\sum_{n=1}^{\infty} \left(\frac{3}{n(n+1)} + \frac{1}{2^n} \right) = 3 \sum_{n=1}^{\infty} \frac{1}{n(n+1)} + \sum_{n=1}^{\infty} \frac{1}{2^n} = 3 \times 1 + 1 = 4.$$

NOTE 4 Un nombre fini de termes n'influe pas sur la convergence ou la divergence d'une série. Par exemple, si l'on peut montrer que la série

$$\sum_{n=4}^{\infty} \frac{n}{n^3 + 1}$$

converge vers s, alors, puisque

$$\sum_{n=1}^{\infty} \frac{n}{n^3 + 1} = \frac{1}{2} + \frac{2}{9} + \frac{3}{28} + \sum_{n=4}^{\infty} \frac{n}{n^3 + 1}$$

il s'ensuit que la série $\sum_{n=1}^{\infty} n/(n^3 + 1)$ converge vers $s + 1/2 + 2/9 + 3/28$. De même, si l'on sait que la série $\sum_{n=N+1}^{\infty} a_n$ converge, alors la série

$$\sum_{n=1}^{\infty} a_n = \sum_{n=1}^{N} a_n + \sum_{n=N+1}^{\infty} a_n$$

converge elle aussi. Toutefois, les sommes des deux séries ne sont pas égales.

Exercices 1.2

1. a) Quelle est la différence entre une suite et une série ?
   b) Qu'est-ce qu'une série convergente ? Qu'est-ce qu'une série divergente ?

2. Expliquez ce que signifie $\sum_{n=1}^{\infty} a_n = 5$.

3-4 Calculez la somme de la série $\sum_{n=1}^{\infty} a_n$ dont les sommes partielles sont données.

3. $S_n = 2 - 3(0,8)^n$
4. $S_n = \dfrac{n^2 - 1}{4n^2 + 1}$

5-8 Calculez les huit premiers termes de la suite de sommes partielles avec quatre décimales exactes. La série semble-t-elle converger ou diverger ?

5. $\sum_{n=1}^{\infty} \dfrac{1}{n^4 + n^2}$
6. $\sum_{n=1}^{\infty} \dfrac{1}{\sqrt[3]{n}}$
7. $\sum_{n=1}^{\infty} \sin n$
8. $\sum_{n=1}^{\infty} \dfrac{(-1)^{n-1}}{n!}$

9-14 Trouvez au moins 10 sommes partielles de la série. Représentez graphiquement la suite des termes et la suite des sommes partielles sur la même figure. La série semble-t-elle converger ou diverger ? Si elle converge, trouvez sa somme. Si elle diverge, expliquez pourquoi.

9. $\sum_{n=1}^{\infty} \dfrac{12}{(-5)^n}$
10. $\sum_{n=1}^{\infty} \cos n$
11. $\sum_{n=1}^{\infty} \dfrac{n}{\sqrt{n^2 + 4}}$
12. $\sum_{n=1}^{\infty} \dfrac{7^{n+1}}{10^n}$
13. $\sum_{n=1}^{\infty} \dfrac{2}{n(n+1)}$
14. $\sum_{n=1}^{\infty} \left(\sin \dfrac{1}{n} - \sin \dfrac{1}{n+1} \right)$

15. Soit $a_n = \dfrac{2n}{3n+1}$.
   a) Déterminez si $\{a_n\}$ converge.
   b) Déterminez si $\sum_{n=1}^{\infty} a_n$ converge.

16. a) Expliquez la différence entre
   $$\sum_{i=1}^{n} a_i \quad \text{et} \quad \sum_{j=1}^{n} a_j.$$
   b) Expliquez la différence entre
   $$\sum_{i=1}^{n} a_i \quad \text{et} \quad \sum_{i=1}^{n} a_j.$$

17-26 Déterminez si la série géométrique converge ou diverge. Si elle converge, trouvez sa somme.

17. $3 - 4 + \dfrac{16}{3} - \dfrac{64}{9} + \cdots$
18. $4 + 3 + \dfrac{9}{4} + \dfrac{27}{16} + \cdots$
19. $10 - 2 + 0,4 - 0,08 + \cdots$
20. $2 + 0,5 + 0,125 + 0,03125 + \cdots$
21. $\sum_{n=1}^{\infty} 12(0,73)^{n-1}$
22. $\sum_{n=1}^{\infty} \dfrac{5}{\pi^n}$
23. $\sum_{n=1}^{\infty} \dfrac{(-3)^{n-1}}{4^n}$
24. $\sum_{n=0}^{\infty} \dfrac{3^{n+1}}{(-2)^n}$
25. $\sum_{n=1}^{\infty} \dfrac{e^{2n}}{6^{n-1}}$
26. $\sum_{n=1}^{\infty} \dfrac{6 - 2^{2n-1}}{3^n}$

27-42 Déterminez si la série converge ou diverge. Si elle converge, trouvez sa somme.

27. $\dfrac{1}{3} + \dfrac{1}{6} + \dfrac{1}{9} + \dfrac{1}{12} + \dfrac{1}{15} + \cdots$
28. $\dfrac{1}{3} + \dfrac{2}{9} + \dfrac{1}{27} + \dfrac{2}{81} + \dfrac{1}{243} + \dfrac{2}{729} + \cdots$
29. $\sum_{n=1}^{\infty} \dfrac{2+n}{1-2n}$
30. $\sum_{k=1}^{\infty} \dfrac{k^2}{k^2 - 2k + 5}$
31. $\sum_{n=1}^{\infty} 3^{n+1} 4^{-n}$
32. $\sum_{n=1}^{\infty} [(-0,2)^n + (0,6)^{n-1}]$
33. $\sum_{n=1}^{\infty} \dfrac{1}{4 + e^{-n}}$
34. $\sum_{n=1}^{\infty} \dfrac{2^n + 4^n}{e^n}$
35. $\sum_{k=1}^{\infty} (\sin 100)^k$
36. $\sum_{n=1}^{\infty} \dfrac{1}{1 + \left(\dfrac{2}{3}\right)^n}$
37. $\sum_{n=1}^{\infty} \ln\left(\dfrac{n^2 + 1}{2n^2 + 1} \right)$
38. $\sum_{k=0}^{\infty} \left(\sqrt{2}\right)^{-k}$
39. $\sum_{n=1}^{\infty} \arctan n$
40. $\sum_{n=1}^{\infty} \left(\dfrac{3}{5^n} + \dfrac{2}{n} \right)$
41. $\sum_{n=1}^{\infty} \left(\dfrac{1}{e^n} + \dfrac{1}{n(n+1)} \right)$
42. $\sum_{n=1}^{\infty} \dfrac{e^n}{n^2}$

43-48 Déterminez si la série converge ou diverge en exprimant s_n sous la forme d'une somme télescopique (comme à l'exemple 8). Si elle converge, trouvez sa somme.

43. $\sum_{n=2}^{\infty} \dfrac{2}{n^2 - 1}$
44. $\sum_{n=1}^{\infty} \ln \dfrac{n}{n+1}$
45. $\sum_{n=1}^{\infty} \dfrac{3}{n(n+3)}$
46. $\sum_{n=4}^{\infty} \left(\dfrac{1}{\sqrt{n}} - \dfrac{1}{\sqrt{n+1}} \right)$
47. $\sum_{n=1}^{\infty} \left(e^{1/n} - e^{1/(n+1)} \right)$
48. $\sum_{n=2}^{\infty} \dfrac{1}{n^3 - 2}$

49. Soit $x = 0,99999\ldots$
   a) Selon vous, est-ce que $x < 1$ ou $x = 1$?
   b) Faites la somme d'une série géométrique pour trouver la valeur de x.
   c) Combien de représentations décimales le nombre 1 a-t-il ?
   d) Quels nombres ont plus d'une représentation décimale ?

50. Une suite de termes est définie par
   $$a_1 = 1 \qquad a_n = (5-n)a_{n-1}.$$
   Calculez $\sum_{n=1}^{\infty} a_n$.

51-56 Exprimez le nombre sous la forme d'une fraction.

51. $0,\overline{8} = 0,8888\ldots$ **52.** $0,\overline{46} = 0,46464646\ldots$

53. $2,\overline{516} = 2,516516516\ldots$

54. $10,1\overline{35} = 10,135353535\ldots$

55. $1,234\overline{567}$ **56.** $5,\overline{71358}$

57-63 Pour quelles valeurs de x la série converge-t-elle ? Trouvez la somme de la série pour ces valeurs de x.

57. $\sum_{n=1}^{\infty} (-5)^n x^n$ **58.** $\sum_{n=1}^{\infty} (x+2)^n$

59. $\sum_{n=0}^{\infty} \frac{(x-2)^n}{3^n}$ **60.** $\sum_{n=0}^{\infty} (-4)^n (x-5)^n$

61. $\sum_{n=0}^{\infty} \frac{2^n}{x^n}$ **62.** $\sum_{n=0}^{\infty} \frac{\sin^n x}{3^n}$

63. $\sum_{n=0}^{\infty} e^{nx}$

64. On a vu que la série harmonique est une série divergente dont les termes tendent vers 0. Montrez que
$$\sum_{n=1}^{\infty} \ln\left(1+\frac{1}{n}\right)$$
est une autre série ayant cette propriété.

LCS 65-66 Utilisez un logiciel de calcul symbolique pour décomposer a_n en fractions partielles et trouver une expression convenable pour la somme partielle, puis utilisez cette expression pour trouver la somme de la série. Vérifiez votre réponse en utilisant votre logiciel pour sommer directement la série.

65. $\sum_{n=1}^{\infty} \frac{3n^2+3n+1}{(n^2+n)^3}$ **66.** $\sum_{n=3}^{\infty} \frac{1}{n^5-5n^3+4n}$

67. Si la n-ième somme partielle d'une série $\sum_{n=1}^{\infty} a_n$ est
$$s_n = \frac{n-1}{n+1}$$
trouvez a_n et $\sum_{n=1}^{\infty} a_n$.

68. Si la n-ième somme partielle d'une série $\sum_{n=1}^{\infty} a_n$ est $s_n = 3 - n2^{-n}$, trouvez a_n et $\sum_{n=1}^{\infty} a_n$.

69. Un médecin prescrit la prise d'un comprimé antibiotique de 100 mg aux huit heures. Juste avant l'ingestion de chaque comprimé, il reste 20 % du médicament dans le corps.
   a) Quelle quantité de médicament y a-t-il dans le corps tout juste après l'ingestion du second comprimé ? Quelle quantité y a-t-il après l'ingestion du troisième comprimé ?
   b) Si Q_n représente la quantité d'antibiotique dans le corps tout juste après l'ingestion du n-ième comprimé, trouvez une équation qui exprime Q_{n+1} en fonction de Q_n.
   c) Quelle quantité d'antibiotique demeure dans le corps avec le temps ?

70. On injecte un médicament à une patiente aux 12 heures. Immédiatement avant chaque injection, la concentration de médicament a diminué de 90 % et la nouvelle dose augmente la concentration de 1,5 mg/L.
   a) Quelle est la concentration après trois doses ?
   b) Si C_n représente la concentration après la n-ième dose, trouvez une formule qui exprime C_n en fonction de n.
   c) Quelle est la valeur limite de la concentration ?

71. Un patient prend 150 mg d'un médicament à la même heure chaque jour. Juste avant de prendre chaque comprimé, il reste 5 % du médicament dans le corps.
   a) Quelle quantité de médicament y a-t-il dans le corps après le troisième comprimé ? Quelle quantité y a-t-il après le n-ième comprimé ?
   b) Quelle quantité de médicament reste-t-il dans le corps avec le temps ?

72. Après l'injection d'une dose D d'insuline, la concentration d'insuline dans le système du patient décroît exponentiellement et peut donc être exprimée par De^{-at}, où t représente le temps en heures et a est une constante positive.
   a) Si on injecte une dose D chaque T heures, écrivez une expression donnant la somme des concentrations résiduelles juste avant la $(n+1)$-ième injection.
   b) Déterminez la concentration limite avant l'injection.
   c) Si la concentration d'insuline doit toujours être égale ou supérieure à une valeur critique C, déterminez la dose minimale D en fonction de C, a et T.

73. Lorsqu'un montant d'argent est dépensé pour obtenir des biens ou des services, les personnes qui reçoivent l'argent en dépensent ensuite une certaine partie. Les personnes qui reçoivent une partie du montant d'argent dépensé la deuxième fois en dépenseront aussi une certaine partie, et ainsi de suite. Les économistes appellent cette réaction en chaîne l'« effet multiplicateur ». Le gouvernement local d'une communauté isolée hypothétique lance le processus en dépensant D dollars. Supposez que chaque personne qui a reçu un montant en dépense $100c$ % et en économise $100s$ % du montant reçu. Les valeurs c et s sont appelées respectivement « propension à consommer marginale » et « propension à économiser marginale ». Bien sûr, $c + s = 1$.
   a) Soit S_n la dépense totale effectuée après n transactions. Trouvez une formule définissant S_n.
   b) Montrez que $\lim_{n\to\infty} S_n = kD$, où $k = 1/s$. Le nombre k est appelé « multiplicateur ». Trouvez le multiplicateur pour une propension à consommer marginale de 80 %.

Note : Les gouvernements font appel à ce principe pour légitimer le déficit budgétaire. Les banques s'en servent pour justifier le prêt d'un grand pourcentage des montants d'argent qu'elles reçoivent en dépôts.

74. Une certaine balle possède la propriété que lorsqu'elle tombe d'une hauteur h sur une surface rigide plane, elle rebondit jusqu'à une hauteur rh, où $0 < r < 1$. La balle est lâchée d'une hauteur initiale de H mètres.

a) Supposez que la balle continue à rebondir indéfiniment et calculez la distance totale qu'elle parcourt.
(Utilisez le fait que la balle tombe de $\frac{1}{2}gt^2$ mètres en t secondes.)

b) Calculez le temps total de déplacement de la balle.

c) Chaque fois que la balle heurte la surface à la vitesse v, elle rebondit à la vitesse $-kv$, où $0 < k < 1$. Après combien de temps la balle s'immobilisera-t-elle?

75. Trouvez la valeur de c si
$$\sum_{n=2}^{\infty}(1+c)^{-n} = 2.$$

76. Trouvez la valeur de c si
$$\sum_{n=0}^{\infty} e^{nc} = 10.$$

77. À l'exemple 9 on a montré que la série harmonique diverge. On obtient le même résultat en utilisant l'inégalité $e^x > 1 + x$ pour tout $x > 0$.

Si s_n est la n-ième somme partielle de la série harmonique, montrez que $e^{s_n} > n+1$. Pourquoi cela entraîne-t-il que la série harmonique diverge?

78. Tracez les courbes $y = x^n$, $0 \le x \le 1$, pour $n = 0, 1, 2, 3, 4, \ldots$ sur un même graphique. En calculant les aires entre les courbes successives, démontrez géométriquement l'égalité
$$\sum_{n=1}^{\infty} \frac{1}{n(n+1)} = 1$$
prouvée à l'exemple 8.

79. La figure montre deux cercles C et D de rayon 1 se touchant au point P. De plus, T est une droite tangente commune; le cercle C_1 touche C, D et T; le cercle C_2 touche C, D et C_1; le cercle C_3 touche C, D et C_2. En poursuivant indéfiniment ce processus, on obtient une suite infinie de cercles $\{C_n\}$. Trouvez l'expression du diamètre de C_n et donnez une autre démonstration géométrique de l'exemple 8.

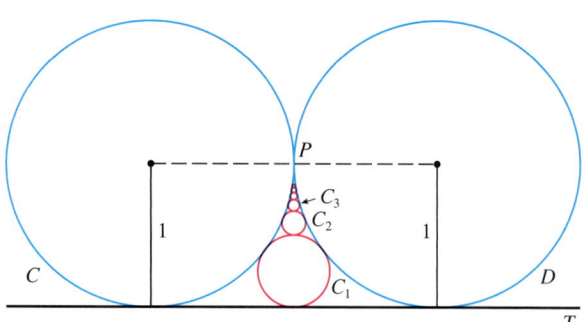

80. Le triangle rectangle ABC est tel que $\angle A = \theta$ et $|AC| = b$. Le segment CD est perpendiculaire à AB, DE est perpendiculaire à BC et $EF \perp AB$. Ce processus se poursuit indéfiniment, comme le montre la figure. Trouvez la longueur totale
$$|CD| + |DE| + |EF| + |FG| + \cdots$$
de toutes les perpendiculaires en fonction de b et de θ.

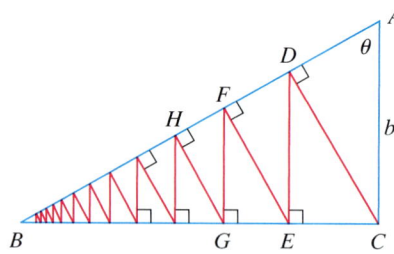

81. Trouvez deux séries divergentes $\sum a_n$ et $\sum b_n$ telles que la série $\sum a_n b_n$ est convergente.

82. Supposez que $\sum_{n=1}^{\infty} a_n$ est une série convergente ($a_n \ne 0$). Démontrez que $\sum_{n=1}^{\infty} 1/a_n$ est une série divergente.

83. Prouvez la partie i) du théorème 8.

84. Si $\sum a_n$ diverge et si $c \ne 0$, démontrez que $\sum ca_n$ diverge.

85. Si $\sum a_n$ converge et si $\sum b_n$ diverge, démontrez que la série $\sum (a_n + b_n)$ diverge. (*Suggestion*: Présentez une preuve par contradiction.)

86. Si $\sum a_n$ et $\sum b_n$ divergent, est-ce que $\sum (a_n + b_n)$ diverge nécessairement?

87. Supposez que les termes d'une série $\sum a_n$ sont positifs et que ses sommes partielles s_n satisfont à l'inégalité $s_n \le 1000$ pour tout n. Expliquez pourquoi $\sum a_n$ doit converger.

88. À la section 1.1, on a défini la suite de Fibonacci avec les équations
$$f_1 = 1, \quad f_2 = 1, \quad f_n = f_{n-1} + f_{n-2} \quad n \ge 3.$$
Montrez que chacune des égalités suivantes est vraie.

a) $\dfrac{1}{f_{n-1} f_{n+1}} = \dfrac{1}{f_{n-1} f_n} - \dfrac{1}{f_n f_{n+1}}$

b) $\displaystyle\sum_{n=2}^{\infty} \dfrac{1}{f_{n-1} f_{n+1}} = 1$

c) $\displaystyle\sum_{n=2}^{\infty} \dfrac{f_n}{f_{n-1} f_{n+1}} = 2$

89. On construit l'**ensemble de Cantor** (nommé d'après le mathématicien allemand Georg Cantor (1845-1918)) comme suit. On commence avec l'intervalle fermé $[0, 1]$ et on enlève l'intervalle ouvert $\left]\frac{1}{3}, \frac{2}{3}\right[$. Il reste alors les deux intervalles $\left[0, \frac{1}{3}\right]$ et $\left[\frac{2}{3}, 1\right]$, qu'on subdivise en trois et auxquels on enlève l'intervalle ouvert central. Il reste maintenant quatre intervalles qu'on subdivise à nouveau en trois et auxquels on enlève l'intervalle central. On continue ce processus indéfiniment en enlevant à chaque étape le tiers central de chaque intervalle qui reste de l'étape précédente. L'ensemble de Cantor comprend les nombres qui restent dans $[0, 1]$ une fois que tous ces intervalles ont été enlevés.

a) Montrez que la longueur totale de tous les intervalles enlevés est 1. Malgré cela, l'ensemble de Cantor contient un nombre infini de nombres. Donnez quelques nombres appartenant à l'ensemble de Cantor.

b) Le **tapis de Sierpinski** est l'analogue à deux dimensions de l'ensemble de Cantor. On le construit en enlevant, au centre d'un carré de côté 1, un carré de 1/9 du carré initial, puis en enlevant les centres des huit petits carrés restants, et ainsi de suite. (La figure montre les trois premières étapes de cette construction.) Montrez que la somme des aires des carrés enlevés est 1, ce qui entraîne que l'aire du tapis de Sierpinski est nulle.

90. a) On définit une suite $\{a_n\}$ par l'équation de récurrence $a_n = \frac{1}{2}(a_{n-1} + a_{n-2})$ pour $n \geq 3$, où a_1 et a_2 sont des nombres réels quelconques. Faites l'expérience avec diverses valeurs de a_1 et de a_2, et utilisez votre calculatrice pour estimer la limite de la suite.
    b) Trouvez $\lim_{n \to \infty} a_n$ en fonction de a_1 et de a_2. Pour ce faire, exprimez $a_{n+1} - a_n$ en fonction de $a_2 - a_1$, puis sommez la série.

91. Soit la série
$$\sum_{n=1}^{\infty} \frac{n}{(n+1)!}.$$

   a) Trouvez les sommes partielles s_1, s_2, s_3 et s_4. Reconnaissez-vous les dénominateurs? Utilisez la forme que vous avez reconnue afin de trouver une formule pour s_n.
   b) Prouvez que vous avez deviné juste à l'aide d'un raisonnement par récurrence.
   c) Montrez que la série infinie donnée converge et trouvez sa somme.

92. Sur la figure, un nombre infini de cercles s'approchent des sommets d'un triangle équilatéral, chaque cercle touchant certains des autres cercles ainsi que les côtés du triangle. Si les côtés du triangle sont de longueur 1, calculez l'aire totale des cercles.

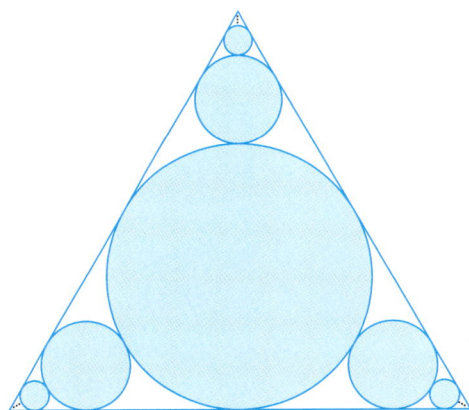

1.3 LES SÉRIES À TERMES POSITIFS

En général, il est difficile de trouver la somme exacte d'une série. On peut calculer la somme d'une série géométrique et celle de la série $\sum 1/[n(n+1)]$ parce que, dans chacun de ces cas, il est possible de trouver une formule simple pour la n-ième somme partielle s_n. Habituellement, toutefois, il n'est pas facile de calculer $\lim_{n \to \infty} s_n$. Les tests (ou critères) développés dans cette section permettent de déterminer si une série dont tous les termes sont positifs converge ou diverge, sans trouver explicitement sa somme. (Cependant, dans certains cas, ces méthodes permettent de trouver de bonnes estimations de la somme.)

LE TEST DE L'INTÉGRALE

Le premier test que nous considérons fait intervenir une intégrale impropre.

On commence par étudier la série dont les termes sont les inverses des carrés des nombres entiers positifs :

$$\sum_{n=1}^{\infty} \frac{1}{n^2} = \frac{1}{1^2} + \frac{1}{2^2} + \frac{1}{3^2} + \frac{1}{4^2} + \frac{1}{5^2} + \cdots$$

Il n'existe pas de formule simple pour déterminer la somme s_n des n premiers termes. Les valeurs calculées par ordinateur, dans le tableau 1.3, suggèrent néanmoins que les sommes partielles tendent vers un nombre proche de 1,64 lorsque $n \to \infty$ et donc que la série converge.

Tableau 1.3

n	$s_n = \sum_{i=1}^{n} \frac{1}{i^2}$
5	1,4636
10	1,5498
50	1,6251
100	1,6350
500	1,6429
1000	1,6439
5000	1,6447

On peut confirmer cette impression à l'aide d'un raisonnement géométrique. La figure 1 présente la courbe $y = 1/x^2$ et des rectangles au-dessous de cette courbe. La base de chaque rectangle est un intervalle de longueur 1, tandis que la hauteur est égale à la valeur de la fonction $y = 1/x^2$ à l'extrémité droite de l'intervalle. Par conséquent, la somme des aires des rectangles est

$$\frac{1}{1^2} + \frac{1}{2^2} + \frac{1}{3^2} + \frac{1}{4^2} + \frac{1}{5^2} + \cdots = \sum_{n=1}^{\infty} \frac{1}{n^2}.$$

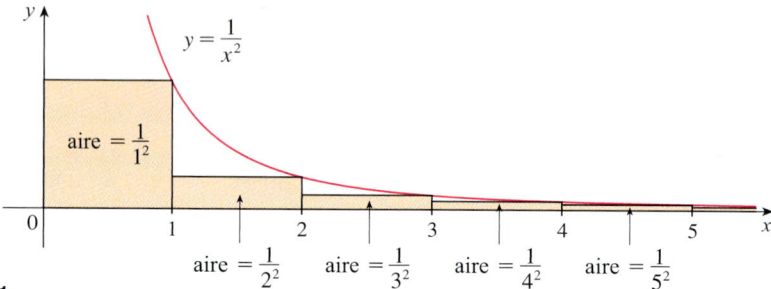

FIGURE 1

Si on exclut le premier rectangle, l'aire totale des rectangles restants est inférieure à l'aire sous la courbe $y = 1/x^2$ pour $x \geq 1$, qui est la valeur de l'intégrale $\int_1^{\infty} (1/x^2) \, dx$. Cette intégrale impropre converge et sa valeur est 1. La figure 1 montre donc que toutes les sommes partielles sont inférieures à

$$\frac{1}{1^2} + \int_1^{\infty} \frac{1}{x^2} \, dx = 2$$

et donc qu'elles sont bornées. On sait aussi que les sommes partielles sont croissantes, car tous les termes de la série sont positifs. Par conséquent, la suite des sommes partielles converge (en raison du théorème des suites monotones) et donc la série converge. La somme de la série (la limite des sommes partielles) est elle aussi inférieure à 2 :

$$\sum_{n=1}^{\infty} \frac{1}{n^2} = \frac{1}{1^2} + \frac{1}{2^2} + \frac{1}{3^2} + \frac{1}{4^2} + \cdots < 2.$$

Le mathématicien suisse Leonhard Euler (1707-1783) a trouvé que la somme exacte de cette série est $\pi^2/6$, mais la démonstration de ce résultat est difficile (voir le problème 6 dans « Problèmes supplémentaires » dans la révision de fin de partie 3).

On considère maintenant la série

$$\sum_{n=1}^{\infty} \frac{1}{\sqrt{n}} = \frac{1}{\sqrt{1}} + \frac{1}{\sqrt{2}} + \frac{1}{\sqrt{3}} + \frac{1}{\sqrt{4}} + \frac{1}{\sqrt{5}} + \cdots$$

Le tableau 1.4 qui donne les valeurs de s_n suggère que les sommes partielles ne tendent pas vers un nombre fini (elles tendent vers $+\infty$) et donc que la série donnée diverge. Pour confirmer ceci, on considère à nouveau la figure 2 qui présente la courbe $y = 1/\sqrt{x}$, mais cette fois-ci on utilise des rectangles dont les sommets sont au-dessus de la courbe.

La base de chaque rectangle est un intervalle de longueur 1. La hauteur est égale à la valeur de la fonction $y = 1/\sqrt{x}$ à l'extrémité gauche de l'intervalle. Par conséquent, la somme des aires de tous les rectangles est

$$\frac{1}{\sqrt{1}} + \frac{1}{\sqrt{2}} + \frac{1}{\sqrt{3}} + \frac{1}{\sqrt{4}} + \frac{1}{\sqrt{5}} + \cdots = \sum_{n=1}^{\infty} \frac{1}{\sqrt{n}}.$$

Cette aire totale est supérieure à l'aire sous la courbe $y = 1/\sqrt{x}$ pour $x \geq 1$, qui est donnée par l'intégrale $\int_1^{\infty} (1/\sqrt{x}) \, dx$. Cette intégrale impropre diverge à l'infini,

Tableau 1.4

n	$s_n = \sum_{i=1}^{n} \frac{1}{\sqrt{i}}$
5	3,2317
10	5,0210
50	12,7524
100	18,5896
500	43,2834
1000	61,8010
5000	139,9681

autrement dit l'aire sous la courbe est infinie. Par conséquent, la somme de la série doit être infinie, c'est-à-dire que la série diverge.

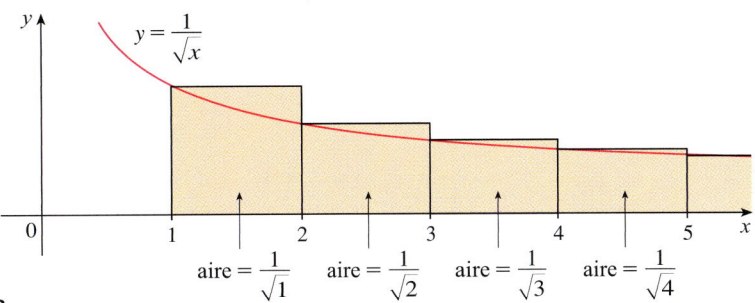

FIGURE 2

Le même genre de raisonnement géométrique utilisé pour ces deux séries permet de prouver le test suivant.

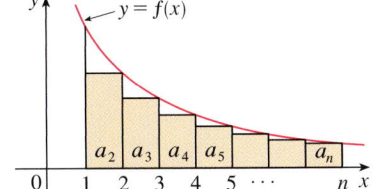

FIGURE 3

> **TEST DE L'INTÉGRALE**
>
> Supposons que f est une fonction continue, positive et décroissante sur $[1, \infty]$ et telle que $a_n = f(n)$. Alors la série $\sum_{n=1}^{\infty} a_n$ est convergente si et seulement si l'intégrale impropre $\int_1^{\infty} f(x)\,dx$ est convergente. Autrement dit,
>
> i) si $\int_1^{\infty} f(x)\,dx$ converge, alors $\sum_{n=1}^{\infty} a_n$ converge ;
>
> ii) si $\int_1^{\infty} f(x)\,dx$ diverge, alors $\sum_{n=1}^{\infty} a_n$ diverge.

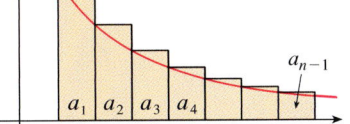

FIGURE 4

DÉMONSTRATION

L'idée fondamentale pour la démonstration du test de l'intégrale est contenue dans les figures 1 et 2 pour les séries $\sum 1/n^2$ et $\sum 1/\sqrt{n}$. Pour une série générale $\sum a_n$, on considère les figures 3 et 4. L'aire du premier rectangle coloré de la figure 3 est la valeur de f à l'extrémité droite de $[1, 2]$, soit $f(2) = a_2$. Par conséquent, en comparant les aires des rectangles colorés avec l'aire sous $y = f(x)$ de 1 à n, on voit que

$$\boxed{1} \qquad a_2 + a_3 + \cdots + a_n \leq \int_1^n f(x)\,dx.$$

(Cette inégalité découle du fait que f est décroissante.) De même, la figure 4 montre que

$$\boxed{2} \qquad \int_1^n f(x)\,dx \leq a_1 + a_2 + \cdots + a_{n-1}.$$

i) Si $\int_1^{\infty} f(x)\,dx$ converge, alors l'inégalité 1 implique que

$$\sum_{i=2}^n a_i \leq \int_1^n f(x)\,dx \leq \int_1^{\infty} f(x)\,dx$$

puisque $f(x) \geq 0$. De ce fait,

$$s_n = a_1 + \sum_{i=2}^n a_i \leq a_1 + \int_1^{\infty} f(x)\,dx = M$$

où M représente le membre de droite de cette inégalité. Puisque $s_n \leq M$ pour tout n, la suite $\{s_n\}$ est bornée supérieurement. De plus,

$$s_{n+1} = s_n + a_{n+1} \geq s_n$$

est croissante, puisque $a_{n+1} = f(n+1) \geq 0$. La suite $\{s_n\}$ est donc bornée et croissante et, par conséquent, elle converge, selon le théorème des suites monotones (voir le théorème 12 de la section 1.1). Il s'ensuit que $\sum a_n$ est convergente.

ii) Si $\int_1^\infty f(x)dx$ diverge, alors $\int_1^n f(x)dx \to \infty$ lorsque $n \to \infty$, car $f(x) \geq 0$. Toutefois, l'expression 2 implique que

$$\int_1^n f(x)dx \leq \sum_{i=1}^{n-1} a_i = s_{n-1}$$

et donc que $s_{n-1} \to \infty$. Ceci implique que $s_n \to \infty$ et donc que $\sum a_n$ diverge. ■

NOTE Dans le test de l'intégrale, il n'est pas obligatoire de commencer la série ou l'intégrale à $n = 1$. Par exemple, pour la série

$$\sum_{n=4}^\infty \frac{1}{(n-3)^2}, \qquad \text{on utilise} \qquad \int_4^\infty \frac{1}{(x-3)^2}dx.$$

De plus, il n'est pas nécessaire que f soit toujours décroissante, mais il suffit que f décroisse éventuellement, c'est-à-dire qu'elle soit décroissante pour x lorsque ce dernier est supérieur à un certain nombre N. Dans ce cas, $\sum_{n=N}^\infty a_n$ converge et donc $\sum_{n=1}^\infty a_n$ converge, selon la note 4 de la section 1.2.

EXEMPLE 1 Appliquons le test de l'intégrale à la série $\sum_{n=1}^\infty 1/(n^2+1)$ pour déterminer si elle converge ou diverge.

SOLUTION Puisque la fonction $f(x) = 1/(x^2+1)$ est continue, positive et décroissante sur $[1, \infty[$, le test de l'intégrale s'applique. On a

$$\int_1^\infty \frac{1}{x^2+1}dx = \lim_{t \to \infty} \int_1^t \frac{1}{x^2+1}dx = \lim_{t \to \infty}\left[\arctan x\right]_1^t$$

$$= \lim_{t \to \infty}\left(\arctan t - \frac{\pi}{4}\right) = \frac{\pi}{2} - \frac{\pi}{4} = \frac{\pi}{4}.$$

Par conséquent, l'intégrale $\int_1^\infty 1/(x^2+1)dx$ converge et, selon le test de l'intégrale, la série $\sum 1/(n^2+1)$ est convergente. ■

EXEMPLE 2 Pour quelles valeurs de p la série $\sum_{n=1}^\infty \frac{1}{n^p}$ converge-t-elle ?

SOLUTION Si $p < 0$, alors $\lim_{n \to \infty}(1/n^p) = \infty$. Si $p = 0$, alors $\lim_{n \to \infty}(1/n^p) = 1$. Dans ces deux cas, $\lim_{n \to \infty}(1/n^p) \neq 0$, de sorte que la série diverge, selon le test de divergence de la section 1.2 (voir p. 22).

Si $p > 0$, alors clairement la fonction $f(x) = 1/x^p$ est continue, positive et décroissante sur $[1, \infty[$. On peut montrer que

$$\int_1^\infty \frac{1}{x^p}dx \text{ converge si } p > 1 \text{ et diverge si } p \leq 1.$$

Selon le test de l'intégrale, la série $\sum 1/n^p$ converge donc si $p > 1$ et diverge si $0 < p \leq 1$. (Pour $p = 1$, cette série est la série harmonique de l'exemple 9 de la section 1.2.) ■

La série de l'exemple 2 est appelée **série de Riemann** (ou **série p**). Comme elle est importante pour le reste de ce chapitre, les résultats de l'exemple 2 sont résumés ci-dessous à titre de référence.

3

La série de Riemann $\sum_{n=1}^\infty \frac{1}{n^p}$ converge si $p > 1$ et diverge si $p \leq 1$.

Pour utiliser le test de l'intégrale, on doit pouvoir évaluer $\int_1^\infty f(x)dx$ et donc être en mesure de trouver une primitive de f. Cette démarche étant souvent difficile ou impossible, il est nécessaire de développer d'autres tests de convergence.

EXEMPLE 3

a) La série
$$\sum_{n=1}^{\infty} \frac{1}{n^3} = \frac{1}{1^3} + \frac{1}{2^3} + \frac{1}{3^3} + \frac{1}{4^3} + \cdots$$
converge parce qu'il s'agit d'une série de Riemann avec $p = 3 > 1$.

b) La série
$$\sum_{n=1}^{\infty} \frac{1}{n^{1/3}} = \sum_{n=1}^{\infty} \frac{1}{\sqrt[3]{n}} = 1 + \frac{1}{\sqrt[3]{2}} + \frac{1}{\sqrt[3]{3}} + \frac{1}{\sqrt[3]{4}} + \cdots$$
diverge parce qu'il s'agit d'une série de Riemann avec $p = \frac{1}{3} < 1$.

NOTE On ne peut pas déduire du test de l'intégrale que la somme de la série est égale à la valeur de l'intégrale. En fait,
$$\sum_{n=1}^{\infty} \frac{1}{n^2} = \frac{\pi^2}{6}, \text{ tandis que } \int_1^{\infty} \frac{1}{x^2} dx = 1.$$
Par conséquent, en général,
$$\sum_{n=1}^{\infty} a_n \neq \int_1^{\infty} f(x) dx.$$

EXEMPLE 4 Déterminez si la série $\sum_{n=1}^{\infty} \frac{\ln n}{n}$ converge ou diverge.

SOLUTION La fonction $f(x) = (\ln x)/x$ est positive et continue pour $x > 1$, car la fonction logarithmique est continue, mais il n'est pas évident que f est décroissante. Pour le montrer, on trouve sa dérivée :
$$f'(x) = \frac{(1/x)x - \ln x}{x^2} = \frac{1 - \ln x}{x^2}.$$

On voit que $f'(x) < 0$ lorsque $\ln x > 1$, autrement dit quand $x > e$. Il s'ensuit que f est décroissante lorsque $x > e$ et que le test de l'intégrale s'applique :
$$\int_1^{\infty} \frac{\ln x}{x} dx = \lim_{t \to \infty} \int_1^t \frac{\ln x}{x} dx = \lim_{t \to \infty} \frac{(\ln x)^2}{2} \Big]_1^t = \lim_{t \to \infty} \frac{(\ln t)^2}{2} - \frac{\ln 1}{2} = +\infty.$$

Comme cette intégrale impropre diverge, la série $\sum (\ln n)/n$ diverge aussi, selon le test de l'intégrale.

L'ESTIMATION DE LA SOMME D'UNE SÉRIE AU MOYEN D'UNE INTÉGRALE

On suppose qu'on a pu utiliser le test de l'intégrale pour montrer qu'une série $\sum a_n$ converge et qu'on veut maintenant trouver une approximation de la somme s de la série. Bien sûr, toute somme partielle s_n est une approximation de s, car $\lim_{n \to \infty} s_n = s$. Mais comment peut-on juger s'il s'agit d'une bonne approximation ? Pour y arriver, on doit estimer la taille du **reste** :
$$R_n = s - s_n = a_{n+1} + a_{n+2} + a_{n+3} + \cdots$$

Le reste R_n est l'erreur commise lorsque s_n, la somme des n premiers termes, est utilisée comme approximation de la somme de la série.

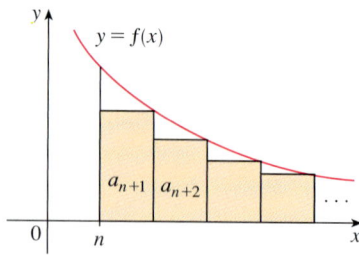

FIGURE 5

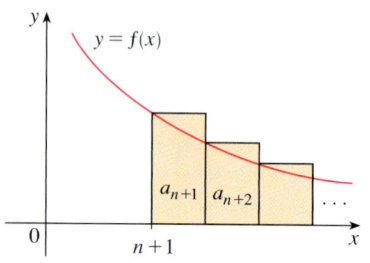

FIGURE 6

On recourt à la même notation et aux mêmes idées que pour le test de l'intégrale, en supposant que f est décroissante sur $[n, \infty[$. La comparaison des aires des rectangles avec l'aire sous $y = f(x)$ pour $x > n$ à la figure 5 montre que

$$R_n = a_{n+1} + a_{n+2} + \cdots \leq \int_n^\infty f(x)\,dx$$

De même, selon la figure 6,

$$R_n = a_{n+1} + a_{n+2} + \cdots \geq \int_{n+1}^\infty f(x)\,dx$$

On a donc prouvé la borne suivante sur l'erreur.

---

4   ESTIMATION DU RESTE POUR LE TEST DE L'INTÉGRALE

Supposons que $f(k) = a_k$, où f est une fonction continue, positive et décroissante pour $x \geq n$ et que $\sum a_n$ converge. Si $R_n = s - s_n$, alors

$$\int_{n+1}^\infty f(x)\,dx \leq R_n \leq \int_n^\infty f(x)\,dx.$$

EXEMPLE 5

a) Approximons la somme de la série $\sum 1/n^3$ en utilisant la somme de ses 10 premiers termes. Estimons aussi l'erreur de cette approximation.

b) Combien de termes faut-il additionner pour s'assurer que l'erreur d'approximation est de moins de 0,0005 ?

SOLUTION On doit d'abord évaluer $\int_n^\infty f(x)\,dx$. La fonction $f(x) = 1/x^3$ satisfait aux conditions du test de l'intégrale, qui donne

$$\int_n^\infty \frac{1}{x^3}\,dx = \lim_{t \to \infty}\left[-\frac{1}{2x^2}\right]_n^t = \lim_{t \to \infty}\left(-\frac{1}{2t^2} + \frac{1}{2n^2}\right) = \frac{1}{2n^2}.$$

a) La somme des 10 premiers termes de la série donne

$$\sum_{n=1}^\infty \frac{1}{n^3} \approx s_{10} = \frac{1}{1^3} + \frac{1}{2^3} + \frac{1}{3^3} + \cdots + \frac{1}{10^3} \approx 1{,}1975.$$

Selon l'estimation du reste pour le test de l'intégrale (4), on a

$$R_{10} \leq \int_{10}^\infty \frac{1}{x^3}\,dx = \frac{1}{2(10)^2} = \frac{1}{200}.$$

Par conséquent, la taille maximale de l'erreur est de 0,005.

b) Pour une erreur de moins de 0,005, on doit trouver une valeur de n telle que $R_n \leq 0{,}0005$. Or

$$R_n \leq \int_n^\infty \frac{1}{x^3}\,dx = \frac{1}{2n^2}$$

donc il faut que

$$\frac{1}{2n^2} < 0{,}0005.$$

La résolution de cette inégalité donne

$$n^2 > \frac{1}{0{,}001} = 1000 \quad \text{ou encore} \quad n > \sqrt{1000} \approx 31{,}6.$$

Par conséquent, on doit prendre 32 termes pour avoir une erreur de moins de 0,0005.

L'addition de s_n à chaque membre des inégalités de l'estimation 4 donne

5
$$s_n + \int_{n+1}^{\infty} f(x)\,dx \leq s \leq s_n + \int_{n}^{\infty} f(x)\,dx$$

car $s_n + R_n = s$. Les inégalités 5 donnent une borne inférieure et une borne supérieure pour s et elles procurent une approximation de la somme de la série plus précise que la somme partielle s_n.

EXEMPLE 6 Utilisons les inégalités 5 avec $n = 10$ pour estimer la somme de la série $\sum_{n=1}^{\infty} \dfrac{1}{n^3}$.

SOLUTION Les inégalités 5 deviennent

$$s_{10} + \int_{11}^{\infty} \frac{1}{x^3}\,dx \leq s \leq s_{10} + \int_{10}^{\infty} \frac{1}{x^3}\,dx.$$

Selon l'exemple 5,
$$\int_{n}^{\infty} \frac{1}{x^3}\,dx = \frac{1}{2n^2}\,;$$

donc
$$s_{10} + \frac{1}{2(11)^2} \leq s \leq s_{10} + \frac{1}{2(10)^2}.$$

En prenant $s_{10} \approx 1{,}197\,532$, on obtient

$$1{,}201\,664 \leq s \leq 1{,}202\,532.$$

L'approximation de s par le point milieu (la moyenne des bornes inférieure et supérieure) de cet intervalle donne une erreur inférieure ou égale à la moitié de la longueur de l'intervalle. On a donc

$$\sum_{n=1}^{\infty} \frac{1}{n^3} \approx 1{,}2021 \text{ avec une erreur} < 0{,}0005.$$

La comparaison de l'exemple 6 avec l'exemple 5 montre que l'estimation améliorée donnée par les inégalités 5 peut être nettement meilleure que l'estimation $s \approx s_n$. Pour rendre l'erreur inférieure à 0,0005, il fallait prendre 32 termes à l'exemple 5, mais seulement 10 à l'exemple 6.

LE TEST DE COMPARAISON

L'idée derrière le test de comparaison est de comparer une série donnée à une série qu'on sait convergente ou divergente. Par exemple, la série

6
$$\sum_{n=1}^{\infty} \frac{1}{2^n + 1}$$

fait penser à la série $\sum_{n=1}^{\infty} 1/2^n$, une série géométrique avec $a = \frac{1}{2}$ et $r = \frac{1}{2}$, et qui est donc convergente. La série 6 est très semblable à une série convergente, ce qui suggère qu'elle doit aussi converger. Et, de fait, elle converge. L'inégalité

$$\frac{1}{2^n + 1} < \frac{1}{2^n}$$

montre que les termes de la série 6 sont inférieurs à ceux de la série géométrique et donc que toutes ses sommes partielles sont aussi inférieures à 1 (la somme de la série géométrique). Cela signifie que les sommes partielles forment une suite croissante bornée convergente. Il s'ensuit aussi que la somme de la série est inférieure à la somme de la série géométrique :

$$\sum_{n=1}^{\infty} \frac{1}{2^n + 1} < 1.$$

On peut faire appel à un raisonnement semblable pour démontrer le test suivant, qui ne s'applique qu'aux séries à termes positifs. La première partie stipule que si l'on a une série dont les termes sont inférieurs à ceux d'une série convergente connue, alors la série donnée converge aussi. La deuxième partie stipule que si l'on a une série dont les termes sont supérieurs à ceux d'une série divergente connue, alors la série donnée diverge aussi.

> **TEST DE COMPARAISON**
>
> Supposons que $\sum a_n$ et $\sum b_n$ sont des séries à termes positifs.
>
> i) Si $\sum b_n$ converge et si $a_n \leq b_n$ pour tout n, alors $\sum a_n$ converge aussi.
>
> ii) Si $\sum b_n$ diverge et si $a_n \geq b_n$ pour tout n, alors $\sum a_n$ diverge aussi.

Il est important de faire la différence entre une suite et une série. Une « suite » est une liste de nombres, tandis qu'une « série » est une somme. Deux suites sont associées à chaque série $\sum a_n$: la suite $\{a_n\}$ formée de ses termes et la suite $\{s_n\}$ formée de ses sommes partielles.

DÉMONSTRATION

i) Soit $$s_n = \sum_{i=1}^{n} a_i, \quad t_n = \sum_{i=1}^{n} b_i \text{ et } t = \sum_{n=1}^{\infty} b_n.$$

Puisque les termes des deux séries sont positifs, les suites $\{s_n\}$ et $\{t_n\}$ sont croissantes ($s_{n+1} = s_n + a_{n+1} \geq s_n$). De plus, $t_n \to t$ et donc $t_n \leq t$ pour tout n. Puisque $a_i \leq b_i$, on a $s_n \leq t_n$. Par conséquent, $s_n \leq t$ pour tout n. Cela signifie que $\{s_n\}$ est croissante et bornée supérieurement et donc qu'elle converge, selon le théorème des suites monotones. Par conséquent, la série $\sum a_n$ converge.

ii) Si $\sum b_n$ diverge, alors $t_n \to \infty$ (puisque $\{t_n\}$ est croissante). Mais $a_i \geq b_i$, et donc $s_n \geq t_n$. Par conséquent, $s_n \to \infty$. Donc, la série $\sum a_n$ diverge. ▬

Pour utiliser le test de comparaison, il faut évidemment connaître la nature de quelques séries $\sum b_n$ pour effectuer la comparaison. On recourt souvent à l'une des séries suivantes :

LES SÉRIES DE RÉFÉRENCE À UTILISER AVEC LE TEST DE COMPARAISON

- une série de Riemann ($\sum 1/n^p$ converge si $p > 1$ et diverge si $p \leq 1$; voir le résultat 3 de la section 1.3) ;

- une série géométrique ($\sum ar^{n-1}$ converge si $|r| < 1$ et diverge si $|r| \geq 1$; voir le théorème 4 de la section 1.2).

EXEMPLE 7 Déterminons si la série $\displaystyle\sum_{n=1}^{\infty} \frac{5}{2n^2 + 4n + 3}$ converge ou diverge.

SOLUTION Pour un n assez grand, le terme dominant du dénominateur est $2n^2$, ce qui suggère la comparaison avec la série $\sum \dfrac{5}{2n^2}$. On remarque que

$$\frac{5}{2n^2 + 4n + 3} < \frac{5}{2n^2}$$

car le dénominateur du membre de gauche est plus grand. (Dans la notation du test de comparaison, a_n est le membre de gauche et b_n, le membre de droite.) On sait que

$$\sum_{n=1}^{\infty} \frac{5}{2n^2} = \frac{5}{2} \sum_{n=1}^{\infty} \frac{1}{n^2}$$

converge parce que c'est une série de Riemann avec $p = 2 > 1$ multipliée par une constante. En conséquence, la série

$$\sum_{n=1}^{\infty} \frac{5}{2n^2 + 4n + 3}$$

converge, selon la partie i) du test de comparaison.

NOTE 1 Bien que la condition $a_n \le b_n$ ou $a_n \ge b_n$ du test de comparaison soit énoncée pour tout n, il suffit de vérifier cette condition pour $n \ge N$, où N est un nombre entier fixé, car la convergence d'une série n'est pas influencée par un nombre fini de termes. L'exemple suivant illustre cette situation.

EXEMPLE 8 Déterminons si la série $\sum_{n=1}^{\infty} \frac{\ln n}{n}$ converge ou diverge.

SOLUTION Cette série a été étudiée (à l'aide du test de l'intégrale) à l'exemple 4, mais on peut aussi tester la convergence en la comparant à la série harmonique. On remarque que $(\ln n/n) \ge 0$ et que $\ln n > 1$ pour $n \ge 3$, donc

$$\frac{\ln n}{n} > \frac{1}{n} \quad \text{si} \quad n \ge 3.$$

On sait que la série harmonique $\sum 1/n$ diverge (série de Riemann avec $p = 1$). Par conséquent, la série donnée diverge, en vertu du test de comparaison.

NOTE 2 Les termes de la série donnée doivent être inférieurs à ceux d'une série convergente ou supérieurs à ceux d'une série divergente pour qu'on puisse utiliser le test de comparaison. Si les termes de la série à tester sont supérieurs à ceux d'une série convergente ou inférieurs à ceux d'une série divergente, alors le test de comparaison ne s'applique pas. On considère, par exemple, la série

$$\sum_{n=1}^{\infty} \frac{1}{2^n - 1}.$$

L'inégalité

$$\frac{1}{2^n - 1} > \frac{1}{2^n}$$

est inutile pour le test de comparaison, car $\sum b_n = \sum \left(\frac{1}{2}\right)^n$ converge et $a_n > b_n$. Toutefois, il semble que la série $\sum 1/(2^n - 1)$ devrait converger parce qu'elle est très semblable à la série géométrique convergente $\sum (1/2)^n$. Dans de tels cas, on peut utiliser la forme suivante du test de comparaison.

FORME LIMITE DU TEST DE COMPARAISON

Supposons que $\sum a_n$ et $\sum b_n$ sont deux séries à termes positifs. Si

$$\lim_{n \to \infty} \frac{a_n}{b_n} = c$$

où c est un nombre fini et $c > 0$, alors ou bien les deux séries convergent ou bien les deux divergent.

Les cas $c = 0$ et $c = \infty$ sont examinés aux exercices 86 et 87.

DÉMONSTRATION

Soit m et M des nombres positifs tels que $m < c < M$. Puisque a_n/b_n est proche de c pour un n assez grand, il existe un nombre entier N tel que

$$m < \frac{a_n}{b_n} < M \text{ lorsque } n > N$$

et donc
$$mb_n < a_n < Mb_n \text{ lorsque } n > N.$$

Si $\sum b_n$ converge, alors $\sum Mb_n = M\sum b_n$ converge aussi. La série $\sum a_n$ est donc convergente, selon la partie i) du test de comparaison. Si $\sum b_n$ diverge, alors $\sum mb_n$ diverge aussi, et la partie ii) du test de comparaison implique que $\sum a_n$ diverge. ■

NOTE Dans la forme limite du test de comparaison, on peut aussi utiliser, de façon équivalente, la limite $\lim_{n\to\infty}(b_n/a_n)$.

EXEMPLE 9 Déterminons si la série $\sum_{n=1}^{\infty}\dfrac{1}{2^n-1}$ converge ou diverge.

SOLUTION On utilise la forme limite du test de comparaison avec
$$a_n = \frac{1}{2^n-1} \quad \text{et} \quad b_n = \frac{1}{2^n}.$$

On a
$$\lim_{n\to\infty}\frac{a_n}{b_n} = \lim_{n\to\infty}\frac{1/(2^n-1)}{1/2^n} = \lim_{n\to\infty}\frac{2^n}{2^n-1} = \lim_{n\to\infty}\frac{1}{1-1/2^n} = 1 > 0.$$

Puisque la limite existe et est non nulle, et que $\sum 1/2^n$ est une série géométrique convergente, la série donnée converge, selon la forme limite du test de comparaison. ▬

EXEMPLE 10 Déterminons si la série $\sum_{n=1}^{\infty}\dfrac{2n^2+3n}{\sqrt{5+n^5}}$ converge ou diverge.

SOLUTION Le terme dominant du numérateur est $2n^2$, et celui du dénominateur est $\sqrt{n^5}=n^{5/2}$, ce qui suggère de choisir
$$a_n = \frac{2n^2+3n}{\sqrt{5+n^5}} \quad \text{et} \quad b_n = \frac{2n^2}{n^{5/2}} = \frac{2}{n^{1/2}}.$$

On a alors
$$\lim_{n\to\infty}\frac{a_n}{b_n} = \lim_{n\to\infty}\frac{2n^2+3n}{\sqrt{5+n^5}}\cdot\frac{n^{1/2}}{2} = \lim_{n\to\infty}\frac{2n^{5/2}+3n^{3/2}}{2\sqrt{5+n^5}}$$
$$= \lim_{n\to\infty}\frac{2+\dfrac{3}{n}}{2\sqrt{\dfrac{5}{n^5}+1}} = \frac{2+0}{2\sqrt{0+1}} = 1.$$

Puisque $\sum b_n = 2\sum 1/n^{1/2}$ diverge (série de Riemann avec $p=\frac{1}{2}<1$), la série donnée diverge, selon la forme limite du test de comparaison. ▬

Dans plusieurs cas, comme à l'exemple précédent, on peut trouver une série $\sum b_n$ adéquate pour la comparaison en ne considérant que les puissances les plus élevées du numérateur et du dénominateur.

L'ESTIMATION DE SOMMES

Si on a utilisé le test de comparaison pour montrer qu'une série $\sum a_n$ converge en la comparant avec une série $\sum b_n$, alors on peut estimer la précision de l'approximation de la somme de $\sum a_n$ en comparant les restes des deux séries. Comme précédemment, on considère le reste
$$R_n = s - s_n = a_{n+1} + a_{n+2} + \cdots$$

Pour la série de comparaison $\sum b_n$, le reste correspondant est

$$T_n = t - t_n = b_{n+1} + b_{n+2} + \cdots$$

Puisque $a_n \leq b_n$ pour tout n, on a $R_n \leq T_n$. Si $\sum b_n$ est une série de Riemann, son reste peut être estimé à l'aide de la borne présentée en 4. Si $\sum b_n$ est une série géométrique, alors T_n est la somme d'une série géométrique et on peut trouver sa valeur exacte (voir les exercices 81 et 82). Dans chaque cas, on sait que R_n est inférieur à T_n.

EXEMPLE 11 Utilisons la somme des 100 premiers termes pour approximer la somme de la série $\sum 1/(n^3 + 1)$. Estimons aussi l'erreur de cette approximation.

SOLUTION Puisque

$$\frac{1}{n^3 + 1} < \frac{1}{n^3}$$

la série donnée converge, selon le test de comparaison. On a estimé le reste T_n de la série $\sum 1/n^3$ à l'exemple 5 en utilisant la borne pour le reste qui provient du test de l'intégrale. On a trouvé

$$T_n \leq \int_n^\infty \frac{1}{x^3} dx = \frac{1}{2n^2}.$$

Par conséquent, le reste R_n de la série donnée satisfait à l'inégalité

$$R_n \leq T_n \leq \frac{1}{2n^2}.$$

Lorsque $n = 100$, on a

$$R_{100} \leq \frac{1}{2(100)^2} = 0{,}000\,05.$$

En utilisant une calculatrice programmable ou un ordinateur, on calcule

$$\sum_{n=1}^{\infty} \frac{1}{n^3 + 1} \approx \sum_{n=1}^{100} \frac{1}{n^3 + 1} \approx 0{,}686\,453\,8$$

avec une erreur inférieure à $0{,}000\,05$.

Exercices 1.3

1. Utilisez une figure pour montrer que

$$\sum_{n=2}^{\infty} \frac{1}{n^{1,3}} < \int_1^\infty \frac{1}{x^{1,3}} dx.$$

Que pouvez-vous conclure au sujet de la série ?

2. Supposez que f est une fonction continue, positive et décroissante pour $x \geq 1$ et que $a_n = f(n)$. À l'aide d'une figure, classez les trois quantités suivantes dans l'ordre croissant.

$$\int_1^6 f(x)dx \qquad \sum_{i=1}^{5} a_i \qquad \sum_{i=2}^{6} a_i$$

3-8 Utilisez le test de l'intégrale pour déterminer si la série converge ou diverge.

3. $\sum_{n=1}^{\infty} n^{-3}$

4. $\sum_{n=1}^{\infty} n^{-0,3}$

5. $\sum_{n=1}^{\infty} \frac{2}{5n-1}$

6. $\sum_{n=1}^{\infty} \frac{1}{(3n-1)^4}$

7. $\sum_{n=1}^{\infty} \frac{n}{n^2 + 1}$

8. $\sum_{n=1}^{\infty} n^2 e^{-n^3}$

9-26 Déterminez si la série converge ou diverge.

9. $\sum_{n=1}^{\infty} \frac{1}{n^{\sqrt{2}}}$

10. $\sum_{n=3}^{\infty} n^{-0,9999}$

11. $1 + \frac{1}{8} + \frac{1}{27} + \frac{1}{64} + \frac{1}{125} + \cdots$

12. $\frac{1}{5} + \frac{1}{7} + \frac{1}{9} + \frac{1}{11} + \frac{1}{13} + \cdots$

13. $\frac{1}{3} + \frac{1}{7} + \frac{1}{11} + \frac{1}{15} + \frac{1}{19} + \cdots$

14. $1 + \frac{1}{2\sqrt{2}} + \frac{1}{3\sqrt{3}} + \frac{1}{4\sqrt{4}} + \frac{1}{5\sqrt{5}} + \cdots$

15. $\sum_{n=1}^{\infty} \frac{\sqrt{n}+4}{n^2}$

16. $\sum_{n=1}^{\infty} \frac{\sqrt{n}}{1+n^{3/2}}$

17. $\sum_{n=1}^{\infty} \dfrac{1}{n^2+4}$

18. $\sum_{n=1}^{\infty} \dfrac{1}{n^2+2n+2}$

19. $\sum_{n=1}^{\infty} \dfrac{n^3}{n^4+4}$

20. $\sum_{n=3}^{\infty} \dfrac{3n-4}{n^2-2n}$

21. $\sum_{n=2}^{\infty} \dfrac{1}{n \ln n}$

22. $\sum_{n=2}^{\infty} \dfrac{\ln n}{n^2}$

23. $\sum_{k=1}^{\infty} ke^{-k}$

24. $\sum_{k=1}^{\infty} ke^{-k^2}$

25. $\sum_{n=1}^{\infty} \dfrac{1}{n^2+n^3}$

26. $\sum_{n=1}^{\infty} \dfrac{n}{n^4+1}$

27-28 Expliquez pourquoi on ne peut pas utiliser le test de l'intégrale pour déterminer si la série converge.

27. $\sum_{n=1}^{\infty} \dfrac{\cos \pi n}{\sqrt{n}}$

28. $\sum_{n=1}^{\infty} \dfrac{\cos^2 n}{1+n^2}$

29-32 Trouvez les valeurs de p pour lesquelles la série converge.

29. $\sum_{n=2}^{\infty} \dfrac{1}{n(\ln n)^p}$

30. $\sum_{n=3}^{\infty} \dfrac{1}{n \ln n [\ln(\ln n)]^p}$

31. $\sum_{n=1}^{\infty} n(1+n^2)^p$

32. $\sum_{n=1}^{\infty} \dfrac{\ln n}{n^p}$

33. La fonction ζ de Riemann est définie par
$$\zeta(x) = \sum_{n=1}^{\infty} \dfrac{1}{n^x}$$
et elle est utilisée en théorie des nombres pour étudier la distribution des nombres premiers. Quel est le domaine de ζ ?

34. Leonhard Euler a réussi à calculer la somme exacte de la série de puissances où $p = 2$:
$$\zeta(2) = \sum_{n=1}^{\infty} \dfrac{1}{n^2} = \dfrac{\pi^2}{6}$$
(voir la page 28). Utilisez ce résultat pour trouver la somme de chaque série.

a) $\sum_{n=2}^{\infty} \dfrac{1}{n^2}$

b) $\sum_{n=3}^{\infty} \dfrac{1}{(n+1)^2}$

c) $\sum_{n=1}^{\infty} \dfrac{1}{(2n)^2}$

35. Euler a trouvé la somme de la série de puissances où $p = 4$:
$$\zeta(4) = \sum_{n=1}^{\infty} \dfrac{1}{n^4} = \dfrac{\pi^4}{90}$$
Utilisez le résultat d'Euler pour trouver la somme de ces séries.

a) $\sum_{n=1}^{\infty} \left(\dfrac{3}{n}\right)^4$

b) $\sum_{k=5}^{\infty} \dfrac{1}{(k-2)^4}$

36. a) Trouvez la somme partielle s_{10} de la série $\sum_{n=1}^{\infty} 1/n^4$. Estimez l'erreur si vous utilisez s_{10} comme approximation de la somme de la série.
b) Utilisez la série de Riemann (3) avec $n = 10$ pour améliorer l'estimation de la somme calculée en a).
c) Comparez vos estimations de la partie b) avec la valeur exacte donnée à l'exercice 35.
d) Trouvez une valeur de n telle que s_n soit à moins de 0,000 01 de la somme s de la série.

37. a) Utilisez la somme des 10 premiers termes pour estimer la somme de la série $\sum_{n=1}^{\infty} 1/n^2$. S'agit-il d'une bonne estimation ?
b) Améliorez cette estimation en utilisant la borne présentée en 5 avec $n = 10$.
c) Comparez vos estimations de la partie b) avec la valeur exacte donnée à l'exercice 34.
d) Trouvez une valeur de n qui assure que l'erreur de l'approximation $s \approx s_n$ soit inférieure à 0,001.

38. Estimez la somme de la série $\sum_{n=1}^{\infty} ne^{-2n}$ avec quatre décimales exactes.

39. Estimez la somme de la série $\sum_{n=1}^{\infty} (2n+1)^{-6}$ avec cinq décimales exactes.

40. Combien de termes de la série $\sum_{n=2}^{\infty} 1/[n(\ln n)^2]$ devriez-vous additionner pour estimer sa somme avec une erreur de moins de 0,01 ?

41. Montrez que si l'on veut approximer la somme de la série $\sum_{n=1}^{\infty} n^{-1,001}$ de façon que l'erreur soit inférieure à $0,5 \times 10^{-8}$, alors il faut additionner plus de $10^{11\,301}$ termes !

42. a) Montrez que la série $\sum_{n=1}^{\infty} (\ln n)^2/n^2$ converge.
b) Trouvez une borne supérieure pour l'erreur de l'approximation $s \approx s_n$.
c) Quelle est la plus petite valeur de n telle que cette borne supérieure est plus petite que 0,05 ?
d) Calculez la valeur de s_n pour la valeur de n trouvée en c).

43. a) Utilisez l'inégalité 1 pour montrer que si s_n est la n-ième somme partielle de la série harmonique, alors
$$s_n \leq 1 + \ln n.$$
b) La série harmonique diverge, mais très lentement. Utilisez la partie a) pour montrer que la somme du premier million de termes est inférieure à 15 et que la somme du premier milliard de termes est inférieure à 22.

44. Suivez les étapes suivantes pour montrer que la suite
$$t_n = 1 + \dfrac{1}{2} + \dfrac{1}{3} + \cdots + \dfrac{1}{n} - \ln n$$
possède une limite. (La valeur de la limite est notée γ et est appelée « constante d'Euler ».)

a) Utilisez la figure 4 avec $f(x) = 1/x$ et interprétez t_n comme une aire (ou utilisez l'inégalité 2) pour montrer que $t_n > 0$ pour tout n.
b) Interprétez
$$t_n - t_{n+1} = [\ln(n+1) - \ln n] - \dfrac{1}{n+1}$$

comme une différence d'aires pour montrer que $t_n - t_{n+1} > 0$, ce qui implique que $\{t_n\}$ est une suite décroissante.

c) Utilisez le théorème des suites monotones pour montrer que $\{t_n\}$ converge.

45. Trouvez toutes les valeurs positives de b pour lesquelles la série $\sum_{n=1}^{\infty} b^{\ln n}$ converge.

46. Trouvez toutes les valeurs de c pour lesquelles la série suivante converge :
$$\sum_{n=1}^{\infty} \left(\frac{c}{n} - \frac{1}{n+1} \right)$$

47. Supposez que $\sum a_n$ et $\sum b_n$ sont des séries à termes positifs et que vous savez que $\sum b_n$ converge.
a) Si $a_n > b_n$ pour tout n, que pouvez-vous dire à propos de $\sum a_n$? Pourquoi ?
b) Si $a_n < b_n$ pour tout n, que pouvez-vous dire à propos de $\sum a_n$? Pourquoi ?

48. Supposez que $\sum a_n$ et $\sum b_n$ sont des séries à termes positifs et que vous savez que $\sum b_n$ diverge.
a) Si $a_n > b_n$ pour tout n, que pouvez-vous dire à propos de $\sum a_n$? Pourquoi ?
b) Si $a_n < b_n$ pour tout n, que pouvez-vous dire à propos de $\sum a_n$? Pourquoi ?

49-78 Déterminez si la série converge ou diverge.

49. $\sum_{n=1}^{\infty} \dfrac{1}{n^3 + 8}$ **50.** $\sum_{n=2}^{\infty} \dfrac{1}{\sqrt{n-1}}$

51. $\sum_{n=1}^{\infty} \dfrac{n+1}{n\sqrt{n}}$ **52.** $\sum_{n=1}^{\infty} \dfrac{n-1}{n^3 + 1}$

53. $\sum_{n=1}^{\infty} \dfrac{9^n}{3 + 10^n}$ **54.** $\sum_{n=1}^{\infty} \dfrac{6^n}{5^n - 1}$

55. $\sum_{k=1}^{\infty} \dfrac{\ln k}{k}$ **56.** $\sum_{k=1}^{\infty} \dfrac{k \sin^2 k}{1 + k^3}$

57. $\sum_{k=1}^{\infty} \dfrac{\sqrt[3]{k}}{\sqrt{k^3 + 4k + 3}}$ **58.** $\sum_{k=1}^{\infty} \dfrac{(2k-1)(k^2-1)}{(k+1)(k^2+4)^2}$

59. $\sum_{n=1}^{\infty} \dfrac{1 + \cos n}{e^n}$ **60.** $\sum_{n=1}^{\infty} \dfrac{1}{\sqrt[3]{3n^4 + 1}}$

61. $\sum_{n=1}^{\infty} \dfrac{4^{n+1}}{3^n - 2}$ **62.** $\sum_{n=1}^{\infty} \dfrac{1}{n^n}$

63. $\sum_{n=1}^{\infty} \dfrac{1}{\sqrt{n^2 + 1}}$ **64.** $\sum_{n=1}^{\infty} \dfrac{2}{\sqrt{n} + 2}$

65. $\sum_{n=1}^{\infty} \dfrac{n+1}{n^3 + n}$ **66.** $\sum_{n=1}^{\infty} \dfrac{n^2 + n + 1}{n^4 - n^2}$

67. $\sum_{n=1}^{\infty} \dfrac{\sqrt{1+n}}{2+n}$ **68.** $\sum_{n=3}^{\infty} \dfrac{n+2}{(n+1)^3}$

69. $\sum_{n=1}^{\infty} \dfrac{5 + 2n}{(1+n^2)^2}$ **70.** $\sum_{n=1}^{\infty} \dfrac{n+3^n}{n+2^n}$

71. $\sum_{n=1}^{\infty} \dfrac{e^n + 1}{ne^n + 1}$ **72.** $\sum_{n=2}^{\infty} \dfrac{1}{n\sqrt{n^2 - 1}}$

73. $\sum_{n=1}^{\infty} \left(1 + \dfrac{1}{n}\right)^2 e^{-n}$ **74.** $\sum_{n=1}^{\infty} \dfrac{e^{1/n}}{n}$

75. $\sum_{n=1}^{\infty} \dfrac{1}{n!}$ **76.** $\sum_{n=1}^{\infty} \dfrac{n!}{n^n}$

77. $\sum_{n=1}^{\infty} \sin\left(\dfrac{1}{n}\right)$ **78.** $\sum_{n=1}^{\infty} \dfrac{1}{n^{1+1/n}}$

79-82 Additionnez les 10 premiers termes pour approximer la somme de la série. Estimez l'erreur d'approximation.

79. $\sum_{n=1}^{\infty} \dfrac{1}{5 + n^5}$ **80.** $\sum_{n=1}^{\infty} \dfrac{e^{1/n}}{n^4}$

81. $\sum_{n=1}^{\infty} 5^{-n} \cos^2 n$ **82.** $\sum_{n=1}^{\infty} \dfrac{1}{3^n + 4^n}$

83. La représentation décimale d'un nombre $0,d_1 d_2 d_3 \ldots$ (où d_i est un des chiffres 0, 1, 2, ..., 9) signifie que
$$0,d_1 d_2 d_3 d_4 \ldots = \frac{d_1}{10} + \frac{d_2}{10^2} + \frac{d_3}{10^3} + \frac{d_4}{10^4} + \cdots$$
Montrez que cette série converge toujours.

84. Pour quelles valeurs de p la série $\sum_{n=2}^{\infty} 1/(n^p \ln n)$ converge-t-elle ?

85. Démontrez que si $a_n \geq 0$ et que si $\sum a_n$ converge, alors $\sum a_n^2$ converge aussi.

86. a) Supposez que $\sum a_n$ et $\sum b_n$ sont des séries à termes positifs et que $\sum b_n$ converge. Démontrez que si
$$\lim_{n \to \infty} \frac{a_n}{b_n} = 0$$
alors $\sum a_n$ converge aussi.
b) Utilisez la partie a) pour montrer que la série converge.
i) $\sum_{n=1}^{\infty} \dfrac{\ln n}{n^3}$ ii) $\sum_{n=1}^{\infty} \dfrac{\ln n}{\sqrt{n}\, e^n}$

87. a) Supposez que $\sum a_n$ et $\sum b_n$ sont des séries à termes positifs et que $\sum b_n$ diverge. Démontrez que si
$$\lim_{n \to \infty} \frac{a_n}{b_n} = \infty$$
alors $\sum a_n$ diverge aussi.
b) Utilisez la partie a) pour montrer que la série diverge.
i) $\sum_{n=2}^{\infty} \dfrac{1}{\ln n}$ ii) $\sum_{n=1}^{\infty} \dfrac{\ln n}{n}$

88. Donnez un exemple de deux séries $\sum a_n$ et $\sum b_n$ à termes positifs telles que $\lim_{n \to \infty} (a_n/b_n) = 0$, $\sum b_n$ diverge, mais $\sum a_n$ converge. (Comparez cet exercice avec l'exercice 86.)

89. Montrez que si $a_n > 0$ et si $\lim_{n \to \infty} n a_n \neq 0$, alors $\sum a_n$ diverge.

90. Montrez que si $a_n > 0$ et si $\sum a_n$ converge, alors $\sum \ln(1 + a_n)$ converge.

91. Si $\sum a_n$ est une série convergente à termes positifs, est-ce que $\sum \sin(a_n)$ converge aussi ?

92. Si $\sum a_n$ et $\sum b_n$ sont deux séries convergentes à termes positifs, est-ce que $\sum a_n b_n$ converge aussi ?

1.4 LES SÉRIES ALTERNÉES

Les tests de convergence vus jusqu'à présent ne s'appliquent qu'aux séries à termes positifs. Dans cette section et la suivante, nous verrons comment traiter les séries dont les termes ne sont pas nécessairement positifs. Les séries alternées, c'est-à-dire dont le signe des termes alterne, sont particulièrement importantes.

Une **série alternée** est une série dont les termes sont alternativement positifs et négatifs. En voici deux exemples :

$$1 - \frac{1}{2} + \frac{1}{3} - \frac{1}{4} + \frac{1}{5} - \frac{1}{6} + \cdots = \sum_{n=1}^{\infty} \frac{(-1)^{n-1}}{n}$$

$$-\frac{1}{2} + \frac{2}{3} - \frac{3}{4} + \frac{4}{5} - \frac{5}{6} + \frac{6}{7} - \cdots = \sum_{n=1}^{\infty} (-1)^n \frac{n}{n+1}.$$

Ces exemples montrent que le n-ième terme d'une série alternée est de la forme

$$a_n = (-1)^{n-1} b_n \quad \text{ou} \quad a_n = (-1)^n b_n$$

où b_n est un nombre positif. (En fait, $b_n = |a_n|$.)

Selon le test suivant, si les termes d'une série alternée décroissent vers 0 en valeur absolue, alors cette série est convergente.

TEST DE CONVERGENCE POUR LES SÉRIES ALTERNÉES

Si la série alternée

$$\sum_{n=1}^{\infty} (-1)^{n-1} b_n = b_1 - b_2 + b_3 - b_4 + b_5 - b_6 + \cdots, \quad b_n > 0$$

satisfait aux deux conditions

i) $b_{n+1} \leq b_n$ pour tout n,

ii) $\lim_{n \to \infty} b_n = 0$,

alors elle converge.

Avant de donner une preuve de ce test, on observe la représentation graphique (voir la figure 1) de l'idée sous-jacente à la démonstration. On trace d'abord $s_1 = b_1$ sur une droite numérique. Pour trouver s_2, on soustrait b_2, donc s_2 est à la gauche de s_1. Ensuite, pour trouver s_3, on additionne b_3, donc s_3 est à la droite de s_2. Mais puisque $b_3 < b_2$, s_3 est à la gauche de s_1. En continuant de cette façon, on voit que les sommes partielles oscillent de gauche à droite. Puisque $b_n \to 0$, les pas successifs deviennent de plus en plus petits. Les sommes partielles paires $s_2, s_4, s_6, \ldots$, sont croissantes, et les sommes impaires $s_1, s_3, s_5, \ldots$, sont décroissantes. Il semble donc plausible que les deux convergent vers un nombre s, la somme de la série. Par conséquent, on considère séparément les sommes partielles paires et impaires dans la démonstration suivante.

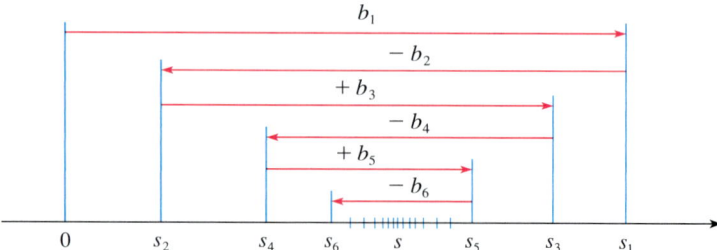

FIGURE 1

DÉMONSTRATION DU TEST DE CONVERGENCE POUR LES SÉRIES ALTERNÉES

On considère d'abord les sommes partielles paires :

$$s_2 = b_1 - b_2 \geq 0, \qquad \text{car } b_2 \leq b_1 ;$$
$$s_4 = s_2 + (b_3 - b_4) \geq s_2, \qquad \text{car } b_4 \leq b_3.$$

En général,

$$s_{2n} = s_{2n-2} + (b_{2n-1} - b_{2n}) \geq s_{2n-2}, \qquad \text{car } b_{2n} \leq b_{2n-1}.$$

Par conséquent,

$$0 \leq s_2 \leq s_4 \leq s_6 \leq \cdots \leq s_{2n} \leq \cdots$$

Mais on peut aussi écrire

$$s_{2n} = b_1 - (b_2 - b_3) - (b_4 - b_5) - \cdots - (b_{2n-2} - b_{2n-1}) - b_{2n}.$$

Chaque terme entre parenthèses est positif. Par conséquent, $s_{2n} \leq b_1$ pour tout n, et la suite $\{s_{2n}\}$ des sommes partielles paires est croissante et bornée supérieurement. Selon le théorème des suites monotones, cette suite converge. Soit s sa limite. Alors,

$$\lim_{n \to \infty} s_{2n} = s.$$

On calcule maintenant la limite des sommes partielles impaires. On obtient successivement

$$\lim_{n \to \infty} s_{2n+1} = \lim_{n \to \infty} (s_{2n} + b_{2n+1})$$
$$= \lim_{n \to \infty} s_{2n} + \lim_{n \to \infty} b_{2n+1}$$
$$= s.$$

Comme les sommes partielles paires et impaires convergent vers s, on a $\lim_{n \to \infty} s_n = s$ (voir l'exercice 92 a) dans la section 1.1) et donc la série converge. ▬

La figure 2 illustre l'exemple 1 en montrant les graphes des termes $a_n = (-1)^{n-1}/n$ et des sommes partielles s_n. Il faut noter la façon dont les valeurs de s_n oscillent de part et d'autre de la valeur limite, qui semble être d'environ 0,7. En fait, on peut prouver que la somme exacte de la série est $\ln 2 \approx 0{,}693$ (voir l'exercice 36).

EXEMPLE 1 La série harmonique alternée

$$1 - \frac{1}{2} + \frac{1}{3} - \frac{1}{4} + \cdots = \sum_{n=1}^{\infty} \frac{(-1)^{n-1}}{n},$$

où $b_n = \dfrac{1}{n}$ satisfait à

i) $b_{n+1} < b_n$ car $\dfrac{1}{n+1} < \dfrac{1}{n}$,

ii) $\lim_{n \to \infty} b_n = \lim_{n \to \infty} \dfrac{1}{n} = 0$,

de sorte que la série converge en vertu du test de convergence pour les séries alternées. ▬

EXEMPLE 2 La série $\sum_{n=1}^{\infty} \dfrac{(-1)^n 3n}{4n-1}$, où $b_n = \dfrac{3n}{4n-1}$, est alternée, mais puisque

$$\lim_{n \to \infty} b_n = \lim_{n \to \infty} \frac{3n}{4n-1} = \lim_{n \to \infty} \frac{3}{4 - \dfrac{1}{n}} = \frac{3}{4},$$

la condition ii) n'est pas satisfaite. En examinant la limite du n-ième terme de la série

$$\lim_{n \to \infty} a_n = \lim_{n \to \infty} \frac{(-1)^n 3n}{4n-1}$$

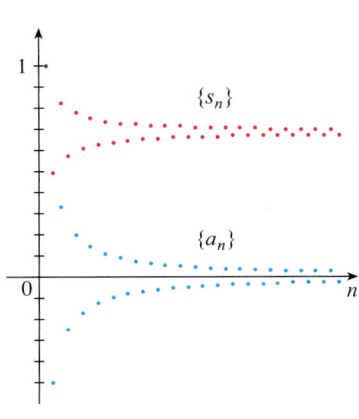

FIGURE 2

on constate que cette limite n'existe pas. Par conséquent, la série diverge, selon le test de divergence.

EXEMPLE 3 Déterminons si la série $\sum_{n=1}^{\infty}(-1)^{n+1}\dfrac{n^2}{n^3+1}$ converge ou diverge.

SOLUTION Comme cette série est alternée, on essaie de vérifier les conditions i) et ii) du test de convergence pour les séries alternées.

Contrairement à la série de l'exemple 1, il n'est pas évident que la suite donnée par $b_n = n^2/(n^3+1)$ est décroissante. Cependant, la fonction correspondante $f(x) = x^2/(x^3+1)$ a pour dérivée

$$f'(x) = \dfrac{x(2-x^3)}{(x^3+1)^2}.$$

Comme on ne considère que les x positifs, $f'(x) < 0$ si $2 - x^3 < 0$, c'est-à-dire si $x > \sqrt[3]{2}$. La fonction f est donc décroissante dans l'intervalle $]\sqrt[3]{2}, \infty[$. Par conséquent, $f(n+1) < f(n)$ et donc $b_{n+1} < b_n$ lorsque $n \geq 2$. (On peut vérifier directement l'inégalité $b_2 < b_1$, mais l'important est que la suite $\{b_n\}$ soit décroissante pour un n assez grand.)

La condition ii) se vérifie facilement :

$$\lim_{n \to \infty} b_n = \lim_{n \to \infty} \dfrac{n^2}{n^3+1} = \lim_{n \to \infty} \dfrac{\dfrac{1}{n}}{1+\dfrac{1}{n^3}} = 0.$$

Selon le test pour les séries alternées, la série donnée est convergente.

> Au lieu de vérifier la condition i) du test de convergence pour les séries alternées en calculant une dérivée, on peut vérifier directement que $b_{n+1} < b_n$ en utilisant la méthode de l'exemple 13 de la section 1.1.

L'ESTIMATION DE SOMMES

On peut utiliser une somme partielle s_n de n'importe quelle série convergente comme approximation de la somme s de la série, mais cette façon de procéder est peu utile, sauf si on peut estimer la précision de cette approximation. L'erreur commise lorsqu'on prend $s \approx s_n$ est égale au reste $R_n = s - s_n$. Le théorème suivant établit que pour les séries qui satisfont aux deux conditions du test de convergence pour les séries alternées, l'erreur est inférieure à b_{n+1}, la valeur absolue du premier terme négligé.

> On peut voir géométriquement pourquoi la borne sur l'erreur d'approximation des séries alternées est valide en observant la figure 1 (voir la page 40). On remarque que $s - s_4 < b_5$, $|s - s_5| < b_6$, et ainsi de suite. On remarque aussi que s est comprise entre deux sommes partielles consécutives quelconques.

1 BORNE SUR L'ERREUR D'APPROXIMATION POUR LES SÉRIES ALTERNÉES

Si $s = \sum(-1)^{n-1} b_n$ est la somme d'une série alternée qui satisfait à

i) $0 \leq b_{n+1} \leq b_n$ et à   ii) $\lim_{n \to \infty} b_n = 0$

alors $|R_n| = |s - s_n| \leq b_{n+1}.$

DÉMONSTRATION

La démonstration du test de convergence pour les séries alternées montre que s est toujours comprise entre deux sommes partielles consécutives quelconques s_n et s_{n+1}, d'où

$$|s - s_n| \leq |s_{n+1} - s_n| = b_{n+1}.$$

EXEMPLE 4 Estimons la somme de la série $\sum_{n=0}^{\infty}\dfrac{(-1)^n}{n!}$ avec trois décimales exactes. (Par définition, $0! = 1$.)

SOLUTION On remarque d'abord que la série converge en vertu du test de convergence pour les séries alternées, car

i) $\dfrac{1}{(n+1)!} = \dfrac{1}{n!(n+1)} < \dfrac{1}{n!}$,

ii) $0 < \dfrac{1}{n!} < \dfrac{1}{n} \to 0$,   ce qui implique que $\dfrac{1}{n!} \to 0$ lorsque $n \to \infty$.

Pour avoir une idée du nombre de termes qu'on doit additionner afin d'obtenir la précision demandée, on écrit les premiers termes de la série :

$$s = \frac{1}{0!} - \frac{1}{1!} + \frac{1}{2!} - \frac{1}{3!} + \frac{1}{4!} - \frac{1}{5!} + \frac{1}{6!} - \frac{1}{7!} + \cdots$$

$$= 1 - 1 + \tfrac{1}{2} - \tfrac{1}{6} + \tfrac{1}{24} - \tfrac{1}{120} + \tfrac{1}{720} - \tfrac{1}{5040} + \cdots$$

> À l'exemple 2 de la section 2.3, on prouve que $e^x = \sum_{n=0}^{\infty} x^n/n!$ pour tout x. Donc, à l'exemple 4, on a calculé une approximation du nombre e^{-1}.

On voit que $\quad b_7 = \tfrac{1}{5040} < \tfrac{1}{5000} = 0{,}0002$

et que $\quad s_6 = 1 - 1 + \tfrac{1}{2} - \tfrac{1}{6} + \tfrac{1}{24} - \tfrac{1}{120} + \tfrac{1}{720} \approx 0{,}368\,056$.

Selon la borne présentée en 1, on sait que

$$|s - s_6| \leq b_7 < 0{,}0002.$$

Cette erreur inférieure à 0,0002 n'influe pas sur la troisième décimale. On conclut que $s \approx 0{,}368$ est exacte jusqu'à la troisième décimale.

⊘ **NOTE** La borne sur l'erreur présentée en 1 (si on utilise s_n pour approximer s) donnée par le premier terme négligé n'est en général valide que pour les séries alternées qui satisfont aux conditions du test de convergence pour les séries alternées. Cette borne ne s'applique pas aux autres types de séries.

Exercices 1.4

1. a) Qu'est-ce qu'une série alternée ?
b) À quelles conditions une série alternée converge-t-elle ?
c) Si ces conditions sont satisfaites, que pouvez-vous dire à propos du reste après avoir additionné les n premiers termes ?

2-20 Déterminez si la série converge ou diverge.

2. $\dfrac{2}{3} - \dfrac{2}{5} + \dfrac{2}{7} - \dfrac{2}{9} + \dfrac{2}{11} - \cdots$

3. $-\dfrac{2}{5} + \dfrac{4}{6} - \dfrac{6}{7} + \dfrac{8}{8} - \dfrac{10}{9} + \cdots$

4. $\dfrac{1}{\ln 3} - \dfrac{1}{\ln 4} + \dfrac{1}{\ln 5} - \dfrac{1}{\ln 6} + \dfrac{1}{\ln 7} - \cdots$

5. $\displaystyle\sum_{n=1}^{\infty} \dfrac{(-1)^{n-1}}{3+5n}$

6. $\displaystyle\sum_{n=0}^{\infty} \dfrac{(-1)^{n+1}}{\sqrt{n+1}}$

7. $\displaystyle\sum_{n=1}^{\infty} (-1)^n \dfrac{3n-1}{2n+1}$

8. $\displaystyle\sum_{n=1}^{\infty} (-1)^n \dfrac{n^2}{n^2+n+1}$

9. $\displaystyle\sum_{n=1}^{\infty} (-1)^n e^{-n}$

10. $\displaystyle\sum_{n=1}^{\infty} (-1)^n \dfrac{\sqrt{n}}{2n+3}$

11. $\displaystyle\sum_{n=1}^{\infty} (-1)^{n+1} \dfrac{n^2}{n^3+4}$

12. $\displaystyle\sum_{n=1}^{\infty} (-1)^{n+1} n e^{-n}$

13. $\displaystyle\sum_{n=1}^{\infty} (-1)^{n-1} e^{2/n}$

14. $\displaystyle\sum_{n=1}^{\infty} (-1)^{n-1} \arctan n$

15. $\displaystyle\sum_{n=0}^{\infty} \dfrac{\sin\left(n+\tfrac{1}{2}\right)\pi}{1+\sqrt{n}}$

16. $\displaystyle\sum_{n=1}^{\infty} \dfrac{n \cos n\pi}{2^n}$

17. $\displaystyle\sum_{n=1}^{\infty} (-1)^n \sin\left(\dfrac{\pi}{n}\right)$

18. $\displaystyle\sum_{n=1}^{\infty} (-1)^n \cos\left(\dfrac{\pi}{n}\right)$

19. $\displaystyle\sum_{n=1}^{\infty} (-1)^n \dfrac{n^n}{n!}$

20. $\displaystyle\sum_{n=1}^{\infty} (-1)^n (\sqrt{n+1} - \sqrt{n})$

21-22 Calculez les 10 premières sommes partielles de la série et représentez graphiquement la suite des termes et la suite des sommes partielles sur la même figure. Estimez l'erreur si la dixième somme partielle est utilisée pour approximer la somme totale.

21. $\displaystyle\sum_{n=1}^{\infty} \dfrac{(-0{,}8)^n}{n!}$

22. $\displaystyle\sum_{n=1}^{\infty} (-1)^{n-1} \dfrac{n}{8^n}$

23-26 Montrez que la série converge. Combien de termes de la série faut-il additionner pour obtenir la précision indiquée ?

23. $\displaystyle\sum_{n=1}^{\infty} \dfrac{(-1)^{n+1}}{n^6} \quad (|\text{erreur}| < 0{,}000\,05)$

24. $\sum_{n=1}^{\infty} \dfrac{\left(-\dfrac{1}{3}\right)^n}{n}$ (|erreur| < 0,0005)

25. $\sum_{n=1}^{\infty} \dfrac{(-1)^{n-1}}{n^2 2^n}$ (|erreur| < 0,0005)

26. $\sum_{n=1}^{\infty} \left(-\dfrac{1}{n}\right)^n$ (|erreur| < 0,00005)

27-30 Approximez la somme de la série avec quatre décimales exactes.

27. $\sum_{n=1}^{\infty} \dfrac{(-1)^n}{(2n)!}$

28. $\sum_{n=1}^{\infty} \dfrac{(-1)^{n+1}}{n^6}$

29. $\sum_{n=1}^{\infty} (-1)^n n e^{-2n}$

30. $\sum_{n=1}^{\infty} \dfrac{(-1)^{n-1}}{n 4^n}$

31. Est-ce que la 50e somme partielle s_{50} de la série alternée $\sum_{n=1}^{\infty} (-1)^{n-1}/n$ est une surestimation ou une sous-estimation de la somme totale? Expliquez votre réponse.

32-34 Pour quelles valeurs de p chacune des séries converge-t-elle?

32. $\sum_{n=1}^{\infty} \dfrac{(-1)^{n-1}}{n^p}$

33. $\sum_{n=1}^{\infty} \dfrac{(-1)^n}{n+p}$

34. $\sum_{n=2}^{\infty} (-1)^{n-1} \dfrac{(\ln n)^p}{n}$

35. Montrez que la série $\sum (-1)^{n-1} b_n$, où $b_n = 1/n$ si n est impair et $b_n = 1/n^2$ si n est pair, est divergente. Pourquoi le test de convergence pour les séries alternées ne s'applique-t-il pas?

36. Suivez les étapes suivantes pour montrer que

$$\sum_{n=1}^{\infty} \dfrac{(-1)^{n-1}}{n} = \ln 2.$$

Soit h_n et s_n les sommes partielles des séries harmonique et harmonique alternée.
a) Montrez que $s_{2n} = h_{2n} - h_n$.
b) Selon l'exercice 44 de la section 1.3,

$$h_n - \ln n \to \gamma \text{ lorsque } n \to \infty$$

et, par conséquent,

$$h_{2n} - \ln(2n) \to \gamma \text{ lorsque } n \to \infty.$$

Utilisez ces résultats ainsi que la partie a) pour montrer que $s_{2n} \to \ln 2$ lorsque $n \to \infty$.

1.5 LA CONVERGENCE ABSOLUE, LE TEST DU RAPPORT ET LE CRITÈRE DE CAUCHY

Pour toute série donnée $\sum a_n$, on peut former la série

$$\sum_{n=1}^{\infty} |a_n| = |a_1| + |a_2| + |a_3| + \cdots$$

dont les termes sont les valeurs absolues des termes de la série originale.

Il existe des tests de convergence pour les séries à termes positifs et pour les séries alternées. Mais que peut-on faire si le signe des termes change irrégulièrement? L'exemple 3 montre que le concept de convergence absolue est parfois utile dans un tel cas.

1 DÉFINITION

Une série $\sum a_n$ est dite **absolument convergente** si la série des valeurs absolues $\sum |a_n|$ converge.

NOTE Si $\sum a_n$ est une série à termes positifs, alors $|a_n| = a_n$ et la convergence absolue revient à la convergence au sens habituel.

EXEMPLE 1 La série

$$\sum_{n=1}^{\infty} \dfrac{(-1)^{n-1}}{n^2} = 1 - \dfrac{1}{2^2} + \dfrac{1}{3^2} - \dfrac{1}{4^2} + \cdots$$

converge absolument, car

$$\sum_{n=1}^{\infty} \left|\dfrac{(-1)^{n-1}}{n^2}\right| = \sum_{n=1}^{\infty} \dfrac{1}{n^2} = 1 + \dfrac{1}{2^2} + \dfrac{1}{3^2} + \dfrac{1}{4^2} + \cdots$$

est une série de Riemann convergente ($p = 2$).

EXEMPLE 2 Selon l'exemple 1 de la section 1.4, la série harmonique alternée

$$\sum_{n=1}^{\infty} \dfrac{(-1)^{n-1}}{n} = 1 - \dfrac{1}{2} + \dfrac{1}{3} - \dfrac{1}{4} + \cdots$$

converge, mais elle ne converge pas absolument, car la série correspondante des valeurs absolues est

$$\sum_{n=1}^{\infty} \left| \frac{(-1)^{n-1}}{n} \right| = \sum_{n=1}^{\infty} \frac{1}{n} = 1 + \frac{1}{2} + \frac{1}{3} + \frac{1}{4} + \cdots$$

qui est la série harmonique (série de Riemann avec $p = 1$) et qui est divergente.

2 DÉFINITION

Une série $\sum a_n$ est dite **simplement convergente** ou **semi-convergente** si elle est convergente, mais pas absolument convergente.

L'exemple 2 montre que la série harmonique alternée est simplement convergente. Une série peut donc être convergente sans être absolument convergente. Le théorème suivant montre cependant que la convergence absolue entraîne la convergence.

3 THÉORÈME

Si une série $\sum a_n$ est absolument convergente, alors elle est convergente.

DÉMONSTRATION

L'inégalité

$$0 \leq a_n + |a_n| \leq 2|a_n|$$

est valide, car $|a_n|$ vaut soit a_n, soit $-a_n$. Si $\sum a_n$ est absolument convergente, alors $\sum |a_n|$ converge et donc la série $\sum 2|a_n| = 2 \sum |a_n|$ converge aussi. Par conséquent, selon le test de comparaison, la série $\sum (a_n + |a_n|)$ est convergente. Ainsi, la série

$$\sum a_n = \sum (a_n + |a_n|) - \sum |a_n|$$

est la différence de deux séries convergentes et elle est donc convergente.

EXEMPLE 3 Déterminons si la série

$$\sum_{n=1}^{\infty} \frac{\cos n}{n^2} = \frac{\cos 1}{1^2} + \frac{\cos 2}{2^2} + \frac{\cos 3}{3^2} + \cdots$$

converge ou diverge.

SOLUTION Cette série contient des termes positifs et des termes négatifs, mais elle n'est pas alternée. (Le premier terme est positif, les trois prochains sont négatifs et les trois suivants sont positifs : le signe change irrégulièrement.) On applique le test de comparaison à la série des valeurs absolues :

$$\sum_{n=1}^{\infty} \left| \frac{\cos n}{n^2} \right| = \sum_{n=1}^{\infty} \frac{|\cos n|}{n^2}.$$

Puisque $|\cos n| \leq 1$ pour tout n, on a

$$\frac{|\cos n|}{n^2} \leq \frac{1}{n^2}.$$

On sait que $\sum 1/n^2$ converge (série de Riemann avec $p = 2$). Selon le test de comparaison, $\sum |\cos n|/n^2$ converge aussi. Par conséquent, la série donnée est absolument convergente, donc elle est convergente selon le théorème 3.

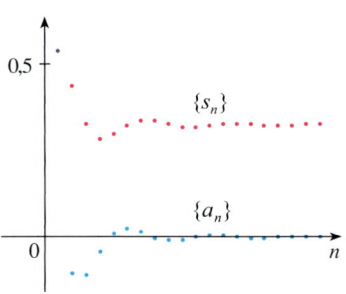

La figure 1 montre les graphes des termes a_n et des sommes partielles s_n de la série de l'exemple 3. On remarque que la série n'est pas alternée, mais qu'elle contient des termes positifs et des termes négatifs.

FIGURE 1

Le test suivant est utile pour déterminer si une série est absolument convergente. On appelle aussi ce test le « critère d'Alembert ».

> **TEST DU RAPPORT**
>
> i) Si $\lim\limits_{n \to \infty} \left| \dfrac{a_{n+1}}{a_n} \right| = L < 1$, alors la série $\sum\limits_{n=1}^{\infty} a_n$ est absolument convergente (et donc convergente).
>
> ii) Si $\lim\limits_{n \to \infty} \left| \dfrac{a_{n+1}}{a_n} \right| = L > 1$ ou si $\lim\limits_{n \to \infty} \left| \dfrac{a_{n+1}}{a_n} \right| = \infty$, alors la série $\sum\limits_{n=1}^{\infty} a_n$ diverge.
>
> iii) Si $\lim\limits_{n \to \infty} \left| \dfrac{a_{n+1}}{a_n} \right| = 1$, le test du rapport ne permet pas de conclure ; autrement dit, on ne peut conclure que $\sum a_n$ converge ou diverge.

DÉMONSTRATION

i) L'idée de la preuve consiste à comparer la série donnée à une série géométrique convergente. Comme $L < 1$, on peut choisir un nombre r tel que $L < r < 1$. Puisque

$$\lim_{n \to \infty} \left| \frac{a_{n+1}}{a_n} \right| = L \text{ et } L < r$$

le rapport $|a_{n+1}/a_n|$ sera inférieur à r pour n assez grand ; autrement dit, il existe un nombre entier N tel que

$$\left| \frac{a_{n+1}}{a_n} \right| < r \text{ lorsque } n \geq N$$

ou, de façon équivalente,

4 $$|a_{n+1}| < |a_n| r \text{ lorsque } n \geq N.$$

En prenant n successivement égal à N, $N+1$, $N+2$, ... dans l'expression 4, on obtient

$$|a_{N+1}| < |a_N| r$$
$$|a_{N+2}| < |a_{N+1}| r < |a_N| r^2$$
$$|a_{N+3}| < |a_{N+2}| r < |a_N| r^3$$

et, en général,

5 $$|a_{N+k}| < |a_N| r^k \text{ pour tout } k \geq 1.$$

La série

$$\sum_{k=1}^{\infty} |a_N| r^k = |a_N| r + |a_N| r^2 + |a_N| r^3 + \cdots$$

converge parce que c'est une série géométrique avec $0 < r < 1$ et $a = |a_N|$. L'inégalité 5 et le test de comparaison impliquent que la série

$$\sum_{n=N+1}^{\infty} |a_n| = \sum_{k=1}^{\infty} |a_{N+k}| = |a_{N+1}| + |a_{N+2}| + |a_{N+3}| + \cdots$$

converge, ce qui entraîne que la série $\sum_{n=1}^{\infty} |a_n|$ converge aussi. (On se rappelle qu'un nombre fini de termes n'influe pas sur la convergence.) Par conséquent, $\sum a_n$ est absolument convergente.

ii) Si $|a_{n+1}/a_n| \to L > 1$ ou $|a_{n+1}/a_n| \to \infty$, alors le rapport $|a_{n+1}/a_n|$ sera supérieur à 1 pour n assez grand ; autrement dit, il existe un nombre entier N tel que

$$\left|\frac{a_{n+1}}{a_n}\right| > 1 \text{ lorsque } n \geq N.$$

Cela signifie que $|a_{n+1}| > |a_n|$ lorsque $n \geq N$ et donc que

$$\lim_{n\to\infty} a_n \neq 0.$$

Par conséquent, la série $\sum a_n$ diverge d'après le test de divergence. ∎

NOTE Selon la partie iii), si $\lim_{n\to\infty}|a_{n+1}/a_n| = 1$, alors le test du rapport ne donne aucune indication sur la convergence ou la divergence. Par exemple, pour la série convergente $\sum 1/n^2$,

$$\left|\frac{a_{n+1}}{a_n}\right| = \frac{\dfrac{1}{(n+1)^2}}{\dfrac{1}{n^2}} = \frac{n^2}{(n+1)^2} = \frac{1}{\left(1+\dfrac{1}{n}\right)^2} \to 1 \text{ lorsque } n \to \infty,$$

tandis que pour la série divergente $\sum 1/n$,

$$\left|\frac{a_{n+1}}{a_n}\right| = \frac{\dfrac{1}{n+1}}{\dfrac{1}{n}} = \frac{n}{n+1} = \frac{1}{1+\dfrac{1}{n}} \to 1 \text{ lorsque } n \to \infty.$$

Ces deux exemples montrent que si $\lim_{n\to\infty}|a_{n+1}/a_n| = 1$, alors la série $\sum a_n$ pourrait converger ou diverger. Dans ce cas, le test du rapport échoue, et il faut utiliser un autre test de convergence.

Le test du rapport est généralement concluant si le n-ième terme de la série contient un exposant ou une factorielle, comme nous le verrons dans les exemples 4 et 5.

EXEMPLE 4 Déterminons si la série $\sum_{n=1}^{\infty}(-1)^n \dfrac{n^3}{3^n}$ est absolument convergente.

SOLUTION On utilise le test du rapport avec $a_n = (-1)^n n^3/3^n$:

$$\left|\frac{a_{n+1}}{a_n}\right| = \left|\frac{\dfrac{(-1)^{n+1}(n+1)^3}{3^{n+1}}}{\dfrac{(-1)^n n^3}{3^n}}\right| = \frac{(n+1)^3}{3^{n+1}} \cdot \frac{3^n}{n^3}$$

$$= \frac{1}{3}\left(\frac{n+1}{n}\right)^3 = \frac{1}{3}\left(1+\frac{1}{n}\right)^3 \to \frac{1}{3} < 1.$$

Selon le test du rapport, la série donnée est absolument convergente et, par conséquent, elle converge.

L'estimation de sommes

Dans les sections précédentes, on a utilisé diverses méthodes pour estimer l'erreur d'approximation de la somme d'une série. La méthode dépendait du test utilisé pour démontrer la convergence. Qu'en est-il des séries pour lesquelles le test du rapport fonctionne ? Il y a deux possibilités : si la série est alternée, comme à l'exemple 4, alors il vaut mieux utiliser les méthodes de la section 1.4 ; si tous les termes sont positifs, on peut utiliser les méthodes particulières de l'exercice 46.

EXEMPLE 5 Déterminons si la série $\sum_{n=1}^{\infty} \dfrac{n^n}{n!}$ converge.

SOLUTION Puisque les termes $a_n = n^n/n!$ sont positifs, il n'est pas nécessaire d'écrire le symbole de valeur absolue et on a

$$\frac{a_{n+1}}{a_n} = \frac{(n+1)^{n+1}}{(n+1)!} \cdot \frac{n!}{n^n} = \frac{(n+1)(n+1)^n}{(n+1)n!} \cdot \frac{n!}{n^n}$$

$$= \left(\frac{n+1}{n}\right)^n = \left(1+\frac{1}{n}\right)^n \to e \text{ lorsque } n \to \infty.$$

Puisque $e > 1$, la série donnée est divergente, d'après le test du rapport.

NOTE Bien que le test du rapport fonctionne dans le cas de l'exemple 5, il est plus simple d'utiliser le test de divergence. Puisque

$$a_n = \frac{n^n}{n!} = \frac{n \times n \times n \times \cdots \times n}{1 \times 2 \times 3 \times \cdots \times n} \geq n$$

a_n ne tend pas vers 0 lorsque $n \to \infty$. Par conséquent, la série donnée diverge selon le test de divergence.

Le critère suivant est utile lorsque a_n contient des puissances n-ièmes. Sa démonstration est semblable à celle du test du rapport et fait l'objet de l'exercice 49.

CRITÈRE DE CONVERGENCE DE CAUCHY

i) Si $\lim_{n \to \infty} \sqrt[n]{|a_n|} = L < 1$, alors la série $\sum_{n=1}^{\infty} a_n$ est absolument convergente (et donc convergente).

ii) Si $\lim_{n \to \infty} \sqrt[n]{|a_n|} = L > 1$ ou si $\lim_{n \to \infty} \sqrt[n]{|a_n|} = \infty$, alors la série $\sum_{n=1}^{\infty} a_n$ diverge.

iii) Si $\lim_{n \to \infty} \sqrt[n]{|a_n|} = 1$, le critère de Cauchy n'est pas concluant.

Si $\lim_{n \to \infty} \sqrt[n]{|a_n|} = 1$, la partie iii) du critère de Cauchy ne donne aucune indication sur la convergence ou la divergence. La série $\sum a_n$ pourrait converger ou diverger. Il faut noter que si $L = 1$ dans le test du rapport alors il n'est pas utile d'essayer d'appliquer le critère de Cauchy, car L sera de nouveau égal à 1. De même, si $L = 1$ dans le critère de Cauchy, il est inutile d'essayer d'appliquer le test du rapport, car il échouera aussi.

EXEMPLE 6 Déterminons si la série $\sum_{n=1}^{\infty} \left(\frac{2n+3}{3n+2}\right)^n$ converge ou diverge.

SOLUTION On a

$$a_n = \left(\frac{2n+3}{3n+2}\right)^n$$

et

$$\sqrt[n]{|a_n|} = \frac{2n+3}{3n+2} = \frac{2 + \frac{3}{n}}{3 + \frac{2}{n}} \to \frac{2}{3} < 1.$$

La série donnée converge donc, selon le critère de Cauchy.

LES RÉARRANGEMENTS

La question qui consiste à déterminer si une série convergente donnée est absolument convergente ou simplement convergente a un rapport étroit avec la question de savoir si les sommes infinies se comportent comme des sommes finies.

Le réarrangement de l'ordre des termes d'une somme finie ne change évidemment pas la valeur de cette somme. Cela n'est pas toujours vrai pour une série infinie. Un **réarrangement** d'une série infinie $\sum a_n$ est une série qu'on obtient à partir de celle-ci en changeant simplement l'ordre des termes. Par exemple, un réarrangement de $\sum a_n$ pourrait commencer ainsi :

$$a_1 + a_2 + a_5 + a_3 + a_4 + a_{15} + a_6 + a_7 + a_{20} + \cdots$$

On peut montrer ce qui suit :

> Si $\sum a_n$ est une série absolument convergente dont la somme est s, alors tout réarrangement de $\sum a_n$ a la même somme s.

Cependant, on peut réarranger n'importe quelle série simplement convergente pour obtenir une somme différente. À titre d'illustration, on considère la série harmonique alternée

6 $$1 - \tfrac{1}{2} + \tfrac{1}{3} - \tfrac{1}{4} + \tfrac{1}{5} - \tfrac{1}{6} + \tfrac{1}{7} - \tfrac{1}{8} + \cdots = \ln 2$$

(voir l'exercice 36 de la section 1.4). En multipliant cette série par $\tfrac{1}{2}$, on obtient

$$\tfrac{1}{2} - \tfrac{1}{4} + \tfrac{1}{6} - \tfrac{1}{8} + \cdots = \tfrac{1}{2} \ln 2.$$

L'insertion de zéros entre les termes de cette série donne alors

7 $$0 + \tfrac{1}{2} + 0 - \tfrac{1}{4} + 0 + \tfrac{1}{6} + 0 - \tfrac{1}{8} + \cdots = \tfrac{1}{2} \ln 2.$$

> L'addition de ces zéros n'influe pas sur la somme de la série ; chaque terme de la suite des sommes partielles est répété, mais la limite reste la même.

L'addition des séries 6 et 7 donne, selon le théorème 8 de la section 1.2,

8 $$1 + \tfrac{1}{3} - \tfrac{1}{2} + \tfrac{1}{5} + \tfrac{1}{7} - \tfrac{1}{4} + \cdots = \tfrac{3}{2} \ln 2.$$

On remarque que la série 8 contient les mêmes termes que la série 6, mais que les termes ont été réarrangés de manière qu'il y ait un terme négatif après chaque paire de termes positifs. Cependant, les sommes de ces deux séries diffèrent. De fait, Riemann a démontré ce qui suit :

> Si $\sum a_n$ est une série simplement convergente et si r est n'importe quel nombre réel, alors il existe un réarrangement de $\sum a_n$ dont la somme est égale à r.

On demande une démonstration de ce résultat à l'exercice 54.

Exercices 1.5

1. Que pouvez-vous dire de la série $\sum a_n$ dans chacun des cas suivants ?

a) $\lim\limits_{n \to \infty} \left| \dfrac{a_{n+1}}{a_n} \right| = 8$ c) $\lim\limits_{n \to \infty} \left| \dfrac{a_{n+1}}{a_n} \right| = 1$

b) $\lim\limits_{n \to \infty} \left| \dfrac{a_{n+1}}{a_n} \right| = 0{,}8$

2-6 Déterminez si la série est absolument convergente, simplement convergente ou divergente.

2. $\sum\limits_{n=1}^{\infty} \dfrac{(-1)^{n-1}}{\sqrt{n}}$ **3.** $\sum\limits_{n=0}^{\infty} \dfrac{(-1)^n}{5n+1}$

4. $\sum\limits_{n=1}^{\infty} \dfrac{(-1)^n}{n^3+1}$ **5.** $\sum\limits_{n=1}^{\infty} \dfrac{\sin n}{2^n}$

6. $\sum\limits_{n=1}^{\infty} (-1)^{n-1} \dfrac{n}{n^2+4}$

7-24 Utilisez le test du rapport pour déterminer si la série est convergente ou divergente.

7. $\sum\limits_{n=1}^{\infty} \dfrac{n}{5^n}$ **8.** $\sum\limits_{n=1}^{\infty} \dfrac{(-2)^n}{n^2}$

9. $\sum\limits_{n=1}^{\infty} (-1)^{n-1} \dfrac{3^n}{2^n n^3}$ **10.** $\sum\limits_{n=0}^{\infty} \dfrac{(-3)^n}{(2n+1)!}$

11. $\sum\limits_{k=1}^{\infty} \dfrac{1}{k!}$ **12.** $\sum\limits_{k=1}^{\infty} k e^{-k}$

13. $\sum\limits_{n=1}^{\infty} \dfrac{10^n}{(n+1)4^{2n+1}}$ **14.** $\sum\limits_{n=1}^{\infty} \dfrac{n!}{100^n}$

15. $\sum\limits_{n=1}^{\infty} \dfrac{n\pi^n}{(-3)^{n-1}}$ **16.** $\sum\limits_{n=1}^{\infty} \dfrac{n^{10}}{(-10)^{n+1}}$

17. $\sum\limits_{n=1}^{\infty} \dfrac{\cos(n\pi/3)}{n!}$ **18.** $\sum\limits_{n=1}^{\infty} \dfrac{n!}{n^n}$

19. $\sum\limits_{n=1}^{\infty} \dfrac{n^{100} 100^n}{n!}$ **20.** $\sum\limits_{n=1}^{\infty} \dfrac{(2n)!}{(n!)^2}$

21. $1 - \dfrac{2!}{1 \cdot 3} + \dfrac{3!}{1 \cdot 3 \cdot 5} - \dfrac{4!}{1 \cdot 3 \cdot 5 \cdot 7} + \cdots$
$+ (-1)^{n-1} \dfrac{n!}{1 \cdot 3 \cdot 5 \cdot \cdots \cdot (2n-1)} + \cdots$

22. $\dfrac{2}{3} + \dfrac{2 \cdot 5}{3 \cdot 5} + \dfrac{2 \cdot 5 \cdot 8}{3 \cdot 5 \cdot 7} + \dfrac{2 \cdot 5 \cdot 8 \cdot 11}{3 \cdot 5 \cdot 7 \cdot 9} + \cdots$

23. $\displaystyle\sum_{n=1}^{\infty} \frac{2\cdot 4\cdot 6\cdot\cdots\cdot(2n)}{n!}$

24. $\displaystyle\sum_{n=1}^{\infty} (-1)^n \frac{2^n n!}{5\cdot 8\cdot 11\cdot\cdots\cdot(3n+2)}$

25-30 Utilisez le critère de convergence de Cauchy pour déterminer si la série est convergente ou divergente.

25. $\displaystyle\sum_{n=1}^{\infty} \left(\frac{n^2+1}{2n^2+1}\right)^n$ **26.** $\displaystyle\sum_{n=1}^{\infty} \frac{(-2)^n}{n^n}$

27. $\displaystyle\sum_{n=2}^{\infty} \frac{(-1)^{n-1}}{(\ln n)^n}$ **28.** $\displaystyle\sum_{n=1}^{\infty} \left(\frac{-2n}{n+1}\right)^{5n}$

29. $\displaystyle\sum_{n=1}^{\infty} \left(1+\frac{1}{n}\right)^{n^2}$ **30.** $\displaystyle\sum_{n=0}^{\infty} (\arctan n)^n$

31-38 Utilisez un test approprié pour déterminer si la série est convergente ou divergente.

31. $\displaystyle\sum_{n=2}^{\infty} \frac{(-1)^n}{\ln n}$ **32.** $\displaystyle\sum_{n=1}^{\infty} \left(\frac{1-n}{2+3n}\right)^n$

33. $\displaystyle\sum_{n=1}^{\infty} \frac{(-9)^n}{n 10^{n+1}}$ **34.** $\displaystyle\sum_{n=1}^{\infty} \frac{n 5^{2n}}{10^{n+1}}$

35. $\displaystyle\sum_{n=2}^{\infty} \left(\frac{n}{\ln n}\right)^n$ **36.** $\displaystyle\sum_{n=1}^{\infty} \frac{\sin(n\pi/6)}{1+n\sqrt{n}}$

37. $\displaystyle\sum_{n=1}^{\infty} \frac{(-1)^n \arctan n}{n^2}$ **38.** $\displaystyle\sum_{n=2}^{\infty} \frac{(-1)^n}{n \ln n}$

39. On définit les termes d'une série par les équations de récurrence

$$a_1 = 2 \qquad a_{n+1} = \frac{5n+1}{4n+3} a_n.$$

Déterminez si $\sum a_n$ converge ou diverge.

40. On définit une série $\sum a_n$ par les équations de récurrence

$$a_1 = 1 \qquad a_{n+1} = \frac{2+\cos n}{\sqrt{n}} a_n.$$

Déterminez si $\sum a_n$ converge ou diverge.

41-42 Soit $\{b_n\}$, une suite de nombres positifs qui converge vers $\frac{1}{2}$. Déterminez si la série donnée est absolument convergente.

41. $\displaystyle\sum_{n=1}^{\infty} \frac{b_n^n \cos n\pi}{n}$ **42.** $\displaystyle\sum_{n=1}^{\infty} \frac{(-1)^n n!}{n^n b_1 b_2 b_3 \cdots b_n}$

43. Pour lesquelles des séries ci-dessous le test du rapport est-il non concluant (c'est-à-dire qu'il ne permet pas de conclure à la convergence ou à la divergence de la série) ?

a) $\displaystyle\sum_{n=1}^{\infty} \frac{1}{n^3}$

b) $\displaystyle\sum_{n=1}^{\infty} \frac{n}{2^n}$

c) $\displaystyle\sum_{n=1}^{\infty} \frac{(-3)^{n-1}}{\sqrt{n}}$

d) $\displaystyle\sum_{n=1}^{\infty} \frac{\sqrt{n}}{1+n^2}$

44. Pour quels nombres entiers positifs k la série suivante converge-t-elle ?

$$\sum_{n=1}^{\infty} \frac{(n!)^2}{(kn)!}$$

45. a) Montrez que $\sum_{n=0}^{\infty} x^n/n!$ converge pour tout x.
b) Déduisez que $\lim_{n\to\infty} x^n/n! = 0$ pour tout x.

46. Soit $\sum a_n$ une série à termes positifs et $r_n = a_{n+1}/a_n$. Supposez que $\lim_{n\to\infty} r_n = L < 1$, donc que $\sum a_n$ converge d'après le test du rapport. Soit R_n le reste après n termes, c'est-à-dire que

$$R_n = a_{n+1} + a_{n+2} + a_{n+3} + \cdots$$

a) Si $\{r_n\}$ est une suite décroissante et si $r_{n+1} < 1$, montrez, en faisant la somme d'une série géométrique, que

$$R_n \leq \frac{a_{n+1}}{1 - r_{n+1}}.$$

b) Si $\{r_n\}$ est une suite croissante, montrez que

$$R_n \leq \frac{a_{n+1}}{1-L}.$$

47. a) Trouvez la somme partielle s_5 de la série $\sum 1/n2^n$. À l'aide de l'exercice 46, estimez l'erreur en utilisant s_5 comme approximation de la somme de la série.
b) Trouvez une valeur de n telle que s_n soit à moins de 0,000 05 de la somme de la série. Servez-vous de cette valeur de n pour approximer la somme de la série.

48. Utilisez la somme des 10 premiers termes pour approximer la somme de la série

$$\sum_{n=1}^{\infty} \frac{n}{2^n}.$$

Utilisez l'exercice 46 pour estimer l'erreur.

49. Démontrez le critère de Cauchy. (*Suggestion pour la partie i*: Prenez n'importe quel nombre r satisfaisant à $L < r < 1$, et utilisez le fait qu'il existe un nombre entier N tel que $\sqrt[n]{|a_n|} < r$ lorsque $n \geq N$.)

50. Vers 1910, le mathématicien indien Srinivasa Ramanujan a découvert la formule

$$\frac{1}{\pi} = \frac{2\sqrt{2}}{9801} \sum_{n=0}^{\infty} \frac{(4n)!(1103 + 26390n)}{(n!)^4 396^{4n}}.$$

William Gosper a utilisé cette série en 1985 pour calculer les 17 premiers millions de décimales de π.
a) Vérifiez que la série converge.
b) Combien de décimales exactes de π obtenez-vous en utilisant seulement le premier terme de la série ? Et si vous utilisez deux termes ?

51. Qu'y a-t-il de faux dans le calcul suivant ?

$$0 = 0 + 0 + 0 + \cdots$$
$$= (1-1) + (1-1) + (1-1) + \cdots$$
$$= 1 - 1 + 1 - 1 + 1 - 1 + \cdots$$
$$= 1 + (-1+1) + (-1+1) + (-1+1) + \cdots$$
$$= 1 + 0 + 0 + 0 + \cdots = 1$$

(Guido Ubaldus pensait que ce calcul prouvait l'existence de Dieu parce que « quelque chose avait été créé à partir de rien ».)

52. Pour toute série $\sum a_n$, on définit une série $\sum a_n^+$ dont les termes sont tous les termes positifs de $\sum a_n$ et une série $\sum a_n^-$ dont les termes sont tous les termes négatifs de $\sum a_n$. Plus précisément, soit

$$a_n^+ = \frac{a_n + |a_n|}{2} \text{ et } a_n^- = \frac{a_n - |a_n|}{2}.$$

Remarquez que si $a_n > 0$, alors $a_n^+ = a_n$ et $a_n^- = 0$, tandis que si $a_n < 0$, alors $a_n^- = a_n$ et $a_n^+ = 0$.

a) Si $\sum a_n$ est absolument convergente, montrez que les deux séries $\sum a_n^+$ et $\sum a_n^-$ convergent.

b) Si $\sum a_n$ est simplement convergente, montrez que les deux séries $\sum a_n^+$ et $\sum a_n^-$ divergent.

53. Supposez que la série $\sum a_n$ est simplement convergente.

a) Prouvez que la série $\sum n^2 a_n$ est divergente.

b) La convergence simple de $\sum a_n$ ne suffit pas pour déterminer si $\sum n a_n$ est convergente. Montrez-le en donnant un exemple d'une série simplement convergente telle que $\sum n a_n$ converge et un exemple où $\sum n a_n$ diverge.

54. Prouvez que si $\sum a_n$ est une série simplement convergente et que r est un nombre réel quelconque, alors il existe un réarrangement de $\sum a_n$ dont la somme est r. Utilisez la notation de l'exercice 52. Prenez juste assez de termes positifs a_n^+ pour que leur somme soit supérieure à r. Ensuite, additionnez juste assez de termes négatifs a_n^- pour que leur somme soit inférieure à r. Continuez de cette façon et utilisez le théorème 6 de la section 1.2.

1.6 UNE STRATÉGIE POUR TESTER LA CONVERGENCE D'UNE SÉRIE

Dans les sections précédentes, nous avons vu plusieurs façons de déterminer si une série converge ou diverge. Le problème est de décider quelle règle appliquer à une série donnée. À cet égard, ce problème est semblable à celui qui consiste à déterminer la meilleure façon d'intégrer une fonction. Il n'existe pas de règles définitives permettant de déterminer quel test appliquer à une série donnée, mais les conseils suivants peuvent être utiles.

Il n'est pas raisonnable d'appliquer une liste de tests dans un ordre spécifique jusqu'à ce qu'on trouve un test qui convient : ce serait une perte de temps et d'effort. Comme pour l'intégration de fonctions, la meilleure stratégie est de classer les séries selon leur forme.

1. Si la série est de la forme $\sum 1/n^p$, il s'agit d'une série de Riemann, qui converge si $p > 1$ et diverge si $p \leq 1$.

2. Si la série est de la forme $\sum a r^{n-1}$ ou $\sum a r^n$, il s'agit d'une série géométrique, qui converge si $|r| < 1$ et diverge si $|r| \geq 1$. Il faudra peut-être manipuler la série pour obtenir cette forme.

3. Si la forme de la série est semblable à celle d'une série de Riemann ou d'une série géométrique, alors on devrait considérer le recours au test de comparaison. En particulier, si a_n est une fonction rationnelle ou une fonction algébrique de n (comprenant des racines de polynômes), alors la série devrait être comparée à une série de Riemann. Il faut noter que la plupart des séries des exercices 1.3 sont de cette forme. (Comme à la section 1.3, on devrait choisir p en ne tenant compte que des puissances les plus élevées de n au numérateur et au dénominateur.) Le test de comparaison ne s'applique qu'aux séries à termes positifs. Toutefois, si la série possède des termes négatifs, alors on peut appliquer le test de comparaison à $\sum |a_n|$ et vérifier si la série est absolument convergente.

4. S'il est facile de voir que $\lim_{n \to \infty} a_n \neq 0$, alors le test de divergence devrait être employé.

5. Si la série est de la forme $\sum (-1)^{n-1} b_n$ ou $\sum (-1)^n b_n$, alors le test de convergence pour les séries alternées s'applique.

6. Si la série contient des factorielles ou d'autres produits (y compris une constante élevée à la n-ième puissance), alors le test du rapport est souvent utile. Rappelez-vous que $|a_{n+1}/a_n| \to 1$ lorsque $n \to \infty$ pour toute série de Riemann et donc pour

toute fonction rationnelle ou algébrique de n. Le test du rapport n'est donc pas utile pour ces séries.

7. Si a_n est de la forme $(b_n)^n$, alors le critère de Cauchy peut être utile.

8. Si $a_n = f(n)$, et si $\int_1^\infty f(x)\,dx$ est facile à évaluer, alors le test de l'intégrale est efficace (si on suppose que les hypothèses de ce test sont satisfaites).

Les exemples suivants ne sont pas résolus dans le détail, mais les tests qui devraient être utilisés sont indiqués.

EXEMPLE 1 $\displaystyle\sum_{n=1}^{\infty} \frac{n-1}{2n+1}$

Puisque $a_n \to \frac{1}{2} \neq 0$ lorsque $n \to \infty$, on devrait recourir au test de divergence.

EXEMPLE 2 $\displaystyle\sum_{n=1}^{\infty} \frac{\sqrt{n^3+1}}{3n^3+4n^2+2}$

Puisque a_n est une fonction algébrique de n, on compare la série donnée à une série de Riemann à l'aide de la forme limite du test de comparaison. La série utilisée pour la comparaison est $\sum b_n$, où

$$b_n = \frac{\sqrt{n^3}}{3n^3} = \frac{n^{3/2}}{3n^3} = \frac{1}{3n^{3/2}}.$$

EXEMPLE 3 $\displaystyle\sum_{n=1}^{\infty} n e^{-n^2}$

Puisque l'intégrale $\int_1^\infty x e^{-x^2}\,dx$ s'évalue facilement, on se sert du test de l'intégrale. Le test du rapport est aussi applicable.

EXEMPLE 4 $\displaystyle\sum_{n=1}^{\infty} (-1)^n \frac{n^3}{n^4+1}$

Cette série étant alternée, on recourt au test de convergence pour les séries alternées.

EXEMPLE 5 $\displaystyle\sum_{k=1}^{\infty} \frac{2^k}{k!}$

Puisque la série contient $k!$, on emploie le test du rapport.

EXEMPLE 6 $\displaystyle\sum_{n=1}^{\infty} \frac{1}{2+3^n}$

Puisque la série est très semblable à la série géométrique $\sum 1/3^n$, on fait appel au test de comparaison.

Exercices 1.6

1-38 Déterminez si la série converge ou diverge.

1. $\displaystyle\sum_{n=1}^{\infty} \frac{n^2-1}{n^3+1}$

2. $\displaystyle\sum_{n=1}^{\infty} \frac{n-1}{n^3+1}$

3. $\displaystyle\sum_{n=1}^{\infty} (-1)^n \frac{n^2-1}{n^3+1}$

4. $\displaystyle\sum_{n=1}^{\infty} (-1)^n \frac{n^2-1}{n^2+1}$

5. $\displaystyle\sum_{n=1}^{\infty} \frac{e^n}{n^2}$

6. $\displaystyle\sum_{n=1}^{\infty} \frac{n^{2n}}{(1+n)^{3n}}$

7. $\displaystyle\sum_{n=2}^{\infty} \frac{1}{n\sqrt{\ln n}}$

8. $\displaystyle\sum_{n=1}^{\infty} (-1)^{n-1} \frac{n^4}{4^n}$

9. $\displaystyle\sum_{n=0}^{\infty} (-1)^n \frac{\pi^{2n}}{(2n)!}$

10. $\displaystyle\sum_{n=1}^{\infty} n^2 e^{-n^3}$

11. $\sum_{n=1}^{\infty} \left(\frac{1}{n^3} + \frac{1}{3^n} \right)$

12. $\sum_{k=1}^{\infty} \frac{1}{k\sqrt{k^2+1}}$

13. $\sum_{n=1}^{\infty} \frac{3^n n^2}{n!}$

14. $\sum_{n=1}^{\infty} \frac{\sin 2n}{1+2^n}$

15. $\sum_{k=1}^{\infty} \frac{2^{k-1}3^{k+1}}{k^k}$

16. $\sum_{n=1}^{\infty} \frac{\sqrt{n^4+1}}{n^3+n}$

17. $\sum_{n=1}^{\infty} \frac{1 \cdot 3 \cdot 5 \cdot \cdots \cdot (2n-1)}{2 \cdot 5 \cdot 8 \cdot \cdots \cdot (3n-1)}$

18. $\sum_{n=2}^{\infty} \frac{(-1)^{n-1}}{\sqrt{n-1}}$

19. $\sum_{n=1}^{\infty} (-1)^n \frac{\ln n}{\sqrt{n}}$

20. $\sum_{k=1}^{\infty} \frac{\sqrt[3]{k}-1}{k(\sqrt{k}+1)}$

21. $\sum_{n=1}^{\infty} (-1)^n \cos(1/n^2)$

22. $\sum_{k=1}^{\infty} \frac{1}{2+\sin k}$

23. $\sum_{n=1}^{\infty} \tan(1/n)$

24. $\sum_{n=1}^{\infty} n \sin(1/n)$

25. $\sum_{n=1}^{\infty} \frac{n!}{e^{n^2}}$

26. $\sum_{n=1}^{\infty} \frac{n^2+1}{5^n}$

27. $\sum_{k=1}^{\infty} \frac{k \ln k}{(k+1)^3}$

28. $\sum_{n=1}^{\infty} \frac{e^{1/n}}{n^2}$

29. $\sum_{n=1}^{\infty} \frac{(-1)^n}{\cosh n}$

30. $\sum_{j=1}^{\infty} (-1)^j \frac{\sqrt{j}}{j+5}$

31. $\sum_{k=1}^{\infty} \frac{5^k}{3^k + 4^k}$

32. $\sum_{n=1}^{\infty} \frac{(n!)^n}{n^{4n}}$

33. $\sum_{n=1}^{\infty} \left(\frac{n}{n+1} \right)^{n^2}$

34. $\sum_{n=1}^{\infty} \frac{1}{n + n\cos^2 n}$

35. $\sum_{n=1}^{\infty} \frac{1}{n^{1+1/n}}$

36. $\sum_{n=2}^{\infty} \frac{1}{(\ln n)^{\ln n}}$

37. $\sum_{n=1}^{\infty} \left(\sqrt[n]{2} - 1 \right)^n$

38. $\sum_{n=1}^{\infty} \left(\sqrt[n]{2} - 1 \right)$

CHAPITRE 2

LES SÉRIES DE TAYLOR

- 2.1 Les séries entières
- 2.2 Le développement des fonctions en séries entières
- 2.3 Les séries de Taylor et de MacLaurin
- 2.4 Des applications des polynômes de Taylor
- 2.5 Les nombres complexes

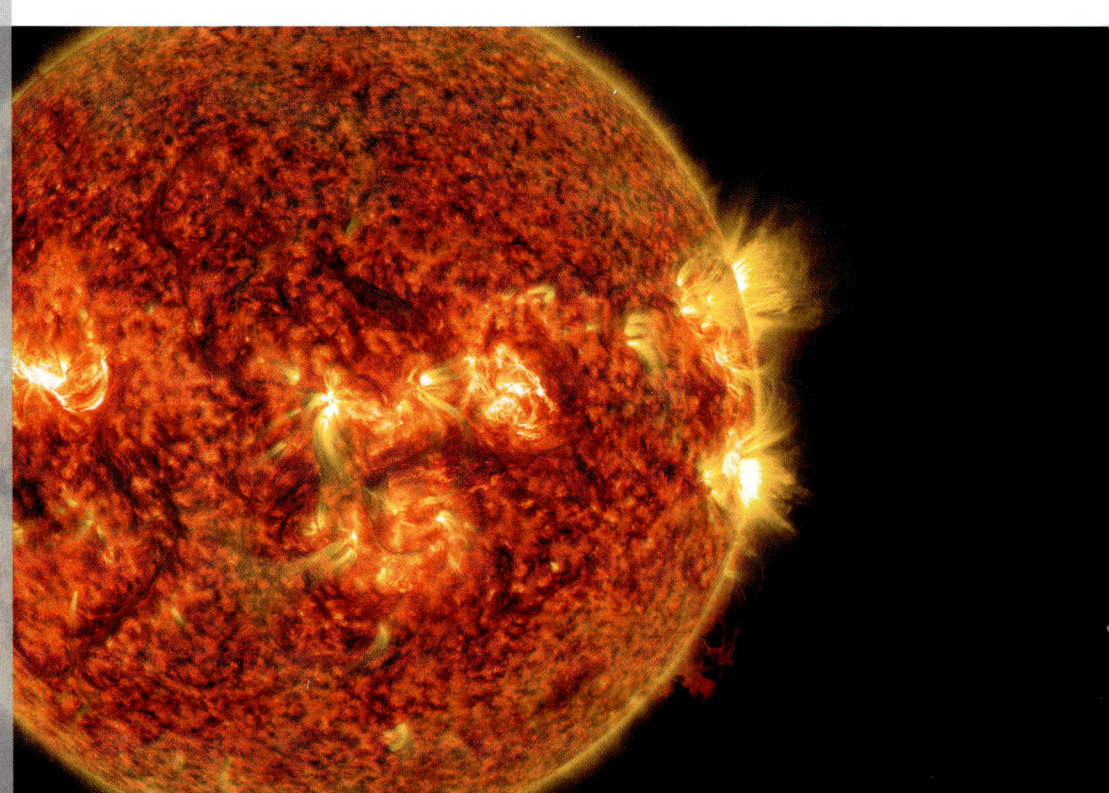

© Pe3k / Shutterstock.com

Les séries de Taylor sont des séries d'un type particulier qui sont fondamentales en mathématiques, en sciences et en ingénierie. Elles servent à représenter des fonctions et donnent des moyens concrets pour estimer la valeur de ces fonctions. Par exemple, Newton a eu l'idée de représenter certaines fonctions par des séries, puis de les intégrer terme à terme afin de faciliter le calcul d'aires. Les séries de Taylor donnent aussi la possibilité d'intégrer des fonctions n'ayant pas de primitives simples, de simplifier le calcul de certaines limites, de résoudre approximativement des équations et de simplifier l'analyse de phénomènes physiques (voir les sections 2.3 et 2.4). Plus généralement, diverses fonctions, par exemple les fonctions de Bessel utilisées en physique, sont définies par des séries entières qui ont une forme plus générale que les séries de Taylor. À la section 2.5, nous verrons comment les séries de Taylor permettent d'établir un lien entre la fonction exponentielle d'un nombre complexe et les fonctions trigonométriques.

2.1 LES SÉRIES ENTIÈRES

Une **série entière** (ou **série de puissances**) est une série de la forme

1
$$\sum_{n=0}^{\infty} c_n x^n = c_0 + c_1 x + c_2 x^2 + c_3 x^3 + \cdots$$

où x est une variable et où les c_n sont des constantes appelées les **coefficients** de la série. Pour chaque valeur de x fixée, la série 1 est une série numérique dont on peut déterminer la convergence ou la divergence. Une série entière peut converger pour certaines valeurs de x et diverger pour d'autres. La somme de la série est une fonction

$$f(x) = \sum_{n=0}^{\infty} c_n x^n = c_0 + c_1 x + c_2 x^2 + \cdots + c_n x^n + \cdots$$

dont le domaine est l'ensemble de tous les x pour lesquels la série converge. On remarque que f ressemble à un polynôme, la seule différence étant que f possède un nombre infini de termes.

Par exemple, si $c_n = 1$ pour tout n, alors la série entière est la série géométrique de raison x et de premier terme 1

$$\sum_{n=0}^{\infty} x^n = 1 + x + x^2 + \cdots + x^n + \cdots$$

qui converge lorsque $-1 < x < 1$ et diverge lorsque $|x| \geq 1$ (voir l'équation 5 de la section 1.2).

Plus généralement, une série de la forme

2
$$\sum_{n=0}^{\infty} c_n (x-a)^n = c_0 + c_1(x-a) + c_2(x-a)^2 + \cdots$$

est appelée **série entière en** $(x-a)$, **série entière centrée en** a ou **série entière autour de** a. On remarque que dans l'écriture du terme correspondant à $n = 0$ dans les équations 1 et 2, on a adopté la convention suivante : $(x-a)^0 = 1$ même lorsque $x = a$. De plus, lorsque $x = a$, tous les termes sont nuls pour $n \geq 1$ et, en conséquence, la série entière 2 converge toujours lorsque $x = a$.

EXEMPLE 1 Pour quelles valeurs de x la série $\sum_{n=0}^{\infty} n! x^n$ converge-t-elle ?

SOLUTION On utilise le test du rapport. Si on note a_n le n-ième terme de la série, alors $a_n = n! x^n$. Si $x \neq 0$, on a

$$\lim_{n \to \infty} \left| \frac{a_{n+1}}{a_n} \right| = \lim_{n \to \infty} \left| \frac{(n+1)! x^{n+1}}{n! x^n} \right| = \lim_{n \to \infty} (n+1)|x| = \infty.$$

On remarque que
$(n+1)! = (n+1)n(n-1) \times \cdots \times 3 \times 2 \times 1$
$= (n+1)n!$

Selon le test du rapport, la série diverge lorsque $x \neq 0$. Par conséquent, la série converge seulement quand $x = 0$.

EXEMPLE 2 Pour quelles valeurs de x la série $\sum_{n=1}^{\infty} \dfrac{(x-3)^n}{n}$ converge-t-elle ?

SOLUTION On pose $a_n = (x-3)^n/n$. Alors,

$$\left|\frac{a_{n+1}}{a_n}\right| = \left|\frac{(x-3)^{n+1}}{n+1} \cdot \frac{n}{(x-3)^n}\right|$$

$$= \frac{n}{n+1}|x-3| \to |x-3| \text{ lorsque } n \to \infty.$$

Selon le test du rapport, la série est absolument convergente, donc convergente lorsque $|x-3| < 1$ et divergente quand $|x-3| > 1$. Or

$$|x-3| < 1 \Leftrightarrow -1 < x-3 < 1 \Leftrightarrow 2 < x < 4$$

donc la série converge lorsque $2 < x < 4$ et diverge lorsque $x < 2$ ou $x > 4$.

Comme le test du rapport ne donne aucune information quand $|x-3| = 1$, on examine les cas $x = 2$ et $x = 4$ séparément. Avec $x = 4$, la série donnée devient $\sum 1/n$, la série harmonique, qui diverge. Avec $x = 2$, la série devient $\sum (-1)^n/n$, qui converge d'après le test des séries alternées. Par conséquent, la série entière donnée converge pour $2 \leq x < 4$.

On verra que la principale utilité d'une série entière est de représenter certaines fonctions importantes des mathématiques, de la physique et de la chimie. Par exemple, la somme de la série entière du prochain exemple est appelée **fonction de Bessel**, d'après l'astronome allemand Friedrich Bessel (1784-1846). La fonction donnée à l'exercice 37 est un autre exemple d'une fonction de Bessel. Ces fonctions sont apparues lorsque Bessel a résolu l'équation de Kepler décrivant le mouvement planétaire. Depuis, ces fonctions ont été appliquées à différentes situations physiques, dont l'étude de la distribution de la température sur une plaque circulaire et l'étude de la forme de la membrane d'un tambour qui vibre.

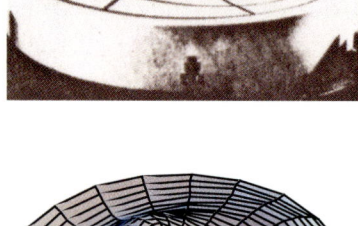

On peut voir à quel point le modèle généré par ordinateur (qui comprend des fonctions de Bessel et des fonctions cosinus) donne une image proche de la photographie d'une membrane de caoutchouc vibrante.

EXEMPLE 3 Trouvons le domaine de la fonction de Bessel d'ordre 0 définie par

$$J_0(x) = \sum_{n=0}^{\infty} \frac{(-1)^n x^{2n}}{2^{2n}(n!)^2}.$$

SOLUTION On pose $a_n = (-1)^n x^{2n}/[2^{2n}(n!)^2]$. Alors,

$$\left|\frac{a_{n+1}}{a_n}\right| = \left|\frac{(-1)^{n+1} x^{2(n+1)}}{2^{2(n+1)}[(n+1)!]^2} \cdot \frac{2^{2n}(n!)^2}{(-1)^n x^{2n}}\right|$$

$$= \frac{x^{2n+2}}{2^{2n+2}(n+1)^2(n!)^2} \cdot \frac{2^{2n}(n!)^2}{x^{2n}}$$

$$= \frac{x^2}{4(n+1)^2} \to 0 < 1$$

lorsque $n \to \infty$, pour tout x.

Selon le test du rapport, la série converge pour tout x. Autrement dit, le domaine de la fonction de Bessel J_0 est $]-\infty, \infty[= \mathbb{R}$.

On a vu à la section 1.2 que la somme d'une série est égale à la limite de la suite de ses sommes partielles. Ainsi, lorsqu'on définit la fonction de Bessel de l'exemple 3 comme la somme d'une série, cela signifie que pour tout nombre réel x,

$$J_0(x) = \lim_{n \to \infty} s_n(x), \text{ où } s_n(x) = \sum_{i=0}^{n} \frac{(-1)^i x^{2i}}{2^{2i}(i!)^2}.$$

Les premières sommes partielles sont

$$s_0(x) = 1 \quad s_1(x) = 1 - \frac{x^2}{4} \quad s_2(x) = 1 - \frac{x^2}{4} + \frac{x^4}{64}$$

$$s_3(x) = 1 - \frac{x^2}{4} + \frac{x^4}{64} - \frac{x^6}{2304} \quad s_4(x) = 1 - \frac{x^2}{4} + \frac{x^4}{64} - \frac{x^6}{2304} + \frac{x^8}{147\,456}.$$

La figure 1 représente les graphes de ces sommes partielles, qui sont des polynômes. Tous ces polynômes approximent la fonction J_0, et on remarque que les approximations s'améliorent lorsque le nombre de termes augmente. La figure 2 montre un graphe plus complet de la fonction de Bessel.

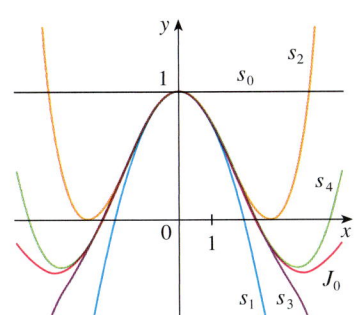

FIGURE 1

Les sommes partielles de la fonction de Bessel, J_0.

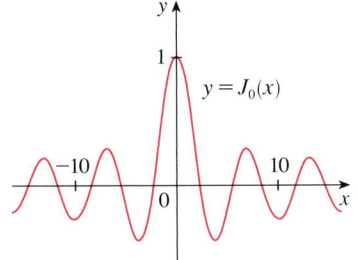

FIGURE 2

Pour les séries entières vues jusqu'à présent, l'ensemble des valeurs de x pour lesquelles la série converge est toujours un intervalle (un intervalle fini pour la série géométrique et la série dans l'exemple 2, l'intervalle infini $]-\infty, \infty[$ dans l'exemple 3, et l'intervalle réduit à un seul point $[0, 0] = \{0\}$ dans l'exemple 1). Le théorème suivant, démontré à l'annexe C, stipule qu'il en est toujours ainsi.

> **3 THÉORÈME**
>
> Pour une série entière $\sum_{n=0}^{\infty} c_n(x-a)^n$, les trois situations possibles sont:
>
> i) la série converge seulement lorsque $x = a$;
>
> ii) la série converge pour tout x;
>
> iii) il existe un nombre positif R tel que la série converge si $|x-a| < R$ et diverge si $|x-a| > R$.

Le nombre R du cas iii) est appelé le **rayon de convergence** de la série entière. Par convention, le rayon de convergence est $R = 0$ dans le cas i) et $R = \infty$ dans le cas ii). L'**intervalle de convergence** d'une série entière est l'intervalle constitué de toutes les valeurs de x pour lesquelles la série converge. Dans le cas i), cet intervalle est constitué de l'unique point a. Dans le cas ii), l'intervalle de convergence est $]-\infty, \infty[$. Dans le cas iii), on remarque qu'on peut réécrire l'inégalité $|x-a| < R$ sous la forme $a - R < x < a + R$. Lorsque x est une extrémité de l'intervalle, c'est-à-dire quand $x = a \pm R$, toutes les situations sont possibles: la série pourrait converger à l'une ou l'autre des extrémités ou aux deux, ou encore elle pourrait diverger aux deux extrémités. Dans le cas iii), il y a donc quatre intervalles de convergence possibles:

$$]a-R, a+R[, \ ]a-R, a+R], \ [a-R, a+R[, \ [a-R, a+R]$$

(voir la figure 3).

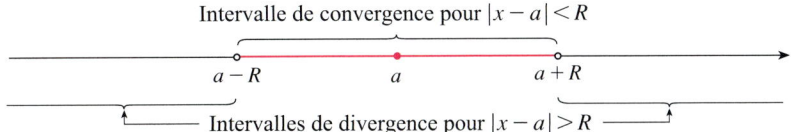

FIGURE 3

Le tableau 2.1 présente un résumé des résultats obtenus pour le rayon et l'intervalle de convergence des exemples qu'on a vus jusqu'à maintenant.

TABLEAU 2.1

	Série	Rayon de convergence	Intervalle de convergence
Série géométrique	$\sum_{n=0}^{n} x^n$	$R = 1$	$]-1, 1[$
Exemple 1	$\sum_{n=0}^{n} n!x^n$	$R = 0$	$\{0\}$
Exemple 2	$\sum_{n=1}^{n} \dfrac{(x-3)^n}{n}$	$R = 1$	$[2, 4[$
Exemple 3	$\sum_{n=0}^{n} \dfrac{(-1)^n x^{2n}}{2^{2n}(n!)^2}$	$R = \infty$	$]-\infty, \infty[$

En général, on utilise le test du rapport (ou parfois le critère de Cauchy) pour déterminer le rayon de convergence R. Le test du rapport et le critère de Cauchy échouent toujours lorsque x est l'une des extrémités de l'intervalle de convergence, d'où la nécessité de vérifier la convergence aux extrémités à l'aide d'un test différent.

EXEMPLE 4 Déterminons le rayon de convergence et l'intervalle de convergence de la série

$$\sum_{n=0}^{\infty} \frac{(-3)^n x^n}{\sqrt{n+1}}.$$

SOLUTION Soit $a_n = (-3)^n x^n / \sqrt{n+1}$. Alors,

$$\left|\frac{a_{n+1}}{a_n}\right| = \left|\frac{(-3)^{n+1} x^{n+1}}{\sqrt{n+2}} \cdot \frac{\sqrt{n+1}}{(-3)^n x^n}\right| = \left|-3x\sqrt{\frac{n+1}{n+2}}\right|$$

$$= 3\sqrt{\frac{1+(1/n)}{1+(2/n)}}|x| \to 3|x| \text{ lorsque } n \to \infty.$$

D'après le test du rapport, la série converge si $3|x| < 1$ et diverge si $3|x| > 1$. Par conséquent, elle converge si $|x| < \frac{1}{3}$ et diverge si $|x| > \frac{1}{3}$. Le rayon de convergence est donc $R = \frac{1}{3}$.

On sait que la série converge dans l'intervalle $\left]-\frac{1}{3}, \frac{1}{3}\right[$, mais on doit vérifier la convergence aux extrémités de cet intervalle. Si $x = -\frac{1}{3}$, la série devient

$$\sum_{n=0}^{\infty} \frac{(-3)^n \left(-\frac{1}{3}\right)^n}{\sqrt{n+1}} = \sum_{n=0}^{\infty} \frac{1}{\sqrt{n+1}} = \frac{1}{\sqrt{1}} + \frac{1}{\sqrt{2}} + \frac{1}{\sqrt{3}} + \frac{1}{\sqrt{4}} + \cdots$$

qui diverge. (On peut utiliser le test de l'intégrale ou simplement observer qu'il s'agit d'une série de Riemann avec $p = \frac{1}{2} < 1$.) Si $x = \frac{1}{3}$, la série est

$$\sum_{n=0}^{\infty} \frac{(-3)^n \left(\frac{1}{3}\right)^n}{\sqrt{n+1}} = \sum_{n=0}^{\infty} \frac{(-1)^n}{\sqrt{n+1}}$$

qui converge, selon le test des séries alternées. La série entière donnée converge donc lorsque $-\frac{1}{3} < x \leq \frac{1}{3}$, et l'intervalle de convergence est $\left]-\frac{1}{3}, \frac{1}{3}\right]$.

EXEMPLE 5 Déterminons le rayon de convergence et l'intervalle de convergence de la série

$$\sum_{n=0}^{\infty} \frac{n(x+2)^n}{3^{n+1}}.$$

SOLUTION Soit $a_n = n(x+2)^n/3^{n+1}$, alors

$$\left|\frac{a_{n+1}}{a_n}\right| = \left|\frac{(n+1)(x+2)^{n+1}}{3^{n+2}} \cdot \frac{3^{n+1}}{n(x+2)^n}\right|$$

$$= \left(1 + \frac{1}{n}\right)\frac{|x+2|}{3} \to \frac{|x+2|}{3} \text{ lorsque } n \to \infty.$$

Selon le test du rapport, la série converge si $|x+2|/3 < 1$ et diverge si $|x+2|/3 > 1$. Par conséquent, elle converge si $|x+2| < 3$ et diverge si $|x+2| > 3$. Le rayon de convergence est donc $R = 3$.

Comme l'inégalité $|x+2| < 3$ s'écrit aussi sous la forme $-5 < x < 1$, on vérifie la convergence de la série aux extrémités -5 et 1. Lorsque $x = -5$, la série est

$$\sum_{n=0}^{\infty} \frac{n(-3)^n}{3^{n+1}} = \tfrac{1}{3} \sum_{n=0}^{\infty} (-1)^n n$$

qui diverge, selon le test de divergence ($(-1)^n n$ ne tend pas vers 0). Quand $x = 1$, la série est

$$\sum_{n=0}^{\infty} \frac{n(3)^n}{3^{n+1}} = \tfrac{1}{3} \sum_{n=0}^{\infty} n$$

qui diverge aussi, selon le test de divergence. Par conséquent, la série converge seulement lorsque $-5 < x < 1$, et donc l'intervalle de convergence est $]-5, 1[$.

Exercices 2.1

1. Qu'est-ce qu'une série entière ?

2. a) Qu'est-ce que le rayon de convergence d'une série entière ? Que faut-il faire pour le trouver ?

b) Qu'est-ce que l'intervalle de convergence d'une série entière ? Que faut-il faire pour le trouver ?

3-4 Parmi les séries suivantes, lesquelles sont des séries entières ?

3. a) $\sum_{n=0}^{\infty} \frac{2^n}{x^n}$

b) $\sum_{n=0}^{\infty} (n-2)x^n$

c) $\sum_{n=1}^{\infty} \frac{x^{-n}}{n}$

d) $\frac{1}{x^2} + \frac{1}{x} + 1 + x + x^2 + x^3 + \cdots$

e) $\sum_{n=0}^{\infty} n^x$

4. a) $\sum_{n=0}^{\infty} \frac{1}{n!(2x+1)^n}$

b) $\sum_{n=0}^{\infty} \frac{2^n(x+1)^n}{n!}$

c) $\sum_{n=0}^{\infty} (-1)^n 5^n x^{3n}$

d) $\sum_{n=0}^{\infty} \frac{(-1)^n 4n}{x^n}$

e) $\sum_{n=0}^{\infty} \frac{n!}{6^n x^{2n}}$

5-30 Déterminez le rayon de convergence et l'intervalle de convergence de la série.

5. $\sum_{n=1}^{\infty} (-1)^n n x^n$

6. $\sum_{n=1}^{\infty} \frac{(-1)^n x^n}{\sqrt[3]{n}}$

7. $\sum_{n=1}^{\infty} \frac{x^n}{2n-1}$

8. $\sum_{n=1}^{\infty} \frac{(-1)^n x^n}{n^2}$

9. $\sum_{n=0}^{\infty} \frac{x^n}{n!}$

10. $\sum_{n=1}^{\infty} n^n x^n$

11. $\sum_{n=1}^{\infty} \dfrac{x^n}{n^4 4^n}$

12. $\sum_{n=1}^{\infty} 2^n n^2 x^n$

13. $\sum_{n=1}^{\infty} \dfrac{(-1)^n 4^n}{\sqrt{n}} x^n$

14. $\sum_{n=1}^{\infty} \dfrac{(-1)^{n-1}}{n 5^n} x^n$

15. $\sum_{n=1}^{\infty} \dfrac{n}{2^n(n^2+1)} x^n$

16. $\sum_{n=1}^{\infty} \dfrac{x^{2n}}{n!}$

17. $\sum_{n=0}^{\infty} \dfrac{(x-2)^n}{n^2+1}$

18. $\sum_{n=1}^{\infty} \dfrac{(-1)^n}{(2n-1)2^n}(x-1)^n$

19. $\sum_{n=2}^{\infty} \dfrac{(x+2)^n}{2^n \ln n}$

20. $\sum_{n=1}^{\infty} \dfrac{\sqrt{n}}{8^n}(x+6)^n$

21. $\sum_{n=1}^{\infty} \dfrac{(x-2)^n}{n^n}$

22. $\sum_{n=1}^{\infty} \dfrac{(2x-1)^n}{5^n \sqrt{n}}$

23. $\sum_{n=1}^{\infty} \dfrac{n}{b^n}(x-a)^n$, $b > 0$

24. $\sum_{n=2}^{\infty} \dfrac{b^n}{\ln n}(x-a)^n$, $b > 0$

25. $\sum_{n=1}^{\infty} n!(2x-1)^n$

26. $\sum_{n=1}^{\infty} \dfrac{n^2 x^n}{2 \cdot 4 \cdot 6 \cdots (2n)}$

27. $\sum_{n=1}^{\infty} \dfrac{(5x-4)^n}{n^3}$

28. $\sum_{n=2}^{\infty} \dfrac{x^{2n}}{n(\ln n)^2}$

29. $\sum_{n=1}^{\infty} \dfrac{x^n}{1 \cdot 3 \cdot 5 \cdots (2n-1)}$

30. $\sum_{n=1}^{\infty} \dfrac{n! x^n}{1 \cdot 3 \cdot 5 \cdots (2n-1)}$

31. Si $\sum_{n=0}^{\infty} c_n 4^n$ converge, est-ce qu'il s'ensuit que les séries suivantes convergent ?

a) $\sum_{n=0}^{\infty} c_n (-2)^n$

b) $\sum_{n=0}^{\infty} c_n (-4)^n$

32. Supposez que $\sum_{n=0}^{\infty} c_n x^n$ converge lorsque $x = -4$ et diverge lorsque $x = 6$. Est-ce que les séries suivantes convergent ou divergent ?

a) $\sum_{n=0}^{\infty} c_n$

b) $\sum_{n=0}^{\infty} c_n 8^n$

c) $\sum_{n=0}^{\infty} c_n (-3)^n$

d) $\sum_{n=0}^{\infty} (-1)^n c_n 9^n$

33. Soit k un nombre entier positif. Trouvez le rayon de convergence de la série

$$\sum_{n=0}^{\infty} \dfrac{(n!)^k}{(kn)!} x^n.$$

34. Soit p et q deux nombres réels tels que $p < q$. Trouvez une série entière dont l'intervalle de convergence est

a) $]p, q[$

b) $]p, q]$

c) $[p, q[$

d) $[p, q]$

35. Est-il possible de trouver une série entière dont l'intervalle de convergence est $[0, \infty[$? Expliquez votre réponse.

36. Représentez les premières sommes partielles $s_n(x)$ de la série $\sum_{n=0}^{\infty} x^n$ et la fonction $f(x) = 1/(1-x)$ sur un même graphique. Dans quel intervalle les sommes partielles semblent-elles converger vers $f(x)$?

37. La fonction J_1 définie par

$$J_1(x) = \sum_{n=0}^{\infty} \dfrac{(-1)^n x^{2n+1}}{n!(n+1)! 2^{2n+1}}$$

est appelée « fonction de Bessel d'ordre 1 ».

a) Trouvez son domaine.

b) Représentez ses premières sommes partielles sur un même graphique.

c) Si votre logiciel de calcul symbolique dispose des fonctions de Bessel, représentez J_1 sur le même graphique que les sommes partielles de la partie b) et observez comment les sommes partielles approximent J_1.

38. La fonction A définie par

$$A(x) = 1 + \dfrac{x^3}{2 \cdot 3} + \dfrac{x^6}{2 \cdot 3 \cdot 5 \cdot 6} + \dfrac{x^9}{2 \cdot 3 \cdot 5 \cdot 6 \cdot 8 \cdot 9} + \cdots$$

est appelée « fonction d'Airy », d'après le mathématicien et astronome anglais Sir George Airy (1801-1892).

a) Trouvez le domaine de la fonction d'Airy.

b) Représentez les premières sommes partielles sur un même graphique.

c) Si votre logiciel de calcul symbolique dispose de la fonction d'Airy, représentez A sur le même graphique que les sommes partielles de la partie b) et observez comment les sommes partielles approximent A.

39. Une fonction f est définie par

$$f(x) = 1 + 2x + x^2 + 2x^3 + x^4 + \cdots.$$

Les coefficients de f sont donc $c_{2n} = 1$ et $c_{2n+1} = 2$ pour tout $n \geq 0$. Trouvez l'intervalle de convergence de la série et une formule explicite pour $f(x)$.

40. Si $f(x) = \sum_{n=0}^{\infty} c_n x^n$, où $c_{n+4} = c_n$ pour tout $n \geq 0$, trouvez l'intervalle de convergence de la série et une formule pour $f(x)$.

41. Montrez que si $\lim_{n \to \infty} \sqrt[n]{|c_n|} = c$, où $c \neq 0$, alors le rayon de convergence de la série entière $\sum c_n x^n$ est $R = 1/c$.

42. Supposez que la série entière $\sum c_n (x-a)^n$ satisfait à $c_n \neq 0$ pour tout n. Montrez que si $\lim_{n \to \infty} |c_n / c_{n+1}|$ existe, alors elle est égale au rayon de convergence de la série entière.

43. Supposez que la série $\sum c_n x^n$ a un rayon de convergence de 2 et que la série $\sum d_n x^n$ a un rayon de convergence de 3. Quel est le rayon de convergence de la série $\sum (c_n + d_n) x^n$?

44. Supposez que le rayon de convergence de la série entière $\sum c_n x^n$ est R. Quel est le rayon de convergence de la série entière $\sum c_n x^{2n}$?

2.2 LE DÉVELOPPEMENT DES FONCTIONS EN SÉRIES ENTIÈRES

Dans cette section, nous apprendrons comment représenter certains types de fonctions sous la forme de séries entières en manipulant des séries géométriques, en dérivant ou en intégrant de telles séries. Vous vous demandez peut-être pourquoi on peut vouloir exprimer une fonction connue sous la forme d'une somme d'un nombre infini de termes. Nous verrons que cette stratégie donne la possibilité d'intégrer des fonctions qui n'ont pas de primitives élémentaires, de résoudre des équations différentielles et d'approximer des fonctions par des polynômes. (Les scientifiques procèdent ainsi pour simplifier les expressions qu'ils ont à traiter, les informaticiens, pour représenter des fonctions sur des calculatrices et des ordinateurs.)

On commence avec une équation que nous avons déjà rencontrée à la section précédente :

1
$$\frac{1}{1-x} = 1 + x + x^2 + x^3 + \cdots = \sum_{n=0}^{\infty} x^n \text{ pour } |x| < 1.$$

On a calculé cette somme en observant que c'est celle d'une série géométrique avec $a = 1$ et $r = x$. Ici, notre point de vue est différent. On considère maintenant que l'équation 1 est l'expression de la fonction $f(x) = 1/(1-x)$ sous la forme d'une série entière $\sum_{n=0}^{\infty} x^n$ pour $x \in \,]-1, 1[$.

La figure 1 illustre géométriquement l'équation 1. Puisque la somme d'une série est la limite de la suite de ses sommes partielles, on a
$$\frac{1}{1-x} = \lim_{n \to \infty} s_n(x)$$
où
$$s_n(x) = 1 + x + x^2 + \cdots + x^n$$
est la n-ième somme partielle. On remarque que lorsque n croît, $s_n(x)$ approxime de mieux en mieux $f(x)$ sur $-1 < x < 1$.

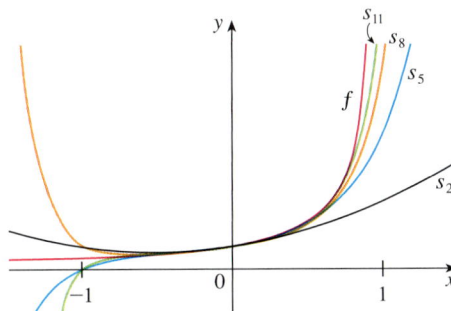

FIGURE 1
$f(x) = \dfrac{1}{1-x}$ et quelques sommes partielles.

On considère que les séries entières de cette section sont centrées en 0, sauf indication contraire.

EXEMPLE 1 Exprimons $1/(1+x^2)$ comme la somme d'une série entière et trouvons son intervalle de convergence.

SOLUTION En remplaçant x par $-x^2$ dans l'équation 1, on a

$$\frac{1}{1+x^2} = \frac{1}{1-(-x^2)} = \sum_{n=0}^{\infty} (-x^2)^n$$
$$= \sum_{n=0}^{\infty} (-1)^n x^{2n} = 1 - x^2 + x^4 - x^6 + x^8 - \cdots.$$

Cette série est géométrique, donc elle converge lorsque $|-x^2| < 1$, c'est-à-dire quand $x^2 < 1$ ou encore $|x| < 1$. Par conséquent, l'intervalle de convergence est $\,]-1, 1[$. (On aurait pu, bien sûr, déterminer le rayon de convergence en appliquant le test du rapport, mais ce n'est pas nécessaire ici.)

EXEMPLE 2 Trouvons une série entière représentant $1/(x + 2)$.

SOLUTION Pour mettre cette fonction sous une forme semblable au membre de gauche de l'équation 1, on met d'abord 2 en évidence au dénominateur:

$$\frac{1}{2+x} = \frac{1}{2\left(1+\frac{x}{2}\right)} = \frac{1}{2\left[1-\left(-\frac{x}{2}\right)\right]}$$

$$= \frac{1}{2}\sum_{n=0}^{\infty}\left(-\frac{x}{2}\right)^n = \sum_{n=0}^{\infty}\frac{(-1)^n}{2^{n+1}}x^n.$$

Cette série converge lorsque $|-x/2| < 1$, autrement dit quand $|x| < 2$. L'intervalle de convergence est donc $]-2, 2[$.

EXEMPLE 3 Trouvons une série entière représentant $x^3/(x + 2)$.

SOLUTION Comme cette fonction est le produit de x^3 et de la fonction de l'exemple 2, il suffit de multiplier celle-ci par x^3:

$$\frac{x^3}{x+2} = x^3 \cdot \frac{1}{x+2} = x^3\sum_{n=0}^{\infty}\frac{(-1)^n}{2^{n+1}}x^n = \sum_{n=0}^{\infty}\frac{(-1)^n}{2^{n+1}}x^{n+3}$$

$$= \tfrac{1}{2}x^3 - \tfrac{1}{4}x^4 + \tfrac{1}{8}x^5 - \tfrac{1}{16}x^6 + \cdots.$$

Le facteur x^3 peut être mis en évidence dans la somme parce qu'il ne dépend pas de n.

Voici une autre façon d'écrire cette série:

$$\frac{x^3}{x+2} = \sum_{n=3}^{\infty}\frac{(-1)^{n-1}}{2^{n-2}}x^n.$$

Comme dans l'exemple 2, l'intervalle de convergence est $]-2, 2[$.

LA DÉRIVATION ET L'INTÉGRATION DE SÉRIES ENTIÈRES

La somme d'une série entière $\sum_{n=0}^{\infty} c_n(x-a)^n$ est une fonction $f(x)$ dont le domaine est l'intervalle de convergence de la série. On aimerait pouvoir dériver et intégrer de telles fonctions. Le théorème suivant (qui ne sera pas démontré ici) énonce qu'on peut y arriver en dérivant ou en intégrant chaque terme de la série, comme on le ferait pour un polynôme. C'est ce qu'on appelle la **dérivation** et l'**intégration terme à terme**.

2 THÉORÈME

Si la série entière $\sum c_n(x-a)^n$ a un rayon de convergence $R > 0$, alors la fonction f définie par

$$f(x) = c_0 + c_1(x-a) + c_2(x-a)^2 + \cdots = \sum_{n=0}^{\infty}c_n(x-a)^n$$

est dérivable (et donc continue) sur l'intervalle $]a-R, a+R[$, et

i) $\quad f'(x) = c_1 + 2c_2(x-a) + 3c_3(x-a)^2 + \cdots = \sum_{n=1}^{\infty}nc_n(x-a)^{n-1}$

ii) $\quad \int f(x)\,dx = C + c_0(x-a) + c_1\frac{(x-a)^2}{2} + c_2\frac{(x-a)^3}{3} + \cdots$

$\qquad = C + \sum_{n=0}^{\infty}c_n\frac{(x-a)^{n+1}}{n+1}.$

Le rayon de convergence des deux séries entières des équations i) et ii) est R.

Dans la partie ii), $\int c_0 dx = c_0 x + C_1$ est écrit sous la forme $c_0(x-a) + C$, où $C = C_1 + ac_0$, de sorte que tous les termes de la série ont la même forme.

NOTE 1 On peut récrire les équations i) et ii) du théorème 2 sous les formes :

iii) $\dfrac{d}{dx}\left[\sum_{n=0}^{\infty} c_n(x-a)^n\right] = \sum_{n=0}^{\infty} \dfrac{d}{dx}\left[c_n(x-a)^n\right]$;

iv) $\displaystyle\int\left[\sum_{n=0}^{\infty} c_n(x-a)^n\right] dx = \sum_{n=0}^{\infty} \int c_n(x-a)^n\, dx.$

On sait que pour les sommes finies, la dérivée d'une somme est la somme des dérivées et que l'intégrale d'une somme est la somme des intégrales. Selon les équations iii) et iv), c'est aussi vrai pour les sommes infinies, pourvu qu'on traite des séries entières convergentes. (Dans le cas des autres types de séries de fonctions, la situation n'est pas aussi simple – voir l'exercice 42.)

NOTE 2 Bien que le théorème 2 stipule que le rayon de convergence reste le même quand on dérive ou intègre une série entière, cela ne signifie pas que l'intervalle de convergence reste le même. Il peut arriver, par exemple, que la série originale converge à une extrémité, mais que la série dérivée diverge à cette extrémité (voir l'exercice 43).

EXEMPLE 4 À l'exemple 3 de la section 2.1, on a vu que la fonction de Bessel

$$J_0(x) = \sum_{n=0}^{\infty} \dfrac{(-1)^n x^{2n}}{2^{2n}(n!)^2}$$

est définie pour tout x. Donc, selon le théorème 2, J_0 est dérivable pour tout x, et on peut trouver sa dérivée en dérivant la série terme à terme :

$$J_0'(x) = \sum_{n=0}^{\infty} \dfrac{d}{dx}\dfrac{(-1)^n x^{2n}}{2^{2n}(n!)^2} = \sum_{n=1}^{\infty} \dfrac{(-1)^n 2n x^{2n-1}}{2^{2n}(n!)^2}.$$

EXEMPLE 5 Exprimons $1/(1-x)^2$ sous la forme d'une série entière en dérivant l'équation 1. Quel est le rayon de convergence de la série dérivée ?

SOLUTION La dérivation des deux membres de l'équation

$$\dfrac{1}{1-x} = 1 + x + x^2 + x^3 + \cdots = \sum_{n=0}^{\infty} x^n$$

donne

$$\dfrac{1}{(1-x)^2} = 1 + 2x + 3x^2 + \cdots = \sum_{n=1}^{\infty} n x^{n-1}.$$

On peut remplacer n par $n+1$ et, en commençant la série par $n=0$ au lieu de $n=1$, on obtient

$$\dfrac{1}{(1-x)^2} = \sum_{n=0}^{\infty} (n+1) x^n.$$

Selon le théorème 2, le rayon de convergence de la série dérivée est le même que le rayon de convergence de la série originale, soit $R = 1$.

EXEMPLE 6 Trouvons une représentation en série entière de $\ln(1-x)$ et déterminons son rayon de convergence.

SOLUTION On remarque qu'à un facteur -1 près, la dérivée de cette fonction est $1/(1-x)$. On intègre donc les deux membres de l'équation 1 :

$$-\ln(1-x) = \int \dfrac{1}{1-x}\, dx = \int (1 + x + x^2 + \cdots)\, dx$$

$$= x + \dfrac{x^2}{2} + \dfrac{x^3}{3} + \cdots + C = \sum_{n=0}^{\infty} \dfrac{x^{n+1}}{n+1} + C = \sum_{n=1}^{\infty} \dfrac{x^n}{n} + C, \qquad |x| < 1.$$

Pour déterminer la valeur de C, on pose $x = 0$ dans cette équation. On obtient $-\ln(1-0) = C$, donc $C = 0$ et

$$\ln(1-x) = -x - \frac{x^2}{2} - \frac{x^3}{3} - \cdots = -\sum_{n=1}^{\infty} \frac{x^n}{n}, \qquad |x| < 1.$$

Le rayon de convergence est le même que celui de la série originale, soit $R = 1$.

Qu'arrive-t-il si on pose $x = \frac{1}{2}$ dans le résultat de l'exemple 6 ? Puisque $\ln\frac{1}{2} = -\ln 2$,

$$\ln 2 = \frac{1}{2} + \frac{1}{8} + \frac{1}{24} + \frac{1}{64} + \cdots = \sum_{n=1}^{\infty} \frac{1}{n 2^n}.$$

EXEMPLE 7 Trouvons une représentation en série entière de $f(x) = \arctan x$.

SOLUTION On remarque que $f'(x) = 1/(1+x^2)$. On trouve la série demandée en intégrant la série de $1/(1+x^2)$ trouvée à l'exemple 1.

$$\arctan x = \int \frac{1}{1+x^2} dx = \int (1 - x^2 + x^4 - x^6 + \cdots) dx$$
$$= C + x - \frac{x^3}{3} + \frac{x^5}{5} - \frac{x^7}{7} + \cdots.$$

Pour trouver C, on pose $x = 0$. On obtient $C = \arctan 0 = 0$, donc

$$\arctan x = x - \frac{x^3}{3} + \frac{x^5}{5} - \frac{x^7}{7} + \cdots = \sum_{n=0}^{\infty} (-1)^n \frac{x^{2n+1}}{2n+1}.$$

Comme le rayon de convergence de la série de $1/(1+x^2)$ est 1, le rayon de convergence de la série de $\arctan x$ est aussi égal à 1.

> La série de $\arctan x$ obtenue à l'exemple 7 est appelée « série de Gregory », d'après le mathématicien écossais James Gregory (1638-1675), qui a anticipé certaines découvertes de Newton. On a montré que la série de Gregory est valide lorsque $-1 < x < 1$, mais il s'avère (bien que ce soit difficile à démontrer) qu'elle est aussi valide quand $x = \pm 1$. On remarque que lorsque $x = 1$, la série devient
> $$\frac{\pi}{4} = 1 - \frac{1}{3} + \frac{1}{5} - \frac{1}{7} + \cdots.$$
> Ce résultat est appelé la « formule de Leibniz pour π ».

EXEMPLE 8

a) Évaluons $\int \dfrac{1}{1+x^7} dx$ sous la forme d'une série entière.

b) Utilisons la partie a) pour obtenir une approximation de $\int_0^{0,5} \dfrac{1}{1+x^7}$ avec une erreur de moins de 10^{-7}.

SOLUTION

a) La première étape consiste à exprimer l'intégrande $1/(1+x^7)$ sous la forme d'une série entière. Comme à l'exemple 1, on commence avec l'équation 1 et on remplace x par $-x^7$:

$$\frac{1}{1+x^7} = \frac{1}{1-(-x^7)} = \sum_{n=0}^{\infty} (-x^7)^n$$
$$= \sum_{n=0}^{\infty} (-1)^n x^{7n} = 1 - x^7 + x^{14} - \cdots.$$

On intègre la série terme à terme :

$$\int \frac{1}{1+x^7} dx = \int \left(\sum_{n=0}^{\infty} (-1)^n x^{7n} \right) dx = C + \sum_{n=0}^{\infty} (-1)^n \frac{x^{7n+1}}{7n+1}$$
$$= C + x - \frac{x^8}{8} + \frac{x^{15}}{15} - \frac{x^{22}}{22} + \cdots.$$

Cette série converge pour $|-x^7| < 1$, c'est-à-dire pour $|x| < 1$.

> Cet exemple démontre l'utilité de la représentation d'une fonction en série entière. L'intégration directe de $1/(1+x^7)$ est extrêmement difficile. Différents logiciels de calcul symbolique donnent la réponse sous différentes formes, toutes très compliquées. (Si vous disposez d'un tel logiciel, tentez l'expérience.) La série infinie obtenue à l'exemple 8 a) est bien plus facile à traiter que la réponse finie fournie par un logiciel de calcul symbolique.

b) Comme le théorème fondamental du calcul différentiel et intégral est vrai quelle que soit la primitive utilisée, on prend la primitive obtenue en a), avec $C = 0$:

$$\int_0^{0,5} \frac{1}{1+x^7} dx = \left[x - \frac{x^8}{8} + \frac{x^{15}}{15} - \frac{x^{22}}{22} + \cdots \right]_0^{1/2}$$

$$= \frac{1}{2} - \frac{1}{8 \cdot 2^8} + \frac{1}{15 \cdot 2^{15}} - \frac{1}{22 \cdot 2^{22}} + \cdots + \frac{(-1)^n}{(7n+1)2^{7n+1}} + \cdots.$$

Cette série infinie est la valeur exacte de l'intégrale définie, mais comme il s'agit d'une série alternée, on peut approximer sa somme en utilisant le théorème d'estimation des séries alternées présenté à la section 1.4, page 42. En ne retenant que les quatre premiers termes de la somme, on obtient une erreur d'approximation inférieure à la valeur absolue du cinquième terme (correspondant à $n = 4$):

$$\frac{1}{29 \cdot 2^{29}} \approx 6,4 \times 10^{-11}$$

d'où

$$\int_0^{0,5} \frac{1}{1+x^7} dx \approx \frac{1}{2} - \frac{1}{8 \cdot 2^8} + \frac{1}{15 \cdot 2^{15}} - \frac{1}{22 \cdot 2^{22}} \approx 0,499\,513\,74.$$

Exercices 2.2

1. Si le rayon de convergence de la série entière $\sum_{n=0}^{\infty} c_n x^n$ est 10, quel est le rayon de convergence de la série $\sum_{n=1}^{\infty} n c_n x^{n-1}$? Pourquoi?

2. Si vous savez que la série $\sum_{n=0}^{\infty} b_n x^n$ converge pour $|x| < 2$, que pouvez-vous dire à propos de la série suivante? Pourquoi?
$$\sum_{n=0}^{\infty} \frac{b_n}{n+1} x^{n+1}$$

3-10 Trouvez une représentation en série entière de la fonction et déterminez son intervalle de convergence.

3. $f(x) = \dfrac{1}{1+x}$

4. $f(x) = \dfrac{5}{1-4x^2}$

5. $f(x) = \dfrac{2}{3-x}$

6. $f(x) = \dfrac{4}{2x+3}$

7. $f(x) = \dfrac{x^2}{x^4+16}$

8. $f(x) = \dfrac{x}{2x^2+1}$

9. $f(x) = \dfrac{x-1}{x+2}$

10. $f(x) = \dfrac{x+a}{x^2+a^2}$, $a > 0$

11-12 Exprimez la fonction sous la forme de la somme d'une série entière en procédant d'abord à une décomposition en fractions partielles. Trouvez aussi l'intervalle de convergence.

11. $f(x) = \dfrac{2x-4}{x^2-4x+3}$

12. $f(x) = \dfrac{2x+3}{x^2+3x+2}$

13. a) Trouvez par dérivation une représentation en série entière de
$$f(x) = \frac{1}{(1+x)^2}.$$
Quel est le rayon de convergence?

b) Utilisez la partie a) pour obtenir une série entière représentant
$$f(x) = \frac{1}{(1+x)^3}.$$

c) Utilisez la partie b) pour obtenir une série entière représentant
$$f(x) = \frac{x^2}{(1+x)^3}.$$

14. a) Trouvez une représentation en série entière de $f(x) = \ln(1+x)$. Quel est son rayon de convergence?

b) Utilisez la partie a) afin de trouver une représentation en série entière pour $f(x) = x\ln(1+x)$.

c) En substituant $x = \dfrac{1}{2}$ dans le résultat de la partie a), exprimez $\ln 2$ comme la somme d'une série infinie.

15-20 Trouvez une représentation en série entière de la fonction et déterminez son rayon de convergence.

15. $f(x) = \ln(5-x)$

16. $f(x) = x^2 \arctan(x^3)$

17. $f(x) = \dfrac{x}{(1+4x)^2}$

18. $f(x) = \left(\dfrac{x}{2-x}\right)^3$

19. $f(x) = \dfrac{1+x}{(1-x)^2}$

20. $f(x) = \dfrac{x^2+x}{(1-x)^3}$

21. a) Montrez que $\dfrac{1}{x+2} = \sum_{n=0}^{\infty} (-1)^n (x+1)^n$ pour $x \in]-2, 0[$.

b) Utilisez le résultat obtenu en a) pour représenter $f(x) = \ln(x+2)$ par une série entière en $a = -1$.

22. a) Exprimez $\dfrac{1}{2-x}$ comme une série entière en $a = 1$.

b) Déterminez le rayon et l'intervalle de convergence de la série obtenue en a).

c) Utilisez a) pour trouver une représentation de $f(x) = \ln(2-x)$ et $g(x) = (x-1)^2 \ln(2-x)$ en $a = 1$.

d) Calculez la valeur de $\sum_{n=1}^{\infty} \dfrac{(-1)^n}{n}$.

23. Déterminez x tel que $\sum_{n=0}^{\infty} x^{2n} = 2$.

24. Déterminez x tel que $\sum_{n=1}^{\infty} \left(1 - \dfrac{1}{x}\right)^{2n} = 1$.

25-28 Trouvez une représentation en série entière de f, et tracez le graphe de f ainsi que ceux de plusieurs sommes partielles $s_n(x)$ sur un même graphique. Que se passe-t-il lorsque n croît ?

25. $f(x) = \dfrac{x^2}{x^2+1}$

26. $f(x) = \ln(1+x^4)$

27. $f(x) = \ln\left(\dfrac{1+x}{1-x}\right)$

28. $f(x) = \arctan(2x)$

29-32 Évaluez l'intégrale indéfinie sous la forme d'une série entière. Quel est le rayon de convergence ?

29. $\displaystyle\int \dfrac{t}{1-t^8}\,dt$

30. $\displaystyle\int \dfrac{t}{1+t^3}\,dt$

31. $\displaystyle\int x^2 \ln(1+x)\,dx$

32. $\displaystyle\int \dfrac{\arctan x}{x}\,dx$

33-36 Utilisez une série entière pour approximer l'intégrale définie avec six décimales exactes.

33. $\displaystyle\int_0^{0,2} \dfrac{1}{1+x^5}\,dx$

34. $\displaystyle\int_0^{0,4} \ln(1+x^4)\,dx$

35. $\displaystyle\int_0^{0,1} x \arctan(3x)\,dx$

36. $\displaystyle\int_0^{0,3} \dfrac{x^2}{1+x^4}\,dx$

37. Utilisez le résultat de l'exemple 7 pour calculer la valeur exacte de $\arctan 0{,}2$ avec cinq décimales exactes.

38. Montrez que la fonction
$$f(x) = \sum_{n=0}^{\infty} \dfrac{(-1)^n x^{2n}}{(2n)!}$$
est une solution de l'équation différentielle
$$f''(x) + f(x) = 0.$$

39. a) Montrez que J_0 (la fonction de Bessel d'ordre 0 donnée à l'exemple 4) satisfait à l'équation différentielle
$$x^2 J_0''(x) + x J_0'(x) + x^2 J_0(x) = 0.$$

b) Évaluez la valeur de $\displaystyle\int_0^1 J_0(x)\,dx$ avec trois décimales exactes.

40. La fonction de Bessel d'ordre 1 est définie par
$$J_1(x) = \sum_{n=0}^{\infty} \dfrac{(-1)^n x^{2n+1}}{n!(n+1)!2^{2n+1}}.$$

a) Montrez que J_1 satisfait à l'équation différentielle
$$x^2 J_1''(x) + x J_1'(x) + (x^2 - 1) J_1(x) = 0.$$

b) Montrez que $J_0'(x) = -J_1(x)$.

41. a) Démontrez que la fonction
$$f(x) = \sum_{n=0}^{\infty} \dfrac{x^n}{n!}$$
est une solution de l'équation différentielle
$$f'(x) = f(x).$$

b) Montrez que $f(x) = e^x$.

42. Soit $f_n(x) = (\sin nx)/n^2$. Montrez que la série $\sum f_n(x)$ converge pour tout x, mais que la série des dérivées $\sum f_n'(x)$ diverge lorsque $x = 2n\pi$, n étant un nombre entier. Pour quelles valeurs de x la série $\sum f_n''(x)$ converge-t-elle ?

43. Soit
$$f(x) = \sum_{n=1}^{\infty} \dfrac{x^n}{n^2}.$$
Trouvez les intervalles de convergence de f, de f' et de f''.

44. a) En partant de la série géométrique $\sum_{n=1}^{\infty} x^n$, trouvez la somme de la série
$$\sum_{n=1}^{\infty} n x^{n-1} \quad |x| < 1.$$

b) Trouvez la somme de chacune des séries suivantes.

i) $\displaystyle\sum_{n=1}^{\infty} n x^n \quad |x| < 1$ ii) $\displaystyle\sum_{n=1}^{\infty} \dfrac{n}{2^n}$

c) Trouvez la somme de chacune des séries suivantes.

i) $\displaystyle\sum_{n=2}^{\infty} n(n-1) x^n \quad |x| < 1$

ii) $\displaystyle\sum_{n=2}^{\infty} \dfrac{n^2 - n}{2^n}$

iii) $\displaystyle\sum_{n=1}^{\infty} \dfrac{n^2}{2^n}$

45. Utilisez la série entière de $\arctan x$ pour démontrer l'expression suivante de π sous la forme d'une série infinie :
$$\pi = 2\sqrt{3} \sum_{n=0}^{\infty} \dfrac{(-1)^n}{(2n+1)3^n}.$$

46. a) En complétant le carré au dénominateur, montrez que
$$\int_0^{1/2} \dfrac{dx}{x^2 - x + 1} = \dfrac{\pi}{3\sqrt{3}}.$$

b) En factorisant $x^3 + 1$ comme une somme de cubes, réécrivez l'intégrale de la partie a). Ensuite, exprimez $1/(x^3+1)$ comme la somme d'une série entière et utilisez-la afin de prouver la formule suivante pour π :
$$\pi = \dfrac{3\sqrt{3}}{4} \sum_{n=0}^{\infty} \dfrac{(-1)^n}{8^n}\left(\dfrac{2}{3n+1} + \dfrac{1}{3n+2}\right).$$

2.3 LES SÉRIES DE TAYLOR ET DE MACLAURIN

À la section précédente, nous avons trouvé des représentations en séries entières pour une certaine classe restreinte de fonctions. Dans cette section, nous étudions des problèmes plus généraux en répondant aux questions suivantes : Quelles fonctions possèdent des représentations en séries entières ? Comment trouver de telles représentations ?

Supposons d'abord que f est une fonction quelconque représentable par une série entière :

1 $$f(x) = c_0 + c_1(x-a) + c_2(x-a)^2 + c_3(x-a)^3 + c_4(x-a)^4 + \cdots, \quad |x-a| < R.$$

On essaie de déterminer quels doivent être les coefficients c_n en termes de f. On remarque d'abord qu'en posant $x = a$ dans l'équation 1, tous les termes au-delà du premier sont nuls, et donc que

$$f(a) = c_0.$$

Selon le théorème 2 de la section 2.2, on peut dériver la série de l'équation 1 terme à terme :

2 $$f'(x) = c_1 + 2c_2(x-a) + 3c_3(x-a)^2 + 4c_4(x-a)^3 + \cdots, \quad |x-a| < R.$$

La substitution $x = a$ dans l'équation 2 donne

$$f'(a) = c_1.$$

En dérivant les deux membres de l'équation 2, on trouve

3 $$f''(x) = 2c_2 + 2 \cdot 3c_3(x-a) + 3 \cdot 4c_4(x-a)^2 + \cdots, \quad |x-a| < R.$$

En posant de nouveau $x = a$ dans l'équation 3, on obtient

$$f''(a) = 2c_2.$$

On répète ce processus encore une fois. La dérivation de la série de l'équation 3 donne

4 $$f'''(x) = 2 \cdot 3c_3 + 2 \cdot 3 \cdot 4c_4(x-a) + 3 \cdot 4 \cdot 5c_5(x-a)^2 + \cdots, \quad |x-a| < R$$

et la substitution $x = a$ dans l'équation 4 donne

$$f'''(a) = 2 \cdot 3c_3 = 3!c_3.$$

La forme des dérivées est maintenant claire : si on continue à dériver et à substituer $x = a$, on obtient

$$f^{(n)}(a) = 2 \times 3 \times 4 \times \cdots \times n c_n = n! c_n.$$

La résolution de cette équation pour le n-ième coefficient c_n donne

$$c_n = \frac{f^{(n)}(a)}{n!}.$$

Cette formule reste valide même pour $n = 0$ si on adopte les conventions $0! = 1$ et $f^{(0)} = f$. On a donc démontré le théorème suivant.

5 THÉORÈME

Si f possède une représentation (un développement) en série entière en a, c'est-à-dire si

$$f(x) = \sum_{n=0}^{\infty} c_n(x-a)^n, \quad |x-a| < R$$

alors la formule

$$c_n = \frac{f^{(n)}(a)}{n!}$$

donne ses coefficients.

En remplaçant c_n par cette formule dans la série du théorème, on voit que si f possède un développement en série entière en a, alors il doit être de la forme suivante :

6

$$f(x) = \sum_{n=0}^{\infty} \frac{f^{(n)}(a)}{n!}(x-a)^n$$
$$= f(a) + \frac{f'(a)}{1!}(x-a) + \frac{f''(a)}{2!}(x-a)^2 + \frac{f'''(a)}{3!}(x-a)^3 + \cdots.$$

La série de l'équation 6 est appelée **série de Taylor de la fonction f en a** (ou **autour de a** ou **centrée en a**). Pour le cas particulier $a = 0$, la série de Taylor devient

7

$$f(x) = \sum_{n=0}^{\infty} \frac{f^{(n)}(0)}{n!}x^n = f(0) + \frac{f'(0)}{1!}x + \frac{f''(0)}{2!}x^2 + \cdots.$$

Ce cas survient si fréquemment qu'on lui a donné le nom particulier de **série de MacLaurin**.

NOTE On a montré que si f peut être représentée sous la forme d'une série entière autour de a, alors f est égale à la somme de sa série de Taylor pour certaines valeurs de x. Cependant, il existe des fonctions qui ne sont pas égales à la somme de leur série de Taylor. L'exercice 92 donne un exemple d'une telle fonction.

EXEMPLE 1 Déterminons la série de MacLaurin de la fonction $f(x) = e^x$ et son rayon de convergence.

SOLUTION Si $f(x) = e^x$ alors $f^{(n)}(x) = e^x$ et il s'ensuit que $f^{(n)}(0) = e^0 = 1$ pour tout n. Par conséquent, la série de Taylor de f en 0 (c'est-à-dire la série de MacLaurin) est

$$\sum_{n=0}^{\infty} \frac{f^{(n)}(0)}{n!}x^n = \sum_{n=0}^{\infty} \frac{x^n}{n!} = 1 + \frac{x}{1!} + \frac{x^2}{2!} + \frac{x^3}{3!} + \cdots.$$

Pour trouver le rayon de convergence, on pose $a_n = x^n/n!$. Alors,

$$\left|\frac{a_{n+1}}{a_n}\right| = \left|\frac{x^{n+1}}{(n+1)!} \cdot \frac{n!}{x^n}\right| = \frac{|x|}{n+1} \to 0 < 1 \text{ lorsque } n \to \infty$$

et d'après le test du rapport, la série converge pour tout x et son rayon de convergence est $R = \infty$.

À partir du théorème 5 et de l'exemple 1, on conclut que si e^x possède un développement en série entière en 0, alors

$$e^x = \sum_{n=0}^{\infty} \frac{x^n}{n!}.$$

Taylor et MacLaurin

La série de Taylor a été nommée en l'honneur du mathématicien anglais Brook Taylor (1685–1731) et la série de MacLaurin, en l'honneur du mathématicien écossais Colin MacLaurin (1698–1746), bien que la série de MacLaurin soit un cas particulier de la série de Taylor. Toutefois, l'idée de représenter des fonctions particulières sous la forme de sommes de séries entières remonte à Newton, et la série de Taylor générale était connue du mathématicien écossais James Gregory en 1668 et du mathématicien suisse Jean Bernoulli dans les années 1690. Apparemment, Taylor ignorait la nature des travaux de Gregory et de Bernoulli quand il a publié ses découvertes sur les séries en 1715 dans son ouvrage *Methodus incrementorum directa et inversa*. Les séries de MacLaurin ont été nommées d'après Colin MacLaurin parce que celui-ci les a popularisées dans son traité de calcul différentiel et intégral, *Treatise of Fluxions*, publié en 1742.

Comment peut-on déterminer si e^x possède effectivement une représentation en série entière?

Considérons une question plus générale: Dans quelles circonstances une fonction est-elle égale à la somme de sa série de Taylor? Autrement dit, si f possède des dérivées de tous les ordres, quand est-il vrai que

$$f(x) = \sum_{n=0}^{\infty} \frac{f^{(n)}(a)}{n!}(x-a)^n \ ?$$

Comme pour toute série convergente, cela signifie que $f(x)$ est la limite de la suite des sommes partielles. Dans le cas de la série de Taylor, les sommes partielles sont

$$T_n(x) = \sum_{i=0}^{n} \frac{f^{(i)}(a)}{i!}(x-a)^i$$
$$= f(a) + \frac{f'(a)}{1!}(x-a) + \frac{f''(a)}{2!}(x-a)^2 + \cdots + \frac{f^{(n)}(a)}{n!}(x-a)^n.$$

On remarque que T_n est un polynôme de degré n appelé **polynôme de Taylor de degré n de f en a**. Par exemple, pour la fonction exponentielle $f(x) = e^x$, le résultat de l'exemple 1 montre que les polynômes de Taylor en 0 (ou les polynômes de MacLaurin) de degrés $n = 1$, 2 et 3 sont

$$T_1(x) = 1 + x \quad T_2(x) = 1 + x + \frac{x^2}{2!} \quad T_3(x) = 1 + x + \frac{x^2}{2!} + \frac{x^3}{3!}.$$

La figure 1 représente les graphes de la fonction exponentielle et de ces trois polynômes de Taylor.

En général, $f(x)$ est la somme de sa série de Taylor si

$$f(x) = \lim_{n \to \infty} T_n(x).$$

Si on pose

$$R_n(x) = f(x) - T_n(x), \text{ de sorte que } f(x) = T_n(x) + R_n(x)$$

alors $R_n(x)$ est appelé le **reste** de la série de Taylor. Si on réussit à montrer que $\lim_{n\to\infty} R_n(x) = 0$, il s'ensuit que

$$\lim_{n \to \infty} T_n(x) = \lim_{n \to \infty}\left[f(x) - R_n(x)\right] = f(x) - \lim_{n \to \infty} R_n(x) = f(x).$$

On a donc démontré le théorème suivant.

À la figure 1, lorsque n croît, $T_n(x)$ semble tendre vers e^x. Cela suggère que e^x est égal à la somme de sa série de Taylor.

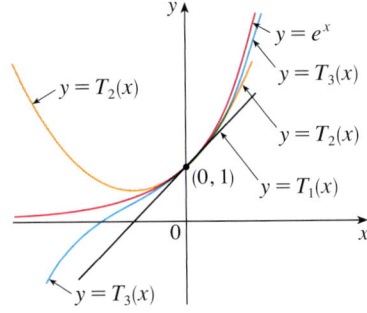

FIGURE 1

---

8 THÉORÈME

Si $f(x) = T_n(x) + R_n(x)$, où T_n est le polynôme de Taylor de degré n de f en a, et si

$$\lim_{n \to \infty} R_n(x) = 0$$

pour $|x - a| < R$, alors la fonction f est égale à la somme de sa série de Taylor sur l'intervalle $|x - a| < R$.

Pour montrer que $\lim_{n \to \infty} R_n(x) = 0$ pour une fonction particulière f, on utilise habituellement le résultat suivant.

---

9 L'INÉGALITÉ DE TAYLOR

Si $\left|f^{(n+1)}(x)\right| \leq M$ pour $|x - a| \leq d$, alors le reste $R_n(x)$ de la série de Taylor satisfait à l'inégalité

$$\left|R_n(x)\right| \leq \frac{M}{(n+1)!} |x - a|^{n+1} \text{ pour } |x - a| \leq d.$$

Afin de comprendre pourquoi ce qui précède est vrai dans le cas $n=1$, on suppose que $|f''(x)| \leq M$. En particulier, $f''(x) \leq M$, de sorte que pour $a \leq x \leq a+d$, on a

$$\int_a^x f''(t)\,dt \leq \int_a^x M\,dt$$

Une primitive de f'' est f' donc, d'après le théorème fondamental du calcul différentiel et intégral, on a

$$f'(x) - f'(a) \leq M(x-a) \quad \text{ou} \quad f'(x) \leq f'(a) + M(x-a).$$

Par conséquent,

$$\int_a^x f'(t)\,dt \leq \int_a^x \left[f'(a) + M(t-a)\right]dt$$

$$f(x) - f(a) \leq f'(a)(x-a) + M\frac{(x-a)^2}{2}$$

$$f(x) - f(a) - f'(a)(x-a) \leq \frac{M}{2}(x-a)^2.$$

Mais $R_1(x) = f(x) - T_1(x) = f(x) - f(a) - f'(a)(x-a)$, d'où

$$R_1(x) \leq \frac{M}{2}(x-a)^2.$$

Un raisonnement semblable, en utilisant $f''(x) \geq -M$, montre que

$$R_1(x) \geq -\frac{M}{2}(x-a)^2$$

d'où
$$|R_1(x)| \leq \frac{M}{2}|x-a|^2.$$

On a supposé que $x > a$, mais des calculs semblables montrent que cette inégalité est également vraie pour $x < a$.

Ainsi, on a prouvé l'inégalité de Taylor lorsque $n=1$. On démontre le résultat général pour tout n d'une façon semblable en intégrant $n+1$ fois. (Voir l'exercice 91 pour le cas où $n=2$.)

NOTE À la section 2.4, on explorera l'utilisation de l'inégalité de Taylor pour approximer des fonctions ; dans l'immédiat, cette inégalité est employée en conjonction avec le théorème 8.

Dans les applications des théorèmes 8 et 9, la limite suivante est souvent utile :

10
$$\lim_{n\to\infty} \frac{x^n}{n!} = 0 \quad \text{pour tout nombre réel } x.$$

Cet énoncé est vrai parce que, selon l'exemple 1, la série $\sum x^n/n!$ converge pour tout x ; il en résulte que son n-ième terme tend vers 0.

> Les formules suivantes, qui permettent de déterminer le reste, peuvent être utilisées à la place de l'inégalité de Taylor. Si $f^{(n+1)}$ est continue sur un intervalle I et si $x \in I$, alors
>
> $$R_n(x) = \frac{1}{n!}\int_a^x (x-t)^n f^{(n+1)}(t)\,dt.$$
>
> Cette dernière expression est appelée « forme intégrale du reste ». Une autre formule, appelée « forme de Lagrange du reste », énonce qu'il existe un nombre z compris entre x et a tel que
>
> $$R_n(x) = \frac{f^{(n+1)}(z)}{(n+1)!}(x-a)^{n+1}.$$
>
> Cette version est une généralisation du théorème de la valeur moyenne (qui est le cas $n=0$).

EXEMPLE 2 Démontrons que e^x est égal à la somme de sa série de MacLaurin.

SOLUTION Si $f(x) = e^x$, alors $f^{(n+1)}(x) = e^x$ pour tout n. Si d est n'importe quel nombre positif et si $|x| \leq d$, alors $|f^{(n+1)}(x)| = e^x \leq e^d$ (car l'exponentielle est une fonction croissante). Par conséquent, selon l'inégalité de Taylor avec $a=0$ et $M=e^d$,

$$|R_n(x)| \leq \frac{e^d}{(n+1)!}|x|^{n+1} \quad \text{pour } |x| \leq d.$$

On remarque que la même constante $M = e^d$ convient pour toute valeur de n. Or, selon l'équation 10,

$$\lim_{n\to\infty} \frac{e^d}{(n+1)!}|x|^{n+1} = e^d \lim_{n\to\infty} \frac{|x|^{n+1}}{(n+1)!} = 0.$$

Selon le théorème du sandwich, on a donc $\lim_{n\to\infty} |R_n(x)| = 0$ et, par conséquent, $\lim_{n\to\infty} R_n(x) = 0$ pour $|x| \leq d$. Comme d était arbitraire, ce résultat est vrai quel que soit d. En prenant des valeurs de d de plus en plus grandes, on conclut que $\lim_{n\to\infty} R_n(x) = 0$ pour tout x. D'après le théorème 8, e^x est donc égal à la somme de sa série de MacLaurin. Autrement dit,

11
$$e^x = \sum_{n=0}^{\infty} \frac{x^n}{n!} \text{ pour tout } x.$$

En particulier, si on pose $x = 1$ dans l'équation 11, on obtient l'expression suivante du nombre e sous la forme d'une série infinie :

12
$$e = \sum_{n=0}^{\infty} \frac{1}{n!} = 1 + \frac{1}{1!} + \frac{1}{2!} + \frac{1}{3!} + \cdots.$$

En 1748, Leonard Euler a utilisé l'équation 12 pour trouver la valeur de e avec 23 chiffres exacts. En 2010, Shigeru Kondo, encore à l'aide de la série 12, a calculé e jusqu'à plus de un trillion de décimales. Les méthodes spéciales d'accélération du calcul qu'il a employées sont expliquées sur le site Web http://numbers.computation.free.fr.

EXEMPLE 3 Trouvons la série de Taylor de $f(x) = e^x$ en $a = 2$.

SOLUTION On a $f^{(n)}(2) = e^2$ et donc, en posant $a = 2$ dans la définition 6 d'une série de Taylor, on obtient

$$\sum_{n=0}^{\infty} \frac{f^{(n)}(2)}{n!}(x-2)^n = \sum_{n=0}^{\infty} \frac{e^2}{n!}(x-2)^n.$$

On peut vérifier, comme à l'exemple 1, que le rayon de convergence est $R = \infty$. À l'instar de l'exemple 2, on peut montrer que $\lim_{n\to\infty} R_n(x) = 0$, donc

13
$$e^x = \sum_{n=0}^{\infty} \frac{e^2}{n!}(x-2)^n \text{ pour tout } x.$$

On a trouvé deux développements en série entière de e^x, la série de MacLaurin de l'équation 11 et la série de Taylor de l'équation 13. La première est plus appropriée si on s'intéresse aux valeurs de x près de 0, et la deuxième convient mieux si x est proche de 2.

EXEMPLE 4 Trouvons la série de MacLaurin de $\sin x$ et démontrons qu'elle est égale à $\sin x$ pour tout x.

SOLUTION On dispose le calcul en deux colonnes.

$$f(x) = \sin x \qquad f(0) = 0$$
$$f'(x) = \cos x \qquad f'(0) = 1$$
$$f''(x) = -\sin x \qquad f''(0) = 0$$
$$f'''(x) = -\cos x \qquad f'''(0) = -1$$
$$f^{(4)}(x) = \sin x \qquad f^{(4)}(0) = 0$$

La figure 2 montre le graphe de $\sin x$ et celui de ses polynômes de Taylor (ou de MacLaurin).

$$T_1(x) = x$$

$$T_3(x) = x - \frac{x^3}{3!}$$

$$T_5(x) = x - \frac{x^3}{3!} + \frac{x^5}{5!}$$

On note que, lorsque n croît, $T_n(x)$ approxime $\sin x$ de mieux en mieux.

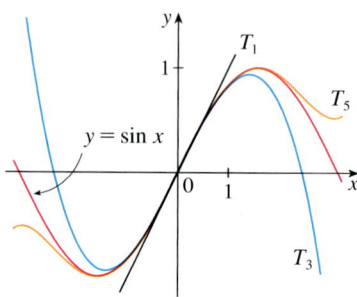

FIGURE 2

Comme les dérivées se répètent en un cycle de longueur quatre, on peut écrire la série de MacLaurin sous la forme suivante :

$$f(0) + \frac{f'(0)}{1!}x + \frac{f''(0)}{2!}x^2 + \frac{f'''(0)}{3!}x^3 + \cdots$$

$$= x - \frac{x^3}{3!} + \frac{x^5}{5!} - \frac{x^7}{7!} + \cdots = \sum_{n=0}^{\infty}(-1)^n \frac{x^{2n+1}}{(2n+1)!}.$$

Puisque $f^{(n+1)}(x)$ est égal à $\pm \sin x$ ou $\pm \cos x$, on sait que $\left|f^{(n+1)}(x)\right| \leq 1$ pour tout x. On peut donc prendre $M = 1$ dans l'inégalité de Taylor :

14
$$\left|R_n(x)\right| \leq \frac{M}{(n+1)!}|x|^{n+1} = \frac{|x|^{n+1}}{(n+1)!}.$$

Selon l'équation 10, le membre de droite de cette inégalité tend vers 0 lorsque $n \to \infty$; il s'ensuit que $\left|R_n(x)\right| \to 0$ d'après le théorème du sandwich. On a donc $R_n(x) \to 0$ quand $n \to \infty$ et, par conséquent, $\sin x$ est égal à la somme de sa série de MacLaurin, en vertu du théorème 8.

Voici le résultat de l'exemple 4, à titre de référence.

15
$$\sin x = x - \frac{x^3}{3!} + \frac{x^5}{5!} - \frac{x^7}{7!} + \cdots = \sum_{n=0}^{\infty}(-1)^n \frac{x^{2n+1}}{(2n+1)!} \quad \text{pour tout } x.$$

EXEMPLE 5 Trouvons la série de MacLaurin de $\cos x$.

SOLUTION On peut procéder directement comme à l'exemple 4, mais il est plus facile de dériver la série de MacLaurin de $\sin x$ donnée par l'équation 15 comme suit :

$$\cos x = \frac{d}{dx}\sin x = \frac{d}{dx}\left(x - \frac{x^3}{3!} + \frac{x^5}{5!} - \frac{x^7}{7!} + \cdots\right)$$

$$= 1 - \frac{3x^2}{3!} + \frac{5x^4}{5!} - \frac{7x^6}{7!} + \cdots = 1 - \frac{x^2}{2!} + \frac{x^4}{4!} - \frac{x^6}{6!} + \cdots.$$

Comme la série de MacLaurin de $\sin x$ converge pour tout x, on sait, grâce au théorème 2 de la section 2.2, que la série dérivée représentant $\cos x$ converge elle aussi pour tout x. On a donc

16
$$\cos x = 1 - \frac{x^2}{2!} + \frac{x^4}{4!} - \frac{x^6}{6!} + \cdots = \sum_{n=0}^{\infty}(-1)^n \frac{x^{2n}}{(2n)!} \quad \text{pour tout } x.$$

Newton a découvert par d'autres méthodes les séries de MacLaurin de e^x, de $\sin x$ et de $\cos x$ qu'on a déterminées aux exemples 2, 4 et 5. Ces équations sont remarquables du fait que chacune de ces fonctions est connue entièrement si l'on connaît seulement ses dérivées en 0.

EXEMPLE 6 Trouvons la série de MacLaurin de la fonction $f(x) = x \cos x$.

SOLUTION Au lieu de calculer les dérivées et de les porter dans l'équation 7, il est plus facile de multiplier la série de $\cos x$ (voir l'équation 16) par x :

$$x \cos x = x \sum_{n=0}^{\infty}(-1)^n \frac{x^{2n}}{(2n)!}$$

$$= \sum_{n=0}^{\infty}(-1)^n \frac{x^{2n+1}}{(2n)!}.$$

On a obtenu deux représentations en série différentes de $\sin x$: la série de MacLaurin à l'exemple 4 et la série de Taylor à l'exemple 7. Il vaut mieux utiliser la série de MacLaurin pour les valeurs de x proches de 0 et la série de Taylor pour les valeurs de x proches de $\pi/3$. On remarque que le troisième polynôme de Taylor, T_3 (voir la figure 3), est une bonne approximation de $\sin x$ près de $\pi/3$, mais qu'elle n'est pas aussi bonne près de 0. Comparez ceci avec le troisième polynôme de MacLaurin, T_3 (voir la figure 2), où l'opposé est vrai.

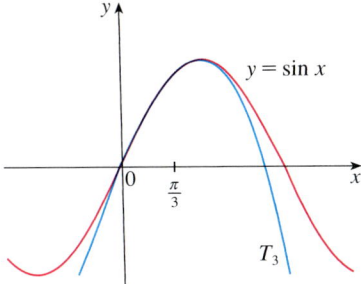

FIGURE 3

EXEMPLE 7 Représentons $f(x) = \sin x$ comme la somme de sa série de Taylor centrée en $\pi/3$.

SOLUTION On dispose les calculs en deux colonnes.

$$f(x) = \sin x \qquad f\left(\frac{\pi}{3}\right) = \frac{\sqrt{3}}{2}$$

$$f'(x) = \cos x \qquad f'\left(\frac{\pi}{3}\right) = \frac{1}{2}$$

$$f''(x) = -\sin x \qquad f''\left(\frac{\pi}{3}\right) = -\frac{\sqrt{3}}{2}$$

$$f'''(x) = -\cos x \qquad f'''\left(\frac{\pi}{3}\right) = -\frac{1}{2}$$

Ce processus se répète indéfiniment. La série de Taylor en $\pi/3$ est donc

$$f\left(\frac{\pi}{3}\right) + \frac{f'\left(\frac{\pi}{3}\right)}{1!}\left(x - \frac{\pi}{3}\right) + \frac{f''\left(\frac{\pi}{3}\right)}{2!}\left(x - \frac{\pi}{3}\right)^2 + \frac{f'''\left(\frac{\pi}{3}\right)}{3!}\left(x - \frac{\pi}{3}\right)^3 + \cdots$$

$$= \frac{\sqrt{3}}{2} + \frac{1}{2 \cdot 1!}\left(x - \frac{\pi}{3}\right) - \frac{\sqrt{3}}{2 \cdot 2!}\left(x - \frac{\pi}{3}\right)^2 - \frac{1}{2 \cdot 3!}\left(x - \frac{\pi}{3}\right)^3 + \cdots.$$

La démonstration du fait que cette série représente $\sin x$ pour tout x est très semblable à celle de l'exemple 4. (Il suffit de remplacer x par $x - \pi/3$ dans l'équation 15.) On peut écrire la série en séparant les termes qui contiennent $\sqrt{3}$ comme suit :

$$\sin x = \sum_{n=0}^{\infty} \frac{(-1)^n \sqrt{3}}{2(2n)!}\left(x - \frac{\pi}{3}\right)^{2n} + \sum_{n=0}^{\infty} \frac{(-1)^n}{2(2n+1)!}\left(x - \frac{\pi}{3}\right)^{2n+1}.$$

Les séries entières obtenues par des méthodes indirectes aux exemples 5 et 6 de la section 2.2 sont en fait les séries de Taylor ou de MacLaurin des fonctions correspondantes. En effet, selon le théorème 5, peu importe comment la représentation en série entière $f(x) = \sum c_n (x-a)^n$ est obtenue, il est toujours vrai que $c_n = f^{(n)}(a)/n!$. Autrement dit, les coefficients sont uniques.

EXEMPLE 8 Trouvons la série de MacLaurin de $f(x) = (1+x)^k$, où k est un nombre réel quelconque.

SOLUTION On dispose les calculs en deux colonnes.

$$f(x) = (1+x)^k \qquad f(0) = 1$$

$$f'(x) = k(1+x)^{k-1} \qquad f'(0) = k$$

$$f''(x) = k(k-1)(1+x)^{k-2} \qquad f''(0) = k(k-1)$$

$$f'''(x) = k(k-1)(k-2)(1+x)^{k-3} \qquad f'''(0) = k(k-1)(k-2)$$

$$\vdots \qquad \vdots$$

$$f^{(n)}(x) = k(k-1)\cdots(k-n+1)(1+x)^{k-n} \qquad f^{(n)}(0) = k(k-1)\cdots(k-n+1)$$

Par conséquent, la série de MacLaurin de $f(x) = (1+x)^k$ est

$$\sum_{n=0}^{\infty} \frac{f^{(n)}(0)}{n!} x^n = \sum_{n=0}^{\infty} \frac{k(k-1)\cdots(k-n+1)}{n!} x^n.$$

Cette série est appelée **série binomiale**. Si on note a_n son n-ième terme, alors

$$\left|\frac{a_{n+1}}{a_n}\right| = \left|\frac{k(k-1)\cdots(k-n+1)(k-n)x^{n+1}}{(n+1)!} \cdot \frac{n!}{k(k-1)\cdots(k-n+1)x^n}\right|$$

$$= \frac{|k-n|}{n+1}|x| = \frac{\left|1-\dfrac{k}{n}\right|}{1+\dfrac{1}{n}}|x| \to |x| \text{ lorsque } n \to \infty.$$

Selon le test du rapport, la série binomiale converge si $|x| < 1$ et diverge si $|x| > 1$.

La notation habituelle des coefficients de la série binomiale est

$$\binom{k}{n} = \frac{k(k-1)(k-2)\cdots(k-n+1)}{n!}$$

et ces nombres sont appelés **coefficients binomiaux**.

Selon le théorème de la série binomiale, $(1+x)^k$ est égal à la somme de sa série de MacLaurin. On peut le prouver en montrant que le reste $R_n(x)$ tend vers 0, mais la preuve est très difficile à établir. La démonstration suggérée à l'exercice 93 est beaucoup plus facile.

---

17 THÉORÈME DE LA SÉRIE BINOMIALE

Si k est un nombre réel quelconque et si $|x| < 1$, alors

$$(1+x)^k = \sum_{n=0}^{\infty} \binom{k}{n} x^n$$

$$= 1 + kx + \frac{k(k-1)}{2!}x^2 + \frac{k(k-1)(k-2)}{3!}x^3 + \cdots.$$

Bien que la série binomiale converge toujours lorsque $|x| < 1$, la question de savoir si elle converge ou non aux extrémités ± 1 dépend de la valeur de k. Il s'avère que la série converge en 1 si $-1 < k \leq 0$ et aux deux extrémités si $k \geq 0$. On remarque que si k est un nombre entier positif et si $n > k$, alors l'expression $\binom{k}{n}$ contient un facteur $(k-k)$, d'où $\binom{k}{n} = 0$ pour $n > k$. Cela signifie que la série est finie et que l'équation 17 se réduit au théorème binomial ordinaire lorsque k est un entier positif (voir la page de référence 1).

EXEMPLE 9 Trouvons la série de MacLaurin de la fonction $f(x) = \dfrac{1}{\sqrt{4-x}}$ et son rayon de convergence.

SOLUTION On écrit $f(x)$ sous une forme propice à l'utilisation de la série binomiale :

$$\frac{1}{\sqrt{4-x}} = \frac{1}{\sqrt{4\left(1-\dfrac{x}{4}\right)}} = \frac{1}{2\sqrt{1-\dfrac{x}{4}}} = \frac{1}{2}\left(1-\frac{x}{4}\right)^{-1/2}.$$

Dans la série binomiale, on pose $k = -\frac{1}{2}$ et on remplace x par $-x/4$ pour obtenir

$$\frac{1}{\sqrt{4-x}} = \frac{1}{2}\left(1-\frac{x}{4}\right)^{-1/2} = \frac{1}{2}\sum_{n=0}^{\infty}\binom{-\frac{1}{2}}{n}\left(-\frac{x}{4}\right)^n$$

$$= \frac{1}{2}\left[1 + \left(-\frac{1}{2}\right)\left(-\frac{x}{4}\right) + \frac{\left(-\frac{1}{2}\right)\left(-\frac{3}{2}\right)}{2!}\left(-\frac{x}{4}\right)^2 + \frac{\left(-\frac{1}{2}\right)\left(-\frac{3}{2}\right)\left(-\frac{5}{2}\right)}{3!}\left(-\frac{x}{4}\right)^3 + \cdots\right.$$

$$\left. + \frac{\left(-\frac{1}{2}\right)\left(-\frac{3}{2}\right)\left(-\frac{5}{2}\right)\cdots\left(-\frac{1}{2}-n+1\right)}{n!}\left(-\frac{x}{4}\right)^n + \cdots\right]$$

$$= \frac{1}{2}\left[1 + \frac{1}{8}x + \frac{1\times 3}{2!\,8^2}x^2 + \frac{1\times 3\times 5}{3!\,8^3}x^3 + \cdots + \frac{1\times 3\times 5\times \cdots \times (2n-1)}{n!\,8^n}x^n + \cdots\right].$$

Selon la formule 17, cette série converge lorsque $|-x/4| < 1$, c'est-à-dire quand $|x| < 4$. Le rayon de convergence est donc $R = 4$.

Le tableau 2.2 présente quelques séries de MacLaurin importantes déterminées dans cette section et la précédente.

TABLEAU 2.2 Les séries de MacLaurin importantes et leurs rayons de convergence.

$$\frac{1}{1-x} = \sum_{n=0}^{\infty} x^n = 1 + x + x^2 + x^3 + \cdots \qquad R = 1$$

$$e^x = \sum_{n=0}^{\infty} \frac{x^n}{n!} = 1 + \frac{x}{1!} + \frac{x^2}{2!} + \frac{x^3}{3!} + \cdots \qquad R = \infty$$

$$\sin x = \sum_{n=0}^{\infty} (-1)^n \frac{x^{2n+1}}{(2n+1)!} = x - \frac{x^3}{3!} + \frac{x^5}{5!} - \frac{x^7}{7!} + \cdots \qquad R = \infty$$

$$\cos x = \sum_{n=0}^{\infty} (-1)^n \frac{x^{2n}}{(2n)!} = 1 - \frac{x^2}{2!} + \frac{x^4}{4!} - \frac{x^6}{6!} + \cdots \qquad R = \infty$$

$$\arctan x = \sum_{n=0}^{\infty} (-1)^n \frac{x^{2n+1}}{2n+1} = x - \frac{x^3}{3} + \frac{x^5}{5} - \frac{x^7}{7} + \cdots \qquad R = 1$$

$$\ln(1+x) = \sum_{n=1}^{\infty} (-1)^{n-1} \frac{x^n}{n} = x - \frac{x^2}{2} + \frac{x^3}{3} - \frac{x^4}{4} + \cdots \qquad R = 1$$

$$(1+x)^k = \sum_{n=0}^{\infty} \binom{k}{n} x^n = 1 + kx + \frac{k(k-1)}{2!}x^2 + \frac{k(k-1)(k-2)}{3!}x^3 + \cdots \qquad R = 1$$

EXEMPLE 10 Trouvez la somme de la série $\dfrac{1}{1\cdot 2} - \dfrac{1}{2\cdot 2^2} + \dfrac{1}{3\cdot 2^3} - \dfrac{1}{4\cdot 2^4} + \cdots$.

SOLUTION On utilise la notation sigma pour récrire la série donnée sous la forme :

$$\sum_{n=1}^{\infty} (-1)^{n-1} \frac{1}{n\cdot 2^n} = \sum_{n=1}^{\infty} (-1)^{n-1} \frac{\left(\frac{1}{2}\right)^n}{n}.$$

Ensuite, d'après le tableau 2.2, on constate que cette série correspond à la formule pour $\ln(1+x)$, où $x = \frac{1}{2}$. Donc,

$$\sum_{n=1}^{\infty} (-1)^{n-1} \frac{1}{n\cdot 2^n} = \ln\left(1+\tfrac{1}{2}\right) = \ln \tfrac{3}{2}.$$

Une raison pour laquelle les séries de Taylor sont importantes est qu'elles permettent d'intégrer des fonctions qui ne possèdent pas de primitive simple. De fait, dans l'introduction à ce chapitre, on a mentionné que Newton intégrait souvent des fonctions en les exprimant d'abord sous la forme de séries entières, puis en intégrant celles-ci terme à terme. On ne peut pas intégrer la fonction $f(x) = e^{-x^2}$ par les méthodes habituelles, car sa primitive n'est pas une fonction élémentaire. Dans l'exemple 11, on se base sur l'idée de Newton pour intégrer $f(x)$.

EXEMPLE 11

a) Évaluons $\int e^{-x^2} dx$ sous la forme d'une série infinie.

b) Estimons $\int_0^1 e^{-x^2} dx$ avec une erreur inférieure à 0,001.

SOLUTION

a) On trouve d'abord la série de MacLaurin de $f(x) = e^{-x^2}$. Bien qu'on puisse utiliser la méthode directe, on trouve plus facilement cette série en remplaçant x par $-x^2$ dans la série de e^x donnée au tableau 2.2. Pour tout x, on a

$$e^{-x^2} = \sum_{n=0}^{\infty} \frac{(-x^2)^n}{n!} = \sum_{n=0}^{\infty} (-1)^n \frac{x^{2n}}{n!} = 1 - \frac{x^2}{1!} + \frac{x^4}{2!} - \frac{x^6}{3!} + \cdots.$$

On intègre maintenant la série terme à terme:

$$\int e^{-x^2} dx = \int \left(1 - \frac{x^2}{1!} + \frac{x^4}{2!} - \frac{x^6}{3!} + \cdots + (-1)^n \frac{x^{2n}}{n!} + \cdots\right) dx$$

$$= C + x - \frac{x^3}{3 \cdot 1!} + \frac{x^5}{5 \cdot 2!} - \frac{x^7}{7 \cdot 3!} + \cdots + (-1)^n \frac{x^{2n+1}}{(2n+1)n!} + \cdots.$$

Cette série converge pour tout x parce que la série de e^{-x^2} converge pour tout x.

b) Selon le théorème fondamental du calcul différentiel et intégral,

$$\int_0^1 e^{-x^2} dx = \left[x - \frac{x^3}{3 \cdot 1!} + \frac{x^5}{5 \cdot 2!} - \frac{x^7}{7 \cdot 3!} + \frac{x^9}{9 \cdot 4!} - \cdots \right]_0^1$$

$$= 1 - \tfrac{1}{3} + \tfrac{1}{10} - \tfrac{1}{42} + \tfrac{1}{216} - \cdots$$

$$\approx 1 - \tfrac{1}{3} + \tfrac{1}{10} - \tfrac{1}{42} + \tfrac{1}{216} \approx 0{,}7475.$$

On peut prendre $C = 0$ dans la primitive de la partie a).

Le théorème d'estimation des séries alternées (section 1.4, p. 42) montre que l'erreur de cette approximation est inférieure à

$$\frac{1}{11 \cdot 5!} = \frac{1}{1320} < 0{,}001.$$

L'exemple 12 montre une autre utilisation des séries de Taylor. On pourrait trouver la limite avec la règle de l'Hospital, mais on utilise ici une série.

EXEMPLE 12 Évaluons $\lim\limits_{x \to 0} \dfrac{e^x - 1 - x}{x^2}$.

SOLUTION La série de MacLaurin de e^x permet d'écrire (on utilise cette série, car on cherche la limite lorsque $x \to 0$)

$$\lim_{x \to 0} \frac{e^x - 1 - x}{x^2} = \lim_{x \to 0} \frac{\left(1 + \frac{x}{1!} + \frac{x^2}{2!} + \frac{x^3}{3!} + \cdots\right) - 1 - x}{x^2}$$

$$= \lim_{x \to 0} \frac{\frac{x^2}{2!} + \frac{x^3}{3!} + \frac{x^4}{4!} + \cdots}{x^2}$$

Certains logiciels de calcul symbolique calculent les limites de cette façon.

$$= \lim_{x \to 0} \left(\frac{1}{2} + \frac{x}{3!} + \frac{x^2}{4!} + \frac{x^3}{5!} + \cdots\right) = \frac{1}{2}$$

car les séries entières sont des fonctions continues.

LA MULTIPLICATION ET LA DIVISION DE SÉRIES ENTIÈRES

Les séries entières que l'on additionne ou soustrait se comportent comme des polynômes (voir le théorème 8 de la section 1.2, p. 22). En fait, l'exemple 13 montre qu'on peut aussi les multiplier et les diviser comme des polynômes. Habituellement, on ne calcule que les premiers termes du produit ou du quotient, car les calculs pour les termes ultérieurs deviennent vite fastidieux et parce que les termes initiaux sont les termes les plus importants.

EXEMPLE 13 Trouvons les trois premiers termes non nuls de la série de MacLaurin :

a) de $e^x \sin x$;

b) de $\tan x$.

SOLUTION

a) On utilise les séries de MacLaurin de e^x et de $\sin x$ du tableau 2.2 :

$$e^x \sin x = \left(1 + \frac{x}{1!} + \frac{x^2}{2!} + \frac{x^3}{3!} + \cdots\right)\left(x - \frac{x^3}{3!} + \cdots\right).$$

On multiplie ces expressions et on regroupe les termes semblables comme dans le cas de polynômes.

$$
\begin{array}{r}
1 + x + \tfrac{1}{2}x^2 + \tfrac{1}{6}x^3 + \cdots \\
\times \quad x \quad\quad\quad - \tfrac{1}{6}x^3 + \cdots \\
\hline
x + x^2 + \tfrac{1}{2}x^3 + \tfrac{1}{6}x^4 + \cdots \\
+ \quad\quad\quad\quad - \tfrac{1}{6}x^3 - \tfrac{1}{6}x^4 - \cdots \\
\hline
x + x^2 + \tfrac{1}{3}x^3 + \cdots
\end{array}
$$

On trouve donc

$$e^x \sin x = x + x^2 + \tfrac{1}{3}x^3 + \cdots.$$

b) On utilise les séries de MacLaurin du tableau 2.2

$$\tan x = \frac{\sin x}{\cos x} = \frac{x - \dfrac{x^3}{3!} + \dfrac{x^5}{5!} - \cdots}{1 - \dfrac{x^2}{2!} + \dfrac{x^4}{4!} - \cdots}$$

et on effectue la division euclidienne :

$$
\begin{array}{r|l}
x - \tfrac{1}{6}x^3 + \tfrac{1}{120}x^5 - \cdots & 1 - \tfrac{1}{2}x^2 + \tfrac{1}{24}x^4 - \cdots \\
x - \tfrac{1}{2}x^3 + \tfrac{1}{24}x^5 - \cdots & x + \tfrac{1}{3}x^3 + \tfrac{2}{15}x^5 + \cdots \\
\hline
\tfrac{1}{3}x^3 - \tfrac{1}{30}x^5 + \cdots & \\
\tfrac{1}{3}x^3 - \tfrac{1}{6}x^5 + \cdots & \\
\hline
\tfrac{2}{15}x^5 + \cdots &
\end{array}
$$

On obtient

$$\tan x = x + \tfrac{1}{3}x^3 + \tfrac{2}{15}x^5 + \cdots.$$

Les manipulations formelles de l'exemple 13 sont valides pour des sommes infinies, bien qu'on ne les ait pas justifiées rigoureusement. Il existe un théorème qui établit que si $f(x) = \sum c_n x^n$ et $g(x) = \sum b_n x^n$ convergent pour $|x| < R$ et si les séries sont multipliées comme si elles étaient des polynômes, alors la série résultante converge pour $|x| < R$ et représente $f(x)g(x)$. Dans le cas de la division, il faut que $b_0 \neq 0$; la série résultante converge pour $|x|$ suffisamment petit.

Exercices 2.3

1. Si $f(x) = \sum_{n=0}^{\infty} b_n (x-5)^n$ pour tout x, trouvez une expression explicite pour b_8.

2. Le graphe de f est donné ci-dessous.

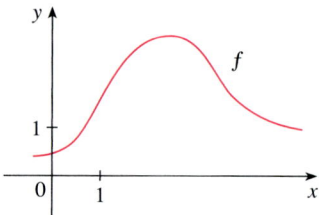

a) Expliquez pourquoi la série
$$1{,}6 - 0{,}8(x-1) + 0{,}4(x-1)^2 - 0{,}1(x-1)^3 + \cdots$$
n'est pas la série de Taylor de f centrée en 1.

b) Expliquez pourquoi la série
$$2{,}8 + 0{,}5(x-2) + 1{,}5(x-2)^2 - 0{,}1(x-2)^3 + \cdots$$
n'est pas la série de Taylor de f centrée en 2.

3. Si $f^{(n)}(0) = (n+1)!$ pour $n = 0, 1, 2, \ldots$, trouvez la série de MacLaurin de f et son rayon de convergence.

4. Trouvez la série de Taylor de f centrée en 4 si
$$f^{(n)}(4) = \frac{(-1)^n n!}{3^n(n+1)}.$$
Quel est le rayon de convergence de la série de Taylor?

5. On a demandé à un étudiant d'écrire les quatre premiers termes non nuls de la série de MacLaurin de la fonction $f(x) = e^{\sin(x)}$. La réponse était
$$1 + \sin(x) + \frac{\sin^2(x)}{2} + \frac{\sin^3(x)}{3!} + \cdots.$$
a) Expliquez pourquoi cette réponse est incorrecte.
b) Donnez la réponse correcte.

6. Si deux fonctions f et g ont le même polynôme de Taylor de degré 2 en $a = 0$, peut-on conclure que $f(x) = g(x)$? Si oui, démontrez-le. Sinon, donnez un contre-exemple.

7. La figure suivante présente les polynômes de MacLaurin $T_0(x)$, $T_1(x)$, $T_2(x)$ et $T_3(x)$ de degrés 0, 1, 2 et 3 d'une fonction f.
a) Que concluez-vous du fait qu'il y a seulement trois courbes pour représenter les quatre polynômes?
b) Déterminez $f(0)$, $f'(0)$ et $f''(0)$.

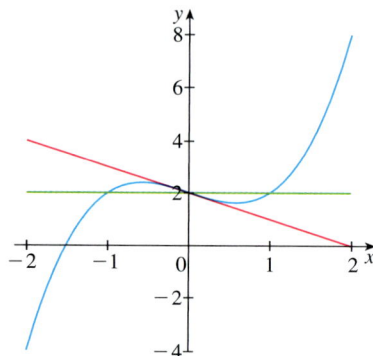

8. La figure suivante présente le graphe d'une fonction f (en noir) ainsi que trois autres courbes. Laquelle de ces courbes représente le polynôme de Taylor de degré 2 de f en $a = 0$?

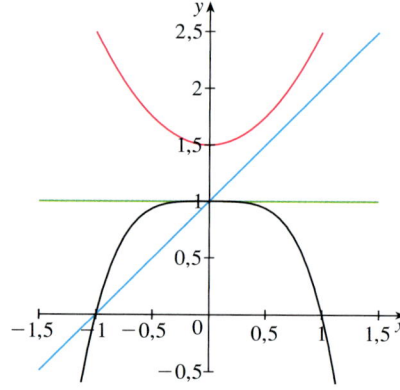

9-14 Utilisez la définition d'une série de Taylor pour trouver les quatre premiers termes non nuls de la série de $f(x)$ centrée au point donné a.

9. $f(x) = xe^x$, $a = 0$
10. $f(x) = \dfrac{1}{1+x}$, $a = 2$
11. $f(x) = \sqrt[3]{x}$, $a = 8$
12. $f(x) = \ln x$, $a = 1$
13. $f(x) = \sin x$, $a = \dfrac{\pi}{6}$
14. $f(x) = \cos^2 x$, $a = 0$

15-22 Trouvez la série de MacLaurin de $f(x)$ en utilisant la définition d'une série de MacLaurin. (Supposez que f possède un développement en série entière. Ne montrez pas que $R_n(x) \to 0$.) Trouvez aussi le rayon de convergence associé.

15. $f(x) = (1-x)^{-2}$ **16.** $f(x) = \ln(1+x)$

17. $f(x) = \cos x$ **18.** $f(x) = e^{-2x}$

19. $f(x) = 2^x$ **20.** $f(x) = x\cos x$

21. $f(x) = \sinh x$ **22.** $f(x) = \cos 3x$

23-30 Trouvez la série de Taylor de $f(x)$ centrée au point donné a. (Supposez que f possède un développement en série entière.) Trouvez aussi le rayon de convergence associé.

23. $f(x) = x^5 + 2x^3 + x$, $a = 2$

24. $f(x) = x^6 - x^4 + 2$, $a = -2$

25. $f(x) = \ln x$, $a = 2$ **26.** $f(x) = \dfrac{1}{x}$, $a = -3$

27. $f(x) = e^{2x}$, $a = 3$ **28.** $f(x) = \cos x$, $a = \dfrac{\pi}{2}$

29. $f(x) = \sin x$, $a = \pi$ **30.** $f(x) = \sqrt{x}$, $a = 16$

31. Démontrez que la série obtenue à l'exercice 17 représente $\sin \pi x$ pour tout x.

32. Démontrez que la série obtenue à l'exercice 29 représente $\sin x$ pour tout x.

33. Démontrez que la série obtenue à l'exercice 21 représente $\sinh x$ pour tout x.

34. Démontrez que la série obtenue à l'exercice 22 représente $\cos 3x$ pour tout x.

35-38 Utilisez la série binomiale pour développer la fonction en série entière. Trouvez le rayon de convergence.

35. $\sqrt[4]{1-x}$ **36.** $\sqrt[3]{8+x}$

37. $\dfrac{1}{(2+x)^3}$ **38.** $(1-x)^{3/4}$

39-48 Utilisez une des séries de MacLaurin du tableau 2.2 pour obtenir la série de MacLaurin de la fonction donnée.

39. $f(x) = \arctan(x^2)$ **40.** $f(x) = \sin(\pi x/4)$

41. $f(x) = x\cos 2x$ **42.** $f(x) = e^{3x} - e^{2x}$

43. $f(x) = x\cos\left(\dfrac{1}{2}x^2\right)$ **44.** $f(x) = x^2\ln(1+x^3)$

45. $f(x) = \dfrac{x}{\sqrt{4+x^2}}$ **46.** $f(x) = \dfrac{x^2}{\sqrt{2+x}}$

47. $f(x) = \sin^2 x$
   (*Suggestion*: Utilisez l'identité $\sin^2 x = \tfrac{1}{2}(1 - \cos 2x)$.)

48. $f(x) = \begin{cases} \dfrac{x - \sin x}{x^3} & \text{si } x \neq 0 \\ \dfrac{1}{6} & \text{si } x = 0 \end{cases}$

49-52 Trouvez la série de MacLaurin de f (par n'importe quelle méthode) et son rayon de convergence. Représentez graphiquement f et ses premiers polynômes de MacLaurin sur la même figure. Que remarquez-vous à propos de la relation entre ces polynômes et f?

49. $f(x) = \cos(x^2)$ **50.** $f(x) = \ln(1+x^2)$

51. $f(x) = xe^{-x}$ **52.** $f(x) = \arctan(x^3)$

53. Utilisez la série de MacLaurin de $\cos x$ pour calculer la valeur de $\cos 5°$ avec cinq décimales exactes.

54. Utilisez la série de MacLaurin de e^x pour calculer la valeur de $1/\sqrt[10]{e}$ avec cinq décimales exactes.

55. a) Utilisez la série binomiale pour développer $1/\sqrt{1-x^2}$ en série entière.
   b) Utilisez la partie a) pour trouver la série de MacLaurin de $\arcsin x$.

56. a) Développez $1/\sqrt[4]{1+x}$ en série entière.
   b) Utilisez la partie a) pour estimer la valeur de $1/\sqrt[4]{1{,}1}$ avec trois décimales exactes.

57-60 Évaluez l'intégrale indéfinie sous la forme d'une série infinie.

57. $\int \sqrt{1+x^3}\, dx$ **58.** $\int x^2 \sin(x^2)\, dx$

59. $\int \dfrac{\cos x - 1}{x}\, dx$ **60.** $\int \arctan(x^2)\, dx$

61-66 Utilisez une série pour approximer l'intégrale définie avec la précision demandée.

61. $\int_0^{1/2} x^3 \arctan x\, dx$ (quatre décimales)

62. $\int_0^1 \sin(x^4)\, dx$ (quatre décimales)

63. $\int_0^{0,4} \sqrt{1+x^4}\, dx$ ($|\text{erreur}| < 5 \times 10^{-6}$)

64. $\int_0^{0,5} x^2 e^{-x^2}\, dx$ ($|\text{erreur}| < 0{,}001$)

65. $\int_0^{\frac{1}{10}} \dfrac{1}{1+x^{100}}\, dx$ ($|\text{erreur}| < 10^{-100}$)

66. $\int_0^1 \dfrac{\sin x}{x}\, dx$ ($|\text{erreur}| < 10^{-2}$)

67-71 Utilisez une série pour évaluer la limite.

67. $\lim\limits_{x \to 0} \dfrac{x - \ln(1+x)}{x^2}$ **68.** $\lim\limits_{x \to 0} \dfrac{1 - \cos x}{1 + x - e^x}$

69. $\lim\limits_{x \to 0} \dfrac{\sin x - x + \frac{1}{6}x^3}{x^5}$ **70.** $\lim\limits_{x \to 0} \dfrac{\sqrt{1+x} - 1 - \frac{1}{2}x}{x^2}$

71. $\lim\limits_{x \to 0} \dfrac{x^3 - 3x + 3\arctan x}{x^5}$

72. Utilisez la série de l'exemple 13 b) pour évaluer

$$\lim_{x \to 0} \dfrac{\tan x - x}{x^3}.$$

On peut aussi calculer cette limite en appliquant trois fois la règle de l'Hospital. Quelle méthode préférez-vous?

73-78 Utilisez la multiplication ou la division de séries entières pour trouver les trois premiers termes non nuls de la série de MacLaurin de la fonction.

73. $y = e^{-x^2} \cos x$ **74.** $y = \sec x$

75. $y = \dfrac{x}{\sin x}$ **76.** $y = e^x \ln(1+x)$

77. $y = (\arctan x)^2$ **78.** $y = e^x \sin^2 x$

79-86 Trouvez la somme de la série.

79. $\displaystyle\sum_{n=0}^{\infty} (-1)^n \dfrac{x^{4n}}{n!}$ **80.** $\displaystyle\sum_{n=0}^{\infty} \dfrac{(-1)^n \pi^{2n}}{6^{2n}(2n)!}$

81. $\displaystyle\sum_{n=1}^{\infty} (-1)^{n-1} \dfrac{3^n}{n5^n}$ **82.** $\displaystyle\sum_{n=0}^{\infty} \dfrac{3^n}{5^n n!}$

83. $\displaystyle\sum_{n=0}^{\infty} \dfrac{(-1)^n \pi^{2n+1}}{4^{2n+1}(2n+1)!}$

84. $1 - \ln 2 + \dfrac{(\ln 2)^2}{2!} - \dfrac{(\ln 2)^3}{3!} + \cdots$

85. $3 + \dfrac{9}{2!} + \dfrac{27}{3!} + \dfrac{81}{4!} + \cdots$

86. $\dfrac{1}{1 \cdot 2} - \dfrac{1}{3 \cdot 2^3} + \dfrac{1}{5 \cdot 2^5} - \dfrac{1}{7 \cdot 2^7} + \cdots$

87. Trouvez x tel que $1 - 2x + 4\dfrac{x^2}{2!} - 8\dfrac{x^3}{3!} + 16\dfrac{x^4}{4!} - \cdots = 2$.

88. Trouvez x tel que $\displaystyle\sum_{n=1}^{\infty} (-1)^n \dfrac{x^{6n}}{(2n)!} = -\dfrac{1}{2}$.

89. Montrez que si p est un polynôme de degré n, alors
$$p(x+1) = \sum_{i=0}^{n} \dfrac{p^{(i)}(x)}{i!}.$$

90. Si $f(x) = (1+x^3)^{30}$, que vaut $f^{(58)}(0)$?

91. Démontrez l'inégalité de Taylor pour $n = 2$, autrement dit prouvez que si $|f'''(x)| \leq M$ pour $|x-a| \leq d$, alors
$$|R_2(x)| \leq \dfrac{M}{6}|x-a|^3 \quad \text{pour } |x-a| \leq d.$$

92. a) Montrez que la fonction définie par
$$f(x) = \begin{cases} e^{-1/x^2} & \text{si } x \neq 0 \\ 0 & \text{si } x = 0 \end{cases}$$
n'est pas égale à sa série de MacLaurin si $x \neq 0$.

b) Représentez graphiquement la fonction de la partie a) et commentez son comportement près de l'origine.

93. Utilisez les étapes suivantes pour démontrer la formule 17.

a) Soit $g(x) = \displaystyle\sum_{n=0}^{\infty} \binom{k}{n} x^n$. Dérivez cette série pour montrer que
$$g'(x) = \dfrac{kg(x)}{1+x}, \quad -1 < x < 1.$$

b) Posez $h(x) = (1+x)^{-k} g(x)$ et montrez que $h'(x) = 0$.

c) Déduisez que $g(x) = (1+x)^k$.

94. On peut montrer (voir la section 8.3) que la longueur de l'ellipse paramétrée par $x = a\sin\theta$, $y = b\cos\theta$, avec $a > b > 0$, est
$$L = 4a \int_0^{\pi/2} \sqrt{1 - e^2 \sin^2 \theta}\, d\theta$$
où $e = \sqrt{a^2 - b^2}/a$ est l'excentricité de l'ellipse. Développez l'intégrande en série binomiale et utilisez la formule
$$\int_0^{\pi/2} \sin^{2n} x\, dx = \dfrac{1 \times 3 \times 5 \times \cdots \times (2n-1)}{2 \times 4 \times 6 \times \cdots \times 2n} \dfrac{\pi}{2}$$
pour exprimer L sous la forme d'une série entière de l'excentricité, jusqu'au terme en e^6.

PROJET DE LABORATOIRE

LCS **UNE LIMITE DIFFICILE À ATTEINDRE**

Ce projet traite de la fonction
$$f(x) = \dfrac{\sin(\tan x) - \tan(\sin x)}{\arcsin(\arctan x) - \arctan(\arcsin x)}.$$

1. Utilisez votre logiciel de calcul symbolique pour évaluer $f(x)$ pour $x = 1$, $x = 0{,}1$, $x = 0{,}01$, $x = 0{,}001$ et $x = 0{,}0001$. Est-ce que f semble avoir une limite lorsque $x \to 0$?

2. Représentez graphiquement f près de $x = 0$ à l'aide d'un logiciel de calcul symbolique. Est-ce que f semble avoir une limite lorsque $x \to 0$?

3. Essayez d'évaluer $\displaystyle\lim_{x \to 0} f(x)$ avec la règle de l'Hospital en utilisant un logiciel de calcul symbolique pour trouver les dérivées du numérateur et du dénominateur. Que constatez-vous ? Combien de fois faut-il appliquer la règle de l'Hospital ?

4. Évaluez $\lim_{x \to 0} f(x)$ en utilisant un logiciel de calcul symbolique pour trouver suffisamment de termes des séries de Taylor du numérateur et du dénominateur. (Utilisez la commande taylor dans Maple ou Series dans Mathematica.)

5. Servez-vous de la commande pour les limites de votre logiciel de calcul symbolique afin de trouver directement $\lim_{x \to 0} f(x)$. (La plupart de ces logiciels emploient la méthode du problème 4 pour calculer des limites.)

6. À la lumière des réponses obtenues aux problèmes 4 et 5, expliquez les résultats des problèmes 1 et 2.

2.4 DES APPLICATIONS DES POLYNÔMES DE TAYLOR

Dans cette section, nous explorons deux types d'applications des polynômes de Taylor. Nous verrons d'abord comment ils sont employés pour approximer des fonctions – les informaticiens les utilisent parce que les polynômes sont les fonctions les plus faciles à évaluer et à étudier. Nous examinerons ensuite comment les physiciens et les ingénieurs les emploient pour étudier des sujets tels que la relativité, l'optique, le rayonnement des corps noirs, les dipôles électriques, la vitesse des vagues et la construction d'autoroutes dans un désert.

L'APPROXIMATION DES FONCTIONS PAR DES POLYNÔMES

Supposons que la fonction $f(x)$ est égale à la somme de sa série de Taylor en a:

$$f(x) = \sum_{n=0}^{\infty} \frac{f^{(n)}(a)}{n!} (x-a)^n.$$

À la section 2.3, on a introduit la notation $T_n(x)$ pour la n-ième somme partielle de cette série, qui a été appelée le « polynôme de Taylor de degré n de f en a ». On a donc

$$T_n(x) = \sum_{i=0}^{n} \frac{f^{(i)}(a)}{i!} (x-a)^i$$

$$= f(a) + \frac{f'(a)}{1!}(x-a) + \frac{f''(a)}{2!}(x-a)^2 + \cdots + \frac{f^{(n)}(a)}{n!}(x-a)^n.$$

Puisque f est la somme de sa série de Taylor, on sait que $T_n(x) \to f(x)$ lorsque $n \to \infty$ et donc qu'on peut utiliser T_n comme approximation de f: $f(x) \approx T_n(x)$.

On remarque que le polynôme de Taylor du premier degré

$$T_1(x) = f(a) + f'(a)(x-a)$$

est le même que la linéarisation locale de f en a. On remarque aussi que T_1 et sa dérivée ont les mêmes valeurs en a que f et f'. En général, on peut montrer que les dérivées de T_n en a concordent avec celles de f jusqu'à l'ordre n (voir l'exercice 47).

Pour illustrer ces idées, on observe à nouveau les graphes de $y = e^x$ et de ses premiers polynômes de Taylor (voir la figure 1). Le graphe de T_1 est la droite tangente à la courbe $y = e^x$ au point $(0, 1)$. Cette droite tangente est la meilleure approximation linéaire de e^x près de $(0, 1)$. Le graphe de T_2 est la parabole $y = 1 + x + x^2/2$ et le graphe de T_3 est la courbe cubique $y = 1 + x + x^2/2 + x^3/6$, qui s'approche mieux de la courbe exponentielle $y = e^x$ que T_2. Le polynôme de Taylor suivant, T_4, serait encore une meilleure approximation, et ainsi de suite.

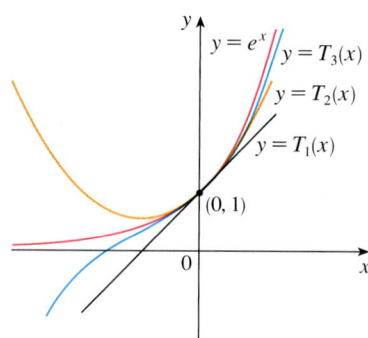

FIGURE 1

Les valeurs du tableau 2.3 donnent une démonstration numérique de la convergence des polynômes de Taylor $T_n(x)$ vers la fonction $y = e^x$. On constate que la convergence est très rapide lorsque $x = 0{,}2$, mais qu'elle est plus lente lorsque $x = 3$. En fait, plus x s'éloigne de 0, plus $T_n(x)$ converge lentement vers e^x.

Quand on utilise un polynôme de Taylor T_n pour approximer une fonction f, on doit se poser les questions suivantes : Quelle est la précision de cette approximation ? Quel degré n devrait-on choisir pour obtenir la précision désirée ? Afin de répondre à ces questions, on doit considérer la valeur absolue du reste :

$$|R_n(x)| = |f(x) - T_n(x)|.$$

TABLEAU 2.3

	$x = 0{,}2$	$x = 3{,}0$
$T_2(x)$	1,220 000	8,500 000
$T_4(x)$	1,221 400	16,375 000
$T_6(x)$	1,221 403	19,412 500
$T_8(x)$	1,221 403	20,009 152
$T_{10}(x)$	1,221 403	20,079 665
e^x	1,221 403	20,085 537

Il existe trois méthodes pour estimer la grandeur de l'erreur :

1. Si on dispose d'une calculatrice graphique, on peut l'utiliser pour représenter le graphe de $|R_n(x)|$ et estimer l'erreur.

2. Si la série est alternée, on peut recourir au théorème d'estimation des séries alternées présenté à la section 1.4, p. 42.

3. On peut toujours utiliser l'inégalité de Taylor (voir le théorème 9, section 2.3, p. 70) selon laquelle si $|f^{(n+1)}(x)| \leq M$, alors

$$|R_n(x)| \leq \frac{M}{(n+1)!} |x - a|^{n+1}.$$

EXEMPLE 1

a) Approximons la fonction $f(x) = \sqrt[3]{x}$ par un polynôme de Taylor de degré 2 en $a = 8$.

b) Estimons l'erreur de cette approximation lorsque $7 \leq x \leq 9$.

SOLUTION

a) On dispose les calculs en deux colonnes.

$$f(x) = \sqrt[3]{x} = x^{1/3} \qquad f(8) = 2$$
$$f'(x) = \tfrac{1}{3}x^{-2/3} \qquad f'(8) = \tfrac{1}{12}$$
$$f''(x) = -\tfrac{2}{9}x^{-5/3} \qquad f''(8) = -\tfrac{1}{144}$$
$$f'''(x) = \tfrac{10}{27}x^{-8/3}$$

Le polynôme de Taylor de degré 2 est

$$T_2(x) = f(8) + \frac{f'(8)}{1!}(x-8) + \frac{f''(8)}{2!}(x-8)^2$$
$$= 2 + \tfrac{1}{12}(x-8) - \tfrac{1}{288}(x-8)^2.$$

L'approximation désirée est

$$\sqrt[3]{x} \approx T_2(x) = 2 + \tfrac{1}{12}(x-8) - \tfrac{1}{288}(x-8)^2.$$

b) Puisque la série de Taylor n'est pas alternée lorsque $x < 8$, on ne peut pas utiliser le théorème d'estimation des séries alternées dans cet exemple. Cependant, on peut se servir de l'inégalité de Taylor avec $n = 2$ et $a = 8$:

$$\left| R_2(x) \right| \leq \frac{M}{3!}|x-8|^3$$

où $\left| f'''(x) \right| \leq M$. Comme $x \geq 7$, on a $x^{8/3} \geq 7^{8/3}$ et donc

$$f'''(x) = \frac{10}{27} \cdot \frac{1}{x^{8/3}} \leq \frac{10}{27} \cdot \frac{1}{7^{8/3}} < 0{,}0021.$$

Par conséquent, on peut prendre $M = 0{,}0021$. De plus, $7 \leq x \leq 9$, d'où $-1 \leq x - 8 \leq 1$ et $|x-8| \leq 1$. L'inégalité de Taylor donne alors

$$\left| R_2(x) \right| \leq \frac{0{,}0021}{3!} \cdot 1^3 = \frac{0{,}0021}{6} < 0{,}0004.$$

Par conséquent, si $7 \leq x \leq 9$, l'erreur d'approximation de f par le polynôme trouvé en a) est inférieure à $0{,}0004$.

À l'aide d'une calculatrice graphique, on vérifie le calcul de l'exemple 1. Selon la figure 2, les graphes de $y = \sqrt[3]{x}$ et de $y = T_2(x)$ sont très proches l'un de l'autre quand x est près de 8. La figure 3 montre le graphe de $\left| R_2(x) \right|$ calculé à partir de l'expression

$$\left| R_2(x) \right| = \left| \sqrt[3]{x} - T_2(x) \right|.$$

Selon ce graphe,

$$\left| R_2(x) \right| < 0{,}0003$$

lorsque $7 \leq x \leq 9$. Dans ce cas, l'estimation de l'erreur par une méthode graphique est légèrement meilleure que l'estimation de l'erreur par l'inégalité de Taylor. Cependant, il faut noter que la méthode graphique nécessite le calcul de $\sqrt[3]{x}$. En pratique, cette fonction ne peut être calculée facilement (c'est pourquoi on cherche à l'approximer par un polynôme).

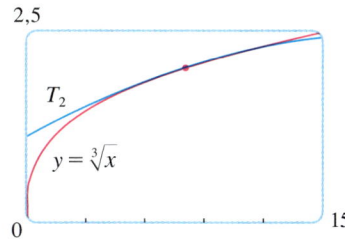

FIGURE 2

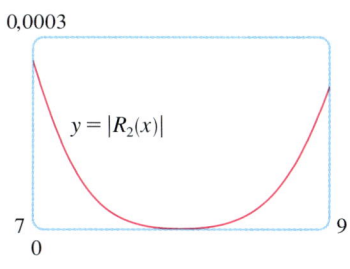

FIGURE 3

EXEMPLE 2

a) Quelle est l'erreur maximale possible si on utilise l'approximation

$$\sin x \approx x - \frac{x^3}{3!} + \frac{x^5}{5!}$$

lorsque $-0{,}3 \leq x \leq 0{,}3$? Utilisons cette approximation pour trouver la valeur de $\sin 12°$ avec six décimales exactes.

b) Pour quelles valeurs de x l'erreur de cette approximation est-elle inférieure à $0{,}000\,05$?

SOLUTION

a) On remarque que la série de MacLaurin

$$\sin x = x - \frac{x^3}{3!} + \frac{x^5}{5!} - \frac{x^7}{7!} + \cdots$$

est alternée pour tous les x non nuls et que la taille des termes successifs décroît si $|x| < 1$. On peut donc utiliser le théorème d'estimation des séries alternées. L'erreur de l'approximation de $\sin x$ par les trois premiers termes de la série de MacLaurin est au plus

$$\left|\frac{x^7}{7!}\right| = \frac{|x|^7}{5040}.$$

Si $-0{,}3 \leq x \leq 0{,}3$, alors $|x| \leq 0{,}3$ et l'erreur est donc inférieure à

$$\frac{(0{,}3)^7}{5040} \approx 4{,}3 \times 10^{-8}.$$

Pour estimer $\sin 12°$, on convertit d'abord l'angle en radians :

$$\sin 12° = \sin\left(\frac{12\pi}{180}\right) = \sin\left(\frac{\pi}{15}\right)$$

$$\approx \frac{\pi}{15} - \left(\frac{\pi}{15}\right)^3 \frac{1}{3!} + \left(\frac{\pi}{15}\right)^5 \frac{1}{5!} \approx 0{,}207\,911\,69.$$

La valeur, avec six décimales exactes, est donc $\sin 12° \approx 0{,}207\,911$.

b) L'erreur sera inférieure à $0{,}000\,05$ si

$$\frac{|x|^7}{5040} < 0{,}000\,05.$$

La résolution de cette inégalité donne

$$|x|^7 < 0{,}252 \quad \text{ou encore} \quad |x| < (0{,}252)^{1/7} \approx 0{,}821.$$

L'erreur d'approximation est donc inférieure à $0{,}000\,05$ lorsque $|x| < 0{,}82$.

Qu'arrive-t-il si on utilise l'inégalité de Taylor pour résoudre l'exemple 2 ? Puisque $f^{(7)}(x) = -\cos x$, on a $\left|f^{(7)}(x)\right| \leq 1$ et donc,

$$\left|R_6(x)\right| \leq \frac{1}{7!}|x|^7.$$

On obtient alors les mêmes estimations qu'avec le théorème d'estimation des séries alternées.

Et si on utilise les méthodes graphiques ? La figure 4 montre le graphe de

$$\left|R_6(x)\right| = \left|\sin x - \left(x - \tfrac{1}{6}x^3 + \tfrac{1}{120}x^5\right)\right|.$$

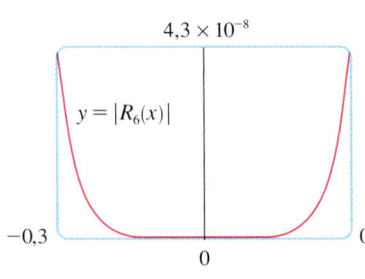

FIGURE 4

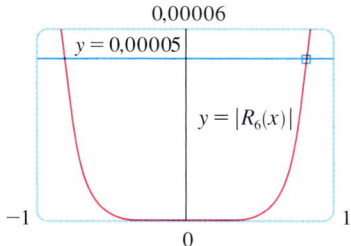

FIGURE 5

On voit que $|R_6(x)| < 4,3 \times 10^{-8}$ lorsque $|x| \leq 0,3$. C'est la même estimation que celle qu'on a obtenue à l'exemple 2. Pour la partie b), on veut $|R_6(x)| < 0,00005$. On représente graphiquement $y = |R_6(x)|$ et $y = 0,00005$ (voir la figure 5). En plaçant le curseur sur le point d'intersection de droite, on trouve que l'inégalité est satisfaite lorsque $|x| < 0,82$. C'est encore la même estimation que celle qu'on a obtenue dans la solution de l'exemple 2.

Si, à l'exemple 2, on avait demandé d'approximer $\sin 72°$ au lieu de $\sin 12°$, il aurait été préférable d'utiliser les polynômes de Taylor en $a = \pi/3$ (au lieu de $a = 0$) parce qu'ils sont de meilleures approximations de $\sin x$ pour les valeurs de x proches de $\pi/3$. On remarque que $72°$ est proche de $60°$ ($\pi/3$ radians) et que les dérivées de $\sin x$ sont faciles à calculer en $\pi/3$.

La figure 6 montre les graphes des approximations polynomiales de MacLaurin

$$T_1(x) = x \qquad\qquad T_3(x) = x - \frac{x^3}{3!}$$

$$T_5(x) = x - \frac{x^3}{3!} + \frac{x^5}{5!} \qquad\qquad T_7(x) = x - \frac{x^3}{3!} + \frac{x^5}{5!} - \frac{x^7}{7!}$$

de la courbe $y = \sin x$. On constate que lorsque n croît, $T_n(x)$ est une bonne approximation de $\sin x$ sur un intervalle de plus en plus grand.

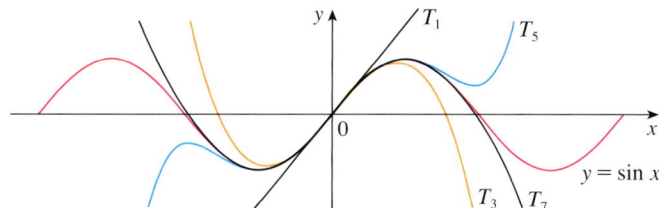

FIGURE 6

Les calculatrices et les ordinateurs effectuent des calculs du même type que ceux des exemples 1 et 2 pour évaluer les fonctions. Par exemple, quand on enfonce la touche sin ou la touche e^x d'une calculatrice, ou quand un programmeur utilise un sous-programme pour évaluer une fonction trigonométrique, exponentielle ou de Bessel, de nombreuses machines calculent une approximation polynomiale. Le polynôme est souvent un polynôme de Taylor qui a été modifié pour étaler l'erreur plus uniformément sur tout l'intervalle.

DES APPLICATIONS EN PHYSIQUE

Les physiciens utilisent fréquemment les polynômes de Taylor. Pour mieux comprendre une équation, un physicien simplifie souvent une fonction en considérant seulement les deux ou trois premiers termes de sa série de Taylor. Autrement dit, il utilise un polynôme de Taylor comme approximation de la fonction. Il peut aussi se servir de l'inégalité de Taylor pour évaluer la précision de l'approximation. L'exemple 3 montre comment cette idée peut être utilisée en relativité restreinte.

EXEMPLE 3 Dans la théorie d'Einstein de la relativité restreinte, la masse d'un objet en mouvement à la vitesse v est

$$m = \frac{m_0}{\sqrt{1 - v^2/c^2}}$$

où m_0 est la masse de l'objet au repos et c, la vitesse de la lumière. L'énergie cinétique de l'objet est la différence entre son énergie totale et son énergie au repos:

$$K = mc^2 - m_0 c^2.$$

a) Montrons que lorsque v est très petit par rapport à c, l'expression de K s'accorde avec la physique newtonienne classique: $K = \frac{1}{2} m_0 v^2$.

b) Utilisons l'inégalité de Taylor pour estimer la différence entre ces expressions de K lorsque $|v| \leq 100$ m/s.

SOLUTION

a) Selon les expressions données de K et de m,

$$K = mc^2 - m_0 c^2 = \frac{m_0 c^2}{\sqrt{1 - v^2/c^2}} - m_0 c^2$$

$$= m_0 c^2 \left[\left(1 - \frac{v^2}{c^2}\right)^{-1/2} - 1 \right].$$

On pose $x = -v^2/c^2$. La série de MacLaurin de $(1+x)^{-1/2}$ se calcule plus facilement avec la formule pour la série binomiale avec $k = -\frac{1}{2}$. (On remarque que $|x| < 1$, car $v < c$.) Par conséquent,

$$(1+x)^{-1/2} = 1 - \tfrac{1}{2}x + \frac{\left(-\tfrac{1}{2}\right)\left(-\tfrac{3}{2}\right)}{2!} x^2 + \frac{\left(-\tfrac{1}{2}\right)\left(-\tfrac{3}{2}\right)\left(-\tfrac{5}{2}\right)}{3!} x^3 + \cdots$$

$$= 1 - \tfrac{1}{2}x + \tfrac{3}{8}x^2 - \tfrac{5}{16}x^3 + \cdots$$

et

$$K = m_0 c^2 \left[\left(1 + \frac{1}{2}\frac{v^2}{c^2} + \frac{3}{8}\frac{v^4}{c^4} + \frac{5}{16}\frac{v^6}{c^6} + \cdots\right) - 1 \right]$$

$$= m_0 c^2 \left(\frac{1}{2}\frac{v^2}{c^2} + \frac{3}{8}\frac{v^4}{c^4} + \frac{5}{16}\frac{v^6}{c^6} + \cdots \right).$$

Si v est beaucoup plus petit que c, alors tous les termes au-delà du premier sont très petits comparativement au premier terme. En les omettant, on obtient

$$K \approx m_0 c^2 \left(\frac{1}{2} \frac{v^2}{c^2} \right) = \tfrac{1}{2} m_0 v^2.$$

b) Si $x = -v^2/c^2$, $f(x) = m_0 c^2 \left[(1+x)^{-1/2} - 1\right]$, et si M est un nombre tel que $|f''(x)| \leq M$, alors on peut utiliser l'inégalité de Taylor et écrire

$$|R_1(x)| \leq \frac{M}{2!} x^2.$$

On a $f''(x) = \tfrac{3}{4} m_0 c^2 (1+x)^{-5/2}$ et, par hypothèse, $|v| \leq 100$ m/s. Par conséquent,

$$|f''(x)| = \frac{3 m_0 c^2}{4(1 - v^2/c^2)^{5/2}} \leq \frac{3 m_0 c^2}{4(1 - 100^2/c^2)^{5/2}} \quad (= M).$$

On a donc, pour $c = 3 \times 10^8$ m/s,

$$|R_1(x)| \leq \frac{1}{2} \cdot \frac{3 m_0 c^2}{4(1 - 100^2/c^2)^{5/2}} \cdot \frac{100^4}{c^4} < (4{,}17 \times 10^{-10}) m_0.$$

Lorsque $|v| \leq 100$ m/s, l'erreur que l'on commet en utilisant l'expression newtonienne de l'énergie cinétique est d'au plus $(4{,}2 \times 10^{-10}) m_0$.

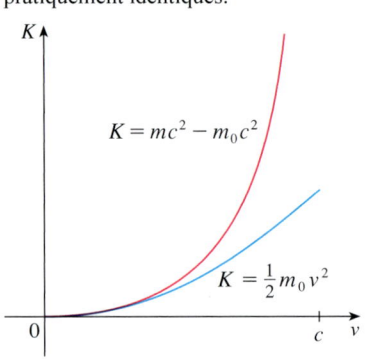

À la figure 7, la courbe du dessus est le graphe de l'expression de l'énergie cinétique K d'un objet en mouvement dans la relativité restreinte. La courbe du dessous est le graphe de la fonction K dans la physique newtonienne classique. Quand la vitesse est beaucoup plus petite que la vitesse de la lumière, les courbes sont pratiquement identiques.

FIGURE 7

Décrivons maintenant une autre application physique, cette fois-ci dans le domaine de l'optique (voir la figure 8). On décrit une onde issue d'un point S, qui rencontre une interface sphérique de rayon R centrée en C. Le rayon SA est réfracté vers P.

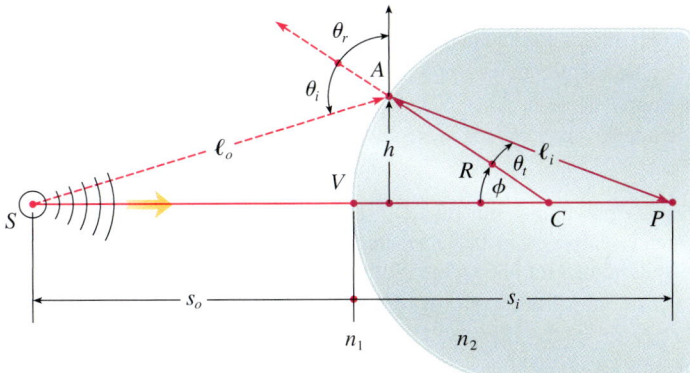

FIGURE 8

(Adaptation d'une figure de l'ouvrage suivant : HECHT, Eugene. *Optics*, 4e édition, San Francisco, Addison-Wesley, 2002, p. 153.)

Du principe de Fermat, selon lequel la lumière voyage de façon à minimiser le temps de déplacement, Hecht a déduit l'équation

1
$$\frac{n_1}{\ell_o} + \frac{n_2}{\ell_i} = \frac{1}{R}\left(\frac{n_2 s_i}{\ell_i} - \frac{n_1 s_o}{\ell_o}\right)$$

dans laquelle n_1 et n_2 sont les indices de réfraction, et ℓ_o, ℓ_i, s_o et s_i sont les distances indiquées à la figure 8. Selon la loi des cosinus appliquée aux triangles ACS et ACP,

Ici, on utilise l'identité $\cos(\pi - \phi) = -\cos\phi$.

2
$$\ell_o = \sqrt{R^2 + (s_o + R)^2 - 2R(s_o + R)\cos\phi}$$
$$\ell_i = \sqrt{R^2 + (s_i - R)^2 + 2R(s_i - R)\cos\phi}.$$

L'équation 1 étant difficile à manipuler, Gauss l'a simplifiée en 1841 en utilisant l'approximation linéaire $\cos\phi \approx 1$ pour des petites valeurs de ϕ. (Cela revient à utiliser le polynôme de Taylor de degré 1.) L'équation 1 se simplifie et devient (voir l'exercice 42 a)) :

3
$$\frac{n_1}{s_o} + \frac{n_2}{s_i} = \frac{n_2 - n_1}{R}.$$

La théorie optique résultante, appelée « optique gaussienne » ou « optique du premier ordre », est devenue l'outil théorique fondamental pour la conception des lentilles.

On obtient une théorie plus précise en approximant $\cos\phi$ par son polynôme de Taylor de degré 3 (qui est le même que le polynôme de Taylor de degré 2). On tient alors compte des rayons pour lesquels ϕ n'est pas nécessairement petit, c'est-à-dire des rayons qui rencontrent la surface à de plus grandes distances h au-dessus de l'axe. À l'exercice 42 b), on demande d'utiliser cette approximation pour obtenir l'équation plus précise

4
$$\frac{n_1}{s_o} + \frac{n_2}{s_i} = \frac{n_2 - n_1}{R} + h^2\left[\frac{n_1}{2s_o}\left(\frac{1}{s_o} + \frac{1}{R}\right)^2 + \frac{n_2}{2s_i}\left(\frac{1}{R} - \frac{1}{s_i}\right)^2\right].$$

La théorie optique résultante est appelée « optique du troisième ordre ».

D'autres applications des polynômes de Taylor en physique et en ingénierie sont explorées aux exercices 40, 41, 43, 44, 45 et 46 dans l'application à la page 92.

Exercices 2.4

1. a) Trouvez les polynômes de Taylor jusqu'au degré 5 de $f(x) = \sin x$ centrés en $a = 0$. Représentez graphiquement f et ces polynômes sur une même figure.
b) Évaluez f de même que ces polynômes en $x = \pi/4$, en $\pi/2$ et en π.
c) Commentez la convergence des polynômes de Taylor vers $f(x)$.

2. a) Trouvez les polynômes de Taylor jusqu'au degré 3 de $f(x) = \tan x$ centrés en $a = 0$. Représentez graphiquement f et ces polynômes sur une même figure.
b) Évaluez f de même que ces polynômes en $x = \pi/6, \pi/4$ et $\pi/3$.
c) Commentez la convergence des polynômes de Taylor vers $f(x)$.

3-10 Trouvez le polynôme de Taylor $T_3(x)$ de la fonction f au point a. Représentez graphiquement f et T_3 sur un même système d'axes.

3. $f(x) = e^x$, $a = 1$

4. $f(x) = \sin x$, $a = \pi/6$

5. $f(x) = \cos x$, $a = \pi/2$

6. $f(x) = e^{-x} \sin x$, $a = 0$

7. $f(x) = \ln x$, $a = 1$

8. $f(x) = x \cos x$, $a = 0$

9. $f(x) = xe^{-2x}$, $a = 0$

10. $f(x) = \arctan x$, $a = 1$

11-12 À l'aide d'un logiciel de calcul symbolique, trouvez les polynômes de Taylor T_n centrés en a de degrés $n = 2, 3, 4, 5$. Ensuite, représentez graphiquement ces polynômes et f sur un même système d'axes.

11. $f(x) = \cot x$, $a = \pi/4$ **12.** $f(x) = \sqrt[3]{1+x^2}$, $a = 0$

13-22
a) Approximez f par un polynôme de Taylor de degré n au point a.
b) Utilisez l'inégalité de Taylor pour estimer la précision de l'approximation $f(x) \approx T_n(x)$ lorsque x appartient à l'intervalle donné.
c) Vérifiez votre résultat obtenu à la partie b) en représentant graphiquement le reste $|R_n(x)|$.

13. $f(x) = 1/x$, $a = 1$, $n = 2$, $0,7 \leq x \leq 1,3$

14. $f(x) = x^{-1/2}$, $a = 4$, $n = 2$, $3,5 \leq x \leq 4,5$

15. $f(x) = x^{2/3}$, $a = 1$, $n = 3$, $0,8 \leq x \leq 1,2$

16. $f(x) = \sin x$, $a = \pi/6$, $n = 4$, $0 \leq x \leq \pi/3$

17. $f(x) = \sec x$, $a = 0$, $n = 2$, $-0,2 \leq x \leq 0,2$

18. $f(x) = \ln(1+2x)$, $a = 1$, $n = 3$, $0,5 \leq x \leq 1,5$

19. $f(x) = e^{x^2}$, $a = 0$, $n = 3$, $0 \leq x \leq 0,1$

20. $f(x) = x \ln x$, $a = 1$, $n = 3$, $0,5 \leq x \leq 1,5$

21. $f(x) = x \sin x$, $a = 0$, $n = 4$, $-1 \leq x \leq 1$

22. $f(x) = \sinh 2x$, $a = 0$, $n = 5$, $-1 \leq x \leq 1$

23. Utilisez le résultat de l'exercice 5 pour estimer $\cos 80°$ avec cinq décimales exactes.

24. Utilisez le résultat de l'exercice 16 pour estimer $\sin 38°$ avec cinq décimales exactes.

25. Utilisez l'inégalité de Taylor pour déterminer le nombre de termes de la série de MacLaurin de e^x qu'il faut utiliser pour estimer $e^{0,1}$ avec une erreur inférieure à 0,000 01.

26. Combien de termes de la série de MacLaurin de $\ln(1+x)$ devez-vous utiliser pour estimer $\ln 1,4$ avec une erreur inférieure à 0,001 ?

27-29 Utilisez le théorème d'estimation des séries alternées (section 1.4, p. 42) ou l'inégalité de Taylor pour estimer l'intervalle des valeurs de x pour lesquelles l'approximation donnée a la précision demandée. Vérifiez graphiquement votre réponse.

27. $\sin x \approx x - \dfrac{x^3}{6}$ ($|\text{erreur}| < 0,01$)

28. $\cos x \approx 1 - \dfrac{x^2}{2} + \dfrac{x^4}{24}$ ($|\text{erreur}| < 0,005$)

29. $\arctan x \approx x - \dfrac{x^3}{3} + \dfrac{x^5}{5}$ ($|\text{erreur}| < 0,05$)

30. Si on approxime $f(x) = \cos x$ à l'aide de son polynôme de Taylor de degré 2 en $a = \pi$, quel est le plus grand intervalle sur lequel on peut garantir que l'erreur d'approximation est inférieure à 0,001 ?

31. Si on approxime la fonction $f(x) = e^x$ en utilisant son polynôme de MacLaurin de degré 3, quel est le plus grand intervalle sur lequel on peut garantir que l'erreur d'approximation est de moins de 0,01 ? (Utilisez un logiciel ou une calculatrice pour estimer la longueur de l'intervalle demandé.)

32. Supposez que vous savez que
$$f^{(n)}(4) = \frac{(-1)^n n!}{3^n(n+1)}$$
et que la série de Taylor de f centrée en 4 converge vers $f(x)$ pour tout x dans l'intervalle de convergence. Montrez que le polynôme de Taylor de degré 5 approxime $f(5)$ avec une erreur inférieure à 0,0002.

33. Soit f une fonction telle que $f(2) = 1$, $f'(2) = 2$, $f''(2) = 3$ et $f'''(2) = 4$, et qui vérifie
$$-3 < f(x) < 34 \quad 0 < f'(x) < 12$$
$$-8 < f''(x) < 9 \quad -6 < f'''(x) < 5$$
pour tout $x \in [0, 4]$.

a) Donnez le polynôme de degré 2, $T_2(x)$, de f en $a = 2$.

b) Utilisez le polynôme T_2 pour approximer $f(1)$, puis déterminez une borne sur l'erreur d'approximation.

c) Déterminez une borne sur l'erreur d'approximation $f(x) \approx T_2(x)$ qui est valide pour tout x dans l'intervalle $[0, 4]$.

34. a) Montrez que la série de Taylor de $f(x) = \dfrac{1}{x^2}$ en $a = 1$ est $T(x) = \sum_{n=0}^{\infty} (-1)^n (n+1)(x-1)^n$.

b) Déterminez le rayon de convergence de la série en a).

c) Montrez que $f(x) = T(x)$ pour tout $x \in \left[\dfrac{3}{4}, \dfrac{5}{4}\right]$.

d) À l'aide d'un polynôme de Taylor approprié, donnez une approximation de $f\left(\dfrac{3}{4}\right)$ ayant une erreur inférieure à $\dfrac{1}{81}$.

e) Calculez la valeur exacte de $\sum_{n=0}^{\infty} \dfrac{n+1}{4^n}$.

35. Soit f une fonction vérifiant

$$f'(x) = 2^{-1} f(x) \text{ pour tout } x$$

$$f(0) = 1$$

$$|f(x)| \leq 6 \text{ pour } x \in [-3, 3].$$

a) Dérivez plusieurs fois la relation $f'(x) = 2^{-1} f(x)$ pour montrer que $f^{(n)}(x) = 2^{-n} f(x)$.

b) Déterminez une borne supérieure sur l'erreur de l'approximation de $f(2)$ par $T_6(2)$, où T_6 est le polynôme de MacLaurin de degré 6 de f.

c) Utilisez le résultat obtenu en a) pour déduire la série de MacLaurin de f.

d) En comparant la série obtenue en c) avec une série de MacLaurin connue, écrivez une expression explicite pour la fonction f.

36. Soit f une fonction ayant les propriétés suivantes :

$$f(1) = 1 \qquad f^{(n)}(1) = \dfrac{n!}{3^n} \text{ pour } n \geq 1$$

$$\left|f^{(n)}(x)\right| \leq \dfrac{3n!}{2^{n+1}} \text{ pour } n \geq 0 \text{ et pour tout } x \in [0, 2].$$

a) Donnez la série de Taylor de f en $a = 1$.

b) Trouvez les polynômes de Taylor de degrés 1 et 2 de f en $a = 1$. Utilisez ensuite ces polynômes pour approximer $f(1,1)$ (vous devez donner deux approximations, une pour chaque polynôme). Déterminez une borne sur l'erreur pour chacune des approximations.

c) Quel degré n devez-vous choisir si vous voulez approximer $f(x)$ sur l'intervalle $[0, 2]$ par son polynôme de Taylor $T_n(x)$ de degré n, avec une erreur d'au plus $0,03$?

d) Soit $T_n(x)$ le polynôme de Taylor de f de degré n en $a = 1$. Montrez que $f(x) = \lim_{n \to \infty} T_n(x)$ sur l'intervalle $[0, 2]$.

e) Sachant que $f\left(\dfrac{3}{2}\right) = \dfrac{6}{5}$, calculez la somme

$$1 + \dfrac{1}{3} \cdot \dfrac{1}{2} + \dfrac{1}{3^2} \cdot \dfrac{1}{2^2} + \dfrac{1}{3^3} \cdot \dfrac{1}{2^3} + \dfrac{1}{3^4} \cdot \dfrac{1}{2^4} + \cdots.$$

37. Soit f une fonction vérifiant $f(0) = 1$ et $f'(x) = 2f(x)$ pour tout x.

a) Montrez que $f^{(n)}(x) = 2^n f(x)$.

b) Trouvez $T(x)$, la série de MacLaurin de $f(x)$.

c) On veut approximer $f(x)$ sur l'intervalle $[-2, 1]$ à l'aide de son polynôme de Taylor de degré n. Sachant que $f(x) \in [0, 8]$ pour tout $x \in [-2, 1]$, déterminez une borne sur l'erreur d'approximation $|R_n(x)|$.

d) Déduisez de la borne en c) que $f(x) = T(x)$ pour $x \in [-2, 1]$.

e) Quel est le degré minimal n du polynôme trouvé en c) pour que l'erreur soit d'au plus $0,02$?

38. Un objet se déplace en ligne droite. Au temps t_0, l'objet est à la position $s(t_0) = 140$ m, sa vitesse est alors $v(t_0) = 30$ m/s et son accélération, $a(t_0) = -1$ m/s^2. On sait que le taux de variation de l'accélération de ce type d'objet vérifie -3 m/s$^3 \leq a'(t) \leq 2$ m/s^3 pour tout t.

a) En utilisant un développement de Taylor approprié, estimez la position de l'objet au temps $t = t_0 + 0,2$.

b) Déterminez la meilleure borne possible pour l'estimation trouvée en a).

39. Une voiture roule à la vitesse de 20 m/s et accélère de 2 m/s^2 à un instant donné. À l'aide du polynôme de Taylor de degré 2, estimez la distance qu'elle parcourra durant la seconde suivante. Serait-il raisonnable d'utiliser ce polynôme pour estimer la distance parcourue durant la minute suivante ?

40. La résistivité ρ d'un fil conducteur est l'inverse de la conductivité et s'exprime en ohm-mètre ($\Omega \cdot$m). La résistivité d'un métal donné dépend de sa température, selon l'équation

$$\rho(t) = \rho_{20} e^{\alpha(t - 20)}$$

où t est la température exprimée en degrés Celsius (°C). Des tables donnent les valeurs de α (appelé « coefficient de température ») et de ρ_{20} (la résistivité à 20 °C) pour différents métaux. Sauf à de très basses températures, la résistivité varie presque linéairement en fonction de la température et, par conséquent, on approxime habituellement l'expression $\rho(t)$ par son polynôme de Taylor de premier ou de deuxième degré en $t = 20$.

a) Trouvez les expressions de ces approximations linéaire et quadratique.

b) Pour le cuivre, les tables donnent $\alpha = 0,0039/$°C et $\rho_{20} = 1,7 \times 10^{-8}$ $\Omega \cdot$m. Représentez graphiquement la résistivité du cuivre et les approximations linéaire et quadratique pour -250 °C $\leq t \leq 1000$ °C.

c) Pour quelles valeurs de t l'approximation linéaire s'accorde-t-elle avec la formule exacte avec une erreur de moins de 1 % ?

41. Un dipôle électrique consiste en deux charges électriques de même grandeur mais de signes contraires. Si les charges sont de q et de $-q$, et si elles sont à une distance d l'une de l'autre, alors le champ électrique E au point P de la figure est

$$E = \frac{q}{D^2} - \frac{q}{(D+d)^2}.$$

Développez cette expression de E en une série entière de puissances de d/D, et montrez que E est approximativement proportionnel à $1/D^3$ lorsque P est loin du dipôle.

42. a) Déduisez l'équation 3 de l'approximation de Gauss de l'équation 1 en approximant $\cos\phi$ dans l'équation 2 par son polynôme de Taylor de degré 1.
b) Montrez que si on remplace $\cos\phi$ par son polynôme de Taylor de degré 3 dans l'équation 2, alors celle-ci devient l'équation 4 de l'optique de troisième ordre. (*Suggestion*: Utilisez les deux premiers termes de la série binomiale de ℓ_o^{-1} et ℓ_i^{-1}, ainsi que $\phi \approx \sin\phi$.)

43. Si une vague de longueur L se déplace à la vitesse v dans une masse d'eau de profondeur d, comme sur la figure, alors

$$v^2 = \frac{gL}{2\pi} \tanh \frac{2\pi d}{L}.$$

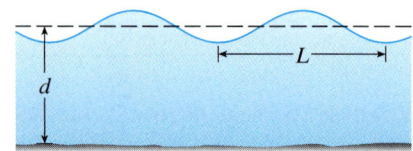

a) Si la masse d'eau est profonde, montrez que $v \approx \sqrt{gL/(2\pi)}$.
b) Si la masse d'eau est peu profonde, utilisez la série de MacLaurin de tanh pour montrer que $v \approx \sqrt{gd}$. (Par conséquent, en eau peu profonde, la vitesse d'une vague tend à être indépendante de la longueur de la vague.)
c) Utilisez le théorème d'estimation des séries alternées pour montrer que si $L > 10d$, alors l'estimation $v^2 \approx gd$ est exacte à $0{,}014gL$ près.

44. Un disque uniformément chargé, tel qu'illustré dans la figure ci-dessous, a un rayon R et une densité surfacique de charge σ. Le potentiel électrique V en un point P situé à une distance d le long de l'axe central perpendiculaire du disque est donné par

$$V = 2\pi k_e \sigma \left(\sqrt{d^2 + R^2} - d\right)$$

où k_e est une constante (appelée constante de Coulomb). Montrez que

$$V \approx \frac{\pi k_e R^2 \sigma}{d} \quad \text{lorsque } d \text{ est grand.}$$

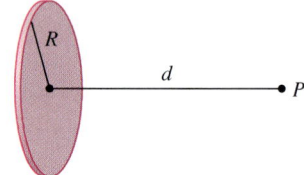

45. La période d'un pendule de longueur L qui forme un angle maximal de θ_0 avec une droite verticale est

$$T = 4\sqrt{\frac{L}{g}} \int_0^{\pi/2} \frac{dx}{\sqrt{1 - k^2 \sin^2 x}}$$

où $k = \sin\left(\tfrac{1}{2}\theta_0\right)$ et g est l'accélération due à la gravité.

a) Développez l'intégrande en série binomiale et utilisez la formule

$$\int_0^{\pi/2} \sin^{2n} x \, dx = \frac{1 \times 3 \times 5 \times \cdots \times (2n-1)}{2 \times 4 \times 6 \times \cdots \times 2n} \frac{\pi}{2}$$

pour montrer que

$$T = 2\pi \sqrt{\frac{L}{g}} \left[1 + \frac{1^2}{2^2} k^2 + \frac{1^2 3^2}{2^2 4^2} k^4 + \frac{1^2 3^2 5^2}{2^2 4^2 6^2} k^6 + \cdots \right].$$

Si θ_0 n'est pas trop grand, on utilise souvent l'approximation $T \approx 2\pi\sqrt{L/g}$ obtenue en ne gardant que le premier terme de la série. On obtient une meilleure approximation en utilisant deux termes :

$$T \approx 2\pi \sqrt{\frac{L}{g}} \left(1 + \tfrac{1}{4} k^2\right).$$

b) Remarquez que tous les termes de la série à partir du deuxième terme ont des coefficients inférieurs ou égaux à $\tfrac{1}{4}$. Basez-vous sur ce fait pour comparer cette série avec une série géométrique et montrez que

$$2\pi \sqrt{\frac{L}{g}} \left(1 + \tfrac{1}{4} k^2\right) \leq T \leq 2\pi \sqrt{\frac{L}{g}} \frac{4 - 3k^2}{4 - 4k^2}.$$

c) Utilisez les inégalités prouvées en b) pour estimer la période d'un pendule de longueur $L = 1$ m avec $\theta_0 = 10°$. Comment se compare la période trouvée avec l'estimation $T \approx 2\pi\sqrt{L/g}$? Que se passe-t-il si $\theta_0 = 42°$?

46. Un arpenteur qui mesure les différences d'élévation lorsqu'il trace les plans d'une autoroute dans un désert doit effectuer des corrections en raison de la courbure (sphéricité) de la Terre.

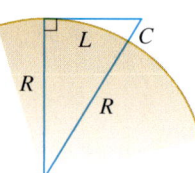

a) Si R est le rayon de la Terre et L, la longueur de l'autoroute, montrez que la correction est

$$C = R \sec(L/R) - R.$$

b) Utilisez un polynôme de Taylor pour montrer que

$$C \approx \frac{L^2}{2R} + \frac{5L^4}{24R^3}.$$

c) Comparez les corrections données par les formules trouvées en a) et b) pour une autoroute longue de 100 km. (Prenez le rayon de la Terre égal à 6370 km.)

47. Montrez que T_n et f ont les mêmes dérivées en a jusqu'à l'ordre n.

48. La méthode de Newton sert à approximer une racine r de l'équation $f(x) = 0$ à partir d'une approximation initiale x_1, qu'on améliore successivement. On obtient les approximations suivantes $x_2, x_3, \ldots$ par la formule

$$x_{n+1} = x_n - \frac{f(x_n)}{f'(x_n)}.$$

Utilisez l'inégalité de Taylor avec $n = 1$, $a = x_n$ et $x = r$ pour montrer que si $f''(x)$ existe sur un intervalle I contenant r, x_n et x_{n+1}, et si $|f''(x)| \leq M$, $|f'(x)| \geq K$ pour tout $x \in I$, alors

$$|x_{n+1} - r| \leq \frac{M}{2K}|x_n - r|^2.$$

(Cela signifie que si x_n est exacte jusqu'à d décimales, alors x_{n+1} est exacte jusqu'à environ $2d$ décimales. Plus précisément, si l'erreur à l'étape n est d'au plus 10^{-m}, alors l'erreur à l'étape $n + 1$ est d'au plus $(M/2K)10^{-2m}$.)

APPLICATION — LE RAYONNEMENT STELLAIRE

viktar malyshchyts / Shutterstock

Tout objet chauffé émet un rayonnement. Un corps noir est un système qui absorbe tout le rayonnement qui l'atteint. Par exemple, une surface noire mate ou une grande cavité avec un petit trou dans sa paroi (comme un haut fourneau) est un corps noir et émet un rayonnement de corps noir. Même le rayonnement solaire est presque un rayonnement de corps noir.

La loi de Rayleigh-Jeans, proposée à la fin du XIXe siècle, exprime l'énergie volumique du rayonnement de corps noir de longueur d'onde λ, soit

$$f(\lambda) = \frac{8\pi kT}{\lambda^4}$$

où λ est mesuré en mètres, T est la température en kelvins (K) et k, la constante de Boltzmann. La loi de Rayleigh-Jeans concorde avec les mesures expérimentales pour les grandes longueurs d'onde, mais elle en diffère radicalement pour les petites longueurs d'onde. (La loi prédit que $f(\lambda) \to \infty$ lorsque $\lambda \to 0^+$, mais des expériences ont montré que $f(\lambda) \to 0$.) Ce phénomène est appelé la « catastrophe ultraviolette ».

En 1900, Max Planck a trouvé un meilleur modèle (appelé maintenant la « loi de Planck ») pour le rayonnement de corps noir :

$$f(\lambda) = \frac{8\pi hc\lambda^{-5}}{e^{hc/(\lambda kT)} - 1}$$

où λ est mesuré en mètres, T est la température en kelvins, et

h est la constante de Planck : $6{,}6262 \times 10^{-34}$ J·s

c est la vitesse de la lumière : $2{,}997\,925 \times 10^8$ m/s

k est la constante de Boltzmann : $1{,}3807 \times 10^{-23}$ J/k.

1. Utilisez la règle de l'Hospital pour montrer que

$$\lim_{\lambda \to 0^+} f(\lambda) = 0 \quad \text{et} \quad \lim_{\lambda \to \infty} f(\lambda) = 0$$

pour la loi de Planck. On voit donc que cette loi modélise mieux le rayonnement de corps noir que la loi de Rayleigh-Jeans pour les petites longueurs d'onde.

2. Utilisez un polynôme de Taylor pour montrer que, pour les grandes longueurs d'onde, la loi de Planck donne approximativement les mêmes valeurs que la loi de Rayleigh-Jeans.

3. Représentez graphiquement la fonction f des deux lois sur le même système d'axes, puis commentez leurs ressemblances et leurs différences. Utilisez $T = 5700$ K (la température solaire). (*Suggestion*: Vous pouvez passer du mètre au micromètre : $1\,\mu m = 10^{-6}$ m, une unité plus pratique.)

4. Utilisez la représentation graphique du problème 3 pour estimer la valeur de λ pour laquelle $f(\lambda)$ est maximale dans la loi de Planck.

5. Étudiez comment le graphe de f varie lorsque T varie. (Utilisez la loi de Planck.) En particulier, représentez graphiquement f pour les étoiles Bételgeuse ($T = 3400$ K), Procyon ($T = 6400$ K), Sirius ($T = 9200$ K) et pour le Soleil. Comment le rayonnement total émis (l'aire sous la courbe) varie-t-il en fonction de T? Utilisez le graphe afin d'expliquer pourquoi Sirius est appelée une « étoile bleue » et Bételgeuse, une « étoile rouge ».

2.5 LES NOMBRES COMPLEXES

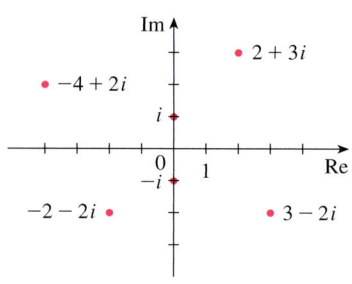

FIGURE 1
La représentation de nombres complexes par des points dans le plan d'Argand-Cauchy.

Un **nombre complexe** est une expression de la forme $z = a + bi$, où a et b sont des nombres réels et i est un symbole ayant la propriété $i^2 = -1$. L'ensemble des nombres complexes est noté $\mathbb{C}$. On peut aussi exprimer le nombre complexe $a + bi$ sous la forme d'un couple (a, b) et le représenter graphiquement par un point dans un plan, qu'on appelle « plan d'Argand-Cauchy », « plan d'Argand-Gauss » ou « plan complexe » (voir la figure 1). On peut donc identifier le nombre complexe $i = 0 + 1 \cdot i$ au point $(0, 1)$.

La **partie réelle**, notée Re(z), du nombre complexe $a + bi$ est le nombre réel a, et la **partie imaginaire**, notée Im(z), est le nombre réel b. Par exemple, la partie réelle de $4 - 3i$ est 4 et la partie imaginaire est -3. Deux nombres complexes $a + bi$ et $c + di$ sont **égaux** si $a = c$ et $b = d$, c'est-à-dire si leurs parties réelles sont égales et leurs parties imaginaires sont égales. Dans le plan d'Argand-Cauchy, l'axe horizontal est appelé « axe réel » et l'axe vertical, « axe imaginaire ».

On obtient la somme (la différence) de deux nombres complexes en additionnant (en soustrayant) leurs parties réelles et leurs parties imaginaires :

$$(a + bi) + (c + di) = (a + c) + (b + d)i$$
$$(a + bi) - (c + di) = (a - c) + (b - d)i.$$

Par exemple,

$$(1 - i) + (4 + 7i) = (1 + 4) + (-1 + 7)i = 5 + 6i.$$

Le produit de deux nombres complexes est défini de façon que la commutativité et la distributivité soient valides :

$$(a + bi)(c + di) = a(c + di) + (bi)(c + di)$$
$$= ac + adi + bci + bdi^2.$$

Or, $i^2 = -1$, donc

$$(a + bi)(c + di) = (ac - bd) + (ad + bc)i.$$

EXEMPLE 1 Exprimons le produit des deux nombres complexes $(-1 + 3i)$ et $(2 - 5i)$:

$$(-1 + 3i)(2 - 5i) = (-1)(2 - 5i) + 3i(2 - 5i)$$
$$= -2 + 5i + 6i - 15(-1) = 13 + 11i.$$

La division de deux nombres complexes est semblable à la rationalisation du dénominateur d'une expression rationnelle. Par définition, le **nombre complexe conjugué** (ou simplement **conjugué**) du nombre complexe $z = a + bi$ est $\bar{z} = a - bi$. Pour trouver le quotient de deux nombres complexes, on multiplie le numérateur et le dénominateur par le conjugué du dénominateur.

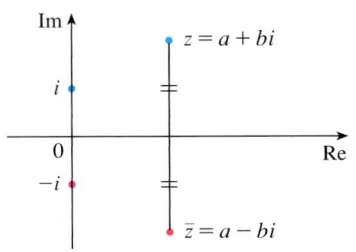

FIGURE 2

EXEMPLE 2 Exprimons le nombre $\dfrac{-1+3i}{2+5i}$ sous la forme $a+bi$.

SOLUTION On multiplie le numérateur et le dénominateur par le conjugué de $2+5i$, soit $2-5i$, et on utilise le résultat de l'exemple 1 :

$$\frac{-1+3i}{2+5i} = \frac{-1+3i}{2+5i} \cdot \frac{2-5i}{2-5i} = \frac{13+11i}{2^2+5^2} = \frac{13}{29} + \frac{11}{29}i.$$

La figure 2 montre l'interprétation géométrique du conjugué : $\bar{z}$ est le symétrique de z par rapport à l'axe réel. Certaines propriétés du conjugué sont énoncées dans l'encadré suivant. Les démonstrations découlent de la définition et sont demandées à l'exercice 18.

PROPRIÉTÉS DES CONJUGUÉS

$$\overline{z+w} = \bar{z} + \bar{w} \quad \overline{zw} = \bar{z}\,\bar{w} \quad \overline{z^n} = \bar{z}^n$$

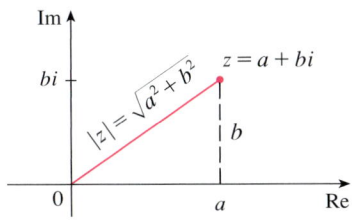

FIGURE 3

Le **module** (ou **valeur absolue**), noté $|z|$, du nombre complexe $z = a+bi$ est la distance du point (a, b) jusqu'à l'origine. À la figure 3, on voit que si $z = a+bi$, alors

$$|z| = \sqrt{a^2+b^2}.$$

On remarque que

$$z\bar{z} = (a+bi)(a-bi) = a^2 + abi - abi - b^2i^2 = a^2 + b^2$$

et donc que

$$z\bar{z} = |z|^2.$$

Cela explique pourquoi le calcul de l'exemple 2 fonctionne en général. On définit la division de deux nombres complexes par :

$$\frac{z}{w} = \frac{z\bar{w}}{w\bar{w}} = \frac{z\bar{w}}{|w|^2}.$$

Le dénominateur du dernier terme est un nombre réel. Puisque $i^2 = -1$, on peut considérer i comme une racine carrée de -1. On remarque aussi que $(-i)^2 = i^2 = -1$ et donc que $-i$ est aussi une racine carrée de -1. On dit que i est la **racine carrée principale** de -1 et on écrit $\sqrt{-1} = i$. En général, si c est un nombre positif quelconque, on écrit

$$\sqrt{-c} = i\sqrt{c}.$$

Avec cette convention, la formule du calcul usuel des racines de l'équation quadratique $ax^2+bx+c = 0$ est valide même lorsque $b^2-4ac < 0$:

$$x = \frac{-b \pm \sqrt{b^2-4ac}}{2a}.$$

EXEMPLE 3 Trouvons les racines de l'équation $x^2+x+1 = 0$.

SOLUTION Selon la formule de résolution des équations quadratiques,

$$x = \frac{-1 \pm \sqrt{1^2-4\cdot 1}}{2} = \frac{-1 \pm \sqrt{-3}}{2} = \frac{-1 \pm i\sqrt{3}}{2}.$$

On remarque que les solutions de l'équation de l'exemple 3 sont des nombres complexes conjugués l'un de l'autre. En général, si x est une solution d'une équation quadratique $ax^2 + bx + c = 0$ à coefficients réels a, b et c, alors son conjugué est aussi une solution. (Si z est réel, $\bar{z} = z$ et donc z est son propre conjugué (voir l'exercice 18 d).)

On a vu qu'en admettant les nombres complexes comme solutions, toute équation quadratique possède une solution. Plus généralement, il est vrai que toute équation polynomiale

$$a_n x^n + a_{n-1} x^{n-1} + \cdots + a_1 x + a_0 = 0$$

de degré supérieur ou égal à 1 possède une solution parmi les nombres complexes. Ce fait est appelé le **théorème fondamental de l'algèbre** et a été démontré par Gauss. De ce théorème, on déduit que tout polynôme de degré n possède exactement n racines (en comptant les multiplicités). La preuve de ce théorème est demandée à l'exercice 29.

LA FORME POLAIRE D'UN NOMBRE COMPLEXE

On sait qu'on peut considérer un nombre complexe $z = a + bi$ comme un point (a, b). Or tout point du plan peut être représenté par un couple (r, θ), qu'on appelle ses **coordonnées polaires**, où $r \geq 0$ est la distance du point jusqu'à l'origine et θ est l'angle formé par le segment reliant le point à l'origine et l'axe positif des x. On a donc

$$a = r \cos \theta \quad b = r \sin \theta$$

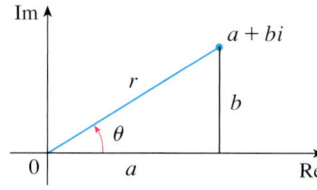

FIGURE 4

(voir la figure 4). Par conséquent,

$$z = a + bi = (r \cos \theta) + (r \sin \theta) i.$$

On peut donc écrire tout nombre complexe sous la forme

$$z = r(\cos \theta + i \sin \theta)$$

où
$$r = |z| = \sqrt{a^2 + b^2} \quad \text{et} \quad \tan \theta = \frac{b}{a}.$$

L'angle θ est appelé l'**argument** de z, et on écrit $\theta = \arg(z)$. On remarque que $\arg(z)$ n'est pas unique; deux arguments de z diffèrent l'un de l'autre par un multiple entier de 2π.

EXEMPLE 4 Écrivons les nombres suivants sous la forme polaire.

a) $z = 1 + i$ b) $w = \sqrt{3} - i$

SOLUTION

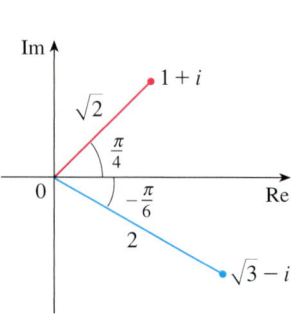

FIGURE 5

a) On a $r = |z| = \sqrt{1^2 + 1^2} = \sqrt{2}$ et $\tan \theta = 1$. On peut donc prendre $\theta = \pi/4$. Par conséquent, la forme polaire de ce nombre est

$$z = \sqrt{2} \left(\cos \frac{\pi}{4} + i \sin \frac{\pi}{4} \right).$$

b) On a $r = |w| = \sqrt{3+1} = 2$ et $\tan \theta = -1/\sqrt{3}$. Puisque w est dans le quatrième quadrant, on prend $\theta = -\pi/6$ et

$$w = 2 \left[\cos \left(-\frac{\pi}{6} \right) + i \sin \left(-\frac{\pi}{6} \right) \right].$$

La figure 5 illustre les nombres z et w.

La forme polaire des nombres complexes permet de mieux comprendre la multiplication et la division. Soit

$$z_1 = r_1(\cos\theta_1 + i\sin\theta_1) \quad z_2 = r_2(\cos\theta_2 + i\sin\theta_2)$$

deux nombres complexes sous forme polaire. On a

$$z_1 z_2 = r_1 r_2 (\cos\theta_1 + i\sin\theta_1)(\cos\theta_2 + i\sin\theta_2)$$
$$= r_1 r_2 \left[(\cos\theta_1 \cos\theta_2 - \sin\theta_1 \sin\theta_2) + i(\sin\theta_1 \cos\theta_2 + \cos\theta_1 \sin\theta_2) \right].$$

En utilisant les formules d'addition pour le cosinus et le sinus, on trouve

1
$$z_1 z_2 = r_1 r_2 \left[\cos(\theta_1 + \theta_2) + i\sin(\theta_1 + \theta_2) \right].$$

Selon cette formule, pour multiplier deux nombres complexes, on multiplie les modules et on additionne les arguments (voir la figure 6).

Un raisonnement semblable utilisant les formules de soustraction pour le sinus et le cosinus montre que pour diviser deux nombres complexes, on divise les modules et on soustrait les arguments.

$$\frac{z_1}{z_2} = \frac{r_1}{r_2}\left[\cos(\theta_1 - \theta_2) + i\sin(\theta_1 - \theta_2)\right] \quad z_2 \neq 0.$$

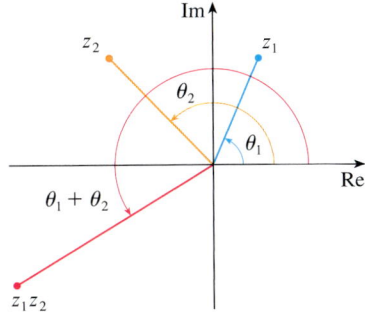

FIGURE 6

En particulier, si on prend $z_1 = 1$ et $z_2 = z$ (et donc $\theta_1 = 0$ et $\theta_2 = \theta$), on obtient la formule suivante (voir la figure 7).

$$\text{Si } z = r(\cos\theta + i\sin\theta), \text{ alors } \frac{1}{z} = \frac{1}{r}(\cos\theta - i\sin\theta).$$

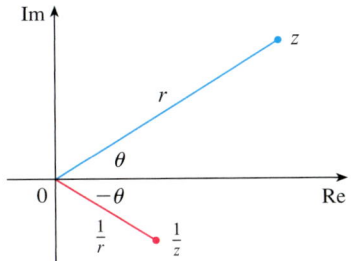

FIGURE 7

EXEMPLE 5 Trouvons le produit des nombres complexes $1 + i$ et $\sqrt{3} - i$ sous forme polaire.

SOLUTION Selon l'exemple 4,

$$1 + i = \sqrt{2}\left(\cos\frac{\pi}{4} + i\sin\frac{\pi}{4}\right)$$

et
$$\sqrt{3} - i = 2\left[\cos\left(-\frac{\pi}{6}\right) + i\sin\left(-\frac{\pi}{6}\right)\right].$$

Donc, par l'équation 1,

$$(1+i)(\sqrt{3}-i) = 2\sqrt{2}\left[\cos\left(\frac{\pi}{4} - \frac{\pi}{6}\right) + i\sin\left(\frac{\pi}{4} - \frac{\pi}{6}\right)\right]$$
$$= 2\sqrt{2}\left(\cos\frac{\pi}{12} + i\sin\frac{\pi}{12}\right)$$

(voir la figure 8).

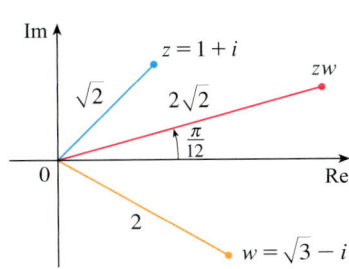

FIGURE 8

Pour calculer les puissances d'un nombre complexe, on applique la formule 1 plusieurs fois. Si

$$z = r(\cos\theta + i\sin\theta)$$

alors
$$z^2 = r^2(\cos 2\theta + i\sin 2\theta)$$

et
$$z^3 = zz^2 = r^3(\cos 3\theta + i \sin 3\theta).$$

Le résultat général suivant a été nommé d'après le nom du mathématicien français Abraham De Moivre (1667-1754).

> **2 FORMULE DE DE MOIVRE**
>
> Si $z = r(\cos\theta + i\sin\theta)$ et si n est un entier positif, alors
> $$z^n = \left[r(\cos\theta + i\sin\theta)\right]^n = r^n(\cos n\theta + i \sin n\theta).$$

Par conséquent, pour élever un nombre complexe à la n-ième puissance, on élève son module à la n-ième puissance et on multiplie son argument par n.

EXEMPLE 6 Trouvons $\left(\frac{1}{2} + \frac{1}{2}i\right)^{10}$.

SOLUTION Puisque $\frac{1}{2} + \frac{1}{2}i = \frac{1}{2}(1+i)$, on déduit de l'exemple 4 a) que la forme polaire de $\frac{1}{2} + \frac{1}{2}i$ est
$$\frac{1}{2} + \frac{1}{2}i = \frac{\sqrt{2}}{2}\left(\cos\frac{\pi}{4} + i\sin\frac{\pi}{4}\right).$$

Donc, par la formule de De Moivre,
$$\left(\frac{1}{2} + \frac{1}{2}i\right)^{10} = \left(\frac{\sqrt{2}}{2}\right)^{10}\left(\cos\frac{10\pi}{4} + i\sin\frac{10\pi}{4}\right)$$
$$= \frac{2^5}{2^{10}}\left(\cos\frac{5\pi}{2} + i\sin\frac{5\pi}{2}\right) = \frac{1}{32}i.$$

On peut aussi utiliser la formule de De Moivre pour extraire les racines n-ièmes d'un nombre complexe. Une **racine n-ième du nombre** complexe z est un nombre complexe w tel que
$$w^n = z.$$

Si la forme polaire de ces deux nombres est
$$w = s(\cos\phi + i\sin\phi) \quad \text{et} \quad z = r(\cos\theta + i\sin\theta)$$

alors l'application de la formule de De Moivre donne
$$w^n = s^n(\cos n\phi + i\sin n\phi) = r(\cos\theta + i\sin\theta) = z.$$

Ces deux nombres complexes étant égaux, on a
$$s^n = r \quad \text{ou encore} \quad s = r^{1/n}$$

et
$$\cos n\phi = \cos\theta \quad \text{et} \quad \sin n\phi = \sin\theta.$$

La période des fonctions sinus et cosinus est 2π. Par conséquent,
$$n\phi = \theta + 2k\pi \quad \text{ou encore} \quad \phi = \frac{\theta + 2k\pi}{n}$$

d'où
$$w = r^{1/n}\left[\cos\left(\frac{\theta + 2k\pi}{n}\right) + i\sin\left(\frac{\theta + 2k\pi}{n}\right)\right].$$

Les valeurs de w sont distinctes pour $k = 0, 1, 2, \ldots, n-1$. On a démontré le résultat suivant.

3 RACINES D'UN NOMBRE COMPLEXE

Soit $z = r(\cos\theta + i\sin\theta)$ et n, un nombre entier. Alors z possède n racines n-ièmes distinctes

$$w_k = r^{1/n}\left[\cos\left(\frac{\theta + 2k\pi}{n}\right) + i\sin\left(\frac{\theta + 2k\pi}{n}\right)\right]$$

où $k = 0, 1, 2, \ldots, n-1$.

On remarque que le module des racines n-ièmes est $|w_k| = r^{1/n}$. Par conséquent, toutes les racines n-ièmes de z appartiennent au cercle de rayon $r^{1/n}$ dans le plan complexe. De plus, puisque l'argument de chaque racine n-ième excède l'argument de la racine précédente d'un facteur constant $2\pi/n$, on voit que les racines n-ièmes de z sont également espacées sur ce cercle.

EXEMPLE 7 Trouvons les six racines sixièmes de $z = -8$ et représentons-les dans le plan complexe.

SOLUTION Sous forme trigonométrique, on a $z = 8(\cos\pi + i\sin\pi)$. L'application de l'équation 3 avec $n = 6$ donne

$$w_k = 8^{1/6}\left(\cos\frac{\pi + 2k\pi}{6} + i\sin\frac{\pi + 2k\pi}{6}\right).$$

On obtient les six racines sixièmes de -8 en prenant $k = 0, 1, 2, 3, 4, 5$ dans cette formule.

$$w_0 = 8^{1/6}\left(\cos\frac{\pi}{6} + i\sin\frac{\pi}{6}\right) = \sqrt{2}\left(\frac{\sqrt{3}}{2} + \frac{1}{2}i\right)$$

$$w_1 = 8^{1/6}\left(\cos\frac{\pi}{2} + i\sin\frac{\pi}{2}\right) = \sqrt{2}\,i$$

$$w_2 = 8^{1/6}\left(\cos\frac{5\pi}{6} + i\sin\frac{5\pi}{6}\right) = \sqrt{2}\left(-\frac{\sqrt{3}}{2} + \frac{1}{2}i\right)$$

$$w_3 = 8^{1/6}\left(\cos\frac{7\pi}{6} + i\sin\frac{7\pi}{6}\right) = \sqrt{2}\left(-\frac{\sqrt{3}}{2} - \frac{1}{2}i\right)$$

$$w_4 = 8^{1/6}\left(\cos\frac{3\pi}{2} + i\sin\frac{3\pi}{2}\right) = -\sqrt{2}\,i$$

$$w_5 = 8^{1/6}\left(\cos\frac{11\pi}{6} + i\sin\frac{11\pi}{6}\right) = \sqrt{2}\left(\frac{\sqrt{3}}{2} - \frac{1}{2}i\right).$$

Tous ces points appartiennent au cercle de rayon $\sqrt{2}$, comme le montre la figure 9.

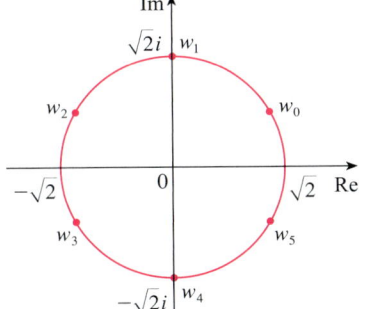

FIGURE 9
Les six racines sixièmes de $z = -8$.

LA FONCTION EXPONENTIELLE COMPLEXE

Que signifie l'expression e^z lorsque $z = x + iy$ est un nombre complexe? On peut généraliser la théorie des séries entières développée dans les sections précédentes au cas où les termes sont des nombres complexes. En remplaçant x par z dans la série de Taylor de e^x, on obtient

4
$$e^z = \sum_{n=0}^{\infty} \frac{z^n}{n!} = 1 + z + \frac{z^2}{2!} + \frac{z^3}{3!} + \cdots.$$

Il s'avère que cette fonction exponentielle complexe possède les mêmes propriétés que la fonction exponentielle réelle. En particulier,

5
$$e^{z_1+z_2} = e^{z_1}e^{z_2}.$$

Si, dans l'équation 4, on pose $z = iy$, où y est un nombre réel, et si on utilise les égalités

$$i^2 = -1, \quad i^3 = i^2 i = -i, \quad i^4 = 1, \quad i^5 = i, \ldots$$

on obtient

$$\begin{aligned} e^{iy} &= 1 + iy + \frac{(iy)^2}{2!} + \frac{(iy)^3}{3!} + \frac{(iy)^4}{4!} + \frac{(iy)^5}{5!} + \cdots \\ &= 1 + iy - \frac{y^2}{2!} - i\frac{y^3}{3!} + \frac{y^4}{4!} + i\frac{y^5}{5!} + \cdots \\ &= \left(1 - \frac{y^2}{2!} + \frac{y^4}{4!} - \frac{y^6}{6!} + \cdots\right) + i\left(y - \frac{y^3}{3!} + \frac{y^5}{5!} - \cdots\right) \\ &= \cos y + i \sin y. \end{aligned}$$

Ici, on a utilisé les séries de Taylor de $\cos y$ et de $\sin y$. Le résultat est une formule célèbre appelée **formule d'Euler** :

6
$$e^{iy} = \cos y + i \sin y.$$

La combinaison de la formule d'Euler avec l'équation 5 donne

7
$$e^{x+iy} = e^x e^{iy} = e^x(\cos y + i \sin y).$$

EXEMPLE 8 Évaluons :

a) $e^{i\pi}$ b) $e^{-1+i\pi/2}$.

SOLUTION

a) La formule d'Euler 6 donne

$$e^{i\pi} = \cos \pi + i \sin \pi = -1 + i(0) = -1.$$

Le résultat de l'exemple 8 a) s'écrit aussi sous la forme
$$e^{i\pi} + 1 = 0.$$
Cette équation réunit en une seule équation les cinq constantes fondamentales des mathématiques : 0, 1, e, i et π.

b) L'équation 7 donne

$$e^{-1+i\pi/2} = e^{-1}\left(\cos\frac{\pi}{2} + i \sin\frac{\pi}{2}\right) = \frac{1}{e}[0 + i(1)] = \frac{i}{e}.$$

Finalement, voyons comment l'équation d'Euler permet de démontrer plus facilement la formule de De Moivre :

$$\left[r(\cos\theta + i\sin\theta)\right]^n = (re^{i\theta})^n = r^n e^{in\theta} = r^n(\cos n\theta + i \sin n\theta).$$

Exercices 2.5

1-14 Évaluez l'expression et écrivez votre réponse sous la forme $a + bi$.

1. $(5-6i)+(3+2i)$
2. $\left(4-\frac{1}{2}i\right)-\left(9+\frac{5}{2}i\right)$
3. $(2+5i)(4-i)$
4. $(1-2i)(8-3i)$
5. $\overline{12+7i}$
6. $\overline{2i\left(\frac{1}{2}-i\right)}$
7. $\dfrac{1+4i}{3+2i}$

8. $\dfrac{3+2i}{1-4i}$

9. $\dfrac{1}{1+i}$

10. $\dfrac{3}{4-3i}$

11. i^3

12. i^{100}

13. $\sqrt{-25}$

14. $\sqrt{-3}\sqrt{-12}$

15-17 Trouvez le conjugué et le module du nombre complexe.

15. $12-5i$

16. $-1+2\sqrt{2}i$

17. $-4i$

18. Démontrez les propriétés suivantes des nombres complexes. (*Suggestion*: Écrivez $z=a+bi$, $w=c+di$.)
    a) $\overline{z+w}=\bar{z}+\bar{w}$
    b) $\overline{zw}=\bar{z}\,\bar{w}$
    c) $\overline{z^n}=\bar{z}^n$, où n est un entier positif.
    d) Si $z \in \mathbb{R}$, alors $\bar{z}=z$.

19-25 Trouvez toutes les solutions de l'équation.

19. $4x^2+9=0$

20. $x^4=1$

21. $x^2+2x+5=0$

22. $2x^2-2x+1=0$

23. $z^2+z+2=0$

24. $z^2+\frac{1}{2}z+\frac{1}{4}=0$

25. $x^3+x^2+4x+4=0$

26. $x^6+2=0$

27. $x^2+2ix+1=0$

28. $x^4+i=0$

29. Utilisez le théorème fondamental de l'algèbre pour démontrer que tout polynôme de degré n possède exactement n racines (en comptant les multiplicités).

30. Soit $p(x)=a_nx^n+a_{n-1}x^{n-1}+...+a_0$ un polynôme dont les coefficients a_k sont tous réels. Montrez que si z est une racine de p alors son conjugué $\bar{z}$ est aussi une racine.

31. Soit le polynôme $q(x)=x^6+4x^4-x^2-4$. Sachant que i et $2i$ sont des racines, utilisez le résultat de l'exercice 30 pour trouver toutes les racines de q.

32. Soit le polynôme $p(x)=x^5+x^4+x^3+x^2+x+1$. Sachant que $z=\frac{1}{2}(1+i\sqrt{3})$ est une racine, utilisez le résultat de l'exercice 30 pour trouver les 5 racines de p.

33-36 Écrivez le nombre sous la forme polaire avec un argument compris entre 0 et 2π.

33. $-3+3i$

34. $1-\sqrt{3}i$

35. $3+4i$

36. $8i$

37-40 Trouvez les formes polaires de zw, de z/w et de $1/z$ en écrivant d'abord z et w sous la forme polaire.

37. $z=\sqrt{3}+i$, $w=1+\sqrt{3}i$

38. $z=4\sqrt{3}-4i$, $w=8i$

39. $z=2\sqrt{3}-2i$, $w=-1+i$

40. $z=4(\sqrt{3}+i)$, $w=-3-3i$

41-44 Trouvez la puissance indiquée à l'aide de la formule de De Moivre.

41. $(1+i)^{20}$

42. $(1-\sqrt{3}i)^5$

43. $(2\sqrt{3}+2i)^5$

44. $(1-i)^8$

45-48 Trouvez les racines indiquées et représentez-les dans le plan complexe.

45. Les huit racines huitièmes de 1

46. Les cinq racines cinquièmes de 32

47. Les trois racines cubiques de i

48. Les trois racines cubiques de $1+i$

49-54 Écrivez le nombre sous la forme $a+bi$.

49. $e^{i\pi/2}$

50. $e^{2\pi i}$

51. $e^{i\pi/3}$

52. $e^{-i\pi}$

53. $e^{2+i\pi}$

54. $e^{\pi+i}$

55. Utilisez la formule de De Moivre avec $n=3$ pour exprimer $\cos 3\theta$ et $\sin 3\theta$ en fonction de $\cos\theta$ et de $\sin\theta$.

56. Utilisez la formule d'Euler pour démontrer les formules suivantes pour $\cos x$ et $\sin x$:
$$\cos x = \frac{e^{ix}+e^{-ix}}{2} \quad \sin x = \frac{e^{ix}-e^{-ix}}{2i}.$$

57. Si $u(x)=f(x)+ig(x)$ est une fonction à valeurs complexes d'une variable réelle x et si les parties réelles et imaginaires de $f(x)$ et de $g(x)$ sont des fonctions dérivables de x, alors, par définition, la dérivée de u est $u'(x)=f'(x)+ig'(x)$. Utilisez ce qui précède et l'équation 7 pour démontrer que si $F(x)=e^{rx}$, alors $F'(x)=re^{rx}$ lorsque $r=a+bi$ est un nombre complexe.

58. a) Si u est une fonction à valeurs complexes d'une variable réelle, son intégrale indéfinie $\int u(x)\,dx$ est une primitive de u. Évaluez
$$\int e^{(1+i)x}\,dx.$$
b) En considérant les parties réelle et imaginaire de l'intégrale de la partie a), évaluez les intégrales réelles:
$$\int e^x \cos x\,dx \quad \text{et} \quad \int e^x \sin x\,dx.$$

Révision

Compréhension des concepts

1. a) Qu'est-ce qu'une suite convergente ?
   b) Qu'est-ce qu'une série convergente ?
   c) Que signifie $\lim_{n \to \infty} a_n = 3$?
   d) Que signifie $\sum_{n=1}^{\infty} a_n = 3$?

2. a) Qu'est-ce qu'une suite bornée ?
   b) Qu'est-ce qu'une suite monotone ?
   c) Que pouvez-vous dire à propos d'une suite monotone bornée ?

3. a) Qu'est-ce qu'une série géométrique ? À quelle condition converge-t-elle ? Quelle est sa somme ?
   b) Qu'est-ce qu'une série de Riemann ? À quelle condition converge-t-elle ?

4. Supposez que $\sum a_n = 3$ et que s_n est la n-ième somme partielle de la série. Que vaut $\lim_{n \to \infty} a_n$? Que vaut $\lim_{n \to \infty} s_n$?

5. Énoncez chaque test ou critère.
   a) Le test de divergence
   b) Le test de l'intégrale
   c) Le test de comparaison
   d) La forme limite du test de comparaison
   e) Le test des séries alternées
   f) Le test du rapport
   g) Le critère de Cauchy

6. a) Qu'est-ce qu'une série absolument convergente ?
   b) Que pouvez-vous dire à propos d'une telle série ?
   c) Qu'est-ce qu'une série simplement convergente ?

7. a) Si une série converge, d'après le test de l'intégrale, comment peut-on estimer sa somme ?
   b) Si une série converge, selon le test de comparaison, comment peut-on estimer sa somme ?
   c) Si une série converge, d'après le test des séries alternées, comment peut-on estimer sa somme ?

8. a) Écrivez la forme générale d'une série entière.
   b) Qu'est-ce que le rayon de convergence d'une série entière ?
   c) Qu'est-ce que l'intervalle de convergence d'une série entière ?

9. Supposez que $f(x)$ est la somme d'une série entière de rayon de convergence R.
   a) Comment peut-on dériver f ? Quel est le rayon de convergence de la série de f' ?
   b) Comment peut-on intégrer f ? Quel est le rayon de convergence de la série de $\int f(x)\, dx$?

10. a) Écrivez l'expression du polynôme de Taylor de degré n de f centré en a.
    b) Écrivez l'expression de la série de Taylor de f centrée en a.
    c) Écrivez l'expression de la série de MacLaurin de f.
    d) Comment peut-on démontrer que la fonction $f(x)$ est égale à la somme de sa série de Taylor ?
    e) Énoncez l'inégalité de Taylor.

11. Écrivez la série de MacLaurin et l'intervalle de convergence de chacune des fonctions.
    a) $1/(1-x)$
    b) e^x
    c) $\sin x$
    d) $\cos x$
    e) $\arctan x$
    f) $\ln(1+x)$

12. Écrivez le développement en série binomiale de $(1-x)^k$. Quel est le rayon de convergence de cette série ?

Vrai ou faux

Déterminez si la proposition est vraie ou fausse. Si elle est vraie, expliquez pourquoi. Si elle est fausse, expliquez pourquoi ou donnez un contre-exemple.

1. Si $\lim_{n \to \infty} a_n = 0$, alors $\sum a_n$ converge.

2. La série $\sum_{n=1}^{\infty} n^{-\sin 1}$ converge.

3. Si $\lim_{n \to \infty} a_n = L$, alors $\lim_{n \to \infty} a_{2n+1} = L$.

4. Si $\sum c_n 6^n$ converge, alors $\sum c_n (-2)^n$ converge.

5. Si $\sum c_n 6^n$ converge, alors $\sum c_n (-6)^n$ converge.

6. Si $\sum c_n x^n$ diverge lorsque $x = 6$, alors la série diverge lorsque $x = 10$.

7. On peut utiliser le test du rapport pour déterminer si $\sum 1/n^3$ converge.

8. On peut utiliser le test du rapport pour déterminer si $\sum 1/n!$ converge.

9. Si $0 \leq a_n \leq b_n$ et si $\sum b_n$ diverge, alors $\sum a_n$ diverge.

10. $\sum_{n=0}^{\infty} \frac{(-1)^n}{n!} = \frac{1}{e}$

11. Si $-1 < \alpha < 1$, alors $\lim_{n \to \infty} \alpha^n = 0$.

12. Si $\sum a_n$ diverge, alors $\sum |a_n|$ diverge.

13. Si $f(x) = 2x - x^2 + \frac{1}{3}x^3 - \cdots$ converge pour tout x, alors $f'''(0) = 2$.

14. Si $\{a_n\}$ et $\{b_n\}$ divergent, alors $\{a_n + b_n\}$ diverge.

15. Si $\{a_n\}$ et $\{b_n\}$ divergent, alors $\{a_n b_n\}$ diverge.

16. Si $\{a_n\}$ est décroissante et si $a_n > 0$ pour tout n, alors $\{a_n\}$ converge.

17. Si $a_n > 0$ et si $\sum a_n$ converge, alors $\sum (-1)^n a_n$ converge.

18. Si $a_n > 0$ et si $\lim_{n\to\infty}(a_{n+1}/a_n) < 1$, alors $\lim_{n\to\infty} a_n = 0$.

19. $0{,}999\,99\ldots = 1$

20. Si $\lim_{n\to\infty} a_n = 2$, alors $\lim_{n\to\infty}(a_{n+3} - a_n) = 0$.

21. Si on ajoute un nombre fini de termes à une série convergente, alors la nouvelle série demeure convergente.

22. Si $\sum_{n=1}^{\infty} a_n = A$ et $\sum_{n=1}^{\infty} b_n = B$, alors $\sum_{n=1}^{\infty} a_n b_n = AB$.

Exercices récapitulatifs

1-8 Déterminez si la suite converge ou diverge. Si elle converge, trouvez sa limite.

1. $a_n = \dfrac{2+n^3}{1+2n^3}$

2. $a_n = \dfrac{9^{n+1}}{10^n}$

3. $a_n = \dfrac{n^3}{1+n^2}$

4. $a_n = \cos(n\pi/2)$

5. $a_n = \dfrac{n \sin n}{n^2+1}$

6. $a_n = \dfrac{\ln n}{\sqrt{n}}$

7. $\left\{(1+3/n)^{4n}\right\}$

8. $\left\{(-10)^n/n!\right\}$

9. On définit une suite par les équations de récurrence $a_1 = 1$, $a_{n+1} = \frac{1}{3}(a_n + 4)$. Montrez que $\{a_n\}$ est croissante et que $a_n < 2$ pour tout n. Déduisez que $\{a_n\}$ converge et trouvez sa limite.

10. Montrez que $\lim_{n\to\infty} n^4 e^{-n} = 0$, puis utilisez un graphique pour trouver la plus petite valeur de N qui correspond à $\varepsilon = 0{,}1$ dans la définition précise d'une limite.

11-22 Déterminez si la série converge ou diverge.

11. $\sum_{n=1}^{\infty} \dfrac{n}{n^3+1}$

12. $\sum_{n=1}^{\infty} \dfrac{n^2+1}{n^3+1}$

13. $\sum_{n=1}^{\infty} \dfrac{n^3}{5^n}$

14. $\sum_{n=1}^{\infty} \dfrac{(-1)^n}{\sqrt{n+1}}$

15. $\sum_{n=2}^{\infty} \dfrac{1}{n\sqrt{\ln n}}$

16. $\sum_{n=1}^{\infty} \ln\left(\dfrac{n}{3n+1}\right)$

17. $\sum_{n=1}^{\infty} \dfrac{\cos 3n}{1+(1{,}2)^n}$

18. $\sum_{n=1}^{\infty} \dfrac{n^{2n}}{(1+2n^2)^n}$

19. $\sum_{n=1}^{\infty} \dfrac{1 \times 3 \times 5 \times \cdots \times (2n-1)}{5^n n!}$

20. $\sum_{n=1}^{\infty} \dfrac{(-5)^{2n}}{n^2 9^n}$

21. $\sum_{n=1}^{\infty} (-1)^{n-1} \dfrac{\sqrt{n}}{n+1}$

22. $\sum_{n=1}^{\infty} \dfrac{\sqrt{n+1}-\sqrt{n-1}}{n}$

23-26 Déterminez si la série est simplement convergente, absolument convergente ou divergente.

23. $\sum_{n=1}^{\infty} (-1)^{n-1} n^{-1/3}$

24. $\sum_{n=1}^{\infty} (-1)^{n-1} n^{-3}$

25. $\sum_{n=1}^{\infty} \dfrac{(-1)^n (n+1) 3^n}{2^{2n+1}}$

26. $\sum_{n=2}^{\infty} \dfrac{(-1)^n \sqrt{n}}{\ln n}$

27-31 Trouvez la somme de la série.

27. $\sum_{n=1}^{\infty} \dfrac{(-3)^{n-1}}{2^{3n}}$

28. $\sum_{n=1}^{\infty} \dfrac{1}{n(n+3)}$

29. $\sum_{n=1}^{\infty} [\arctan(n+1) - \arctan n]$

30. $\sum_{n=0}^{\infty} \dfrac{(-1)^n \pi^n}{3^{2n}(2n)!}$

31. $1 - e + \dfrac{e^2}{2!} - \dfrac{e^3}{3!} + \dfrac{e^4}{4!} - \cdots$

32. Exprimez le nombre décimal périodique $4{,}173\,263\,263\,263\ldots$ sous la forme d'une fraction.

33. Montrez que $\cosh x \geq 1 + \frac{1}{2}x^2$ pour tout x.

34. Pour quelles valeurs de x la série $\sum_{n=1}^{\infty} (\ln x)^n$ converge-t-elle?

35. Trouvez la somme de la série $\sum_{n=1}^{\infty} \dfrac{(-1)^{n+1}}{n^5}$ avec quatre décimales exactes.

36. a) Trouvez la somme partielle s_5 de la série $\sum_{n=1}^{\infty} 1/n^6$ et estimez l'erreur commise en l'utilisant comme approximation de la somme de la série.

b) Trouvez la somme de cette série avec cinq décimales exactes.

37. Utilisez la somme des huit premiers termes pour approximer la somme de la série $\sum_{n=1}^{\infty} (2+5^n)^{-1}$. Estimez l'erreur de cette approximation.

38. a) Montrez que la série $\sum_{n=1}^{\infty} \dfrac{n^n}{(2n)!}$ converge.

b) Déduisez que $\lim\limits_{n\to\infty} \dfrac{n^n}{(2n)!} = 0$.

39. Montrez que si la série $\sum_{n=1}^{\infty} a_n$ est absolument convergente, alors la série
$$\sum_{n=1}^{\infty} \left(\frac{n+1}{n}\right) a_n$$
l'est aussi.

40-45 Trouvez le rayon de convergence et l'intervalle de convergence de la série.

40. $\sum_{n=1}^{\infty} (-1)^n \dfrac{x^n}{n^2 5^n}$

41. $\sum_{n=1}^{\infty} \dfrac{(x+2)^n}{n 4^n}$

42. $\sum_{n=1}^{\infty} \dfrac{2^n (x-2)^n}{(n+2)!}$

43. $\sum_{n=0}^{\infty} \dfrac{2^n (x-3)^n}{\sqrt{n+3}}$

44. $\sum_{n=0}^{\infty} \dfrac{(x+2)^{2n}}{2^n}$

45. $\sum_{n=0}^{\infty} \dfrac{n!}{(2n)!} \dfrac{x^{3n}}{3^n}$

46. Trouvez le rayon de convergence de la série
$$\sum_{n=1}^{\infty} \frac{(2n)!}{(n!)^2} x^n.$$

47. Trouvez la série de Taylor de $f(x) = \sin x$ en $a = \pi/6$.

48. Trouvez la série de Taylor de $f(x) = \cos x$ en $a = \pi/3$.

49-56 Trouvez la série de MacLaurin de f et son rayon de convergence. Utilisez la méthode directe (définition d'une série de MacLaurin) ou une série connue telle qu'une série géométrique, une série binomiale ou la série de MacLaurin de e^x, $\sin x$ et $\arctan x$.

49. $f(x) = \dfrac{x^2}{1+x}$

50. $f(x) = \arctan(x^2)$

51. $f(x) = \ln(4-x)$

52. $f(x) = xe^{2x}$

53. $f(x) = \sin(x^4)$

54. $f(x) = 10^x$

55. $f(x) = 1/\sqrt[4]{16-x}$

56. $f(x) = (1-3x)^{-5}$

57. Soit f une fonction telle que $f(0)=1$, $f'(0)=-2$, $f''(0)=5$ et $f'''(0)=-3$. Donnez les polynômes de Taylor de degrés 0, 1, 2 et 3 de f en $a = 0$.

58. Soit f une fonction telle que
$$f^{(n)}(2) = (-1)^n \frac{(n+3)!}{2^n}.$$

a) Trouvez la série de Taylor de f en $a = 2$.

b) Déterminez le rayon de convergence de la série trouvée en a).

59. Évaluez $\int \dfrac{e^x}{x} dx$ sous la forme d'une série infinie.

60. Utilisez une série pour approximer $\int_0^1 \sqrt{1+x^4}\, dx$ avec deux décimales exactes.

61-62

a) Approximez f par un polynôme de Taylor de degré n autour de a.

b) Représentez graphiquement f et T_n sur un même système d'axes.

c) Utilisez l'inégalité de Taylor pour estimer la précision de l'approximation $f(x) \approx T_n(x)$ lorsque x appartient à l'intervalle donné.

d) Vérifiez votre résultat de la partie c) en représentant graphiquement $|R_n(x)|$.

61. $f(x) = \sqrt{x}$; $a = 1$; $n = 3$; $0{,}9 \leq x \leq 1{,}1$

62. $f(x) = \sec x$; $a = 0$; $n = 2$; $0 \leq x \leq \pi/6$

63. Supposez que f est une fonction telle que
$$f^{(n)}(x) = (-1)^n \frac{(n+2)!}{2x^{n+3}}.$$

a) Donnez la série de Taylor de f autour de $a = 1$.

b) Montrez que la série trouvée en a) converge vers $f(x)$ pour tout $x \in [3/4,\ 5/4]$.

64. Soit f une fonction telle que $f(1) = 0$, $f'(1) = -1$, $f''(1) = 9$ et $-2 < f'''(x) < 1$ pour tout $x \in \mathbb{R}$.

a) Approximez $f(0{,}9)$ à l'aide d'un polynôme de Taylor de degré 2.

b) Donnez une borne pour l'erreur de l'approximation trouvée en a).

65. Utilisez une série pour évaluer
$$\lim_{x\to 0} \frac{\sin x - x}{x^3}.$$

66. La force de gravitation appliquée à un corps de masse m situé à une hauteur h au-dessus de la surface de la Terre est
$$F = \frac{mgR^2}{(R+h)^2}$$
où R est le rayon de la Terre et g, l'accélération due à la pesanteur.

a) Exprimez F sous la forme d'une série de puissances de h/R.

b) Remarquez que si on approxime F par le premier terme de la série, on obtient l'expression $F \approx mg$ habituellement utilisée lorsque h est beaucoup plus petit que R. À l'aide du théorème d'estimation des séries alternées, estimez la plage de valeurs de h pour lesquelles l'erreur d'approximation $F \approx mg$ est de moins de 1 %. (Utilisez $R = 6400$ km.)

67. Supposez que $f(x) = \sum_{n=0}^{\infty} c_n x^n$ pour tout x.
  a) Si f est une fonction impaire, montrez que
  $$c_0 = c_2 = c_4 = \cdots = 0.$$
  b) Si f est une fonction paire, montrez que
  $$c_1 = c_3 = c_5 = \cdots = 0.$$

68. Si $f(x) = e^{x^2}$, montrez que $f^{(2n)}(0) = \dfrac{(2n)!}{n!}$.

69-74 Écrivez l'expression sous la forme $a + bi$.

69. $\sqrt{-16}$ **70.** $(1+i)^2(1-i)$

71. i^{2011} **72.** $\dfrac{7-2i}{3+4i}$

73. $\dfrac{-2+i}{1-i}$ **74.** $\dfrac{1}{2-i}$

75-78 Trouvez toutes les solutions de l'équation.

75. $4x^2 + 1 = 0$ **76.** $x^2 + x + 1 = 0$

77. $x^3 - x^2 + 4x - 4 = 0$ **78.** $x^2 - x^3 = 2$

79-80 Soit $z = 1 + \sqrt{3}i$ et $w = -1 - i$. Effectuez les opérations suivantes en utilisant la forme polaire.

79. zw **80.** z/w

81-82 Utilisez la formule de De Moivre pour mettre le nombre sous la forme $a + bi$.

81. $(\sqrt{3} - i)^8$ **82.** $(-1+i)^{2011}$

83. Trouvez toutes les racines cubiques de 8.

84. Trouvez toutes les racines quatrièmes de -16.

85. Trouvez toutes les racines dixièmes de $1 + i$.

86. Utilisez la formule d'Euler pour démontrer que $e^{3i\pi/2} + i = 0$.

Problèmes supplémentaires

Avant de regarder la solution de l'exemple, couvrez-la et essayez d'abord de résoudre le problème par vous-même.

EXEMPLE Trouvez la somme de la série $\displaystyle\sum_{n=0}^{\infty} \dfrac{(x+2)^n}{(x+3)!}$.

SOLUTION Le principe de résolution de problèmes pertinent dans ce cas-ci est reconnaître quelque chose de familier. La série donnée ressemble-t-elle à une série qu'on connaît déjà ? En fait, elle a bien quelques éléments en commun avec la série de MacLaurin de la fonction exponentielle :

$$e^x = \sum_{n=0}^{\infty} \frac{x^n}{n!} = 1 + x + \frac{x^2}{2!} + \frac{x^3}{3!} + \cdots.$$

On peut transformer cette série pour qu'elle ressemble davantage à la série donnée en remplaçant x par $x + 2$:

$$e^{x+2} = \sum_{n=0}^{\infty} \frac{(x+2)^n}{n!} = 1 + (x+2) + \frac{(x+2)^2}{2!} + \frac{(x+2)^3}{3!} + \cdots.$$

Mais ici, l'exposant au numérateur correspond au nombre dont on prend la factorielle au dénominateur. Pour produire cela dans la série donnée, multiplions et divisons par $(x+2)^3$:

$$\sum_{n=0}^{\infty} \frac{(x+2)^n}{(x+3)!} = \frac{1}{(x+2)^3} \sum_{n=0}^{\infty} \frac{(x+2)^{n+3}}{(x+3)!}$$

$$= (x+2)^{-3}\left[\frac{(x+2)^3}{3!} + \frac{(x+2)^4}{4!} + \cdots\right].$$

On constate que la série entre les crochets est simplement la série e^{x+2}, à laquelle il manque les trois premiers termes. Donc,

$$\sum_{n=0}^{\infty} \frac{(x+2)^n}{(x+3)!} = (x+2)^{-3}\left[e^{x+2} - 1 - (x+2) - \frac{(x+2)^2}{2!}\right].$$

1. Si $f(x) = \sin(x^3)$, calculez $f^{(15)}(0)$.

2. Soit la fonction f définie par
$$f(x) = \lim_{n \to \infty} \frac{x^{2n} - 1}{x^{2n} + 1}.$$
En quels points la fonction f est-elle continue ?

3. a) Montrez que $\tan\frac{1}{2}x = \cot\frac{1}{2}x - 2\cot x$.

b) Trouvez la somme de la série
$$\sum_{n=1}^{\infty} \frac{1}{2^n} \tan \frac{x}{2^n}.$$

4. Soit $\{P_n\}$, une suite de points déterminés selon la figure. Ainsi, $|AP_1| = 1$, $|P_n P_{n+1}| = 2^{n-1}$, et l'angle $AP_n P_{n+1}$ est un angle droit. Trouvez $\lim_{n\to\infty} \angle P_n AP_{n+1}$.

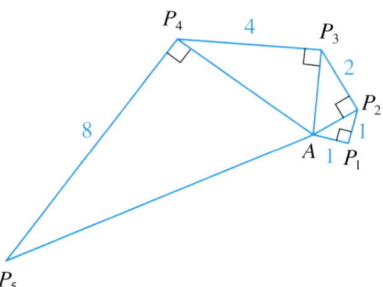

5. Pour construire le **flocon de Von Koch**, on part d'un triangle équilatéral dont la longueur des côtés est de 1. À l'étape 1 de la construction, on divise chaque côté en trois parties égales, on construit un triangle équilatéral sur la partie du milieu, puis on supprime la partie du milieu (voir la figure). À l'étape 2, on répète l'étape 1 pour chaque côté du polygone résultant. On répète ce processus à chaque étape suivante. La courbe obtenue par la répétition à l'infini de ce processus est appelée «flocon de Von Koch».

a) Soit s_n, l_n et p_n, le nombre de côtés, la longueur d'un côté et la longueur totale de la n-ième courbe d'approximation (la courbe obtenue après la n-ième étape de la construction), respectivement. Trouvez des formules pour s_n, l_n et p_n.

b) Montrez que $p_n \to \infty$ lorsque $n \to \infty$.

c) Sommez une série infinie pour trouver l'aire de la région à l'intérieur du flocon.

Note: Les parties b) et c) montrent que le flocon de Von Koch est de longueur infinie, mais que cette courbe entoure une aire finie.

6. Trouvez la somme de la série
$$1 + \frac{1}{2} + \frac{1}{3} + \frac{1}{4} + \frac{1}{6} + \frac{1}{8} + \frac{1}{9} + \frac{1}{12} + \cdots$$

où les termes sont les inverses des nombres entiers positifs dont les seuls facteurs premiers sont 2 et 3.

7. a) Montrez que pour $xy \neq -1$,
$$\arctan x - \arctan y = \arctan \frac{x-y}{1+xy}$$

si le membre de droite est compris entre $-\pi/2$ et $\pi/2$.

b) Montrez que
$$\arctan \frac{120}{119} - \arctan \frac{1}{239} = \frac{\pi}{4}.$$

c) Déduisez la formule suivante, trouvée par John Machin (1680-1751):
$$4 \arctan \frac{1}{5} - \arctan \frac{1}{239} = \frac{\pi}{4}.$$

d) Utilisez la série de MacLaurin de arctan pour montrer que
$$0{,}1973955597 < \arctan \frac{1}{5} < 0{,}1973955616.$$

e) Montrez que
$$0{,}004184075 < \arctan \frac{1}{239} < 0{,}004184077.$$

f) Déduisez, avec sept décimales exactes, que
$$\pi \approx 3{,}1415927.$$

John Machin a utilisé cette méthode en 1706 pour calculer π avec 100 décimales exactes. Le recours à des ordinateurs a permis de calculer π avec une exactitude de plus en plus grande. Yasumada Kanada de l'Université de Tokyo a récemment calculé π avec mille milliards de décimales!

8. a) Démontrez une formule semblable à celle du problème 7 a), mais avec arccot au lieu de arctan.
   b) Trouvez la somme de la série
   $$\sum_{n=0}^{\infty} \operatorname{arccot}(n^2 + n + 1).$$

9. Utilisez le résultat de l'exercice 7 a) pour trouver la somme de la série $\sum_{n=1}^{\infty} \arctan \frac{2}{n^2}$.

10. Si $a_0 + a_1 + a_2 + \cdots + a_k = 0$, montrez que
$$\lim_{n \to \infty}(a_0\sqrt{n} + a_1\sqrt{n+1} + a_2\sqrt{n+2} + \cdots + a_k\sqrt{n+k}) = 0.$$

Essayez d'abord les cas particuliers $k = 1$ et $k = 2$. Si vous êtes en mesure de démontrer cette égalité dans ces deux cas, il est probable que vous savez comment la démontrer de manière générale.

11. Trouvez l'intervalle de convergence et la somme de la série $\sum_{n=1}^{\infty} n^3 x^n$.

12. Supposez que vous possédez un grand nombre de livres, tous de mêmes dimensions, et que vous les empilez au bord d'une table, chaque livre dépassant davantage le bord de la table que celui qui est immédiatement au-dessous de lui. Montrez que le livre du dessus de la pile peut dépasser entièrement le bord de la table. En fait, montrez que le livre du dessus de la pile peut dépasser la table d'une distance arbitraire si la pile est assez haute. Utilisez la méthode d'empilage suivante: la moitié de la longueur du livre du dessus dépasse le deuxième livre. Le quart de la longueur du deuxième livre dépasse le troisième livre. Le sixième de la longueur du troisième livre dépasse le quatrième, etc. (Essayez-le avec un jeu de cartes.) Considérez les centres de masse.

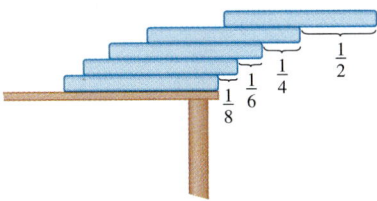

13. Trouvez la somme de la série $\sum_{n=2}^{\infty} \ln\left(1 - \frac{1}{n^2}\right)$.

14. Si $p > 1$, évaluez l'expression
$$\frac{1 + \dfrac{1}{2^p} + \dfrac{1}{3^p} + \dfrac{1}{4^p} + \cdots}{1 - \dfrac{1}{2^p} + \dfrac{1}{3^p} - \dfrac{1}{4^p} + \cdots}.$$

15. Supposez qu'on entasse des cercles de même diamètre sur n rangées dans un triangle équilatéral. (Sur la figure, $n = 4$.) Soit A l'aire du triangle et A_n l'aire totale occupée par les n rangées de cercles. Montrez que

$$\lim_{n \to \infty} \frac{A_n}{A} = \frac{\pi}{2\sqrt{3}}.$$

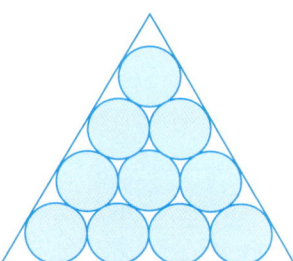

16. On définit une suite $\{a_n\}$ par les équations de récurrence

$$a_0 = a_1 = 1 \qquad n(n-1)a_n = (n-1)(n-2)a_{n-1} - (n-3)a_{n-2}.$$

Trouvez la somme de la série $\sum_{n=0}^{\infty} a_n$.

17. Le solide obtenu par la rotation de la courbe $y = e^{-x/10} \sin x$, $x \geq 0$ autour de l'axe des x ressemble à un collier infini de perles de tailles décroissantes.

   a) Trouvez le volume exact de la n-ième perle. (Utilisez une table d'intégrales ou un logiciel de calcul symbolique.)

   b) Trouvez le volume total des perles.

18. À partir des sommets $P_1(0, 1)$, $P_2(1, 1)$, $P_3(1, 0)$ et $P_4(0, 0)$ d'un carré, on situe des points supplémentaires comme sur la figure : P_5 est le centre de $P_1 P_2$, P_6 est le centre de $P_2 P_3$, P_7 est le centre de $P_3 P_4$ et ainsi de suite. La spirale polygonale $P_1 P_2 P_3 P_4 P_5 P_6 P_7 \ldots$ tend vers un point P à l'intérieur du carré.

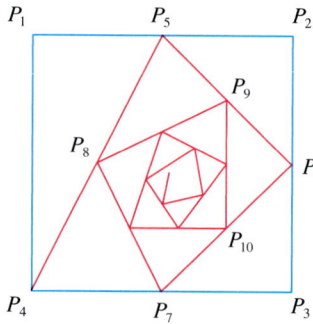

   a) Si les coordonnées de P_n sont (x_n, y_n), montrez que $\frac{1}{2}x_n + x_{n+1} + x_{n+2} + x_{n+3} = 2$ et trouvez une équation semblable pour les ordonnées y_n.

   b) Trouvez les coordonnées de P.

19. Trouvez la somme de la série $\sum_{n=1}^{\infty} \frac{(-1)^n}{(2n+1)3^n}$.

20. Suivez les étapes ci-après pour montrer que

$$\frac{1}{1 \cdot 2} + \frac{1}{3 \cdot 4} + \frac{1}{5 \cdot 6} + \frac{1}{7 \cdot 8} + \cdots = \ln 2.$$

   a) Utilisez la formule de la somme d'une série géométrique finie (formule 3 de la section 1.2) pour obtenir une expression représentant

$$1 - x + x^2 - x^3 + \cdots + x^{2n-2} - x^{2n-1}.$$

   b) Intégrez le résultat de la partie a) de 0 à 1 pour obtenir une expression représentant

$$1 - \frac{1}{2} + \frac{1}{3} - \frac{1}{4} + \cdots + \frac{1}{2n-1} - \frac{1}{2n}$$

sous la forme d'une intégrale.

c) Déduisez de la partie b) que

$$\left| \frac{1}{1\cdot 2} + \frac{1}{3\cdot 4} + \frac{1}{5\cdot 6} + \cdots + \frac{1}{(2n-1)(2n)} - \int_0^1 \frac{dx}{1+x} \right| < \int_0^1 x^{2n} dx.$$

d) Utilisez la partie c) pour montrer que la somme de la série donnée est $\ln 2$.

21. Trouvez toutes les solutions de l'équation

$$1 + \frac{x}{2!} + \frac{x^2}{4!} + \frac{x^3}{6!} + \frac{x^4}{8!} + \cdots = 0.$$

(*Suggestion*: Considérez les cas $x \geq 0$ et $x < 0$ séparément.)

22. Des triangles rectangles sont construits comme sur la figure. Chaque triangle est de hauteur 1, et sa base est l'hypoténuse du triangle précédent. Montrez que cette suite de triangles fait un nombre infini de tours autour de P en montrant que $\sum \theta_n$ est une série divergente.

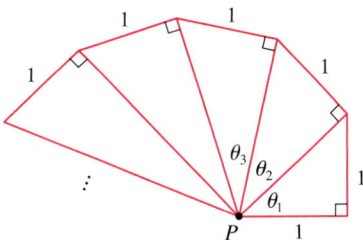

23. Considérez la série dont les termes sont les inverses des nombres entiers positifs qu'on peut écrire en base 10 sans utiliser le chiffre 0. Montrez que cette série converge et que sa somme est inférieure à 90.

24. a) Montrez que la série de MacLaurin de la fonction

$$f(x) = \frac{x}{1-x-x^2} \quad \text{est} \quad \sum_{n=1}^{\infty} f_n x^n$$

où f_n est le n-ième nombre de Fibonacci. Autrement dit, montrez que $f_1 = 1$, $f_2 = 1$ et $f_n = f_{n-1} + f_{n-2}$ pour $n \geq 3$. (*Suggestion*: Écrivez $x/(1-x-x^2) = c_0 + c_1 x + c_2 x^2 + \cdots$ et multipliez les deux membres de cette équation par $1-x-x^2$.)

b) En écrivant $f(x)$ sous la forme d'une somme de fractions partielles, et donc en calculant la série de MacLaurin d'une autre façon, trouvez une formule explicite pour le n-ième nombre de Fibonacci.

25. Soit

$$u = 1 + \frac{x^3}{3!} + \frac{x^6}{6!} + \frac{x^9}{9!} + \cdots$$

$$v = x + \frac{x^4}{4!} + \frac{x^7}{7!} + \frac{x^{10}}{10!} + \cdots$$

$$w = \frac{x^2}{2!} + \frac{x^5}{5!} + \frac{x^8}{8!} + \cdots.$$

Montrez que $u^3 + v^3 + w^3 - 3uvw = 1$.

26. Démontrez que si $n > 1$, alors la n-ième somme partielle de la série harmonique n'est pas un nombre entier.

(*Suggestion*: Soit 2^k, la plus grande puissance de 2 qui est inférieure ou égale à n, et soit M, le produit de tous les nombres entiers impairs qui sont inférieurs ou égaux à n. Supposez que $s_n = m$ est un nombre entier. Alors, $M 2^k s_n = M 2^k m$. Le membre de droite de cette équation est pair. Démontrez que le membre de gauche est impair en montrant que chacun de ses termes est un nombre entier pair, sauf le dernier.)

PARTIE II

FONCTIONS, DÉRIVÉES ET OPTIMISATION

CHAPITRE 3   LES FONCTIONS DE PLUSIEURS VARIABLES

CHAPITRE 4   LES DÉRIVÉES DES FONCTIONS DE PLUSIEURS VARIABLES

CHAPITRE 5   L'OPTIMISATION

RÉVISION

PROBLÈMES SUPPLÉMENTAIRES

© Danilo Forcellini \ Dreamstime.com

CHAPITRE 3
LES FONCTIONS DE PLUSIEURS VARIABLES

3.1 Les fonctions de plusieurs variables
3.2 Les limites et la continuité
3.3 Les cylindres et les surfaces quadriques

© gui jun peng / Shutterstock.com

Une fonction d'une variable modélise une quantité qui dépend d'une seule autre quantité. En pratique, cependant, les grandeurs physiques dépendent souvent de plusieurs variables. Dans ce chapitre, nous traitons des fonctions de plusieurs variables et nous généralisons les idées fondamentales du calcul différentiel à une variable.

3.1 LES FONCTIONS DE PLUSIEURS VARIABLES

Dans cette section, on étudiera les fonctions de plusieurs variables selon quatre points de vue :

- verbal (par une description en mots),
- numérique (par un tableau de valeurs),
- algébrique (par une formule explicite),
- visuel (par un graphe ou des courbes de niveau).

LES FONCTIONS DE DEUX VARIABLES

La température T en un point de la surface de la Terre à un instant donné quelconque dépend de la longitude x et de la latitude y de ce point. On peut donc considérer T comme une fonction de deux variables x et y ou comme une fonction du couple (x, y). On exprime cette dépendance fonctionnelle en écrivant $T = f(x, y)$.

Le volume V d'un cylindre circulaire dépend de son rayon r et de sa hauteur h. En effet, on sait que $V = \pi r^2 h$. On dit que V est une fonction de r et de h, et on écrit $V(r, h) = \pi r^2 h$.

> **DÉFINITION**
>
> Une **fonction de deux variables** est une règle qui assigne à chaque couple de nombres réels (x, y) d'un ensemble D un nombre réel unique noté $f(x, y)$. L'ensemble D est le **domaine** de f, et l'**image** de f est l'ensemble des valeurs prises par f, soit $\{f(x, y) | (x, y) \in D\}$.

On écrit souvent $z = f(x, y)$ pour désigner la valeur de f au point générique (x, y). Les variables x et y sont les **variables indépendantes** et z est la **variable dépendante**. (Comparez cette notation avec la notation $y = f(x)$ employée pour les fonctions d'une seule variable.)

Une fonction de deux variables est une fonction dont le domaine est un sous-ensemble de $\mathbb{R}^2$ et dont l'image est un sous-ensemble de $\mathbb{R}$. Le diagramme de la figure 1, où le domaine D est représenté comme un sous-ensemble du plan xy, est une façon de représenter une telle fonction.

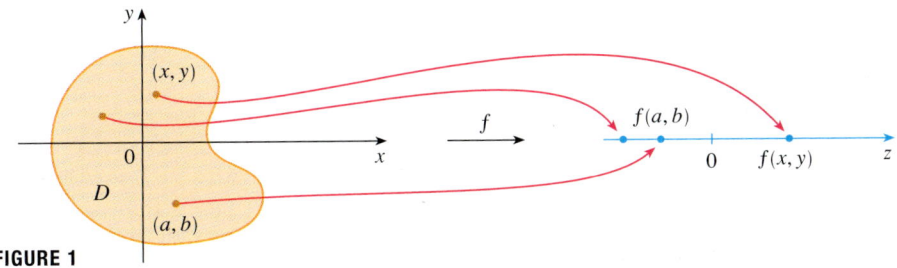

FIGURE 1

Si une fonction f est donnée par une formule sans préciser son domaine, alors le domaine de f est l'ensemble de tous les couples (x, y) pour lesquels l'expression donnée est un nombre réel bien défini.

EXEMPLE 1 Calculons $f(3, 2)$ et trouvons le domaine de chacune des fonctions suivantes.

a) $f(x, y) = \dfrac{\sqrt{x + y + 1}}{x - 1}$ b) $f(x, y) = x \ln(y^2 - x)$

SOLUTION

a) On a
$$f(3, 2) = \frac{\sqrt{3 + 2 + 1}}{3 - 1} = \frac{\sqrt{6}}{2}.$$

L'expression de f a un sens si le dénominateur n'est pas nul et si le radicande n'est pas négatif. Le domaine de f est donc

$$D = \{(x, y) \,|\, x + y + 1 \geq 0, x \neq 1\}.$$

L'inégalité $x + y + 1 \geq 0$, ou encore $y \geq -x - 1$, décrit les points situés sur la droite $y = -x - 1$ ou au-dessus de cette droite, tandis que $x \neq 1$ signifie que les points sur la droite $x = 1$ doivent être exclus du domaine (voir la figure 2).

b) On a $f(3, 2) = 3 \ln(2^2 - 3) = 3 \ln 1 = 0$.

Puisque $\ln(y^2 - x)$ n'est défini que lorsque $y^2 - x > 0$, autrement dit uniquement si $x < y^2$, le domaine de f est $D = \{(x, y) \,|\, x < y^2\}$. Il s'agit de l'ensemble des points à gauche de la parabole $x = y^2$ (voir la figure 3).

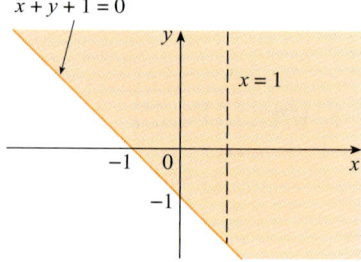

FIGURE 2
Le domaine de $f(x, y) = \dfrac{\sqrt{x + y + 1}}{x - 1}$.

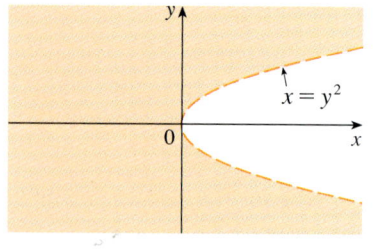

FIGURE 3
Le domaine de $f(x, y) = x \ln(y^2 - x)$.

Certaines fonctions ne sont pas exprimées au moyen de formules explicites. Ainsi, la fonction de l'exemple 2 est plutôt décrite verbalement et par des estimations numériques de ses valeurs.

EXEMPLE 2 Dans les régions où les hivers sont rigoureux, on utilise souvent l'**indice de refroidissement éolien** pour décrire le froid ressenti. Cet indice E est une température subjective qui dépend de la température réelle T et de la vitesse du vent v. L'indice E est donc une fonction de T et de v, et on peut écrire $E = f(T, v)$. Le tableau 3.1 présente les valeurs de E, recueillies par le NOAA National Weather Service des États-Unis et le Service météorologique du Canada.

Indice de refroidissement éolien

Le nouvel indice de refroidissement éolien instauré en novembre 2001 indique plus précisément que l'ancien la température ressentie selon la vitesse du vent. Le nouvel indice repose sur une modélisation du taux de perte de chaleur du visage humain. Il a été créé à partir des résultats d'essais cliniques sur des volontaires soumis à différentes températures et vitesses de vent dans une soufflerie refroidie.

TABLEAU 3.1 L'indice de refroidissement éolien en fonction de la température de l'air et de la vitesse du vent.

		Vitesse du vent (km/h)									
	$T \diagdown v$	5	10	15	20	25	30	40	50	60	70	80
Température réelle (°C)	5	4	3	2	1	1	0	−1	−1	−2	−2	−3
	0	−2	−3	−4	−5	−6	−6	−7	−8	−9	−9	−10
	−5	−7	−9	−11	−12	−12	−13	−14	−15	−16	−16	−17
	−10	−13	−15	−17	−18	−19	−20	−21	−22	−23	−23	−24
	−15	−19	−21	−23	−24	−25	−26	−27	−29	−30	−30	−31
	−20	−24	−27	−29	−30	−32	−33	−34	−35	−36	−37	−38
	−25	−30	−33	−35	−37	−38	−39	−41	−42	−43	−44	−45
	−30	−36	−39	−41	−43	−44	−46	−48	−49	−50	−51	−52
	−35	−41	−45	−48	−49	−51	−52	−54	−56	−57	−58	−60
	−40	−47	−51	−54	−56	−57	−59	−61	−63	−64	−65	−67

Par exemple, selon le tableau 3.1, si la température est de –5 °C et si la vitesse du vent est de 50 km/h, alors, subjectivement, il fait aussi froid qu'à une température d'environ –15 °C sans vent, et on écrit

$$f(-5, 50) = -15\,°C.$$

Une fonction de plusieurs variables peut aussi être définie sous la forme d'une procédure complexe qui ne s'exprime pas au moyen d'une formule algébrique.

EXEMPLE 3 Soit

$$h(x) = (x - \alpha)(x - \beta)(x - 1)(x - 2) + 2$$

une fonction d'une variable x qui dépend de deux paramètres α et β. Pour des valeurs fixées de ces paramètres, on a une fonction d'une seule variable x, dont on peut calculer le minimum sur un intervalle $[a, b]$.

Soit H la fonction de deux variables définie par

$$H(\alpha, \beta) = \min_{x \in [a, b]} h(x)$$

L'évaluation de H requiert une procédure qui détermine le minimum d'une fonction d'une variable. En général, on ne peut pas trouver de formule algébrique pour H.

Par exemple, si $\alpha = 1$ et $\beta = 1$, et $[a, b] = [0, 2]$, alors

$$h(x) = (x - 1)^3 (x - 2) + 2.$$

Pour trouver le minimum de cette fonction, on résout d'abord l'équation $h'(x) = 0$. Les solutions sont $x = 1$ et $x = 7/4$. Il faut ensuite effectuer le test de la dérivée seconde pour déterminer lequel des deux points correspond au minimum. Ici, le minimum est atteint au point $x = 7/4$ et $h(7/4) = 485/256$ est la valeur minimale. Ainsi, on a calculé que $H(1, 1) = 485/256 \approx 1,89$.

EXEMPLE 4 Dans une étude publiée en 1928, Charles Cobb et Paul Douglas ont modélisé la croissance de l'économie des États-Unis durant la période 1899-1922. Ils ont considéré un modèle économique simplifié où la quantité de biens produite est déterminée par la quantité de travail fournie et le montant du capital investi. Bien que la performance économique dépende aussi de nombreux autres facteurs, leur modèle s'est avéré remarquablement précis. La fonction de modélisation de la production qu'ils ont proposé est

1
$$P(L, K) = bL^{\alpha} K^{1-\alpha}$$

où P représente la production totale (la valeur monétaire de tous les biens produits en une année), L est la quantité de travail (le nombre total de personnes-heures travaillées dans une année) et K est le montant du capital investi (la valeur monétaire de l'ensemble des machines, des équipements et des bâtiments). À la section 4.1 (p. 153), on verra comment la forme de l'équation 1 résulte de certaines hypothèses économiques.

Cobb et Douglas ont établi les valeurs du tableau 3.2 à l'aide de données économiques gouvernementales. Ils ont pris l'année 1899 comme année de base et attribué la valeur 100 aux variables P, L et K de 1899. Les valeurs des autres années sont exprimées en pourcentage des valeurs de 1899.

Cobb et Douglas ont utilisé la méthode des moindres carrés pour accorder les données du tableau 3.2 à la fonction

2
$$P(L, K) = 1{,}01 L^{0,75} K^{0,25}.$$

(Les détails sont présentés à l'exercice 85.)

TABLEAU 3.2

Année	P	L	K
1899	100	100	100
1900	101	105	107
1901	112	110	114
1902	122	117	122
1903	124	122	131
1904	122	121	138
1905	143	125	149
1906	152	134	163
1907	151	140	176
1908	126	123	185
1909	155	143	198
1910	159	147	208
1911	153	148	216
1912	177	155	226
1913	184	156	236
1914	169	152	244
1915	189	156	266
1916	225	183	298
1917	227	198	335
1918	223	201	366
1919	218	196	387
1920	231	194	407
1921	179	146	417
1922	240	161	431

Si on utilise le modèle donné par la fonction de l'équation 2 pour calculer la production des années 1910 et 1920, on obtient les valeurs

$$P(147, 208) = 1{,}01(147)^{0{,}75}(208)^{0{,}25} \approx 161{,}9$$

$$P(194, 407) = 1{,}01(194)^{0{,}75}(407)^{0{,}25} \approx 235{,}8$$

qui sont très proches des vraies valeurs, 159 et 231.

On a utilisé la fonction de production (équation 1) dans de nombreux contextes qui vont des entreprises privées aux problèmes économiques mondiaux. Elle est appelée **fonction de production de Cobb-Douglas** ou simplement **fonction de Cobb-Douglas**. Son domaine est $\{(L, K) \mid L \geq 0, K \geq 0\}$, car les variables L et K représentent le travail et le capital, et ne sont donc jamais négatives.

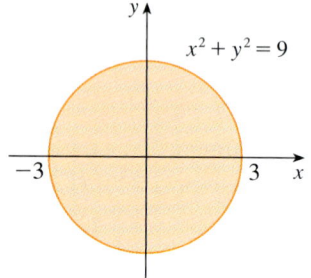

FIGURE 4
Le domaine de
$g(x, y) = \sqrt{9 - x^2 - y^2}$.

EXEMPLE 5 Trouvons le domaine et l'image de $g(x, y) = \sqrt{9 - x^2 - y^2}$.

SOLUTION Le domaine de g est

$$D = \{(x, y) \mid 9 - x^2 - y^2 \geq 0\} = \{(x, y) \mid x^2 + y^2 \leq 9\}$$

qui est le disque de centre $(0, 0)$ et de rayon 3 (voir la figure 4). L'image de g est

$$\{z \mid z = \sqrt{9 - x^2 - y^2}, (x, y) \in D\}.$$

Puisque z est une racine carrée positive, $z \geq 0$, et

$$9 - x^2 - y^2 \leq 9 \Rightarrow \sqrt{9 - x^2 - y^2} \leq 3.$$

Par conséquent, l'image de $z = g(x, y)$ est

$$\{z \mid 0 \leq z \leq 3\} = [0, 3].$$

LES GRAPHES

Un graphe est une autre façon de représenter visuellement le comportement d'une fonction de deux variables.

> **DÉFINITION**
>
> Si f est une fonction de deux variables de domaine D, alors le **graphe** de f est l'ensemble de tous les points (x, y, z) dans $\mathbb{R}^3$ tels que $z = f(x, y)$ et (x, y) appartient à D. Autrement dit, le graphe de f est le sous-ensemble de $\mathbb{R}^3$:
>
> $$\{(x, y, f(x, y)) \mid (x, y) \in D\}.$$

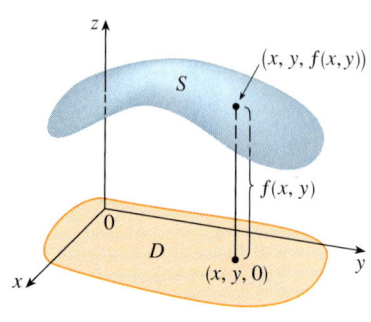

FIGURE 5

Le graphe d'une fonction f d'une seule variable est une courbe C d'équation $y = f(x)$, tandis que le graphe d'une fonction f de deux variables est une surface S d'équation $z = f(x, y)$. On représente le graphe S de f directement au-dessus ou au-dessous de son domaine D dans le plan xy (voir la figure 5).

EXEMPLE 6 Traçons le graphe de la fonction $f(x, y) = 6 - 3x - 2y$.

SOLUTION L'équation du graphe de f est $z = 6 - 3x - 2y$ ou $3x + 2y + z = 6$, qui est celle d'un plan. Pour représenter graphiquement ce plan, on doit d'abord trouver ses intersections avec les axes de coordonnées. En posant $y = z = 0$ dans l'équation, on

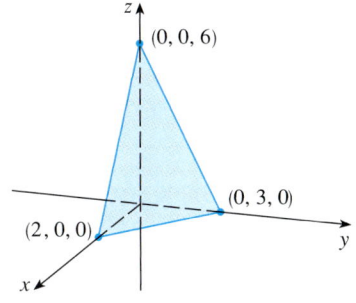

FIGURE 6

obtient l'intersection $x = 2$ avec l'axe des x. De même, l'intersection avec l'axe des y est 3, et l'intersection avec l'axe des z est 6. Cela nous permet de tracer la partie du graphe située dans le premier octant (voir la figure 6).

La fonction de l'exemple 6 est un cas particulier de la fonction

$$f(x, y) = ax + by + c$$

appelée **fonction linéaire**. L'équation du graphe d'une telle fonction est

$$z = ax + by + c \quad \text{ou} \quad ax + by - z + c = 0.$$

Ce graphe est donc un plan. Les fonctions linéaires d'une variable sont importantes dans le calcul différentiel et intégral à une seule variable, et on verra que les fonctions linéaires de plusieurs variables jouent aussi un rôle central dans le calcul différentiel et intégral à plusieurs variables.

EXEMPLE 7 Traçons le graphe de $g(x, y) = \sqrt{9 - x^2 - y^2}$.

SOLUTION L'équation du graphe est $z = \sqrt{9 - x^2 - y^2}$. En élevant au carré les deux membres de cette équation, on obtient $z^2 = 9 - x^2 - y^2$ ou $x^2 + y^2 + z^2 = 9$, soit l'équation d'une sphère centrée à l'origine et de rayon 3 (voir la section 3.3). Puisque $z \geq 0$, le graphe de g est constitué seulement de l'hémisphère supérieur de cette sphère (voir la figure 7).

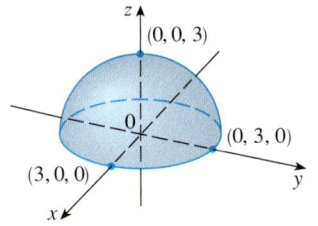

FIGURE 7
Le graphe de $g(x, y) = \sqrt{9 - x^2 - y^2}$.

NOTE On ne peut représenter une sphère en entier par une seule fonction de x et y. Comme on l'a vu à l'exemple 7, l'hémisphère supérieur de la sphère $x^2 + y^2 + z^2 = 9$ est représenté par la fonction $g(x, y) = \sqrt{9 - x^2 - y^2}$. L'hémisphère inférieur est représenté par la fonction $h(x, y) = -\sqrt{9 - x^2 - y^2}$.

EXEMPLE 8 À l'aide d'un ordinateur, traçons le graphe de la fonction de production de Cobb-Douglas $P(L, K) = 1{,}01 L^{0{,}75} K^{0{,}25}$.

SOLUTION La figure 8 montre le graphe de P pour des valeurs de travail L et de capital K comprises entre 0 et 300. L'ordinateur a dessiné la surface en représentant des traces verticales, c'est-à-dire les intersections du graphe de P avec des plans parallèles aux plans de coordonnées verticaux. En examinant les traces, on voit que la valeur de la production P croît lorsque L ou K augmente, comme on s'y attendait.

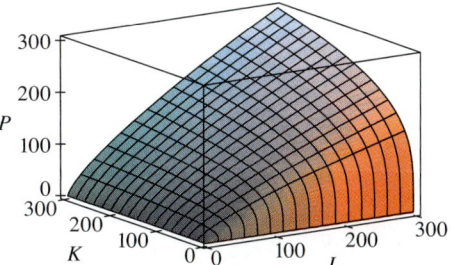

FIGURE 8

L'exemple 8 montre que pour esquisser le graphe d'une fonction de deux variables, qui est une surface, il est utile de déterminer les courbes d'intersection de cette surface avec des plans parallèles aux plans de coordonnées. Ces courbes sont appelées des **traces** (ou **sections**) de la surface.

EXEMPLE 9 On veut trouver le domaine et l'image de la fonction $h(x, y) = 4x^2 + y^2$, puis tracer son graphe.

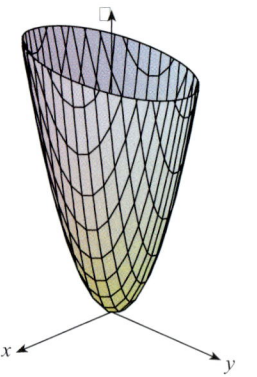

FIGURE 9
Le graphe de $h(x, y) = 4x^2 + y^2$.

SOLUTION On remarque que la fonction $h(x, y)$ est définie pour tous les couples possibles de nombres réels (x, y) et donc son domaine est $\mathbb{R}^2$, soit le plan xy. L'image de h est l'ensemble $[0, \infty[$ de tous les nombres réels non négatifs. En effet, $x^2 \geq 0$ et $y^2 \geq 0$, de sorte que $h(x, y) \geq 0$ pour tout x et tout y. De plus, $h(x, y)$ prend des valeurs arbitrairement grandes lorsque x et y deviennent grands.

L'équation du graphe de h est $z = 4x^2 + y^2$, un paraboloïde elliptique (voir l'exemple 4 de la section 3.3). Les traces horizontales sont des ellipses et les traces verticales sont des paraboles (voir la figure 9).

De nombreux logiciels peuvent tracer le graphe d'une fonction de deux variables. Dans la plupart d'entre eux, les traces dans les plans verticaux $x = k$ et $y = k$ sont dessinées pour des valeurs de k également espacées, et les lignes cachées sont supprimées pour assurer une meilleure visibilité.

La figure 10 montre les graphes, créés par ordinateur, de plusieurs fonctions. On peut obtenir une bonne représentation de la fonction en effectuant une rotation pour avoir différents points de vue. Dans les exemples a) et b), le graphe de f est très plat et proche du plan xy, sauf près de l'origine, parce que $e^{-x^2-y^2}$ est très petit lorsque x ou y est grand.

LES COURBES DE NIVEAU

Jusqu'à présent on a représenté visuellement des fonctions de deux façons : à l'aide de diagrammes comme à la figure 1, p. 111, et à l'aide de graphes. Voyons maintenant une troisième façon, empruntée aux cartographes : le diagramme de courbes de niveau, où les points d'élévation constante sont reliés pour former des courbes de niveau.

a) $f(x, y) = (x^2 + 3y^2)e^{-x^2-y^2}$

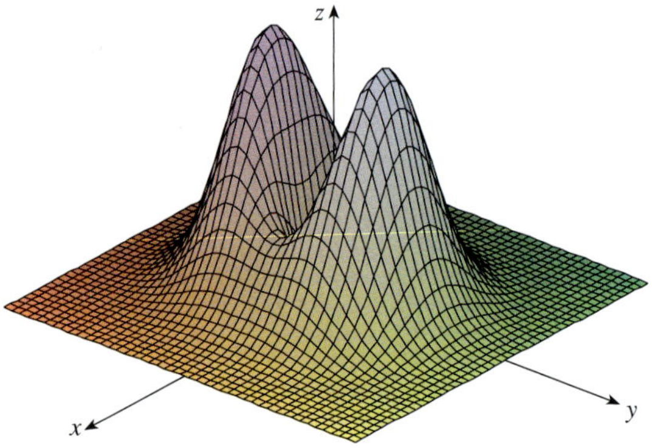

b) $f(x, y) = (x^2 + 3y^2)e^{-x^2-y^2}$

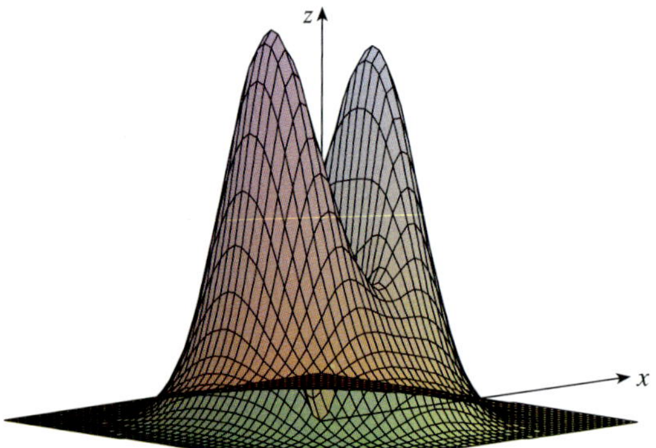

c) $f(x, y) = \sin x + \sin y$

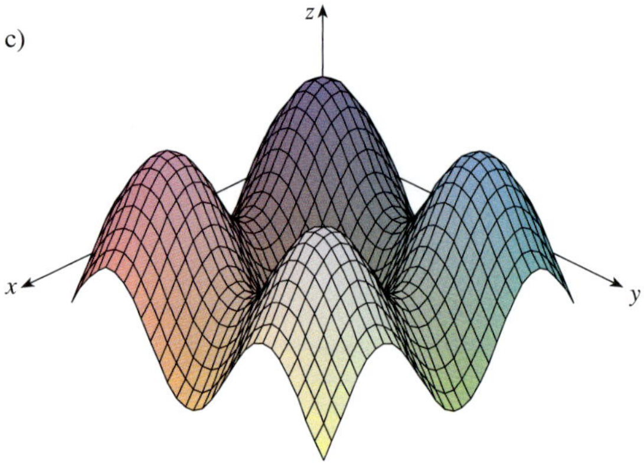

d) $f(x, y) = \dfrac{\sin x \sin y}{xy}$

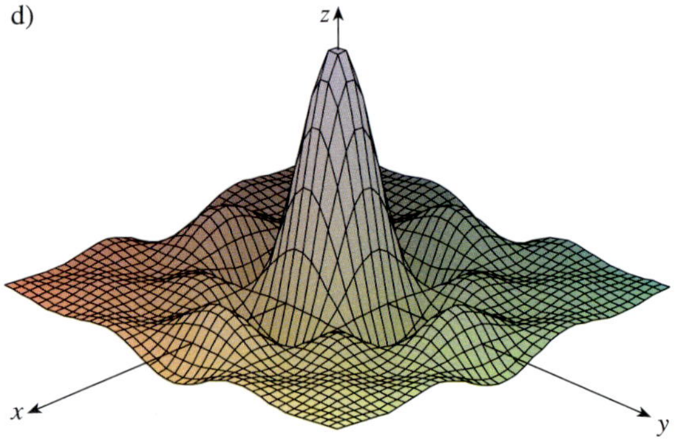

FIGURE 10

DÉFINITION

Les **courbes de niveau** d'une fonction f de deux variables sont des courbes d'équations $f(x, y) = k$, où k est une constante. Autrement dit, la courbe de niveau k de f est le sous-ensemble de $\mathbb{R}^2$:
$$\{(x, y) \mid f(x, y) = k\}.$$

La courbe de niveau $f(x, y) = k$ est l'ensemble de tous les points du domaine de f pour lesquels f prend une valeur k donnée. Autrement dit, une telle courbe montre les points où le graphe de f a une hauteur k sur l'axe des z. On note que si k n'appartient pas à l'image de f, alors la courbe de niveau correspondante est l'ensemble vide. En général, une courbe de niveau peut être plus compliquée qu'une courbe simple et être constituée de plusieurs courbes, de points isolés et même de régions planes (voir les exercices 38 et 39). On utilise aussi le terme **ensembles de niveau** pour désigner les courbes de niveau.

La figure 11 illustre la relation entre les courbes de niveau et les traces horizontales. Les courbes de niveau $f(x, y) = k$ sont les traces du graphe de f dans le plan horizontal $z = k$ projetées dans le plan xy. Ainsi, si on trace les courbes de niveau d'une fonction et qu'on les visualise comme si elles étaient élevées jusqu'à la surface à la hauteur correspondante, alors on peut les assembler mentalement pour reconstituer une image du graphe. La surface est abrupte là où les courbes de niveau sont rapprochées. Elle est plus plate là où les courbes sont plus éloignées les unes des autres.

Les courbes de niveau des cartes topographiques d'une région montagneuse, telle que la carte de la figure 12, sont un exemple type. Dans ce cas, les courbes de niveau sont des courbes d'élévation constante au-dessus du niveau de la mer. Si on marche le long d'une de ces courbes, on ne monte pas et on ne descend pas. Un autre exemple type est la fonction de température présentée à la figure 13 (p. 118), qui montre une carte météorologique mondiale donnant les températures moyennes en janvier. Dans ce cas, les courbes de niveau, appelées **isothermes**, relient les endroits de même température. Sur la figure, elles séparent les bandes colorées.

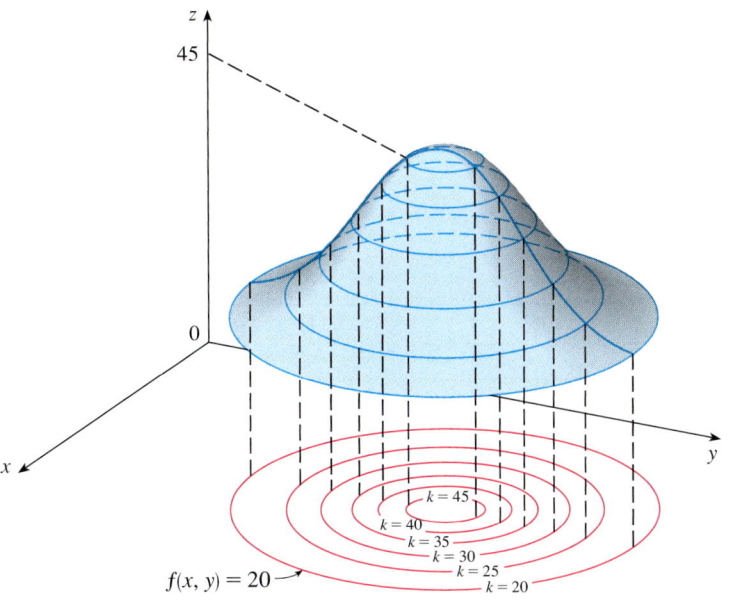

FIGURE 11

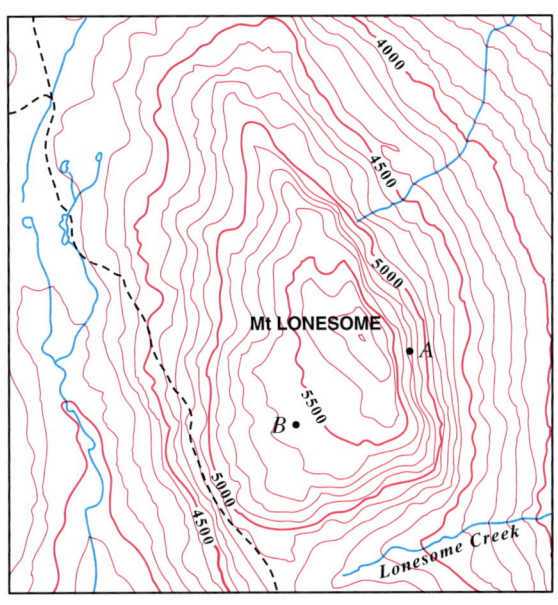

FIGURE 12

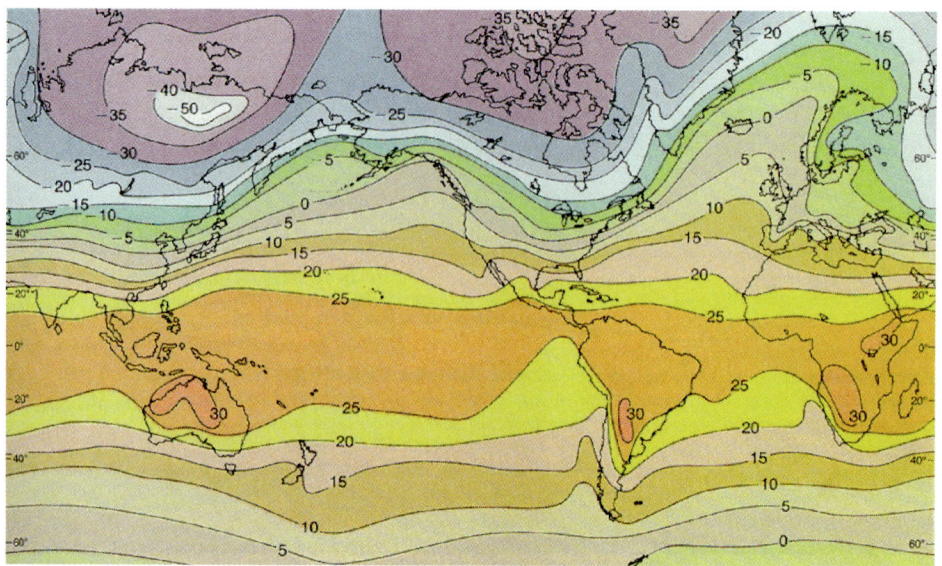

FIGURE 13
Température moyenne au niveau de la mer dans le monde, en janvier, en degrés Celsius.

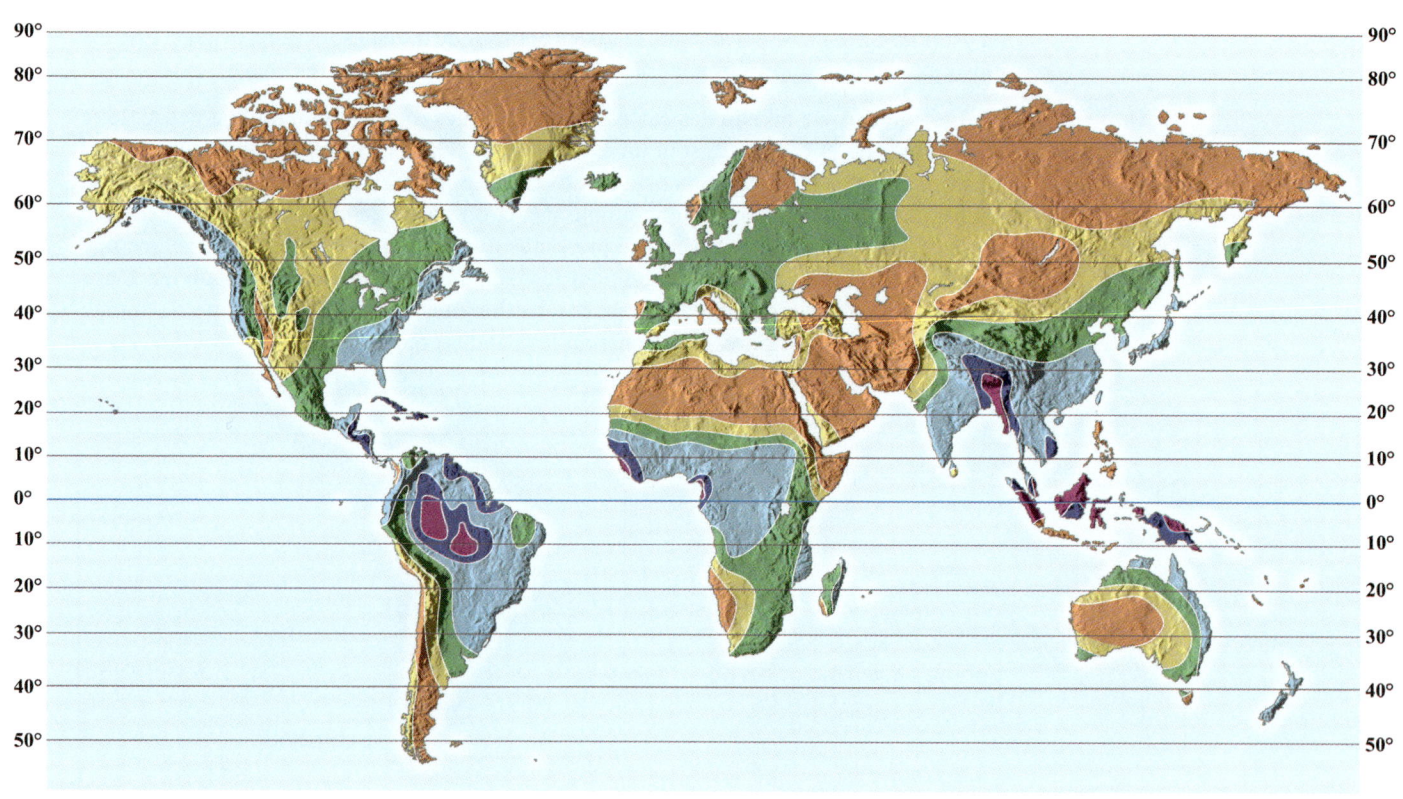

FIGURE 14

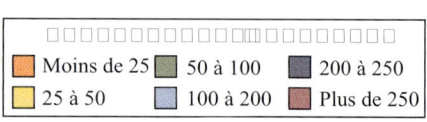

Moins de 25	50 à 100	200 à 250
25 à 50	100 à 200	Plus de 250

Sur les cartes météorologiques indiquant la pression atmosphérique à un moment donné en fonction de la longitude et de la latitude, les courbes de niveau sont appelées **isobares** et relient des points où la pression est la même (voir l'exercice 34). Les vents de surface tendent à souffler des régions de haute pression en croisant les isobares vers les régions de basse pression et soufflent le plus fort là où les isobares sont très rapprochées.

La figure 14 illustre une carte des précipitations mondiales. Sur cette carte, les courbes de niveau ne sont pas étiquetées, mais elles séparent les régions colorées et la quantité de précipitations de chaque région est indiquée par le code de couleurs.

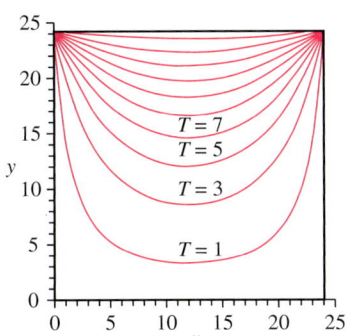

FIGURE 15

EXEMPLE 10 On considère une plaque métallique carrée de côté égal à 24 cm. Le côté supérieur de la plaque est maintenu à 20 °C, le côté inférieur est maintenu à 0 °C et les deux autres côtés sont parfaitement isolés. L'équation de Laplace permet de déterminer la température de la plaque en chaque point (x, y). Les courbes de niveau de la fonction de température $T(x, y)$ sont appelées **isothermes** et sont illustrées à la figure 15.

EXEMPLE 11 À partir de la figure 16, qui montre un diagramme de courbes de niveau d'une fonction f, estimons les valeurs de $f(1, 3)$ et de $f(4, 5)$.

SOLUTION Le point $(1, 3)$ est situé entre les courbes de niveau de valeurs $z = 70$ et $z = 80$. On estime donc que

$$f(1, 3) \approx 73.$$

De même, on estime que

$$f(4, 5) \approx 56.$$

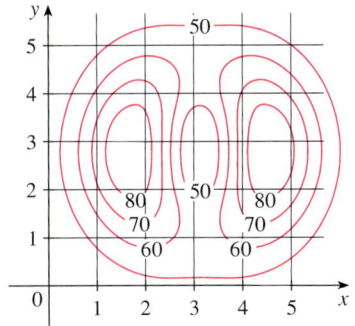

FIGURE 16

EXEMPLE 12 Traçons les courbes de niveau de la fonction $f(x, y) = 6 - 3x - 2y$ pour $k = -6, 0, 6, 12$.

SOLUTION Les courbes de niveau sont

$$6 - 3x - 2y = k \quad \text{ou} \quad 3x + 2y + (k - 6) = 0.$$

Ces courbes forment une famille de droites de pente $-3/2$. Les quatre courbes de niveau particulières pour $k = -6, 0, 6$ et 12 sont $3x + 2y - 12 = 0$, $3x + 2y - 6 = 0$, $3x + 2y = 0$ et $3x + 2y + 6 = 0$ (voir la figure 17). Les courbes de niveau sont des droites parallèles également espacées parce que le graphe de f est un plan (voir la figure 6 à la page 115).

En général, les courbes de niveau d'une fonction linéaire

$$f(x, y) = ax + by + c$$

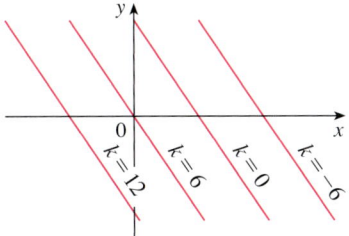

FIGURE 17
Les courbes de niveau
de $f(x, y) = 6 - 3x - 2y$.

sont des droites parallèles et également espacées (pour des valeurs de k à intervalles réguliers) d'équation

$$ax + by + c = k \quad \text{ou encore} \quad y = -\frac{a}{b}x + \frac{k - c}{b}$$

lorsque $b \neq 0$.

EXEMPLE 13 Traçons les courbes de niveau de la fonction

$$g(x, y) = \sqrt{9 - x^2 - y^2} \quad \text{pour} \quad k = 0, 1, 2, 3.$$

SOLUTION Les courbes de niveau sont

$$\sqrt{9 - x^2 - y^2} = k \quad \text{ou} \quad x^2 + y^2 = 9 - k^2.$$

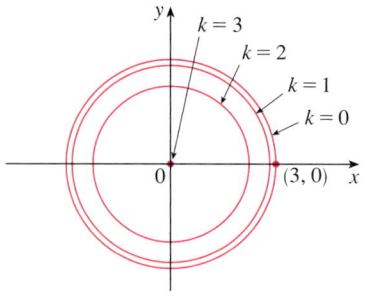

FIGURE 18
Les courbes de niveau
de $g(x, y) = \sqrt{9 - x^2 - y^2}$.

Ces courbes forment une famille de cercles concentriques de centre $(0, 0)$ et de rayon $\sqrt{9 - k^2}$. La figure 18 montre ces cercles pour $k = 0, 1, 2, 3$. Essayez de visualiser ces courbes élevées à la hauteur k pour former une surface et comparez votre visualisation avec le graphe de g (un hémisphère) à la figure 7 (p. 115).

EXEMPLE 14 Traçons les courbes de niveau de la fonction $h(x, y) = 4x^2 + y^2 + 1$.

SOLUTION Les courbes de niveau sont

$$4x^2 + y^2 + 1 = k \quad \text{ou} \quad \frac{x^2}{k/4} + \frac{y^2}{k} = 1.$$

Pour $k > 1$, ces courbes sont des ellipses de demi-axes $\sqrt{k}/2$ et $\sqrt{k}$ en x et y respectivement. La figure 19 a) montre un diagramme de courbes de niveau de h tracées à l'aide d'un ordinateur. La figure 19 b) montre ces courbes de niveau élevées jusqu'au graphe de h (un paraboloïde elliptique, décrit à la section 3.3, p. 140) où elles correspondent à des traces horizontales. La figure 19 montre la construction du graphe de h à partir des courbes de niveau.

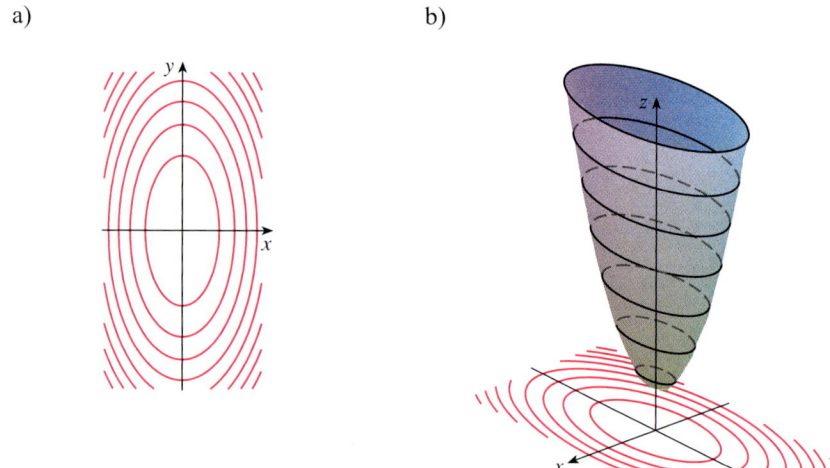

a) Diagramme de courbes de niveau.

b) Les traces horizontales sont les courbes de niveau élevées à la hauteur correspondante.

FIGURE 19

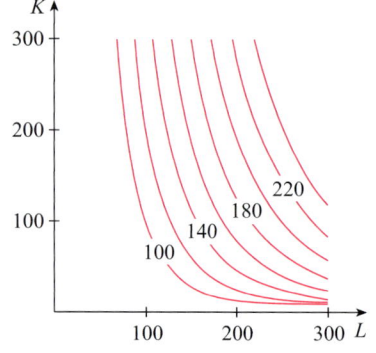

FIGURE 20

EXEMPLE 15 Traçons les courbes de niveau pour la fonction de production de Cobb-Douglas de l'exemple 4.

SOLUTION À la figure 20, on a utilisé un ordinateur pour tracer un diagramme de courbes de niveau de la fonction de production de Cobb-Douglas

$$P(L, K) = 1{,}01 L^{0,75} K^{0,25}.$$

Les courbes de niveau sont étiquetées selon la valeur de la production P. Par exemple, la courbe de niveau étiquetée 140 montre toutes les valeurs du travail L et de l'investissement en capital K qui donnent une production $P = 140$. On constate que pour une valeur fixée de P, si L croît, alors K décroît, et inversement.

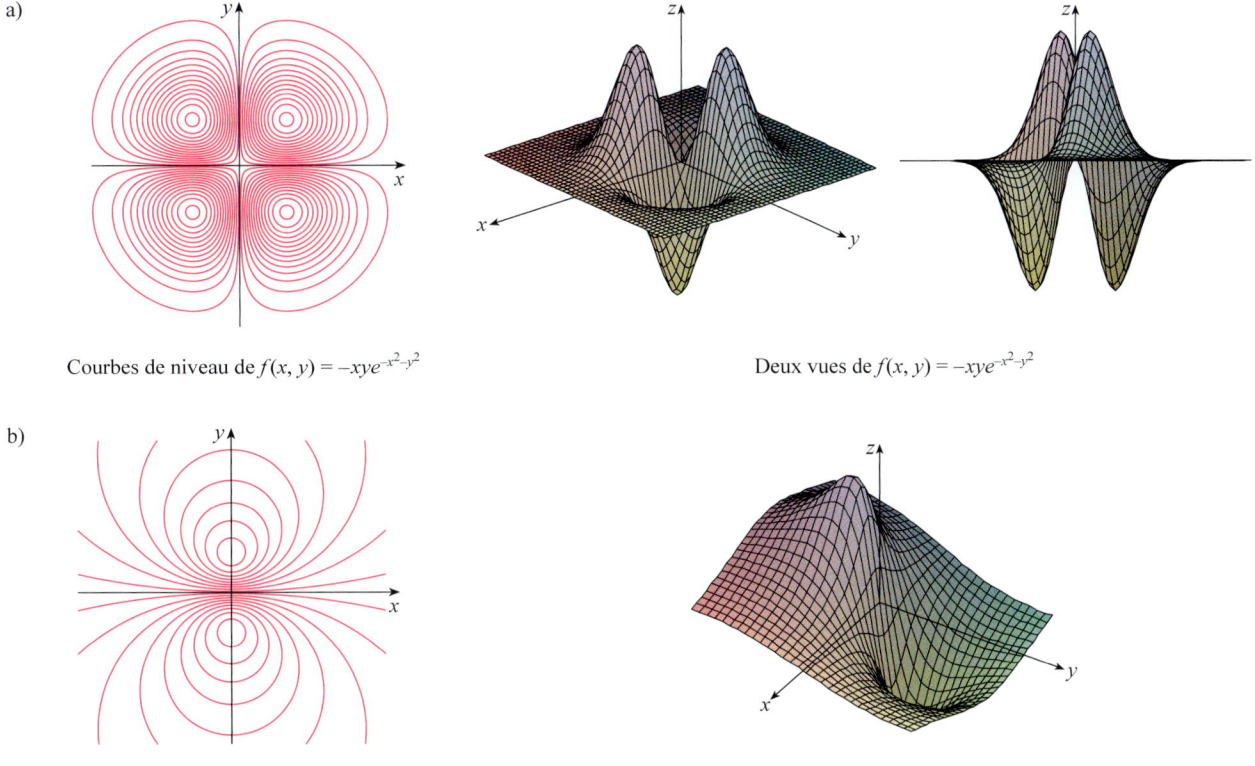

a) Courbes de niveau de $f(x, y) = -xye^{-x^2-y^2}$

Deux vues de $f(x, y) = -xye^{-x^2-y^2}$

b) Courbes de niveau de $f(x, y) = \dfrac{-3y}{x^2+y^2+1}$

Graphe de $f(x, y) = \dfrac{-3y}{x^2+y^2+1}$

FIGURE 21

Dans certaines situations, un diagramme de courbes de niveau est plus utile qu'un graphe. C'est le cas à l'exemple 15. (Comparez la figure 20 avec la figure 8, p. 115.) C'est aussi le cas lorsqu'on estime les valeurs d'une fonction, comme à l'exemple 11 (p. 119). La figure 21 montre quelques courbes de niveau tracées par ordinateur ainsi que les graphes correspondants. On remarque que les courbes de niveau en b) se regroupent près de l'origine, ce qui correspond au fait que le graphe est très abrupt près de l'origine.

LES FONCTIONS DE TROIS VARIABLES OU PLUS

Une **fonction de trois variables** est une règle qui assigne à chaque triplet (x, y, z) dans un domaine $D \subset \mathbb{R}^3$ un nombre réel unique noté $f(x, y, z)$. Par exemple, la température T en un point de la surface de la Terre dépend de la longitude x et de la latitude y de ce point, ainsi que de l'instant t; on peut écrire $T = f(x, y, t)$.

EXEMPLE 16 Trouvons le domaine de f si $f(x, y, z) = \ln(z - y) + xy \sin z$.

SOLUTION L'expression de $f(x, y, z)$ est définie si et seulement si $z - y > 0$, de sorte que le domaine de f est

$$D = \{(x, y, z) \in \mathbb{R}^3 \mid z > y\}$$

ce qui représente un demi-espace constitué de tous les points au-dessus du plan $z = y$.

La représentation visuelle d'une fonction f de trois variables par son graphe est impossible, car celui-ci serait contenu dans un espace à quatre dimensions. Cependant, on peut se faire une idée du comportement de f en examinant ses **surfaces** (ou **ensembles**) **de niveau**, qui sont des surfaces d'équations $f(x, y, z) = k$, où k est une constante. Si le point (x, y, z) se déplace sur une surface de niveau, la valeur de $f(x, y, z)$ demeure constante.

EXEMPLE 17 Trouvons les surfaces de niveau de la fonction
$$f(x, y, z) = x^2 + y^2 + z^2.$$

SOLUTION Les surfaces de niveau sont $x^2 + y^2 + z^2 = k$, où $k \geq 0$. Ces surfaces forment une famille de sphères concentriques de rayon $\sqrt{k}$ et centrées à l'origine O (voir la figure 22). Lorsque (x, y, z) varie sur n'importe quelle sphère de centre O, la valeur de $f(x, y, z)$ demeure constante.

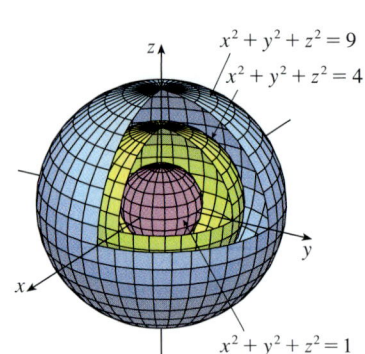

FIGURE 22

On peut considérer des fonctions d'un nombre quelconque de variables. Une **fonction de n variables** est une règle qui assigne un nombre $z = f(x_1, x_2, \ldots, x_n)$ à un n-uplet $(x_1, x_2, \ldots, x_n)$ de nombres réels. L'ensemble de tous ces n-uplets se note $\mathbb{R}^n$. Par exemple, supposons qu'une entreprise utilise n ingrédients différents pour fabriquer un produit alimentaire, que c_i est le coût unitaire du i-ième ingrédient, et qu'il faut x_i unités de ce i-ième ingrédient. Le coût total C des ingrédients est alors une fonction des n variables $x_1, x_2, \ldots, x_n$:

3
$$C = f(x_1, x_2, \ldots, x_n) = c_1 x_1 + c_2 x_2 + \cdots + c_n x_n.$$

La fonction f est une fonction à valeurs réelles dont le domaine est un sous-ensemble de $\mathbb{R}^n$.

LA NOTATION VECTORIELLE

On emploie souvent pour les fonctions de n variables la notation vectorielle, qui est plus compacte. Si on identifie un point dans $\mathbb{R}^n$ avec son vecteur position et qu'on note $\vec{x} = (x_1, x_2, \ldots, x_n)$, on écrit $f(\vec{x})$ au lieu de $f(x_1, x_2, \ldots, x_n)$. Par exemple, cette notation permet de réécrire la fonction définie à l'équation 3 sous la forme
$$f(\vec{x}) = \vec{c} \cdot \vec{x}$$
où $\vec{c} = (c_1, c_2, \ldots, c_n)$ et $\vec{c} \cdot \vec{x}$ désigne le produit scalaire des vecteurs $\vec{c}$ et $\vec{x}$.

On peut encore simplifier la notation en considérant $\vec{x}$ et $\vec{c}$ comme des vecteurs colonnes. La fonction f s'écrit alors
$$f(\vec{x}) = \vec{c}^{\,\mathrm{T}} \vec{x}$$
où $\vec{v}^{\,\mathrm{T}}$ dénote le transposé d'un vecteur $\vec{v}$. Le vecteur $\vec{c}^{\,\mathrm{T}} \vec{x}$ possède une seule composante et est considéré comme un scalaire.

EXEMPLE 18 Réécrivons la fonction linéaire
$$f(x_1, x_2, x_3, x_4) = 2x_1 + x_2 - 3x_3 - x_4$$
en utilisant la notation vectorielle.

SOLUTION Si
$$\vec{x} = \begin{bmatrix} x_1 \\ x_2 \\ x_3 \\ x_4 \end{bmatrix} \quad \text{et} \quad \vec{c} = \begin{bmatrix} 2 \\ 1 \\ -3 \\ -1 \end{bmatrix}$$
alors $f(\vec{x}) = \vec{c}^{\,\mathrm{T}} \vec{x}$.

EXEMPLE 19 Réécrivons la fonction quadratique
$$f(x, y) = x^2 - xy + y^2$$
en utilisant la notation vectorielle.

SOLUTION Si

$$\vec{x} = \begin{bmatrix} x \\ y \end{bmatrix} \quad \text{et} \quad A = \begin{bmatrix} 1 & -1/2 \\ -1/2 & 1 \end{bmatrix}$$

alors

$$f(\vec{x}) = \vec{x}^T A \vec{x}.$$

Exercices 3.1

1. Dans l'exemple 2, on a considéré la fonction $E = f(T, v)$, où E est l'indice du refroidissement éolien, T, la température réelle et v, la vitesse du vent. Le tableau 3.1 (p. 112) donne une représentation numérique de cette fonction.
   a) Quelle est la valeur de $f(-15, 40)$? Que signifie cette valeur ?
   b) Expliquez le sens de la question : Pour quelle valeur de v est-ce que $f(-20, v) = -30$? Répondez ensuite à la question.
   c) Expliquez le sens de la question : Pour quelle valeur de T est-ce que $f(T, 20) = -49$? Répondez ensuite à la question.
   d) Comment interprétez-vous la fonction $E = f(-5, v)$? Décrivez le comportement de cette fonction.
   e) Comment interprétez-vous la fonction $E = f(T, 50)$? Décrivez le comportement de cette fonction.

2. L'indice humidex I canadien est la température de l'air ressentie lorsque la température réelle est T et que l'humidité relative est h. Ainsi, $I = f(T, h)$. Le tableau suivant donne les valeurs de I pour différentes combinaisons de température et d'humidité relative.

Température réelle (°C)	Humidité relative (%)					
	20	30	40	50	60	70
26	26	26	28	30	32	33
28	28	29	31	33	35	37
30	30	31	34	36	38	41
32	32	34	37	40	42	45
34	34	37	40	43	46	49

   a) Quelle est la valeur de $f(32, 70)$? Que signifie cette valeur ?
   b) Pour quelle valeur de h est-ce que $f(30, h) = 38$?
   c) Pour quelle valeur de T est-ce que $f(T, 50) = 33$?
   d) Interprétez les fonctions $I = f(26, h)$ et $I = f(34, h)$. Comparez le comportement de ces deux fonctions de h.

3. Un fabricant a modélisé la fonction P représentant sa production annuelle (la valeur monétaire de sa production complète en millions de dollars) à l'aide de la fonction de Cobb-Douglas
$$P(L, K) = 1{,}47 L^{0{,}65} K^{0{,}35}$$
où L est le nombre d'heures de travail (en milliers) et K est le capital investi (en millions de dollars). Calculez $P(120, 20)$ et interprétez le résultat.

4. Soit la fonction de production de Cobb-Douglas
$$P(L, K) = 1{,}01 L^{0{,}75} K^{0{,}25}$$
dont il a été question à l'exemple 4 (p. 113). Vérifiez si la production double lorsque la quantité de travail et le capital doublent. Déterminez si c'est également vrai pour la fonction de production générale
$$P(L, K) = b L^{\alpha} K^{1-\alpha}.$$

5. Un modèle de la surface totale du corps humain est donné par la fonction
$$S = f(m, h) = 0{,}007\,184\, m^{0{,}425} h^{0{,}725}$$
où m est le poids (en kg), h est la taille (en cm) et S est mesurée en mètres carrés.
   a) Calculez $f(60, 160)$ et interprétez le résultat.
   b) Quelle est votre propre aire totale ?

6. La fonction
$$E(T, v) = 13{,}12 + 0{,}6215T - 11{,}37 v^{0{,}16} + 0{,}3965 T v^{0{,}16}$$
modélise l'indice du refroidissement éolien E dont il est question à l'exemple 2 (p. 112).

   Vérifiez pour quelques valeurs de T et de v si ce modèle donne des valeurs proches de celles du tableau 3.1.

7. La hauteur des vagues en haute mer dépend de la vitesse v du vent et de la durée t pendant laquelle le vent souffle à cette vitesse. Les valeurs de la fonction $h = f(v, t)$ sont données en mètres dans le tableau suivant.

Vitesse du vent (nœuds)	Durée (heures)						
	5	10	15	20	30	40	50
10	0,6	0,6	0,6	0,6	0,6	0,6	0,6
15	1,2	1,2	1,5	1,5	1,5	1,5	1,5
20	1,5	2,1	2,4	2,4	2,7	2,7	2,7
30	2,7	4,0	4,9	5,2	5,5	5,8	5,8
40	4,3	6,4	7,6	8,5	9,5	10,1	10,1
50	5,8	8,8	11,0	12,2	13,7	14,6	15,2
60	7,3	11,3	14,3	16,5	18,9	20,4	21,0

   a) Quelle est la valeur de $f(40, 15)$? Que signifie cette valeur ?
   b) Interprétez la fonction $h = f(30, t)$. Décrivez le comportement de cette fonction.

c) Interprétez la fonction $h = f(v, 30)$. Décrivez le comportement de cette fonction.

8. Une entreprise fabrique trois formats de boîtes de carton : petite, moyenne et grande. Le coût de fabrication d'une petite boîte est de 2,50 $, celui d'une boîte moyenne est de 4,00 $ et celui d'une grande boîte est de 4,50 $. Les coûts fixes s'élèvent à 8 000 $.

   a) Exprimez le coût de fabrication de x petites boîtes, y boîtes moyennes et z grandes boîtes en fonction de trois variables : $C = f(x, y, z)$.
   b) Calculez $f(3000, 5000, 4000)$ et interprétez le résultat.
   c) Quel est le domaine de f ?

9. Soit $g(x, y) = \cos(x + 2y)$.
   a) Évaluez $g(2, -1)$.
   b) Trouvez le domaine de g.
   c) Trouvez l'image de g.

10. Soit $F(x, y) = 1 + \sqrt{4 - y^2}$.
    a) Évaluez $F(3, 1)$.
    b) Trouvez et esquissez le domaine de F.
    c) Trouvez l'image de F.

11. Soit $f(x, y, z) = \sqrt{x} + \sqrt{y} + \sqrt{z} + \ln(4 - x^2 - y^2 - z^2)$.
    a) Évaluez $f(1, 1, 1)$.
    b) Trouvez et décrivez le domaine de f.

12. Soit $g(x, y, z) = x^3 y^2 z \sqrt{10 - x - y - z}$.
    a) Évaluez $g(1, 2, 3)$.
    b) Trouvez et décrivez le domaine de g.

13-22 Trouvez et esquissez le domaine de chacune des fonctions ci-dessous.

13. $f(x, y) = \sqrt{x - 2} + \sqrt{y - 1}$
14. $f(x, y) = \sqrt[4]{x - 3y}$
15. $f(x, y) = \ln(9 - x^2 - 9y^2)$
16. $f(x, y) = \sqrt{x^2 + y^2 - 4}$
17. $g(x, y) = \dfrac{x - y}{x + y}$
18. $g(x, y) = \dfrac{\ln(2 - x)}{1 - x^2 - y^2}$
19. $f(x, y) = \dfrac{\sqrt{y - x^2}}{1 - x^2}$
20. $f(x, y) = \sin^{-1}(x + y)$
21. $f(x, y, z) = \sqrt{4 - x^2} + \sqrt{9 - y^2} + \sqrt{1 - z^2}$
22. $f(x, y, z) = \ln(16 - 4x^2 - 4y^2 - z^2)$

23-31 Décrivez les traces et les courbes de niveau de la fonction. Tracez ensuite le graphe de la fonction.

23. $f(x, y) = y$
24. $f(x, y) = x^2$
25. $f(x, y) = 10 - 4x - 5y$
26. $f(x, y) = \cos y$
27. $f(x, y) = \sin x$
28. $f(x, y) = 2 - x^2 - y^2$
29. $f(x, y) = x^2 + 4y^2 + 1$
30. $f(x, y) = \sqrt{4x^2 + y^2}$
31. $f(x, y) = \sqrt{4 - 4x^2 - y^2}$

32. Associez la fonction avec son graphe (numérotés de I à VI). Justifiez vos choix.

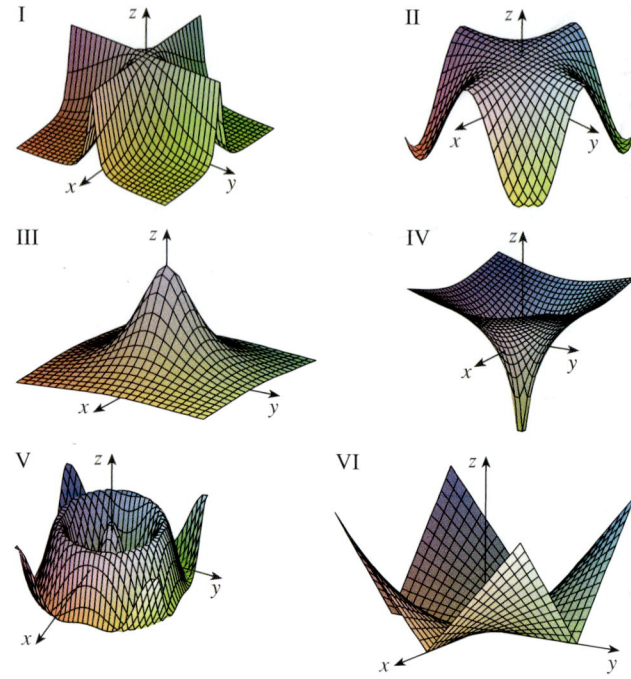

   a) $f(x, y) = \dfrac{1}{1 + x^2 + y^2}$
   b) $f(x, y) = \dfrac{1}{1 + x^2 y^2}$
   c) $f(x, y) = \ln(x^2 + y^2)$
   d) $f(x, y) = \cos\sqrt{x^2 + y^2}$
   e) $f(x, y) = |xy|$
   f) $f(x, y) = \cos(xy)$

33. Utilisez le diagramme de courbes de niveau de la fonction f donné pour estimer les valeurs de $f(-3, 3)$ et de $f(3, -2)$. Que pouvez-vous dire à propos de la forme du graphe de f ?

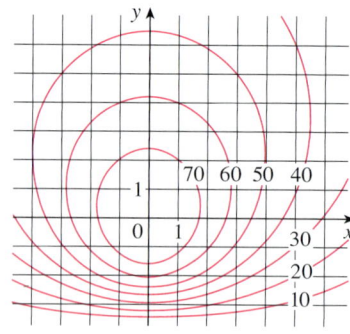

34. La figure ci-après montre une carte en courbes de niveau de la pression atmosphérique en Amérique du Nord le 12 août 2008. Sur les courbes de niveau (appelées isobares), la pression est indiquée en millibars (mb).

   a) Estimez la pression à C (Chicago), à N (Nashville), à S (San Francisco) et à V (Vancouver).
   b) Dans laquelle de ces villes les vents soufflaient-ils le plus fort ?

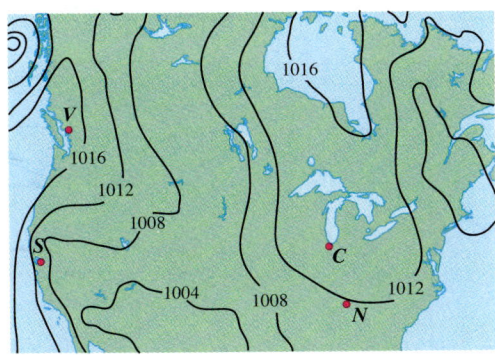

a) Estimez les valeurs de $g(P)$ et de $g(Q)$.
b) La fonction g est-elle linéaire?

38. Donnez un exemple d'une fonction:
a) dont la courbe de niveau 2 est un cercle.
b) dont la courbe de niveau 0 est l'ensemble vide.
c) dont chaque courbe de niveau est une droite.

39. Donnez un exemple d'une fonction:
a) dont la courbe de niveau -1 est l'ensemble vide et la courbe de niveau 1 est un cercle.
b) dont la courbe de niveau 0 est un ensemble contenant un seul point.
c) dont chaque courbe (ensemble) de niveau $k > 0$ est constituée d'un nombre infini de droites distinctes.

40. Esquissez le diagramme des courbes de niveau de la fonction dont le graphe est le suivant.

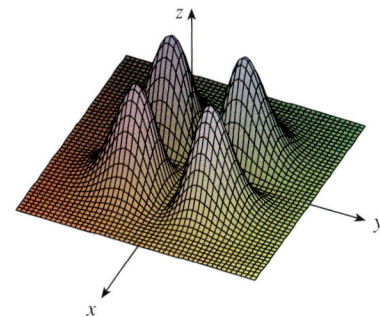

35. Le diagramme ci-dessous montre les courbes de niveau (isothermes) pour une température de l'eau typique (en °C) du lac Long (au Minnesota) en fonction de la profondeur et de la période de l'année. Estimez la température dans le lac le 9 juin (jour 160) à une profondeur de 10 m et le 29 juin (jour 180) à une profondeur de 5 m.

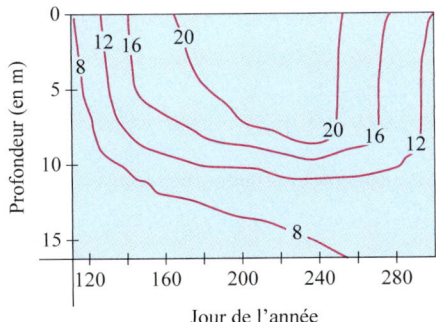

36. Considérons les diagrammes de courbes de niveau suivants. L'un représente une fonction f dont le graphe est un cône, et l'autre, une fonction g dont le graphe est un paraboloïde (voir la section 3.3). Associez chaque diagramme à son graphe. Expliquez votre réponse.

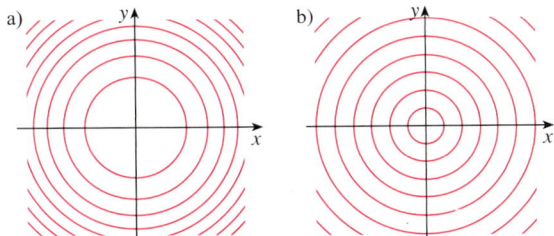

37. La figure suivante représente les courbes de niveau d'une fonction g.

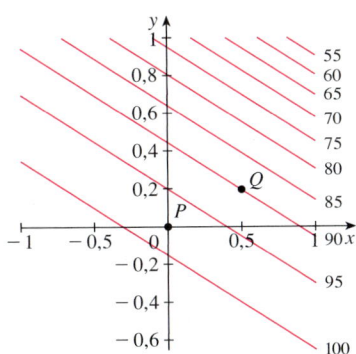

41. L'indice de masse corporelle (IMC) d'une personne est défini par

$$I(m, h) = \frac{m}{h^2}$$

où m est la masse de la personne (en kilogrammes) et h est sa taille (en mètres). Tracez les courbes de niveau
$I(m, t) = 18{,}5$, $I(m, t) = 25$, $I(m, t) = 30$ et $I(m, t) = 40$.

Généralement, on considère qu'une personne est maigre si son IMC est inférieur à 18,5, qu'elle a une masse optimale si son IMC est entre 18,5 et 25, qu'elle souffre d'embonpoint si son IMC est entre 25 et 30 et qu'elle est obèse si son IMC dépasse 30. Coloriez la région qui correspond à un IMC optimal. Un individu qui pèse 62 kg et mesure 152 cm se trouve-t-il dans cette catégorie?

42. L'indice de masse corporelle est défini à l'exercice 41. Tracez la courbe de niveau de cette fonction pour une personne qui mesure 200 cm et pèse 80 kg. Trouvez le poids et la taille de deux autres personnes qui sont sur la même courbe de niveau.

43. Soit les points A et B de la carte topographique de la Lonesome Mountain au Montana (voir la figure 12, p. 117). Décrivez le terrain près de A et près de B.

44. Associez chaque fonction à son diagramme de courbes de niveau (désignés A à D).

a) $f(x,y) = y - \sin(x)$
b) $f(x,y) = y - x$
c) $f(x,y) = \sin(y - x)$
d) $f(x,y) = \sin(y) - \sin(x)$

A
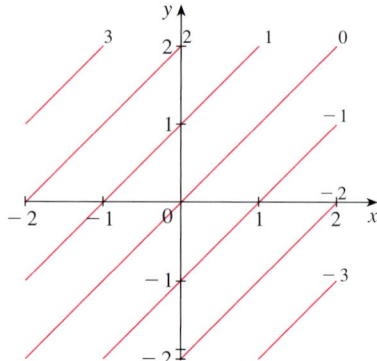

B
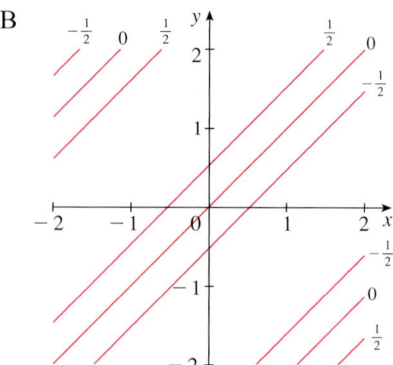

C
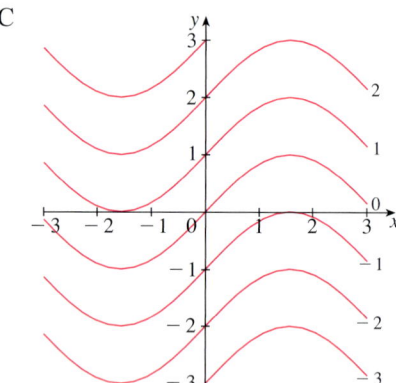

D
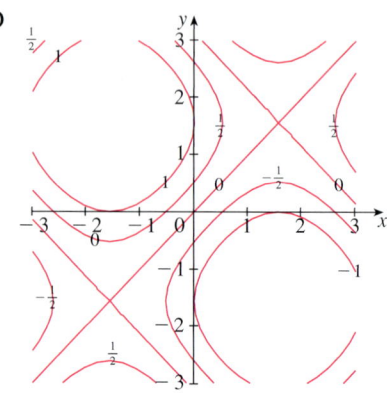

45-48 Esquissez le graphe de la fonction f dont les courbes de niveau sont données.

45.
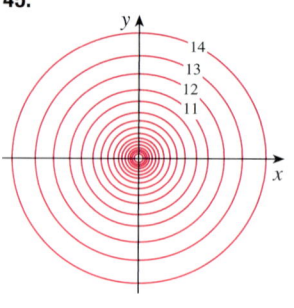

46.
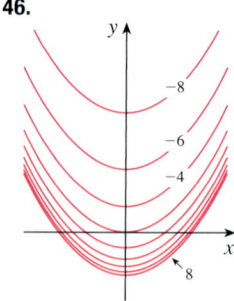

47.
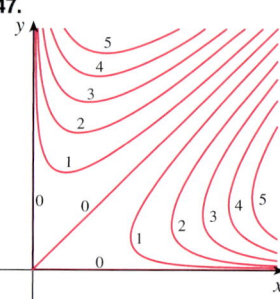

48.
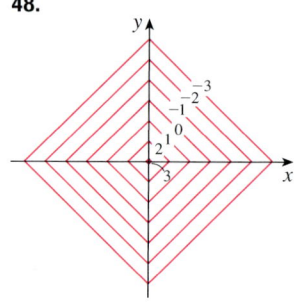

49-56 Tracez un diagramme de courbes de niveau pour la fonction.

49. $f(x,y) = x^2 - y^2$ **50.** $f(x,y) = xy$

51. $f(x,y) = \sqrt{x} + y$ **52.** $f(x,y) = \ln(x^2 + 4y^2)$

53. $f(x,y) = ye^x$ **54.** $f(x,y) = y - \arctan x$

55. $f(x,y) = \sqrt[3]{x^2 + y^2}$ **56.** $f(x,y) = y/(x^2 + y^2)$

57-58 Tracez le diagramme des courbes de niveau et le graphe de la fonction, puis comparez-les.

57. $f(x,y) = x^2 + 9y^2$

58. $f(x,y) = \sqrt{36 - 9x^2 - 4y^2}$

59. La température au point (x, y) d'une mince plaque de métal située dans un plan xy est $y = \ln(P/K)$. Les courbes de niveau de T sont appelées des **isothermes**, car la température est la même en chaque point d'une telle courbe. Tracez quelques isothermes de la fonction de température

$$T(x, y) = 100/(1 + x^2 + 2y^2).$$

60. Si $V(x, y)$ est le potentiel électrique au point (x, y) d'un plan xy, alors les courbes de niveau de V sont appelées des **équipotentielles**, car le potentiel électrique est le même en chaque point d'une telle courbe. Tracez quelques équipotentielles de $V(x,y) = c/\sqrt{r^2 - x^2 - y^2}$, où c est une constante positive.

61-64 À l'aide d'un ordinateur, tracez le graphe de la fonction pour divers domaines et selon différents points de vue. Imprimez le graphe qui vous semble donner la meilleure représentation de la fonction. Si votre logiciel le permet, faites-lui tracer quelques courbes de niveau de la même fonction et comparez-les avec le graphe.

61. $f(x, y) = xy^2 - x^3$ (selle de singe)

62. $f(x, y) = xy^3 - yx^3$ (selle de chien)

63. $f(x, y) = e^{-(x^2+y^2)/3}(\sin(x^2) + \cos(y^2))$

64. $f(x, y) = \cos x \cos y$

65-70 Associez la fonction a) à son graphe (désignés A à F) et b) à son diagramme de courbes de niveau (numérotés I à VI). Justifiez vos choix.

65. $z = \sin(xy)$

66. $z = e^x \cos y$

67. $z = \sin(x - y)$

68. $z = \sin x - \sin y$

69. $z = (1 - x^2)(1 - y^2)$

70. $z = \dfrac{x - y}{1 + x^2 + y^2}$

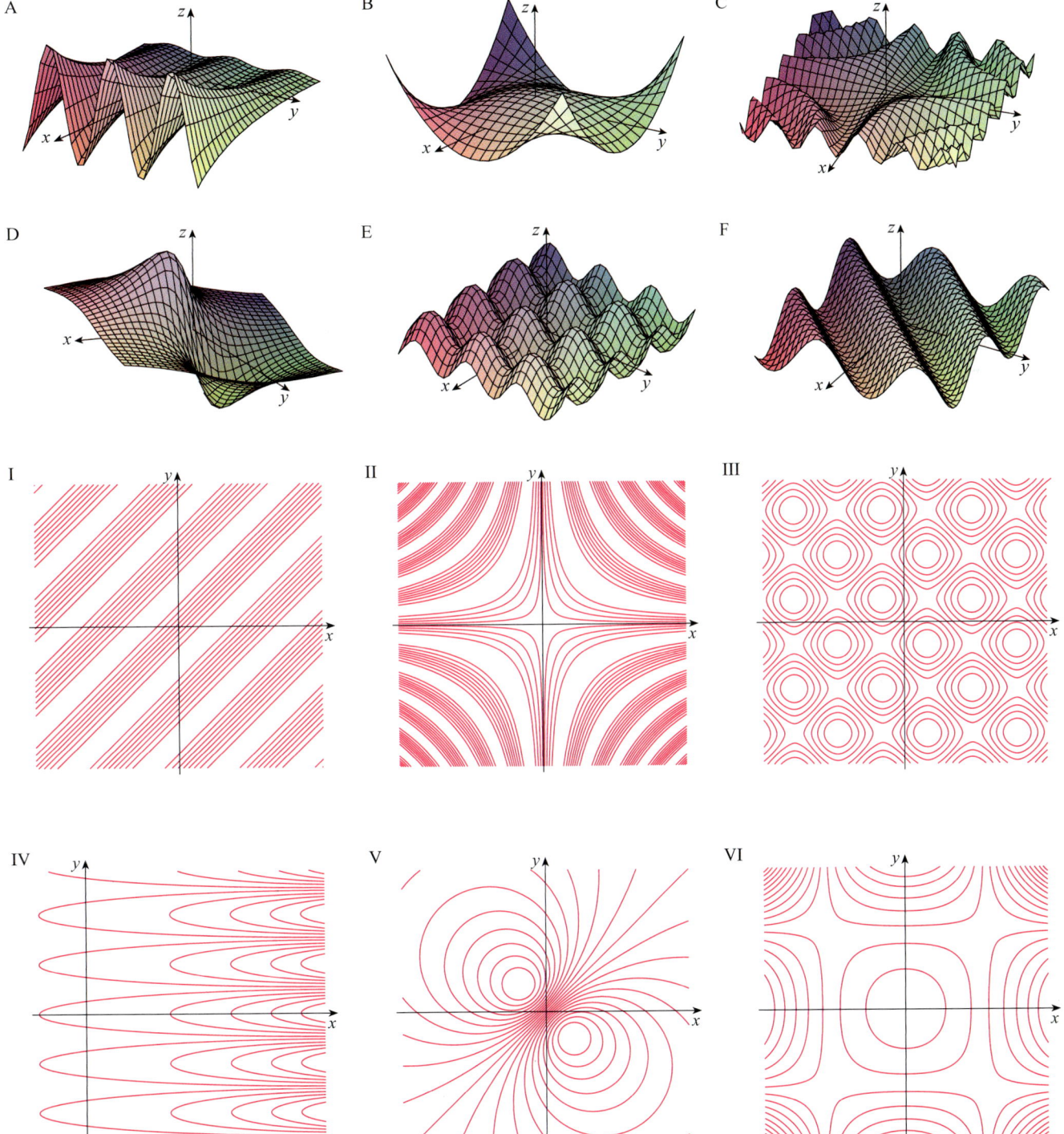

71-74 Décrivez les surfaces de niveau de la fonction.

71. $f(x,y,z) = x + 3y + 5z$

72. $f(x,y,z) = x^2 + 3y^2 + 5z^2$

73. $f(x,y,z) = y^2 + z^2$

74. $f(x,y,z) = x^2 - y^2 - z^2$

75-76 Expliquez comment obtenir le graphe de g à partir de celui de f.

75. a) $g(x,y) = f(x,y) + 2$
b) $g(x,y) = 2f(x,y)$
c) $g(x,y) = -f(x,y)$
d) $g(x,y) = 2 - f(x,y)$

76. a) $g(x,y) = f(x-2, y)$
b) $g(x,y) = f(x, y+2)$
c) $g(x,y) = f(x+3, y-4)$

---

77. Écrivez explicitement la fonction en termes des variables données.

a) $f(\vec{x}) = \vec{c}^T \vec{x}$, où $\vec{c} = \begin{bmatrix} -2 \\ 5 \end{bmatrix}$ et $\vec{x} = \begin{bmatrix} x \\ y \end{bmatrix}$

b) $f(\vec{x}) = \vec{x}^T A \vec{x}$, où $A = \begin{bmatrix} 1 & 7 \\ 2 & -3 \end{bmatrix}$ et $\vec{x} = \begin{bmatrix} x \\ y \end{bmatrix}$

c) $f(\vec{x}) = \vec{x}^T A \vec{x} + \vec{c}^T \vec{x}$, où
$A = \begin{bmatrix} 4 & 0 \\ -1 & 2 \end{bmatrix}, \vec{c} = \begin{bmatrix} 2 \\ 1 \end{bmatrix}$ et $\vec{x} = \begin{bmatrix} x \\ y \end{bmatrix}$

d) $f(x) = \vec{x}^T A \vec{x} + \vec{c}^T \vec{x}$, où
$A = \begin{bmatrix} 1 & 0 & 2 \\ 2 & 0 & -1 \\ -2 & 1 & 0 \end{bmatrix}, \vec{c} = \begin{bmatrix} 0 \\ 2 \\ 3 \end{bmatrix}$ et $\vec{x} = \begin{bmatrix} x \\ y \\ z \end{bmatrix}$

78. Réécrivez la fonction sous forme vectorielle.

a) $f(x,y) = x - 2y$
b) $f(x,y) = x^2 + y^2 - 4xy$
c) $f(x,y,z) = 3x - 6y + 5z$
d) $f(x,y,z) = x^2 - y^2 + z^2 - 2xz + 10x - 7y$

79. À l'aide d'un ordinateur, tracez le graphe de la fonction
$$f(x,y) = 3x - x^4 - 4y^2 - 10xy$$
pour divers domaines et selon différents points de vue. Imprimez celui qui donne la meilleure représentation des « crêtes » et des « vallées ». Diriez-vous que la fonction possède un maximum ? Pouvez-vous trouver des points du graphe que vous pourriez qualifier de « maximums locaux » ou de « minimums locaux » ?

80-81 À l'aide d'un ordinateur, tracez le graphe de la fonction pour divers domaines et selon différents points de vue. Commentez le comportement limite de la fonction. Qu'arrive-t-il lorsque x et y deviennent grands ? Que se passe-t-il lorsque (x,y) s'approche de l'origine ?

80. $f(x,y) = \dfrac{xy}{x^2 + y^2}$

81. $f(x,y) = \dfrac{x+y}{x^2 + y^2}$

---

82. Utilisez un ordinateur pour étudier la famille de surfaces
$$z = (ax^2 + by^2)e^{-x^2 - y^2}$$
en utilisant différentes valeurs de a et b. Expliquez l'influence des nombres a et b sur la forme du graphe.

83. À l'aide d'un ordinateur, étudiez la famille de surfaces $z = x^2 + y^2 + cxy$ pour différentes valeurs de c. En particulier, déterminez les valeurs de transition de c pour lesquelles la surface passe d'un type de surface quadrique (voir la section 3.3) à un autre.

84. a) Tracez le graphe de chaque fonction.
i) $f(x,y) = \sqrt{x^2 + y^2}$
ii) $f(x,y) = e^{\sqrt{x^2 + y^2}}$
iii) $f(x,y) = \ln\sqrt{x^2 + y^2}$
iv) $f(x,y) = \sin\left(\sqrt{x^2 + y^2}\right)$
v) $f(x,y) = \dfrac{1}{\sqrt{x^2 + y^2}}$

b) En général, si g est une fonction d'une seule variable, comment obtient-on le graphe de
$$f(x,y) = g\left(\sqrt{x^2 + y^2}\right)$$
à partir de celui de g ?

85. a) En prenant les logarithmes de chaque membre de l'égalité, montrez que la fonction de production générale de Cobb-Douglas $P = bL^\alpha K^{1-\alpha}$ devient
$$\ln \frac{P}{K} = \ln b + \alpha \ln \frac{L}{K}.$$

b) En posant $x = \ln(L/K)$ et $y = \ln(P/K)$, l'équation de la partie a) devient l'équation linéaire $y = \alpha x + \ln b$. À l'aide du tableau 3.2 de la page 113, établissez un tableau de valeurs de $\ln(L/K)$ et de $\ln(P/K)$ pour les années 1899 à 1922. Ensuite, à l'aide d'une calculatrice graphique ou d'un ordinateur, trouvez la droite de régression des moindres carrés passant par les points $(\ln(L/K), \ln(P/K))$.

c) Déduisez que la fonction de production de Cobb-Douglas est $P = 1{,}01 L^{0,75} K^{0,25}$.

86. Tracez le graphe de la fonction $h(x)$ de l'exemple 3 (p. 113) pour différentes valeurs de α et de β, de façon à pouvoir déterminer graphiquement son minimum. Estimez ensuite $H(\alpha, \beta)$ pour les valeurs choisies.

3.2 LES LIMITES ET LA CONTINUITÉ

Comparons le comportement des fonctions

$$f(x, y) = \frac{\sin(x^2 + y^2)}{x^2 + y^2} \quad \text{et} \quad g(x, y) = \frac{x^2 - y^2}{x^2 + y^2}$$

lorsque x et y tendent vers 0, et donc que le point (x, y) tend vers l'origine.

Les tableaux 3.3 et 3.4 donnent les valeurs de $f(x, y)$ et de $g(x, y)$, avec trois décimales exactes, pour des points (x, y) près de l'origine. (On notera qu'aucune des deux fonctions n'est définie à l'origine.) Lorsque (x, y) tend vers $(0, 0)$, les valeurs de $f(x, y)$ semblent tendre vers 1, tandis que les valeurs de $g(x, y)$ ne tendent vers aucun nombre. Ces constatations, qui reposent sur des observations numériques, sont en fait correctes et on peut écrire que

$$\lim_{(x, y) \to (0, 0)} \frac{\sin(x^2 + y^2)}{x^2 + y^2} = 1$$

et que $\displaystyle\lim_{(x, y) \to (0, 0)} \frac{x^2 - y^2}{x^2 + y^2}$ n'existe pas.

En général, on utilise la notation

$$\lim_{(x, y) \to (a, b)} f(x, y) = L$$

pour indiquer que les valeurs de $f(x, y)$ tendent vers le nombre L lorsque le point (x, y) tend vers le point (a, b) selon n'importe quel chemin dans le domaine de f. Autrement dit, on peut rendre les valeurs de $f(x, y)$ aussi proches de L qu'on le désire en prenant des points (x, y) suffisamment proches du point (a, b), mais non égaux à (a, b). Voici une définition plus précise.

TABLEAU 3.3 Les valeurs de $f(x, y)$.

x \ y	−1,0	−0,5	−0,2	0	0,2	0,5	1,0
−1,0	0,455	0,759	0,829	0,841	0,829	0,759	0,455
−0,5	0,759	0,959	0,986	0,990	0,986	0,959	0,759
−0,2	0,829	0,986	0,999	1,000	0,999	0,986	0,829
0	0,841	0,990	1,000		1,000	0,990	0,841
0,2	0,829	0,986	0,999	1,000	0,999	0,986	0,829
0,5	0,759	0,959	0,986	0,990	0,986	0,959	0,759
1,0	0,455	0,759	0,829	0,841	0,829	0,759	0,455

TABLEAU 3.4 Les valeurs de $g(x, y)$.

x \ y	−1,0	−0,5	−0,2	0	0,2	0,5	1,0
−1,0	0,000	0,600	0,923	1,000	0,923	0,600	0,000
−0,5	−0,600	0,000	0,724	1,000	0,724	0,000	−0,600
−0,2	−0,923	−0,724	0,000	1,000	0,000	−0,724	−0,923
0	−1,000	−1,000	−1,000		−1,000	−1,000	−1,000
0,2	−0,923	−0,724	0,000	1,000	0,000	−0,724	−0,923
0,5	−0,600	0,000	0,724	1,000	0,724	0,000	−0,600
1,0	0,000	0,600	0,923	1,000	0,923	0,600	0,000

1 DÉFINITION

Soit f une fonction de deux variables dont le domaine D possède des points arbitrairement proches de (a, b). On dit que la **limite** de $f(x, y)$ lorsque (x, y) tend vers (a, b) est L et on écrit

$$\lim_{(x, y) \to (a, b)} f(x, y) = L$$

si, pour tout nombre $\varepsilon > 0$, il existe un nombre correspondant $\delta > 0$ tel que

si $(x, y) \in D$ et $0 < \sqrt{(x - a)^2 + (y - b)^2} < \delta$, alors $|f(x, y) - L| < \varepsilon$.

D'autres notations sont aussi utilisées pour noter la limite dans la définition 1 :

$$\lim_{\substack{x \to a \\ y \to b}} f(x, y) = L \quad \text{ou} \quad f(x, y) \to L \text{ lorsque } (x, y) \to (a, b).$$

On remarque que $|f(x, y) - L|$ est la distance entre les nombres $f(x, y)$ et L, et que $\sqrt{(x-a)^2 + (y-b)^2}$ est la distance entre le point (x, y) et le point (a, b). Selon la définition, on peut rendre la distance entre $f(x, y)$ et L arbitrairement petite en rendant la distance de (x, y) à (a, b) suffisamment petite (mais non nulle). La figure 1 illustre cette définition. Pour n'importe quel petit intervalle $]L - \varepsilon, L + \varepsilon[$ donné autour de L, on peut trouver un disque D_δ de centre (a, b) et de rayon $\delta > 0$ tel que l'image par f de tous les points de D_δ (sauf peut-être (a, b)) est dans l'intervalle $]L - \varepsilon, L + \varepsilon[$.

La figure 2 présente une autre illustration de la définition 1. Sur cette figure, la surface S est le graphe de f. Pour $\varepsilon > 0$ donné, on peut trouver $\delta > 0$ tel que si (x, y) appartient au disque D_δ et si $(x, y) \neq (a, b)$, alors la partie correspondante de S est comprise entre les plans horizontaux $z = L - \varepsilon$ et $z = L + \varepsilon$.

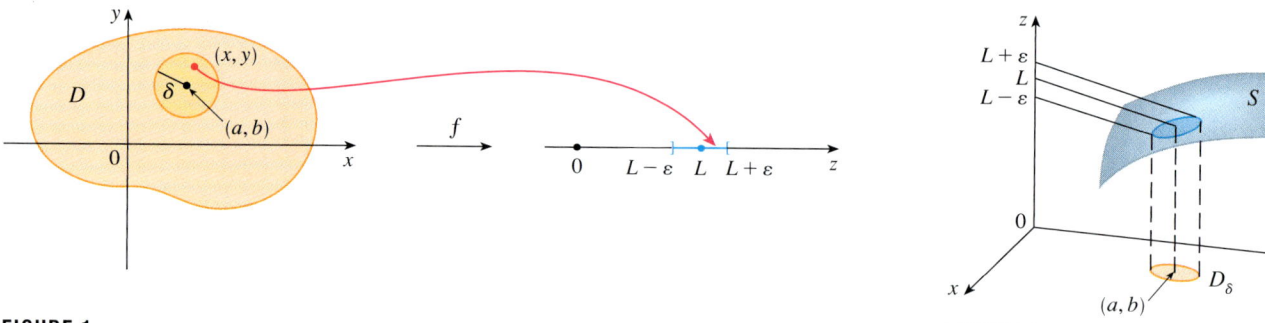

FIGURE 1

FIGURE 2

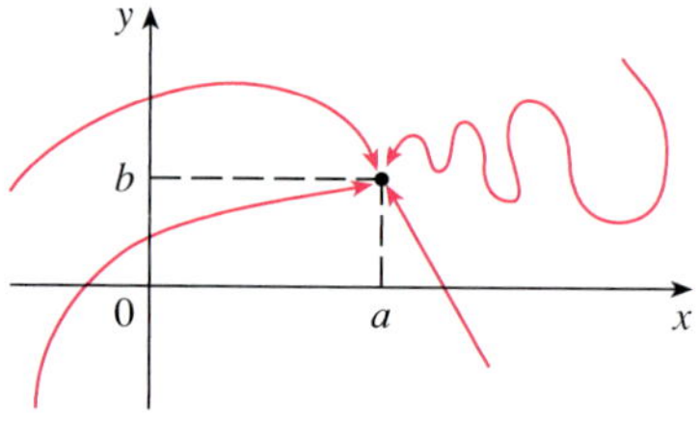

FIGURE 3

Dans le cas d'une fonction d'une seule variable, on peut faire tendre x vers a selon deux directions seulement, à partir de la droite ou à partir de la gauche. Dans un premier cours de calcul différentiel, on démontre que si $\lim_{x \to a^-} f(x) \neq \lim_{x \to a^+} f(x)$, alors $\lim_{x \to a} f(x)$ n'existe pas.

Dans le cas de fonctions de deux variables, la situation n'est pas aussi simple puisqu'on peut faire tendre (x, y) vers (a, b) selon un nombre infini de trajectoires et de façon arbitraire (voir la figure 3) pourvu que (x, y) reste dans le domaine de f.

Selon la définition 1, on peut rendre la distance entre $f(x, y)$ et L arbitrairement petite en rendant la distance de (x, y) à (a, b) suffisamment petite (mais non nulle). La définition ne fait intervenir que la **distance** entre (x, y) et (a, b) sans préciser la direction selon laquelle on fait tendre (x, y) vers (a, b). Si la limite existe, alors $f(x, y)$ doit tendre vers la même limite, peu importe la façon dont on fait tendre (x, y) vers (a, b). Par conséquent, si on peut trouver deux chemins selon lesquels (x, y) tend vers (a, b) et que la fonction $f(x, y)$ a des limites différentes, alors $\lim_{(x, y) \to (a, b)} f(x, y)$ n'existe pas.

> Si $f(x, y) \to L_1$ lorsque $(x, y) \to (a, b)$ le long d'un chemin C_1 et $f(x, y) \to L_2$ lorsque $(x, y) \to (a, b)$ le long d'un chemin C_2, avec $L_1 \neq L_2$, alors $\lim_{(x, y) \to (a, b)} f(x, y)$ n'existe pas.

EXEMPLE 1 Montrons que $\lim_{(x,y) \to (0,0)} \dfrac{x^2 - y^2}{x^2 + y^2}$ n'existe pas.

SOLUTION On pose $f(x, y) = (x^2 - y^2)/(x^2 + y^2)$. On fait d'abord tendre (x, y) vers $(0, 0)$ selon l'axe des x. Dans ce cas, $y = 0$ et $f(x, 0) = x^2/x^2 = 1$ pour tout $x \neq 0$, d'où

$$f(x, y) \to 1 \text{ lorsque } (x, y) \to (0, 0) \text{ selon l'axe des } x.$$

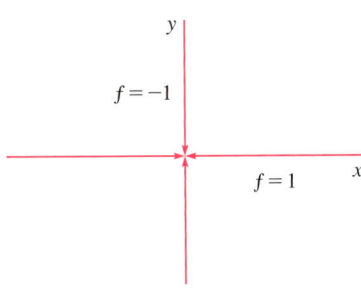

FIGURE 4

On fait maintenant tendre (x, y) vers $(0, 0)$ selon l'axe des y. Dans ce cas, $x = 0$ et $f(0, y) = -y^2/y^2 = -1$ pour tout $y \neq 0$, d'où

$$f(x, y) \to -1 \text{ lorsque } (x, y) \to (0, 0) \text{ selon l'axe des } y$$

(voir la figure 4). Puisque f a deux limites différentes selon deux chemins différents, la limite n'existe pas. Cela confirme la conjecture basée sur les observations numériques formulée au début de cette section.

EXEMPLE 2 Si $f(x, y) = \dfrac{xy}{x^2 + y^2}$, est-ce que $\lim\limits_{(x,y) \to (0,0)} f(x, y)$ existe ?

SOLUTION Si $y = 0$, alors $f(x, 0) = 0/x^2 = 0$. Par conséquent,

$$f(x, y) \to 0 \text{ lorsque } (x, y) \to (0, 0) \text{ selon l'axe des } x.$$

Si $x = 0$, alors $f(0, y) = 0/y^2 = 0$, d'où

$$f(x, y) \to 0 \text{ lorsque } (x, y) \to (0, 0) \text{ selon l'axe des } y.$$

L'obtention de deux limites identiques selon les axes de coordonnées ne garantit pas que la limite est 0. Maintenant, on fait tendre la fonction vers $(0, 0)$ selon une autre droite, soit $y = x$. Pour tout $x \neq 0$,

$$f(x, x) = \frac{x^2}{x^2 + x^2} = \frac{1}{2}.$$

Par conséquent, $f(x, y) \to \frac{1}{2}$ lorsque $(x, y) \to (0, 0)$ selon la droite $y = x$ (voir la figure 5). Comme on a obtenu des limites différentes selon des chemins différents, la limite n'existe pas.

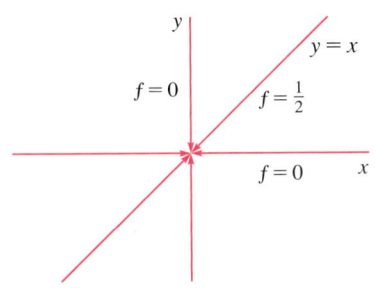

FIGURE 5

La figure 6 permet de mieux comprendre l'exemple 2. La crête qui apparaît au-dessus de la droite $y = x$ correspond au fait que $f(x, y) = \frac{1}{2}$ pour tous les points (x, y) de cette droite sauf l'origine.

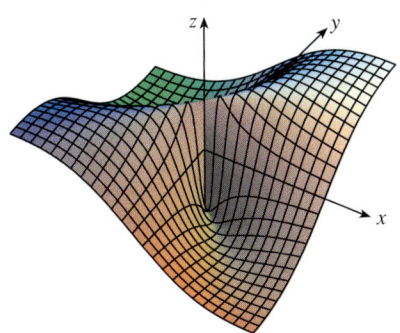

FIGURE 6
$f(x, y) = \dfrac{xy}{x^2 + y^2}$

EXEMPLE 3 Si $f(x, y) = \dfrac{xy^2}{x^2 + y^4}$, est-ce que $\lim\limits_{(x,y)\to(0,0)} f(x, y)$ existe ?

SOLUTION En s'inspirant de la solution de l'exemple 2, on fait tendre $(x, y) \to (0, 0)$ selon une droite quelconque non verticale qui passe par l'origine. Une telle droite a pour équation $y = mx$, où m est la pente, et on a

$$f(x, y) = f(x, mx) = \frac{x(mx)^2}{x^2 + (mx)^4} = \frac{m^2 x^3}{x^2 + m^4 x^4} = \frac{m^2 x}{1 + m^4 x^2}$$

d'où

$$f(x, y) \to 0 \text{ lorsque } (x, y) \to (0, 0) \text{ selon la droite } y = mx.$$

La figure 7 montre le graphe de la fonction de l'exemple 3. On remarque l'arête au-dessus de la parabole $x = y^2$.

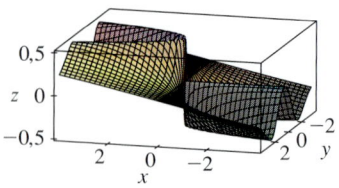

FIGURE 7

Par conséquent, f a la même valeur limite le long de toute droite non verticale passant par l'origine. Cependant, cela ne montre pas que la limite donnée est 0, car si on pose maintenant $(x, y) \to (0, 0)$ le long de la parabole $x = y^2$, on a

$$f(x, y) = f(y^2, y) = \frac{y^2 \cdot y^2}{(y^2)^2 + y^4} = \frac{y^4}{2y^4} = \frac{1}{2}$$

d'où

$$f(x, y) \to \frac{1}{2} \text{ lorsque } (x, y) \to (0, 0) \text{ le long de } x = y^2.$$

Puisque différents chemins conduisent à différentes valeurs limites, la limite n'existe pas.

L'exemple précédent montre qu'il ne suffit pas d'examiner la limite le long de droites, mais bien le long de *tout* chemin menant au point considéré, tel qu'illustré à la figure 3.

Considérons maintenant des limites qui existent. Comme pour les fonctions d'une seule variable, l'utilisation des propriétés des limites peut simplifier grandement le calcul de la limite d'une fonction de deux variables. On peut généraliser les propriétés des limites aux fonctions de deux variables : la limite d'une somme est égale à la somme des limites, la limite d'un produit est égale au produit des limites, etc. En particulier, les égalités suivantes sont vraies :

2
$$\lim_{(x,y) \to (a,b)} x = a \qquad \lim_{(x,y) \to (a,b)} y = b \qquad \lim_{(x,y) \to (a,b)} c = c.$$

Le théorème du sandwich demeure valide.

EXEMPLE 4 Trouvons $\lim_{(x,y) \to (0,0)} \dfrac{3x^2 y}{x^2 + y^2}$ si elle existe.

SOLUTION Comme à l'exemple 3, on pourrait montrer que la limite selon toute droite qui passe par l'origine est 0. Cela ne prouve pas que la limite est 0, mais comme les limites selon les paraboles $y = x^2$ et $x = y^2$ sont aussi 0, on peut soupçonner que la limite existe et qu'elle est égale à 0.

On pose $\varepsilon > 0$. On veut trouver $\delta > 0$ tel que

$$\text{si } 0 < \sqrt{x^2 + y^2} < \delta \text{ alors } \left| \frac{3x^2 y}{x^2 + y^2} - 0 \right| < \varepsilon$$

autrement dit,

$$\text{si } 0 < \sqrt{x^2 + y^2} < \delta \text{ alors } \frac{3x^2 |y|}{x^2 + y^2} < \varepsilon.$$

Cependant, $x^2 \leq x^2 + y^2$ puisque $y^2 \geq 0$, d'où $x^2/(x^2 + y^2) \leq 1$ et donc

3
$$\frac{3x^2 |y|}{x^2 + y^2} \leq 3|y| = 3\sqrt{y^2} \leq 3\sqrt{x^2 + y^2}.$$

Par conséquent, en choisissant $\delta = \varepsilon/3$ et en posant $0 < \sqrt{x^2 + y^2} < \delta$, on obtient

$$\left| \frac{3x^2 y}{x^2 + y^2} - 0 \right| \leq 3\sqrt{x^2 + y^2} < 3\delta = 3\left(\frac{\varepsilon}{3}\right) = \varepsilon.$$

Ainsi, selon la définition 1,

$$\lim_{(x,y) \to (0,0)} \frac{3x^2 y}{x^2 + y^2} = 0.$$

On aurait pu également calculer la limite de l'exemple 4 à l'aide du théorème du sandwich au lieu d'utiliser la définition 1. Selon l'équation 3,

$$0 \leq \frac{3x^2 |y|}{x^2 + y^2} \leq 3|y|.$$

Or, $\lim_{(x, y) \to (0, 0)} 0 = 0$

et $\lim_{(x, y) \to (0, 0)} 3|y| = 0$,

donc le théorème du sandwich implique que

$$\lim_{(x, y) \to (0, 0)} \frac{3x^2 |y|}{x^2 + y^2} = 0,$$

ce qui à son tour implique que la limite de la fonction est nulle.

LA CONTINUITÉ

On se souvient qu'il est facile d'évaluer les limites des fonctions continues d'une variable. On le fait par substitution directe, car $f(x)$ est continue en $x = a$ si et seulement si $\lim_{x \to a} f(x) = f(a)$. On définit aussi les fonctions continues de deux variables à l'aide de cette propriété de substitution directe.

> **4 DÉFINITION**
>
> Une fonction de deux variables est dite **continue en (a, b)** si et seulement si
>
> $$\lim_{(x,y) \to (a,b)} f(x, y) = f(a, b).$$
>
> On dit que f est **continue dans D** si f est continue en tout point (a, b) de D.

Intuitivement, une fonction $f(x, y)$ est continue si une petite variation du point (x, y) entraîne une petite variation de la valeur de $f(x, y)$. Cela signifie que le graphe d'une fonction continue n'a pas de trou ni de cassure.

Les propriétés des limites permettent de démontrer que les sommes, les différences, les produits et les quotients de fonctions continues sont continus sur leurs domaines, d'où les exemples suivants de fonctions continues.

Une **fonction polynomiale de deux variables** (un polynôme) est une somme de termes de la forme $cx^m y^n$, où c est une constante et m et n sont des nombres entiers non négatifs. Une **fonction rationnelle** est un quotient de polynômes. Par exemple,

$$f(x, y) = x^4 + 5x^3 y^2 + 6xy^4 - 7y + 6$$

est un polynôme, tandis que

$$g(x, y) = \frac{2xy + 1}{x^2 + y^2}$$

est une fonction rationnelle.

Les propriétés des limites dans les équations 2 nous permettent de démontrer que les fonctions $f(x, y) = x$, $g(x, y) = y$ et $h(x, y) = c$ sont continues. Comme tout polynôme s'obtient par la multiplication et l'addition des fonctions simples f, g et h ci-dessus, tout polynôme est continu dans $\mathbb{R}^2$. De même, toute fonction rationnelle est continue sur son domaine parce qu'elle est un quotient de fonctions continues.

EXEMPLE 5 Évaluons $\lim_{(x,y) \to (1,2)} (x^2 y^3 - x^3 y^2 + 3x + 2y)$.

SOLUTION Comme la fonction $f(x, y) = x^2 y^3 - x^3 y^2 + 3x + 2y$ est un polynôme, elle est continue partout et on peut trouver sa limite par substitution directe :

$$\lim_{(x,y) \to (1,2)} (x^2 y^3 - x^3 y^2 + 3x + 2y) = 1^2 \times 2^3 - 1^3 \times 2^2 + 3 \times 1 + 2 \times 2 = 11.$$

EXEMPLE 6 Où la fonction $f(x, y) = \dfrac{x^2 - y^2}{x^2 + y^2}$ est-elle continue ?

SOLUTION La fonction f n'est pas définie en $(0, 0)$. Comme f est une fonction rationnelle, elle est continue sur son domaine, soit l'ensemble

$$D = \{(x, y) \mid (x, y) \neq (0, 0)\}.$$

EXEMPLE 7 Soit

$$g(x, y) = \begin{cases} \dfrac{x^2 - y^2}{x^2 + y^2} & \text{si}\,(x, y) \neq (0, 0) \\ 0 & \text{si}\,(x, y) = (0, 0). \end{cases}$$

Ici, la fonction g est définie en $(0, 0)$. Toutefois, g est discontinue en ce point car $\lim_{(x,y) \to (0,0)} g(x, y)$ n'existe pas (voir l'exemple 1).

La figure 8 montre le graphe de la fonction continue de l'exemple 8.

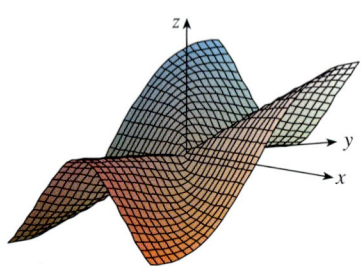

FIGURE 8

EXEMPLE 8 Soit

$$f(x, y) = \begin{cases} \dfrac{3x^2 y}{x^2 + y^2} & \text{si}\,(x, y) \neq (0,0) \\ 0 & \text{si}\,(x, y) = (0,0). \end{cases}$$

On sait que f est continue pour $(x, y) \neq (0, 0)$, car f est une fonction rationnelle sur ce domaine. De plus, selon l'exemple 4,

$$\lim_{(x,y) \to (0,0)} f(x, y) = \lim_{(x,y) \to (0,0)} \frac{3x^2 y}{x^2 + y^2} = 0 = f(0, 0).$$

Par conséquent, la fonction f est continue en $(0, 0)$ et elle est donc continue sur $\mathbb{R}^2$.

Comme pour les fonctions d'une seule variable, la composition de deux fonctions continues pour en obtenir une troisième est continue. On peut montrer que si f est une fonction continue de deux variables et que si g est une fonction continue d'une variable qui est définie sur l'image de f, alors la fonction composée $h = g \circ f$ définie par $h(x, y) = g(f(x, y))$ est aussi une fonction continue.

EXEMPLE 9 Où la fonction $h(x, y) = \arctan(y/x)$ est-elle continue ?

SOLUTION La fonction $f(x, y) = y/x$ est une fonction rationnelle et elle est donc continue sauf sur la droite $x = 0$. La fonction $g(t) = \arctan t$ est continue partout. Par conséquent, la fonction composée

$$g(f(x, y)) = \arctan(y/x) = h(x, y)$$

est continue, sauf aux points (x, y) avec $x = 0$. La figure 9 illustre une cassure dans le graphe de h au-dessus de l'axe des y.

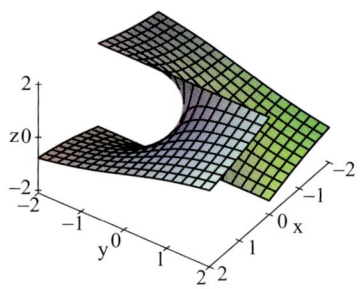

FIGURE 9
La fonction $h(x, y) = \arctan(y/x)$ est discontinue là où $x = 0$.

LES FONCTIONS DE TROIS VARIABLES ET PLUS

On peut généraliser toutes les notions vues dans cette section aux fonctions de trois variables et plus. La notation

$$\lim_{(x, y, z) \to (a, b, c)} f(x, y, z) = L$$

signifie que les valeurs de $f(x, y, z)$ tendent vers le nombre L lorsque le point (x, y, z) tend vers le point (a, b, c) quel que soit le chemin dans le domaine de f. La distance entre deux points (x, y, z) et (a, b, c) dans $\mathbb{R}^3$ étant égale à $\sqrt{(x-a)^2 + (y-b)^2 + (z-c)^2}$, on peut écrire la définition précise comme suit : pour tout nombre $\varepsilon > 0$, il existe un nombre correspondant $\delta > 0$ tel que

si (x, y, z) appartient au domaine de f et $0 < \sqrt{(x-a)^2 + (y-b)^2 + (z-c)^2} < \delta$, alors

$$|f(x, y, z) - L| < \varepsilon.$$

La fonction f est **continue en (a, b, c)** si et seulement si
$$\lim_{(x,y,z)\to(a,b,c)} f(x, y, z) = f(a, b, c).$$

Par exemple, la fonction
$$f(x, y, z) = \frac{1}{x^2 + y^2 + z^2 - 1}$$

est une fonction rationnelle de trois variables et est donc continue en tout point de $\mathbb{R}^3$, sauf là où $x^2 + y^2 + z^2 = 1$. Autrement dit, elle est discontinue sur la sphère centrée à l'origine et de rayon 1.

La notation vectorielle présentée à la fin de la section 3.1 permet d'écrire la définition de la limite d'une fonction de n variables sous la forme compacte suivante.

---

5 Si la fonction f est définie sur un sous-ensemble D de $\mathbb{R}^n$, alors $\lim_{\vec{x}\to\vec{a}} f(\vec{x}) = L$ signifie que pour tout nombre $\varepsilon > 0$, il existe un nombre correspondant $\delta > 0$ tel que

si $\vec{x} \in D$ et $0 < \|\vec{x} - \vec{a}\| < \delta$, alors $|f(\vec{x}) - L| < \varepsilon$.

On remarque que si $n = 1$, alors $\vec{x} = x$ et $\vec{a} = a$, et la définition 5 correspond à la définition de la limite d'une fonction d'une seule variable. Si $n = 2$, on a $\vec{x} = (x, y)$, $\vec{a} = (a, b)$ et $\|\vec{x} - \vec{a}\| = \sqrt{(x-a)^2 + (y-b)^2}$, donc la définition 5 équivaut à la définition 1. Si $n = 3$, on a

$$\vec{x} = (x, y, z), \vec{a} = (a, b, c) \text{ et } \|\vec{x} - \vec{a}\| = \sqrt{(x-a)^2 + (y-b)^2 + (z-c)^2}$$

donc la définition 5 équivaut à la définition de la limite d'une fonction de trois variables. Dans chaque cas, on peut écrire la définition de la continuité sous la forme

$$\lim_{\vec{x}\to\vec{a}} f(\vec{x}) = f(\vec{a}).$$

Exercices 3.2

1. Supposez que $\lim_{(x,y)\to(3,1)} f(x, y) = 6$. Que pouvez-vous dire à propos de la valeur de $f(3, 1)$? Qu'en est-il si f est continue?

2. Expliquez pourquoi chaque fonction est continue ou discontinue.
   a) La température extérieure considérée comme une fonction de la longitude, de la latitude et du temps.
   b) L'élévation (la hauteur au-dessus du niveau de la mer) considérée comme une fonction de la longitude, de la latitude et du temps.
   c) Le prix d'une course en taxi considéré comme une fonction de la distance parcourue et du temps.

3-4 Utilisez un tableau de valeurs numériques de $f(x, y)$ pour (x, y) près de l'origine pour conjecturer la valeur de la limite de $f(x, y)$ lorsque $(x, y) \to (0, 0)$. Expliquez brièvement pourquoi votre conjecture est juste.

3. $f(x, y) = \dfrac{x^2 y^3 + x^3 y^2 - 5}{2 - xy}$

4. $f(x, y) = \dfrac{2xy}{x^2 + 2y^2}$

5-22 Trouvez la limite, si elle existe. Sinon, démontrez qu'elle n'existe pas.

5. $\lim\limits_{(x,y)\to(3,2)} (x^2 y^3 - 4y^2)$

6. $\lim\limits_{(x,y)\to(2,-1)} \dfrac{x^2 y + xy^2}{x^2 - y^2}$

7. $\lim\limits_{(x,y)\to(\pi,\pi/2)} y\sin(x - y)$

8. $\lim\limits_{(x,y)\to(3,2)} e^{\sqrt{2x-y}}$

9. $\lim\limits_{(x,y)\to(0,0)} \dfrac{x^4 - 4y^2}{x^2 + 2y^2}$

10. $\lim\limits_{(x,y)\to(0,0)} \dfrac{5y^4 \cos^2 x}{x^4 + y^4}$

11. $\lim\limits_{(x,y)\to(0,0)} \dfrac{y^2 \sin^2 x}{x^4 + y^4}$

12. $\lim\limits_{(x,y)\to(1,0)} \dfrac{xy - y}{(x-1)^2 + y^2}$

13. $\displaystyle\lim_{(x,y)\to(0,0)} \frac{xy}{\sqrt{x^2+y^2}}$

14. $\displaystyle\lim_{(x,y)\to(0,0)} \frac{x^3-y^3}{x^2+xy+y^2}$

15. $\displaystyle\lim_{(x,y)\to(0,0)} \frac{xy^2\cos y}{x^2+y^4}$

16. $\displaystyle\lim_{(x,y)\to(0,0)} \frac{xy^4}{x^4+y^4}$

17. $\displaystyle\lim_{(x,y)\to(0,0)} \frac{x^2+y^2}{\sqrt{x^2+y^2+1}-1}$

18. $\displaystyle\lim_{(x,y)\to(0,0)} \frac{xy^4}{x^2+y^8}$

19. $\displaystyle\lim_{(x,y,z)\to(\pi,0,1/3)} e^{y^2}\tan(xz)$

20. $\displaystyle\lim_{(x,y,z)\to(0,0,0)} \frac{xy+yz}{x^2+y^2+z}$

21. $\displaystyle\lim_{(x,y,z)\to(0,0,0)} \frac{xy+yz^2+xz^2}{x^2+y^2+z^4}$

22. $\displaystyle\lim_{(x,y,z)\to(0,0,0)} \frac{x^2 y^2 z^2}{x^2+y^2+z^2}$

23-24 À l'aide d'un ordinateur, tracez un graphe afin d'expliquer pourquoi la limite n'existe pas.

23. $\displaystyle\lim_{(x,y)\to(0,0)} \frac{2x^2+3xy+4y^2}{3x^2+5y^2}$

24. $\displaystyle\lim_{(x,y)\to(0,0)} \frac{xy^3}{x^2+y^6}$

25-26 Trouvez $h(x,y) = g(f(x,y))$ et le domaine pour lequel la fonction h est continue.

25. $g(t) = t^2 + \sqrt{t}$, $f(x,y) = 2x+3y-6$

26. $g(t) = t + \ln t$, $f(x,y) = \dfrac{1-xy}{1+x^2 y^2}$

27-28 Tracez le graphe de la fonction et observez où elle est discontinue. Ensuite, utilisez la formule pour expliquer vos observations.

27. $f(x,y) = e^{1/(x-y)}$

28. $f(x,y) = \dfrac{1}{1-x^2-y^2}$

29-38 Déterminez l'ensemble des points où la fonction est continue.

29. $F(x,y) = \dfrac{xy}{1+e^{x-y}}$

30. $F(x,y) = \cos\sqrt{1+x-y}$

31. $F(x,y) = \dfrac{1+x^2+y^2}{1-x^2-y^2}$

32. $H(x,y) = \dfrac{e^x+e^y}{e^{xy}-1}$

33. $G(x,y) = \sqrt{x} + \sqrt{1-x^2-y^2}$

34. $G(x,y) = \ln(1+x-y)$

35. $f(x,y,z) = \arcsin(x^2+y^2+z^2)$

36. $f(x,y,z) = \sqrt{y-x^2}\,\ln z$

37. $f(x,y) = \begin{cases} \dfrac{x^2 y^3}{2x^2+y^2} & \text{si } (x,y)\neq(0,0) \\ 1 & \text{si } (x,y)=(0,0) \end{cases}$

38. $f(x,y) = \begin{cases} \dfrac{xy}{x^2+xy+y^2} & \text{si } (x,y)\neq(0,0) \\ 0 & \text{si } (x,y)=(0,0) \end{cases}$

39-41 Utilisez les coordonnées polaires (voir la section 6.4) pour trouver la limite. Si (r,θ) sont les coordonnées polaires du point (x,y) avec $r \geq 0$, utilisez le fait que $r \to 0^+$ lorsque $(x,y) \to (0,0)$.

39. $\displaystyle\lim_{(x,y)\to(0,0)} \frac{x^3+y^3}{x^2+y^2}$

40. $\displaystyle\lim_{(x,y)\to(0,0)} (x^2+y^2)\ln(x^2+y^2)$

41. $\displaystyle\lim_{(x,y)\to(0,0)} \frac{e^{-x^2-y^2}-1}{x^2+y^2}$

42. Au début de cette section, on a considéré la fonction
$$f(x,y) = \frac{\sin(x^2+y^2)}{x^2+y^2}$$
et conjecturé que $f(x,y) \to 1$ lorsque $(x,y) \to (0,0)$ à l'aide d'observations numériques. Utilisez les coordonnées polaires pour confirmer la valeur de la limite. Tracez ensuite le graphe de la fonction.

43. Tracez le graphe et discutez de la continuité de la fonction
$$f(x,y) = \begin{cases} \dfrac{\sin xy}{xy} & \text{si } xy \neq 0 \\ 1 & \text{si } xy \neq 0 \end{cases}.$$

44. Soit
$$f(x,y) = \begin{cases} 0 & \text{si } y \leq 0 \text{ ou } y \geq x^4 \\ 1 & \text{si } 0 < y < x^4 \end{cases}.$$

   a) Montrez que $f(x,y) \to 0$ lorsque $(x,y) \to (0,0)$, quel que soit le chemin passant par $(0,0)$ de la forme $y = mx^a$ avec $a < 4$.
   b) En dépit de la partie a), montrez que la fonction f est discontinue en $(0,0)$.
   c) Déterminez deux courbes le long desquelles la fonction f est discontinue.

45. Montrez que la fonction f donnée par $f(\vec{x}) = \|\vec{x}\|$ est continue dans $\mathbb{R}^n$. (*Suggestion*: Considérez $\|\vec{x}-\vec{a}\|^2 = (\vec{x}-\vec{a})\cdot(\vec{x}-\vec{a})$.)

46. Si $\vec{c}$ est un vecteur de dimension n, montrez que la fonction f donnée par $f(\vec{x}) = \vec{c}\cdot\vec{x}$ est continue dans $\mathbb{R}^n$.

3.3 LES CYLINDRES ET LES SURFACES QUADRIQUES

Dans cette section, deux types particuliers de surfaces sont étudiés : les cylindres et les surfaces quadriques. Ces surfaces, ou des portions de celles-ci, apparaissent souvent comme le graphe d'une fonction de deux variables.

LES CYLINDRES

Un **cylindre** est une surface constituée de toutes les droites (appelées **génératrices**) parallèles à une droite fixée et passant par une courbe plane donnée.

EXEMPLE 1 Esquissons la surface d'équation $z = x^2$.

SOLUTION On constate que l'équation $z = x^2$ ne contient pas y. Cela signifie que tout plan vertical d'équation $y = k$ (parallèle au plan xz) coupe la surface selon une courbe d'équation $z = x^2$. Ces traces verticales sont des paraboles. La figure 1 montre la représentation graphique qu'on obtient en prenant la parabole $z = x^2$ dans le plan xz et en la déplaçant dans la direction de l'axe des y. Le graphique est une surface, appelée **cylindre parabolique**, qui est constituée d'une infinité de copies transposées de la même parabole. Ici, les génératrices du cylindre sont parallèles à l'axe des y. On notera que le cylindre est le graphe de la fonction $f(x, y) = x^2$, qui ne dépend que de x.

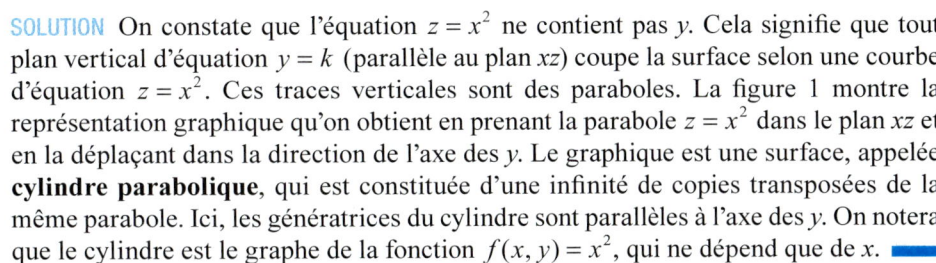

FIGURE 1
La surface $z = x^2$ est un cylindre parabolique.

On a constaté que l'équation du cylindre de l'exemple 1 ne contient pas l'une des variables (la variable y). Cela caractérise une surface dont les génératrices sont parallèles à l'un des axes de coordonnées. Si une des variables x, y ou z est absente de l'équation d'une surface, alors la surface est un cylindre. De même, le graphe d'une fonction $f(x, y)$ qui dépend seulement de x ou seulement de y est un cylindre.

EXEMPLE 2 Identifions et esquissons les surfaces suivantes.

a) $x^2 + y^2 = 1$ b) $y^2 + z^2 = 1$

SOLUTION

a) Puisque la variable z est absente et que les équations $x^2 + y^2 = 1$, $z = k$ représentent des cercles de rayon 1 dans le plan $z = k$, la surface $x^2 + y^2 = 1$ est un cylindre circulaire dont l'axe est l'axe des z (voir la figure 2). Ici, les génératrices sont des droites verticales. Ce cylindre n'est pas le graphe d'une fonction. Cependant, les graphes de $f(x, z) = \sqrt{1 - x^2}$ et de $g(x, z) = -\sqrt{1 - x^2}$ forment les deux moitiés du cylindre.

b) Dans ce cas, la variable x est absente et la surface est un cylindre circulaire dont l'axe est l'axe des x (voir la figure 3). On l'obtient en prenant le cercle $y^2 + z^2 = 1$, $x = 0$ dans le plan yz et en le déplaçant parallèlement à l'axe des x. Les graphes de $f(y, z) = \sqrt{1 - y^2}$ et de $g(y, z) = -\sqrt{1 - y^2}$ forment les deux moitiés de ce cylindre.

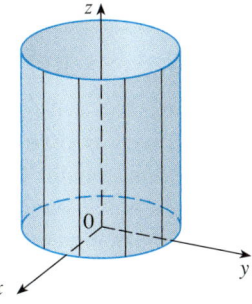

FIGURE 2 $x^2 + y^2 = 1$

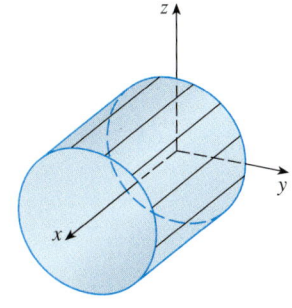

FIGURE 3 $y^2 + z^2 = 1$

⊘ **ATTENTION** Lorsqu'on étudie les surfaces, il est important de voir qu'une équation comme $x^2 + y^2 = 1$ représente un cylindre et non un cercle. La trace du cylindre $x^2 + y^2 = 1$ dans le plan xy est le cercle d'équations $x^2 + y^2 = 1$, $z = 0$.

LES SURFACES QUADRIQUES

Une **surface quadrique** est définie par une équation du second degré dans les trois variables x, y et z. La forme la plus générale d'une telle équation est

$$Ax^2 + By^2 + Cz^2 + Dxy + Eyz + Fxz + Gx + Hy + Iz + J = 0$$

où A, B, C, ..., J sont des constantes. Toutefois, par translation et rotation, on peut ramener cette équation à l'une des deux formes standards

$$Ax^2 + By^2 + Cz^2 + J = 0 \quad \text{ou} \quad Ax^2 + By^2 + Iz = 0.$$

Les surfaces quadriques sont les analogues à trois dimensions des sections coniques dans le plan.

EXEMPLE 3 Utilisons des traces pour esquisser la surface quadrique d'équation

$$x^2 + \frac{y^2}{9} + \frac{z^2}{4} = 1.$$

SOLUTION En substituant $z = 0$, on trouve que la trace dans le plan xy est $x^2 + y^2/9 = 1$, soit l'équation d'une ellipse. En général, la trace horizontale dans le plan $z = k$ est

$$x^2 + \frac{y^2}{9} = 1 - \frac{k^2}{4}, \quad z = k$$

qui est une ellipse pourvu que $k^2 \leq 4$, c'est-à-dire si $-2 \leq k \leq 2$. (Les cas $k = \pm 2$ correspondent à des ellipses dégénérées, réduites à un seul point.)

De même, les traces verticales sont aussi des ellipses :

$$\frac{y^2}{9} + \frac{z^2}{4} = 1 - k^2, \quad x = k \quad (\text{si } -1 \leq k \leq 1)$$

$$x^2 + \frac{z^2}{4} = 1 - \frac{k^2}{9}, \quad y = k \quad (\text{si } -3 \leq k \leq 3).$$

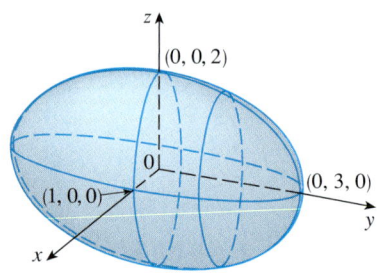

FIGURE 4
L'ellipsoïde $x^2 + \dfrac{y^2}{9} + \dfrac{z^2}{4} = 1$.

La figure 4 illustre quelques traces, qui indiquent la forme de la surface. Cette surface est appelée un **ellipsoïde**, car toutes les traces sont des ellipses. On remarque qu'elle est symétrique par rapport à chaque plan de coordonnées, ce qui reflète le fait que son équation ne contient que des puissances paires de x, y et z. On notera que l'ellipsoïde dans son entier n'est pas le graphe d'une fonction. On peut toutefois définir des fonctions dont le graphe est une portion de l'ellipsoïde. Par exemple, le graphe de $f(x, y) = 2\sqrt{1 - x^2 - y^2/9}$ est la partie de l'ellipsoïde au-dessus du plan des xy.

EXEMPLE 4 Utilisons des traces pour esquisser la surface $z = 4x^2 + y^2$.

SOLUTION En posant $x = 0$, on obtient $z = y^2$. Le plan yz coupe donc la surface selon une parabole. Si on pose $x = k$ (une constante), on a $z = y^2 + 4k^2$, ce qui signifie que si on coupe la surface avec un plan quelconque parallèle au plan yz, le résultat est une parabole qui s'ouvre vers le haut. De même, si $y = k$, alors la trace est $z = 4x^2 + k^2$, qui est encore une parabole s'ouvrant vers le haut. Si on pose $z = k$, on obtient les traces horizontales $4x^2 + y^2 = k$, que l'on reconnaît comme étant une famille d'ellipses. Connaissant les formes des traces, on peut esquisser le graphique de la figure 5. Puisque les traces sont des ellipses et des paraboles, la surface quadrique

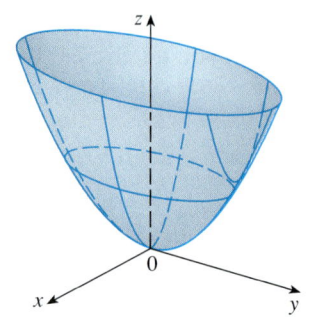

FIGURE 5
La surface $z = 4x^2 + y^2$ est un paraboloïde elliptique. Les traces horizontales sont des ellipses ; les traces verticales sont des paraboles.

$z = 4x^2 + y^2$ est appelée un **paraboloïde elliptique**. Ce paraboloïde est le graphe de la fonction $f(x, y) = 4x^2 + y^2$.

EXEMPLE 5 Esquissons la surface $z = y^2 - x^2$.

SOLUTION Les traces dans les plans verticaux $x = k$ sont les paraboles $z = y^2 - k^2$ qui s'ouvrent vers le haut. Les traces dans les plans $y = k$ sont les paraboles $z = -x^2 + k^2$ qui s'ouvrent vers le bas. Les traces horizontales sont $y^2 - x^2 = k$, une famille d'hyperboles. On a dessiné les familles de traces à la figure 6, et on a illustré l'aspect de ces traces lorsque celles-ci sont placées dans les plans correspondant à la figure 7.

À la figure 8, on assemble les traces de la figure 7 pour former la surface $z = y^2 - x^2$, un **paraboloïde hyperbolique**. On note que la forme de la surface près de l'origine ressemble à une selle. Cette surface est étudiée plus en détails à la section 5.1 dans laquelle les points de selle d'une fonction sont définis. Ce paraboloïde est le graphe de la fonction $f(x, y) = y^2 - x^2$.

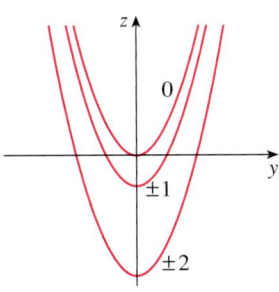
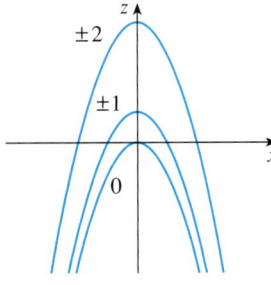
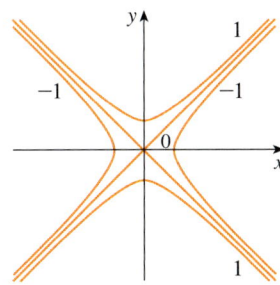

FIGURE 6
Les traces verticales sont des paraboles; les traces horizontales sont des hyperboles.

Traces en $x = k$: $z = y^2 - k^2$ Traces en $y = k$: $z = -x^2 + k^2$ Traces en $z = k$: $y^2 - x^2 = k$

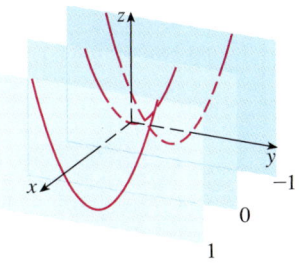
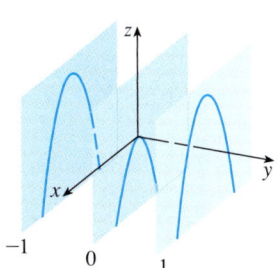
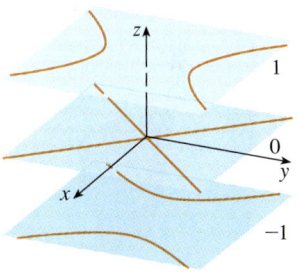

FIGURE 7
Traces placées dans les plans correspondants

Les traces en $x = k$ Les traces en $y = k$ Les traces en $z = k$

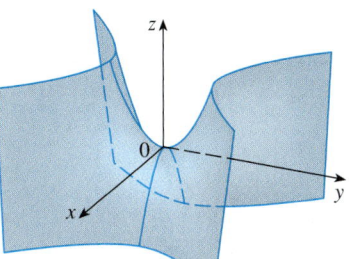

FIGURE 8
La surface $z = y^2 - x^2$ est un paraboloïde hyperbolique.

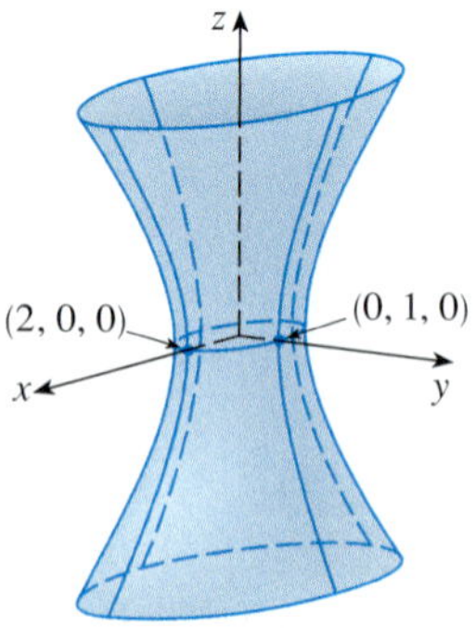

EXEMPLE 6 Esquissons la surface

$$\frac{x^2}{4} + y^2 - \frac{z^2}{4} = 1.$$

SOLUTION Dans tout plan horizontal $z = k$, la trace est l'ellipse

$$\frac{x^2}{4} + y^2 = 1 + \frac{k^2}{4}, \qquad z = k.$$

Toutefois, dans les plans xz et yz, les traces sont les hyperboles

$$\frac{x^2}{4} - \frac{z^2}{4} = 1, \quad y = 0 \quad \text{et} \quad y^2 - \frac{z^2}{4} = 1, \quad x = 0.$$

Cette surface, appelée **hyperboloïde à une nappe**, est esquissée à la figure 9. On notera que l'hyperboloïde n'est pas le graphe d'une fonction.

Les graphiques du tableau 3.5, tracés par ordinateur, représentent six types fondamentaux de surfaces quadriques sous forme standard. Toutes les surfaces sont symétriques par rapport à l'axe des z. Si une surface quadrique est symétrique par rapport à un autre axe, son équation change en conséquence.

FIGURE 9

TABLEAU 3.5 Les graphiques des surfaces quadriques.

Surface	Équation	Surface	Équation
Ellipsoïde 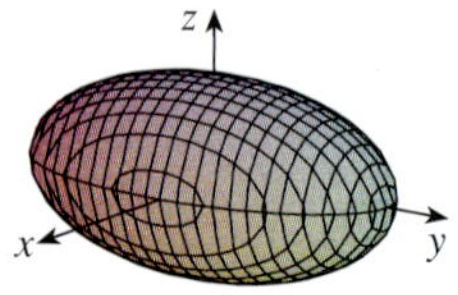	$\dfrac{x^2}{a^2} + \dfrac{y^2}{b^2} + \dfrac{z^2}{c^2} = 1$ Toutes les traces sont des ellipses. Si $a = b = c$, l'ellipsoïde est une sphère.	Cône 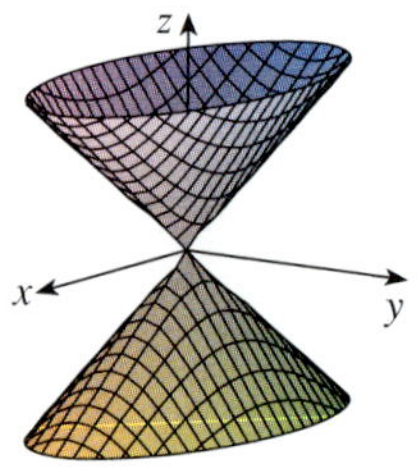	$\dfrac{z^2}{c^2} = \dfrac{x^2}{a^2} + \dfrac{y^2}{b^2}$ Les traces horizontales sont des ellipses. Les traces verticales dans les plans $x = k$ et $y = k$ sont des hyperboles si $k \neq 0$, et des paires de droites si $k = 0$.
Paraboloïde elliptique 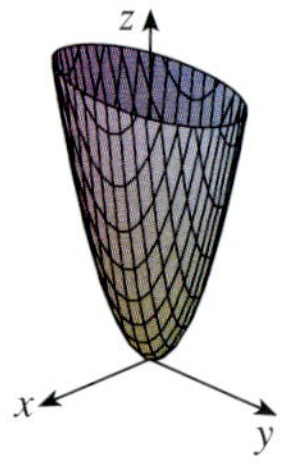	$\dfrac{z}{c} = \dfrac{x^2}{a^2} + \dfrac{y^2}{b^2}$ Les traces horizontales sont des ellipses. Les traces verticales sont des paraboles. La variable élevée à la première puissance donne l'axe du paraboloïde.	Hyperboloïde à une nappe 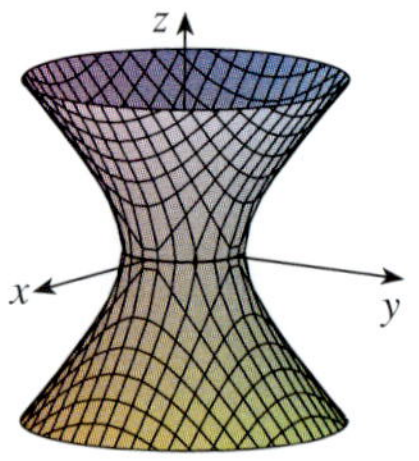	$\dfrac{x^2}{a^2} + \dfrac{y^2}{b^2} - \dfrac{z^2}{c^2} = 1$ Les traces horizontales sont des ellipses. Les traces verticales sont des hyperboles. L'axe de symétrie correspond à la variable dont le coefficient est négatif.
Paraboloïde hyperbolique 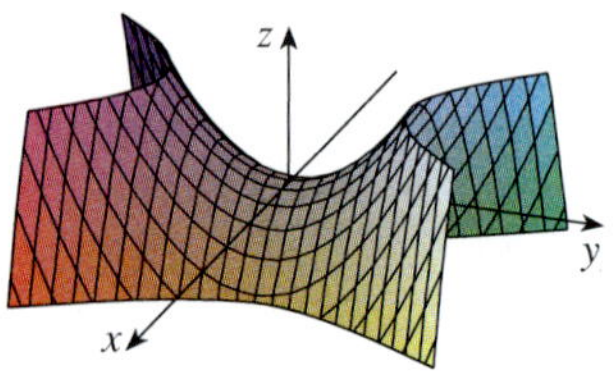	$\dfrac{z}{c} = \dfrac{x^2}{a^2} - \dfrac{y^2}{b^2}$ Les traces horizontales sont des hyperboles. Les traces verticales sont des paraboles. Le cas avec $c < 0$ est illustré.	Hyperboloïde à deux nappes 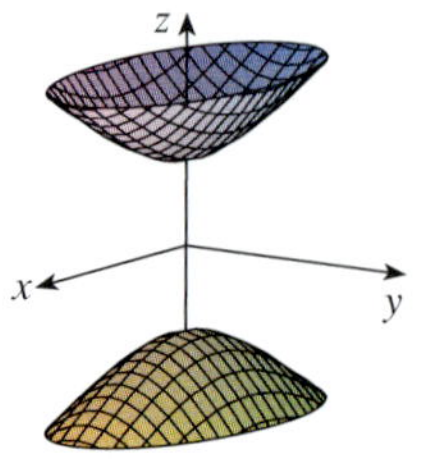	$-\dfrac{x^2}{a^2} - \dfrac{y^2}{b^2} + \dfrac{z^2}{c^2} = 1$ Les traces horizontales dans les plans $z = k$ sont des ellipses si $k > c$ ou $k < -c$. Les traces verticales sont des hyperboles. Les deux signes « moins » indiquent deux nappes.

EXEMPLE 7 Identifions et esquissons la surface $4x^2 - y^2 + 2z^2 + 4 = 0$.

SOLUTION On divise l'équation par -4 afin de la mettre sous la forme standard :

$$-x^2 + \frac{y^2}{4} - \frac{z^2}{2} = 1.$$

En comparant cette équation avec celles du tableau 3.5, on constate qu'elle représente un hyperboloïde à deux nappes, la seule différence étant que dans ce cas l'axe de l'hyperboloïde est l'axe des y. Les traces dans les plans xy et yz sont les hyperboles

$$-x^2 + \frac{y^2}{4} = 1, \quad z = 0 \quad \text{et} \quad \frac{y^2}{4} - \frac{z^2}{2} = 1, \quad x = 0.$$

La surface n'a pas de trace dans le plan xz, mais les traces dans les plans verticaux $y = k$ pour $|k| > 2$ sont les ellipses

$$x^2 + \frac{z^2}{2} = \frac{k^2}{4} - 1, \quad y = k$$

qu'on peut écrire sous la forme

$$\frac{x^2}{\frac{k^2}{4} - 1} + \frac{z^2}{2\left(\frac{k^2}{4} - 1\right)} = 1, \quad y = k.$$

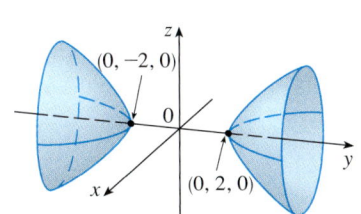

FIGURE 10
$4x^2 - y^2 + 2z^2 + 4 = 0$

On a utilisé ces traces pour esquisser la surface à la figure 10.

EXEMPLE 8 Identifions la surface quadrique $x^2 + 2z^2 - 6x - y + 10 = 0$.

SOLUTION En complétant le carré, on réécrit l'équation sous la forme

$$y - 1 = (x - 3)^2 + 2z^2.$$

Si on compare cette équation avec celles du tableau 3.5, on constate qu'elle représente un paraboloïde elliptique. Cependant, l'axe du paraboloïde est parallèle à l'axe des y, et la surface est translatée de sorte que son sommet correspond au point $(3, 1, 0)$. Les traces dans les plans $y = k$ $(k > 1)$ sont les ellipses

$$(x - 3)^2 + 2z^2 = k - 1, \quad y = k.$$

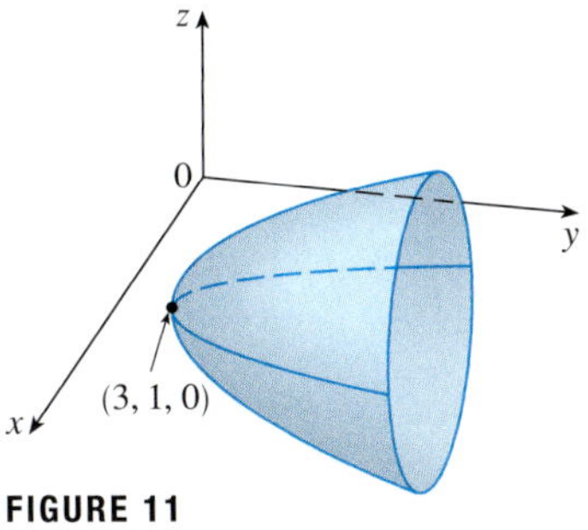

La trace dans le plan xy est la parabole d'équation $y = 1 + (x - 3)^2$, $z = 0$. La figure 11 montre une esquisse du paraboloïde. Celui-ci est le graphe de la fonction $f(x, z) = (x - 3)^2 + 2z^2 + 1$.

FIGURE 11
$x^2 + 2z^2 - 6x - y + 10 = 0$

LES APPLICATIONS DES SURFACES QUADRIQUES

On peut trouver des exemples de surfaces quadriques dans le monde qui nous entoure. De fait, le monde lui-même est un bon exemple. Bien qu'on modélise habituellement la Terre sous la forme d'une sphère, un ellipsoïde serait un modèle plus exact en raison de l'aplatissement des pôles dû à la rotation de la Terre (voir l'exercice 49).

On utilise des paraboloïdes circulaires, obtenus par rotation d'une parabole autour de son axe, pour recueillir et réfléchir la lumière, le son et les signaux radioélectriques. Dans un radiotélescope, par exemple, les signaux émis par des étoiles lointaines qui bombardent l'antenne parabolique sont réfléchis au foyer du récepteur et sont donc amplifiés. Le même principe s'applique aux microphones et aux antennes de satellites en forme de paraboloïde.

Les tours de refroidissement des réacteurs nucléaires ont habituellement la forme d'un hyperboloïde à une nappe pour des raisons de stabilité de la structure.

On utilise des paires d'hyperboloïdes pour transmettre un mouvement de rotation entre des axes obliques. Les dents d'engrenage sont des génératrices d'hyperboloïdes (voir l'exercice 51).

Une antenne pour satellite réfléchit les signaux au foyer d'un paraboloïde.

Les réacteurs nucléaires ont des tours de refroidissement en forme d'hyperboloïde.

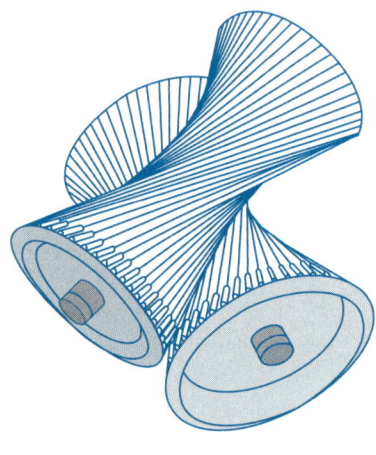

Des hyperboloïdes transmettent un mouvement par engrenages.

Exercices 3.3

1. a) Quelle est la courbe d'équation $y = x^2$ dans $\mathbb{R}^2$?
   b) Quelle surface représente-t-elle dans $\mathbb{R}^3$?
   c) Que représente l'équation $z = y^2$?

2. a) Esquissez le graphe de $y = e^x$ sous la forme d'une courbe dans $\mathbb{R}^2$.
   b) Esquissez le graphe de $y = e^x$ sous la forme d'une surface dans $\mathbb{R}^3$.
   c) Décrivez et esquissez la surface $z = e^y$.

3-8 Décrivez et esquissez la surface.

3. $x^2 + z^2 = 1$
4. $4x^2 + y^2 = 4$
5. $z = 1 - y^2$
6. $y = z^2$
7. $xy = 1$
8. $z = \sin y$

9. a) Trouvez et nommez les traces de la surface quadrique
$$x^2 + y^2 - z^2 = 1.$$
Expliquez pourquoi le graphique ressemble au graphique de l'hyperboloïde à une nappe dans le tableau 3.5 (p. 140).

b) Remplacez l'équation de la partie a) par $x^2 - y^2 + z^2 = 1$. Comment ce changement modifie-t-il le graphique ?

c) Que se passe-t-il si vous remplacez l'équation de la partie a) par $x^2 + y^2 + 2y - z^2 = 0$?

10. a) Trouvez et nommez les traces de la surface quadrique
$$-x^2 - y^2 + z^2 = 1.$$
Expliquez pourquoi le graphique ressemble au graphique de l'hyperboloïde à deux nappes dans le tableau 3.5 (p. 140).

b) Qu'arrive-t-il au graphique si l'équation de la partie a) est remplacée par $x^2 - y^2 - z^2 = 1$? Esquissez le nouveau graphique.

11-20 Utilisez les traces pour esquisser et identifier la surface.

11. $x = y^2 + 4z^2$
12. $4x^2 + 9y^2 + 9z^2 = 36$
13. $x^2 = 4y^2 + z^2$
14. $z^2 - 4x^2 - y^2 = 4$
15. $9y^2 + 4z^2 = x^2 + 36$
16. $3x^2 + y + 3z^2 = 0$
17. $\dfrac{x^2}{9} + \dfrac{y^2}{25} + \dfrac{z^2}{4} = 1$
18. $3x^2 - y^2 + 3z^2 = 0$
19. $y = z^2 - x^2$
20. $x = y^2 - z^2$

21-28 Associez l'équation et son graphique (numérotés de I à VIII). Justifiez vos choix.

I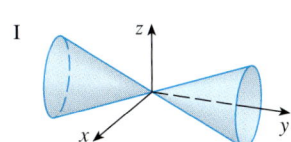

II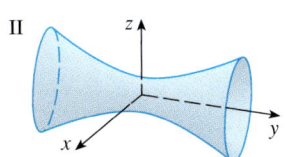

III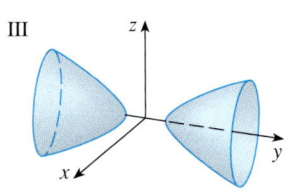

IV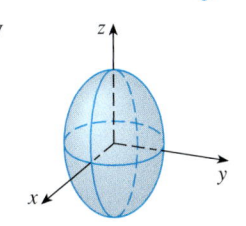

V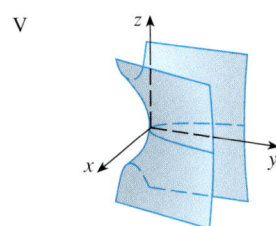

VI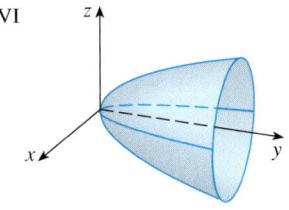

VII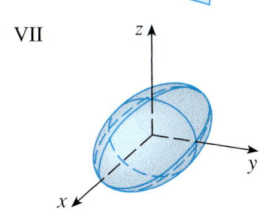

VIII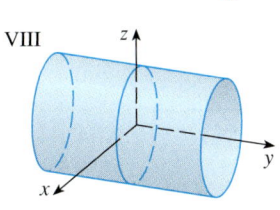

21. $x^2 + 4y^2 + 9z^2 = 1$ **22.** $9x^2 + 4y^2 + z^2 = 1$

23. $x^2 - y^2 + z^2 = 1$ **24.** $-x^2 + y^2 - z^2 = 1$

25. $y = 2x^2 + z^2$ **26.** $y^2 = x^2 + 2z^2$

27. $x^2 + 2z^2 = 1$ **28.** $y = x^2 - z^2$

29-30 Esquissez et nommez une surface quadrique qui pourrait avoir les traces indiquées.

29. Traces en $x = k$ Traces en $y = k$

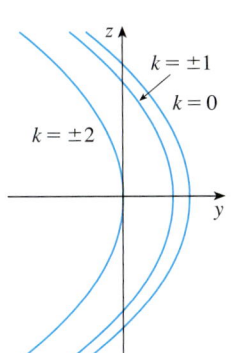 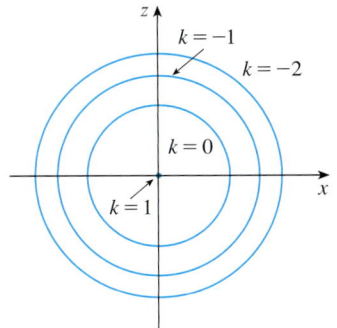

30. Traces en $x = k$ Traces en $z = k$

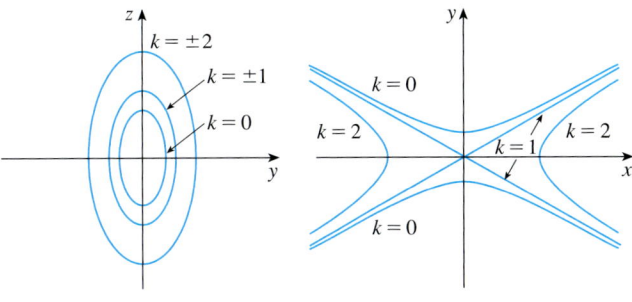

31-38 Réduisez l'équation à une forme standard, classez la surface qu'elle définit, puis esquissez cette surface.

31. $y^2 = x^2 + \frac{1}{9}z^2$

32. $4x^2 - y + 2z^2 = 0$

33. $x^2 + 2y - 2z^2 = 0$

34. $y^2 = x^2 + 4z^2 + 4$

35. $x^2 + y^2 - 2x - 6y - z + 10 = 0$

36. $x^2 - y^2 - z^2 - 4x - 2z + 3 = 0$

37. $x^2 - y^2 + z^2 - 4x - 2z = 0$

38. $4x^2 + y^2 + z^2 - 24x - 8y + 4z + 55 = 0$

39. Identifiez la surface quadrique.

a) $z = \vec{x}^T A \vec{x}$, où $A = \begin{bmatrix} 2 & 0 \\ 0 & 1 \end{bmatrix}$

b) $z = \vec{x}^T A \vec{x} + \vec{c}^T \vec{x}$, où $A = \begin{bmatrix} 2 & 0 \\ 0 & 1 \end{bmatrix}$ et $\vec{c} = \begin{bmatrix} 2 \\ 2 \end{bmatrix}$

c) $z = \vec{x}^T A \vec{x} + \vec{c}^T \vec{x} + 1$, où $A = \begin{bmatrix} 1 & 1 \\ 1 & -2 \end{bmatrix}$ et $\vec{c} = \begin{bmatrix} 2 \\ -3 \end{bmatrix}$

40-42 À l'aide d'un logiciel pouvant produire des graphiques à trois dimensions, tracez le graphique de la surface. Essayez plusieurs points de vue et plusieurs domaines pour les variables jusqu'à l'obtention d'une bonne représentation de la surface.

40. $x^2 - y^2 - z = 0$

41. $-4x^2 - y^2 + z^2 = 1$

42. $x^2 - 6x + 4y^2 - z = 0$

43. Esquissez la région bornée par les surfaces $\sqrt{x^2 + y^2}$ et $x^2 + y^2 = 1$ pour $1 \le z \le 2$.

44. Esquissez la région bornée par les paraboloïdes $z = x^2 + y^2$ et $z = 2 - x^2 - y^2$.

45. Trouvez l'équation de la surface obtenue par rotation de la parabole $y = \sqrt{x}$ autour de l'axe des x.

46. Trouvez l'équation de la surface obtenue par rotation de la droite $z = 2y$ autour de l'axe des z.

47. Trouvez l'équation de la surface constituée de tous les points équidistants du point $(-1, 0, 0)$ et du plan $x = 1$. Quel est le nom de la surface ?

48. Trouvez l'équation de la surface constituée de tous les points P dont la distance à l'axe des x est le double de la distance au plan yz. Quel est le nom de la surface ?

49. Traditionnellement, on modélise la surface de la Terre par une sphère, mais le Système géodésique mondial de 1984 (WGS-84) utilise un ellipsoïde comme un modèle plus précis. Dans ce modèle, le centre de la Terre est à l'origine et le pôle Nord est sur l'axe des z positifs. La distance du centre aux pôles est de 6356,523 km, et la distance à un point sur l'équateur équivaut à 6378,137 km.
  a) Trouvez l'équation de la surface de la Terre utilisée par le Système géodésique mondial.
  b) Les courbes d'égale latitude sont les traces dans les plans $z = k$. Quelle est la forme de ces courbes ?
  c) Les méridiens (courbes d'égale longitude) sont les traces dans les plans de la forme $y = mx$. Quelle est la forme de ces méridiens ?

50. On a construit la tour de refroidissement d'un réacteur nucléaire en forme d'hyperboloïde à une nappe (voir la photo à la page 142). Le diamètre de la base est de 280 m ; le diamètre minimal, à 500 m au-dessus de la base, est de 200 m. Trouvez l'équation permettant de décrire la tour.

51. Montrez que si le point (a, b, c) est sur le paraboloïde hyperbolique $z = y^2 - x^2$, alors les droites d'équations paramétriques

$$x = a+t, \ y = b+t, \ z = c+2(b-a)t$$

$$\text{et } x = a+t, \ y = b-t, \ z = c-2(b+a)t$$

sont contenues dans ce paraboloïde. Ceci montre qu'un paraboloïde hyperbolique est une **surface réglée**, c'est-à-dire une surface qui peut être générée par le déplacement d'une droite. En fait, cet exercice montre que deux génératrices passent par tout point sur le paraboloïde hyperbolique. Les seules autres surfaces quadriques réglées sont les cylindres, les cônes et les hyperboloïdes à une nappe.

52. Montrez que la courbe d'intersection des surfaces

$$x^2 + 2y^2 - z^2 + 3x = 1$$

$$\text{et } 2x^2 + 4y^2 - 2z^2 - 5y = 0$$

est contenue dans un plan.

53. Tracez les graphiques des surfaces $z = x^2 + y^2$ et $z = 1 - y^2$ sur un même système d'axes en utilisant le domaine $|x| \leq 1,2$, $|y| \leq 1,2$, et observez la courbe d'intersection de ces surfaces. Montrez que la projection de cette courbe sur le plan xy est une ellipse.

CHAPITRE 4
LES DÉRIVÉES DES FONCTIONS DE PLUSIEURS VARIABLES

4.1 Les dérivées partielles
4.2 Les plans tangents et les approximations linéaires
4.3 La règle de dérivation en chaîne
4.4 Les dérivées directionnelles et le vecteur gradient
4.5 Les approximations de Taylor en deux variables

© Vladislav Gurfinkel / Shutterstock

4.1 LES DÉRIVÉES PARTIELLES

Par une journée chaude, une humidité élevée donne l'impression que la température est supérieure à la valeur indiquée au thermomètre. Le National Weather Service des États-Unis a créé l'**indice de chaleur** (aussi appelé « indice de bien-être » ou « humidex » au Canada) pour décrire les effets combinés de la température et de l'humidité. L'indice de chaleur I est la température de l'air ressentie lorsque la température réelle est de T et que l'humidité relative est de H. Par conséquent, I est une fonction de T et de H, et on écrit $I = f(T, H)$. Le tableau 4.1 donne des valeurs de I en fonction de H et de T.

TABLEAU 4.1 L'indice de chaleur I en fonction de la température et de l'humidité.

		Humidité relative (%)						
T \ H	20	30	40	50	60	70	80	90
22	22	22	22	23	24	26	28	29
24	24	24	26	27	28	30	32	33
26	26	26	28	30	32	33	35	37
28	28	29	31	33	35	37	39	41
30	30	31	34	36	38	41	43	46
32	32	34	37	40	42	45	47	50
34	34	37	40	43	46	49	52	55

(Température réelle (°C))

Si l'on examine uniquement la colonne surlignée du tableau, qui correspond à une humidité relative $H = 70$ %, l'indice de chaleur est considéré comme une fonction de la seule variable T pour une valeur fixe de H, et l'on écrit $g(T) = f(T, 70)$. La fonction $g(T)$ décrit comment l'indice de chaleur I croît lorsque la température réelle T augmente et que l'humidité relative est de 70 %. La dérivée de g lorsque $T = 26$ °C est le taux de variation de I par rapport à T quand $T = 26$ °C :

$$g'(26) = \lim_{h \to 0} \frac{g(26 + h) - g(26)}{h} = \lim_{h \to 0} \frac{f(26 + h, 70) - f(26, 70)}{h}.$$

On peut approximer $g'(26)$ à l'aide des valeurs du tableau 4.1 en prenant $h = 2$ et $h = -2$:

$$g'(26) \approx \frac{g(28) - g(26)}{2} = \frac{f(28, 70) - f(26, 70)}{2} = \frac{37 - 33}{2} = 2$$

et

$$g'(26) \approx \frac{g(24) - g(26)}{-2} = \frac{f(24, 70) - f(26, 70)}{-2} = \frac{30 - 33}{-2} = 1{,}5.$$

En prenant la moyenne de ces valeurs, on peut dire que la dérivée $g'(26)$ est d'environ 1,75. Ainsi, lorsque la température réelle est de 26 °C et que l'humidité relative atteint 70 %, la température ressentie (l'indice de chaleur) croît d'environ 1,75 °C pour chaque degré additionnel de la température réelle.

Considérons maintenant la ligne surlignée du tableau 4.1, qui correspond à la température fixée à $T = 26$ °C. Les valeurs de cette ligne sont celles de la fonction $G(H) = f(26, H)$, qui décrit comment l'indice de chaleur croît lorsque l'humidité relative H augmente quand la température réelle est $T = 26$ °C. La dérivée de cette fonction, lorsque $H = 70$ %, est le taux de variation de I par rapport à H quand $H = 70$ % :

$$G'(70) = \lim_{h \to 0} \frac{G(70 + h) - G(70)}{h} = \lim_{h \to 0} \frac{f(26, 70 + h) - f(26, 70)}{h}.$$

Si on prend $h = 10$ et $h = -10$, on approxime $G'(70)$ en utilisant les valeurs du tableau 4.1 :

$$G'(70) \approx \frac{G(80) - G(70)}{10} = \frac{f(26, 80) - f(26, 70)}{10} = \frac{35 - 33}{10} = 0,2$$

$$G'(70) \approx \frac{G(60) - G(70)}{-10} = \frac{f(26, 60) - f(26, 70)}{-10} = \frac{32 - 33}{-10} = 0,1.$$

En calculant la moyenne de ces valeurs, on obtient l'estimation $G'(70) \approx 0{,}15$. Autrement dit, lorsque la température est de 26 °C et que l'humidité relative atteint 70 %, l'indice de chaleur croît d'environ 0,15 °C pour chaque pourcentage additionnel d'humidité relative.

Prenons maintenant le cas général d'une fonction f de deux variables x et y dans laquelle on ne fait varier que x tout en gardant y fixée à $y = b$, où b est une constante. Dans ce cas, on considère une fonction d'une seule variable x, à savoir $g(x) = f(x, b)$. Si g possède une dérivée en a, alors on l'appelle la **dérivée partielle** de f par rapport à x au point (a, b), et on la note $f_x(a, b)$:

1
$$f_x(a, b) = g'(a), \text{ où } g(x) = f(x, b).$$

Par définition d'une dérivée, on a

$$g'(a) = \lim_{h \to 0} \frac{g(a+h) - g(a)}{h}.$$

L'équation 1 devient donc

2
$$f_x(a, b) = \lim_{h \to 0} \frac{f(a+h, b) - f(a, b)}{h}.$$

De même, on obtient la dérivée partielle de f par rapport à y en (a, b), notée $f_y(a, b)$, en gardant x fixée ($x = a$) et en trouvant la dérivée ordinaire en b de la fonction $G(y) = f(a, y)$:

3
$$f_y(a, b) = \lim_{h \to 0} \frac{f(a, b+h) - f(a, b)}{h}.$$

Cette façon de noter les dérivées partielles permet d'écrire les taux de variation de l'indice de chaleur I par rapport à la température réelle T et à l'humidité relative H lorsque $T = 26$ °C et $H = 70$ % comme suit :

$$f_T(26, 70) \approx 1{,}75 \qquad f_H(26, 70) \approx 0{,}15.$$

Si le point (a, b) est variable dans les équations 2 et 3, f_x et f_y deviennent des fonctions des deux variables x et y.

4 Si f est une fonction de deux variables, ses dérivées partielles sont les fonctions f_x et f_y définies par

$$f_x(x, y) = \lim_{h \to 0} \frac{f(x+h, y) - f(x, y)}{h}$$

et

$$f_y(x, y) = \lim_{h \to 0} \frac{f(x, y+h) - f(x, y)}{h}$$

si ces limites existent.

On peut écrire les dérivées partielles de plusieurs façons. Par exemple, au lieu de f_x on peut écrire f_1 ou $D_1 f$ (pour indiquer la dérivation par rapport à la première variable) ou encore $\partial f / \partial x$. On notera cependant qu'ici on ne peut pas interpréter $\partial f / \partial x$ comme un rapport de différentielles.

> **NOTATIONS DES DÉRIVÉES PARTIELLES**
>
> Si $z = f(x, y)$, on écrit
> $$f_x(x, y) = f_x = \frac{\partial f}{\partial x} = \frac{\partial}{\partial x} f(x, y) = \frac{\partial z}{\partial x} = f_1 = D_1 f = D_x f$$
> $$f_y(x, y) = f_y = \frac{\partial f}{\partial y} = \frac{\partial}{\partial y} f(x, y) = \frac{\partial z}{\partial y} = f_2 = D_2 f = D_y f.$$

Pour calculer des dérivées partielles, il suffit de se rappeler que la dérivée partielle par rapport à x de l'équation 1 est simplement la dérivée ordinaire de la fonction g d'une seule variable obtenue en gardant y fixe.

> **MÉTHODE POUR CALCULER LES DÉRIVÉES PARTIELLES DE $z = f(x, y)$**
>
> 1. Pour calculer f_x, on considère y comme une constante et on dérive $f(x, y)$ par rapport à x.
>
> 2. Pour calculer f_y, on considère x comme une constante et on dérive $f(x, y)$ par rapport à y.

EXEMPLE 1 Soit $f(x, y) = x^3 + x^2 y^3 - 2y^2$. Calculons $f_x(2, 1)$ et $f_y(2, 1)$.

SOLUTION Si on garde y constante et qu'on dérive l'équation par rapport à x, on obtient

$$f_x(x, y) = 3x^2 + 2xy^3$$

et donc

$$f_x(2, 1) = 3 \cdot 2^2 + 2 \cdot 2 \cdot 1^3 = 16.$$

En gardant x constante et en dérivant l'équation par rapport à y, on obtient

$$f_y(x, y) = 3x^2 y^2 - 4y$$

$$f_y(2, 1) = 3 \cdot 2^2 \cdot 1^2 - 4 \cdot 1 = 8.$$

LES INTERPRÉTATIONS DES DÉRIVÉES PARTIELLES

Pour interpréter géométriquement les dérivées partielles, on se rappelle que l'équation $z = f(x, y)$ représente une surface S dans l'espace (le graphe de f). Si $f(a, b) = c$, alors le point $P(a, b, c)$ appartient à S. En fixant $y = b$, on se restreint à la courbe d'intersection C_1 du plan vertical $y = b$ avec S. Autrement dit, C_1 est la trace de S dans le plan $y = b$. De même, le plan vertical $x = a$ coupe S selon la courbe C_2. Les deux courbes C_1 et C_2 passent par le point P (voir la figure 1).

On remarque que la courbe C_1 est le graphe de la fonction $g(x) = f(x, b)$, de sorte que la pente de sa droite tangente T_1 en P est $g'(a) = f_x(a, b)$. La courbe C_2 est le graphe de la fonction $G(y) = f(a, y)$, de sorte que la pente de sa tangente T_2 en P est $G'(b) = f_y(a, b)$.

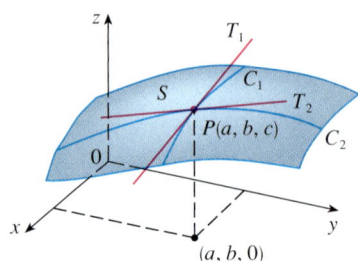

FIGURE 1

Les dérivées partielles de f en (a, b) sont les pentes des tangentes aux courbes C_1 et C_2.

On peut donc interpréter géométriquement les dérivées partielles $f_x(a, b)$ et $f_y(a, b)$ comme étant les pentes des droites tangentes aux traces C_1 et C_2 de S dans les plans $y = b$ et $x = a$, au point $P(a, b, c)$.

Comme on l'a vu dans le cas de la fonction de l'indice de chaleur, on peut aussi interpréter les dérivées partielles comme étant des **taux de variation**. Si $z = f(x, y)$, alors $\partial z/\partial x$ représente le taux de variation de z par rapport à x lorsque y est fixe. De même, $\partial z/\partial y$ représente le taux de variation de z par rapport à y lorsque x est fixe.

EXEMPLE 2 Soit $f(x, y) = 4 - x^2 - 2y^2$. Calculons $f_x(1, 1)$ et $f_y(1, 1)$ et interprétons ces nombres comme étant des pentes.

SOLUTION On a
$$f_x(x, y) = -2x \qquad f_y(x, y) = -4y$$
$$f_x(1, 1) = -2 \qquad f_y(1, 1) = -4.$$

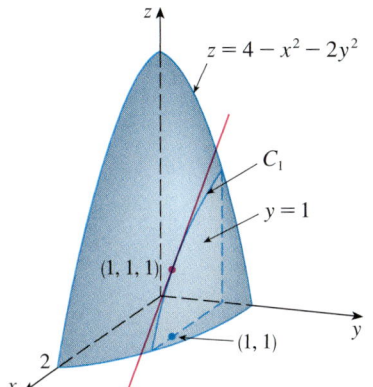

FIGURE 2

Le graphe de f est le paraboloïde $z = 4 - x^2 - 2y^2$ et le plan vertical $y = 1$ le coupe selon la parabole $z = 2 - x^2$, $y = 1$. Comme dans la discussion précédente, on l'a étiquetée C_1 sur la figure 2. La pente de la droite tangente à cette parabole au point $(1, 1, 1)$ est $f_x(1, 1) = -2$. De même, la courbe C_2, qui correspond à l'intersection du plan $x = 1$ avec le paraboloïde, est la parabole $z = 3 - 2y^2$, $x = 1$, et la pente de la droite tangente en $(1, 1, 1)$ est $f_y(1, 1) = -4$ (voir la figure 3).

La figure 4 est une représentation créée par ordinateur de la figure 2. La partie a) montre le plan $y = 1$ qui coupe la surface pour former la courbe C_1, et la partie b) montre C_1 et T_1. (Pour les tracer, on a utilisé les équations vectorielles $\vec{r}(t) = t\vec{i} + \vec{j} + (2 - t^2)\vec{k}$ pour C_1 et $\vec{r}(t) = (1 + t)\vec{i} + \vec{j} + (1 - 2t)\vec{k}$ pour T_1. Voir la section 8.1). De même, la figure 5 est le tracé à l'ordinateur de la figure 3.

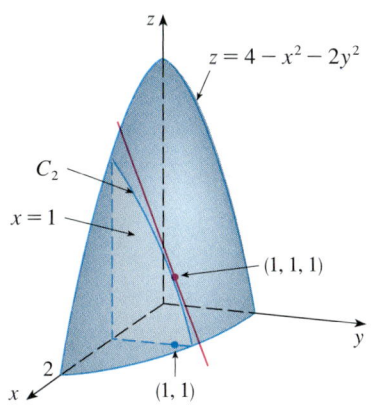

FIGURE 3

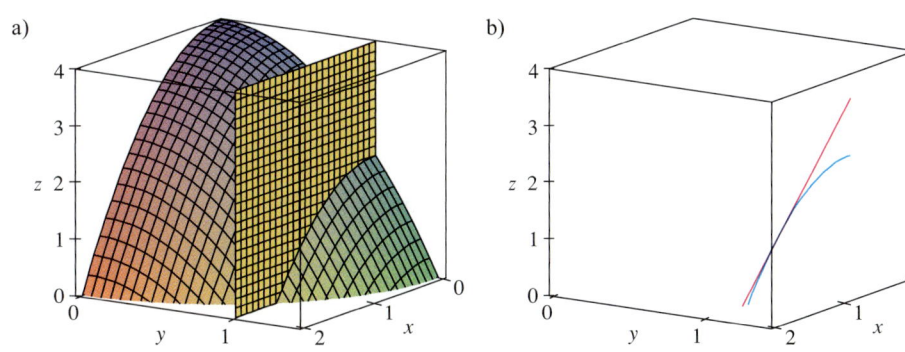

FIGURE 4

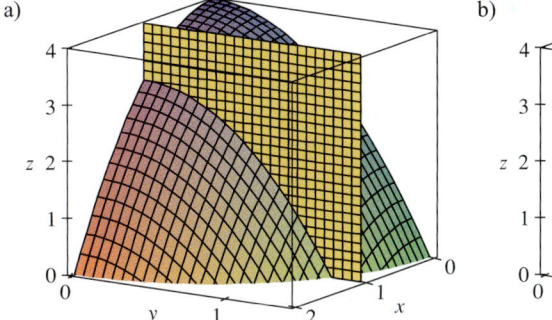

FIGURE 5

EXEMPLE 3 À l'exercice 41 de la section 3.1 (p. 125), nous avons défini l'indice de masse corporelle d'une personne par

$$I(m, h) = \frac{m}{h^2}.$$

Calculez les dérivées partielles de I pour un jeune homme pour qui $m = 64$ kg et $h = 1{,}68$ m et interprétez ces dérivées.

SOLUTION En considérant h comme une constante, on voit que la dérivée partielle par rapport à m est

$$\frac{\partial I}{\partial m}(m, h) = \frac{\partial}{\partial m}\left(\frac{m}{h^2}\right) = \frac{1}{h^2}$$

donc,
$$\frac{\partial I}{\partial m}(64, 1{,}68) = \frac{1}{(1{,}68)^2} \approx 0{,}35 \,(\text{kg/m}^2)/\text{kg}$$

Il s'agit du taux d'augmentation de l'IMC de l'homme par rapport à son poids quand il pèse 64 kg et mesure 1,68 m. Donc, si son poids augmente un petit peu (1 kg, par exemple), et que sa taille reste la même, alors son IMC augmentera d'environ 0,35.

Considérons maintenant m comme une constante. La dérivée partielle par rapport à h est

$$\frac{\partial I}{\partial h}(m, h) = \frac{\partial}{\partial h}\left(\frac{m}{h^2}\right) = m\left(-\frac{2}{h^3}\right) = -\frac{2m}{h^3}$$

donc,
$$\frac{\partial I}{\partial h}(64, 1{,}68) = -\frac{2 \cdot 64}{(1{,}68)^3} \approx -27 \,(\text{kg/m}^2)/\text{m}$$

Il s'agit du taux d'augmentation de l'IMC de l'homme par rapport à sa taille quand il pèse 64 kg et mesure 1,68 m. Donc, si l'homme grandit toujours et que son poids reste le même pendant que sa taille augmente un petit peu, disons de 1 cm, alors son IMC diminuera d'environ $27(0{,}01) = 0{,}27$.

EXEMPLE 4 Soit $f(x, y) = \sin\left(\dfrac{x}{1+y}\right)$. Calculons $\dfrac{\partial f}{\partial x}$ et $\dfrac{\partial f}{\partial y}$.

SOLUTION La règle de dérivation en chaîne en une variable donne

$$\frac{\partial f}{\partial x} = \cos\left(\frac{x}{1+y}\right) \cdot \frac{\partial}{\partial x}\left(\frac{x}{1+y}\right) = \cos\left(\frac{x}{1+y}\right) \cdot \frac{1}{1+y}$$

$$\frac{\partial f}{\partial y} = \cos\left(\frac{x}{1+y}\right) \cdot \frac{\partial}{\partial y}\left(\frac{x}{1+y}\right) = -\cos\left(\frac{x}{1+y}\right) \cdot \frac{x}{(1+y)^2}.$$

EXEMPLE 5 Trouvons $\partial z/\partial x$ et $\partial z/\partial y$ si la fonction z est définie implicitement comme une fonction de x et y par l'équation

$$x^3 + y^3 + z^3 + 6xyz = 1.$$

SOLUTION Pour trouver $\partial z/\partial x$, on dérive implicitement l'équation par rapport à x, en prenant soin de traiter y comme une constante :

$$3x^2 + 3z^2 \frac{\partial z}{\partial x} + 6yz + 6xy \frac{\partial z}{\partial x} = 0.$$

La résolution de cette équation pour $\partial z/\partial x$ donne

$$\frac{\partial z}{\partial x} = -\frac{x^2 + 2yz}{z^2 + 2xy}.$$

Certains logiciels de calcul symbolique peuvent tracer des surfaces définies par des équations implicites à trois variables. La figure 6 montre un tel tracé de la surface définie par l'équation de l'exemple 5.

FIGURE 6

De même, la dérivation implicite par rapport à y conduit à

$$\frac{\partial z}{\partial y} = -\frac{y^2 + 2xz}{z^2 + 2xy}.$$

LES FONCTIONS DE TROIS VARIABLES OU PLUS

On peut aussi définir les dérivées partielles des fonctions de trois variables ou plus. Si f est une fonction des trois variables x, y et z, alors sa dérivée partielle par rapport à x est définie par

$$f_x(x, y, z) = \lim_{h \to 0} \frac{f(x+h, y, z) - f(x, y, z)}{h}.$$

Pour la calculer, on considère y et z comme des constantes et on dérive $f(x, y, z)$ par rapport à x. Si $w = f(x, y, z)$, alors $f_x = \partial w/\partial x$ peut être interprétée comme étant le taux de variation de w par rapport à x lorsque y et z sont fixes. Cependant, on ne peut pas interpréter cette dérivée géométriquement parce que le graphe de f est dans un espace à quatre dimensions.

En général, si $u = f(x_1, x_2, ..., x_n)$ est une fonction de n variables, alors sa dérivée partielle par rapport à la i-ième variable x_i est

$$\frac{\partial u}{\partial x_i} = \lim_{h \to 0} \frac{f(x_1, ..., x_{i-1}, x_i + h, x_{i+1}, ..., x_n) - f(x_1, ..., x_i, ..., x_n)}{h}$$

et on écrit

$$\frac{\partial u}{\partial x_i} = \frac{\partial f}{\partial x_i} = f_{x_i} = f_i = D_i f.$$

EXEMPLE 6 Soit $f(x, y, z) = e^{xy} \ln z$. Trouvons f_x, f_y et f_z.

SOLUTION On garde y et z constantes et on dérive la fonction par rapport à x. On obtient

$$f_x = ye^{xy} \ln z.$$

De même,

$$f_y = xe^{xy} \ln z \quad \text{et} \quad f_z = \frac{e^{xy}}{z}.$$

Pour les fonctions de n variables, on peut utiliser la notation vectorielle afin d'obtenir une expression plus compacte de la dérivée :

$$\frac{\partial f}{\partial x_i} = \lim_{h \to 0} \frac{f(\vec{x} + h\vec{e}_i) - f(\vec{x})}{h}$$

où $\vec{e}_i$ est le vecteur dont toutes les composantes sont nulles, sauf la i-ième qui est égale à 1.

LES DÉRIVÉES D'ORDRE SUPÉRIEUR

Si f est une fonction de deux variables, alors ses dérivées partielles f_x et f_y sont aussi des fonctions de deux variables et on peut donc considérer leurs dérivées partielles $(f_x)_x$, $(f_x)_y$, $(f_y)_x$ et $(f_y)_y$, qui sont appelées **dérivées partielles secondes** ou **deuxièmes**, ou encore **dérivées partielles d'ordre 2** de f. Si $z = f(x, y)$, on utilise les notations suivantes :

$$(f_x)_x = f_{xx} = f_{11} = \frac{\partial}{\partial x}\left(\frac{\partial f}{\partial x}\right) = \frac{\partial^2 f}{\partial x^2} = \frac{\partial^2 z}{\partial x^2}$$

$$(f_x)_y = f_{xy} = f_{12} = \frac{\partial}{\partial y}\left(\frac{\partial f}{\partial x}\right) = \frac{\partial^2 f}{\partial y \partial x} = \frac{\partial^2 z}{\partial y \partial x}$$

$$(f_y)_x = f_{yx} = f_{21} = \frac{\partial}{\partial x}\left(\frac{\partial f}{\partial y}\right) = \frac{\partial^2 f}{\partial x \partial y} = \frac{\partial^2 z}{\partial x \partial y}$$

$$(f_y)_y = f_{yy} = f_{22} = \frac{\partial}{\partial y}\left(\frac{\partial f}{\partial y}\right) = \frac{\partial^2 f}{\partial y^2} = \frac{\partial^2 z}{\partial y^2}.$$

La notation f_{xy} (ou $\partial^2 f / \partial y \partial x$) signifie qu'on dérive d'abord la fonction par rapport à x, puis par rapport à y, tandis que dans le calcul de f_{yx} l'ordre est inversé.

EXEMPLE 7 Calculons les dérivées partielles secondes de
$$f(x, y) = x^3 + x^2 y^3 - 2y^2.$$

SOLUTION À l'exemple 1, on a trouvé que
$$f_x(x, y) = 3x^2 + 2xy^3 \qquad f_y(x, y) = 3x^2 y^2 - 4y.$$

On a donc
$$f_{xx} = \frac{\partial}{\partial x}(3x^2 + 2xy^3) = 6x + 2y^3; \qquad f_{xy} = \frac{\partial}{\partial y}(3x^2 + 2xy^3) = 6xy^2;$$

$$f_{yx} = \frac{\partial}{\partial x}(3x^2 y^2 - 4y) = 6xy^2; \qquad f_{yy} = \frac{\partial}{\partial y}(3x^2 y^2 - 4y) = 6x^2 y - 4.$$

À l'exemple 7, on remarque que $f_{xy} = f_{yx}$. Ce n'est pas une coïncidence. En effet, les dérivées mixtes (ou croisées) f_{xy} et f_{yx} sont égales pour la plupart des fonctions rencontrées dans la pratique. Le théorème suivant, formulé par le mathématicien français Alexis Clairaut (1713-1765), énonce les conditions qui permettent d'affirmer que $f_{xy} = f_{yx}$. La démonstration de ce théorème est présentée à l'annexe C.

Alexis Clairaut était un enfant prodige en mathématiques. Après avoir lu le traité de calcul différentiel et intégral de l'Hospital à l'âge de 10 ans, il a présenté une communication sur la géométrie à l'Académie des sciences de France à l'âge de 13 ans. À 18 ans, Clairaut a publié *Recherches sur les courbes à double courbure*, le premier traité systématique sur la géométrie analytique tridimensionnelle qui comprenait le calcul différentiel et intégral des courbes dans l'espace.

THÉORÈME DE CLAIRAUT

Soit une fonction f définie sur un disque D qui contient le point (a, b). Si les fonctions f_{xy} et f_{yx} sont continues sur D, alors
$$f_{xy}(a, b) = f_{yx}(a, b).$$

On peut aussi définir les dérivées d'ordre 3 ou plus. Par exemple, on a
$$f_{xyy} = (f_{xy})_y = \frac{\partial}{\partial y}\left(\frac{\partial^2 f}{\partial y \partial x}\right) = \frac{\partial^3 f}{\partial y^2 \partial x}.$$

Le théorème de Clairaut permet de démontrer que $f_{xyy} = f_{yxy} = f_{yyx}$ si ces fonctions sont continues.

EXEMPLE 8 Calculons f_{xxyz} si $f(x, y, z) = \sin(3x + yz)$.

SOLUTION
$$f_x = 3\cos(3x + yz)$$
$$f_{xx} = -9\sin(3x + yz)$$
$$f_{xxy} = -9z\cos(3x + yz)$$
$$f_{xxyz} = -9\cos(3x + yz) + 9yz\sin(3x + yz)$$

La figure 7 montre le graphe de la fonction f de l'exemple 7 et les graphes de ses dérivées partielles du premier et du deuxième ordre pour $-2 \leq x \leq 2$, $-2 \leq y \leq 2$. On remarque que les graphes sont cohérents avec nos interprétations de f_x et f_y comme étant les pentes des droites tangentes aux traces du graphe de f. Par exemple, le graphe de f décroît si on part de $(0, -2)$ et qu'on se déplace dans la direction des x positifs, ce qui se reflète dans les valeurs négatives de f_x. Vous devriez comparer les graphes de f_{yx} et de f_{yy} avec le graphe de f_y pour voir les relations entre les dérivées premières et secondes.

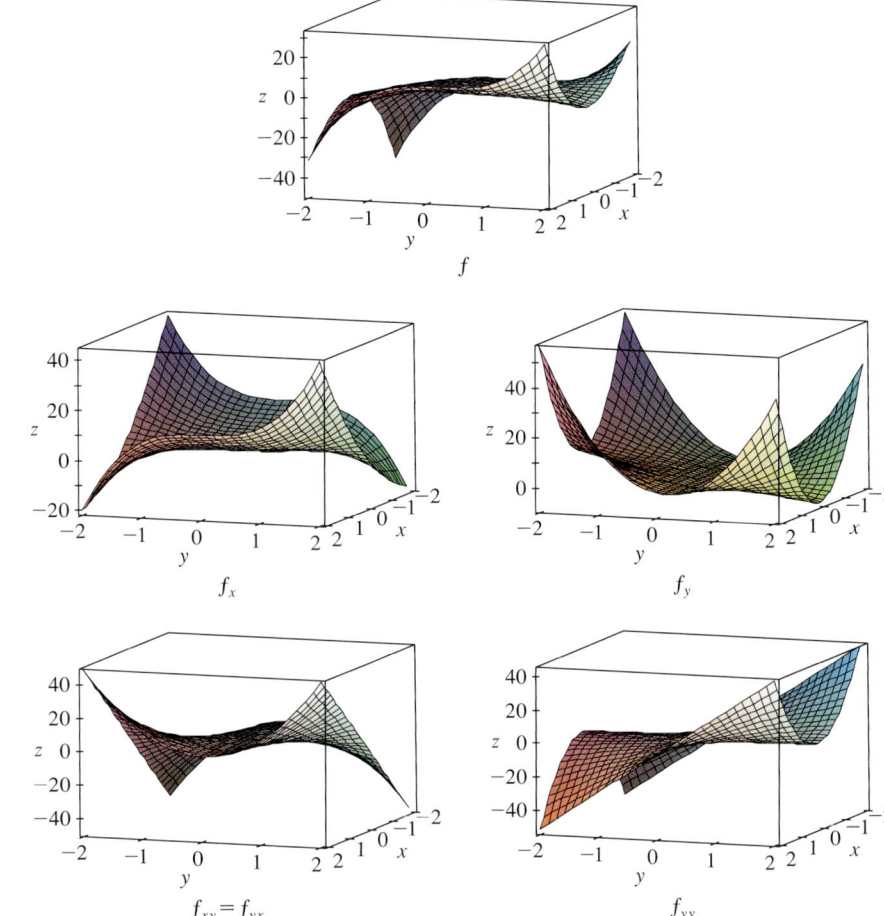

FIGURE 7

LES ÉQUATIONS AUX DÉRIVÉES PARTIELLES

Les dérivées partielles apparaissent dans les **équations aux dérivées partielles** qui expriment certaines lois de la physique. Par exemple, l'équation aux dérivées partielles

$$\frac{\partial^2 u}{\partial x^2} + \frac{\partial^2 u}{\partial y^2} = 0$$

est appelée l'**équation de Laplace** en hommage à Pierre Laplace (1749-1827). Les solutions de cette équation sont appelées **fonctions harmoniques**; elles jouent un rôle dans les problèmes de conduction de la chaleur, de l'écoulement des fluides et du potentiel électrique.

EXEMPLE 9 Montrons que la fonction $u(x, y) = e^x \sin y$ est une solution de l'équation de Laplace.

SOLUTION
$$u_x = e^x \sin y \qquad u_y = e^x \cos y$$
$$u_{xx} = e^x \sin y \qquad u_{yy} = -e^x \sin y$$
$$u_{xx} + u_{yy} = e^x \sin y - e^x \sin y = 0$$

La fonction u satisfait donc à l'équation de Laplace.

L'équation d'onde

$$\frac{\partial^2 u}{\partial t^2} = a^2 \frac{\partial^2 u}{\partial x^2}$$

décrit le mouvement d'une onde qui pourrait être une vague dans l'océan, une onde sonore, une onde lumineuse ou encore une onde voyageant le long d'une corde vibrante. Par exemple, si $u(x, t)$ représente le déplacement de la corde d'un violon à l'instant t et à la distance x d'une des extrémités de la corde (voir la figure 8), alors $u(x, t)$ satisfait à l'équation d'onde. Ici, la constante a dépend de la densité de la corde et de la tension dans celle-ci.

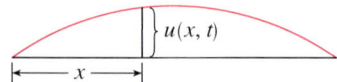

FIGURE 8

EXEMPLE 10 Vérifions que la fonction $u(x, t) = \sin(x - at)$ satisfait à l'équation d'onde.

SOLUTION
$$u_x = \cos(x - at) \qquad u_{xx} = -\sin(x - at)$$
$$u_t = -a\cos(x - at) \qquad u_{tt} = -a^2\sin(x - at) = a^2 u_{xx}$$

Donc, u satisfait à l'équation d'onde.

Les équations aux dérivées partielles qui font intervenir des fonctions de trois variables sont aussi très importantes en sciences et en génie. L'équation de Laplace à trois dimensions est

5
$$\frac{\partial^2 u}{\partial x^2} + \frac{\partial^2 u}{\partial y^2} + \frac{\partial^2 u}{\partial z^2} = 0$$

et un des domaines où on l'utilise est la géophysique. Si $u(x, y, z)$ représente la force du champ magnétique au point (x, y, z), alors elle satisfait à l'équation 5. La force du champ magnétique indique la répartition de minerais riches en fer et reflète les différents types de roches et l'emplacement des failles. La figure 9 montre les courbes de niveau du champ magnétique terrestre enregistré à partir d'un avion transportant un magnétomètre et volant à 200 m au-dessus du sol. La carte est améliorée en utilisant un code de couleur pour définir les régions entre les courbes de niveau.

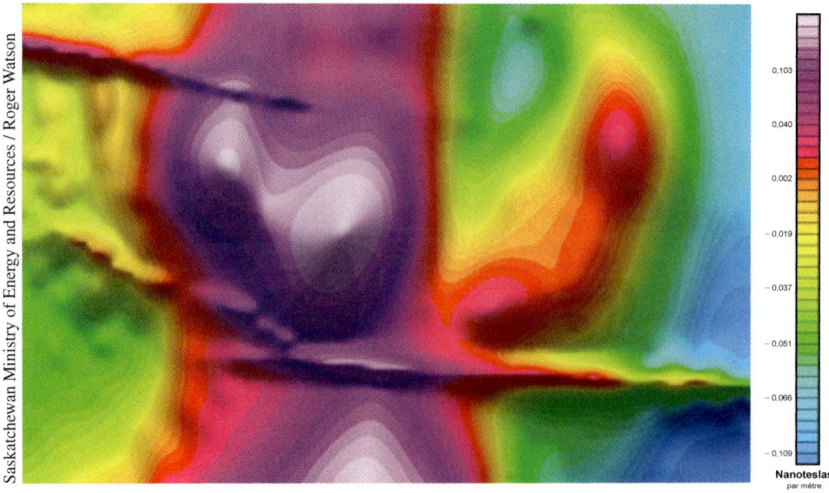

FIGURE 9
Force du champ magnétique terrestre

La figure 10 montre les courbes de niveau pour la dérivée partielle seconde de u dans le sens vertical, c'est-à-dire u_{zz}. Il s'avère qu'on peut mesurer assez facilement les valeurs des dérivées partielles u_{xx} et u_{yy} à partir d'une carte du champ magnétique. Ensuite, on peut calculer les valeurs de u_{zz} à l'aide de l'équation de Laplace (équation 5).

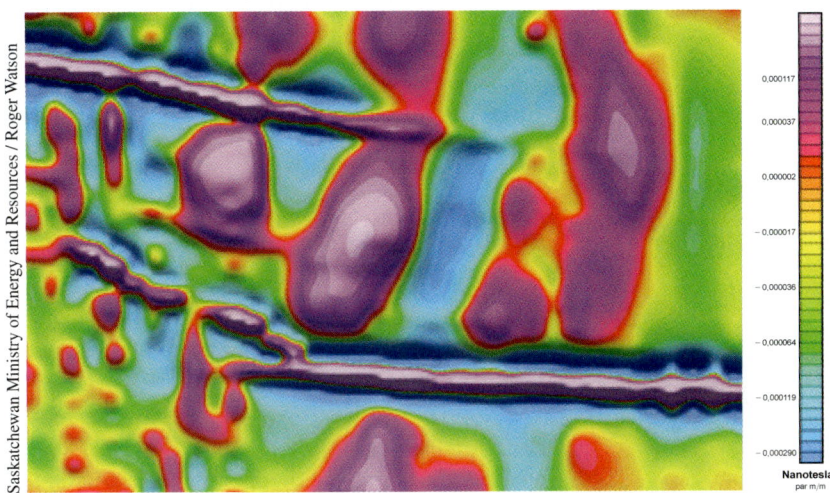

FIGURE 10
Dérivée seconde verticale du champ magnétique

LA FONCTION DE PRODUCTION DE COBB-DOUGLAS

À l'exemple 4 de la section 3.1 (p. 113), on a décrit l'étude de Cobb et Douglas modélisant la production totale P d'un système économique comme une fonction de la quantité de travail L et de l'investissement en capital K. On utilise ici les dérivées partielles pour montrer comment la forme particulière de leur modèle découle de certaines hypothèses qu'ils ont faites à propos de l'économie.

Si l'on note $P = P(L, K)$ la fonction de production, alors la dérivée partielle $\partial P/\partial L$ est le taux de variation de la production par rapport à la quantité de travail. Les économistes l'appellent la « production marginale par rapport au travail » ou la **productivité marginale du travail**. De même, la dérivée partielle $\partial P/\partial K$ est le taux de variation de la production par rapport au capital et est appelée **productivité marginale du capital**. Les hypothèses de Cobb et Douglas s'énoncent comme suit.

   i) Si le travail ou le capital devient nul, la production le devient aussi.

   ii) La productivité marginale du travail est proportionnelle à la quantité produite par unité de travail.

   iii) La productivité marginale du capital est proportionnelle à la quantité produite par unité de capital.

La production par unité de travail est P/L, ce qui implique, selon l'hypothèse ii), que

$$\frac{\partial P}{\partial L} = \alpha \frac{P}{L}$$

pour une certaine constante α. Si l'on maintient K constant $(K = K_0)$, alors cette équation aux dérivées partielles devient l'équation différentielle ordinaire :

6
$$\frac{dP}{dL} = \alpha \frac{P}{L}.$$

La résolution de cette équation différentielle (voir l'exercice 91) donne

7
$$P(L, K_0) = C_1(K_0)L^\alpha.$$

On remarque que la constante C_1 est une fonction de K_0.

De même, selon l'hypothèse iii),

$$\frac{\partial P}{\partial K} = \beta \frac{P}{K}.$$

La résolution de cette équation différentielle donne

8
$$P(L_0, K) = C_2(L_0)K^\beta$$

où C_2 dépend de L_0.

En comparant les équations 7 et 8, on trouve

9
$$P(L, K) = bL^\alpha K^\beta$$

où b est une constante indépendante de L et de K. De l'hypothèse i), on peut démontrer que $\alpha > 0$ et $\beta > 0$.

On remarque, dans l'équation 9, que si on multiplie le travail et le capital par un facteur m, alors

$$P(mL, mK) = b(mL)^\alpha (mK)^\beta = m^{\alpha+\beta} bL^\alpha K^\beta = m^{\alpha+\beta} P(L, K).$$

Si $\alpha + \beta = 1$, alors $P(mL, mK) = mP(L, K)$, et donc la production est multipliée par le facteur m. Cette propriété a conduit Cobb et Douglas à poser $\alpha + \beta = 1$ et à proposer le modèle

$$P(L, K) = bL^\alpha K^{1-\alpha}$$

qui est la fonction de production de Cobb-Douglas étudiée à la section 3.1.

Exercices 4.1

1. La température T en un point de l'hémisphère Nord dépend de la longitude x, de la latitude y et de l'instant t, et on écrit $T = f(x, y, t)$. Le temps est exprimé en heures à partir du début du mois de janvier.
   a) Que signifient concrètement les dérivées partielles $\partial T/\partial x$, $\partial T/\partial y$ et $\partial T/\partial t$?
   b) Honolulu se situe à la longitude 158° O et à la latitude 21° N. Supposez que le 1er janvier à 9 h, le vent souffle de l'air chaud vers le nord-est. Donc, l'air vers l'ouest et vers le sud est chaud, et l'air vers le nord et vers l'est est plus froid. Intuitivement, pouvez-vous dire si les dérivées partielles $f_x(158, 21, 9)$, $f_y(158, 21, 9)$ et $f_t(158, 21, 9)$ sont positives ou négatives ? Justifiez votre réponse.

2. Au début de cette section, on a discuté de la fonction $I = f(T, H)$, où I représente l'indice de chaleur, T est la température et H, l'humidité relative. Utilisez le tableau 4.1 (p. 146) pour estimer $f_T(28, 60)$ et $f_H(28, 60)$. Donnez une interprétation concrète de ces valeurs.

3. L'indice de refroidissement éolien E est la température ressentie lorsque la température réelle est de T et que la vitesse du vent est de v. On peut donc écrire $E = f(T, v)$. Le tableau de valeurs suivant est un extrait du tableau 3.1 de la section 3.1.

		Vitesse du vent (km/h)					
Température réelle (°C)	T ╲ v	20	30	40	50	60	70
	−10	−18	−20	−21	−22	−23	−23
	−15	−24	−26	−27	−29	−30	−30
	−20	−30	−33	−34	−35	−36	−37
	−25	−37	−39	−41	−42	−43	−44

   a) Estimez les valeurs de $f_T(-15, 30)$ et de $f_v(-15, 30)$. Donnez une interprétation concrète de ces valeurs.
   b) En général, que pouvez-vous dire à propos des signes de $\partial f/\partial T$ et $\partial f/\partial v$?

c) Quelle semble être la valeur de la limite suivante?

$$\lim_{v \to \infty} \frac{\partial f}{\partial v}$$

4. La hauteur h des vagues en haute mer dépend de la vitesse v du vent (en nœuds) et du temps t (en heure) durant lequel le vent a soufflé à cette vitesse. Le tableau suivant donne les valeurs (en mètres) de la fonction $h = f(v, t)$.

   a) Que signifient concrètement les dérivées partielles $\partial h/\partial v$ et $\partial h/\partial t$?
   b) Estimez les valeurs de $f_v(40, 15)$ et $f_t(40, 15)$. Donnez une interprétation concrète de ces valeurs.
   c) Quelle semble être la valeur de la limite suivante?

$$\lim_{t \to \infty} \frac{\partial h}{\partial t}$$

		Durée (heures)					
v	t	5	10	15	20	30	40	50
Vitesse du vent (nœuds)	10	0,6	0,6	0,6	0,6	0,6	0,6	0,6
	15	1,2	1,2	1,5	1,5	1,5	1,5	1,5
	20	1,5	2,1	2,4	2,4	2,7	2,7	2,7
	30	2,7	4,0	4,9	5,2	5,5	5,8	5,8
	40	4,3	6,4	7,6	8,5	9,5	10,1	10,1
	50	5,8	8,8	11,0	12,2	13,7	14,6	15,2
	60	7,3	11,3	14,3	16,5	18,9	20,4	21,0

5-8 Déterminez le signe des dérivées partielles de la fonction f dont le graphe est donné.

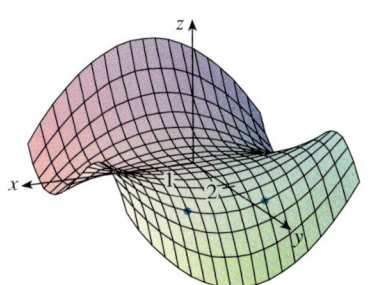

5. a) $f_x(1, 2)$
   b) $f_y(1, 2)$

6. a) $f_x(-1, 2)$
   b) $f_y(-1, 2)$

7. a) $f_{xx}(-1, 2)$
   b) $f_{yy}(-1, 2)$

8. a) $f_{xy}(1, 2)$
   b) $f_{xy}(-1, 2)$

9. La figure ci-après montre les courbes de niveau d'une fonction $f(x, y)$.

   Quel est le signe des dérivées suivantes?
   a) $f_x(P)$ b) $f_y(P)$ c) $f_{xx}(P)$
   d) $f_{yy}(P)$ e) $f_{xy}(P)$

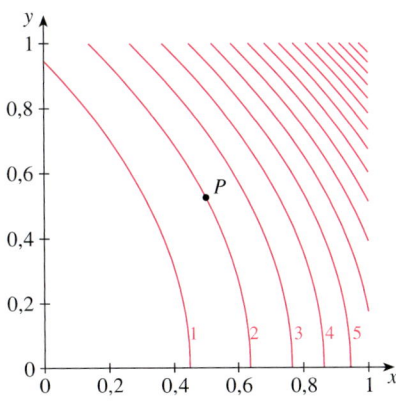

10. Utilisez le diagramme de courbes de niveau de la fonction f ci-dessous pour estimer $f_x(2, 1)$ et $f_y(2, 1)$.

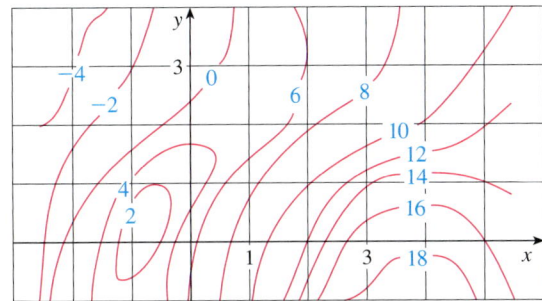

11. Les surfaces suivantes, étiquetées a), b) et c), sont les graphes d'une fonction f et de ses dérivées partielles f_x et f_y. Identifiez chaque surface et justifiez vos choix.

a)
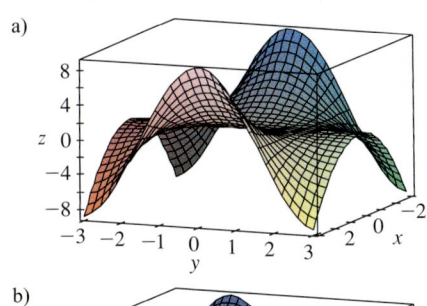

b)
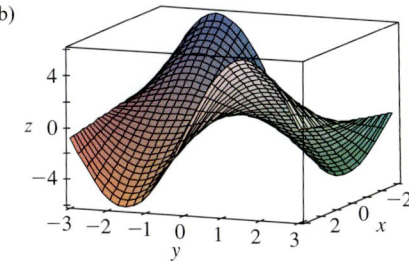

c)
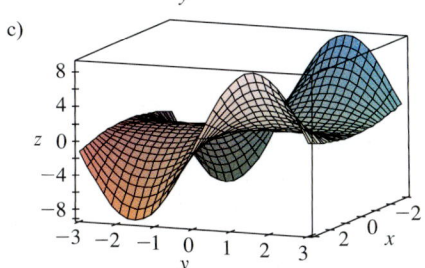

12. Lors d'une étude sur la pénétration du gel, on a mesuré la température T du sol en fonction de la profondeur x (en mètres) et du temps t (en jours). Ces données ont servi à tracer les courbes illustrées.
  a) La figure représente-t-elle des courbes de niveau de T, des traces selon x ou des traces selon t?
  b) Utilisez la figure pour estimer $\partial T/\partial x$ lorsque $x = 1$ et $t = 20$. Que signifie concrètement cette dérivée?
  c) Utilisez la figure pour estimer $\partial T/\partial t$ lorsque $x = 1$ et $t = 20$. Que signifie concrètement cette dérivée?

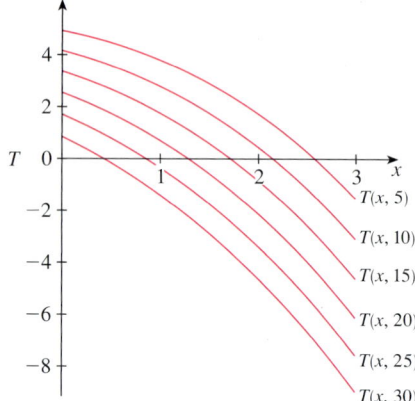

13. Soit $f(x, y) = 16 - 4x^2 - y^2$. Calculez $f_x(1, 2)$ et $f_y(1, 2)$, et interprétez ces nombres en les considérant comme des pentes. Représentez graphiquement ces données à la main ou à l'aide d'un ordinateur.

14. Soit $f(x, y) = \sqrt{4 - x^2 - 4y^2}$. Calculez $f_x(1, 0)$ et $f_y(1, 0)$, et interprétez ces nombres en les considérant comme des pentes. Représentez graphiquement ces données à la main ou à l'aide d'un ordinateur.

15-16 Trouvez f_x et f_y et représentez graphiquement f, f_x et f_y en considérant des domaines et des points de vue qui permettent de voir les relations entre ces fonctions.

15. $f(x, y) = x^2 y^3$

16. $f(x, y) = \dfrac{y}{1 + x^2 y^2}$

17-44 Trouvez les dérivées partielles de la fonction.

17. $f(x, y) = x^4 + 5xy^3$

18. $f(x, y) = x^2 y - 3y^4$

19. $f(x, t) = t^2 e^{-x}$

20. $f(x, t) = \sqrt{3x + 4t}$

21. $z = \ln(x + t^2)$

22. $z = x \sin(xy)$

23. $f(x, y) = \dfrac{x}{y}$

24. $f(x, y) = \dfrac{x}{(x+y)^2}$

25. $f(x, y) = \dfrac{ax + by}{cx + dy}$

26. $w = \dfrac{e^v}{u + v^2}$

27. $g(u, v) = (u^2 v - v^3)^5$

28. $u(r, \theta) = \sin(r \cos \theta)$

29. $R(p, q) = \tan^{-1}(pq^2)$

30. $f(x, y) = x^y$

31. $F(x, y) = \int_y^x \cos(e^t)\, dt$

32. $F(\alpha, \beta) = \int_\alpha^\beta \sqrt{t^3 + 1}\, dt$

33. $f(x, y, z) = x^3 y z^2 + 2yz$

34. $f(x, y, z) = xy^2 e^{-xz}$

35. $w = \ln(x + 2y + 3z)$

36. $w = y \tan(x + 2z)$

37. $p = \sqrt{t^4 + u^2 \cos v}$

38. $u = x^{y/z}$

39. $h(x, y, z, t) = x^2 y \cos(z/t)$

40. $\phi(x, y, z, t) = \dfrac{\alpha x + \beta y^2}{\gamma z + \delta t^2}$

41. $u = \sqrt{x_1^2 + x_2^2 + \ldots + x_n^2}$

42. $u = \sin(x_1 + 2x_2 + \ldots + nx_n)$

43. $u = \sum_{k=1}^n x_k^k$

44. $u = \dfrac{1}{x_1 x_2 \cdots x_n}$

45-48 Calculez les dérivées partielles indiquées.

45. $R(s, t) = t e^{s/t}$; $R_t(0, 1)$

46. $f(x, y) = y \sin^{-1}(xy)$; $f_y\left(1, \dfrac{1}{2}\right)$

47. $f(x, y, z) = \ln \dfrac{1 - \sqrt{x^2 + y^2 + z^2}}{1 + \sqrt{x^2 + y^2 + z^2}}$; $f_y(1, 2, 2)$

48. $f(x, y, z) = x^{yz}$; $f_z(e, 1, 0)$

49-50 Utilisez la définition 4 des dérivées partielles en termes de limites pour trouver $f_x(x, y)$ et $f_y(x, y)$.

49. $f(x, y) = xy^2 - x^3 y$

50. $f(x, y) = \dfrac{x}{x + y^2}$

51-54 Utilisez la dérivation implicite pour trouver $\partial z/\partial x$ et $\partial z/\partial y$.

51. $x^2 + 2y^2 + 3z^2 = 1$

52. $x^2 - y^2 + z^2 - 2z = 4$

53. $e^z = xyz$

54. $yz + x \ln y = z^2$

55-56 Trouvez $\partial z/\partial x$ et $\partial z/\partial y$ en fonction des dérivées de f et g.

55. a) $z = f(x) + g(y)$
b) $z = f(x+y)$

56. a) $z = f(x)g(y)$
b) $z = f(xy)$
c) $z = f(x/y)$

57-62 Trouvez toutes les dérivées partielles secondes.

57. $f(x, y) = x^4 y - 2x^3 y^2$

58. $f(x, y) = \ln(ax + by)$

59. $z = \dfrac{y}{2x + 3y}$

60. $T = e^{-2r} \cos\theta$

61. $v = \sin(s^2 - t^2)$

62. $w = \sqrt{1 + uv^2}$

63-66 Vérifiez si la conclusion du théorème de Clairaut est valide, autrement dit déterminez si $u_{xy} = u_{yx}$.

63. $u = x^4 y^3 - y^4$

64. $u = e^{xy} \sin y$

65. $u = \cos(x^2 y)$

66. $u = \ln(x + 2y)$

67-74 Trouvez les dérivées partielles indiquées.

67. $f(x, y) = x^4 y^2 - x^3 y$; f_{xxx}, f_{xyx}

68. $f(x, y) = \sin(2x + 5y)$; f_{yxy}

69. $f(x, y, z) = e^{xyz^2}$; f_{xyz}

70. $g(r, s, t) = e^r \sin(st)$; g_{rst}

71. $W = \sqrt{u + v^2}$; $\dfrac{\partial^3 W}{\partial u^2 \partial v}$

72. $V = \ln(r + s^2 + t^3)$; $\dfrac{\partial^3 V}{\partial r \partial s \partial t}$

73. $w = \dfrac{x}{y + 2z}$; $\dfrac{\partial^3 w}{\partial z \partial y \partial x}$, $\dfrac{\partial^3 w}{\partial x^2 \partial y}$

74. $u = x^a y^b z^c$; $\dfrac{\partial^6 u}{\partial x \partial y^2 \partial z^3}$

75. Si $f(x, y, z) = xy^2 z^3 + \arcsin(x\sqrt{z})$, trouvez f_{xzy}. (*Suggestion*: Quel ordre de dérivation est le plus facile?)

76. Si $g(x, y, z) = \sqrt{1 + xz} + \sqrt{1 - xy}$, trouvez g_{xyz}. (*Suggestion*: Utilisez un ordre de dérivation différent pour chaque terme.)

77. Utilisez le tableau des valeurs de $f(x, y)$ pour estimer les valeurs de $f_x(3, 2)$, de $f_x(3 ; 2,2)$ et de $f_{xy}(3, 2)$.

x \ y	1,8	2,0	2,2
2,5	12,5	10,2	9,3
3,0	18,1	17,5	15,9
3,5	20,0	22,4	26,1

78. La figure ci-dessous représente les courbes de niveau d'une fonction f. Déterminez si les dérivées partielles suivantes sont positives ou négatives au point P.

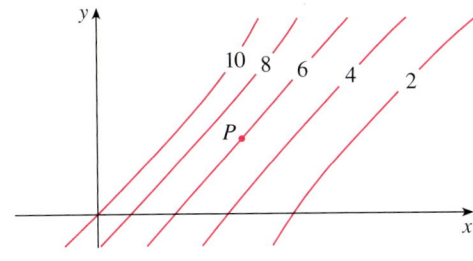

a) f_x b) f_y c) f_{xx}
d) f_{xy} e) f_{yy}

79. Utilisez le diagramme de courbes de niveau de la fonction f ci-dessous pour estimer les dérivées suivantes.
a) $f_x(1, 1)$ et $f_y(1, 1)$
b) $f_{xx}(1, 1)$, $f_{yy}(1, 1)$ et $f_{xy}(1, 1)$

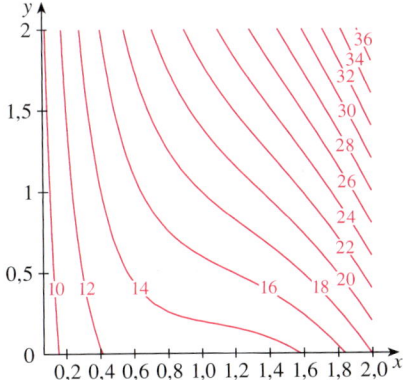

80. Déterminez si chacune des fonctions suivantes est une solution de l'équation de Laplace $u_{xx} + u_{yy} + u_{zz} = 0$.
a) $u = x^2 + y^2$
b) $u = x^2 - y^2$
c) $u = x^3 + 3xy^2$
d) $u = \ln\sqrt{x^2 + y^2}$
e) $u = \sin x \cosh y + \cos x \sinh y$
f) $u = e^{-x} \cos y - e^{-y} \cos x$

81. La température T d'une plaque a été mesurée aux points d'un maillage (voir la figure ci-dessous). Sur cette figure, les points sont désignés par leurs coordonnées.

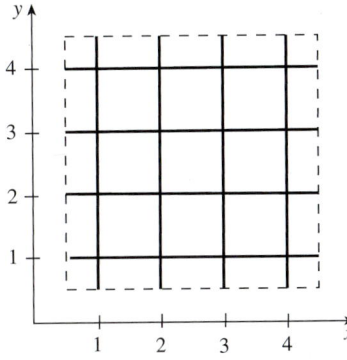

Les températures mesurées sont données dans le tableau ci-dessous.

y \ x	1	2	3	4
1	10	6	4	2
2	8	4	2	0
3	4	2	0	−1
4	1	0	−1	−2

a) Estimez les dérivées $T_x(1, 1)$ et $T_y(1, 1)$.

b) Estimez les dérivées $T_{xx}(1, 1)$ et $T_{yy}(1, 1)$.

c) L'équation de Laplace $\dfrac{\partial^2 T}{\partial x^2} + \dfrac{\partial^2 T}{\partial y^2} = 0$ modélise la distribution de la chaleur sur la plaque en régime continu. Vérifiez si les approximations trouvées en b) satisfont à cette équation en (1, 1).

82. Vérifiez si la fonction $u = 1/\sqrt{x^2 + y^2 + z^2}$ est une solution de l'équation de Laplace en trois dimensions $u_{xx} + u_{yy} + u_{zz} = 0$.

83. Vérifiez que la fonction $u = e^{-\alpha^2 k^2 t} \sin kx$ est une solution de **l'équation de conduction de la chaleur** $u_t = \alpha^2 u_{xx}$.

84. Montrez que chacune des fonctions suivantes est une solution de l'équation d'onde $u_{tt} = a^2 u_{xx}$.
    a) $u = \sin(kx)\sin(akt)$
    b) $u = t/(a^2 t^2 - x^2)$
    c) $u = (x - at)^6 + (x + at)^6$
    d) $u = \sin(x - at) + \ln(x + at)$

85. Soit f et g des fonctions d'une seule variable deux fois dérivables. Montrez que la fonction
$$u(x, t) = f(x + at) + g(x - at)$$
est une solution de l'équation d'onde de l'exercice 84.

86. Soit $u = e^{a_1 x_1 + a_2 x_2 + \cdots + a_n x_n}$ avec $a_1^2 + a_2^2 + \cdots + a_n^2 = 1$. Montrez que
$$\frac{\partial^2 u}{\partial x_1^2} + \frac{\partial^2 u}{\partial x_2^2} + \cdots + \frac{\partial^2 u}{\partial x_n^2} = u.$$

87. L'équation de diffusion
$$\frac{\partial c}{\partial t} = D \frac{\partial^2 c}{\partial x^2}$$
où D est une constante positive, décrit la diffusion de la chaleur à travers un solide, ou la concentration d'un polluant au temps t à une distance x de la source de pollution, ou encore l'invasion d'une espèce étrangère dans un nouvel habitat. Vérifiez que la fonction
$$c(x, t) = \frac{1}{\sqrt{4\pi D t}} e^{-x^2/(4Dt)}$$
est une solution de l'équation de diffusion.

88. La température en un point (x, y) sur une plaque métallique mince est donnée par $T(x, y) = 60/(1 + x^2 + y^2)$, où la température T est en degrés Celsius. Trouvez le taux de variation de la température au point (2, 1) dans

a) la direction positive des x;

b) la direction positive des y.

89. La résistance totale R de trois conducteurs, de résistances R_1, R_2, R_3, montés en parallèle dans un circuit électrique est donnée par la formule
$$\frac{1}{R} = \frac{1}{R_1} + \frac{1}{R_2} + \frac{1}{R_3}.$$
Trouvez $\partial R/\partial R_1$.

90. Montrez que la fonction de production de Cobb-Douglas $P = bL^\alpha K^\beta$ satisfait à l'équation
$$L \frac{\partial P}{\partial L} + K \frac{\partial P}{\partial K} = (\alpha + \beta)P.$$

91. Montrez que la fonction de production de Cobb-Douglas satisfait à $P(L, K_0) = C_1(K_0)L^\alpha$ en résolvant l'équation différentielle
$$\frac{dP}{dL} = \alpha \frac{P}{L}$$
(voir l'équation 6).

92. Cobb et Douglas ont utilisé l'équation $P(L, K) = 1{,}01 L^{0{,}75} K^{0{,}25}$ pour modéliser l'économie des États-Unis pour la période de 1899 à 1922, où L est la quantité de travail et K est l'investissement en capital. (Voir l'exemple 4 de la section 3.1.)

a) Calculez P_L et P_K.

b) Trouvez la productivité marginale du travail et la productivité marginale du capital pour l'année 1920, où $L = 194$ et $K = 407$ (par comparaison avec les valeurs assignées $L = 100$ et $K = 100$ en 1899). Interprétez ces résultats.

c) En 1920, qu'est-ce qui aurait été le plus bénéfique pour la production : une augmentation du capital investi ou une augmentation des dépenses en main-d'œuvre ?

93. L'équation de van der Waals pour n moles d'un gaz est
$$\left(P + \frac{n^2 a}{V^2}\right)(V - nb) = nRT$$
où P est la pression, V est le volume et T est la température du gaz. La constante R est la constante des gaz parfaits et a et b sont des constantes positives caractéristiques d'un gaz particulier. Calculez $\partial T/\partial P$ et $\partial P/\partial V$.

94. La loi de Mariotte et Gay-Lussac pour une masse fixe m d'un gaz idéal à la température absolue T, à la pression P et au volume V est $PV = mRT$, où R est la constante des gaz parfaits. Montrez que
$$\frac{\partial P}{\partial V} \frac{\partial V}{\partial T} \frac{\partial T}{\partial P} = -1.$$

95. Pour le gaz idéal de l'exercice 94, montrez que
$$T \frac{\partial P}{\partial T} \frac{\partial V}{\partial T} = mR.$$

96. On modélise l'indice de refroidissement éolien par la fonction

$$E = 13{,}12 + 0{,}6215T - 11{,}37v^{0{,}16} + 0{,}3965Tv^{0{,}16}$$

où T est la température (en degrés Celsius) et v, la vitesse du vent (en kilomètres à l'heure). Lorsque $T = -15$ °C et que $v = 30$ km/h, de combien prévoyez-vous que la température ressentie E diminuera
a) si la température réelle décroît de 1 °C ?
b) si la vitesse du vent croît de 1 km/h ?

97. L'énergie cinétique d'un corps de masse m se déplaçant à une vitesse v est $K = \frac{1}{2}mv^2$. Montrez que

$$\frac{\partial K}{\partial m}\frac{\partial^2 K}{\partial v^2} = K.$$

98. Une des lois de Poiseuille énonce que la résistance du sang qui s'écoule dans une artère est donnée par

$$R = C\frac{L}{r^4}$$

où L et r sont la longueur et le rayon de l'artère et C est une constante positive déterminée par la viscosité du sang. Calculez $\partial R/\partial L$ et $\partial R/\partial r$ et interprétez les résultats.

99. La puissance requise par un oiseau durant la période où il bat des ailes s'exprime par

$$P(v, x, m) = Av^3 + \frac{B(mg/x)^2}{v}$$

où A et B sont des constantes spécifiques à une espèce d'oiseau, v est la vitesse de l'oiseau, m est la masse de l'oiseau et x est la fraction du temps de vol où l'oiseau bat des ailes. Calculez $\partial P/\partial v$, $\partial P/\partial x$ et $\partial P/\partial m$ et interprétez vos résultats.

100. L'énergie moyenne E (en kcal) nécessaire à un lézard pour marcher ou courir une distance de 1 km a été modélisée par l'équation

$$E(m, v) = 2{,}65m^{0{,}66} + \frac{3{,}5m^{0{,}75}}{v}$$

où m est la masse corporelle du lézard (en grammes) et v est sa vitesse (en km/h). Calculez $E_m(400, 8)$ et $E_v(400, 8)$ et interprétez vos réponses.

Source: C. Robbins, *Wildlife Feeding and Nutrition,* 2nd Ed. (San Diego: Academic Press, 1993).

101. Une personne vous affirme qu'il existe une fonction f ayant pour dérivées partielles $f_x(x, y) = x + 4y$ et $f_y(x, y) = 3x - y$. Devez-vous la croire ?

102. a) On vous demande de trouver une fonction f telle que $f_x(x, y) = 2xy$ et $f_y(x, y) = 3xy^2$. Est-ce possible ? Si oui, donnez une telle fonction.
b) On vous demande de trouver une fonction f satisfaisant à $f_x(x, y) = 2xy + g(y)$ et à $f_y(x, y) = 3xy^2 + h(x)$, où g et h sont des fonctions ayant des dérivées partielles continues. Est-ce possible ? Si oui, trouvez g, h et f.

103. Soit a, b, c les côtés d'un triangle et A, B, C, les angles respectivement opposés à ces côtés. Trouvez $\partial A/\partial a$, $\partial A/\partial b$, $\partial A/\partial c$ en dérivant la loi des cosinus.

104. Le paraboloïde $z = 6 - x - x^2 - 2y^2$ coupe le plan $x = 1$ selon une parabole. Trouvez les équations paramétriques de la droite tangente à cette parabole au point $(1, 2, -4)$. À l'aide d'un ordinateur, représentez sur un même graphique le paraboloïde, la parabole et la droite tangente.

105. L'ellipsoïde $4x^2 + 2y^2 + z^2 = 16$ coupe le plan $y = 2$ selon une ellipse. Trouvez les équations paramétriques de la droite tangente à cette ellipse au point $(1, 2, 2)$.

106. a) Combien de dérivées partielles d'ordre n une fonction de deux variables possède-t-elle ?
b) Si toutes ces dérivées partielles sont continues, combien d'entre elles peuvent être distinctes ?
c) Répondez à la question de la partie a) dans le cas d'une fonction de trois variables.

107. Utilisez le théorème de Clairaut pour démontrer que si les dérivées partielles du troisième ordre de f sont continues, alors

$$f_{xyy} = f_{yxy} = f_{yyx}.$$

108. Soit $f(x, y) = \sqrt[3]{x^3 + y^3}$. Trouvez $f_x(0, 0)$.

109. Soit $f(x, y) = x(x^2 + y^2)^{-3/2} e^{\sin(x^2 y)}$. Calculez $f_x(1, 0)$.
(*Suggestion:* Au lieu de trouver d'abord $f_x(x, y)$, remarquez qu'il est plus facile d'utiliser l'équation 1 ou l'équation 2.)

110. Soit

$$f(x, y) = \begin{cases} \dfrac{x^3 y - xy^3}{x^2 + y^2} & \text{si } (x, y) \neq (0, 0) \\ 0 & \text{si } (x, y) = (0, 0). \end{cases}$$

a) Tracez le graphe de f à l'aide d'un ordinateur.
b) Trouvez $f_x(x, y)$ et $f_y(x, y)$ lorsque $(x, y) \neq (0, 0)$.
c) Calculez $f_x(0, 0)$ et $f_y(0, 0)$ à l'aide des équations 2 et 3.
d) Montrez que $f_{xy}(0, 0) = -1$ et que $f_{yx}(0, 0) = 1$.
e) Le résultat de la partie d) contredit-il le théorème de Clairaut ? Utilisez les graphes de f_{xy} et de f_{yx} pour illustrer votre réponse.

111. Montrez que si toutes les dérivées partielles de la fonction f sont nulles, alors f est constante.

112. Montrez que si toutes les dérivées partielles de la fonction f sont constantes, alors f est linéaire.

4.2 LES PLANS TANGENTS ET LES APPROXIMATIONS LINÉAIRES

Une des idées les plus importantes du calcul différentiel est la suivante : si on s'approche suffisamment près d'un de ses points, le graphe d'une fonction différentiable d'une variable devient indiscernable de sa droite tangente en ce point, et on peut approximer la fonction par une fonction linéaire.

Dans cette section, on développe des idées analogues dans l'espace à trois dimensions. Si on s'approche suffisamment près d'un de ses points, le graphe d'une fonction différentiable de deux variables (qui est une surface) devient indiscernable de son plan tangent en ce point et on peut approximer la fonction par une fonction linéaire de deux variables. On généralise aussi la notion de différentielle aux fonctions de plusieurs variables.

LES PLANS TANGENTS

Soit une surface S d'équation $z = f(x, y)$, où f possède des dérivées partielles premières continues, et soit $P(x_0, y_0, z_0)$ un point de S. Comme à la section 4.1, soit C_1 et C_2 les courbes d'intersection des plans verticaux $y = y_0$ et $x = x_0$ avec la surface S. Le point P appartient alors à C_1 et à C_2. Soit T_1 et T_2 les droites tangentes aux courbes C_1 et C_2 au point P. Alors, le **plan tangent** à la surface S au point P est le plan qui contient les droites tangentes T_1 et T_2 (voir la figure 1).

On verra à la section 4.4 que si C est n'importe quelle courbe appartenant à la surface S et passant par P, alors sa droite tangente en P appartient aussi au plan tangent. On peut donc dire que le plan tangent à S en P est constitué de toutes les droites tangentes en P aux courbes qui appartiennent à S et qui passent par ce point. Le plan tangent en P est le plan qui approxime le mieux la surface S au voisinage du point P.

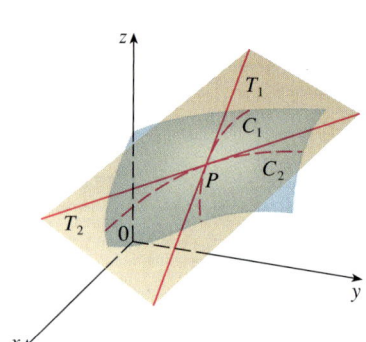

FIGURE 1
Le plan tangent contient les droites tangentes T_1 et T_2.

Tout plan passant par le point $P(x_0, y_0, z_0)$ a une équation de la forme

$$A(x - x_0) + B(y - y_0) + C(z - z_0) = 0.$$

Si $C \neq 0$, alors en divisant cette équation par C et en posant $a = -A/C$ et $b = -B/C$, on peut l'écrire sous la forme

1
$$z - z_0 = a(x - x_0) + b(y - y_0).$$

Si l'équation 1 représente le plan tangent en P, alors son intersection avec le plan $y = y_0$ doit être la droite tangente T_1. En posant $y = y_0$, l'équation 1 devient

$$z - z_0 = a(x - x_0) \qquad y = y_0$$

qu'on reconnaît comme étant celle d'une droite de pente a. Toutefois, selon la section 4.1, la pente de la tangente T_1 est $f_x(x_0, y_0)$. Donc, $a = f_x(x_0, y_0)$.

De même, en posant $x = x_0$ dans l'équation 1, on obtient $z - z_0 = b(y - y_0)$, qui doit représenter la droite tangente T_2. Donc, $b = f_y(x_0, y_0)$.

On remarquera la similarité entre l'équation d'un plan tangent et l'équation d'une droite tangente :
$$y - y_0 = f'(x_0)(x - x_0).$$

2 Si f possède des dérivées partielles continues, alors l'équation du plan tangent à la surface $z = f(x, y)$ au point $P(x_0, y_0, z_0)$ est

$$z - z_0 = f_x(x_0, y_0)(x - x_0) + f_y(x_0, y_0)(y - y_0).$$

EXEMPLE 1 Trouvons le plan tangent au paraboloïde elliptique $z = 2x^2 + y^2$ au point $(1, 1, 3)$.

SOLUTION On pose $f(x, y) = 2x^2 + y^2$. Alors

$$f_x(x, y) = 4x \qquad f_y(x, y) = 2y$$

$$f_x(1, 1) = 4 \qquad f_y(1, 1) = 2$$

et l'équation 2 donne l'équation du plan tangent en $(1, 1, 3)$ sous la forme

$$z - 3 = 4(x - 1) + 2(y - 1)$$

ou encore $\qquad z = 4x + 2y - 3.$

La figure 2 a) montre le paraboloïde elliptique et son plan tangent en $(1, 1, 3)$ qu'on a déterminé à l'exemple 1. Dans les figures 2 b) et 2 c), on s'approche du point $(1, 1, 3)$ en restreignant le domaine de la fonction $f(x, y) = 2x^2 + y^2$. On remarque que plus on s'approche, plus le graphe s'aplatit et ressemble à son plan tangent.

À la figure 3, on corrobore cette impression en s'approchant du point $(1, 1)$ sur un diagramme de courbes de niveau de la fonction $f(x, y) = 2x^2 + y^2$. On remarque que plus on s'approche du point $(1, 1)$, plus les courbes de niveau ressemblent à des droites parallèles également espacées, ce qui caractérise un plan.

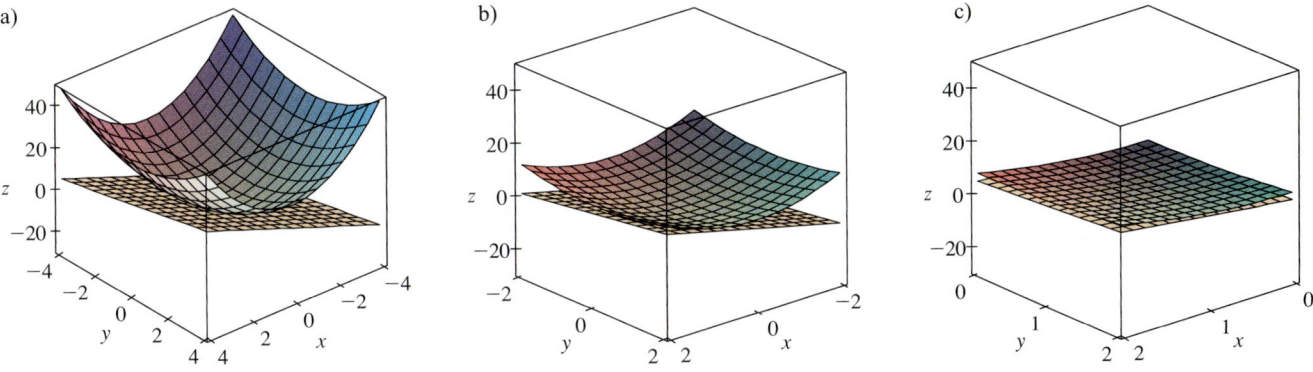

FIGURE 2
Plus on s'approche du point $(1, 1, 3)$, plus le paraboloïde elliptique $z = 2x^2 + y^2$ ressemble à son plan tangent.

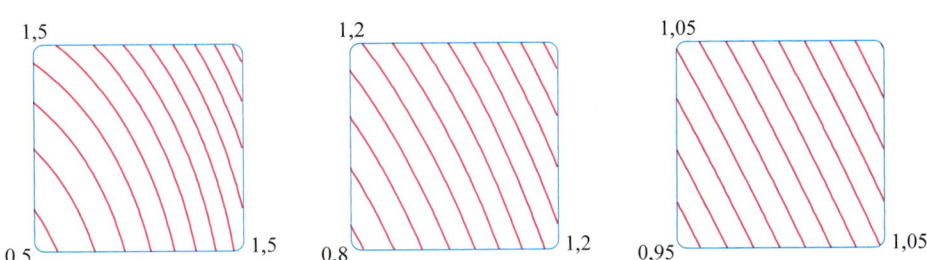

FIGURE 3
Rapprochements successifs vers le point $(1, 1)$ sur les courbes de niveau de la fonction $f(x, y) = 2x^2 + y^2$.

LES APPROXIMATIONS LINÉAIRES

À l'exemple 1, on a trouvé que l'équation du plan tangent au graphe de la fonction $f(x, y) = 2x^2 + y^2$ au point (1, 1, 3) est $z = 4x + 2y - 3$. Selon les figures 2 et 3, la fonction linéaire de deux variables

$$L(x, y) = 4x + 2y - 3$$

est une bonne approximation de $f(x, y)$ lorsque (x, y) est proche de (1, 1). La fonction L est appelée **linéarisation** de f en (1, 1), et l'approximation

$$f(x, y) \approx 4x + 2y - 3$$

est appelée **approximation linéaire** de f en (1, 1).

Par exemple, au point (1,1; 0,95), l'approximation linéaire donne

$$f(1{,}1;\ 0{,}95) \approx 4(1,1) + 2(0{,}95) - 3 = 3{,}3$$

une valeur très proche de la vraie valeur $f(1{,}1;\ 0{,}95) = 2(1,1)^2 + (0{,}95)^2 = 3{,}3225$. Cependant, si on prend un point plus éloigné de (1, 1), tel (2, 3), on n'obtient pas une bonne approximation. En fait, $L(2, 3) = 11$, tandis que $f(2, 3) = 17$. On verra à la section 4.5 comment estimer l'écart entre la vraie valeur de $f(x, y)$ et l'approximation linéaire de $L(x, y)$.

En général, selon le résultat 2, l'équation du plan tangent au graphe d'une fonction f de deux variables au point $(a, b, f(a, b))$ est

$$z = f(a, b) + f_x(a, b)(x - a) + f_y(a, b)(y - b).$$

La fonction linéaire dont le graphe est ce plan tangent, à savoir

3 $$L(x, y) = f(a, b) + f_x(a, b)(x - a) + f_y(a, b)(y - b)$$

est appelée **linéarisation** de f en (a, b), et l'approximation

4 $$f(x, y) \approx f(a, b) + f_x(a, b)(x - a) + f_y(a, b)(y - b)$$

est appelée **approximation linéaire** de f en (a, b).

Au début de cette section, on a défini le plan tangent à une surface $z = f(x, y)$, où f possède des dérivées partielles premières continues. Qu'arrive-t-il si f_x et f_y ne sont pas continues ? La figure 4 représente une telle fonction. Son équation est

$$f(x, y) = \begin{cases} \dfrac{xy}{x^2 + y^2} & \text{si } (x, y) \neq (0, 0) \\ 0 & \text{si } (x, y) = (0, 0). \end{cases}$$

On peut vérifier (voir l'exercice 57) que les dérivées partielles existent à l'origine et sont égales à $f_x(0, 0) = 0$ et à $f_y(0, 0) = 0$, mais que f_x et f_y ne sont pas continues en (0, 0). L'approximation linéaire serait $f(x, y) \approx 0$, mais $f(x, y) = \frac{1}{2}$ en tout point sur la droite $y = x$. On voit qu'une fonction de deux variables peut mal se comporter même si ses deux dérivées partielles existent. Pour exclure un tel comportement, il est nécessaire de préciser la notion de fonction différentiable de deux variables.

On se rappelle que pour une fonction d'une variable, $y = f(x)$, si x varie de a à $a + \Delta x$, alors, par définition, l'accroissement de y est

$$\Delta y = f(a + \Delta x) - f(a).$$

Dans un premier cours de calcul différentiel, on apprend que si f est différentiable en a, alors

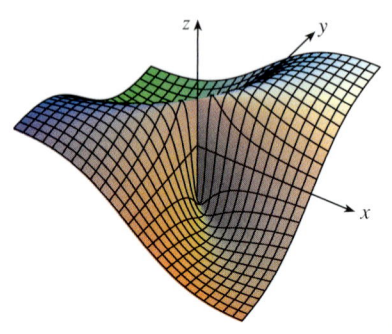

FIGURE 4
$f(x, y) = \dfrac{xy}{x^2 + y^2}$ si $(x, y) \neq (0, 0)$,
$f(0, 0) = 0$.

$$\boxed{5} \qquad \Delta y = f'(a)\Delta x + \varepsilon \Delta x, \text{ où } \varepsilon \to 0 \text{ lorsque } \Delta x \to 0.$$

(Ici, ε est une fonction de Δx.)

Considérons maintenant une fonction de deux variables $z = f(x, y)$, et supposons que x varie de a à $a + \Delta x$ et que y varie de b à $b + \Delta y$. L'accroissement de z correspondant est

$$\boxed{6} \qquad \Delta z = f(a+\Delta x, b+\Delta y) - f(a, b).$$

L'accroissement Δz représente la variation de la valeur de f lorsque (x, y) varie de (a, b) à $(a+\Delta x, b+\Delta y)$. Par analogie avec l'équation 5, on définit la différentiabilité d'une fonction de deux variables comme suit.

$\boxed{7}$ **DÉFINITION**

Si $z = f(x, y)$, alors f est **différentiable** en (a, b) si on peut exprimer Δz sous la forme

$$\Delta z = f_x(a, b)\Delta x + f_y(a, b)\Delta y + \varepsilon_1 \Delta x + \varepsilon_2 \Delta y$$

où ε_1 et $\varepsilon_2 \to 0$ lorsque $(\Delta x, \Delta y) \to (0, 0)$. ($\varepsilon_1$ et ε_2 sont des fonctions de Δx et Δy.)

Selon la définition 7, une fonction est différentiable si son approximation linéaire 4 est une bonne approximation de la fonction lorsque (x, y) est proche de (a, b). Autrement dit, une fonction est différentiable si le plan tangent approxime bien le graphe de f près du point de tangence.

Il est parfois difficile d'utiliser directement la définition 7 pour vérifier la différentiabilité d'une fonction. Néanmoins, le théorème suivant fournit une condition suffisante pour vérifier en pratique la différentiabilité d'une fonction de deux variables.

$\boxed{8}$ **THÉORÈME**

Si les dérivées partielles f_x et f_y existent près de (a, b) et sont continues en (a, b), alors f est différentiable en (a, b).

Le théorème 8 est démontré à l'annexe C.

EXEMPLE 2 Montrons que $f(x, y) = xe^{xy}$ est différentiable en $(1, 0)$ et trouvons sa linéarisation en ce point. Utilisons-la ensuite pour approximer $f(1,1; -0,1)$.

SOLUTION Les dérivées partielles sont

$$f_x(x, y) = e^{xy} + xye^{xy}; \quad f_y(x, y) = x^2 e^{xy}; \quad f_x(1, 0) = 1; \quad f_y(1, 0) = 1.$$

Les fonctions f_x et f_y sont continues et donc f est différentiable selon le théorème 8. La linéarisation est

$$L(x, y) = f(1, 0) + f_x(1, 0)(x-1) + f_y(1, 0)(y-0)$$
$$= 1 + 1(x-1) + 1 \cdot y = x + y.$$

L'approximation linéaire correspondante est

$$xe^{xy} \approx x + y.$$

On a donc

$$f(1,1; -0,1) \approx 1,1 - 0,1 = 1.$$

La vraie valeur est $f(1,1; -0,1) = 1,1 e^{-0,11} \approx 0,98542$.

La figure 5 montre les graphes de la fonction f et de sa linéarisation L trouvée à l'exemple 2.

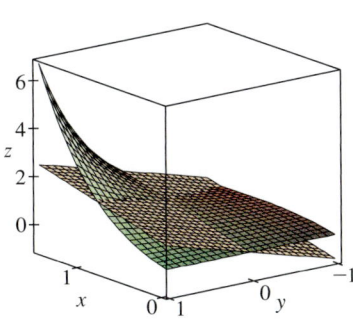

FIGURE 5

EXEMPLE 3 Au début de la section 4.1, on a traité l'indice de chaleur I comme une fonction de la température réelle T et de l'humidité relative H. On a aussi présenté le tableau de valeurs suivant pour I.

		Humidité relative (%)						
T \ H	20	30	40	50	60	70	80	90
22	22	22	22	23	24	26	28	29
24	24	24	26	27	28	30	32	33
26	26	26	28	30	32	33	35	37
28	28	29	31	33	35	37	39	41
30	30	31	34	36	38	41	43	46
32	32	34	37	40	42	45	47	50
34	34	37	40	43	46	49	52	55

(Température réelle (°C))

Trouvons une approximation linéaire de l'indice de chaleur $I = f(T, H)$ lorsque T est proche de 26 °C et que H est proche de 70 %. Utilisons-la ensuite pour estimer l'indice de chaleur quand la température atteint 27 °C et l'humidité relative, 72 %.

SOLUTION Selon le tableau, $f(26, 70) = 33$. À la section 4.1, on a utilisé les valeurs du tableau pour estimer $f_T(26, 70) \approx 1{,}75$ et $f_H(26, 70) \approx 0{,}15$ (voir les pages 146 et 147). L'approximation linéaire est donc

$$f(T, H) \approx f(26, 70) + f_T(26, 70)(T - 26) + f_H(26, 70)(H - 70)$$
$$\approx 33 + 1{,}75(T - 26) + 0{,}15(H - 70).$$

En particulier,

$$f(27, 72) \approx 33 + 1{,}75(1) + 0{,}15(2) = 35{,}05.$$

Par conséquent, lorsque $T = 27$ °C et $H = 72$ %, l'indice de chaleur est $I \approx 35$ °C.

LES DIFFÉRENTIELLES

Pour une fonction différentiable d'une variable $y = f(x)$, on définit la différentielle dx comme étant une variable indépendante, c'est-à-dire que dx peut prendre n'importe quelle valeur réelle. La différentielle de y est alors

9
$$dy = f'(x)dx.$$

La figure 6 montre la relation entre l'accroissement Δy et la différentielle dy, où Δy représente la variation de l'ordonnée de la courbe $y = f(x)$, et dy est la variation de l'ordonnée de la droite tangente lorsque x varie de la quantité $dx = \Delta x$.

Pour une fonction différentiable de deux variables, $z = f(x, y)$, les **différentielles** dx et dy sont définies comme étant des variables indépendantes, c'est-à-dire qu'elles peuvent prendre n'importe quelles valeurs réelles. La différentielle dz, aussi appelée **différentielle totale**, est

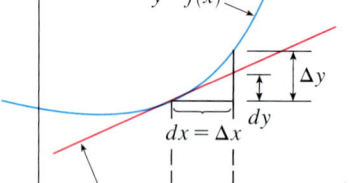

droite tangente
$y = f(a) + f'(a)(x - a)$

FIGURE 6

10
$$dz = f_x(x, y)dx + f_y(x, y)dy = \frac{\partial z}{\partial x}dx + \frac{\partial z}{\partial y}dy$$

(comparez avec l'équation 9). On utilise parfois la notation df au lieu de dz.

En posant $dx = \Delta x = x - a$ et $dy = \Delta y = y - b$ dans l'équation 10, la différentielle de z est

$$dz = f_x(a, b)(x - a) + f_y(a, b)(y - b).$$

Dans la notation des différentielles, l'approximation linéaire 4 peut donc s'écrire

$$f(x, y) \approx f(a, b) + dz.$$

La figure 7 est l'analogue en trois dimensions de la figure 6. Elle illustre l'interprétation géométrique de la différentielle dz et de l'accroissement Δz, où dz représente la variation de la hauteur du plan tangent, tandis que Δz représente la variation de la hauteur de la surface $z = f(x, y)$ lorsque (x, y) varie de (a, b) à $(a + \Delta x, b + \Delta y)$.

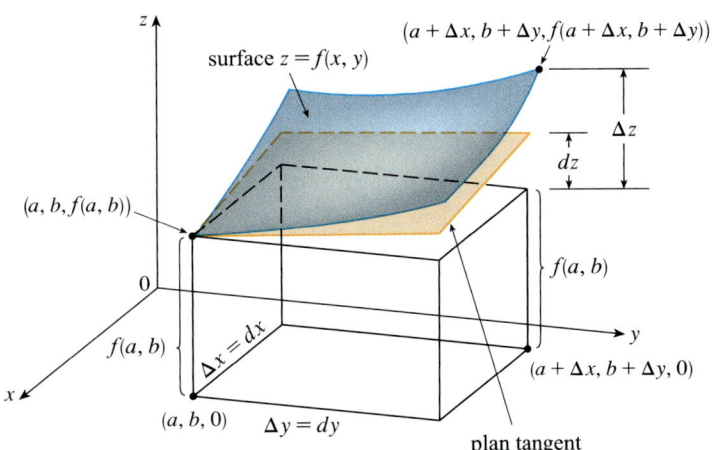

FIGURE 7

plan tangent
$z - f(a, b) = f_x(a, b)(x - a) + f_y(a, b)(y - b)$

Dans l'exemple 4, dz est proche de Δz parce que le plan tangent est une bonne approximation de la surface $z = x^2 + 3xy - y^2$ près de $(2, 3, 13)$ (voir la figure 8).

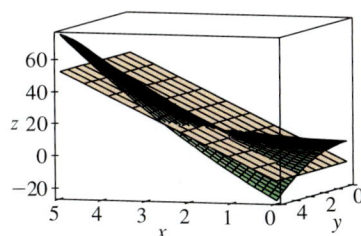

FIGURE 8

EXEMPLE 4

a) Soit $z = f(x, y) = x^2 + 3xy - y^2$. Calculons la différentielle dz.

b) Si x varie de 2 à 2,05 et si y varie de 3 à 2,96, comparons Δz et dz.

SOLUTION

a) Selon la définition 10,

$$dz = \frac{\partial z}{\partial x}dx + \frac{\partial z}{\partial y}dy = (2x + 3y)dx + (3x - 2y)dy.$$

b) En posant $x = 2$, $dx = \Delta x = 0,05$, $y = 3$ et $dy = \Delta y = -0,04$, on obtient

$$dz = \big[2(2) + 3(3)\big]0,05 + \big[3(2) - 2(3)\big](-0,04) = 0,65.$$

L'accroissement de z est

$$\Delta z = f(2,05; 2,96) - f(2, 3)$$
$$= \big[(2,05)^2 + 3(2,05)(2,96) - (2,96)^2\big] - \big[2^2 + 3(2)(3) - 3^2\big]$$
$$= 0,6449.$$

On notera que $\Delta z \approx dz$, mais que dz est plus facile à calculer.

EXEMPLE 5 Le rayon de la base et la hauteur d'un cône circulaire droit mesurent respectivement 10 cm et 25 cm, avec une erreur maximale possible de 0,1 cm sur chaque mesure. Utilisons les différentielles pour estimer l'erreur maximale sur le volume du cône calculé avec ces mesures.

SOLUTION Le volume V d'un cône de hauteur h dont la base a un rayon r est $V = \pi r^2 h/3$. La différentielle de V est

$$dV = \frac{\partial V}{\partial r} dr + \frac{\partial V}{\partial h} dh = \frac{2\pi rh}{3} dr + \frac{\pi r^2}{3} dh.$$

Puisque chaque erreur est d'au plus 0,1 cm, on a $|\Delta r| \leq 0,1$, $|\Delta h| \leq 0,1$. Pour trouver l'erreur maximale sur le volume, on prend l'erreur maximale sur les mesures de r et de h, c'est-à-dire $dr = 0,1$ et $dh = 0,1$ avec $r = 10$ et $h = 25$. On obtient

$$dV = \frac{500\pi}{3}(0,1) + \frac{100\pi}{3}(0,1) = 20\pi.$$

L'erreur maximale sur le volume calculé est d'environ 20π cm$^3 \approx 63$ cm^3.

La différentielle dV donne une estimation de l'erreur absolue sur le volume. On peut calculer l'erreur relative en divisant dV par V :

$$\frac{dV}{V} = \frac{1}{V}\frac{\partial V}{\partial r} dr + \frac{1}{V}\frac{\partial V}{\partial h} dh = \frac{1}{\pi r^2 h/3}\frac{2\pi rh}{3} dr + \frac{1}{\pi r^2 h/3}\frac{\pi r^2}{3} d$$
$$= 2\frac{dr}{r} + \frac{dh}{h} = 2\frac{0,1}{10} + \frac{0,1}{25} = 0,024.$$

LES FONCTIONS DE TROIS VARIABLES OU PLUS

On définit les approximations linéaires, la différentiabilité et les différentielles des fonctions de plus de deux variables d'une façon semblable. Par exemple, l'**approximation linéaire** au point (a, b, c) d'une fonction de trois variables est

$$f(x, y, z) \approx f(a, b, c) + f_x(a, b, c)(x - a) + f_y(a, b, c)(y - b) + f_z(a, b, c)(z - c),$$

et sa linéarisation $L(x, y, z)$ est le membre droit de cette expression.

Si $w = f(x, y, z)$, alors l'**accroissement** de w est

$$\Delta w = f(x + \Delta x, y + \Delta y, z + \Delta z) - f(x, y, z).$$

On définit la **différentielle** dw en termes des différentielles dx, dy et dz des variables indépendantes, à savoir

$$dw = \frac{\partial w}{\partial x} dx + \frac{\partial w}{\partial y} dy + \frac{\partial w}{\partial z} dz.$$

EXEMPLE 6 Les côtés d'une boîte rectangulaire mesurent 75 cm, 60 cm et 40 cm, et chaque mesure est exacte à 0,2 cm près. Utilisons les différentielles pour estimer l'erreur maximale sur le volume de la boîte calculé avec ces mesures.

SOLUTION Si les mesures de la boîte sont x, y et z, son volume est $V = xyz$. Par conséquent,

$$dV = \frac{\partial V}{\partial x} dx + \frac{\partial V}{\partial y} dy + \frac{\partial V}{\partial z} dz = yz\, dx + xz\, dy + xy\, dz.$$

Par hypothèse, $|\Delta x| \leq 0,2$, $|\Delta y| \leq 0,2$ et $|\Delta z| \leq 0,2$. Pour trouver l'erreur maximale, on doit donc prendre $dx = 0,2$, $dy = 0,2$ et $dz = 0,2$ avec $x = 75$, $y = 60$ et $z = 40$;

$$\Delta V \approx dV = (60)(40)(0,2) + (75)(40)(0,2) + (75)(60)(0,2) = 1980.$$

Ainsi, une erreur de 0,2 cm sur chaque mesure pourrait conduire à une erreur de calcul du volume aussi grande que 1980 cm³ ! Cela semble être une erreur importante, mais elle n'est en fait que d'environ 1 % du volume de la boîte.

En général, pour une fonction $w = f(x_1, x_2, \ldots, x_n)$ de n variables, la linéarisation en $a = (a_1, a_2, \ldots, a_n)$ est

$$L(\vec{x}) = f(\vec{a}) + f_{x_1}(\vec{a})(x_1 - a_1) + f_{x_2}(\vec{a})(x_2 - a_2) + \cdots + f_{x_n}(\vec{a})(x_n - a_n)$$

et la différentielle est

$$dw = \frac{\partial w}{\partial x_1} dx_1 + \frac{\partial w}{\partial x_2} dx_2 + \cdots + \frac{\partial w}{\partial x_n} dx_n.$$

Le théorème 8 se généralise également aux fonctions de n variables.

Exercices 4.2

1-6 Trouvez l'équation du plan tangent à la surface donnée au point spécifié.

1. $z = 2x^2 + y^2 - 5y$, $(1, 2, -4)$
2. $z = (x+2)^2 - 2(y-1)^2 - 5$, $(2, 3, 3)$
3. $z = e^{x-y}$, $(2, 2, 1)$
4. $z = x/y^2$, $(-4, 2, -1)$
5. $z = x \sin(x+y)$, $(-1, 1, 0)$
6. $z = \ln(x - 2y)$, $(3, 1, 0)$

7-8 Tracez le graphe de la fonction et de son plan tangent au point donné. (Choisissez le domaine et le point de vue de manière à avoir une bonne représentation de la surface et du plan tangent.) Zoomez ensuite jusqu'à ce que la surface et le plan tangent deviennent presque confondus.

7. $z = x^2 + xy + 3y^2$, $(1, 1, 5)$
8. $z = \sqrt{9 + x^2 y^2}$, $(2, 2, 5)$

LCS 9-10 Tracez le graphe de f et son plan tangent au point donné. (Utilisez un logiciel de calcul symbolique pour calculer les dérivées partielles et pour tracer le graphe de la surface et celui de son plan tangent.) Zoomez ensuite jusqu'à ce que la surface et le plan tangent deviennent presque confondus.

9. $f(x, y) = \dfrac{1 + \cos^2(x-y)}{1 + \cos^2(x+y)}$, $\left(\dfrac{\pi}{3}, \dfrac{\pi}{6}, \dfrac{7}{4}\right)$
10. $f(x, y) = e^{-xy/10}(\sqrt{x} + \sqrt{y} + \sqrt{xy})$, $(1, 1, 3e^{-0,1})$

11-21 Expliquez pourquoi la fonction est différentiable au point donné. Trouvez la linéarisation $L(x, y)$ de la fonction en ce point.

11. $f(x, y) = 1 + x \ln(xy - 5)$, $(2, 3)$
12. $f(x, y) = \sqrt{xy}$, $(1, 4)$
13. $f(x, y) = x^2 e^y$, $(1, 0)$
14. $f(x, y) = \dfrac{1+y}{1+x}$, $(1, 3)$
15. $f(x, y) = 4 \arctan(xy)$, $(1, 1)$
16. $f(x, y) = y + \sin(x/y)$, $(0, 3)$
17. $f(x, y, z) = x \sin(yz)$, $(1, 1, \pi)$
18. $f(x, y, z) = \sqrt{x^2 + y^2 + z^2}$, $(1, 1, 1)$
19. $f(x_1, x_2, \ldots, x_n) = e^{x_1 + x_2 + \cdots + x_n}$, $(0, 0, \ldots, 0)$
20. $f(x_1, x_2, \ldots, x_n) = \sum_{i=1}^{n} x_i^3$, $(1, 1, \ldots, 1)$
21. $f(x, y) = xy \sin(xy)$, $(1, \pi/2)$

22. On a demandé à un étudiant d'écrire la linéarisation de la fonction $f(x, y) = x^2 y^2 - y^3$ au point $(2, 1)$. La réponse de l'étudiant est $L(x, y) = 3 + 2xy^2(x-2) + (2x^2 y - 3y^2)(y-1)$.
    a) Expliquez pourquoi cette réponse est fausse.
    b) Donnez la réponse correcte.

23-24 Vérifiez l'approximation linéaire en $(0, 0)$.

23. $e^x \cos(xy) \approx x + 1$
24. $\dfrac{y-1}{x+1} \approx x + y - 1$

25. Sachant que f est une fonction différentiable telle que $f(2, 5) = 6$, $f_x(2, 5) = 1$ et $f_y(2, 5) = -1$ utilisez une approximation linéaire pour estimer $f(2,2 \,; 4,9)$.

26. Trouvez l'approximation linéaire de la fonction
$$f(x, y) = 1 - xy \cos \pi y$$
en $(1, 1)$, puis utilisez-la pour estimer $f(1,02 \,; 0,97)$. Tracez le graphe de f et de son plan tangent.

27. Trouvez l'approximation linéaire de la fonction
$$f(x, y, z) = \sqrt{x^2 + y^2 + z^2}$$
en $(3, 2, 6)$, puis utilisez-la pour estimer le nombre
$$\sqrt{(3,02)^2 + (1,97)^2 + (5,99)^2}.$$

28. La hauteur h des vagues en haute mer dépend de la vitesse v du vent et du temps t durant lequel le vent souffle à cette vitesse. Le tableau suivant donne les valeurs (en mètres) de la fonction $h = f(v, t)$.

Durée (heures)							
v \ t	5	10	15	20	30	40	50
10	0,6	0,6	0,6	0,6	0,6	0,6	0,6
15	1,2	1,2	1,5	1,5	1,5	1,5	1,5
20	1,5	2,1	2,4	2,4	2,7	2,7	2,7
30	2,7	4,0	4,9	5,2	5,5	5,8	5,8
40	4,3	6,4	7,6	8,5	9,5	10,1	10,1
50	5,8	8,8	11,0	12,2	13,7	14,6	15,2
60	7,3	11,3	14,3	16,5	18,9	20,4	21,0

(Vitesse du vent (nœuds))

Utilisez ces données pour trouver une approximation linéaire de la fonction de la hauteur des vagues lorsque la vitesse v du vent est proche de 40 nœuds et que le temps t est d'environ 20 heures. Estimez ensuite la hauteur des vagues lorsque le vent souffle depuis 24 heures à la vitesse de 43 nœuds.

29. Utilisez le tableau de l'exemple 3 (p. 166) pour trouver une approximation linéaire de la fonction d'indice de chaleur lorsque la température est proche de 26 °C et que l'humidité relative est d'environ 80 %. Ensuite, estimez l'indice de chaleur quand la température est de 25 °C et que l'humidité relative atteint 78 %.

30. L'indice de refroidissement éolien E est la température ressentie lorsque la température réelle est de T et que la vitesse du vent est de v. Le tableau suivant donne les valeurs de l'indice de refroidissement éolien $E = f(T, v)$ en fonction de la température T et de la vitesse du vent v.

Vitesse du vent (km/h)						
T \ v	20	30	40	50	60	70
−10	−18	−20	−21	−22	−23	−23
−15	−24	−26	−27	−29	−30	−30
−20	−30	−33	−34	−35	−36	−37
−25	−37	−39	−41	−42	−43	−44

(Température réelle (°C))

Utilisez le tableau pour trouver une approximation linéaire de la fonction E lorsque T est proche de −15 °C et que la vitesse v du vent est d'environ 50 km/h. Estimez ensuite l'indice de refroidissement éolien quand la température est de −17 °C et que la vitesse du vent atteint 55 km/h.

31-38 Trouvez la différentielle de la fonction.

31. $z = e^{-2x} \cos 2\pi t$

32. $u = \sqrt{x^2 + 3y^2}$

33. $m = p^5 q^3$

34. $T = \dfrac{v}{1 + uvw}$

35. $R = \alpha \beta^2 \cos \gamma$

36. $L = xze^{-y^2 - z^2}$

37. $u = x_1^2 + x_2^2 + \cdots + x_n^2$

38. $u = \sum_{i=1}^{n} e^{x_i}$

---

39. Si $z = 5x^2 + y^2$ et que (x, y) varie de $(1, 2)$ à $(1{,}05\,;\,2{,}1)$, comparez les valeurs de Δz et de dz.

40. Si $z = x^2 - xy + 3y^2$ et que (x, y) varie de $(3, -1)$ à $(2{,}96\,;\,-0{,}95)$, comparez les valeurs de Δz et de dz.

41. La longueur et la largeur d'un rectangle mesurent respectivement 30 cm et 24 cm, avec une erreur d'au plus 0,1 cm sur chaque mesure. Utilisez des différentielles pour estimer l'erreur maximale dans le calcul de l'aire du rectangle. Déterminez ensuite l'erreur relative.

42. Une boîte rectangulaire ouverte sur le dessus a des côtés de 30 cm, 50 cm et 70 cm. L'erreur sur la mesure des côtés est de 0,25 cm. À l'aide des différentielles, estimez l'erreur maximale dans le calcul de l'aire de la boîte. Déterminez aussi l'erreur relative.

43. Utilisez des différentielles pour estimer la quantité de métal que contient une boîte de conserve fermée ayant un diamètre de 8 cm et une hauteur de 12 cm. L'épaisseur de la boîte est de 0,04 cm.

44. L'indice de refroidissement éolien est modélisé par la fonction

$$E = 13{,}12 + 0{,}6215T - 11{,}37v^{0{,}16} + 0{,}3965Tv^{0{,}16}$$

où T est la température (en °C) et v est la vitesse du vent (en km/h). La vitesse du vent mesurée est de 26 km/h, avec une erreur possible de ±2 km/h. La température mesurée est de −11 °C, avec une erreur possible de ±1 °C. Utilisez les différentielles pour estimer l'erreur maximale dans le calcul de E due aux erreurs de mesure de T et de v.

45. La tension T dans la corde du yo-yo illustré dans la figure ci-dessous est modélisée par

$$T = \frac{mgR}{2r^2 + R^2}$$

où m est la masse du yo-yo et g est l'accélération due à la gravité. Utilisez les différentielles pour estimer la variation dans la tension si R augmente de 3 cm à 3,1 cm et r augmente de 0,7 cm à 0,8 cm. La tension augmente-t-elle ou diminue-t-elle ?

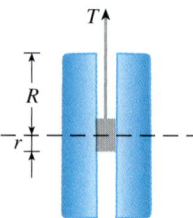

46. Utilisez des différentielles pour estimer la quantité de métal que contient une boîte cylindrique fermée ayant une hauteur de 10 cm et un diamètre de 4 cm. L'épaisseur du couvercle et du fond est de 0,1 cm et l'épaisseur latérale, de 0,05 cm.

47. On trace des lignes de 5 cm de largeur autour d'un terrain de tennis de dimensions 24 m sur 8 m. À l'aide des différentielles, estimez l'aire couverte par les lignes.

48. La pression, le volume et la température d'une mole d'un gaz idéal sont liés par l'équation $PV = 8,31T$, où P est exprimée en kilopascals (kPa), V en litres (L) et T en kelvins (K). Utilisez des différentielles pour calculer la variation approximative de la pression si le volume croît de 12 L à 12,3 L, et si la température décroît de 310 K à 305 K.

49. Si R est la résistance totale de trois résistances R_1, R_2 et R_3 montées en parallèle, alors

$$\frac{1}{R} = \frac{1}{R_1} + \frac{1}{R_2} + \frac{1}{R_3}.$$

Si les résistances, exprimées en ohms (Ω), sont $R_1 = 25\,\Omega$, $R_2 = 40\,\Omega$ et $R_3 = 50\,\Omega$ avec une erreur possible de 0,5 % pour chacune, estimez l'erreur maximale dans le calcul de R.

50. On additionne ensemble dix nombres positifs plus petits ou égaux à 100, arrondis à la première décimale. À l'aide de différentielles, estimez l'erreur maximale pour le calcul de la somme des dix nombres.

51. Un modèle de la surface (en mètres carrés) d'un corps humain est $S = 0,014 m^{0,425} h^{0,725}$, où m est le poids (en kilogrammes) et h, la taille (en centimètres). Supposez que les erreurs de mesure de m et de h sont au plus de 2 %. Utilisez des différentielles pour estimer le pourcentage d'erreur maximal dans le calcul de la surface.

52. Une poutre de section rectangulaire constante, soutenue à ses deux extrémités, subit une déformation verticale lorsqu'elle supporte une charge. La déformation S est donnée par la formule

$$S(p, x, w, h) = C\frac{px^4}{wh^3}$$

où p représente la charge, où x, w et h sont respectivement la longueur, la largeur et la hauteur de la poutre, et C est une constante. Donnez une fonction linéaire qui approxime la déformation S pour des valeurs proches de $p = 200$, $x = 5$, $w = 1$, $h = 1$. (La réponse dépendra de C.)

53. À l'exercice 41 de la section 3.1 et dans l'exemple 3 de la section 4.1, l'indice de masse corporelle d'une personne était défini par $I(m,h) = m/h^2$, où m est la masse en kilogrammes et h est la taille en mètres.

a) Quelle est l'approximation linéaire de $I(m, h)$ pour un enfant qui pèse 23 kg et mesure 1,10 m ?

b) La masse de l'enfant augmente de 1 kg et sa taille augmente de 3 cm. Utilisez l'approximation linéaire pour estimer son nouvel IMC. Comparez cette estimation avec le nouvel IMC réel.

54-55 Montrez que la fonction est différentiable en trouvant les valeurs de ε_1 et de ε_2 qui satisfont à la définition 7 (rappelez-vous que ε_1 et ε_2 dépendent de Δx et de Δy).

54. $f(x, y) = xy - 5y^2$

55. $f(x, y) = x^2 + y^2$

56. Démontrez que si f est une fonction de deux variables qui est différentiable en (a, b), alors f est continue en (a, b).

(*Suggestion*: Montrez que

$$\lim_{(\Delta x, \Delta y) \to (0,0)} f(a + \Delta x, b + \Delta y) = f(a, b).)$$

57. a) Le graphe de la fonction

$$f(x, y) = \begin{cases} \dfrac{xy}{x^2 + y^2} & \text{si } (x, y) \neq (0, 0) \\ 0 & \text{si } (x, y) = (0, 0) \end{cases}$$

est donné à la figure 4 (p. 164). Montrez que $f_x(0, 0)$ et $f_y(0, 0)$ existent, mais que f n'est pas différentiable en $(0, 0)$. (*Suggestion*: Utilisez le résultat de l'exercice 56.)

b) Expliquez pourquoi f_x et f_y ne sont pas continues en $(0, 0)$.

APPLICATION — LE MAILLOT DE BAIN SPEEDO LZR RACER

De nombreuses avancées technologiques ont eu lieu dans les sports et ont contribué à améliorer les performances des athlètes. Une des plus connues est l'introduction, en 2008, du maillot de bain Speedo LZR Racer. On prétendait que cette combinaison de natation réduisait la traînée d'un nageur dans l'eau. La figure 1 (voir la page suivante) montre le nombre de records mondiaux battus dans les épreuves masculines et féminines de natation de longue distance en style libre de 1990 à 2011[1]. L'augmentation spectaculaire observée en 2008 quand le maillot est apparu a amené les gens à prétendre que de tels maillots étaient une forme de dopage technologique. En conséquence, toutes les combinaisons de natation sont interdites en compétition depuis 2010.

---

1. L. Foster et al., « Influence of Full Body Swimsuits on Competitive Performance », *Procedia Engineering* 34 (2012) : 712-717.

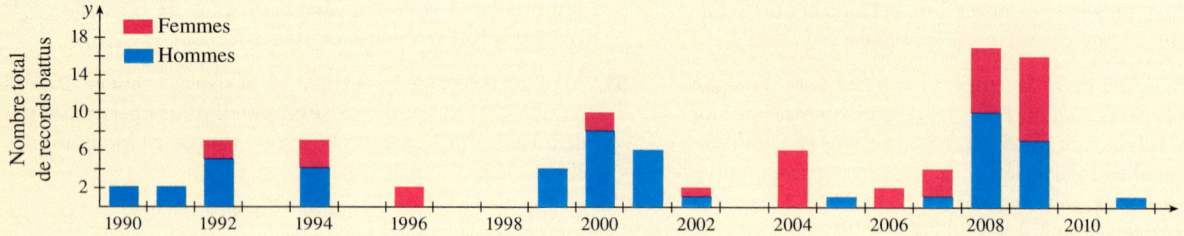

FIGURE 1
Nombre de records mondiaux établis dans les épreuves masculines et féminines de natation de longue distance en style libre de 1990 à 2011.

Il peut sembler étonnant qu'une simple réduction de la traînée puisse avoir un effet si important sur la performance. On peut mieux comprendre ce fait en utilisant un modèle mathématique simple[2].

La vitesse v d'un objet propulsé dans l'eau est donnée par

$$v(P, C) = \left(\frac{2P}{kC}\right)^{1/3}$$

où P est la puissance utilisée pour propulser l'objet, C est le coefficient de traînée et k est une constante positive. Par conséquent, les athlètes peuvent accroître leur vitesse de nage en augmentant leur puissance ou en réduisant leur coefficient de traînée. Mais quelle est l'efficacité de chacun de ces facteurs?

Pour comparer l'effet de l'augmentation de la puissance par opposition à la réduction de la traînée, on doit trouver une façon de comparer ces deux facteurs à l'aide d'unités communes. L'approche la plus courante consiste à déterminer le pourcentage de variation de la vitesse qui résulte d'un pourcentage donné de variation de la puissance et de la traînée.

Si on utilise les pourcentages sous la forme de fractions, alors quand la puissance varie d'une fraction x (où x correspond à $100x$ pour cent), P varie de P à $P + xP$. De même, si le coefficient de traînée varie d'une fraction y, cela signifie qu'il a varié de C à $C + yC$. Enfin, la variation fractionnaire de la vitesse résultant des deux facteurs est

1
$$\frac{v(P+xP, C+yC) - v(P, C)}{v(P, C)}.$$

1. L'expression 1 donne la variation fractionnaire de la vitesse qui résulte d'une variation x de la puissance et d'une variation y de la traînée. Montrez que cette expression peut être simplifiée pour donner la fonction

$$f(x, y) = \left(\frac{1+x}{1+y}\right)^{1/3} - 1.$$

Dans ce contexte, quel est le domaine de f?

2. Supposez que les variations possibles de puissance x et de traînée y sont petites. Trouvez l'approximation linéaire de la fonction $f(x, y)$. Que vous apprend cette approximation sur l'effet d'une petite augmentation de la puissance par opposition à une petite réduction de la traînée?

---

2. Adapté de http://plus.maths.org/content/swimming.

3. Calculez $f_{xx}(x, y)$ et $f_{yy}(x, y)$. D'après les signes de ces dérivées, l'approximation linéaire du problème 2 produit-elle une surestimation ou une sous-estimation dans le cas d'une augmentation de la puissance ? Qu'en est-il dans le cas d'une réduction de la traînée ? Utilisez votre réponse pour expliquer pourquoi, pour des variations de puissance ou de traînée qui ne sont pas très petites, une réduction de la traînée est plus efficace.

4. Tracez les courbes de niveau de $f(x, y)$. Expliquez la relation entre ces courbes et vos réponses aux problèmes 2 et 3.

4.3 LA RÈGLE DE DÉRIVATION EN CHAÎNE

Rappelons la règle de dérivation en chaîne pour une composition de fonctions d'une seule variable : si $y = f(x)$ et $x = g(t)$, où f et g sont des fonctions différentiables, alors y est indirectement une fonction différentiable de t et

1
$$\frac{dy}{dt} = \frac{dy}{dx}\frac{dx}{dt}.$$

La règle de dérivation en chaîne (ou règle d'enchaînement) pour les fonctions de plusieurs variables s'énonce de plusieurs façons, selon la situation. La première version (voir le théorème 2) traite du cas où $z = f(x, y)$ et où chacune des variables x et y est une fonction d'une variable t. Dans ce cas, z est indirectement une fonction de t, $z = f(g(t), h(t))$, et la règle d'enchaînement donne une formule de dérivation de z considérée comme une fonction de t. On suppose ici que f est différentiable (voir la définition 7 de la section 4.2, p. 165). On se rappelle que c'est le cas lorsque f_x et f_y sont continues (voir le théorème 8 de la section 4.2, p. 165).

2 **RÈGLE DE DÉRIVATION EN CHAÎNE (CAS 1)**

Si $z = f(x, y)$ est une fonction différentiable de x et y, où $x = g(t)$ et $y = h(t)$ sont deux fonctions différentiables de t, alors z est une fonction différentiable de t et

$$\frac{dz}{dt} = \frac{\partial f}{\partial x}\frac{dx}{dt} + \frac{\partial f}{\partial y}\frac{dy}{dt}.$$

DÉMONSTRATION

Une variation Δt de t produit une variation Δx de x et une variation Δy de y. Ces variations entraînent une variation Δz de z et, selon la définition 7 de la section 4.2, on a

$$\Delta z = \frac{\partial f}{\partial x}\Delta x + \frac{\partial f}{\partial y}\Delta y + \varepsilon_1 \Delta x + \varepsilon_2 \Delta y$$

où $\varepsilon_1 \to 0$ et $\varepsilon_2 \to 0$ lorsque $(\Delta x, \Delta y) \to (0, 0)$. (Si les fonctions ε_1 et ε_2 ne sont pas définies en $(0, 0)$, on peut les définir comme étant nulles en ce point.) La division des deux membres de cette équation par Δt donne

$$\frac{\Delta z}{\Delta t} = \frac{\partial f}{\partial x}\frac{\Delta x}{\Delta t} + \frac{\partial f}{\partial y}\frac{\Delta y}{\Delta t} + \varepsilon_1 \frac{\Delta x}{\Delta t} + \varepsilon_2 \frac{\Delta y}{\Delta t}.$$

Si l'on fait tendre $\Delta t \to 0$, alors $\Delta x = g(t + \Delta t) - g(t) \to 0$ parce que g est différentiable et donc continue. De même, $\Delta y \to 0$, ce qui implique que $\varepsilon_1 \to 0$ et $\varepsilon_2 \to 0$. Ainsi,

$$\frac{dz}{dt} = \lim_{\Delta t \to 0} \frac{\Delta z}{\Delta t}$$
$$= \frac{\partial f}{\partial x} \lim_{\Delta t \to 0} \frac{\Delta x}{\Delta t} + \frac{\partial f}{\partial y} \lim_{\Delta t \to 0} \frac{\Delta y}{\Delta t} + \left(\lim_{\Delta t \to 0} \varepsilon_1\right) \lim_{\Delta t \to 0} \frac{\Delta x}{\Delta t} + \left(\lim_{\Delta t \to 0} \varepsilon_2\right) \lim_{\Delta t \to 0} \frac{\Delta y}{\Delta t}$$
$$= \frac{\partial f}{\partial x} \frac{dx}{dt} + \frac{\partial f}{\partial y} \frac{dy}{dt} + 0 \cdot \frac{dx}{dt} + 0 \cdot \frac{dy}{dt}$$
$$= \frac{\partial f}{\partial x} \frac{dx}{dt} + \frac{\partial f}{\partial y} \frac{dy}{dt}.$$

On appelle parfois cette dernière expression la **dérivée totale** de f par rapport à t. Comme on écrit souvent $\partial z/\partial x$ au lieu de $\partial f/\partial x$, on peut réécrire la règle de dérivation en chaîne sous la forme suivante :

On remarquera la ressemblance avec la définition de la différentielle :
$$dz = \frac{\partial z}{\partial x} dx + \frac{\partial z}{\partial y} dy.$$

$$\frac{dz}{dt} = \frac{\partial z}{\partial x} \frac{dx}{dt} + \frac{\partial z}{\partial y} \frac{dy}{dt}.$$

EXEMPLE 1 Soit $z = x^2 y + 3xy^4$ avec $x = \sin 2t$ et $y = \cos t$. Calculons dz/dt lorsque $t = 0$.

SOLUTION La règle d'enchaînement donne
$$\frac{dz}{dt} = \frac{\partial z}{\partial x} \frac{dx}{dt} + \frac{\partial z}{\partial y} \frac{dy}{dt}$$
$$= (2xy + 3y^4)(2 \cos 2t) + (x^2 + 12xy^3)(-\sin t)$$
$$= (2 \sin 2t \cos t + 3 \cos^4 t)(2 \cos 2t) - (\sin^2 2t + 12 \sin 2t \cos^3 t)(\sin t).$$

Il n'est pas toujours nécessaire de remplacer les expressions de x et de y par des expressions en t pour calculer dz/dt. Lorsque $t = 0$, on a $x = \sin 0 = 0$ et $y = \cos 0 = 1$. Par conséquent,
$$\left.\frac{dz}{dt}\right|_{t=0} = (0+3)(2 \cos 0) + (0+0)(-\sin 0) = 6.$$

On peut interpréter la dérivée de l'exemple 1 comme étant le taux de variation de z par rapport à t lorsque le point (x, y) se déplace sur la courbe C (voir la figure 1), dont les équations paramétriques (voir la section 8.1) sont $x = \sin 2t$, $y = \cos t$. En particulier, lorsque $t = 0$, le point (x, y) est $(0, 1)$ et $dz/dt = 6$ est le taux d'accroissement quand on se déplace le long de la courbe C en passant par $(0, 1)$. Si, par exemple, $z = T(x, y) = x^2 y + 3xy^4$ représente la température au point (x, y), alors la fonction composée $z = T(\sin 2t, \cos t)$ est la température aux points de C et la dérivée dz/dt, le taux de variation de la température le long de C.

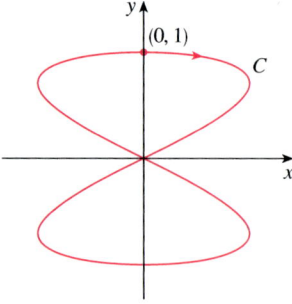

FIGURE 1
La courbe $x = \sin 2t$, $y = \cos t$.

EXEMPLE 2 La pression P (en kilopascals), le volume V (en litres) et la température T (en kelvins) d'une mole d'un gaz idéal sont liés par l'équation $PV = 8,31T$. Calculons le taux de variation de la pression lorsque la température est de 300 K et croît au taux de 0,1 K/s, et que le volume est de 100 L et augmente au taux de 0,2 L/s.

SOLUTION Si t représente le temps écoulé (en secondes), alors à l'instant donné on a $T = 300$, $dT/dt = 0,1$, $V = 100$, $dV/dt = 0,2$. Puisque
$$P = 8,31 \frac{T}{V}$$

la règle de dérivation en chaîne donne

$$\frac{dP}{dt} = \frac{\partial P}{\partial T}\frac{dT}{dt} + \frac{\partial P}{\partial V}\frac{dV}{dt} = \frac{8,31}{V}\frac{dT}{dt} - \frac{8,31T}{V^2}\frac{dV}{dt}$$

$$= \frac{8,31}{100}(0,1) - \frac{8,31(300)}{100^2}(0,2) = -0,041\ 55.$$

La pression décroît au taux d'environ 0,042 kPa/s.

Considérons maintenant la situation suivante : $z = f(x, y)$, où x et y sont des fonctions de deux variables s et t, soit $x = g(s, t)$ et $y = h(s, t)$. Dans ce cas, z est indirectement une fonction de s et de t, et on veut trouver $\partial z/\partial s$ et $\partial z/\partial t$. On se rappelle que pour calculer $\partial z/\partial t$, on garde s fixe et on calcule la dérivée ordinaire de z par rapport à t. On peut donc appliquer le théorème 2, d'où

$$\frac{\partial z}{\partial t} = \frac{\partial z}{\partial x}\frac{\partial x}{\partial t} + \frac{\partial z}{\partial y}\frac{\partial y}{\partial t}.$$

Le même raisonnement s'applique à $\partial z/\partial s$. On obtient le résultat qui suit.

> **3 RÈGLE DE DÉRIVATION EN CHAÎNE (CAS 2)**
>
> Si $z = f(x, y)$ est une fonction différentiable de x et de y, où $x = g(s, t)$ et $y = h(s, t)$ sont deux fonctions différentiables de s et t, alors z est une fonction différentiable de s et de t, et
>
> $$\frac{\partial z}{\partial s} = \frac{\partial z}{\partial x}\frac{\partial x}{\partial s} + \frac{\partial z}{\partial y}\frac{\partial y}{\partial s} \qquad \frac{\partial z}{\partial t} = \frac{\partial z}{\partial x}\frac{\partial x}{\partial t} + \frac{\partial z}{\partial y}\frac{\partial y}{\partial t}.$$

EXEMPLE 3 Soit $z = e^x \sin y$ avec $x = st^2$ et $y = s^2 t$. Trouvons $\partial z/\partial s$ et $\partial z/\partial t$.

SOLUTION L'application du cas 2 de la règle de dérivation en chaîne donne

$$\frac{\partial z}{\partial s} = \frac{\partial z}{\partial x}\frac{\partial x}{\partial s} + \frac{\partial z}{\partial y}\frac{\partial y}{\partial s} = (e^x \sin y)(t^2) + (e^x \cos y)(2st)$$

$$= t^2 e^{st^2}\sin(s^2 t) + 2ste^{st^2}\cos(s^2 t)$$

et

$$\frac{\partial z}{\partial t} = \frac{\partial z}{\partial x}\frac{\partial x}{\partial t} + \frac{\partial z}{\partial y}\frac{\partial y}{\partial t} = (e^x \sin y)(2st) + (e^x \cos y)(s^2)$$

$$= 2ste^{st^2}\sin(s^2 t) + s^2 e^{st^2}\cos(s^2 t).$$

Le cas 2 de la règle de dérivation en chaîne contient trois types de variables : s et t sont des **variables indépendantes**, x et y sont appelées **variables intermédiaires** et z est la **variable dépendante**. On remarque que la formule du théorème 3 a un terme pour chaque variable intermédiaire et que chacun de ces termes ressemble à la règle d'enchaînement en une seule variable.

Pour se rappeler de la règle de dérivation en chaîne, il est utile de tracer un **arbre** (voir la figure 2). On trace des branches qui vont de la variable dépendante z aux variables intermédiaires x et y pour indiquer que z est une fonction de x et de y. Ensuite, on trace des branches allant de x et y aux variables indépendantes s et t. On écrit la dérivée partielle correspondante sur chaque branche. Pour trouver $\partial z/\partial s$, on trouve le produit des dérivées partielles le long de chaque chemin allant de z à s, puis on additionne ces produits :

$$\frac{\partial z}{\partial s} = \frac{\partial z}{\partial x}\frac{\partial x}{\partial s} + \frac{\partial z}{\partial y}\frac{\partial y}{\partial s}.$$

On détermine $\partial z/\partial t$ de façon semblable en utilisant les chemins qui vont de z à t.

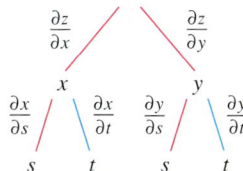

FIGURE 2

On considère maintenant la situation générale où une variable dépendante u est une fonction de n variables intermédiaires $x_1, ..., x_n$, chacune étant une fonction de m variables indépendantes $t_1, ..., t_m$. On remarque qu'il y a n termes dans la règle 4, un par variable intermédiaire. La démonstration est similaire à celle du cas 1.

> **4   RÈGLE DE DÉRIVATION EN CHAÎNE (VERSION GÉNÉRALE)**
>
> Si u est une fonction différentiable de n variables $x_1, x_2, ..., x_n$, et si chaque x_j est une fonction différentiable des m variables $t_1, t_2, ..., t_m$, alors u est une fonction différentiable de $t_1, t_2, ..., t_m$ et
>
> $$\frac{\partial u}{\partial t_i} = \frac{\partial u}{\partial x_1}\frac{\partial x_1}{\partial t_i} + \frac{\partial u}{\partial x_2}\frac{\partial x_2}{\partial t_i} + \cdots + \frac{\partial u}{\partial x_n}\frac{\partial x_n}{\partial t_i}$$
>
> pour chaque $i = 1, 2, ..., m$.

EXEMPLE 4 Écrivons la règle de dérivation en chaîne pour la fonction $w = f(x, y, z, t)$, où $x = x(u, v)$, $y = y(u, v)$, $z = z(u, v)$ et $t = t(u, v)$.

SOLUTION On applique le théorème 4 avec $n = 4$ et $m = 2$. La figure 3 montre l'arbre correspondant. Les dérivées ne sont pas indiquées sur les branches. Toutefois, il est sous-entendu que la dérivée partielle relative à une branche allant de y à u est $\partial y/\partial u$. À l'aide de cet arbre, on peut écrire les expressions des dérivées partielles par rapport à u et à v :

$$\frac{\partial w}{\partial u} = \frac{\partial w}{\partial x}\frac{\partial x}{\partial u} + \frac{\partial w}{\partial y}\frac{\partial y}{\partial u} + \frac{\partial w}{\partial z}\frac{\partial z}{\partial u} + \frac{\partial w}{\partial t}\frac{\partial t}{\partial u}$$

$$\frac{\partial w}{\partial v} = \frac{\partial w}{\partial x}\frac{\partial x}{\partial v} + \frac{\partial w}{\partial y}\frac{\partial y}{\partial v} + \frac{\partial w}{\partial z}\frac{\partial z}{\partial v} + \frac{\partial w}{\partial t}\frac{\partial t}{\partial v}.$$

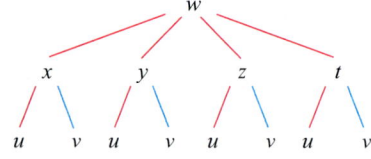

FIGURE 3

EXEMPLE 5 Soit $u = x^4y + y^2z^3$ avec $x = rse^t$, $y = rs^2e^{-t}$ et $z = r^2s\sin t$. Calculons la valeur de $\partial u/\partial s$ lorsque $r = 2$, $s = 1$ et $t = 0$.

SOLUTION L'arbre de la figure 4 donne

$$\frac{\partial u}{\partial s} = \frac{\partial u}{\partial x}\frac{\partial x}{\partial s} + \frac{\partial u}{\partial y}\frac{\partial y}{\partial s} + \frac{\partial u}{\partial z}\frac{\partial z}{\partial s}$$

$$= (4x^3y)(re^t) + (x^4 + 2yz^3)(2rse^{-t}) + (3y^2z^2)(r^2\sin t).$$

Lorsque $r = 2$, $s = 1$ et $t = 0$, on a $x = 2$, $y = 2$ et $z = 0$. Donc,

$$\frac{\partial u}{\partial s} = (64)(2) + (16)(4) + (0)(0) = 192.$$

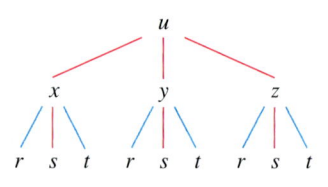

FIGURE 4

EXEMPLE 6 Soit $g(s, t) = f(s^2 - t^2, t^2 - s^2)$. Si $f(x, y)$ est différentiable, montrons que g satisfait à l'équation aux dérivées partielles

$$t\frac{\partial g}{\partial s} + s\frac{\partial g}{\partial t} = 0.$$

SOLUTION On pose $x = s^2 - t^2$ et $y = t^2 - s^2$, et alors $g(s, t) = f(x, y)$. La règle d'enchaînement donne

$$\frac{\partial g}{\partial s} = \frac{\partial f}{\partial x}\frac{\partial x}{\partial s} + \frac{\partial f}{\partial y}\frac{\partial y}{\partial s} = \frac{\partial f}{\partial x}(2s) + \frac{\partial f}{\partial y}(-2s);$$

$$\frac{\partial g}{\partial t} = \frac{\partial f}{\partial x}\frac{\partial x}{\partial t} + \frac{\partial f}{\partial y}\frac{\partial y}{\partial t} = \frac{\partial f}{\partial x}(-2t) + \frac{\partial f}{\partial y}(2t).$$

Ainsi,

$$t\frac{\partial g}{\partial s} + s\frac{\partial g}{\partial t} = \left(2st\frac{\partial f}{\partial x} - 2st\frac{\partial f}{\partial y}\right) + \left(-2st\frac{\partial f}{\partial x} + 2st\frac{\partial f}{\partial y}\right) = 0.$$

EXEMPLE 7 Si $z = f(x, y)$ possède des dérivées partielles du second ordre continues et si $x = r^2 + s^2$ et $y = 2rs$, trouvons a) $\partial z/\partial r$ et b) $\partial^2 z/\partial r^2$.

SOLUTION

a) Selon la règle d'enchaînement,

$$\frac{\partial z}{\partial r} = \frac{\partial z}{\partial x}\frac{\partial x}{\partial r} + \frac{\partial z}{\partial y}\frac{\partial y}{\partial r} = \frac{\partial z}{\partial x}(2r) + \frac{\partial z}{\partial y}(2s).$$

b) L'application de la règle de dérivation d'un produit à l'expression de la partie a) donne

$$\frac{\partial^2 z}{\partial r^2} = \frac{\partial}{\partial r}\left(2r\frac{\partial z}{\partial x} + 2s\frac{\partial z}{\partial y}\right)$$

$$= 2\frac{\partial z}{\partial x} + 2r\frac{\partial}{\partial r}\left(\frac{\partial z}{\partial x}\right) + 2s\frac{\partial}{\partial r}\left(\frac{\partial z}{\partial y}\right).$$

La réutilisation de la règle d'enchaînement (voir la figure 5) donne

$$\frac{\partial}{\partial r}\left(\frac{\partial z}{\partial x}\right) = \frac{\partial}{\partial x}\left(\frac{\partial z}{\partial x}\right)\frac{\partial x}{\partial r} + \frac{\partial}{\partial y}\left(\frac{\partial z}{\partial x}\right)\frac{\partial y}{\partial r} = \frac{\partial^2 z}{\partial x^2}(2r) + \frac{\partial^2 z}{\partial y\,\partial x}(2s)$$

$$\frac{\partial}{\partial r}\left(\frac{\partial z}{\partial y}\right) = \frac{\partial}{\partial x}\left(\frac{\partial z}{\partial y}\right)\frac{\partial x}{\partial r} + \frac{\partial}{\partial y}\left(\frac{\partial z}{\partial y}\right)\frac{\partial y}{\partial r} = \frac{\partial^2 z}{\partial x\,\partial y}(2r) + \frac{\partial^2 z}{\partial y^2}(2s).$$

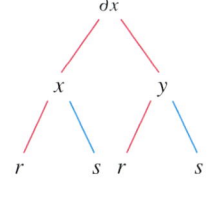

FIGURE 5

On reporte ces expressions dans l'équation 5 et on utilise l'égalité des dérivées secondes mixtes. Ainsi, on obtient

$$\frac{\partial^2 z}{\partial r^2} = 2\frac{\partial z}{\partial x} + 2r\left(2r\frac{\partial^2 z}{\partial x^2} + 2s\frac{\partial^2 z}{\partial y\,\partial x}\right) + 2s\left(2r\frac{\partial^2 z}{\partial x\,\partial y} + 2s\frac{\partial^2 z}{\partial y^2}\right)$$

$$= 2\frac{\partial z}{\partial x} + 4r^2\frac{\partial^2 z}{\partial x^2} + 8rs\frac{\partial^2 z}{\partial x\,\partial y} + 4s^2\frac{\partial^2 z}{\partial y^2}.$$

LA DÉRIVATION IMPLICITE

On peut utiliser la règle de dérivation en chaîne pour décrire plus précisément le processus de dérivation implicite. On suppose qu'une équation de la forme $F(x, y) = 0$ définit y implicitement comme une fonction différentiable de x, c'est-à-dire que $y = f(x)$ et $F(x, f(x)) = 0$ pour tout x appartenant au domaine de f. Si F est différentiable, on peut appliquer le cas 1 de la règle d'enchaînement pour dériver les deux membres de l'équation $F(x, y) = 0$ par rapport à x. Comme x et y sont des fonctions de x, on obtient

$$\frac{\partial F}{\partial x}\frac{dx}{dx} + \frac{\partial F}{\partial y}\frac{dy}{dx} = 0.$$

Toutefois, $dx/dx = 1$, de sorte que si $\partial F/\partial y \neq 0$, on peut isoler dy/dx pour obtenir

6
$$\frac{dy}{dx} = -\frac{\dfrac{\partial F}{\partial x}}{\dfrac{\partial F}{\partial y}} = -\frac{F_x}{F_y}.$$

Pour obtenir cette équation, on a supposé que $f(x, y) = 0$ définit y implicitement comme une fonction de x. Le **théorème des fonctions implicites** (qui est démontré dans un cours de calcul différentiel et intégral avancé) donne les conditions qui permettent de vérifier cette hypothèse : si la fonction F est définie sur un disque contenant (a, b) où $F(a, b) = 0$, $F_y(a, b) \neq 0$, et si F_x et F_y sont continues sur ce disque, alors l'équation $F(x, y) = 0$ définit y comme une fonction de x près du point (a, b), et l'équation 6 donne la dérivée de cette fonction.

EXEMPLE 8 Trouvons y' au point $\left(\dfrac{4}{3}, \dfrac{8}{3}\right)$ si $x^3 + y^3 = 6xy$.

SOLUTION On écrit l'équation donnée sous la forme
$$F(x, y) = x^3 + y^3 - 6xy = 0.$$

Ici, il est difficile d'isoler y et de calculer la dérivée directement. C'est pourquoi on a recours à la dérivation implicite.

L'équation 6 donne
$$\frac{dy}{dx} = -\frac{F_x}{F_y} = -\frac{3x^2 - 6y}{3y^2 - 6x} = -\frac{x^2 - 2y}{y^2 - 2x}.$$

Au point donné, on a
$$\left.\frac{dy}{dx}\right|_{x=4/3,\,y=8/3} = -\frac{(4/3)^2 - 2(8/3)}{(8/3)^2 - 2(4/3)} = \frac{4}{5}.$$

On suppose maintenant que z est donnée implicitement comme une fonction $z = f(x, y)$ par une équation de la forme $F(x, y, z) = 0$. Par conséquent, $F(x, y, f(x, y)) = 0$ pour tout (x, y) appartenant au domaine de f. Si F et f sont différentiables, la règle d'enchaînement permet de dériver l'équation $F(x, y, z) = 0$ comme suit :
$$\frac{\partial F}{\partial x}\frac{\partial x}{\partial x} + \frac{\partial F}{\partial y}\frac{\partial y}{\partial x} + \frac{\partial F}{\partial z}\frac{\partial z}{\partial x} = 0.$$

Toutefois, $\dfrac{\partial}{\partial x}(x) = 1$ et $\dfrac{\partial}{\partial x}(y) = 0$.

Cette équation devient donc
$$\frac{\partial F}{\partial x} + \frac{\partial F}{\partial z}\frac{\partial z}{\partial x} = 0.$$

Si $\partial F/\partial z \neq 0$, on obtient la première formule des équations 7 en isolant $\partial z/\partial x$. La formule pour $\partial z/\partial y$ s'obtient de façon semblable.

7
$$\frac{\partial z}{\partial x} = -\frac{\dfrac{\partial F}{\partial x}}{\dfrac{\partial F}{\partial z}} \qquad \frac{\partial z}{\partial y} = -\frac{\dfrac{\partial F}{\partial y}}{\dfrac{\partial F}{\partial z}}$$

Une autre version du **théorème des fonctions implicites** donne les conditions sous lesquelles les expressions en 7 sont valides : si F est définie à l'intérieur d'une sphère contenant (a, b, c), où $F(a, b, c) = 0$, $F_z(a, b, c) \neq 0$ et si F_x, F_y et F_z sont des fonctions continues à l'intérieur de la sphère, alors l'équation $F(x, y, z) = 0$ définit z comme une fonction de x et de y près du point (a, b, c), et cette fonction est différentiable, avec des dérivées partielles données par les équations 7.

EXEMPLE 9 Trouvons $\dfrac{\partial z}{\partial x}$ et $\dfrac{\partial z}{\partial y}$ si $x^3 + y^3 + z^3 + 6xyz = 1$.

Comparez la solution de l'exemple 9 à celle de l'exemple 5 de la section 4.1.

SOLUTION On pose $F(x, y, z) = x^3 + y^3 + z^3 + 6xyz - 1$. Les équations 7 donnent

$$\frac{\partial z}{\partial x} = -\frac{F_x}{F_z} = -\frac{3x^2 + 6yz}{3z^2 + 6xy} = -\frac{x^2 + 2yz}{z^2 + 2xy}$$

$$\frac{\partial z}{\partial y} = -\frac{F_y}{F_z} = -\frac{3y^2 + 6xz}{3z^2 + 6xy} = -\frac{y^2 + 2xz}{z^2 + 2xy}.$$

Exercices 4.3

1-6 Utilisez la règle de dérivation en chaîne pour trouver dz/dt ou dw/dt.

1. $z = xy^3 - x^2y$, $x = t^2 + 1$, $y = t^2 - 1$
2. $z = \dfrac{x - y}{x + 2y}$, $x = e^{\pi t}$, $y = e^{-\pi t}$
3. $z = \sin x \cos y$, $x = \sqrt{t}$, $y = 1/t$
4. $z = \sqrt{1 + xy}$, $x = \tan t$, $y = \arctan t$
5. $w = xe^{y/z}$, $x = t^2$, $y = 1 - t$, $z = 1 + 2t$
6. $w = \ln\sqrt{x^2 + y^2 + z^2}$, $x = \sin t$, $y = \cos t$, $z = \tan t$

7-12 Utilisez la règle de dérivation en chaîne pour trouver $\partial z/\partial s$ et $\partial z/\partial t$.

7. $z = (x - y)^5$, $x = s^2 t$, $y = st^2$
8. $z = \tan^{-1}(x^2 + y^2)$, $x = s \ln t$, $y = te^s$
9. $z = \ln(3x + 2y)$, $x = s \sin t$, $y = t \cos s$
10. $z = \sqrt{x} e^{xy}$, $x = 1 + st$, $y = s^2 - t^2$
11. $z = e^r \cos \theta$, $r = st$, $\theta = \sqrt{s^2 + t^2}$
12. $z = \tan(u/v)$, $u = 2s + 3t$, $v = 3s - 2t$

13. Soit $p(t) = f(g(t), h(t))$ avec f différentiable et les données suivantes.

    $g(2) = 4$ $h(2) = 5$
    $g'(2) = -3$ $h'(2) = 6$
    $f_x(4, 5) = 2$ $f_y(4, 5) = 8$

    Calculez $p'(2)$.

14. Soit $R(s, t) = G(u(s, t), v(s, t))$ avec G, u et v différentiables et les données suivantes.

    $u(1, 2) = 5$ $v(1, 2) = 7$
    $u_s(1, 2) = 4$ $v_s(1, 2) = 2$
    $u_t(1, 2) = -3$ $v_t(1, 2) = 6$
    $G_u(5, 7) = 9$ $G_v(5, 7) = -2$

    Calculez $R_s(1, 2)$ et $R_t(1, 2)$.

15. Supposez que f est une fonction différentiable de x et de y, et que $g(u, v) = f(e^u + \sin v, e^u + \cos v)$. Utilisez le tableau de valeurs pour estimer $g_u(0, 0)$ et $g_v(0, 0)$.

	f	y	f_x	f_y
(0, 0)	3	6	4	8
(1, 2)	6	3	2	5

16. Supposez que f est une fonction différentiable de x et de y, et que $g(r, s) = f(2r - s, s^2 - 4r)$. Utilisez le tableau de valeurs de l'exercice 15 pour estimer $g_r(1, 2)$ et $g_s(1, 2)$.

17-20 Utilisez un arbre pour appliquer la règle de dérivation en chaîne aux fonctions données. Supposez que toutes les fonctions sont différentiables.

17. $u = f(x, y)$ avec $x = x(r, s, t)$, $y = y(r, s, t)$
18. $w = f(x, y, z)$ avec $x = x(u, v)$, $y = y(u, v)$, $z = z(u, v)$
19. $T = F(p, q, r)$ avec $p = p(x, y, z)$, $q = q(x, y, z)$, $r = r(x, y, z)$
20. $R = F(t, u)$ avec $t = t(w, x, y, z)$, $u = u(w, x, y, z)$

21-26 Trouvez les dérivées partielles indiquées à l'aide de la règle d'enchaînement.

21. $z = x^4 + x^2 y$, $x = s + 2t - u$, $y = stu^2$;
    $\dfrac{\partial z}{\partial s}, \dfrac{\partial z}{\partial t}, \dfrac{\partial z}{\partial u}$ lorsque $s = 4, t = 2, u = 1$

22. $T = \dfrac{v}{2u + v}$, $u = pq\sqrt{r}$, $v = p\sqrt{q}\, r$;
    $\dfrac{\partial T}{\partial p}, \dfrac{\partial T}{\partial q}, \dfrac{\partial T}{\partial r}$ lorsque $p = 2, q = 1, r = 4$

23. $w = xy + yz + zx$, $x = r \cos \theta$, $y = r \sin \theta$, $z = r\theta$;
    $\dfrac{\partial w}{\partial r}, \dfrac{\partial w}{\partial \theta}$ lorsque $r = 2, \theta = \pi/2$

24. $P = \sqrt{u^2 + v^2 + w^2}$, $u = xe^y$, $v = ye^x$, $w = e^{xy}$;
    $\dfrac{\partial P}{\partial x}, \dfrac{\partial P}{\partial y}$ lorsque $x = 0, y = 2$

25. $N = \dfrac{p+q}{p+r}$, $p = u+vw$, $q = v+uw$, $r = w+uv$;

$\dfrac{\partial N}{\partial u}, \dfrac{\partial N}{\partial v}, \dfrac{\partial N}{\partial w}$ lorsque $u = 2, v = 3, w = 4$

26. $u = xe^{ty}$, $x = \alpha^2\beta$, $y = \beta^2\gamma$, $t = \gamma^2\alpha$;

$\dfrac{\partial u}{\partial \alpha}, \dfrac{\partial u}{\partial \beta}, \dfrac{\partial u}{\partial \gamma}$ lorsque $\alpha = -1, \beta = 2, \gamma = 1$

27-30 Utilisez l'équation 6 pour trouver dy/dx.

27. $y \cos x = x^2 + y^2$

28. $\cos(xy) = 1 + \sin y$

29. $\tan^{-1}(x^2 y) = x + xy^2$

30. $e^y \sin x = x + xy$

31-34 Trouvez $\partial z/\partial x$ et $\partial z/\partial y$ à l'aide des équations 7.

31. $x^2 + 2y^2 + 3z^2 = 1$

32. $x^2 - y^2 + z^2 - 2z = 4$

33. $e^z = xyz$

34. $yz = x \ln y = z^2$

35. La température (en degrés Celsius) au point (x, y) est donnée par une fonction $T(x, y)$. Un insecte rampe de telle manière qu'au bout de t secondes il occupe la position $x = \sqrt{1+t}$, $y = 2 + \tfrac{1}{3}t$, où x et y sont exprimées en centimètres. La fonction de température satisfait à $T_x(2, 3) = 4$ et à $T_y(2, 3) = 3$. Calculez le taux d'accroissement de la température le long de la trajectoire de l'insecte au bout de 3 secondes.

36. Pour une année considérée, la production B de blé dépend de la température moyenne T et des précipitations annuelles P. Selon des scientifiques, la température moyenne croît au taux de 0,15 °C/année, et les précipitations décroissent au taux de 0,1 cm/année. Ils estiment qu'aux niveaux de production actuels, $\partial B/\partial T = -2$ et $\partial B/\partial P = 8$.
  a) Que signifient les signes de ces dérivées partielles ?
  b) Estimez le taux de variation actuel de la production de blé, dB/dt.

37. La longueur l, la largeur w et la hauteur h d'une boîte varient en fonction du temps. À un certain moment, les dimensions sont $l = 1$ m et $w = h = 2$ m. De plus, l et w croissent au taux de 2 m/s, tandis que h décroît au taux de 3 m/s. Calculez les taux de variation des quantités suivantes à cet instant :
  a) le volume ;
  b) l'aire ;
  c) la longueur d'une diagonale.

38. Le rayon d'un cône circulaire droit croît au taux de 1,8 cm/s, tandis que sa hauteur décroît au taux de 2,5 cm/s. Calculez le taux de variation du volume du cône lorsque le rayon est de 120 cm et la hauteur, de 140 cm.

39. La pression d'une mole d'un gaz idéal augmente au taux de 0,05 kPa/s, et sa température croît au taux de 0,15 K/s. À l'aide de l'équation de l'exemple 2, calculez le taux de variation du volume lorsque la pression est de 20 kPa et la température, de 320 K.

40. La tension V dans un circuit électrique simple décroît graduellement à mesure que la batterie s'use. La résistance R croît graduellement lorsque la résistance s'échauffe. Utilisez la loi d'Ohm, $V = IR$, pour trouver comment le courant I varie lorsque $R = 400$ Ω, $I = 0,08$ A, $dV/dt = -0,01$ V/s et $dR/dt = 0,03$ Ω/s.

41. Un cycliste et un marcheur suivent des chemins perpendiculaires dans un parc et se dirigent tous les deux vers l'intersection des chemins. Le cycliste roule à 15 km/h vers l'est et le marcheur avance à 5 km/h vers le nord. Déterminez le taux de variation de la distance entre les deux lorsque le cycliste est à 500 m de l'intersection et le marcheur à 200 m.

42. Un fabricant a modélisé sa fonction de production annuelle P (la valeur de sa production entière, en millions de dollars) par une fonction de Cobb-Douglas,

$$P(L, K) = 1{,}47 L^{0,65} K^{0,35}$$

où L est le nombre d'heures travaillées (en milliers) et K est le capital investi (en millions de dollars). Supposez que quand $L = 30$ et $K = 8$, le nombre d'heures travaillées diminue de 2 000 heures par année et le capital augmente de 500 000 $ par année. Trouvez le taux de variation de la production.

43. Un côté d'un triangle croît au taux de 3 cm/s, et un autre décroît au taux de 2 cm/s. On suppose que l'aire du triangle reste constante. Calculez le taux de variation de l'angle entre ces côtés lorsque la longueur du premier côté est de 20 cm, que celle de l'autre est de 30 cm et que l'angle entre les deux mesure $\pi/6$.

44. Si un son de fréquence f_s est produit par une source se déplaçant sur une droite à une vitesse v_s et si un observateur se déplace à la vitesse v_o sur la même droite, mais dans la direction opposée et se dirigeant vers la source, alors la fréquence du son entendu par l'observateur est

$$f_o = \left(\dfrac{c + v_o}{c - v_s}\right) f_s$$

où c est la vitesse du son, soit environ 332 m/s. C'est l'**effet Doppler**. Supposez qu'à un moment donné, vous êtes dans un train qui roule à une vitesse de 34 m/s et accélère à raison de 1,2 m/s². Un train venant dans la direction opposée s'approche de vous sur l'autre voie à une vitesse de 40 m/s, avec une accélération de 1,4 m/s², et il siffle à la fréquence de 460 Hz. Quelle est, à cet instant, la fréquence du son que vous entendez et quel est son taux de variation ?

45-48 Supposez que toutes les fonctions données sont différentiables.

45. Soit $z = f(x, y)$ avec $x = r\cos\theta$ et $y = r\sin\theta$.
  a) Trouvez $\partial z/\partial r$ et $\partial z/\partial \theta$.
  b) Montrez que
  $$\left(\frac{\partial z}{\partial x}\right)^2 + \left(\frac{\partial z}{\partial y}\right)^2 = \left(\frac{\partial z}{\partial r}\right)^2 + \frac{1}{r^2}\left(\frac{\partial z}{\partial \theta}\right)^2.$$

46. Soit $u = f(x, y)$ avec $x = e^s \cos t$ et $y = e^s \sin t$. Montrez que
$$\left(\frac{\partial u}{\partial x}\right)^2 + \left(\frac{\partial u}{\partial y}\right)^2 = e^{-2s}\left[\left(\frac{\partial u}{\partial s}\right)^2 + \left(\frac{\partial u}{\partial t}\right)^2\right].$$

47. Soit $z = \dfrac{1}{x}\big[f(x - y) + g(x + y)\big]$. Montrez que
$$\frac{\partial}{\partial x}\left(x^2 \frac{\partial z}{\partial x}\right) = x^2 \frac{\partial^2 z}{\partial y^2}.$$

48. Soit $z = \dfrac{1}{y}\big[f(ax + y) + g(ax - y)\big]$. Montrez que
$$\frac{\partial^2 z}{\partial x^2} = \frac{a^2}{y^2}\frac{\partial}{\partial y}\left(y^2 \frac{\partial z}{\partial y}\right).$$

49. Soit $f(x, y)$ une fonction possédant des dérivées partielles continues. Remplacez les variables par $x = s + t$ et $y = s - t$ afin de réécrire l'équation différentielle
$$\frac{\partial f}{\partial x} + \frac{\partial f}{\partial y} = 0$$
en fonction de s et de t.

50. Soit $z = f(x) + g(y)$, où $x = 1 - t$ et $y = 1 + t^3$. Calculez $\dfrac{\partial z}{\partial t}$ en fonction des dérivées de f et de g.

51. Si $F(x, y, z, t) = f(tx, ty, tz)$, calculez la dérivée de F par rapport à t en fonction des dérivées partielles de f.

52. Soit $f(x, y, z) = zg(x, y)$, où $z = \ln(x)$. Calculez f_x, f_y, f_{xx}, f_{xy} et f_{yy} en fonction des dérivées partielles de g.

53-58 Supposez que toutes les fonctions données ont des dérivées partielles secondes continues.

53. Montrez que toute fonction de la forme
$$z = f(x + at) + g(x - at)$$
est une solution de l'équation d'onde
$$\frac{\partial^2 z}{\partial t^2} = a^2 \frac{\partial^2 z}{\partial x^2}.$$
(*Suggestion*: Posez $u = x + at$, $v = x - at$.)

54. Soit $u = f(x, y)$ avec $x = e^s \cos t$ et $y = e^s \sin t$. Montrez que
$$\frac{\partial^2 u}{\partial x^2} + \frac{\partial^2 u}{\partial y^2} = e^{-2s}\left[\frac{\partial^2 u}{\partial s^2} + \frac{\partial^2 u}{\partial t^2}\right].$$

55. Soit $z = f(x, y)$ avec $x = r^2 + s^2$ et $y = 2rs$. Trouvez $\partial^2 z/\partial r\partial s$. (Comparez cet exercice avec l'exemple 7.)

56. Soit $z = f(x, y)$ avec $x = r\cos\theta$ et $y = r\sin\theta$. Trouvez:
  a) $\partial z/\partial r$;
  b) $\partial z/\partial \theta$;
  c) $\partial^2 z/\partial r\partial\theta$.

57. Soit $z = f(x, y)$ avec $x = r\cos\theta$ et $y = r\sin\theta$. Montrez que
$$\frac{\partial^2 z}{\partial x^2} + \frac{\partial^2 z}{\partial y^2} = \frac{\partial^2 z}{\partial r^2} + \frac{1}{r^2}\frac{\partial^2 z}{\partial \theta^2} + \frac{1}{r}\frac{\partial z}{\partial r}.$$

58. Soit $z = f(x, y)$ avec $x = g(s, t)$ et $y = h(s, t)$.
  a) Montrez que
  $$\frac{\partial^2 z}{\partial t^2} = \frac{\partial^2 z}{\partial x^2}\left(\frac{\partial x}{\partial t}\right)^2 + 2\frac{\partial^2 z}{\partial x\partial y}\frac{\partial x}{\partial t}\frac{\partial y}{\partial t} + \frac{\partial^2 z}{\partial y^2}\left(\frac{\partial y}{\partial t}\right)^2$$
  $$+ \frac{\partial z}{\partial x}\frac{\partial^2 x}{\partial t^2} + \frac{\partial z}{\partial y}\frac{\partial^2 y}{\partial t^2}.$$
  b) Trouvez une formule similaire pour $\partial^2 z/\partial s\partial t$.

59. Une fonction f ayant des dérivées secondes continues est dite **homogène de degré n** si elle satisfait à l'équation $f(tx, ty) = t^n f(x, y)$ pour tout t, où n est un entier positif.
  a) Vérifiez que $f(x, y) = x^2 y + 2xy^2 + 5y^3$ est homogène de degré 3.
  b) Montrez que si f est homogène de degré n, alors
  $$x\frac{\partial f}{\partial x} + y\frac{\partial f}{\partial y} = nf(x, y).$$
  (*Suggestion*: Utilisez la règle de dérivation en chaîne pour dériver $f(tx, ty)$ par rapport à t.)

60. Si f est homogène de degré n, montrez que
$$x^2 \frac{\partial^2 f}{\partial x^2} + 2xy\frac{\partial^2 f}{\partial x\partial y} + y^2 \frac{\partial^2 f}{\partial y^2} = n(n - 1)f(x, y).$$

61. Si f est homogène de degré n, montrez que
$$f_x(tx, ty) = t^{n-1} f_x(x, y).$$

62. Supposez que l'équation $F(x, y, z) = 0$ définit implicitement chacune des trois variables x, y et z comme une fonction des deux autres: $z = f(x, y)$, $y = g(x, z)$, $x = h(y, z)$. Si F est différentiable et que F_x, F_y et F_z sont non nulles, montrez que
$$\frac{\partial z}{\partial x}\frac{\partial x}{\partial y}\frac{\partial y}{\partial z} = -1.$$

63. L'équation 6 est une formule pour la dérivée dy/dx d'une fonction définie implicitement par l'équation $F(x, y) = 0$, à condition que F soit différentiable et que $F_y \neq 0$. Prouvez que si F a des dérivées secondes continues, alors une formule pour la dérivée seconde de y est
$$\frac{d^2 y}{dx^2} = -\frac{F_{xx}F_y^2 - 2F_{xy}F_x F_y + F_{yy}F_x^2}{F_y^3}.$$

182 CHAPITRE 4 LES DÉRIVÉES DES FONCTIONS DE PLUSIEURS VARIABLES

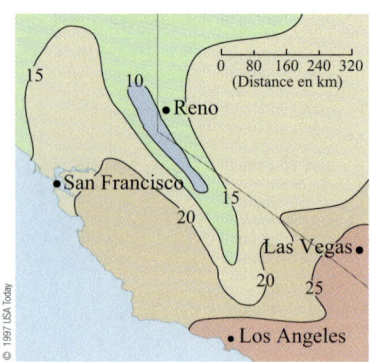

FIGURE 1

4.4 LES DÉRIVÉES DIRECTIONNELLES ET LE VECTEUR GRADIENT

La carte météorologique de la figure 1 montre des courbes de niveau de la fonction de température $T(x, y)$ pour les États de la Californie et du Nevada à 15 h, un jour du mois d'octobre. Ces courbes de niveau, ou isothermes, relient les points géographiques soumis à la même température. La dérivée partielle T_x à Reno, par exemple, est le taux de variation de la température par rapport à la distance si on se déplace vers l'est à partir de Reno ; T_y est le taux de variation de la température lorsqu'on se déplace vers le nord. Comment calculer le taux de variation de la température quand on se dirige vers le sud-est (en direction de Las Vegas) ou dans une autre direction ? Dans cette section, nous présentons la **dérivée directionnelle**, qui permet de trouver le taux de variation d'une fonction de plusieurs variables selon une direction quelconque.

LES DÉRIVÉES DIRECTIONNELLES

On se rappelle que si $z = f(x, y)$, alors les dérivées partielles f_x et f_y sont définies par

1
$$f_x(x_0, y_0) = \lim_{h \to 0} \frac{f(x_0 + h, y_0) - f(x_0, y_0)}{h};$$
$$f_y(x_0, y_0) = \lim_{h \to 0} \frac{f(x_0, y_0 + h) - f(x_0, y_0)}{h}.$$

Les dérivées partielles représentent les taux de variation de z dans la direction des x et dans la direction des y, c'est-à-dire dans les directions des vecteurs unitaires $\vec{i}$ et $\vec{j}$.

Supposons maintenant qu'on désire trouver le taux de variation de z en (x_0, y_0) dans la direction d'un vecteur unitaire arbitraire $\vec{u} = a\vec{i} + b\vec{j}$ (voir la figure 2). Pour y arriver, on considère la surface S d'équation $z = f(x, y)$ (le graphe de f) et on pose $z_0 = f(x_0, y_0)$. Ainsi, le point $P(x_0, y_0, z_0)$ appartient à S. Le plan vertical qui passe par P dans la direction de $\vec{u}$ coupe S selon la courbe C (voir la figure 3). La pente de la droite T tangente à C au point P est le taux de variation de z dans la direction de $\vec{u}$.

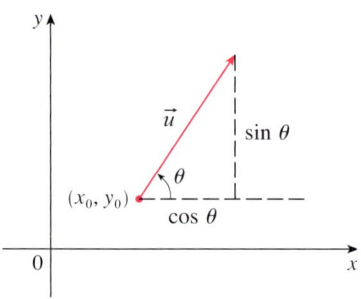

FIGURE 2
Un vecteur unitaire
$\vec{u} = a\vec{i} + b\vec{j} = \cos\theta\vec{i} + \sin\theta\vec{j}$.

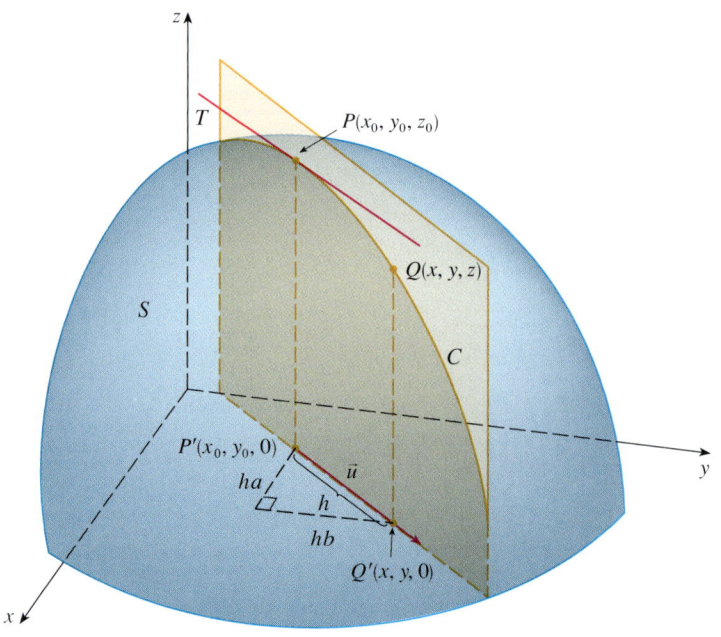

FIGURE 3

Si $Q(x, y, z)$ est un autre point de C et si P', Q' sont les projections de P, Q sur le plan xy, alors le vecteur $\overrightarrow{P'Q'}$ est parallèle à $\vec{u}$, donc

$$\overrightarrow{P'Q'} = h\vec{u} = ha\vec{i} + hb\vec{j}$$

pour un certain scalaire h. Par conséquent, $x - x_0 = ha$ et $y - y_0 = hb$, ce qui implique que $x = x_0 + ha$, $y = y_0 + hb$ et

$$\frac{\Delta z}{h} = \frac{z - z_0}{h} = \frac{f(x_0 + ha, y_0 + hb) - f(x_0, y_0)}{h}.$$

Si on prend la limite lorsque $h \to 0$, on obtient le taux de variation de z (par rapport à la distance) dans la direction unitaire $\vec{u}$, qui est la dérivée de f dans la direction de $\vec{u}$.

> **2 DÉFINITION**
>
> La **dérivée directionnelle** de f dans la direction d'un vecteur unitaire $\vec{u} = a\vec{i} + b\vec{j}$ au point (x_0, y_0) est
>
> $$f_{\vec{u}}(x_0, y_0) = \lim_{h \to 0} \frac{f(x_0 + ha, y_0 + hb) - f(x_0, y_0)}{h}$$
>
> si cette limite existe.

En comparant la définition 2 aux équations 1, on voit que si $\vec{u} = \vec{i}$, alors $f_{\vec{i}} = f_x$ et que si $\vec{u} = \vec{j}$, alors $f_{\vec{j}} = f_y$. Autrement dit, les dérivées partielles de f par rapport à x et à y sont simplement des cas particuliers de la dérivée directionnelle.

EXEMPLE 1 Utilisons la carte météorologique de la figure 1 pour estimer la valeur de la dérivée de la fonction de température à Reno dans la direction sud-est.

SOLUTION Le vecteur unitaire dirigé vers le sud-est correspond à $\vec{u} = (\vec{i} - \vec{j})/\sqrt{2}$, mais il n'est pas nécessaire d'utiliser cette expression. On commence par tracer une droite qui passe par Reno et qui se dirige vers le sud-est (voir la figure 4).

Pour approximer la dérivée directionnelle $T_{\vec{u}}$, on utilise le taux de variation moyen de la température entre les points d'intersection de cette droite avec les isothermes

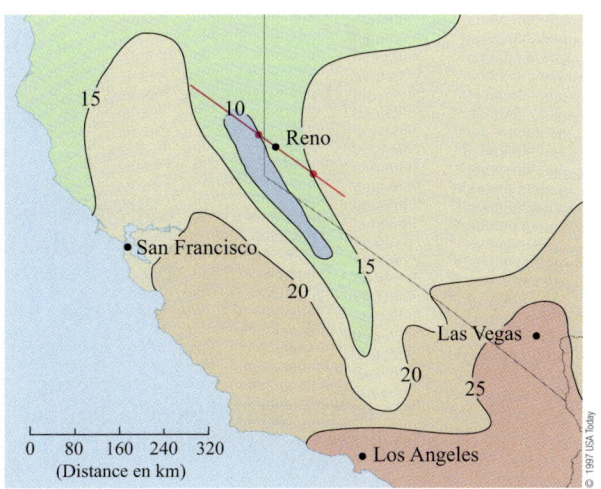

FIGURE 4

$T = 10$ et $T = 15$. La température au point qui se situe au sud-est de Reno est $T = 15$ °C, et la température au point qui se situe au nord-ouest de Reno est $T = 10$ °C. La distance entre ces points est d'environ 120 km. Par conséquent, le taux de variation de la température dans la direction sud-est est

$$T_{\vec{u}} \approx \frac{15-10}{120} = \frac{5}{120} \approx 0,04 \text{ °C/km.}$$

Lorsqu'on calcule la dérivée directionnelle d'une fonction définie par une formule, on utilise généralement le théorème suivant.

3 THÉORÈME

Si f est une fonction différentiable de x et y, alors f possède une dérivée dans la direction de tout vecteur unitaire $\vec{u} = a\vec{i} + b\vec{j}$ et

$$f_{\vec{u}}(x, y) = f_x(x, y)a + f_y(x, y)b.$$

DÉMONSTRATION

Soit la fonction g d'une seule variable h définie par

$$g(h) = f(x_0 + ha, y_0 + hb).$$

Alors, selon la définition de la dérivée,

4
$$\begin{aligned} g'(0) &= \lim_{h \to 0} \frac{g(h) - g(0)}{h} \\ &= \lim_{h \to 0} \frac{f(x_0 + ha, y_0 + hb) - f(x_0, y_0)}{h} \\ &= f_{\vec{u}}(x_0, y_0). \end{aligned}$$

On peut aussi écrire $g(h) = f(x, y)$, où $x = x_0 + ha$, $y = y_0 + hb$. La règle de dérivation en chaîne (voir le théorème 2 de la section 4.3, p. 173) donne

$$g'(h) = \frac{\partial f}{\partial x}\frac{dx}{dh} + \frac{\partial f}{\partial y}\frac{dy}{dh} = f_x(x, y)a + f_y(x, y)b.$$

Si on pose $h = 0$, alors $x = x_0$, $y = y_0$ et

5
$$g'(0) = f_x(x_0, y_0)a + f_y(x_0, y_0)b.$$

Si on compare les équations 4 et 5, on a

$$f_{\vec{u}}(x_0, y_0) = f_x(x_0, y_0)a + f_y(x_0, y_0)b.$$

Si le vecteur unitaire $\vec{u}$ forme un angle θ avec l'axe des x positifs (comme à la figure 2), on peut écrire $\vec{u} = \cos\theta\,\vec{i} + \sin\theta\,\vec{j}$ et la formule du théorème 3 devient

6
$$f_{\vec{u}}(x, y) = f_x(x, y)\cos\theta + f_y(x, y)\sin\theta.$$

EXEMPLE 2 Trouvons la dérivée directionnelle $f_{\vec{u}}(x, y)$ si

$$f(x, y) = x^3 - 3xy + 4y^2$$

et si $\vec{u}$ est le vecteur unitaire défini par l'angle $\theta = \pi/6$. Que vaut $f_{\vec{u}}(1, 2)$?

La dérivée $f_{\vec{u}}(1, 2)$ de l'exemple 2 représente le taux de variation de z dans la direction de $\vec{u}$. C'est la pente de la droite tangente à la courbe d'intersection de la surface $z = x^3 - 3xy + 4y^2$ et du plan vertical qui passe par $(1, 2, 0)$ dans la direction $\vec{u}$, représentée à la figure 5.

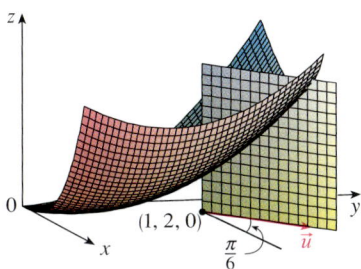

FIGURE 5

SOLUTION La formule 6 donne

$$f_{\vec{u}}(x, y) = f_x(x, y)\cos\frac{\pi}{6} + f_y(x, y)\sin\frac{\pi}{6}$$
$$= (3x^2 - 3y)\frac{\sqrt{3}}{2} + (-3x + 8y)\frac{1}{2}$$
$$= \tfrac{1}{2}\left[3\sqrt{3}\,x^2 - 3x + (8 - 3\sqrt{3})y\right].$$

On a donc

$$f_{\vec{u}}(1, 2) = \tfrac{1}{2}\left[3\sqrt{3}(1)^2 - 3(1) + (8 - 3\sqrt{3})(2)\right] = \frac{13 - 3\sqrt{3}}{2}.$$

LE VECTEUR GRADIENT

Selon le théorème 3, on peut écrire la dérivée directionnelle sous la forme du produit scalaire de deux vecteurs :

7
$$f_{\vec{u}}(x, y) = f_x(x, y)a + f_y(x, y)b$$
$$= \left[f_x(x, y)\vec{i} + f_y(x, y)\vec{j}\right] \cdot \left[a\vec{i} + b\vec{j}\right]$$
$$= \left[f_x(x, y)\vec{i} + f_y(x, y)\vec{j}\right] \cdot \vec{u}.$$

Le premier vecteur de ce produit scalaire apparaît dans le calcul des dérivées directionnelles et aussi dans plusieurs autres contextes. On appelle ce vecteur le « gradient de f », et on le note grad f ou ∇f (qui se lit « nabla f »).

8 DÉFINITION

Si f est une fonction de deux variables x et y, alors le **gradient** de f est la fonction vectorielle

$$\nabla f(x, y) = \frac{\partial f}{\partial x}\vec{i} + \frac{\partial f}{\partial y}\vec{j}.$$

Dans cette expression, il est sous-entendu que les dérivées partielles sont évaluées en (x, y).

Le vecteur gradient $\nabla f(2, -1)$ de l'exemple 4 est représenté à la figure 6 avec le point initial $(2, -1)$. Le vecteur $\vec{v}$, qui donne la direction de la dérivée directionnelle, est aussi représenté. Ces deux vecteurs sont superposés à un diagramme de courbes de niveau de f.

EXEMPLE 3 Si $f(x, y) = \sin x + e^{xy}$, alors

$$\nabla f(x, y) = f_x\vec{i} + f_y\vec{j} = (\cos x + ye^{xy})\vec{i} + xe^{xy}\vec{j}$$

et
$$\nabla f(0, 1) = 2\vec{i}.$$

Cette notation pour le vecteur gradient permet de réécrire l'expression 7 de la dérivée directionnelle sous la forme

9
$$f_{\vec{u}}(x, y) = \nabla f(x, y) \cdot \vec{u}.$$

Sous cette forme, la dérivée de f dans la direction de $\vec{u}$ est la projection scalaire du vecteur gradient sur $\vec{u}$.

EXEMPLE 4 Calculons la dérivée de la fonction $f(x, y) = x^2y^3 - 4y$ au point $(2, -1)$ dans la direction du vecteur $\vec{v} = 2\vec{i} + 5\vec{j}$.

SOLUTION On détermine d'abord le vecteur gradient en $(2, -1)$:

$$\nabla f(x, y) = 2xy^3\vec{i} + (3x^2y^2 - 4)\vec{j};$$
$$\nabla f(2, -1) = -4\vec{i} + 8\vec{j}.$$

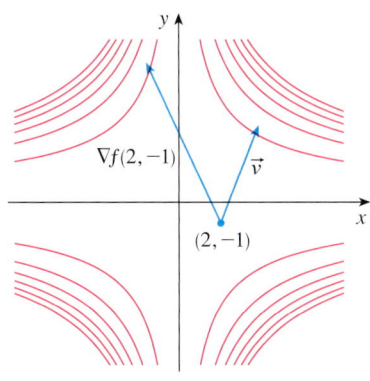

FIGURE 6

On remarque que $\vec{v}$ n'est pas un vecteur unitaire, mais comme $\|\vec{v}\| = \sqrt{29}$, le vecteur unitaire dans la direction de $\vec{v}$ est

$$\vec{u} = \frac{\vec{v}}{\|\vec{v}\|} = \frac{2}{\sqrt{29}}\vec{i} + \frac{5}{\sqrt{29}}\vec{j}.$$

Selon l'équation 9,

$$f_{\vec{u}}(2,-1) = \nabla f(2,-1) \cdot \vec{u} = (-4\vec{i} + 8\vec{j}) \cdot \left(\frac{2}{\sqrt{29}}\vec{i} + \frac{5}{\sqrt{29}}\vec{j}\right)$$

$$= \frac{-4 \cdot 2 + 8 \cdot 5}{\sqrt{29}} = \frac{32}{\sqrt{29}}.$$

LES FONCTIONS DE TROIS VARIABLES OU PLUS

On définit la dérivée directionnelle d'une fonction de trois variables de la même façon que pour les fonctions de deux variables. On interprète $f_{\vec{u}}(x, y, z)$ comme étant le taux de variation de la fonction dans la direction du vecteur unitaire $\vec{u}$.

10 DÉFINITION

La **dérivée directionnelle** de f dans la direction d'un vecteur unitaire $\vec{u} = a\vec{i} + b\vec{j} + c\vec{k}$ en (x_0, y_0, z_0) est

$$f_{\vec{u}}(x_0, y_0, z_0) = \lim_{h \to 0} \frac{f(x_0 + ha, y_0 + hb, z_0 + hc) - f(x_0, y_0, z_0)}{h}$$

si cette limite existe.

La notation vectorielle permet d'écrire les définitions 2 et 10 de la dérivée directionnelle sous la forme compacte

11
$$f_{\vec{u}}(\vec{x}_0) = \lim_{h \to 0} \frac{f(\vec{x}_0 + h\vec{u}) - f(\vec{x}_0)}{h}$$

où $\vec{x}_0 = (x_0, y_0)$ si $n = 2$, $\vec{x}_0 = (x_0, y_0, z_0)$ si $n = 3$ et $\vec{x}_0 = (x_{10}, x_{20}, \ldots, x_{n0})$ en général. Ceci est raisonnable, car l'équation vectorielle de la droite passant par $\vec{x}_0$ dans la direction du vecteur $\vec{u}$ est $\vec{x} = \vec{x}_0 + t\vec{u}$ et $f(\vec{x}_0 + h\vec{u})$ représente la valeur de f en un point de cette droite.

Si $f(x, y, z)$ est différentiable et si $\vec{u} = a\vec{i} + b\vec{j} + c\vec{k}$, on peut, de façon semblable au théorème 3, montrer que

12
$$f_{\vec{u}}(x, y, z) = f_x(x, y, z)a + f_y(x, y, z)b + f_z(x, y, z)c.$$

Le **vecteur gradient**, noté ∇f ou grad f, d'une fonction f de trois variables est

$$\nabla f(x, y, z) = f_x(x, y, z)\vec{i} + f_y(x, y, z)\vec{j} + f_z(x, y, z)\vec{k}$$

ou, en abrégé,

13
$$\nabla f = \frac{\partial f}{\partial x}\vec{i} + \frac{\partial f}{\partial y}\vec{j} + \frac{\partial f}{\partial z}\vec{k}.$$

Comme dans le cas de fonctions de deux variables, on peut réécrire la formule 12 de la dérivée directionnelle sous la forme

14
$$f_{\vec{u}}(x, y, z) = \nabla f(x, y, z) \cdot \vec{u}.$$

EXEMPLE 5 Soit $f(x, y, z) = x \sin yz$. Trouvons : a) le gradient de f et b) la dérivée de f en $(1, 3, 0)$ dans la direction de $\vec{v} = \vec{i} + 2\vec{j} - \vec{k}$.

SOLUTION

a) Le gradient de f est

$$\nabla f(x, y, z) = f_x(x, y, z)\vec{i} + f_y(x, y, z)\vec{j} + f_z(x, y, z)\vec{k}$$
$$= \sin yz\vec{i} + xz \cos yz\vec{j} + \cos yz\vec{k}.$$

b) En $(1, 3, 0)$, on a $\nabla f(1, 3, 0) = 3\vec{k}$. Le vecteur unitaire dans la direction de $\vec{v} = \vec{i} + 2\vec{j} - \vec{k}$ est

$$\vec{u} = \frac{1}{\sqrt{6}}\vec{i} + \frac{2}{\sqrt{6}}\vec{j} - \frac{1}{\sqrt{6}}\vec{k}.$$

Par conséquent, selon l'équation 14,

$$f_{\vec{u}}(1, 3, 0) = \nabla f(1, 3, 0) \cdot \vec{u}$$
$$= 3\vec{k} \cdot \left(\frac{1}{\sqrt{6}}\vec{i} + \frac{2}{\sqrt{6}}\vec{j} - \frac{1}{\sqrt{6}}\vec{k}\right)$$
$$= 3\left(-\frac{1}{\sqrt{6}}\right) = -\sqrt{\frac{3}{2}}.$$

En général, quel que soit n, on a

$$\nabla f = \frac{\partial f}{\partial x_1}\vec{e}_1 + \frac{\partial f}{\partial x_2}\vec{e}_2 + \cdots + \frac{\partial f}{\partial x_n}\vec{e}_n$$

où $\vec{e}_i$ est le vecteur dont toutes les composantes sont nulles, sauf la i-ième, qui est égale à 1. L'ensemble $\{\vec{e}_1, \vec{e}_2, \ldots, \vec{e}_n\}$ forme une base orthonormale de $\mathbb{R}^n$. De plus, si $\|\vec{u}\| = 1$, alors

15
$$f_{\vec{u}}(\vec{x}) = \nabla f(\vec{x}) \cdot \vec{u}.$$

EXEMPLE 6 Soit $f(x_1, x_2, \ldots, x_n) = \sqrt{x_1^2 + x_2^2 + \cdots x_n^2}$. Trouvons le gradient de f.

SOLUTION Pour chaque i, la dérivée de f par rapport à x_i est

$$\frac{\partial f}{\partial x_i} = \frac{1}{2}\frac{2x_i}{\sqrt{x_1^2 + x_2^2 + \cdots x_n^2}}$$

donc,

$$\nabla f = \frac{1}{\sqrt{x_1^2 + x_2^2 + \cdots x_n^2}}(x_1\vec{e}_1 + x_2\vec{e}_2 + \cdots x_n\vec{e}_n).$$

LA MAXIMISATION DE LA DÉRIVÉE DIRECTIONNELLE

Soit f une fonction de deux ou trois variables, dont on considère toutes les dérivées directionnelles possibles en un point donné. Ces dérivées donnent les taux de variation de f dans toutes les directions en ce point. On peut alors se poser les questions suivantes : Dans quelle direction la fonction f varie-t-elle le plus rapidement ? Quel est le taux de variation maximal ? Le théorème suivant permet de répondre à ces questions.

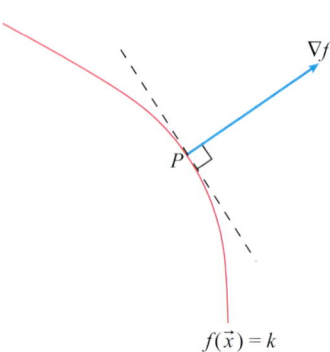

FIGURE 7

> **16** **THÉORÈME**
>
> Soit f une fonction différentiable. La dérivée directionnelle $f_{\vec{u}}(\vec{x})$ est maximale lorsque $\vec{u}$ a la même direction et le même sens que le gradient $\nabla f(\vec{x})$. De plus, le taux de variation maximal de f en $\vec{x}$ est $\|\nabla f(\vec{x})\|$.

DÉMONSTRATION

Puisque $\vec{u}$ est unitaire, l'équation 15 donne

$$f_{\vec{u}} = \nabla f \cdot \vec{u} = \|\nabla f\|\|\vec{u}\|\cos\theta = \|\nabla f\|\cos\theta,$$

où θ est l'angle entre ∇f et $\vec{u}$. Le maximum de $\cos\theta$ est 1 lorsque $\theta = 0$. Par conséquent, le maximum de $f_{\vec{u}}$ est $\|\nabla f\|$ et ce maximum survient quand $\theta = 0$, c'est-à-dire lorsque $\vec{u}$ a la même direction et le même sens que ∇f.

La démonstration du théorème 16 montre en outre que si $\vec{u}$ est perpendiculaire à $\nabla f(\vec{x})$, alors $\cos\theta = \pi/2$ et $f_{\vec{u}}(\vec{x}) = 0$. Cela signifie que f ne varie pas dans la direction perpendiculaire au gradient. Or, les directions selon lesquelles f ne varie pas sont, par définition, celles des courbes de niveau. On conclut que $\nabla f(\vec{x})$ est perpendiculaire à la courbe de niveau passant par le point $\vec{x}$ (voir la figure 7).

EXEMPLE 7

a) Soit $f(x, y) = xe^y$. Calculons le taux de variation de f au point $P(2, 0)$ dans la direction de P à $Q(\frac{1}{2}, 2)$.

b) Dans quelle direction le taux de variation de la fonction f est-il maximal ? Quel est le taux de variation maximal ?

SOLUTION

a) On calcule d'abord le vecteur gradient :

$$\nabla f(x, y) = f_x \vec{i} + f_y \vec{j} = e^y \vec{i} + xe^y \vec{j};$$
$$\nabla f(2, 0) = \vec{i} + 2\vec{j}.$$

Le vecteur unitaire dans la direction de $\overrightarrow{PQ} = -\frac{3}{2}\vec{i} + 2\vec{j}$ est $\vec{u} = -\frac{3}{5}\vec{i} + \frac{4}{5}\vec{j}$. Le taux de variation de f dans la direction de P à Q est donc

$$f_{\vec{u}}(2, 0) = \nabla f(2, 0) \cdot \vec{u} = [\vec{i} + 2\vec{j}] \cdot [-\tfrac{3}{5}\vec{i} + \tfrac{4}{5}\vec{j}]$$
$$= 1(-\tfrac{3}{5}) + 2(\tfrac{4}{5}) = 1.$$

b) Selon le théorème 16, f croît le plus rapidement dans la direction du vecteur gradient $\nabla f(2, 0) = \vec{i} + 2\vec{j}$. Le taux de variation maximal est

$$\|\nabla f(2, 0)\| = \|\vec{i} + 2\vec{j}\| = \sqrt{5}.$$

En (2, 0), la fonction de l'exemple 7 croît le plus rapidement dans la direction du vecteur gradient $\nabla f(2, 0) = \vec{i} + 2\vec{j}$. Selon la figure 8, ce vecteur est perpendiculaire à la courbe de niveau qui passe par (2, 0). La figure 9 montre le graphe de f et le vecteur gradient.

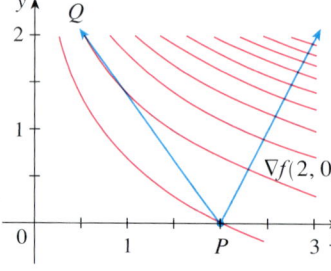

FIGURE 8

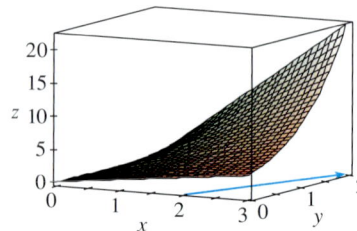

FIGURE 9

EXEMPLE 8 Supposons que la fonction de température au point (x, y, z) dans l'espace est $T(x, y, z) = 80/(1 + x^2 + 2y^2 + 3z^2)$ avec T (en degrés Celsius) et x, y, z (en mètres). Dans quelle direction la température croît-elle le plus rapidement au point $(1, 1, -2)$? Quel est le taux de croissance maximal de la température en ce point ?

SOLUTION Le gradient de T est

$$\nabla T = \frac{\partial T}{\partial x}\vec{i} + \frac{\partial T}{\partial y}\vec{j} + \frac{\partial T}{\partial z}\vec{k}$$

$$= -\frac{160x}{(1 + x^2 + 2y^2 + 3z^2)^2}\vec{i} - \frac{320y}{(1 + x^2 + 2y^2 + 3z^2)^2}\vec{j} - \frac{480z}{(1 + x^2 + 2y^2 + 3z^2)^2}\vec{k}$$

$$= \frac{160}{(1 + x^2 + 2y^2 + 3z^2)^2}\left(-x\vec{i} - 2y\vec{j} - 3z\vec{k}\right).$$

Au point $(1, 1, -2)$, le vecteur gradient est

$$\nabla T(1, 1, -2) = \tfrac{160}{256}(-\vec{i} - 2\vec{j} + 6\vec{k}) = \tfrac{5}{8}(-\vec{i} - 2\vec{j} + 6\vec{k}).$$

Selon le théorème 16, le taux de croissance maximal de la température est dans la direction du vecteur gradient $\nabla T(1, 1, -2) = \tfrac{5}{8}(-\vec{i} - 2\vec{j} + 6\vec{k})$, ou, de façon équivalente, dans la direction de $-\vec{i} - 2\vec{j} + 6\vec{k}$, ou encore dans la direction du vecteur unitaire $(-\vec{i} - 2\vec{j} + 6\vec{k})/\sqrt{41}$. Le taux de croissance maximal est la norme du vecteur gradient :

$$\|\nabla T(1, 1, -2)\| = \tfrac{5}{8}\|-\vec{i} - 2\vec{j} + 6\vec{k}\| = \tfrac{5}{8}\sqrt{41}.$$

Le taux de croissance maximal de la température est donc $\tfrac{5}{8}\sqrt{41} \approx 4$ °C/m.

LES PLANS TANGENTS AUX SURFACES DE NIVEAU

Soit une surface S d'équation $F(x, y, z) = k$, c'est-à-dire une surface de niveau d'une fonction F de trois variables, et $P(x_0, y_0, z_0)$, un point de S.

Comme dans le cas de deux variables, on peut montrer que le gradient de F est perpendiculaire à la surface de niveau passant par P (voir la figure 10). Si $\nabla F(x_0, y_0, z_0) \neq \vec{0}$, il est naturel de définir le **plan tangent à la surface de niveau** $F(x, y, z) = k$ en $P(x_0, y_0, z_0)$ comme étant le plan passant par P et ayant pour vecteur normal $\nabla F(x_0, y_0, z_0)$. L'équation standard d'un plan (voir l'annexe B) permet d'écrire l'équation de ce plan tangent sous la forme

17
$$F_x(x_0, y_0, z_0)(x - x_0) + F_y(x_0, y_0, z_0)(y - y_0) + F_z(x_0, y_0, z_0)(z - z_0) = 0.$$

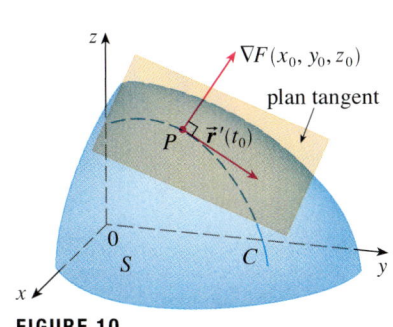

FIGURE 10

La **droite normale** à S en P est la droite passant par P et perpendiculaire au plan tangent. Par conséquent, la direction de la droite normale est donnée par le vecteur gradient $\nabla F(x_0, y_0, z_0)$. Ses équations paramétriques sont donc

18
$$\begin{aligned} x &= x_0 + tF_x(x_0, y_0, z_0) \\ y &= y_0 + tF_y(x_0, y_0, z_0) \qquad t \in \mathbb{R}. \\ z &= z_0 + tF_z(x_0, y_0, z_0) \end{aligned}$$

Dans le cas particulier où l'équation de la surface S est de la forme $z = f(x, y)$ (c'est-à-dire que S est le graphe d'une fonction f de deux variables), on peut réécrire l'équation sous la forme

$$F(x, y, z) = f(x, y) - z = 0$$

et considérer S comme la surface de niveau $k = 0$ de F. Alors,

$$F_x(x_0, y_0, z_0) = f_x(x_0, y_0)$$
$$F_y(x_0, y_0, z_0) = f_y(x_0, y_0)$$
$$F_z(x_0, y_0, z_0) = -1$$

et l'équation 17 devient

$$f_x(x_0, y_0)(x - x_0) + f_y(x_0, y_0)(y - y_0) - (z - z_0) = 0$$

qui est équivalente à l'équation 2 de la section 4.2. Cette nouvelle définition plus générale du plan tangent est cohérente avec la définition donnée dans le cas particulier 4 de la section 4.2.

EXEMPLE 9 Trouvons les équations du plan tangent et de la normale à l'ellipsoïde

$$\frac{x^2}{4} + y^2 + \frac{z^2}{9} = 3$$

au point $(-2, 1, -3)$.

SOLUTION Cet ellipsoïde est la surface de niveau $k = 3$ de la fonction

$$F(x, y, z) = \frac{x^2}{4} + y^2 + \frac{z^2}{9}.$$

On a

$$F_x(x, y, z) = \frac{x}{2} \qquad F_y(x, y, z) = 2y \qquad F_z(x, y, z) = \frac{2z}{9}$$
$$F_x(-2, 1, -3) = -1 \qquad F_y(-2, 1, -3) = 2 \qquad F_z(-2, 1, -3) = -\frac{2}{3}.$$

L'équation 17 donne l'équation du plan tangent en $(-2, 1, -3)$ sous la forme

$$-1(x + 2) + 2(y - 1) - \tfrac{2}{3}(z + 3) = 0$$

ou encore $3x - 6y + 2z + 18 = 0$.

Les équations paramétriques (18) de la droite normale sont

$$\begin{aligned} x &= -2 - t \\ y &= 1 + 2t \qquad t \in \mathbb{R}. \\ z &= -3 - \tfrac{2}{3}t \end{aligned}$$

Les propriétés du gradient que nous avons vues précédemment se généralisent directement au cas général d'une fonction de n variables.

Ces propriétés sont résumées dans l'encadré qui suit.

La figure 11 montre l'ellipsoïde, le plan tangent et la droite normale de l'exemple 9.

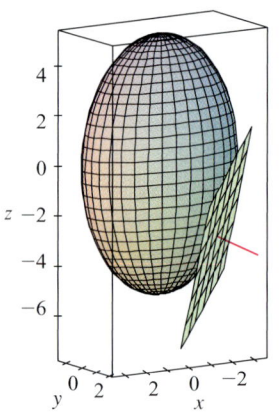

FIGURE 11

Soit f une fonction différentiable de n variables, et $\vec{x}$ un point de $\mathbb{R}^n$. Alors,
- la dérivée directionnelle de f en $\vec{x}$ est maximale dans la direction du gradient $\nabla f(\vec{x})$;
- le taux de variation maximal de f en $\vec{x}$ est $\|\nabla f(\vec{x})\|$;
- la dérivée directionnelle de f en $\vec{x}$ est nulle dans toute direction perpendiculaire au gradient $\nabla f(\vec{x})$;
- le gradient $\nabla f(\vec{x})$ est perpendiculaire à l'ensemble de niveau de f passant par $\vec{x}$.

L'IMPORTANCE DU VECTEUR GRADIENT

Résumons maintenant les propriétés importantes du vecteur gradient. On considère d'abord une fonction f de trois variables et un point $P(x_0, y_0, z_0)$ de son domaine. D'une part, on sait selon le théorème 16 que le vecteur gradient $\nabla f(x_0, y_0, z_0)$ donne la direction de la croissance la plus rapide de f. D'autre part, on sait que le vecteur $\nabla f(x_0, y_0, z_0)$ est orthogonal à la surface de niveau S de f passant par P (voir la figure 10). Intuitivement, ces deux propriétés sont compatibles, car lorsqu'on s'éloigne de P sur la surface de niveau S, la valeur de f ne change pas. Il semble donc raisonnable que si on se déplace dans la direction perpendiculaire, on obtient la croissance maximale.

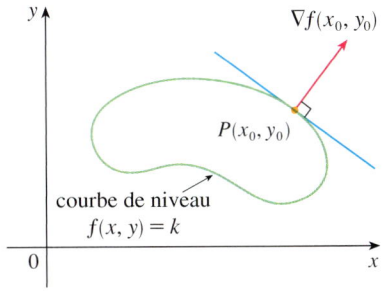

FIGURE 12

De la même façon, considérons une fonction f de deux variables et un point $P(x_0, y_0)$ de son domaine. Là encore, le vecteur gradient $\nabla f(x_0, y_0)$ donne la direction de la croissance la plus rapide de f. De plus, pour des raisons semblables à celles présentées dans notre discussion sur les plans tangents, on peut montrer que $\nabla f(x_0, y_0)$ est perpendiculaire à la courbe de niveau $f(x, y) = k$ passant par P. Encore une fois, cela est plausible intuitivement, car les valeurs de f demeurent constantes quand on se déplace le long de la courbe (voir la figure 12).

Si on considère une carte topographique d'une colline et qu'on pose $f(x, y)$ pour représenter l'altitude au-dessus du niveau de la mer en un point dont les coordonnées sont (x, y), alors on peut tracer la courbe de plus forte pente comme dans la figure 12 en la traçant de façon perpendiculaire à toutes les courbes de niveau. On peut aussi observer ce phénomène dans la figure 13, où la rivière Lonesome Creek suit la courbe de plus forte pente.

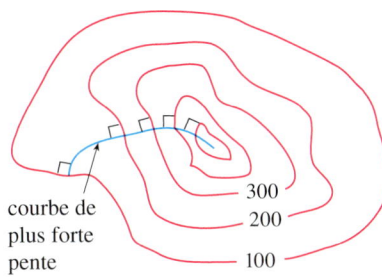

FIGURE 13

Les logiciels de calcul symbolique ont des fonctions qui permettent de tracer des exemples de vecteurs gradients. Chaque vecteur gradient $\nabla f(a, b)$ est tracé à partir du point (a, b). La figure 14 montre un tel schéma (appelé un champ de vecteurs gradients) pour la fonction $f(x, y) = x^2 - y^2$, superposé aux courbes de niveau de f. Comme prévu, les vecteurs gradients pointent « dans la direction de montée » et sont perpendiculaires aux courbes de niveau.

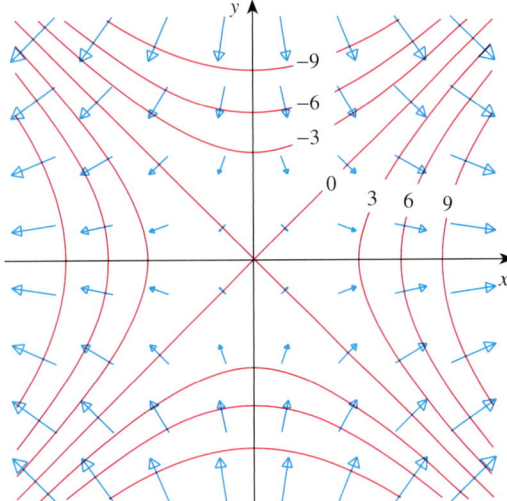

FIGURE 14

Exercices 4.4

1. La figure ci-dessous montre les courbes de niveau de la pression atmosphérique de l'Iowa, en millibars (mb) à 6 h le 10 novembre 1998. Une dépression de 972 mb se déplace sur le nord-est. La distance le long du segment de droite en rouge de K (Kearney, au Nebraska) à S (Sioux City, en Iowa) est de 300 km. Estimez la valeur de la dérivée de la fonction de pression à Kearney dans la direction de Sioux City. Quelles sont les unités de la dérivée dans cette direction?

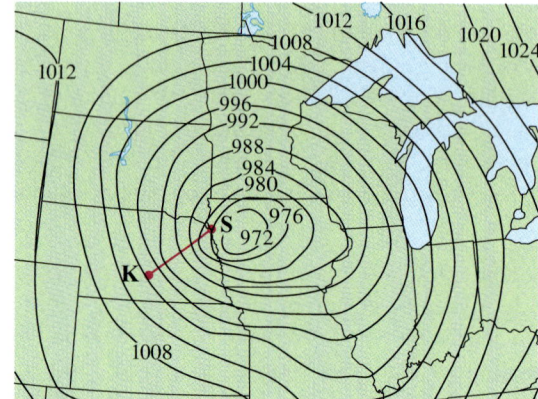

2. Le diagramme de courbes de niveau montre la température maximale moyenne durant le mois de novembre 2004 (en degrés Celsius). Estimez la valeur de la dérivée de cette fonction de température à Dubbo, dans l'État de la Nouvelle-Galles du Sud, dans la direction de Sydney. Quelles sont les unités de cette dérivée?

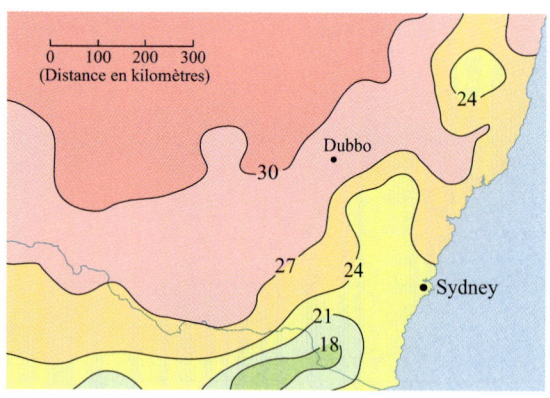

3. Un tableau de valeurs de l'indice de refroidissement éolien $E = f(T, v)$ est donné à la question 3 des exercices 4.1 (p. 156). Utilisez ce tableau pour estimer la valeur de $f_{\vec{u}}(-20, 30)$, où $\vec{u} = (\vec{i} + \vec{j})/\sqrt{2}$.

4-6 Trouvez la dérivée de f au point indiqué dans la direction donnée par l'angle θ.

4. $f(x, y) = x^2 y^3 - y^4$, $(2, 1)$, $\theta = \pi/4$

5. $f(x, y) = ye^{-x}$, $(0, 4)$, $\theta = 2\pi/3$

6. $f(x, y) = x \sin(xy)$, $(2, 0)$, $\theta = \pi/3$

7-10
a) Trouvez le gradient de f.
b) Évaluez le gradient au point P.
c) Trouvez le taux de variation de f en P dans la direction du vecteur $\vec{u}$.

7. $f(x, y) = \sin(2x + 3y)$, $P(-6, 4)$, $\vec{u} = \frac{1}{2}(\sqrt{3}\vec{i} - \vec{j})$

8. $f(x, y) = y^2/x$, $P(1, 2)$, $\vec{u} = \frac{1}{3}(2\vec{i} + \sqrt{5}\vec{j})$

9. $f(x, y, z) = xe^{2yz}$, $P(3, 0, 2)$, $\vec{u} = \frac{2}{3}\vec{i} - \frac{2}{3}\vec{j} + \frac{1}{3}\vec{k}$

10. $f(x, y, z) = \sqrt{x + yz}$, $P(1, 3, 1)$, $\vec{u} = \frac{2}{7}\vec{i} + \frac{3}{7}\vec{j} + \frac{6}{7}\vec{k}$

11-17 Trouvez la dérivée de la fonction au point donné dans la direction du vecteur $\vec{v}$.

11. $f(x, y) = 1 + 2x\sqrt{y}$, $(3, 4)$, $\vec{v} = 4\vec{i} - 3\vec{j}$

12. $f(x, y) = \ln(x^2 + y^2)$, $(2, 1)$, $\vec{v} = -\vec{i} + 2\vec{j}$

13. $g(p, q) = p^4 - p^2 q^3$, $(2, 1)$, $\vec{v} = \vec{i} + 3\vec{j}$

14. $g(r, s) = \arctan(rs)$, $(1, 2)$, $\vec{v} = 5\vec{i} + 10\vec{j}$

15. $f(x, y, z) = xe^y + ye^z + ze^x$, $(0, 0, 0)$, $\vec{v} = 5\vec{i} + \vec{j} - 2\vec{k}$

16. $f(x, y, z) = \sqrt{xyz}$, $(3, 2, 6)$, $\vec{v} = -\vec{i} - 2\vec{j} + 2\vec{k}$

17. $g(x, y, z) = (x + 2y + 3z)^{3/2}$, $(1, 1, 2)$, $\vec{v} = 2\vec{j} - \vec{k}$

18. Utilisez la figure pour estimer $f_{\vec{u}}(2, 2)$.

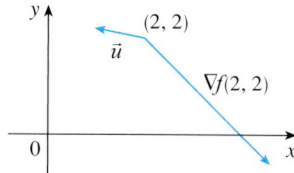

19. Trouvez la dérivée de $f(x, y) = \sqrt{xy}$ en $P(2, 8)$ dans la direction de $Q(5, 4)$.

20. Trouvez la dérivée de $f(x, y, z) = xy + yz + zx$ en $P(1, -1, 3)$ dans la direction de $Q(2, 4, 5)$.

21-26 Trouvez le taux de variation maximal de f au point donné, puis indiquez dans quelle direction le taux de variation est maximal.

21. $f(x, y) = y^2/x$, $(2, 4)$

22. $f(p, q) = qe^{-p} + pe^{-q}$, $(0, 0)$

23. $f(x, y) = \sin(xy)$, $(1, 0)$

24. $f(x, y, z) = (x + y)/z$, $(1, 1, -1)$

25. $f(x, y, z) = \sqrt{x^2 + y^2 + z^2}$, $(3, 6, -2)$

26. $f(x, y, z) = \tan(x + 2y + 3z)$, $(-5, 1, 1)$

27. a) Montrez qu'en un point $\vec{x}$, une fonction différentiable f décroît le plus rapidement dans le sens opposé au vecteur gradient, c'est-à-dire dans la direction de $-\nabla f(\vec{x})$.

b) Utilisez le résultat obtenu en a) pour trouver la direction dans laquelle la fonction $f(x, y) = x^4 y - x^2 y^3$ décroît le plus rapidement au point $(2, -3)$.

28. Montrez que $f_{\vec{u}}(\vec{x}) = -f_{-\vec{u}}(\vec{x})$, quels que soient $\vec{x}$ et $\vec{u}$.

29. Montrez que si $f_{\vec{u}}(\vec{x}) = f_{-\vec{u}}(\vec{x})$ pour tout $\vec{u}$, alors $\nabla f(\vec{x}) = \vec{0}$.

30. Trouvez les directions selon lesquelles la dérivée de $f(x, y) = ye^{-xy}$ au point $(0, 2)$ vaut 1.

31. Trouvez tous les points auxquels la direction de la variation maximale de la fonction $f(x, y) = x^2 + y^2 - 2x - 4y$ est $\vec{i} + \vec{j}$.

32. Près d'une bouée, la profondeur d'un lac au point de coordonnées (x, y) est $z = 200 + 0{,}02x^2 - 0{,}001y^3$, où x, y et z sont exprimées en mètres. Conduisant une barque, un pêcheur part du point $(80, 60)$ et se dirige vers la bouée, située en $(0, 0)$. L'eau sous la barque devient-elle plus profonde ou moins profonde au moment de son départ? Expliquez votre réponse.

33. La température T à l'intérieur d'une boule métallique est inversement proportionnelle à la distance du centre, pris pour origine, de la boule. La température au point $(1, 2, 2)$ est de 120 °C.
a) Trouvez le taux de variation de T en $(1, 2, 2)$ dans la direction du point $Q(2, 1, 3)$.
b) Montrez qu'en tout point dans la boule, la direction de l'accroissement maximal de la température est donnée par un vecteur qui pointe vers l'origine.

34. La température en un point (x, y, z) est donnée par
$$T(x, y, z) = 200e^{-x^2 - 3y^2 - 9z^2}$$
où la température T est exprimée en degrés Celsius et x, y, z sont en mètres.
a) Trouvez le taux de variation de la température au point $P(2, -1, 2)$ dans la direction du point $(3, -3, 3)$.
b) Dans quelle direction la température croît-elle le plus rapidement en P?
c) Calculez le taux de croissance maximal de la température en P.

35. Soit $V(x, y, z) = 5x^2 - 3xy + xyz$ l'expression du potentiel électrique V dans une certaine région de l'espace.
a) Trouvez le taux de variation du potentiel en $P(3, 4, 5)$ dans la direction du vecteur $\vec{v} = \vec{i} + \vec{j} - \vec{k}$.
b) Dans quelle direction V varie-t-il le plus rapidement en P?
c) Calculez le taux de variation maximal de V en P.

36. Supposez que vous grimpez une colline dont la forme est donnée par l'équation $z = 1000 - 0{,}005x^2 - 0{,}01y^2$, où x, y et z sont exprimées en mètres, et que vous êtes au point de coordonnées $(60, 40, 966)$. L'axe des x positifs pointe vers l'est, et celui des y positifs pointe vers le nord.
a) Si vous marchez droit vers le sud, commencerez-vous par monter ou descendre? Selon quelle pente?
b) Si vous marchez vers le nord-ouest, commencerez-vous par monter ou descendre? Selon quelle pente?
c) Dans quelle direction la pente est-elle maximale? Calculez la pente dans cette direction. Quel est l'angle par rapport à l'horizontale que fait le chemin dans la direction de pente maximale?

37. Supposez qu'une fonction f de deux variables possède des dérivées partielles continues et considérez les points $A(1, 3)$, $B(3, 3)$, $C(1, 7)$ et $D(6, 15)$. La dérivée de f en A dans la direction du vecteur $\overrightarrow{AB}$ est 3, et la dérivée en A dans la direction de $\overrightarrow{AC}$ est 26. Calculez la dérivée de f en A dans la direction du vecteur $\overrightarrow{AD}$.

38. La dérivée directionnelle de $f(x, y, z)$ en P est maximale dans la direction du vecteur $\vec{v} = \vec{i} + \vec{j} - \vec{k}$ et dans cette direction le taux de variation de f est de $2\sqrt{3}$.
a) Déterminez $\nabla f(P)$.
b) Calculez la dérivée de f en P dans la direction de $\vec{w} = \vec{i} + \vec{j}$.

39. La figure ci-dessous montre des courbes de niveau d'une fonction f. Quel est le signe de chacune des dérivées suivantes?

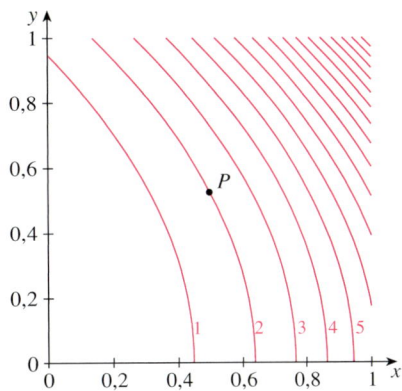

a) $f_{\vec{i}}(P)$ b) $f_{\vec{j}}(P)$
c) $f_{\vec{i}+\vec{j}}(P)$ d) $f_{\vec{i}-\vec{j}}(P)$
e) $f_{\vec{j}-\vec{i}}(P)$ f) $f_{-\vec{i}-\vec{j}}(P)$

40. Existe-t-il une fonction $f(x, y)$ telle que $f_x(a, b) = f_y(a, b) = 0$, mais $f_{\vec{u}}(a, b) \neq 0$ pour $\vec{u} = \vec{i} + \vec{j}$?

41. Soit f une fonction de deux variables dont les valeurs sont données dans le tableau ci-dessous.

y \ x	–1	0	1
0	3	4	6
1	2	3	5
2	1	2	3

a) Laquelle des expressions suivantes est approximée par
$$\frac{f(1, 2) - f(0, 1)}{\sqrt{2}}?$$

$f_{xy}(0, 1)$ $f_{\vec{i}+\vec{j}}(0, 1)$ $\nabla f(0, 1)$ $f_{\vec{i}}(0, 1)$ $f_{\vec{j}}(0, 1)$

b) Calculez l'approximation de l'expression en a).

42. Sur le diagramme de courbes de niveau ci-dessous, tracez la courbe de plus forte pente descendante à partir du point Q et la courbe de plus forte pente ascendante à partir du point R. Selon le diagramme, est-ce que le point P est un minimum, un maximum ou un point de selle ?

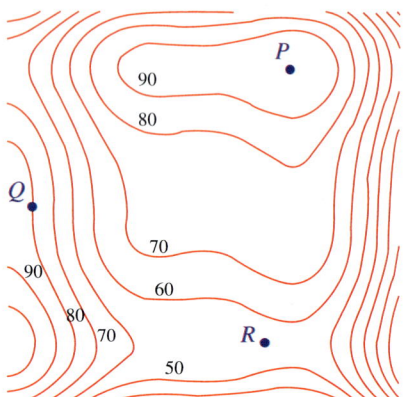

43. Si $F(x, y) = f(x) + g(y)$, calculez $\nabla F(x, y)$ en fonction des dérivées de f et de g.

44. Est-il possible que $f_{\vec{u}}(x, y) = x$ pour tout vecteur unitaire $\vec{u}$ et tout point (x, y) ? Si oui, trouvez une fonction f ayant cette propriété.

45. Démontrez les propriétés suivantes de l'opérateur gradient. Supposez que u et v sont des fonctions différentiables de x et de y, et que a et b sont des constantes.
a) $\nabla(au + bv) = a\nabla u + b\nabla v$
b) $\nabla(uv) = u\nabla v + v\nabla u$
c) $\nabla\left(\dfrac{u}{v}\right) = \dfrac{v\nabla u - u\nabla v}{v^2}$
d) $\nabla u^n = nu^{n-1}\nabla u$

46. Esquissez le vecteur gradient $\nabla f(4, 6)$ de la fonction f dont les courbes de niveau sont illustrées. Expliquez comment vous avez choisi la direction et la norme de ce vecteur.

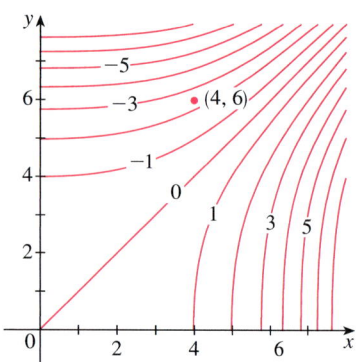

47. La **dérivée directionnelle seconde** de $f(x, y)$ est
$$D_u^2 f(x, y) = D_u[D_u f(x, y)]$$
Si $f(x, y) = x^3 + 5x^2 y + y^3$ et $\vec{u} = \dfrac{3}{5}\vec{i} + \dfrac{4}{5}\vec{j}$, calculez $D_u^2 f(2,1)$.

48. a) Si $\vec{u} = a\vec{i} + b\vec{j}$ est un vecteur unitaire et f a des dérivées partielles secondes continues, montrez que
$$D_u^2 f = f_{xx} a^2 + 2 f_{xy} ab + f_{yy} b^2.$$
b) Trouvez la dérivée directionnelle seconde de $f(x, y) = xe^{2y}$ dans la direction de $\vec{v} = 4\vec{i} + 6\vec{j}$.

49-54 Trouvez les équations : a) du plan tangent et b) de la droite normale à la surface donnée au point spécifié.

49. $2(x-2)^2 + (y-1)^2 + (z-3)^2 = 10$, $(3, 3, 5)$

50. $x = y^2 + z^2 + 1$, $(3, 1, -1)$

51. $xy^2 z^3 = 8$, $(2, 2, 1)$

52. $xy + yz + zx = 5$, $(1, 2, 1)$

53. $x + y + z = e^{xyz}$, $(0, 0, 1)$

54. $x^4 + y^4 + z^4 = 3x^2 y^2 z^2$, $(1, 1, 1)$

55-56 À l'aide d'un ordinateur, représentez graphiquement la surface, le plan tangent et la droite normale sur le même graphique. Déterminez soigneusement le domaine pour éviter les plans verticaux superflus. Choisissez un point de vue qui offre une bonne vue des trois objets.

55. $xy + yz + zx = 3$, $(1, 1, 1)$

56. $xyz = 6$, $(1, 2, 3)$

57. Soit $f(x, y) = xy$. Calculez le vecteur gradient $\nabla f(3, 2)$ et utilisez-le pour trouver la droite tangente à la courbe de niveau $f(x, y) = 6$ au point $(3, 2)$. Esquissez la courbe de niveau, la droite tangente et le vecteur gradient.

58. Soit $g(x, y) = x^2 + y^2 - 4x$. Calculez le vecteur gradient $\nabla g(1, 2)$ et utilisez-le pour trouver la droite tangente à la courbe de niveau $g(x, y) = 1$ au point $(1, 2)$. Esquissez la courbe de niveau, la droite tangente et le vecteur gradient.

59. Montrez que l'équation du plan tangent à l'ellipsoïde $\dfrac{x^2}{a^2} + \dfrac{y^2}{b^2} + \dfrac{z^2}{c^2} = 1$ au point (x_0, y_0, z_0) peut s'écrire sous la forme
$$\dfrac{xx_0}{a^2} + \dfrac{yy_0}{b^2} + \dfrac{zz_0}{c^2} = 1.$$

60. Trouvez l'équation du plan tangent à l'hyperboloïde $x^2/a^2 + y^2/b^2 - z^2/c^2 = 1$ au point (x_0, y_0, z_0) et exprimez la réponse sous une forme similaire à celle de l'exercice 59.

61. Montrez que l'équation du plan tangent au paraboloïde elliptique $\dfrac{z}{c} = \dfrac{x^2}{a^2} + \dfrac{y^2}{b^2}$ au point (x_0, y_0, z_0) peut s'écrire sous la forme
$$\dfrac{2xx_0}{a^2} + \dfrac{2yy_0}{b^2} = \dfrac{z + z_0}{c}.$$

62. Montrez que l'ellipsoïde $3x^2 + 2y^2 + z^2 = 9$ et la sphère $x^2 + y^2 + z^2 - 8x - 6y - 8z + 24 = 0$ sont tangents l'un à l'autre au point (1, 1, 2). (Cela signifie qu'ils ont un plan tangent commun en ce point.)

63. Montrez que tout plan tangent au cône $x^2 + y^2 = z^2$ passe par l'origine.

64. Montrez que toute droite normale à la sphère $x^2 + y^2 + z^2 = r^2$ passe par le centre de la sphère.

65. En quel point la droite normale au paraboloïde $z = x^2 + y^2$ au point (1, 1, 2) intersecte-t-elle le paraboloïde une seconde fois ?

66. En quels points la droite normale passant par le point (1, 2, 1) de l'ellipsoïde $4x^2 + y^2 + 4z^2 = 12$ intersecte-t-elle la sphère $x^2 + y^2 + z^2 = 102$?

67. Montrez que la somme des intersections avec les axes de coordonnées de tout plan tangent à la surface $\sqrt{x} + \sqrt{y} + \sqrt{z} = \sqrt{c}$ est constante. Ici, c est une constante fixée.

68. Démontrez que les pyramides définies dans le premier octant par tout plan tangent à la surface $xyz = 1$ et calculé en des points du premier octant ont toutes le même volume.

69. Trouvez les équations paramétriques de la droite tangente à la courbe d'intersection du paraboloïde $z = x^2 + y^2$ avec l'ellipsoïde $4x^2 + y^2 + z^2 = 9$ au point $(-1, 1, 2)$.

70. a) Le plan $y + z = 3$ coupe le cylindre $x^2 + y^2 = 5$ selon une ellipse. Trouvez les équations paramétriques de la droite tangente à cette ellipse au point (1, 2, 1).
b) Représentez graphiquement le cylindre, le plan et la droite tangente sur le même graphique.

71. En quel point l'hélice $\vec{r}(t) = \cos \pi t \vec{i} + \sin \pi t \vec{j} + t\vec{k}$ intersecte-t-elle le paraboloïde $z = x^2 + y^2$? Quel est l'angle d'intersection entre l'hélice et le paraboloïde ? (Il s'agit de l'angle formé par le vecteur tangent à la courbe et le plan tangent au paraboloïde.)

72. L'hélice $\vec{r}(t) = \cos(\pi t/2)\vec{i} + \sin(\pi t/2)\vec{j} + t\vec{k}$ intersecte la sphère $x^2 + y^2 + z^2 = 2$ en deux points. Trouvez l'angle d'intersection en chaque point.

73. a) Deux surfaces sont dites **orthogonales** en un point d'intersection si leurs droites normales sont perpendiculaires en ce point. Montrez que les surfaces d'équations $F(x, y, z) = 0$ et $G(x, y, z) = 0$ sont orthogonales en un point P où $\nabla F \neq \vec{0}$ et $\nabla G \neq \vec{0}$ si et seulement si

$$F_x G_x + F_y G_y + F_z G_z = 0 \text{ en } P.$$

b) Utilisez la partie a) pour montrer que les surfaces $z^2 = x^2 + y^2$ et $x^2 + y^2 + z^2 = r^2$ sont orthogonales en tout point d'intersection. Voyez-vous pourquoi cet énoncé est vrai sans faire de calculs ?

74. a) Montrez que la fonction $f(x, y) = \sqrt[3]{xy}$ est continue et que les dérivées partielles f_x et f_y existent à l'origine, mais que les dérivées directionnelles dans toutes les autres directions n'existent pas.
b) Tracez le graphe de f près de l'origine et expliquez pourquoi ce graphe confirme la partie a).

75. Supposez que les dérivées directionnelles de $f(x, y)$ sont connues en un point donné dans deux directions non parallèles données par les vecteurs unitaires $\vec{u}$ et $\vec{v}$. Est-il possible de trouver ∇f en ce point ? Si oui, comment pouvez-vous y arriver ?

76. Montrez que si $z = f(x, y)$ est différentiable en $\vec{x}_0 = (x_0, y_0)$, alors

$$\lim_{\vec{x} \to \vec{x}_0} \frac{f(\vec{x}) - f(\vec{x}_0) - \nabla f(\vec{x}_0) \cdot (\vec{x} - \vec{x}_0)}{\|\vec{x} - \vec{x}_0\|} = 0.$$

(*Suggestion*: Utilisez directement la définition 7 de la section 4.2.)

4.5 LES APPROXIMATIONS DE TAYLOR EN DEUX VARIABLES

Nous avons vu au chapitre 2 comment approximer une fonction f d'une variable proche d'un point a par des polynômes de Taylor de degrés 1 et 2 donnés par les expressions suivantes :

$$f(x) \approx L(x) = f(a) + f'(a)(x - a)$$

$$f(x) \approx Q(x) = f(a) + f'(a)(x - a) + \frac{1}{2!}f''(a)(x - a)^2.$$

Nous allons construire des approximations polynomiales semblables pour une fonction f de deux variables.

Considérons une fonction $f(x, y)$, un point $P(a, b)$ du plan et un vecteur $\vec{u} = h\vec{i} + k\vec{j}$. On se rappelle que les équations paramétriques de la droite déterminée par P et $\vec{u}$ sont

1
$$\begin{aligned} x &= a + th \\ y &= b + tk \end{aligned} \quad t \in \mathbb{R}.$$

De plus, on remarque que si $t = 0$, alors $(x, y) = (a, b)$. On considère maintenant la fonction

2
$$g(t) = f(x, y) = f(a + th, b + tk)$$

qui donne les valeurs de f le long de cette droite. Les premiers termes du développement de Taylor de g en $t = 0$ sont

3
$$g(t) = g(0) + g'(0)t + \frac{1}{2!}g''(0)t^2 + \cdots.$$

En utilisant la règle de dérivation en chaîne de la section 4.3, on obtient

4
$$g'(t) = \frac{dg}{dt} = \frac{\partial f}{\partial x}\frac{dx}{dt} + \frac{\partial f}{\partial y}\frac{dy}{dt} = f_x h + f_y k$$

$$g''(t) = \frac{d^2 g}{dt^2} = \frac{d}{dt}\left(\frac{\partial f}{\partial x}\frac{dx}{dt} + \frac{\partial f}{\partial y}\frac{dy}{dt}\right)$$

5
$$= \frac{d}{dt}\left(\frac{\partial f}{\partial x}\right)\frac{dx}{dt} + \frac{\partial f}{\partial x}\frac{d^2 x}{dt^2} + \frac{d}{dt}\left(\frac{\partial f}{\partial y}\right)\frac{dy}{dt} + \frac{\partial f}{\partial y}\frac{d^2 y}{dt^2}$$

$$= \frac{d}{dt}\left(\frac{\partial f}{\partial x}\right)\frac{dx}{dt} + \frac{d}{dt}\left(\frac{\partial f}{\partial y}\right)\frac{dy}{dt}$$

car $d^2x/dt^2 = d^2y/dt^2 = 0$. De plus,

6
$$\frac{d}{dt}\left(\frac{\partial f}{\partial x}\right) = \frac{\partial}{\partial x}\left(\frac{\partial f}{\partial x}\right)\frac{dx}{dt} + \frac{\partial}{\partial y}\left(\frac{\partial f}{\partial x}\right)\frac{dy}{dt} = \frac{\partial^2 f}{\partial x^2}h + \frac{\partial f^2}{\partial y \partial x}k = f_{xx}h + f_{xy}k$$

et, de façon semblable,

7
$$\frac{d}{dt}\left(\frac{\partial f}{\partial y}\right) = f_{yx}h + f_{yy}k.$$

Si les dérivées mixtes f_{xy} et f_{yx} sont continues, elles sont égales en vertu du théorème de Clairaut, et en substituant les expressions 6 et 7 dans l'équation 5, on obtient

8
$$g''(t) = (f_{xx}h + f_{xy}k)h + (f_{yx}h + f_{yy}k)k = f_{xx}h^2 + 2f_{xy}hk + f_{yy}k^2.$$

En évaluant les expressions 4 et 8 en $t = 0$, on trouve

9
$$g'(0) = f_x(a, b)h + f_y(a, b)k$$

10
$$g''(0) = f_{xx}(a, b)h^2 + 2f_{xy}(a, b)hk + f_{yy}(a, b)k^2.$$

En posant $t = 1$ dans l'équation 2, puis en substituant 9 et 10 dans l'équation 3, on trouve le développement de Taylor de f autour du point (a, b)

$$f(a+h, b+k) = f(a,b) + f_x(a,b)h + f_y(a,b)k + \frac{1}{2!}f_{xx}(a,b)h^2$$
$$+ f_{xy}(a,b)hk + \frac{1}{2!}f_{yy}(a,b)k^2 + \cdots.$$

N'importe quel point (x, y) proche de (a, b) peut s'écrire $(x, y) = (a+h, b+k)$ pour certains h et k. De plus, selon les équations 1, $h = x - a$ et $k = y - b$. Cela permet d'écrire les polynômes de Taylor de degré 1 (linéaire) et de degré 2 (quadratique) de f autour de (a, b).

SECTION 4.5 LES APPROXIMATIONS DE TAYLOR EN DEUX VARIABLES

POLYNÔME DE TAYLOR DE DEGRÉ 1 DE f EN (a, b)

$$L(x, y) = f(a, b) + f_x(a, b)(x - a) + f_y(a, b)(y - b)$$

POLYNÔME DE TAYLOR DE DEGRÉ 2 DE f EN (a, b)

$$Q(x, y) = f(a, b) + f_x(a, b)(x - a) + f_y(a, b)(y - b)$$
$$+ \frac{1}{2!} f_{xx}(a, b)(x - a)^2 + f_{xy}(a, b)(x - a)(y - b) + \frac{1}{2!} f_{yy}(a, b)(y - b)^2$$

On note que le polynôme $L(x, y)$ ci-dessus est celui de la linéarisation locale à la section 4.2.

EXEMPLE 1 Calculons les polynômes de Taylor de degrés 1 et 2 de $f(x, y) = x^2 + xy$ en $(1, 2)$.

SOLUTION Les dérivées partielles de f sont

$$f_x = 2x + y \quad f_y = x \quad f_{xx} = 2 \quad f_{xy} = 1 \quad f_{yy} = 0.$$

En $(0, 0)$, on a

$$f(1, 2) = 3 \quad f_x(1, 2) = 4 \quad f_y(1, 2) = 1 \quad f_{xx}(1, 2) = 2 \quad f_{xy}(1, 2) = 1 \quad f_{yy}(1, 2) = 0.$$

Les polynômes sont

$$L(x, y) = 3 + 4(x - 1) + 1 \cdot (y - 2)$$

$$Q(x, y) = 3 + 4(x - 1) + 1 \cdot (y - 2) + \frac{2}{2!}(x - 1)^2 + 1 \cdot (x - 1)(y - 2) + \frac{0}{2!}(y - 2)^2$$
$$= 3 + 4(x - 1) + (y - 2) + (x - 1)^2 + (x - 1)(y - 2) = x^2 + xy.$$

On remarque que $Q(x, y)$ est égal à f puisque cette fonction est un polynôme de degré 2.

EXEMPLE 2 Calculons les polynômes de Taylor linéaire et quadratique de $f(x, y) = e^{x-y}$ en $(0, 0)$.

SOLUTION Les dérivées partielles de f sont

$$f_x = e^{x-y} \quad f_y = -e^{x-y} \quad f_{xx} = e^{x-y} \quad f_{xy} = -e^{x-y} \quad f_{yy} = e^{x-y}.$$

En $(0, 0)$, on a

$$f(0, 0) = 1 \quad f_x(0, 0) = 1 \quad f_y(0, 0) = -1 \quad f_{xx}(0, 0) = 1 \quad f_{xy}(0, 0) = -1 \quad f_{yy}(0, 0) = 1.$$

Les polynômes sont

$$L(x, y) = 1 + (x - 0) - (y - 0) = 1 + x - y$$

$$Q(x, y) = 1 + (x - 0) - (y - 0) + \frac{1}{2!}(x - 0)^2 - xy + \frac{1}{2!}(y - 0)^2 = 1 + x - y + \frac{x^2}{2} - xy + \frac{y^2}{2}.$$

EXEMPLE 3 Calculons les polynômes de Taylor de degrés 1 et 2 de $f(x, y) = \sin(xy)$ en $(0, 0)$.

SOLUTION Les dérivées partielles de f sont

$$f_x = y\cos(xy) \quad f_y = x\cos(xy) \quad f_{xx} = -y^2\sin(xy) \quad f_{xy} = \cos(xy) - xy\sin(xy)$$
$$f_{yy} = -x^2\sin(xy).$$

En $(0, 0)$, on a

$$f(0,0) = 0 \quad f_x(0,0) = 0 \quad f_y(0,0) = 0 \quad f_{xx}(0,0) = 0 \quad f_{xy}(0,0) = 1 \quad f_{yy}(0,0) = 0.$$

Les polynômes sont $L(x, y) = 0$ et $Q(x, y) = xy$.

L'ERREUR D'APPROXIMATION

On peut utiliser les approximations linéaire et quadratique L et Q pour estimer f autour du point (a, b). Pour pouvoir juger de la qualité de l'approximation, il est nécessaire de calculer une borne sur l'erreur, comme pour les approximations de Taylor en une variable (voir le chapitre 2).

On considère d'abord l'approximation linéaire de f. L'erreur est définie par

$$E_L(x, y) = f(x, y) - L(x, y).$$

On exprime E_L à partir de la fonction $g(t)$ définie par l'équation 2. Comme nous l'avons vu au chapitre 2, pour des valeurs de t proches de 0, on peut écrire

$$g(t) = g(0) + g'(0)t + \frac{g''(t^*)}{2!}t^2$$

où $t^* \in [0, t]$. Si $x = a + th$ et $y = b + tk$, alors

11 $\quad E_L(x, y) = f(a + th, b + tk) - L(a + th, b + tk) = g(t) - [g(0) + g'(0)t] = \dfrac{g''(t^*)}{2!}t^2.$

N'importe quel point (x, y) proche de (a, b) s'écrit $(x, y) = (a + h, y + k)$ pour certains h et k. On pose donc $t = 1$ dans l'équation 11. En prenant la valeur absolue de chaque membre et en substituant la valeur de $g''(t)$ donnée par l'équation 5, on obtient, en utilisant l'inégalité du triangle,

$$\begin{aligned}
|E_L(x, y)| &= \left|\frac{g''(t^*)}{2!}\right| \\
&= \left|\frac{h^2 f_{xx}(a + t^*h, b + t^*k) + 2hk f_{xy}(a + t^*h, b + t^*k) + k^2 f_{xx}(a + t^*h, b + t^*k)}{2!}\right| \\
&\leq \frac{|h|^2 \left|f_{xx}(a + t^*h, b + t^*k)\right| + 2|h||k|\left|f_{xy}(a + t^*h, b + t^*k)\right| + |k|^2 \left|f_{xx}(a + t^*h, b + t^*k)\right|}{2!}.
\end{aligned}$$

Soit $d = \sqrt{h^2 + k^2}$ et soit M_L un nombre tel que, pour tous les points (x, y) sur le disque $B_d(a, b)$ de rayon d et centré en (a, b),

$$M_L \geq \max\left\{\left|f_{xx}(x, y)\right|, \left|f_{xy}(x, y)\right|, \left|f_{yy}(x, y)\right|\right\}.$$

Puisque $t^* \in [0, 1]$, le point $(a + t^*h, b + t^*k)$ est à l'intérieur de $B_d(a, b)$ donc

$$|E_L(x,y)| \leq \frac{|h|^2 M_L + 2|h||k| M_L + |k|^2 M_L}{2!}$$
$$= \frac{(|h|^2 + 2|h||k| + |k|^2) M_L}{2!}$$
$$= \frac{(|h| + |k|)^2 M_L}{2}$$
$$\leq \frac{2(|h|^2 + |k|^2) M_L}{2}$$
$$= M_L d^2.$$

À la quatrième ligne, nous avons utilisé l'inégalité suivante : $|h| + |k| \leq \sqrt{2}\sqrt{|h|^2 + |k|^2}$.

Cette borne sur l'erreur est valable pour tout point (x, y) à l'intérieur du disque (voir la figure 1)
$$B_d(a, b) = \left\{ (x, y) \,\middle|\, (x-a)^2 + (y-b)^2 \leq d \right\}.$$

Nous avons démontré le théorème suivant.

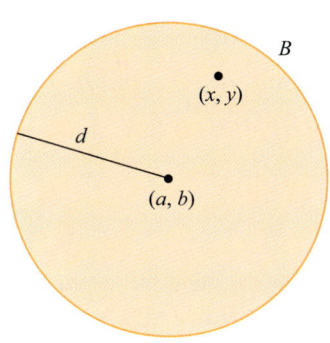

FIGURE 1

12 THÉORÈME

Soit $E_L = f(x, y) - L(x, y)$ l'erreur d'approximation de f par son polynôme de Taylor de degré 1 en (a, b), et soit M_L satisfaisant à
$$M_L \geq \max\left\{ |f_{xx}(x,y)|, |f_{xy}(x,y)|, |f_{yy}(x,y)| \right\}$$
pour $(x, y) \in B_d(a, b) = \left\{ (x, y) | (x-a)^2 + (y-b)^2 \leq d^2 \right\}$.

Alors,
$$|E_L(x,y)| \leq M_L d^2$$
pour tout $(x, y) \in B_d(a, b)$.

Un raisonnement semblable permet de calculer une borne sur l'erreur d'approximation de f par son polynôme de Taylor de degré 2, $Q(x, y)$ (voir l'exercice 22).

13 THÉORÈME

Soit $E_Q = f(x, y) - Q(x, y)$ l'erreur d'approximation de f par son polynôme de Taylor de degré 2 en (a, b), et soit M_Q satisfaisant à
$$M_Q \geq \max\left\{ |f_{xxx}(x,y)|, |f_{xxy}(x,y)|, |f_{xyy}(x,y)|, |f_{yyy}(x,y)| \right\}$$
pour tout $(x, y) \in B_d(a, b)$.

Alors,
$$|E_Q(x,y)| \leq \frac{\sqrt{2}}{3} M_Q d^3$$
pour tout $(x, y) \in B_d(a, b)$.

EXEMPLE 4 Trouvons une borne sur l'erreur d'approximation de $f(x, y) = \sin(xy)$ par son polynôme de Taylor $L(x, y)$ de degré 1 sur le disque
$$B_{1/2}(0, 0) = \left\{ (x, y) \,|\, x^2 + y^2 \leq \left(\tfrac{1}{2}\right)^2 \right\}.$$

Calculons aussi l'erreur d'approximation de f par L au point $(0,1 \,;\, 0,1)$.

SOLUTION On trouve une borne sur l'erreur d'approximation autour de (0, 0). Les dérivées secondes de f calculées à l'exemple 3 sont :

$$f_{xx} = -y^2 \sin(xy) \quad f_{xy} = \cos(xy) - xy\sin(xy) \quad f_{yy} = -x^2 \sin(xy).$$

Sur le disque $B_{1/2}(0, 0)$, on a $0 \leq |x| \leq \frac{1}{2}$ et $0 \leq |y| \leq \frac{1}{2}$. De plus, $|\cos(xy)| \leq 1$ et $|\sin(xy)| \leq 1$ quels que soient x et y. Par conséquent,

$$|f_{xx}| = |y^2 \sin(xy)| \leq \left(\tfrac{1}{2}\right)^2$$

et

$$|f_{xy}| = |\cos(xy) - xy\sin(xy)| \leq |\cos(xy)| + |xy\sin(xy)| \leq 1 + \left(\tfrac{1}{2}\right)^2 = \tfrac{5}{4}.$$

De façon semblable, $|f_{yy}| \leq \frac{1}{4}$ sur $B_{1/2}(0, 0)$. On peut donc choisir $M_L = \frac{5}{4}$, ce qui donne la borne sur l'erreur

$$|E_L(x, y)| \leq \tfrac{5}{4}\left(\tfrac{1}{2}\right)^2 = \tfrac{5}{16}.$$

On peut donc écrire $\sin(xy) \approx 0$ avec une erreur maximale de $\frac{5}{16}$ sur le disque $B_{1/2}(0, 0)$.

La distance du point $(0{,}1\,;\,0{,}1)$ au point $(0, 0)$ est $d = \sqrt{0{,}1^2 + 0{,}1^2} = \sqrt{0{,}02}$. Par conséquent,

$$|E_L(x, y)| \leq \tfrac{5}{4}(0{,}02) = 0{,}025.$$

EXEMPLE 5 Trouvons une borne sur l'erreur de l'approximation quadratique en (0, 0) de $f(x, y) = e^{x-y}$, valide sur le rectangle $R = \{(x, y) \mid -0{,}2 \leq x \leq 0{,}2 \text{ et } -0{,}1 \leq y \leq 0{,}1\}$.

SOLUTION Les dérivées troisièmes de f sont :

$$f_{xxx} = e^{x-y} \quad f_{xxy} = -e^{x-y} \quad f_{xyy} = e^{x-y} \quad f_{yyy} = -e^{x-y}.$$

Puisque l'exponentielle est une fonction croissante, e^{x-y} est maximale lorsque $x - y$ est maximale. Or, sur le rectangle R, la plus grande différence $x - y$ est de 0,3 quand $x = 0{,}2$ et $y = -0{,}1$. Par conséquent, $|e^{x-y}| \leq e^{0{,}2-(-0{,}1)} = e^{0{,}3}$ sur R, et on peut choisir $M_Q = e^{0{,}3}$.

Le point de R le plus éloigné de l'origine est $(0{,}2\,;\,0{,}1)$. Le rectangle R est donc contenu dans le disque centré en (0, 0) et de rayon $d = \sqrt{(0{,}2)^2 + (0{,}1)^2} = \sqrt{0{,}05}$ (voir la figure 2).

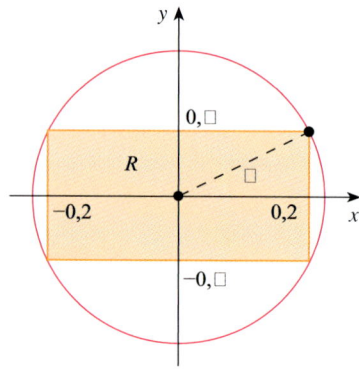

FIGURE 2

On a ainsi déterminé la borne sur l'erreur

$$|E_Q(x, y)| \leq \tfrac{\sqrt{2}}{3} e^{0{,}3}(0{,}05)^{3/2} \leq 0{,}007.$$

On peut donc écrire

$$e^{x-y} \approx 1 + x - y + \tfrac{x^2}{2} - xy + \tfrac{y^2}{2}$$

avec une erreur d'au plus $\tfrac{\sqrt{2}}{3} e^{0{,}3}(0{,}05)^{3/2}$ sur R.

EXEMPLE 6 On souhaite calculer le volume d'un solide ayant la forme de la région de l'espace bornée par les surfaces $x = 0$, $y = 0$, $x = 1$, $y = 1$ et $z = 4 - e^{\frac{1}{10}(x^4 + y^4)}$. Ce solide est représenté à la figure 3.

SOLUTION Nous verrons au chapitre 6 que le volume du solide peut être exprimé comme l'intégrale double de la fonction $f(x, y) = 4 - e^{\frac{1}{10}(x^4 + y^4)}$. Cependant il est très difficile d'évaluer cette intégrale à cause de la complexité de la fonction f.

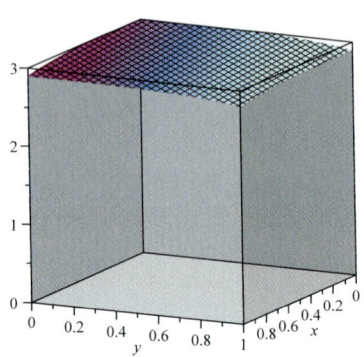

FIGURE 3

On peut estimer le volume à l'aide d'un polynôme de Taylor de degré 1. Soit $(a,b) = (1/2, 1/2)$ et

$$L(x,y) = f(a,b) + f_x(a,b)(x-a) + f_y(a,b)(y-b)$$
$$= 4 - e^{1/80} - \tfrac{1}{20} e^{1/80}(x - 1/2) - \tfrac{1}{20} e^{1/80}(y - 1/2)$$

le polynôme de Taylor de degré 1 de f en ce point, qui est représenté par le plan tangent au graphe de f en (a,b). En remplaçant f par L, on obtient un nouveau solide qui est un polyèdre. Le volume V' de ce polyèdre peut être calculé à l'aide de formules géométriques (ou d'une intégrale double facile à évaluer, comme au chapitre 6). On trouve que $V' = 4 - e^{1/80} \approx 2{,}9874$. Cette valeur est une approximation du volume cherché. La surface $z = 4 - e^{\frac{1}{10}(x^4 + y^4)}$ est convexe, c'est-à-dire qu'elle est toujours située sous son plan tangent. Ceci implique que l'approximation $V \approx V'$ est une surestimation du volume du solide original.

Pour estimer l'erreur, on calcule les dérivées secondes de f:

$$\left| f_{xx} \right| = \tfrac{6}{5} x^2 e^{\frac{1}{10}(x^4 + y^4)} + \tfrac{4}{25} x^6 e^{\frac{1}{10}(x^4 + y^4)}$$
$$\left| f_{xy} \right| = \tfrac{4}{25} x^3 y^3 e^{\frac{1}{10}(x^4 + y^4)}$$
$$\left| f_{yy} \right| = \tfrac{6}{5} y^2 e^{\frac{1}{10}(x^4 + y^4)} + \tfrac{4}{25} y^6 e^{\frac{1}{10}(x^4 + y^4)}$$

Ces trois fonctions sont croissantes en x et en y et donc atteignent leur maximum au point $(1,1)$ du carré C qui forme la base du solide. Un calcul montre que la valeur maximale des dérivées sur le carré est $M_L = \tfrac{34}{25} e^{1/5}$. De plus, la distance maximale d entre le point $(1/2, 1/2)$ et un autre point de C est $\sqrt{2}/2$. Selon le théorème 12, on a

$$\left| E_L \right| \leq \tfrac{1}{2} M_L d^2 = \tfrac{1}{2} \left(\tfrac{34}{25} e^{1/5} \right) \left(\tfrac{\sqrt{2}}{2} \right)^2 = \tfrac{17}{50} e^{1/5} \approx 0{,}4152.$$

sur le carré $C = [0,1] \times [0,1]$. L'erreur d'approximation maximale sur le volume est donc de $\left| E_L \right| \cdot \text{aire}(C) = \tfrac{17}{50} e^{1/5} \cdot 1 = \tfrac{17}{50} e^{1/5} \approx 0{,}4152$.

Pour une approximation plus précise, on pourrait utiliser le polynôme de Taylor de degré 2 de f.

Exercices 4.5

1-5 Calculez le polynôme de Taylor de degré 1 de f au point indiqué.

1. $f(x,y) = x^3 y - 2xy + y^2 + 1$, $(0, 1)$
2. $f(x,y) = \sin(x) + \sin(y)$, $(\tfrac{\pi}{4}, \tfrac{\pi}{4})$
3. $f(x,y) = e^{xy}$, $(0, 0)$
4. $f(x,y) = e^x \cos(y)$, $(0, \tfrac{\pi}{2})$
5. $f(x,y) = \sqrt{x+y}$, $(1, 1)$

6-10 Calculez le polynôme de Taylor de degré 2 de chacune des fonctions f des exercices 1 à 5.

11. Donnez une borne sur l'erreur d'approximation de
$$f(x,y) = \sin(x) + \sin(y)$$
par son polynôme de Taylor $L(x, y)$ de degré 1, sur le disque $B_1(\tfrac{\pi}{4}, \tfrac{\pi}{4})$.

12. Donnez une borne sur l'erreur d'approximation de
$$f(x,y) = e^{xy}$$
par son polynôme de Taylor $L(x, y)$ de degré 1, sur le carré $C = \{(x,y) \mid -0{,}5 \leq x \leq 0{,}5 \text{ et } -0{,}5 \leq y \leq 0{,}5\}$.

13. Donnez une borne sur l'erreur d'approximation de
$$f(x,y) = e^x \cos(y)$$
par son polynôme de Taylor $Q(x, y)$ de degré 2, sur le disque $B_{0,5}(1, \tfrac{\pi}{4})$.

14. Donnez une borne sur l'erreur d'approximation de
$$f(x,y) = \sqrt{x+y}$$

par son polynôme de Taylor $Q(x, y)$ de degré 2, sur le disque $B_{0,1}(1, 1)$.

15. Donnez une borne sur l'erreur d'approximation de
$$f(x, y) = x^3y - 2xy + y^2 + 1$$
par son polynôme de Taylor $Q(x, y)$ de degré 2, sur le rectangle $R = \{(x, y) | -0{,}1 \le x \le 0{,}1 \text{ et } -0{,}2 \le y \le 0{,}2\}$.

16. Donnez une borne sur l'erreur d'approximation de
$$f(x, y) = e^{xy}$$
par son polynôme de Taylor $Q(x, y)$ de degré 2, sur le disque $B_{0,1}(0, 0)$.

17. Le tableau suivant donne les valeurs d'une fonction $f(x, y)$.

y \ x	0	1	2	3
1	−1	2	4	2
2	0	−2	3	1
3	1	−5	2	−1
4	3	−6	−1	−2

a) Estimez les dérivées premières $f_x(1, 2)$ et $f_y(1, 2)$.
b) Calculez (approximativement) le polynôme de Taylor de degré 1 de f en $(1, 2)$, puis utilisez-le pour estimer $f(1{,}1\,;1{,}9)$.

18. La température $T(x, y)$ d'une plaque de métal a été mesurée en différents points d'un maillage (voir la figure). Les valeurs obtenues sont données dans le tableau ci-dessous.

y \ x	1	2	3	4
1	10	6	4	2
2	8	4	1	0
3	4	2	0	−1
4	1	0	−1	−2

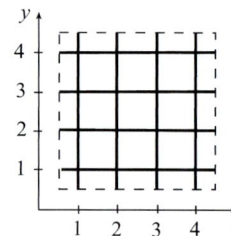

a) Estimez les dérivées premières et secondes de T au point $(2, 1)$.
b) Calculez (approximativement) le polynôme de Taylor de degré 2 de T en $(2, 1)$, puis utilisez-le pour estimer la température de la plaque au point $(2{,}5\,;1{,}5)$.
c) Sachant que $|T_{xxx}| \le 2{,}25$, $|T_{xxy}| \le 1$, $|T_{xyy}| \le 2{,}5$ et $|T_{yyy}| \le 2$, calculez une borne sur l'erreur de l'approximation obtenue en b).

19. La figure suivante montre les courbes de niveau d'une fonction $g(x, y)$.

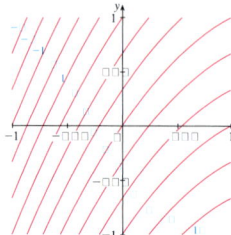

a) Estimez les dérivées premières de g en $(0, 0)$.
b) Calculez (approximativement) l'approximation linéaire de g au point $(0, 0)$ et utilisez-la pour estimer $g(0{,}5\,;0{,}5)$.
c) Sachant que $|g_{xx}| \le 0{,}1$, $|g_{xy}| \le 0{,}2$ et $|g_{yy}| \le 0{,}3$, calculez une borne sur l'erreur de l'approximation obtenue en b).

20. La figure suivante montre les courbes de niveau d'une fonction de deux variables $f(x, y)$. Le polynôme de Taylor de f au point (a, b) est
$$L(x, y) = 3 + 2(x - a) - 5(y - b).$$
a) Quelle est la valeur de $f(a, b)$?
b) Sur la figure, lequel des points P, Q ou R a pour coordonnées (a, b)?

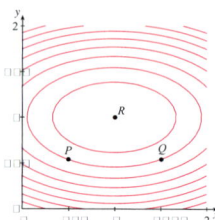

21. La figure suivante montre les courbes de niveau d'une fonction $f(x, y)$. L'un des deux points P et Q a pour coordonnées (x_1, y_1) et l'autre, (x_2, y_2). On considère les deux approximations linéaires de f en P et Q:
$$f(x, y) \approx a + b(x - x_1) + c(y - y_1)$$
$$f(x, y) \approx A + B(x - x_2) + C(y - y_2).$$
a) Donnez une relation entre les valeurs de a et A.
b) Si b et c ont le même signe, quelles sont les coordonnées de P: (x_1, y_1) ou (x_2, y_2)?
c) Que pouvez-vous dire au sujet des signes de B et C?

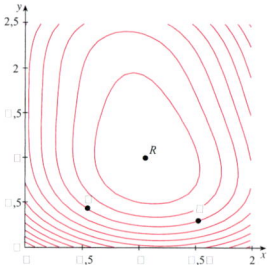

22. En vous inspirant de la preuve du théorème 12, démontrez le théorème 13.

23. Soit $f(x, y) = e^{xy}$.
a) Posez $u = xy$ et écrivez le développement de Taylor de e^u en $u = 0$.
b) Utilisez la série en a) et la substitution $u = xy$ pour calculer la série de Taylor de f en $(0, 0)$.
c) Pour quelles valeurs de (x, y) la série en b) converge-t-elle?

24. Soit $f(x, y) = \dfrac{1}{1 + xy}$.
a) Posez $u = xy$, puis écrivez le développement de Taylor de $\dfrac{1}{1+u}$ en $u = 0$.
b) Utilisez la série en a) et la substitution $u = xy$ pour calculer la série de Taylor de f en $(0, 0)$.
c) Pour quelles valeurs de (x, y) la série en b) converge-t-elle?

CHAPITRE 5
L'OPTIMISATION

5.1 Les valeurs extrêmes des fonctions de deux variables
5.2 L'optimisation des fonctions de plusieurs variables
5.3 Les multiplicateurs de Lagrange

© Peter Dean / Shutterstock

5.1 LES VALEURS EXTRÊMES DES FONCTIONS DE DEUX VARIABLES

L'une des principales utilités des dérivées est le calcul des valeurs minimale et maximale d'une fonction. Dans ce chapitre, nous verrons comment utiliser les dérivées partielles pour déterminer les valeurs extrêmes d'une fonction de deux variables.

Si on examine les collines et les vallées du graphe de f à la figure 1, on remarque qu'en deux points (a, b), f admet un maximum local, c'est-à-dire qu'en ces points $f(a, b)$ est supérieure aux valeurs voisines de $f(x, y)$. Le plus grand de ces deux maximums locaux est appelé le **maximum absolu**. De même, f possède deux minimums locaux, où $f(a, b)$ est inférieure aux valeurs voisines. Le plus petit de ces deux minimums est le **minimum absolu**.

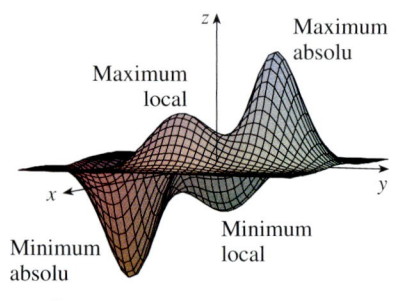

FIGURE 1

Sur le graphe d'une fonction de deux variables, un maximum correspond à un « sommet » du graphe. C'est un maximum absolu s'il n'y a pas de sommet qui soit plus haut. C'est un maximum local s'il y a des points du graphe qui sont situés plus haut.

1 DÉFINITION

Une fonction de deux variables possède un **maximum local** en (a, b) si $f(x, y) \leq f(a, b)$ pour tout (x, y) dans un voisinage de (a, b). (Cela signifie qu'il existe un disque ouvert de centre (a, b) tel que $f(x, y) \leq f(a, b)$ pour tous les points (x, y) dans ce disque.) Le nombre $f(a, b)$ est appelé **valeur maximale locale**. Si $f(x, y) \geq f(a, b)$ pour tout (x, y) dans un voisinage de (a, b), alors f possède un **minimum local** en (a, b) et $f(a, b)$ est une valeur minimale locale.

On note habituellement un disque ouvert de rayon ε et centré en (a, b) par $B_\varepsilon(a, b)$. Ce disque est l'ensemble des points de $\mathbb{R}^2$ situés à une distance inférieure à ε de (a, b) :

$$B_\varepsilon(a, b) = \left\{(x, y) \in \mathbb{R}^2 \;\middle|\; \sqrt{(x-a)^2 + (y-b)^2} < \varepsilon \right\}.$$

Si les inégalités de la définition 1 sont vraies pour tous les points (x, y) du domaine de f, alors f possède un maximum absolu (ou un minimum absolu) en (a, b). On désigne un minimum ou un maximum par le terme **extremum**.

2 THÉORÈME

Si f possède un maximum local ou un minimum local en (a, b) et si les dérivées partielles du premier ordre de f existent, alors $\nabla f(a, b) = \vec{0}$. Autrement dit, $f_x(a, b) = 0$ et $f_y(a, b) = 0$.

DÉMONSTRATION

On suppose que f possède un minimum local en (a, b). Alors, par définition, il existe un disque ouvert $B_\varepsilon(a, b)$ tel que

$$f(a, b) \leq f(x, y)$$

pour tout point $(x, y) \in B_\varepsilon(a, b)$. Si $\vec{d} = d_1 \vec{i} + d_2 \vec{j}$ est un vecteur unitaire alors pour $t \geq 0$ suffisamment petit, le point $(a + td_1, b + td_2)$ appartient à $B_\varepsilon(a, b)$ (voir la figure 2). Ainsi,

$$f(a, b) \leq f(a + td_1, b + td_2)$$

ce qui implique que

$$f_{\vec{d}}(a, b) = \lim_{t \to 0^+} \frac{f(a + td_1, b + td_2) - f(a, b)}{t} \geq 0$$

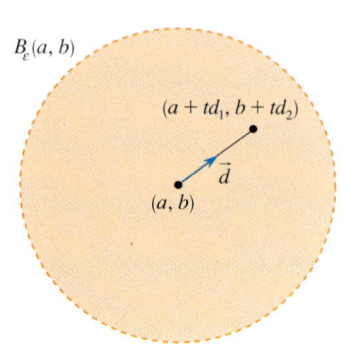

FIGURE 2

car le numérateur est positif. Puisque $\vec{d}$ est un vecteur quelconque, on conclut que toutes les dérivées directionnelles de f en (a, b) sont positives. En particulier, si on choisit $\vec{d}$ comme étant la direction opposée au gradient

$$\vec{d} = -\frac{\nabla f(a, b)}{\|\nabla f(a, b)\|}$$

alors on a

$$0 \leq f_{\vec{d}}(a, b) = \nabla f(a, b) \cdot \vec{d} = -\frac{\nabla f(a, b) \cdot \nabla f(a, b)}{\|\nabla f(a, b)\|} = -\|\nabla f(a, b)\|.$$

Or, la norme du gradient est un nombre positif, donc l'inégalité ci-dessus implique que $\|\nabla f(a, b)\| = 0$ et, par conséquent, $\nabla f(a, b) = \vec{0}$.

La démonstration dans le cas d'un maximum local est semblable.

Si on pose $f_x(a, b) = 0$ et $f_y(a, b) = 0$ dans l'équation du plan tangent au graphe de f au point (a, b) (voir l'équation 2 de la section 4.2, p. 162), on obtient $z = z_0$, d'où l'interprétation géométrique suivante du théorème 2 : si le graphe de f admet un plan tangent en un maximum ou en un minimum local, alors ce plan tangent est horizontal.

Un point (a, b) est appelé **point critique** (ou **point stationnaire**) de f si $f_x(a, b) = 0$ et $f_y(a, b) = 0$, ou si l'une de ces dérivées partielles n'existe pas. Le théorème 2 affirme que si f possède un maximum ou un minimum local en (a, b), alors (a, b) est un point critique de f. Cependant, comme pour les fonctions d'une seule variable, tous les points critiques ne donnent pas lieu à un maximum ou à un minimum. En un point critique, une fonction peut avoir un maximum local ou un minimum local, ou ni l'un ni l'autre.

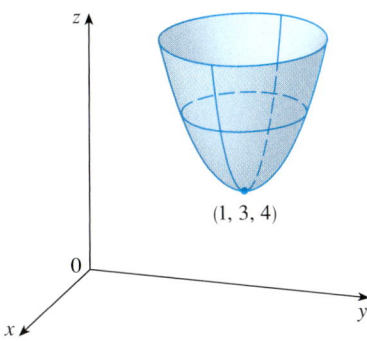

FIGURE 3
$z = x^2 + y^2 - 2x - 6y + 14$

EXEMPLE 1 Soit $f(x, y) = x^2 + y^2 - 2x - 6y + 14$. Alors,

$$f_x(x, y) = 2x - 2 \text{ et } f_y(x, y) = 2y - 6.$$

Ces dérivées partielles sont nulles simultanément lorsque $x = 1$ et $y = 3$, et le seul point critique est $(1, 3)$. En complétant le carré, on trouve que

$$f(x, y) = 4 + (x-1)^2 + (y-3)^2.$$

Or, $(x-1)^2 \geq 0$ et $(y-3)^2 \geq 0$, donc $f(x, y) \geq 4$ pour tout x et tout y. Par conséquent, f possède un minimum local en $(1, 3)$ et, puisque $f(1, 3) = 4$, c'est le minimum global de f. Le graphe de f est un paraboloïde elliptique de sommet $(1, 3, 4)$ et ce point correspond au minimum de f (voir la figure 3).

EXEMPLE 2 Trouvons les extremums de $f(x, y) = y^2 - x^2$.

SOLUTION Puisque $f_x = -2x$ et $f_y = 2y$, le seul point critique est $(0, 0)$. Pour les points sur l'axe des x, on a $y = 0$, de sorte que $f(x, y) = -x^2 < 0$ (si $x \neq 0$). Toutefois, pour les points sur l'axe des y, on a $x = 0$, de sorte que $f(x, y) = y^2 > 0$ (si $y \neq 0$). Tout disque de centre $(0, 0)$ contient donc des points où f prend des valeurs positives et des points où f prend des valeurs négatives. Par conséquent, $(0, 0)$ ne pouvant être un extremum de f, la fonction ne possède pas d'extremum.

L'exemple 2 illustre le fait qu'une fonction ne possède pas nécessairement un maximum ou un minimum en un point critique. La figure 4 montre comment cela est possible. Le graphe de f est le paraboloïde hyperbolique $z = y^2 - x^2$, qui admet un plan tangent horizontal ($z = 0$) à l'origine. On voit que $(0, 0)$ est à la fois un maximum dans la direction de l'axe des x et un minimum dans la direction de l'axe des y. Près de l'origine, le graphe a la forme d'une selle et le point critique $(0, 0)$ est appelé un **point de selle** de f.

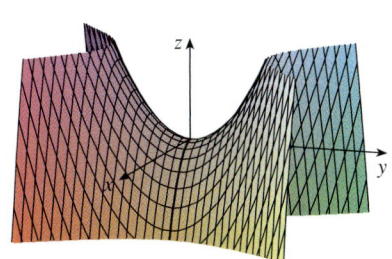

FIGURE 4
$z = y^2 - x^2$

Afin de déterminer si une fonction possède ou non un extremum en un point critique, on utilise la règle suivante, qui est démontrée à la fin de cette section. Cette règle est analogue au test de la dérivée seconde pour les fonctions d'une seule variable.

> **3** **TEST DES DÉRIVÉES SECONDES**
>
> Supposons que les dérivées partielles secondes de f existent et sont continues sur un disque de centre (a, b) et que $\nabla f(a, b) = \vec{0}$ (c'est-à-dire que (a, b) est un point critique de f). Soit les déterminants
>
> $$\alpha_1 = f_{xx}(a,b) \text{ et } \alpha_2 = \begin{vmatrix} f_{xx}(a, b) & f_{xy}(a, b) \\ f_{yx}(a, b) & f_{yy}(a, b) \end{vmatrix} = f_{xx}(a, b)f_{yy}(a, b) - \left[f_{xy}(a, b)\right]^2.$$
>
> a) Si $\alpha_2 > 0$ et $\alpha_1 > 0$, alors f possède un minimum local en (a, b).
>
> b) Si $\alpha_2 > 0$ et $\alpha_1 < 0$, alors f possède un maximum local en (a, b).
>
> c) Si $\alpha_2 < 0$, alors (a, b) n'est ni un maximum local ni un minimum local.

NOTE 1 Dans le cas c), le point (a, b) est appelé un «point de selle de f», et le graphe de f coupe son plan tangent en (a, b).

NOTE 2 Si $\alpha_2 = 0$, le test des dérivées secondes ne donne aucune information: f pourrait avoir un maximum local ou un minimum local en (a, b), ou (a, b) pourrait être un point de selle de f (voir l'exercice 21).

EXEMPLE 3 Trouvons les maximums locaux, les minimums locaux et les points de selle de $f(x, y) = x^4 + y^4 - 4xy + 1$.

SOLUTION On détermine d'abord les points critiques en posant les dérivées partielles:

$$f_x = 4x^3 - 4y \text{ et } f_y = 4y^3 - 4x$$

égales à 0. On obtient les équations

$$x^3 - y = 0 \text{ et } y^3 - x = 0.$$

Pour résoudre ce système, on substitue $y = x^3$, provenant de la première équation, dans la deuxième pour obtenir

$$0 = x^9 - x = x(x^8 - 1) = x(x^4 - 1)(x^4 + 1) = x(x^2 - 1)(x^2 + 1)(x^4 + 1).$$

Les seules racines réelles sont $x = 0$, 1 et -1, donc les points critiques sont $(0, 0)$, $(1, 1)$ et $(-1, -1)$.

On calcule maintenant les dérivées partielles secondes, puis α_1 et α_2:

$$f_{xx} = 12x^2 \text{ ; } f_{xy} = -4 \text{ ; } f_{yy} = 12y^2 \text{ ;}$$
$$\alpha_1 = 12x^2 \text{ ; } \alpha_2 = f_{xx}f_{yy} - (f_{xy})^2 = 144x^2y^2 - 16.$$

En $(0, 0)$, $\alpha_2 = -16 < 0$, et selon le cas c) du test des dérivées secondes, l'origine est un point de selle. Cela signifie que f n'a pas de maximum local ni de minimum local en $(0, 0)$. En $(1, 1)$, $\alpha_2 = 128 > 0$ et $\alpha_1 = 12 > 0$. Selon le cas a) du test, f possède un minimum local en $(1, 1)$. En $(-1, -1)$, $\alpha_2 = 128 > 0$, $\alpha_1 = 12 > 0$, donc f possède aussi un minimum local en $(1, 1)$. La valeur minimale de f est $f(1, 1) = f(-1, -1) = 1$. La figure 5 représente le graphe de f.

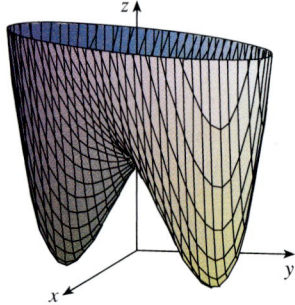

FIGURE 5
$z = x^4 + y^4 - 4xy + 1$

La figure 6 montre un diagramme de courbes de niveau de la fonction f de l'exemple 3. Les courbes de niveau proches de $(1, 1)$ et de $(-1, -1)$ sont de forme ovale. Elles indiquent que si l'on s'éloigne de $(1, 1)$ ou de $(-1, -1)$ dans n'importe quelle direction, les valeurs de f croissent. D'autre part, les courbes de niveau proches de $(0, 0)$ ressemblent à des hyperboles. Ces courbes révèlent que lorsqu'on s'éloigne de l'origine (où la valeur de f est 1), les valeurs de f décroissent dans certaines directions, mais elles croissent dans d'autres. Par conséquent, le diagramme de courbes de niveau suggère l'existence des minimums et du point de selle trouvés à l'exemple 3.

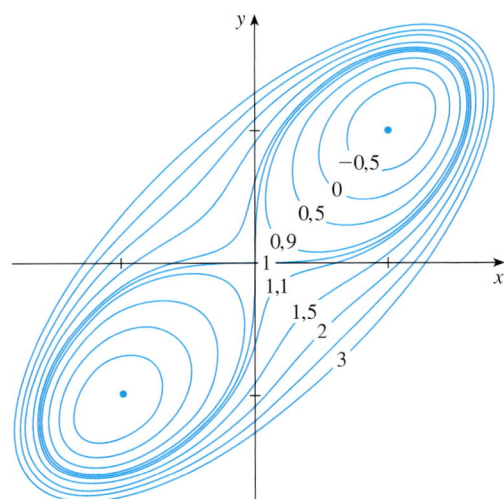

FIGURE 6

EXEMPLE 4 Trouvons et classons les points critiques de la fonction
$$f(x, y) = 10x^2 y - 5x^2 - 4y^2 - x^4 - 2y^4.$$

Déterminons aussi le point le plus élevé sur le graphe de f.

SOLUTION Les dérivées partielles du premier ordre sont
$$f_x = 20xy - 10x - 4x^3 \text{ et } f_y = 10x^2 - 8y - 8y^3.$$

Pour trouver les points critiques, on doit résoudre le système d'équations

$$\boxed{4} \qquad 2x(10y - 5 - 2x^2) = 0$$
$$\boxed{5} \qquad 5x^2 - 4y - 4y^3 = 0.$$

Selon l'équation 4,
$$x = 0 \text{ ou } 10y - 5 - 2x^2 = 0.$$

Dans le premier cas ($x = 0$), l'équation 5 devient $-4y(1 + y^2) = 0$; donc $y = 0$ et on a le point critique $(0, 0)$.

Dans le deuxième cas ($10y - 5 - 2x^2 = 0$), on a

$$\boxed{6} \qquad x^2 = 5y - 2,5.$$

En substituant cette valeur de x^2 dans l'équation 5, on trouve $25y - 12,5 - 4y - 4y^3 = 0$. On doit donc résoudre l'équation cubique

$$\boxed{7} \qquad 4y^3 - 21y + 12,5 = 0.$$

À l'aide d'une calculatrice graphique ou d'un ordinateur, on trace le graphe de la fonction
$$g(y) = 4y^3 - 21y + 12,5$$

comme à la figure 7. On voit que l'équation 7 possède trois racines réelles. En zoomant sur le graphique, on peut trouver les racines à quatre décimales près :

$$y \approx -2,5452 \, ; \, y \approx 0,6468 \, ; \, y \approx 1,8984.$$

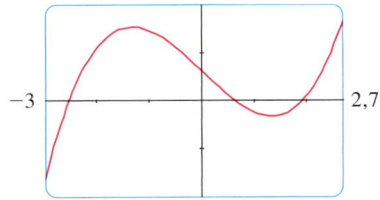

FIGURE 7

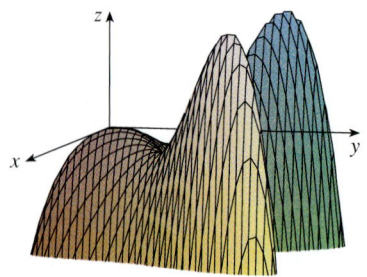

FIGURE 8

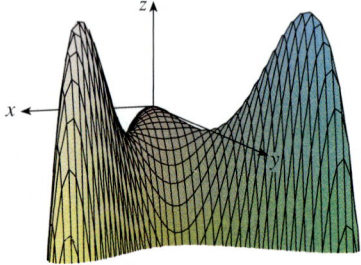

FIGURE 9

Les cinq points critiques de la fonction f de l'exemple 4 sont en magenta dans le diagramme de courbes de niveau de f à la figure 10.

(On aurait aussi pu trouver ces racines par une méthode numérique ou encore en utilisant la formule de Cardan.) Selon l'équation 6,

$$x = \pm\sqrt{5y - 2{,}5}.$$

Si $y \approx -2{,}5452$, x n'est pas un nombre réel. Si $y \approx 0{,}6468$, alors $x \approx \pm 0{,}8567$. Si $y \approx 1{,}8984$, alors $x \approx \pm 2{,}6442$. Il y a donc cinq points critiques, analysés dans le tableau suivant. Tous les nombres sont arrondis à la deuxième décimale.

Point critique	Valeur de f	α_1	α_2	Conclusion
$(0, 0)$	$0{,}00$	$-10{,}00$	$80{,}00$	Maximums locaux
$(\pm 2{,}64;\ 1{,}90)$	$8{,}50$	$-55{,}93$	$2488{,}72$	Maximums locaux
$(\pm 0{,}86;\ 0{,}65)$	$-1{,}48$	$-5{,}87$	$-187{,}64$	Points de selle

Les figures 8 et 9 présentent deux points de vue du graphe de f, et on voit que la surface est ouverte vers le bas. (Cet évasement peut aussi être déduit de l'expression de $f(x, y)$: les termes dominants sont $-x^4 - 2y^4$ lorsque $|x|$ et $|y|$ sont grands.) La comparaison des valeurs de f aux maximums locaux montre que le maximum absolu de f est $f(\pm 2{,}64;\ 1{,}90) \approx 8{,}50$. Autrement dit, les points les plus élevés du graphe de f sont $(\pm 2{,}64;\ 1{,}90;\ 8{,}50)$.

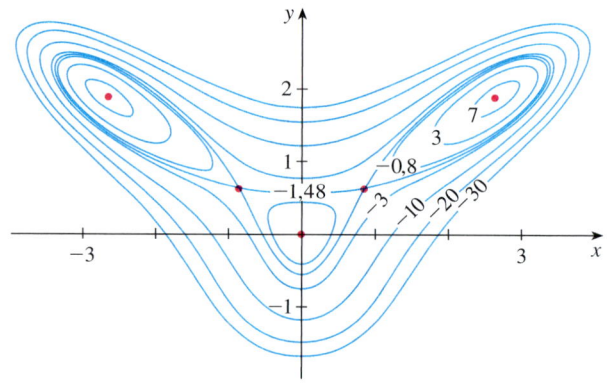

FIGURE 10

EXEMPLE 5 Calculons la plus petite distance du point $(1,\ 0,\ -2)$ au plan $x + 2y + z = 4$.

SOLUTION La distance de tout point $(x,\ y,\ z)$ au point $(1,\ 0,\ -2)$ est

$$d = \sqrt{(x-1)^2 + y^2 + (z+2)^2}.$$

Si $(x,\ y,\ z)$ appartient au plan $x + 2y + z = 4$, alors $z = 4 - x - 2y$ et donc

$$d = \sqrt{(x-1)^2 + y^2 + (6 - x - 2y)^2}.$$

Minimiser d est équivalent à minimiser la fonction plus simple d^2, car ces deux fonctions sont positives. On pose

$$f(x, y) = d^2 = (x-1)^2 + y^2 + (6 - x - 2y)^2$$

et on trouve les points critiques de f en résolvant

$$f_x = 2(x - 1) - 2(6 - x - 2y) = 4x + 4y - 14 = 0$$
$$f_y = 2y - 4(6 - x - 2y) = 4x + 10y - 24 = 0.$$

L'unique point critique est $\left(\frac{11}{6}, \frac{5}{3}\right)$. Or, $f_{xx} = 4$, $f_{xy} = 4$ et $f_{yy} = 10$. Par conséquent, $\alpha_2(x, y) = f_{xx}f_{yy} - (f_{xy})^2 = 24 > 0$ et $\alpha_1 = f_{xx} > 0$. Selon le test des dérivées secondes, f possède un minimum local en $\left(\frac{11}{6}, \frac{5}{3}\right)$. On peut voir intuitivement que ce minimum local est en réalité un minimum absolu parce qu'il existe sur le plan donné un seul point le plus près de $(1, 0, -2)$. Si $x = \frac{11}{6}$ et $y = \frac{5}{3}$, alors

$$d = \sqrt{(x-1)^2 + y^2 + (6-x-2y)^2} = \sqrt{\left(\tfrac{5}{6}\right)^2 + \left(\tfrac{5}{3}\right)^2 + \left(\tfrac{5}{6}\right)^2} = \tfrac{5}{6}\sqrt{6}.$$

On pourrait aussi résoudre le problème de l'exemple 5 en utilisant des vecteurs.

La plus petite distance de $(1, 0, -2)$ au plan $x + 2y + z = 4$ est $\tfrac{5}{6}\sqrt{6}$.

EXEMPLE 6 Une boîte rectangulaire sans couvercle doit être fabriquée avec une feuille de carton d'une aire de 12 m². Calculons son volume maximal.

SOLUTION Soit x, y et z qui sont respectivement la longueur, la largeur et la hauteur (en mètres) de cette boîte (voir la figure 11). Son volume est

$$V = xyz.$$

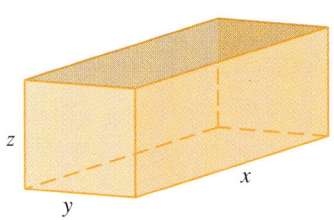

FIGURE 11

On exprime V sous la forme d'une fonction des deux variables x et y, sachant que l'aire des quatre côtés et du fond de la boîte est égale à 12 m² :

$$2xz + 2yz + xy = 12.$$

En résolvant cette équation par rapport à z, on obtient $z = (12 - xy)/[2(x + y)]$, et après substitution de z dans l'expression de V, on obtient

$$V = xy\frac{12 - xy}{2(x + y)} = \frac{12xy - x^2y^2}{2(x + y)}.$$

On calcule les dérivées partielles de V :

$$\frac{\partial V}{\partial x} = \frac{y^2(12 - 2xy - x^2)}{2(x + y)^2} \qquad \frac{\partial V}{\partial y} = \frac{x^2(12 - 2xy - y^2)}{2(x + y)^2}.$$

Pour avoir V maximal, il faut que $\partial V/\partial x = \partial V/\partial y = 0$, mais $x = 0$ ou $y = 0$ donne $V = 0$, qui n'est clairement pas la valeur maximale. Par conséquent, $x \neq 0$ et $y \neq 0$.

On doit donc résoudre les équations

$$12 - 2xy - x^2 = 0 \qquad 12 - 2xy - y^2 = 0.$$

Selon ces équations, $x^2 = y^2$ et, par conséquent, $x = y$. (On remarque qu'ici x et y doivent être positifs.) En posant $x = y$ dans chaque équation, on obtient $12 - 3x^2 = 0$, d'où $x = 2$, $y = 2$ et $z = (12 - 2 \cdot 2)/[2(2 + 2)] = 1$.

On pourrait utiliser le test des dérivées secondes pour montrer qu'on a obtenu un maximum local de V. On remarque que la nature physique de ce problème implique l'existence d'un maximum absolu unique pour le volume, qui doit se situer en un point critique de V, donc lorsque $x = 2$, $y = 2$, $z = 1$. En ce point, $V = 2 \cdot 2 \cdot 1 = 4$, et le volume maximal de la boîte est donc de 4 m³.

LES MAXIMUMS ET LES MINIMUMS ABSOLUS

Pour une fonction f d'une variable, si f est continue sur un intervalle fermé et borné $[a, b]$, alors f possède un minimum absolu et un maximum absolu sur cet intervalle. Ces valeurs extrêmes peuvent survenir en des points critiques ou encore aux extrémités de l'intervalle.

Ensembles fermés

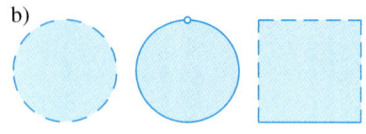
Ensembles non fermés

FIGURE 12

La situation est semblable pour les fonctions de deux variables. De même qu'un intervalle fermé contient ses extrémités, un **ensemble fermé** dans $\mathbb{R}^2$ contient tous ses points frontières. (Un point frontière de D est un point (a, b) tel que tout disque ouvert de centre (a, b) contient à la fois des points de D et des points en dehors de D.) Par exemple, le disque

$$D = \{(x, y) \mid x^2 + y^2 \leq 1\}$$

constitué de tous les points sur le cercle $x^2 + y^2 = 1$ et à l'intérieur de celui-ci, est un ensemble fermé parce qu'il contient tous ses points frontières (qui sont les points sur le cercle $x^2 + y^2 = 1$). S'il manquait ne serait-ce qu'un point de la frontière, l'ensemble ne serait pas fermé (voir la figure 12).

Un **ensemble borné** dans $\mathbb{R}^2$ est un ensemble qui est contenu dans un disque de rayon fini (autrement dit, son étendue est finie).

> **8 THÉORÈME DES VALEURS EXTRÊMES POUR LES FONCTIONS DE DEUX VARIABLES**
>
> Si f est continue sur un ensemble fermé et borné D dans $\mathbb{R}^2$, alors f possède un maximum absolu et un minimum absolu en des points (x_1, y_1) et (x_2, y_2) de D.

Pour trouver les extremums annoncés par le théorème 8, on remarque, en vertu du théorème 2, que si f possède un extremum en (x_1, y_1), alors (x_1, y_1) est un point critique de f ou un point frontière de D. Lorsque la frontière de D est suffisamment simple, on peut utiliser la méthode suivante pour déterminer les extremums.

> **9** Pour trouver le maximum et le minimum absolus d'une fonction f continue sur un ensemble fermé et borné D :
>
> **1.** On calcule les valeurs de f aux points critiques de f contenus dans D.
>
> **2.** On calcule les extremums de f sur la frontière de D.
>
> **3.** La plus grande des valeurs des étapes 1 et 2 est le maximum absolu, et la plus petite de ces valeurs est le minimum absolu.

EXEMPLE 7 Trouvons le maximum absolu et le minimum absolu de la fonction $f(x, y) = x^2 - 2xy + 2y$ sur le rectangle $D = \{(x, y) \mid 0 \leq x \leq 3, 0 \leq y \leq 2\}$.

SOLUTION Étant un polynôme, la fonction f est continue sur le rectangle fermé et borné D. Selon le théorème 8, il existe un maximum absolu et un minimum absolu de f sur D. Conformément à l'étape 1 de la méthode décrite en 9, on trouve d'abord les points critiques de $f(x, y)$, qui sont les solutions du système

$$f_x = 2x - 2y = 0$$
$$f_y = -2x + 2 = 0.$$

Le seul point critique est $(1, 1)$, qui appartient à D, et la valeur correspondante de f est $f(1, 1) = 1$.

Conformément à l'étape 2, on cherche les valeurs de f sur la frontière de D, laquelle est constituée des quatre segments de droite L_1, L_2, L_3, L_4, représentés à la figure 13. Sur L_1, $y = 0$, et

$$f(x, 0) = x^2, \; 0 \leq x \leq 3.$$

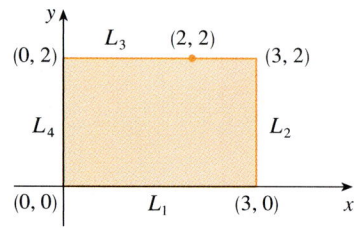

FIGURE 13

La valeur minimale de cette fonction croissante de x est $f(0, 0) = 0$, et sa valeur maximale est $f(3, 0) = 9$. Sur L_2, $x = 3$ et

$$f(3, y) = 9 - 4y, \; 0 \leq y \leq 2.$$

La valeur maximale de cette fonction décroissante de y est $f(3, 0) = 9$, et sa valeur minimale est $f(3, 2) = 1$. Sur L_3, $y = 2$ et

$$f(x, 2) = x^2 - 4x + 4, \; 0 \leq x \leq 3.$$

En utilisant la dérivée première ou en observant simplement que $f(x, 2) = (x - 2)^2$, on constate que la valeur minimale de cette fonction est $f(2, 2) = 0$ et que la valeur maximale est $f(0, 2) = 4$. Finalement, sur L_4, $x = 0$, donc

$$f(0, y) = 2y, \; 0 \leq y \leq 2$$

et la valeur maximale est $f(0, 2) = 4$, tandis que la valeur minimale est $f(0, 0) = 0$. Par conséquent, sur la frontière, le minimum de f est 0, et le maximum est égal à 9.

Conformément à l'étape 3, on compare ces valeurs à la valeur $f(1, 1) = 1$ au point critique et on conclut que le maximum absolu de f sur D est $f(3, 0) = 9$ et que le minimum absolu est $f(0, 0) = f(2, 2) = 0$. La figure 14 représente le graphe de f.

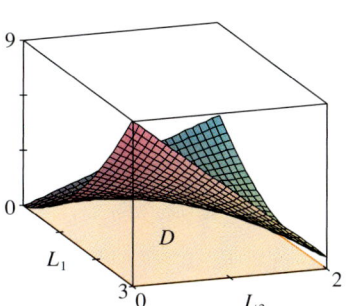

FIGURE 14
$f(x, y) = x^2 - 2xy + 2y$

EXEMPLE 8 Supposons qu'on ait n points $(x_1, y_1), (x_2, y_2), \ldots, (x_n, y_n)$ et qu'on cherche une droite d'équation $y = mx + b$ qui les représente (voir la figure 15). Si les points ne sont pas alignés, alors on veut une droite qui s'ajuste le mieux possible aux points donnés.

Soit $d_i = y_i - (mx_i + b)$, l'écart vertical entre le i-ème point et la droite. La **méthode des moindres carrés** permet de déterminer les valeurs de m et de b qui minimisent la somme des carrés des écarts verticaux, c'est-à-dire $\sum_{i=1}^{n} d_i^2$.

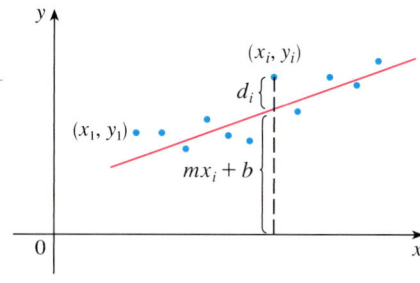

FIGURE 15

Soit $f(m, b) = \sum_{i=1}^{n} (y_i - mx_i - b)^2$, la fonction à minimiser. Notons que les variables ici sont m et b. On a

$$f_m(m, b) = \sum_{i=1}^{n} 2(y_i - mx_i - 1)(-x_i) = 2\sum_{i=1}^{n} (mx_i^2 + bx_i - x_i y_i)$$

et

$$f_b(m, b) = \sum_{i=1}^{n} 2(y_i - mx_i - 1)(-b) = 2\sum_{i=1}^{n} (b + mx_i - y_i).$$

Les points critiques de f sont les solutions de $\nabla f(m, b) = \vec{0}$, c'est-à-dire

11

$$m \sum_{i=1}^{n} x_i + bn = \sum_{i=1}^{n} y_i$$

$$m \sum_{i=1}^{n} x_i^2 + b \sum_{i=1}^{n} x_i = \sum_{i=1}^{n} x_i y_i.$$

On trouve la droite en résolvant ce système de deux équations linéaires à deux inconnues.

La matrice hessienne de f est

$$\nabla^2 f(m, b) = \begin{bmatrix} 2\sum x_i^2 & 2\sum x_i \\ 2\sum x_i & 2n \end{bmatrix}.$$

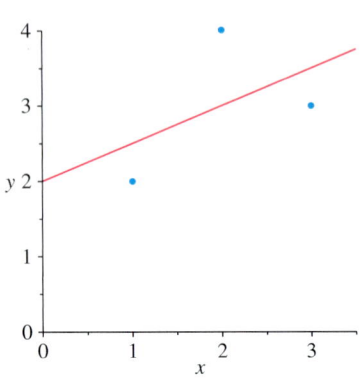

FIGURE 16

La valeur de α_1 est clairement positive. De plus, $\alpha_2 = 4n\sum x_i^2 - 4\left(\sum x_i\right)^2$ est également positif. Ceci est une conséquence de l'inégalité de Cauchy-Schwarz (voir l'exercice 78 de la section 5.3). La solution aux équations 11 est donc bien un minimum.

Par exemple, la droite des moindres carrés pour les points $(1, 2), (2, 4), (3, 3)$ est trouvée en résolvant le système

$$\begin{aligned} m(1+2+3) + b(3) &= 2+4+3 \\ m(1^2+2^2+3^2) + b(1+2+3) &= 1\cdot 2 + 2\cdot 4 + 3\cdot 3 \end{aligned} \Leftrightarrow \begin{aligned} 6m + 3b &= 9 \\ 14m + 6b &= 19. \end{aligned}$$

La solution est $m = \tfrac{1}{2}, b = 2$ et la droite cherchée est $y = \tfrac{1}{2}x - 2$. Cette droite est illustrée à la figure 16.

Démontrons la première partie du test des dérivées secondes. La démonstration de la partie b) est semblable.

DÉMONSTRATION DU TEST DES DÉRIVÉES SECONDES, PARTIE A

On calcule la dérivée seconde de f dans la direction unitaire $\vec{u} = h\vec{i} + k\vec{j}$. Selon le théorème 3 de la section 4.4 (p. 184), la dérivée première est

$$f_{\vec{u}} = \nabla f \cdot \vec{u} = f_x h + f_y k.$$

Une deuxième application de ce théorème donne

$$\nabla f_{\vec{u}} \cdot \vec{u} = \frac{\partial}{\partial x}(f_{\vec{u}})h + \frac{\partial}{\partial y}(f_{\vec{u}})k$$

$$= (f_{xx}h + f_{yx}k)h + (f_{xy}h + f_{yy}k)k$$

$$= f_{xx}h^2 + 2f_{xy}hk + f_{yy}k^2 \text{ (selon le théorème de Clairaut).}$$

En complétant le carré de cette expression, on trouve l'expression de la dérivée seconde de f dans la direction $\vec{u}$:

10
$$f_{xx}\left(h + \frac{f_{xy}}{f_{xx}}k\right)^2 + \frac{k^2}{f_{xx}}(f_{xx}f_{yy} - f_{xy}^2).$$

On sait qu'en (a, b), $\alpha_1 > 0$ et que $\alpha_2 > 0$. Or, $\alpha_1 = f_{xx}$ et $\alpha_2 = f_{xx}f_{yy} - f_{xy}^2$ sont des fonctions continues. Il existe donc un disque $B_\varepsilon(a, b)$ de centre (a, b) et de rayon $\varepsilon > 0$ tel que $\alpha_1(x, y) > 0$ et $\alpha_2(x, y) > 0$ lorsque (x, y) appartient à $B_\varepsilon(a, b)$. Par conséquent, l'expression 10 est strictement positive lorsque (x, y) appartient à $B_\varepsilon(a, b)$. Cela signifie que si C est la courbe d'intersection du graphe de f avec le plan vertical passant par $P(a, b, f(a, b))$ dans la direction $\vec{u}$, alors C est concave vers le haut sur un intervalle de longueur 2ε, ce qui est vrai pour tout vecteur $\vec{u}$. Ceci implique que pour tout (x, y) appartenant à $B_\varepsilon(a, b)$, le graphe de f est au-dessus de son plan tangent horizontal en P, d'où $f(x, y) \geq f(a, b)$ lorsque (x, y) appartient à $B_\varepsilon(a, b)$. Par conséquent, f possède un minimum local en (a, b).

Exercices 5.1

1. Soit (1, 1), un point critique d'une fonction f ayant des dérivées secondes continues. Que pouvez-vous dire à propos de f dans chaque cas?

   a) $f_{xx}(1, 1) = 4$, $f_{xy}(1, 1) = 1$, $f_{yy}(1, 1) = 2$
   b) $f_{xx}(1, 1) = 4$, $f_{xy}(1, 1) = 3$, $f_{yy}(1, 1) = 2$

2. Soit (0, 2), un point critique d'une fonction g ayant des dérivées secondes continues. Que pouvez-vous dire à propos de g dans chaque cas?

   a) $g_{xx}(0, 2) = -1$, $g_{xy}(0, 2) = 6$, $g_{yy}(0, 2) = 1$
   b) $g_{xx}(0, 2) = -1$, $g_{xy}(0, 2) = 2$, $g_{yy}(0, 2) = -8$
   c) $g_{xx}(0, 2) = 4$, $g_{xy}(0, 2) = 6$, $g_{yy}(0, 2) = 9$

3-4 Utilisez les courbes de niveau de la figure pour prédire les emplacements des points critiques de f et déterminer si f admet un point de selle, un maximum local ou un minimum local en chaque point critique. Expliquez votre raisonnement. Ensuite, utilisez le test des dérivées secondes pour confirmer vos prédictions.

3. $f(x, y) = 4 + x^3 + y^3 - 3xy$

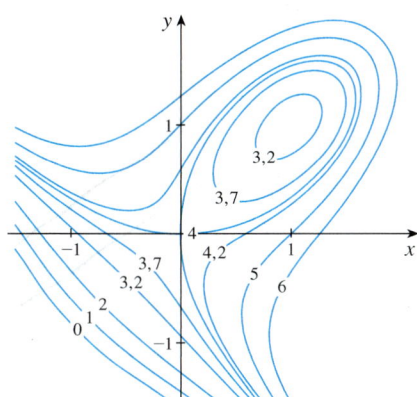

4. $f(x, y) = 3x - x^3 - 2y^2 + y^4$

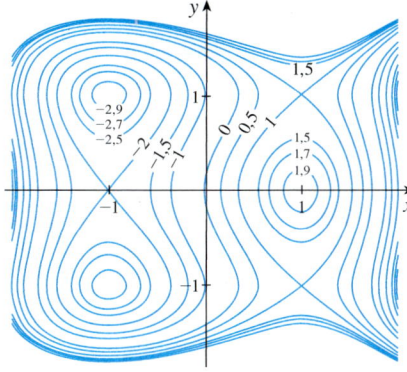

5-20 Trouvez les maximums locaux, les minimums locaux et les points de selle de la fonction. Si vous disposez d'un logiciel le permettant, tracez le graphe de la fonction en choisissant un domaine et un point de vue qui révèlent toutes les caractéristiques importantes de la fonction.

5. $f(x, y) = x^2 + xy + y^2 + y$
6. $f(x, y) = xy - 2x - 2y - x^2 - y^2$
7. $f(x, y) = (x - y)(1 - xy)$
8. $f(x, y) = y(e^x - 1)$
9. $f(x, y) = x^2 + y^4 + 2xy$
10. $f(x, y) = 2 - x^4 + 2x^2 - y^2$
11. $f(x, y) = x^3 - 3x + 3xy^2$
12. $f(x, y) = x^3 + y^3 - 3x^2 - 3y^2 - 9x$
13. $f(x, y) = x^4 - 2x^2 + y^3 - 3y$
14. $f(x, y) = y \cos x$
15. $f(x, y) = e^x \cos y$
16. $f(x, y) = xy e^{-(x^2+y^2)/2}$
17. $f(x, y) = xy + e^{-xy}$
18. $f(x, y) = (x^2 + y^2)e^{-x}$
19. $f(x, y) = y^2 - 2y \cos x$, $-1 \leq x \leq 7$
20. $f(x, y) = \sin x \sin y$, $-\pi < x < \pi$, $-\pi < y < \pi$

21. Montrez que $f(x, y) = x^2 + 4y^2 - 4xy + 2$ possède un nombre infini de points critiques et que $\alpha_2 = 0$ en chacun de ces points. Montrez ensuite que f possède un minimum local (et absolu) en chaque point critique.

22. Montrez que $f(x, y) = x^2 y e^{-x^2-y^2}$ possède des maximums en $(\pm 1, 1/\sqrt{2})$ et des minimums en $(\pm 1, -1/\sqrt{2})$. Montrez aussi que f a une infinité d'autres points critiques et que $\alpha_2 = 0$ en chacun d'eux. Lesquels donnent lieu à des maximums? À des minimums? À des points de selle?

23-26 Utilisez un graphe et/ou des courbes de niveau pour estimer les maximums locaux, les minimums locaux et les points de selle de la fonction. Utilisez ensuite les outils de cette section pour trouver précisément ces valeurs.

23. $f(x, y) = x^2 + y^2 + x^{-2}y^{-2}$
24. $f(x, y) = (x - y)e^{-x^2-y^2}$
25. $f(x, y) = \sin x + \sin y + \sin(x + y)$, $0 \leq x \leq 2\pi$, $0 \leq y \leq 2\pi$
26. $f(x, y) = \sin x + \sin y + \cos(x + y)$, $0 \leq x \leq \pi/4$, $0 \leq y \leq \pi/4$

27-30 Utilisez un graphe comme à l'exemple 4, p. 207 (ou la méthode de Newton ou encore un logiciel pour trouver les racines) afin de trouver les points critiques de f avec trois décimales exactes. Ensuite, classez les points critiques et trouvez les points les plus et les moins élevés sur le graphe de f.

27. $f(x, y) = x^4 + y^4 - 4x^2y + 2y$

28. $f(x, y) = y^6 - 2y^4 + x^2 - y^2 + y$

29. $f(x, y) = x^4 + y^3 - 3x^2 + y^2 + x - 2y + 1$

30. $f(x, y) = 20e^{-x^2-y^2} \sin 3x \cos 3y, |x| \leq 1, |y| \leq 1$

31-38 Trouvez le maximum absolu et le minimum absolu de f dans le domaine D.

31. $f(x, y) = x^2 + y^2 - 2x$, D est la région triangulaire fermée de sommets $(2, 0)$, $(0, 2)$ et $(0, -2)$.

32. $f(x, y) = x + y - xy$, D est la région triangulaire fermée de sommets $(0, 0)$, $(0, 2)$ et $(4, 0)$.

33. $f(x, y) = x^2 + y^2 + x^2y + 4$, $D = \{(x, y) \mid |x| \leq 1, |y| \leq 1\}$

34. $f(x, y) = x^2 + xy + y^2 - 6y$, $D = \{(x, y) \mid -3 \leq x \leq 3, 0 \leq y \leq 5\}$

35. $f(x, y) = x^2 + 2y^2 - 2x - 4y + 1$,
$D = \{(x, y) \mid 0 \leq x \leq 2, 0 \leq y \leq 3\}$

36. $f(x, y) = xy^2$, $D = \{(x, y) \mid x \geq 0, y \geq 0, x^2 + y^2 \leq 3\}$

37. $f(x, y) = 2x^3 + y^4$, $D = \{(x, y) \mid x^2 + y^2 \leq 1\}$

38. $f(x, y) = x^3 - 3x - y^3 + 12y$, D est le quadrilatère de sommets $(-2, 3)$, $(2, 3)$, $(2, 2)$ et $(-2, -2)$.

39. Une fonction continue d'une seule variable ne peut avoir deux maximums locaux et aucun minimum local. Cependant, de telles fonctions de deux variables existent. Montrez que la fonction

$$f(x, y) = -(x^2 - 1)^2 - (x^2y - x - 1)^2$$

n'a que deux points critiques, mais qu'elle admet un maximum local en chacun. Ensuite, à l'aide d'un ordinateur, tracez un graphe en choisissant soigneusement le domaine et le point de vue pour voir comment cela est possible.

40. Si une fonction d'une variable est continue sur un intervalle et n'a qu'un point critique, alors un maximum local est nécessairement un maximum absolu. Toutefois, cet énoncé est faux pour les fonctions de deux variables. Montrez que la fonction

$$f(x, y) = 3xe^y - x^3 - e^{3y}$$

a exactement un point critique et que f admet un maximum local qui n'est pas absolu. Ensuite, à l'aide d'un ordinateur, tracez le graphe de f en choisissant soigneusement le domaine et le point de vue pour voir comment cela est possible.

41. Calculez la plus petite distance du point $(2, 0, -3)$ au plan $x + y + z = 1$.

42. Trouvez le point du plan $x - 2y + 3z = 6$ le plus proche du point $(0, 1, 1)$.

43. Trouvez les points du cône $z^2 = x^2 + y^2$ les plus proches du point $(4, 2, 0)$.

44. Trouvez les points de la surface $y^2 = 9 + xz$ les plus proches de l'origine.

45. Trouvez trois nombres positifs de somme égale à 100 et dont le produit est maximal.

46. Trouvez trois nombres positifs de somme égale à 12 et dont la somme des carrés est minimale.

47. Trouvez le volume maximal d'une boîte rectangulaire inscrite dans une sphère de rayon r.

48. Calculez les dimensions d'une boîte dont le volume est de 1000 cm³ et dont la surface est minimale.

49. Calculez le volume de la plus grande boîte rectangulaire située dans le premier octant si trois de ses faces sont dans les plans de coordonnées et un de ses sommets est dans le plan $x + 2y + 3z = 6$.

50. Calculez les dimensions de la boîte rectangulaire de volume maximal dont la surface égale 64 cm².

51. Calculez les dimensions de la boîte rectangulaire de volume maximal si la somme des longueurs de ses 12 arêtes est une constante c.

52. La base d'un aquarium (ouvert vers le haut) de volume V donné est en ardoise, et les côtés sont en verre. En sachant que par unité d'aire l'ardoise coûte cinq fois plus cher que le verre, calculez les dimensions de l'aquarium qui minimisent le coût des matériaux.

53. Le volume d'une boîte en carton, sans couvercle, doit être de 32 000 cm³. Calculez les dimensions qui minimisent la quantité de carton utilisée.

54. Un immeuble rectangulaire doit être conçu de façon à minimiser la perte de chaleur. Le taux de perte de chaleur des façades est et ouest est de 10 unités/m² par jour, celui des faces nord et sud de 8 unités/m² par jour, celui du plancher, de 1 unité/m² par jour, et celui du toit, de 5 unités/m² par jour. Chaque façade doit avoir une longueur minimale de 30 m et une hauteur minimale de 4 m, et le volume doit être exactement de 4000 m³.

a) Déterminez et esquissez le domaine de la fonction de perte de chaleur en fonction des longueurs des côtés.

b) Calculez les dimensions qui minimisent la perte de chaleur. (Vérifiez les points critiques et les points sur la frontière du domaine.)

c) Pourriez-vous concevoir un immeuble qui perdrait moins de chaleur si les contraintes sur les longueurs des façades étaient enlevées?

55. La longueur de la diagonale d'une boîte rectangulaire doit être L. Calculez son volume maximal.

56. Un modèle exprimant le rendement Y d'une culture agricole en fonction du niveau d'azote N et du niveau de phosphore P dans le sol (mesurés en unités appropriées) est

$$Y(N, P) = kNPe^{-N-P}$$

où k est une constante positive. Quels niveaux d'azote et de phosphore produisent le meilleur rendement?

57. L'indice de Shannon (parfois appelé indice de Shannon-Wiener ou indice de Shannon-Weaver) est une mesure de la diversité dans un écosystème. Dans le cas de trois espèces, on le définit par

$$H = -p_1 \ln p_1 - p_2 \ln p_2 - p_3 \ln p_3$$

où p_i est la proportion de l'espèce i dans l'écosystème.

a) Exprimez H comme une fonction de deux variables en utilisant le fait que $p_1 + p_2 + p_3 = 1$.

b) Quel est le domaine de H?

c) Trouvez la valeur maximale de H. Quelles valeurs de p_1, de p_2 et de p_3 produisent ce maximum?

58. Les trois allèles A, B et O déterminent les quatre groupes sanguins: A (AA ou AO), B (BB ou BO), O (OO) et AB. Selon la loi de Hardy-Weinberg, la proportion des personnes d'une population qui ont deux allèles différents est

$$P = 2pq + 2pr + 2rq$$

où p, q et r sont les proportions de A, de B et de O dans la population. Sachant que $p + q + r = 1$, montrez que P vaut au plus $\frac{2}{3}$.

59. Trouvez la droite des moindres carrés pour les quatre points suivants: $(0, -1), (2, 0), (4, 3), (5, 5)$.

60. Un scientifique a des raisons de croire qu'il existe une relation linéaire entre les valeurs d'un paramètre t et le résultat y d'une expérience. Après avoir répété l'expérience huit fois, il obtient les données suivantes:

x_i	0	2,5	5	7,5	10	12,5	15	17,5	20
y_i	4	9	11,5	17	18	25	28	33,5	34

Trouvez la droite des moindres de carrés pour ces données.

61. Si $\overline{x}$ est la moyenne des x_i et $\overline{y}$ est la moyenne des y_i, montrez que le point $(\overline{x}, \overline{y})$ appartient à la droite des moindre carrés des données (x_i, y_i).

62. Trouvez l'équation du plan qui passe par le point $(1, 2, 3)$ et qui découpe un volume minimal dans le premier octant.

APPLICATION

LA CONCEPTION D'UNE BENNE À ORDURES

Pour réaliser ce projet, on repère d'abord une benne à ordures afin d'en étudier la forme et le procédé de fabrication. On essaie ensuite de déterminer les dimensions d'un conteneur de conception semblable qui minimise le coût de fabrication.

1. Repérez une benne à ordures dans votre environnement. Étudiez attentivement tous les détails de sa fabrication, décrivez-les, puis déterminez-en le volume. Esquissez cette benne.

2. Tout en respectant la forme générale et le type de fabrication, déterminez les dimensions que devrait avoir une benne de même volume pour minimiser le coût de fabrication. Dans votre analyse, retenez les hypothèses suivantes.

   • Les faces latérales, avant et arrière doivent être constituées de feuilles d'acier de calibre 12 (épaisseur de 2,6568 mm), au coût de 7 \$/m² (y compris tous les découpages et pliages nécessaires).
   • Le fond doit être constitué d'une feuille d'acier de calibre 10 (épaisseur de 3,4518 mm), au coût de 9 \$/m².
   • Les couvercles coûtent 50 \$ chacun, peu importe les dimensions.
   • La soudure coûte 6 \$/m, matériaux et travail combinés.

   Justifiez toutes les hypothèses ou toutes les simplifications supplémentaires relatives aux détails de fabrication.

3. Décrivez comment vos hypothèses ou vos simplifications influent sur le résultat final.

4. Si vous étiez engagé à titre de consultant pour cette analyse, quelles seraient vos conclusions? Recommanderiez-vous de modifier la conception de la benne? Si oui, décrivez les économies qui en résulteraient.

SUJET À EXPLORER   **LES APPROXIMATIONS QUADRATIQUES ET LES POINTS CRITIQUES**

À la section 4.5, on a défini les approximations de Taylor linéaire et quadratique d'une fonction de deux variables. On les utilise ici pour éclairer le test des dérivées secondes permettant de classer les points critiques.

1. Si f possède des dérivées partielles secondes continues en (a, b), on a vu à la section 4.5 que le polynôme de Taylor de degré 2 de f en (a, b) est

$$Q(x, y) = f(a, b) + f_x(a, b)(x-a) + f_y(a, b)(y-b) + \tfrac{1}{2} f_{xx}(a, b)(x-a)^2$$
$$+ f_{xy}(a, b)(x-a)(y-b) + \tfrac{1}{2} f_{yy}(a, b)(y-b)^2$$

et que $f(x, y) \approx Q(x, y)$ est l'approximation quadratique de f en (a, b). Vérifiez que Q a les mêmes dérivées partielles du premier ordre et du second ordre que f au point (a, b).

2. a) Trouvez les polynômes de Taylor L et Q, de degrés 1 et 2, de $f(x, y) = e^{-x^2 - y^2}$ en $(0, 0)$.

   b) Tracez les graphes de f, de L et de Q. Commentez la précision de l'approximation de f par L et Q.

3. a) Trouvez les polynômes de Taylor, L et Q, de degrés 1 et 2, de $f(x, y) = xe^y$ en $(1, 0)$.

   b) Comparez les valeurs de L, de Q et de f en $(0{,}9\,;\,0{,}1)$.

   c) Tracez les graphes de f, de L et de Q. Commentez la précision de l'approximation de f par L et Q.

4. Dans ce problème, on analyse le comportement du polynôme

$$f(x, y) = ax^2 + bxy + cy^2$$

(sans utiliser le test des dérivées secondes) en reconnaissant le graphe de f comme étant un paraboloïde.

   a) En complétant le carré, montrez que si $a \neq 0$, alors

$$f(x, y) = ax^2 + bxy + cy^2 = a\left[\left(x + \frac{b}{2a}y\right)^2 + \left(\frac{4ac - b^2}{4a^2}\right)y^2\right].$$

   b) Posez $\alpha_2 = 4ac - b^2$. Montrez que si $\alpha_2 > 0$ et $\alpha_1 = a > 0$, alors f admet un minimum local en $(0, 0)$.

   c) Montrez que si $\alpha_2 > 0$ et $\alpha_1 = a < 0$, alors f admet un maximum local en $(0, 0)$.

   d) Montrez que si $\alpha_2 < 0$, alors $(0, 0)$ est un point de selle.

5. a) Supposez que f est une fonction quelconque ayant des dérivées partielles secondes continues et telle que $f(0, 0) = 0$ et que $(0, 0)$ est un point critique de f. Écrivez l'expression du polynôme de Taylor $Q(x, y)$ de degré 2 de f en $(0, 0)$.

   b) Que pouvez-vous conclure à propos du polynôme Q du problème 4 ?

   c) En considérant l'approximation quadratique $f(x, y) \approx Q(x, y)$, que suggère la partie b) à propos de f ?

5.2 L'OPTIMISATION DES FONCTIONS DE PLUSIEURS VARIABLES

Dans cette section, nous généralisons les notions d'optimisation de la section 5.1 aux fonctions de $n \geq 3$ variables. Pour cela, il est pratique d'utiliser systématiquement la notation vectorielle.

Un problème d'optimisation s'écrit de façon standard sous la forme

1
$$\min_{\vec{x} \in \mathbb{R}^n} f(\vec{x})$$
$$\text{s.c. } \vec{x} \in S$$

où $\vec{x}$ est un point de $\mathbb{R}^n$ (considéré aussi comme un vecteur colonne), f est une fonction de n variables et S, un sous-ensemble de $\mathbb{R}^n$. L'abréviation « s.c. » signifie « sous la ou les contraintes ». Un point $\vec{x} \in S$ est appelé un **point admissible** (ou **réalisable**). À la section 5.1, on avait $\vec{x} = (x, y)$.

---

2 **DÉFINITION**

La fonction f possède un minimum global au point $\vec{a}$ du domaine S si

$$f(\vec{a}) \leq f(\vec{x})$$

pour tout $\vec{x} \in S$. La **valeur minimale** (ou **optimale**) de f sur S est $f(\vec{a})$.

Un point $\vec{a}$ qui correspond à un minimum global est appelé une **solution** au problème d'optimisation 1. Il peut y avoir plusieurs solutions à un problème d'optimisation, mais la valeur optimale est unique.

Un problème de maximisation, où on cherche la valeur maximale de f, peut toujours se réécrire sous la forme standard 1 (voir l'exercice 20).

EXEMPLE 1 Le problème d'optimisation en une variable sans contraintes (ici $S = \mathbb{R}$)

$$\min_{x \in \mathbb{R}} \sin(x)$$

possède une infinité de solutions, qui sont $x = \dfrac{3\pi}{2} + 2k\pi$ pour $k \in \mathbb{Z}$, et l'unique valeur optimale est -1. ∎

On note $B_\varepsilon(\vec{a})$ la boule ouverte de rayon ε centrée en $\vec{a}$, c'est-à-dire

$$B_\varepsilon(\vec{a}) = \left\{ \vec{x} \in \mathbb{R}^n \,\middle|\, \|\vec{x} - \vec{a}\| < \varepsilon \right\}$$

où $\|\vec{x} - \vec{a}\| = \sqrt{(x_1 - a_1)^2 + (x_2 - a_2)^2 + \cdots + (x_n - a_n)^2}$ est la distance entre les points $\vec{x}$ et $\vec{a}$. La boule $B_\varepsilon(\vec{a})$ contient tous les points qui sont à une distance inférieure à ε de $\vec{a}$, et $B_\varepsilon(\vec{a})$ est un voisinage de $\vec{a}$.

---

3 **DÉFINITION**

La fonction f possède un minimum local au point $\vec{a}$ du domaine S s'il existe $\varepsilon > 0$ tel que

$$f(\vec{a}) \leq f(\vec{x})$$

pour tout point $\vec{x} \in S \cap B_\varepsilon(\vec{a})$ (c'est-à-dire tout point de S dans un voisinage de $\vec{a}$).

Les **maximums globaux** et **locaux** sont définis de façon semblable si on remplace l'inégalité $\leq$ par $\geq$.

CONDITION DU PREMIER ORDRE POUR L'OPTIMISATION SANS CONTRAINTES

Dans un problème d'optimisation sans contraintes, $S = \mathbb{R}^n$. Autrement dit, l'ensemble des points admissibles est l'espace $\mathbb{R}^n$ au complet. On suppose que f est différentiable et que f possède un minimum local en $\vec{a}$. Selon la définition 3, il existe un nombre ε tel que $f(\vec{a}) \leq f(\vec{x})$ pour tout point $\vec{x}$ dans un voisinage $B_\varepsilon(\vec{a})$. Si $\vec{d}$ est un vecteur unitaire, alors pour $t \geq 0$ suffisamment petit, le point $\vec{a} + t\vec{d}$ appartient au voisinage $B_\varepsilon(\vec{a})$. Par conséquent,

$$f(\vec{a}) \leq f(\vec{a} + t\vec{d})$$

ce qui implique que

$$f_{\vec{d}}(\vec{a}) = \lim_{t \to 0^+} \frac{f(\vec{a} + t\vec{d}) - f(\vec{a})}{t} \geq 0$$

car le numérateur est positif. Puisque $\vec{d}$ est un vecteur quelconque, on conclut que la dérivée directionnelle de f en $\vec{a}$ est positive quelle que soit la direction $\vec{d}$. On choisit maintenant la direction opposée au gradient :

$$\vec{d} = -\frac{\nabla f(\vec{a})}{\|\nabla f(\vec{a})\|}.$$

On a

$$0 \leq f_{\vec{d}}(\vec{a}) = \nabla f(\vec{a}) \cdot \vec{d} = -\frac{\nabla f(\vec{a}) \cdot \nabla f(\vec{a})}{\|\nabla f(\vec{a})\|} = -\|\nabla f(\vec{a})\|.$$

Puisque la norme du vecteur gradient est un nombre positif, pour que $-\|\nabla f(\vec{a})\| \geq 0$ soit satisfaite, il faut nécessairement que $\nabla f(\vec{a}) = \vec{0}$. On vient de démontrer le théorème suivant.

> **4 CONDITION NÉCESSAIRE DE PREMIER ORDRE POUR UN MINIMUM LOCAL**
>
> Si f est différentiable et possède un minimum local en $\vec{a}$, alors $\nabla f(\vec{a}) = \vec{0}$.

Ce théorème fournit une condition nécessaire de premier ordre (puisqu'elle fait intervenir la dérivée d'ordre 1) pour un minimum local. Un raisonnement semblable permet de montrer que cette condition est aussi valable pour un maximum local.

On appelle un point $\vec{x}$ où le gradient de f est nul un **point critique**. Ceci est analogue au cas d'une seule variable, où un point critique est un point où la dérivée s'annule.

EXEMPLE 2 Trouvons tous les points critiques de la fonction

$$f(\vec{x}) = x^3 - 2x + 2y^2 + 2xy + z^3 - 27z, \text{ où } \vec{x} = (x, y, z).$$

SOLUTION Le gradient de f est

$$\nabla f = (3x^2 - 2 + 2y)\vec{i} + (4y + 2x)\vec{j} + (3z^2 - 27)\vec{k}.$$

Pour trouver les points critiques, on doit résoudre le système :

$$3x^2 - 2 + 2y = 0$$
$$4y + 2x = 0$$
$$3z^2 - 27 = 0.$$

En isolant y dans la deuxième équation, puis en substituant sa valeur dans la première, on obtient l'équation $3x^2 - 2 - x = 0$ dont les solutions sont $x = 1$ et $x = -2/3$. Les valeurs de y correspondantes sont $y = -1/2$ et $y = 1/3$. La troisième équation donne $z = \pm 3$. Les points critiques sont donc $\vec{x}_1 = (1, -1/2, 3)$, $\vec{x}_2 = (1, -1/2, -3)$, $\vec{x}_3 = (-2/3, 1/3, 3)$ et $\vec{x}_4 = (-2/3, 1/3, -3)$.

Le théorème 4 donne une condition nécessaire mais pas suffisante. En effet, il est possible que le gradient s'annule en un point sans que ce point soit un minimum ou un maximum local. Un point critique qui n'est pas un extremum est un **point de selle**. Plus précisément, on a la définition suivante.

5 DÉFINITION

Un point critique $\vec{a}$ est un point de selle de la fonction f si, dans toute boule ouverte $B_\varepsilon(\vec{a})$, il existe des points $\vec{x}_1$ et $\vec{x}_2$ tels que $f(\vec{x}_1) < f(\vec{a}) < f(\vec{x}_2)$.

LE SIGNE D'UNE MATRICE

Afin de pouvoir établir un critère permettant de distinguer les minimums, les maximums et les points de selle, il est nécessaire de savoir déterminer le **signe** d'une matrice.

Si A est une matrice carrée symétrique de dimension $n \times n$ et u est un vecteur colonne de taille n, alors u^T est un vecteur ligne de taille n et le produit $u^T A u$ est une matrice de dimension 1×1, qui est considérée comme étant simplement un scalaire. Le **signe** de la matrice A est défini par le signe de ce scalaire.

6 DÉFINITION

Une matrice carrée symétrique A est:
- **semi-définie positive** si $u^T A u \geq 0$ pour tout vecteur colonne u;
- **définie positive** si $u^T A u > 0$ pour tout vecteur colonne u non nul;
- **semi-définie négative** si $u^T A u \leq 0$ pour tout vecteur colonne u;
- **définie négative** si $u^T A u < 0$ pour tout vecteur colonne u non nul.

Cette définition implique qu'une matrice A est (semi-)définie négative si la matrice $-A$ est (semi-)définie positive. Par conséquent, en pratique, il suffit de savoir comment vérifier si une matrice est (semi-)définie positive.

Le **critère de Sylvester**, qui consiste à vérifier le signe de certains déterminants associés à A, permet de déterminer si une matrice A est définie positive. Si

$$A = \begin{bmatrix} a_{11} & a_{12} & \cdots & a_{1n} \\ a_{21} & a_{22} & \cdots & a_{2n} \\ \vdots & \vdots & & \vdots \\ a_{n1} & a_{n2} & \cdots & a_{nn} \end{bmatrix}$$

alors ses **mineurs principaux dominants** sont les déterminants

$$\alpha_1 = \det[a_{11}], \ \alpha_2 = \det\begin{bmatrix} a_{11} & a_{12} \\ a_{21} & a_{22} \end{bmatrix}, \ \alpha_3 = \det\begin{bmatrix} a_{11} & a_{12} & a_{13} \\ a_{21} & a_{22} & a_{23} \\ a_{31} & a_{32} & a_{33} \end{bmatrix}, \ \ldots$$

$$\alpha_n = \det\begin{bmatrix} a_{11} & a_{12} & \cdots & a_{1n} \\ a_{21} & a_{22} & \cdots & a_{2n} \\ \vdots & \vdots & & \vdots \\ a_{n1} & a_{n2} & \cdots & a_{nn} \end{bmatrix} = \det A.$$

A est définie positive.

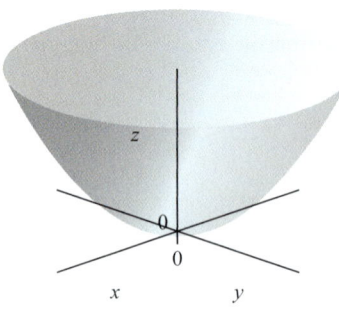

La surface est un paraboloïde ouvert vers le haut.

A est définie négative.

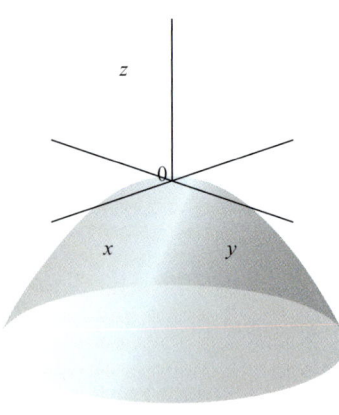

La surface est un paraboloïde ouvert vers le bas.

A est indéfinie.

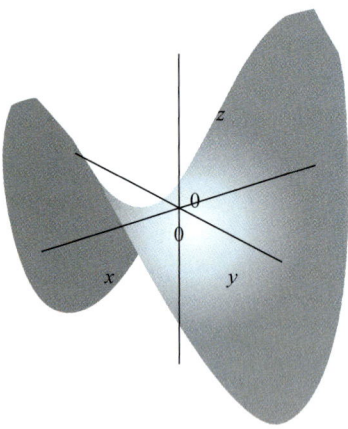

La surface est un paraboloïde hyperbolique (selle de cheval).

FIGURE 1
Condition de deuxième ordre pour l'optimisation sans contraintes.

Si β_j est le j-ième mineur principal dominant de la matrice $-A$, alors le critère de Sylvester s'énonce comme suit.

> **CRITÈRE DE SYLVESTER**
>
> Soit A une matrice symétrique inversible.
>
> Si $\alpha_j > 0$ pour $j = 1, 2, \ldots, n$, alors A est définie positive.
>
> Si $\beta_j > 0$ pour $j = 1, 2, \ldots, n$, alors A est définie négative.

⊘ Si tous les α_j sont négatifs, on ne peut pas conclure que la matrice est définie négative.

EXEMPLE 3 Déterminons le signe (définie positive ou négative) des matrices suivantes :

$$A = \begin{bmatrix} 3 & -2 & 0 \\ -2 & 2 & -1 \\ 0 & -1 & 2 \end{bmatrix}, B = \begin{bmatrix} -3 & 2 & 1 \\ 2 & -4 & 1 \\ 1 & 1 & -2 \end{bmatrix},$$

$$C = \begin{bmatrix} -1 & -1 & 1 \\ -1 & 0 & -1 \\ 1 & -1 & 1 \end{bmatrix}, D = \begin{bmatrix} -2 & 0 & 0 & 0 \\ 0 & -1 & 0 & 0 \\ 0 & 0 & -8 & 0 \\ 0 & 0 & 0 & -2 \end{bmatrix}.$$

SOLUTION La matrice D est diagonale, et tous ses éléments diagonaux sont négatifs, donc D est définie négative.

Pour les matrices A et B, on a les données ci-dessous.

A			−A			Conclusion
α_1	α_2	α_3	β_1	β_2	β_3	
3	2	1	−	−	−	$\alpha_j > 0$ pour $j = 1, 2, 3$, donc A est définie positive.

Ici, il n'est pas nécessaire de calculer les β_j puisque les α_j permettent de déduire le signe de A.

B			−B			Conclusion
α_1	α_2	α_3	β_1	β_2	β_3	
−3	8	−5	3	8	5	$\beta_j > 0$ pour $j = 1, 2, 3$, donc B est définie négative.

Pour la matrice C, on a $\alpha_1 = -1 \not> 0$ et $\beta_2 = -1 \not> 0$, donc cette matrice n'est ni définie positive ni définie négative. ■

Le signe d'une matrice peut s'interpréter géométriquement comme suit. Soit $A = \begin{bmatrix} a & b \\ b & c \end{bmatrix}$ une matrice carrée symétrique de taille 2×2, $\vec{x} = (x, y)$ et f la fonction de deux variables définie par $f(\vec{x}) = \vec{x}^T A \vec{x}$ (explicitement, $f(x, y) = ax^2 + 2bxy + cy^2$). Le signe de A détermine la forme de la surface $z = f(x, y)$ (voir la figure 1).

CONDITION DE DEUXIÈME ORDRE POUR L'OPTIMISATION SANS CONTRAINTES

On établit maintenant un critère pour distinguer les minimums, les maximums et les points de selle. Si f possède des dérivées secondes continues, on définit la **matrice hessienne** de f, dont les éléments sont les dérivées secondes de f, comme suit :

$$\nabla^2 f = \begin{bmatrix} f_{x_1 x_1} & f_{x_1 x_2} & \cdots & f_{x_1 x_n} \\ f_{x_2 x_1} & f_{x_2 x_2} & \cdots & f_{x_2 x_n} \\ \vdots & \vdots & \ddots & \vdots \\ f_{x_n x_1} & f_{x_n x_2} & \cdots & f_{x_n x_n} \end{bmatrix}.$$

EXEMPLE 4 La matrice hessienne de la fonction f de l'exemple 2 est

$$\nabla^2 f = \begin{bmatrix} 6x & 2 & 0 \\ 2 & 4 & 0 \\ 0 & 0 & 6z \end{bmatrix}.$$

À la section 4.5, nous avons défini le polynôme de Taylor de degré 2 au point (a, b) d'une fonction de deux variables par

$$Q(x,y) = f(a,b) + f_x(a,b)(x-a) + f_y(a,b)(y-b)$$
$$+ \frac{1}{2!} f_{xx}(a,b)(x-a)^2 + f_{xy}(a,b)(x-a)(y-b) + \frac{1}{2!} f_{yy}(a,b)(y-b)^2.$$

Si on note $\vec{x} = (x,y)$ et $\vec{a} = (a,b)$, alors le terme de degré 1 de Q peut s'écrire $\nabla f(\vec{a}) \cdot (\vec{x} - \vec{a})$. De plus, la matrice hessienne de f au point (a, b) est

$$\begin{bmatrix} f_{xx}(a,b) & f_{xy}(a,b) \\ f_{xy}(a,b) & f_{yy}(a,b) \end{bmatrix}$$

et le terme de degré 2 peut s'écrire $\frac{1}{2!}(\vec{x}-\vec{a})^{\mathrm{T}} \nabla^2 f(\vec{a})(\vec{x}-\vec{a})$. Ainsi, le polynôme Q se réécrit

$$Q(x,y) = f(\vec{a}) + \nabla f(\vec{a})(\vec{x}-\vec{a}) + \frac{1}{2}(\vec{x}-\vec{a})^{\mathrm{T}} \nabla^2 f(\vec{a})(\vec{x}-\vec{a}).$$

Cette formule est également valable en général lorsque f est une fonction de n variables.

On considère à nouveau un minimum local $\vec{a}$ pour une fonction f possédant des dérivées secondes continues. Soit $\vec{d}$ un vecteur unitaire et $t > 0$ suffisamment petit. Le développement de Taylor (voir la section 4.5) de f autour de $\vec{a}$ permet d'écrire

$$f(\vec{a}) \leq f(\vec{a}+t\vec{d}) \approx f(\vec{a}) + t\nabla f(\vec{a}) \cdot \vec{d} + \frac{t^2}{2} \vec{d}^T \nabla^2 f(\vec{a})\vec{d}$$
$$= f(\vec{a}) + \frac{t^2}{2} \vec{d}^T \nabla^2 f(\vec{a})\vec{d}$$

car $\nabla f(\vec{a}) = \vec{0}$ pour un minimum local. En simplifiant cette expression et en divisant par $t^2/2$, on trouve que

$$\vec{d}^T \nabla^2 f(\vec{a})\vec{d} \geq 0$$

quel que soit le vecteur $\vec{d}$. Cela signifie que la matrice hessienne de f en $\vec{a}$ est **semi-définie positive**. On a donc la condition nécessaire de deuxième ordre suivante pour une fonction ayant des dérivées secondes continues.

7 **CONDITION NÉCESSAIRE DE DEUXIÈME ORDRE POUR UN MINIMUM LOCAL**

Si f possède un minimum local en $\vec{a}$, alors $\nabla f(\vec{a}) = \vec{0}$ et $\vec{y}^T \nabla^2 f(\vec{a}) \vec{y} \geq 0$ pour tout $\vec{y} \in \mathbb{R}^n$ (la matrice hessienne est semi-définie positive).

Une condition similaire est valable pour un maximum : si $\vec{a}$ est un maximum local de f, alors $\nabla f(\vec{a}) = \vec{0}$ et $\nabla^2 f(\vec{a})$ est **semi-définie négative**. Si $\vec{a}$ est un point critique et que $\nabla^2 f(\vec{a})$ n'est ni semi-définie positive ni semi-définie négative (donc elle est indéfinie), alors $\vec{a}$ n'est ni un minimum ni un maximum local de f. Si la matrice hessienne est indéfinie, $\vec{a}$ est donc un point de selle.

En exigeant que la condition de deuxième ordre soit satisfaite de manière stricte, on obtient une condition suffisante pour l'existence d'un minimum local.

8 **CONDITION SUFFISANTE DU DEUXIÈME ORDRE POUR UN MINIMUM LOCAL**

Soit $\vec{a} \in \mathbb{R}^n$ un point critique de la fonction f. Si $\vec{y}^T \nabla^2 f(\vec{a}) \vec{y} > 0$ pour tout $\vec{y} \in \mathbb{R}^n$ non nul (la matrice hessienne est définie positive), alors f possède un minimum local en $\vec{a}$.

Pour avoir un maximum local, la condition suffisante est que la matrice hessienne en un point critique soit définie négative. Les conditions suffisantes du deuxième ordre ne permettent de conclure que lorsque la matrice hessienne est inversible (non singulière).

La démonstration du théorème 8 est faite dans des cours avancés sur l'optimisation.

Les critères 3 de la section 5.1 (p. 206) permettant de déterminer la nature d'un point critique sont un cas particulier pour $n = 2$ des conditions qu'on a établies. On peut reformuler le théorème 8 comme suit.

9 **CONDITIONS SUFFISANTES DU DEUXIÈME ORDRE POUR UN PROBLÈME D'OPTIMISATION SANS CONTRAINTES**

Supposons que les dérivées partielles secondes de f sont continues dans le voisinage d'un point critique $\vec{a}$ ($\nabla f(\vec{a}) = \vec{0}$). Si la matrice hessienne $\nabla^2 f(\vec{a})$ est inversible et

- si $\nabla^2 f(\vec{a})$ est définie positive, alors f possède un minimum local en $\vec{a}$;
- si $\nabla^2 f(\vec{a})$ est définie négative, alors f possède un maximum local en $\vec{a}$;
- si $\nabla^2 f(\vec{a})$ est indéfinie, alors $\vec{a}$ est un point de selle de f.

EXEMPLE 5 Déterminons la nature des points critiques de la fonction
$$f(\vec{x}) = x^3 - 2x + 2y^2 + 2xy + z^3 - 27z$$
de l'exemple 2.

SOLUTION Les points critiques $\vec{x}_1, \vec{x}_2, \vec{x}_3$ et $\vec{x}_4$ ont déjà été trouvés à l'exemple 2, et la matrice hessienne a été calculée à l'exemple 4. On doit trouver le signe de la matrice hessienne en chacun des points critiques.

Pour déterminer le signe de la matrice hessienne, on utilise le critère Sylvester (voir l'annexe A). Soit

$$\alpha_1 = \det[6x], \qquad \alpha_2 = \det\begin{bmatrix} 6x & 2 \\ 2 & 4 \end{bmatrix}, \qquad \alpha_3 = \det\begin{bmatrix} 6x & 2 & 0 \\ 2 & 4 & 0 \\ 0 & 0 & 6z \end{bmatrix}$$

$$= 6x \qquad\qquad = 24x - 4 \qquad\qquad = (24x - 4)(6z)$$

et

$$\beta_1 = \det\begin{bmatrix} -6x \end{bmatrix}, \quad \beta_2 = \det\begin{bmatrix} -6x & -2 \\ -2 & -4 \end{bmatrix}, \quad \beta_3 = \det\begin{bmatrix} -6x & -2 & 0 \\ -2 & -4 & 0 \\ 0 & 0 & -6z \end{bmatrix}$$

$$= -6x \qquad\qquad = 24x - 4 \qquad\qquad = (24x - 4)(-6z).$$

Les résultats de l'application des conditions de deuxième ordre sont résumés dans le tableau suivant.

Point critique	Valeur de f	$\nabla^2 f$			$-\nabla^2 f$			Conclusion
		α_1	α_2	α_3	β_1	β_2	β_3	
$\vec{x}_1 = (1, -1/2, 3)$	$-\dfrac{111}{2}$	6	20	360	—	—	—	Matrice définie positive $\Rightarrow$ minimum local
$\vec{x}_2 = (1, -1/2, -3)$	$\dfrac{105}{2}$	6	20	−360	−6	20	360	Matrice indéfinie $\Rightarrow$ point de selle
$\vec{x}_3 = (-2/3, 1/3, 3)$	$-\dfrac{1436}{27}$	−4	−20	−360	4	−20	360	Matrice indéfinie $\Rightarrow$ point de selle
$\vec{x}_4 = (-2/3, 1/3, -3)$	$\dfrac{1480}{27}$	−4	−20	360	4	−20	−360	Matrice indéfinie $\Rightarrow$ point de selle

EXEMPLE 6 Considérons la fonction $f(\vec{x}) = 6x_1^2 + x_2^3 + 6x_1 x_2 + 3x_2^2 + \frac{1}{4}x_3^4 - \frac{1}{3}x_3^3$, où $\vec{x} = (x_1, x_2, x_3)$. Déterminons la nature de chaque point critique.

SOLUTION On trouve d'abord les points critiques de f. Le gradient est

$$\nabla f(\vec{x}) = \left(12x_1 + 6x_2\right)\vec{i} + \left(3x_2^2 + 6x_1 + 6x_2\right)\vec{j} + \left(x_3^3 - x_3^2\right)\vec{k}.$$

Le système de trois équations à trois inconnues $\nabla f(\vec{x}) = \vec{0}$ a pour solutions les points critiques

$$\vec{x}_1 = (0, 0, 0), \ \vec{x}_2 = (0, 0, 1), \ \vec{x}_3 = \left(\tfrac{1}{2}, -1, 0\right) \text{ et } \vec{x}_4 = \left(\tfrac{1}{2}, -1, 1\right).$$

On calcule d'abord les déterminants α_i et β_i permettant de déterminer le signe de la matrice hessienne. À l'aide des conditions du deuxième ordre, on peut ensuite classer les points critiques.

Point critique	Valeur de f	$\nabla^2 f$			$-\nabla^2 f$			Conclusion
		α_1	α_2	α_3	β_1	β_2	β_3	
$\vec{x}_1 = (0, 0, 0)$	0	12	36	0	—	—	—	Matrice singulière $\Rightarrow$ nature indéterminée
$\vec{x}_2 = (0, 0, 1)$	$-\dfrac{1}{12}$	12	36	36	—	—	—	Matrice définie positive $\Rightarrow$ minimum local
$\vec{x}_3 = (1/2, -1, 0)$	$\dfrac{1}{2}$	12	−36	0	−12	−36	0	Matrice singulière $\Rightarrow$ nature indéterminée
$\vec{x}_4 = (1/2, -1, 1)$	$\dfrac{5}{12}$	12	−36	−36	−12	−36	36	Matrice indéfinie $\Rightarrow$ point de selle

La fonction f possède un minimum local en $\vec{x}_2$, tandis que $\vec{x}_4$ est un point de selle. Puisque la matrice hessienne est non inversible aux points critiques $\vec{x}_1$ et $\vec{x}_3$, une analyse plus approfondie serait nécessaire pour déterminer la nature de ces points.

EXEMPLE 7 Soit la fonction $f(\vec{x}) = \exp\left(1 - \sum_{i=1}^{n} x_i^2\right)$, où $\vec{x} = (x_1, x_2, \ldots, x_n)$. Déterminons la nature des points critiques de f.

SOLUTION La dérivée de f par rapport à x_j est

$$\frac{\partial f}{\partial x_j} = -2x_j \exp\left(1 - \sum_{i=1}^{n} x_i^2\right)$$

donc $\nabla f = \vec{0}$ donne le système de n équations à n inconnues

$$x_j \exp\left(1 - \sum_{i=1}^{n} x_i^2\right) = 0, \quad j = 1, \ldots, n$$

dont la solution est $\vec{x} = (0, 0, \ldots, 0)$, car l'exponentielle est strictement positive. Il y a donc un seul point critique.

Les dérivées secondes de f sont

$$\frac{\partial^2 f}{\partial x_j^2} = -2\exp\left(1 - \sum_{i=1}^{n} x_i^2\right) + 4x_j^2 \exp\left(1 - \sum_{i=1}^{n} x_i^2\right)$$

et

$$\frac{\partial^2 f}{\partial x_k \partial x_j} = 4x_k x_j \exp\left(1 - \sum_{i=1}^{n} x_i^2\right) \text{ si } j \neq k.$$

La matrice hessienne en $(0, 0, \ldots, 0)$ est donc

$$\nabla^2 f(0, 0, \ldots, 0) = \begin{bmatrix} -2e & 0 & \cdots & 0 \\ 0 & -2e & \cdots & 0 \\ \vdots & \vdots & \ddots & \vdots \\ 0 & 0 & \cdots & -2e \end{bmatrix}.$$

La matrice $-\nabla^2 f(0, 0, \ldots, 0)$ est diagonale avec tous ses éléments positifs, ce qui implique qu'elle est définie positive. Par conséquent, $\nabla^2 f(0, 0, \ldots, 0)$ est définie négative, et f possède un maximum local au point critique $(0, 0, \ldots, 0)$.

Puisque la somme $\sum_{i=1}^{n} x_i^2$ est positive, la valeur maximale de $1 - \sum_{i=1}^{n} x_i^2$ est 1 et est atteinte lorsque $x_i = 0$ pour tout i. De plus, l'exponentielle étant croissante, la valeur maximale de f est e^1. Le point critique trouvé correspond donc au maximum global de f.

LA MÉTHODE DU GRADIENT POUR L'OPTIMISATION SANS CONTRAINTES

En pratique, il arrive souvent qu'un problème d'optimisation sans contraintes soit impossible à résoudre analytiquement, car le système de n équations non linéaires à n inconnues $\nabla f(\vec{x}) = \vec{0}$ est trop difficile à résoudre. Dans ce cas, on peut utiliser une méthode itérative qui permet de trouver un minimum local à partir d'une estimation initiale.

Si $\vec{x}^0 \in \mathbb{R}^n$ (le 0 est un indice et non un exposant) est un point initial, alors la direction opposée au gradient, $-\nabla f(\vec{x}^0)$, est une direction de descente en ce point, c'est-à-dire que la fonction f est décroissante dans cette direction. En suivant cette direction, on trouve des points où la valeur de la fonction diminue, et on espère s'approcher d'un minimum local. Ceci est analogue à la situation d'un marcheur cherchant le point le plus bas d'une vallée dans une région montagneuse : s'il emprunte toujours une direction de pente descendante, il peut espérer trouver éventuellement le fond de la vallée.

En général, une direction de descente ne mènera pas directement à un minimum local, de la même façon que le marcheur ne trouvera probablement pas de chemin direct vers le point le plus bas. La direction suivie devra donc être révisée au cours de la procédure. Pour la méthode du gradient, la direction suivie est modifiée lorsque f

cesse de décroître dans cette direction. Le gradient est alors recalculé pour trouver une nouvelle direction de descente.

Mathématiquement, la méthode du gradient fonctionne comme suit. L'équation vectorielle de la demi-droite passant par $\vec{x}^0$ dans la direction $\vec{d}^0 = -\nabla f(\vec{x}^0)$ est $\vec{x}^1 = \vec{x}^0 + t\vec{d}^0$ où $t \geq 0$. Les valeurs de f le long de cette demi-droite sont
$$h(t) = f(\vec{x}^0 + t\vec{d}^0).$$

Puisque $\vec{d}^0 = -\nabla f(\vec{x}^0)$ est une direction de descente, h est décroissante près de $\vec{x}^0$, et $h'(t) < 0$ lorsque t est suffisamment petit. La valeur de h cesse de diminuer lorsqu'on rencontre un minimum local, c'est-à-dire un point t^0 tel que $h'(t^0) = 0$. On note
$$\vec{x}^1 = \vec{x}^0 + t^0 \vec{d}^0$$

le point correspondant à cette valeur. On a alors $f(\vec{x}^1) < f(\vec{x}^0)$, et l'estimation initiale s'est améliorée. On répète les étapes précédentes en utilisant la direction de descente $\vec{d}^1 = -\nabla f(\vec{x}^1)$ pour trouver le prochain point $\vec{x}^2$. Ce processus est illustré à la figure 2.

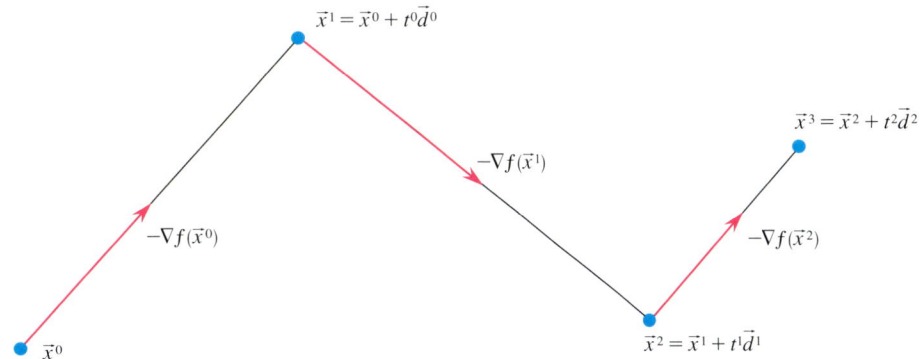

FIGURE 2

MÉTHODE DU GRADIENT POUR RÉSOUDRE UN PROBLÈME DE MINIMISATION

Étape 0 : Initialisation

Choisir une estimation $\vec{x}^0$ du minimum et poser le compteur $k = 0$.

Étape 1 : Direction de descente

- Calculer la direction $\vec{d}^k = -\nabla f(\vec{x}^k)$.
- Si $\|\vec{d}^k\| = 0$, alors $\vec{x}^k$ est un point critique. Aller à l'étape 3 ; sinon, aller à l'étape 2.

Étape 2 : Recherche dans la direction de descente

- Poser $h(t) = f(\vec{x}^k + t\vec{d}^k)$.
- Résoudre le problème de minimisation en une variable $\min_{t \geq 0} h(t)$. Soit t^k la solution.
- Poser $\vec{x}^{k+1} = \vec{x}^k + t^k \vec{d}^k$ et augmenter k de 1. Retourner à l'étape 1.

Étape 3 : Solution

La solution au problème de minimisation est le dernier point trouvé : $\vec{x}^k$.

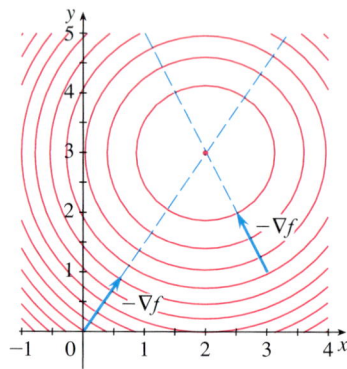

FIGURE 3

En pratique, la condition $\|\vec{d}^k\| = 0$ est rarement satisfaite exactement. C'est pourquoi on la remplace habituellement par $\|\vec{d}^k\| < \varepsilon$, où ε est un nombre très petit mais non nul.

À l'étape 0, l'estimation initiale est faite selon la connaissance qu'on a du problème. À partir de cette estimation, la méthode du gradient produit une suite $\vec{x}^0, \vec{x}^1, \vec{x}^2, \ldots$ d'améliorations de l'estimation initiale.

EXEMPLE 8 Considérons la fonction $f(\vec{x}) = (x-2)^2 + (y-3)^2$. Le gradient de f est $\nabla f(\vec{x}) = 2(x-2)\vec{i} + 2(y-3)\vec{j}$. Si on choisit le point initial $\vec{x}^0 = (0, 0)$, alors la direction de descente est

$$\vec{d}^0 = 4\vec{i} + 6\vec{j}$$

et

$$h(t) = f(0+4t, 0+6t) = (4t-2)^2 + (6t-3)^2 = 52t^2 - 52t + 13.$$

La solution de $h'(t) = 0$ est $t^0 = 1/2$, ce qui donne le nouveau point

$$\vec{x}^1 = \vec{x}^0 + t^0 \vec{d}^0 = \left(0 + 4 \cdot \tfrac{1}{2}, 0 + 6 \cdot \tfrac{1}{2}\right) = (2, 3).$$

Puisque $\|\nabla f(\vec{x}^1)\| = 0$, $\vec{x}^1$ est un point critique et la méthode du gradient s'arrête. La solution est $\vec{x}^1 = (2, 3)$. On peut vérifier que $\nabla^2 f(\vec{x}^1)$ est définie positive, ce qui signifie, selon la condition suffisante du deuxième ordre, que $\vec{x}^1$ est un minimum local.

Ici, la méthode du gradient a permis de trouver une solution exacte en une seule itération à partir du point $(0, 0)$. Pour cette fonction, cet énoncé est vrai quel que soit le point initial choisi. Cette situation est exceptionnelle, et la figure 3 montre pourquoi c'est le cas: en chaque point, le vecteur $-\nabla f$ pointe directement vers le minimum.

Dans l'exemple 8, la minimisation de $h(t)$ a pu être effectuée de manière exacte, car cette fonction est un polynôme de degré 2. En général, la minimisation de h n'est pas toujours aussi simple. Cependant, il n'est pas nécessaire de trouver exactement le minimum, et on peut montrer que la méthode reste valide si, à chaque itération, t^k est choisi approximativement.

EXEMPLE 9 Utilisons la méthode du gradient pour minimiser la fonction
$$f(\vec{x}) = x^4 + y^2 - 2x^2 y + 2y + x.$$

SOLUTION

Étape 0 Le gradient de f est $\nabla f(\vec{x}) = (4x^3 - 4xy + 1)\vec{i} + (2y - 2x^2 + 2)\vec{j}$.

On prend $\vec{x}^0 = (0, 0)$, donc $f(\vec{x}^0) = 0$.

Itération 1

Étape 1 $\vec{d}^0 = -\nabla f(\vec{x}^0) = -\nabla f(0, 0) = -\vec{i} - 2\vec{j}$ et $\|\vec{d}^0\| = \sqrt{5} \neq 0$.

Étape 2 Soit $h(t) = f(\vec{x}^0 + t\vec{d}^0) = f(-t, -2t) = t^4 + 4t^2 + 4t^3 - 5t$.

Le minimum de h est estimé à partir de son graphe (voir la figure 4). Le minimum est atteint à environ $t^0 = 0{,}4$.

On pose $\vec{x}^1 = \vec{x}^0 + t^0 \vec{d} = \left(0 + 0{,}4(-1); 0 + 0{,}4(-2)\right) = (-0{,}400; -0{,}800)$.

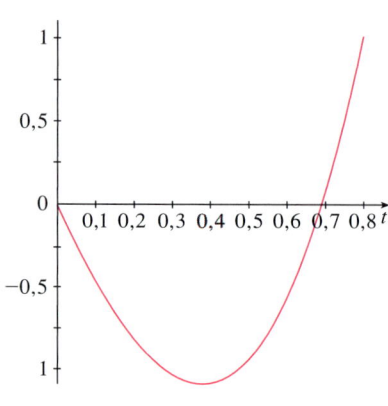

FIGURE 4

Itération 2

Étape 1 $\vec{d}^1 = -\nabla f(\vec{x}^1) = -\nabla f(-0{,}4; -0{,}8) = -0{,}536\vec{i} - 0{,}080\vec{j}$ et $\|\vec{d}^1\| \approx 0{,}54 \neq 0$.

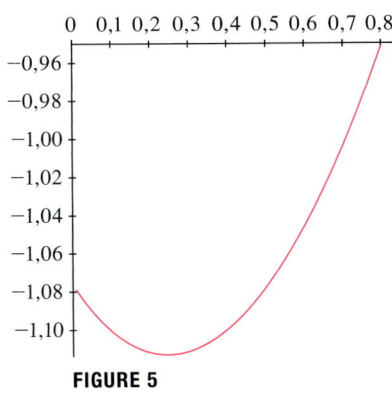

FIGURE 5

Étape 2 Soit

$$h(t) = f(\vec{x}^1 + t\vec{d}^1) = f(-0,4 + 0,536t;\ -0,8 - 0,080t)$$
$$= 0,083t^4 - 0,200t^3 + 0,067t^2 - 0,294t - 1,078.$$

Selon le graphe de h à la figure 5, le minimum est atteint à environ $t^1 = 0,25$.

On pose

$$\vec{x}^2 = \vec{x}^1 + t^1\vec{d}^1 = \bigl(-0,40 + 0,54(0,25);\ -0,80 - 0,08(0,25)\bigr) = (-0,266;\ -0,820).$$

Les itérations subséquentes de la méthode du gradient sont résumées dans le tableau ci-dessous. (Les valeurs ont été arrondies à la troisième décimale.)

Itération	$\vec{x}^k$	$f(\vec{x}^k)$	$\|\nabla f(\vec{x}^k)\|$
0	(0, 0)	0	2,236
1	(−0,400 ; −0,800)	−1,078	0,542
2	(−0,266 ; −0,820)	−1,113	0,225
3	(−0,284 ; −0,893)	−1,122	0,118
4	(−0,250 ; −0,910)	−1,124	0,061
5	(−0,258 ; −0,927)	−1,125	0,028
6	(−0,250 ; −0,931)	−1,125	0,014
7	(−0,252 ; −0,935)	−1,125	0,007

Ici, on a arrêté la procédure après la septième itération, lorsque la norme du gradient est inférieure à $\varepsilon = 0,01$. On constate que, à trois décimales, les trois derniers points donnent la même valeur de f. Par conséquent, d'une itération à l'autre, il y a très peu d'amélioration.

Étape 3 On prend comme solution au problème $\vec{x}^7 = (-0,252;\ -0,935)$, et la valeur minimale est $-1,125$.

La figure 6 montre les courbes de niveau de f ainsi que les points générés par la méthode du gradient.

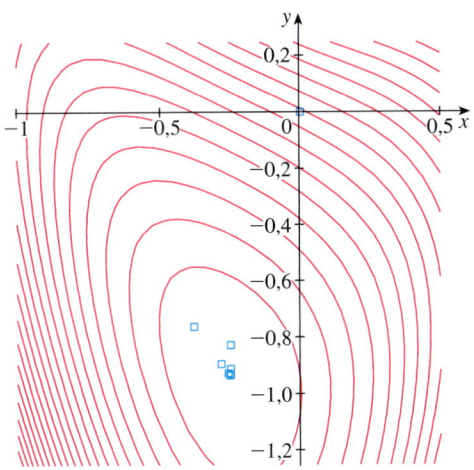

FIGURE 6

La méthode du gradient s'applique aussi à un problème de maximisation. Il suffit de choisir la **direction de montée** $\vec{d}^k = \nabla f(\vec{x}^k)$ à l'étape 1, plutôt que la direction de descente.

Exercices 5.2

1-6 Déterminez le signe des matrices.

1. $A = \begin{bmatrix} 3 & -2 \\ -2 & 4 \end{bmatrix}$

2. $B = \begin{bmatrix} 0 & -2 & 7 \\ -2 & 0 & -6 \\ 7 & -6 & 0 \end{bmatrix}$

3. $C = \begin{bmatrix} 4 & 0 & -1 \\ 0 & 3 & 1 \\ -1 & 1 & 1 \end{bmatrix}$

4. $D = \begin{bmatrix} 2 & 2 & -1 & 0 \\ 2 & 3 & 0 & 1 \\ -1 & 0 & 2 & 1 \\ 0 & 1 & 1 & 3 \end{bmatrix}$

5. $E = \begin{bmatrix} 2 & 0 & 0 & \cdots & 0 & 1 \\ 0 & 2 & 0 & \cdots & 0 & 0 \\ 0 & 0 & 2 & \cdots & 0 & 0 \\ \vdots & \vdots & \vdots & \ddots & \vdots & \vdots \\ 0 & 0 & 0 & \cdots & 2 & 0 \\ 1 & 0 & 0 & \cdots & 0 & 2 \end{bmatrix}$

6. $F = \begin{bmatrix} -n & 0 & 0 & 0 & \cdots & 0 \\ 0 & 1-n & 0 & 0 & \cdots & 0 \\ 0 & 0 & 2-n & 0 & \cdots & 0 \\ 0 & 0 & 0 & \ddots & & 0 \\ \vdots & \vdots & \vdots & & (n-1)-n & 0 \\ 0 & 0 & 0 & \cdots & 0 & -n \end{bmatrix}$,

où n est un entier.

7-13 Déterminez la nature (minimum, maximum ou point de selle) de chacun des points critiques de la fonction. Ensuite, dans le cas des extremums, précisez s'ils sont locaux ou globaux.

7. $f(x, y, z) = x^2 + y^2 - xe^y + xy + xz + z$

8. $f(x, y, z) = x^3 - xy + y^2 + z^2$

9. $f(x, y, z) = x^2 - 2x + y^3 - 3y + z^2 + 2z$

10. $f(x, y, z) = e^{-x^2(x-1)^2} - (y-1)^2 - (z-2)^2 + 2$

11. $f(x, y, z, w) = x^2 - 2x + y^3 - 3y + z^2 - 2z + w^3 - 12w$

12. $f(\vec{x}) = \sum_{i=1}^{5} \cos(x_i)$

13. $f(\vec{x}) = \ln\left(1 + \sum_{i=1}^{n} x_i^2\right)$

14-19 Déterminez la nature (minimum, maximum ou point de selle) de chacun des points critiques de la fonction.

14. $f(x, y, z) = \arctan(xy - 2xz - 2yz)$

15. $f(x_1, x_2, x_3, x_4) = x_1^4 - 2x_1^2 + x_2^4 - 2x_2^2 + x_3^2 + x_4^2$

16. $f(x_1, x_2, x_3, x_4) = e^{x_1^2 - 2x_1} + e^{x_2^2 - 12x_2} + e^{x_3^4 - 32x_3^2} + e^{x_4^2}$

17. $f(\vec{x}) = \sum_{i=1}^{n} x_i(x_i - 4) - x_1 x_n$

18. $f(\vec{x}) = \exp\left(\sum_{i=1}^{n}(-1)^i x_i^2\right)$

19. $f(\vec{x}) = \dfrac{1}{n + x_1^2 + x_2^2 + \cdots + x_n^2}$

20. Montrez comment un problème de maximisation peut se réécrire sous la forme standard 1.

21. Montrez que si f est une fonction positive ($f(\vec{x}) \geq 0$ pour tout $\vec{x}$) alors tout point qui est un minimum de f est aussi un minimum de f^2.

22. Montrez qu'à chaque itération de la méthode du gradient pour la minimisation, la direction de descente $\vec{d}^k$ est perpendiculaire à la courbe de niveau de f passant par $\vec{x}^k$.

23. Supposez qu'à chaque itération de la méthode du gradient pour la minimisation, le minimum de la fonction $h(t) = f(\vec{x}^k + t\vec{d}^k)$ est calculé exactement. Montrez que le vecteur $\vec{d}^k$ est tangent à la courbe de niveau de f passant par $\vec{x}^{k+1}$.

24. Soit la fonction $f(x, y) = 3x - x^3 - 2y^2 + y^4$. Parmi les points suivants, lequel peut être obtenu par une itération de la méthode du gradient pour la maximisation de f à partir du point $(x^0, y^0) = \left(0, \frac{1}{2}\right)$?

   a) $(x^1, y^1) = (-1, 1)$ b) $(x^1, y^1) = \left(-1, \frac{5}{2}\right)$

   c) $(x^1, y^1) = \left(-1, -\frac{3}{2}\right)$ d) $(x^1, y^1) = (1, 0)$

25. Si on utilise la méthode du gradient avec le point initial $(2, 2)$ pour minimiser la fonction $f(x, y) = x^3 - 12x + y^3 - 27y$, lequel des points suivants peut être obtenu à la première itération?

   a) $(2, 3)$ b) $(2, -3)$ c) $(3, 2)$ d) $(3, 3)$

26. On applique la méthode du gradient afin de minimiser une fonction de trois variables $f(x, y, z)$ à partir du point $\vec{x}^0 = (2, 2, 1)$. Le gradient est $\nabla f(2, 2, 1) = 3\vec{i} + 3\vec{j} - \vec{k}$ en ce point. Le graphe de la fonction $h(t) = f(2 - 3t, 2 - t, 1 + t)$ est représenté ci-dessous.

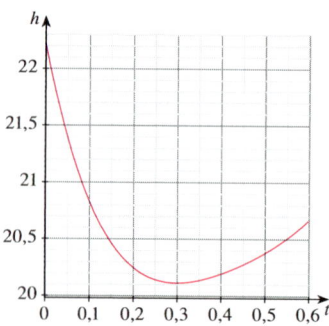

a) Estimez la valeur de $f(\vec{x}^0)$.

b) Quelle est la dérivée de f dans la direction de $\vec{u} = -3\vec{i} - 3\vec{j} + \vec{k}$ au point $(2, 2, 1)$?

c) Quel sera le prochain point $\vec{x}^1$ produit par la méthode du gradient?

d) Estimez la valeur de $f(\vec{x}^1)$.

e) Que vaut la dérivée directionnelle $f_{\vec{u}}(\vec{x}^1)$, où $\vec{u} = 3\vec{i} + 3\vec{j} - \vec{k}$?

27. La méthode du gradient a été utilisée pour la maximisation d'une fonction $f(x, y)$ de deux variables à partir du point $\vec{x}^0 = (x^0, y^0)$. Chacune des figures représente les courbes de niveau de f ainsi qu'une suite de quatre points. L'échelle sur les deux axes x et y est la même. Quels sont les points produits par la méthode du gradient ?

a)
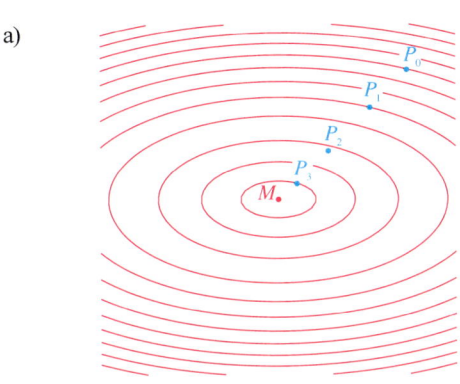

b)
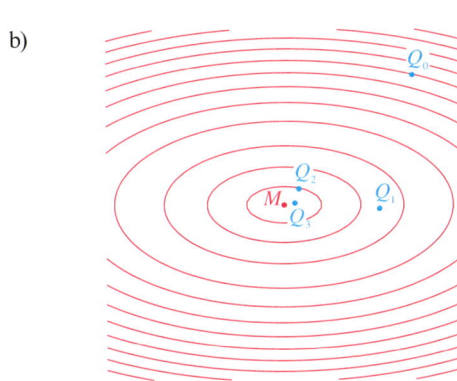

c)
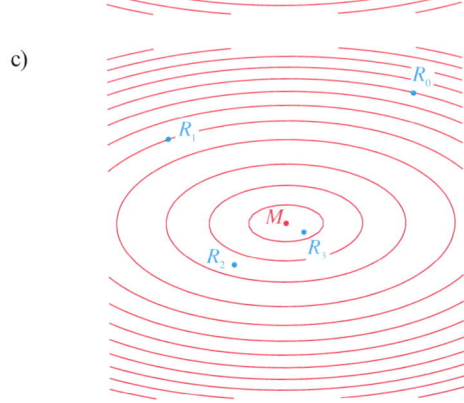

28-29 Trouvez le premier point produit par la méthode du gradient pour la minimisation de la fonction, à partir du point donné.

28. $f(x, y) = x^2(3 + x^2) + y^2$, $(x^0, y^0) = (1, 1)$

29. $f(x, y, z) = \exp\left[(x + 0,5)^2 + (y - 0,6)^2 + (z - 0,1)^2\right]$
$(x^0, y^0, z^0) = (1, 0, 0)$

30. Soit la fonction $f(x, y) = 3x - x^3 - 2y^2 + y^4$, qu'on cherche à minimiser à l'aide de la méthode du gradient. Faites trois itérations de la méthode du gradient à partir de chacun des points donnés. Atteignez-vous toujours le même point critique ? Quelle est la nature des points critiques trouvés ?
a) $(-1, 1)$ b) $(-1, 0)$ c) $(-0,5; 0,5)$ d) $(-0,5; -0,5)$

31. Soit la fonction $f(x, y) = (x^2 + y^2) - (x^2 + y^2)^{3/2}$, qu'on veut minimiser. Effectuez quelques itérations de la méthode du gradient à partir du point $(0,25; 0,25)$, puis à partir du point $(1, 1)$. Que constatez-vous ? Utilisez un logiciel pour tracer le graphe de f et expliquez ce que vous observez.

32. La figure ci-dessous représente les courbes de niveau d'une fonction f de deux variables. Le point M est un maximum local de f. Représentez graphiquement sur le diagramme les trois premiers points produits par la méthode du gradient à partir du point P.

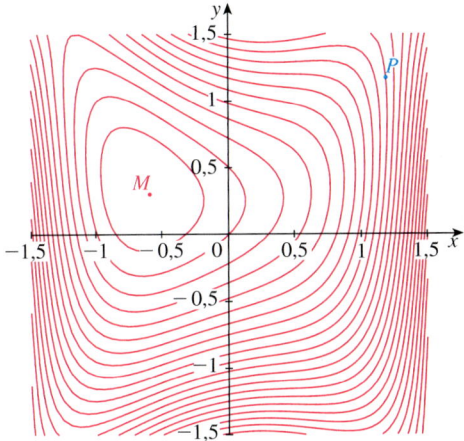

33. La fonction $f(x, y) = (x - 1)^2 + 100(y - x^2)^2$ est appelée la « banane de Rosenbrock ».

a) Montrez que f admet un minimum global en $(1, 1)$.

b) Utilisez un logiciel afin de tracer les courbes de niveau $f(x, y) = c$, pour $c = 1, 2, \ldots, 10$ et $c = \frac{1}{2}, \frac{1}{3}, \ldots, \frac{1}{10}$, sur le domaine $[0, 2] \times [0, 2]$. En observant ces courbes de niveau, expliquez ce qui se produira si vous appliquez la méthode du gradient pour trouver le minimum de f.

34. Utilisez la méthode du gradient avec le point initial $(0, 0)$ pour trouver le maximum de la fonction $f(x, y) = \exp(1 - (x - 1,9)^2 - (y - 1,7)^2) - 0,5x^2$. Arrêtez la procédure lorsque la norme du gradient au point courant est de moins de 10^{-3}.

35. Utilisez la méthode du gradient avec le point initial $(1, 1)$ pour trouver le minimum de la fonction $f(x, y)$ de l'exercice 28. Arrêtez la procédure lorsque la norme du gradient au point courant est de moins de 10^{-3}.

36. Utilisez la méthode du gradient pour minimiser la fonction $f(x, y) = (x - 2)^4 + (y - 3)^4 + \dfrac{10}{1 + xy}$. Comment avez-vous choisi le point initial (x^0, y^0) ? Quel critère avez-vous utilisé pour décider à quelle itération arrêter la procédure ?

37. Le convertisseur catalytique d'une voiture convertit le monoxyde de carbone (un gaz toxique) en dioxyde de carbone (beaucoup moins nocif) selon la réaction

$$2CO + O_2 \to CO_2.$$

On cherche à modéliser le taux de conversion à l'aide d'une formule de la forme

$$m(t) = \frac{c_1}{1 + c_2 \exp\left(-\dfrac{c_3}{100} t\right)}$$

où m est le taux de conversion et t la température ambiante. Les trois paramètres c_1, c_2 et c_3 sont à déterminer. Le tableau suivant donne le taux de conversion mesuré expérimentalement : i est le numéro de l'observation, t_i est la température et $r(t_i)$ est le taux de conversion observé.

Pour ajuster le modèle (trouver la valeur des paramètres), on minimise la fonction

$$f(c_1, c_2, c_3) = \sum_{i=1}^{32} \bigl(r(t_i) - m(t_i)\bigr)^2$$

qui est la somme des carrés des différences entre les valeurs mesurées et celles données par le modèle.

a) Sur un même graphique, tracez les points expérimentaux ainsi que le graphe de la fonction m pour quelques valeurs des paramètres. Laquelle des courbes tracées semble s'ajuster le mieux aux valeurs mesurées ?

b) Utilisez la méthode du gradient pour améliorer la meilleure solution (c_1, c_2, c_3) trouvée en a).

i	1	2	3	4	5	6	7	8	9	10	11	12	13	14	15	16
t_i	−20	−18	−16	−14	−12	−10	−8	−6	−4	−2	0	2	4	6	8	10
$r(t_i)$	0	0,0772	0,0801	0,0805	0,0938	0,129	0,180	0,269	0,418	0,663	1,05	1,68	2,64	4,11	6,26	9,34

i	17	18	19	20	21	22	23	24	25	26	27	28	29	30	31	32
t_i	12	14	16	18	20	22	24	26	28	30	32	34	36	38	40	42
$r(t_i)$	13,5	19,0	25,7	33,6	42,5	51,9	61,5	70,8	79,2	86,1	91,4	95,0	97,3	98,7	99,3	99,7

Le sujet de cet exercice est inspiré de l'article « Catalytic Combustion Kinetics : Using a Direct Search Algorithm to Evaluate Kinetic Parameters From Light-Off Curves », de R.E. Hayes et coll., *Canadian Journal of Chemical Engineering*, vol. 81, n° 6, p. 1192-1199.

5.3 LES MULTIPLICATEURS DE LAGRANGE

En pratique, la plupart des problèmes d'optimisation comportent des contraintes : les variables ne peuvent pas prendre n'importe quelles valeurs et elles sont restreintes à un domaine représentant des conditions que doivent satisfaire les solutions. Par exemple, si une variable représente une dimension physique comme la longueur ou la hauteur alors, naturellement, elle ne peut prendre que des valeurs positives. Dans le cas d'un problème de maximisation de la production d'une usine, les différentes variables peuvent être liées par une équation représentant un budget fixe.

À l'exemple 6 de la section 5.1 (p. 209), nous avons maximisé la fonction de volume d'une boîte, $V = xyz$, soumise à la contrainte $2xz + 2yz + xy = 12$, qui exprime la condition supplémentaire que la surface doit être de 12 m². À cet effet, nous avons éliminé la variable z en l'isolant dans la contrainte, puis en substituant z dans V. Il n'est pas toujours pratique de procéder ainsi. Dans cette section, on présente la méthode de Lagrange de maximisation ou de minimisation d'une fonction générale f soumise à une contrainte (ou condition supplémentaire) de la forme $g = k$, où k est une constante.

L'OPTIMISATION AVEC UNE CONTRAINTE D'ÉGALITÉ

Il est plus facile d'expliquer le fondement géométrique de la méthode de Lagrange pour les fonctions de deux variables. Commençons donc par trouver les extremums de la fonction $f(x, y)$ soumise à une contrainte de la forme $g(x, y) = k$. Autrement dit, on cherche les extremums de $f(x, y)$ lorsque le point (x, y) est restreint à la courbe $g(x, y) = k$. La figure 1 illustre cette courbe et les courbes de niveau $f(x, y) = c$ pour $c = 7, 8, 9, 10, 11$. Minimiser $f(x, y)$ sous la contrainte $g(x, y) = k$ consiste à trouver le plus petit c tel que la courbe de niveau $f(x, y) = c$ coupe $g(x, y) = k$. Selon la figure 1, cela se produit lorsque ces deux courbes se touchent sans se croiser, autrement dit lorsqu'elles ont une droite tangente commune. (Sinon, on pourrait diminuer c.) Cette condition signifie que les droites normales au point (x_0, y_0) où les courbes se touchent sont identiques. Par conséquent, les vecteurs gradients en ce point sont parallèles, c'est-à-dire que $\nabla f(x_0, y_0) = \lambda \nabla g(x_0, y_0)$ pour un certain scalaire λ.

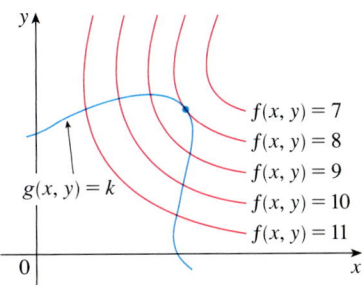

FIGURE 1

Ce raisonnement s'applique aussi au problème de la recherche des extremums de $f(x, y, z)$ sous la contrainte $g(x, y, z) = k$. Dans ce cas, le point (x, y, z) est restreint à la surface de niveau S d'équation $g(x, y, z) = k$. Au lieu de considérer les courbes de niveau de la figure 1, on s'intéresse aux surfaces de niveau $f(x, y, z) = c$. On montre que si le minimum de f est $f(x_0, y_0, z_0) = c$, alors la surface de niveau $f(x, y, z) = c$ est tangente à la surface de niveau $g(x, y, z) = k$ au point (x_0, y_0, z_0) et donc les vecteurs gradients correspondants sont parallèles.

On peut préciser ce raisonnement intuitif comme suit. Supposons qu'une fonction f admet un extremum au point $P(x_0, y_0, z_0)$ sur la surface de niveau S. Soit C, une droite tangente à S et passant par P, d'équations paramétriques $x = x_0 + at$, $y = y_0 + bt$, $z = z_0 + ct$. Si t_0 est la valeur du paramètre correspondant au point P, alors $(x(t_0), y(t_0), z(t_0)) = (x_0 + t_0 a, y_0 + t_0 b, z_0 + t_0 c)$. La fonction composée $h(t) = f(x(t), y(t), z(t))$ représente les valeurs de f sur la droite C. Or, puisque f possède un extremum en (x_0, y_0, z_0), h possède un extremum en t_0, de sorte que $h'(t_0) = 0$. Si f est différentiable, on utilise la règle de dérivation en chaîne et

$$\begin{aligned} 0 = h'(t_0) &= f_x(x_0, y_0, z_0)x'(t_0) + f_y(x_0, y_0, z_0)y'(t_0) + f_z(x_0, y_0, z_0)z'(t_0) \\ &= f_x(x_0, y_0, z_0)a + f_y(x_0, y_0, z_0)b + f_z(x_0, y_0, z_0)c \\ &= \nabla f(x_0, y_0, z_0) \cdot (a\vec{i} + b\vec{j} + c\vec{k}). \end{aligned}$$

Par conséquent, le vecteur gradient $\nabla f(x_0, y_0, z_0)$ est orthogonal au vecteur tangent $a\vec{i} + b\vec{j} + c\vec{k}$ (le vecteur directeur de C). Puisque la droite tangente C en (x_0, y_0, z_0) est quelconque, ceci montre que le vecteur gradient en $P(x_0, y_0, z_0)$ est orthogonal à tous les vecteurs tangents à S en ce point. Or on sait déjà, d'après la section 4.4, que le vecteur gradient $\nabla g(x_0, y_0, z_0)$ est orthogonal à tout vecteur tangent à la surface de niveau passant par P (voir l'équation 18 de la section 4.4, p. 189). Il s'ensuit que les vecteurs gradients $\nabla f(x_0, y_0, z_0)$ et $\nabla g(x_0, y_0, z_0)$ sont parallèles. Par conséquent, si $\nabla g(x_0, y_0, z_0) \neq \vec{0}$, alors il existe un nombre λ tel que

1
$$\nabla f(x_0, y_0, z_0) = \lambda \nabla g(x_0, y_0, z_0).$$

Les multiplicateurs de Lagrange sont ainsi nommés en hommage au mathématicien franco-italien Joseph Louis Lagrange (1736-1813).

Le nombre λ de l'équation 1 est appelé **multiplicateur de Lagrange**. La méthode suivante, basée sur l'équation 1, permet de trouver les extremums d'une fonction sous une contrainte d'égalité.

Dans le développement de la méthode de Lagrange, on a supposé que $\nabla g \neq \vec{0}$. Dans chacun des exemples, il est possible de vérifier que $\nabla g \neq \vec{0}$ en tous les points où $g(x, y, z) = k$ (voir l'exercice 43 pour découvrir ce qui peut se produire si $\nabla g = \vec{0}$).

> **MÉTHODE DES MULTIPLICATEURS DE LAGRANGE**
>
> Pour trouver le minimum et le maximum d'une fonction $f(x, y, z)$ sous la contrainte $g(x, y, z) = k$ (si on suppose que ces extremums existent et que $\nabla g \neq \vec{0}$ sur la surface $g(x, y, z) = k$), on procède comme suit :
>
> a) On trouve toutes les valeurs de x, y, z et λ telles que
>
> $$\nabla f(x, y, z) = \lambda \nabla g(x, y, z)$$
>
> et
>
> $$g(x, y, z) = k.$$
>
> b) On évalue f en tous les points (x, y, z) qui résultent de l'étape a). La plus grande de ces valeurs est le maximum de f ; la plus petite est le minimum de f.

Si on écrit l'équation vectorielle $\nabla f = \lambda \nabla g$ selon ses composantes, les équations de l'étape a) donnent le système de quatre équations à quatre inconnues (x, y, z, λ) suivant :

$$f_x = \lambda g_x \quad f_y = \lambda g_y \quad f_z = \lambda g_z \quad g(x, y, z) = k.$$

Il n'est pas toujours nécessaire de trouver les valeurs explicites de λ pour trouver les extremums.

Pour trouver les extremums d'une fonction $f(x, y)$ de deux variables sous la contrainte $g(x, y) = k$, on cherche les valeurs de x, y et λ telles que

$$\nabla f(x, y) = \lambda \nabla g(x, y) \text{ et } g(x, y) = k.$$

Ce système de trois équations à trois inconnues s'écrit sous forme explicite :

$$f_x = \lambda g_x \quad f_y = \lambda g_y \quad g(x, y) = k.$$

Dans l'exemple suivant, la méthode de Lagrange est appliquée au problème de maximisation de l'exemple 6 de la section 5.1 (p. 209).

EXEMPLE 1 On doit fabriquer une boîte rectangulaire sans couvercle avec une feuille de carton ayant une aire de 12 m². Calculons son volume maximal.

SOLUTION Comme à l'exemple 6 de la section 5.1, on nomme respectivement x, y et z la longueur, la largeur et la hauteur (en mètres) de la boîte. On veut maximiser la fonction

$$V = xyz$$

sous la contrainte

$$g(x, y, z) = 2xz + 2yz + xy = 12.$$

Si on applique la méthode des multiplicateurs de Lagrange, alors on cherche les valeurs de x, y, z et λ telles que $\nabla V = \lambda \nabla g$ et $g(x, y, z) = 12$. On obtient les équations

$$V_x = \lambda g_x \quad V_y = \lambda g_y \quad V_z = \lambda g_z \quad 2xz + 2yz + xy = 12$$

c'est-à-dire

2 $$yz = \lambda(2z + y)$$

3 $$xz = \lambda(2z + x)$$

4 $$xy = \lambda(2x + 2y)$$

5 $$2xz + 2yz + xy = 12.$$

Il n'existe pas de méthode générale de résolution pour les systèmes d'équations non linéaires tels que celui-ci. Cela demande parfois un peu d'ingéniosité. Ici, on remarque que la multiplication de l'équation 2 par x, de l'équation 3 par y et de l'équation 4 par z rend identiques les membres de gauche de ces équations :

6 $$xyz = \lambda(2xz + xy)$$

7 $$xyz = \lambda(2yz + xy)$$

8 $$xyz = \lambda(2xz + 2yz).$$

Une autre façon de résoudre le système d'équations 2 à 5 consiste à isoler λ dans les équations 2, 3 et 4, puis à écrire les égalités résultantes.

On remarque aussi que $\lambda \neq 0$, car si $\lambda = 0$, alors $yz = xz = xy = 0$ selon les équations 2, 3 et 4, ce qui contredirait l'équation 5. Par conséquent, selon les équations 6 et 7,

$$2xz + xy = 2yz + xy$$

ce qui donne $xz = yz$. Or, $z \neq 0$ (puisque $z = 0$ donnerait $V = 0$), de sorte que $x = y$. Selon les équations 7 et 8,

$$2yz + xy = 2xz + 2yz$$

ce qui donne $2xz = xy$ et donc (puisque $x \neq 0$) $y = 2z$. En substituant $x = y = 2z$ dans l'équation 5, on obtient

$$4z^2 + 4z^2 + 4z^2 = 12.$$

Or, x, y, et z sont positifs, d'où $z = 1$ et donc $x = 2$ et $y = 2$, ce qui est conforme à la réponse obtenue à la section 5.1.

EXEMPLE 2 Une entreprise fabrique un même produit dans deux usines différentes, A et B. Le coût de production (en dollars), noté $f(x, y)$, de x unités à l'usine A et y unités à l'usine B est donné par

$$f(x, y) = 2x^2 + xy + y^2 + 500.$$

Quel est le plan de production permettant de satisfaire une demande de 200 unités au moindre coût ? Quel est le coût minimal pour la production de ces 200 unités ?

SOLUTION Il s'agit de minimiser la fonction f sous la contrainte $g(x, y) = x + y = 200$. On doit résoudre les équations $\nabla f = \lambda \nabla g$ et $g(x, y) = 200$, c'est-à-dire

9 $$4x + y = \lambda$$

10 $$x + 2y = \lambda$$

11 $$x + y = 200.$$

En éliminant λ des deux premières équations, on obtient le système

$$3x - y = 0$$
$$x + y = 200$$

dont la solution est $x = 50$, $y = 150$. Le plan de production optimal est donc de produire 50 unités à l'usine A et 150 unités à l'usine B. Le coût de production minimal est $f(50, 150) = 35\,500\,\$$.

EXEMPLE 3 Calculons les extremums de la fonction $f(x, y) = x^2 + 2y^2$ sur le cercle $x^2 + y^2 = 1$.

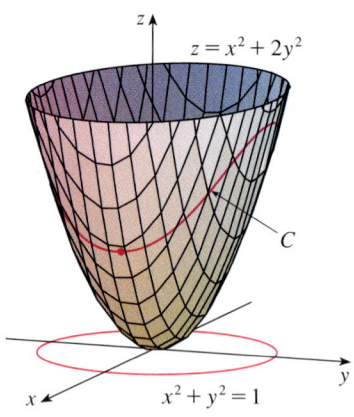

FIGURE 2

Du point de vue géométrique, à l'exemple 3, on cherche le point le plus élevé et le point le plus bas sur la courbe C de la figure 2, qui est sur le paraboloïde $z = x^2 + 2y^2$ et directement au-dessus du cercle de contrainte $x^2 + y^2 = 1$.

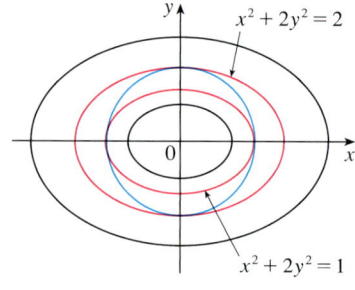

FIGURE 3

La figure 3 montre la géométrie sousjacente à l'utilisation des multiplicateurs à l'exemple 3. Les extremums de $f(x, y) = x^2 + 2y^2$ correspondent aux courbes de niveau qui touchent le cercle $x^2 + y^2 = 1$.

SOLUTION On cherche les extremums de la fonction f sous la contrainte $g(x, y) = x^2 + y^2 = 1$ (voir la figure 2). On utilise les multiplicateurs de Lagrange et on doit résoudre les équations $\nabla f = \lambda \nabla g$ et $g(x, y) = 1$, qu'on peut écrire sous la forme

$$f_x = \lambda g_x \quad f_y = \lambda g_y \quad g(x, y) = 1$$

ou sous la forme équivalente

12 $$2x = 2x\lambda$$

13 $$4y = 2y\lambda$$

14 $$x^2 + y^2 = 1$$

(voir la figure 3)

D'après l'équation 12, $x = 0$ ou $\lambda = 1$. Si $x = 0$, alors l'équation 14 donne $y = \pm 1$. Si $\lambda = 1$, alors $y = 0$ d'après l'équation 13 et donc l'équation 14 donne $x = \pm 1$. Par conséquent, il est possible que f ait des extremums aux points $(0, 1)$, $(0, -1)$, $(1, 0)$ et $(-1, 0)$. On évalue f en ces quatre points et on obtient

$$f(0, 1) = 2 \quad f(0, -1) = 2 \quad f(1, 0) = 1 \quad f(-1, 0) = 1.$$

Le maximum de f sur le cercle $x^2 + y^2 = 1$ est $f(0, \pm 1) = 2$, et le minimum est $f(\pm 1, 0) = 1$. La figure 2 illustre la restriction de $f(x, y)$ à la courbe de la contrainte et montre que la réponse trouvée est plausible.

EXEMPLE 4 Calculons les extremums de $f(x, y) = x^2 + 2y^2$ sur le disque $x^2 + y^2 \leq 1$.

SOLUTION Conformément à la méthode 9 de la section 5.1 (p. 210), on compare les valeurs de f aux points critiques avec les valeurs aux points sur la frontière. Puisque $f_x = 2x$ et $f_y = 4y$, le seul point critique est $(0, 0)$, qui est à l'intérieur du disque. On compare la valeur de f en ce point avec les extremums sur la frontière trouvés à l'exemple 3 :

$$f(0, 0) = 0 \quad f(\pm 1, 0) = 1 \quad f(0, \pm 1) = 2.$$

Par conséquent, le maximum de f sur le disque $x^2 + y^2 \leq 1$ est $f(0, \pm 1) = 2$, et la valeur minimale est $f(0, 0) = 0$.

EXEMPLE 5 Soit la sphère $x^2 + y^2 + z^2 = 4$. Trouvons les points de cette sphère qui sont le plus proche et le plus éloigné du point $(3, 1, -1)$.

SOLUTION La distance d'un point (x, y, z) au point $(3, 1, -1)$ est

$$d = \sqrt{(x-3)^2 + (y-1)^2 + (z+1)^2}.$$

Pour simplifier les calculs, on maximise et on minimise le carré de la distance, soit

$$f(x, y, z) = d^2 = (x-3)^2 + (y-1)^2 + (z+1)^2.$$

La contrainte impose au point (x, y, z) d'être sur la sphère. Donc,

$$g(x, y, z) = x^2 + y^2 + z^2 = 4.$$

On applique la méthode des multiplicateurs de Lagrange et on résout $\nabla f = \lambda \nabla g$, $g = 4$. On obtient

15 $$2(x-3) = 2x\lambda$$

16 $$2(y-1) = 2y\lambda$$

$$2(z+1) = 2z\lambda \qquad \boxed{17}$$

$$x^2 + y^2 + z^2 = 4. \qquad \boxed{18}$$

La façon la plus simple de résoudre ces équations est d'isoler x, y et z en fonction de λ dans les équations 15, 16 et 17, puis de substituer ces valeurs dans l'équation 18. L'équation 15 donne

$$x - 3 = x\lambda \quad \text{ou} \quad x(1-\lambda) = 3 \quad \text{ou} \quad x = \frac{3}{1-\lambda}.$$

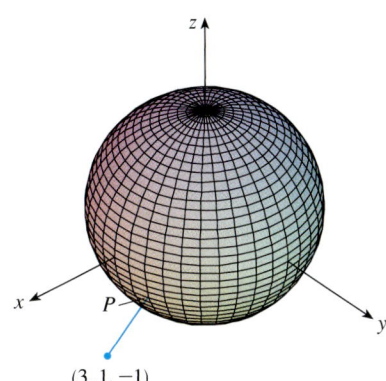

La figure 4 montre la sphère de l'exemple 5 et le point P le plus proche de $(3, 1, -1)$. Est-il possible de trouver les coordonnées de P sans utiliser le calcul différentiel?

FIGURE 4 $(3, 1, -1)$

(On voit que $1 - \lambda \neq 0$, car $\lambda = 1$ est impossible selon l'équation 15.) Les équations 16 et 17 donnent

$$y = \frac{1}{1-\lambda} \qquad z = -\frac{1}{1-\lambda}.$$

La substitution dans l'équation 18 donne $(1-\lambda)^2 = 11/4$, d'où $1 - \lambda = \pm\left(\sqrt{11}/2\right)$ et, par conséquent,

$$\lambda = 1 \pm \frac{\sqrt{11}}{2}.$$

Ces valeurs de λ donnent les points (x, y, z) correspondants :

$$\left(\frac{6}{\sqrt{11}}, \frac{2}{\sqrt{11}}, -\frac{2}{\sqrt{11}}\right) \text{ et } \left(-\frac{6}{\sqrt{11}}, -\frac{2}{\sqrt{11}}, \frac{2}{\sqrt{11}}\right).$$

La valeur de f est plus petite au premier de ces points. Le point le plus proche est donc $\left(6/\sqrt{11},\ 2/\sqrt{11},\ -2/\sqrt{11}\right)$, et le point le plus éloigné est $\left(-6/\sqrt{11},\ -2/\sqrt{11},\ 2/\sqrt{11}\right)$.

L'OPTIMISATION AVEC DEUX CONTRAINTES D'ÉGALITÉ

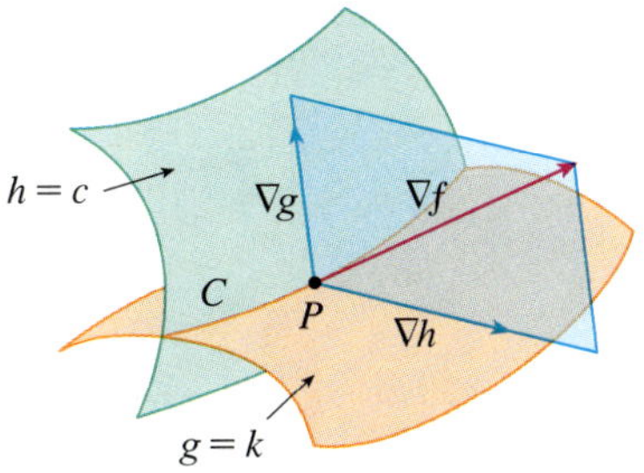

On veut maintenant trouver le maximum et le minimum d'une fonction $f(x, y, z)$ soumise à deux contraintes $g(x, y, z) = k$ et $h(x, y, z) = c$. Du point de vue géométrique, cela signifie qu'on cherche les extremums de f lorsque (x, y, z) est restreint à la courbe d'intersection C des surfaces de niveau $g(x, y, z) = k$ et $h(x, y, z) = c$ (voir la figure 5). On suppose que f possède un tel extremum au point $P(x_0, y_0, z_0)$. Au début de cette section, on a montré que ∇f est orthogonal à C en P. On sait aussi que ∇g est orthogonal à $g(x, y, z) = k$ et que ∇h est orthogonal à $h(x, y, z) = c$, de sorte que ∇g et ∇h sont orthogonaux à C. Par conséquent, le vecteur gradient $\nabla f(x_0, y_0, z_0)$

FIGURE 5

est dans le plan déterminé par $\nabla g(x_0, y_0, z_0)$ et $\nabla h(x_0, y_0, z_0)$. (On suppose que ces vecteurs gradients sont non nuls et non parallèles.) Il existe donc des nombres λ et μ (appelés «multiplicateurs de Lagrange») tels que

19
$$\nabla f(x_0, y_0, z_0) = \lambda \nabla g(x_0, y_0, z_0) + \mu \nabla h(x_0, y_0, z_0).$$

Dans ce cas, on cherche les extremums par la méthode de Lagrange en résolvant cinq équations à cinq inconnues x, y, z, λ et μ. On obtient ces équations en écrivant l'équation 19 selon ses composantes et en ajoutant les équations des contraintes :

$$f_x = \lambda g_x + \mu h_x$$
$$f_y = \lambda g_y + \mu h_y$$
$$f_z = \lambda g_z + \mu h_z$$
$$g(x, y, z) = k$$
$$h(x, y, z) = c$$

EXEMPLE 6 Calculons le maximum de la fonction $f(x, y, z) = x + 2y + 3z$ sur la courbe d'intersection du plan $x - y + z = 1$ et du cylindre $x^2 + y^2 = 1$.

SOLUTION On maximise la fonction $f(x, y, z) = x + 2y + 3z$ sous les contraintes $g(x, y, z) = x - y + z = 1$ et $h(x, y, z) = x^2 + y^2 = 1$. La condition de Lagrange est $\nabla f = \lambda \nabla g + \mu \nabla h$, donc on doit résoudre les équations

20 $\quad 1 = \lambda + 2x\mu$

21 $\quad 2 = -\lambda + 2y\mu$

22 $\quad 3 = \lambda$

23 $\quad x - y + z = 1$

24 $\quad x^2 + y^2 = 1$

En substituant $\lambda = 3$ dans les équations 20 et 21, on obtient $2x\mu = -2$ et $2y\mu = 5$, et donc $x = -1/\mu$ et $y = 5/(2\mu)$. La substitution de ces valeurs de x et y dans l'équation 24 donne

$$\frac{1}{\mu^2} + \frac{25}{4\mu^2} = 1.$$

Par conséquent, $\mu^2 = 29/4$, $\mu = \pm\sqrt{29}/2$. Alors, $x = \mp 2/\sqrt{29}$, $y = \pm 5/\sqrt{29}$ et, d'après l'équation 23, $z = 1 - x + y = 1 \pm 7/\sqrt{29}$. Les valeurs correspondantes de f sont

$$-\frac{2}{\sqrt{29}} + 2\left(+\frac{5}{\sqrt{29}}\right) + 3\left(1 + \frac{7}{\sqrt{29}}\right) = 3 + \sqrt{29}$$

et

$$\frac{2}{\sqrt{29}} + 2\left(-\frac{5}{\sqrt{29}}\right) + 3\left(-\frac{7}{\sqrt{29}}\right) = 3 - \sqrt{29}.$$

Le maximum de f sur la courbe d'intersection est donc $3 + \sqrt{29}$.

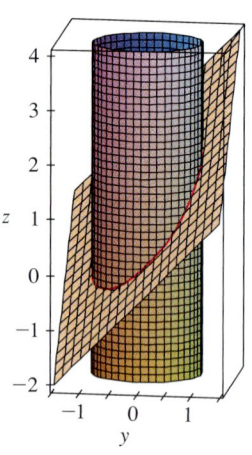

Le cylindre $x^2 + y^2 = 1$ coupe le plan $x - y + z = 1$ selon une ellipse (voir la figure 6). À l'exemple 6, on cherche le maximum de f lorsque (x, y, z) appartient à l'ellipse.

FIGURE 6

L'INTERPRÉTATION DES MULTIPLICATEURS DE LAGRANGE

Dans les exemples précédents, les multiplicateurs de Lagrange jouaient un rôle accessoire dans la recherche des points critiques. Cependant, ces multiplicateurs ont une interprétation utile qui permet d'estimer la nouvelle valeur optimale lorsque les contraintes changent. Ainsi, à l'exemple 6, si l'équation du cylindre est plutôt $x^2 + y^2 = 0{,}9$, la valeur optimale de f change en conséquence et les multiplicateurs de Lagrange permettent d'approximer ce changement.

Considérons à nouveau le problème qui consiste à minimiser la fonction $f(x, y)$ sous la contrainte d'égalité $g(x, y) = k$. La solution, ainsi que la valeur optimale, dépendent de k : si on résout le problème avec $k = 1$, par exemple, on s'attend à ce que la solution soit différente de celle qu'on obtient avec $k = 0$.

Pour une valeur de k fixée, soit $(x(k), y(k))$ la solution au problème d'optimisation et $v(k) = f(x(k), y(k))$ la valeur optimale de f correspondante. Puisque $(x(k), y(k))$ est une solution, la condition

$$\nabla f(x(k), y(k)) = \lambda \nabla g(x(k), y(k))$$

est satisfaite, donc

$$\frac{\partial f}{\partial x} = \lambda \frac{\partial g}{\partial x} \text{ et } \frac{\partial f}{\partial y} = \lambda \frac{\partial g}{\partial y}.$$

En utilisant la règle de dérivation en chaîne, on obtient

$$\frac{dv}{dk} = \frac{\partial f}{\partial x}\frac{dx}{dk} + \frac{\partial f}{\partial y}\frac{dy}{dk} = \lambda \frac{\partial g}{\partial x}\frac{dx}{dk} + \lambda \frac{\partial g}{\partial y}\frac{dy}{dk} = \lambda \left(\frac{\partial g}{\partial x}\frac{dx}{dk} + \frac{\partial g}{\partial y}\frac{dy}{dk} \right).$$

On remarque que l'expression entre parenthèses est le résultat de la règle d'enchaînement appliquée à la fonction $g(x(k), y(k))$, d'où

$$\frac{dv}{dk} = \lambda \frac{dg}{dk}.$$

Mais toute solution vérifie aussi $g(x(k), y(k)) = k$, donc $dg/dk = 1$. On obtient

25

$$\frac{dv}{dk} = \lambda$$

et on conclut que le multiplicateur λ est le taux de variation de la valeur optimale par rapport à k.

ESTIMATION DE LA NOUVELLE VALEUR OPTIMALE

Dans un problème d'optimisation avec une contrainte $g(\vec{x}) = k_0$ qui a été résolu avec le multiplicateur de Lagrange, on peut estimer comme suit la nouvelle valeur optimale lorsque la contrainte varie un peu :

1. Soit λ le multiplicateur trouvé et $g(x, y) = k_1$, la nouvelle contrainte. On suppose que k_1 est proche de k_0.

2. Soit $v(k)$ la valeur optimale du problème lorsque le membre de droite de la contrainte est égal à k.

3. On estime la nouvelle valeur optimale à l'aide du polynôme de Taylor de degré 1 de v :

$$v(k_1) \approx v(k_0) + \frac{dv}{dk}(k_0)(k_1 - k_0) = v(k_0) + \lambda(k_1 - k_0).$$

EXEMPLE 7 Estimons le volume maximal de la boîte décrite à l'exemple 1 si on utilise maintenant 13 m² de carton.

SOLUTION Soit $v(k)$, le volume optimal lorsque k m² de carton sont utilisés pour fabriquer la boîte. À l'exemple 1, on a trouvé que $v(12) = 4$ lorsque $x = y = 2$ et $z = 1$. Le multiplicateur λ correspondant n'a pas été calculé, mais en substituant les valeurs de x et y dans l'équation 2, on trouve que $\lambda = 1/2$.

En approximant la dérivée de v, on a

$$\frac{1}{2} = \lambda = \frac{dv}{dk}(12) \approx \frac{v(13) - v(12)}{1}$$

donc on obtient l'approximation de Taylor

$$v(13) \approx v(12) + \frac{1}{2} = 4 + \frac{1}{2}.$$

Le volume maximal, si on utilise 13 m², est d'environ 4,5 m³.

Si, au lieu d'estimer le nouveau volume optimal, on résolvait à nouveau le problème avec la nouvelle contrainte, on trouverait que le volume optimal est de 4,51 m³, qui est une valeur proche de l'approximation trouvée.

EXEMPLE 8 L'entreprise de l'exemple 2 estime que quelques unités supplémentaires peuvent être vendues à 300 $ chacune. Est-il rentable d'augmenter un peu la production ?

SOLUTION Soit $v(k)$, le coût de production minimal lorsque l'entreprise produit k unités. À l'exemple 2, on a trouvé que $v(200) = 35\,500$, lorsque $x = 50$ et $y = 150$. Dans ce cas, le multiplicateur de Lagrange peut être obtenu de la première équation en substituant ces valeurs de x et y : $\lambda = 4 \cdot 50 + 150 = 350$. En approximant la dérivée de v, on a

$$350 = \lambda = \frac{dv}{dk}(200) \approx \frac{v(201) - v(200)}{1}$$

donc

$$v(201) \approx v(200) + 350.$$

Ainsi, la production d'une unité supplémentaire par rapport à la production de 200 unités coûterait environ 350 $ de plus. Puisque les unités supplémentaires peuvent être vendues seulement 300 $, on voit qu'il n'est pas rentable d'augmenter un peu la production.

Un raisonnement semblable à celui qu'on a suivi dans le cas d'une seule contrainte s'applique lorsqu'on a deux contraintes. Ainsi, on peut interpréter les multiplicateurs λ et μ de l'équation 19 comme les taux de variation de la valeur optimale du problème par rapport aux paramètres c et k des deux contraintes.

EXEMPLE 9 En utilisant le résultat de l'exemple 6, estimons la valeur maximale de la fonction $f(x, y, z) = x + 2y + 3z$ sous les contraintes $g(x, y, z) = x - y + z = 1,1$ et $h(x, y, z) = x^2 + y^2 = 0,9$.

SOLUTION On note $v(k, c)$ la valeur maximale de f lorsque les contraintes sont $g(x, y, z) = k$ et $h(x, y, z) = c$. À l'exemple 6, on a trouvé que pour $k = 1$ et $c = 1$, $v(1, 1) = 3 + \sqrt{29}$ lorsque $x = -2/\sqrt{29}$, $y = 5/\sqrt{29}$ et $z = 1 + 7/\sqrt{29}$. Les multiplicateurs correspondants sont $\lambda = 3$ et $\mu = \sqrt{29}/2$.

On a donc
$$\frac{\partial v}{\partial k}(1,1) = 3 \text{ et } \frac{\partial v}{\partial c}(1,1) = \frac{\sqrt{29}}{2}.$$

L'approximation linéaire (de Taylor) de v autour de $(1,1)$ est

$$v(k, c) \approx v(1,1) + v_k(1,1)(k-1) + v_c(1,1)(c-1) = 3 + \sqrt{29} + 3(k-1) + \frac{\sqrt{29}}{2}(c-1).$$

On estime la valeur optimale avec les nouvelles contraintes par

$$\begin{aligned}v(1,1\,;0,9) &\approx 3 + \sqrt{29} + 3(1,1-1) + \frac{\sqrt{29}}{2}(0,9-1) \\ &= 3 + \sqrt{29} + 3\left(\frac{1}{10}\right) + \frac{\sqrt{29}}{2}\left(-\frac{1}{10}\right) \\ &= \frac{33}{10} + \frac{19}{20}\sqrt{29}.\end{aligned}$$

LES FONCTIONS DE PLUS DE DEUX VARIABLES

La méthode des multiplicateurs de Lagrange s'applique aussi au cas particulier du problème d'optimisation 1 de la section 5.2 (voir la page 217) lorsque l'ensemble des contraintes est de la forme $S = \{\vec{x} \in \mathbb{R}^n \mid g_1(\vec{x}) = k_1, g_2(\vec{x}) = k_2, \ldots, g_m(\vec{x}) = k_m\}$, où les g_j sont des fonctions différentiables de n variables et les k_j sont des constantes. Dans ce cas, on écrit habituellement le problème sous la forme

26
$$\begin{aligned}\min_{\vec{x} \in \mathbb{R}^n} \quad & f(\vec{x}) \\ \text{s.c.} \quad & g_1(\vec{x}) = k_1 \\ & g_2(\vec{x}) = k_2 \\ & \quad \vdots \\ & g_m(\vec{x}) = k_m.\end{aligned}$$

Comme dans le cas de deux et trois variables, on peut démontrer que si un point $\vec{a}$ est une solution au problème 26 alors, en ce point, le gradient de f est une combinaison linéaire des gradients des fonctions g_j définissant les contraintes, ce qui donne la **condition nécessaire de premier ordre de Lagrange**.

27 THÉORÈME

Si $\vec{a}$ est une solution au problème 26 et si les gradients $\nabla g_j(\vec{a})$ ($j = 1, 2, \ldots, m$) sont linéairement indépendants, alors il existe un vecteur $\vec{\lambda} \in \mathbb{R}^m$ tel que
$$\nabla f(\vec{a}) = \sum_{j=1}^{m} \lambda_j \nabla g_j(\vec{a}).$$

Les composantes λ_j sont appelées « multiplicateurs de Lagrange ». Il faut donc rechercher les candidats pour les solutions au problème d'optimisation parmi les points où la condition de Lagrange est satisfaite. Ces points sont appelés **points critiques**. Pour résoudre le problème 26, si la solution existe, on procède comme suit.

> **MÉTHODE DES MULTIPLICATEURS DE LAGRANGE**
>
> a) Résoudre le système de $m + n$ équations à $m + n$ inconnues
>
> $$\nabla f(\vec{x}) = \sum_{j=1}^{m} \lambda_j \nabla g_j(\vec{x})$$
> $$g_1(\vec{x}) = k_1$$
> $$g_2(\vec{x}) = k_2$$
> $$\vdots$$
> $$g_m(\vec{x}) = k_m$$
>
> (Notez que la première équation vectorielle représente n équations scalaires.)
>
> b) Évaluer la fonction f en tous les points critiques trouvés à l'étape a) pour déterminer le minimum ou le maximum.

Le domaine S défini par les égalités du problème 26 est **fermé**. Si, de plus, S est **borné**, alors le théorème des valeurs extrêmes garantit qu'il existe un minimum et un maximum pour f sur S.

> **28 THÉORÈME DES VALEURS EXTRÊMES**
>
> Si f est continue sur un domaine S fermé et borné dans $\mathbb{R}^n$, alors f admet un maximum absolu et un minimum absolu en des points $\vec{x}_1$ et $\vec{x}_2$ de S.

EXEMPLE 10 Déterminons le maximum et le minimum de la fonction $f(\vec{x}) = \sum_{i=1}^{n} x_i$ sous la contrainte $\sum_{i=1}^{n} x_i^2 = 1$.

SOLUTION Soit $g(\vec{x}) = 1$, la contrainte. Les dérivées de f et de g sont $\frac{\partial f}{\partial x_i} = 1$ et $\frac{\partial g}{\partial x_i} = 2x_i$, de sorte que la condition de Lagrange permet d'obtenir le système

$$2\lambda x_i = 1 \quad i = 1, 2, \ldots, n$$
$$x_1^2 + x_2^2 + \cdots + x_n^2 = 1.$$

La première équation implique que $x_i = \frac{1}{2\lambda}$. Substituant ceci dans la deuxième équation, on obtient

$$\sum_{i=1}^{n} \frac{1}{2^2 \lambda^2} = 1 \Rightarrow \frac{n}{2^2 \lambda^2} = 1 \Rightarrow \lambda = \pm\sqrt{\frac{n}{4}} = \pm\frac{\sqrt{n}}{2}.$$

On a donc

$$x_i = \pm \frac{1}{2\left(\frac{\sqrt{n}}{2}\right)} = \pm \frac{1}{\sqrt{n}}.$$

Les points critiques sont $\vec{x}_1 = \left(\frac{1}{\sqrt{n}}, \frac{1}{\sqrt{n}}, \ldots, \frac{1}{\sqrt{n}}\right)$ et $\vec{x}_2 = \left(-\frac{1}{\sqrt{n}}, -\frac{1}{\sqrt{n}}, \ldots, -\frac{1}{\sqrt{n}}\right)$.

On évalue f en ces points et on obtient

$$f(\vec{x}_1) = \frac{n}{\sqrt{n}} = \sqrt{n} \text{ et } f(\vec{x}_2) = \frac{n}{-\sqrt{n}} = -\sqrt{n}.$$

Le domaine S de $\mathbb{R}^n$ défini par la contrainte est borné, car $g(\vec{x}) = x_1^2 + x_2^2 \cdots + x_n^2$ est le carré de la distance du point $\vec{x}$ à l'origine, qui est égale à 1 (l'équation de la contrainte est celle d'une « hypersphère » de dimension n). Par conséquent, en vertu du théorème 28, les points trouvés correspondent au minimum et au maximum de f sur S. La valeur minimale est $-\sqrt{n}$ et la valeur maximale est $\sqrt{n}$.

Comme dans le cas de deux et trois variables, les multiplicateurs de Lagrange possèdent une interprétation intéressante : le multiplicateur λ_j est le taux de variation de la valeur optimale de n lorsque k_j varie. Ainsi, le multiplicateur permet d'estimer la nouvelle valeur optimale lorsque k_j augmente ou diminue un peu, sans devoir résoudre à nouveau le problème d'optimisation.

EXEMPLE 11 Estimons le maximum de la fonction $f(\vec{x}) = \sum_{i=1}^{n} x_i$ de l'exemple précédent sous la contrainte $\sum_{i=1}^{n} x_i^2 = 1,1$ en utilisant les multiplicateurs de Lagrange.

SOLUTION Soit $v(k)$, la valeur maximale sous la contrainte $g(\vec{x}) = k$. Le multiplicateur

$$\lambda = \frac{\sqrt{n}}{2}$$

donne le taux de variation de $v(k)$ pour k proche de 1. On a donc

$$\frac{\sqrt{n}}{2} = \frac{dv}{dk} \approx \frac{v(1,1) - v(1)}{0,1} \Rightarrow v(1,1) \approx v(1) + (0,1)\frac{\sqrt{n}}{2} = \sqrt{n} + \frac{\sqrt{n}}{20} = \frac{21}{20}\sqrt{n}.$$

L'OPTIMISATION AVEC UNE CONTRAINTE D'INÉGALITÉ

Dans un problème d'optimisation avec une contrainte d'inégalité, l'ensemble des contraintes est de la forme $S = \{\vec{x} \in \mathbb{R}^n \mid g(\vec{x}) \leq k\}$, où g est une fonction différentiable de n variables et k est une constante. Le problème s'écrit

29
$$\min_{\vec{x} \in \mathbb{R}^n} f(\vec{x})$$
$$\text{s.c.} \quad g(\vec{x}) \leq k.$$

L'exemple 4 est un cas particulier avec $n = 2$. Les candidats pour les solutions sont soit à la frontière du domaine S, déterminée par l'égalité dans la contrainte, soit à l'intérieur de S. Pour trouver les solutions au problème 29, si elles existent, on procède comme suit.

PROCÉDURE POUR RÉSOUDRE UN PROBLÈME D'OPTIMISATION AVEC UNE CONTRAINTE D'INÉGALITÉ

a) Déterminer les points critiques à l'intérieur de S. Pour cela, il faut trouver les points qui satisfont à $\nabla f(\vec{x}) = \vec{0}$ et qui sont à l'intérieur de S (autrement dit, qui vérifient la contrainte d'inégalité).

b) Utiliser la condition de Lagrange pour trouver les points critiques sur la frontière de S. Pour cela, il faut résoudre le problème 29 avec une égalité à la place de l'inégalité.

c) Évaluer la fonction f en tous les points critiques trouvés aux étapes a) et b) pour déterminer le minimum (et le maximum).

EXEMPLE 12 Soit $\vec{x} = (x, y, z, w)$. Trouvons la solution au problème

$$\max_{\vec{x} \in \mathbb{R}^4} \quad f(\vec{x}) = xy + yz + zw$$

$$\text{s.c.} \quad g(\vec{x}) = x^2 + y^2 + z^2 + w^2 \leq 1.$$

SOLUTION Les dérivées de f sont $f_x = y$, $f_y = x + z$, $f_z = y + w$ et $f_w = z$. L'équation $\nabla f = \vec{0}$ donne le système

$$y = 0$$
$$x + z = 0$$
$$y + w = 0$$
$$z = 0$$

dont l'unique solution est $\vec{x}_0 = (0, 0, 0, 0)$. Ce point critique est à l'intérieur du domaine S défini par la contrainte, car $g(0, 0, 0, 0) = 0 \leq 1$.

Les dérivées de g sont $g_x = 2x$, $g_y = 2y$, $g_z = 2z$ et $g_w = 2w$. La condition de Lagrange, pour trouver les points critiques sur la frontière de S, donne le système

$$y = 2\lambda x$$
$$x + z = 2\lambda y$$
$$y + w = 2\lambda z$$
$$z = 2\lambda w$$
$$x^2 + y^2 + z^2 + w^2 = 1$$

Les quatre solutions de ce système sont (voir l'exercice 64) :

$$\vec{x}_1 = \left(\frac{1}{\sqrt{5+\sqrt{5}}}, -\frac{1}{2}\frac{1+\sqrt{5}}{\sqrt{5+\sqrt{5}}}, \frac{1}{2}\frac{1+\sqrt{5}}{\sqrt{5+\sqrt{5}}}, -\frac{1}{\sqrt{5+\sqrt{5}}} \right)$$

$$\vec{x}_2 = \left(-\frac{1}{\sqrt{5-\sqrt{5}}}, -\frac{1}{2}\frac{1-\sqrt{5}}{\sqrt{5-\sqrt{5}}}, \frac{1}{2}\frac{1-\sqrt{5}}{\sqrt{5-\sqrt{5}}}, \frac{1}{\sqrt{5-\sqrt{5}}} \right)$$

$$\vec{x}_3 = \left(-\frac{1}{\sqrt{5+\sqrt{5}}}, \frac{1}{2}\frac{1+\sqrt{5}}{\sqrt{5+\sqrt{5}}}, -\frac{1}{2}\frac{1+\sqrt{5}}{\sqrt{5+\sqrt{5}}}, \frac{1}{\sqrt{5+\sqrt{5}}} \right)$$

$$\vec{x}_4 = \left(\frac{1}{\sqrt{5-\sqrt{5}}}, \frac{1}{2}\frac{1-\sqrt{5}}{\sqrt{5-\sqrt{5}}}, -\frac{1}{2}\frac{1-\sqrt{5}}{\sqrt{5-\sqrt{5}}}, -\frac{1}{\sqrt{5-\sqrt{5}}} \right)$$

et les valeurs correspondantes de $f(x)$ sont

$$f(\vec{x}_0) = 0$$

$$f(\vec{x}_1) = \frac{-1-\sqrt{5}}{4} \approx -0{,}81$$

$$f(\vec{x}_2) = \frac{-1+\sqrt{5}}{4} \approx 0{,}31$$

$$f(\vec{x}_3) = \frac{-1-\sqrt{5}}{4} \approx -0{,}81$$

$$f(\vec{x}_4) = \frac{-1+\sqrt{5}}{4} \approx 0{,}31.$$

La valeur maximale de f est $\dfrac{-1+\sqrt{5}}{4}$, atteinte aux points $\vec{x}_2$ et $\vec{x}_4$.

Les problèmes d'optimisation avec plusieurs contraintes d'inégalité se posent fréquemment dans la pratique. Toutefois, dans ce cas, les techniques de résolution dépassent le contenu de cet ouvrage; elles sont étudiées dans un cours avancé sur l'optimisation.

Exercices 5.3

1. La figure ci-dessous présente un diagramme de courbes de niveau de f et une courbe d'équation $g(x, y) = 8$. Estimez le maximum et le minimum de la fonction f sous la contrainte $g(x, y) = 8$. Expliquez votre raisonnement.

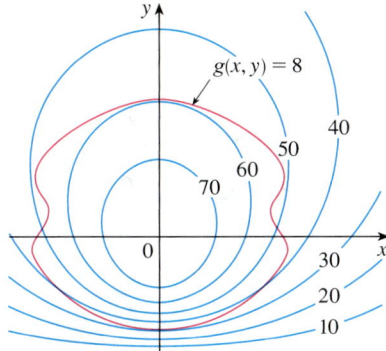

2. Tracez le cercle $x^2 + y^2 = 4$ et des courbes de niveau de la fonction $f(x, y) = y$ pour trouver le maximum de f sous la contrainte $x^2 + y^2 = 4$.

3. Tracez le cercle $x^2 + y^2 = 1$ et des courbes de niveau de la fonction $f(x, y) = x + y$ pour trouver le maximum de f sous la contrainte $x^2 + y^2 = 1$.

4. a) À l'aide d'une calculatrice graphique ou d'un ordinateur, tracez le cercle $x^2 + y^2 = 1$. Sur le même graphique, tracez plusieurs courbes de la forme $x^2 + y = c$ jusqu'à ce que vous obteniez deux courbes tangentes en un point du cercle. Comment interprétez-vous les valeurs de c pour ces deux courbes?
   b) Utilisez les multiplicateurs de Lagrange pour trouver les extremums de la fonction $f(x, y) = x^2 + y$ sous la contrainte $x^2 + y^2 = 1$. Comparez vos réponses à celles de la partie a).

5-21 Utilisez les multiplicateurs de Lagrange pour trouver le maximum et le minimum de la fonction sous les contraintes données.

5. $f(x, y) = x^2 - y^2$; $x^2 + y^2 = 1$
6. $f(x, y) = 3x + y$; $x^2 + y^2 = 10$
7. $f(x, y) = xy$; $4x^2 + y^2 = 8$
8. $f(x, y) = xe^y$; $x^2 + y^2 = 2$
9. $f(x, y, z) = 2x + 2y + z$; $x^2 + y^2 + z^2 = 9$
10. $f(x, y, z) = e^{xyz}$; $2x^2 + y^2 + z^2 = 24$
11. $f(x, y, z) = xz + y^2$; $x^2 + y^2 + z^2 = 4$
12. $f(x, y, z) = \ln(x^2+1) + \ln(y^2+1) + \ln(z^2+1)$; $x^2 + y^2 + z^2 = 12$
13. $f(x, y, z) = x^2 + y^2 + z^2$; $x^4 + y^4 + z^4 = 1$
14. $f(x, y, z) = x^4 + y^4 + z^4$; $x^2 + y^2 + z^2 = 1$
15. $f(x, y, z, t) = x + y + z + t$; $x^2 + y^2 + z^2 + t^2 = 1$
16. $f(x_1, x_2, \ldots, x_n) = x_1 + x_2 + \cdots + x_n$; $x_1^2 + x_2^2 + \cdots + x_n^2 = 1$
17. $f(x, y, z) = x - z$; $x + 2y + z = 1$, $2x^2 + 2y^2 = 9$
18. $f(x, y, z) = x^2 + y^2 + z^2$; $x - y = 1$, $y^2 - z^2 = 1$
19. $f(x, y, z) = x + y + z$; $x^2 + z^2 = 2$, $x + y = 1$
20. $f(x, y, z) = z$; $x^2 + y^2 = z^2$, $x + y + z = 24$
21. $f(x, y, z) = yz + xy$; $xy = 1$, $y^2 + z^2 = 1$

22. Trouvez la valeur minimale de $f(x, y, z) = x^2 + 2y^2 + 3z^2$ sous la contrainte $x + 2y + 3z = 10$. Montrez que f n'admet pas de valeur maximale sous cette contrainte.

23. La méthode des multiplicateurs de Lagrange suppose que les extremums existent, mais ce n'est pas toujours le cas. Montrez que le problème consistant à trouver la valeur minimale de $f(x, y) = x^2 + y^2$ sous la contrainte $xy = 1$ peut être résolu à l'aide des multiplicateurs de Lagrange, mais que f n'admet pas de valeur maximale sous cette contrainte.

24-31 À l'aide des multiplicateurs de Lagrange, estimez les valeurs optimales de la fonction f de l'exercice indiqué, sous la ou les nouvelles contraintes données.

24. Exercice 5, contrainte $x^2 + y^2 = 1{,}05$
25. Exercice 7, contrainte $4x^2 + y^2 = 7{,}9$
26. Exercice 9, contrainte $x^2 + y^2 + z^2 = \dfrac{8}{3}$
27. Exercice 11, contrainte $x^2 + y^2 + z^2 = 4{,}5$
28. Exercice 15, contrainte $x^2 + y^2 + z^2 + t^2 = \dfrac{9}{10}$
29. Exercice 16, contrainte $x_1^2 + x_2^2 + \cdots + x_n^2 = 1{,}1$
30. Exercice 17, contraintes $x + 2y + z = 1{,}05$ et $2x^2 + 2y^2 = 9{,}15$
31. Exercice 21, contraintes $xy = 0{,}99$ et $y^2 + z^2 = 1{,}04$

32-41 Trouvez les extremums globaux de f, s'ils existent, sur la région décrite par l'inégalité.

32. $f(x, y) = 2x^2 + 3y^2 - 4x - 5$, $x^2 + y^2 \leq 16$

33. $f(x, y) = e^{-xy}$, $x^2 + 4y^2 \leq 1$

34. $f(x, y) = xy$, $x^2 + 2y^2 \leq 1$

35. $f(x, y) = x^2 - y^2$, $y^2 \geq x$

36. $f(x, y) = x^3 - 2xy + y^2$, $x + y \geq 1$

37. $f(x, y, z) = xy + z^2$, $x + y + z \leq 2$

38. $f(x, y, z) = ze^{xy}$, $x^2 + y^2 + z^2 \leq 9$

39. $f(x, y, z) = \dfrac{z}{1 + x^2 + y^2 + z^2}$, $x^2 + y^2 + z^2 \leq 4$

40. $f(x_1, x_2, x_3, x_4) = \exp(x_1^2 + x_2^2 + x_3^2 + x_4^2)$,

    $x_1^2 + x_2 + x_3 + x_4 \geq -1$

41. $f(x_1, x_2, \ldots, x_n) = \sqrt{1 + x_1^2 + x_2^2 + \cdots + x_n^2}$,

    $x_1 + x_2 + \cdots + x_n \leq 2$

---

42. Considérez le problème de maximisation de la fonction $f(x, y) = 2x + 3y$ sous la contrainte $\sqrt{x} + \sqrt{y} = 5$.
    a) Essayez de résoudre ce problème à l'aide des multiplicateurs de Lagrange.
    b) Est-ce que $f(25, 0)$ donne une valeur supérieure à celle de la partie a) ?
    c) Résolvez ce problème en traçant le graphique de l'équation de contrainte et de plusieurs courbes de niveau de f.
    d) Expliquez pourquoi la méthode des multiplicateurs de Lagrange ne permet pas de résoudre ce problème.
    e) Comment interprétez-vous la valeur $f(9, 4)$?

43. Considérez le problème de minimisation de la fonction $f(x, y) = x$ sur la courbe $y^2 + x^4 - x^3 = 0$ (une piriforme).
    a) Essayez de résoudre ce problème à l'aide des multiplicateurs de Lagrange.
    b) Montrez que la valeur minimale est $f(0, 0) = 0$, mais que la condition de Lagrange $\nabla f(0, 0) = \lambda \nabla g(0, 0)$ n'est satisfaite pour aucune valeur de λ.
    c) Expliquez pourquoi la méthode des multiplicateurs de Lagrange ne permet pas de trouver le minimum dans ce cas.

LCS 44. a) Si votre logiciel de calcul symbolique permet de tracer des courbes définies implicitement, utilisez-le pour estimer par des méthodes graphiques le minimum et le maximum de la fonction $f(x, y) = x^3 + y^3 + 3xy$ sous la contrainte $(x - 3)^2 + (y - 3)^2 = 9$.
    b) Résolvez le problème de la partie a) à l'aide des multiplicateurs de Lagrange. Utilisez un logiciel de calcul symbolique pour résoudre numériquement les équations. Comparez vos réponses à celles de la partie a).

45. La production totale P d'un certain produit dépend de la quantité L de main-d'œuvre employée et du montant K du capital investi. Aux sections 3.1 et 4.1, on a vu comment le modèle de Cobb-Douglas $P = bL^\alpha K^{1-\alpha}$ découle de certaines hypothèses économiques. Dans ce modèle, b et α sont des constantes positives et $\alpha < 1$. Si le coût de une unité de travail est de m et celui de une unité de capital est de n, et si le budget total des dépenses d'une entreprise est limité à p dollars, alors la maximisation de la production P est soumise à la contrainte $mL + nK = p$. Montrez que la production est maximale lorsque

$$L = \frac{\alpha p}{m} \text{ et } K = \frac{(1-\alpha)p}{n}.$$

46. Reportez-vous à l'exercice 45 et supposez que la production est fixée à $bL^\alpha K^{1-\alpha} = Q$, où Q est une constante. Calculez les valeurs de L et de K qui minimisent la fonction de coût $C(L, K) = mL + nK$.

47. Utilisez les multiplicateurs de Lagrange pour démontrer que le rectangle d'aire maximale et de périmètre p donné est un carré.

48. Utilisez les multiplicateurs de Lagrange pour démontrer que le triangle d'aire maximale et de périmètre donné p est équilatéral. (*Suggestion* : Utilisez la formule de l'aire de Héron :

$$A = \sqrt{s(s-x)(s-y)(s-z)}$$

où $s = p/2$ et x, y, z sont les longueurs des côtés.)

49-61 Utilisez les multiplicateurs de Lagrange pour résoudre différemment l'exercice indiqué de la section 5.1.

49. Exercice 41

50. Exercice 42

51. Exercice 43

52. Exercice 44

53. Exercice 45

54. Exercice 46

55. Exercice 47

56. Exercice 48

57. Exercice 49

58. Exercice 50

59. Exercice 51

60. Exercice 52

61. Exercice 55

---

62. Calculez le volume maximal et le volume minimal d'une boîte rectangulaire fermée ayant une aire de 1500 cm² et dont la longueur totale des arêtes est de 200 cm.

63. Calculez le volume maximal d'un cône pour lequel la somme de la hauteur et du diamètre de la base est égale à 30 cm.

64. Trouvez les solutions du système d'équations résultant de la méthode des multiplicateurs de Lagrange à l'exemple 12.

65. Le plan $x+y+2z=2$ coupe le paraboloïde $z=x^2+y^2$ selon une ellipse. Trouvez le point de cette ellipse le plus proche de l'origine. Faites de même pour le point le plus éloigné.

66. Le plan $4x-3y+8z=5$ coupe le cône $z^2=x^2+y^2$ selon une ellipse.
   a) Représentez graphiquement le cône, le plan et l'ellipse.
   b) Utilisez les multiplicateurs de Lagrange pour trouver le point le plus élevé et le point le plus bas de l'ellipse.

LCS 67-68 Trouvez le maximum et le minimum de la fonction f sous les contraintes données. Utilisez un logiciel de calcul symbolique pour résoudre le système d'équations donné par l'application de la méthode des multiplicateurs de Lagrange. (Si votre logiciel de calcul symbolique ne trouve qu'une solution, il sera peut-être nécessaire d'employer des paramètres supplémentaires dans la commande pour trouver toutes les solutions.)

67. $f(x, y, z) = ye^{x-z}$; $9x^2+4y^2+36z^2=36$, $xy+yz=1$

68. $f(x, y, z) = x+y+z$; $x^2-y^2=z$, $x^2+z^2=4$

69. Des ingénieurs placent en orbite un satellite autour de la Terre. Celui-ci se déplacera toujours dans un plan où l'orbite peut être représentée par le cercle $(x-1)^2+(y-1)^2=4$ en plaçant la Terre au point $(0, 0)$.
   a) Quelle est la position du point où le satellite est le plus près de la Terre ? Quelle est la distance minimale ?
   b) Après avoir révisé leurs calculs, les ingénieurs ont modifié leur modèle de sorte que l'orbite du satellite est décrite par l'équation $(x-1)^2+(y-1)^2=3,9$. Estimez la distance minimale en tenant compte de cette nouvelle donnée.

70. La ville B est à 10 km à l'est de la ville A et la ville C est à 3 km au nord de la ville B. On veut réaliser un projet d'autoroute entre les villes A et C. Le coût par kilomètre d'autoroute le long de la route existante entre A et B est de 400 000 \$, alors que le coût par kilomètre d'autoroute ailleurs est de 500 000 \$. On veut déterminer à quel endroit situer le point P, là où l'autoroute doit bifurquer pour rejoindre C, de façon à minimiser le coût de construction total de l'autoroute.
   a) Formulez cette question comme un problème d'optimisation avec contrainte et résolvez-le.
   b) De nouvelles mesures montrent qu'en fait la distance entre B et C est de 2,9 km et non de 3 km. Estimez le coût optimal de construction en tenant compte de cette nouvelle donnée.

71. Deux générateurs utilisent du gaz naturel pour produire de l'électricité. L'énergie produite est de $2\ln(1+x)$ pour le générateur 1 et de $4\ln(1+y)$ pour le générateur 2, où x et y sont respectivement les quantités de gaz brûlé dans les générateurs 1 et 2. Le volume total de gaz disponible est de 19.

   a) Modélisez la question qui consiste à déterminer les quantités x et y maximisant l'énergie totale comme un problème d'optimisation avec contraintes et résolvez-le.
   b) À la suite d'un changement dans l'offre de gaz, le volume total de gaz naturel disponible est de 19,5 au lieu de 19. Estimez l'augmentation de la quantité d'électricité produite par les générateurs.

72. Une compagnie prépare une solution conductrice d'électricité en dissolvant deux types de sels, s_1 et s_2, dans un liquide. La figure montre les courbes de niveau de la conductivité $C(s_1, s_2)$ de 1000 L de solution en fonction des quantités (en kilogrammes) s_1 et s_2 de chacun des deux sels.

Déterminez si les énoncés suivants sont vrais ou faux.

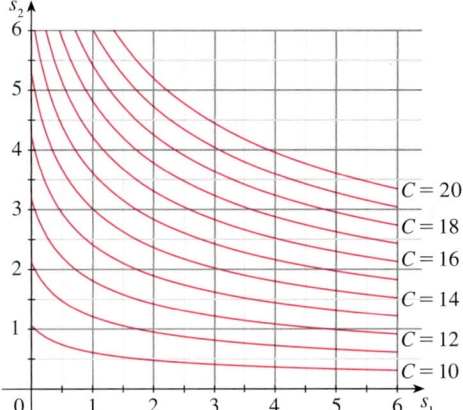

   a) Pour maximiser la conductivité en utilisant un maximum de 4 kg de sels, il faut 1 kg de sel s_1 et 3 kg de sel s_2.
   b) On ne peut obtenir une conductivité de 18 en utilisant 5 kg ou moins de sels.
   c) Pour obtenir une conductivité de 12 tout en minimisant la quantité totale de sels, on doit utiliser plus de sel s_1 que de sel s_2.

73. La figure illustre le minimum atteint par $f(x, y)$ sous la contrainte $g(x, y) = 1$. La courbe tracée en trait plein représente la courbe de niveau $f(x, y) = 10$ et la courbe tracée en pointillé, la courbe de niveau $g(x, y) = 1$. Les gradients sont également représentés.

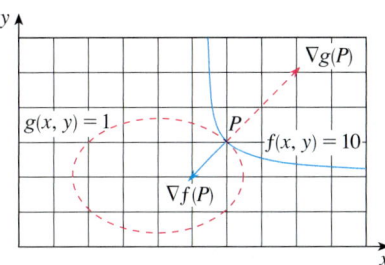

   a) En observant la figure, déterminez la valeur du minimum et celle du multiplicateur de Lagrange λ associé au point P.
   b) Approximez la valeur minimale de f sous la contrainte $g(x, y) = 0,9$.

74. La figure illustre les courbes de niveau de la fonction $f(x, y)$ en magenta et les courbes de niveau de la fonction $g(x, y)$ en bleu.

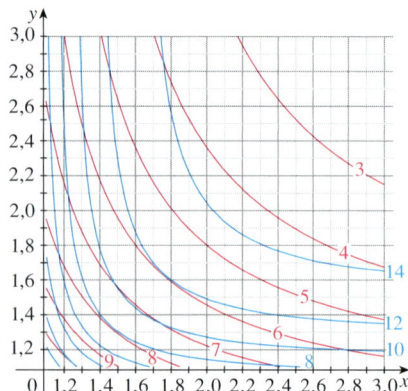

a) Quel point P allez-vous trouver avec la méthode des multiplicateurs de Lagrange appliquée au problème consistant à maximiser f sous la contrainte $g(x, y) = 12$? Quelle est la valeur optimale ?

b) Estimez les gradients de f et de g au point P trouvé en a). Estimez ensuite le multiplicateur de Lagrange associé à ce point.

c) Estimez la valeur maximale de f sous la contrainte $g(x, y) = 12,1$.

75. Soit $v(k)$, la valeur optimale du problème d'optimisation avec contrainte

$$\max_{(x,y) \in \mathbb{R}^2} f(x, y)$$
$$\text{s.c.} \quad g(x, y) = k.$$

On a résolu le problème pour $k = 0$ et trouvé $v(0) = 18$ avec le multiplicateur de Lagrange correspondant : $\lambda = 5$. Écrivez le polynôme de Taylor de degré 1 de v autour de $k = 0$.

76. La figure illustre les courbes de niveau d'une fonction $f(x, y)$ en magenta et le cercle $(x-1)^2 + (y-2)^2 = 1$ en bleu. Déterminez graphiquement les points produits par la méthode des multiplicateurs de Lagrange pour le problème d'optimisation

$$\max_{(x,y) \in \mathbb{R}^2} f(x, y)$$
$$\text{s.c.} \quad (x-1)^2 + (y-2)^2 = 1.$$

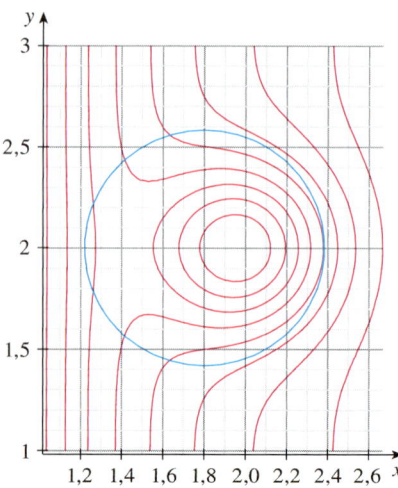

77. a) Trouvez le maximum de

$$f(x_1, x_2, \ldots, x_n) = \sqrt[n]{x_1 x_2 \cdots x_n}$$

sachant que $x_1, x_2, \ldots, x_n$ sont des nombres positifs et que $x_1 + x_2 + \cdots + x_n = c$ avec c constant.

b) Déduisez de la partie a) que si $x_1, x_2, \ldots, x_n$ sont des nombres positifs, alors

$$\sqrt[n]{x_1 x_2 \cdots x_n} \leq \frac{x_1 + x_2 + \cdots + x_n}{n}.$$

Selon cette inégalité, la moyenne géométrique de n nombres est inférieure ou égale à leur moyenne arithmétique. Dans quelles circonstances ces deux moyennes sont-elles égales ?

78. a) Maximisez la somme $\sum_i^n x_i y_i$ soumise aux contraintes $\sum_i^n x_i^2 = 1$ et $\sum_i^n y_i^2 = 1$.

b) Posez

$$x_i = \frac{a_i}{\sqrt{\sum a_j^2}} \quad \text{et} \quad y_i = \frac{b_i}{\sqrt{\sum b_j^2}}$$

pour montrer que

$$\sum a_i b_i \leq \sqrt{\sum a_j^2} \sqrt{\sum b_j^2}$$

pour tous nombres $a_1, \ldots, a_n, b_1, \ldots, b_n$. Cette inégalité est appelée l'« inégalité de Cauchy-Schwarz ».

APPLICATION

LA SCIENCE DES FUSÉES

De nombreuses fusées sont conçues pour utiliser trois étages durant leur ascension dans l'espace, comme par exemple la fusée Pegasus XL actuellement employée pour lancer des satellites, et la fusée Saturn V qui a été la première à transporter des hommes jusqu'à la Lune. Le premier étage, plus grand que les deux autres, fournit la propulsion initiale de la fusée jusqu'à ce que son carburant soit épuisé. Il est ensuite largué pour réduire la masse de la fusée. Les deuxième et troisième étages, plus petits, fonctionnent de la même façon pour placer la charge utile de la fusée en orbite autour de la Terre. (Cette conception exige au moins deux étages pour atteindre les vitesses nécessaires. L'utilisation de trois étages s'est révélée un bon compromis entre le coût

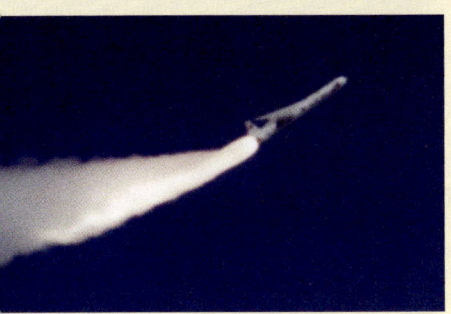

et la performance.) On veut déterminer la masse de chacun des trois étages. Ces derniers doivent être conçus de façon à minimiser la masse totale de la fusée tout en lui permettant d'atteindre la vitesse voulue.

Pour une fusée à un seul étage qui consomme son carburant à un taux constant, le modèle de la variation de la vitesse résultant de l'accélération est

$$\Delta V = -c \ln\left(1 - \frac{(1-S)M_r}{P + M_r}\right)$$

où M_r représente la masse de la fusée incluant le carburant initial, P est la masse de la charge utile, S est un facteur lié à la structure de la fusée (plus précisément, c'est le rapport entre la masse de la fusée sans carburant et sa masse totale avec la charge utile) et c est la vitesse (constante) des gaz d'échappement par rapport à la fusée.

On considère maintenant une fusée à trois étages et une charge utile de masse A. On suppose que les forces externes sont négligeables et que c et S restent constants pour chaque étage. Si M_i est la masse du i-ième étage, on considère dans un premier temps que la fusée a une masse M_1 et que sa charge utile a une masse $M_2 + M_3 + A$. On traite les deuxième et troisième étages de la même façon.

1. Montrez que la vitesse atteinte après le largage des trois étages est donnée par

$$v_f = c\left[\ln\left(\frac{M_1 + M_2 + M_3 + A}{SM_1 + M_2 + M_3 + A}\right) + \ln\left(\frac{M_2 + M_3 + A}{SM_2 + M_3 + A}\right) + \ln\left(\frac{M_3 + A}{SM_3 + A}\right)\right]$$

2. On veut minimiser la masse totale $M = M_1 + M_2 + M_3$ de la fusée avec la contrainte que la vitesse désirée v_f du problème 1 doit être atteinte. On pourrait utiliser la méthode des multiplicateurs de Lagrange, mais celle-ci serait difficile à appliquer étant donné la complexité des expressions en jeu. Pour simplifier, on définit des variables N_i de manière à exprimer l'équation de contrainte sous la forme $v_f = c(\ln N_1 + \ln N_2 + \ln N_3)$. Puisqu'il est difficile d'exprimer M en fonction des N_i, on veut utiliser une fonction plus simple qui sera minimale au même point que M. Montrez que

$$\frac{M_1 + M_2 + M_3 + A}{M_2 + M_3 + A} = \frac{(1-S)N_1}{1 - SN_1}$$

$$\frac{M_2 + M_3 + A}{M_3 + A} = \frac{(1-S)N_2}{1 - SN_2}$$

$$\frac{M_3 + A}{A} = \frac{(1-S)N_3}{1 - SN_3}.$$

Concluez que

$$\frac{M + A}{A} = \frac{(1-S)^3 N_1 N_2 N_3}{(1 - SN_1)(1 - SN_2)(1 - SN_3)}.$$

3. Vérifiez que $\ln((M+A)/A)$ atteint son minimum au même point que M. Utilisez les multiplicateurs de Lagrange et les résultats du problème 2 pour trouver les expressions des valeurs de N_i, où le minimum survient sous la contrainte $v_f = c(\ln N_1 + \ln N_2 + \ln N_3)$. (*Suggestion*: Utilisez des propriétés des logarithmes pour simplifier les expressions.)

4. Trouvez une expression du minimum de M en fonction de v_f.

5. Pour placer une fusée à trois étages sur une orbite à 160 km au-dessus de la surface de la Terre, la vitesse finale doit être d'environ 28 100 km/h. Supposez que le facteur structural de chaque étage est $S = 0,2$ et que la vitesse des gaz d'échappement est $c = 9600$ km/h.

    a) Calculez la masse totale minimale M de la fusée en fonction de A.

    b) Calculez la masse de chaque étage en fonction de A. (Les étages n'ont pas tous les mêmes dimensions !)

6. Pour se soustraire à l'attraction terrestre, la vitesse finale de la même fusée doit être d'environ 39 700 km/h. Trouvez la masse de chaque étage qui minimise la masse totale de la fusée et lui permet de propulser une sonde de 240 kg dans l'espace.

APPLICATION

L'OPTIMISATION D'UNE TURBINE HYDROÉLECTRIQUE

Une entreprise de pâtes et papiers établie au Québec exploite une centrale hydroélectrique sur une rivière proche de son usine. Des canalisations amènent l'eau d'un barrage à la centrale. Le débit de l'eau dans les canalisations varie en fonction des conditions extérieures.

La centrale dispose de trois turbines hydroélectriques différentes. Chacune de ces turbines possède une fonction de puissance connue (et unique) qui donne la puissance électrique générée en fonction du débit de l'eau arrivant à la turbine. L'eau entrante peut être répartie entre les turbines selon des volumes différents. On veut trouver comment distribuer l'eau entrante entre les turbines pour maximiser la production d'énergie totale, quel que soit le débit.

En utilisant des résultats expérimentaux et l'**équation de Bernoulli**, on a élaboré les modèles quadratiques suivants pour la puissance de sortie de chaque turbine, ainsi que les débits d'eau permis :

$$KW_1 = \left(-18,89 + 4,5097 Q_1 - 0,0509 Q_1^2\right)\left(170 - 0,0020 Q_T^2\right)$$

$$KW_2 = \left(-24,51 + 4,5957 Q_2 - 0,0585 Q_2^2\right)\left(170 - 0,0020 Q_T^2\right)$$

$$KW_3 = \left(-27,02 + 4,8734 Q_3 - 0,0479 Q_3^2\right)\left(170 - 0,0020 Q_T^2\right)$$

$$7 \leq Q_1 \leq 31, \quad 7 \leq Q_2 \leq 31, \quad 7 \leq Q_3 \leq 35$$

où Q_i est le débit à travers la turbine i (en mètres cubes par seconde), KW_i est la puissance générée par la turbine i (en kilowatts) et Q_T, le débit total à travers la centrale (en mètres cubes par seconde).

1. On suppose que les trois turbines sont actionnées. On veut calculer le débit Q_i à attribuer à chaque turbine pour maximiser la production d'énergie totale. Les contraintes sont que la somme des débits doit être égale au débit d'entrée, et les limites sur les débits pour chaque turbine doivent être respectées. Utilisez les multiplicateurs de Lagrange pour calculer le débit de chaque turbine (sous la forme de fonctions de Q_T) qui maximisent la production d'énergie totale $KW_1 + KW_2 + KW_3$ sous la contrainte $Q_1 + Q_2 + Q_3 = Q_T$ et respectant les bornes pour chaque Q_i.

2. Pour quelles valeurs de Q_T votre résultat est-il valide ?

3. En supposant que le débit d'entrée est de 70 m^3/s, calculez la répartition optimale de l'eau entre les turbines. De plus, vérifiez (en essayant quelques répartitions voisines) que votre résultat est bien un maximum.

4. Jusqu'à présent, on a supposé que les trois turbines étaient actionnées. Dans certaines situations, est-il possible de produire plus de puissance en utilisant seulement une turbine ? Tracez un graphique des trois fonctions de puissance et utilisez-les pour voir s'il faudrait répartir un débit d'entrée de 28 m^3/s entre les trois turbines ou l'appliquer à une seule. (Si vous trouvez qu'il faut utiliser seulement une turbine, déterminez laquelle.) Et si le débit n'atteint que 17 m^3/s ?

5. Pour certains débits, il serait peut-être avantageux d'utiliser deux turbines. Si le débit d'entrée est de 42 m^3/s, quelle paire de turbines recommanderiez-vous d'utiliser ? À l'aide des multiplicateurs de Lagrange, déterminez la distribution du débit entre les deux turbines qui maximise la production d'énergie. Pour ce débit, est-il plus efficace d'actionner deux turbines plutôt que trois ?

6. Si le débit d'entrée est de 96 m^3/s, que recommandez-vous à l'entreprise ?

Révision

Compréhension des concepts

1. a) Qu'est-ce qu'une fonction de deux variables ?
   b) Décrivez trois façons de représenter visuellement une fonction de deux variables.

2. Qu'est-ce qu'une fonction de trois variables ? Comment peut-on représenter visuellement une telle fonction ?

3. Expliquez ce que signifie
$$\lim_{(x,y) \to (a,b)} f(x,y) = L.$$
Comment peut-on montrer qu'une telle limite n'existe pas ?

4. a) Que signifie l'énoncé suivant : f est continue en (a, b) ?
   b) Si la fonction f est continue sur $\mathbb{R}^2$, que pouvez-vous dire à propos de son graphe ?

5. a) Écrivez les expressions des dérivées partielles $f_x(a, b)$ et $f_y(a, b)$ sous forme de limites.
   b) Comment interprète-t-on $f_x(a, b)$ et $f_y(a, b)$ géométriquement ? Comment interprète-t-on ces dérivées si on les considère comme des taux de variation ?
   c) Si la fonction $f(x, y)$ est donnée par une formule, comment calculez-vous f_x et f_y ?

6. Énoncez le théorème de Clairaut.

7. Comment trouve-t-on le plan tangent aux surfaces suivantes ?
   a) Le graphe d'une fonction de deux variables, $z = f(x, y)$
   b) La surface de niveau d'une fonction de trois variables, $F(x, y, z) = k$

8. Définissez la linéarisation de f en (a, b). Quelle est l'approximation linéaire correspondante ? Quelle est l'interprétation géométrique de l'approximation linéaire ?

9. a) Que signifie l'énoncé suivant : f est différentiable en (a, b) ?
   b) Comment vérifie-t-on habituellement que f est différentiable ?

10. Soit $z = f(x, y)$. Quelles sont les différentielles dx, dy et dz ?

11. Donnez la règle de dérivation de la fonction composée $z = f(x, y)$ lorsque x et y sont des fonctions d'une variable. Faites de même lorsque x et y sont des fonctions de deux variables.

12. Soit z, une fonction de x et y définie implicitement par une équation de la forme $F(x, y, z) = 0$. Comment peut-on trouver $\partial z / \partial x$ et $\partial z / \partial y$?

13. a) Écrivez l'expression, sous forme d'une limite, de la dérivée de f en (x_0, y_0) dans la direction d'un vecteur unitaire $\vec{u} = a\vec{i} + b\vec{j}$. Comment interprète-t-on cette dérivée si on la considère comme un taux de variation ? Comment interprète-t-on cette dérivée géométriquement ?
    b) Si f est différentiable, écrivez l'expression de $f_{\vec{u}}(x_0, y_0)$ en fonction de f_x et f_y.

14. a) Donnez la définition du vecteur gradient ∇f d'une fonction f de deux ou trois variables.
    b) Exprimez $f_{\vec{u}}$ en fonction de ∇f.
    c) Expliquez la signification géométrique du gradient.

15. Écrivez les polynômes de Taylor de degrés 1 et 2 autour du point (a, b) d'une fonction f de deux variables.

16. Donnez les expressions d'une borne sur l'erreur d'approximation d'une fonction de deux variables f par ses polynômes de Taylor de degrés 1 et 2.

17. Que signifient les énoncés suivants ?
    a) f possède un maximum local en (a, b).
    b) f possède un maximum absolu en (a, b).
    c) f possède un minimum local en (a, b).
    d) f possède un minimum absolu en (a, b).
    e) f admet un point de selle en (a, b).

18. a) Si f possède un maximum local en (a, b), que pouvez-vous dire à propos de ses dérivées partielles en (a, b) ?
    b) Qu'est-ce qu'un point critique de f ?

19. Énoncez le test des dérivées secondes.

20. a) Qu'est-ce qu'un ensemble fermé dans $\mathbb{R}^2$? Qu'est-ce qu'un ensemble borné ?
    b) Énoncez le théorème des valeurs extrêmes pour les fonctions de deux variables.
    c) Comment peut-on trouver les extremums que ce théorème garantit ?

21. Énoncez la condition nécessaire du premier ordre pour les extremums d'une fonction de plusieurs variables.

22. Énoncez la condition suffisante de deuxième ordre pour les extremums d'une fonction de plusieurs variables.

23. Donnez les étapes d'une itération de la méthode du gradient pour la minimisation d'une fonction de plusieurs variables. Quelle étape doit-on changer dans la méthode du gradient si on veut l'utiliser pour maximiser une fonction ?

24. Expliquez comment la méthode des multiplicateurs de Lagrange fonctionne pour trouver les extremums de la fonction $f(x, y, z)$ soumise à la contrainte $g(x, y, z) = k$. Qu'en est-il s'il y a une deuxième contrainte $h(x, y, z) = c$?

Vrai ou faux

Déterminez si la proposition est vraie ou fausse. Si elle est vraie, expliquez pourquoi. Si elle est fausse, expliquez pourquoi ou donnez un contre-exemple.

1. $f_y(a, b) = \lim_{y \to b} \dfrac{f(a, y) - f(a, b)}{y - b}$

2. Il existe une fonction f dont les dérivées partielles secondes sont continues et telle que $f_x(x, y) = x + y^2$ et $f_y(x, y) = x - y^2$.

3. $f_{xy} = \dfrac{\partial^2 f}{\partial x\, \partial y}$

4. $f_{\vec{k}}(x, y, z) = f_z(x, y, z)$

5. Si $f(x, y) \to L$ lorsque $(x, y) \to (a, b)$ selon toute droite qui passe par (a, b), alors $\lim_{(x, y) \to (a, b)} f(x, y) = L$.

6. Si $f_x(a, b)$ et $f_y(a, b)$ existent, alors f est différentiable en (a, b).

7. Si f possède un minimum local en (a, b) et si f est différentiable en (a, b), alors $\nabla f(a, b) = \vec{0}$.

8. Si f est une fonction quelconque, alors
$$\lim_{(x, y) \to (2, 5)} f(x, y) = f(2, 5).$$

9. Si $f(x, y) = \ln y$, alors $\nabla f(x, y) = 1/y$.

10. Si $(2, 1)$ est un point critique de f et si
$$f_{xx}(2, 1) f_{yy}(2, 1) < [f_{xy}(2, 1)]^2$$
alors f admet un point de selle en $(2, 1)$.

11. Si $f(x, y) = \sin x + \sin y$, alors $-\sqrt{2} \leq f_{\vec{u}}(x, y) \leq \sqrt{2}$.

12. Si $f(x, y)$ possède deux maximums locaux, alors f doit avoir un minimum local.

Exercices récapitulatifs

1-2 Déterminez et esquissez le domaine de la fonction.

1. $f(x, y) = \ln(x + y + 1)$

2. $f(x, y) = \sqrt{4 - x^2 - y^2} + \sqrt{1 - x^2}$

3-4 Esquissez le graphe de la fonction.

3. $f(x, y) = 1 - y^2$

4. $f(x, y) = x^2 + (y - 2)^2$

5-6 Esquissez les courbes de niveau de la fonction.

5. $f(x, y) = \sqrt{4x^2 + y^2}$

6. $f(x, y) = e^x + y$

7. Tracez un diagramme de courbes de niveau pour la fonction dont le graphe est donné.

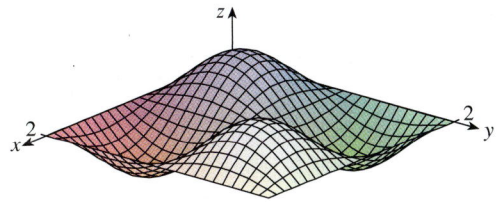

8. Voici un graphique des courbes de niveau d'une fonction f.
   a) Estimez la valeur de $f(3, 2)$.
   b) Est-ce que $f_x(3, 2)$ est positif ou négatif? Expliquez votre réponse.
   c) Quelle valeur est la plus grande: $f_y(2, 1)$ ou $f_y(2, 2)$? Expliquez votre réponse.

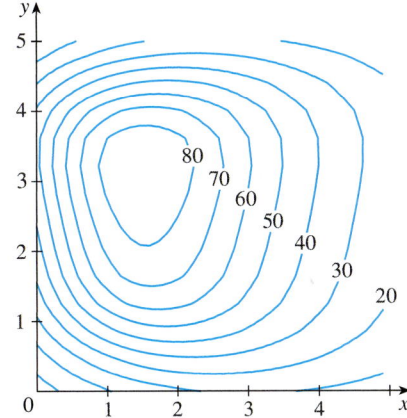

9-10 Évaluez la limite ou montrez qu'elle n'existe pas.

9. $\displaystyle\lim_{(x, y) \to (1, 1)} \dfrac{2xy}{x^2 + 2y^2}$

10. $\displaystyle\lim_{(x, y) \to (0, 0)} \dfrac{2xy}{x^2 + 2y^2}$

11. Une plaque métallique située dans le plan xy occupe le rectangle $0 \leq x \leq 10$, $0 \leq y \leq 8$, où x et y sont exprimés en mètres. La température au point (x, y) de la plaque est $T(x, y)$, où la température T est exprimée en degrés Celsius. Les températures en des points également espacés ont été mesurées et portées dans le tableau ci-après.

x \ y	0	2	4	6	8
0	30	38	45	51	55
2	52	56	60	62	61
4	78	74	72	68	66
6	98	87	80	75	71
8	96	90	86	80	75
10	92	92	91	87	78

a) Estimez les valeurs des dérivées partielles $T_x(6, 4)$ et $T_y(6, 4)$. Quelles sont les unités ?

b) Estimez la valeur de $T_{\vec{u}}(6, 4)$, où $\vec{u} = (\vec{i} + \vec{j})/\sqrt{2}$. Interprétez votre résultat.

c) Estimez la valeur de $T_{xy}(6, 4)$.

12. Trouvez une approximation linéaire de la fonction de température $T(x, y)$ de l'exercice 11 près du point (6, 4). Utilisez ensuite cette approximation pour estimer la température au point (5 ; 3,8).

13-17 Trouvez les dérivées partielles de premier ordre de la fonction.

13. $f(x, y) = (5y^3 + 2x^2 y)^8$

14. $g(u, v) = \dfrac{u + 2v}{u^2 + v^2}$

15. $F(\alpha, \beta) = \alpha^2 \ln(\alpha^2 + \beta^2)$

16. $G(x, y, z) = e^{xz} \sin(y/z)$

17. $S(u, v, w) = u \arctan(v\sqrt{w})$

18. La vitesse d'un son se déplaçant dans l'eau est fonction de la température, de la salinité et de la pression. Elle est modélisée par la fonction

$$C = 1449{,}2 + 4{,}6T - 0{,}055T^2 + 0{,}000\,29T^3 + (1{,}34 - 0{,}01T)(S - 35) + 0{,}016P$$

où C représente la vitesse du son (en mètres par seconde), T est la température (en degrés Celsius), S est la salinité (la teneur en sels en parties par millier, soit le nombre de grammes de solides dissous dans une masse de 1000 g d'eau) et P, la profondeur (en mètres) au-dessous de la surface de l'océan. Calculez $\partial C/\partial T$, $\partial C/\partial S$ et $\partial C/\partial P$ lorsque $T = 10\,°C$, $S = 35$ parties par millier et $P = 100$ m. Expliquez la signification physique de ces dérivées partielles.

19-22 Trouvez toutes les dérivées partielles secondes de la fonction.

19. $f(x, y) = 4x^3 - xy^2$

20. $z = xe^{-2y}$

21. $f(x, y, z) = x^k y^l z^m$

22. $v = r\cos(s + 2t)$

23. Soit $z = xy + xe^{y/x}$. Montrez que

$$x\frac{\partial z}{\partial x} + y\frac{\partial z}{\partial y} = xy + z.$$

24. Soit $z = \sin(x + \sin t)$. Montrez que

$$\frac{\partial z}{\partial x}\frac{\partial^2 z}{\partial x \partial t} = \frac{\partial z}{\partial t}\frac{\partial^2 z}{\partial x^2}.$$

25-29 Trouvez les équations : a) du plan tangent ; b) de la droite normale à la surface donnée au point spécifié.

25. $z = 3x^2 - y^2 + 2x$, $(1, -2, 1)$

26. $z = e^x \cos y$, $(0, 0, 1)$

27. $x^2 + 2y^2 - 3z^2 = 3$, $(2, -1, 1)$

28. $xy + yz + zx = 3$, $(1, 1, 1)$

29. $\sin(xyz) = x + 2y + 3z$, $(2, -1, 0)$

30. Utilisez un ordinateur pour tracer le graphe de la surface $z = x^2 + y^4$, son plan tangent et sa normale en $(1, 1, 2)$ sur la même figure. Choisissez le domaine et le point de vue de façon à obtenir une bonne vue de ces trois objets.

31. Trouvez les points sur l'hyperboloïde $x^2 + 4y^2 - z^2 = 4$, où le plan tangent est parallèle au plan $2x + 2y + z = 5$.

32. Trouvez la différentielle du si $u = \ln(1 + se^{2t})$.

33. Trouvez l'approximation linéaire de la fonction $f(x, y, z) = x^3\sqrt{y^2 + z^2}$ au point (2, 3, 4) et utilisez-la pour estimer le nombre $(1{,}98)^3\sqrt{(3{,}01)^2 + (3{,}97)^2}$.

34. Donnez les polynômes de Taylor de degrés 1 et 2 de la fonction $f(x, y) = x\sin(y)$ autour du point $(0, \pi/3)$.

35. Donnez les polynômes de Taylor de degrés 1 et 2 de la fonction $f(x, y) = \sqrt{x^2 + y^2}$ autour du point (1, 0).

36. Donnez une borne sur l'erreur d'approximation de la fonction f de l'exercice 34 par ses polynômes de Taylor de degrés 1 et 2 sur le disque de rayon 0,1 centré en $(0, \pi/3)$.

37. Utilisez le polynôme de Taylor de degré 2 de l'exercice 35 pour estimer la valeur de $\sqrt{1{,}22}$.

38. Les deux côtés de l'angle droit d'un triangle rectangle mesurent 5 m et 12 m avec une erreur de mesure d'au plus 0,2 cm pour chacun. Utilisez les différentielles pour estimer l'erreur maximale de la valeur calculée : a) de l'aire du triangle ; b) de la longueur de l'hypoténuse.

39. Soit $u = x^2 y^3 + z^4$ avec $x = p + 3p^2$, $y = pe^p$ et $z = p \sin p$. Trouvez du/dp à l'aide de la règle de dérivation en chaîne.

40. Soit $v = x^2 \sin y + y e^{xy}$ avec $x = s + 2t$ et $y = st$. Utilisez la règle de dérivation en chaîne pour trouver $\partial v/\partial s$ et $\partial v/\partial t$ lorsque $s = 0$ et $t = 1$.

41. Soit $z = f(x, y)$ avec $x = g(s, t)$, $y = h(s, t)$, $g(1, 2) = 3$, $g_s(1, 2) = -1$, $g_t(1, 2) = 4$, $h(1, 2) = 6$, $h_s(1, 2) = -5$, $h_t(1, 2) = 10$, $f_x(3, 6) = 7$ et $f_y(3, 6) = 8$. Trouvez $\partial z/\partial s$ et $\partial z/\partial t$ lorsque $s = 1$ et $t = 2$.

42. Utilisez un arbre pour écrire la règle de dérivation en chaîne lorsque $w = f(t, u, v)$, $t = t(p, q, r, s)$, $u = u(p, q, r, s)$ et $v = v(p, q, r, s)$ sont des fonctions différentiables.

43. Soit $z = y + f(x^2 - y^2)$, où f est différentiable. Montrez que
$$y \frac{\partial z}{\partial x} + x \frac{\partial z}{\partial y} = x.$$

44. La longueur x d'un côté d'un triangle augmente à la vitesse de 3 cm/s, la longueur y d'un autre côté diminue à la vitesse de 2 cm/s, et l'angle θ compris entre ces côtés augmente à la vitesse de 0,05 radian/s. Calculez le taux de variation de l'aire du triangle lorsque $x = 40$ cm, $y = 50$ cm et $\theta = \pi/6$.

45. Si $z = f(u, v)$, où $u = xy$ et $v = y/x$, et si f possède des dérivées partielles secondes continues, montrez que
$$x^2 \frac{\partial^2 z}{\partial x^2} - y^2 \frac{\partial^2 z}{\partial y^2} = -4uv \frac{\partial^2 z}{\partial u \partial v} + 2v \frac{\partial z}{\partial v}.$$

46. Soit $\cos(xyz) = 1 + x^2 y^2 + z^2$. Trouvez $\dfrac{\partial z}{\partial x}$ et $\dfrac{\partial z}{\partial y}$.

47. Trouvez le gradient de la fonction $f(x, y, z) = x^2 e^{yz^2}$.

48. a) Quand la dérivée directionnelle d'une fonction f est-elle maximale?
b) Quand est-elle minimale?
c) Quand est-elle nulle?
d) Quand vaut-elle la moitié de sa valeur maximale?

49-50 Trouvez la dérivée directionnelle de f au point donné dans la direction indiquée.

49. $f(x, y) = x^2 e^{-y}$, $(-2, 0)$, dans la direction du point $(2, -3)$

50. $f(x, y, z) = x^2 y + x \sqrt{1 + z}$, $(1, 2, 3)$, dans la direction de $\vec{v} = 2\vec{i} + \vec{j} - 2\vec{k}$

51. Trouvez le taux de variation maximal de $f(x, y) = x^2 y + \sqrt{y}$ au point $(2, 1)$. Dans quelle direction le taux de variation est-il maximal?

52. Trouvez la direction dans laquelle $f(x, y, z) = z e^{xy}$ augmente le plus rapidement au point $(0, 1, 2)$. Calculez le taux de croissance maximal.

53. Le diagramme de courbes de niveau ci-après montre la vitesse du vent en nœuds durant l'ouragan Andrew le 24 août 1992. Utilisez-la pour estimer la valeur de la dérivée de la vitesse du vent à Homestead, en Floride, dans la direction de l'œil de l'ouragan.

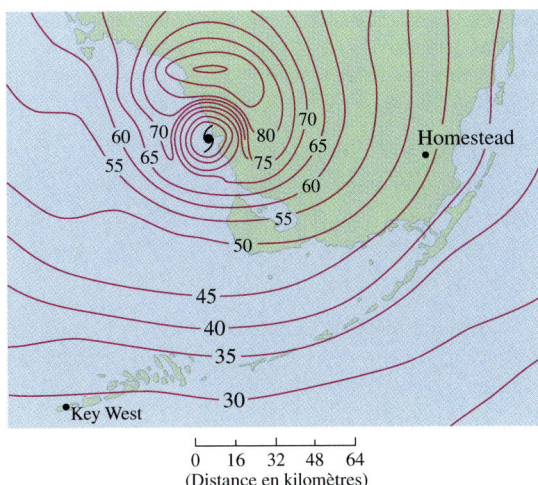

54. Trouvez les équations paramétriques de la droite tangente au point $(-2, 2, 4)$ à la courbe d'intersection de la surface $z = 2x^2 - y^2$ et du plan $z = 4$.

55-58 Trouvez les maximums locaux, les minimums locaux et les points de selle de la fonction. Si vous disposez d'un logiciel permettant de tracer des figures en trois dimensions, tracez le graphe de la fonction en choisissant un domaine et un point de vue qui révèlent tous les aspects importants de la fonction.

55. $f(x, y) = x^2 - xy + y^2 + 9x - 6y + 10$

56. $f(x, y) = x^3 - 6xy + 8y^3$

57. $f(x, y) = 3xy - x^2 y - xy^2$

58. $f(x, y) = (x^2 + y) e^{y/2}$

59-62 Trouvez les points critiques de la fonction et déterminez leur nature à l'aide des conditions suffisantes de deuxième ordre.

59. $f(x, y, z) = z^3 - 2z - 2y^2 - 2yz + x^2 + 4x$

60. $f(x, y, z) = z^2(z - 4) + x(x + 2) + y(y - 2) - yz - xz$

61. $f(x, y, z, w) = e^{x(x-1)} + e^{w^2 - 9} + (y + 1)^2 - (z + 2)^2$

62. $f(\vec{x}) = \sum_{i=1}^{n} \exp(x_i (x_i - i))$

63-64 Trouvez le maximum et le minimum absolus de f sur l'ensemble D.

63. $f(x, y) = 4xy^2 - x^2 y^2 - xy^3$; D est la région triangulaire fermée de sommets $(0, 0)$, $(0, 6)$ et $(6, 0)$ dans le plan xy.

64. $f(x, y) = e^{-x^2 - y^2}(x^2 + 2y^2)$; D est le disque $x^2 + y^2 \leq 4$.

65. Utilisez un graphe et/ou des courbes de niveau pour estimer les maximums locaux, les minimums locaux et les points de selle de $f(x, y) = x^3 - 3x + y^4 - 2y^2$. Utilisez ensuite le calcul différentiel pour trouver ces valeurs précisément.

66. Utilisez une calculatrice ou un ordinateur pour trouver les points critiques de $f(x, y) = 12 + 10y - 2x^2 - 8xy - y^4$ avec trois décimales exactes. Classez ensuite les points critiques et trouvez le point le plus élevé sur le graphique.

67. On cherche à minimiser la fonction
$$f(x, y, z) = (x-2)^2 + 2y^2 + e^{z^2 - xz}.$$
Effectuez deux itérations de la méthode du gradient pour la minimisation de f à partir du point initial $(x^0, y^0, z^0) = (1, 0, 0)$.

68. À l'aide de la méthode du gradient, estimez le maximum de la fonction $f(x, y) = y^2 + x^2 y + 5x - y^4 - x^4$. Utilisez le point initial $(x^0, y^0) = (0, 0)$ et choisissez un critère d'arrêt approprié.

69-72 Utilisez les multiplicateurs de Lagrange pour trouver le maximum et le minimum de la fonction f soumise aux contraintes données.

69. $f(x, y) = x^2 y; \quad x^2 + y^2 = 1$

70. $f(x, y) = \dfrac{1}{x} + \dfrac{1}{y}; \quad \dfrac{1}{x^2} + \dfrac{1}{y^2} = 1$

71. $f(x, y, z) = xyz; \quad x^2 + y^2 + z^2 = 3$

72. $f(x, y, z) = x^2 + 2y^2 + 3z^2; \quad x + y + z = 1, \ x - y + 2z = 2$

73-76 Utilisez les multiplicateurs de Lagrange pour estimer la nouvelle valeur optimale.

73. Le maximum de la fonction de l'exercice 69, sous la contrainte $x^2 + y^2 = 0{,}99$

74. Le minimum de la fonction de l'exercice 70, sous la contrainte $1/x^2 + 1/y^2 = 1{,}1$

75. Le maximum de la fonction de l'exercice 71, sous la contrainte $x^2 + y^2 + z^2 = 2{,}8$

76. Le minimum de la fonction de l'exercice 72, sous les contraintes $x + y + z = 0{,}9$ et $x - y + 2z = 2{,}05$

77. Trouvez les points de la surface $xy^2 z^3 = 2$ les plus proches de l'origine.

78. On peut envoyer par la poste un colis ayant la forme d'un parallélépipède rectangle si la somme de sa longueur et de sa circonférence (le périmètre de sa section perpendiculaire à la longueur) est d'au plus 275 cm. Trouvez les dimensions du colis de volume maximal pouvant être envoyé.

79. On construit un pentagone en plaçant un triangle isocèle sur un rectangle, comme sur la figure. Si le périmètre P du pentagone est fixe, trouvez les longueurs des côtés du pentagone qui maximisent l'aire du pentagone.

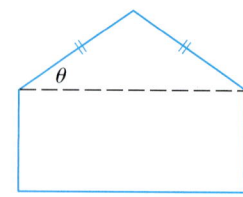

80. Estimez le volume supplémentaire du colis de l'exercice 78 si la circonférence autorisée est de 280 cm.

Problèmes supplémentaires

1. On découpe un rectangle de longueur L et de largeur W en quatre petits rectangles à l'aide de deux droites parallèles aux côtés. Trouvez le maximum et le minimum de la somme des carrés des aires des petits rectangles.

2. Des biologistes marins ont déterminé que le requin qui détecte du sang dans l'eau nage dans la direction où la concentration de sang augmente le plus rapidement. On approxime la concentration de sang (en parties par million) en un point $P(x, y)$ de la surface de l'eau par
$$C(x, y) = e^{-(x^2 + 2y^2)/10^4}$$
où x et y sont exprimées en mètres dans un système de coordonnées cartésiennes où la source de sang est à l'origine.
  a) Identifiez les courbes de niveau de la fonction C, puis esquissez plusieurs membres de cette famille de même que le chemin que le requin suivra jusqu'à la source.
  b) Supposez qu'un requin est au point (x_0, y_0) lorsqu'il détecte du sang dans l'eau. Trouvez l'équation du chemin du requin en écrivant et en résolvant une équation différentielle.

3. On veut plier une longue feuille métallique de largeur l en une forme symétrique avec trois côtés rectilignes pour en faire une gouttière. La figure montre une section de cette gouttière.

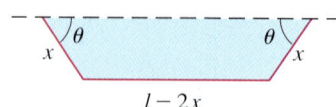

a) Déterminez les dimensions qui maximisent l'écoulement; autrement dit, trouvez les dimensions qui maximisent l'aire de la section.

b) Serait-il préférable de plier la feuille pour obtenir une gouttière dont la section est semi-circulaire?

4. Pour quelles valeurs de r la fonction

$$f(x, y, z) = \begin{cases} \dfrac{(x+y+z)^r}{x^2+y^2+z^2} & \text{si}\,(x, y, z) \neq 0 \\ 0 & \text{si}\,(x, y, z) = 0 \end{cases}$$

est-elle continue sur $\mathbb{R}^3$?

5. Supposez que f est une fonction différentiable d'une variable. Montrez que tous les plans tangents à la surface $z = xf(y/x)$ se coupent en un point commun.

6. a) On peut adapter la méthode de Newton pour l'approximation d'une racine de l'équation $f(x) = 0$ afin d'approximer la solution d'un système de deux équations $f(x, y) = 0$ et $g(x, y) = 0$. Les surfaces $z = f(x, y)$ et $z = g(x, y)$ se coupent selon une courbe qui coupe le plan xy au point (r, s), la solution du système. Si une première approximation (x_1, y_1) est près de ce point, alors les plans tangents aux surfaces en (x_1, y_1) se coupent selon une droite qui coupe le plan xy au point (x_2, y_2), qui devrait être plus près de (r, s). Montrez que

$$x_2 = x_1 - \frac{fg_y - f_y g}{f_x g_y - f_y g_x} \quad \text{et} \quad y_2 = y_1 - \frac{f_x g - f g_x}{f_x g_y - f_y g_x}$$

où f, g et leurs dérivées partielles sont évaluées en (x_1, y_1). En réutilisant ces formules, on obtient des approximations successives (x_n, y_n), $n = 1, 2, \ldots$

b) Thomas Simpson (1710-1761) a formulé la méthode de Newton telle qu'on la connaît aujourd'hui et l'a généralisée aux fonctions de deux variables comme en a). L'exemple qu'il a donné pour illustrer la méthode était de résoudre le système d'équations

$$x^x + y^y = 1000 \qquad x^y + y^x = 100.$$

Autrement dit, il a trouvé les points d'intersection des courbes de la figure ci-dessous. Utilisez la méthode de la partie a) pour trouver les coordonnées des points d'intersection avec six décimales exactes.

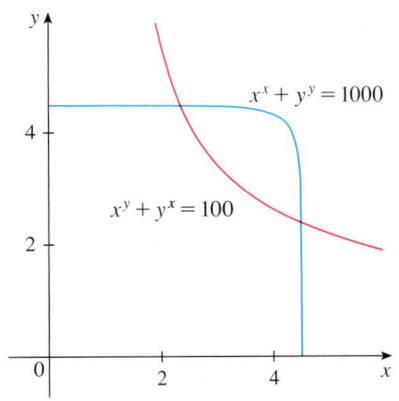

7. Si l'ellipse $x^2/a^2 + y^2/b^2 = 1$ doit circonscrire le cercle $x^2 + y^2 = 2y$, quelles valeurs de a et de b minimisent l'aire de l'ellipse?

8. Montrez que la valeur maximale de la fonction

$$f(x, y) = \frac{(ax + by + c)^2}{x^2 + y^2 + 1}$$

est $a^2 + b^2 + c^2$.

Suggestion: Une méthode permettant d'aborder ce problème consiste à utiliser l'inégalité de Cauchy-Schwarz:

$$|\vec{a} \cdot \vec{b}| \leq |\vec{a}||\vec{b}|.$$

PARTIE III

INTÉGRALES MULTIPLES

CHAPITRE 6 LES INTÉGRALES DOUBLES
CHAPITRE 7 LES INTÉGRALES TRIPLES

RÉVISION

PROBLÈMES SUPPLÉMENTAIRES

© Laurent Dambies / Shutterstock

CHAPITRE 6

LES INTÉGRALES DOUBLES

6.1 Les intégrales doubles sur des rectangles
6.2 Les intégrales doubles sur des domaines généraux
6.3 Les coordonnées polaires
6.4 Les intégrales doubles en coordonnées polaires
6.5 Les applications des intégrales doubles

© MarcelClemens / Shutterstock

Dans ce chapitre, nous généralisons la notion d'intégrale définie en une variable aux intégrales doubles de fonctions de deux variables. Les intégrales doubles nous servent ensuite à calculer le volume, la masse et le centroïde de régions dans le plan et l'espace. Elles sont aussi utilisées pour calculer des probabilités lorsque deux variables aléatoires sont en jeu.

Enfin, nous verrons que les coordonnées polaires facilitent le calcul des intégrales doubles sur certains types de régions.

6.1 LES INTÉGRALES DOUBLES SUR DES RECTANGLES

De la même façon que le problème du calcul d'une aire conduit à la définition de l'intégrale définie, le calcul du volume d'un solide conduit à la définition d'une intégrale double.

L'INTÉGRALE DÉFINIE – RAPPELS

Il convient d'abord de rappeler les concepts de base de l'intégrale définie pour une fonction d'une seule variable. Si $f(x)$ est une fonction définie pour $a \leq x \leq b$, on subdivise d'abord l'intervalle $[a, b]$ en n sous-intervalles $[x_{i-1}, x_i]$ de même longueur $\Delta x = (b-a)/n$, où $i = 1, 2, \ldots, n$ et $x_0 = a$, $x_n = b$, puis on choisit des points échantillons x_i^* dans chacun de ces sous-intervalles. On construit ensuite la somme de Riemann

1
$$\sum_{i=1}^{n} f(x_i^*)\Delta x$$

et on prend la limite de ces sommes lorsque $n \to \infty$ pour obtenir l'intégrale définie de f de a à b :

2
$$\int_a^b f(x)dx = \lim_{n \to \infty} \sum_{i=1}^{n} f(x_i^*)\Delta x.$$

Dans le cas particulier où $f(x) \geq 0$ sur $[a, b]$, on peut interpréter la somme de Riemann comme la somme des aires des rectangles d'approximation de la figure 1, et $\int_a^b f(x)dx$ représente l'aire sous la courbe $y = f(x)$ de a à b. Il faut noter que si l'intégrale existe, la limite est unique et indépendante du choix des x_i^*.

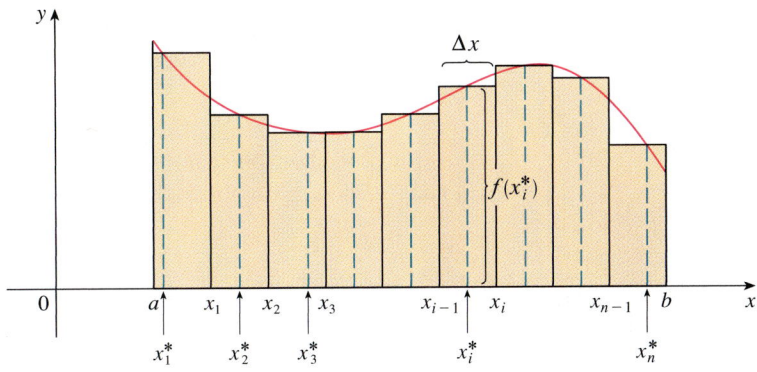

FIGURE 1

LES VOLUMES ET LES INTÉGRALES DOUBLES

De façon semblable, on considère une fonction f de deux variables définie sur un rectangle fermé

$$R = [a, b] \times [c, d] = \{(x, y) \in \mathbb{R}^2 \mid a \leq x \leq b,\ c \leq y \leq d\}$$

et on suppose dans un premier temps que $f(x, y) \geq 0$ sur R. Le graphe de f est une surface d'équation $z = f(x, y)$. Soit S le solide situé au-dessus de R et sous le graphe de f, c'est-à-dire

$$S = \{(x, y, z) \in \mathbb{R}^3 \mid 0 \leq z \leq f(x, y), (x, y) \in R\}$$

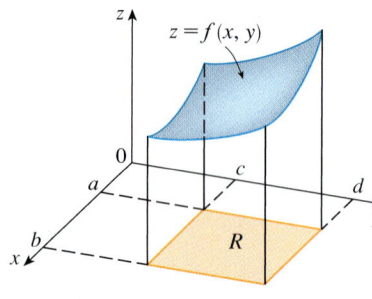

FIGURE 2

(voir la figure 2). On veut calculer le volume de S.

On commence par subdiviser le rectangle R en sous-rectangles. Pour cela, on subdivise l'intervalle $[a, b]$ en m sous-intervalles $[x_{i-1}, x_i]$ de même longueur $\Delta x = (b - a)/m$, et on subdivise $[c, d]$ en n sous-intervalles $[y_{j-1}, y_j]$ de même longueur $\Delta y = (d - c)/n$. On trace ensuite des parallèles aux axes de coordonnées qui passent par les extrémités de ces sous-intervalles (voir la figure 3) pour obtenir les sous-rectangles

$$R_{ij} = [x_{i-1}, x_i] \times [y_{j-1}, y_j] = \{(x, y) \mid x_{i-1} \leq x \leq x_i,\ y_{j-1} \leq y \leq y_j\}, \quad 1 \leq i \leq m, 1 \leq j \leq n,$$

chacun ayant une aire $\Delta A = \Delta x \Delta y$.

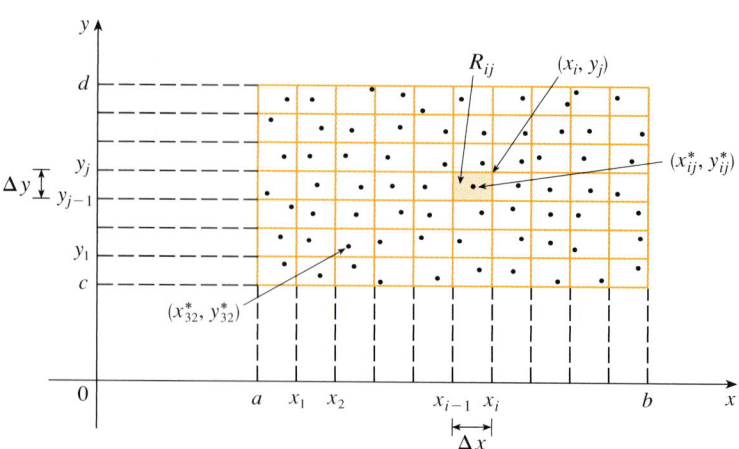

FIGURE 3
La subdivision de R en sous-rectangles.

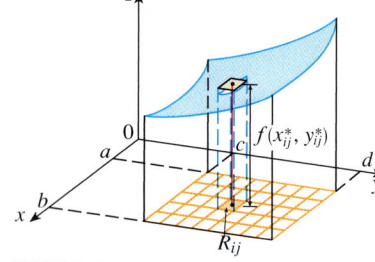

FIGURE 4

Si on choisit un **point échantillon** (x_{ij}^*, y_{ij}^*) dans chaque R_{ij}, on peut approximer la portion du volume de S au-dessus de R_{ij} à l'aide d'une mince boîte rectangulaire (un parallélépipède) de base R_{ij} et de hauteur $f(x_{ij}^*, y_{ij}^*)$, comme on peut le voir à la figure 4. (Comparez cette figure avec la figure 1.) Le volume de cette boîte est égal au produit de la hauteur de la boîte par l'aire du rectangle de base :

$$f(x_{ij}^*, y_{ij}^*) \Delta A.$$

En procédant ainsi pour tous les rectangles et en additionnant les volumes de toutes les boîtes, on obtient une approximation du volume total de S :

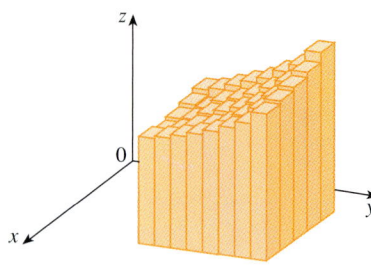

FIGURE 5

$$\boxed{3} \quad V \approx \sum_{i=1}^{m} \sum_{j=1}^{n} f(x_{ij}^*, y_{ij}^*) \Delta A$$

(voir la figure 5). Cette double somme signifie que pour chaque sous-rectangle on évalue f au point choisi. On multiplie cette valeur par l'aire du sous-rectangle, puis on additionne les résultats.

On peut voir intuitivement que l'approximation donnée par l'équation 3 s'améliore lorsque m et n augmentent, et on s'attend à ce que

4
$$V = \lim_{m,n \to \infty} \sum_{i=1}^{m} \sum_{j=1}^{n} f(x_{ij}^*, y_{ij}^*) \Delta A.$$

L'expression de l'équation 4 définit le **volume** du solide S qui est sous le graphe de f et au-dessus du rectangle R.

On rencontre souvent des limites du type de celle de l'équation 4 dans le calcul de volumes et dans plusieurs autres situations, comme on peut le voir à la section 6.5, même si f n'est pas une fonction positive.

> **5 DÉFINITION**
>
> L'**intégrale double** de f sur le rectangle R est
>
> $$\iint_R f(x,y)\,dA = \lim_{m,n \to \infty} \sum_{i=1}^{m} \sum_{j=1}^{n} f(x_{ij}^*, y_{ij}^*) \Delta A$$
>
> si cette limite existe.

La double limite de l'équation 4 signifie qu'on peut rendre la double somme arbitrairement proche du nombre V (pour tout choix de (x_{ij}^*, y_{ij}^*) dans R_{ij}) en prenant m et n suffisamment grands.

Remarquez la similitude entre la définition 5 et la définition de l'intégrale simple de l'équation 2.

La limite de la définition 5 signifie, plus précisément, que pour tout nombre $\varepsilon > 0$ il existe un entier N tel que

$$\left| \iint_R f(x,y)\,dA - \sum_{i=1}^{m} \sum_{j=1}^{n} f(x_{ij}^*, y_{ij}^*) \Delta A \right| < \varepsilon$$

pour tous les entiers m et n supérieurs à N et pour tout choix de points échantillons (x_{ij}^*, y_{ij}^*) dans R_{ij}.

Une fonction f est dite **intégrable** si la limite de la définition 5 existe. Dans les cours de calcul intégral avancé, on montre que toutes les fonctions continues sont intégrables. En fait, l'intégrale double de f existe pourvu que f « ne soit pas trop discontinue ». En particulier, si f est bornée sur R (c'est-à-dire qu'il existe une constante M telle que $|f(x,y)| \leq M$ pour tous les (x,y) dans R) et si f est continue sur ce domaine, sauf sur un nombre fini de courbes lisses, alors f est intégrable sur R.

On a défini l'intégrale double en subdivisant R en sous-rectangles de dimensions égales, mais on aurait également pu utiliser des sous-rectangles R_{ij} de dimensions différentes. Cependant, il aurait alors fallu s'assurer que toutes leurs dimensions tendent vers 0 à la limite.

Le point échantillon (x_{ij}^*, y_{ij}^*) peut être n'importe quel point du sous-rectangle R_{ij}, mais si on prend le coin supérieur droit de R_{ij} (à savoir (x_i, y_j) comme à la figure 3), alors l'expression de l'intégrale double devient plus simple :

> **6**
> $$\iint_R f(x,y)\,dA = \lim_{m,n \to \infty} \sum_{i=1}^{m} \sum_{j=1}^{n} f(x_i, y_j) \Delta A.$$

On a le résultat suivant.

> Si $f(x,y) \geq 0$, alors le volume V du solide au-dessus du rectangle R et sous la surface $z = f(x,y)$ est
>
> $$V = \iint_R f(x,y)\,dA.$$

La somme de la définition 5,

$$\sum_{i=1}^{m} \sum_{j=1}^{n} f(x_{ij}^*, y_{ij}^*) \Delta A,$$

est appelée **double somme de Riemann** et est une approximation de la valeur de l'intégrale double. (Remarquez la similitude avec la somme de Riemann dans 1 pour une fonction d'une seule variable.)

EXEMPLE 1 Estimons le volume du solide au-dessus du carré $R = [0, 2] \times [0, 2]$ et sous le paraboloïde elliptique $z = 16 - x^2 - 2y^2$. Pour ce faire, on subdivise R en quatre carrés égaux et on prend le coin supérieur droit comme point échantillon dans chaque carré R_{ij}. Esquissons aussi le solide et les parallélépipèdes d'approximation.

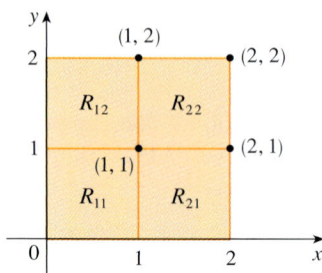

FIGURE 6

SOLUTION La figure 6 montre les carrés. Le paraboloïde est le graphe de $f(x, y) = 16 - x^2 - 2y^2$, et l'aire de chaque carré est égale à 1. L'approximation du volume par la double somme de Riemann avec $m = n = 2$ donne

$$V \approx \sum_{i=1}^{2} \sum_{j=1}^{2} f(x_i, y_j) \Delta A$$
$$= f(1, 1)\Delta A + f(1, 2)\Delta A + f(2, 1)\Delta A + f(2, 2)\Delta A$$
$$= 13(1) + 7(1) + 10(1) + 4(1) = 34,$$

qui est la somme des volumes des parallélépipèdes d'approximation illustrés à la figure 7.

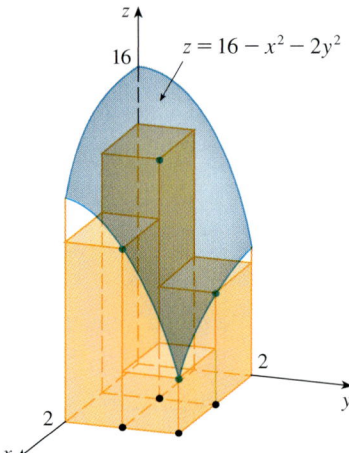

FIGURE 7

Les approximations du volume de l'exemple 1 s'améliorent si on augmente le nombre de carrés. La figure 8 montre que les parallélépipèdes approximent le solide de mieux en mieux lorsqu'on utilise 16, 64 et 256 carrés. À l'exemple 7, nous montrerons que le volume exact est de 48.

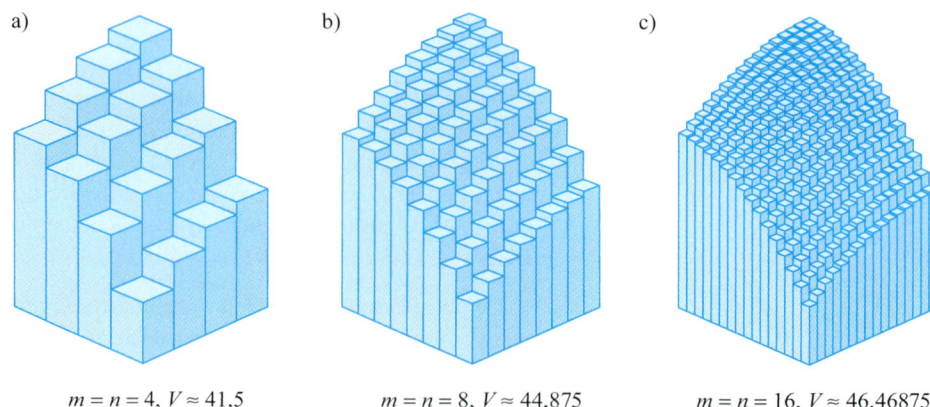

a) $m = n = 4, V \approx 41{,}5$ b) $m = n = 8, V \approx 44{,}875$ c) $m = n = 16, V \approx 46{,}46875$

FIGURE 8
Les approximations par la double somme de Riemann du volume sous $z = 16 - x^2 - 2y^2$ deviennent plus précises lorsque m et n s'accroissent.

EXEMPLE 2 Soit $R = \{(x, y) | -1 \leq x \leq 1, -2 \leq y \leq 2\}$. Calculons l'intégrale

$$\iint_R \sqrt{1 - x^2} \, dA.$$

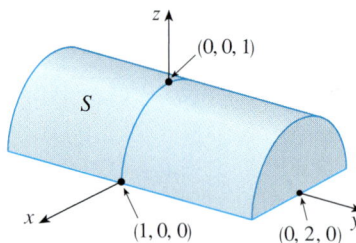

FIGURE 9

SOLUTION Le calcul de cette intégrale à l'aide de la définition 5 est difficile. Toutefois, puisque $\sqrt{1-x^2} \geq 0$, on peut la considérer comme le volume d'un solide. Si $z = \sqrt{1-x^2}$, alors $x^2 + z^2 = 1$ avec $z \geq 0$, et l'intégrale double représente le volume du solide S sous le cylindre circulaire $x^2 + z^2 = 1$ et au-dessus du rectangle R (voir la figure 9). Le volume de S est égal au produit de l'aire du demi-cercle de rayon 1 par la longueur du cylindre. Par conséquent,

$$\iint_R \sqrt{1 - x^2} \, dA = \tfrac{1}{2}\pi(1)^2 \times 4 = 2\pi.$$

LA MÉTHODE DU POINT MILIEU

Toutes les méthodes qui sont utilisées pour approximer les intégrales simples (la méthode du point milieu, la méthode des trapèzes, la méthode de Simpson) possèdent des analogues pour les intégrales doubles. On ne considère ici que la méthode du point milieu pour les intégrales doubles, ce qui signifie qu'on utilise une double somme de Riemann pour approximer l'intégrale double avec comme point échantillon (x_{ij}^*, y_{ij}^*) le centre $(\bar{x}_i, \bar{y}_j)$ de chaque R_{ij}. Autrement dit, $\bar{x}_i$ est le point milieu de $[x_{i-1}, x_i]$ et $\bar{y}_j$, le point milieu de $[y_{j-1}, y_j]$.

> **MÉTHODE DU POINT MILIEU POUR LES INTÉGRALES DOUBLES**
>
> $$\iint_R f(x,y)\,dA \approx \sum_{i=1}^{m}\sum_{j=1}^{n} f(\bar{x}_i, \bar{y}_j)\,\Delta A,$$
>
> où $\bar{x}_i$ est le point milieu de $[x_{i-1}, x_i]$ et $\bar{y}_j$, le point milieu de $[y_{j-1}, y_j]$.

EXEMPLE 3 Utilisons la méthode du point milieu avec $m = n = 2$ pour estimer l'intégrale
$$\iint_R (x - 3y^2)\,dA, \text{ où } R = \{(x,y)\,|\,0 \leq x \leq 2, 1 \leq y \leq 2\}.$$

SOLUTION En utilisant cette méthode avec $m = n = 2$, on calcule $f(x,y) = x - 3y^2$ au centre des quatre sous-rectangles illustrés à la figure 10. On a $\bar{x}_1 = \frac{1}{2}$, $\bar{x}_2 = \frac{3}{2}$, $\bar{y}_1 = \frac{5}{4}$ et $\bar{y}_2 = \frac{7}{4}$. L'aire de chaque sous-rectangle est $\Delta A = \frac{1}{2}$. Par conséquent,

$$\begin{aligned}
\iint_R (x-3y^2)\,dA &\approx \sum_{i=1}^{2}\sum_{j=1}^{2} f(\bar{x}_i, \bar{y}_j)\,\Delta A \\
&= f(\bar{x}_1, \bar{y}_1)\Delta A + f(\bar{x}_1, \bar{y}_2)\Delta A + f(\bar{x}_2, \bar{y}_1)\Delta A + f(\bar{x}_2, \bar{y}_2)\Delta A \\
&= f\left(\tfrac{1}{2}, \tfrac{5}{4}\right)\Delta A + f\left(\tfrac{1}{2}, \tfrac{7}{4}\right)\Delta A + f\left(\tfrac{3}{2}, \tfrac{5}{4}\right)\Delta A + f\left(\tfrac{3}{2}, \tfrac{7}{4}\right)\Delta A \\
&= \left(-\tfrac{67}{16}\right)\tfrac{1}{2} + \left(-\tfrac{139}{16}\right)\tfrac{1}{2} + \left(-\tfrac{51}{16}\right)\tfrac{1}{2} + \left(-\tfrac{123}{16}\right)\tfrac{1}{2} \\
&= -\tfrac{95}{8} = -11{,}875,
\end{aligned}$$

donc $\iint_R (x - 3y^2)\,dA \approx -11{,}875$.

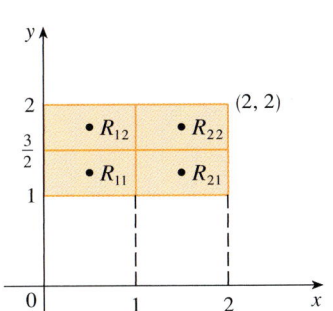

FIGURE 10

TABLEAU 6.1 Approximations selon le nombre de sous-rectangles.

Nombre de sous-rectangles	Approximations par la méthode du point milieu
1	−11,5000
4	−11,8750
16	−11,9687
64	−11,9922
256	−11,9980
1024	−11,9995

NOTE Nous allons maintenant développer une méthode efficace pour le calcul des intégrales doubles et nous verrons alors que la valeur exacte de l'intégrale de l'exemple 3 est −12. Il faut se rappeler que l'interprétation d'une intégrale double comme un volume n'est valable que si la fonction f est une fonction positive sur R. La fonction de l'exemple 3 n'étant pas une fonction positive et son intégrale n'est pas un volume. Dans les exemples 5 et 6, on voit comment interpréter l'intégrale d'une fonction qui n'est pas toujours positive en termes de volumes. Si on continue à subdiviser successivement chaque sous-rectangle de la figure 10 en quatre, on obtient les approximations présentées dans le tableau 6.1. Observez comment ces approximations tendent vers la valeur exacte de l'intégrale double, soit −12.

LES INTÉGRALES ITÉRÉES

On sait qu'il est souvent difficile de calculer une intégrale simple directement à partir de la définition de l'intégrale, mais que le théorème fondamental du calcul intégral offre une méthode beaucoup plus simple. Le calcul des intégrales doubles à partir des premiers principes est encore plus difficile. Toutefois, nous verrons ici comment exprimer une intégrale double sous la forme d'une intégrale itérée, qu'on peut calculer en évaluant deux intégrales simples.

Soit f une fonction de deux variables intégrable sur le rectangle $R = [a, b] \times [c, d]$. On utilise la notation $\int_c^d f(x, y)\, dy$ pour indiquer que x est maintenue fixe et qu'on intègre $f(x, y)$ par rapport à y de $y = c$ à $y = d$. On appelle ce procédé l'**intégration partielle** de $f(x, y)$ par rapport à y. (Remarquez la ressemblance avec la dérivation partielle.) Par conséquent, $\int_c^d f(x, y)\, dy$ est un nombre qui dépend de la valeur de x et il définit donc une fonction de x,

$$A(x) = \int_c^d f(x, y)\, dy.$$

En intégrant la fonction A par rapport à x de $x = a$ à $x = b$, on obtient

7
$$\int_a^b A(x)\, dx = \int_a^b \left[\int_c^d f(x, y)\, dy \right] dx.$$

On appelle l'intégrale du deuxième membre de l'équation 7 une **intégrale itérée**. On omet habituellement les crochets. L'expression

8
$$\int_a^b \int_c^d f(x, y)\, dy\, dx = \int_a^b \left[\int_c^d f(x, y)\, dy \right] dx$$

signifie qu'on effectue d'abord l'intégration par rapport à y de c à d, puis par rapport à x de a à b.

De même, l'intégrale itérée

9
$$\int_c^d \int_a^b f(x, y)\, dx\, dy = \int_c^d \left[\int_a^b f(x, y)\, dx \right] dy$$

signifie qu'on effectue d'abord l'intégration par rapport à x (en maintenant y fixe) de $x = a$ à $x = b$, puis qu'on intègre la fonction résultante de y par rapport à y de $y = c$ à $y = d$. On remarque que dans les équations 8 et 9, on procède de l'intérieur vers l'extérieur.

EXEMPLE 4 Calculons les intégrales itérées.

a) $\int_0^3 \int_1^2 x^2 y\, dy\, dx$

b) $\int_1^2 \int_0^3 x^2 y\, dx\, dy$

SOLUTION

a) En considérant x comme une constante, on obtient

$$A(x) = \int_1^2 x^2 y\, dy = \left[x^2 \frac{y^2}{2} \right]_{y=1}^{y=2} = x^2 \left(\frac{2^2}{2} \right) - x^2 \left(\frac{1^2}{2} \right) = \frac{3}{2} x^2.$$

La fonction A définie plus haut est donc donnée par $A(x) = \frac{3}{2} x^2$ dans cet exemple. On intègre maintenant cette fonction de x de 0 à 3 :

$$\int_0^3 A(x)\, dx = \int_0^3 \int_1^2 x^2 y\, dy\, dx = \int_0^3 \left[\int_1^2 x^2 y\, dy \right] dx$$
$$= \int_0^3 \frac{3}{2} x^2\, dx = \frac{x^3}{2} \Big]_0^3 = \frac{27}{2}.$$

b) Dans ce cas, on effectue d'abord l'intégration par rapport à x :

$$\int_1^2 \int_0^3 x^2 y \, dx \, dy = \int_1^2 \left[\int_0^3 x^2 y \, dx \right] dy = \int_1^2 \left[\frac{x^3}{3} y \right]_{x=0}^{x=3} dy$$

$$= \int_1^2 9y \, dy = 9 \frac{y^2}{2} \Big]_1^2 = \frac{27}{2}.$$

On remarque que dans l'exemple 4, on a obtenu le même résultat peu importe si on intègre d'abord par rapport à y ou à x. En général (voir le théorème 10), les intégrales itérées des équations 8 et 9 sont toujours égales, c'est-à-dire que l'ordre d'intégration est sans importance. (Ce résultat est analogue au théorème de Clairaut sur l'égalité des dérivées partielles mixtes.)

Le théorème de Fubini fournit une méthode pratique pour calculer une intégrale double en l'exprimant sous la forme d'une intégrale itérée (peu importe l'ordre des intégrales itérées).

Le théorème 10 porte le nom du mathématicien italien Guido Fubini (1879-1943), qui en a démontré une version très générale en 1907. Cependant, le mathématicien français Augustin-Louis Cauchy connaissait déjà ce théorème pour les fonctions continues presque un siècle auparavant.

10 THÉORÈME DE FUBINI

Si f est continue sur le rectangle $R = \{(x, y) \mid a \leq x \leq b,\ c \leq y \leq d\}$, alors

$$\iint_R f(x, y) \, dA = \int_a^b \int_c^d f(x, y) \, dy \, dx = \int_c^d \int_a^b f(x, y) \, dx \, dy.$$

Plus généralement, cela est vrai si on suppose que f est bornée sur R, que f est discontinue seulement sur un nombre fini de courbes lisses et que les intégrales itérées existent.

Bien que la démonstration du théorème de Fubini dépasse le cadre de ce manuel, on peut expliquer intuitivement pourquoi il est valide lorsque $f(x, y) \geq 0$. On se souvient que si f est positive, alors on peut interpréter l'intégrale double $\iint_R f(x, y) \, dA$ comme le volume V du solide S au-dessus de R et sous la surface $z = f(x, y)$. D'autre part, on peut aussi calculer le volume d'une autre façon, à savoir

$$V = \int_a^b A(x) \, dx,$$

où $A(x)$ est l'aire d'une section de S dans le plan passant par x et perpendiculaire à l'axe des x. Selon la figure 11, $A(x)$ est l'aire sous la courbe C d'équation $z = f(x, y)$, où x est maintenue constante et $c \leq y \leq d$. Par conséquent,

$$A(x) = \int_c^d f(x, y) \, dy,$$

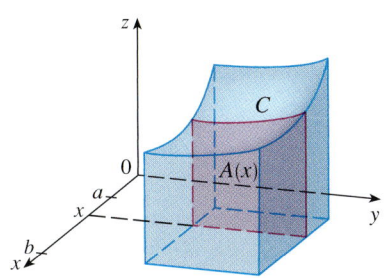

FIGURE 11

et on a

$$\iint_R f(x, y) \, dA = V = \int_a^b A(x) \, dx = \int_a^b \int_c^d f(x, y) \, dy \, dx.$$

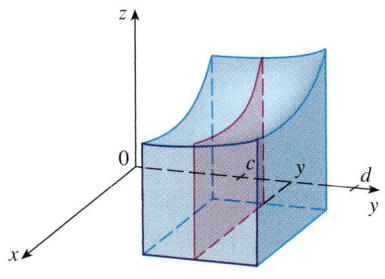

FIGURE 12

Un raisonnement semblable utilisant des sections perpendiculaires à l'axe des y, comme à la figure 12, montre que

$$\iint_R f(x, y) \, dA = \int_c^d \int_a^b f(x, y) \, dx \, dy.$$

EXEMPLE 5 Calculons l'intégrale double $\iint_R (x - 3y^2) \, dA$, où
$$R = \{(x, y) \mid 0 \leq x \leq 2,\ 1 \leq y \leq 2\}.$$

(Comparez cet exemple avec l'exemple 3.)

La réponse de l'exemple 5 est négative ; il n'y a là rien d'anormal. Comme la fonction f de cet exemple n'est pas positive, son intégrale ne représente pas un volume. Selon la figure 13, f est négative sur R, et la valeur de l'intégrale est l'opposé du volume au-dessus du graphe de f et au-dessous de R.

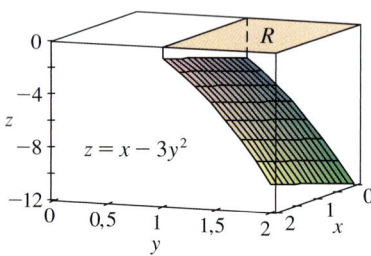

FIGURE 13

Pour une fonction f prenant des valeurs positives et négatives sur R, $\iint_R f(x,y)\,dA$ est une différence de volumes $V_1 - V_2$, où V_1 est le volume au-dessus de R et sous le graphe de f, tandis que V_2 est le volume au-dessous de R et au-dessus du graphe de f. L'intégrale de l'exemple 6 étant nulle, les volumes V_1 et V_2 sont égaux (voir la figure 14).

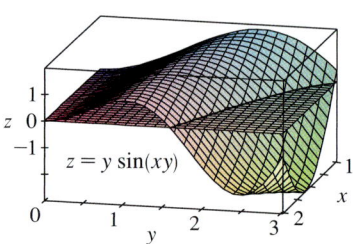

FIGURE 14

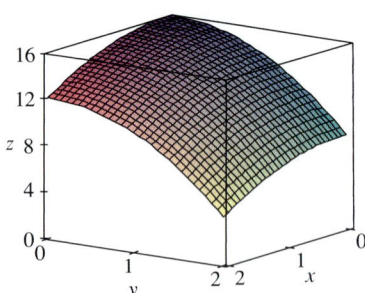

FIGURE 15

SOLUTION 1 Selon le théorème de Fubini,

$$\iint_R (x - 3y^2)\,dA = \int_0^2 \int_1^2 (x - 3y^2)\,dy\,dx = \int_0^2 \Big[xy - y^3\Big]_{y=1}^{y=2}\,dx$$

$$= \int_0^2 (x - 7)\,dx = \frac{x^2}{2} - 7x \Big]_0^2 = -12.$$

SOLUTION 2 On applique de nouveau le théorème de Fubini, mais cette fois en intégrant la fonction d'abord par rapport à x. On obtient

$$\iint_R (x - 3y^2)\,dA = \int_1^2 \int_0^2 (x - 3y^2)\,dx\,dy$$

$$= \int_1^2 \left[\frac{x^2}{2} - 3xy^2\right]_{x=0}^{x=2} dy$$

$$= \int_1^2 (2 - 6y^2)\,dy = 2y - 2y^3 \Big]_1^2 = -12.$$

EXEMPLE 6 Calculons $\iint_R y \sin(xy)\,dA$, où $R = [1,2] \times [0,\pi]$.

SOLUTION On intègre d'abord par rapport à x. On obtient

$$\iint_R y \sin(xy)\,dA = \int_0^\pi \int_1^2 y \sin(xy)\,dx\,dy = \int_0^\pi \Big[-\cos(xy)\Big]_{x=1}^{x=2} dy$$

$$= \int_0^\pi (-\cos 2y + \cos y)\,dy$$

$$= -\tfrac{1}{2}\sin 2y + \sin y \Big]_0^\pi = 0.$$

NOTE Si on inverse l'ordre d'intégration et on intègre d'abord par rapport à y dans l'exemple 6, on obtient

$$\iint_R y \sin(xy)\,dA = \int_1^2 \int_0^\pi y \sin(xy)\,dy\,dx.$$

mais intégrer dans cet ordre est beaucoup plus difficile que la méthode décrite dans l'exemple, car on doit intégrer par parties deux fois. Par conséquent, quand on évalue des intégrales doubles, on doit choisir judicieusement l'ordre d'intégration pour obtenir les intégrales les plus simples à évaluer.

EXEMPLE 7 Calculons le volume du solide S borné par le paraboloïde elliptique $x^2 + 2y^2 + z = 16$, les plans $x = 2$ et $y = 2$ et les trois plans des coordonnées.

SOLUTION On remarque d'abord que le solide S est situé sous la surface $z = 16 - x^2 - 2y^2$ et au-dessus du carré $R = [0,2] \times [0,2]$ (voir la figure 15). On a déjà considéré ce solide à l'exemple 1, mais maintenant on peut calculer l'intégrale double à l'aide du théorème de Fubini. Par conséquent,

$$V = \iint_R (16 - x^2 - 2y^2)\,dA = \int_0^2 \int_0^2 (16 - x^2 - 2y^2)\,dx\,dy$$

$$= \int_0^2 \left[16x - \tfrac{1}{3}x^3 - 2y^2 x\right]_{x=0}^{x=2} dy$$

$$= \int_0^2 \left(\tfrac{88}{3} - 4y^2\right) dy = \left[\tfrac{88}{3}y - \tfrac{4}{3}y^3\right]_0^2 = 48.$$

Dans le cas particulier où l'on peut factoriser $f(x, y)$ sous la forme du produit d'une fonction de x seulement et d'une fonction de y seulement, l'intégrale double de f s'écrit sous une forme très simple. Plus précisément, si $f(x, y) = g(x)h(y)$ et $R = [a, b] \times [c, d]$, alors le théorème de Fubini donne

$$\iint_R f(x, y)\, dA = \int_c^d \int_a^b g(x)h(y)\, dx\, dy = \int_c^d \left[\int_a^b g(x)h(y)\, dx \right] dy.$$

Dans l'intégrale intérieure, y est une constante, donc $h(y)$ est une constante indépendante de x et on peut écrire

$$\int_c^d \left[\int_a^b g(x)h(y)\, dx \right] dy = \int_c^d \left[h(y)\left(\int_a^b g(x)\, dx \right) \right] dy = \int_a^b g(x)\, dx \int_c^d h(y)\, dy$$

puisque $\int_a^b g(x)\, dx$ est une constante pour l'intégration par rapport à y. Donc, dans ce cas, on peut écrire l'intégrale double de f sous la forme du produit de deux intégrales simples :

11
$$\iint_R g(x)h(y)\, dA = \int_a^b g(x)\, dx \int_c^d h(y)\, dy, \quad \text{où } R = [a, b] \times [c, d].$$

EXEMPLE 8 Si $R = [0, \pi/2] \times [0, \pi/2]$, alors, selon l'équation 11,

$$\iint_R \sin x \cos y\, dA = \int_0^{\pi/2} \sin x\, dx \int_0^{\pi/2} \cos y\, dy$$
$$= \left[-\cos x \right]_0^{\pi/2} \left[\sin y \right]_0^{\pi/2} = 1 \times 1 = 1.$$

La fonction $f(x, y) = \sin x \cos y$ de l'exemple 8 est positive sur R, donc l'intégrale représente le volume du solide au-dessus de R et sous le graphe de f (voir la figure 16).

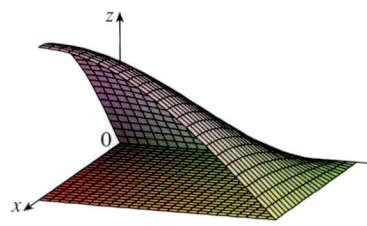

FIGURE 16

LA VALEUR MOYENNE D'UNE FONCTION

Dans un premier cours de calcul, on définit la moyenne d'une fonction f d'une seule variable sur un intervalle $[a, b]$ par

$$f_{\text{moy}} = \frac{1}{b - a} \int_a^b f(x)\, dx.$$

On définit de la même manière la **moyenne** d'une fonction f de deux variables définie sur un rectangle R, soit

$$f_{\text{moy}} = \frac{1}{A(R)} \iint_R f(x, y)\, dA$$

où $A(R)$ est l'aire de R.

Si $f(x, y) \geq 0$, l'équation

$$A(R) \times f_{\text{moy}} = \iint_R f(x, y)\, dA$$

signifie que le parallélépipède rectangulaire de base R et de hauteur f_{moy} a le même volume que le solide au-dessus de R et sous le graphe de f. Si $z = f(x, y)$ décrit une région montagneuse et si on coupe les sommets des montagnes à la hauteur f_{moy}, on peut utiliser les volumes de ces sommets pour remplir les vallées de façon que la région devienne complètement plate (voir la figure 17).

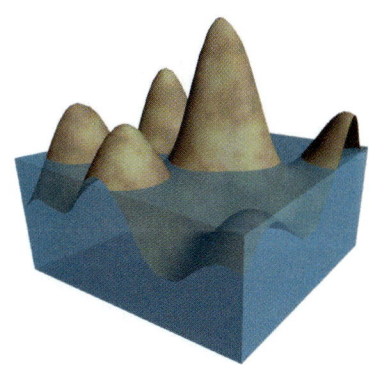

FIGURE 17

EXEMPLE 9 Le diagramme de courbes de niveau de la figure 18 montre la quantité de neige (en centimètres) tombée sur l'État du Colorado, aux États-Unis, les 20 et 21 décembre 2006. Cet État a la forme d'un rectangle de 624 km d'ouest en est et de 444 km du sud au nord. Utilisons le diagramme de courbes de niveau pour estimer la quantité moyenne de neige tombée sur tout l'État du Colorado ces deux jours-là.

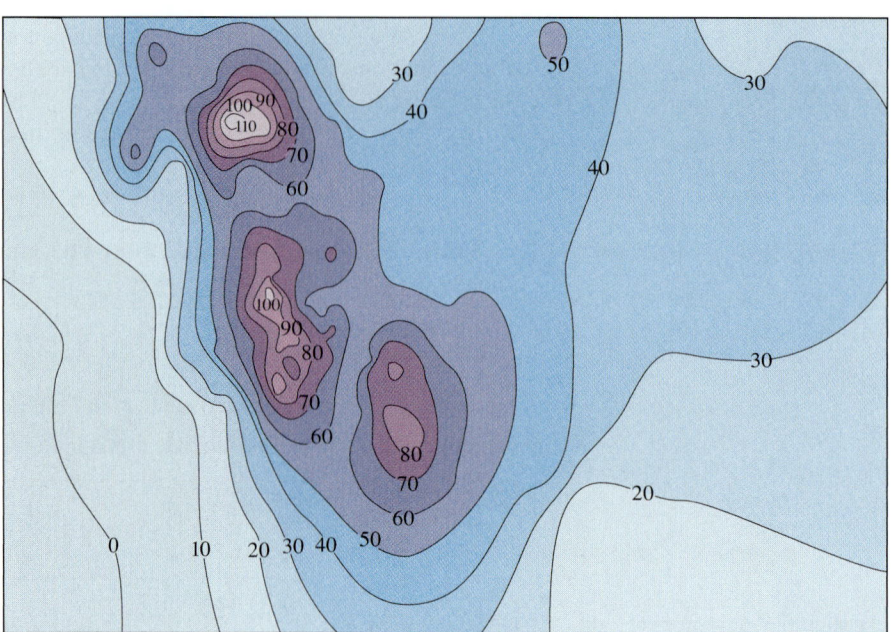

FIGURE 18

SOLUTION On place l'origine au sommet sud-ouest de l'État. Alors, $0 \leq x \leq 624$, $0 \leq y \leq 444$, et $f(x, y)$ est la quantité de neige (en centimètres) en un point géographique situé à x km à l'est et à y km au nord de l'origine. Si R est le rectangle qui représente l'État du Colorado, alors la quantité moyenne de neige sur cet État les 20 et 21 décembre était

$$f_{\text{moy}} = \frac{1}{A(R)} \iint_R f(x, y)\, dA,$$

où $A(R) = 624 \times 444$. On estime la valeur de cette intégrale double à l'aide de la méthode du point milieu avec $m = n = 4$. Autrement dit, on subdivise R en 16 sous-rectangles d'égales dimensions, comme le montre la figure 19 (voir la page suivante). L'aire de chaque sous-rectangle est

$$\Delta A = \tfrac{1}{16}(624)(444) = 17\,316 \text{ km}^2.$$

On estime la valeur de f au centre de chaque sous-rectangle à l'aide du diagramme de courbes de niveau. On obtient

$$\iint_R f(x, y)\, dA \approx \sum_{i=1}^{4} \sum_{j=1}^{4} f(\overline{x}_i, \overline{y}_j)\, \Delta A$$

$$\approx \Delta A [0 + 40 + 20 + 18 + 5 + 63 + 47 + 28 + 11 + 71 + 43 + 34 + 30 + 38 + 44 + 33]$$

$$= (17\,316)(525)$$

d'où

$$f_{\text{moy}} \approx \frac{(17\,316)(525)}{(624)(444)} \approx 32{,}8.$$

Les 20 et 21 décembre 2006, le Colorado a reçu en moyenne environ 32,8 cm de neige.

SECTION 6.1 LES INTÉGRALES DOUBLES SUR DES RECTANGLES

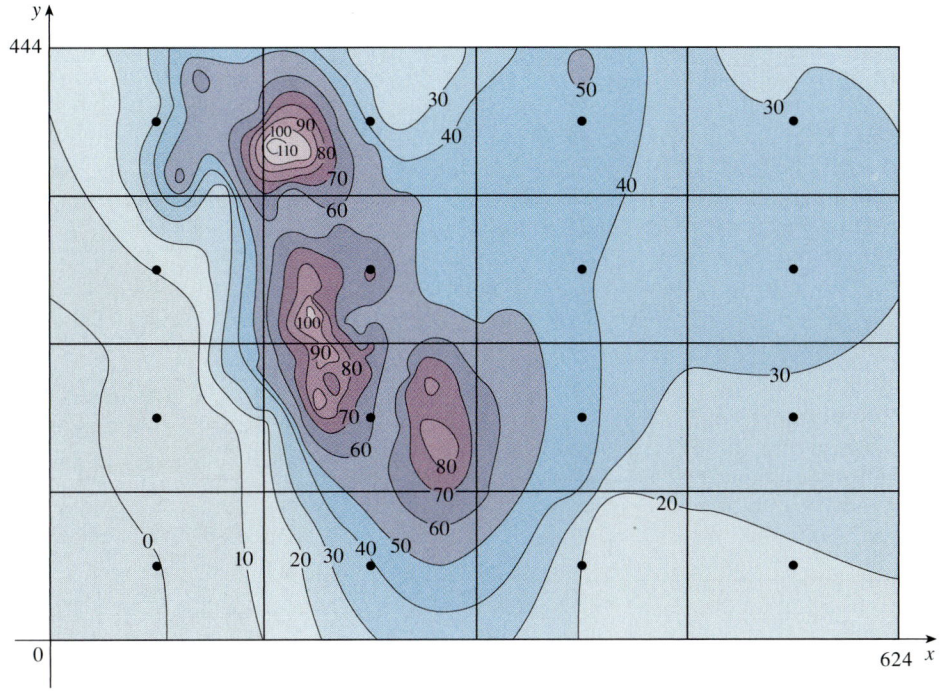

FIGURE 19

LES PROPRIÉTÉS DES INTÉGRALES DOUBLES

Les trois propriétés des intégrales doubles suivantes se démontrent de la même manière que les propriétés analogues des intégrales simples. On suppose que toutes les intégrales existent. Les propriétés 12 et 13 expriment la **linéarité de l'intégrale**.

12
$$\iint_R [f(x,y) + g(x,y)]\,dA = \iint_R f(x,y)\,dA + \iint_R g(x,y)\,dA$$

13
$$\iint_R cf(x,y)\,dA = c\iint_R f(x,y)\,dA, \text{ où } c \text{ est une constante.}$$

Si $f(x,y) \geq g(x,y)$ pour tout (x,y) dans R, alors

14
$$\iint_R f(x,y)\,dA \geq \iint_R g(x,y)\,dA.$$

Exercices 6.1

1. a) Estimez le volume du solide sous la surface $z = xy$ et au-dessus du rectangle
$$R = \{(x,y) \mid 0 \leq x \leq 6,\ 0 \leq y \leq 4\}.$$
Utilisez une somme de Riemann avec $m = 3$, $n = 2$ et prenez comme point échantillon le coin supérieur droit de chaque carré.

b) Estimez le volume du solide de la partie a) à l'aide de la méthode du point milieu.

2. Soit $R = [0,4] \times [-1,2]$. Estimez $\iint_R (1-xy^2)\,dA$ à l'aide d'une somme de Riemann avec $m = 2$, $n = 3$.

a) Prenez les coins inférieurs droits des carrés comme points échantillons.

b) Prenez les coins supérieurs gauches des carrés comme points échantillons.

3. a) À l'aide d'une somme de Riemann avec $m = n = 2$, estimez $\iint_R xe^{-xy}\,dA$, où $R = [0,2] \times [0,1]$. Prenez les coins inférieurs gauches comme points échantillons.

b) Estimez l'intégrale de la partie a) à l'aide de la méthode du point milieu.

4. a) Estimez le volume du solide sous la surface $z = 1 + x^2 + 3y$ et au-dessus du rectangle $R = [1,2] \times [0,3]$. Utilisez une somme de Riemann avec $m = n = 2$ et prenez les coins inférieurs droits comme points échantillons.

b) Estimez le volume de la partie a) à l'aide de la méthode du point milieu.

5. Soit V le volume du solide sous le graphe de $f(x, y) = \sqrt{52 - x^2 - y^2}$ et au-dessus du rectangle défini par $2 \le x \le 4$, $2 \le y \le 6$. Les droites $x = 3$ et $y = 4$ subdivisent R en sous-rectangles. Soit L et U les sommes de Riemann calculées en prenant respectivement les coins inférieurs gauches et les coins supérieurs droits comme points échantillons. Sans calculer les nombres V, L et U, placez-les en ordre croissant et expliquez votre raisonnement.

6. La profondeur d'une piscine de 6 m sur 9 m remplie d'eau a été mesurée à des intervalles de 1,5 m à partir d'un coin de la piscine. Le tableau suivant montre les résultats des mesures obtenues. Estimez le volume d'eau dans la piscine.

	0,0	1,5	3,0	4,5	6,0	7,5	9,0
0,0	0,6	0,9	1,2	1,8	2,1	2,4	2,4
1,5	0,6	0,9	1,2	2,1	2,4	3,0	2,4
3,0	0,6	1,2	1,8	2,4	3,0	3,6	3,0
4,5	0,6	0,9	1,2	1,5	1,8	2,4	2,1
6,0	0,6	0,6	0,6	0,6	0,9	1,2	1,2

7. La figure suivante montre les courbes de niveau d'une fonction f sur le carré $R = [0, 4] \times [0, 4]$.
   a) Estimez $\iint_R f(x, y) \, dA$ à l'aide de la méthode du point milieu avec $m = n = 2$.
   b) Estimez la valeur moyenne de f.

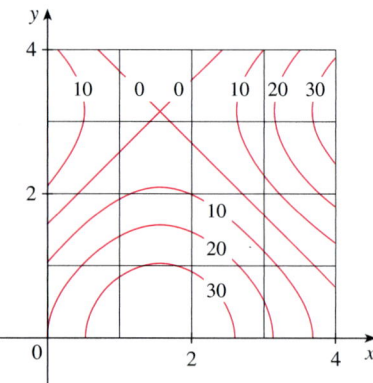

8. Le diagramme de courbes de niveau montre la température (en degrés Celsius) à 16 h le 26 février 2007 dans l'État du Colorado aux États-Unis. (Cet État mesure 624 km d'est en ouest et 444 km du nord au sud.) Estimez la température moyenne de cet État à 16 heures ce jour-là à l'aide de la méthode du point milieu avec $m = n = 4$.

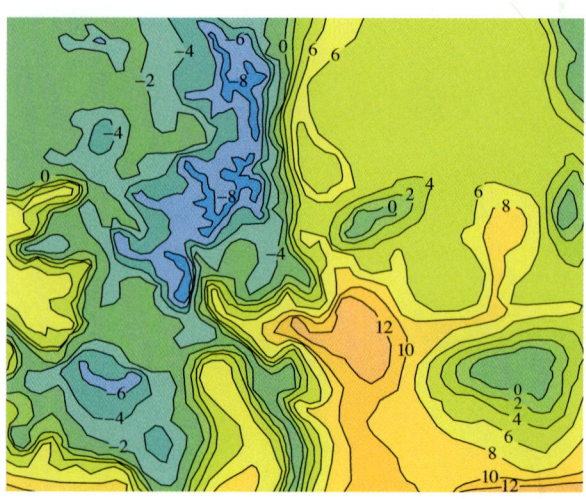

9-11 Calculez l'intégrale double en la considérant comme le volume d'un solide.

9. $\iint_R \sqrt{2} \, dA$, $R = \{(x, y) \mid 2 \le x \le 6, -1 \le y \le 5\}$

10. $\iint_R (2x + 1) \, dA$, $R = \{(x, y) \mid 0 \le x \le 2, 0 \le y \le 4\}$

11. $\iint_R (4 - 2y) \, dA$, $R = [0, 1] \times [0, 1]$

12. L'intégrale $\iint_R \sqrt{9 - y^2} \, dA$, où $R = [0, 4] \times [0, 2]$, représente le volume d'un solide. Esquissez le solide.

13-14 Calculez $\int_0^2 f(x, y) \, dx$ et $\int_0^3 f(x, y) \, dy$.

13. $f(x, y) = x + 3x^2 y^2$

14. $f(x, y) = y\sqrt{x + 2}$

15-26 Calculez l'intégrale itérée.

15. $\int_0^1 \int_0^1 (6x^2 y - 2x) \, dx \, dy$

16. $\int_0^1 \int_0^1 (x + y)^2 \, dx \, dy$

17. $\int_0^1 \int_1^2 (x + e^{-y}) \, dx \, dy$

18. $\int_0^{\pi/6} \int_0^{\pi/2} (\sin x + \sin y) \, dy \, dx$

19. $\int_{-3}^3 \int_0^{\pi/2} (y + y^2 \cos x) \, dx \, dy$ 20. $\int_1^3 \int_1^5 \frac{\ln y}{xy} \, dy \, dx$

21. $\int_1^4 \int_1^2 \left(\frac{x}{y} + \frac{y}{x} \right) dy \, dx$ 22. $\int_0^1 \int_0^2 y e^{x-y} \, dx \, dy$

23. $\int_0^3 \int_0^{\pi/2} t^2 \sin^3 \phi \, d\phi \, dt$ 24. $\int_0^1 \int_0^1 xy\sqrt{x^2 + y^2} \, dy \, dx$

25. $\int_0^1 \int_0^1 v(u + v^2)^4 \, du \, dv$ 26. $\int_0^1 \int_0^1 \sqrt{s + t} \, ds \, dt$

27-34 Calculez l'intégrale double.

27. $\iint_R x \sec^2 y \, dA$, $R = \{(x, y) \mid 0 \leq x \leq 2, 0 \leq y \leq \pi/4\}$

28. $\iint_R (y + xy^{-2}) \, dA$, $R = \{(x, y) \mid 0 \leq x \leq 2, 1 \leq y \leq 2\}$

29. $\iint_R \dfrac{xy^2}{x^2 + 1} \, dA$, $R = \{(x, y) \mid 0 \leq x \leq 1, -3 \leq y \leq 3\}$

30. $\iint_R \dfrac{\tan \theta}{\sqrt{1 - t^2}} \, dA$, $R = \{(\theta, t) \mid 0 \leq \theta \leq \pi/3, 0 \leq t \leq \tfrac{1}{2}\}$

31. $\iint_R x \sin(x + y) \, dA$, $R = [0, \pi/6] \times [0, \pi/3]$

32. $\iint_R \dfrac{x}{1 + xy} \, dA$, $R = [0, 1] \times [0, 1]$

33. $\iint_R y e^{-xy} \, dA$, $R = [0, 2] \times [0, 3]$

34. $\iint_R \dfrac{1}{1 + x + y} \, dA$, $R = [1, 3] \times [1, 2]$

35-36 Dessinez le solide dont le volume est donné par l'intégrale itérée.

35. $\int_0^1 \int_0^1 (4 - x - 2y) \, dx \, dy$

36. $\int_0^1 \int_0^1 (2 - x^2 - y^2) \, dy \, dx$

37. Calculez le volume du solide sous le plan $4x + 6y - 2z + 15 = 0$ et au-dessus du rectangle $R = \{(x, y) \mid -1 \leq x \leq 2, -1 \leq y \leq 1\}$.

38. Calculez le volume du solide sous le paraboloïde hyperbolique $z = 3y^2 - x^2 + 2$ et au-dessus du rectangle $R = [-1, 1] \times [1, 2]$.

39. Calculez le volume du solide sous le paraboloïde elliptique $x^2/4 + y^2/9 + z = 1$ et au-dessus du rectangle $R = [-1, 1] \times [-2, 2]$.

40. Calculez le volume du solide borné par la surface $z = x^2 + xy^2$ et les plans $z = 0$, $x = 0$, $x = 5$ et $y = \pm 2$.

41. Calculez le volume du solide borné par la surface $z = 1 + x^2 y e^y$ et les plans $z = 0$, $x = \pm 1$, $y = 0$, et $y = 1$.

42. Calculez le volume du solide dans le premier octant borné par le cylindre $z = 16 - x^2$ et le plan $y = 5$.

43. Calculez le volume du solide borné par le paraboloïde $z = 2 + x^2 + (y - 2)^2$ et les plans $z = 1$, $x = 1$, $x = -1$, $y = 0$ et $y = 4$.

44. Esquissez le solide compris entre la surface $z = 2xy/(x^2 + 1)$ et le plan $z = x + 2y$, et borné par les plans $x = 0$, $x = 2$, $y = 0$ et $y = 4$. Calculez ensuite son volume.

45. À l'aide d'un logiciel de calcul symbolique, calculez la valeur exacte de l'intégrale $\iint_R x^5 y^3 e^{xy} \, dA$, où $R = [0, 1] \times [0, 1]$. Ensuite, utilisez ce logiciel pour dessiner le solide dont le volume est donné par l'intégrale.

46. Dessinez le solide compris entre les surfaces $z = e^{-x^2} \cos(x^2 + y^2)$ et $z = 2 - x^2 - y^2$ pour $|x| \leq 1$, $|y| \leq 1$. Approximez le volume de ce solide avec quatre décimales exactes à l'aide d'un logiciel de calcul symbolique.

47-48 Calculez la valeur moyenne de f sur le rectangle donné.

47. $f(x, y) = x^2 y$, les sommets de R sont $(-1, 0)$, $(-1, 5)$, $(1, 5)$ et $(1, 0)$.

48. $f(x, y) = e^y \sqrt{x + e^y}$, $R = [0, 4] \times [0, 1]$

49-50 Utilisez la symétrie pour calculer l'intégrale double.

49. $\iint_R \dfrac{xy}{1 + x^4} \, dA$, $R = \{(x, y) \mid -1 \leq x \leq 1, 0 \leq y \leq 1\}$

50. $\iint_R (1 + x^2 \sin y + y^2 \sin x) \, dA$, $R = [-\pi, \pi] \times [-\pi, \pi]$

51. Calculez les intégrales itérées à l'aide d'un logiciel de calcul symbolique.

$$\int_0^1 \int_0^1 \dfrac{x - y}{(x + y)^3} \, dy \, dx \quad \text{et} \quad \int_0^1 \int_0^1 \dfrac{x - y}{(x + y)^3} \, dx \, dy$$

Vos réponses contredisent-elles le théorème de Fubini ? Expliquez les résultats que vous avez obtenus.

52. a) En quoi les théorèmes de Fubini et de Clairaut se ressemblent-ils ?
b) Soit la fonction $f(x, y)$ continue sur $[a, b] \times [c, d]$ et
$$g(x, y) = \int_a^x \int_c^y f(s, t) \, dt \, ds$$
pour $a < x < b$, $c < y < d$. Montrez que $g_{xy} = g_{yx} = f(x, y)$.

53. À partir de la définition de l'intégrale double, montrez que $\iint_R k \, dA = k(b - a)(d - c)$, où k est une constante et $R = [a, b] \times [c, d]$.

54. Soit $R = \left[0, \tfrac{\pi}{4}\right] \times \left[\tfrac{\pi}{4}, \tfrac{\pi}{2}\right]$. Utilisez l'inégalité 14 pour montrer que
$$0 \leq \iint \sin^2 x \cos^2 y \, dA \leq \dfrac{\pi^2}{64}$$

6.2 LES INTÉGRALES DOUBLES SUR DES DOMAINES GÉNÉRAUX

Pour les intégrales simples, le domaine d'intégration est toujours un intervalle. Dans le cas des intégrales doubles, on veut pouvoir intégrer une fonction f non seulement sur des rectangles, mais aussi sur des régions D de formes plus générales, comme celle qui est illustrée à la figure 1. Supposons que D soit une région bornée, ce qui signifie qu'elle peut être incluse dans une région rectangulaire R, comme à la figure 2. On définit une nouvelle fonction F sur R par

1
$$F(x, y) = \begin{cases} f(x, y) & \text{si } (x, y) \in D \\ 0 & \text{si } (x, y) \in R, \text{ mais } (x, y) \notin D. \end{cases}$$

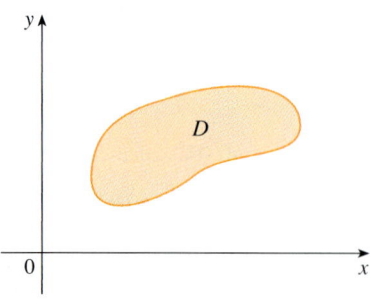

FIGURE 1

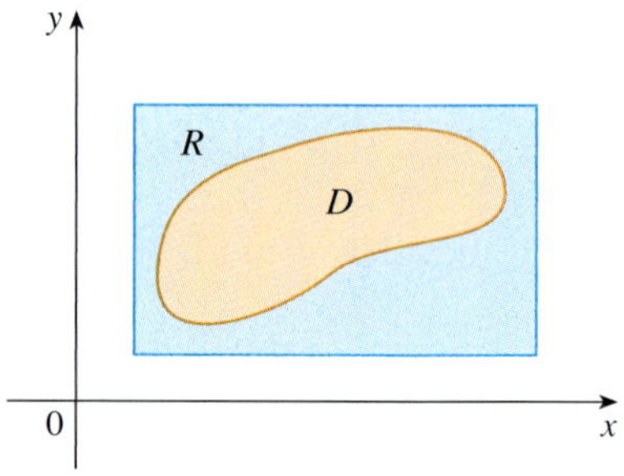

FIGURE 2

Si F est intégrable sur R, alors on définit l'**intégrale double** de f sur D par

2
$$\iint_D f(x, y)\, dA = \iint_R F(x, y)\, dA.$$

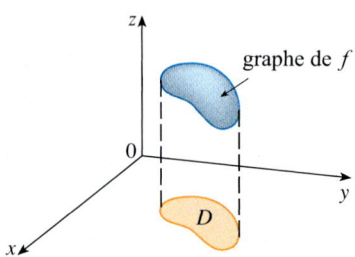

FIGURE 3

La définition 2 a un sens, car R est un rectangle et l'intégrale double $\iint_R F(x, y)\, dA$ a été définie à la section 6.1. De plus, cette définition de l'intégrale de f est raisonnable parce que $F(x, y)$ est nulle lorsque les points (x, y) n'appartiennent pas à D et ne contribuent donc pas à l'intégrale. Cela signifie qu'on peut choisir n'importe quel rectangle R pourvu que celui-ci contienne D.

Si $f(x, y) \geq 0$, on peut à nouveau considérer $\iint_D f(x, y)\, dA$ comme le volume du solide situé au-dessus de D et sous la surface $z = f(x, y)$ (le graphe de f). Cela est raisonnable en comparant les graphes de f et de F (voir les figures 3 et 4) et en se rappelant que $\iint_R F(x, y)\, dA$ est le volume sous le graphe de F.

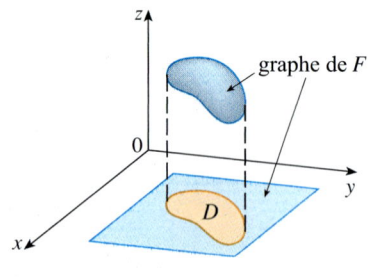

FIGURE 4

La figure 4 montre que F a possiblement des discontinuités sur la frontière de D. Cependant, si f est continue sur D et si la courbe frontière de D « se comporte bien » (dans un sens qu'on ne peut définir dans le cadre de ce manuel), alors il peut être démontré que $\iint_R F(x, y)\, dA$ existe et donc que $\iint_D f(x, y)\, dA$ existe aussi. C'est le cas en particulier pour les régions des deux types définis ci-dessous.

On dit qu'une région plane D est de **type I** si elle est comprise entre les graphes de deux fonctions continues de x, c'est-à-dire que

$$D = \{(x, y) \mid a \leq x \leq b,\ g_1(x) \leq y \leq g_2(x)\},$$

où les fonctions g_1 et g_2 sont continues sur $[a, b]$. La figure 5 (voir la page suivante) donne quelques exemples de régions de type I.

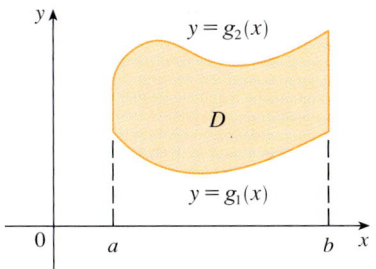 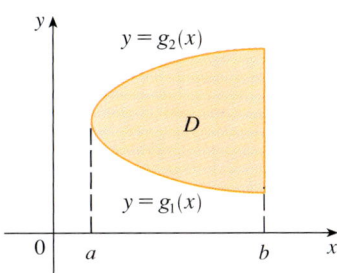 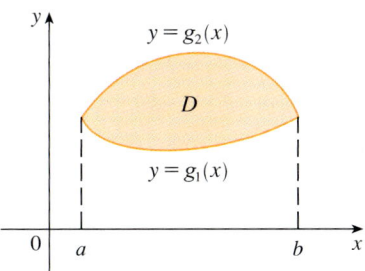

FIGURE 5 Quelques régions de type I.

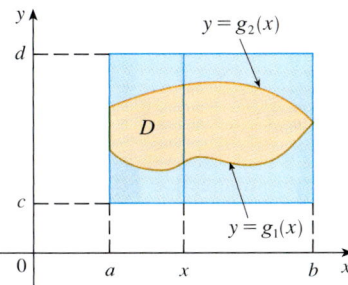

FIGURE 6

Pour calculer $\iint_D f(x, y)\, dA$ lorsque D est une région de type I, on choisit un rectangle $R = [a, b] \times [c, d]$ qui contient D, comme à la figure 6, et on définit la fonction F comme dans l'équation 1, c'est-à-dire que F coïncide avec f sur D et que F est nulle en dehors de D. Alors, selon le théorème de Fubini,

$$\iint_D f(x, y)\, dA = \iint_R F(x, y)\, dA = \int_a^b \int_c^d F(x, y)\, dy\, dx.$$

On remarque que $F(x, y) = 0$ si $y < g_1(x)$ ou $y > g_2(x)$ puisque (x, y) est alors à l'extérieur de D. Par conséquent,

$$\int_c^d F(x, y)\, dy = \int_{g_1(x)}^{g_2(x)} F(x, y)\, dy = \int_{g_1(x)}^{g_2(x)} f(x, y)\, dy,$$

car $F(x, y) = f(x, y)$ lorsque $g_1(x) \leq y \leq g_2(x)$. La formule suivante permet donc de calculer l'intégrale double comme une intégrale itérée.

3 Si f est continue sur une région D de type I,
$$D = \{(x, y) \mid a \leq x \leq b,\ g_1(x) \leq y \leq g_2(x)\},$$
alors
$$\iint_D f(x, y)\, dA = \int_a^b \int_{g_1(x)}^{g_2(x)} f(x, y)\, dy\, dx.$$

L'intégrale du deuxième membre de l'équation 3 est une intégrale itérée semblable à celles considérées à la section 6.1, à une exception près : dans l'intégrale intérieure, on considère x comme une constante non seulement dans $f(x, y)$, mais aussi dans les expressions $g_1(x)$ et $g_2(x)$ des bornes d'intégration.

On définit une région plane de **type II** comme suit :

4 $$D = \{(x, y) \mid c \leq y \leq d,\ h_1(y) \leq x \leq h_2(y)\},$$

où h_1 et h_2 sont continues. La figure 7 représente deux régions de ce type.

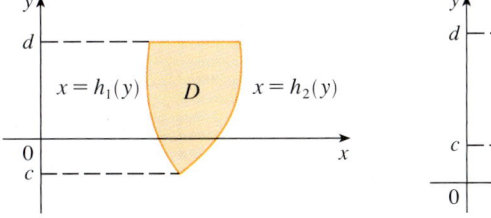 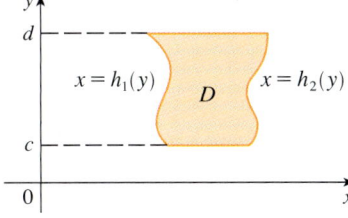

FIGURE 7
Quelques régions de type II.

Un raisonnement semblable à celui qui a conduit à l'équation 3 permet de démontrer que

5
$$\iint_D f(x, y)\, dA = \int_c^d \int_{h_1(y)}^{h_2(y)} f(x, y)\, dx\, dy,$$

où D est une région de type II définie par l'équation 4.

EXEMPLE 1 Calculons $\iint_D (x + 2y)\, dA$, où D est la région bornée par les paraboles $y = 2x^2$ et $y = 1 + x^2$.

SOLUTION Les paraboles se coupent lorsque $2x^2 = 1 + x^2$, c'est-à-dire lorsque $x^2 = 1$, soit $x = \pm 1$. On remarque que la région D, représentée à la figure 8, est une région de type I, mais pas une région de type II. On peut écrire

$$D = \{(x, y) \mid -1 \leq x \leq 1,\ 2x^2 \leq y \leq 1 + x^2\}.$$

Puisque la borne inférieure est $y = 2x^2$ et que la borne supérieure est $y = 1 + x^2$, l'équation 3 donne

$$\iint_D (x + 2y)\, dA = \int_{-1}^{1} \int_{2x^2}^{1+x^2} (x + 2y)\, dy\, dx$$

$$= \int_{-1}^{1} \left[xy + y^2 \right]_{y=2x^2}^{y=1+x^2} dx$$

$$= \int_{-1}^{1} \left[x(1+x^2) + (1+x^2)^2 - x(2x^2) - (2x^2)^2 \right] dx$$

$$= \int_{-1}^{1} (-3x^4 - x^3 + 2x^2 + x + 1)\, dx$$

$$= -3\frac{x^5}{5} - \frac{x^4}{4} + 2\frac{x^3}{3} + \frac{x^2}{2} + x \Big]_{-1}^{1}$$

$$= \frac{32}{15}.$$

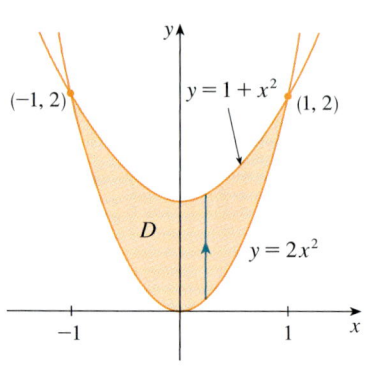

FIGURE 8

NOTE Lorsqu'on traite une intégrale double comme à l'exemple 1, il est essentiel de dessiner une figure. Il est souvent utile de tracer une flèche verticale comme à la figure 8. On peut alors lire les bornes d'intégration de l'intégrale « intérieure » sur la figure comme suit : la flèche commence à la borne inférieure $y = g_1(x)$, ce qui donne la borne inférieure de l'intégrale, et se termine à la borne supérieure $y = g_2(x)$, ce qui donne la borne supérieure de l'intégrale. Dans le cas d'une région de type II, on trace une flèche horizontale de la borne de gauche à la borne de droite. Dans les deux cas, on constate que les flèches indiquent le sens positif des axes, que l'on doit respecter.

EXEMPLE 2 Calculons le volume du solide sous le paraboloïde $z = x^2 + y^2$ et au-dessus de la région D du plan xy bornée par la droite $y = 2x$ et la parabole $y = x^2$.

SOLUTION 1 Selon la figure 9, D est une région de type I et

$$D = \{(x, y) \mid 0 \leq x \leq 2,\ x^2 \leq y \leq 2x\}.$$

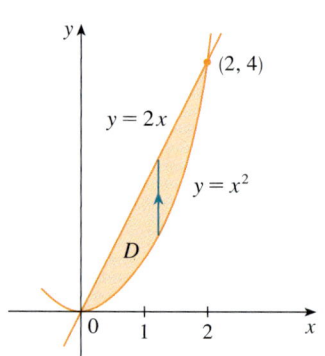

FIGURE 9
D comme région de type I.

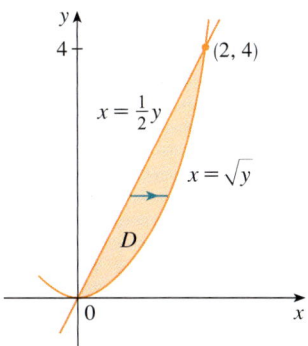

FIGURE 10
D comme région de type II.

La figure 11 montre le solide dont le volume est calculé à l'exemple 2. Il est au-dessus du plan xy, sous le paraboloïde $z = x^2 + y^2$ et compris entre le plan $y = 2x$ et le cylindre parabolique $y = x^2$.

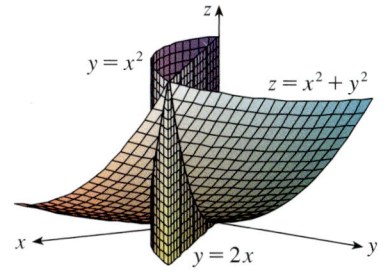

FIGURE 11

Le volume sous $z = x^2 + y^2$ et au-dessus de D est

$$V = \iint_D (x^2 + y^2)\, dA = \int_0^2 \int_{x^2}^{2x} (x^2 + y^2)\, dy\, dx$$

$$= \int_0^2 \left[x^2 y + \frac{y^3}{3} \right]_{y=x^2}^{y=2x} dx = \int_0^2 \left[x^2(2x) + \frac{(2x)^3}{3} - x^2 x^2 - \frac{(x^2)^3}{3} \right] dx$$

$$= \int_0^2 \left(-\frac{x^6}{3} - x^4 + \frac{14x^3}{3} \right) dx = -\frac{x^7}{21} - \frac{x^5}{5} + \frac{7x^4}{6} \Big]_0^2 = \frac{216}{35}.$$

SOLUTION 2 Selon la figure 10, on peut aussi écrire D comme une région de type II :

$$D = \left\{ (x, y) \,\middle|\, 0 \leq y \leq 4,\ \tfrac{1}{2} y \leq x \leq \sqrt{y} \right\}.$$

Une autre expression de V est donc

$$V = \iint_D (x^2 + y^2)\, dA = \int_0^4 \int_{\frac{1}{2}y}^{\sqrt{y}} (x^2 + y^2)\, dx\, dy$$

$$= \int_0^4 \left[\frac{x^3}{3} + y^2 x \right]_{x=\frac{1}{2}y}^{x=\sqrt{y}} dy = \int_0^4 \left(\frac{y^{3/2}}{3} + y^{5/2} - \frac{y^3}{24} - \frac{y^3}{2} \right) dy$$

$$= \frac{2}{15} y^{5/2} + \frac{2}{7} y^{7/2} - \frac{13}{96} y^4 \Big]_0^4 = \frac{216}{35}.$$

EXEMPLE 3 Calculons $\iint_D xy\, dA$, où D est la région bornée par la droite $y = x - 1$ et la parabole $y^2 = 2x + 6$.

SOLUTION La figure 12 montre la région D. Encore ici, D est à la fois de type I et de type II, mais la description de D comme région de type I est plus compliquée parce que la borne inférieure est constituée de deux parties. On préfère donc exprimer D comme une région de type II :

$$D = \left\{ (x, y) \,\middle|\, -2 \leq y \leq 4,\ \tfrac{1}{2} y^2 - 3 \leq x \leq y + 1 \right\}.$$

Alors, selon l'équation 5,

$$\iint_D xy\, dA = \int_{-2}^4 \int_{\frac{1}{2}y^2 - 3}^{y+1} xy\, dx\, dy = \int_{-2}^4 \left[\frac{x^2}{2} y \right]_{x=\frac{1}{2}y^2 - 3}^{x=y+1} dy$$

$$= \frac{1}{2} \int_{-2}^4 y \left[(y+1)^2 - \left(\tfrac{1}{2} y^2 - 3 \right)^2 \right] dy$$

$$= \frac{1}{2} \int_{-2}^4 \left(-\frac{y^5}{4} + 4y^3 + 2y^2 - 8y \right) dy$$

$$= \frac{1}{2} \left[-\frac{y^6}{24} + y^4 + 2\frac{y^3}{3} - 4y^2 \right]_{-2}^4 = 36.$$

Si on avait exprimé D comme une région de type I en utilisant la figure 12 a), on aurait obtenu

$$\iint_D xy\, dA = \int_{-3}^{-1} \int_{-\sqrt{2x+6}}^{\sqrt{2x+6}} xy\, dy\, dx + \int_{-1}^{5} \int_{x-1}^{\sqrt{2x+6}} xy\, dy\, dx$$

et on aurait dû travailler davantage qu'avec l'autre méthode.

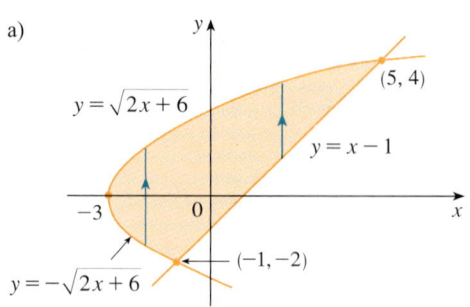
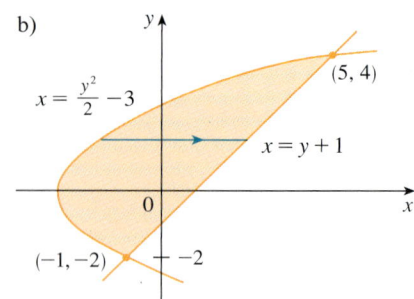

a) D comme une région de type I.   b) D comme une région de type II.

FIGURE 12

EXEMPLE 4 Calculons le volume du tétraèdre borné par les plans $x + 2y + z = 2$, $x = 2y$, $x = 0$ et $z = 0$.

SOLUTION Ici, il est utile de tracer deux représentations : celle du solide tridimensionnel et celle de la région plane D sur laquelle il repose. La figure 13 montre le tétraèdre T borné par les plans de coordonnées $x = 0$, $z = 0$, le plan vertical $x = 2y$ et le plan $x + 2y + z = 2$. Puisque le plan $x + 2y + z = 2$ coupe le plan xy (d'équation $z = 0$) selon la droite $x + 2y = 2$, on voit que T est situé au-dessus de la région triangulaire D du plan xy bornée par les droites $x = 2y$, $x + 2y = 2$ et $x = 0$ (voir la figure 14).

L'équation du plan $x + 2y + z = 2$ s'écrit aussi sous la forme $z = 2 - x - 2y$, de sorte que le volume cherché est sous le graphe de la fonction $z = 2 - x - 2y$ et au-dessus de

$$D = \{(x, y) \mid 0 \leq x \leq 1, \ x/2 \leq y \leq 1 - x/2\}.$$

Par conséquent,

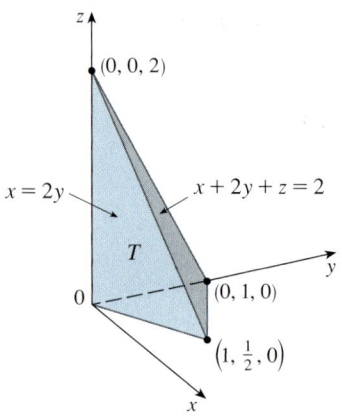

FIGURE 13

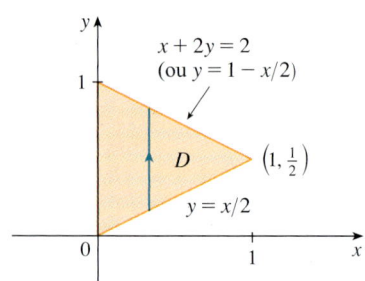

FIGURE 14

$$V = \iint_D (2 - x - 2y) \, dA = \int_0^1 \int_{x/2}^{1-x/2} (2 - x - 2y) \, dy \, dx$$

$$= \int_0^1 \left[2y - xy - y^2 \right]_{y=x/2}^{y=1-x/2} dx$$

$$= \int_0^1 \left[2 - x - x\left(1 - \frac{x}{2}\right) - \left(1 - \frac{x}{2}\right)^2 - x + \frac{x^2}{2} + \frac{x^2}{4} \right] dx$$

$$= \int_0^1 (x^2 - 2x + 1) \, dx = \frac{x^3}{3} - x^2 + x \Big]_0^1 = \frac{1}{3}.$$

EXEMPLE 5 Calculons l'intégrale itérée $\int_0^1 \int_x^1 \sin(y^2) \, dy \, dx$.

SOLUTION Pour calculer cette intégrale telle que donnée, on doit d'abord calculer $\int \sin(y^2) \, dy$, une tâche impossible à réaliser puisque $\sin(y^2)$ ne possède pas de primitive simple (c'est-à-dire pouvant être exprimée en termes de fonctions élémentaires). On doit donc changer l'ordre d'intégration. Pour cela, il faut d'abord exprimer l'intégrale itérée donnée sous la forme d'une intégrale double. L'équation 3 donne

$$\int_0^1 \int_x^1 \sin(y^2) \, dy \, dx = \iint_D \sin(y^2) \, dA$$

où $$D = \{(x, y) \mid 0 \leq x \leq 1, \ x \leq y \leq 1\}.$$

La figure 15 représente cette région D. La figure 16 offre une autre description de D, soit

$$D = \{(x, y) | 0 \leq y \leq 1, 0 \leq x \leq y\}.$$

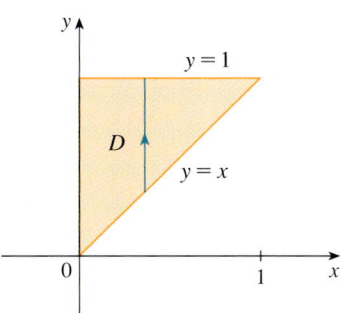

FIGURE 15
D comme région de type I.

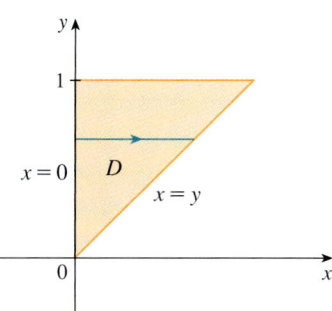

FIGURE 16
D comme région de type II.

Ainsi, on peut utiliser l'équation 5 pour exprimer l'intégrale double sous la forme d'une intégrale itérée dans l'ordre inverse :

$$\int_0^1 \int_x^1 \sin(y^2) \, dy \, dx = \iint_D \sin(y^2) \, dA$$

$$= \int_0^1 \int_0^y \sin(y^2) \, dx \, dy = \int_0^1 \left[x \sin(y^2) \right]_{x=0}^{x=y} dy$$

$$= \int_0^1 y \sin(y^2) \, dy = -\frac{1}{2} \cos(y^2) \Big]_0^1$$

$$= \frac{1}{2} (1 - \cos 1).$$

LES PROPRIÉTÉS DES INTÉGRALES DOUBLES

On suppose que toutes les intégrales suivantes existent. Les trois premières propriétés des intégrales doubles sur une région D découlent directement de la définition 2 et des propriétés 12, 13 et 14 de la section 6.1 :

6
$$\iint_D \left[f(x, y) + g(x, y) \right] dA = \iint_D f(x, y) \, dA + \iint_D g(x, y) \, dA,$$

7
$$\iint_D cf(x, y) \, dA = c \iint_D f(x, y) \, dA \text{ où } c \text{ est une constante;}$$

si $f(x, y) \geq g(x, y)$ pour tout $(x, y) \in D$, alors

8
$$\iint_D f(x, y) \, dA \geq \iint_D g(x, y) \, dA.$$

La propriété suivante des intégrales doubles est l'analogue de la propriété des intégrales simples exprimée par $\int_a^b f(x) \, dx = \int_a^c f(x) \, dx + \int_c^b f(x) \, dx$, où $a \leq c \leq b$.

Si $D = D_1 \cup D_2$, où D_1 et D_2 ne se chevauchent pas, sauf peut-être sur leurs frontières (voir la figure 17), alors

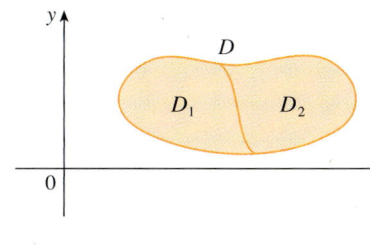

FIGURE 17

9
$$\iint_D f(x,y)\,dA = \iint_{D_1} f(x,y)\,dA + \iint_{D_2} f(x,y)\,dA.$$

On peut utiliser la propriété 9 pour calculer des intégrales doubles sur des régions D qui ne sont ni du type I ni du type II, mais qu'on peut exprimer comme une union de régions de type I ou de type II. La figure 18 illustre ce cas (voir aussi les exercices 53 et 54).

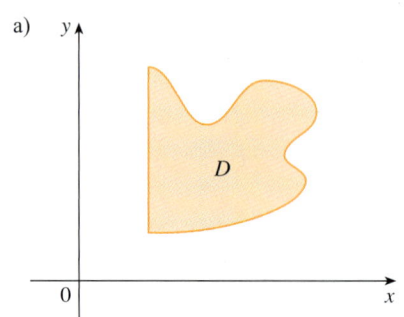

a) D n'est ni de type I ni de type II.

b) $D = D_1 \cup D_2$, D_1 est de type I, D_2 est de type II.

FIGURE 18

Si on intègre la fonction constante $f(x,y) = 1$ sur une région D, on obtient l'aire de D, car le volume sous $f(x,y) = 1$ au-dessus de D est égal à l'aire de D :

10
$$\iint_D 1\,dA = A(D).$$

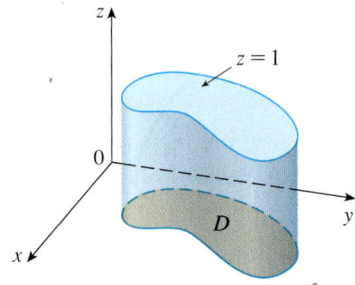

FIGURE 19
Un cylindre de base D et de hauteur 1.

La figure 19 illustre pourquoi l'équation 10 est vraie : le volume d'un cylindre solide de base D et de hauteur 1 est $A(D) \cdot 1 = A(D)$, mais comme on le sait, il est aussi possible d'écrire son volume sous la forme $\iint_D 1\,dA$.

Finalement, on peut combiner les propriétés 7, 8 et 10 pour démontrer la propriété suivante (voir l'exercice 61).

11 Si $m \leq f(x,y) \leq M$ pour tout $(x,y) \in D$, alors

$$mA(D) \leq \iint_D f(x,y)\,dA \leq MA(D).$$

EXEMPLE 6 Utilisons la propriété 11 pour estimer l'intégrale $\iint_D e^{\sin x \cos y}\,dA$, où D est le disque de rayon 2 centré à l'origine.

SOLUTION Puisque $-1 \leq \sin x \leq 1$ et que $-1 \leq \cos y \leq 1$, on a $-1 \leq \sin x \cos y \leq 1$ et, par conséquent,

$$e^{-1} \leq e^{\sin x \cos y} \leq e^1 = e.$$

En posant $m = e^{-1} = 1/e$, $M = e$ et $A(D) = \pi(2)^2$ dans les inégalités de la propriété 11, on obtient

$$4{,}62\ldots = \frac{4\pi}{e} \leq \iint_D e^{\sin x \cos y}\,dA \leq 4\pi e = 34{,}15\ldots$$

Exercices 6.2

1-6 Calculez l'intégrale itérée.

1. $\int_1^5 \int_0^x (8x - 2y)\, dy\, dx$
2. $\int_0^2 \int_0^{y^2} x^2 y\, dx\, dy$
3. $\int_0^1 \int_0^y xe^{y^3}\, dx\, dy$
4. $\int_0^{\pi/2} \int_0^x x \sin y\, dy\, dx$
5. $\int_0^1 \int_0^{s^2} \cos(s^3)\, dt\, ds$
6. $\int_0^1 \int_0^{e^v} \sqrt{1 + e^v}\, dw\, dv$

7-18 Calculez l'intégrale double.

7. $\iint_D \dfrac{y}{x^2 + 1}\, dA$, $D = \{(x, y) \mid 0 \leq x \leq 4, 0 \leq y \leq \sqrt{x}\}$
8. $\iint_D (2x + y)\, dA$, $D = \{(x, y) \mid 1 \leq y \leq 2, y - 1 \leq x \leq 1\}$
9. $\iint_D e^{-y^2}\, dA$, $D = \{(x, y) \mid 0 \leq y \leq 3, 0 \leq x \leq y\}$
10. $\iint_D y\sqrt{x^2 - y^2}\, dA$, $D = \{(x, y) \mid 0 \leq x \leq 2, 0 \leq y \leq x\}$
11. $\iint_D x\, dA$, D est borné par $y = x$, $y = 0$, $x = 1$
12. $\iint_D xy\, dA$, D est borné par $y = x^2$, $y = 3x$
13. $\iint_D x \cos y\, dA$, D est bornée par $y = 0$, $y = x^2$, $x = 1$.
14. $\iint_D (x^2 + 2y)\, dA$, D est bornée par $y = x$, $y = x^3$, $x \geq 0$.
15. $\iint_D y^2\, dA$, D est la région triangulaire de sommets $(0, 1), (1, 2), (4, 1)$.
16. $\iint_D xy\, dA$, D est délimitée par le quart de cercle $y = \sqrt{1 - x^2}$, $x \geq 0$, et les axes.
17. $\iint_D (2x - y)\, dA$, D est bornée par le cercle de rayon 2 centré à l'origine.
18. $\iint_D y\, dA$, D est le triangle de sommets $(0, 0), (1, 1)$ et $(4, 0)$.

19-28 Calculez le volume du solide donné.

19. Sous le plan $3x + 2y - z = 0$ et au-dessus de la région bornée par les paraboles $y = x^2$ et $x = y^2$
20. Sous la surface $z = 1 + x^2 y^2$ et au-dessus de la région bornée par $x = y^2$ et $x = 4$
21. Sous la surface $z = xy$ et au-dessus du triangle de sommets $(1, 1), (4, 1)$ et $(1, 2)$
22. Borné par le paraboloïde $z = x^2 + y^2 + 1$ et les plans $x = 0$, $y = 0$, $z = 0$ et $x + y = 2$
23. Le tétraèdre borné par des plans de coordonnées et le plan $2x + y + z = 4$
24. Borné par les plans $z = x$, $y = x$, $x + y = 2$ et $z = 0$
25. Borné par les cylindres $z = x^2$, $y = x^2$ et les plans $z = 0$, $y = 4$
26. Borné par le cylindre $y^2 + z^2 = 4$ et les plans $x = 2y$, $x = 0$, $z = 0$ dans le premier octant
27. Borné par le cylindre $x^2 + y^2 = 1$ et les plans $y = z$, $x = 0$, $z = 0$ dans le premier octant
28. Borné par les cylindres $x^2 + y^2 = a^2$ et $y^2 + z^2 = a^2$

29. À l'aide d'une calculatrice ou d'un ordinateur, estimez les abscisses x des points d'intersection des courbes $y = x^4$ et $y = 3x - x^2$. Si D est la région bornée par ces courbes, estimez $\iint_D x\, dA$.

30. Calculez approximativement le volume du solide dans le premier octant qui est borné par les plans $y = x$, $z = 0$ et $z = x$, et le cylindre $y = \cos x$. Estimez les points d'intersection à l'aide d'un outil graphique.

31-34 Calculez par différence le volume du solide.

31. Le solide borné par les cylindres paraboliques $y = 1 - x^2$, $y = x^2 - 1$ et les plans $x + y + z = 2$, $2x + 2y - z + 10 = 0$
32. Le solide borné par le cylindre parabolique $y = x^2$ et les plans $z = 3y$, $z = 2 + y$
33. Le solide situé sous le plan $z = 3$, au-dessus du plan $z = y$ et compris entre les cylindres paraboliques $y = x^2$ et $y = 1 - x^2$.
34. Le solide situé dans le premier octant sous le plan $z = x + y$, au-dessus de la surface $z = xy$, et borné par les surfaces $x = 0$, $y = 0$ et $x^2 + y^2 = 4$

35-36 Dessinez le solide dont le volume est donné par l'intégrale itérée.

35. $\int_0^1 \int_0^{1-x} (1 - x - y)\, dy\, dx$
36. $\int_0^1 \int_0^{1-x^2} (1 - x)\, dy\, dx$

37-40 À l'aide d'un logiciel de calcul symbolique, calculez le volume exact du solide.

37. Sous la surface $z = x^3 y^4 + xy^2$ et au-dessus de la région bornée par les courbes $y = x^3 - x$ et $y = x^2 + x$ pour $x \geq 0$
38. Entre les paraboloïdes $z = 2x^2 + y^2$ et $z = 8 - x^2 - 2y^2$, et à l'intérieur du cylindre $x^2 + y^2 = 1$
39. Borné par $z = 1 - x^2 - y^2$ et $z = 0$
40. Borné par $z = x^2 + y^2$ et $z = 2y$

41-46 Dessinez le domaine d'intégration et changez l'ordre d'intégration.

41. $\int_0^1 \int_0^y f(x, y)\, dx\, dy$
42. $\int_0^2 \int_{x^2}^4 f(x, y)\, dy\, dx$
43. $\int_0^{\pi/2} \int_0^{\cos x} f(x, y)\, dy\, dx$
44. $\int_{-2}^2 \int_0^{\sqrt{4 - y^2}} f(x, y)\, dx\, dy$

45. $\int_1^2 \int_0^{\ln x} f(x,y)\, dy\, dx$ **46.** $\int_0^1 \int_{\arctan x}^{\pi/4} f(x,y)\, dy\, dx$

47-52 Calculez l'intégrale en inversant l'ordre d'intégration.

47. $\int_0^1 \int_{3y}^3 e^{x^2}\, dx\, dy$ **48.** $\int_0^1 \int_{x^2}^1 \sqrt{y}\sin y\, dy\, dx$

49. $\int_0^1 \int_{\sqrt{x}}^1 \sqrt{y^3+1}\, dy\, dx$

50. $\int_0^2 \int_{y/2}^1 y\cos(x^3-1)\, dx\, dy$

51. $\int_0^1 \int_{\arcsin y}^{\pi/2} \cos x\,\sqrt{1+\cos^2 x}\, dx\, dy$

52. $\int_0^8 \int_{\sqrt[3]{y}}^2 e^{x^4}\, dx\, dy$

53-56 Exprimez D comme une union de régions de type I ou de type II et calculez l'intégrale.

53. $\iint_D x^2\, dA$

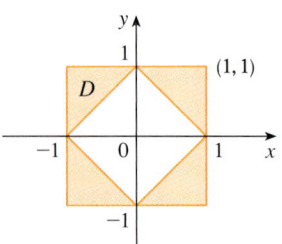

54. $\iint_D y\, dA$

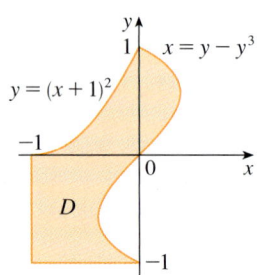

55. $\iint_D xy\, dA$, où D est le quadrilatère de sommets $(0,0)$, $(2,2)$, $(4,1)$ et $(1,-2)$.

56. $\iint_D x\, dA$, où D est bornée par les courbes $y=-2x$, $y=x-1$ et $y=5-x^2$.

57-58 Estimez l'intégrale à l'aide de la propriété 11.

57. $\iint_S \sqrt{4-x^2y^2}\, dA$, $S=\{(x,y)\mid x^2+y^2\leq 1, x\geq 0\}$

58. $\iint_T \sin^4(x+y)\, dA$, où T est le triangle borné par les droites $y=0$, $y=2x$ et $x=1$.

59-60 Calculez la valeur moyenne de f sur la région D.

59. $f(x,y)=xy$, D est le triangle de sommets $(0,0)$, $(1,0)$ et $(1,3)$.

60. $f(x,y)=x\sin y$, D est bornée par les courbes $y=0$, $y=x^2$ et $x=1$.

61. Démontrez la propriété 11.

62. En calculant une intégrale double sur une région D, on a obtenu la somme d'intégrales itérées :

$$\iint_D f(x,y)\, dA = \int_0^1 \int_0^{2y} f(x,y)\, dx\, dy + \int_1^3 \int_0^{3-y} f(x,y)\, dx\, dy.$$

Dessinez la région D et exprimez l'intégrale double sous la forme d'une seule intégrale itérée avec l'ordre d'intégration inversé.

63. Évaluez l'intégrale $\iint_D (y\tan(x^2)+xe^{\cos(y)}+6)\, dA$, où $D=[1,1]\times[2,2]$. *Indice* : vérifiez la symétrie du domaine D par rapport aux axes ainsi que la parité des fonctions.

64. En utilisant la symétrie et la parité des fonctions, évaluez l'intégrale $\iint_D xy\sqrt{x^4+y^4}\, dA$, où D est le carré de sommets $(\pm 10, \pm 10)$.

65. Utilisez la symétrie pour évaluer $\iint_D xe^{y^2}\, dA$, où D est la région du demi-plan supérieur bornée par les courbes $x=y^2-4$, $x=4-y^2$ et $y=0$.

66. Soit D le rectangle $[-2,2]\times[0,2]$. Utilisez la symétrie pour montrer que $\iint_D \sin(x^3y^3)\, dA=0$.

67. Expliquez pourquoi l'intégrale $\iint_D \sqrt{x^2+y^2}\, dA$, où D est le disque $x^2+y^2\leq 4$, calcule le volume d'un solide. De quel solide s'agit-il ? Quelle est la valeur de cette intégrale ?

LCS 68. Dessinez le solide borné par le plan $x+y+z=1$ et le paraboloïde $z=4-x^2-y^2$, puis calculez son volume. (À l'aide d'un logiciel de calcul symbolique, tracez les graphes, trouvez les équations des courbes qui bornent la région d'intégration et calculez l'intégrale double.)

6.3 LES COORDONNÉES POLAIRES

Un point dans le plan peut être représenté par un couple de nombres appelés « coordonnées ». On utilise habituellement les coordonnées cartésiennes, qui sont les distances algébriques à partir de deux axes perpendiculaires. Dans cette section, nous décrivons un système de coordonnées dont l'invention est attribuée à Newton, appelé **système de coordonnées polaires**, plus pratique dans de nombreuses applications.

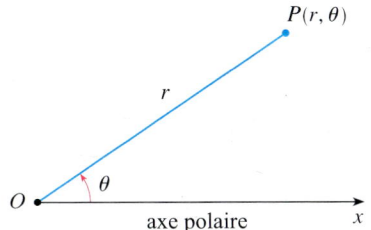

FIGURE 1

On choisit d'abord un point dans le plan, appelé **pôle** (ou origine) et noté O. On trace ensuite un rayon (une demi-droite) à partir de O, appelé **axe polaire**. On trace habituellement cet axe horizontalement vers la droite. Il correspond à l'axe des x positifs des coordonnées cartésiennes.

Si P est un point quelconque dans le plan, on note r la distance de O à P et θ l'angle (habituellement exprimé en radians) entre l'axe polaire et la demi-droite OP (voir la figure 1). Le point P est alors représenté par le couple (r, θ), et r et θ sont appelées les **coordonnées polaires** de P. Par convention, un angle mesuré dans le sens antihoraire à partir de l'axe polaire est positif, et il est négatif dans le sens horaire. Si $P = O$, alors $r = 0$ et on convient que $(0, \theta)$ représente le pôle pour tout θ.

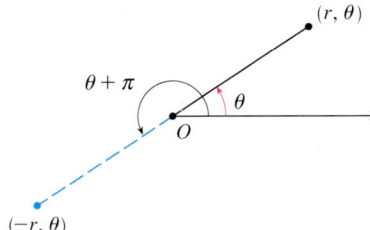

FIGURE 2

On peut généraliser les coordonnées polaires (r, θ) au cas où r est négatif. Pour ce faire, on convient, comme à la figure 2, que les points $(-r, \theta)$ et (r, θ) sont sur la même droite qui passe par O et qu'ils sont à la même distance $|r|$ de O, mais opposés par rapport à O. Si $r > 0$, le point (r, θ) est dans le même quadrant que θ; si $r < 0$, (r, θ) est dans le quadrant opposé par rapport au pôle. On remarque que $(-r, \theta)$ représente le même point que $(r, \theta + \pi)$.

EXEMPLE 1 Représentons les points de coordonnées polaires données.

a) $(1, 5\pi/4)$ b) $(2, 3\pi)$

c) $(2, -2\pi/3)$ d) $(-3, 3\pi/4)$

SOLUTION La figure 3 représente ces points. En d), le point $(-3, 3\pi/4)$ est situé à trois unités du pôle dans le quatrième quadrant parce que l'angle $3\pi/4$ est dans le deuxième quadrant et que $r = -3$ est négatif.

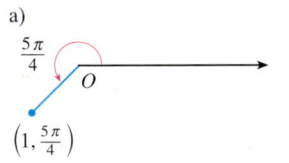 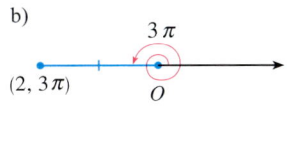 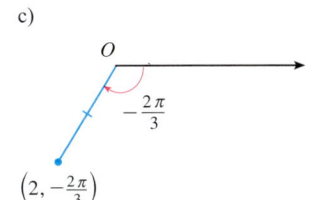 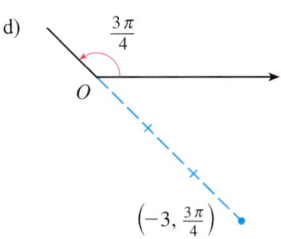

FIGURE 3

Dans le système de coordonnées cartésiennes, chaque point n'a qu'une seule représentation. Cependant, dans le système de coordonnées polaires, chaque point possède une infinité de représentations. Par exemple, on peut écrire le point $(1, 5\pi/4)$ de l'exemple 1 a) sous la forme $(1, -3\pi/4)$, $(1, 13\pi/4)$ ou $(-1, \pi/4)$, comme illustré à la figure 4.

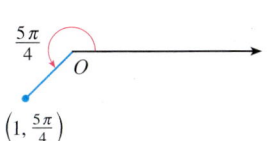 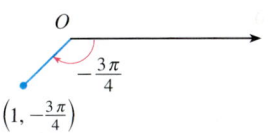 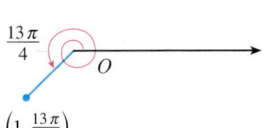 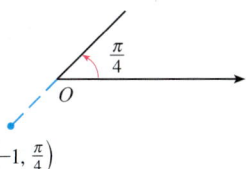

FIGURE 4

En fait, puisqu'un angle de 2π correspond à une rotation complète dans le sens antihoraire, le point représenté par les coordonnées polaires (r, θ) est aussi représenté par

$$(r, \theta + 2n\pi) \quad \text{et} \quad (-r, \theta + (2n+1)\pi),$$

où n est un entier quelconque.

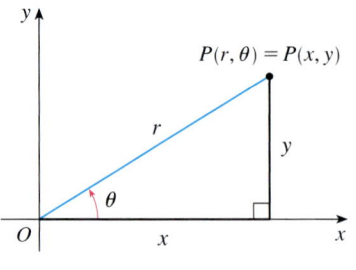

FIGURE 5

La figure 5 illustre le lien entre les coordonnées polaires et les coordonnées cartésiennes. Sur cette figure, le pôle correspond à l'origine et l'axe polaire coïncide avec l'axe des x positifs. Si les coordonnées cartésiennes du point P sont (x, y) et ses coordonnées polaires sont (r, θ), alors selon la figure, on a

$$\cos \theta = \frac{x}{r} \qquad \sin \theta = \frac{y}{r}$$

et donc

1
$$x = r \cos \theta \quad y = r \sin \theta.$$

Bien que les équations 1 soient déduites de la figure 5, qui illustre le cas où $r > 0$ et $0 < \theta < \pi/2$, elles sont valides pour toutes les valeurs de r et de θ.

Les équations 1 permettent aussi de trouver les coordonnées cartésiennes d'un point lorsque l'on connaît ses coordonnées polaires. Afin de trouver r et θ pour x et y donnés, on utilise les équations

2
$$r^2 = x^2 + y^2 \quad \tan \theta = \frac{y}{x}$$

qu'on peut déduire des équations 1 ou simplement à partir de la figure 5.

EXEMPLE 2 Convertissons les coordonnées polaires du point $(2, \pi/3)$ en coordonnées cartésiennes.

SOLUTION Puisque $r = 2$ et que $\theta = \pi/3$, les équations 1 donnent

$$x = r \cos \theta = 2 \cos \frac{\pi}{3} = 2 \cdot \frac{1}{2} = 1,$$

$$y = r \sin \theta = 2 \sin \frac{\pi}{3} = 2 \cdot \frac{\sqrt{3}}{2} = \sqrt{3}.$$

Par conséquent, le point est $(1, \sqrt{3})$ en coordonnées cartésiennes.

EXEMPLE 3 Représentons le point de coordonnées cartésiennes $(1, -1)$ en coordonnées polaires.

SOLUTION Si on prend r positif, alors les équations 2 donnent

$$r = \sqrt{x^2 + y^2} = \sqrt{1^2 + (-1)^2} = \sqrt{2},$$

$$\tan \theta = \frac{y}{x} = -1.$$

Comme le point $(1, -1)$ est dans le quatrième quadrant, on peut choisir $\theta = -\pi/4$ ou $\theta = 7\pi/4$. Par conséquent, $(\sqrt{2}, -\pi/4)$ est une réponse possible et $(\sqrt{2}, 7\pi/4)$ en est une autre.

NOTE Les équations 2 ne déterminent pas θ de façon unique pour x et y donnés, car, lorsque θ croît dans l'intervalle $0 \leq \theta < 2\pi$, chaque valeur de $\tan \theta$ survient deux fois, ce qui s'explique par le fait que la fonction $\tan \theta$ a une période de longueur π. En conséquence, lorsque l'on passe des coordonnées cartésiennes aux coordonnées polaires, il ne suffit pas de trouver r et θ qui satisfont aux équations 2. Comme à l'exemple 3, il faut choisir θ de telle sorte que le point (r, θ) soit dans le bon quadrant.

LES COURBES POLAIRES

Le **graphe d'une équation polaire** $r = f(\theta)$, ou plus généralement $F(r, \theta) = 0$, consiste en tous les points P qui ont au moins une représentation polaire (r, θ) dont les coordonnées vérifient l'équation $r = f(\theta)$.

EXEMPLE 4 Déterminons la courbe qui représente l'équation polaire $r = 2$.

SOLUTION La courbe consiste en tous les points (r, θ) avec $r = 2$. Puisque r représente la distance du point au pôle, la courbe $r = 2$ représente le cercle de centre O et de rayon 2. En général, l'équation $r = a$ représente un cercle de centre O et de rayon $|a|$ (voir la figure 6). En effet, sachant que $r^2 = x^2 + y^2$, on a $x^2 + y^2 = a^2$.

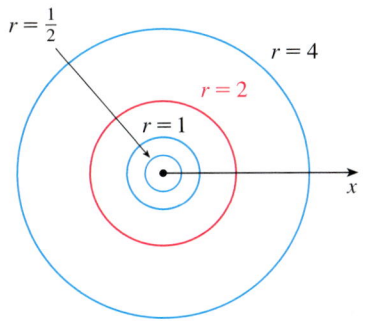

FIGURE 6

EXEMPLE 5 Esquissons la courbe polaire $\theta = 1$.

SOLUTION Cette courbe consiste en tous les points (r, θ) tels que l'angle polaire θ est de 1 radian. C'est la droite qui passe par O et qui forme un angle de 1 radian avec l'axe polaire (voir la figure 7). Notons que les points $(r, 1)$ sur la droite avec $r > 0$ sont dans le premier quadrant, tandis que ceux avec $r < 0$ sont dans le troisième quadrant.

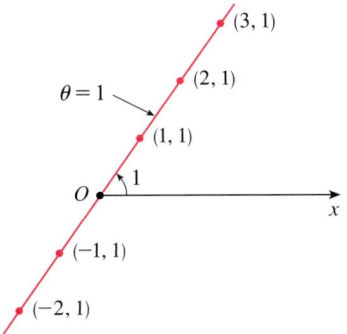

FIGURE 7

EXEMPLE 6

a) Esquissons la courbe d'équation polaire $r = 2 \cos \theta$.

b) Trouvons l'équation cartésienne de cette courbe.

SOLUTION

a) La figure 8 donne les valeurs de r pour quelques angles remarquables. On représente les points correspondants (r, θ), puis on les relie pour esquisser la courbe, qui semble être un cercle. On n'a utilisé que les valeurs de θ entre 0 et π puisque si θ s'accroît au-delà de π, on obtient à nouveau les mêmes points.

b) Pour convertir l'équation donnée en une équation cartésienne, on utilise les équations 1 et 2. De $x = r \cos \theta$, on tire $\cos \theta = x/r$. L'équation $r = 2 \cos \theta$ devient $r = 2x/r$, ce qui donne

$$2x = r^2 = x^2 + y^2 \quad \text{ou} \quad x^2 + y^2 - 2x = 0.$$

On complète ensuite le carré pour obtenir

$$(x - 1)^2 + y^2 = 1,$$

qui est l'équation d'un cercle de centre $(1, 0)$ et de rayon 1.

θ	$r = 2 \cos \theta$
0	2
$\pi/6$	$\sqrt{3}$
$\pi/4$	$\sqrt{2}$
$\pi/3$	1
$\pi/2$	0
$2\pi/3$	-1
$3\pi/4$	$-\sqrt{2}$
$5\pi/6$	$-\sqrt{3}$
π	-2

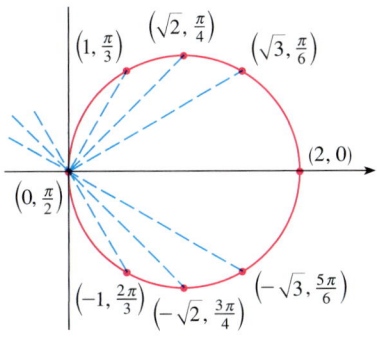

FIGURE 8
Le tableau des valeurs et le graphe de $r = 2 \cos \theta$.

La figure 9 illustre que l'équation du cercle de l'exemple 6 est $r = 2\cos\theta$. L'angle OPQ est droit (pourquoi est-ce le cas ?) et donc $r/2 = \cos\theta$.

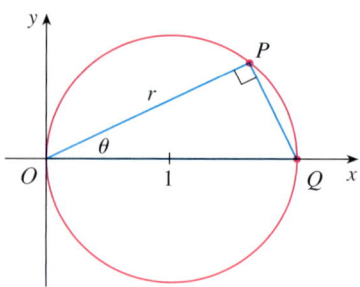

FIGURE 9

EXEMPLE 7 Esquissons la courbe $r = 1 + \sin\theta$.

SOLUTION Au lieu de représenter les points comme à l'exemple 6, on trace d'abord le graphe de $r = 1 + \sin\theta$ en coordonnées cartésiennes comme à la figure 10 en déplaçant la sinusoïde de 1 unité vers le haut. Ainsi, on peut repérer les valeurs de r qui correspondent aux valeurs croissantes de θ de 0 à 2π. Par exemple, on voit que lorsque θ augmente de 0 à $\pi/2$, r (la distance à partir de O) augmente de 1 à 2, ce qui permet d'esquisser la portion correspondante de la courbe polaire à la figure 11 a). Lorsque θ augmente de $\pi/2$ à π, la figure 10 montre que r diminue de 2 à 1. Ainsi, à la figure 11 b), on peut esquisser la portion suivante de la courbe. Lorsque θ augmente de π à $3\pi/2$, r diminue de 1 à 0 (voir la figure 11 c). Finalement, lorsque θ augmente de $3\pi/2$ à 2π, r augmente de 0 à 1 (voir la figure 11 d). Si θ s'accroît au delà de 2π ou décroît en deçà de 0, on retrace tout simplement la même courbe. En regroupant les portions a) à d) de la figure 11, on obtient la courbe complète (voir la figure 11 e). Cette courbe est appelée **cardioïde** en raison de sa forme rappelant celle d'un cœur.

FIGURE 10
$r = 1 + \sin\theta$ en coordonnées cartésiennes, $0 \leq \theta \leq 2\pi$.

a) 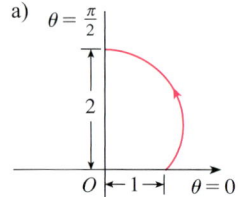   b) 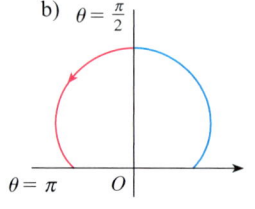   c) 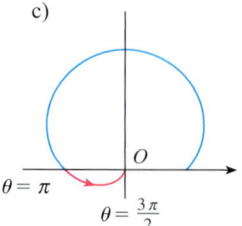   d) 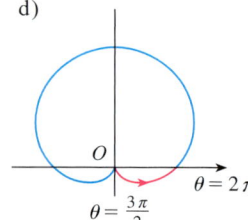   e)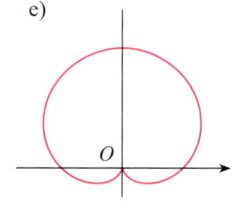

FIGURE 11 Les étapes de l'esquisse de la cardioïde $r = 1 + \sin\theta$.

EXEMPLE 8 Esquissons la courbe $r = \cos 2\theta$.

SOLUTION Comme à l'exemple 7, on esquisse $r = \cos 2\theta$, $0 \leq \theta \leq 2\pi$, en coordonnées cartésiennes (voir la figure 12 à la page suivante). Lorsque θ augmente de 0 à $\pi/4$, la figure 12 montre que r diminue de 1 à 0. On trouve la portion correspondante de la courbe polaire à la figure 13 (notée **1**) (voir la page suivante). Lorsque θ augmente de $\pi/4$ à $\pi/2$, r passe de 0 à -1. Cela signifie que la distance à partir de O croît de 0 à 1, mais au lieu d'être dans le premier quadrant, cette portion de la courbe polaire (notée **2**) est du côté opposé par rapport au pôle, dans le troisième quadrant. On trace le reste de la courbe de la même façon en indiquant avec des flèches le sens du tracé pour les différentes portions. La courbe résultante possède quatre boucles et est appelée **quadrifolium** (ou **rosace**).

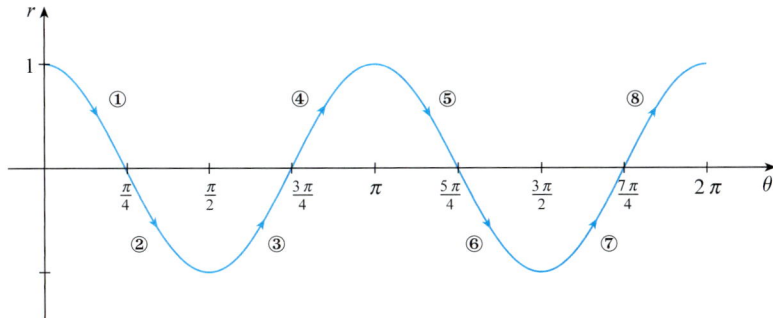

FIGURE 12
$r = \cos 2\theta$ en coordonnées cartésiennes.

FIGURE 13
Le quadrifolium $r = \cos 2\theta$.

LA SYMÉTRIE

Des propriétés de symétrie sont parfois utiles pour esquisser des courbes polaires. Les trois règles suivantes sont illustrées à la figure 14.

a) Si une équation polaire $r = f(\theta)$ ne change pas lorsqu'on remplace θ par $-\theta$, la courbe est symétrique par rapport à l'axe polaire.

b) Si l'équation ne change pas lorsqu'on remplace r par $-r$, ou lorsqu'on remplace θ par $\theta + \pi$, la courbe est symétrique par rapport au pôle. (Cela signifie que la courbe ne change pas si on lui fait subir une rotation de 180° par rapport à l'origine.)

c) Si l'équation ne change pas lorsqu'on remplace θ par $\pi - \theta$, la courbe est symétrique par rapport à la droite verticale $\theta = \pi/2$.

a)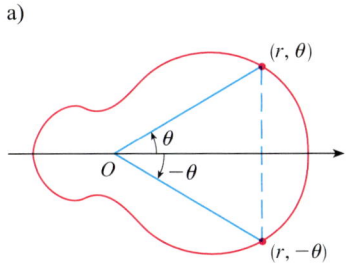
b)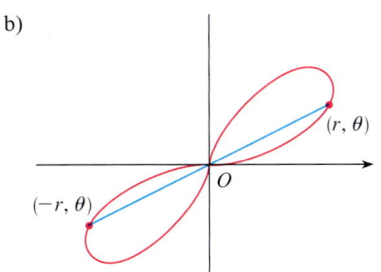
c)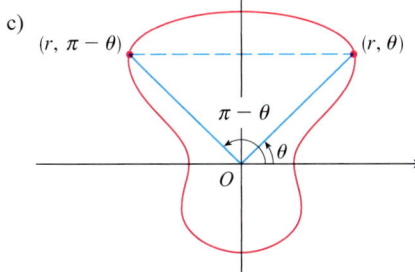

FIGURE 14

Les courbes esquissées aux exemples 6 et 8 sont symétriques par rapport à l'axe polaire puisque $\cos(-\theta) = \cos \theta$. Les courbes des exemples 7 et 8 sont symétriques par rapport à $\theta = \pi/2$ parce que $\sin(\pi - \theta) = \sin \theta$ et que $\cos 2(\pi - \theta) = \cos 2\theta$. Le quadrifolium est aussi symétrique par rapport au pôle. On aurait pu utiliser ces propriétés de symétrie pour esquisser les courbes. Ainsi, à l'exemple 6, il aurait suffi de représenter les points pour $0 \leq \theta \leq \pi/2$ et de prendre leurs symétriques par rapport à l'axe polaire pour obtenir le cercle.

LA REPRÉSENTATION DE COURBES POLAIRES À L'AIDE D'OUTILS GRAPHIQUES

Bien qu'il soit utile de savoir esquisser les courbes polaires simples à la main, il faut utiliser une calculatrice graphique ou un ordinateur pour tracer des courbes aussi complexes que celles qui sont représentées aux figures 15 et 16.

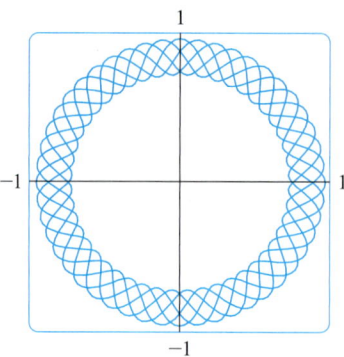

FIGURE 15
$r = \sin^2(2{,}4\theta) + \cos^4(2{,}4\theta)$

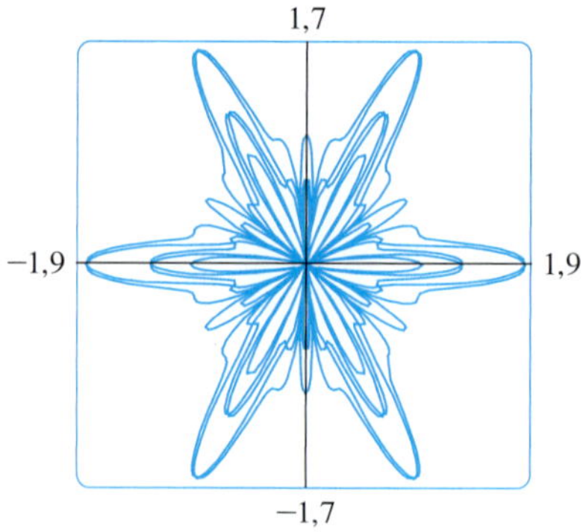

FIGURE 16
$r = \sin^2(1{,}2\theta) + \cos^3(6\theta)$

Certains outils graphiques ont des commandes permettant de tracer directement des courbes polaires. D'autres nécessitent la conversion d'une équation polaire en équations paramétriques (voir la section 8.1). Dans ce cas, on prend l'équation polaire $r = f(\theta)$ et on écrit les équations paramétriques sous la forme

$$x = r\cos\theta = f(\theta)\cos\theta \quad y = r\sin\theta = f(\theta)\sin\theta.$$

EXEMPLE 9 Traçons la courbe $r = \sin(8\theta/5)$.

SOLUTION On suppose que l'outil graphique dont on dispose ne possède pas de commande pour tracer des courbes polaires. Dans ce cas, on doit travailler avec les équations paramétriques correspondantes, soit

$$x = r\cos\theta = \sin(8\theta/5)\cos\theta \quad y = r\sin\theta = \sin(8\theta/5)\sin\theta.$$

Dans tous les cas, on doit déterminer le domaine de θ. Avant tout, il faut donc répondre à la question suivante : après combien de rotations complètes la courbe commencera-t-elle à se répéter? Si la réponse est n, alors

$$\sin\frac{8(\theta + 2n\pi)}{5} = \sin\left(\frac{8\theta}{5} + \frac{16n\pi}{5}\right) = \sin\frac{8\theta}{5}.$$

On déduit que $16n\pi/5$ doit être un multiple pair de π, ce qui survient pour la première fois lorsque $n = 5$. On obtient un tracé de la courbe en entier pour $0 \leq \theta \leq 10\pi$. Le passage de θ à t donne les équations

$$x = \sin(8t/5)\cos t \quad y = \sin(8t/5)\sin t \quad 0 \leq t \leq 10\pi.$$

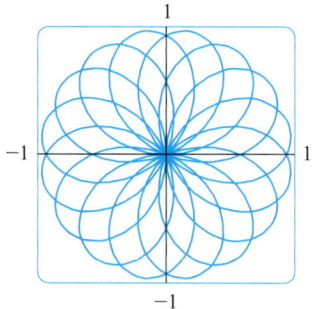

FIGURE 17
$r = \sin(8\theta/5)$

La figure 17 illustre la courbe résultante. On voit que cette rosace possède 16 boucles.

EXEMPLE 10 Étudions la famille de courbes polaires définie par $r = 1 + c\sin\theta$. Comment leur forme varie-t-elle en fonction de c? (Ces courbes sont appelées **limaçons**, en raison de la forme des courbes pour certaines valeurs de c.)

SOLUTION La figure 18 (voir la page suivante) illustre les graphes tracés par ordinateur pour diverses valeurs de c. Pour $c > 1$, il existe une boucle dont la taille décroît à mesure que c décroît. Lorsque $c = 1$, la boucle disparaît, et la courbe devient la cardioïde qu'on a esquissée à l'exemple 7. Pour c compris entre 1 et $\frac{1}{2}$, le point de rebroussement de la cardioïde s'émousse et devient une « fossette ». Lorsque c décroît de $\frac{1}{2}$ à 0, le limaçon prend la forme d'un ovale. Cet ovale devient de plus en plus circulaire lorsque $c \to 0$, et lorsque $c = 0$ la courbe est exactement le cercle $r = 1$.

À l'exercice 53, on vous demande de démontrer analytiquement ce qu'on a observé à partir des graphes de la figure 18.

Les autres parties de la figure 18 montrent que lorsque c devient négatif, la forme varie dans l'ordre inverse. En fait, ces courbes sont les symétriques par rapport à l'axe horizontal des courbes correspondantes avec c positif.

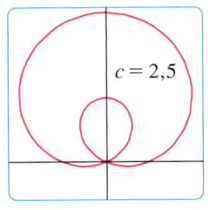
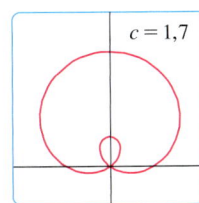
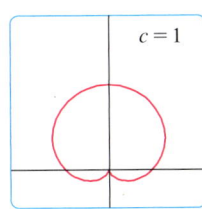
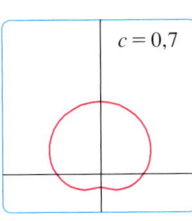
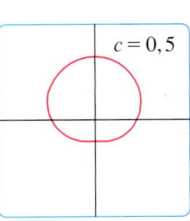
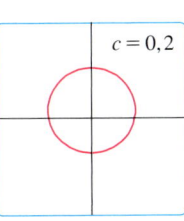
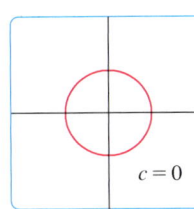
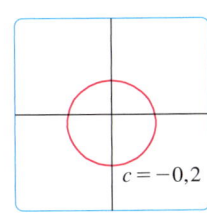
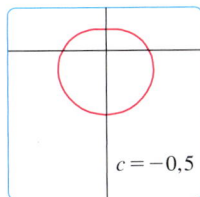
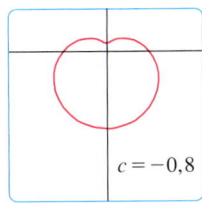
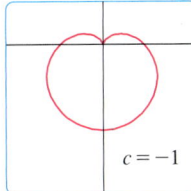
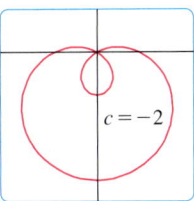

FIGURE 18
Courbes de la famille des limaçons $r = 1 + c\sin\theta$.

Les limaçons apparaissent dans l'étude du mouvement des planètes. En particulier, la trajectoire de Mars, telle qu'observée de la planète Terre, a été modélisée par un limaçon comportant une boucle, comme dans les parties de la figure 18 où $|c| > 1$.

Exercices 6.3

1-2 Marquez le point de coordonnées polaires données dans le plan. Ensuite, trouvez deux autres couples de coordonnées polaires pour ce point, l'un avec $r > 0$ et l'autre avec $r < 0$.

1. a) $(1, \pi/4)$ b) $(-2, 3\pi/2)$ c) $(3, -\pi/3)$

2. a) $(2, 5\pi/6)$ b) $(1, -2\pi/3)$ c) $(-1, 5\pi/4)$

3-4 Marquez le point de coordonnées polaires données dans le plan. Ensuite, trouvez les coordonnées cartésiennes de ce point.

3. a) $(2, 3\pi/2)$ b) $(\sqrt{2}, \pi/4)$ c) $(-1, \pi/6)$

4. a) $(4, 4\pi/3)$ b) $(-2, 3\pi/4)$ c) $(-3, -\pi/3)$

5-6 Les coordonnées cartésiennes d'un point sont données.

i) Trouvez les coordonnées polaires (r, θ) du point, où $r > 0$ et $0 \leq \theta < 2\pi$.

ii) Trouvez les coordonnées polaires (r, θ) du point, où $r < 0$ et $0 \leq \theta < 2\pi$.

5. a) $(-4, 4)$ b) $(3, 3\sqrt{3})$

6. a) $(\sqrt{3}, -1)$ b) $(-6, 0)$

7-12 Esquissez la région du plan constituée des points dont les coordonnées polaires satisfont aux conditions données.

7. $r \geq 1$ **8.** $0 \leq r < 2$, $\pi \leq \theta \leq 3\pi/2$

9. $r \geq 0$, $\pi/4 \leq \theta \leq 3\pi/4$

10. $1 \leq r \leq 3$, $\pi/6 < \theta < 5\pi/6$

11. $2 < r < 3$, $5\pi/3 \leq \theta \leq 7\pi/3$

12. $r \geq 1$, $\pi \leq \theta \leq 2\pi$

13. Calculez la distance entre les points de coordonnées polaires $(4, 4\pi/3)$ et $(6, 5\pi/3)$.

14. Trouvez une formule pour la distance entre les points de coordonnées polaires (r_1, θ_1) et (r_2, θ_2).

15-20 Identifiez la courbe en trouvant son équation cartésienne.

15. $r^2 = 5$ **16.** $r = 4\sec\theta$

17. $r = 5\cos\theta$ **18.** $\theta = \pi/3$

19. $r^2 \cos 2\theta = 1$ **20.** $r^2 \sin 2\theta = 1$

21-26 Trouvez l'équation polaire de la courbe définie par l'équation cartésienne donnée.

21. $y = 2$ **22.** $y = x$

23. $y = 1 + 3x$ **24.** $4y^2 = x$

25. $x^2 + y^2 = 2cx$ **26.** $x^2 - y^2 = 4$

27-28 Déterminez si la courbe serait plus facilement décrite par une équation polaire ou une équation cartésienne. Écrivez cette équation.

27. a) Une droite passant par l'origine et faisant un angle de $\pi/6$ avec l'axe des x positifs

b) Une droite verticale passant par le point $(3, 3)$

28. a) Un cercle de rayon 5 et de centre $(2, 3)$

b) Un cercle centré à l'origine et de rayon 4

29-46 Esquissez la courbe d'équation polaire donnée.

29. $r = -2\sin\theta$ **30.** $r = 1 - \cos\theta$

31. $r = 2(1 + \cos\theta)$ **32.** $r = 1 + 2\cos\theta$

33. $r = \theta, \theta \geq 0$ **34.** $r = \theta^2, -2\pi \leq \theta \leq 2\pi$

35. $r = 3\cos 3\theta$ **36.** $r = -\sin 5\theta$

37. $r = 2\cos 4\theta$ **38.** $r = 2\sin 6\theta$

39. $r = 1 + 3\cos\theta$ **40.** $r = 1 + 5\sin\theta$

41. $r^2 = 9\sin 2\theta$ **42.** $r^2 = \cos 4\theta$

43. $r = 2 + \sin 3\theta$ **44.** $r^2\theta = 1$

45. $r = \sin(\theta/2)$ **46.** $r = \cos(\theta 3)$

47-48 La figure montre le graphe de r en fonction de θ en coordonnées cartésiennes. Utilisez ce graphe pour esquisser la courbe polaire correspondante.

47.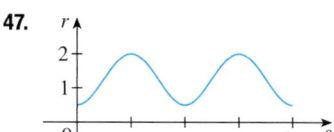

48.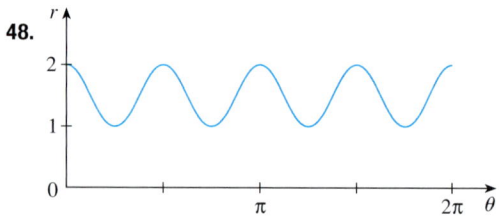

49. Montrez que la courbe polaire $r = 4 + 2\sec\theta$ (appelée **conchoïde**) a pour asymptote verticale la droite $x = 2$ en montrant que $\lim_{r \to \pm\infty} x = 2$. Utilisez ce fait pour faciliter l'esquisse de la conchoïde.

50. Montrez que la courbe $r = 2 - \csc\theta$ (aussi une conchoïde) a pour asymptote horizontale la droite $y = -1$ en montrant que $\lim_{r \to \pm\infty} y = -1$. Utilisez ce fait pour faciliter l'esquisse de la conchoïde.

51. Montrez que la courbe $r = \sin\theta\tan\theta$ (appelée **cissoïde de Dioclès**) a pour asymptote verticale la droite $x = 1$. Montrez aussi que cette courbe est entièrement contenue dans la bande verticale $0 \leq x < 1$. Utilisez ces propriétés pour esquisser la cissoïde.

52. Esquissez la courbe $(x^2 + y^2)^3 = 4x^2y^2$.

53. a) Les graphes de l'exemple 10 suggèrent que le limaçon $r = 1 + c\sin\theta$ possède une boucle intérieure lorsque $|c| > 1$. Démontrez ce résultat et calculez les valeurs de θ qui correspondent à la boucle intérieure.

b) Selon la figure 18, il apparaît que le limaçon perd sa fossette lorsque $c = \frac{1}{2}$. Démontrez que c'est le cas.

54. Appariez les équations et les graphes numérotés de I à VI. Justifiez vos choix. (N'utilisez pas d'outil graphique.)

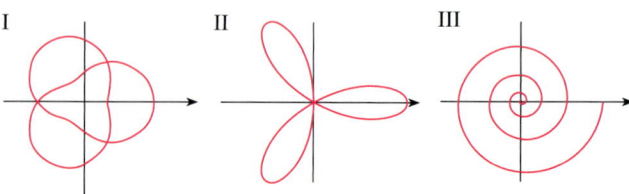

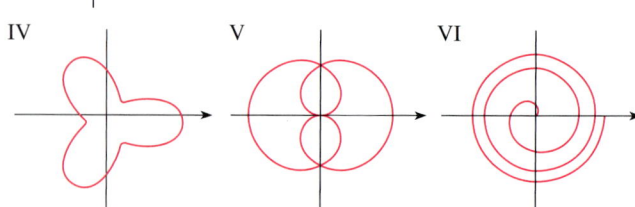

a) $r = \ln\theta, 1 \leq \theta \leq 6\pi$ b) $r = \theta^2, 0 \leq \theta \leq 8\pi$

c) $r = \cos 3\theta$ d) $r = 2 + \cos 3\theta$

e) $r = \cos(\theta/2)$ f) $r = 2 + \cos(3\theta/2)$

55-56 On peut utiliser les coordonnées polaires pour calculer la limite d'une fonction de deux variables en $(0,0)$ en procédant comme suit : on pose d'abord $x = r\cos(\theta)$, $y = r\sin(\theta)$ dans l'expression de la fonction, on simplifie, puis on fait tendre r vers 0. Ceci fonctionne si l'expression en θ est bornée. Utilisez cette méthode pour calculer les limites suivantes.

55. $\lim_{(x,y)\to(0,0)} \dfrac{x^4 + y^4}{x^2 + y^2}$ **56.** $\lim_{(x,y)\to(0,0)} \dfrac{x^2 y^3}{x^4 + 2x^2 y^2 + y^4}$

57-62 Trouvez la pente de la tangente à la courbe polaire donnée au point indiqué par la valeur de θ.

57. $r = 2\cos\theta, \theta = \pi/3$ **58.** $r = 2 + \sin 3\theta, \theta = \pi/4$

59. $r = 1/\theta, \theta = \pi$ **60.** $r = \cos(\theta/3), \theta = \pi$

61. $r = \cos 2\theta, \theta = \pi/4$ **62.** $r = 1 + 2\cos\theta, \theta = \pi/3$

63-66 Trouvez les points de la courbe donnée où la tangente est horizontale ou verticale.

63. $r = 3\cos\theta$ **64.** $r = 1 - \sin\theta$

65. $r = 1 + \cos\theta$ **66.** $r = e^\theta$

67. Montrez que l'équation polaire $r = a\sin\theta + b\cos\theta$, où $ab \neq 0$, représente un cercle. Trouvez son centre et son rayon.

68. Montrez que les courbes $r = a\sin\theta$ et $r = a\cos\theta$ se coupent à angle droit.

69-74 À l'aide d'un outil graphique, tracez la courbe polaire. Choisissez un intervalle paramétrique vous assurant de tracer toute la courbe.

69. $r = 1 + 2\sin(\theta/2)$ (néphroïde de Freeth)

70. $r = \sqrt{1 - 0{,}8\sin^2\theta}$ (hippopède)

71. $r = e^{\sin\theta} - 2\cos(4\theta)$ (courbe papillon)

72. $r = |\tan\theta|^{|\cot\theta|}$ **73.** $r = 1 + \cos^{999}\theta$

74. $r = 2 + \cos(9\theta/4)$

75. Quelle est la relation entre les graphes de $r = 1 + \sin(\theta - \pi/6)$ et de $r = 1 + \sin(\theta - \pi/3)$ et le graphe de $r = 1 + \sin\theta$? En général, quelle est la relation entre le graphe de $r = f(\theta - \alpha)$ et le graphe de $r = f(\theta)$?

76. Utilisez un graphe pour estimer l'ordonnée y des points les plus élevés sur la courbe $r = \sin 2\theta$. Trouvez ensuite la valeur exacte de y en utilisant le calcul différentiel.

77. Étudiez la famille de courbes définies par les équations polaires $r = 1 + c\cos\theta$, où c est un nombre réel. Comment la courbe varie-t-elle en fonction de c ?

78. Étudiez la famille de courbes polaires définie par
$$r = 1 + \cos^n\theta$$
où n est un entier positif. Comment la forme change-t-elle quand n augmente ? Que se passe-t-il quand n devient grand ? Expliquez la forme produite par les grandes valeurs de n en considérant le graphe de r en fonction de θ en coordonnées cartésiennes.

PROJET DE LABORATOIRE

LES FAMILLES DE COURBES POLAIRES

Ce projet vous permettra de découvrir les formes intéressantes et très belles que peuvent prendre les membres d'une famille de courbes polaires. Vous observerez aussi le changement qui se produit dans la forme de la courbe quand vous variez la valeur des constantes.

1. a) Étudiez la famille de courbes définies par les équations polaires $r = \sin n\theta$, où n est un entier positif. Quelle est la relation entre n et le nombre de boucles ?

   b) Que se passe-t-il si on remplace l'équation de la partie a) par $r = |\sin n\theta|$?

2. Considérez la famille de courbes définies par les équations $r = 1 + c\sin n\theta$, où c est un nombre réel et n, un entier positif. Comment le graphe varie-t-il lorsque n croît ? Comment varie-t-il en fonction de c ? Illustrez votre réponse en traçant suffisamment de courbes de cette famille pour étayer vos conclusions.

3. Considérez la famille de courbes définies par les équations polaires
$$r = \frac{1 - a\cos\theta}{1 + a\cos\theta}.$$
Étudiez de quelle façon le graphe varie lorsque le nombre a varie. En particulier, vous devez trouver à quelles valeurs de transition de a la forme de base de la courbe change.

4. L'astronome Giovanni Cassini (1625-1712) a étudié la famille de courbes d'équation polaire
$$r^4 - 2c^2 r^2 \cos 2\theta + c^4 - a^4 = 0,$$
où a et c sont des nombres réels positifs. Ces courbes sont appelées **ovales de Cassini**, même si elles ne sont de forme ovale que pour certaines valeurs de a et de c. (Cassini pensait que ces courbes pourraient mieux représenter les orbites des planètes que les ellipses de Kepler.) Étudiez les différentes formes de ces courbes. En particulier, quelle est la relation entre a et c lorsque la courbe se scinde en deux parties ?

6.4 LES INTÉGRALES DOUBLES EN COORDONNÉES POLAIRES

On veut calculer une intégrale double $\iint_R f(x, y)\, dA$, où R est l'une des régions représentées à la figure 1. La description de R en coordonnées cartésiennes est plutôt compliquée, mais elle est simple en coordonnées polaires.

a)
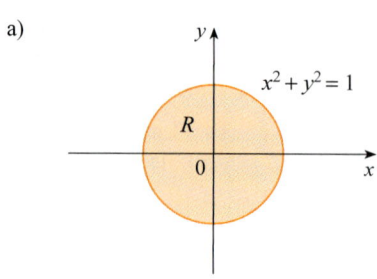
$R = \{(r, \theta) \mid 0 \leq r \leq 1, 0 \leq \theta \leq 2\pi\}$

b)
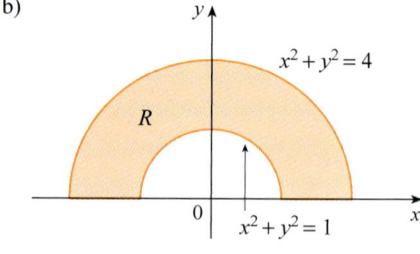
$R = \{(r, \theta) \mid 1 \leq r \leq 2, 0 \leq \theta \leq \pi\}$

FIGURE 1

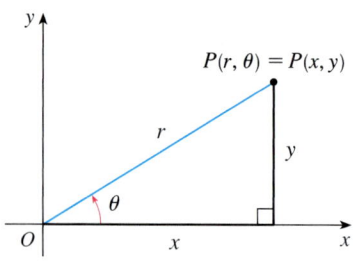

FIGURE 2

On rappelle à la figure 2 que les coordonnées polaires (r, θ) d'un point sont reliées aux coordonnées cartésiennes (x, y) par les équations

$$r^2 = x^2 + y^2 \quad x = r \cos \theta \quad y = r \sin \theta$$

(voir la section 6.3).

Les régions de la figure 1 sont des cas particuliers d'un **rectangle polaire** R représenté à la figure 3 et défini par

$$R = \{(r, \theta) \mid a \leq r \leq b, \alpha \leq \theta \leq \beta\}.$$

Pour calculer l'intégrale double $\iint_R f(x, y)\, dA$, où R est un rectangle polaire, on subdivise l'intervalle $[a, b]$ en m sous-intervalles $[r_{i-1}, r_i]$ de même longueur $\Delta r = (b - a)/m$ et on subdivise l'intervalle $[\alpha, \beta]$ en n sous-intervalles $[\theta_{j-1}, \theta_j]$ de même longueur $\Delta \theta = (\beta - \alpha)/n$. Les cercles $r = r_i$ et les rayons $\theta = \theta_j$ divisent alors le rectangle polaire R en petits sous-rectangles polaires (voir la figure 4).

Le « centre » du sous-rectangle polaire

$$R_{ij} = \{(r, \theta) \mid r_{i-1} \leq r \leq r_i, \theta_{j-1} \leq \theta \leq \theta_j\}$$

a pour coordonnées polaires

$$r_i^* = \tfrac{1}{2}(r_{i-1} + r_i) \qquad \theta_j^* = \tfrac{1}{2}(\theta_{j-1} + \theta_j).$$

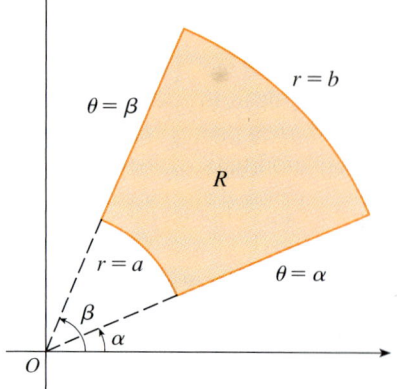

FIGURE 3 Un rectangle polaire.

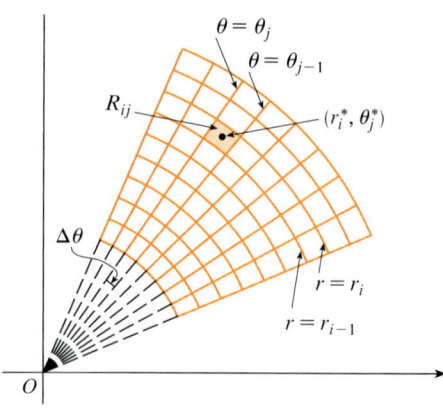

FIGURE 4 La division de R en petits sous-rectangles polaires.

On calcule l'aire de R_{ij} en utilisant le fait que l'aire d'un secteur de cercle de rayon r et d'angle au centre θ est égal à $\frac{1}{2}r^2\theta$. En soustrayant les aires de deux de ces secteurs ayant le même angle au centre $\Delta\theta = \theta_j - \theta_{j-1}$, on trouve que l'aire de R_{ij} est

$$\Delta A_{ij} = \tfrac{1}{2}r_i^2\Delta\theta - \tfrac{1}{2}r_{i-1}^2\Delta\theta = \tfrac{1}{2}(r_i^2 - r_{i-1}^2)\Delta\theta$$
$$= \tfrac{1}{2}(r_i + r_{i-1})(r_i - r_{i-1})\Delta\theta = r_i^*\Delta r\,\Delta\theta.$$

Bien qu'on ait défini l'intégrale double $\iint_R f(x, y)\,dA$ en termes de rectangles ordinaires (cartésiens), on peut montrer que pour les fonctions f continues, la valeur de l'intégrale est la même si on utilise des rectangles polaires. Les coordonnées cartésiennes du centre de R_{ij} étant $(r_i^*\cos\theta_j^*, r_i^*\sin\theta_j^*)$, une somme de Riemann typique est

1 $$\sum_{i=1}^{m}\sum_{j=1}^{n} f(r_i^*\cos\theta_j^*, r_i^*\sin\theta_j^*)\Delta A_{ij} = \sum_{i=1}^{m}\sum_{j=1}^{n} f(r_i^*\cos\theta_j^*, r_i^*\sin\theta_j^*) r_i^*\Delta r\,\Delta\theta.$$

Si on pose $g(r, \theta) = r f(r\cos\theta, r\sin\theta)$, la somme de Riemann de l'équation 1 s'écrit sous la forme

$$\sum_{i=1}^{m}\sum_{j=1}^{n} g(r_i^*, \theta_j^*)\,\Delta r\,\Delta\theta,$$

qui est une somme de Riemann pour l'intégrale double

$$\int_{\alpha}^{\beta}\int_{a}^{b} g(r, \theta)\,dr\,d\theta.$$

On a donc

$$\iint_R f(x, y)\,dA = \lim_{m,n\to\infty} \sum_{i=1}^{m}\sum_{j=1}^{n} f(r_i^*\cos\theta_j^*, r_i^*\sin\theta_j^*)\Delta A_{ij}$$
$$= \lim_{m,n\to\infty} \sum_{i=1}^{m}\sum_{j=1}^{n} g(r_i^*, \theta_j^*)\Delta r\,\Delta\theta = \int_{\alpha}^{\beta}\int_{a}^{b} g(r, \theta)\,dr\,d\theta$$
$$= \int_{\alpha}^{\beta}\int_{a}^{b} f(r\cos\theta, r\sin\theta)\,r\,dr\,d\theta.$$

2 **PASSAGE AUX COORDONNÉES POLAIRES DANS UNE INTÉGRALE DOUBLE**

Si f est continue sur un rectangle polaire R défini par $0 \leq a \leq r \leq b$, $\alpha \leq \theta \leq \beta$, où $0 \leq \beta - \alpha \leq 2\pi$, alors

$$\iint_R f(x, y)\,dA = \int_{\alpha}^{\beta}\int_{a}^{b} f(r\cos\theta, r\sin\theta)\,r\,dr\,d\theta.$$

Selon la formule 2, pour passer des coordonnées cartésiennes aux coordonnées polaires dans une intégrale double, on pose $x = r\cos\theta$ et $y = r\sin\theta$ en utilisant les bornes d'intégration appropriées pour r et θ, et on remplace dA par $r\,dr\,d\theta$.

🚫 Veillez à ne pas oublier le facteur supplémentaire r dans le membre droit de la formule 2.

La figure 5 fournit une aide mnémotechnique pour s'en souvenir : on peut considérer un rectangle polaire « infinitésimal » comme un rectangle ordinaire de dimensions $r\,d\theta$ et dr et donc d'« aire » $dA = r\,dr\,d\theta$.

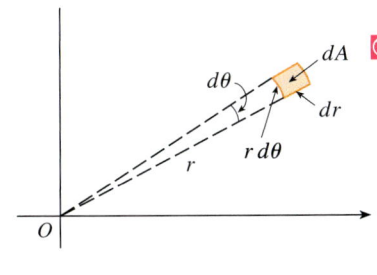

FIGURE 5

EXEMPLE 1 Calculons $\iint_R (3x + 4y^2)\,dA$, où R est la région dans le demi-plan supérieur bornée par les cercles $x^2 + y^2 = 1$ et $x^2 + y^2 = 4$.

SOLUTION On décrit d'abord cette région. On a
$$R = \{(x, y) \mid y \geq 0,\ 1 \leq x^2 + y^2 \leq 4\}.$$

Ce demi-anneau, représenté à la figure 1 b), est défini en coordonnées polaires par $1 \leq r \leq 2$, $0 \leq \theta \leq \pi$. Selon la formule 2,

$$\iint_R (3x + 4y^2)\, dA = \int_0^\pi \int_1^2 (3r\cos\theta + 4r^2\sin^2\theta)\, r\, dr\, d\theta$$

$$= \int_0^\pi \int_1^2 (3r^2\cos\theta + 4r^3\sin^2\theta)\, dr\, d\theta$$

$$= \int_0^\pi \left[r^3\cos\theta + r^4\sin^2\theta\right]_{r=1}^{r=2} d\theta$$

$$= \int_0^\pi (7\cos\theta + 15\sin^2\theta)\, d\theta$$

$$= \int_0^\pi \left[7\cos\theta + \tfrac{15}{2}(1 - \cos 2\theta)\right] d\theta$$

$$= 7\sin\theta + \frac{15\theta}{2} - \frac{15}{4}\sin 2\theta \Big]_0^\pi = \frac{15\pi}{2}.$$

Pour pouvoir effectuer l'intégration, on a utilisé l'identité trigonométrique
$$\sin^2\theta = \tfrac{1}{2}(1 - \cos 2\theta).$$

EXEMPLE 2 Calculons le volume du solide borné par le plan $z = 0$ et le paraboloïde $z = 1 - x^2 - y^2$.

SOLUTION La substitution $z = 0$ dans l'équation du paraboloïde donne $x^2 + y^2 = 1$. Le plan coupe donc le paraboloïde selon le cercle $x^2 + y^2 = 1$ et, par conséquent, le solide est sous le paraboloïde et au-dessus du disque D défini par $x^2 + y^2 \leq 1$ (voir les figures 6 et 1 a). En coordonnées polaires, D est défini par $0 \leq r \leq 1$, $0 \leq \theta \leq 2\pi$. Or $1 - x^2 - y^2 = 1 - r^2$, donc le volume recherché est

$$V = \iint_D (1 - x^2 - y^2)\, dA = \int_0^{2\pi} \int_0^1 (1 - r^2)\, r\, dr\, d\theta$$

$$= \int_0^{2\pi} d\theta \int_0^1 (r - r^3)\, dr = 2\pi \left[\frac{r^2}{2} - \frac{r^4}{4}\right]_0^1 = \frac{\pi}{2}.$$

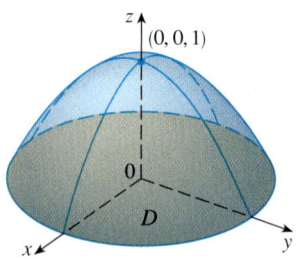

FIGURE 6

L'utilisation des coordonnées cartésiennes au lieu des coordonnées polaires aurait donné

$$V = \iint_D (1 - x^2 - y^2)\, dA = \int_{-1}^1 \int_{-\sqrt{1-x^2}}^{\sqrt{1-x^2}} (1 - x^2 - y^2)\, dy\, dx,$$

une intégrale difficile à calculer puisqu'il faut alors évaluer $\int (1 - x^2)^{3/2}\, dx$.

On peut généraliser les développements précédents à des régions de forme plus compliquée, comme celle qui est présentée à la figure 7 (voir la page suivante). Cette région est semblable aux régions rectangulaires de type II considérées à la section 6.2. En effet, en combinant la formule 2 de cette section avec la formule 5 de la section 6.2, on obtient la formule suivante:

> **3** Si f est continue sur une région polaire de la forme
> $$D = \{(r, \theta) \mid \alpha \leq \theta \leq \beta,\ h_1(\theta) \leq r \leq h_2(\theta)\},$$
> alors
> $$\iint_D f(x, y)\, dA = \int_\alpha^\beta \int_{h_1(\theta)}^{h_2(\theta)} f(r\cos\theta, r\sin\theta)\, r\, dr\, d\theta.$$

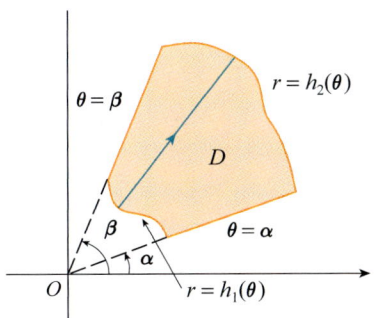

FIGURE 7
$D = \{(r, \theta) \mid \alpha \leq \theta \leq \beta, h_1(\theta) \leq r \leq h_2(\theta)\}.$

En particulier, si on pose $f(x, y) = 1$, $h_1(\theta) = 0$ et $h_2(\theta) = h(\theta)$ dans cette formule, alors l'aire de la région D bornée par $\theta = \alpha$, $\theta = \beta$ et $r = h(\theta)$ est

$$A(D) = \iint_D 1\, dA = \int_\alpha^\beta \int_0^{h(\theta)} r\, dr\, d\theta$$

$$= \int_\alpha^\beta \left[\frac{r^2}{2}\right]_0^{h(\theta)} d\theta = \int_\alpha^\beta \tfrac{1}{2}[h(\theta)]^2\, d\theta.$$

EXEMPLE 3 Utilisons une intégrale double pour calculer l'aire à l'intérieur d'une boucle du quadrifolium $r = \cos 2\theta$.

SOLUTION Selon l'esquisse de la courbe à la figure 8, une boucle entoure la région

$$D = \{(r, \theta) \mid -\pi/4 \leq \theta \leq \pi/4,\ 0 \leq r \leq \cos 2\theta\}.$$

L'aire de D est

$$A(D) = \iint_D dA = \int_{-\pi/4}^{\pi/4} \int_0^{\cos 2\theta} r\, dr\, d\theta$$

$$= \int_{-\pi/4}^{\pi/4} \left[\tfrac{1}{2} r^2\right]_0^{\cos 2\theta} d\theta = \tfrac{1}{2} \int_{-\pi/4}^{\pi/4} \cos^2 2\theta\, d\theta$$

$$= \tfrac{1}{4} \int_{-\pi/4}^{\pi/4} (1 + \cos 4\theta)\, d\theta = \tfrac{1}{4}\left[\theta + \tfrac{1}{4} \sin 4\theta\right]_{-\pi/4}^{\pi/4} = \frac{\pi}{8}.$$

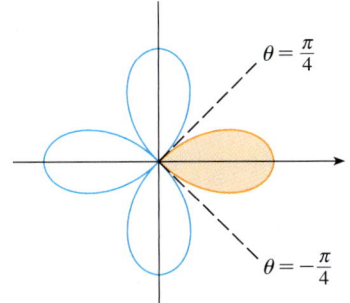

FIGURE 8

EXEMPLE 4 Trouvons le volume du solide situé sous le paraboloïde $z = x^2 + y^2$, au-dessus du plan xy et à l'intérieur du cylindre $x^2 + y^2 = 2x$.

SOLUTION Le solide est situé au-dessus du disque D borné par le cercle d'équation $x^2 + y^2 = 2x$ ou, après complétion du carré,

$$(x-1)^2 + y^2 = 1$$

(voir les figures 9 et 10). En coordonnées polaires, on sait que $x^2 + y^2 = r^2$ et $x = r \cos \theta$. Le cercle frontière devient donc $r^2 = 2r \cos \theta$ ou encore $r = 2 \cos \theta$. Par conséquent, le disque D est défini par

$$D = \{(r, \theta) \mid -\pi/2 \leq \theta \leq \pi/2,\ 0 \leq r \leq 2 \cos \theta\}$$

et la formule 3 donne

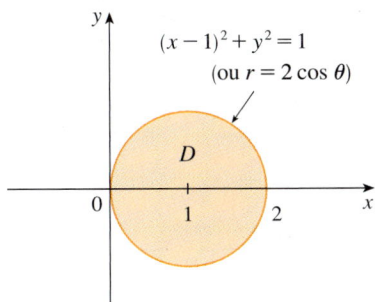

FIGURE 9

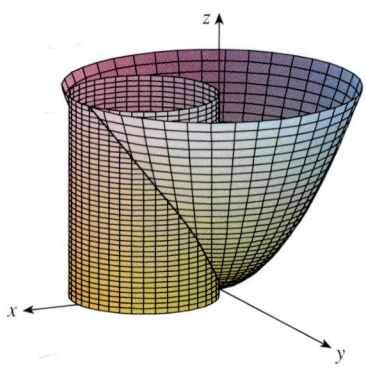

$$V = \iint_D (x^2 + y^2)\, dA = \int_{-\pi/2}^{\pi/2} \int_0^{2\cos\theta} r^2\, r\, dr\, d\theta = \int_{-\pi/2}^{\pi/2} \left[\frac{r^4}{4}\right]_0^{2\cos\theta} d\theta$$

$$= 4\int_{-\pi/2}^{\pi/2} \cos^4\theta\, d\theta = 8\int_0^{\pi/2} \cos^4\theta\, d\theta = 8\int_0^{\pi/2} \left(\frac{1+\cos 2\theta}{2}\right)^2 d\theta$$

$$= 2\int_0^{\pi/2} \left[1 + 2\cos 2\theta + \frac{1}{2}(1+\cos 4\theta)\right] d\theta$$

$$= 2\left[\frac{3}{2}\theta + \sin 2\theta + \frac{1}{8}\sin 4\theta\right]_0^{\pi/2} = 2\left(\frac{3}{2}\right)\left(\frac{\pi}{2}\right) = \frac{3\pi}{2}.$$

FIGURE 10

Exercices 6.4

1-4 Une région R est représentée. Après avoir choisi entre les coordonnées polaires et les coordonnées cartésiennes, écrivez $\iint_R f(x, y)\, dA$ sous la forme d'une intégrale itérée, où f est une fonction quelconque continue sur R.

1.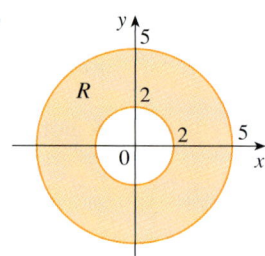

2.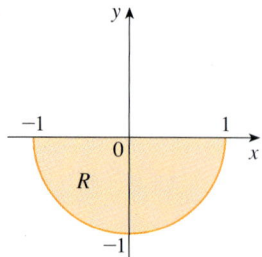

3.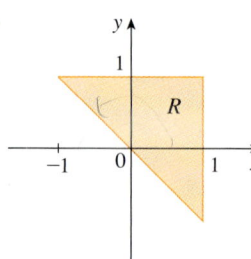

4.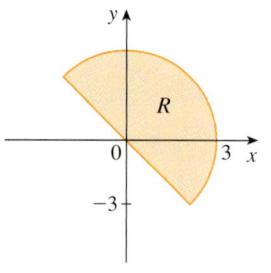

5-6 Esquissez la région dont l'aire est donnée par l'intégrale et calculez celle-ci.

5. $\int_{\pi/4}^{3\pi/4} \int_1^2 r\, dr\, d\theta$ **6.** $\int_{\pi/2}^{\pi} \int_0^{2\sin\theta} r\, dr\, d\theta$

7-16 Calculez l'intégrale donnée en passant aux coordonnées polaires.

7. $\iint_D x^2 y\, dA$, où D est la partie supérieure d'un disque de rayon 5 centré à l'origine.

8. $\iint_R (2x - y)\, dA$, où R est la région dans le premier quadrant comprise entre le cercle $x^2 + y^2 = 4$ et les droites $x = 0$, $y = x$.

9. $\iint_R \sin(x^2 + y^2)\, dA$, où R est la région dans le premier quadrant entre deux cercles centrés à l'origine et de rayon 1 et 3.

10. $\iint_R \dfrac{y^2}{x^2 + y^2}\, dA$ où R est la région située entre les cercles $x^2 + y^2 = a^2$ et $x^2 + y^2 = b^2$ avec $0 < a < b$.

11. $\iint_D e^{-x^2 - y^2}\, dA$, où D est la région bornée par le demi-cercle $x = \sqrt{4 - y^2}$ et l'axe des y.

12. $\iint_D \cos\sqrt{x^2 + y^2}\, dA$, où D est le disque de rayon 2 centré à l'origine.

13. $\iint_R \arctan(y/x)\, dA$,
où $R = \{(x, y)\,|\, 1 \le x^2 + y^2 \le 4,\, 0 \le y \le x\}$.

14. $\iint_D x\, dA$, où D est la région dans le premier quadrant située entre les cercles $x^2 + y^2 = 4$ et $x^2 + y^2 = 2x$.

15. $\iint_D \sqrt{x^2 + y^2}\, dA$, où D est la région représentée.

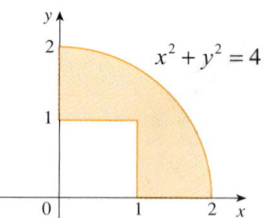

16. $\iint_D y\, dA$, où D est la région représentée.

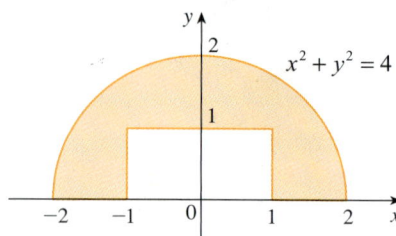

17-22 Utilisez une intégrale double pour calculer l'aire de la région.

17. Une boucle de la rosace $r = \cos 3\theta$

18. La région bornée par les cardioïdes $r = 1 + \cos\theta$ et $r = 1 - \cos\theta$.

19. La région à l'intérieur du cercle $(x-1)^2 + y^2 = 1$ et à l'extérieur du cercle $x^2 + y^2 = 1$

20. La région à l'intérieur de la cardioïde $r = 1 + \cos\theta$ et à l'extérieur du cercle $r = 3\cos\theta$

21. La région à l'extérieur du cercle $r = \frac{1}{2}$ et à l'intérieur de la courbe $r = \sin^2(\theta)$

22. La région à l'intérieur du cercle $x^2 + y^2 = \sqrt{3}y$ et à l'extérieur de la cardioïde $r = 1 + \cos(\theta)$

23-31 Utilisez les coordonnées polaires pour calculer le volume du solide donné.

23. Sous le paraboloïde $z = x^2 + y^2$ et au-dessus du disque $x^2 + y^2 \leq 25$

24. Sous le cône $z = \sqrt{x^2 + y^2}$ et au-dessus de l'anneau $1 \leq x^2 + y^2 \leq 4$

25. Sous le plan $2x + y + z = 4$ et au-dessus du disque $x^2 + y^2 \leq 1$

26. À l'intérieur de la sphère $x^2 + y^2 + z^2 = 16$ et à l'extérieur du cylindre $x^2 + y^2 = 4$

27. Une sphère de rayon a

28. Borné par le paraboloïde $z = 1 + 2x^2 + 2y^2$ et le plan $z = 7$ dans le premier octant

29. Au-dessus du cône $z = \sqrt{x^2 + y^2}$ et à l'intérieur de la sphère $x^2 + y^2 + z^2 = 1$

30. Borné par les paraboloïdes $z = 6 - x^2 - y^2$ et $z = 2x^2 + 2y^2$

31. À l'intérieur du cylindre $x^2 + y^2 = 4$ et de l'ellipsoïde $4x^2 + 4y^2 + z^2 = 64$

32. a) On utilise une mèche cylindrique de rayon r_1 pour forer un trou passant par le centre d'une sphère de rayon r_2. Trouvez le volume du solide annulaire résultant.
  b) Exprimez le volume de la partie a) en fonction de la hauteur h de l'anneau. Remarquez que le volume ne dépend que de h; il ne dépend ni de r_1 ni de r_2.

33-36 Calculez l'intégrale itérée en passant aux coordonnées polaires.

33. $\int_0^2 \int_0^{\sqrt{4-x^2}} e^{-x^2-y^2} \, dy \, dx$
34. $\int_0^a \int_{-\sqrt{a^2-y^2}}^{\sqrt{a^2-y^2}} (2x+y) \, dx \, dy$
35. $\int_0^{1/2} \int_{\sqrt{3}y}^{\sqrt{1-y^2}} xy^2 \, dx \, dy$
36. $\int_0^2 \int_0^{\sqrt{2x-x^2}} \sqrt{x^2+y^2} \, dy \, dx$

37-38 Exprimez l'intégrale double comme une seule intégrale par rapport à r. Utilisez ensuite votre calculatrice pour évaluer l'intégrale avec quatre décimales exactes.

37. $\iint_D e^{(x^2+y^2)^2} \, dA$, où D est le disque de rayon 1 centré à l'origine.

38. $\iint_D xy\sqrt{1+x^2+y^2} \, dA$, où D est la portion du disque $x^2 + y^2 \leq 1$ qui se trouve dans le premier quadrant.

39. Une piscine circulaire a un diamètre de 12 m. Sa profondeur est constante d'est en ouest et croît linéairement de 60 cm à l'extrémité sud jusqu'à 2 m à l'extrémité nord. Calculez le volume d'eau dans la piscine.

40. Un gicleur agricole distribue de l'eau dans une zone circulaire d'un rayon de 30 m. Il fournit de l'eau jusqu'à une profondeur de e^{-r} m par heure à une distance de r m du gicleur.
  a) Si $0 < R \leq 100$, calculez la quantité totale d'eau distribuée en 1 heure dans la région circulaire de rayon R autour du gicleur.
  b) Trouvez l'expression de la quantité moyenne d'eau par heure par mètre carré distribuée dans la région circulaire de rayon R.

41. Trouvez la valeur moyenne de la fonction
$$f(x,y) = 1/\sqrt{x^2+y^2}$$
sur l'anneau $a^2 \leq x^2 + y^2 \leq b^2$, où $0 < a < b$.

42. Soit D, le disque de rayon a centré à l'origine. Quelle est la distance moyenne des points de D à l'origine ?

43. Utilisez les coordonnées polaires pour transformer la somme
$$\int_{1/\sqrt{2}}^1 \int_{\sqrt{1-x^2}}^x xy \, dy \, dx + \int_1^{\sqrt{2}} \int_0^x xy \, dy \, dx + \int_{\sqrt{2}}^2 \int_0^{\sqrt{4-x^2}} xy \, dy \, dx$$
en une intégrale double, puis calculez-la.

44. a) On définit l'intégrale impropre (sur tout le plan $\mathbb{R}^2$)
$$I = \iint_{\mathbb{R}^2} e^{-(x^2+y^2)} \, dA = \int_{-\infty}^{\infty} \int_{-\infty}^{\infty} e^{-(x^2+y^2)} \, dy \, dx = \lim_{a \to \infty} \iint_{D_a} e^{-(x^2+y^2)} \, dA,$$
où D_a est le disque de rayon a centré à l'origine. Montrez que
$$\int_{-\infty}^{\infty} \int_{-\infty}^{\infty} e^{-(x^2+y^2)} \, dA = \pi.$$
  b) Une définition équivalente de l'intégrale impropre de la partie a) est
$$\iint_{\mathbb{R}^2} e^{-(x^2+y^2)} \, dA = \lim_{a \to \infty} \iint_{S_a} e^{-(x^2+y^2)} \, dA,$$
où S_a est le carré de sommets $(\pm a, \pm a)$. Utilisez cette relation pour démontrer que
$$\int_{-\infty}^{\infty} e^{-x^2} \, dx \int_{-\infty}^{\infty} e^{-y^2} \, dy = \pi.$$
  c) Déduisez que
$$\int_{-\infty}^{\infty} e^{-x^2} \, dx = \sqrt{\pi}.$$
  d) Posez $t = \sqrt{2}\, x$ et montrez que
$$\int_{-\infty}^{\infty} e^{-x^2/2} \, dx = \sqrt{2\pi}.$$
(Ce résultat est fondamental en probabilités et en statistiques.)

45. Utilisez le résultat de la partie c) de l'exercice 44 pour calculer les intégrales suivantes.
  a) $\int_0^{\infty} x^2 e^{-x^2} \, dx$
  b) $\int_0^{\infty} \sqrt{x}\, e^{-x} \, dx$

6.5 LES APPLICATIONS DES INTÉGRALES DOUBLES

Nous avons déjà vu une application des intégrales doubles au calcul de volumes. Une autre application géométrique est présentée à la section 10.1 : le calcul d'aires de surfaces. Dans cette section, nous explorons des applications physiques telles que le calcul de masses, de charges électriques, de centres de masses et de moments d'inertie. Nous verrons que les mêmes idées s'appliquent aussi aux fonctions de densité de probabilité conjointes de deux variables aléatoires.

LA DENSITÉ ET LA MASSE

Considérons une plaque mince occupant une région D du plan xy et dont la **densité** (en unités de masse par unité d'aire) au point (x, y) de D est donnée par $\rho(x, y)$, où ρ est une fonction continue sur D. Cela signifie que

$$\rho(x, y) = \lim_{\Delta A \to 0} \frac{\Delta m}{\Delta A},$$

où Δm et ΔA sont respectivement la masse et l'aire d'un petit rectangle contenant (x, y) et qu'on prend la limite lorsque les dimensions du rectangle tendent vers 0 (voir la figure 1).

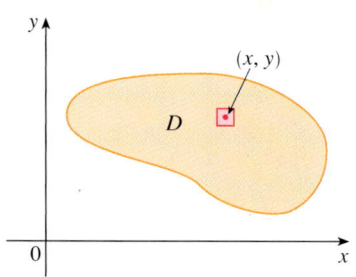

FIGURE 1

Pour calculer la masse totale m de la plaque mince, on subdivise un rectangle R contenant D en sous-rectangles R_{ij} de même taille (comme à la figure 2) et on considère que $\rho(x, y)$ est nulle en dehors de D. Si on choisit un point (x_{ij}^*, y_{ij}^*) dans R_{ij}, alors la densité est approximativement constante et égale à $\rho(x_{ij}^*, y_{ij}^*)$ sur R_{ij}, et la masse de la partie de la plaque mince qui occupe R_{ij} est approximativement $\rho(x_{ij}^*, y_{ij}^*)\Delta A$, où ΔA est l'aire de R_{ij}. L'addition de toutes ces masses donne une approximation de la masse totale :

$$m \approx \sum_{i=1}^{k} \sum_{j=1}^{l} \rho(x_{ij}^*, y_{ij}^*)\Delta A.$$

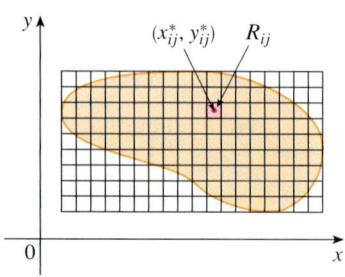

FIGURE 2

On obtient la masse totale de la plaque mince en prenant la limite de ces approximations lorsque le nombre de sous-rectangles devient grand :

1
$$m = \lim_{k, l \to \infty} \sum_{i=1}^{k} \sum_{j=1}^{l} \rho(x_{ij}^*, y_{ij}^*)\Delta A = \iint_D \rho(x, y)\, dA.$$

Les physiciens considèrent aussi d'autres types de densité qu'il est possible de traiter de la même manière. Par exemple, si une charge électrique est distribuée sur une région D et si la densité de charge (en unités de charge par unité d'aire) est donnée par $\sigma(x, y)$ au point (x, y) de D, alors la **charge totale** Q est donnée par

2
$$Q = \iint_D \sigma(x, y)\, dA.$$

EXEMPLE 1 Une charge est distribuée sur la région triangulaire D de la figure 3 (voir la page suivante), de sorte que la densité de charge en (x, y) est $\sigma(x, y) = xy$, exprimée en coulombs par mètre carré (C/m²). Trouvons la charge totale.

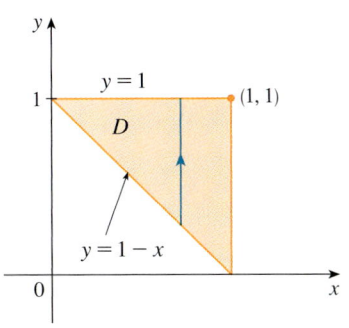

FIGURE 3

SOLUTION Selon l'équation 2 et la figure 3,

$$Q = \iint_D \sigma(x,y)\,dA = \int_0^1 \int_{1-x}^1 xy\,dy\,dx$$

$$= \int_0^1 \left[x\,\frac{y^2}{2} \right]_{y=1-x}^{y=1} dx = \int_0^1 \frac{x}{2}\left[1^2 - (1-x)^2\right] dx$$

$$= \frac{1}{2}\int_0^1 (2x^2 - x^3)\,dx = \frac{1}{2}\left[\frac{2x^3}{3} - \frac{x^4}{4}\right]_0^1 = \frac{5}{24}.$$

Par conséquent, la charge totale est de $\frac{5}{24}$ C.

LES MOMENTS ET LE CENTRE DE MASSE

On considère à nouveau une plaque mince occupant une région D du plan et dont la fonction de densité est $\rho(x,y)$. On se rappelle que le **moment** (ou **premier moment**) d'une particule par rapport à un axe est le produit de la masse de la particule par la distance de celle-ci à l'axe (cette distance est le **bras de levier**). Dans le cas de la force gravitationnelle agissant sur la particule, le moment mesure la tendance de cette dernière à tourner autour de l'axe sous l'effet de son poids. Lorsqu'on subdivise D en petits sous-rectangles comme à la figure 2, la masse de R_{ij} est approximativement égale à $\rho(x_{ij}^*, y_{ij}^*)\Delta A$, et on peut donc approximer le moment de R_{ij} par rapport à l'axe des x par

$$[\rho(x_{ij}^*, y_{ij}^*)\Delta A]\, y_{ij}^*.$$

La somme de ces quantités et le passage à la limite lorsque le nombre de sous-rectangles devient grand donnent le **moment** de la plaque **par rapport à l'axe des x**:

3
$$M_x = \lim_{m,n \to \infty} \sum_{i=1}^m \sum_{j=1}^n y_{ij}^* \rho(x_{ij}^*, y_{ij}^*)\Delta A = \iint_D y\rho(x,y)\,dA.$$

De même, le **moment par rapport à l'axe des y** est

4
$$M_y = \lim_{m,n \to \infty} \sum_{i=1}^m \sum_{j=1}^n x_{ij}^* \rho(x_{ij}^*, y_{ij}^*)\Delta A = \iint_D x\rho(x,y)\,dA.$$

Le centre de masse $(\overline{x}, \overline{y})$ est défini de telle sorte que $m\overline{x} = M_y$ et $m\overline{y} = M_x$. En termes physiques, la plaque mince se comporte comme si toute sa masse était concentrée en son centre de masse. La plaque est en équilibre horizontal lorsqu'elle est supportée en son centre de masse (voir la figure 4).

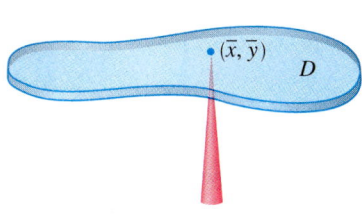

FIGURE 4

5
Les coordonnées $(\overline{x}, \overline{y})$ du centre de masse d'une plaque mince occupant la région D et dont la fonction de densité est $\rho(x,y)$ sont

$$\overline{x} = \frac{M_y}{m} = \frac{1}{m}\iint_D x\rho(x,y)\,dA \qquad \overline{y} = \frac{M_x}{m} = \frac{1}{m}\iint_D y\rho(x,y)\,dA$$

où la masse m est donnée par

$$m = \iint_D \rho(x,y)\,dA.$$

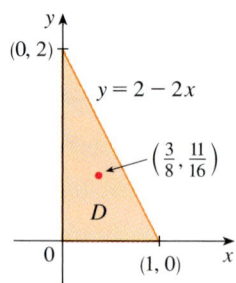

FIGURE 5

EXEMPLE 2 Trouvons la masse et le centre de masse d'une mince plaque triangulaire de sommets $(0, 0)$, $(1, 0)$ et $(0, 2)$ si la fonction de densité est $\rho(x, y) = 1 + 3x + y$.

SOLUTION La figure 5 montre le triangle. (On remarque que l'équation de la borne supérieure est $y = 2 - 2x$.) La masse de la plaque est

$$m = \iint_D \rho(x, y)\, dA = \int_0^1 \int_0^{2-2x} (1 + 3x + y)\, dy\, dx$$

$$= \int_0^1 \left[y + 3xy + \frac{y^2}{2} \right]_{y=0}^{y=2-2x} dx$$

$$= 4 \int_0^1 (1 - x^2)\, dx = 4 \left[x - \frac{x^3}{3} \right]_0^1 = \frac{8}{3}.$$

Ainsi, selon les formules 5,

$$\overline{x} = \frac{1}{m} \iint_D x \rho(x, y)\, dA = \frac{3}{8} \int_0^1 \int_0^{2-2x} (x + 3x^2 + xy)\, dy\, dx$$

$$= \frac{3}{8} \int_0^1 \left[xy + 3x^2 y + x \frac{y^2}{2} \right]_{y=0}^{y=2-2x} dx = \frac{3}{2} \int_0^1 (x - x^3)\, dx$$

$$= \frac{3}{2} \left[\frac{x^2}{2} - \frac{x^4}{4} \right]_0^1 = \frac{3}{8},$$

$$\overline{y} = \frac{1}{m} \iint_D y \rho(x, y)\, dA = \frac{3}{8} \int_0^1 \int_0^{2-2x} (y + 3xy + y^2)\, dy\, dx$$

$$= \frac{3}{8} \int_0^1 \left[\frac{y^2}{2} + 3x \frac{y^2}{2} + \frac{y^3}{3} \right]_{y=0}^{y=2-2x} dx = \frac{1}{4} \int_0^1 (7 - 9x - 3x^2 + 5x^3)\, dx$$

$$= \frac{1}{4} \left[7x - 9\frac{x^2}{2} - x^3 + 5\frac{x^4}{4} \right]_0^1 = \frac{11}{16}.$$

Le centre de masse est situé au point $\left(\frac{3}{8}, \frac{11}{16} \right)$.

EXEMPLE 3 La densité en tout point d'une plaque mince semi-circulaire est proportionnelle à la distance au centre du cercle. Trouvons le centre de masse de la plaque.

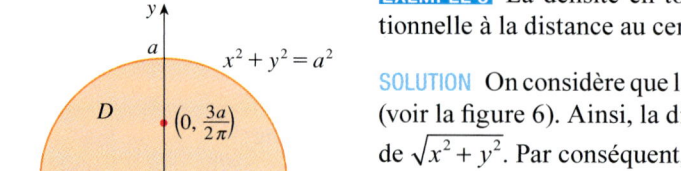

FIGURE 6

SOLUTION On considère que la plaque occupe la moitié supérieure du disque $x^2 + y^2 = a^2$ (voir la figure 6). Ainsi, la distance d'un point (x, y) au centre du cercle (l'origine) est de $\sqrt{x^2 + y^2}$. Par conséquent, la fonction de densité est

$$\rho(x, y) = K\sqrt{x^2 + y^2},$$

où K est une constante de proportionnalité. La fonction de densité et la forme de la plaque suggèrent le passage aux coordonnées polaires. On a $\sqrt{x^2 + y^2} = r$, et la région D est définie par $0 \leq r \leq a$, $0 \leq \theta \leq \pi$. La masse de la plaque est donc

$$m = \iint_D \rho(x, y)\, dA = \iint_D K\sqrt{x^2 + y^2}\, dA = \int_0^\pi \int_0^a (Kr)\, r\, dr\, d\theta$$

$$= K \int_0^\pi d\theta \int_0^a r^2\, dr = K\pi \frac{r^3}{3} \Big]_0^a = \frac{K\pi a^3}{3}.$$

La plaque et la fonction de densité sont symétriques par rapport à l'axe des y, car $\rho(-x, y) = K\sqrt{(-x)^2 + y^2} = \rho(x, y)$. Le centre de masse doit donc être sur l'axe des y, c'est-à-dire que $\bar{x} = 0$. L'ordonnée $\bar{y}$ est donnée par

$$\bar{y} = \frac{1}{m} \iint_D y\rho(x,y)\, dA = \frac{3}{K\pi a^3} \int_0^\pi \int_0^a r \sin\theta\, (Kr)\, r\, dr\, d\theta$$

$$= \frac{3}{\pi a^3} \int_0^\pi \sin\theta\, d\theta \int_0^a r^3\, dr = \frac{3}{\pi a^3} [-\cos\theta]_0^\pi \left[\frac{r^4}{4}\right]_0^a$$

$$= \frac{3}{\pi a^3} \frac{2a^4}{4} = \frac{3a}{2\pi}.$$

Par conséquent, le centre de masse est situé au point $(0, 3a/2\pi)$.

LES MOMENTS D'INERTIE

Par définition, le **moment d'inertie** (aussi appelé **second moment**) d'une particule de masse m par rapport à un axe est mr^2, où r est la distance de la particule à l'axe. On généralise ce concept à une plaque mince de densité $\rho(x, y)$ occupant une région D de la même façon que pour les premiers moments. On subdivise D en petits sous-rectangles, puis on approxime le moment d'inertie de chaque sous-rectangle par rapport à l'axe des x. On prend ensuite la limite de la somme lorsque le nombre de sous-rectangles devient grand. Le résultat est le **moment d'inertie** de la plaque mince **par rapport à l'axe des x** ;

6
$$I_x = \lim_{m,n \to \infty} \sum_{i=1}^m \sum_{j=1}^n (y_{ij}^*)^2\, \rho(x_{ij}^*, y_{ij}^*)\Delta A = \iint_D y^2 \rho(x, y)\, dA.$$

De même, le **moment d'inertie par rapport à l'axe des y** est

7
$$I_y = \lim_{m,n \to \infty} \sum_{i=1}^m \sum_{j=1}^n (x_{ij}^*)^2\, \rho(x_{ij}^*, y_{ij}^*)\Delta A = \iint_D x^2 \rho(x, y)\, dA.$$

Il est aussi intéressant de considérer le **moment d'inertie par rapport à l'origine**, aussi appelé **moment d'inertie polaire** :

8
$$I_0 = \lim_{m,n \to \infty} \sum_{i=1}^m \sum_{j=1}^n [(x_{ij}^*)^2 + (y_{ij}^*)^2]\, \rho(x_{ij}^*, y_{ij}^*)\Delta A = \iint_D (x^2 + y^2)\rho(x, y)\, dA.$$

On remarque que $I_0 = I_x + I_y$.

EXEMPLE 4 Calculons les moments d'inertie I_x, I_y et I_0 d'un disque homogène D de densité constante $\rho(x, y) = \rho$, de rayon a et centré à l'origine.

SOLUTION La frontière de D est le cercle $x^2 + y^2 = a^2$ et cette région est décrite en coordonnées polaires par $0 \leq \theta \leq 2\pi$, $0 \leq r \leq a$. On calcule d'abord I_0 :

$$I_0 = \iint_D (x^2 + y^2)\rho\, dA = \rho \int_0^{2\pi} \int_0^a r^2\, r\, dr\, d\theta$$

$$= \rho \int_0^{2\pi} d\theta \int_0^a r^3\, dr = 2\pi\rho \left[\frac{r^4}{4}\right]_0^a = \frac{\pi\rho a^4}{2}.$$

Au lieu de calculer directement I_x et I_y, on utilise les égalités $I_x + I_y = I_0$ et $I_x = I_y$ (en raison de la symétrie dans ce problème). On obtient

$$I_x = I_y = \frac{I_0}{2} = \frac{\pi \rho a^4}{4}.$$

À l'exemple 4, on remarque que la masse du disque est

$$m = \text{Densité} \times \text{Aire} = \rho(\pi a^2)$$

et qu'on peut écrire le moment d'inertie du disque par rapport à l'origine (comme une roue par rapport à son axe) sous la forme

$$I_0 = \frac{\pi \rho a^4}{2} = \frac{1}{2}(\rho \pi a^2) a^2 = \frac{1}{2} m a^2.$$

Par conséquent, si on augmente la masse ou le rayon du disque, on augmente le moment d'inertie. Le moment d'inertie joue à peu près le même rôle dans le mouvement de rotation que la masse dans un mouvement rectiligne. Le moment d'inertie est ce qui s'oppose au changement de vitesse angulaire (mise en marche ou arrêt d'une roue), de la même façon que la masse est ce qui s'oppose au changement de vitesse dans un mouvement rectiligne.

Le **rayon de giration** d'une plaque mince par rapport à un axe est le nombre R tel que

9
$$mR^2 = I,$$

où m est la masse de la plaque mince et I, le moment d'inertie par rapport à l'axe donné. Selon l'équation 9, si la masse de la plaque mince était concentrée à une distance R de l'axe, alors le moment d'inertie de cette « masse ponctuelle » serait le même que le moment d'inertie de la plaque mince.

En particulier, le rayon de giration $\bar{\bar{y}}$ par rapport à l'axe des x et le rayon de giration $\bar{\bar{x}}$ par rapport à l'axe des y sont donnés par les équations

10
$$m\bar{\bar{y}}^2 = I_x \qquad m\bar{\bar{x}}^2 = I_y.$$

Par conséquent, $(\bar{\bar{x}}, \bar{\bar{y}})$ est le point où la masse de la plaque mince pourrait être concentrée sans changer les moments d'inertie par rapport aux axes. (Remarquez l'analogie avec le centre de masse.)

EXEMPLE 5 Trouvons le rayon de giration par rapport à l'axe des x du disque de l'exemple 4.

SOLUTION Comme on l'a remarqué, la masse du disque est $m = \rho \pi a^2$. Selon les équations 10, on a donc

$$\bar{\bar{y}}^2 = \frac{I_x}{m} = \frac{\frac{1}{4} \pi \rho a^4}{\rho \pi a^2} = \frac{a^2}{4}.$$

Par conséquent, le rayon de giration par rapport à l'axe des x est $\bar{\bar{y}} = \frac{1}{2}a$, soit la moitié du rayon du disque.

LES PROBABILITÉS

Rappelons qu'une **fonction de densité de probabilité** f d'une variable aléatoire continue X est une fonction positive pour tout x et satisfaisant à $\int_{-\infty}^{\infty} f(x)\, dx = 1$. La probabilité que X soit entre a et b est obtenue en intégrant f de a à b :

$$P(a \leq X \leq b) = \int_a^b f(x)\, dx.$$

On considère maintenant une paire de variables aléatoires continues X et Y, par exemple les durées de vie de deux composants d'une machine ou la taille et le poids d'une femme adulte choisie au hasard. La **fonction de densité conjointe** de X et Y est une fonction f de deux variables telle que la probabilité que (X, Y) se trouve dans une région D est donnée par l'intégrale;

$$P((X, Y) \in D) = \iint_D f(x, y) \, dA.$$

En particulier, si la région est un rectangle, la probabilité que X soit entre a et b et que Y soit entre c et d est

$$P(a \le X \le b, c \le Y \le d) = \int_a^b \int_c^d f(x, y) \, dy \, dx$$

(voir la figure 7).

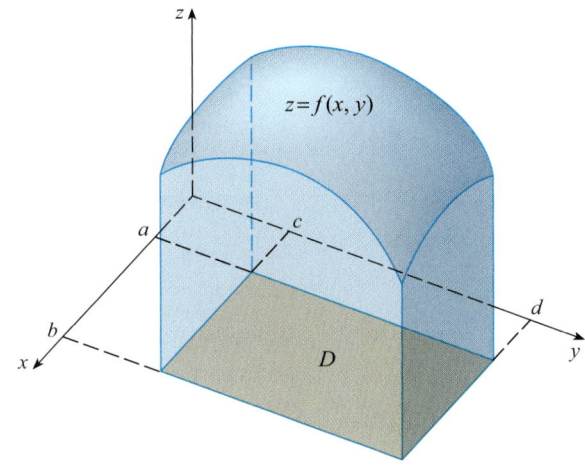

FIGURE 7

La probabilité que X se trouve entre a et b et que Y se trouve entre c et d correspond au volume au-dessus du rectangle $D = [a, b] \times [c, d]$ et sous le graphe de la fonction de densité conjointe.

Puisque les probabilités ne peuvent être négatives et qu'elles sont comprises entre 0 et 1, la fonction de densité conjointe possède les propriétés suivantes :

$$f(x, y) \ge 0 \quad \text{et} \quad \iint_{\mathbb{R}^2} f(x, y) \, dA = 1.$$

Comme à l'exercice 44 de la section 6.4, l'intégrale double sur $\mathbb{R}^2$ est une intégrale impropre définie comme étant la limite d'intégrales doubles sur des cercles ou des carrés de plus en plus grands. Ainsi, on peut écrire

$$\iint_{\mathbb{R}^2} f(x, y) \, dA = \int_{-\infty}^\infty \int_{-\infty}^\infty f(x, y) \, dx \, dy = 1.$$

EXEMPLE 6 Considérons la fonction de densité conjointe de X et Y définie par

$$f(x, y) = \begin{cases} C(x + 2y) & \text{si } 0 \le x \le 10, \, 0 \le y \le 10 \\ 0 & \text{sinon.} \end{cases}$$

Calculons la valeur de la constante C, puis la probabilité $P(X \le 7, Y \ge 2)$.

SOLUTION On trouve la valeur de C en posant l'intégrale double de f égale à 1. Puisque $f(x, y) = 0$ à l'extérieur du rectangle $[0, 10] \times [0, 10]$, on a

$$\int_{-\infty}^\infty \int_{-\infty}^\infty f(x, y) \, dy \, dx = \int_0^{10} \int_0^{10} C(x + 2y) \, dy \, dx = C \int_0^{10} [xy + y^2]_{y=0}^{y=10} \, dx$$

$$= C \int_0^{10} (10x + 100) \, dx = 1500C.$$

Par conséquent, $1500C = 1$ et donc $C = \frac{1}{1500}$.

On calcule maintenant la probabilité que X soit au plus 7 et Y soit au moins 2 :

$$P(X \leq 7, Y \geq 2) = \int_{-\infty}^{7} \int_{2}^{\infty} f(x,y)\, dy\, dx = \int_{0}^{7}\int_{2}^{10} \frac{1}{1500}(x+2y)\, dy\, dx$$

$$= \frac{1}{1500}\int_{0}^{7}[xy+y^2]_{y=2}^{y=10}\, dx = \frac{1}{1500}\int_{0}^{7}(8x+96)\, dx$$

$$= \frac{868}{1500} \approx 0{,}5787.$$

On suppose que X est une variable aléatoire de fonction de densité de probabilité $f_X(x)$ et que Y est une variable aléatoire de fonction de densité $f_Y(y)$. (Ici, les indices X et Y ne désignent pas une dérivée partielle.) On dit que X et Y sont des **variables aléatoires indépendantes** si leur fonction de densité conjointe est le produit de leurs fonctions de densité respectives :

$$f(x,y) = f_X(x)f_Y(y).$$

On peut modéliser le temps d'attente avant qu'un événement donné se produise en utilisant une variable aléatoire exponentielle, dont la fonction de densité est

$$f(t) = \begin{cases} 0 & \text{si } t < 0 \\ \mu^{-1}e^{-t/\mu} & \text{si } t \geq 0, \end{cases}$$

où μ est le temps d'attente moyen. Dans l'exemple 7, on considère une situation où deux temps d'attente sont indépendants.

EXEMPLE 7 Le directeur d'une salle de cinéma estime que le temps d'attente moyen pour acheter un billet est de 10 minutes et que le temps d'attente moyen pour acheter du maïs soufflé est de 5 minutes. Supposons que les temps d'attente sont indépendants et calculons la probabilité qu'un spectateur attende moins de 20 minutes avant de s'asseoir.

SOLUTION On suppose que le temps d'attente X d'achat d'un billet et que le temps d'attente Y d'achat de maïs sont modélisés par des variables aléatoires exponentielles. Les fonctions de densité individuelles sont

$$f_X(x) = \begin{cases} 0 & \text{si } x < 0 \\ \frac{1}{10}e^{-x/10} & \text{si } x \geq 0 \end{cases} \qquad f_Y(y) = \begin{cases} 0 & \text{si } y < 0 \\ \frac{1}{5}e^{-y/5} & \text{si } y \geq 0. \end{cases}$$

Puisque X et Y sont indépendantes, la fonction de densité conjointe est le produit

$$f(x,y) = f_X(x)f_Y(y) = \begin{cases} \frac{1}{50}e^{-x/10}e^{-y/5} & \text{si } x \geq 0,\ y \geq 0 \\ 0 & \text{sinon.} \end{cases}$$

On cherche la probabilité que $X + Y < 20$:

$$P(X+Y<20) = P\big((X,Y) \in D\big),$$

où D est la région triangulaire représentée à la figure 8. Par conséquent,

$$P(X+Y<20) = \iint_D f(x,y)\, dA = \int_0^{20}\int_0^{20-x} \frac{1}{50}e^{-x/10}e^{-y/5}\, dy\, dx$$

$$= \frac{1}{50}\int_0^{20}\left[e^{-x/10}(-5)e^{-y/5}\right]_{y=0}^{y=20-x} dx$$

$$= \frac{1}{10}\int_0^{20} e^{-x/10}(1-e^{(x-20)/5})\, dx$$

$$= \frac{1}{10}\int_0^{20}(e^{-x/10} - e^{-4}e^{x/10})\, dx$$

$$= 1 + e^{-4} - 2e^{-2} \approx 0{,}7476.$$

Environ 75 % des spectateurs attendent moins de 20 minutes avant de s'asseoir.

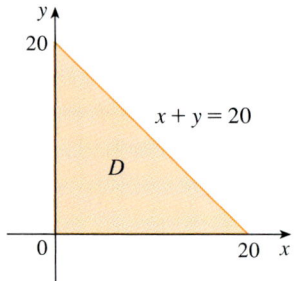

FIGURE 8

L'ESPÉRANCE MATHÉMATIQUE

Si X est une variable aléatoire de fonction de densité de probabilité f alors sa **moyenne**, aussi appelée « espérance mathématique », est

$$\mu = \int_{-\infty}^{\infty} x f(x)\, dx.$$

Si X et Y sont des variables aléatoires de fonction de densité conjointe f alors, par définition, la **moyenne** (ou **espérance mathématique**) **de X** et la **moyenne de Y** sont

11
$$\mu_X = \iint_{\mathbb{R}^2} x f(x, y)\, dA \quad \mu_Y = \iint_{\mathbb{R}^2} y f(x, y)\, dA.$$

Dans les équations 11, on remarque que les expressions de μ_X et de μ_Y ressemblent beaucoup aux moments M_x et M_y d'une plaque mince de densité ρ donnés par les équations 3 et 4. Effectivement, on peut considérer une probabilité comme une masse distribuée de façon continue. On calcule une probabilité comme on calcule une masse – en intégrant une fonction de densité. Puisque la « masse de probabilité » totale est de 1, les expressions 5 de $\bar{x}$ et de $\bar{y}$ montrent qu'on peut considérer les espérances mathématiques de X et de Y, μ_X et μ_Y, comme étant les coordonnées du « centre de masse » de la distribution des probabilités.

Le prochain exemple porte sur les distributions normales. Une variable aléatoire simple est distribuée normalement si sa fonction de densité de probabilité est de la forme

$$f(x) = \frac{1}{\sigma\sqrt{2\pi}}\, e^{-(x-\mu)^2/(2\sigma^2)},$$

où μ est la moyenne et σ, l'écart type.

EXEMPLE 8 Une usine fabrique des roulements à rouleaux (de forme cylindrique) dont le diamètre nominal est de 4,0 cm et la longueur nominale, de 6,0 cm. En réalité, les diamètres X sont distribués normalement avec une moyenne de 4,0 cm et un écart type de 0,01 cm, tandis que les longueurs Y sont normalement distribuées avec une moyenne de 6,0 cm et un écart type de 0,01 cm. En supposant que X et Y sont indépendantes, trouvons la fonction de densité conjointe, puis traçons son graphe. Calculons aussi la probabilité que la longueur ou le diamètre d'un roulement pris au hasard sur la chaîne de montage diffère de la moyenne par plus de 0,02 cm.

SOLUTION On sait que X et Y sont normalement distribuées avec $\mu_X = 4{,}0$, $\mu_Y = 6{,}0$ et que $\sigma_X = \sigma_Y = 0{,}01$. Les fonctions de densité de X et de Y sont

$$f_X(x) = \frac{1}{0{,}01\sqrt{2\pi}}\, e^{-(x-4)^2/0{,}0002} \quad f_Y(y) = \frac{1}{0{,}01\sqrt{2\pi}}\, e^{-(y-6)^2/0{,}0002}.$$

Comme X et Y sont indépendantes, la fonction de densité conjointe est le produit des fonctions de densité :

$$f(x, y) = f_X(x) f_Y(y) = \frac{1}{0{,}0002\pi}\, e^{-(x-4)^2/0{,}0002} e^{-(y-6)^2/0{,}0002}$$

$$= \frac{5000}{\pi}\, e^{-5000\,[(x-4)^2 + (y-6)^2]}.$$

La figure 9 présente le graphe de cette fonction.

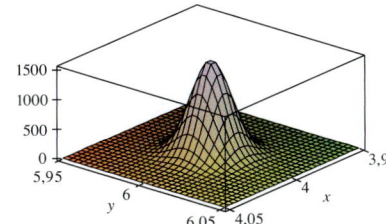

FIGURE 9
Le graphe de la fonction de la densité conjointe normale à deux variables de l'exemple 8.

On calcule d'abord la probabilité que X et Y diffèrent de leurs moyennes par moins de 0,02 cm. Pour évaluer l'intégrale ci-dessous, on utilise un outil informatique. On obtient

$$P(3{,}98 < X < 4{,}02,\ 5{,}98 < Y < 6{,}02) = \int_{3{,}98}^{4{,}02} \int_{5{,}98}^{6{,}02} f(x,y)\ dy\ dx$$

$$= \frac{5000}{\pi} \int_{3{,}98}^{4{,}02} \int_{5{,}98}^{6{,}02} e^{-5000[(x-4)^2+(y-6)^2]}\ dy\ dx$$

$$\approx 0{,}91.$$

La probabilité que X ou Y diffère de sa moyenne par plus de 0,02 cm est approximativement

$$1 - 0{,}91 = 0{,}09.$$

Exercices 6.5

1. Une charge électrique est distribuée sur le rectangle $0 \leq x \leq 5$, $2 \leq y \leq 5$ de telle manière que la densité de charge en (x, y) est $\sigma(x, y) = 2x + 4y$ (exprimée en coulombs par mètre carré). Calculez la charge totale sur le rectangle.

2. Une charge électrique est distribuée sur le disque $x^2 + y^2 \leq 1$ de telle manière que la densité de charge en (x, y) est $\sigma(x, y) = \sqrt{x^2 + y^2}$ (exprimée en coulombs par mètre carré). Calculez la charge totale sur le disque.

3-10 Trouvez la masse et le centre de masse de la plaque mince qui occupe la région D et dont la fonction de densité ρ est donnée.

3. $D = \{(x, y) \mid 1 \leq x \leq 3,\ 1 \leq y \leq 4\}$; $\rho(x, y) = ky^2$
4. $D = \{(x, y) \mid 0 \leq x \leq a,\ 0 \leq y \leq b\}$; $\rho(x, y) = 1 + x^2 + y^2$
5. D est la région triangulaire de sommets $(0, 0)$, $(2, 1)$, $(0, 3)$; $\rho(x, y) = x + y$.
6. D est la région triangulaire bornée par les droites $y = 0$, $y = 2x$ et $x + 2y = 1$; $\rho(x, y) = x$.
7. D est bornée par $y = 1 - x^2$ et $y = 0$; $\rho(x, y) = ky$.
8. D est bornée par $y = x + 2$ et $y = x^2$; $\rho(x, y) = kx^2$.
9. D est bornée par les courbes $y = e^{-x}$, $y = 0$, $x = 0$, $x = 1$; $\rho(x, y) = xy$.
10. D est délimitée par les courbes $y = 0$ et $y = \cos x$, $-\pi/2 \leq x \leq \pi/2$; $\rho(x, y) = y$.

11. Une plaque mince occupe la partie du disque $x^2 + y^2 \leq 1$ dans le premier quadrant. Trouvez son centre de masse si la densité en tout point est proportionnelle à sa distance à l'axe des x.

12. Trouvez le centre de masse de la plaque mince de l'exercice 11 si la densité en tout point est proportionnelle au carré de sa distance à l'origine.

13. La frontière d'une plaque mince est constituée des deux demi-cercles $y = \sqrt{1-x^2}$ et $y = \sqrt{4-x^2}$, ainsi que des segments de l'axe des x qui les joignent. Trouvez le centre de masse de la plaque si la densité en tout point est proportionnelle à sa distance à l'origine.

14. Trouvez le centre de masse de la plaque de l'exercice 13 si la densité en tout point est inversement proportionnelle à sa distance à l'origine.

15. Trouvez le centre de masse de la plaque mince ayant la forme d'un triangle rectangle isocèle dont les côtés égaux sont de longueur a si la densité en tout point est proportionnelle au carré de sa distance au sommet opposé à l'hypoténuse.

16. Une plaque mince occupe la région à l'intérieur du cercle $x^2 + y^2 = 2y$, mais à l'extérieur du cercle $x^2 + y^2 = 1$. Trouvez son centre de masse si la densité en tout point est inversement proportionnelle à sa distance à l'origine.

17. Trouvez les moments d'inertie I_x, I_y et I_0 de la plaque mince de l'exercice 3.

18. Trouvez les moments d'inertie I_x, I_y et I_0 de la plaque mince de l'exercice 6.

19. Trouvez les moments d'inertie I_x, I_y et I_0 de la plaque mince de l'exercice 15.

20. Considérez une pale carrée d'un ventilateur dont les côtés sont de longueur 2 et dont le sommet inférieur gauche est placé à l'origine. La densité de la pale est $\rho(x, y) = 1 + 0{,}1x$. Est-il plus difficile de faire tourner la pale autour de l'axe des x ou de l'axe des y?

LCS 21-24 Une plaque mince de densité constante $\rho(x, y) = \rho$ occupe la région donnée. Calculez les moments d'inertie I_x et I_y, ainsi que les rayons de giration $\overline{\overline{x}}$ et $\overline{\overline{y}}$.

21. Le rectangle $0 \leq x \leq b$, $0 \leq y \leq h$
22. Le triangle de sommets $(0, 0)$, $(b, 0)$ et $(0, h)$
23. La portion du disque $x^2 + y^2 \leq a^2$ dans le premier quadrant
24. La région sous la courbe $y = \sin x$ de $x = 0$ à $x = \pi$

LCS 25-26 À l'aide d'un logiciel de calcul symbolique, trouvez la masse, le centre de masse et les moments d'inertie de la plaque mince qui occupe la région D et dont la fonction de densité est donnée.

25. D est à l'intérieur de la boucle de droite du quadrifolium $r = \cos 2\theta$; $\rho(x,y) = x^2 + y^2$.

26. $D = \{(x,y) \mid 0 \leq y \leq xe^{-x}, 0 \leq x \leq 2\}$; $\rho(x,y) = x^2 y^2$.

---

27. La fonction de densité conjointe de deux variables aléatoires X et Y est
$$f(x,y) = \begin{cases} Cx(1+y) & \text{si } 0 \leq x \leq 1, 0 \leq y \leq 2 \\ 0 & \text{sinon.} \end{cases}$$
a) Déterminez la constante C.
b) Trouvez $P(X \leq 1, Y \leq 1)$.
c) Trouvez $P(X + Y \leq 1)$.

28. a) Vérifiez que
$$f(x,y) = \begin{cases} 4xy & \text{si } 0 \leq x \leq 1, 0 \leq y \leq 1 \\ 0 & \text{sinon} \end{cases}$$
est une fonction de densité conjointe.
b) Si la fonction de densité conjointe de deux variables aléatoires X et Y est la fonction f de la partie a), trouvez :
  i) $P(X \geq \frac{1}{2})$;
  ii) $P(X \geq \frac{1}{2}, Y \leq \frac{1}{2})$.
c) Calculez les espérances mathématiques de X et de Y.

29. Soit X et Y deux variables aléatoires de fonction de densité conjointe
$$f(x,y) = \begin{cases} 0{,}1 e^{-(0{,}5x + 0{,}2y)} & \text{si } x \geq 0, y \geq 0 \\ 0 & \text{sinon.} \end{cases}$$
a) Vérifiez que f est une fonction de densité conjointe.
b) Calculez les probabilités suivantes :
  i) $P(Y \geq 1)$;
  ii) $P(X \leq 2, Y \leq 4)$.
c) Calculez les espérances mathématiques de X et de Y.

30. a) Les deux ampoules d'un lustre ont une durée de vie moyenne de 1000 heures. En supposant qu'on peut modéliser la probabilité de défaillance de chacune de ces ampoules par une fonction de densité exponentielle avec une moyenne $\mu = 1000$, trouvez la probabilité que les deux ampoules fonctionnent moins de 1000 heures.
b) Un autre lustre a seulement une ampoule du même type que celles de la partie a). Si une ampoule s'éteint et est remplacée par une ampoule de même type, trouvez la probabilité que les deux ampoules fonctionnent moins de 1000 heures au total.

LCS 31. Soit X et Y deux variables aléatoires indépendantes. La variable X est distribuée normalement avec une moyenne de 45 et un écart type de 0,5. La variable Y est distribuée normalement avec une moyenne de 20 et un écart type de 0,1.
a) Calculez $P(40 \leq X \leq 50, 20 \leq Y \leq 25)$.
b) Calculez $P(4(X-45)^2 + 100(Y-20)^2 \leq 2)$.

32. Xavier et Yolanda suivent des cours qui se terminent à midi. Ils décident de se rencontrer chaque jour après leurs cours. Ils arrivent à un café indépendamment l'un de l'autre. Xavier arrive à l'instant X et Yolanda, à l'instant Y, où X et Y sont exprimées en minutes à partir de midi. Les fonctions de densité respectives sont
$$f_X(x) = \begin{cases} e^{-x} & \text{si } x \geq 0 \\ 0 & \text{si } x < 0 \end{cases} \quad f_Y(y) = \begin{cases} \frac{1}{50} y & \text{si } 0 \leq y \leq 10 \\ 0 & \text{sinon.} \end{cases}$$

Xavier arrive habituellement après midi et a tendance à arriver tôt. De son côté, Yolanda est toujours arrivée à 12 h 10, mais elle a tendance à arriver tard. Une fois arrivée, Yolanda est prête à attendre Xavier pendant une demi-heure au plus, mais Xavier n'attendra pas Yolanda. Calculez la probabilité qu'ils se rencontrent.

33. Dans une étude de la propagation d'une épidémie, on suppose que la probabilité qu'une personne infectée contamine une personne saine est fonction de la distance qui les sépare. Considérez une ville circulaire ayant un rayon de 10 km, avec une population uniformément distribuée. Pour une personne saine située en un point fixe $A(x_0, y_0)$, supposez que la probabilité d'être infectée est
$$f(P) = \tfrac{1}{20}[20 - d(P, A)],$$
où $d(P, A)$ représente la distance entre P et A.
a) Supposez que l'exposition d'une personne à la maladie est la somme des probabilités de contracter la maladie de tous les membres de la population. Supposez aussi que les personnes infectées sont uniformément distribuées dans la ville, avec k personnes infectées par kilomètre carré. Trouvez une intégrale double qui représente l'exposition d'une personne située au point A.
b) Calculez l'intégrale dans le cas où A est le centre de la ville et dans le cas où A est situé à la périphérie de la ville. Où préféreriez-vous habiter ?

CHAPITRE 7

LES INTÉGRALES TRIPLES

7.1 Les intégrales triples
7.2 Les coordonnées cylindriques et sphériques
7.3 Les intégrales triples en coordonnées cylindriques
7.4 Les intégrales triples en coordonnées sphériques
7.5 Les changements de variables dans les intégrales multiples

© S.R. Lee Photo Traveller / Shutterstock

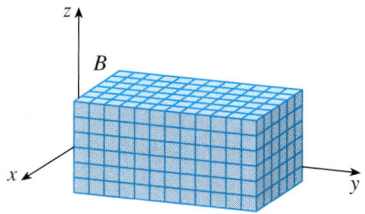
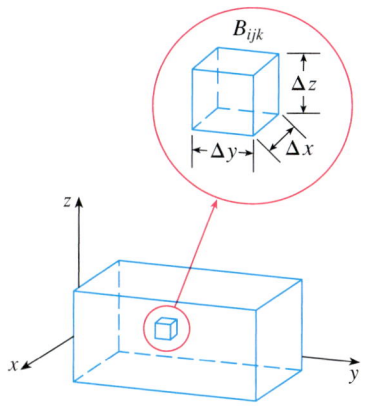

FIGURE 1

7.1 LES INTÉGRALES TRIPLES

Les intégrales triples pour les fonctions de trois variables peuvent être définies de manière semblable aux intégrales simples et doubles. Commençons avec le cas le plus simple, celui où la fonction f est définie sur un parallélépipède rectangle :

1
$$B = \{(x, y, z) \mid a \leq x \leq b, c \leq y \leq d, r \leq z \leq s\}.$$

La première étape consiste à subdiviser B en sous-régions qui sont elles aussi des parallélépipèdes. Pour cela, on subdivise l'intervalle $[a, b]$ en l sous-intervalles $[x_{i-1}, x_i]$ de même longueur Δx, l'intervalle $[c, d]$ en m sous-intervalles de même longueur Δy et l'intervalle $[r, s]$ en n sous-intervalles de même longueur Δz. Les plans qui passent par les extrémités de ces sous-intervalles parallèlement aux plans de coordonnées subdivisent le parallélépipède B en $l \times m \times n$ sous-régions

$$B_{ijk} = [x_{i-1}, x_i] \times [y_{j-1}, y_j] \times [z_{k-1}, z_k]$$

qui sont représentées à la figure 1. Le volume de chaque sous-région est $\Delta V = \Delta x \, \Delta y \, \Delta z$.

On forme ensuite la **triple somme de Riemann**

2
$$\sum_{i=1}^{l} \sum_{j=1}^{m} \sum_{k=1}^{n} f(x_{ijk}^*, y_{ijk}^*, z_{ijk}^*) \, \Delta V,$$

où le point échantillon $(x_{ijk}^*, y_{ijk}^*, z_{ijk}^*)$ appartient à B_{ijk}. Par analogie avec la définition d'une intégrale double (définition 5, section 6.1, p. 261), l'intégrale triple est définie comme la limite des triples sommes de Riemann 2.

3 DÉFINITION

L'**intégrale triple** de f sur le parallélépipède B est

$$\iiint_B f(x, y, z) \, dV = \lim_{l, m, n \to \infty} \sum_{i=1}^{l} \sum_{j=1}^{m} \sum_{k=1}^{n} f(x_{ijk}^*, y_{ijk}^*, z_{ijk}^*) \, \Delta V$$

si cette limite existe, quel que soit le choix des points échantillons.

Comme c'est le cas pour les intégrales simples et doubles, l'intégrale triple existe si f est continue. N'importe quel point de la sous-région peut servir de point échantillon, mais le choix particulier du point (x_i, y_j, z_k) donne une expression plus simple des sommes de Riemann, et

$$\iiint_B f(x, y, z) \, dV = \lim_{l, m, n \to \infty} \sum_{i=1}^{l} \sum_{j=1}^{m} \sum_{k=1}^{n} f(x_i, y_j, z_k) \, \Delta V.$$

En pratique, comme pour les intégrales doubles, on calcule une intégrale triple en l'exprimant sous la forme d'intégrales itérées.

4 THÉORÈME DE FUBINI POUR LES INTÉGRALES TRIPLES

Si f est continue sur le parallélépipède rectangle $B = [a, b] \times [c, d] \times [r, s]$, alors

$$\iiint_B f(x, y, z) \, dV = \int_r^s \int_c^d \int_a^b f(x, y, z) \, dx \, dy \, dz.$$

Dans le théorème de Fubini, l'intégrale itérée du membre de droite signifie qu'on intègre d'abord par rapport à x (en gardant y et z fixes), puis par rapport à y (en gardant z fixe) et enfin par rapport à z. Les cinq autres ordres d'intégration possibles donnent tous la même valeur pour l'intégrale. Par exemple, si on effectue d'abord l'intégration par rapport à y, puis par rapport à z et enfin par rapport à x, on a

$$\iiint_B f(x,y,z)\,dV = \int_a^b \int_r^s \int_c^d f(x,y,z)\,dy\,dz\,dx.$$

EXEMPLE 1 Calculons l'intégrale triple $\iiint_B xyz^2\,dV$, où B est le parallélépipède défini par

$$B = \{(x,y,z) \mid 0 \le x \le 1, -1 \le y \le 2, 0 \le z \le 3\}.$$

SOLUTION On peut utiliser n'importe lequel des six ordres d'intégration possibles. L'intégration par rapport à x, puis par rapport à y et enfin par rapport à z donne

$$\iiint_B xyz^2\,dV = \int_0^3 \int_{-1}^2 \int_0^1 xyz^2\,dx\,dy\,dz = \int_0^3 \int_{-1}^2 \left[\frac{x^2 yz^2}{2}\right]_{x=0}^{x=1} dy\,dz$$

$$= \int_0^3 \int_{-1}^2 \frac{yz^2}{2}\,dy\,dz = \int_0^3 \left[\frac{y^2 z^2}{4}\right]_{y=-1}^{y=2} dz$$

$$= \int_0^3 \frac{3z^2}{4}\,dz = \frac{z^3}{4}\bigg]_0^3 = \frac{27}{4}.$$

On définit maintenant l'**intégrale triple sur une région bornée générale E** dans un espace à trois dimensions (un solide) à l'aide d'une démarche semblable à celle qui a été utilisée pour les intégrales doubles (voir la définition 2 de la section 6.2, p. 272). On inclut E dans un parallélépipède B comme celui décrit par l'équation 1, puis on définit une fonction F de manière qu'elle coïncide avec f sur E et qu'elle soit nulle pour les points de B en dehors de E. Par définition,

$$\iiint_E f(x,y,z)\,dV = \iiint_B F(x,y,z)\,dV.$$

Cette intégrale existe si f est continue et si la frontière de E est « raisonnablement lisse ». L'intégrale triple possède essentiellement les mêmes propriétés que l'intégrale double (propriétés 6 à 9 à la section 6.2, p. 277 et 278).

On se limitera à des fonctions f continues et à certains types de régions simples. Une **région solide E** est dite de **type 1** si elle est située entre les graphes de deux fonctions continues de x et y, c'est-à-dire que

5
$$E = \{(x,y,z) \mid (x,y) \in D,\ u_1(x,y) \le z \le u_2(x,y)\},$$

où D est la projection de E dans le plan xy, comme le montre la figure 2. La frontière supérieure du solide E est la surface d'équation $z = u_2(x,y)$ et la frontière inférieure est la surface $z = u_1(x,y)$.

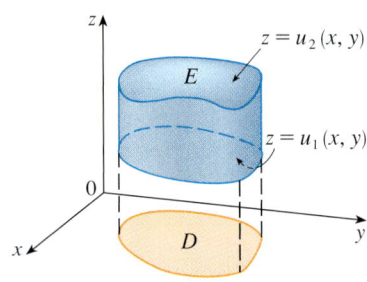

FIGURE 2
Une région solide de type 1.

Le raisonnement qui a mené à la formule 3 de la section 6.2 permet aussi de montrer que si E est une région de type 1 comme celle décrite par l'équation 5, alors

6
$$\iiint_E f(x,y,z)\,dV = \iint_D \left[\int_{u_1(x,y)}^{u_2(x,y)} f(x,y,z)\,dz\right] dA.$$

Pour l'intégrale intérieure du membre de droite de l'équation 6, x et y sont maintenues fixes, et donc $u_1(x,y)$ et $u_2(x,y)$ sont considérés comme des constantes, tandis qu'on intègre $f(x,y,z)$ par rapport à z.

SECTION 7.1 LES INTÉGRALES TRIPLES **309**

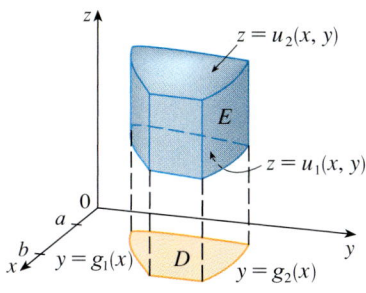

FIGURE 3
Une région solide de type 1
où la projection D est une région
plane de type I.

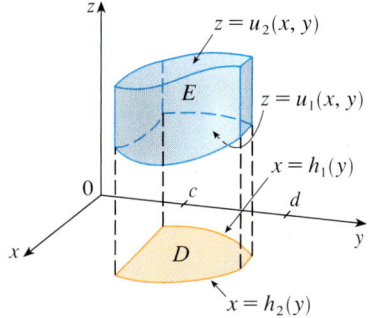

FIGURE 4
Une région solide de type 1
où la projection est de type II.

En particulier, si la projection D de E dans le plan xy est une région plane de type I (comme à la figure 3), alors

$$E = \{(x, y, z) \mid a \leq x \leq b, g_1(x) \leq y \leq g_2(x), u_1(x, y) \leq z \leq u_2(x, y)\},$$

et l'équation 6 devient

7
$$\iiint_E f(x, y, z) \, dV = \int_a^b \int_{g_1(y)}^{g_2(y)} \int_{u_1(x,y)}^{u_2(x,y)} f(x, y, z) \, dz \, dy \, dx.$$

Si, d'autre part, D est une région plane de type II (comme à la figure 4), alors

$$E = \{(x, y, z) \mid c \leq y \leq d, h_1(y) \leq x \leq h_2(y), u_1(x, y) \leq z \leq u_2(x, y)\}$$

et l'équation 6 devient

8
$$\iiint_E f(x, y, z) \, dV = \int_c^d \int_{h_1(y)}^{h_2(y)} \int_{u_1(x,y)}^{u_2(x,y)} f(x, y, z) \, dz \, dx \, dy.$$

EXEMPLE 2 Calculons $\iiint_E z \, dV$, où E est le tétraèdre solide borné par les quatre plans $x = 0$, $y = 0$, $z = 0$ et $x + y + z = 1$.

SOLUTION Pour calculer une intégrale triple, il est utile de tracer deux graphiques : un graphique de la région solide E (voir la figure 5) et un graphique de sa projection D dans le plan xy (voir la figure 6). La frontière inférieure du tétraèdre est le plan $z = 0$ et la frontière supérieure est le plan $x + y + z = 1$ (ou $z = 1 - x - y$). On peut donc poser $u_1(x, y) = 0$ et $u_2(x, y) = 1 - x - y$ dans la formule 7. On remarque que l'intersection des plans $x + y + z = 1$ et $z = 0$ est la droite $x + y = 1$ (ou $y = 1 - x$) dans le plan xy. Par conséquent, la projection de E est la région triangulaire illustrée à la figure 6 et on a

9
$$E = \{(x, y, z) \mid 0 \leq x \leq 1, 0 \leq y \leq 1 - x, 0 \leq z \leq 1 - x - y\}.$$

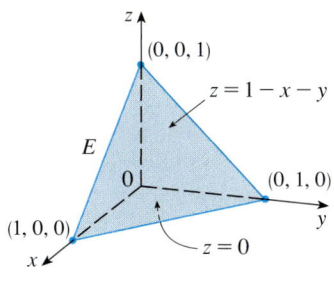

FIGURE 5

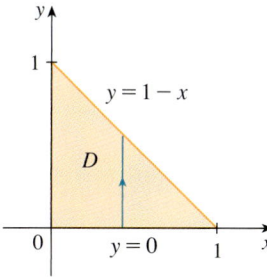

FIGURE 6

Cette définition de E comme région de type 1 permet de calculer l'intégrale comme suit :

$$\iiint_E z \, dV = \int_0^1 \int_0^{1-x} \int_0^{1-x-y} z \, dz \, dy \, dx = \int_0^1 \int_0^{1-x} \left[\frac{z^2}{2}\right]_{z=0}^{z=1-x-y} dy \, dx$$

$$= \frac{1}{2} \int_0^1 \int_0^{1-x} (1 - x - y)^2 \, dy \, dx = \frac{1}{2} \int_0^1 \left[-\frac{(1-x-y)^3}{3}\right]_{y=0}^{y=1-x} dx$$

$$= \frac{1}{6} \int_0^1 (1-x)^3 \, dx = \frac{1}{6}\left[-\frac{(1-x)^4}{4}\right]_0^1 = \frac{1}{24}.$$

Une **région solide** E est de **type 2** si elle est de la forme

$$E = \{(x, y, z) | (y, z) \in D, u_1(y, z) \leq x \leq u_2(y, z)\},$$

où D est la projection de E dans le plan yz (voir la figure 7). L'équation de la face arrière de E est $x = u_1(y, z)$, celle de la face avant est $x = u_2(y, z)$, et on a

10 $$\iiint_E f(x, y, z) \, dV = \iint_D \left[\int_{u_1(y,z)}^{u_2(y,z)} f(x, y, z) \, dx \right] dA.$$

Finalement, une **région de type 3** est de la forme

$$E = \{(x, y, z) | (x, z) \in D, \ u_1(x, z) \leq y \leq u_2(x, z)\},$$

où D est la projection de E dans le plan xz, $y = u_1(x, z)$ est l'équation de la face gauche de E et $y = u_2(x, z)$ celle de la face droite (voir la figure 8). Pour ce type de région, on a

11 $$\iiint_E f(x, y, z) \, dV = \iint_D \left[\int_{u_1(x,z)}^{u_2(x,z)} f(x, y, z) \, dy \right] dA.$$

Pour les équations 10 et 11, il existe deux expressions possibles pour l'intégrale (analogues aux équations 7 et 8), selon que la région plane D est de type I ou de type II.

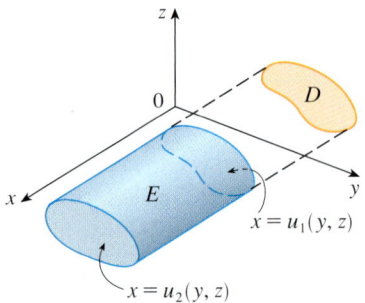

FIGURE 7 Une région de type 2.

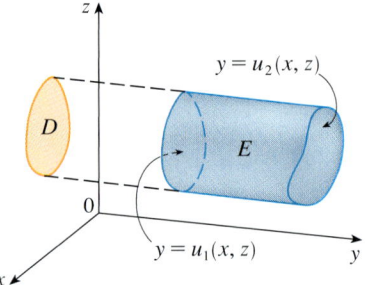

FIGURE 8 Une région de type 3.

EXEMPLE 3 Calculons $\iiint_E \sqrt{x^2 + z^2} \, dV$, où E est la région bornée par le paraboloïde $y = x^2 + z^2$ et le plan $y = 4$.

SOLUTION La figure 9 représente le solide E. Si on le voit comme une région de type 1, il faut considérer sa projection D_1 dans le plan xy, soit la région parabolique de la figure 10. (La trace de $y = x^2 + z^2$ dans le plan $z = 0$ est la parabole $y = x^2$ que l'on obtient en posant $z = 0$ dans l'équation.)

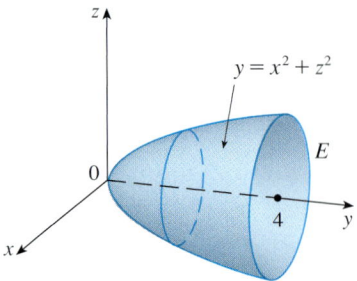

FIGURE 9
Le domaine d'intégration.

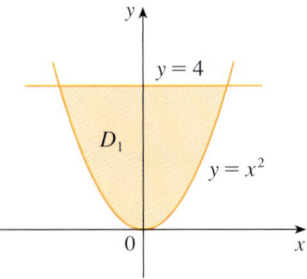

FIGURE 10
La projection de E dans le plan xy.

L'égalité $y = x^2 + z^2$ donne $z = \pm\sqrt{y - x^2}$. Par conséquent, la frontière inférieure de E est $z = -\sqrt{y - x^2}$ et la frontière supérieure est $z = \sqrt{y - x^2}$. Le solide E, considéré comme une région de type 1, peut alors être décrit par :

$$E = \left\{ (x, y, z) \mid -2 \leq x \leq 2,\ x^2 \leq y \leq 4,\ -\sqrt{y - x^2} \leq z \leq \sqrt{y - x^2} \right\}.$$

Par conséquent,

$$\iiint_E \sqrt{x^2 + z^2}\ dV = \int_{-2}^{2} \int_{x^2}^{4} \int_{-\sqrt{y-x^2}}^{\sqrt{y-x^2}} \sqrt{x^2 + z^2}\ dz\ dy\ dx.$$

Bien que cette expression soit correcte, son calcul est extrêmement ardu. Afin d'obtenir un calcul plus simple, on considère plutôt E comme une région de type 3. Sa projection D_3 dans le plan xy est le disque $x^2 + z^2 \leq 4$ représenté à la figure 11.

La face gauche de E est le paraboloïde $y = x^2 + z^2$ et la face droite est le plan $y = 4$. En posant $u_1(x, z) = x^2 + z^2$ et $u_2(x, z) = 4$ dans l'équation 11, on obtient

$$\iiint_E \sqrt{x^2 + z^2}\ dV = \iint_{D_3} \left[\int_{x^2+z^2}^{4} \sqrt{x^2 + z^2}\ dy \right] dA = \iint_{D_3} (4 - x^2 - z^2)\sqrt{x^2 + z^2}\ dA.$$

On pourrait réécrire cette intégrale sous la forme

$$\int_{-2}^{2} \int_{-\sqrt{4-x^2}}^{\sqrt{4-x^2}} (4 - x^2 - z^2)\sqrt{x^2 + z^2}\ dz\ dx.$$

mais il est plus facile de passer en coordonnées polaires à l'aide des formules $x = r\cos\theta$ et $z = r\sin\theta$. Ainsi,

$$\iiint_E \sqrt{x^2 + z^2}\ dV = \iint_{D_3} (4 - x^2 - z^2)\sqrt{x^2 + z^2}\ dA$$

$$= \int_0^{2\pi} \int_0^2 (4 - r^2) r\, r\, dr\, d\theta = \int_0^{2\pi} d\theta \int_0^2 (4r^2 - r^4)\ dr$$

$$= 2\pi \left[\frac{4r^3}{3} - \frac{r^5}{5} \right]_0^2 = \frac{128\pi}{15}.$$

EXEMPLE 4 Exprimons l'intégrale itérée $\int_0^1 \int_0^{x^2} \int_0^y f(x, y, z)\ dz\ dy\ dx$ sous la forme d'une intégrale triple, puis récrivons-la sous la forme d'une intégrale itérée dans un ordre différent, en intégrant d'abord par rapport à x, puis par rapport à z et enfin, par rapport à y.

SOLUTION On peut écrire

$$\int_0^1 \int_0^{x^2} \int_0^y f(x, y, z)\ dz\ dy\ dx = \iiint_E f(x, y, z)\ dV,$$

où $E = \left\{ (x, y, z) \mid 0 \leq x \leq 1,\ 0 \leq y \leq x^2,\ 0 \leq z \leq y \right\}$. Cette description de E nous permet de définir les projections dans les trois plans cartésiens, comme ceci :

dans le plan xy : $D_1 = \left\{ (x, y) \mid 0 \leq x \leq 1,\ 0 \leq y \leq x^2 \right\}$
$\phantom{\text{dans le plan } xy : D_1}\ = \left\{ (x, y) \mid 0 \leq y \leq 1,\ \sqrt{y} \leq x \leq 1 \right\}$

dans le plan yz : $D_2 = \left\{ (y, z) \mid 0 \leq y \leq 1,\ 0 \leq z \leq y \right\}$

dans le plan xz : $D_3 = \left\{ (x, z) \mid 0 \leq x \leq 1,\ 0 \leq z \leq x^2 \right\}.$

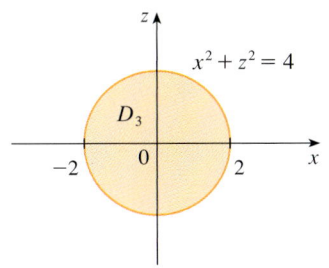

FIGURE 11
La projection de E dans le plan xz.

L'étape la plus difficile du calcul d'une intégrale triple consiste à trouver une expression du domaine d'intégration. Il faut se souvenir que les bornes d'intégration de l'intégrale intérieure contiennent au plus deux variables, que les bornes de l'intégrale centrale contiennent au plus une variable et que les bornes de l'intégrale extérieure doivent être des constantes.

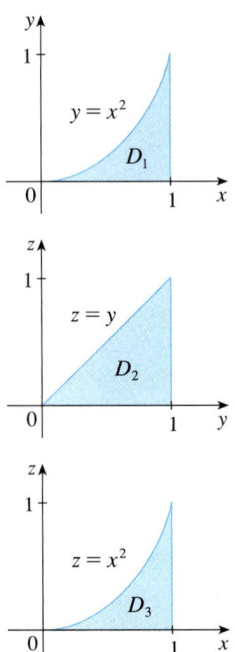

FIGURE 12
Les projections de E.

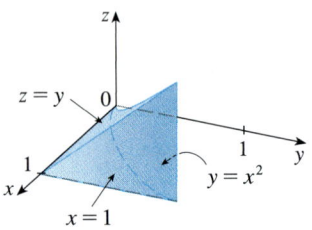

FIGURE 13
Le solide E.

D'après les graphiques résultant des projections de la figure 12, on peut tracer le solide E de la figure 13. On constate qu'il s'agit du solide borné par les plans $z = 0$, $x = 1$ et $y = z$ et le cylindre parabolique $y = x^2$ (ou $x = \sqrt{y}$).

Si on intègre d'abord par rapport à x, puis par rapport à z et enfin, par rapport à y, on utilise une description différente de E :

$$E = \left\{(x, y, z) \mid 0 \leq y \leq 1, 0 \leq z \leq y, \sqrt{y} \leq x \leq 1\right\}.$$

Par conséquent,

$$\iiint_E f(x, y, z) \, dV = \int_0^1 \int_0^y \int_{\sqrt{y}}^1 f(x, y, z) \, dx \, dz \, dy.$$

LES APPLICATIONS DES INTÉGRALES TRIPLES

Si $f(x) \geq 0$, alors l'intégrale simple $\int_a^b f(x) \, dx$ représente l'aire sous la courbe $y = f(x)$ pour $a \leq x \leq b$. De plus, si $f(x, y) \geq 0$, alors l'intégrale double $\iint_D f(x, y) \, dA$ représente le volume sous la surface $z = f(x, y)$ et au-dessus de D. L'interprétation analogue d'une intégrale triple $\iiint_E f(x, y, z) \, dV$, où $f(x, y, z) \geq 0$ n'est pas très utile, car elle correspondrait à l'« hypervolume » d'un objet à quatre dimensions, lequel est difficile à visualiser. (Il est important de se rappeler que E est le domaine de la fonction f et que le graphe de f est donc contenu dans un espace à quatre dimensions.) On peut toutefois interpréter l'intégrale triple $\iiint_E f(x, y, z) \, dV$ dans certaines situations, selon les interprétations physiques de x, y, z et de $f(x, y, z)$.

Commençons par le cas particulier où $f(x, y, z) = 1$ pour tous les points de E. L'intégrale triple représente alors le volume de E :

12
$$V(E) = \iiint_E dV.$$

Par exemple, dans le cas d'une région de type 1, en posant $f(x, y, z) = 1$ dans la formule 6, on obtient

$$\iiint_E 1 \, dV = \iint_D \left[\int_{u_1(x,y)}^{u_2(x,y)} dz\right] dA = \iint_D \left[u_2(x, y) - u_1(x, y)\right] dA$$

et on sait (voir la section 6.2) que cette intégrale représente le volume compris entre les surfaces $z = u_1(x, y)$ et $z = u_2(x, y)$ et au-dessus de D, c'est-à-dire le volume de E.

EXEMPLE 5 Utilisons une intégrale triple pour calculer le volume du tétraèdre T borné par les plans $x + 2y + z = 2$, $x = 2y$, $x = 0$ et $z = 0$.

SOLUTION Les figures 14 et 15 illustrent le tétraèdre T et sa projection D dans le plan xy. La frontière inférieure de T est le plan $z = 0$ et la frontière supérieure est le plan $x + 2y + z = 2$ (ou $z = 2 - x - 2y$).

Par conséquent, le même calcul qu'à l'exemple 4 de la section 6.2 donne

$$V(T) = \iiint_T dV = \int_0^1 \int_{x/2}^{1-x/2} \int_0^{2-x-2y} dz \, dy \, dx$$

$$= \int_0^1 \int_{x/2}^{1-x/2} (2 - x - 2y) \, dy \, dx = \frac{1}{3}.$$

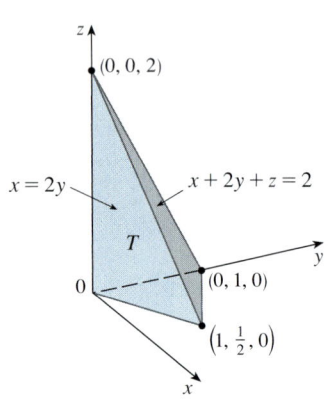

FIGURE 14

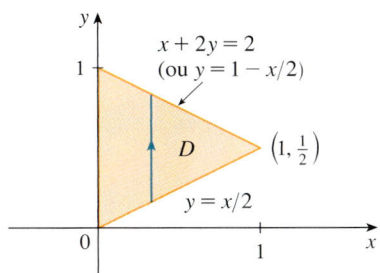

FIGURE 15

Il faut noter qu'on peut calculer des volumes sans utiliser des intégrales triples. Celles-ci permettent simplement d'effectuer le calcul d'une autre façon.

On peut généraliser directement toutes les applications des intégrales doubles de la section 6.5 aux intégrales triples. Par exemple, si la fonction de densité d'un objet solide qui occupe la région E de l'espace est $\rho(x, y, z)$, en unités de masse par unités de volume, alors sa **masse** est

$$\boxed{13} \quad m = \iiint_E \rho(x, y, z)\, dV,$$

et ses **moments** par rapport aux trois plans des coordonnées sont

$$\boxed{14} \quad M_{yz} = \iiint_E x\rho(x, y, z)\, dV \quad M_{xz} = \iiint_E y\rho(x, y, z)\, dV \quad M_{xy} = \iiint_E z\rho(x, y, z)\, dV.$$

Le **centre de masse** est situé au point $(\overline{x}, \overline{y}, \overline{z})$, où

$$\boxed{15} \quad \overline{x} = \frac{M_{yz}}{m} \qquad \overline{y} = \frac{M_{xz}}{m} \qquad \overline{z} = \frac{M_{xy}}{m}.$$

Si la densité est constante, le centre de masse du solide est appelé le **centroïde** de E. Les **moments d'inertie** par rapport aux trois axes de coordonnées sont

$$\boxed{16} \quad I_x = \iiint_E (y^2 + z^2)\, \rho(x, y, z)\, dV \quad I_y = \iiint_E (x^2 + z^2)\, \rho(x, y, z)\, dV$$

$$I_z = \iiint_E (x^2 + y^2)\, \rho(x, y, z)\, dV.$$

Comme à la section 6.5, la **charge électrique** totale dans un objet solide occupant une région E de l'espace et de densité de charge $\sigma(x, y, z)$ est

$$Q = \iiint_E \sigma(x, y, z)\, dV.$$

Si on a trois variables aléatoires continues X, Y et Z, leur **fonction de densité conjointe** est une fonction de trois variables telle que la probabilité que (X, Y, Z) appartienne à E est

$$P\big((X, Y, Z) \in E\big) = \iiint_E f(x, y, z)\, dV.$$

En particulier,

$$P(a \leq X \leq b, c \leq Y \leq d, r \leq Z \leq s) = \int_a^b \int_c^d \int_r^s f(x, y, z)\, dz\, dy\, dx.$$

La fonction de densité conjointe satisfait aux propriétés

$$f(x, y, z) \geq 0 \quad \text{et} \quad \int_{-\infty}^{\infty} \int_{-\infty}^{\infty} \int_{-\infty}^{\infty} f(x, y, z)\, dz\, dy\, dx = 1.$$

EXEMPLE 6 Trouvons le centre de masse du solide de densité constante qui est borné par le cylindre parabolique $x = y^2$ et les plans $x = z$, $z = 0$ et $x = 1$.

SOLUTION La figure 16 (voir la page suivante) montre le solide E et sa projection dans le plan xy. Les faces inférieure et supérieure de E sont les plans $z = 0$ et $z = x$. Le solide E peut donc être décrit comme une région de type 1 :

$$E = \big\{(x, y, z)\,|\, -1 \leq y \leq 1,\ y^2 \leq x \leq 1,\ 0 \leq z \leq x\big\}.$$

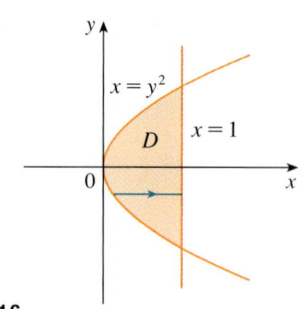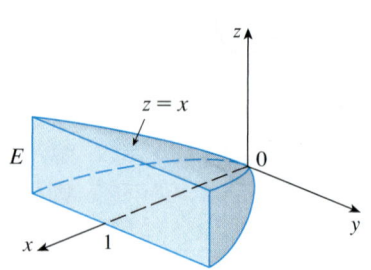

FIGURE 16

Si la densité est $\rho(x, y, z) = \rho$, alors la masse est

$$m = \iiint_E \rho \, dV = \int_{-1}^{1} \int_{y^2}^{1} \int_{0}^{x} \rho \, dz \, dx \, dy$$

$$= \rho \int_{-1}^{1} \int_{y^2}^{1} x \, dx \, dy = \rho \int_{-1}^{1} \left[\frac{x^2}{2}\right]_{x=y^2}^{x=1} dy$$

$$= \frac{\rho}{2} \int_{-1}^{1} (1 - y^4) \, dy = \rho \int_{0}^{1} (1 - y^4) \, dy$$

$$= \rho \left[y - \frac{y^5}{5}\right]_0^1 = \frac{4\rho}{5}.$$

La symétrie de E et de ρ par rapport au plan xz permet de conclure directement que $M_{xz} = 0$ et, par conséquent, $\bar{y} = 0$. Les autres moments sont

$$M_{yz} = \iiint_E x\rho \, dV = \int_{-1}^{1} \int_{y^2}^{1} \int_{0}^{x} x\rho \, dz \, dx \, dy$$

$$= \rho \int_{-1}^{1} \int_{y^2}^{1} x^2 \, dx \, dy = \rho \int_{-1}^{1} \left[\frac{x^3}{3}\right]_{x=y^2}^{x=1} dy$$

$$= \frac{2\rho}{3} \int_{0}^{1} (1 - y^6) \, dy = \frac{2\rho}{3} \left[y - \frac{y^7}{7}\right]_0^1 = \frac{4\rho}{7};$$

$$M_{xy} = \iiint_E z\rho \, dV = \int_{-1}^{1} \int_{y^2}^{1} \int_{0}^{x} z\rho \, dz \, dx \, dy$$

$$= \rho \int_{-1}^{1} \int_{y^2}^{1} \left[\frac{z^2}{2}\right]_{z=0}^{z=x} dx \, dy = \frac{\rho}{2} \int_{-1}^{1} \int_{y^2}^{1} x^2 \, dx \, dy$$

$$= \frac{\rho}{3} \int_{0}^{1} (1 - y^6) \, dy = \frac{2\rho}{7}.$$

Le centre de masse est

$$(\bar{x}, \bar{y}, \bar{z}) = \left(\frac{M_{yz}}{m}, \frac{M_{xz}}{m}, \frac{M_{xy}}{m}\right) = \left(\tfrac{5}{7}, 0, \tfrac{5}{14}\right).$$

Exercices 7.1

1. Calculez l'intégrale de l'exemple 1 en intégrant successivement par rapport à y, puis par rapport à z et enfin par rapport à x.

2. Calculez l'intégrale $\iiint_E (xy + z^2)\,dV$, où
$$E = \{(x, y, z) \mid 0 \leq x \leq 2, 0 \leq y \leq 1, 0 \leq z \leq 3\}$$
en utilisant trois ordres d'intégration différents.

3-8 Calculez l'intégrale itérée.

3. $\int_0^2 \int_0^{z^2} \int_0^{y-z} (2x - y)\,dx\,dy\,dz$

4. $\int_0^1 \int_0^{2y} \int_0^{x+y} 6xy\,dz\,dx\,dy$

5. $\int_1^2 \int_0^{2z} \int_0^{\ln x} xe^{-y}\,dy\,dx\,dz$

6. $\int_0^1 \int_0^1 \int_0^{\sqrt{1-z^2}} \frac{z}{y+1}\,dx\,dz\,dy$

7. $\int_0^{\pi} \int_0^1 \int_0^{\sqrt{1-z^2}} z \sin x\,dy\,dz\,dx$

8. $\int_0^1 \int_0^1 \int_0^{2-x^2-y^2} xye^z\,dz\,dy\,dx$

9-18 Calculez l'intégrale triple.

9. $\iiint_E y\,dV$, où
$E = \{(x, y, z) \mid 0 \leq x \leq 3, 0 \leq y \leq x, x - y \leq z \leq x + y\}$.

10. $\iiint_E e^{z/y}\,dV$, où
$E = \{(x, y, z) \mid 0 \leq y \leq 1, y \leq x \leq 1, 0 \leq z \leq xy\}$.

11. $\iiint_E \frac{z}{x^2 + z^2}\,dV$, où
$E = \{(x, y, z) \mid 1 \leq y \leq 4, y \leq z \leq 4, 0 \leq x \leq z\}$.

12. $\iiint_E \sin y\,dV$, où E est sous le plan $z = x$ et au-dessus de la région triangulaire dont les sommets sont $(0, 0, 0)$, $(\pi, 0, 0)$ et $(0, \pi, 0)$.

13. $\iiint_E 6xy\,dV$, où E est le solide sous le plan $z = 1 + x + y$ et au-dessus de la région du plan xy bornée par les courbes $y = \sqrt{x}$, $y = 0$ et $x = 1$.

14. $\iiint_E xy\,dV$, où E est délimité par les surfaces $z = x^2 - 1$, $z = 1 - x^2$, $y = 0$ et $y = 2$.

15. $\iiint_T y^2\,dV$, où T est le tétraèdre solide de sommets $(0, 0, 0)$, $(2, 0, 0)$, $(0, 2, 0)$ et $(0, 0, 2)$.

16. $\iiint_T xz\,dV$, où T est le tétraèdre solide de sommets $(0, 0, 0)$, $(1, 0, 1)$, $(0, 1, 1)$ et $(0, 0, 1)$.

17. $\iiint_E x\,dV$, où E est borné par le paraboloïde $x = 4y^2 + 4z^2$ et le plan $x = 4$.

18. $\iiint_E z\,dV$, où E est borné par le cylindre $y^2 + z^2 = 9$ et les plans $x = 0$, $y = 3x$ et $z = 0$ dans le premier octant.

19-22 Calculez le volume du solide donné à l'aide d'une intégrale triple.

19. Le tétraèdre borné par les plans des coordonnées et le plan $2x + y + z = 4$.

20. Le solide borné par les paraboloïdes $y = x^2 + z^2$ et $y = 8 - x^2 + z^2$.

21. Le solide borné par le cylindre $y = x^2$ et les plans $z = 0$ et $y + z = 1$.

22. Le solide borné par le cylindre $x^2 + z^2 = 4$ et les plans $y = -1$ et $y + z = 4$.

23. Soit E, le solide borné par le cylindre $y = 1 - a^2x^2$ et les plans $y = 0$, $z = y$ et $z = 2 - y$, où $a > 0$ est une constante. Pour quelle valeur de a le volume de E est-il égal à 9?

24. Si E est le prisme borné par les plans $z = c - cx$, $z = cx + c$, $z = 0$, $y = -2$ et $y = 2$, où c est une constante positive, pour quelle valeur de c le volume de E est-il égal à 8?

25. a) À l'aide d'une intégrale triple, exprimez le volume de la portion du cylindre solide $y^2 + z^2 \leq 1$ découpée par les plans $y = x$ et $x = 1$ dans le premier octant.

   LCS b) Utilisez la table d'intégrales (voir les pages de référence 6 à 10) ou un logiciel de calcul symbolique pour calculer la valeur exacte de l'intégrale triple de la partie a).

26. a) Dans la **méthode du point milieu pour les intégrales triples**, on utilise une triple somme de Riemann pour approximer une intégrale triple sur un parallélépipède B, en choisissant le centre $(\overline{x}_i, \overline{y}_j, \overline{z}_k)$ de la sous-région B_{ijk} comme point échantillon pour évaluer f. Utilisez cette méthode pour estimer $\iiint_B \sqrt{x^2 + y^2 + z^2}\,dV$, où B est le cube défini par $0 \leq x \leq 4$, $0 \leq y \leq 4$ et $0 \leq z \leq 4$. Subdivisez B en huit cubes de mêmes dimensions.

   LCS b) Utilisez un logiciel de calcul symbolique pour approximer l'intégrale de la partie a) à l'entier le plus proche. Comparez votre réponse avec celle de la partie a).

27-28 Utilisez la méthode du point milieu (voir l'exercice 26) afin d'estimer la valeur des intégrales triples. Subdivisez B en huit sous-régions de mêmes dimensions.

27. $\iiint_B \cos(xyz)\,dV$, où
$B = \{(x, y, z) \mid 0 \leq x \leq 1, 0 \leq y \leq 1, 0 \leq z \leq 1\}$.

28. $\iiint_B \sqrt{x}e^{xyz}\,dV$, où
$B = \{(x, y, z) \mid 0 \leq x \leq 4, 0 \leq y \leq 1, 0 \leq z \leq 2\}$.

29-30 Dessinez le solide dont le volume est donné par l'intégrale itérée.

29. $\int_0^1 \int_0^{1-x} \int_0^{2-2z} dy\,dz\,dx$

30. $\int_0^2 \int_0^{2-y} \int_0^{4-y^2} dx\,dz\,dy$

31-34 Exprimez l'intégrale $\iiint_E f(x, y, z)\, dV$, où E est le solide borné par les surfaces données, sous la forme d'une intégrale itérée de six façons différentes.

31. $y = 4 - x^2 - 4z^2$, $y = 0$

32. $y^2 + z^2 = 9$, $x = -2$, $x = 2$

33. $y = x^2$, $z = 0$, $y + 2z = 4$

34. $x = 2$, $y = 2$, $z = 0$, $x + y - 2z = 2$

35. La figure montre le domaine d'intégration de l'intégrale
$$\int_0^1 \int_{\sqrt{x}}^1 \int_0^{1-y} f(x, y, z)\, dz\, dy\, dx.$$
Réécrivez cette intégrale sous la forme d'une intégrale itérée équivalente selon les cinq autres ordres d'intégration.

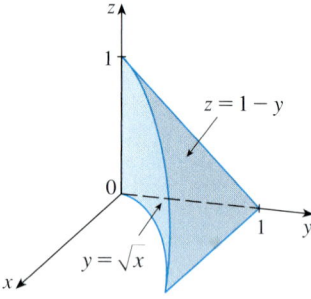

36. La figure montre le domaine d'intégration de l'intégrale
$$\int_0^1 \int_0^{1-x^2} \int_0^{1-x} f(x, y, z)\, dy\, dz\, dx.$$
Réécrivez cette intégrale sous la forme d'une intégrale itérée équivalente selon les cinq autres ordres d'intégration.

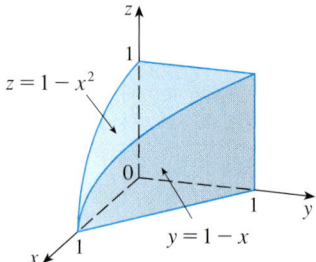

37-38 Écrivez les cinq autres intégrales itérées équivalentes à l'intégrale donnée.

37. $\int_0^1 \int_y^1 \int_0^y f(x, y, z)\, dz\, dx\, dy$

38. $\int_0^1 \int_y^1 \int_0^z f(x, y, z)\, dx\, dz\, dy$

39-40 Évaluez l'intégrale triple en utilisant seulement l'interprétation géométrique et la symétrie.

39. $\iiint_C (4 + 5x^2yz^2)\, dV$, où C est la région cylindrique $x^2 + y^2 \leq 4$, $-2 \leq z \leq 2$.

40. $\iiint_B (z^3 + \sin y + 3)\, dV$, où B est la boule unité $x^2 + y^2 + z^2 \leq 1$.

41-44 Trouvez la masse et le centre de masse du solide E dont la fonction de densité ρ est donnée.

41. E est au-dessus du plan des xy et sous le paraboloïde $z = 1 - x^2 - y^2$; $\rho(x, y, z) = 3$.

42. E est borné par le cylindre parabolique $z = 1 - y^2$ et les plans $x + z = 1$, $x = 0$ et $z = 0$; $\rho(x, y, z) = 4$.

43. E est le cube défini par $0 \leq x \leq a$, $0 \leq y \leq a$, $0 \leq z \leq a$; $\rho(x, y, z) = x^2 + y^2 + z^2$.

44. E est le tétraèdre borné par les plans $x = 0$, $y = 0$, $z = 0$, $x + y + z = 1$; $\rho(x, y, z) = y$.

45. Soit T, le tétraèdre borné par les trois plans de coordonnées et le plan $2x + y + z = 4$. Si la densité de T est donnée par $\rho(x, y, z) = x + y + az$, pour quelles valeurs de la constante a le centre de masse de T est-il situé au-dessus du plan $z = 1$?

46. Soit E, le solide borné par les plans $z = cy + 1$, $z = 0$, $x = -1$, $x = 1$ et $y = 1$. Pour quelles valeurs de la constante $c > 0$ le centroïde de E est-il situé sur l'axe des z ?

47-50 Supposez que le solide a une densité constante k.

47. Calculez les moments d'inertie d'un cube dont l'arête mesure L unités si l'un des sommets est situé à l'origine et si trois de ses arêtes sont sur les axes de coordonnées.

48. Calculez les moments d'inertie d'une brique rectangulaire de dimensions a, b et c, et de masse M, si le centre de la brique est à l'origine et si les arêtes sont parallèles aux axes de coordonnées.

49. Calculez le moment d'inertie par rapport à l'axe des z du cylindre solide $x^2 + y^2 \leq a^2$, $0 \leq z \leq h$.

50. Calculez le moment d'inertie par rapport à l'axe des z du cône solide $\sqrt{x^2 + y^2} \leq z \leq h$.

51-52 Écrivez, sans les calculer, les intégrales donnant a) la masse, b) le centre de masse et c) le moment d'inertie par rapport à l'axe des z.

51. Du solide de l'exercice 21 ; $\rho(x, y, z) = \sqrt{x^2 + y^2}$.

52. De l'hémisphère $x^2 + y^2 + z^2 \leq 1$, $z \geq 0$;
$\rho(x, y, z) = \sqrt{x^2 + y^2 + z^2}$.

LCS 53. Soit E le solide dans le premier octant borné par le cylindre $x^2 + y^2 = 1$ et les plans $y = z$, $x = 0$ et $z = 0$, et de fonction de densité $\rho(x, y, z) = 1 + x + y + z$. Utilisez un logiciel de calcul symbolique pour calculer les valeurs exactes des quantités suivantes pour E :
a) la masse ;
b) le centre de masse ;
c) le moment d'inertie par rapport à l'axe des z.

54. Si E est le solide de l'exercice 18 et si la fonction de densité est $\rho(x, y, z) = x^2 + y^2$, calculez les quantités suivantes avec trois décimales exactes :
   a) la masse ;
   b) le centre de masse ;
   c) le moment d'inertie par rapport à l'axe des z.

55. La fonction de densité conjointe des variables aléatoires X, Y et Z est
$$f(x, y, z) = Cxyz$$
si $0 \leq x \leq 2$, $0 \leq y \leq 2$, $0 \leq z \leq 2$ et $f(x,y,z) = 0$ sinon.
   a) Déterminez la constante C.
   b) Calculez $P(X \leq 1, Y \leq 1, Z \leq 1)$.
   c) Calculez $P(X + Y + Z \leq 1)$.

56. Supposez que X, Y et Z sont des variables aléatoires de fonction de densité conjointe
$$f(x, y, z) = Ce^{-(0,5x + 0,2y + 0,1z)}$$
si $x \geq 0$, $y \geq 0$, $z \geq 0$ et $f(x,y,z) = 0$ sinon.
   a) Déterminez la constante C.
   b) Calculez $P(X \leq 1, Y \leq 1)$.
   c) Calculez $P(X \leq 1, Y \leq 1, Z \leq 1)$.

57-58 Par définition, la **valeur moyenne d'une fonction** $f(x,y,z)$ sur une région solide E est
$$f_{moy} = \frac{1}{V(E)} \iiint_E f(x, y, z) \, dV,$$
où $V(E)$ est le volume de E. Par exemple, si ρ est une fonction de densité, alors ρ_{moy} est la densité moyenne de E.

57. Calculez la valeur moyenne de la fonction $f(x, y, z) = xyz$ sur un cube situé dans le premier octant, dont un des sommets est à l'origine et dont les arêtes sont parallèles aux axes des coordonnées, si ses arêtes mesurent L unités.

58. Trouvez la hauteur moyenne des points dans l'hémisphère solide $x^2 + y^2 + z^2 \leq 1$, $z \geq 0$.

59. a) Trouvez la région E pour laquelle l'intégrale triple
$$\iiint_E (1 - x^2 - 2y^2 - 3z^2) \, dV$$
atteint son maximum.
   b) Utilisez un logiciel de calcul symbolique pour calculer la valeur maximale exacte de l'intégrale triple de la partie a).

SUJET À EXPLORER — LE VOLUME DES HYPERSPHÈRES

Ce projet consiste à déterminer la formule permettant de calculer le volume de la région bornée par une hypersphère dans un espace à n dimensions.

1. Utilisez une intégrale double, une substitution trigonométrique et la formule 64 de la table d'intégrales pour calculer l'aire d'un cercle de rayon r.

2. Utilisez une intégrale triple et une substitution trigonométrique pour calculer le volume d'une sphère de rayon r.

3. Utilisez une intégrale quadruple pour trouver l'hypervolume borné par l'hypersphère $x^2 + y^2 + z^2 + w^2 = r^2$ dans $\mathbb{R}^4$. (N'utilisez que la substitution trigonométrique et les formules de réduction pour $\int \sin^n x \, dx$ ou $\int \cos^n x \, dx$.)

4. Utilisez une intégrale multiple d'ordre n pour calculer le volume borné par une hypersphère de rayon r dans un espace à n dimensions $\mathbb{R}^n$. (*Indication* : Les formules sont différentes pour n pair et n impair.)

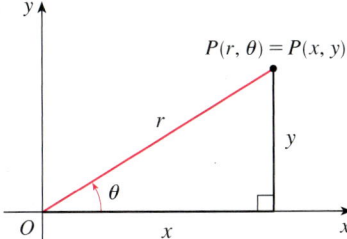

FIGURE 1
Les coordonnées polaires.

7.2 LES COORDONNÉES CYLINDRIQUES ET SPHÉRIQUES

À la section 6.4 (p. 289), nous avons vu que certaines régions planes se décrivent plus facilement avec les coordonnées polaires. Dans cette section, nous allons voir que la description de certaines régions solides est plus simple si on utilise les coordonnées cylindriques ou les coordonnées sphériques (voir la figure 1). Ensuite, aux sections 7.3 et 7.4, nous verrons comment se servir de ces systèmes de coordonnées pour faciliter le calcul d'intégrales triples sur ces régions.

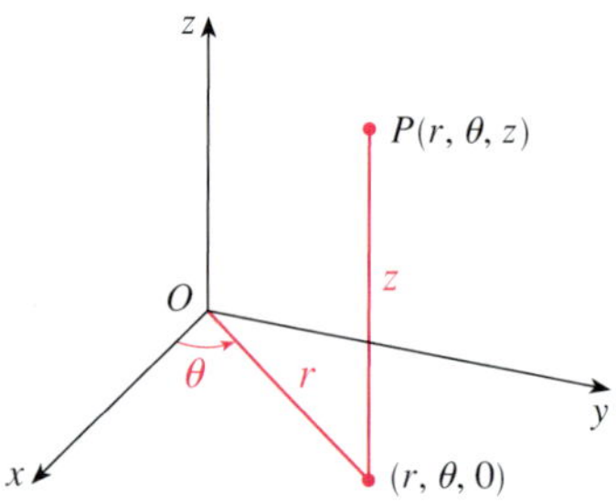

LES COORDONNÉES CYLINDRIQUES

Dans le **système de coordonnées cylindriques**, on représente un point P dans un espace à trois dimensions par un triplet (r, θ, z), où r et θ sont les coordonnées polaires de la projection de P dans le plan xy et z est la distance algébrique du plan xy jusqu'à P (voir la figure 2).

Le passage des coordonnées cylindriques aux coordonnées cartésiennes se fait à l'aide des équations

1
$$x = r \cos \theta \quad y = r \sin \theta \quad z = z$$

tandis que pour passer des coordonnées cartésiennes aux coordonnées cylindriques, on utilise les équations

2
$$r^2 = x^2 + y^2 \quad \tan \theta = \frac{y}{x} \quad z = z.$$

FIGURE 2
Les coordonnées cylindriques d'un point.

EXEMPLE 1

a) Représentons le point de coordonnées cylindriques $(2, 2\pi/3, 1)$ et trouvons ses coordonnées cartésiennes.

b) Déterminons les coordonnées cylindriques du point de coordonnées cartésiennes $(3, -3, -7)$.

SOLUTION

a) Le point de coordonnées cylindriques $(2, 2\pi/3, 1)$ est représenté à la figure 3. Selon les équations 1, ses coordonnées cartésiennes sont

$$x = 2 \cos \frac{2\pi}{3} = 2\left(-\frac{1}{2}\right) = -1$$

$$y = 2 \sin \frac{2\pi}{3} = 2\left(\frac{\sqrt{3}}{2}\right) = \sqrt{3}$$

$$z = 1.$$

Les coordonnées cartésiennes du point sont donc $(-1, \sqrt{3}, 1)$.

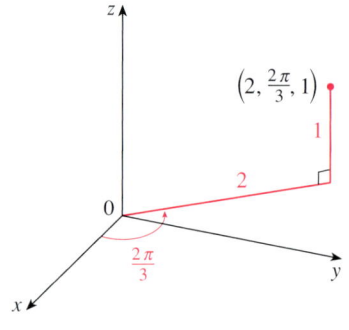

FIGURE 3

b) Selon les équations 2,

$$r = \sqrt{3^2 + (-3)^2} = 3\sqrt{2}$$

$$\tan \theta = \frac{-3}{3} = -1 \text{ et donc } \theta = \frac{7\pi}{4} + 2n\pi, \text{ où } n \text{ est un entier}$$

$$z = -7.$$

Par conséquent, $(3\sqrt{2}, 7\pi/4, -7)$ est un triplet de coordonnées cylindriques représentant le point et $(3\sqrt{2}, -\pi/4, -7)$ en est un autre. Comme dans le cas des coordonnées polaires, il existe un nombre infini de triplets de coordonnées cylindriques représentant un point donné.

Les coordonnées cylindriques sont utiles quand un problème comporte une symétrie par rapport à un axe et qu'on choisit l'axe des z de manière qu'il coïncide avec cet axe de symétrie. Par exemple, l'axe du cylindre circulaire d'équation cartésienne $x^2 + y^2 = c^2$ est l'axe des z. En coordonnées cylindriques, l'équation de

SECTION 7.2 LES COORDONNÉES CYLINDRIQUES ET SPHÉRIQUES   319

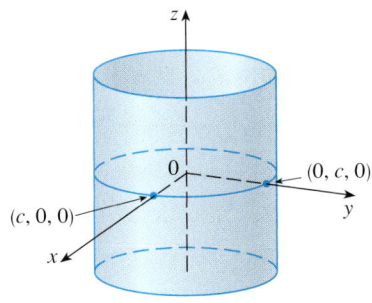

FIGURE 4
Le cylindre $r = c$.

ce cylindre est simplement $r = c$ (voir la figure 4), ce qui justifie l'appellation « coordonnées cylindriques ».

EXEMPLE 2 Décrivons la surface d'équation $z = r$ en coordonnées cylindriques.

SOLUTION Selon cette équation, la coordonnée en z de chaque point de la surface est égale à r, la distance du point à l'axe des z. Puisque la variable θ n'apparaît pas dans l'équation, elle est libre de varier sur tout son domaine. Par conséquent, toute section horizontale dans le plan $z = k$ ($k > 0$) est un cercle de rayon k. Ces sections suggèrent que la surface est un cône. La conversion de l'équation en coordonnées cartésiennes confirme cette hypothèse. La première des équations 2 donne

$$z^2 = r^2 = x^2 + y^2.$$

L'équation $z^2 = x^2 + y^2$ est (si on compare avec le tableau 3.5 de la section 3.3) celle d'un cône circulaire dont l'axe est l'axe des z (voir la figure 5).

EXEMPLE 3 Déterminons l'équation cylindrique du paraboloïde $z = x^2 + y^2$.

SOLUTION En substituant les valeurs de x et de y données par les équations 1 dans l'équation du paraboloïde, on trouve $z = r^2\cos^2(\theta) + r^2\sin^2(\theta) = r^2$. L'équation cylindrique de cette surface est donc $z = r^2$ (voir la figure 6).

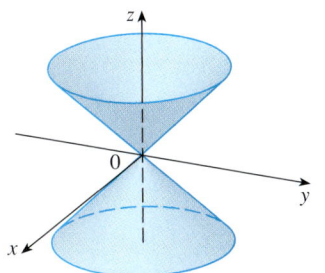

FIGURE 5
Le cône $z = r$.

LES VECTEURS DE BASE EN COORDONNÉES CYLINDRIQUES

Tout comme les vecteurs $\vec{i}, \vec{j}, \vec{k}$ en coordonnées cartésiennes, il existe des vecteurs de base qui sont adaptés aux coordonnées cylindriques.

Le vecteur position d'un point $P = (x, y, z)$ est

$$\vec{r}(P) = x\vec{i} + y\vec{j} + z\vec{k}.$$

Si $Q = (x + h, y, z)$ est le point obtenu à partir de P lorsqu'on fait varier x d'une petite quantité h, tout en gardant y et z fixées, alors il est naturel de définir

$$\frac{\partial \vec{r}}{\partial x} = \lim_{h \to 0} \frac{\vec{r}(Q) - \vec{r}(P)}{h} = \lim_{h \to 0} \frac{(x+h-x)\vec{i} + (y-y)\vec{j} + (z-z)\vec{k}}{h} = \lim_{h \to 0} \frac{h\vec{i}}{h} = \vec{i}.$$

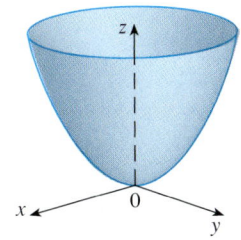

FIGURE 6
Le paraboloïde $z = r^2$.

De même, on a $\dfrac{\partial \vec{r}}{\partial y} = \vec{j}$ et $\dfrac{\partial \vec{r}}{\partial z} = \vec{k}$. On obtient ces dérivées partielles en dérivant chaque composante de $\vec{r}$.

Les dérivées partielles du vecteur position en coordonnées cartésiennes forment une base orthonormale de $\mathbb{R}^3$. Cette base est indépendante du point (x, y, z).

En coordonnées cylindriques, le vecteur position du point $P = (r, \theta, z)$ est obtenu à partir des équations 1 :

$$\vec{r}(P) = r\cos(\theta)\vec{i} + r\sin(\theta)\vec{j} + z\vec{k}.$$

À l'aide d'un raisonnement semblable à celui qui a été utilisé dans le cas précédent, on peut calculer les dérivées de $\vec{r}$ en calculant la dérivée de chaque composante :

$$\frac{\partial \vec{r}}{\partial r} = \cos(\theta)\vec{i} + \sin(\theta)\vec{j}, \quad \frac{\partial \vec{r}}{\partial \theta} = -r\sin(\theta)\vec{i} + r\cos(\theta)\vec{j} \quad \text{et} \quad \frac{\partial \vec{r}}{\partial z} = \vec{k}.$$

En divisant chaque vecteur par sa norme (sa longueur), on obtient les vecteurs de base unitaires en coordonnées cylindriques.

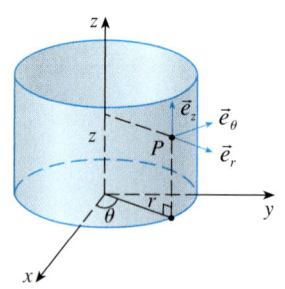

FIGURE 7
Les vecteurs $\vec{e}_r, \vec{e}_\theta, \vec{e}_z$.

> **3** **VECTEURS DE BASE EN COORDONNÉES CYLINDRIQUES**
>
> $$\vec{e}_r = \cos(\theta)\vec{i} + \sin(\theta)\vec{j}, \quad \vec{e}_\theta = -\sin(\theta)\vec{i} + \cos(\theta)\vec{j}, \quad \vec{e}_z = \vec{k}$$

Les vecteurs $\vec{e}_r$, $\vec{e}_\theta$ et $\vec{e}_z$ forment une base orthonormale de $\mathbb{R}^3$ (voir l'exercice 38). À la différence des coordonnées cartésiennes (voir la figure 7), ces vecteurs de base dépendent du point (r, θ, z). On peut montrer que $\dfrac{\partial \vec{e}_r}{\partial \theta} = \vec{e}_\theta$ et $\dfrac{\partial \vec{e}_\theta}{\partial \theta} = -\vec{e}_r$ (voir l'exercice 47).

EXEMPLE 4 Exprimons le vecteur $2\vec{i} - \vec{j} + 3\vec{k}$ dans la base $\vec{e}_r$, $\vec{e}_\theta$, $\vec{e}_z$ associée au point $(r, \theta, z) = (2, \pi/4, 1)$.

SOLUTION On écrit d'abord $\vec{i}$, $\vec{j}$, $\vec{k}$ en fonction des vecteurs $\vec{e}_r$, $\vec{e}_\theta$, $\vec{e}_z$. Selon les équations 3,

$$\cos(\theta)\vec{e}_r - \sin(\theta)\vec{e}_\theta = \left(\cos^2(\theta) + \sin^2(\theta)\right)\vec{i} + 0\vec{j} = \vec{i}$$

$$\sin(\theta)\vec{e}_r + \cos(\theta)\vec{e}_\theta = 0\vec{i} + \left(\cos^2(\theta) + \sin^2(\theta)\right)\vec{j} = \vec{j}.$$

Par conséquent,

$$2\vec{i} - \vec{j} + 3\vec{k} = 2\left(\cos(\theta)\vec{e}_r - \sin(\theta)\vec{e}_\theta\right) - \left(\sin(\theta)\vec{e}_r + \cos(\theta)\vec{e}_\theta\right) + 3\vec{k}$$
$$= \left(2\cos(\theta) - \sin(\theta)\right)\vec{e}_r - \left(2\sin(\theta) + \cos(\theta)\right)\vec{e}_\theta + 3\vec{e}_z.$$

Dans la base associée au point donné, on a

$$2\vec{i} - \vec{j} + 3\vec{k} = \left(2\sqrt{2}/2 - \sqrt{2}/2\right)\vec{e}_r - \left(2\sqrt{2}/2 + \sqrt{2}/2\right)\vec{e}_\theta + 3\vec{e}_z$$
$$= \frac{\sqrt{2}}{2}\vec{e}_r - \frac{3\sqrt{2}}{2}\vec{e}_\theta + 3\vec{e}_z.$$

Si $f(x, y, z)$ est une fonction différentiable, son gradient est le vecteur

$$\nabla f = f_x \vec{i} + f_y \vec{j} + f_z \vec{k}.$$

On trouve maintenant une expression de ∇f dans la base $\{\vec{e}_r, \vec{e}_\theta, \vec{e}_z\}$.

Dans un premier temps, on calcule f_x, f_y et f_z en coordonnées cylindriques. À l'aide de la règle de dérivation en chaîne, on obtient

$$f_x = f_r \frac{\partial r}{\partial x} + f_\theta \frac{\partial \theta}{\partial x} + f_z \frac{\partial z}{\partial x}.$$

Les dérivées f_r, f_θ et f_z sont obtenues en dérivant $f(r\cos(\theta), r\sin(\theta), z)$. Si on utilise les équations 2, on obtient

$$r = \sqrt{x^2 + y^2} \Rightarrow \frac{\partial r}{\partial x} = \frac{x}{\sqrt{x^2 + y^2}} = \frac{r\cos(\theta)}{r} = \cos(\theta)$$

$$\tan(\theta) = \frac{y}{x} \Rightarrow \sec^2(\theta)\frac{\partial \theta}{\partial x} = -\frac{y}{x^2} \Rightarrow \left(1 + \tan^2(\theta)\right)\frac{\partial \theta}{\partial x} = -\frac{y}{x^2} \Rightarrow \left(1 + (y/x)^2\right)\frac{\partial \theta}{\partial x} = -\frac{y}{x^2}.$$

Ceci implique que

$$\frac{\partial \theta}{\partial x} = -\frac{y}{x^2 + y^2} = -\frac{r\sin(\theta)}{r^2} = -\frac{1}{r}\sin(\theta).$$

De plus,

$$\frac{\partial z}{\partial x} = 0.$$

On obtient donc
$$f_x = f_r \cos(\theta) - \frac{1}{r} f_\theta \sin(\theta).$$

De façon semblable, on trouve
$$f_y = f_r \sin(\theta) + \frac{1}{r} f_\theta \cos(\theta) \text{ et } f_z = f_z.$$

En substituant ces expressions dans celle du gradient de f, on obtient
$$\nabla f = \left(f_r \cos(\theta) - \frac{1}{r} f_\theta \sin(\theta) \right) \vec{i} + \left(f_r \sin(\theta) + \frac{1}{r} f_\theta \cos(\theta) \right) \vec{j} + f_z \vec{k}$$
$$= f_r (\cos(\theta) \vec{i} + \sin(\theta) \vec{j}) + \frac{1}{r} f_\theta (-\sin(\theta) \vec{i} + \cos(\theta) \vec{j}) + f_z \vec{k} = f_r \vec{e}_r + \frac{1}{r} f_\theta \vec{e}_\theta + f_z \vec{e}_z.$$

Ainsi, on a démontré la formule :

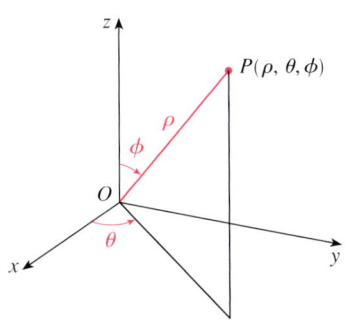

FIGURE 8
Les coordonnées sphériques d'un point.

> **4 GRADIENT EN COORDONNÉES CYLINDRIQUES**
>
> Si $f(x, y, z)$ est une fonction différentiable, alors son gradient est donné en coordonnées cylindriques par
> $$\nabla f = f_r \vec{e}_r + \frac{1}{r} f_\theta \vec{e}_\theta + f_z \vec{e}_z,$$
> où f_r, f_θ et f_z sont les dérivées partielles de $f(r\cos(\theta), r\sin(\theta), z)$.

EXEMPLE 5 Exprimons le gradient de $f(x, y, z) = z - \sqrt{x^2 + y^2}$ en termes des vecteurs de base en coordonnées cylindriques.

SOLUTION On a $f(r\cos(\theta), r\sin(\theta), z) = z - r$ donc $f_r = -1$, $f_\theta = 0$ et $f_z = 1$. Selon la formule 4, $\nabla f = -\vec{e}_r + \vec{e}_z$.

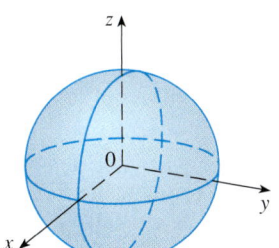

FIGURE 9 La sphère $\rho = c$.

LES COORDONNÉES SPHÉRIQUES

Le système de **coordonnées sphériques** est un autre système de coordonnées en trois dimensions pouvant être utile. Il simplifie notamment le calcul des intégrales triples sur des régions bornées par des sphères ou des cônes.

La figure 8 montre les **coordonnées sphériques** (ρ, θ, ϕ) d'un point P dans l'espace, où $\rho = |OP|$ est la distance de l'origine à P, θ est le même angle que dans les coordonnées cylindriques, et ϕ est l'angle formé par l'axe des z positifs et le segment de droite OP. On remarque que

$$\rho \geq 0 \quad 0 \leq \phi \leq \pi.$$

On se sert surtout du système de coordonnées sphériques dans les problèmes comportant une symétrie par rapport à un point et lorsque ce point est à l'origine. Par exemple, l'équation de la sphère de rayon c centrée à l'origine est simplement $\rho = c$ (voir la figure 9). Ceci justifie l'appellation « coordonnées sphériques ». Le graphique de l'équation $\theta = c$ est un demi-plan vertical (voir la figure 10) et l'équation $\phi = c$ représente un demi-cône dont l'axe est l'axe des z (voir la figure 11 à la page suivante).

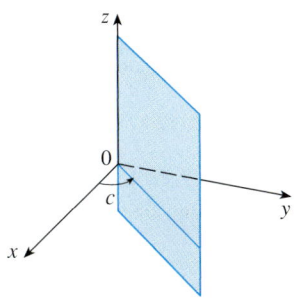

FIGURE 10 Le demi-plan $\theta = c$.

La figure 12 donne les relations entre les coordonnées cartésiennes et les coordonnées sphériques. Les triangles OPQ et OPP' montrent que

$$z = \rho \cos \phi \quad r = \rho \sin \phi.$$

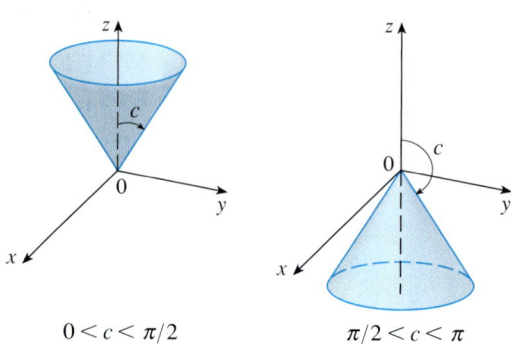

$0 < c < \pi/2 \qquad \pi/2 < c < \pi$

FIGURE 11 Le demi-cône $\phi = c$.

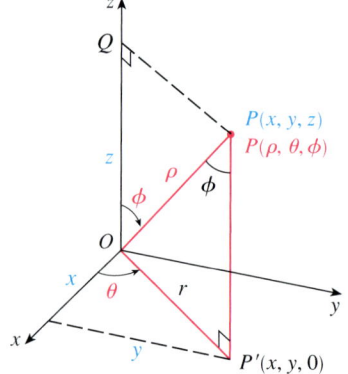

FIGURE 12

⊘ **ATTENTION!** Différentes conventions sont utilisées pour noter les coordonnées sphériques. En général, dans les manuels de physique, les significations de θ et de ϕ sont inversées, et r est utilisé au lieu de ρ.

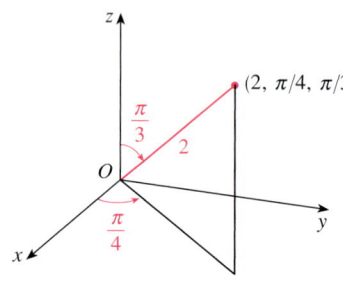

FIGURE 13

Or $x = r \cos \theta$ et $y = r \sin \theta$ donc, pour passer des coordonnées sphériques aux coordonnées cartésiennes, on utilise les équations

5
$$x = \rho \sin \phi \cos \theta \quad y = \rho \sin \phi \sin \theta \quad z = \rho \cos \phi.$$

De plus, selon la formule pour calculer la distance d'un point à l'origine,

6
$$\rho^2 = x^2 + y^2 + z^2.$$

Cette équation permet de passer des coordonnées cartésiennes aux coordonnées sphériques.

EXEMPLE 6 Soit le point des coordonnées sphériques $(2, \pi/4, \pi/3)$. Représentons-le et calculons ses coordonnées cartésiennes.

SOLUTION La figure 13 représente ce point. Selon les équations 5,

$$x = \rho \sin \phi \cos \theta = 2 \sin \frac{\pi}{3} \cos \frac{\pi}{4} = 2 \left(\frac{\sqrt{3}}{2} \right) \left(\frac{1}{\sqrt{2}} \right) = \sqrt{\frac{3}{2}}$$

$$y = \rho \sin \phi \sin \theta = 2 \sin \frac{\pi}{3} \sin \frac{\pi}{4} = 2 \left(\frac{\sqrt{3}}{2} \right) \left(\frac{1}{\sqrt{2}} \right) = \sqrt{\frac{3}{2}}$$

$$z = \rho \cos \phi = 2 \cos \frac{\pi}{3} = 2 \left(\frac{1}{2} \right) = 1.$$

Par conséquent, les coordonnées cartésiennes du point $(2, \pi/4, \pi/3)$ sont $\left(\sqrt{3/2}, \sqrt{3/2}, 1\right)$.

EXEMPLE 7 Soit le point de coordonnées cartésiennes $\left(0, 2\sqrt{3}, -2\right)$. Trouvons ses coordonnées sphériques.

SOLUTION Selon l'équation 6,

$$\rho = \sqrt{x^2 + y^2 + z^2} = \sqrt{0 + 12 + 4} = 4,$$

donc les équations 5 donnent

$$\cos \phi = \frac{z}{\rho} = \frac{-2}{4} = -\frac{1}{2} \qquad \phi = \frac{2\pi}{3}$$

$$\cos \theta = \frac{x}{\rho \sin \phi} = 0 \qquad \theta = \frac{\pi}{2}.$$

($\theta \neq 3\pi/2$ parce que $y = 2\sqrt{3} > 0$.) Par conséquent, les coordonnées sphériques du point donné sont $(4, \pi/2, 2\pi/3)$.

EXEMPLE 8 Trouvons l'équation sphérique de la sphère $x^2 + y^2 + (z-1)^2 = 1$.

SOLUTION En substituant les valeurs de x, de y et de z données par les équations 5 dans l'équation de la sphère, on obtient

$$\rho^2 \sin^2(\phi)\cos^2(\theta) + \rho^2 \sin^2(\phi)\sin^2(\theta) + (\rho\cos(\phi) - 1)^2 = 1$$

$$\Rightarrow \rho^2 \sin^2(\phi)(\cos^2(\theta) + \sin^2(\theta)) + \rho^2 \cos^2(\phi) - 2\rho\cos(\phi) + 1 = 1$$

$$\Rightarrow \rho^2(\sin^2(\phi) + \cos^2(\phi)) - 2\rho\cos(\phi) = 0$$

$$\Rightarrow \rho = 2\cos(\phi) \quad \text{(en supposant que } \rho \neq 0\text{)}.$$

L'équation sphérique de la sphère donnée est donc $\rho = 2\cos(\phi)$. Cette sphère est illustrée à la figure 14.

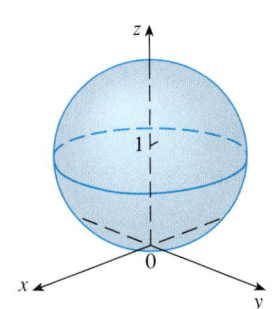

FIGURE 14

LES VECTEURS DE BASE EN COORDONNÉES SPHÉRIQUES

Comme pour les coordonnées cylindriques, il existe des vecteurs de base qui sont adaptés aux coordonnées sphériques. On obtient ces vecteurs en prenant les dérivées du vecteur position exprimé en coordonnées sphériques.

7 VECTEURS DE BASE EN COORDONNÉES SPHÉRIQUES

$$\vec{e}_\rho = \sin(\phi)\cos(\theta)\vec{i} + \sin(\phi)\sin(\theta)\vec{j} + \cos(\phi)\vec{k}$$

$$\vec{e}_\theta = -\sin(\theta)\vec{i} + \cos(\theta)\vec{j}$$

$$\vec{e}_\phi = \cos(\phi)\cos(\theta)\vec{i} + \cos(\phi)\sin(\theta)\vec{j} - \sin(\phi)\vec{k}$$

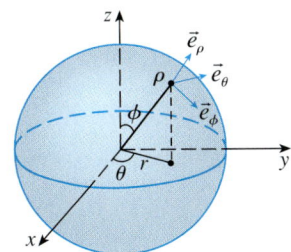

FIGURE 15
Les vecteurs $\vec{e}_\rho, \vec{e}_\theta, \vec{e}_\phi$.

Les vecteurs $\vec{e}_\rho$, $\vec{e}_\theta$ et $\vec{e}_\phi$ forment une base orthonormale de $\mathbb{R}^3$ qui dépend du point (ρ, θ, ϕ) (voir la figure 15 et l'exercice 39). On peut montrer que $\dfrac{\partial \vec{e}_\rho}{\partial \phi} = \vec{e}_\phi$, $\dfrac{\partial \vec{e}_\phi}{\partial \phi} = -\vec{e}_\rho$ (voir l'exercice 48).

EXEMPLE 9 Exprimons le vecteur $2\vec{i} - \vec{j} + 3\vec{k}$ dans la base $\vec{e}_\rho, \vec{e}_\theta, \vec{e}_\phi$ associée au point $(\rho, \theta, \phi) = (1, \pi/2, \pi/4)$.

SOLUTION Le vecteur $\vec{i}$ s'écrit comme une combinaison linéaire des vecteurs de la nouvelle base de la façon suivante : $\vec{i} = a\vec{e}_\rho + b\vec{e}_\theta + c\vec{e}_\phi$, où a, b et c sont à déterminer. On a

$$\vec{i} \cdot \vec{e}_\rho = a\vec{e}_\rho \cdot \vec{e}_\rho + b\vec{e}_\rho \cdot \vec{e}_\theta + c\vec{e}_\rho \cdot \vec{e}_\phi = a \cdot 1 + 0 + 0 = a$$

car les vecteurs $\vec{e}_\rho, \vec{e}_\theta, \vec{e}_\phi$ sont unitaires et orthogonaux entre eux. D'autre part, selon les équations 7,

$$\vec{i} \cdot \vec{e}_\rho = \sin(\phi)\cos(\theta).$$

On a donc $a = \sin(\phi)\cos(\theta)$. Un calcul semblable montre que $b = -\sin(\theta)$ et $c = \cos(\phi)\cos(\theta)$. On obtient

$$\vec{i} = \sin(\phi)\cos(\theta)\vec{e}_\rho - \sin(\theta)\vec{e}_\theta + \cos(\phi)\cos(\theta)\vec{e}_\phi.$$

De façon semblable, on trouve les expressions pour $\vec{j}$ et $\vec{k}$:

$$\vec{j} = \sin(\phi)\sin(\theta)\vec{e}_\rho + \cos(\theta)\vec{e}_\theta + \cos(\phi)\sin(\theta)\vec{e}_\phi$$

$$\vec{k} = \cos(\phi)\vec{e}_\rho - \sin(\phi)\vec{e}_\phi.$$

En substituant les expressions de $\vec{i}$, $\vec{j}$ et $\vec{k}$ dans l'expression du vecteur donné, on trouve

$$2\vec{i} - \vec{j} + 3\vec{k} = 2\left(\sin(\phi)\cos(\theta)\vec{e}_\rho - \sin(\theta)\vec{e}_\theta + \cos(\phi)\cos(\theta)\vec{e}_\phi\right)$$
$$- \left(\sin(\phi)\sin(\theta)\vec{e}_\rho + \cos(\theta)\vec{e}_\theta + \cos(\phi)\sin(\theta)\vec{e}_\phi\right) + 3\left(\cos(\phi)\vec{e}_\rho - \sin(\phi)\vec{e}_\phi\right)$$
$$= \left(\sin(\phi)[2\cos(\theta) - \sin(\theta)] + 3\cos(\phi)\right)\vec{e}_\rho + \left(\cos(\theta) - 2\sin(\theta)\right)\vec{e}_\theta$$
$$+ \left(\cos(\phi)[2\cos(\theta) + \sin(\theta)] - 3\sin(\phi)\right)\vec{e}_\phi.$$

Au point $(1, \pi/2, \pi/4)$,

$$2\vec{i} - \vec{j} + 3\vec{k} = \sqrt{2}\vec{e}_\rho - 2\vec{e}_\theta - \sqrt{2}\vec{e}_\phi.$$

Le gradient s'exprime dans la base $\{\vec{e}_\rho, \vec{e}_\theta, \vec{e}_\phi\}$ comme suit (voir l'exercice 40).

À l'exemple 8, on aurait pu utiliser une matrice de changement de base pour exprimer le vecteur donné dans la base en coordonnées sphériques.

> **8 GRADIENT EN COORDONNÉES SPHÉRIQUES**
>
> Si $f(x, y, z)$ est une fonction différentiable, alors son gradient est donné en coordonnées sphériques par
>
> $$\nabla f = f_\rho \vec{e}_\rho + \frac{1}{\rho \sin(\phi)} f_\theta \vec{e}_\theta + \frac{1}{\rho} f_\phi \vec{e}_\phi,$$
>
> où f_ρ, f_θ et f_ϕ sont les dérivées partielles de
>
> $$f\left(\rho\sin(\phi)\cos(\theta), \rho\sin(\phi)\sin(\theta), \rho\cos(\phi)\right).$$

EXEMPLE 10 Exprimons le gradient de $f(x, y, z) = 1 - \sqrt{x^2 + y^2 + z^2}$ en termes des vecteurs de base en coordonnées sphériques.

SOLUTION On a $f(\rho\sin(\phi)\cos(\theta), \rho\sin(\phi)\sin(\theta), \rho\cos(\phi)) = 1 - \rho$, donc la formule 8 implique que $\nabla f = -\vec{e}_\rho$.

Exercices 7.2

1-2 Représentez le point dont les coordonnées cylindriques sont données, puis trouvez les coordonnées cartésiennes de ce point.

1. a) $(4, \pi/3, -2)$ b) $(2, -\pi/2, 1)$
2. a) $(\sqrt{2}, 3\pi/4, 2)$ b) $(1, 1, 1)$

3-4 Convertissez les coordonnées cartésiennes en coordonnées cylindriques.

3. a) $(-1, 1, 1)$ b) $(-2, 2\sqrt{3}, 3)$
4. a) $(-\sqrt{2}, \sqrt{2}, 1)$ b) $(2, 2, 2)$

5-6 Décrivez en mots la surface d'équation donnée.

5. $r = 2$ 6. $\theta = \pi/6$

7-10 Identifiez la surface dont l'équation est donnée.

7. $r^2 + z^2 = 4$ 8. $r = 2\sin\theta$
9. $r = \sec(\theta)$ 10. $r = 2\sin(\theta)$

11-12 Écrivez les équations en coordonnées cylindriques.

11. a) $x^2 - x + y^2 + z^2 = 1$ b) $z = x^2 - y^2$
12. a) $2x^2 + 2y^2 - z^2 = 4$ b) $2x - y + z = 1$

13-14 Dessinez le solide défini par les inégalités.

13. $r^2 \leq z \leq 8 - r^2$
14. $0 \leq \theta \leq \pi/2, \; r \leq z \leq 2$

15. La longueur, le rayon intérieur et le rayon extérieur d'une douille cylindrique mesurent respectivement 20 cm, 6 cm et 7 cm. Écrivez les inégalités définissant la douille en utilisant le système de coordonnées approprié. Expliquez comment vous avez positionné le système de coordonnées par rapport à la douille.

16. Utilisez un outil graphique pour dessiner le solide borné par les paraboloïdes $z = x^2 + y^2$ et $z = 5 - x^2 - y^2$.

17-18 Représentez le point de coordonnées sphériques données, puis calculez ses coordonnées cartésiennes.

17. a) $(6, \pi/3, \pi/6)$ b) $(3, \pi/2, 3\pi/4)$
18. a) $(2, \pi/2, \pi/2)$ b) $(4, -\pi/4, \pi/3)$

19-20 Convertissez les coordonnées cartésiennes en coordonnées sphériques.

19. a) $(0, -2, 0)$ b) $(-1, 1, -\sqrt{2})$
20. a) $(1, 0, \sqrt{3})$ b) $(\sqrt{3}, -1, 2\sqrt{3})$

21-22 Décrivez en mots la surface d'équation donnée.

21. $\phi = \pi/3$ 22. $\rho^2 - 3\rho + 2 = 0$

23-26 Identifiez la surface dont l'équation sphérique est donnée.

23. $\rho \cos\phi = 1$
24. $\rho = \cos\phi$
25. $\rho = 2\cos(\phi)$
26. $\rho = 3\,\text{cosec}(\phi)$

27-28 Écrivez l'équation en coordonnées sphériques.

27. a) $x^2 + y^2 + z^2 = 9$ b) $x^2 - y^2 - z^2 = 1$
28. a) $z = x^2 + y^2$ b) $z = x^2 - y^2$

29-32 Dessinez le solide défini par les inégalités.

29. $\rho \leq 1, \; 0 \leq \phi \leq \pi/6, \; 0 \leq \theta \leq \pi$
30. $1 \leq \rho \leq 2, \; \pi/2 \leq \phi \leq \pi$
31. $2 \leq \rho \leq 4, \; 0 \leq \phi \leq \pi/3, \; 0 \leq \theta \leq \pi$
32. $\rho \leq 2, \; \rho \leq \csc\phi$

33. Un solide est situé au-dessus du cône $z = \sqrt{x^2 + y^2}$ et sous la sphère $x^2 + y^2 + z^2 = z$. Décrivez-le à l'aide d'inégalités exprimées en coordonnées sphériques.

34. a) Trouvez les inégalités qui décrivent une boule creuse ayant un diamètre de 30 cm et une épaisseur de 0,5 cm. Expliquez comment vous avez positionné le système de coordonnées choisi.
    b) Supposez que la boule est coupée en deux moitiés. Écrivez les inégalités qui décrivent une des moitiés.

35. Exprimez les vecteurs suivants dans la base $\{\vec{i}, \vec{j}, \vec{k}\}$.
    a) $\vec{e}_r + \vec{e}_\theta + \vec{e}_z$ b) $\vec{e}_r - 2\vec{e}_z$
    c) $\vec{e}_\rho - \vec{e}_\theta + \vec{e}_\phi$ d) $3\vec{e}_\theta + \vec{e}_\phi$

36. Exprimez les vecteurs suivants en termes des vecteurs de base en coordonnées cylindriques.
    a) $\vec{i} - \vec{j} - \vec{k}$ b) $3\vec{j} + 4\vec{k}$ c) $\vec{i} - 2\vec{j}$

37. Exprimez les vecteurs suivants en termes des vecteurs de base en coordonnées sphériques.
    a) $\vec{i} - \vec{j} - \vec{k}$ b) $3\vec{j} + 4\vec{k}$ c) $\vec{i} - 2\vec{j}$

38. Montrez que $\{\vec{e}_r, \vec{e}_\theta, \vec{e}_z\}$ est un ensemble orthonormal.

39. Montrez que $\{\vec{e}_\rho, \vec{e}_\theta, \vec{e}_\phi\}$ est un ensemble orthonormal.

40. Démontrez la formule 8 pour le gradient d'une fonction différentiable f en termes des vecteurs de base en coordonnées sphériques.

41. Exprimez le gradient de la fonction $f(x, y, z) = \sqrt{1 - x^2 - y^2}$:
    a) dans la base $\{\vec{e}_r, \vec{e}_\theta, \vec{e}_z\}$;   b) dans la base $\{\vec{e}_\rho, \vec{e}_\theta, \vec{e}_\phi\}$.

42. Calculez le vecteur normal unitaire au point $(r, \theta, z) = (2, \pi/2, 4)$ du paraboloïde $z = x^2 + y^2$ dans la base $\{\vec{e}_r, \vec{e}_\theta, \vec{e}_z\}$ associée à ce point.

43. Calculez le vecteur normal unitaire au pôle sud de la sphère $x^2 + y^2 + z^2 = a^2$ dans la base $\{\vec{e}_\rho, \vec{e}_\theta, \vec{e}_\phi\}$ associée à ce point.

44. Calculez les vecteurs de base $\{\vec{e}_r, \vec{e}_\theta, \vec{e}_z\}$ au point de coordonnées cartésiennes $(-1, 0, 2)$, puis exprimez le vecteur $\vec{i} + \vec{j} + \vec{k}$ dans cette base.

45. Calculez les vecteurs de base $\{\vec{e}_\rho, \vec{e}_\theta, \vec{e}_\phi\}$ au point de coordonnées cartésiennes $(0, 2, 0)$, puis exprimez le vecteur $\vec{i} + \vec{j} + \vec{k}$ dans cette base.

46. La latitude et la longitude d'un point P de l'hémisphère Nord sont liées aux coordonnées sphériques ρ, θ, ϕ comme suit. On prend l'origine comme centre de la Terre et on fait passer l'axe des z positifs par le pôle Nord. L'axe des x positifs passe par le point où le méridien d'origine (le méridien qui passe par l'ancien observatoire de Greenwich, en Angleterre) coupe l'équateur. La latitude de P est $\alpha = 90° - \phi°$ et sa longitude est $\beta = 360° - \theta°$. Supposez que la Terre est une sphère dont le rayon est de 6378 km.

a) Exprimez la position de Montréal, 45°30′ N et 73°30′ O, en coordonnées sphériques (utilisez le radian comme unité d'angle). *Indication* : $360° = 2\pi$ radians et $1° = 60'$.

b) Soit $\{\vec{e}_\rho, \vec{e}_\theta, \vec{e}_\phi\}$, la base correspondant à la position de Montréal. Exprimez le vecteur position du pôle Nord dans cette base.

c) Trouvez la distance entre les deux villes sur le grand cercle passant par Los Angeles (34°00′ N, 118°20′ O) et Montréal (45°30′ N, 73°30′ O). (Un « grand cercle » est le cercle d'intersection d'une sphère et d'un plan passant par le centre de la sphère.)

47. Montrez que $\dfrac{\partial \vec{e}_r}{\partial \theta} = \vec{e}_\theta$ et $\dfrac{\partial \vec{e}_\theta}{\partial \theta} = -\vec{e}_r$.

48. Montrez que $\dfrac{\partial \vec{e}_\rho}{\partial \phi} = \vec{e}_\phi$ et $\dfrac{\partial \vec{e}_\phi}{\partial \phi} = -\vec{e}_\rho$.

7.3 LES INTÉGRALES TRIPLES EN COORDONNÉES CYLINDRIQUES

Dans cette section, on utilise les coordonnées cylindriques pour faciliter le calcul d'intégrales triples sur certains types de régions en trois dimensions.

Supposons que E est une région de type 1 dont la projection D dans le plan xy peut être décrite plus commodément en coordonnées polaires (voir la figure 1). En particulier, on suppose que f est continue et que

$$E = \{(x, y, z) \mid (x, y) \in D, u_1(x, y) \leq z \leq u_2(x, y)\},$$

où l'expression de D en coordonnées polaires est

$$D = \{(r, \theta) \mid \alpha \leq \theta \leq \beta, h_1(\theta) \leq r \leq h_2(\theta)\}.$$

Selon l'équation 6 de la section 7.1,

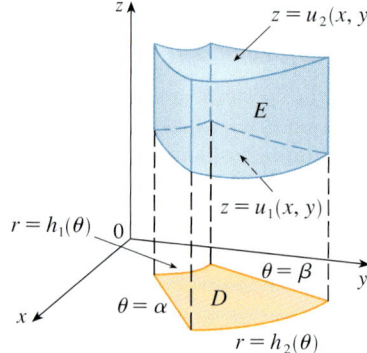

FIGURE 1

1
$$\iiint_E f(x, y, z)\, dV = \iint_D \left[\int_{u_1(x, y)}^{u_2(x, y)} f(x, y, z)\, dz\right] dA.$$

On sait comment calculer des intégrales doubles en coordonnées polaires, et la combinaison de l'équation 1 avec l'équation 3 de la section 6.4 donne

2
$$\iiint_E f(x, y, z)\, dV = \int_\alpha^\beta \int_{h_1(\theta)}^{h_2(\theta)} \int_{u_1(r\cos\theta,\, r\sin\theta)}^{u_2(r\cos\theta,\, r\sin\theta)} f(r\cos\theta, r\sin\theta, z)\, r\, dz\, dr\, d\theta.$$

La formule 2 est la **formule de l'intégrale triple en coordonnées cylindriques**. Elle montre que pour passer d'une intégrale triple en coordonnées cartésiennes à une intégrale triple en coordonnées cylindriques on pose $x = r\cos\theta$, $y = r\sin\theta$, on garde z inchangée, on utilise les bornes d'intégration appropriées pour z, r et θ, et on remplace dV par $r\, dz\, dr\, d\theta$ (voir la figure 2). Cette formule est pratique lorsque E est une région solide dont la description en coordonnées cylindriques est simple, et particulièrement quand la fonction $f(x, y, z)$ contient l'expression $x^2 + y^2$.

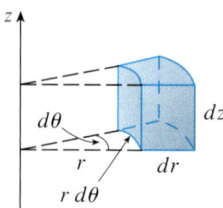

FIGURE 2
Un élément de volume en coordonnées cylindriques :
$dV = r\, dz\, dr\, d\theta$.

SECTION 7.3 LES INTÉGRALES TRIPLES EN COORDONNÉES CYLINDRIQUES

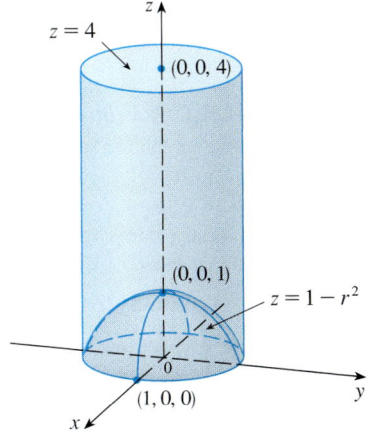

FIGURE 3

EXEMPLE 1 Un solide E est situé à l'intérieur du cylindre $x^2 + y^2 = 1$, sous le plan $z = 4$ et au-dessus du paraboloïde $z = 1 - x^2 - y^2$ (voir la figure 3). La densité en tout point est proportionnelle à sa distance à l'axe du cylindre. Calculons la masse de E.

SOLUTION En coordonnées cylindriques, l'équation du cylindre est $r = 1$ et celle du paraboloïde est $z = 1 - r^2$. On peut donc écrire

$$E = \{(r, \theta, z) \mid 0 \leq \theta \leq 2\pi, \ 0 \leq r \leq 1, \ 1 - r^2 \leq z \leq 4\}.$$

La densité en (x, y, z) étant proportionnelle à la distance à l'axe des z, elle est donnée par

$$f(x, y, z) = K\sqrt{x^2 + y^2} = Kr,$$

où K est la constante de proportionnalité. Par conséquent, selon la formule 13 de la section 7.1, la masse de E est

$$\begin{aligned}
m &= \iiint_E K\sqrt{x^2 + y^2}\, dV \\
&= \int_0^{2\pi} \int_0^1 \int_{1-r^2}^4 (Kr)\, r\, dz\, dr\, d\theta \\
&= \int_0^{2\pi} \int_0^1 Kr^2 \left[4 - (1 - r^2)\right] dr\, d\theta \\
&= K \int_0^{2\pi} d\theta \int_0^1 (3r^2 + r^4)\, dr \\
&= 2\pi K \left[r^3 + \frac{r^5}{5} \right]_0^1 = \frac{12\pi K}{5}.
\end{aligned}$$

EXEMPLE 2 Calculons $\int_{-2}^{2} \int_{-\sqrt{4-x^2}}^{\sqrt{4-x^2}} \int_{\sqrt{x^2+y^2}}^{2} (x^2 + y^2)\, dz\, dy\, dx$.

SOLUTION Cette intégrale itérée est une intégrale triple sur la région solide

$$E = \left\{(x, y, z) \mid -2 \leq x \leq 2, \ -\sqrt{4-x^2} \leq y \leq \sqrt{4-x^2}, \ \sqrt{x^2+y^2} \leq z \leq 2\right\}$$

et la projection de E dans le plan xy est le disque $x^2 + y^2 \leq 4$. La frontière inférieure de E est le cône $z = \sqrt{x^2 + y^2}$ et sa frontière supérieure est le plan $z = 2$ (voir la figure 4). La description de cette région en coordonnées cylindriques est

$$E = \{(r, \theta, z) \mid 0 \leq \theta \leq 2\pi, \ 0 \leq r \leq 2, \ r \leq z \leq 2\}.$$

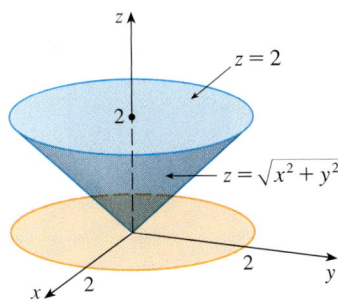

FIGURE 4

On a donc

$$\begin{aligned}
\int_{-2}^{2} \int_{-\sqrt{4-x^2}}^{\sqrt{4-x^2}} \int_{\sqrt{x^2+y^2}}^{2} (x^2 + y^2)\, dz\, dy\, dx &= \iiint_E (x^2 + y^2)\, dV \\
&= \int_0^{2\pi} \int_0^2 \int_r^2 r^2\, r\, dz\, dr\, d\theta \\
&= \int_0^{2\pi} d\theta \int_0^2 r^3 (2 - r)\, dr \\
&= 2\pi \left[\tfrac{1}{2} r^4 - \tfrac{1}{5} r^5 \right]_0^2 = \tfrac{16}{5} \pi.
\end{aligned}$$

Exercices 7.3

1-2 Esquissez le solide dont le volume est donné par l'intégrale et calculez celle-ci.

1. $\int_{-\pi/2}^{\pi/2} \int_{0}^{2} \int_{0}^{2} r \, dz \, dr \, d\theta$

2. $\int_{0}^{2} \int_{0}^{2\pi} \int_{0}^{r} r \, dz \, d\theta \, dr$

3-14 Utilisez les coordonnées cylindriques.

3. Calculez $\iiint_E \sqrt{x^2 + y^2} \, dV$, où E est la région à l'intérieur du cylindre $x^2 + y^2 = 16$ et entre les plans $z = -5$ et $z = 4$.

4. Calculez $\iiint_E z \, dV$, où E est borné par le paraboloïde $z = x^2 + y^2$ et le plan $z = 4$.

5. Calculez $\iiint_E (x + y + z) \, dV$, où E est le solide dans le premier octant et sous le paraboloïde $z = 4 - x^2 - y^2$.

6. Calculez $\iiint_E (x - y) \, dV$, où E est le solide compris entre les cylindres $x^2 + y^2 = 1$ et $x^2 + y^2 = 16$, au-dessus du plan des xy et sous le plan $z = y + 4$.

7. Calculez $\iiint_E x^2 \, dV$, où E est le solide à l'intérieur du cylindre $x^2 + y^2 = 1$, au-dessus du plan $z = 0$ et sous le cône $z^2 = 4x^2 + 4y^2$.

8. Calculez le volume du solide à l'intérieur du cylindre $x^2 + y^2 = 1$ et de la sphère $x^2 + y^2 + z^2 = 4$.

9. Trouvez le volume du solide au-dessus du cône $z = \sqrt{x^2 + y^2}$ et à l'intérieur de la sphère $x^2 + y^2 + z^2 = 2$.

10. Trouvez le volume du solide au-dessus du paraboloïde $z = x^2 + y^2$ et à l'intérieur de la sphère $x^2 + y^2 + z^2 = 2$.

11. a) Calculez le volume de la région E bornée par le paraboloïdes $z = 24 - x^2 - y^2$ et le cône $z = 2\sqrt{x^2 + y^2}$.
    b) Trouvez le centroïde de E (le centre de masse lorsque la densité est constante).

12. Calculez la masse du solide à l'extérieur du cône $z^2 = x^2 + y^2$ et à l'intérieur de la sphère $x^2 + y^2 + z^2 = 1$ si la densité en un point est proportionnelle à sa distance à l'axe des z.

13. Une colline a la forme de la partie de la surface $x^2 + y^2 + z^4 = 100$ située au-dessus du plan $z = 0$. Calculez la hauteur moyenne de cette colline ainsi que son volume.

14. a) Calculez le volume du solide que le cylindre $r = a \cos\theta$ découpe dans la sphère de rayon a centrée à l'origine.
    b) Illustrez le solide de la partie a) en représentant la sphère et le cylindre sur le même graphique.

15. Trouvez la masse et le centre de masse du solide S borné par le paraboloïde $z = 4x^2 + 4y^2$ et le plan $z = a \, (a > 0)$ si S a une densité constante K.

16. Calculez la masse d'une boule B définie par $x^2 + y^2 + z^2 \le a^2$ si sa densité en tout point est proportionnelle à sa distance à l'axe des z.

17-18 Calculez l'intégrale en utilisant les coordonnées cylindriques.

17. $\int_{-2}^{2} \int_{-\sqrt{4-y^2}}^{\sqrt{4-y^2}} \int_{\sqrt{x^2+y^2}}^{2} xz \, dz \, dx \, dy$

18. $\int_{-3}^{3} \int_{0}^{\sqrt{9-x^2}} \int_{0}^{9-x^2-y^2} \sqrt{x^2 + y^2} \, dz \, dy \, dx$

19. Dans l'étude de la formation des chaînes de montagnes, les géologues estiment la quantité de travail nécessaire pour soulever une montagne à partir du niveau de la mer. Considérez une montagne ayant essentiellement la forme d'un cône circulaire droit. Supposez que la densité de la matière dans le voisinage d'un point P est de $g(P)$ et que la hauteur est de $h(P)$.
    a) Donnez une intégrale définie qui représente le travail total effectué lors de la formation de la montagne.
    b) Supposez que le mont Fuji au Japon a la forme d'un cône circulaire droit. Sa base a un rayon de 18 500 m, sa hauteur est de 3780 m, et sa densité est constante et égale à 3200 kg/m³. Calculez le travail effectué lors de la formation de ce mont si le terrain était initialement au niveau de la mer.

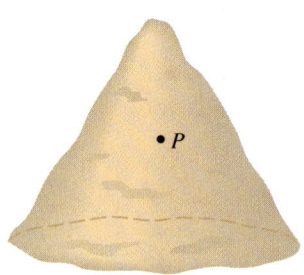

SUJET À EXPLORER

L'INTERSECTION DE TROIS CYLINDRES

La figure montre un solide borné par trois cylindres circulaires de même diamètre qui se coupent à angles droits. Ce projet consiste à calculer le volume du solide et à déterminer comment sa forme varie lorsque les cylindres ont des diamètres différents.

1. Dessinez soigneusement le solide borné par les trois cylindres $x^2+y^2=1$, $x^2+z^2=1$ et $y^2+z^2=1$. Indiquez la position des axes de coordonnées et associez à chaque face l'équation du cylindre correspondant.

2. Calculez le volume du solide du problème 1.

LCS 3. Utilisez un logiciel de calcul symbolique pour dessiner les arêtes du solide.

4. Qu'arrive-t-il au solide du problème 1 si le rayon du premier cylindre est différent de 1 ? Illustrez ce qui se produit à l'aide d'un dessin fait à la main ou d'un graphique tracé à l'ordinateur.

5. Si le premier cylindre est $x^2+y^2=a^2$, où $a<1$, écrivez, sans la calculer, une intégrale double donnant le volume du solide. Qu'en est-il si $a>1$?

7.4 LES INTÉGRALES TRIPLES EN COORDONNÉES SPHÉRIQUES

Dans le même esprit qu'à la section précédente, nous montrons dans cette section comment les coordonnées sphériques facilitent le calcul d'intégrales triples sur certains types de régions en trois dimensions.

Dans le système de coordonnées sphériques, l'analogue d'un parallélépipède rectangle est un **coin sphérique**

$$E = \{(\rho, \theta, \phi) | a \leq \rho \leq b, \alpha \leq \theta \leq \beta, c \leq \phi \leq d\},$$

où $a \geq 0$, $\beta - \alpha \leq 2\pi$ et $d - c \leq \pi$. Bien qu'on ait défini les intégrales triples en subdivisant des solides en de petits parallélépipèdes, on peut montrer que la subdivision d'un solide en petits coins sphériques donne le même résultat pour l'intégrale. On subdivise donc E en petits coins sphériques E_{ijk} au moyen de sphères $\rho = \rho_i$, de demi-plans $\theta = \theta_j$ et de demi-cônes $\phi = \phi_k$, tous également espacés. La figure 1 montre que E_{ijk} a approximativement la forme d'un parallélépipède rectangle de dimensions $\Delta\rho$, $\rho_i \Delta\phi$ (un arc d'un cercle de rayon ρ_i, d'angle $\Delta\phi$) et $\rho_i \sin\phi_k \Delta\theta$ (un arc d'un cercle de rayon $\rho_i \sin\phi_k$, d'angle $\Delta\theta$). Par conséquent,

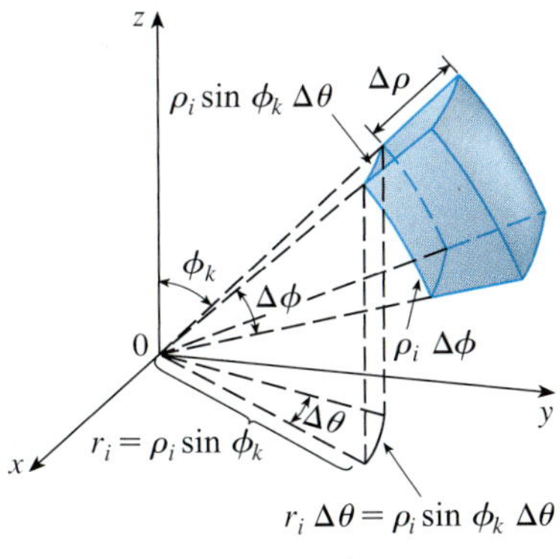

$$\Delta V_{ijk} \approx (\Delta\rho)(\rho_i \Delta\phi)(\rho_i \sin\phi_k \Delta\theta) = \rho_i^2 \sin\phi_k \Delta\rho \Delta\theta \Delta\phi$$

est une approximation du volume de E_{ijk}. Le théorème de la moyenne permet de démontrer que la valeur exacte du volume de E_{ijk} est (voir l'exercice 35)

$$\Delta V_{ijk} = \tilde{\rho}_i^2 \sin\tilde{\phi}_k \Delta\rho \Delta\theta \Delta\phi,$$

FIGURE 1

où $(\tilde{\rho}_i, \tilde{\theta}_j, \tilde{\phi}_k)$ est un point quelconque de E_{ijk}. Soit $(x^*_{ijk}, y^*_{ijk}, z^*_{ijk})$, les coordonnées cartésiennes de ce point. Alors,

$$\iiint_E f(x, y, z)\, dV$$
$$= \lim_{l,m,n \to \infty} \sum_{i=1}^{l} \sum_{j=1}^{m} \sum_{k=1}^{n} f(x^*_{ijk}, y^*_{ijk}, z^*_{ijk}) \Delta V_{ijk}$$
$$= \lim_{l,m,n \to \infty} \sum_{i=1}^{l} \sum_{j=1}^{m} \sum_{k=1}^{n} f(\tilde{\rho}_i \sin \tilde{\phi}_k \cos \tilde{\theta}_j, \tilde{\rho}_i \sin \tilde{\phi}_k \sin \tilde{\theta}_j, \tilde{\rho}_i \cos \tilde{\phi}_k) \tilde{\rho}_i^2 \sin \tilde{\phi}_k \Delta\rho \Delta\theta \Delta\phi.$$

Cette somme est une triple somme de Riemann pour la fonction

$$F(\rho, \theta, \phi) = f(\rho \sin \phi \cos \theta, \rho \sin \phi \sin \theta, \rho \cos \phi)\rho^2 \sin \phi,$$

ce qui donne la **formule pour une intégrale triple en coordonnées sphériques** ci-dessous.

1

$$\iiint_E f(x, y, z)\, dV$$
$$= \int_c^d \int_\alpha^\beta \int_a^b f(\rho \sin \phi \cos \theta, \rho \sin \phi \sin \theta, \rho \cos \phi)\rho^2 \sin \phi\, d\rho\, d\theta\, d\phi,$$

où E est un coin sphérique défini par

$$E = \{(\rho, \theta, \phi) \mid a \leq \rho \leq b, \alpha \leq \theta \leq \beta, c \leq \phi \leq d\}.$$

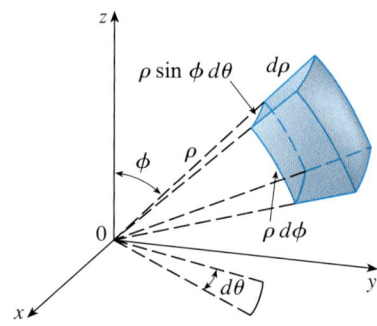

FIGURE 2
Un élément de volume en coordonnées sphériques : $dV = \rho^2 \sin \phi\, d\rho\, d\theta\, d\phi$.

Selon la formule 1, on passe d'une intégrale triple en coordonnées cartésiennes à une intégrale triple en coordonnées sphériques en posant

$$x = \rho \sin \phi \cos \theta \quad y = \rho \sin \phi \sin \theta \quad z = \rho \cos \phi,$$

et en utilisant des bornes d'intégration appropriées, puis en remplaçant dV par $\rho^2 \sin \phi\, d\rho\, d\theta\, d\phi$ (voir la figure 2).

On peut généraliser cette formule à des régions sphériques plus générales, de la forme

$$E = \{(\rho, \theta, \phi) \mid \alpha \leq \theta \leq \beta, c \leq \phi \leq d, g_1(\theta, \phi) \leq \rho \leq g_2(\theta, \phi)\}.$$

Dans ce cas, la formule est la même que la formule 1, à l'exception près que les bornes d'intégration de ρ sont $g_1(\theta, \phi)$ et $g_2(\theta, \phi)$.

2

$$\iiint_E f(x, y, z)\, dV$$
$$= \int_c^d \int_\alpha^\beta \int_{g_1(\theta,\phi)}^{g_2(\theta,\phi)} f(\rho \sin \phi \cos \theta, \rho \sin \phi \sin \theta, \rho \cos \phi) \rho^2 \sin \phi\, d\rho\, d\theta\, d\phi,$$

où E est une région sphérique définie par

$$E = \{(\rho, \theta, \phi) \mid \alpha \leq \theta \leq \beta, c \leq \phi \leq d, g_1(\theta, \phi) \leq \rho \leq g_2(\theta, \phi)\}.$$

On utilise habituellement les coordonnées sphériques lorsque la frontière du domaine d'intégration est constituée de surfaces telles que des cônes ou des sphères.

EXEMPLE 1 Calculons $\iiint_B e^{(x^2+y^2+z^2)^{3/2}}\, dV$, où B est la boule unité :

$$B = \{(x, y, z) \mid x^2 + y^2 + z^2 \leq 1\}.$$

SOLUTION Comme la frontière de B est une sphère, on utilise les coordonnées sphériques :

$$B = \{(\rho, \theta, \phi) | 0 \leq \rho \leq 1, 0 \leq \theta \leq 2\pi, 0 \leq \phi \leq \pi\}.$$

Les coordonnées sphériques sont appropriées, car

$$x^2 + y^2 + z^2 = \rho^2.$$

Par conséquent, la formule 1 donne

$$\iiint_B e^{(x^2+y^2+z^2)^{3/2}} dV = \int_0^\pi \int_0^{2\pi} \int_0^1 e^{(\rho^2)^{3/2}} \rho^2 \sin\phi \, d\rho \, d\theta \, d\phi$$

$$= \int_0^\pi \sin\phi \, d\phi \int_0^{2\pi} d\theta \int_0^1 \rho^2 e^{\rho^3} d\rho$$

$$= [-\cos\phi]_0^\pi (2\pi) \left[\frac{1}{3} e^{\rho^3}\right]_0^1 = \frac{4}{3}\pi(e-1).$$

NOTE Le calcul de l'intégrale de l'exemple 1 aurait été extrêmement laborieux sans les coordonnées sphériques. En coordonnées cartésiennes, l'intégrale itérée est

$$\int_{-1}^1 \int_{-\sqrt{1-x^2}}^{\sqrt{1-x^2}} \int_{-\sqrt{1-x^2-y^2}}^{\sqrt{1-x^2-y^2}} e^{(x^2+y^2+z^2)^{3/2}} \, dz \, dy \, dx.$$

EXEMPLE 2 Utilisons les coordonnées sphériques pour calculer le volume du solide au-dessus du cône $z = \sqrt{x^2 + y^2}$ et au-dessous de la sphère $x^2 + y^2 + z^2 = z$ (voir la figure 3).

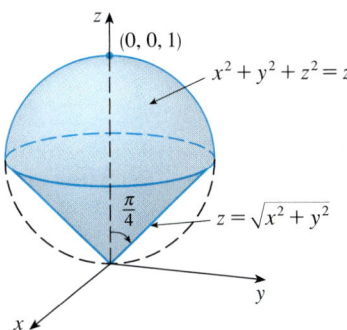

FIGURE 3

La figure 4 montre une autre représentation (tracée avec Maple) du solide de l'exemple 2.

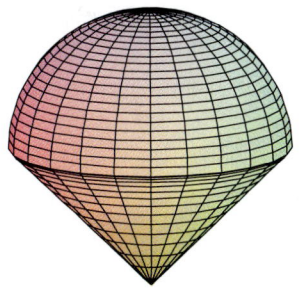

FIGURE 4

SOLUTION On remarque que la sphère passe par l'origine et que son centre est $(0, 0, \frac{1}{2})$. En coordonnées sphériques, l'équation de la sphère est

$$\rho^2 = \rho \cos\phi \quad \text{ou encore} \quad \rho = \cos\phi.$$

L'équation du cône est

$$\rho \cos\phi = \sqrt{\rho^2 \sin^2\phi \cos^2\theta + \rho^2 \sin^2\phi \sin^2\theta} = \rho \sin\phi,$$

ce qui implique que $\sin\phi = \cos\phi$, donc que $\phi = \pi/4$. Le solide E est défini en coordonnées sphériques par

$$E = \{(\rho, \theta, \phi) | 0 \leq \theta \leq 2\pi, 0 \leq \phi \leq \pi/4, 0 \leq \rho \leq \cos\phi\}.$$

La figure 5 montre de quelle façon E est balayée si on effectue l'intégration d'abord par rapport à ρ, puis par rapport à ϕ et enfin par rapport à θ. Le volume de E est

$$V(E) = \iiint_E dV = \int_0^{2\pi} \int_0^{\pi/4} \int_0^{\cos\phi} \rho^2 \sin\phi \, d\rho \, d\phi \, d\theta$$

$$= \int_0^{2\pi} d\theta \int_0^{\pi/4} \sin\phi \left[\frac{\rho^3}{3}\right]_{\rho=0}^{\rho=\cos\phi} d\phi$$

$$= \frac{2\pi}{3} \int_0^{\pi/4} \sin\phi \cos^3\phi \, d\phi = \frac{2\pi}{3}\left[-\frac{\cos^4\phi}{4}\right]_0^{\pi/4} = \frac{\pi}{8}.$$

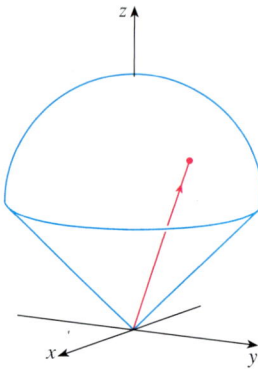 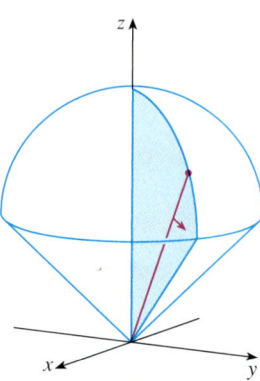 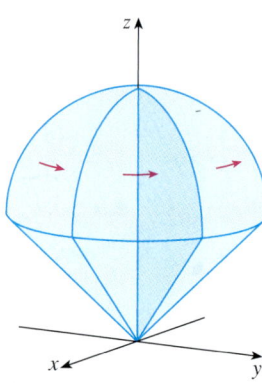

ρ varie de 0 à $\cos\phi$ tandis que ϕ et θ sont constants.

ϕ varie de 0 à $\pi/4$ tandis que θ est constant.

θ varie de 0 à 2π.

FIGURE 5

Exercices 7.4

1-2 Esquissez le solide dont le volume est donné par l'intégrale et calculez celle-ci.

1. $\int_0^{\pi/6} \int_0^{\pi/2} \int_0^3 \rho^2 \sin\phi \, d\rho \, d\theta \, d\phi$

2. $\int_0^{\pi/4} \int_0^{2\pi} \int_0^{\sec\phi} \rho^2 \sin\phi \, d\rho \, d\theta \, d\phi$

3-4 Écrivez l'intégrale triple d'une fonction continue arbitraire $f(x, y, z)$ en coordonnées cylindriques ou en coordonnées sphériques sur le solide représenté.

3. 4.

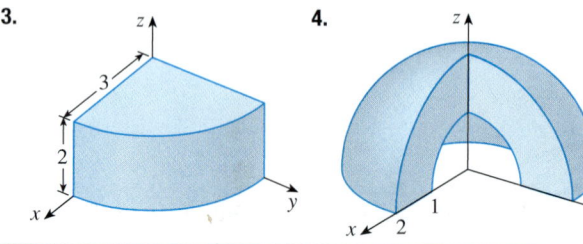

5-20 Utilisez les coordonnées sphériques.

5. Calculez $\iiint_B (x^2 + y^2 + z^2)^2 \, dV$, où B est la boule de rayon 5 centrée à l'origine.

6. Calculez $\iiint_E y^2 z^2 \, dV$, où E se trouve au-dessus du cône $\phi = \pi/3$ et à l'intérieur de la sphère $\rho = 1$.

7. Calculez $\iiint_E (x^2 + y^2) \, dV$, où E se trouve entre les sphères $x^2 + y^2 + z^2 = 4$ et $x^2 + y^2 + z^2 = 9$.

8. Calculez $\iiint_E y^2 \, dV$, où E est l'hémisphère solide $x^2 + y^2 + z^2 \leq 9$, $y \geq 0$.

9. Calculez $\iiint_E x e^{x^2+y^2+z^2} \, dV$, où E est la partie de la boule $x^2 + y^2 + z^2 \leq 1$ qui se trouve dans le premier octant.

10. Calculez $\iiint_E \sqrt{x^2 + y^2 + z^2} \, dV$, où E est situé entre les sphères $x^2 + y^2 + z^2 = 1$ et $x^2 + y^2 + z^2 = 4$, et au-dessus du cône $z = \sqrt{x^2 + y^2}$.

11. Calculez le volume de la partie de la boule $\rho \leq a$ qui est comprise entre les cônes $\phi = \pi/6$ et $\phi = \pi/3$.

12. Calculez la distance moyenne d'un point d'une boule de rayon a à son centre.

13. Déterminez le centroïde du solide E situé au-dessus du cône $z = \sqrt{3x^2 + 3y^2}$ et à l'intérieur de la sphère $x^2 + y^2 + (z-2)^2 = 4$.

14. Si on coupe une sphère de rayon R avec un plan P parallèle au plan équatorial et situé à une distance h au-dessus de celui-ci, calculez le volume à l'intérieur de la portion de sphère (une « calotte ») au-dessus du plan P.

15. a) Calculez le volume du solide au-dessus du cône $\phi = \pi/3$ et à l'intérieur de la sphère $\rho = 4\cos\phi$.
b) Trouvez le centroïde du solide de la partie a).

16. Calculez le volume du solide à l'intérieur de la sphère $x^2 + y^2 + z^2 = 4$, au-dessus du plan xy et au-dessous du cône $z = \sqrt{x^2 + y^2}$.

17. a) Trouvez le centroïde du solide de l'exemple 4 (la densité est constante et égale à K).
b) Trouvez le moment d'inertie de ce solide par rapport à l'axe des z.

18. Soit H, un hémisphère solide de rayon a dont la densité en tout point est proportionnelle à sa distance au centre de la base.
a) Calculez la masse de H.
b) Trouvez le centre de masse de H.
c) Calculez le moment d'inertie de H par rapport à son axe.

19. a) Trouvez le centroïde d'un hémisphère solide homogène de rayon a.
b) Calculez le moment d'inertie du solide de la partie a) par rapport à un diamètre de sa base.

20. Trouvez la masse et le centre de masse d'un hémisphère solide de rayon a, sachant que la densité en tout point est proportionnelle à sa distance de la base.

21-26 Utilisez les coordonnées cylindriques ou sphériques, selon ce qui vous semble le plus approprié.

21. Trouvez le volume et le centroïde du solide E au-dessus du cône $z = \sqrt{x^2 + y^2}$ et à l'intérieur de la sphère $x^2 + y^2 + z^2 = 1$.

22. Calculez le volume du plus petit des coins découpés dans une sphère de rayon a par deux plans qui se coupent le long d'un diamètre et qui font un angle de $\pi/6$ entre eux.

23. Un cylindre solide de densité constante a une base de rayon a et une hauteur h.
a) Trouvez le moment d'inertie du cylindre par rapport à son axe.
b) Trouvez le moment d'inertie du cylindre par rapport à un diamètre de sa base.

24. Un cône solide circulaire droit de densité constante a une base de rayon a et une hauteur h.
a) Trouvez le moment d'inertie du cône par rapport à son axe.
b) Trouvez le moment d'inertie du cône par rapport à un diamètre de sa base.

25. Calculez $\iiint_E z\, dV$, où E est au-dessus du paraboloïde $z = x^2 + y^2$ et au-dessous du plan $z = 2y$. Utilisez la table d'intégrales (voir les pages de référence 6 à 10) ou un logiciel de calcul symbolique pour calculer l'intégrale.

26. Calculez le volume du solide situé à l'intérieur de la sphère $x^2 + y^2 + (z-1)^2 = 16$ et à l'extérieur du cylindre $x^2 + y^2 = 4$.

27. Une charge est distribuée dans une région E de l'espace située à l'intérieur de la surface $x^2 + y^2 + z^2 = 4z$ et au-dessus de la surface $3z = x^2 + y^2$. La densité de charge en chaque point de E est proportionnelle à la distance de ce point à l'axe vertical du solide (l'axe des z). De plus, la densité de charge au point (1, 1, 1) est égale à 1. Calculez la charge totale à l'intérieur de la région E.

28. a) Calculez le volume borné par le tore $\rho = \sin\phi$.
b) Dessinez ce tore à l'aide d'un ordinateur.

29-30 Calculez l'intégrale en utilisant les coordonnées sphériques.

29. $\int_0^1 \int_0^{\sqrt{1-x^2}} \int_{\sqrt{x^2+y^2}}^{\sqrt{2-x^2-y^2}} xy\, dz\, dy\, dx$

30. $\int_{-a}^{a} \int_{-\sqrt{a^2-y^2}}^{\sqrt{a^2-y^2}} \int_{-\sqrt{a^2-x^2-y^2}}^{\sqrt{a^2-x^2-y^2}} (x^2z + y^2z + z^3)\, dz\, dx\, dy$

31. À l'aide d'un outil graphique, dessinez un silo constitué d'un cylindre de rayon 3 et de hauteur 10 surmonté d'un hémisphère.

32. Un modèle de la densité δ de l'atmosphère de la Terre près de la surface est donné par

$$\delta = 619{,}09 - 0{,}000\,097\rho$$

où ρ (la distance à partir du centre de la Terre) est mesuré en mètres et δ est mesuré en kilogrammes par mètre cube. Si on considère la surface de la Terre comme une sphère d'un rayon de 6 370 km, alors ce modèle est raisonnable pour $6{,}370 \times 10^6 \leq \rho \leq 6{,}375 \times 10^6$. Utilisez ce modèle pour estimer la masse de l'atmosphère entre le sol et une altitude de 5 km.

33. Les surfaces $\rho = 1 + \frac{1}{5}\sin m\theta \sin n\phi$ servent à modéliser des tumeurs. La figure représente une « sphère bosselée » avec $m = 6$ et $n = 5$. Utilisez un logiciel de calcul symbolique pour calculer son volume.

34. Montrez que

$$\int_{-\infty}^{\infty} \int_{-\infty}^{\infty} \int_{-\infty}^{\infty} \sqrt{x^2+y^2+z^2}\, e^{-(x^2+y^2+z^2)}\, dx\, dy\, dz = 2\pi.$$

(Par définition, l'intégrale triple impropre est la limite d'une intégrale triple sur une sphère solide lorsque le rayon de la sphère croît à l'infini.)

35. a) Utilisez les coordonnées cylindriques pour montrer que le volume du solide borné supérieurement par la sphère $r^2 + z^2 = a^2$ et inférieurement par le cône $z = r\cotan\phi_0$ (ou $\phi = \phi_0$), où $0 < \phi_0 < \pi/2$, est

$$V = \frac{2\pi a^3}{3}(1 - \cos\phi_0).$$

b) Déduisez que le volume du coin sphérique défini par $\rho_1 \le \rho \le \rho_2$, $\theta_1 \le \theta \le \theta_2$, $\phi_1 \le \phi \le \phi_2$ est

$$\Delta V = \frac{\rho_2^3 - \rho_1^3}{3}(\cos\phi_1 - \cos\phi_2)(\theta_2 - \theta_1).$$

c) Utilisez le théorème de la moyenne pour montrer que le volume de la partie b) peut être écrit sous la forme

$$\Delta V = \tilde{\rho}^2 \sin\tilde{\phi}\,\Delta\rho\,\Delta\theta\,\Delta\phi,$$

où $\tilde{\rho}$ est compris entre ρ_1 et ρ_2, $\tilde{\phi}$ est compris entre ϕ_1 et ϕ_2, $\Delta\rho = \rho_2 - \rho_1$, $\Delta\theta = \theta_2 - \theta_1$ et $\Delta\phi = \phi_2 - \phi_1$.

APPLICATION — UNE COURSE D'OBJETS QUI ROULENT

On suppose qu'une boule solide (une bille), une boule creuse (une balle de squash), un cylindre solide (une barre d'acier) et un cylindre creux (un tuyau en plomb) roulent vers le bas d'un plan incliné. Lequel de ces objets atteindra le bas du plan le premier? (Essayez de le deviner avant de poursuivre.)

Pour répondre à cette question, considérez une boule ou un cylindre de masse m, de rayon r et de moment d'inertie I (par rapport à l'axe de rotation). Si la dénivellation verticale est h, alors l'énergie potentielle au sommet est mgh. Si l'objet atteint le bas à la vitesse v et avec une vitesse angulaire ω, alors $v = \omega r$. L'énergie cinétique au bas possède deux composantes : $\frac{1}{2}mv^2$ due à la translation (déplacement vers le bas du plan incliné) et $\frac{1}{2}I\omega^2$ due à la rotation. En supposant que la perte d'énergie due au frottement est négligeable, on a, selon la loi de la conservation de l'énergie,

$$mgh = \tfrac{1}{2}mv^2 + \tfrac{1}{2}I\omega^2.$$

1. Montrez que

$$v^2 = \frac{2gh}{1 + I^*}, \text{ où } I^* = \frac{I}{mr^2}.$$

2. Si $y(t)$ est la distance verticale parcourue à l'instant t, alors le même raisonnement que celui qu'on a suivi au problème 1 montre que $v^2 = 2gy/(1+I^*)$ à tout instant t. Utilisez ce résultat pour montrer que y satisfait à l'équation différentielle

$$\frac{dy}{dt} = \sqrt{\frac{2g}{1+I^*}}(\sin\alpha)\sqrt{y},$$

où α est l'angle d'inclinaison du plan.

3. En résolvant l'équation différentielle du problème 2, montrez que le temps de déplacement total est

$$T = \sqrt{\frac{2h(1+I^*)}{g\sin^2\alpha}}.$$

Par conséquent, l'objet ayant le plus petit moment I^* remporte la course.

4. Montrez que $I^* = \frac{1}{2}$ pour un cylindre solide et que $I^* = 1$ dans le cas d'un cylindre creux.

5. Calculez I^* pour une boule partiellement creuse de rayon intérieur a et de rayon extérieur r. Exprimez votre réponse en termes de $b = a/r$. Que se passe-t-il lorsque $a \to 0$ et lorsque $a \to r$?

6. Montrez que $I^* = \frac{2}{5}$ pour une boule solide et que $I^* = \frac{2}{3}$ dans le cas d'une boule creuse. L'ordre d'arrivée des objets au bas du plan incliné est donc le suivant : la boule solide, le cylindre solide, la boule creuse, le cylindre creux.

7.5 LES CHANGEMENTS DE VARIABLES DANS LES INTÉGRALES MULTIPLES

Dans le calcul intégral à une dimension, on utilise fréquemment un changement de variable (ou substitution) pour simplifier une intégrale. La règle, dans ce cas, est

1
$$\int_a^b f(x)dx = \int_c^d f(g(u))g'(u)du,$$

où $x = g(u)$ et $a = g(c)$, $b = g(d)$. La formule 1 s'écrit aussi sous la forme

2
$$\int_a^b f(x)dx = \int_c^d f(x(u))\frac{dx}{du}du.$$

Un changement de variables peut aussi être utile pour simplifier le calcul d'une intégrale multiple. Le passage aux coordonnées polaires pour les intégrales doubles en est un exemple. Les nouvelles variables r et θ sont liées aux anciennes variables x et y par les équations

$$x = r\cos\theta \quad y = r\sin\theta$$

et la formule de changement de variables (formule 2 de la section 6.4, p. 291) est

$$\iint_R f(x,y)\,dA = \iint_S f(r\cos\theta, \sin\theta)r\,dr\,d\theta,$$

où S est la région du plan $r\theta$, qui correspond à la région R du plan xy.

Plus généralement, un changement de variables est une **transformation** T du plan uv vers le plan xy :

$$T(u,v) = (x,y),$$

où x et y sont liées à u et à v par les équations

3
$$x = g(u,v) \quad y = h(u,v)$$

qu'on peut aussi écrire

$$x = x(u,v) \quad y = y(u,v).$$

On suppose habituellement que T est une **transformation de classe C^1**, ce qui signifie que g et h ont des dérivées partielles de premier ordre continues.

Dans ce contexte, une transformation T est simplement une fonction dont le domaine et l'image sont des sous-ensembles de $\mathbb{R}^2$. Si $T(u_1, v_1) = (x_1, y_1)$, alors le point (x_1, y_1) est appelé l'**image** du point (u_1, v_1). Si deux points distincts ont toujours des images distinctes, T est appelée **injective**. La figure 1 (voir la page suivante) montre l'effet d'une transformation T sur une région S dans le plan uv. T transforme S en une région R du plan xy appelée **image de S**, constituée des images de tous les points de S (voir la figure 1).

Si T est une transformation injective, alors elle admet une **transformation inverse** T^{-1} du plan xy vers le plan uv, et on peut résoudre les équations 3 par rapport à u et v en fonction de x et y :

$$u = G(x,y) \quad v = H(x,y).$$

EXEMPLE 1 Soit une transformation définie par les équations

$$x = u^2 - v^2 \quad y = 2uv.$$

Trouvons l'image du carré $S = \{(u,v) | 0 \leq u \leq 1,\ 0 \leq v \leq 1\}$.

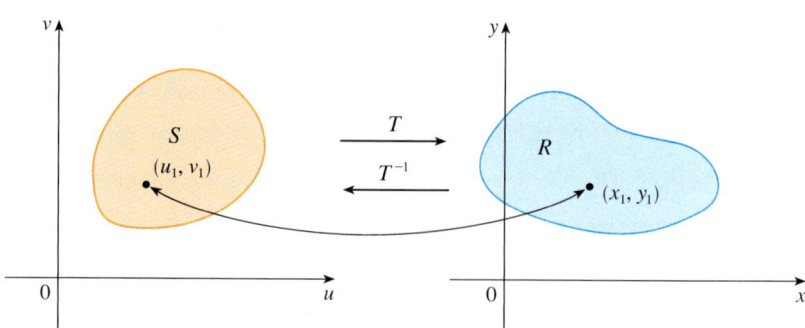

FIGURE 1

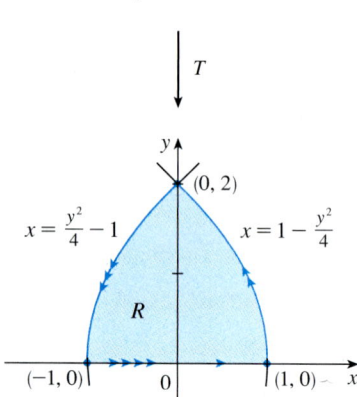

FIGURE 2

SOLUTION L'image par T de la frontière de S est la frontière de l'image. On commence donc par trouver les images des côtés de S. Le premier côté, S_1, est défini par $v = 0$ ($0 \leq u \leq 1$) (voir la figure 2). Selon les équations données, $x = u^2$, $y = 0$ et $0 \leq x \leq 1$. S_1 est donc transformé en un segment de droite allant de $(0, 0)$ à $(1, 0)$ dans le plan xy. Le deuxième côté, S_2, est défini par $u = 1$ ($0 \leq v \leq 1$) et, en posant $u = 1$ dans les équations données, on obtient

$$x = 1 - v^2 \quad y = 2v.$$

En éliminant v, on trouve

4 $$x = 1 - \frac{y^2}{4} \quad 0 \leq x \leq 1$$

qui est un arc de parabole. De même, S_3 est définie par $v = 1$ ($0 \leq u \leq 1$), dont l'image est l'arc de parabole

5 $$x = \frac{y^2}{4} - 1 \quad -1 \leq x \leq 0.$$

Finalement, S_4 est définie par $u = 0$ ($0 \leq v \leq 1$), dont l'image est $x = -v^2$, $y = 0$, soit le segment $-1 \leq x \leq 0$. (On remarque que si le carré est parcouru dans le sens antihoraire, la région parabolique est aussi parcourue dans le sens antihoraire.) L'image de S est la région R (représentée à la figure 2) bornée par l'axe des x et les paraboles définies par les équations 4 et 5.

Voyons maintenant comment un changement de variables modifie une intégrale double. On considère un petit rectangle S dans le plan uv dont le sommet inférieur gauche est le point $A = (u_0, v_0)$ et dont les dimensions sont Δu et Δv. Soit $B = (u_0 + \Delta u, v_0)$, le coin inférieur droit de S, et $C = (u_0, v_0 + \Delta v)$, son coin supérieur gauche (voir la figure 3).

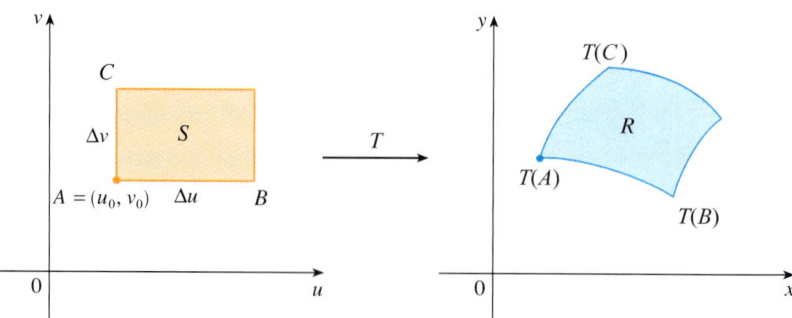

FIGURE 3

L'image de S est une région R dans le plan xy contenant les points frontières

$$T(A) = T(u_0, v_0) = (g(u_0, v_0), h(u_0, v_0))$$
$$T(B) = T(u_0 + \Delta u, v_0) = (g(u_0 + \Delta u, v_0), h(u_0 + \Delta u, v_0))$$
$$T(C) = T(u_0, v_0 + \Delta v) = (g(u_0, v_0 + \Delta v), h(u_0, v_0 + \Delta v)).$$

Si on effectue un développement de Taylor de degré 1 (voir la section 4.5) de g et de h autour du point (u_0, v_0), on obtient les approximations

$$g(u_0 + \Delta u, v_0) \approx g(u_0, v_0) + \Delta u g_u(u_0, v_0) \qquad g(u_0, v_0 + \Delta v) \approx g(u_0, v_0) + \Delta v g_v(u_0, v_0)$$

et

$$h(u_0 + \Delta u, v_0) \approx h(u_0, v_0) + \Delta u h_u(u_0, v_0) \qquad h(u_0, v_0 + \Delta v) \approx h(u_0, v_0) + \Delta v h_v(u_0, v_0).$$

Soit $\vec{V}$, le vecteur déterminé par les points $T(A)$ et $T(B)$, et $\vec{W}$, le vecteur déterminé par les points $T(A)$ et $T(C)$. Alors,

$$\vec{V} = [g(u_0 + \Delta u, v_0) - g(u_0, v_0)]\vec{i} + [h(u_0 + \Delta u, v_0) - h(u_0, v_0)]\vec{j}$$
$$\approx \Delta u g_u(u_0, v_0)\vec{i} + \Delta u h_u(u_0, v_0)\vec{j}$$
$$\vec{W} = [g(u_0, v_0 + \Delta v) - g(u_0, v_0)]\vec{i} + [h(u_0, v_0 + \Delta v) - h(u_0, v_0)]\vec{j}$$
$$\approx \Delta v g_v(u_0, v_0)\vec{i} + \Delta v h_v(u_0, v_0)\vec{j}.$$

La région R peut être approximée à l'aide du parallélogramme engendré par les vecteurs $\vec{V}$ et $\vec{W}$ (voir les figures 4 et 5). On peut donc approximer son aire en utilisant l'aire de ce parallélogramme :

6 $$\|\vec{V} \times \vec{W}\| = \|(\Delta u g_u(u_0, v_0)\vec{i} + \Delta u h_u(u_0, v_0)\vec{j}) \times (\Delta v g_v(u_0, v_0)\vec{i} + \Delta v h_v(u_0, v_0)\vec{j})\|$$
$$= \|(g_u(u_0, v_0)\vec{i} + h_u(u_0, v_0)\vec{j}) \times (g_v(u_0, v_0)\vec{i} + h_v(u_0, v_0)\vec{j})\|\Delta u \Delta v.$$

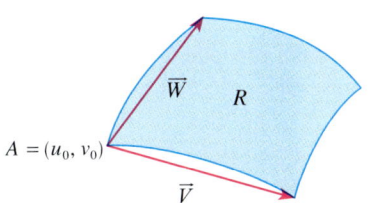

FIGURE 4

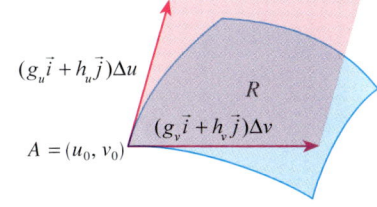

FIGURE 5

On calcule le produit vectoriel :

$$[g_u\vec{i} + h_u\vec{j}] \times [g_v\vec{i} + h_v\vec{j}] = \begin{vmatrix} \vec{i} & \vec{j} & \vec{k} \\ g_u & h_u & 0 \\ g_v & h_v & 0 \end{vmatrix} = \begin{vmatrix} \dfrac{\partial x}{\partial u} & \dfrac{\partial y}{\partial u} \\ \dfrac{\partial x}{\partial v} & \dfrac{\partial y}{\partial v} \end{vmatrix} \vec{k} = \begin{vmatrix} \dfrac{\partial x}{\partial u} & \dfrac{\partial x}{\partial v} \\ \dfrac{\partial y}{\partial u} & \dfrac{\partial y}{\partial v} \end{vmatrix} \vec{k},$$

où les dérivées partielles sont évaluées au point (u_0, v_0).

Le déterminant résultant de ce calcul est appelé le **jacobien** de la transformation.

Le jacobien a été nommé en l'honneur du mathématicien allemand Carl Gustav Jacob Jacobi (1804-1851). Le mathématicien français Cauchy a été le premier à utiliser ces déterminants particuliers qui comprennent des dérivées partielles. Jacobi les a utilisés pour le calcul des intégrales multiples.

> **7 DÉFINITION**
>
> Le jacobien de la transformation T définie par $x = g(u, v)$ et $y = h(u, v)$ est
>
> $$\frac{\partial(x, y)}{\partial(u, v)} = \begin{vmatrix} \dfrac{\partial x}{\partial u} & \dfrac{\partial x}{\partial v} \\ \dfrac{\partial y}{\partial u} & \dfrac{\partial y}{\partial v} \end{vmatrix} = \frac{\partial x}{\partial u} \frac{\partial y}{\partial v} - \frac{\partial x}{\partial v} \frac{\partial y}{\partial u}.$$

Avec cette notation, on peut utiliser l'équation 6 pour approximer l'aire ΔA de R :

8
$$\Delta A \approx \left| \frac{\partial(x, y)}{\partial(u, v)} \right| \Delta u \, \Delta v,$$

où le jacobien est calculé en (u_0, v_0).

On subdivise maintenant une région S du plan uv en $m \times n$ rectangles S_{ij} et on désigne leurs images dans le plan xy (voir la figure 6) par R_{ij}.

En utilisant l'approximation 8 pour chaque R_{ij}, on approxime l'intégrale double de f sur R comme suit :

$$\iint_R f(x, y) dA \approx \sum_{i=1}^{m} \sum_{j=1}^{n} f(x_i, y_j) \Delta A$$

$$\approx \sum_{i=1}^{m} \sum_{j=1}^{n} f\big(g(u_i, v_j), h(u_i, v_j)\big) \left| \frac{\partial(x, y)}{\partial(u, v)} \right| \Delta u \, \Delta v$$

où le jacobien est calculé en (u_i, v_j). Cette double somme est une somme de Riemann pour l'intégrale

$$\iint_S f\big(g(u, v), h(u, v)\big) \left| \frac{\partial(x, y)}{\partial(u, v)} \right| du \, dv.$$

Le raisonnement précédent suggère que le théorème suivant est vrai. (La démonstration rigoureuse de ce théorème est donnée dans les ouvrages de calcul avancé.)

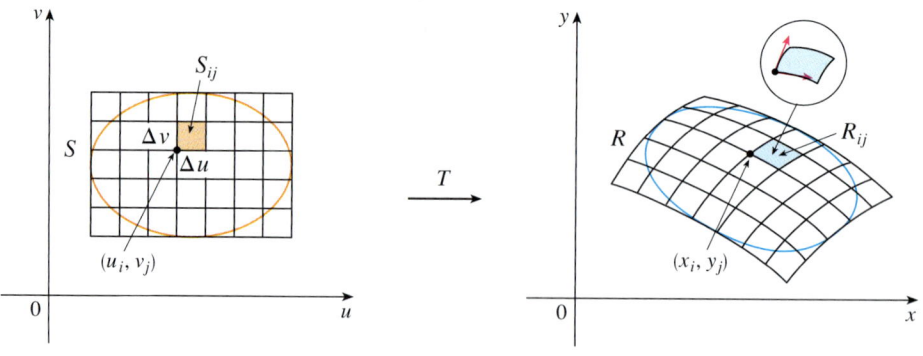

FIGURE 6

9 CHANGEMENT DE VARIABLES DANS UNE INTÉGRALE DOUBLE

Supposons que T est une transformation de classe C^1 dont le jacobien est non nul et qui transforme une région S du plan uv en une région R du plan xy. Supposons aussi que f est continue sur R et que R et S sont des régions planes de type I ou de type II. Supposons enfin que T est injective, sauf peut-être sur la frontière de S. Alors,

$$\iint_R f(x,y)\, dA = \iint_S f\bigl(x(u,v), y(u,v)\bigr) \left|\frac{\partial(x,y)}{\partial(u,v)}\right| du\, dv.$$

Selon le théorème 9, on passe d'une intégrale en x et y à une intégrale en u et v de la façon suivante : on exprime x et y en termes de u et v, et on pose

$$dA = \left|\frac{\partial(x,y)}{\partial(u,v)}\right| du\, dv.$$

On remarque la ressemblance entre le théorème 9 et la formule de l'équation 2 pour les intégrales simples. Au lieu de la dérivée dx/du, on a la valeur absolue du jacobien, soit $|\partial(x,y)/\partial(u,v)|$.

Comme première illustration du théorème 9, montrons que la formule d'intégration en coordonnées polaires est un cas particulier de la formule du théorème 9. Ici, la transformation T à partir du plan $r\theta$ vers le plan xy est donnée par

$$x = g(r,\theta) = r\cos\theta \quad y = h(r,\theta) = r\sin\theta$$

et la figure 7 illustre géométriquement la transformation T. Celle-ci transforme un rectangle ordinaire dans le plan $r\theta$ en un rectangle polaire dans le plan xy. Le jacobien de T est

$$\frac{\partial(x,y)}{\partial(r,\theta)} = \begin{vmatrix} \frac{\partial x}{\partial r} & \frac{\partial x}{\partial \theta} \\ \frac{\partial y}{\partial r} & \frac{\partial y}{\partial \theta} \end{vmatrix} = \begin{vmatrix} \cos\theta & -r\sin\theta \\ \sin\theta & r\cos\theta \end{vmatrix} = r\cos^2\theta + r\sin^2\theta = r > 0.$$

Par conséquent, selon le théorème 9,

$$\iint_R f(x,y)\, dx\, dy = \iint_S f(r\cos\theta, r\sin\theta) \left|\frac{\partial(x,y)}{\partial(r,\theta)}\right| dr\, d\theta$$

$$= \int_\alpha^\beta \int_a^b f(r\cos\theta, r\sin\theta)\, r\, dr\, d\theta.$$

On retrouve donc la formule 2 de la section 6.4.

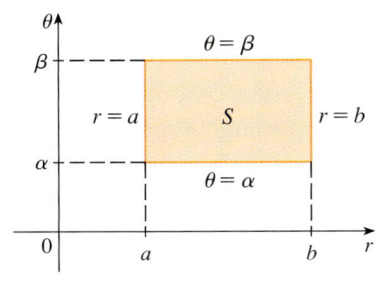
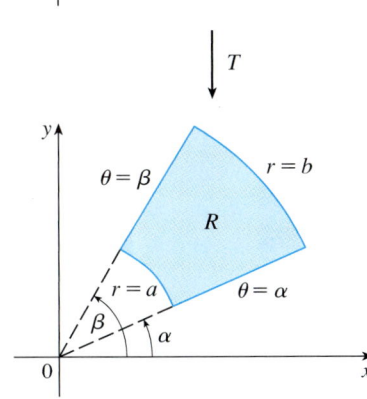

FIGURE 7
La transformation en coordonnées polaires.

EXEMPLE 2 Utilisons le changement de variables $x = u^2 - v^2$, $y = 2uv$ pour calculer l'intégrale $\iint_R y\, dA$, où R est la région bornée par l'axe des x et les paraboles $y^2 = 4 - 4x$ et $y^2 = 4 + 4x$, $y \geq 0$.

SOLUTION La figure 2 montre la région R. À l'exemple 1, on a trouvé que $T(S) = R$, où S est le carré $[0,1] \times [0,1]$. L'avantage de ce changement de variables est que la région S est beaucoup plus simple que R, ce qui facilite le calcul de l'intégrale. On trouve d'abord le jacobien :

$$\frac{\partial(x,y)}{\partial(u,v)} = \begin{vmatrix} \frac{\partial x}{\partial u} & \frac{\partial x}{\partial v} \\ \frac{\partial y}{\partial u} & \frac{\partial y}{\partial v} \end{vmatrix} = \begin{vmatrix} 2u & -2v \\ 2v & 2u \end{vmatrix} = 4u^2 + 4v^2 > 0.$$

Selon le théorème 9, on a

$$\iint_R y\, dA = \iint_S 2uv \left| \frac{\partial(x,y)}{\partial(u,v)} \right| dA = \int_0^1 \int_0^1 (2uv) 4(u^2+v^2)\, du\, dv$$

$$= 8 \int_0^1 \int_0^1 (u^3 v + uv^3)\, du\, dv = 8 \int_0^1 \left[\tfrac{1}{4} u^4 v + \tfrac{1}{2} u^2 v^3 \right]_{u=0}^{u=1} dv$$

$$= \int_0^1 (2v + 4v^3)\, dv = [v^2 + v^4]_0^1 = 2.$$

NOTE La résolution de l'exemple 2 a été facilitée par le fait que le changement de variables était donné. Lorsque la transformation n'est pas fournie, la première étape consiste à déterminer un changement de variables approprié. Si la fonction $f(x, y)$ est difficile à intégrer, alors la forme de $f(x, y)$ peut suggérer une transformation. Si le domaine d'intégration est compliqué, alors la transformation devrait être choisie de façon que le domaine correspondant S dans le plan uv ait une expression plus simple.

EXEMPLE 3 Calculons l'intégrale $\iint_R e^{(x+y)/(x-y)}\, dA$, où R est la région trapézoïdale de sommets $(1, 0)$, $(2, 0)$, $(0, -2)$ et $(0, -1)$.

SOLUTION Puisqu'il n'est pas facile d'intégrer $e^{(x+y)/(x-y)}$, on effectue le changement de variables suggéré par la forme de cette fonction, soit

10 $$u = x + y \quad v = x - y.$$

Ces équations définissent une transformation T^{-1} du plan xy vers le plan uv. Dans l'énoncé du théorème 9, il est plutôt question d'une transformation T du plan uv vers le plan xy. On obtient cette transformation en résolvant les équations 10 par rapport à x et à y :

11 $$x = \tfrac{1}{2}(u+v) \quad v = \tfrac{1}{2}(u-v).$$

Le jacobien de T est

$$\frac{\partial(x,y)}{\partial(u,v)} = \begin{vmatrix} \dfrac{\partial x}{\partial u} & \dfrac{\partial x}{\partial v} \\ \dfrac{\partial y}{\partial u} & \dfrac{\partial y}{\partial v} \end{vmatrix} = \begin{vmatrix} \dfrac{1}{2} & \dfrac{1}{2} \\ \dfrac{1}{2} & -\dfrac{1}{2} \end{vmatrix} = -\dfrac{1}{2}.$$

Pour déterminer la région S du plan uv correspondant à R, on remarque que les côtés de R appartiennent aux droites

$$y = 0 \quad x - y = 2 \quad x = 0 \quad x - y = 1$$

et que, selon les équations 10 ou les équations 11, les images de ces droites dans le plan uv sont

$$u = v \quad v = 2 \quad u = -v \quad v = 1.$$

Par conséquent, le domaine S est la région trapézoïdale de sommets $(1, 1)$, $(2, 2)$, $(-2, 2)$ et $(-1, 1)$ représentée à la figure 8. Puisque

$$S = \{(u, v) \mid 1 \le v \le 2,\ -v \le u \le v\},$$

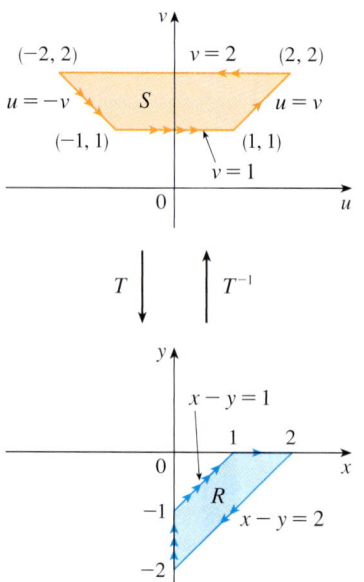

FIGURE 8

le théorème 9 donne

$$\iint_R e^{(x+y)/(x-y)}\, dA = \iint_S e^{u/v}\left|\frac{\partial(x,y)}{\partial(u,v)}\right| du\, dv$$
$$= \int_1^2 \int_{-v}^{v} e^{u/v}\left(\frac{1}{2}\right) du\, dv = \frac{1}{2}\int_1^2 \left[v e^{u/v}\right]_{u=-v}^{u=v} dv$$
$$= \frac{1}{2}\int_1^2 (e - e^{-1}) v\, dv = \frac{3}{4}(e - e^{-1}).$$

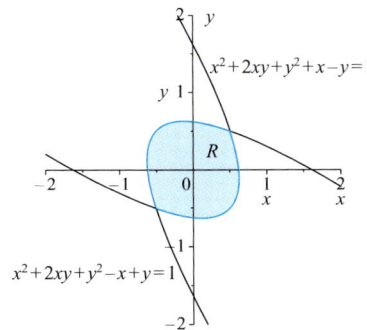

FIGURE 9

EXEMPLE 4 Soit R la région bornée par les courbes $x^2 + 2xy + y^2 - x + y = 1$ et $x^2 + 2xy + y^2 + x - y = 1$ (voir la figure 9). Calculons l'aire de R.

SOLUTION Ici, ce n'est pas la fonction à intégrer qui dicte le changement de variables, mais le domaine d'intégration.

On remarque que les deux courbes qui délimitent R sont des paraboles ayant subi une rotation d'angle $\pi/4$ dans le sens antihoraire. Une telle rotation est donnée par la matrice

$$\begin{bmatrix} \cos(\pi/4) & -\sin(\pi/4) \\ \sin(\pi/4) & \cos(\pi/4) \end{bmatrix} = \frac{1}{\sqrt{2}}\begin{bmatrix} 1 & -1 \\ 1 & 1 \end{bmatrix}.$$

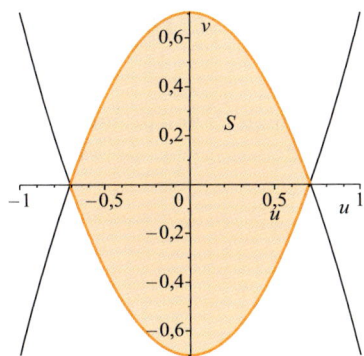

FIGURE 10

Le changement de variable est donc

$$\begin{bmatrix} x \\ y \end{bmatrix} = \frac{1}{\sqrt{2}}\begin{bmatrix} 1 & -1 \\ 1 & 1 \end{bmatrix}\begin{bmatrix} u \\ v \end{bmatrix} = \frac{1}{\sqrt{2}}\begin{bmatrix} u-v \\ u+v \end{bmatrix},$$

c'est-à-dire $x = (u-v)/\sqrt{2}$, $y = (u+v)/\sqrt{2}$. Le jacobien de la transformation est

$$\frac{\partial(x,y)}{\partial(u,v)} = \frac{1}{2}\begin{vmatrix} 1 & -1 \\ 1 & 1 \end{vmatrix} = 1.$$

Les équations des deux paraboles deviennent $v = \frac{1}{\sqrt{2}}(1-2u^2)$ et $v = \frac{1}{\sqrt{2}}(2u^2-1)$.

Elles se coupent lorsque $v = 0$ et $u = \pm 1/\sqrt{2}$. La nouvelle région S est illustrée à la figure 10.

L'aire de la région R est

$$A = \iint_R dA = \iint_S |1|\, dv\, du = \int_{-1/\sqrt{2}}^{1/\sqrt{2}} \int_{(2u^2-1)/\sqrt{2}}^{(1-2u^2)/\sqrt{2}} dv\, du = \int_{-1/\sqrt{2}}^{1/\sqrt{2}} \sqrt{2}(1-2u^2)\, du = \frac{4}{3}.$$

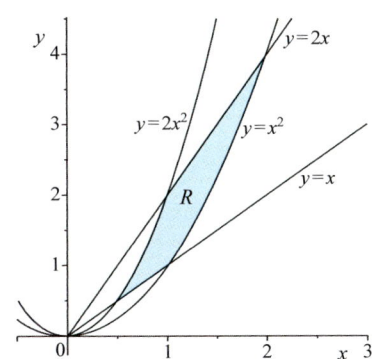

FIGURE 11

EXEMPLE 5 Soit R la région du premier quadrant délimitée par les paraboles $y = x^2$ et $y = 2x^2$, et par les droites $y = x$ et $y = 2x$. Évaluons l'intégrale $\iint_R (x+y)\, dA$.

SOLUTION La région R est représentée à la figure 11. Pour simplifier le calcul de l'intégrale, il serait utile que les bornes sur l'une des deux variables soient constantes, car alors la région serait de type I ou II. Les équations des paraboles suggèrent de poser $u = x^2$. Si on pose de plus $y = uv$, on voit que ces équations deviennent $uv = u$ et $uv = 2u$, c'est-à-dire $v = 1$ et $v = 2$ (car u n'est jamais nulle sur R). Les équations des droites deviennent $uv = \sqrt{u}$ et $uv = 2\sqrt{u}$, c'est-à-dire $u = 1/v^2$ et $u = 4/v^2$. La nouvelle région S, représentée à la figure 12, est de type II.

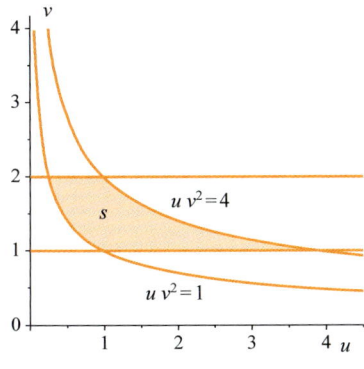

FIGURE 12

Le jacobien de la transformation $x = \sqrt{u}$, $y = uv$ est

$$\frac{\partial(x,y)}{\partial(u,v)} = \begin{vmatrix} 1/2\sqrt{u} & 0 \\ v & u \end{vmatrix} = \frac{\sqrt{u}}{2}.$$

On a donc

$$\iint_R (x+y)\,dA = \iint_S \left(\sqrt{u}+uv\right)\left|\frac{1}{2}\sqrt{u}\right|du\,dv = \frac{1}{2}\int_1^2 \int_{\frac{1}{v^2}}^{\frac{4}{v^2}} \left(u + u^{3/2}v\right)du\,dv = \frac{1}{2}\int_1^2 \frac{199}{10v^4}dv = \frac{1393}{480}.$$

LES CHANGEMENTS DE VARIABLES DANS LES INTÉGRALES TRIPLES

Il existe une formule de changement de variables semblable pour les intégrales triples. Soit T, une transformation qui transforme une région S dans l'espace uvw en une région R dans l'espace xyz au moyen des équations

$$x = g(u, v, w) \quad y = h(u, v, w) \quad z = k(u, v, w).$$

Le **jacobien** de T est le déterminant 3×3 suivant :

12
$$\frac{\partial(x, y, z)}{\partial(u, v, w)} = \begin{vmatrix} \frac{\partial x}{\partial u} & \frac{\partial x}{\partial v} & \frac{\partial x}{\partial w} \\ \frac{\partial y}{\partial u} & \frac{\partial y}{\partial v} & \frac{\partial y}{\partial w} \\ \frac{\partial z}{\partial u} & \frac{\partial z}{\partial v} & \frac{\partial z}{\partial w} \end{vmatrix}.$$

Avec des hypothèses semblables à celles du théorème 9, on peut démontrer la formule suivante pour les intégrales triples :

13
$$\iiint_R f(x, y, z)\,dV = \iiint_S f(x(u, v, w), y(u, v, w), z(u, v, w))\left|\frac{\partial(x, y, z)}{\partial(u, v, w)}\right| du\,dv\,dw.$$

EXEMPLE 6 Déduisons la formule pour l'intégrale triple en coordonnées sphériques à partir de la formule 13.

SOLUTION Dans ce cas, le changement de variables est donné par

$$x = \rho\sin\phi\cos\theta \quad y = \rho\sin\phi\sin\theta \quad z = \rho\cos\phi.$$

On calcule le jacobien comme suit :

$$\frac{\partial(x, y, z)}{\partial(\rho, \theta, \phi)} = \begin{vmatrix} \sin\phi\cos\theta & -\rho\sin\phi\sin\theta & \rho\cos\phi\cos\theta \\ \sin\phi\sin\theta & \rho\sin\phi\cos\theta & \rho\cos\phi\sin\theta \\ \cos\phi & 0 & -\rho\sin\phi \end{vmatrix}$$

$$= \cos\phi\begin{vmatrix} -\rho\sin\phi\sin\theta & \rho\cos\phi\cos\theta \\ \rho\sin\phi\cos\theta & \rho\cos\phi\sin\theta \end{vmatrix} - \rho\sin\phi\begin{vmatrix} \sin\phi\cos\theta & -\rho\sin\phi\sin\theta \\ \sin\phi\sin\theta & \rho\sin\phi\cos\theta \end{vmatrix}$$

$$= \cos\phi(-\rho^2\sin\phi\cos\phi\sin^2\theta - \rho^2\sin\phi\cos\phi\cos^2\theta) - \rho\sin\phi(\rho\sin^2\phi\cos^2\theta + \rho\sin^2\phi\sin^2\theta)$$

$$= -\rho^2\sin\phi\cos^2\phi - \rho^2\sin\phi\sin^2\phi = -\rho^2\sin\phi.$$

Puisque $0 \leq \phi \leq \pi$, on a $\sin \phi \geq 0$. Par conséquent,

$$\left|\frac{\partial(x, y, z)}{\partial(\rho, \theta, \phi)}\right| = |-\rho^2 \sin \phi| = \rho^2 \sin \phi$$

et, selon la formule 13,

$$\iiint_R f(x, y, z)\, dV = \iiint_R f(\rho \sin \phi \cos \theta, \rho \sin \phi \sin \theta, \rho \cos \phi)\, \rho^2 \sin \phi \, d\rho \, d\theta \, d\phi,$$

ce qui équivaut à la formule 2 de la section 7.4.

EXEMPLE 7 Évaluons l'intégrale $\iiint_E z^2\, dV$, où E est la région bornée par l'ellipsoïde $\frac{x^2}{2} + \frac{y^2}{3} + \frac{z^2}{4} = 1$.

SOLUTION On pose $u = \sqrt{2}x$, $v = \sqrt{3}y$, $w = \sqrt{4}z$. L'équation de l'ellipsoïde devient $u^2 + v^2 + w^2 = 1$, qui est l'équation de la sphère S de rayon 1 centrée à l'origine. Le jacobien de la transformation est

$$\frac{\partial(x, y, z)}{\partial(u, v, w)} = \begin{vmatrix} \sqrt{2} & 0 & 0 \\ 0 & \sqrt{3} & 0 \\ 0 & 0 & 2 \end{vmatrix} = 2\sqrt{6}.$$

L'intégrale peut être évaluée à l'aide d'un deuxième changement de variable, le passage aux coordonnées sphériques $u = \rho \sin \phi \cos \theta$, $v = \rho \sin \phi \sin \theta$, $w = \rho \cos \phi$:

$$\iiint_E z^2\, dV = \iiint_S \left(\frac{w}{2}\right)^2 (2\sqrt{6})\, dV = \frac{\sqrt{6}}{2} \int_0^{2\pi} \int_0^{\pi} \int_0^1 (\rho \cos \phi)^2 \rho^2 \sin \phi\, d\rho\, d\phi\, d\theta$$

$$= \frac{\sqrt{6}}{10} \int_0^{2\pi} \int_0^{\pi} \cos^2 \phi \sin \phi\, d\phi\, d\theta = \frac{\sqrt{6}}{15} \int_0^{2\pi} d\theta = \frac{2\pi\sqrt{6}}{15}.$$

L'intégrale par rapport à ϕ peut être évaluée à l'aide du changement de variable $t = \cos \phi$, $dt = -\sin \phi\, d\phi$.

Exercices 7.5

1-6 Calculez le jacobien de la transformation.

1. $x = 2u + v$, $y = 4u - v$

2. $x = u^2 + uv$, $y = uv^2$

3. $x = s \cos t$, $y = s \sin t$

4. $x = \rho e^q$, $y = q e^p$

5. $x = uv$, $y = vw$, $z = wu$

6. $x = u + vw$, $y = v + wu$, $z = w + uv$

7-10 Trouvez l'image de l'ensemble S par la transformation donnée.

7. $S = \{(u, v) | 0 \leq u \leq 3,\ 0 \leq v \leq 2\}$; $x = 2u + 3v$, $y = u - v$

8. S est le carré borné par les droites $u = 0$, $u = 1$, $v = 0$, $v = 1$; $x = v$, $y = u(1 + v^2)$.

9. S est la région triangulaire de sommets $(0, 0)$, $(1, 1)$, $(0, 1)$; $x = u^2$, $y = v$.

10. S est le disque défini par $u^2 + v^2 \leq 1$; $x = au$, $y = bv$.

11-14 Soit la région donnée R dans le plan xy. Trouvez les équations d'une transformation T qui fait correspondre une région rectangulaire S du plan uv à R, où les côtés de S sont parallèles aux axes des u et des v.

11. R est borné par $y = 2x - 1$, $y = 2x + 1$, $y = 1 - x$ et $y = 3 - x$.

12. R est le parallélogramme de sommets $(0, 0)$, $(4, 3)$, $(2, 4)$ et $(-2, 1)$.

13. R est compris entre les cercles $x^2 + y^2 = 1$ et $x^2 + y^2 = 2$ dans le premier quadrant.

14. R est borné par les hyperboles $y = 1/x$ et $y = 4/x$ et par les droites $y = x$ et $y = 4x$ dans le premier quadrant.

15-20 Utilisez la transformation donnée pour calculer l'intégrale.

15. $\iint_R (x - 3y)\, dA$, où R est la région triangulaire de sommets $(0, 0)$, $(2, 1)$ et $(1, 2)$; $x = 2u + v$, $y = u + 2v$.

16. $\iint_R (4x + 8y)\, dA$, où R est le parallélogramme de sommets $(-1, 3)$, $(1, -3)$, $(3, -1)$ et $(1, 5)$; $x = \frac{1}{4}(u + v)$, $y = \frac{1}{4}(v - 3u)$.

17. $\iint_R x^2\, dA$, où R est la région bornée par l'ellipse $9x^2 + 4y^2 = 36$; $x = 2u$, $y = 3v$.

18. $\iint_R (x^2 - xy + y^2)\, dA$, où R est la région bornée par l'ellipse $x^2 - xy + y^2 = 2$; $x = \sqrt{2}\,u - \sqrt{2/3}\,v$, $y = \sqrt{2}\,u + \sqrt{2/3}\,v$.

19. $\iint_R xy\, dA$, où R est la région du premier quadrant bornée par les droites $y = x$ et $y = 3x$ et les hyperboles $xy = 1$, $xy = 3$; $x = u/v$, $y = v$.

20. $\iint_D e^{\frac{x}{y}}\, dA$, où D est la région bornée par les courbes $y^2 = x$, $y^2 = 2x$ et $y = x$; $x = uv$, $y = v$.

21-22 Calculez l'aire de la région R en utilisant le changement de variable donné.

21. R est l'ellipse $x^2 + y^2 - xy = 4$; $x = \sqrt{2}\,u - \sqrt{\frac{2}{3}}\,v$, $y = \sqrt{2}\,u + \sqrt{\frac{2}{3}}\,v$.

22. R est la région bornée par les paraboles $y = x^2$, $y = 2x^2$, $x = y^2$ et $x = 3y^2$; $u = \frac{y}{x^2}$, $v = \frac{x}{y^2}$.

23. $\iint_R y^2\, dA$, où R est la région bornée par les courbes $xy = 1$, $xy = 2$, $xy^2 = 1$, $xy^2 = 2$; $u = xy$, $v = xy^2$. Illustrez R à l'aide d'une calculatrice graphique ou d'un ordinateur.

24. Un important problème en thermodynamique consiste à calculer le travail effectué par un moteur de Carnot idéal. Un cycle est constitué en alternance d'une expansion et d'une compression d'un gaz dans un piston. Le travail effectué par le moteur est égal à l'aire de la région R bornée par deux courbes isothermes $xy = a$ et $xy = b$ et deux courbes adiabatiques $xy^{1,4} = c$ et $xy^{1,4} = d$, où $0 < a < b$ et $0 < c < d$. Calculez le travail effectué en déterminant l'aire de R.

25. a) Calculez $\iiint_E dV$, où E est le solide borné par l'ellipsoïde $x^2/a^2 + y^2/b^2 + z^2/c^2 = 1$. Utilisez la transformation $x = au$, $y = bv$, $z = cw$.

b) La Terre n'est pas une sphère parfaite, car sa rotation entraîne un aplatissement aux pôles. On peut approximer sa forme par celle d'un ellipsoïde avec $a = b = 6378$ km et $c = 6356$ km. Estimez le volume de la Terre à l'aide de la partie a).

26. Si le solide de l'exercice 25 a) a une densité constante k, calculez son moment d'inertie par rapport à l'axe des z.

27-33 Calculez l'intégrale en effectuant un changement de variables approprié.

27. $\iint_R \dfrac{x - 2y}{3x - y}\, dA$, où R est le parallélogramme borné par les droites $x - 2y = 0$, $x - 2y = 4$, $3x - y = 1$ et $3x - y = 8$.

28. $\iint_R (x + y)e^{x^2 - y^2}\, dA$, où R est le rectangle borné par les droites $x - y = 0$, $x - y = 2$, $x + y = 0$ et $x + y = 3$.

29. $\iint_R \cos\left(\dfrac{y - x}{y + x}\right) dA$, où R est la région trapézoïdale de sommets $(1, 0)$, $(2, 0)$, $(0, 2)$ et $(0, 1)$.

30. $\iint_R \sin(9x^2 + 4y^2)\, dA$, où R est la région du premier quadrant bornée par l'ellipse $9x^2 + 4y^2 = 1$.

31. $\iint_R e^{x+y}\, dA$, où R est définie par l'inégalité $|x| + |y| \le 1$.

32. $\iint_R \sin\left(\dfrac{3x}{2x + 2y}\right) dA$, où R est bornée par les droites $y = x$, $y = 2x$ et $y = 1 - x$.

33. $\iint_R \sqrt{xy} + \sqrt{\dfrac{y}{x}}\, dA$, où R est la région du premier quadrant bornée par les courbes $y = x$, $y = 4x$, $y = 1/x$ et $y = 9/x$.

34. Soit f, une fonction continue sur $[0, 1]$ et soit R, la région triangulaire de sommets $(0, 0)$, $(1, 0)$ et $(0, 1)$. Montrez que

$$\iint_R f(x + y)\, dA = \int_0^1 u f(u)\, du.$$

35. Si T est une transformation du plan uv vers le plan xy définie par $x = x(u, v)$, $y = y(u, v)$, et si T^{-1} est la transformation inverse, montrez la relation suivante entre les jacobiens de T et de T^{-1} :

$$\frac{\partial(x, y)}{\partial(u, v)} = \left[\frac{\partial(u, v)}{\partial(x, y)}\right]^{-1}.$$

Révision

Compréhension des concepts

1. Soit f une fonction continue définie sur un rectangle $R = [a, b] \times [c, d]$.
   a) Écrivez l'expression d'une double somme de Riemann de f. Si $f(x, y) \geq 0$, que représente cette somme ?
   b) Écrivez la définition de $\iint_R f(x, y)\,dA$ sous la forme d'une limite.
   c) Quelle est l'interprétation géométrique de $\iint_R f(x, y)\,dA$ si $f(x, y) \geq 0$? Et si f prend des valeurs positives et des valeurs négatives ?
   d) Comment calculez-vous $\iint_R f(x, y)\,dA$?
   e) Décrivez la méthode du point milieu pour les intégrales doubles.
   f) Écrivez l'expression de la valeur moyenne de f.

2. a) Comment définissez-vous $\iint_D f(x, y)\,dA$ si D est une région bornée qui n'est pas un rectangle ?
   b) Qu'est-ce qu'une région de type I ? Comment calculez-vous $\iint_D f(x, y)\,dA$ si D est une région de type I ?
   c) Qu'est-ce qu'une région de type II ? Comment calculez-vous $\iint_D f(x, y)\,dA$ si D est une région de type II ?
   d) Quelles sont les propriétés des intégrales doubles ?

3. Comment passez-vous des coordonnées cartésiennes aux coordonnées polaires dans une intégrale double ? Pourquoi effectueriez-vous une telle conversion ?

4. Une plaque mince occupe une région plane D, et sa densité est donnée par la fonction $\rho(x, y)$. Écrivez les expressions des quantités suivantes sous la forme d'intégrales doubles.
   a) La masse.
   b) Les moments par rapport aux axes.
   c) Le centre de masse.
   d) Les moments d'inertie par rapport aux axes et par rapport à l'origine.

5. Soit f, la fonction de densité conjointe de deux variables aléatoires continues X et Y.
   a) Écrivez l'intégrale double donnant la probabilité que X soit entre a et b, et que Y soit entre c et d.
   b) Quelles sont les propriétés de f ?
   c) Quelles sont les espérances mathématiques de X et de Y ?

6. Écrivez une expression représentant l'aire d'une surface dont l'équation est $z = f(x, y)$, $(x, y) \in D$.

7. a) Écrivez la définition de l'intégrale triple de f sur un parallélépipède B.
   b) Comment calculez-vous $\iiint_B f(x, y, z)\,dV$?

8. Supposez qu'un solide dont la fonction de densité est $\rho(x, y, z)$ occupe une région E. Écrivez les expressions des quantités suivantes.
   a) La masse.
   b) Les moments par rapport aux plans des coordonnées.
   c) Les coordonnées du centre de masse.
   d) Les moments d'inertie par rapport aux axes.
   e) Comment définissez-vous $\iiint_E f(x, y, z)\,dV$ si E est une région solide bornée qui n'est pas un parallélépipède ?
   f) Qu'est-ce qu'une région solide de type 1 ? Comment calculez-vous $\iiint_E f(x, y, z)\,dV$ si E est une telle région ?
   g) Qu'est-ce qu'une région solide de type 2 ? Comment calculez-vous $\iiint_E f(x, y, z)\,dV$ si E est une telle région ?
   h) Qu'est-ce qu'une région solide de type 3 ? Comment calculez-vous $\iiint_E f(x, y, z)\,dV$ si E est une telle région ?

9. a) Comment passe-t-on des coordonnées cartésiennes aux coordonnées cylindriques dans une intégrale triple ?
   b) Comment passe-t-on des coordonnées cartésiennes aux coordonnées sphériques dans une intégrale triple ?
   c) Dans quelles situations est-il souhaitable de passer aux coordonnées cylindriques ou sphériques dans une intégrale triple ?

10. a) Soit la transformation T donnée par $x = g(u, v)$, $y = h(u, v)$. Quel est le jacobien de T ?
    b) Comment effectuez-vous un changement de variables dans une intégrale double ?
    c) Comment effectuez-vous un changement de variables dans une intégrale triple ?

Vrai ou faux

Déterminez si la proposition est vraie ou fausse. Si elle est vraie, expliquez pourquoi. Si elle est fausse, expliquez pourquoi ou donnez un contre-exemple.

1. $\int_{-1}^{2}\int_{0}^{6} x^2 \sin(x-y)\,dx\,dy = \int_{0}^{6}\int_{-1}^{2} x^2 \sin(x-y)\,dy\,dx$

2. $\int_{0}^{1}\int_{0}^{x} \sqrt{x+y^2}\,dy\,dx = \int_{0}^{x}\int_{0}^{1} \sqrt{x+y^2}\,dx\,dy$

3. $\int_{1}^{2}\int_{3}^{4} x^2 e^y\,dy\,dx = \int_{1}^{2} x^2\,dx \int_{3}^{4} e^y\,dy$

4. $\int_{-1}^{1}\int_{0}^{1} e^{x^2+y^2} \sin y\,dx\,dy = 0$

5. Soit la fonction f continue sur $[0, 1]$. Alors,
$$\int_{0}^{1}\int_{0}^{1} f(x)f(y)\,dy\,dx = \left[\int_{0}^{1} f(x)\,dx\right]^2.$$

6. $\int_{1}^{4}\int_{0}^{1} (x^2 + \sqrt{y}) \sin(x^2 y^2)\,dx\,dy - 9$

7. Si D est le disque défini par $x^2 + y^2 \leq 4$, alors
$$\iint_D \sqrt{4-x^2-y^2}\,dA = \tfrac{16}{3}\pi.$$

8. L'intégrale
$$\iiint_E kr^3\, dz\, dr\, d\theta$$
représente le moment d'inertie par rapport à l'axe des z d'un solide E de densité constante k.

9. L'intégrale
$$\int_0^{2\pi}\int_0^2\int_r^2 dz\, dr\, d\theta$$
représente le volume borné par le cône $z=\sqrt{x^2+y^2}$ et le plan $z=2$.

Exercices récapitulatifs

1. La figure montre des courbes de niveau d'une fonction f sur le carré $R=[0,3]\times[0,3]$. Utilisez une somme de Riemann à neuf termes pour calculer approximativement $\iint_R f(x,y)\,dA$. Prenez les coins supérieurs droits des carrés comme points échantillons.

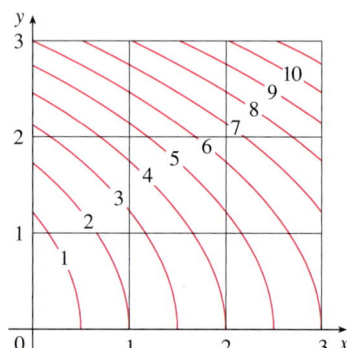

2. Calculez l'intégrale de l'exercice 1 à l'aide de la méthode du point milieu.

3-8 Calculez l'intégrale itérée.

3. $\int_1^2\int_0^2 (y+2xe^y)\,dx\,dy$

4. $\int_0^1\int_0^1 ye^{xy}\,dx\,dy$

5. $\int_0^1\int_0^x \cos(x^2)\,dy\,dx$

6. $\int_0^1\int_x^{e^x} 3xy^2\,dy\,dx$

7. $\int_0^\pi\int_0^1\int_0^{\sqrt{1-y^2}} y\sin x\,dz\,dy\,dx$

8. $\int_0^1\int_0^y\int_x^1 6xyz\,dz\,dx\,dy$

9-10 Écrivez $\iint_R f(x,y)\,dA$ sous la forme d'une intégrale itérée, où R est la région représentée et f, une fonction continue quelconque sur R.

9.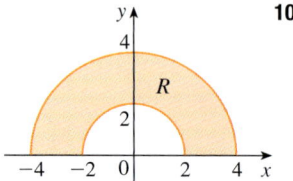

10.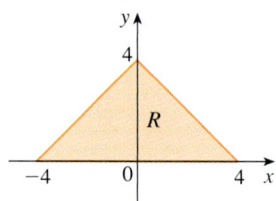

11. Les coordonnées cylindriques d'un point sont $(2\sqrt{3},\pi/3,2)$. Trouvez les coordonnées cartésiennes et les coordonnées sphériques de ce point.

12. Les coordonnées cartésiennes d'un point sont $(2, 2, -1)$. Trouvez les coordonnées cylindriques et les coordonnées sphériques de ce point.

13. Les coordonnées sphériques d'un point sont $(8, \pi/4, \pi/6)$. Trouvez les coordonnées cartésiennes et les coordonnées cylindriques de ce point.

14. Décrivez en mots les surfaces définies par les équations données.
    a) $\theta=\pi/4$
    b) $\phi=\pi/4$

15. Écrivez l'équation en coordonnées cylindriques et en coordonnées sphériques.
    a) $x^2+y^2+z^2=4$
    b) $x^2+y^2=4$

16. Esquissez le solide constitué de tous les points de coordonnées sphériques (ρ,θ,ϕ) telles que $0\leq\theta\leq\pi/2$, $0\leq\phi\leq\pi/6$ et $0\leq\rho\leq 2\cos\phi$.

17. Décrivez la région dont l'aire est donnée par l'intégrale
$$\int_0^{\pi/2}\int_0^{\sin 2\theta} r\,dr\,d\theta.$$

18. Décrivez le solide dont le volume est donné par l'intégrale
$$\int_0^{\pi/2}\int_0^{\pi/2}\int_1^2 \rho^2\sin\phi\,d\rho\,d\phi\,d\theta$$
et calculez l'intégrale.

19-20 Calculez l'intégrale itérée en inversant l'ordre d'intégration.

19. $\int_0^1\int_x^1 \cos(y^2)\,dy\,dx$

20. $\int_0^1\int_{\sqrt{y}}^1 \dfrac{ye^{x^2}}{x^3}\,dx\,dy$

21-34 Calculez l'intégrale.

21. $\iint_R ye^{xy}\,dA$, où $R=\{(x,y)\mid 0\leq x\leq 2, 0\leq y\leq 3\}$.

22. $\iint_D xy\,dA$, où $D=\{(x,y)\mid 0\leq y\leq 1, y^2\leq x\leq y+2\}$.

23. $\iint_D \dfrac{y}{1+x^2}\,dA$, où la région D est bornée par $y=\sqrt{x}$, $y=0$, $x=1$.

24. $\iint_D \dfrac{1}{1+x^2}\,dA$, où D est la région triangulaire de sommets $(0,0)$, $(1,1)$ et $(0,1)$.

25. $\iint_D y\, dA$, où D est la région dans le premier quadrant bornée par les paraboles $x = y^2$ et $x = 8 - y^2$.

26. $\iint_D y\, dA$, où D est la région dans le premier quadrant située au-dessus de l'hyperbole $xy = 1$ et de la droite $y = x$, et sous la droite $y = 2$.

27. $\iint_D (x^2 + y^2)^{3/2}\, dA$, où D est la région dans le premier quadrant bornée par les droites $y = 0$ et $y = \sqrt{3}x$, et le cercle $x^2 + y^2 = 9$.

28. $\iint_D x\, dA$, où D est la région dans le premier quadrant située entre les cercles $x^2 + y^2 = 1$ et $x^2 + y^2 = 2$.

29. $\iiint_E xy\, dV$, où
$$E = \{(x, y, z) \mid 0 \leq x \leq 3, 0 \leq y \leq x, 0 \leq z \leq x + y\}.$$

30. $\iiint_T xy\, dV$, où T est le tétraèdre solide de sommets $(0, 0, 0)$, $\left(\frac{1}{3}, 0, 0\right)$, $(0, 1, 0)$ et $(0, 0, 1)$.

31. $\iiint_E y^2 z^2\, dV$, où la région E est bornée par le paraboloïde $x = 1 - y^2 - z^2$ et le plan $x = 0$.

32. $\iiint_E z\, dV$, où la région E est bornée par les plans $y = 0$, $z = 0$, $x + y = 2$ et le cylindre $y^2 + z^2 = 1$ dans le premier octant.

33. $\iiint_E yz\, dV$, où la région E est au-dessus du plan $z = 0$, au-dessous du plan $z = y$ et à l'intérieur du cylindre $x^2 + y^2 = 4$.

34. $\iiint_H z^3 \sqrt{x^2 + y^2 + z^2}\, dV$, où H est l'hémisphère solide de rayon centré à l'origine et situé au-dessus du plan des xy.

35-40 Calculez le volume du solide donné.

35. Sous le paraboloïde $z = x^2 + 4y^2$ et au-dessus du rectangle $R = [0, 2] \times [1, 4]$.

36. Sous la surface $z = x^2 y$ et au-dessus du triangle du plan xy de sommets $(1, 0)$, $(2, 1)$ et $(4, 0)$.

37. Le tétraèdre solide de sommets $(0, 0, 0)$, $(0, 0, 1)$, $(0, 2, 0)$ et $(2, 2, 0)$.

38. Borné par le cylindre $x^2 + y^2 = 4$ et les plans $z = 0$ et $y + z = 3$.

39. La portion du cylindre solide $x^2 + 9y^2 = a^2$ découpée par les plans $z = 0$ et $z = mx$.

40. Au-dessus du paraboloïde $z = x^2 + y^2$ et sous le demi-cône $z = \sqrt{x^2 + y^2}$.

---

41. Une plaque mince de densité $\rho(x, y) = y$ occupe la région D bornée par la parabole $x = 1 - y^2$ et les axes des coordonnées dans le premier quadrant.
 a) Trouvez la masse de la plaque.
 b) Trouvez son centre de masse.
 c) Calculez les moments d'inertie et les rayons de giration par rapport à l'axe des x et à l'axe des y.

42. Une plaque mince occupe la partie du disque $x^2 + y^2 \leq a^2$ située dans le premier quadrant.
 a) Trouvez le centroïde de la plaque.
 b) Trouvez le centre de masse de la plaque, sachant que sa fonction de densité est $\rho(x, y) = xy^2$.

43. a) Trouvez le centroïde d'un cône circulaire droit de hauteur h et dont la base a un rayon de a. (Placez le cône de manière que sa base soit dans le plan xy, son centre à l'origine et son axe le long de l'axe des z positifs.)
 b) Si la fonction de densité du cône est $\rho(x, y, z) = \sqrt{x^2 + y^2}$, trouvez le moment d'inertie du cône par rapport à son axe (l'axe des z).

44. Trouvez l'aire de la partie du cône $z^2 = a^2(x^2 + y^2)$ qui se trouve entre les plans $z = 1$ et $z = 2$.

45. Trouvez l'aire de la partie de la surface $z = x^2 + y$ qui se trouve au-dessus du triangle de sommets $(0, 0)$, $(1, 0)$ et $(0, 2)$.

46. Représentez graphiquement la surface $z = x \sin y$, $-3 \leq x \leq 3$, $-\pi \leq y \leq \pi$, et trouvez son aire totale avec quatre décimales exactes.

47. À l'aide des coordonnées polaires, calculez
$$\int_0^3 \int_{-\sqrt{9-x^2}}^{\sqrt{9-x^2}} (x^3 + xy^2)\, dy\, dx.$$

48. À l'aide des coordonnées sphériques, calculez
$$\int_{-2}^2 \int_0^{\sqrt{4-y^2}} \int_{-\sqrt{4-x^2-y^2}}^{\sqrt{4-x^2-y^2}} y^2 \sqrt{x^2 + y^2 + z^2}\, dz\, dx\, dy.$$

49. Soit D la région bornée par les courbes $y = 1 - x^2$ et $y = e^x$. Trouvez approximativement la valeur de l'intégrale $\iint_D y^2\, dA$. (Estimez les points d'intersection des courbes à l'aide d'un outil graphique.)

50. Trouvez le centre de masse du tétraèdre solide de sommets $(0, 0, 0)$, $(1, 0, 0)$, $(0, 2, 0)$ et $(0, 0, 3)$ si sa fonction de densité est $\rho(x, y, z) = x^2 + y^2 + z^2$.

51. La fonction de densité conjointe de deux variables aléatoires X et Y est
$$f(x, y) = \begin{cases} C(x + y) & \text{si } 0 \leq x \leq 3,\ 0 \leq y \leq 2 \\ 0 & \text{sinon.} \end{cases}$$
 a) Déterminez la constante C.
 b) Calculez $P(X \leq 2, Y \geq 1)$.
 c) Calculez $P(X + Y \leq 1)$.

52. Chacune des trois ampoules d'un lustre a une durée de vie moyenne de 800 heures. On modélise la probabilité de défaillance d'une ampoule par une variable aléatoire exponentielle ayant une moyenne de 800. Calculez la probabilité que les trois ampoules fonctionnent moins de 1000 heures.

53. Réécrivez l'intégrale
$$\int_{-1}^1 \int_{x^2}^1 \int_0^{1-y} f(x, y, z)\, dz\, dy\, dx$$
sous la forme d'une intégrale itérée dans l'ordre $dx\, dy\, dz$.

54. Écrivez cinq autres intégrales qui sont égales à
$$\int_0^2 \int_0^{y^3} \int_0^{y^2} f(x, y, z)\, dz\, dx\, dy.$$

55. Utilisez la transformation $u = x - y$, $v = x + y$ pour calculer $\iint_R (x-y)/(x+y)\,dA$, où R est le carré de sommets $(0, 2)$, $(1, 1)$, $(2, 2)$ et $(1, 3)$.

56. À l'aide de la transformation $x = u^2$, $y = v^2$, $z = w^2$, calculez le volume de la région bornée par la surface $\sqrt{x} + \sqrt{y} + \sqrt{z} = 1$ et les plans des coordonnées.

57. Utilisez la formule de changement de variables et une transformation appropriée pour calculer $\iint_R xy\,dA$, où R est le carré de sommets $(0, 0)$, $(1, 1)$, $(2, 0)$ et $(1, -1)$.

58. Selon le **théorème de la moyenne pour les intégrales doubles**, si f est une fonction continue sur une région D de type I ou II, alors il existe un point (x_0, y_0) de D tel que

$$\iint_D f(x, y)\,dA = f(x_0, y_0)\,A(D).$$

Démontrez ce théorème à l'aide du théorème 8 de la section 5.1 (p. 210) et de la propriété 11 de la section 6.2 (p. 267).

59. Soit f une fonction continue sur un disque qui contient le point (a, b) et D_r, le disque fermé de centre (a, b) et de rayon r. Utilisez le théorème de la valeur moyenne pour les intégrales doubles (voir l'exercice 58) pour démontrer que

$$\lim_{r \to 0} \frac{1}{\pi r^2} \iint_{D_r} f(x, y)\,dA = f(a, b).$$

60. a) Calculez $\iint_D \dfrac{1}{(x^2 + y^2)^{n/2}}\,dA$, où n est un entier et D, la région bornée par les cercles centrés à l'origine et de rayons r et R, où $0 < r < R$.

b) Pour quelles valeurs de n l'intégrale de la partie a) possède-t-elle une limite lorsque $r \to 0^+$?

c) Calculez $\iiint_E \dfrac{1}{(x^2 + y^2 + z^2)^{n/2}}\,dV$, où E est la région bornée par les sphères centrées à l'origine de rayons r et R, avec $0 < r < R$.

d) Pour quelles valeurs de n l'intégrale de la partie c) possède-t-elle une limite lorsque $r \to 0^+$?

Problèmes supplémentaires

1. Si $[\![x]\!]$ désigne la partie entière de x, calculez l'intégrale

$$\iint_R [\![x + y]\!]\,dA,$$

où $R = \{(x, y) \mid 1 \leq x \leq 3,\ 2 \leq y \leq 5\}$.

2. Calculez l'intégrale

$$\int_0^1 \int_0^1 e^{\max\{x^2, y^2\}}\,dy\,dx,$$

où $\max\{x^2, y^2\}$ désigne le plus grand des nombres x^2 et y^2.

3. Calculez la valeur moyenne de la fonction $f(x) = \int_x^1 \cos(t^2)\,dt$ sur l'intervalle $[0, 1]$.

4. Si $\vec{a}$, $\vec{b}$ et $\vec{c}$ sont des vecteurs constants, $\vec{r}$ est le vecteur position $x\vec{i} + y\vec{j} + z\vec{k}$ et le solide E est défini par les inégalités $0 \leq \vec{a} \cdot \vec{r} \leq \alpha$, $0 \leq \vec{b} \cdot \vec{r} \leq \beta$, $0 \leq \vec{c} \cdot \vec{r} \leq \gamma$, montrez que

$$\iiint_E (\vec{a} \cdot \vec{r})(\vec{b} \cdot \vec{r})(\vec{c} \cdot \vec{r})\,dV = \frac{(\alpha \beta \gamma)^2}{8\,|\vec{a} \cdot (\vec{b} \times \vec{c})|}.$$

5. L'intégrale double $\int_0^1 \int_0^1 \dfrac{1}{1 - xy}\,dx\,dy$ est une intégrale impropre qu'on peut définir comme la limite d'intégrales doubles sur le rectangle $[0, t] \times [0, t]$ lorsque $t \to 1^-$. D'autre part, si on développe l'intégrande en une série géométrique, on peut exprimer l'intégrale sous la forme de la somme d'une série infinie. Montrez que

$$\int_0^1 \int_0^1 \frac{1}{1 - xy}\,dx\,dy = \sum_{n=1}^{\infty} \frac{1}{n^2}.$$

6. Leonhard Euler a calculé la somme exacte de la série du problème 5. En 1736, il démontra que

$$\sum_{n=1}^{\infty} \frac{1}{n^2} = \frac{\pi^2}{6}.$$

Démontrez ce résultat en calculant l'intégrale double du problème 5. Effectuez d'abord le changement de variables

$$x = \frac{u - v}{\sqrt{2}} \qquad y = \frac{u + v}{\sqrt{2}}.$$

Cette transformation est une rotation d'un angle $\pi/4$ autour de l'origine. Dessinez la région correspondante dans le plan uv.

(*Suggestion :* Si, en calculant l'intégrale, vous rencontrez l'expression $(1-\sin\theta)/\cos\theta$ ou l'expression $(\cos\theta)/(1+\sin\theta)$, utilisez l'identité $\cos\theta = \sin\big((\pi/2)-\theta\big)$ et l'identité correspondante pour $\sin\theta$.)

7. a) Montrez que
$$\int_0^1\int_0^1\int_0^1 \frac{1}{1-xyz}\,dx\,dy\,dz = \sum_{n=1}^{\infty}\frac{1}{n^3}.$$

(Personne n'a encore trouvé la valeur exacte de la somme de cette série.)

b) Montrez que
$$\int_0^1\int_0^1\int_0^1 \frac{1}{1+xyz}\,dx\,dy\,dz = \sum_{n=1}^{\infty}\frac{(-1)^{n-1}}{n^3}.$$

Utilisez cette équation pour calculer l'intégrale triple avec deux décimales exactes.

8. Montrez que
$$\int_0^\infty \frac{\arctan \pi x - \arctan x}{x}\,dx = \frac{\pi}{2}\ln \pi$$
en exprimant d'abord l'intégrale comme une intégrale itérée.

9. a) Montrez qu'en coordonnées cylindriques l'équation de Laplace
$$\frac{\partial^2 u}{\partial x^2} + \frac{\partial^2 u}{\partial y^2} + \frac{\partial^2 u}{\partial z^2} = 0$$
devient
$$\frac{\partial^2 u}{\partial r^2} + \frac{1}{r}\frac{\partial u}{\partial r} + \frac{1}{r^2}\frac{\partial^2 u}{\partial \theta^2} + \frac{\partial^2 u}{\partial z^2} = 0.$$

b) Montrez qu'en coordonnées sphériques l'équation de Laplace devient
$$\frac{\partial^2 u}{\partial \rho^2} + \frac{2}{\rho}\frac{\partial u}{\partial \rho} + \frac{\cot\phi}{\rho^2}\frac{\partial u}{\partial \phi} + \frac{1}{\rho^2}\frac{\partial^2 u}{\partial \phi^2} + \frac{1}{\rho^2\sin^2\phi}\frac{\partial^2 u}{\partial \theta^2} = 0.$$

10. a) Une plaque mince de densité constante ρ a la forme d'un disque centré à l'origine et de rayon R. Utilisez la loi d'attraction universelle de Newton (voir la section 8.4) pour montrer que l'intensité de la force d'attraction exercée par la plaque mince sur un corps de masse m situé au point $(0, 0, d)$ sur l'axe des z positifs est
$$F = 2\pi Gm\rho d\left(\frac{1}{d} - \frac{1}{\sqrt{R^2+d^2}}\right).$$

(*Suggestion :* Subdivisez le disque comme à la figure 4 de la section 6.4 et calculez d'abord la composante verticale de la force exercée par le sous-rectangle polaire R_{ij}.)

b) Montrez que l'intensité de la force d'attraction d'une plaque mince de densité ρ qui occupe tout un plan sur un objet de masse m situé à une distance d du plan est
$$F = 2\pi Gm\rho.$$
Remarquez que cette expression ne dépend pas de d.

11. Si f est continue, montrez que
$$\int_0^x\int_0^y\int_0^z f(t)\,dt\,dz\,dy = \frac{1}{2}\int_0^x (x-t)^2 f(t)\,dt.$$

12. Calculez $\displaystyle\lim_{n\to\infty} n^{-2}\sum_{i=1}^{n}\sum_{j=1}^{n^2}\frac{1}{\sqrt{n^2+ni+j}}$.

13. Le plan
$$\frac{x}{a} + \frac{y}{b} + \frac{z}{c} = 1 \qquad a > 0,\ b > 0,\ c > 0$$
coupe un ellipsoïde solide
$$\frac{x^2}{a^2} + \frac{y^2}{b^2} + \frac{z^2}{c^2} \leq 1$$
en deux morceaux. Trouvez le volume de la plus petite pièce.

PARTIE IV

ANALYSE VECTORIELLE

CHAPITRE 8   LES FONCTIONS VECTORIELLES

CHAPITRE 9   LES INTÉGRALES CURVILIGNES ET L'ANALYSE VECTORIELLE DANS LE PLAN

CHAPITRE 10   LES INTÉGRALES DE SURFACE ET L'ANALYSE VECTORIELLE DANS L'ESPACE

RÉVISION

PROBLÈMES SUPPLÉMENTAIRES

CHAPITRE 8
LES FONCTIONS VECTORIELLES

8.1 Les fonctions vectorielles et les courbes paramétrées

8.2 Les dérivées et les intégrales des fonctions vectorielles

8.3 La longueur d'arc et la courbure

8.4 L'étude du mouvement dans l'espace : la vitesse et l'accélération

© rwarnick / Shutterstock

Jusqu'à présent, les fonctions que nous avons étudiées étaient à valeurs réelles. Nous abordons maintenant l'étude des fonctions dont les images sont des vecteurs, qui sont utilisées pour décrire des courbes et des surfaces dans l'espace. Ces fonctions vectorielles nous permettront de décrire la trajectoire d'objets en mouvement dans l'espace. En particulier, elles seront utilisées pour déduire les lois de Kepler pour le mouvement des planètes.

8.1 LES FONCTIONS VECTORIELLES ET LES COURBES PARAMÉTRÉES

En général, une fonction est une règle qui assigne à chaque élément de son domaine un élément de son image. Une **fonction vectorielle** est une fonction dont le domaine est un ensemble de nombres réels et dont l'image est un ensemble de vecteurs. Nous considérerons surtout des fonctions vectorielles $\vec{r}$ dont les valeurs sont des vecteurs de trois dimensions. Cela signifie que pour tout nombre t du domaine de $\vec{r}$, l'image de t est un vecteur unique de V_3, noté $\vec{r}(t)$. Si on note $f(t)$, $g(t)$ et $h(t)$ les composantes du vecteur $\vec{r}(t)$, alors f, g et h sont des fonctions réelles appelées les **fonctions composantes** de $\vec{r}$, et on écrit

$$\vec{r}(t) = f(t)\vec{i} + g(t)\vec{j} + h(t)\vec{k}.$$

On utilise habituellement la lettre t pour désigner la variable indépendante, car elle représente le temps dans la plupart des applications des fonctions vectorielles.

EXEMPLE 1 Si

$$\vec{r}(t) = t^3\vec{i} + \ln(3-t)\vec{j} + \sqrt{t}\vec{k},$$

alors les composantes de $\vec{r}$ sont

$$f(t) = t^3, \ g(t) = \ln(3-t), \ h(t) = \sqrt{t}.$$

Selon la convention habituelle, le domaine de $\vec{r}$ est constitué de toutes les valeurs de t pour lesquelles l'expression $\vec{r}(t)$ est définie. Les expressions t^3, $\ln(3-t)$ et $\sqrt{t}$ sont toutes définies lorsque $3-t > 0$ et $t \geq 0$, donc le domaine de $\vec{r}$ est l'intervalle $[0, 3[$.

On calcule la **limite** d'une fonction vectorielle $\vec{r}$ en prenant les limites de ses fonctions composantes comme suit.

> Si $\lim_{t \to a} \vec{r}(t) = \vec{L}$, cette définition équivaut à dire que la norme, la direction et le sens du vecteur $\vec{r}(t)$ tendent respectivement vers la norme, la direction et le sens du vecteur $\vec{L}$.

1 Si $\vec{r}(t) = f(t)\vec{i} + g(t)\vec{j} + h(t)\vec{k}$, alors

$$\lim_{t \to a} \vec{r}(t) = \lim_{t \to a} f(t)\vec{i} + \lim_{t \to a} g(t)\vec{j} + \lim_{t \to a} h(t)\vec{k}$$

si les limites des fonctions composantes existent.

On aurait pu donner une définition équivalente de la limite avec une notation ε et δ (voir l'exercice 54). Les limites des fonctions vectorielles ont les mêmes propriétés que les limites des fonctions réelles (voir l'exercice 53).

EXEMPLE 2 Trouvons $\lim_{t \to 0} \vec{r}(t)$, où $\vec{r}(t) = (1+t^3)\vec{i} + te^{-t}\vec{j} + \dfrac{\sin t}{t}\vec{k}$.

SOLUTION Selon la définition 1, la limite de $\vec{r}$ est le vecteur dont les composantes sont les limites des composantes de $\vec{r}$:

$$\lim_{t \to 0} \vec{r}(t) = \left[\lim_{t \to 0} (1+t^3)\right]\vec{i} + \left[\lim_{t \to 0} te^{-t}\right]\vec{j} + \left[\lim_{t \to 0} \frac{\sin t}{t}\right]\vec{k}$$
$$= \vec{i} + \vec{k}.$$

La troisième limite ci-dessus a été calculée à l'aide de la règle de l'Hospital.

Une fonction vectorielle $\vec{r}$ est **continue en a** si
$$\lim_{t \to a} \vec{r}(t) = \vec{r}(a).$$

Selon la définition 1, $\vec{r}$ est continue en a si et seulement si ses composantes f, g et h sont continues en a.

LES COURBES PARAMÉTRÉES

Les fonctions vectorielles continues et les courbes dans l'espace sont étroitement liées. Si f, g et h sont des fonctions réelles continues sur un intervalle $[a, b]$, alors l'ensemble C de tous les points (x, y, z) dans l'espace tels que

2
$$x = f(t) \quad y = g(t) \quad z = h(t),$$

où t varie sur tout l'intervalle $[a, b]$, est appelé **courbe paramétrée**. Les équations 2 sont appelées les **équations paramétriques de C** et t est son **paramètre**. On peut imaginer que C est la trajectoire d'une particule dont la position à l'instant t est $(f(t), g(t), h(t))$. Dans le cas d'une courbe paramétrée, on désigne souvent les composantes de $\vec{r}$ par $x(t)$, $y(t)$ et $z(t)$. Lorsque t varie de a à b, les points de C sont parcourus dans un certain ordre, donc les équations paramétriques de C définissent un sens de parcours de la courbe. Si on considère la fonction vectorielle $\vec{r}(t) = f(t)\vec{i} + g(t)\vec{j} + h(t)\vec{k}$, alors $\vec{r}(t)$ est le **vecteur position** du point $P(f(t), g(t), h(t))$ de C. Par conséquent, toute fonction vectorielle continue $\vec{r}$ définit une courbe C dans l'espace dont le tracé correspond aux extrémités des vecteurs position $\vec{r}(t)$, pour $t \in [a, b]$, comme on peut le voir à la figure 1.

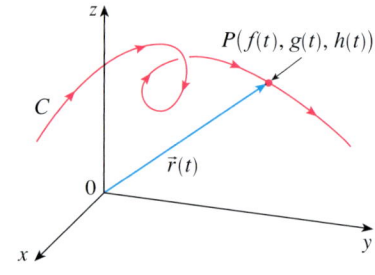

FIGURE 1
La courbe C est tracée par l'extrémité du vecteur position $\vec{r}(t)$.

On peut représenter une courbe C par différentes fonctions vectorielles, autrement dit la paramétrisation d'une courbe n'est pas unique. Ainsi, les paramétrisations

$$\vec{r}_1(t) = t\vec{i} + t^2\vec{j} + t^3\vec{k} \quad 1 \leq t \leq 2$$

et

$$\vec{r}_2(u) = e^u\vec{i} + e^{2u}\vec{j} + e^{3u}\vec{k} \quad 0 \leq u \leq \ln 2$$

représentent la même courbe C (appelée **cubique gauche** et étudiée à l'exemple 8), où les paramètres t et u sont liés par le changement de variable $t = e^u$. La fonction vectorielle

$$\vec{r}_3(v) = (3-v)\vec{i} + (3-v)^2\vec{j} + (3-v)^3\vec{k} \quad 1 \leq v \leq 2$$

est une autre paramétrisation des points de C, mais parcourus dans le sens opposé.

EXEMPLE 3 Décrivons la courbe définie par la fonction vectorielle
$$\vec{r}(t) = (1+t)\vec{i} + (2+5t)\vec{j} + (-1+6t)\vec{k}.$$

SOLUTION Les équations paramétriques de la courbe sont
$$x = 1+t \quad y = 2+5t \quad z = -1+6t$$

et représentent (selon les équations 2 de l'annexe B) les équations paramétriques d'une droite passant par le point $(1, 2, -1)$ et qui est parallèle au vecteur $\vec{i} + 5\vec{j} + 6\vec{k}$. En effet, la fonction peut s'écrire sous la forme $\vec{r} = \vec{r}_0 + t\vec{v}$, où $\vec{r}_0 = \vec{i} + 2\vec{j} - \vec{k}$ et $\vec{v} = \vec{i} + 5\vec{j} + 6\vec{k}$, et celle-ci est l'équation vectorielle d'une droite (selon l'équation 1 de l'annexe B).

On peut aussi représenter des courbes planes à l'aide de la notation vectorielle.

EXEMPLE 4 Décrivons la courbe plane paramétrée par
$$\vec{r}(t) = a\cos t\,\vec{i} + a\sin t\,\vec{j}.$$

SOLUTION On a $x = a\cos t$, $y = a\sin t$. Puisque $x^2 + y^2 = a^2$, la courbe est un cercle de rayon a centré à l'origine. Ce cercle est parcouru dans le sens antihoraire lorsque t varie de 0 à 2π.

EXEMPLE 5 Traçons la courbe paramétrée par
$$\vec{r}(t) = \cos t\,\vec{i} + \sin t\,\vec{j} + t\,\vec{k}.$$

SOLUTION Les équations paramétriques de cette courbe sont
$$x = \cos t \quad y = \sin t \quad z = t.$$

Comme $x^2 + y^2 = \cos^2 t + \sin^2 t = 1$, la courbe est située sur le cylindre circulaire $x^2 + y^2 = 1$. Le point (x, y, z) est au-dessus du point $(x, y, 0)$, qui se déplace dans le sens antihoraire autour du cercle $x^2 + y^2 = 1$ dans le plan xy. Comme $z = t$, la courbe monte en spirale autour du cylindre lorsque t augmente. Cette courbe, représentée à la figure 2, est appelée **hélice**.

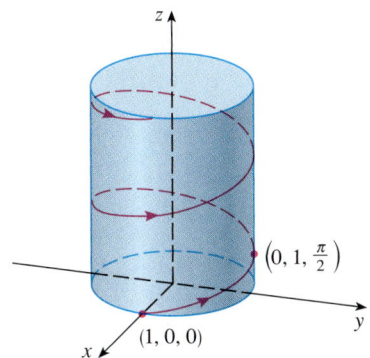

FIGURE 2

La forme en tire-bouchon de l'hélice de l'exemple 5 est celle, familière, des ressorts hélicoïdaux. C'est aussi la forme du modèle de l'ADN (acide désoxyribonucléique, le matériel génétique des cellules vivantes). En 1953, James Watson et Francis Crick ont montré que la structure de la molécule d'ADN est composée de deux hélices liées et parallèles qui sont entrelacées comme le montre la figure 3.

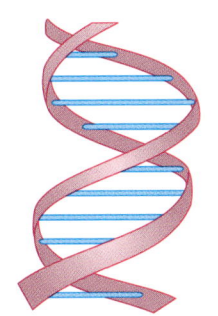

FIGURE 3

Aux exemples 3, 4 et 5, on a fait, à partir des paramétrisations de certaines courbes, une description géométrique ou une figure. Dans les deux exemples suivants, on partira d'une description géométrique d'une courbe pour en trouver les équations paramétriques.

La figure 4 montre le segment de droite PQ de l'exemple 6.

EXEMPLE 6 Trouvons une équation vectorielle et les équations paramétriques du segment de droite qui relie le point $P(1, 3, -2)$ au point $Q(2, -1, 3)$.

SOLUTION L'équation vectorielle du segment de droite qui relie l'extrémité d'un vecteur $\vec{r}_0$ à l'extrémité d'un vecteur $\vec{r}_1$ est
$$\vec{r}(t) = (1-t)\vec{r}_0 + t\vec{r}_1 \quad 0 \leq t \leq 1.$$

Dans cet exemple, on a $\vec{r}_0 = \vec{i} + 3\vec{j} - 2\vec{k}$ et $\vec{r}_1 = 2\vec{i} - \vec{j} + 3\vec{k}$, et l'équation vectorielle du segment de droite allant de P à Q est
$$\vec{r}(t) = (1-t)(\vec{i} + 3\vec{j} - 2\vec{k}) + t(2\vec{i} - \vec{j} + 3\vec{k}) \quad 0 \leq t \leq 1$$
ou
$$\vec{r}(t) = (1+t)\vec{i} + (3-4t)\vec{j} + (-2+5t)\vec{k} \quad 0 \leq t \leq 1.$$

Les équations paramétriques correspondantes sont
$$x = 1+t \quad y = 3-4t \quad z = -2+5t \quad 0 \leq t \leq 1.$$

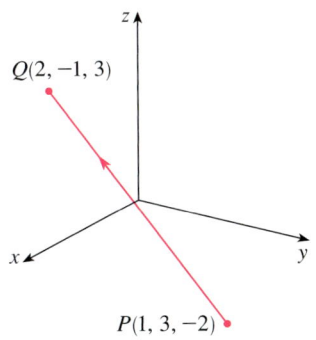

FIGURE 4

EXEMPLE 7 Trouvons une fonction vectorielle qui représente la courbe d'intersection du cylindre $x^2 + y^2 = 1$ et du plan $y + z = 2$.

SOLUTION La figure 5 (voir la page suivante) montre comment le plan et le cylindre se coupent et la figure 6 (voir la page suivante) montre la courbe d'intersection C, une ellipse.

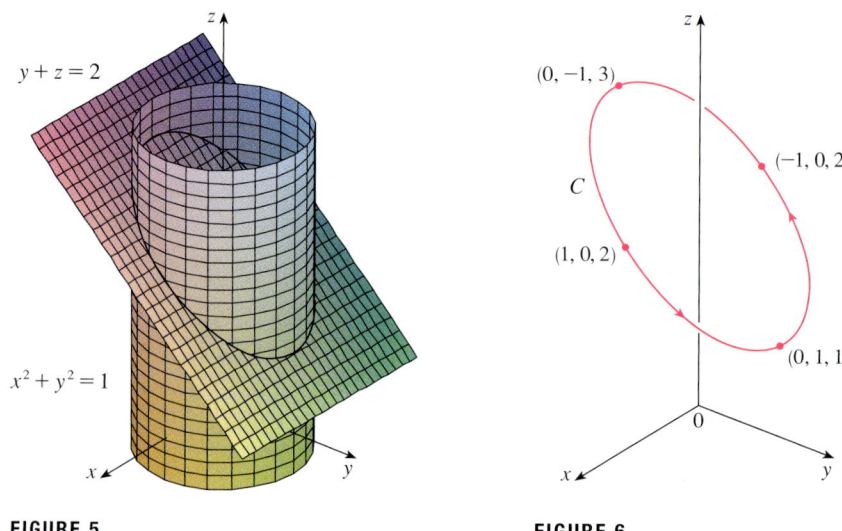

FIGURE 5

FIGURE 6

La projection de C sur le plan xy est le cercle $x^2 + y^2 = 1$, $z = 0$. Ce cercle peut être paramétré par

$$x = \cos t \quad y = \sin t \quad 0 \leq t \leq 2\pi.$$

L'équation du plan, après substitution de ces valeurs, est

$$z = 2 - y = 2 - \sin t.$$

Les équations paramétriques de C sont donc

$$x = \cos t \quad y = \sin t \quad z = 2 - \sin t \quad 0 \leq t \leq 2\pi.$$

La fonction vectorielle correspondante est

$$\vec{r}(t) = \cos t\,\vec{i} + \sin t\,\vec{j} + (2 - \sin t)\vec{k} \quad 0 \leq t \leq 2\pi.$$

Les flèches de la figure 6 indiquent le sens du parcours de C lorsque le paramètre t croît de 0 à 2π.

LA REPRÉSENTATION DE COURBES PARAMÉTRÉES À L'AIDE D'UN ORDINATEUR

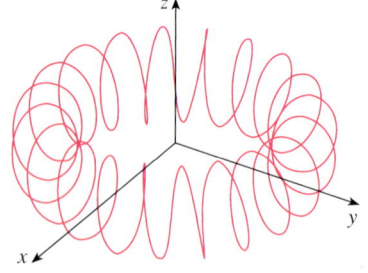

FIGURE 7 Une spirale toroïdale.

À cause de leur nature, les courbes paramétrées dans l'espace sont plus difficiles à représenter à la main que les courbes planes. Pour obtenir une représentation précise, il est nécessaire d'utiliser des outils graphiques. La figure 7, par exemple, montre le graphe tracé par ordinateur de la courbe d'équations paramétriques

$$x = (4 + \sin 20t)\cos t \quad y = (4 + \sin 20t)\sin t \quad z = \cos 20t.$$

Cette courbe est appelée **spirale toroïdale** parce qu'elle est située sur un tore. Une autre courbe intéressante est le **nœud de trèfle**,

$$x = (2 + \cos 1{,}5t)\cos t \quad y = (2 + \cos 1{,}5t)\sin t \quad z = \sin 1{,}5t$$

qui est illustré à la figure 8. Le tracé manuel de ces courbes s'avère difficile à faire.

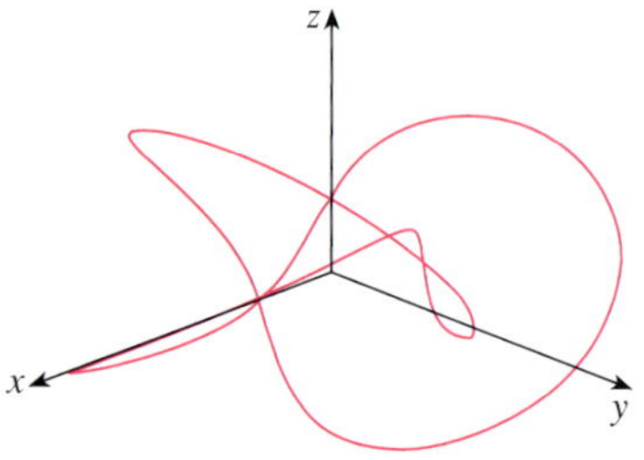

Des illusions d'optique compliquent la perception visuelle d'une courbe dans l'espace, même si cette dernière est tracée par ordinateur. (Ce phénomène est particulièrement vrai à la figure 8. Voir l'exercice 52.) L'exemple suivant montre comment résoudre ce problème.

FIGURE 8 Un nœud de trèfle.

EXEMPLE 8 À l'aide d'un ordinateur, représentons la courbe paramétrée par $\vec{r}(t) = t\vec{i} + t^2\vec{j} + t^3\vec{k}$. Cette courbe est appelée **cubique gauche**.

SOLUTION On trace d'abord la courbe d'équations paramétriques $x = t$, $y = t^2$, $z = t^3$ pour $-2 \leq t \leq 2$. La figure 9 a) en montre le résultat, mais on constate qu'il est difficile de visualiser cette courbe à partir de ce graphique. La plupart des programmes capables de tracer des courbes en trois dimensions permettent d'inscrire une courbe ou une surface dans une boîte au lieu d'afficher seulement les axes de coordonnées. Lorsqu'on observe la même courbe contenue dans une boîte, comme à la figure 9 b), on en a une meilleure image. On constate que cette courbe s'élève d'un sommet inférieur de la boîte vers le sommet supérieur le plus près de nous et qu'elle se tord à mesure qu'elle progresse.

On obtient une représentation plus précise de la courbe lorsqu'on la regarde à partir de différents points de vue. La figure 9 c) montre la courbe après une rotation de la boîte. Les figures 9 d), e) et f) présentent les vues obtenues lorsqu'on regarde la courbe perpendiculairement à une face de la boîte. En particulier, la figure 9 d) montre la courbe vue du dessus de la boîte, ce qui est la projection de la courbe sur le plan xy, à savoir la parabole $y = x^2$. La figure 9 e) montre la projection sur le plan xz, qui est la courbe cubique $z = x^3$. On voit maintenant clairement pourquoi on appelle cette courbe une « cubique gauche ».

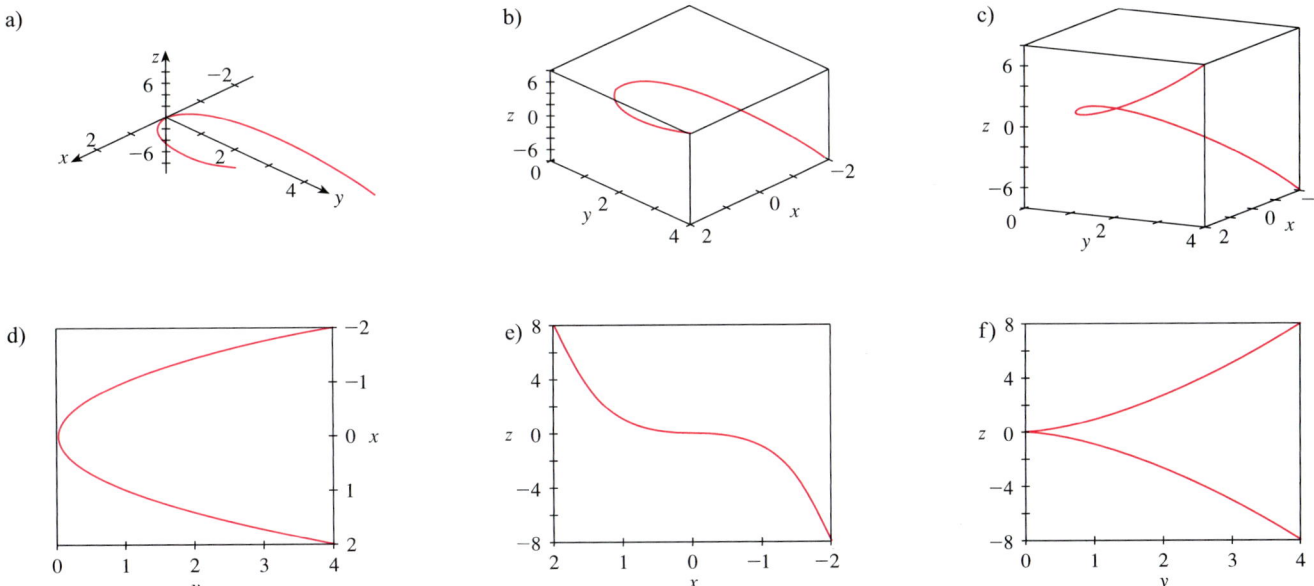

FIGURE 9 Les différentes vues de la cubique gauche.

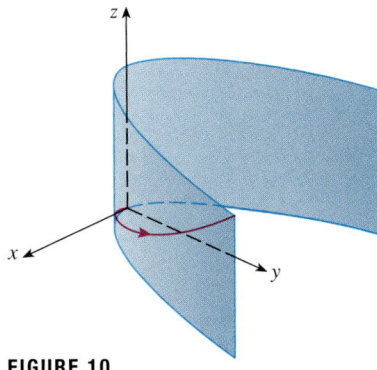

FIGURE 10

On peut aussi visualiser une courbe dans l'espace en la représentant sur une surface. Par exemple, la cubique gauche de l'exemple 8 est située sur le cylindre parabolique $y = x^2$. (Pour trouver cette équation, on élimine le paramètre des deux premières équations paramétriques, $x = t$ et $y = t^2$.) La figure 10 montre le cylindre et la cubique gauche, et on voit que la courbe s'élève, à partir de l'origine, le long de la surface du cylindre. On a aussi utilisé cette méthode à l'exemple 5 pour visualiser l'hélice reposant sur le cylindre circulaire (voir la figure 2).

Une troisième façon de visualiser la cubique gauche est de constater qu'elle est aussi située sur le cylindre $z = x^3$. On peut donc la considérer comme la courbe d'intersection des cylindres $y = x^2$ et $z = x^3$ (voir la figure 11 à la page suivante).

Certains logiciels de calcul symbolique représentent une courbe paramétrée en l'inscrivant dans un tube pour en donner une image plus claire. Une telle représentation permet de voir si une partie de la courbe passe devant ou derrière une autre partie de la courbe. Par exemple, la figure 13 montre la représentation de la courbe de la figure 12 b), qui a été obtenue à l'aide de la commande `tubeplot` de Maple.

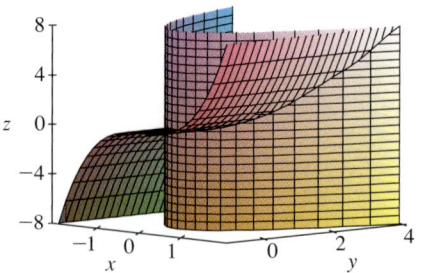

FIGURE 11

On a vu que l'hélice, une courbe paramétrée, est utilisée dans le modèle de l'ADN. Un autre exemple remarquable d'une courbe paramétrée est la trajectoire d'une particule chargée positivement dans des champs électrique et magnétique $\vec{E}$ et $\vec{B}$ orthogonaux. Selon la vitesse initiale de la particule à l'origine, sa trajectoire est une courbe dans l'espace dont la projection sur le plan horizontal est une cycloïde (voir la figure 12 a)) ou une courbe dont la projection est une **trochoïde** (voir la figure 12 b)).

a)
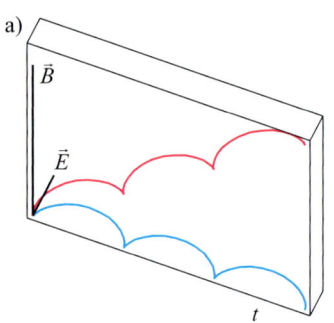
$\vec{r}(t) = (t - \sin t)\vec{i} + (1 - \cos t)\vec{j} + t\vec{k}$

b)
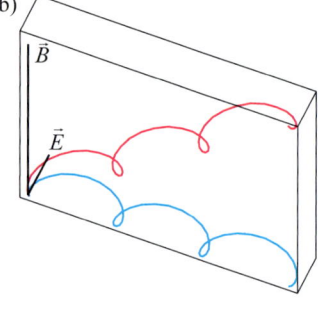
$\vec{r}(t) = (t - \frac{3}{2}\sin t)\vec{i} + (1 - \frac{3}{2}\cos t)\vec{j} + t\vec{k}$

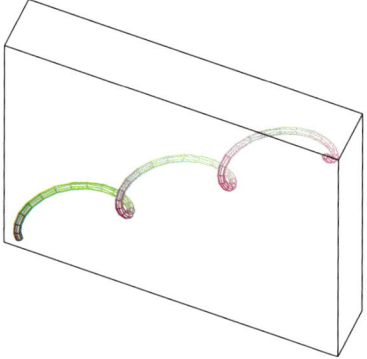

FIGURE 12
La trajectoire d'une particule chargée dans des champs électrique et magnétiques orthogonaux.

FIGURE 13

Exercices 8.1

1-2 Trouvez le domaine de la fonction vectorielle.

1. $\vec{r}(t) = \ln(t+1)\vec{i} + \dfrac{t}{\sqrt{9-t^2}}\vec{j} + 2^t \vec{k}$

2. $\vec{r}(t) = \cos t \vec{i} + \ln t \vec{j} + \dfrac{1}{t-2}\vec{k}$

3-6 Calculez la limite.

3. $\lim\limits_{t \to 0} \left(e^{-3t}\vec{i} + \dfrac{t^2}{\sin^2 t}\vec{j} + \cos 2t \vec{k} \right)$

4. $\lim\limits_{t \to 1} \left(\dfrac{t^2 - t}{t - 1}\vec{i} + \sqrt{t+8}\,\vec{j} + \dfrac{\sin \pi t}{\ln t}\vec{k} \right)$

5. $\lim\limits_{t \to \infty} \dfrac{1+t^2}{1-t^2}\vec{i} + (\tan^{-1} t\,\vec{j}) + \dfrac{1 - e^{-2t}}{t}\vec{k}$

6. $\lim\limits_{t \to \infty} t e^{-t}\vec{i} + \dfrac{t^3 + t}{2t^3 - 1}\vec{j} + \left(t \sin\dfrac{1}{t} \right)\vec{k}$

7-14 Représentez la courbe paramétrée. Indiquez par une flèche le sens de parcours.

7. $\vec{r}(t) = \sin t \vec{i} + t \vec{j}$

8. $\vec{r}(t) = (t^2 - 1)\vec{i} + t\vec{j}$

9. $\vec{r}(t) = t\vec{i} + (2 - t)\vec{j} + 2t\vec{k}$

10. $\vec{r}(t) = \sin \pi t \vec{i} + t\vec{j} + \cos \pi t \vec{k}$

11. $\vec{r}(t) = 3\vec{i} + t\vec{j} + (2 - t^2)\vec{k}$

12. $\vec{r}(t) = 2\cos t \vec{i} + 2\sin t \vec{j} + \vec{k}$

13. $\vec{r}(t) = t^2 \vec{i} + t^4 \vec{j} + t^6 \vec{k}$

14. $\vec{r}(t) = \cos t \vec{i} - \cos t \vec{j} + \sin t \vec{k}$

15-16 Tracez les projections de la courbe sur les trois plans de coordonnées. Utilisez ces projections pour vous aider à tracer la courbe.

15. $\vec{r}(t) = t\vec{i} + \sin t\,\vec{j} + 2\cos t\,\vec{k}$ **16.** $\vec{r}(t) = t\vec{i} + t\vec{j} + t^2\vec{k}$

17-20 Trouvez une fonction vectorielle représentant le segment de droite qui relie P à Q, ainsi que les équations paramétriques du segment.

17. $P(2, 0, 0)$, $Q(6, 2, -2)$ **18.** $P(-1, 2, -2)$, $Q(-3, 5, 1)$

19. $P(0, -1, 1)$, $Q\left(\frac{1}{2}, \frac{1}{3}, \frac{1}{4}\right)$ **20.** $P(a, b, c)$, $Q(u, v, w)$

21-26 Associez les équations paramétriques aux graphiques (étiquetés I à VI). Justifiez vos choix.

21. $x = t\cos t$, $y = t$, $z = t\sin t$, $t \geq 0$

22. $x = \cos t$, $y = \sin t$, $z = 1/(1 + t^2)$

23. $x = t$, $y = 1/(1 + t^2)$, $z = t^2$

24. $x = \cos t$, $y = \sin t$, $z = \cos 2t$

25. $x = \cos 8t$, $y = \sin 8t$, $z = e^{0,8t}$, $t \geq 0$

26. $x = \cos^2 t$, $y = \sin^2 t$, $z = t$

I
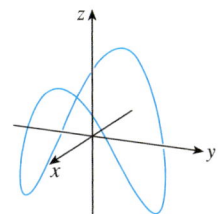

II
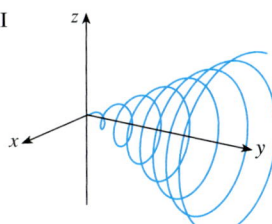

III
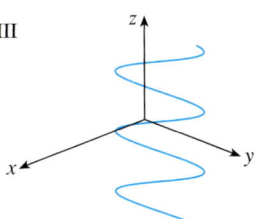

IV
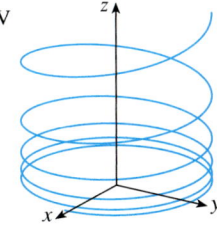

V
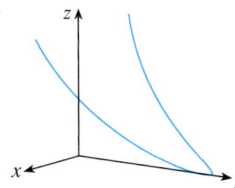

VI
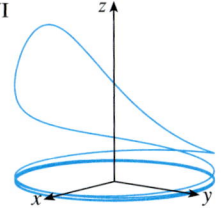

27. Montrez que la courbe d'équations paramétriques $x = t\cos t$, $y = t\sin t$, $z = t$ est située sur le cône $z^2 = x^2 + y^2$. Utilisez cette information pour vous aider à tracer la courbe.

28. Montrez que la courbe d'équations paramétriques $x = \sin t$, $y = \cos t$, $z = \sin^2 t$ est la courbe d'intersection des surfaces $z = x^2$ et $x^2 + y^2 = 1$. Utilisez cette information pour vous aider à tracer la courbe.

29. Trouvez trois surfaces différentes qui contiennent la courbe $\vec{r}(t) = 2t\vec{i} + e^t\vec{j} + e^{2t}\vec{k}$.

30. Trouvez trois surfaces différentes qui contiennent la courbe $\vec{r}(t) = t^2\vec{i} + \ln t\,\vec{j} + (1/t)\vec{k}$.

31. En quels points la courbe $\vec{r}(t) = t\vec{i} + (2t - t^2)\vec{k}$ coupe-t-elle le paraboloïde $z = x^2 + y^2$?

32. En quels points l'hélice $\vec{r}(t) = \sin t\,\vec{i} + \cos t\,\vec{j} + t\vec{k}$ coupe-t-elle la sphère $x^2 + y^2 + z^2 = 5$?

33-37 À l'aide d'un ordinateur, représentez la courbe paramétrique. Assurez-vous de choisir un intervalle pour le paramètre et des points de vue qui permettent de bien représenter tous les aspects de la courbe.

33. $\vec{r}(t) = (\cos t \sin 2)t\vec{i} + (\sin t \sin 2t)\vec{j} + \cos 2t\,\vec{k}$

34. $\vec{r}(t) = te^t\vec{i} + e^{-t}\vec{j} + t\vec{k}$

35. $\vec{r}(t) = (\sin 3t \cos t)\vec{i} + \frac{1}{4}t\vec{j} + (\sin 3t \sin t)\vec{k}$

36. $\vec{r}(t) = (\cos(8\cos t)\sin t)\vec{i} + (\sin(8\cos t)\sin t)\vec{j} + \cos t\,\vec{k}$

37. $\vec{r}(t) = \cos 2t\,\vec{i} + \cos 3t\,\vec{j} + \cos 4t\,\vec{k}$

38. Représentez la courbe d'équations paramétriques $x = \sin t$, $y = \sin 2t$, $z = \cos 4t$. Expliquez l'apparence de la courbe en montrant qu'elle est située sur un cône.

39. Représentez la courbe d'équations paramétriques

$$x = (1 + \cos 16t)\cos t$$
$$y = (1 + \cos 16t)\sin t$$
$$z = 1 + \cos 16t.$$

Expliquez l'apparence de la courbe en montrant qu'elle est située sur un cône.

40. Représentez la courbe d'équations paramétriques

$$x = \sqrt{1 - 0{,}25\cos^2 10t}\,\cos t$$
$$y = \sqrt{1 - 0{,}25\cos^2 10t}\,\sin t$$
$$z = 0{,}5\cos 10t.$$

Expliquez l'apparence de la courbe en montrant qu'elle est située sur une sphère.

41. Montrez que la courbe d'équations paramétriques $x = t^2$, $y = 1 - 3t$, $z = 1 + t^3$ passe par les points $(1, 4, 0)$ et $(9, -8, 28)$, mais non par le point $(4, 7, -6)$.

42-46 Donnez une paramétrisation de la courbe d'intersection des deux surfaces.

42. Le cylindre $x^2 + y^2 = 4$ et la surface $z = xy$

43. Le cône $z = \sqrt{x^2 + y^2}$ et le plan $z = 1 + y$

44. Le paraboloïde $z = 4x^2 + y^2$ et le cylindre parabolique $y = x^2$

45. L'hyperboloïde $z = x^2 - y^2$ et le cylindre $x^2 + y^2 = 1$

46. Le demi-ellipsoïde $x^2 + y^2 + 4z^2 = 4$, $y \geq 0$, et le cylindre $x^2 + z^2 = 1$

47. Essayez de représenter à la main la courbe d'intersection du cylindre circulaire $x^2 + y^2 = 4$ et du cylindre parabolique $z = x^2$. Ensuite, trouvez les équations paramétriques de cette courbe et utilisez-les pour tracer la courbe à l'aide d'un ordinateur.

48. Essayez de tracer à la main la courbe d'intersection du cylindre parabolique $y = x^2$ et de la moitié supérieure de l'ellipsoïde $x^2 + 4y^2 + 4z^2 = 16$. Ensuite, trouvez les équations paramétriques de cette courbe et utilisez-les pour tracer la courbe à l'aide d'un ordinateur.

49. Lorsque deux objets se déplacent dans l'espace selon deux trajectoires différentes, il est souvent important de savoir s'ils entreront en collision. (Est-ce qu'un missile atteindra une cible mobile? Est-ce que deux avions entreront en collision?) Les trajectoires pourraient se couper, mais on doit savoir si les objets seront à la même position au même instant. Supposez que les trajectoires de deux particules sont données par les fonctions vectorielles

$$\vec{r}_1(t) = t^2 \vec{i} + (7t - 12)\vec{j} + t^2 \vec{k}$$
$$\vec{r}_2(t) = (4t - 3)\vec{i} + t^2 \vec{j} + (5t - 6)\vec{k}$$

pour $t \geq 0$. Les particules entreront-elles en collision?

50. Deux particules se déplacent selon les trajectoires

$$\vec{r}_1(t) = t\vec{i} + t^2 \vec{j} + t^3 \vec{k}, \quad \vec{r}_2(t) = (1+2t)\vec{i} + (1+6t)\vec{j} + (1+14t)\vec{k}.$$

Entreront-elles en collision? Leurs trajectoires se coupent-elles?

51. a) Représentez graphiquement la courbe d'équations paramétriques

$$x = \tfrac{27}{26} \sin 8t - \tfrac{8}{39} \sin 18t$$
$$y = -\tfrac{27}{26} \cos 8t + \tfrac{8}{39} \cos 18t$$
$$z = \tfrac{144}{65} \sin 5t.$$

b) Montrez que la courbe est située sur l'hyperboloïde à une nappe

$$144x^2 + 144y^2 - 25z^2 = 100.$$

52. La représentation à la figure 8 d'un nœud de trèfle est correcte, mais elle ne révèle pas tous les aspects de cette courbe. Utilisez les équations paramétriques

$$x = (2 + \cos 1{,}5t) \cos t$$
$$y = (2 + \cos 1{,}5t) \sin t$$
$$z = \sin 1{,}5t$$

pour esquisser à la main la vue de dessus de la courbe, en laissant des blancs aux endroits où la courbe se chevauche elle-même. Commencez par montrer que la projection de la courbe dans le plan xy a pour coordonnées polaires $r = 2 + \cos 1{,}5t$ et $\theta = t$, de sorte que r varie entre 1 et 3. Ensuite, montrez que z possède un maximum et un minimum lorsque la projection est à mi-chemin entre $r = 1$ et $r = 3$.

Une fois votre esquisse achevée, utilisez un ordinateur pour tracer la vue de dessus de la courbe et comparez ce tracé avec le vôtre. Ensuite, toujours avec un ordinateur, tracez la courbe à partir de plusieurs autres points de vue. Vous aurez une meilleure idée de la courbe si vous représentez un tube de rayon 0,2 autour de la courbe. (Utilisez la commande `tubeplot` de Maple.)

53. Soit deux fonctions vectorielles $\vec{u}$ et $\vec{v}$ possédant des limites lorsque $t \to a$ et soit une constante c. Démontrez les propriétés suivantes des limites:

a) $\lim\limits_{t \to a} [\vec{u}(t) + \vec{v}(t)] = \lim\limits_{t \to a} \vec{u}(t) + \lim\limits_{t \to a} \vec{v}(t)$.

b) $\lim\limits_{t \to a} c\vec{u}(t) = c \lim\limits_{t \to a} \vec{u}(t)$.

c) $\lim\limits_{t \to a} [\vec{u}(t) \cdot \vec{v}(t)] = \lim\limits_{t \to a} \vec{u}(t) \cdot \lim\limits_{t \to a} \vec{v}(t)$.

d) $\lim\limits_{t \to a} [\vec{u}(t) \times \vec{v}(t)] = \lim\limits_{t \to a} \vec{u}(t) \times \lim\limits_{t \to a} \vec{v}(t)$.

54. Montrez que $\lim\limits_{t \to a} \vec{r}(t) = \vec{b}$ si et seulement si pour tout $\varepsilon > 0$ il existe un nombre $\delta > 0$ tel que si $0 < |t - a| < \delta$, alors $\|\vec{r}(t) - \vec{b}\| < \varepsilon$.

8.2 LES DÉRIVÉES ET LES INTÉGRALES DES FONCTIONS VECTORIELLES

Plus loin dans ce chapitre, nous utiliserons des fonctions vectorielles pour décrire le mouvement des planètes et d'autres objets dans l'espace. Dans cette section, nous développons les notions de calcul différentiel et intégral des fonctions vectorielles qui nous seront nécessaires.

LES DÉRIVÉES

On définit la dérivée $\vec{r}\,'$ d'une fonction vectorielle $\vec{r}$ de la même façon que la dérivée d'une fonction réelle :

1
$$\frac{d\vec{r}}{dt} = \vec{r}\,'(t) = \lim_{h \to 0} \frac{\vec{r}(t+h) - \vec{r}(t)}{h}$$

si la limite existe. La figure 1 donne une interprétation géométrique de cette définition. Si les vecteurs position des points P et Q sont $\vec{r}(t)$ et $\vec{r}(t+h)$, alors $\overrightarrow{PQ}$ représente le vecteur $\vec{r}(t+h) - \vec{r}(t)$, qu'on peut alors considérer comme un vecteur sécant. Si $h > 0$, le multiple scalaire $(1/h)(\vec{r}(t+h) - \vec{r}(t))$ a la même direction et le même sens que $\vec{r}(t+h) - \vec{r}(t)$. Clairement, lorsque $h \to 0$, ce vecteur tend vers un vecteur situé sur la droite tangente et donc le vecteur $\vec{r}\,'(t)$ est appelé **vecteur tangent** à la courbe définie par $\vec{r}$ au point P, pourvu que $\vec{r}\,'(t)$ existe et que $\vec{r}\,'(t) \neq \vec{0}$. Par définition, la **tangente** à C en P est la droite qui passe par P et qui est parallèle au vecteur tangent $\vec{r}\,'(t)$. On définit le **vecteur tangent unitaire** comme suit :

$$\vec{T}(t) = \frac{\vec{r}\,'(t)}{\|\vec{r}\,'(t)\|}.$$

Le théorème suivant donne une méthode de calcul utile de la dérivée d'une fonction vectorielle $\vec{r}$; il suffit de dériver chaque composante de $\vec{r}$.

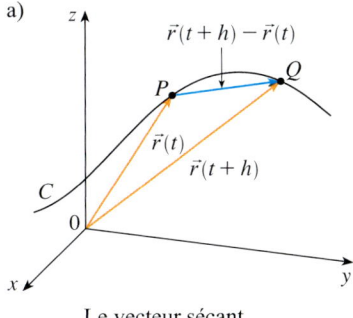

a) Le vecteur sécant.

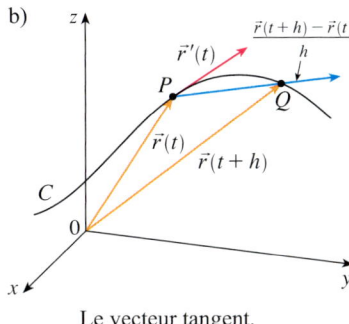

b) Le vecteur tangent.

FIGURE 1

2 **THÉORÈME**

Si $\vec{r}(t) = f(t)\vec{i} + g(t)\vec{j} + h(t)\vec{k}$, où f, g et h sont des fonctions dérivables, alors

$$\vec{r}\,'(t) = f'(t)\vec{i} + g'(t)\vec{j} + h'(t)\vec{k}.$$

DÉMONSTRATION

$$\begin{aligned}
\vec{r}\,'(t) &= \lim_{\Delta t \to 0} \frac{1}{\Delta t}\left[\vec{r}(t + \Delta t) - \vec{r}(t)\right] \\
&= \lim_{\Delta t \to 0} \frac{1}{\Delta t}\left[f(t+\Delta t)\vec{i} + g(t+\Delta t)\vec{j} + h(t+\Delta t)\vec{k} - f(t)\vec{i} - g(t)\vec{j} - h(t)\vec{k}\right] \\
&= \lim_{\Delta t \to 0} \frac{f(t+\Delta t) - f(t)}{\Delta t}\vec{i} + \frac{g(t+\Delta t) - g(t)}{\Delta t}\vec{j} + \frac{h(t+\Delta t) - h(t)}{\Delta t}\vec{k} \\
&= \lim_{\Delta t \to 0} \frac{f(t+\Delta t) - f(t)}{\Delta t}\vec{i} + \lim_{\Delta t \to 0} \frac{g(t+\Delta t) - g(t)}{\Delta t}\vec{j} + \lim_{\Delta t \to 0} \frac{h(t+\Delta t) - h(t)}{\Delta t}\vec{k} \\
&= f'(t)\vec{i} + g'(t)\vec{j} + h'(t)\vec{k}.
\end{aligned}$$

EXEMPLE 1

a) Calculons la dérivée de $\vec{r}(t) = (1+t^3)\vec{i} + te^{-t}\vec{j} + \sin 2t\,\vec{k}$.

b) Trouvons le vecteur tangent unitaire à la courbe paramétrée par $\vec{r}$ au point où $t = 0$.

SOLUTION

a) Conformément au théorème 2, on dérive chaque composante de $\vec{r}$:

$$\vec{r}\,'(t) = 3t^2\,\vec{i} + (1-t)e^{-t}\vec{j} + 2\cos 2t\,\vec{k}.$$

b) On a $\vec{r}(0) = \vec{i}$ et $\vec{r}\,'(0) = \vec{j} + 2\vec{k}$. Par conséquent, le vecteur tangent unitaire au point (1, 0, 0) est

$$\vec{T}(0) = \frac{\vec{r}\,'(0)}{\|\vec{r}\,'(0)\|} = \frac{\vec{j} + 2\vec{k}}{\sqrt{1+4}} = \frac{1}{\sqrt{5}}\,\vec{j} + \frac{2}{\sqrt{5}}\,\vec{k}.$$

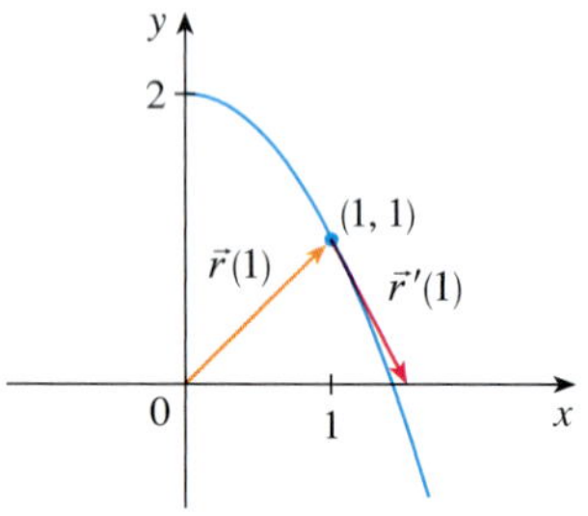

EXEMPLE 2 Soit C la courbe paramétrée par $\vec{r}(t) = \sqrt{t}\,\vec{i} + (2-t)\,\vec{j}$. Trouvons $\vec{r}\,'(t)$ et traçons le vecteur position $\vec{r}(1)$ et le vecteur tangent $\vec{r}\,'(1)$.

SOLUTION On a

$$\vec{r}\,'(t) = \frac{1}{2\sqrt{t}}\,\vec{i} - \vec{j} \quad \text{et} \quad \vec{r}\,'(1) = \frac{1}{2}\,\vec{i} - \vec{j}.$$

La courbe C est plane et l'élimination du paramètre dans les équations $x = \sqrt{t}$, $y = 2-t$ donne $y = 2 - x^2$, $x \geq 0$. À la figure 2, on a tracé le vecteur position $\vec{r}(1) = \vec{i} + \vec{j}$ avec son point initial à l'origine et le vecteur tangent $\vec{r}\,'(1)$ avec son point initial au point correspondant (1, 1).

FIGURE 2

EXEMPLE 3 Trouvons les équations paramétriques de la tangente à l'hélice, dont les équations paramétriques sont

$$x = 2\cos t \quad y = \sin t \quad z = t$$

au point $(0, 1, \pi/2)$.

SOLUTION L'hélice est paramétrée par $\vec{r}(t) = 2\cos t\,\vec{i} + \sin t\,\vec{j} + t\,\vec{k}$, et on a

$$\vec{r}\,'(t) = -2\sin t\,\vec{i} + \cos t\,\vec{j} + \vec{k}.$$

La valeur du paramètre correspondant au point $(0, 1, \pi/2)$ est $t = \pi/2$, et le vecteur tangent en ce point est donc $\vec{r}\,'(\pi/2) = -2\vec{i} + \vec{k}$. La tangente est la droite qui passe par $(0, 1, \pi/2)$ et qui est parallèle au vecteur $-2\vec{i} + \vec{k}$. Les équations paramétriques de la droite tangente sont

$$x = -2t \quad y = 1 \quad z = \frac{\pi}{2} + t.$$

La figure 3 représente l'hélice et la tangente de l'exemple 3.

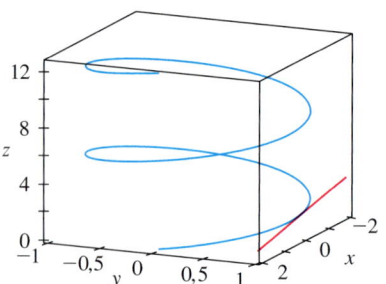

FIGURE 3

À la section 8.4, on verra comment interpréter $\vec{r}\,'(t)$ et $\vec{r}\,''(t)$ comme les vecteurs vitesse et accélération, respectivement, d'une particule en mouvement dans l'espace dont la trajectoire est paramétrée par $\vec{r}(t)$

Comme pour les fonctions réelles, la **dérivée seconde** d'une fonction vectorielle $\vec{r}$ est la dérivée de $\vec{r}\,'$, soit $\vec{r}\,'' = (\vec{r}\,')'$. Par exemple, la dérivée seconde de la fonction de l'exemple 3 est

$$\vec{r}\,''(t) = -2\cos t\,\vec{i} - \sin t\,\vec{j}.$$

LES RÈGLES DE DÉRIVATION

Le théorème suivant montre que les formules de dérivation des fonctions vectorielles sont analogues à celles des fonctions réelles.

> **3 THÉORÈME**
>
> Si $\vec{u}$ et $\vec{v}$ sont des fonctions dérivables, c est un scalaire et f est une fonction réelle, alors
>
> 1. $\dfrac{d}{dt}\big[\vec{u}(t) + \vec{v}(t)\big] = \vec{u}\,'(t) + \vec{v}\,'(t)$;
>
> 2. $\dfrac{d}{dt}\big[c\vec{u}(t)\big] = c\vec{u}\,'(t)$;
>
> 3. $\dfrac{d}{dt}\big[f(t)\vec{u}(t)\big] = f'(t)\vec{u}(t) + f(t)\vec{u}\,'(t)$;
>
> 4. $\dfrac{d}{dt}\big[\vec{u}(t) \cdot \vec{v}(t)\big] = \vec{u}\,'(t) \cdot \vec{v}(t) + \vec{u}(t) \cdot \vec{v}\,'(t)$;
>
> 5. $\dfrac{d}{dt}\big[\vec{u}(t) \times \vec{v}(t)\big] = \vec{u}\,'(t) \times \vec{v}(t) + \vec{u}(t) \times \vec{v}\,'(t)$;
>
> 6. $\dfrac{d}{dt}\big[\vec{u}(f(t))\big] = f'(t)\vec{u}\,'(f(t))$ (règle d'enchaînement).

On peut démontrer ce théorème directement à partir de la définition 1 ou en utilisant le théorème 2 et les formules de dérivation correspondantes pour les fonctions réelles. La démonstration de la formule 4 est donnée ci-dessous. Les autres démonstrations sont demandées aux exercices 43 à 46.

DÉMONSTRATION DE LA FORMULE 4

Soit
$$\vec{u}(t) = f_1(t)\vec{i} + f_2(t)\vec{j} + f_3(t)\vec{k} \quad \vec{v}(t) = g_1(t)\vec{i} + g_2(t)\vec{j} + g_3(t)\vec{k}.$$

Alors,
$$\vec{u}(t) \cdot \vec{v}(t) = f_1(t)g_1(t) + f_2(t)g_2(t) + f_3(t)g_3(t) = \sum_{i=1}^{3} f_i(t)g_i(t)$$

et donc, selon la règle de dérivation ordinaire d'un produit,
$$\frac{d}{dt}\big[\vec{u}(t) \cdot \vec{v}(t)\big] = \frac{d}{dt}\sum_{i=1}^{3} f_i(t)g_i(t) = \sum_{i=1}^{3} \frac{d}{dt}\big[f_i(t)g_i(t)\big]$$
$$= \sum_{i=1}^{3} \big[f_i'(t)g_i(t) + f_i(t)g_i'(t)\big]$$
$$= \sum_{i=1}^{3} f_i'(t)g_i(t) + \sum_{i=1}^{3} f_i(t)g_i'(t)$$
$$= \vec{u}\,'(t) \cdot \vec{v}(t) + \vec{u}(t) \cdot \vec{v}\,'(t). \qquad \blacksquare$$

EXEMPLE 4 Montrons que si $\|\vec{r}(t)\| = c$ (une constante), alors $\vec{r}\,'(t)$ est orthogonal à $\vec{r}(t)$ pour tout t.

SOLUTION Puisque
$$\vec{r}(t) \cdot \vec{r}(t) = \|\vec{r}(t)\|^2 = c^2$$

et que c^2 est une constante, la formule 4 du théorème 3 donne

$$0 = \frac{d}{dt}\left[\vec{r}(t) \cdot \vec{r}(t)\right]$$

$$= \vec{r}\,'(t) \cdot \vec{r}(t) + \vec{r}(t) \cdot \vec{r}\,'(t)$$

$$= 2\vec{r}\,'(t) \cdot \vec{r}(t).$$

Par conséquent, $\vec{r}\,'(t) \cdot \vec{r}(t) = 0$, ce qui implique que $\vec{r}\,'(t)$ est orthogonal à $\vec{r}(t)$.

Géométriquement, ce résultat montre que si une courbe est située sur une sphère centrée à l'origine, alors son vecteur tangent $\vec{r}\,'(t)$ est toujours orthogonal à son vecteur position $\vec{r}(t)$.

LES INTÉGRALES

La définition de l'**intégrale définie** d'une fonction vectorielle continue $\vec{r}(t)$ est semblable à celle de l'intégrale définie d'une fonction réelle, à l'exception près que l'intégrande est un vecteur. On peut exprimer l'intégrale de $\vec{r}$ en fonction des intégrales de ses fonctions composantes f, g et h comme suit :

$$\int_a^b \vec{r}(t)\,dt = \lim_{n \to \infty} \sum_{i=1}^n \vec{r}(t_i^*)\Delta t$$

$$= \lim_{n \to \infty}\left[\left(\sum_{i=1}^n f(t_i^*)\Delta t\right)\vec{i} + \left(\sum_{i=1}^n g(t_i^*)\Delta t\right)\vec{j} + \left(\sum_{i=1}^n h(t_i^*)\Delta t\right)\vec{k}\right]$$

et donc

$$\int_a^b \vec{r}(t)\,dt = \left(\int_a^b f(t)\,dt\right)\vec{i} + \left(\int_a^b g(t)\,dt\right)\vec{j} + \left(\int_a^b h(t)\,dt\right)\vec{k}.$$

Cela signifie qu'on peut calculer l'intégrale d'une fonction vectorielle en intégrant chacune de ses composantes.

Il est possible de généraliser le théorème fondamental du calcul différentiel et intégral aux fonctions vectorielles continues :

$$\int_a^b \vec{r}(t)\,dt = \vec{R}(t)\Big]_a^b = \vec{R}(b) - \vec{R}(a),$$

où $\vec{R}$ est une primitive de $\vec{r}$, c'est-à-dire une fonction vectorielle telle que $\vec{R}\,'(t) = \vec{r}(t)$. Pour les intégrales indéfinies (primitives), on utilise la notation $\int \vec{r}(t)\,dt$.

EXEMPLE 5 Si $\vec{r}(t) = 2\cos t\,\vec{i} + \sin t\,\vec{j} + 2t\,\vec{k}$, alors

$$\int \vec{r}(t)\,dt = \left(\int 2\cos t\,dt\right)\vec{i} + \left(\int \sin t\,dt\right)\vec{j} + \left(\int 2t\,dt\right)\vec{k}$$

$$= 2\sin t\,\vec{i} - \cos t\,\vec{j} + t^2\vec{k} + \vec{C},$$

où $\vec{C}$ est un vecteur constant et

$$\int_0^{\pi/2} \vec{r}(t)\,dt = \left[2\sin t\,\vec{i} - \cos t\,\vec{j} + t^2\vec{k}\right]_0^{\pi/2}$$

$$= 2\vec{i} + \vec{j} + \frac{\pi^2}{4}\vec{k}.$$

Exercices 8.2

1. La figure suivante représente une courbe C paramétrée par une fonction vectorielle $\vec{r}(t)$.

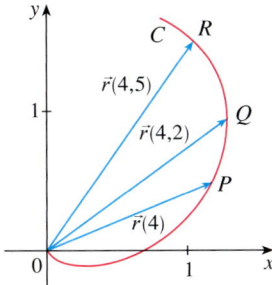

a) Tracez les vecteurs $\vec{r}(4,5) - \vec{r}(4)$ et $\vec{r}(4,2) - \vec{r}(4)$.
b) Tracez les vecteurs $\dfrac{\vec{r}(4,5) - \vec{r}(4)}{0,5}$ et $\dfrac{\vec{r}(4,2) - \vec{r}(4)}{0,2}$.
c) Écrivez les expressions de $\vec{r}'(4)$ et du vecteur tangent unitaire $\vec{T}(4)$.
d) Tracez le vecteur $\vec{T}(4)$.

2. a) Faites un dessin suffisamment grand de la courbe paramétrée par $\vec{r}(t) = t^2\vec{i} + t\vec{j}$, $0 \leq t \leq 2$, puis tracez les vecteurs $\vec{r}(1)$, $\vec{r}(1,1)$ et $\vec{r}(1,1) - \vec{r}(1)$.
b) Tracez le vecteur $\vec{r}'(1)$ avec son point initial en $(1, 1)$, puis comparez-le au vecteur

$$\dfrac{\vec{r}(1,1) - \vec{r}(1)}{0,1}.$$

Expliquez pourquoi ces vecteurs sont proches l'un de l'autre en norme, en direction et en sens.

3-8
a) Dessinez la courbe plane paramétrée par la fonction vectorielle donnée.
b) Trouvez $\vec{r}'(t)$.
c) Tracez le vecteur position $\vec{r}(t)$ et le vecteur tangent $\vec{r}'(t)$ pour la valeur de t donnée.

3. $\vec{r}(t) = (t-2)\vec{i} + (t^2+1)\vec{j}$, $t = -1$

4. $\vec{r}(t) = t^2\vec{i} + t^3\vec{j}$, $t = 1$

5. $\vec{r}(t) = e^{2t}\vec{i} + e^t\vec{j}$, $t = 0$

6. $\vec{r}(t) = e^t\vec{i} + 2t\vec{j}$, $t = 0$

7. $\vec{r}(t) = 4\sin t\,\vec{i} - 2\cos t\,\vec{j}$, $t = 3\pi/4$

8. $\vec{r}(t) = (\cos t + 1)\vec{i} + (\sin t - 1)\vec{j}$, $t = -\pi/3$

9-16 Trouvez la dérivée de la fonction vectorielle.

9. $\vec{r}(t) = \sqrt{t-2}\,\vec{i} + 3\vec{j} + 1/t^2\,\vec{k}$ **10.** $\vec{r}(t) = e^{-t}\vec{i} + (t - t^3)\vec{j} + \ln t\,\vec{k}$

11. $\vec{r}(t) = t^2\vec{i} + \cos(t^2)\vec{j} + \sin^2 t\,\vec{k}$

12. $\vec{r}(t) = \dfrac{1}{1+t}\vec{i} + \dfrac{t}{1+t}\vec{j} + \dfrac{t^2}{1+t}\vec{k}$

13. $\vec{r}(t) = t\sin t\,\vec{i} + e^t\cos t\,\vec{j} + \sin t\cos t\,\vec{k}$

14. $\vec{r}(t) = \sin^2 at\,\vec{i} + te^{bt}\vec{j} + \cos^2 ct\,\vec{k}$

15. $\vec{r}(t) = \vec{a} + t\vec{b} + t^2\vec{c}$

16. $\vec{r}(t) = t\vec{a} \times (\vec{b} + t\vec{c})$

17-20 Trouvez le vecteur tangent unitaire $\vec{T}(t)$ au point correspondant à la valeur donnée du paramètre t.

17. $\vec{r}(t) = (t^2 - 2t)\vec{i} + (1+3t)\vec{j} + (\tfrac{1}{3}t^3 + \tfrac{1}{2}t^3 + \tfrac{1}{2}t^2)\vec{k}$, $t = 2$

18. $\vec{r}(t) = \arctan t\,\vec{i} + 2e^{2t}\vec{j} + 8te^t\vec{k}$, $t = 0$

19. $\vec{r}(t) = \cos t\,\vec{i} + 3t\,\vec{j} + 2\sin 2t\,\vec{k}$, $t = 0$

20. $\vec{r}(t) = \sin^2 t\,\vec{i} + \cos^2 t\,\vec{j} + \tan^2 t\,\vec{k}$, $t = \pi/4$

21. Soit $\vec{r}(t) = t\vec{i} + t^2\vec{j} + t^3\vec{k}$. Trouvez $\vec{r}'(t)$, $\vec{T}(1)$, $\vec{r}''(t)$ et $\vec{r}'(t) \times \vec{r}''(t)$.

22. Soit $\vec{r}(t) = e^{2t}\vec{i} + e^{-2t}\vec{j} + te^{2t}\vec{k}$. Trouvez $\vec{T}(0)$, $\vec{r}''(0)$ et $\vec{r}'(t) \cdot \vec{r}''(t)$.

23-26 Trouvez les équations paramétriques de la tangente à la courbe paramétrée au point donné.

23. $x = t^2 + 1$, $y = 4\sqrt{t}$, $z = e^{t^2 - t}$; $(2, 4, 1)$

24. $x = \ln(t+1)$, $y = t\cos 2$, $z = 2^t$; $(0, 0, 1)$

25. $x = e^{-t}\cos t$, $y = e^{-t}\sin t$, $z = e^{-t}$; $(1, 0, 1)$

26. $x = \sqrt{t^2 + 3}$, $y = \ln(t^2 + 3)$, $z = t$; $(2, \ln 4, 1)$

27. Trouvez une équation vectorielle de la tangente à la courbe d'intersection des cylindres $x^2 + y^2 = 25$ et $y^2 + z^2 = 20$ au point $(3, 4, 2)$.

28. Trouvez le point de la courbe $\vec{r}(t) = 2\cos t\,\vec{i} + 2\sin t\,\vec{j} + e^t\vec{k}$, $0 \leq t \leq \pi$, où la tangente est parallèle au plan $\sqrt{3}x + y = 1$.

29-31 Trouvez les équations paramétriques de la tangente à la courbe paramétrée au point donné. Illustrez ce résultat en traçant la courbe et sa tangente sur une même figure.

29. $x = t$, $y = e^{-t}$, $z = 2t - t^2$; $(0, 1, 0)$

30. $x = 2\cos t$, $y = 2\sin t$, $z = 4\cos 2t$; $(\sqrt{3}, 1, 2)$

31. $x = t\cos t$, $y = t$, $z = t\sin t$; $(-\pi, \pi, 0)$

32. a) Trouvez le point d'intersection des tangentes à la courbe $\vec{r}(t) = \sin \pi t\,\vec{i} + 2\sin \pi t\,\vec{j} + \cos \pi t\,\vec{k}$ aux points correspondant à $t = 0$ et $t = 0,5$.
b) Illustrez le résultat de la partie a) en traçant la courbe et les tangentes.

33. Les courbes

$$\vec{r}_1(t) = t\vec{i} + t^2\vec{j} + t^3\vec{k} \text{ et } \vec{r}_2(t) = \sin t\,\vec{i} + \sin 2t\,\vec{j} + t\vec{k}$$

se coupent à l'origine. Trouvez leur angle d'intersection, arrondi au degré le plus proche.

34. En quel point les courbes $\vec{r}_1(t) = t\vec{i} + (1-t)\vec{j} + (3+t^2)\vec{k}$ et $\vec{r}_2(s) = (3-s)\vec{i} + (s-2)\vec{j} + s^2\vec{k}$ se coupent-elles ? Trouvez leur angle d'intersection, arrondi au degré le plus proche.

35-40 Calculez l'intégrale.

35. $\int_0^2 (t\vec{i} - t^3\vec{j} + 3t^5\vec{k})\,dt$ **36.** $\int_1^4 \left(2t^{3/2}\vec{i} + (t+1)\sqrt{t}\,\vec{k}\right)dt$

37. $\int_0^1 \left(\dfrac{1}{t+1}\vec{i} + \dfrac{1}{t^2+1}\vec{j} + \dfrac{t}{t^2+1}\vec{k}\right)dt$

38. $\int_0^{\pi/4} (\sec t \tan t\,\vec{i} + t\cos 2t\,\vec{j} + \sin^2 2t\cos 2t\,\vec{k})\,dt$

39. $\int (\sec^2 t\,\vec{i} + t(t^2+1)^3\,\vec{j} + t^2\ln t\,\vec{k})\,dt$

40. $\int \left(te^{2t}\vec{i} + \dfrac{t}{1-t}\vec{j} + \dfrac{1}{\sqrt{1-t^2}}\vec{k}\right)dt$

41. Trouvez $\vec{r}(t)$ si $\vec{r}'(t) = 2t\vec{i} + 3t^2\vec{j} + \sqrt{t}\,\vec{k}$ et si $\vec{r}(1) = \vec{i} + \vec{j}$.

42. Trouvez $\vec{r}(t)$ si $\vec{r}'(t) = t\vec{i} + e^t\vec{j} + te^t\vec{k}$ et si $\vec{r}(0) = \vec{i} + \vec{j} + \vec{k}$.

43. Démontrez la formule 1 du théorème 3.

44. Démontrez la formule 3 du théorème 3.

45. Démontrez la formule 5 du théorème 3.

46. Démontrez la formule 6 du théorème 3.

47. Soit $\vec{u}(t) = \sin t\,\vec{i} + \cos t\,\vec{j} + t\vec{k}$ et $\vec{v}(t) = t\vec{i} + \cos t\,\vec{j} + \sin t\,\vec{k}$. Utilisez la formule 4 du théorème 3 pour calculer

$$\dfrac{d}{dt}[\vec{u}(t)\cdot\vec{v}(t)].$$

48. Si $\vec{u}$ et $\vec{v}$ sont les fonctions vectorielles de l'exercice 47, utilisez la formule 5 du théorème 3 pour calculer

$$\dfrac{d}{dt}[\vec{u}(t)\times\vec{v}(t)].$$

49. Trouvez $f'(2)$, où $f(t) = \vec{u}(t)\cdot\vec{v}(t)$, $\vec{u}(2) = 1\vec{i} + 2\vec{j} + -1\vec{k}$, $\vec{u}'(2) = 3\vec{i} + 0\vec{j} + 4\vec{k}$ et $\vec{v}(t) = t\vec{i} + t^2\vec{j} + t^3\vec{k}$.

50. Si $\vec{r}(t) = \vec{u}(t)\times\vec{v}(t)$, où $\vec{u}$ et $\vec{v}$ sont les fonctions vectorielles de l'exercice 49, trouvez $\vec{r}'(2)$.

51. Si $\vec{r}(t) = \vec{a}\cos\omega t + \vec{b}\sin\omega t$, où $\vec{a}$ et $\vec{b}$ sont des vecteurs constants, montrez que $\vec{r}(t)\times\vec{r}'(t) = \omega\vec{a}\times\vec{b}$.

52. Si $\vec{r}$ est la fonction vectorielle de l'exercice 51, montrez que $\vec{r}''(t) + \omega^2\vec{r}(t) = \vec{0}$.

53. Montrez que si $\vec{r}$ est une fonction vectorielle telle que $\vec{r}''$ existe, alors

$$\dfrac{d}{dt}[\vec{r}(t)\times\vec{r}'(t)] = \vec{r}(t)\times\vec{r}''(t).$$

54. Trouvez une expression pour $\dfrac{d}{dt}[\vec{u}(t)\cdot(\vec{v}(t)\times\vec{w}(t))]$.

55. Si $\vec{r}(t) \neq \vec{0}$, montrez que $\dfrac{d}{dt}\|\vec{r}(t)\| = \dfrac{1}{\|\vec{r}(t)\|}\vec{r}(t)\cdot\vec{r}'(t)$.

(*Suggestion*: $\|\vec{r}(t)\|^2 = \vec{r}(t)\cdot\vec{r}(t)$.)

56. Soit une courbe telle que le vecteur position $\vec{r}(t)$ est toujours perpendiculaire au vecteur tangent $\vec{r}'(t)$. Montrez que la courbe est située sur une sphère centrée à l'origine.

57. Soit $u(t) = \vec{r}(t)\cdot[\vec{r}'(t)\times\vec{r}''(t)]$.

Montrez que $u'(t) = \vec{r}(t)\cdot[\vec{r}'(t)\times\vec{r}'''(t)]$.

58. Montrez que le vecteur tangent à la courbe définie par une fonction vectorielle $\vec{r}(t)$ pointe dans la direction de parcours donnée par des t croissants.

(*Suggestion*: Référez-vous à la figure 1 (voir la page 363) et considérez les cas $h > 0$ et $h < 0$ séparément.)

8.3 LA LONGUEUR D'ARC ET LA COURBURE

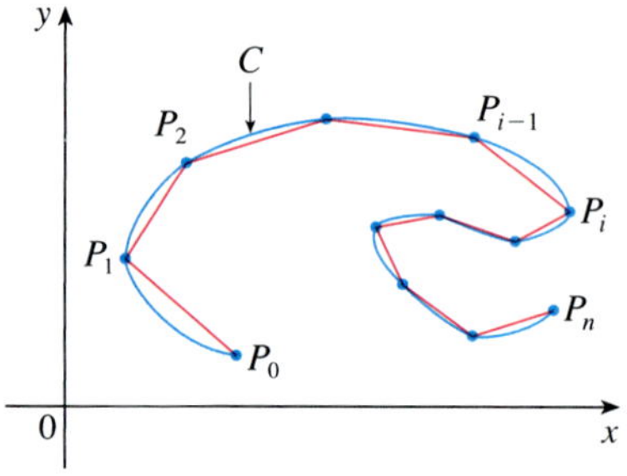

Considérons maintenant une courbe plane paramétrée par $\vec{r}(t) = f(t)\vec{i} + g(t)\vec{j}$ avec $a \leq t \leq b$. On suppose que les dérivées de f et g sont continues. On peut approximer la longueur de C par la longueur d'une courbe polygonale comme celle qui est illustrée à la figure 1.

Plus précisément, soit $a = t_0 < t_1 < \cdots < t_n = b$, une subdivision de l'intervalle $[a, b]$ en n sous-intervalles de même longueur, et soit $P_i = (f(t_i), g(t_i))$, les points correspondants sur la courbe. La longueur L de C est approximée par la somme des longueurs des segments $P_{i-1}P_i$, et L est définie comme la limite des longueurs des approximations polygonales lorsque le nombre de segments augmente :

$$L = \lim_{n\to\infty}\sum_{i=1}^{n}|P_{i-1}P_i|.$$

Si $\Delta x_i = f(t_i) - f(t_{i-1})$ et $\Delta y_i = g(t_i) - g(t_{i-1})$, alors

$$|P_{i-1}P_i| = \sqrt{(\Delta x_i)^2 + (\Delta y_i)^2}.$$

FIGURE 1

Selon le théorème de la valeur moyenne, il existe des points t_i^* et t_i^{**} dans l'intervalle $[t_{i-1}, t_i]$ tels que

$$f(t_i) - f(t_{i-1}) = f'(t_i^*)(t_i - t_{i-1})$$

et

$$g(t_i) - g(t_{i-1}) = g'(t_i^{**})(t_i - t_{i-1}).$$

Si on pose $\Delta t = t_i - t_{i-1}$, alors $\Delta x_i = f'(t_i^*)\Delta t$ et $\Delta y_i = g'(t_i^{**})\Delta t$, de sorte que

$$|P_{i-1}P_i| = \sqrt{\left[f'(t_i^*)\Delta t\right]^2 + \left[g'(t_i^{**})\Delta t\right]^2} = \sqrt{\left[f'(t_i^*)\right]^2 + \left[g'(t_i^{**})\right]^2}\,\Delta t,$$

donc

$$L = \lim_{n \to \infty} \sum_{i=1}^{n} \sqrt{\left[f'(t_i^*)\right]^2 + \left[g'(t_i^{**})\right]^2}\,\Delta t.$$

Dans cette dernière expression, la somme est semblable à une somme de Riemann, sauf que les points t_i^* et t_i^{**} ne sont pas nécessairement égaux. On peut néanmoins montrer que si f et g ont des dérivées continues, cette somme se comporte comme une somme de Riemann, et que sa limite est une intégrale donnant la longueur de la courbe C :

$$L = \int_a^b \sqrt{\left[f'(t)\right]^2 + \left[g'(t)\right]^2}\,dt.$$

On a ainsi démontré le théorème suivant.

1 THÉORÈME

Soit C une courbe paramétrée par $x = f(t)$, $y = g(t)$, $a \leq t \leq b$, où f et g ont des dérivées continues sur $[a, b]$, et C est parcourue une seule fois lorsque t varie de a à b. Alors, la longueur de C est

$$L = \int_a^b \sqrt{\left(\frac{dx}{dt}\right)^2 + \left(\frac{dy}{dt}\right)^2}\,dt.$$

EXEMPLE 1 Montrons que la circonférence d'un cercle de rayon a est $2\pi a$.

SOLUTION On choisit les axes de façon que le cercle soit centré à l'origine. Ce cercle est alors paramétré par $x = a\cos(t)$, $y = a\sin(t)$ avec $0 \leq t \leq 2\pi$. On a

$$\begin{aligned}
L &= \int_0^{2\pi} \sqrt{\left(\frac{dx}{dt}\right)^2 + \left(\frac{dy}{dt}\right)^2} \\
&= \int_0^{2\pi} \sqrt{a^2\sin^2(t) + a^2\cos^2(t)}\,dt \\
&= \int_0^{2\pi} a\,dt \\
&= 2\pi a.
\end{aligned}$$

NOTE Le cercle de l'exemple 1 pourrait aussi être paramétré par $x = a\cos(2t)$, $y = a\sin(2t)$, $0 \leq t \leq 2\pi$. Cependant, l'intégrale du théorème 1 donne alors $4\pi a$, soit deux fois la circonférence. La raison est qu'avec la nouvelle paramétrisation, la courbe est parcourue deux fois. On peut vérifier que si $0 \leq t \leq \pi$, alors on parcourt le cercle une seule fois, et

$$L = \int_0^{\pi} \sqrt{\left(\frac{dx}{dt}\right)^2 + \left(\frac{dy}{dt}\right)^2}\,dt = 2\pi a.$$

On définit la longueur d'une courbe dans l'espace de la même façon (voir la figure 2). On suppose que la courbe est paramétrée par $\vec{r}(t) = f(t)\vec{i} + g(t)\vec{j} + h(t)\vec{k}$,

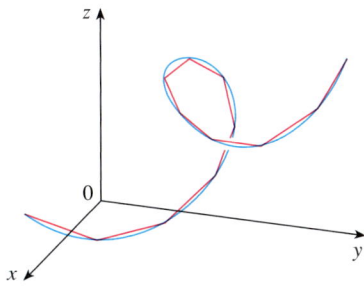

FIGURE 2
La longueur d'une courbe dans l'espace correspond à la limite des longueurs des approximations polygonales.

$a \leq t \leq b$, et que ses équations paramétriques sont $x = f(t)$, $y = g(t)$, $z = h(t)$, où f', g' et h' sont continues. Si la courbe est parcourue exactement une fois lorsque t varie de a à b, on peut montrer que la longueur de la courbe est

2
$$L = \int_a^b \sqrt{\left[f'(t)\right]^2 + \left[g'(t)\right]^2 + \left[h'(t)\right]^2}\, dt$$
$$= \int_a^b \sqrt{\left(\frac{dx}{dt}\right)^2 + \left(\frac{dy}{dt}\right)^2 + \left(\frac{dz}{dt}\right)^2}\, dt.$$

Les formules 1 et 2 de la longueur d'un arc peuvent s'écrire sous la forme compacte suivante :

3
$$L = \int_a^b \|\vec{r}'(t)\|\, dt.$$

En effet, pour une courbe plane, $\vec{r}(t) = f(t)\vec{i} + g(t)\vec{j}$, on a

$$\|\vec{r}'(t)\| = \|f'(t)\vec{i} + g'(t)\vec{j}\| = \sqrt{\left[f'(t)\right]^2 + \left[g'(t)\right]^2}$$

et pour une courbe dans l'espace, $\vec{r}(t) = f(t)\vec{i} + g(t)\vec{j} + h(t)\vec{k}$, on a

$$\|\vec{r}'(t)\| = \|f'(t)\vec{i} + g'(t)\vec{j} + h'(t)\vec{k}\| = \sqrt{\left[f'(t)\right]^2 + \left[g'(t)\right]^2 + \left[h'(t)\right]^2}.$$

La figure 3 montre l'arc de l'hélice dont la longueur est calculée à l'exemple 2.

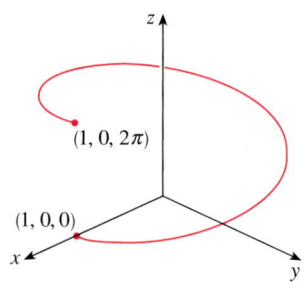

FIGURE 3

EXEMPLE 2 Calculons la longueur de l'arc de l'hélice circulaire paramétrée par $\vec{r}(t) = \cos t\, \vec{i} + \sin t\, \vec{j} + t\, \vec{k}$ du point $(1, 0, 0)$ au point $(1, 0, 2\pi)$.

SOLUTION Puisque $\vec{r}'(t) = -\sin t\, \vec{i} + \cos t\, \vec{j} + \vec{k}$, on a

$$\|\vec{r}'(t)\| = \sqrt{(-\sin t)^2 + \cos^2 t + 1} = \sqrt{2}.$$

L'arc de $(1, 0, 0)$ à $(1, 0, 2\pi)$ est défini par l'intervalle du paramètre $0 \leq t \leq 2\pi$ et donc, selon la formule 3,

$$L = \int_0^{2\pi} \|\vec{r}'(t)\|\, dt = \int_0^{2\pi} \sqrt{2}\, dt = 2\sqrt{2}\,\pi.$$

Si l'hélice de l'exemple 2 est paramétrée par $\vec{r}(t) = \cos 2t\, \vec{i} + \sin 2t\, \vec{j} + 2t\, \vec{k}$, alors l'arc de $(1, 0, 0)$ à $(1, 0, 2\pi)$ correspond aux valeurs du paramètre $0 \leq t \leq \pi$. Le calcul de la longueur avec cette paramétrisation donne le même résultat que précédemment. En général, on peut démontrer, à l'aide de l'équation 3, que la longueur d'un arc est indépendante de la paramétrisation utilisée.

L'ABSCISSE CURVILIGNE

Supposons maintenant que C est une courbe paramétrée par

$$\vec{r}(t) = f(t)\vec{i} + g(t)\vec{j} + h(t)\vec{k} \qquad a \leq t \leq b$$

où $\vec{r}'$ est continue et où C est parcourue exactement une fois lorsque t varie de a à b. On définit l'abscisse curviligne s de C par

4
$$s(t) = \int_a^t \|\vec{r}'(u)\|\, du = \int_a^t \sqrt{\left(\frac{dx}{du}\right)^2 + \left(\frac{dy}{du}\right)^2 + \left(\frac{dz}{du}\right)^2}\, du.$$

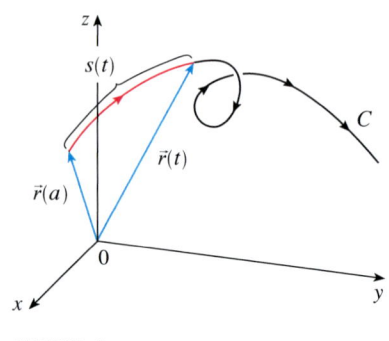

FIGURE 4

On constate que $s(t)$ est la longueur de la partie de C entre les points $\vec{r}(a)$ et $\vec{r}(t)$ (voir la figure 4). De plus, $s(a) = 0$ et $s(b) = L$. En dérivant les deux membres de l'équation 4 à l'aide du théorème fondamental du calcul différentiel et intégral, on obtient

5
$$\frac{ds}{dt} = \|\vec{r}\,'(t)\|.$$

La **paramétrisation d'une courbe par rapport à l'abscisse curviligne** est souvent utile, car l'abscisse curviligne découle naturellement de la forme de la courbe et ne dépend pas d'un système de coordonnées particulier. Si une courbe $\vec{r}(t)$ est déjà donnée en fonction d'un paramètre t et si $s(t)$ est l'abscisse curviligne de l'équation 4, alors il est possible (en principe) d'exprimer t comme fonction de s : $t = t(s)$. On peut alors reparamétrer la courbe en fonction de s en substituant $t(s)$: $\vec{r} = \vec{r}(t(s))$. Par exemple, si $s = 3$, alors $\vec{r}(t(3))$ est le vecteur position du point de la courbe situé à 3 unités de longueur du point de départ.

La différence entre une paramétrisation quelconque et la paramétrisation par rapport à l'abscisse curviligne peut être illustrée comme suit. Supposons qu'on connaisse la trajectoire d'une personne qui se déplace. Si celle-ci nous contacte à l'instant t pour nous demander sa position, nous ne pouvons pas répondre car il faudrait aussi connaître sa vitesse (paramétrisation quelconque). Cependant, si elle nous dit qu'elle a parcouru s km le long de la trajectoire, on peut la situer exactement (paramétrisation par rapport à l'abscisse curviligne).

EXEMPLE 3 Paramétrisons l'hélice $\vec{r}(t) = \cos t\,\vec{i} + \sin t\,\vec{j} + t\,\vec{k}$ par rapport à l'abscisse curviligne mesurée à partir de $(1, 0, 0)$ dans la direction des t croissants.

SOLUTION Le point initial $(1, 0, 0)$ correspond à la valeur du paramètre $t = 0$. Selon l'exemple 2, on a

$$\frac{ds}{dt} = \|\vec{r}\,'(t)\| = \sqrt{2}$$

et donc
$$s = s(t) = \int_0^t \|\vec{r}\,'(u)\|\,du = \int_0^t \sqrt{2}\,du = \sqrt{2}\,t.$$

Par conséquent, $t = s/\sqrt{2}$, et on obtient la paramétrisation demandée en remplaçant t :

$$\vec{r}(t(s)) = \cos(s/\sqrt{2})\,\vec{i} + \sin(s/\sqrt{2})\,\vec{j} + (s/\sqrt{2})\,\vec{k}.$$

LA COURBURE

Une **paramétrisation** $\vec{r}(t)$ est dite **lisse** sur un intervalle I du paramètre t si $\vec{r}\,'$ est continue et si $\vec{r}\,'(t) \neq \vec{0}$ sur I. Une **courbe** est dite **lisse** si elle admet une paramétrisation lisse. Une courbe lisse n'a pas de points de rebroussement, et son vecteur tangent varie de façon continue en fonction de t.

Si C est une courbe lisse définie par la fonction vectorielle $\vec{r}$, son vecteur tangent unitaire $\vec{T}(t)$ est donné par

$$\vec{T}(t) = \frac{\vec{r}\,'(t)}{\|\vec{r}\,'(t)\|}$$

et $\vec{T}(t)$ indique la direction de la courbe. On constate à la figure 5 que $\vec{T}(t)$ change très lentement de direction lorsque C est presque rectiligne, mais qu'il change de direction plus rapidement lorsque C se replie ou se tord plus fortement.

La courbure de C en un point donné mesure le taux de variation de la direction de la courbe en ce point. Plus précisément, la courbure est la norme du taux de variation du vecteur tangent unitaire par rapport à l'abscisse curviligne. (On utilise l'abscisse curviligne afin que la courbure soit indépendante de la paramétrisation.)

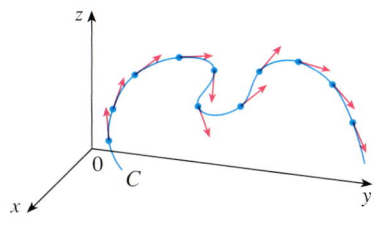

FIGURE 5
Les vecteurs tangents unitaires en des points équidistants sur C.

6 DÉFINITION

La **courbure** d'une courbe est
$$\kappa = \left\|\frac{d\vec{T}}{ds}\right\|,$$
où $\vec{T}$ est le vecteur tangent unitaire.

La courbure se calcule plus facilement lorsqu'elle est exprimée en fonction du paramètre t plutôt que du paramètre s. On utilise la règle de dérivation en chaîne pour écrire l'expression de $\kappa(t)$. On a

$$\frac{d\vec{T}}{dt} = \frac{d\vec{T}}{ds}\frac{ds}{dt} \text{ et } \kappa = \left\|\frac{d\vec{T}}{ds}\right\| = \left\|\frac{d\vec{T}/dt}{ds/dt}\right\|.$$

Or, selon l'équation 5, $ds/dt = \|\vec{r}'(t)\|$, d'où

7
$$\kappa(t) = \frac{\|\vec{T}'(t)\|}{\|\vec{r}'(t)\|}.$$

EXEMPLE 4 Montrons que la courbure d'un cercle de rayon a est $1/a$.

SOLUTION On choisit un cercle centré à l'origine, paramétré par $\vec{r}(t) = a\cos t\,\vec{i} + a\sin t\,\vec{j}$. Par conséquent, $\vec{r}'(t) = -a\sin t\,\vec{i} + a\cos t\,\vec{j}$ et $\|\vec{r}'(t)\| = a$, donc

$$\vec{T}(t) = \frac{\vec{r}'(t)}{\|\vec{r}'(t)\|} = -\sin t\,\vec{i} + \cos t\,\vec{j} \text{ et } \vec{T}'(t) = -\cos t\,\vec{i} - \sin t\,\vec{j}.$$

Cela donne $\|\vec{T}'(t)\| = 1$ et, selon l'équation 7,

$$\kappa(t) = \frac{\|\vec{T}'(t)\|}{\|\vec{r}'(t)\|} = \frac{1}{a}.$$

Le résultat de l'exemple 4 montre que la courbure d'un petit cercle est grande et que la courbure d'un grand cercle est petite, conformément à notre intuition. À partir de la définition, on déduit immédiatement que la courbure d'une droite est toujours nulle parce que le vecteur tangent est constant.

Bien que la formule 7 permette de calculer la courbure dans tous les cas, le théorème suivant donne une expression de $\kappa(t)$ plus facile à utiliser.

8 THÉORÈME

La courbure de la courbe paramétrée par la fonction vectorielle $\vec{r}$ est

$$\kappa(t) = \frac{\|\vec{r}'(t) \times \vec{r}''(t)\|}{\|\vec{r}'(t)\|^3}.$$

DÉMONSTRATION

Puisque $\vec{T} = \vec{r}'/\|\vec{r}'\|$ et $\|\vec{r}'\| = ds/dt$, on a

$$\vec{r}' = \|\vec{r}'\|\vec{T} = \frac{ds}{dt}\vec{T},$$

donc selon la règle de dérivation d'un produit, la dérivée $\vec{r}''$ est

$$\vec{r}'' = \frac{d^2s}{dt^2}\vec{T} + \frac{ds}{dt}\vec{T}'.$$

Or, $\vec{T} \times \vec{T} = \vec{0}$. Ainsi,
$$\vec{r}' \times \vec{r}'' = \left(\frac{ds}{dt}\right)^2 (\vec{T} \times \vec{T}').$$

De plus, $\|\vec{T}(t)\| = 1$ pour tout t et donc $\vec{T}$ et $\vec{T}'$ sont orthogonaux, selon l'exemple 4 de la section 8.2. Par conséquent,

$$\|\vec{r}' \times \vec{r}''\| = \left(\frac{ds}{dt}\right)^2 \|\vec{T} \times \vec{T}'\| = \left(\frac{ds}{dt}\right)^2 \|\vec{T}\|\|\vec{T}'\| = \left(\frac{ds}{dt}\right)^2 \|\vec{T}'\|.$$

On a donc
$$\|\vec{T}'\| = \frac{\|\vec{r}' \times \vec{r}''\|}{(ds/dt)^2} = \frac{\|\vec{r}' \times \vec{r}''\|}{\|\vec{r}'\|^2}$$

et
$$\kappa = \frac{\|\vec{T}'\|}{\|\vec{r}'\|} = \frac{\|\vec{r}' \times \vec{r}''\|}{\|\vec{r}'\|^3}$$

EXEMPLE 5 Calculons la courbure de la cubique gauche $\vec{r}(t) = t\vec{i} + t^2\vec{j} + t^3\vec{k}$ en un point quelconque ainsi qu'en $(0, 0, 0)$.

SOLUTION On calcule d'abord les expressions requises :

$$\vec{r}'(t) = \vec{i} + 2t\,\vec{j} + 3t^2\vec{k} \qquad \vec{r}''(t) = 2\vec{j} + 6t\,\vec{k}$$

$$\|\vec{r}'(t)\| = \sqrt{1 + 4t^2 + 9t^4},$$

$$\vec{r}'(t) \times \vec{r}''(t) = \begin{vmatrix} \vec{i} & \vec{j} & \vec{k} \\ 1 & 2t & 3t^2 \\ 0 & 2 & 6t \end{vmatrix} = 6t^2\,\vec{i} - 6t\,\vec{j} + 2\vec{k}$$

$$\|\vec{r}'(t) \times \vec{r}''(t)\| = \sqrt{36t^4 + 36t^2 + 4} = 2\sqrt{9t^4 + 9t^2 + 1}.$$

Alors, selon le théorème 8,

$$\kappa(t) = \frac{\|\vec{r}'(t) \times \vec{r}''(t)\|}{\|\vec{r}'(t)\|^3} = \frac{2\sqrt{1 + 9t^2 + 9t^4}}{(1 + 4t^2 + 9t^4)^{3/2}}.$$

À l'origine, $t = 0$ et la courbure est $\kappa(0) = 2$.

Dans le cas particulier d'une courbe plane d'équation $y = f(x)$, on peut choisir x comme paramètre et écrire la paramétrisation $\vec{r}(x) = x\vec{i} + f(x)\vec{j}$. Alors, $\vec{r}'(x) = \vec{i} + f'(x)\vec{j}$ et $\vec{r}''(x) = f''(x)\vec{j}$. Puisque $\vec{i} \times \vec{j} = \vec{k}$ et que $\vec{j} \times \vec{j} = \vec{0}$, on a $\vec{r}'(x) \times \vec{r}''(x) = f''(x)\vec{k}$. De plus, $\|\vec{r}'(x)\| = \sqrt{1 + [f'(x)]^2}$ et, selon le théorème 8,

9
$$\kappa(x) = \frac{|f''(x)|}{\left[1 + (f'(x))^2\right]^{3/2}}.$$

EXEMPLE 6 Calculons la courbure de la parabole $y = x^2$ aux points $(0, 0)$, $(1, 1)$ et $(2, 4)$.

SOLUTION Puisque $y' = 2x$ et $y'' = 2$, la formule 9 donne

$$\kappa(x) = \frac{|y''|}{\left[1 + (y')^2\right]^{3/2}} = \frac{2}{(1 + 4x^2)^{3/2}}.$$

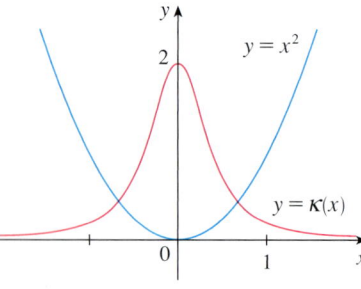

FIGURE 6
La parabole $y = x^2$ et sa fonction de courbure.

La courbure en $(0, 0)$ est $\kappa(0) = 2$; en $(1, 1)$, elle est égale à $\kappa(1) = 2/5^{3/2} \approx 0{,}18$; en $(2, 4)$ elle vaut $\kappa(2) = 2/17^{3/2} \approx 0{,}03$. On remarque que, selon l'expression de $\kappa(x)$ ou selon le graphe de κ (voir la figure 6), $\kappa(x) \to 0$ lorsque $x \to \pm\infty$. Cela correspond au fait que la parabole s'aplatit de plus en plus quand $x \to \pm\infty$.

LES VECTEURS NORMAL ET BINORMAL

En un point d'une courbe lisse $\vec{r}(t)$ dans l'espace, il existe un nombre infini de vecteurs orthogonaux au vecteur tangent unitaire $\vec{T}(t)$. Puisque $\|\vec{T}(t)\| = 1$ pour tout t, on a $\vec{T}(t) \cdot \vec{T}'(t) = 0$, selon l'exemple 4 de la section 8.2, et donc $\vec{T}'(t)$ est orthogonal à $\vec{T}(t)$. Il faut noter que $\vec{T}'(t)$ n'est pas un vecteur unitaire. Si $\vec{r}'$ est lisse, on définit le **vecteur normal unitaire principal $\vec{N}(t)$** (ou la **normale unitaire**) par

$$\vec{N}(t) = \frac{\vec{T}'(t)}{\|\vec{T}'(t)\|}.$$

Le vecteur $\vec{B}(t) = \vec{T}(t) \times \vec{N}(t)$ est appelé **vecteur binormal**. Ce vecteur est perpendiculaire à $\vec{T}$ et à $\vec{N}$, et $\vec{B}(t)$ est aussi un vecteur unitaire (voir la figure 7).

On peut interpréter le vecteur normal de manière telle qu'il indique la direction vers laquelle la courbe se replie, ou tourne, en un point donné.

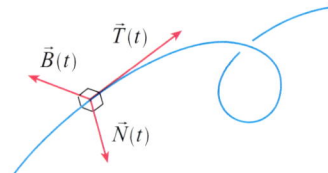

FIGURE 7

La figure 8 illustre l'exemple 7 en montrant les vecteurs $\vec{T}$, $\vec{N}$ et $\vec{B}$ en deux points de l'hélice. En général, les vecteurs $\vec{T}$, $\vec{N}$ et $\vec{B}$ forment un ensemble de vecteurs orthogonaux, appelé « base $\vec{T}\vec{N}\vec{B}$ » ou « repère de Serret-Frenet », qui se déplacent le long de la courbe lorsque t varie. Cette base $\vec{T}\vec{N}\vec{B}$ joue un rôle important dans la branche des mathématiques appelée « géométrie différentielle » et dans ses applications relatives au mouvement des engins spatiaux.

EXEMPLE 7 Trouvons les vecteurs normal unitaire et binormal de l'hélice circulaire

$$\vec{r}(t) = \cos t\,\vec{i} + \sin t\,\vec{j} + t\,\vec{k}.$$

SOLUTION On calcule d'abord les expressions nécessaires au calcul du vecteur normal unitaire :

$$\vec{r}'(t) = -\sin t\,\vec{i} + \cos t\,\vec{j} + \vec{k}, \quad \|\vec{r}'(t)\| = \sqrt{2}$$

$$\vec{T}(t) = \frac{\vec{r}'(t)}{\|\vec{r}'(t)\|} = \frac{1}{\sqrt{2}}(-\sin t\,\vec{i} + \cos t\,\vec{j} + \vec{k})$$

$$\vec{T}'(t) = \frac{1}{\sqrt{2}}(-\cos t\,\vec{i} - \sin t\,\vec{j}), \quad \|\vec{T}'(t)\| = \frac{1}{\sqrt{2}}$$

$$\vec{N}(t) = \frac{\vec{T}'(t)}{\|\vec{T}'(t)\|} = -\cos t\,\vec{i} - \sin t\,\vec{j}.$$

Cela montre que le vecteur normal en un point de l'hélice est horizontal et qu'il pointe vers l'axe des z. Le vecteur binormal est

$$\vec{B}(t) = \vec{T}(t) \times \vec{N}(t) = \frac{1}{\sqrt{2}} \begin{vmatrix} \vec{i} & \vec{j} & \vec{k} \\ -\sin t & \cos t & 1 \\ -\cos t & -\sin t & 0 \end{vmatrix} = \frac{1}{\sqrt{2}}(\sin t\,\vec{i} - \cos t\,\vec{j} + \vec{k}).$$

Le plan déterminé par le vecteur normal $\vec{N}$ et le vecteur binormal $\vec{B}$ en un point P d'une courbe C est appelé le **plan normal** de C en P. Il est constitué de toutes les droites qui sont orthogonales au vecteur tangent $\vec{T}$. Le plan déterminé par les vecteurs $\vec{T}$ et $\vec{N}$ est le **plan osculateur** de C en P. (Ce terme vient du mot latin *osculum*, qui signifie « embrasser ».) C'est le plan qui contient le mieux la courbe près du point P. (Le plan osculateur d'une courbe plane est le plan qui contient la courbe.)

Le cercle qui est dans le plan osculateur de C en P, qui possède la même tangente que C en P, qui est situé du côté concave de C (dans la direction où $\vec{N}$ pointe) et qui a un rayon $\rho = 1/\kappa$ (l'inverse de la courbure) est appelé **cercle osculateur** (ou **cercle de courbure**) de C en P. C'est le cercle qui décrit le mieux le comportement de C près de P ; il a la même tangente, la même normale et la même courbure que C au point P.

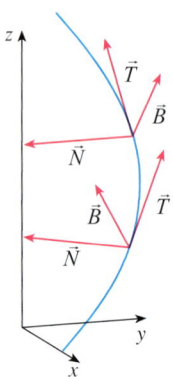

FIGURE 8

La figure 9 montre l'hélice de l'exemple 8 et son plan osculateur.

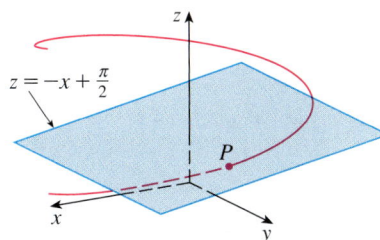

FIGURE 9

EXEMPLE 8 Trouvons les équations du plan normal et du plan osculateur de l'hélice de l'exemple 7 au point $P(0, 1, \pi/2)$.

SOLUTION En P, le plan normal a pour vecteur normal $\vec{r}\,'(\pi/2) = -\vec{i} + \vec{k}$. Par conséquent,

$$-1(x-0) + 0(y-1) + 1\left(z - \frac{\pi}{2}\right) = 0 \quad \text{ou} \quad z = x + \frac{\pi}{2}$$

est l'équation du plan normal.

Le plan osculateur en P contient les vecteurs $\vec{T}$ et $\vec{N}$, et son vecteur normal est $\vec{T} \times \vec{N} = \vec{B}$. L'exemple 7 donne

$$\vec{B}(t) = \frac{1}{\sqrt{2}}(\sin t\,\vec{i} - \cos t\,\vec{j} + \vec{k}) \qquad \vec{B}\left(\frac{\pi}{2}\right) = \frac{1}{\sqrt{2}}\vec{i} + \frac{1}{\sqrt{2}}\vec{k}.$$

Un vecteur normal simplifié est $\vec{i} + \vec{k}$. Par conséquent,

$$1(x-0) + 0(y-1) + 1\left(z - \frac{\pi}{2}\right) = 0 \quad \text{ou} \quad z = -x + \frac{\pi}{2}$$

est l'équation du plan osculateur.

EXEMPLE 9 Trouvons et représentons le cercle osculateur de la parabole $y = x^2$ à l'origine.

SOLUTION Selon l'exemple 6, la courbure de la parabole à l'origine est $\kappa(0) = 2$. Le rayon du cercle osculateur à l'origine est donc $1/\kappa = 1/2$, et son centre est $(0, 1/2)$. De ce fait, son équation est

$$x^2 + (y - \tfrac{1}{2})^2 = \tfrac{1}{4}.$$

Pour tracer le graphique de la figure 10, on utilise les équations paramétriques de ce cercle:

$$x = \tfrac{1}{2}\cos t \qquad y = \tfrac{1}{2} + \tfrac{1}{2}\sin t.$$

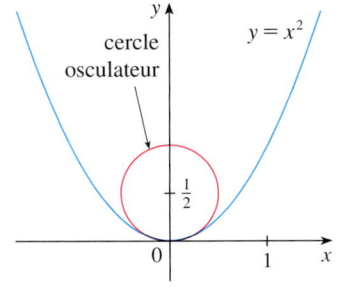

FIGURE 10

Voici un résumé des formules pour déterminer les vecteurs tangent unitaire, normal unitaire et binormal, ainsi que la courbure:

$$\vec{T}(t) = \frac{\vec{r}\,'(t)}{\|\vec{r}\,'(t)\|} \qquad \vec{N}(t) = \frac{\vec{T}\,'(t)}{\|\vec{T}\,'(t)\|} \qquad \vec{B}(t) = \vec{T}(t) \times \vec{N}(t)$$

$$\kappa = \left\|\frac{d\vec{T}}{ds}\right\| = \frac{\|\vec{T}\,'(t)\|}{\|\vec{r}\,'(t)\|} = \frac{\|\vec{r}\,'(t) \times \vec{r}\,''(t)\|}{\|\vec{r}\,'(t)\|^3}.$$

Exercices 8.3

1-6 Calculez la longueur de la courbe.

1. $\vec{r}(t) = t\vec{i} + 3\cos t\,\vec{j} + 3\sin t\,\vec{k}$, $-5 \leq t \leq 5$
2. $\vec{r}(t) = 2t\vec{i} + t^2\vec{j} + \frac{1}{3}t^3\vec{k}$, $0 \leq t \leq 1$
3. $\vec{r}(t) = \sqrt{2}\,t\vec{i} + e^t\vec{j} + e^{-t}\vec{k}$, $0 \leq t \leq 1$
4. $\vec{r}(t) = \cos t\,\vec{i} + \sin t\,\vec{j} + \ln \cos t\,\vec{k}$, $0 \leq t \leq \pi/4$
5. $\vec{r}(t) = \vec{i} + t^2\vec{j} + t^3\vec{k}$, $0 \leq t \leq 1$
6. $\vec{r}(t) = t^2\vec{i} + 9t\vec{j} + 4t^{3/2}\,\vec{k}$, $1 \leq t \leq 4$

7-9 Calculez la longueur de la courbe avec quatre décimales exactes. (Utilisez votre calculatrice pour approximer l'intégrale.)

7. $\vec{r}(t) = t^2\,\vec{i} + t^3\,\vec{j} + t^4\vec{k}$, $0 \leq t \leq 2$
8. $\vec{r}(t) = t\vec{i} + e^{-t}\vec{j} + te^{-t}\vec{k}$, $1 \leq t \leq 3$
9. $\vec{r}(t) = \cos \pi t\,\vec{i} + 2t\,\vec{j} + \sin 2\pi t\,\vec{k}$, de $(1, 0, 0)$ à $(1, 4, 0)$

10. Représentez la courbe d'équations paramétriques $x = \sin t$, $y = \sin 2t$, $z = \sin 3t$. Calculez sa longueur totale avec quatre décimales exactes.

11. Soit C la courbe d'intersection du cylindre parabolique $x^2 = 2y$ et de la surface $3z = xy$. Calculez la longueur exacte de C de l'origine jusqu'au point $(6, 18, 36)$.

12. Calculez la longueur de la courbe d'intersection du cylindre $4x^2 + y^2 = 4$ et du plan $x + y + z = 2$ avec quatre décimales exactes.

13-14 Trouvez la fonction de longueur de la courbe mesurée à partir du point donné, puis reparamétrez la courbe en fonction de l'abscisse curviligne à partir du point P dans la direction des t croissants, et b) trouvez le point situé à 4 unités du point P le long de la courbe (dans la direction des t croissants).

13. $\vec{r}(t) = (5-t)\vec{i} + (4t-3)\vec{j} + 3t\vec{k}$, $P(4, 1, 3)$

14. $\vec{r}(t) = e^t \sin t\,\vec{i} + e^t \cos t\,\vec{j} + \sqrt{2}\,e^t\vec{k}$, $P(0, 1, \sqrt{2})$

15. Supposez que vous partez du point $(0, 0, 3)$ et que vous vous déplacez de 5 unités le long de la courbe $x = 3\sin t$, $y = 4t$, $z = 3\cos t$ dans la direction positive. Où êtes-vous ?

16. Reparamétrez la courbe
$$\vec{r}(t) = \left(\frac{2}{t^2+1} - 1\right)\vec{i} + \frac{2t}{t^2+1}\vec{j}$$
par rapport à l'abscisse curviligne mesurée à partir du point $(1, 0)$ dans la direction des t croissants. Exprimez cette reparamétrisation sous sa forme la plus simple. Que pouvez-vous conclure à propos de cette courbe ?

17-20

a) Trouvez le vecteur tangent unitaire $\vec{T}(t)$ et le vecteur normal unitaire $\vec{N}(t)$.

b) Calculez la courbure à l'aide de la formule 7.

17. $\vec{r}(t) = t\vec{i} + 3\cos t\,\vec{j} + 3\sin t\,\vec{k}$

18. $\vec{r}(t) = t^2\vec{i} + (\sin t - t\cos t)\vec{j} + (\cos t + t\sin t)\vec{k}$, $t > 0$

19. $\vec{r}(t) = \sqrt{2}\,t\,\vec{i} + e^t\vec{j} + e^{-t}\vec{k}$

20. $\vec{r}(t) = t\vec{i} + \frac{1}{2}t^2\vec{j} + t^2\vec{k}$

21-23 Calculez la courbure à l'aide du théorème 8.

21. $\vec{r}(t) = t^3\vec{j} + t^2\vec{k}$

22. $\vec{r}(t) = t\vec{i} + t^2\vec{j} + e^t\vec{k}$

23. $\vec{r}(t) = \sqrt{6}\,t^2\vec{i} + 2t\vec{j} + 2t^3\vec{k}$

24. Calculez la courbure de $\vec{r}(t) = t^2\vec{i} + \ln t\,\vec{j} + t\ln t\,\vec{k}$ au point $(1, 0, 0)$.

25. Calculez la courbure de $\vec{r}(t) = t\vec{i} + t^2\vec{j} + t^3\vec{k}$ au point $(1, 1, 1)$.

26. Représentez la courbe paramétrée par
$$x = \cos t, \quad y = \sin t, \quad z = \sin 5t$$
et calculez sa courbure au point $(1, 0, 0)$.

27-29 Calculez la courbure à l'aide de la formule 9.

27. $y = x^4$ **28.** $y = \tan x$ **29.** $y = xe^x$

30-31 En quel point la courbure de la courbe est-elle maximale ? Que vaut la courbure lorsque $x \to \infty$?

30. $y = \ln x$

31. $y = e^x$

32. Trouvez l'équation d'une parabole dont la courbure à l'origine est égale à 4.

33. a) La courbure de la courbe représentée sur la figure est-elle plus grande en P ou en Q ? Expliquez votre réponse.

b) Estimez la courbure en P et en Q. Pour ce faire, dessinez les cercles osculateurs en ces points.

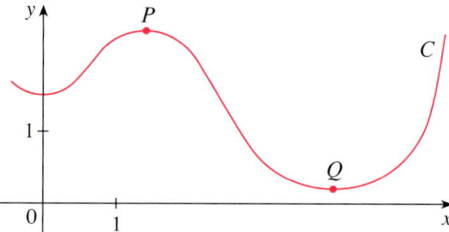

34-35 À l'aide d'une calculatrice graphique ou d'un ordinateur, représentez la courbe et sa fonction de courbure $\kappa(x)$ sur une même figure. Le graphe de κ est-il celui auquel vous vous attendiez ?

34. $y = x^4 - 2x^2$

35. $y = x^{-2}$

36-37 Représentez la courbe et sa fonction de courbure $\kappa(t)$. Commentez la façon dont la courbure reflète la forme de la courbe.

36. $\vec{r}(t) = (t - \sin t)\vec{i} + (1 - \cos t)\vec{j} + (4\cos(t/2))\vec{k}$, $0 \leq t \leq 8\pi$

37. $\vec{r}(t) = te^t\vec{i} + e^{-t}\vec{j} + \sqrt{2}\,t\vec{k}$, $-5 \leq t \leq 5$

38-39 Considérez les graphes a et b représentés ci-dessous. L'un est une courbe $y = f(x)$, et l'autre représente sa fonction de courbure $y = \kappa(x)$. Identifiez ces courbes et expliquez votre raisonnement.

38.

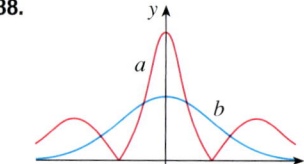

39.

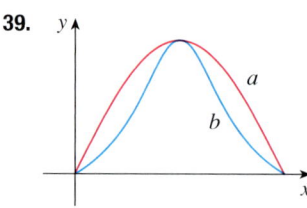

40. a) Dessinez la courbe $\vec{r}(t) = \sin 3t\,\vec{i} + \sin 2t\,\vec{j} + \sin 3t\,\vec{k}$. En combien de points de cette courbe la courbure semble-t-elle avoir un maximum local ou absolu?

b) Utilisez un logiciel de calcul symbolique pour tracer le graphe de la fonction de courbure. Ce graphe confirme-t-il la conclusion que vous avez formulée à la partie a)?

41. La figure 12 b) de la section 8.1 représente le graphe de $\vec{r}(t) = (t - \frac{3}{2}\sin t)\vec{i} + (1 - \frac{3}{2}\cos t)\vec{j} + t\vec{k}$. Selon vous, où la courbure est-elle maximale? Utilisez un logiciel de calcul symbolique pour tracer le graphe de la fonction de courbure. Pour quelles valeurs de t la courbure est-elle maximale?

42. Utilisez le théorème 8 pour montrer que la courbure d'une courbe plane paramétrée par $x = f(t)$, $y = g(t)$ est

$$\kappa = \frac{|\dot{x}\ddot{y} - \dot{y}\ddot{x}|}{[\dot{x}^2 + \dot{y}^2]^{3/2}}$$

où le nombre de points indique l'ordre des dérivées par rapport à t.

43-45 Utilisez la formule de l'exercice 42 pour calculer la courbure.

43. $x = t^2$, $y = t^3$

44. $x = a \cos \omega t$, $y = b \sin \omega t$

45. $x = e^t \cos t$, $y = e^t \sin t$

46. Considérez la courbure en $x = 0$ pour chaque membre de la famille de fonctions $f(x) = e^{cx}$. Pour quels membres $\kappa(0)$ est-elle la plus grande?

47-48 Trouvez les vecteurs $\vec{T}$, $\vec{N}$ et $\vec{B}$ au point donné.

47. $\vec{r}(t) = t^2\vec{i} + \frac{2}{3}t^3\vec{j} + t\vec{k}$, $(1, \frac{2}{3}, 1)$

48. $\vec{r}(t) = \cos t\,\vec{i} + \sin t\,\vec{j} + \ln \cos t\,\vec{k}$, $(1, 0, 0)$

49-50 Trouvez les équations du plan normal et du plan osculateur de la courbe au point donné.

49. $x = \sin 2t$, $y = -\cos 2t$, $z = 4t$; $(0, 1, 2\pi)$

50. $x = \ln t$, $y = 2t$, $z = t^2$; $(0, 2, 1)$

51. Trouvez les équations des cercles osculateurs de l'ellipse $9x^2 + 4y^2 = 36$ aux points $(2, 0)$ et $(0, 3)$. À l'aide d'une calculatrice graphique ou d'un ordinateur, tracez l'ellipse et les cercles osculateurs sur la même figure.

52. Trouvez les équations des cercles osculateurs de la parabole $y = \frac{1}{2}x^2$ aux points $(0, 0)$ et $(1, \frac{1}{2})$. Représentez les cercles osculateurs et la parabole sur la même figure.

53. En quel point de la courbe $x = t^3$, $y = 3t$, $z = t^4$ le plan normal est-il parallèle au plan $6x + 6y - 8z = 1$?

54. La courbe de l'exercice 53 possède-t-elle un point où le plan osculateur est parallèle au plan $x + y + z = 1$? (*Remarque*: Vous aurez besoin d'un logiciel de calcul symbolique pour dériver, simplifier et calculer un produit vectoriel.)

55. Trouvez les équations du plan normal et du plan osculateur de la courbe d'intersection des cylindres paraboliques $x = y^2$ et $z = x^2$ au point $(1, 1, 1)$.

56. Montrez que le plan osculateur en chaque point de la courbe $\vec{r}(t) = (t + 2)\vec{i} + (1 - t)\vec{j} + \frac{1}{2}t^2\vec{k}$ est toujours le même. Que pouvez-vous conclure au sujet de cette courbe?

57. Montrez qu'en chaque point de la courbe

$$\vec{r}(t) = (e^t \cos t)\vec{i} + (e^t \sin t)\vec{j} + e^t\vec{k}$$

l'angle formé par le vecteur tangent unitaire et l'axe des z est le même. Ensuite, montrez que le même résultat est également vrai pour le vecteur normal unitaire et le vecteur binormal.

58. Le plan rectifiant d'une courbe en un point est le plan qui contient les vecteurs $\vec{T}$ et $\vec{B}$ en ce point. Trouvez le plan rectifiant de la courbe $\vec{r}(t) = \sin t\,\vec{i} + \cos t\,\vec{j} + \tan t\,\vec{k}$ au point $(\sqrt{2}/2, \sqrt{2}/2, 1)$.

59. Montrez que la courbure κ est liée aux vecteurs tangent et normal par l'équation

$$\frac{d\vec{T}}{ds} = \kappa \vec{N}.$$

60. Montrez que la courbure d'une courbe plane est $\kappa = |d\phi/ds|$, où ϕ est l'angle entre $\vec{T}$ et $\vec{i}$, c'est-à-dire que ϕ est l'angle d'inclinaison de la tangente.

61. a) Montrez que $d\vec{B}/ds$ est perpendiculaire à $\vec{B}$.
b) Montrez que $d\vec{B}/ds$ est perpendiculaire à $\vec{T}$.
c) À partir des parties a) et b), déduisez que $d\vec{B}/ds = -\tau(s)\vec{N}$ pour un certain nombre $\tau(s)$ appelé **torsion** de la courbe. (Ce nombre indique à quel point la courbe se tord.)
d) Montrez que la torsion d'une courbe plane est $\tau(s) = 0$.

62. Les formules suivantes, appelées **formules de Frenet-Serret**, sont d'une importance fondamentale en géométrie différentielle.

1. $d\vec{T}/ds = \kappa \vec{N}$
2. $d\vec{N}/ds = -\kappa \vec{T} + \tau \vec{B}$
3. $d\vec{B}/ds = -\tau \vec{N}$

(La formule 1 découle de l'exercice 59 et la formule 3, de l'exercice 61.) Utilisez l'égalité $\vec{N} = \vec{B} \times \vec{T}$ pour déduire la formule 2 des formules 1 et 3.

63. Utilisez les formules de Frenet-Serret pour démontrer les formules suivantes. (Le symbole « prime » indique la dérivée par rapport à t. Commencez vos preuves comme dans la démonstration du théorème 8.)

a) $\vec{r}'' = s''\vec{T} + \kappa(s')^2 \vec{N}$

b) $\vec{r}' \times \vec{r}'' = \kappa(s')^3 \vec{B}$

c) $\vec{r}''' = [s''' - \kappa^2(s')^3]\vec{T} + [3\kappa s' s'' + \kappa'(s')^2]\vec{N} + \kappa \tau(s')^3 \vec{B}$

d) $\tau = \dfrac{(\vec{r}' \times \vec{r}'') \cdot \vec{r}'''}{\|\vec{r}' \times \vec{r}''\|^2}$

64. Montrez que l'hélice circulaire $\vec{r}(t) = a\cos t\,\vec{i} + a\sin t\,\vec{j} + bt\,\vec{k}$, où a et b sont des constantes positives, a une courbure et une torsion constantes. (Utilisez le résultat de l'exercice 63 d).)

65. Utilisez la formule de l'exercice 63 d) pour calculer la torsion de la courbe
$$\vec{r}(t) = t\vec{i} + \tfrac{1}{2}t^2\vec{j} + \tfrac{1}{3}t^3\vec{k}.$$

66. Calculez la courbure et la torsion de la courbe $x = \sinh t$, $y = \cosh t$, $z = t$ au point $(0, 1, 0)$.

67. La molécule d'ADN a la forme d'une hélice double (voir la figure 3 à la page 357). Le rayon de chaque hélice est d'environ 10 angstroms ($1\,\text{Å} = 10^{-8}$ cm). Chaque hélice s'élève d'environ 34 Å par tour complet, et il y a environ $2{,}9 \times 10^8$ tours complets. Estimez la longueur de chacune des hélices.

68. La transition entre des tronçons rectilignes d'une voie ferrée doit être lisse. Une voie existante le long de l'axe des x négatifs doit être reliée de façon lisse à une voie le long de la droite $y = 1$ pour $x \geq 1$.

a) Trouvez un polynôme $P = P(x)$ du cinquième degré tel que la fonction F définie par

$$F(x) = \begin{cases} 0 & \text{si } x \leq 0 \\ P(x) & \text{si } 0 < x < 1 \\ 1 & \text{si } x \geq 1 \end{cases}$$

soit continue, qu'elle ait une pente continue et une courbure continue.

b) À l'aide d'une calculatrice graphique ou d'un ordinateur, tracez le graphe de F.

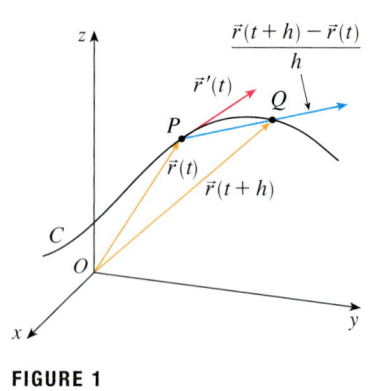

FIGURE 1

8.4 L'ÉTUDE DU MOUVEMENT DANS L'ESPACE : LA VITESSE ET L'ACCÉLÉRATION

Dans cette section, nous montrons comment la physique recourt aux notions de vecteur tangent, de vecteur normal et de courbure pour étudier la trajectoire, la vitesse et l'accélération d'un objet en mouvement dans l'espace. En particulier, nous suivons les traces de Newton en utilisant ces méthodes pour en tirer la première loi de Kepler relative au mouvement des planètes.

On suppose qu'une particule se déplace dans l'espace de sorte que son vecteur position à l'instant t soit $\vec{r}(t)$. À la figure 1, on peut noter que, pour de petites valeurs de h, le vecteur

1
$$\frac{\vec{r}(t+h) - \vec{r}(t)}{h}$$

approxime la direction de la particule se déplaçant le long de la courbe $\vec{r}(t)$. Sa norme exprime la longueur du vecteur déplacement par unité de temps. Le vecteur de l'équation 1 donne la vitesse moyenne sur un intervalle de temps de longueur h, et sa limite est le **vecteur vitesse** $\vec{v}(t)$ à l'instant t :

2
$$\vec{v}(t) = \lim_{h \to 0} \frac{\vec{r}(t+h) - \vec{r}(t)}{h} = \vec{r}\,'(t).$$

Le vecteur vitesse est également le vecteur tangent et il est parallèle à la droite tangente.

La **vitesse scalaire** de la particule à l'instant t est la norme du vecteur vitesse, soit $\|\vec{v}(t)\|$, ce qui est raisonnable puisque l'équation 2 et l'équation 5 de la section 8.3 donnent

$$\|\vec{v}(t)\| = \|\vec{r}\,'(t)\| = \frac{ds}{dt} = \text{taux de variation de la distance par rapport au temps.}$$

Comme dans le cas d'un mouvement unidimensionnel, l'**accélération** de la particule est, par définition, la dérivée de sa vitesse :

$$\vec{a}(t) = \vec{v}\,'(t) = \vec{r}\,''(t).$$

EXEMPLE 1 Le vecteur position d'un objet se déplaçant dans un plan est $\vec{r}(t) = t^3\vec{i} + t^2\vec{j}$. Trouvons la vitesse, l'accélération et la vitesse scalaire de l'objet lorsque $t = 1$. Ensuite, illustrons cette situation géométriquement.

SOLUTION La vitesse et l'accélération à l'instant t sont respectivement

$$\vec{v}(t) = \vec{r}\,'(t) = 3t^2\vec{i} + 2t\,\vec{j}$$
$$\vec{a}(t) = \vec{r}\,''(t) = 6t\,\vec{i} + 2\,\vec{j}$$

et la vitesse scalaire est

$$\|\vec{v}(t)\| = \sqrt{(3t^2)^2 + (2t)^2} = \sqrt{9t^4 + 4t^2}.$$

Lorsque $t = 1$, on a

$$\vec{v}(1) = 3\vec{i} + 2\vec{j} \qquad \vec{a}(1) = 6\vec{i} + 2\vec{j} \qquad \|\vec{v}(1)\| = \sqrt{13}.$$

La figure 2 montre les vecteurs vitesse et accélération.

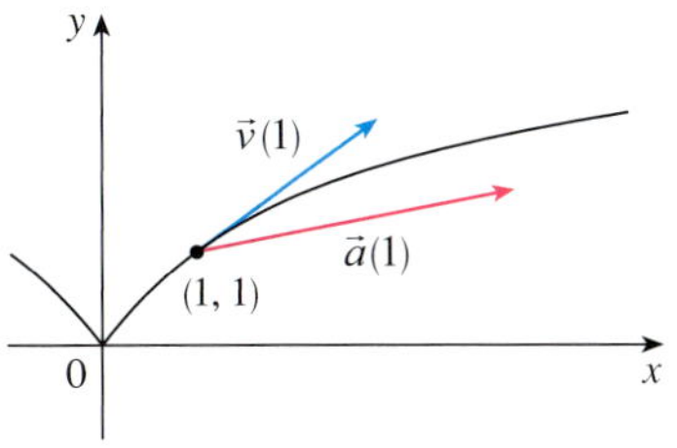

FIGURE 2

La figure 3 montre la trajectoire de la particule de l'exemple 2 et les vecteurs vitesse et accélération lorsque $t = 1$.

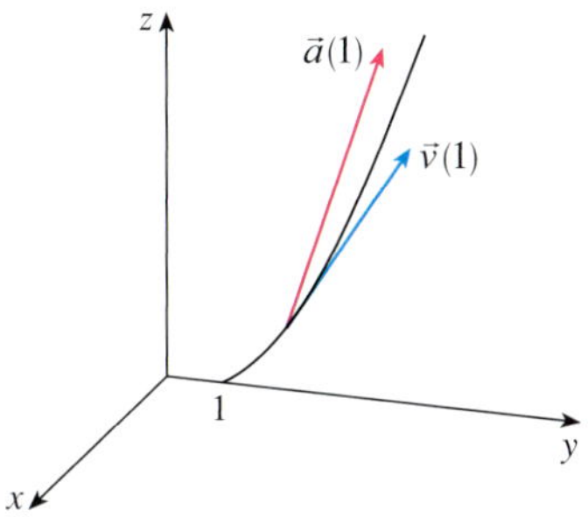

EXEMPLE 2 Trouvons la vitesse, l'accélération et la vitesse scalaire d'une particule dont le vecteur position à l'instant t est $\vec{r}(t) = t^2\vec{i} + e^t\vec{j} + te^t\vec{k}$.

SOLUTION

$$\vec{v}(t) = \vec{r}\,'(t) = 2t\vec{i} + e^t\vec{j} + (1+t)e^t\vec{k}$$
$$\vec{a}(t) = \vec{v}\,'(t) = 2\vec{i} + e^t\vec{j} + (2+t)e^t\vec{k}$$
$$\|\vec{v}(t)\| = \sqrt{4t^2 + e^{2t} + (1+t)^2 e^{2t}}.$$

On peut utiliser les intégrales vectorielles, introduites à la section 8.2, pour trouver le vecteur position lorsque l'on connaît les vecteurs vitesse ou accélération, comme dans le prochain exemple.

FIGURE 3

EXEMPLE 3 Une particule se déplace à partir de la position initiale $\vec{r}(0) = \vec{i}$ avec une vitesse initiale $\vec{v}(0) = \vec{i} - \vec{j} + \vec{k}$. Son accélération est $\vec{a}(t) = 4t\vec{i} + 6t\vec{j} + \vec{k}$. Trouvons sa vitesse et sa position à l'instant t.

SOLUTION Puisque $\vec{a}(t) = \vec{v}\,'(t)$, on a

$$\vec{v}(t) = \int \vec{a}(t)\,dt = \int (4t\vec{i} + 6t\vec{j} + \vec{k})\,dt$$
$$= 2t^2\vec{i} + 3t^2\vec{j} + t\vec{k} + \vec{C}.$$

Pour trouver la valeur du vecteur constant $\vec{C}$, on utilise le fait que $\vec{v}(0) = \vec{i} - \vec{j} + \vec{k}$. L'équation précédente donne $\vec{v}(0) = \vec{C}$. Par conséquent, $\vec{C} = \vec{i} - \vec{j} + \vec{k}$ et

$$\vec{v}(t) = 2t^2\vec{i} + 3t^2\vec{j} + t\vec{k} + \vec{i} - \vec{j} + \vec{k}$$
$$= (2t^2 + 1)\vec{i} + (3t^2 - 1)\vec{j} + (t+1)\vec{k}.$$

On a utilisé l'expression de $\vec{r}(t)$ obtenue à l'exemple 3 afin de tracer la trajectoire de la particule à la figure 4 pour $0 \leq t \leq 3$.

Puisque $\vec{v}(t) = \vec{r}\,'(t)$, on a

$$\vec{r}(t) = \int \vec{v}(t)\,dt$$
$$= \int \left[(2t^2+1)\vec{i} + (3t^2-1)\vec{j} + (t+1)\vec{k}\right]dt$$
$$= (\tfrac{2}{3}t^3 + t)\vec{i} + (t^3 - t)\vec{j} + (\tfrac{1}{2}t^2 + t)\vec{k} + \vec{D}.$$

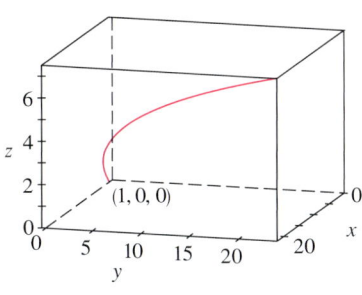

FIGURE 4

En posant $t = 0$, on trouve que $\vec{D} = \vec{r}(0) = \vec{i}$. La position à l'instant t est donc donnée par

$$\vec{r}(t) = (\tfrac{2}{3}t^3 + t + 1)\vec{i} + (t^3 - t)\vec{j} + (\tfrac{1}{2}t^2 + t)\vec{k}.$$

En général, les intégrales vectorielles permettent de trouver la vitesse lorsque l'on connaît l'accélération, et la position quand on connaît la vitesse :

$$\vec{v}(t) = \vec{v}(t_0) + \int_{t_0}^{t} \vec{a}(u)\,du \qquad \vec{r}(t) = \vec{r}(t_0) + \int_{t_0}^{t} \vec{v}(u)\,du.$$

Si on connaît la force appliquée à une particule, on peut trouver l'accélération à l'aide de la **deuxième loi de Newton**. La version vectorielle de cette loi stipule que si à tout instant t une force $\vec{F}(t)$ est appliquée sur un objet de masse m et produit une accélération $\vec{a}(t)$, alors

$$\vec{F}(t) = m\vec{a}(t).$$

EXEMPLE 4 Un objet de masse m qui se déplace selon une trajectoire circulaire à une vitesse angulaire constante ω a pour vecteur position $\vec{r}(t) = a \cos \omega t\,\vec{i} + a \sin \omega t\,\vec{j}$. Trouvons la force qui agit sur cet objet et montrons qu'elle pointe vers l'origine.

SOLUTION Pour trouver la force, on doit d'abord connaître l'accélération :

$$\vec{v}(t) = \vec{r}\,'(t) = -a\omega \sin \omega t\,\vec{i} + a\omega \cos \omega t\,\vec{j}$$

$$\vec{a}(t) = \vec{v}\,'(t) = -a\omega^2 \cos \omega t\,\vec{i} - a\omega^2 \sin \omega t\,\vec{j}.$$

Selon la deuxième loi de Newton,

$$\vec{F}(t) = m\vec{a}(t) = -m\omega^2(a \cos \omega t\,\vec{i} + a \sin \omega t\,\vec{j}).$$

On remarque que $\vec{F}(t) = -m\omega^2 \vec{r}(t)$. Cela montre que la force est orientée dans la direction opposée à celle du vecteur position $\vec{r}(t)$ et donc qu'elle pointe vers l'origine (voir la figure 5). Une telle force est appelée « force centripète » (qui agit vers le centre).

La vitesse angulaire d'un objet en mouvement, de position P, est $\omega = d\theta/dt$, où θ est l'angle représenté à la figure 5.

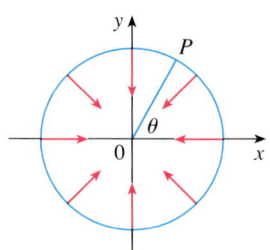

FIGURE 5

EXEMPLE 5 On lance un projectile avec un angle d'élévation α et une vitesse initiale $\vec{v}_0$ (voir la figure 6). On suppose que la résistance due à l'air est négligeable et que la seule force extérieure est la force de gravitation. Trouvons la position $\vec{r}(t)$ du projectile. Quelle valeur de α maximise la portée (la distance horizontale parcourue) ?

SOLUTION On choisit les axes de sorte que le projectile parte de l'origine. Puisque la force de gravitation est orientée vers le bas, on a

$$\vec{F} = m\vec{a} = -mg\,\vec{j},$$

où $g = \|\vec{a}\| \approx 9{,}8$ m/s². Par conséquent,

$$\vec{a} = -g\,\vec{j}.$$

Puisque $\vec{v}\,'(t) = \vec{a}(t)$, on a

$$\vec{v}(t) = -gt\,\vec{j} + \vec{C},$$

où $\vec{C} = \vec{v}(0) = \vec{v}_0$, donc

$$\vec{r}\,'(t) = \vec{v}(t) = -gt\,\vec{j} + \vec{v}_0.$$

En effectuant l'intégration une deuxième fois, on obtient

$$\vec{r}(t) = -\tfrac{1}{2}gt^2\,\vec{j} + t\vec{v}_0 + \vec{D}.$$

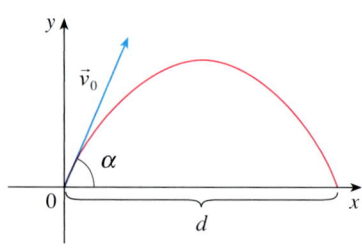

FIGURE 6

Puisque $\vec{D} = \vec{r}(0) = \vec{0}$, le vecteur position du projectile est

3
$$\vec{r}(t) = -\tfrac{1}{2}gt^2 \vec{j} + t\vec{v}_0.$$

Posons $\|\vec{v}_0\| = v_0$ (la vitesse scalaire initiale du projectile). Alors,

$$\vec{v}_0 = v_0 \cos\alpha\, \vec{i} + v_0 \sin\alpha\, \vec{j}$$

et l'équation 3 devient

$$\vec{r}(t) = (v_0 \cos\alpha)t\, \vec{i} + \left[(v_0 \sin\alpha)t - \tfrac{1}{2}gt^2\right]\vec{j}.$$

Les équations paramétriques de la trajectoire sont donc

4
$$x = (v_0 \cos\alpha)t \qquad y = (v_0 \sin\alpha)t - \tfrac{1}{2}gt^2.$$

L'élimination de t des équations 4 montre que y est une fonction quadratique de x. Par conséquent, la trajectoire du projectile est un segment de parabole.

La distance horizontale d est la valeur de x lorsque $y = 0$. En posant $y = 0$, on obtient $t = 0$ (position du lancer) ou $t = (2v_0 \sin\alpha)/g$. Cette deuxième valeur de t donne

$$d = x = (v_0 \cos\alpha)\frac{2v_0 \sin\alpha}{g} = \frac{v_0^2(2\sin\alpha \cos\alpha)}{g} = \frac{v_0^2 \sin 2\alpha}{g}.$$

Clairement, d est maximale lorsque $\sin 2\alpha = 1$, c'est-à-dire quand $\alpha = \pi/4$. ∎

EXEMPLE 6 On tire un projectile avec une vitesse scalaire initiale de 150 m/s, avec un angle d'élévation de 45° à partir d'une position située à 10 m au-dessus du niveau du sol. Où ce projectile touchera-t-il le sol et quelle sera sa vitesse scalaire au moment de toucher le sol ? On suppose que seule la force gravitationnelle agit sur le projectile.

SOLUTION En plaçant l'origine au niveau du sol, la position initiale du projectile est $(0, 10)$, et on doit réécrire les équations 4 en ajoutant 10 à l'expression de y. Avec $v_0 = 150$ m/s, $\alpha = 45°$ et $g = 9{,}8$ m/s², on obtient

$$x = 150\cos(\pi/4)t = 75\sqrt{2}\, t$$
$$y = 10 + 150\sin(\pi/4)t - \tfrac{1}{2}(9{,}8)t^2 = 10 + 75\sqrt{2}\, t - 4{,}9t^2.$$

Lorsque le projectile touche le sol, $y = 0$ et donc $4{,}9t^2 - 75\sqrt{2}\, t - 10 = 0$. La résolution de cette équation quadratique (si on ne considère que la valeur positive de t) donne

$$t = \frac{75\sqrt{2} + \sqrt{11\,250 + 196}}{9{,}8} \approx 21{,}74.$$

Ainsi, $x \approx 75\sqrt{2}\,(21{,}74) \approx 2306$, et le projectile touche le sol à une distance d'environ 2306 m.

La vitesse du projectile est alors

$$\vec{v}(t) = \vec{r}\,'(t) = 75\sqrt{2}\, \vec{i} + (75\sqrt{2} - 9{,}8t)\vec{j}$$

et la vitesse scalaire, au moment de toucher le sol, est

$$\|\vec{v}(21{,}74)\| = \sqrt{(75\sqrt{2})^2 + (75\sqrt{2} - 9{,}8 \cdot 21{,}74)^2}$$

$$\approx 151 \text{ m/s}. \qquad \blacksquare$$

LES COMPOSANTES TANGENTIELLE ET NORMALE DE L'ACCÉLÉRATION

La décomposition de l'accélération en deux composantes, une dans la direction de la tangente, l'autre dans la direction de la normale, facilite souvent l'étude du mouvement d'une particule. En posant $v = \|\vec{v}\|$, la vitesse scalaire de la particule, on obtient

$$\vec{T}(t) = \frac{\vec{r}'(t)}{\|\vec{r}'(t)\|} = \frac{\vec{v}(t)}{\|\vec{v}(t)\|} = \frac{\vec{v}}{v}$$

et donc $\vec{v} = v\vec{T}$.

En dérivant les deux membres de cette équation par rapport à t, on trouve

5
$$\vec{a} = \vec{v}' = v'\vec{T} + v\vec{T}'.$$

Selon l'expression de la courbure donnée par l'équation 7 de la section 8.3,

6
$$\kappa = \frac{\|\vec{T}'\|}{\|\vec{r}'\|} = \frac{\|\vec{T}'\|}{v}, \text{ donc } \|\vec{T}'\| = \kappa v.$$

D'après la définition du vecteur normal unitaire vue à la section précédente, on a $\vec{N} = \vec{T}'/\|\vec{T}'\|$, et en substituant cette expression dans l'équation 6 on trouve

$$\vec{T}' = \|\vec{T}'\|\vec{N} = \kappa v \vec{N}$$

et l'équation 5 devient

7
$$\vec{a} = v'\vec{T} + \kappa v^2 \vec{N}.$$

En notant respectivement les composantes tangentielle et normale a_T et a_N, on peut écrire

$$\vec{a} = a_T \vec{T} + a_N \vec{N},$$

où

8
$$a_T = v' \text{ et } a_N = \kappa v^2.$$

La figure 7 illustre cette décomposition.

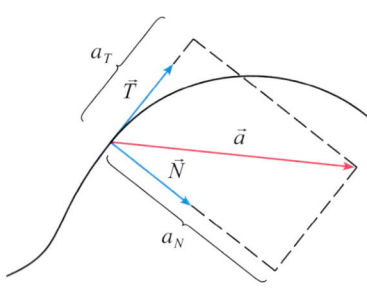

FIGURE 7

Si on analyse la formule 7, on remarque d'abord l'absence du vecteur binormal $\vec{B}$. Quel que soit le mouvement d'un objet dans l'espace, son accélération est toujours dans le plan engendré par $\vec{T}$ et $\vec{N}$ (le plan osculateur). On se souvient que $\vec{T}$ indique la direction du mouvement et que $\vec{N}$ pointe dans la direction où la courbe se replie. On note également que la composante tangentielle de l'accélération est v', le taux de variation de la vitesse scalaire, et que la composante normale de l'accélération est κv^2, le produit de la courbure par le carré de la vitesse scalaire. Cela semble logique quand on pense au passager d'une automobile – la courbure κ d'un virage serré étant grande, la composante de l'accélération perpendiculaire au mouvement est donc grande et le passager est poussé contre la porte. Une vitesse scalaire élevée dans un virage produit le même effet; si la vitesse scalaire double, a_N est multipliée par 4.

Bien que les équations 8 donnent les expressions des composantes tangentielle et normale de l'accélération, il est parfois avantageux d'avoir des expressions qui dépendent seulement de $\vec{r}$, $\vec{r}'$ et $\vec{r}''$. On les obtient en considérant le produit scalaire de $\vec{v} = v\vec{T}$ avec l'expression de $\vec{a}$ donnée par l'équation 7:

$$\vec{v} \cdot \vec{a} = v\vec{T} \cdot (v'\vec{T} + \kappa v^2 \vec{N})$$
$$= vv'\vec{T} \cdot \vec{T} + \kappa v^3 \vec{T} \cdot \vec{N}$$
$$= vv' \quad (\text{puisque } \vec{T} \cdot \vec{T} = 1 \text{ et que } \vec{T} \cdot \vec{N} = 0).$$

Par conséquent,

9
$$a_T = v' = \frac{\vec{v} \cdot \vec{a}}{v} = \frac{\vec{r}'(t) \cdot \vec{r}''(t)}{\|\vec{r}'(t)\|}.$$

Selon la formule de la courbure donnée par le théorème 8 de la section 8.3,

10
$$a_N = \kappa v^2 = \frac{\|\vec{r}'(t) \times \vec{r}''(t)\|}{\|\vec{r}'(t)\|^3} \|\vec{r}'(t)\|^2 = \frac{\|\vec{r}'(t) \times \vec{r}''(t)\|}{\|\vec{r}'(t)\|}.$$

EXEMPLE 7 Considérons une particule en mouvement dont la position est $\vec{r}(t) = t^2\vec{i} + t^2\vec{j} + t^3\vec{k}$ à l'instant t. Trouvons les composantes tangentielle et normale de l'accélération.

SOLUTION

$$\vec{r}(t) = t^2\vec{i} + t^2\vec{j} + t^3\vec{k}$$
$$\vec{r}'(t) = 2t\vec{i} + 2t\vec{j} + 3t^2\vec{k}$$
$$\vec{r}''(t) = 2\vec{i} + 2\vec{j} + 6t\vec{k}$$
$$\|\vec{r}'(t)\| = \sqrt{8t^2 + 9t^4}.$$

Selon l'équation 9, la composante tangentielle est

$$a_T = \frac{\vec{r}'(t) \cdot \vec{r}''(t)}{\|\vec{r}'(t)\|} = \frac{8t + 18t^3}{\sqrt{8t^2 + 9t^4}}.$$

Puisque

$$\vec{r}'(t) \times \vec{r}''(t) = \begin{vmatrix} \vec{i} & \vec{j} & \vec{k} \\ 2t & 2t & 3t^2 \\ 2 & 2 & 6t \end{vmatrix} = 6t^2\vec{i} - 6t^2\vec{j},$$

l'équation 10 donne la composante normale

$$a_N = \frac{\|\vec{r}'(t) \times \vec{r}''(t)\|}{\|\vec{r}'(t)\|} = \frac{6\sqrt{2}\,t^2}{\sqrt{8t^2 + 9t^4}}.$$

LES LOIS DE KEPLER SUR LE MOUVEMENT DES PLANÈTES

Nous décrivons maintenant une des grandes applications du calcul différentiel et intégral en montrant comment utiliser la matière de ce chapitre pour démontrer les lois de Kepler sur le mouvement des planètes autour du Soleil. Le mathématicien et astronome allemand Johannes Kepler (1571-1630) a étudié pendant 20 ans les observations de l'astronome danois Tycho Brahe, et il a formulé les trois lois suivantes.

LOIS DE KEPLER

1. Une planète tourne autour du Soleil selon une orbite elliptique dont le Soleil est l'un des foyers.

2. La droite joignant le Soleil à une planète balaie des aires égales en des temps égaux.

3. Le carré de la période de révolution d'une planète est proportionnel au cube de la longueur du grand axe de son orbite.

Dans son ouvrage *Principia Mathematica*, paru en 1687, Sir Isaac Newton a montré que ces trois lois découlent de deux de ses propres lois, à savoir la deuxième loi du mouvement et la loi de gravitation universelle. La démonstration de la première loi de Kepler est présentée ci-dessous. La démonstration des deux autres lois est laissée en exercice (accompagné d'indices) dans l'application à la fin de ce chapitre.

Comme la force de gravitation exercée par le Soleil sur une planète est beaucoup plus grande que les forces exercées par les autres corps célestes, on peut négliger tous les corps de l'univers à l'exception du Soleil et d'une planète tournant autour de lui. On utilise un système de coordonnées où le Soleil est à l'origine, et on pose $\vec{r} = \vec{r}(t)$ comme vecteur position de la planète. (Le vecteur $\vec{r}$ pourrait aussi bien être le vecteur position de la Lune ou d'un satellite tournant autour de la Terre, ou d'une comète tournant autour d'une étoile.) Le vecteur vitesse est $\vec{v} = \vec{r}\,'$, et le vecteur accélération est $\vec{a} = \vec{r}\,''$. On utilise les lois de Newton suivantes :

la deuxième loi du mouvement : $\vec{F} = m\vec{a}$;

la loi de la gravitation : $\vec{F} = -\dfrac{GMm}{r^3}\vec{r} = -\dfrac{GMm}{r^2}\vec{u}$,

où $\vec{F}$ est la force de gravitation exercée sur la planète, m et M sont les masses de la planète et du Soleil, G est la constante de gravitation, $r = \|\vec{r}\|$, et $\vec{u} = (1/r)\vec{r}$ est le vecteur unitaire dans la direction de $\vec{r}$.

On montre d'abord que la planète se déplace dans un plan. En égalant les expressions de $\vec{F}$ dans les deux lois de Newton, on trouve que

$$\vec{a} = -\dfrac{GM}{r^3}\vec{r}$$

et $\vec{a}$ est donc parallèle à $\vec{r}$. Il s'ensuit que $\vec{r} \times \vec{a} = \vec{0}$. La formule 5 du théorème 3 de la section 8.2 permet d'écrire

$$\dfrac{d}{dt}(\vec{r} \times \vec{v}) = \vec{r}\,' \times \vec{v} + \vec{r} \times \vec{v}\,'$$
$$= \vec{v} \times \vec{v} + \vec{r} \times \vec{a} = \vec{0} + \vec{0} = \vec{0}.$$

Par conséquent, $\vec{r} \times \vec{v} = \vec{h}$,

où $\vec{h}$ est un vecteur constant. (On peut supposer que $\vec{h} \neq \vec{0}$, c'est-à-dire que $\vec{r}$ et $\vec{v}$ ne sont pas parallèles.) Cela signifie que le vecteur $\vec{r} = \vec{r}(t)$ est perpendiculaire à $\vec{h}$ pour tout t. La planète est donc toujours dans le plan qui passe par l'origine et qui est perpendiculaire à $\vec{h}$. L'orbite de la planète est une courbe plane.

Pour démontrer la première loi de Kepler, on réécrit le vecteur $\vec{h}$ comme suit :

$$\vec{h} = \vec{r} \times \vec{v} = \vec{r} \times \vec{r}\,' = r\vec{u} \times (r\vec{u})'$$
$$= r\vec{u} \times (r\vec{u}\,' + r'\vec{u}) = r^2(\vec{u} \times \vec{u}\,') + rr'(\vec{u} \times \vec{u})$$
$$= r^2(\vec{u} \times \vec{u}\,').$$

Alors, selon la propriété 8.4 présentée dans l'annexe A,

$$\vec{a} \times \vec{h} = \dfrac{-GM}{r^2}\vec{u} \times (r^2\vec{u} \times \vec{u}\,') = -GM\vec{u} \times (\vec{u} \times \vec{u}\,')$$
$$= -GM\big[(\vec{u} \cdot \vec{u}\,')\vec{u} - (\vec{u} \cdot \vec{u})\vec{u}\,'\big].$$

Or, $\vec{u} \cdot \vec{u} = \|\vec{u}\|^2 = 1$ et, puisque $\|\vec{u}(t)\| = 1$, il découle de l'exemple 4 de la section 8.2 que $\vec{u} \cdot \vec{u}' = 0$. Par conséquent,

$$\vec{a} \times \vec{h} = GM\vec{u}'$$

et donc, sachant que $\vec{h}$ est un vecteur constant,

$$(\vec{v} \times \vec{h})' = \vec{v}' \times \vec{h} = \vec{a} \times \vec{h} = GM\vec{u}'.$$

L'intégration des deux membres de cette équation donne

11 $$\vec{v} \times \vec{h} = GM\vec{u} + \vec{c},$$

où $\vec{c}$ est un vecteur constant.

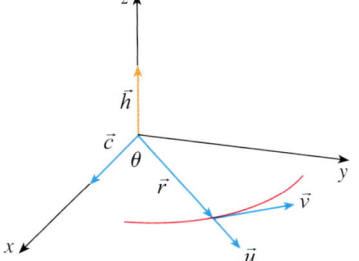

FIGURE 8

Dans le cas présent, il est commode de choisir les axes de coordonnées de manière à ce que le vecteur de base standard $\vec{k}$ pointe dans la direction du vecteur $\vec{h}$. Ainsi, la planète se déplace dans le plan xy. Étant donné que $\vec{v} \times \vec{h}$ et $\vec{u}$ sont perpendiculaires à $\vec{h}$, l'équation 11 montre que $\vec{c}$ est dans le plan xy. On peut donc choisir l'axe des x et l'axe des y de façon que le vecteur $\vec{i}$ soit dans la direction de $\vec{c}$, comme le montre la figure 8.

Si θ est l'angle entre $\vec{c}$ et $\vec{r}$, alors (r, θ) sont les coordonnées polaires de la planète. L'équation 11 donne

$$\vec{r} \cdot (\vec{v} \times \vec{h}) = \vec{r} \cdot (GM\vec{u} + \vec{c}) = GM\vec{r} \cdot \vec{u} + \vec{r} \cdot \vec{c}$$
$$= GM\, r\, \vec{u} \cdot \vec{u} + \|\vec{r}\|\|\vec{c}\|\cos\theta = GMr + rc\cos\theta,$$

où $c = \|\vec{c}\|$. Alors,

$$r = \frac{\vec{r} \cdot (\vec{v} \times \vec{h})}{GM + c\cos\theta} = \frac{1}{GM}\frac{\vec{r} \cdot (\vec{v} \times \vec{h})}{1 + e\cos\theta}$$

où $e = c/(GM)$. Toutefois,

$$\vec{r} \cdot (\vec{v} \times \vec{h}) = (\vec{r} \times \vec{v}) \cdot \vec{h} = \vec{h} \cdot \vec{h} = \|\vec{h}\|^2 = h^2,$$

où $h = \|\vec{h}\|$, donc

$$r = \frac{h^2/(GM)}{1 + e\cos\theta} = \frac{eh^2/c}{1 + e\cos\theta}.$$

En posant $d = h^2/c$, on obtient l'équation

12 $$r = \frac{ed}{1 + e\cos\theta}.$$

L'équation 12 est l'équation polaire d'une conique dont un foyer est à l'origine et dont l'excentricité est e. On sait que l'orbite d'une planète est une courbe fermée et donc cette conique est une ellipse. En posant $x = r\cos\theta$, $y = r\sin\theta$ et en complétant le carré, on trouve l'équation cartésienne de cette ellipse :

$$\left(x + \frac{e^2 d}{1 - e^2}\right)^2 + \frac{y^2}{1 - e^2} = \frac{e^2 d^2}{(1 - e^2)^2}.$$

Ceci termine la démonstration de la première loi de Kepler. Dans l'application à la fin du chapitre, on vous fournit des indices pour la démonstration de la deuxième et de la troisième loi (voir la page 386). Les démonstrations de ces trois lois montrent que les méthodes présentées dans ce chapitre sont des outils puissants qui permettent de décrire certaines lois de la nature.

Exercices 8.4

1. Le tableau donne les coordonnées d'une particule se déplaçant dans l'espace le long d'une courbe lisse.
   a) Calculez les vitesses moyennes sur les intervalles de temps $[0\,;1]$, $[0,5\,;1]$, $[1\,;2]$ et $[1\,;1,5]$.
   b) Estimez la vitesse et la vitesse scalaire de la particule en $t = 1$.

t	x	y	z
0,0	2,7	9,8	3,7
0,5	3,5	7,2	3,3
1,0	4,5	6,0	3,0
1,5	5,9	6,4	2,8
2,0	7,3	7,8	2,7

2. La figure montre la trajectoire d'une particule en mouvement dont le vecteur position est $\vec{r}(t)$ à l'instant t.
   a) Dessinez un vecteur qui représente la vitesse moyenne de la particule sur l'intervalle de temps $2 \leq t \leq 2,4$.
   b) Tracez un vecteur qui représente la vitesse moyenne sur l'intervalle de temps $1,5 \leq t \leq 2$.
   c) Écrivez l'expression du vecteur vitesse $\vec{v}(2)$.
   d) Tracez une approximation du vecteur $\vec{v}(2)$ et estimez la vitesse scalaire de la particule lorsque $t = 2$.

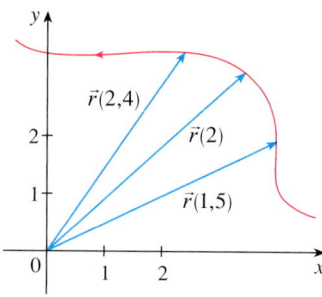

3-8 Trouvez la vitesse, l'accélération et la vitesse scalaire d'une particule dont la fonction de position est donnée. Esquissez la trajectoire de la particule, puis dessinez le vecteur vitesse et le vecteur accélération pour la valeur de t spécifiée.

3. $\vec{r}(t) = -\frac{1}{2}t^2\vec{i} + t\vec{j}$, $t = 2$

4. $\vec{r}(t) = t^2\vec{i} + 1/t^2\vec{j}$, $t = 1$

5. $\vec{r}(t) = 3\cos t\,\vec{i} + 2\sin t\,\vec{j}$, $t = \pi/3$

6. $\vec{r}(t) = e^t\vec{i} + e^{2t}\vec{j}$, $t = 0$

7. $\vec{r}(t) = t\vec{i} + t^2\vec{j} + 2\vec{k}$, $t = 1$

8. $\vec{r}(t) = t\vec{i} + 2\cos t\,\vec{j} + \sin t\,\vec{k}$, $t = 0$

9-14 Trouvez la vitesse, l'accélération et la vitesse scalaire d'une particule dont la fonction de position est donnée.

9. $\vec{r}(t) = (t^2 + t)\vec{i} + (t^2 - t)\vec{j} + t^3\vec{k}$

10. $\vec{r}(t) = 2\cos t\,\vec{i} + 3t\vec{j} + 2\sin t\,\vec{k}$

11. $\vec{r}(t) = \sqrt{2}\,t\vec{i} + e^t\vec{j} + e^{-t}\vec{k}$

12. $\vec{r}(t) = t^2\vec{i} + 2t\vec{j} + \ln t\,\vec{k}$

13. $\vec{r}(t) = e^t(\cos t\,\vec{i} + \sin t\,\vec{j} + t\vec{k})$

14. $\vec{r}(t) = t^2\vec{i} + (\sin t - t\cos t)\vec{j} + (\cos t + t\sin t)\vec{k}$, $t \geq 0$

15-16 Trouvez le vecteur vitesse et le vecteur position d'une particule dont l'accélération, la vitesse et la position initiales sont données.

15. $\vec{a}(t) = 2\vec{i} + 2t\vec{k}$, $\vec{v}(0) = 3\vec{i} - \vec{j}$, $\vec{r}(0) = \vec{j} + \vec{k}$

16. $\vec{a}(t) = \sin t\,\vec{i} + 2\cos t\,\vec{j} + 6t\vec{k}$, $\vec{v}(0) = -\vec{k}$, $\vec{r}(0) = \vec{j} - 4\vec{k}$

17-18
a) Trouvez le vecteur position d'une particule dont l'accélération, la vitesse et la position initiales sont données.
b) À l'aide d'un ordinateur, représentez graphiquement la trajectoire de la particule.

17. $\vec{a}(t) = 2t\vec{i} + \sin t\,\vec{j} + \cos 2t\,\vec{k}$, $\vec{v}(0) = \vec{i}$, $\vec{r}(0) = \vec{j}$

18. $\vec{a}(t) = t\vec{i} + e^t\vec{j} + e^{-t}\vec{k}$, $\vec{v}(0) = \vec{k}$, $\vec{r}(0) = \vec{j} + \vec{k}$

19. Le vecteur position d'une particule est
$$\vec{r}(t) = t^2\vec{i} + 5t\vec{j} + (t^2 - 16t)\vec{k}.$$
Quand sa vitesse scalaire est-elle minimale ?

20. Quelle force faut-il appliquer pour qu'une particule de masse m ait la fonction de position $\vec{r}(t) = t^3\vec{i} + t^2\vec{j} + t^3\vec{k}$?

21. Une force de 20 N est appliquée directement vers le haut à partir du plan xy sur un objet ayant une masse de 4 kg. Cet objet part de l'origine avec une vitesse initiale $\vec{v}(0) = \vec{i} - \vec{j}$. Trouvez sa fonction de position et sa vitesse scalaire à l'instant t.

22. Montrez que si une particule se déplace à une vitesse scalaire constante, alors son vecteur vitesse et son vecteur accélération sont orthogonaux.

23. On lance un projectile avec une vitesse scalaire initiale de 200 m/s et avec un angle d'élévation de 60°. Trouvez : a) la portée du projectile ; b) la hauteur maximale atteinte par le projectile ; c) sa vitesse scalaire au moment de toucher le sol.

24. Refaites l'exercice 23 en supposant que le projectile est lancé d'une position située à 100 m au-dessus du sol.

25. On lance un ballon avec un angle de 45° par rapport au sol. Le ballon atterrit 90 m plus loin. Déterminez sa vitesse scalaire initiale.

26. On lance une balle avec un angle d'élévation de 30°. Calculez sa vitesse scalaire initiale si la hauteur maximale de la balle est de 500 m.

27. On tire un projectile avec un angle d'élévation de 36°. Trouvez sa vitesse scalaire initiale si la balle atteint une hauteur maximale de 1600 m.

28. Au baseball, un batteur frappe une balle de baseball à 3 pi au-dessus du sol vers la clôture au milieu du terrain, haute de 10 pi et située à 400 pi du marbre. La balle quitte le bâton avec une vitesse scalaire de 115 pi/s et un angle de 50° au-dessus de l'horizontale. Le batteur a-t-il réussi un coup de circuit? (Autrement dit, la balle a-t-elle franchi la clôture?)

29. Une cité médiévale de forme carrée est protégée par un mur long de 500 m et haut de 15 m. Vous commandez l'armée des attaquants, mais vous ne pouvez vous approcher à moins de 100 m du mur. Vous décidez de bombarder la cité en catapultant des pierres chauffées par-dessus le mur (avec une vitesse scalaire initiale de 80 m/s). Dans quelle plage de valeurs commanderez-vous à vos soldats de régler l'angle de la catapulte? (Supposez que la trajectoire des pierres est perpendiculaire au mur.)

30. Montrez qu'un projectile atteint les trois quarts de sa hauteur maximale en la moitié du temps qu'il lui faut pour atteindre cette hauteur maximale.

31. On lance une balle dans les airs vers l'est à partir de l'origine (dans la direction positive de l'axe des x). La vitesse initiale est $50\vec{i} + 80\vec{k}$, et la vitesse est mesurée en mètres par seconde. La rotation de la balle produit une accélération vers le sud (dans la direction de l'axe des y négatifs) de 4 m/s², donc le vecteur accélération est $\vec{a} = -4\vec{j} - 32\vec{k}$. Où la balle retombe-t-elle au sol et à quelle vitesse?

32. On tire une balle ayant une masse de 0,8 kg vers le sud à une vitesse scalaire de 30 m/s, avec un angle de 30° par rapport au sol. Un vent d'ouest applique une force constante de 4 N vers l'est à la balle. Où la balle atterrit-elle et avec quelle vitesse scalaire?

33. L'eau qui coule le long d'une portion rectiligne d'une rivière se déplace normalement plus vite au milieu, et sa vitesse scalaire est presque nulle près des rives. Considérez un long tronçon rectiligne d'une rivière coulant vers le nord et dont les rives sont parallèles et distantes l'une de l'autre de 40 m. Si la vitesse scalaire maximale de l'eau est de 3 m/s, on peut modéliser le taux d'écoulement de l'eau à x unités de la rive ouest par la fonction quadratique $f(x) = \frac{3}{400}x(40 - x)$.
a) Un canot part d'un point A de la rive ouest et avance à une vitesse scalaire constante de 5 m/s tout en maintenant un cap perpendiculaire à la rive. À quelle distance en aval de la rivière le canot accostera-t-il sur la rive opposée? Représentez la trajectoire du canot.
b) Le canoteur aimerait manœuvrer son embarcation de manière à accoster au point B de la rive et directement opposé au point A en maintenant une vitesse scalaire constante de 5 m/s et un cap constant. Trouvez l'angle de cap du canot, puis représentez la trajectoire réelle du canot. Cette trajectoire semble-t-elle réaliste?

34. Un autre modèle raisonnable de la vitesse scalaire de l'eau de la rivière de l'exercice 33 est la fonction $f(x) = 3\sin(\pi x/40)$. Un canoteur aimerait traverser la rivière de A à B en maintenant un cap constant et à la vitesse scalaire constante de 5 m/s. Déterminez l'angle que doit choisir le canoteur pour diriger le canot.

35. La fonction de position d'une particule est $\vec{r}(t)$. Si $\vec{r}'(t) = \vec{c} \times \vec{r}(t)$, où $\vec{c}$ est un vecteur constant, décrivez la trajectoire de la particule.

36. a) Si une particule se déplace en ligne droite, que pouvez-vous dire au sujet de son vecteur accélération?
b) Si une particule se déplace à une vitesse constante le long d'une courbe, que pouvez-vous dire au sujet de son vecteur accélération?

37-40 Trouvez la composante tangentielle et la composante normale du vecteur accélération.

37. $\vec{r}(t) = (t^2 + 1)\vec{i} + t^3\vec{j}, \ t \geq 0$

38. $\vec{r}(t) = 2t^2\vec{i} + t^3\vec{j} + \left(\frac{2}{3}t^3 - 2t\right)\vec{j}$

39. $\vec{r}(t) = \cos t\,\vec{i} + \sin t\,\vec{j} + t\vec{k}$

40. $\vec{r}(t) = t\vec{i} + 2e^t\vec{j} + e^{2t}\vec{k}$

41-42 Trouvez la composante tangentielle et la composante normale du vecteur accélération au point donné.

41. $\vec{r}(t) = \ln t\,\vec{i} + (t^2 + 3t)\vec{j} + 4\sqrt{t}\,\vec{k}, \quad (0, 4, 4)$

42. $\vec{r}(t) = \frac{1}{t}\vec{i} + \frac{1}{t^2}\vec{j} + \frac{1}{t^3}\vec{k}, \quad (1, 1, 1)$

43. La norme du vecteur accélération $\vec{a}$ est 10 cm/s². Utilisez la figure pour estimer la composante tangentielle et la composante normale de $\vec{a}$.

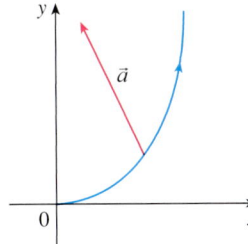

44. Par définition, le **moment cinétique** d'une particule de masse m qui se déplace selon une trajectoire définie par $\vec{r}(t)$ est $\vec{L}(t) = m\vec{r}(t) \times \vec{v}(t)$, et son **couple** est $\vec{\tau}(t) = m\vec{r}(t) \times \vec{a}(t)$. Montrez que $\vec{L}'(t) = \vec{\tau}(t)$. Déduisez que si $\vec{\tau}(t) = \vec{0}$ pour tout t, alors $\vec{L}(t)$ est constant. (C'est la **loi de conservation du moment cinétique**.)

45. La fonction de position d'un vaisseau spatial est
$$\vec{r}(t) = (3 + t)\vec{i} + (2 + \ln t)\vec{j} + \left(7 - \frac{4}{t^2 + 1}\right)\vec{k}$$
et les coordonnées d'une station spatiale sont (6, 4, 9). Le capitaine veut que son vaisseau atteigne la station spatiale. À quel moment devra-t-il couper les moteurs?

46. Une fusée se déplace dans l'espace à une vitesse $\vec{v}(t)$ et avec une masse $m(t)$ à l'instant t. En appelant $\vec{v}_e$ la vitesse de sortie des gaz d'échappement par rapport à la fusée, on peut déduire de la deuxième loi du mouvement de Newton que

$$m\frac{d\vec{v}}{dt} = \frac{dm}{dt}\vec{v}_e.$$

a) Montrez que $\vec{v}(t) = \vec{v}(0) - \ln\dfrac{m(0)}{m(t)}\vec{v}_e$.

b) Si la fusée doit, au moment du démarrage, accélérer à partir du repos jusqu'à une vitesse qui est le double de la vitesse de ses gaz d'échappement, quelle fraction de la masse initiale de la fusée correspond au carburant qui sera consommé?

APPLICATION — LES LOIS DE KEPLER

Johannes Kepler a établi les trois lois relatives au mouvement des planètes autour du Soleil (voir la page 383) à partir de nombreuses données sur les positions des planètes en différents instants.

Kepler a formulé ces lois en se basant sur des données astronomiques. Il n'a pas pu expliquer leur validité ni établir les liens entre elles. Toutefois, Sir Isaac Newton, dans son ouvrage *Principia Mathematica*, paru en 1687, montre comment déduire les trois lois de Kepler de deux de ses propres lois, à savoir sa deuxième loi du mouvement et sa loi de la gravitation universelle. Dans la section 8.4, on a démontré la première loi de Kepler à l'aide du calcul différentiel et intégral des fonctions vectorielles. Dans cette application, on vous guide dans la démonstration des deuxième et troisième lois de Kepler et dans l'exploration de quelques-unes de leurs conséquences.

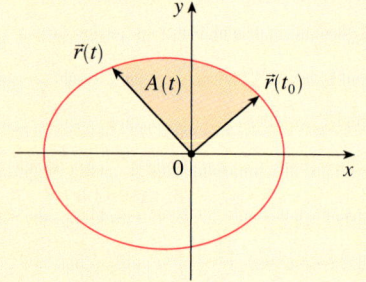

1. Démontrez la deuxième loi de Kepler en suivant les étapes décrites ci-après. La notation est la même que dans la démonstration de la première loi à la section 8.4. En particulier, utilisez les coordonnées polaires $\vec{r} = (r\cos\theta)\vec{i} + (r\sin\theta)\vec{j}$.

   a) Montrez que $\vec{h} = r^2\dfrac{d\theta}{dt}\vec{k}$.

   b) Déduisez que $r^2\dfrac{d\theta}{dt} = h$.

   c) Si $A = A(t)$ est l'aire balayée par le vecteur position $\vec{r} = \vec{r}(t)$ dans l'intervalle de temps $[t_0, t]$, comme sur la figure, montrez que

   $$\frac{dA}{dt} = \frac{1}{2}r^2\frac{d\theta}{dt}.$$

   d) Déduisez que

   $$\frac{dA}{dt} = \frac{1}{2}h = \text{constante}.$$

   Par conséquent, le taux auquel A est balayée est constant, ce qui prouve la deuxième loi de Kepler.

2. Soit T la période d'une planète tournant autour du Soleil, c'est-à-dire que T est le temps mis par cette planète pour effectuer une révolution autour de son orbite elliptique. Supposez que les longueurs respectives du grand axe et du petit axe de l'ellipse sont $2a$ et $2b$.

   a) Montrez que $T = 2\pi ab/h$ à l'aide de la partie d) du problème 1.

   b) Montrez que $\dfrac{h^2}{GM} = ed = \dfrac{b^2}{a}$.

   c) Montrez que $T^2 = \dfrac{4\pi^2}{GM}a^3$ à l'aide des parties a) et b).

Cela prouve la troisième loi de Kepler. (Remarquez que la constante de proportionnalité $4\pi^2/(GM)$ est indépendante de la planète.)

3. La période de l'orbite de la Terre est d'environ 365,25 jours. À partir de ce résultat et de la troisième loi de Kepler, calculez la longueur du grand axe de l'orbite de la Terre. Vous aurez besoin des données suivantes : la masse du Soleil est

$$M = 1,99 \times 10^{30} \text{ kg}$$

et la constante de gravitation est

$$G = 6,67 \times 10^{-11} \text{ N} \cdot \text{m}^2/\text{kg}^2.$$

4. On peut placer un satellite en orbite autour de la Terre de manière à ce qu'il reste fixe au-dessus d'un point donné à l'équateur. Déterminez l'altitude d'un tel satellite. La masse de la Terre est de

$$5,98 \times 10^{24} \text{ kg}$$

et son rayon, de

$$6,37 \times 10^6 \text{ m}.$$

(Cette orbite est appelée « orbite géosynchrone de Clarke », d'après Arthur C. Clarke qui a été à l'origine de cette idée, en 1945. Le premier satellite géosynchrone, le Syncom 2, a été lancé en juillet 1963.)

CHAPITRE 9

LES INTÉGRALES CURVILIGNES ET L'ANALYSE VECTORIELLE DANS LE PLAN

9.1 Les champs vectoriels
9.2 Les intégrales curvilignes
9.3 Le théorème fondamental des intégrales curvilignes
9.4 Le théorème de Green

© Qingqing / Shutterstock

Dans ce chapitre, nous étudions les champs vectoriels, qui associent un vecteur à chaque point d'un domaine donné. Les champs vectoriels jouent un rôle important en physique, car ils permettent notamment de représenter des forces ou la vitesse d'un fluide en mouvement. Nous définissons aussi les intégrales curvilignes, qui sont une généralisation des intégrales simples ordinaires. Les intégrales curvilignes permettent de calculer le travail effectué par une force variable le long d'un chemin dans l'espace. Enfin, nous énonçons des versions générales du théorème fondamental du calcul différentiel et intégral appliquées aux intégrales curvilignes.

9.1 LES CHAMPS VECTORIELS

Les vecteurs de la figure 1 représentent la vitesse scalaire et la direction des vents en des points situés à 10 m au-dessus du niveau de la mer dans la baie de San Francisco. On peut voir que la configuration des vents diffère nettement d'un jour à l'autre. On peut imaginer qu'un vecteur vitesse est associé à tout point dans l'air. Ceci est un exemple d'un **champ de vecteurs vitesses** (ou champ de vitesses).

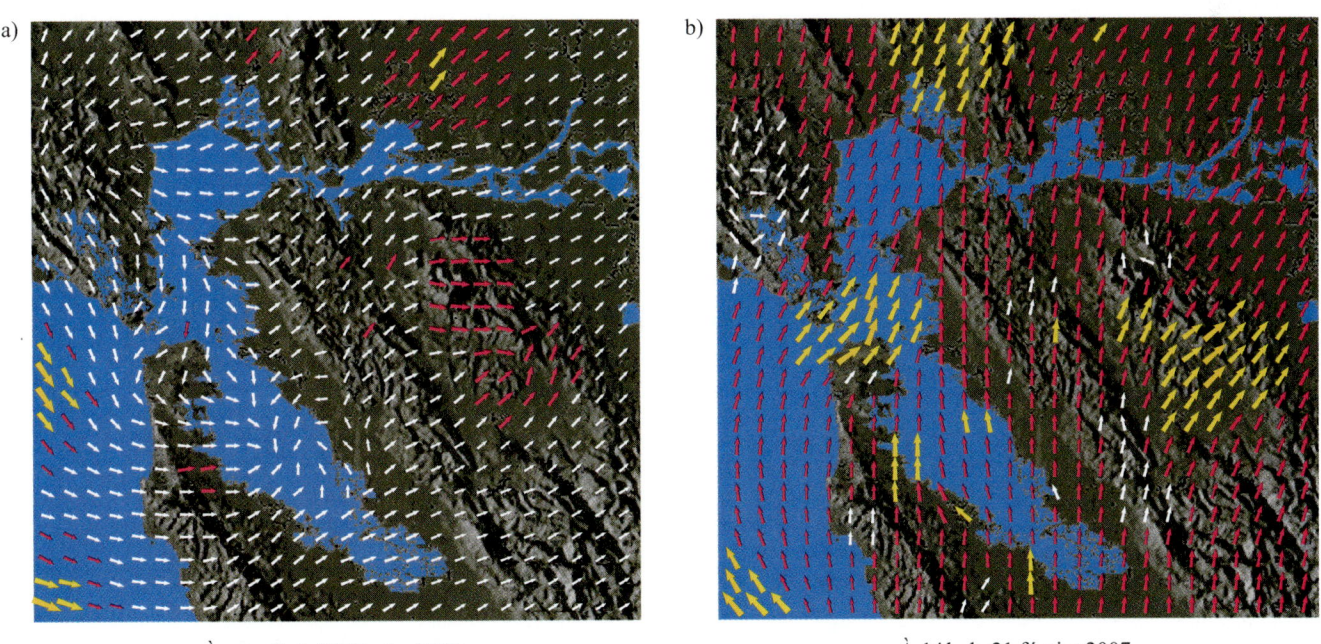

a) À minuit, le 20 février 2007.   b) À 14 h, le 21 février 2007.

FIGURE 1 Champs de vecteurs vitesses montrant la configuration des vents dans la baie de San Francisco.

La figure 2 (voir la page suivante) présente d'autres exemples de champs de vitesses : les courants marins et le flux de l'air autour d'une surface portante.

Un autre type de champ vectoriel, appelé **champ de forces**, associe un vecteur force à chaque point d'un domaine. L'exemple 4 est un exemple d'un tel champ, soit le champ gravitationnel.

En général, un champ vectoriel est une fonction ayant pour domaine un ensemble de points de $\mathbb{R}^2$ (ou de $\mathbb{R}^3$) et pour image un ensemble de vecteurs de V_2 (ou de V_3).

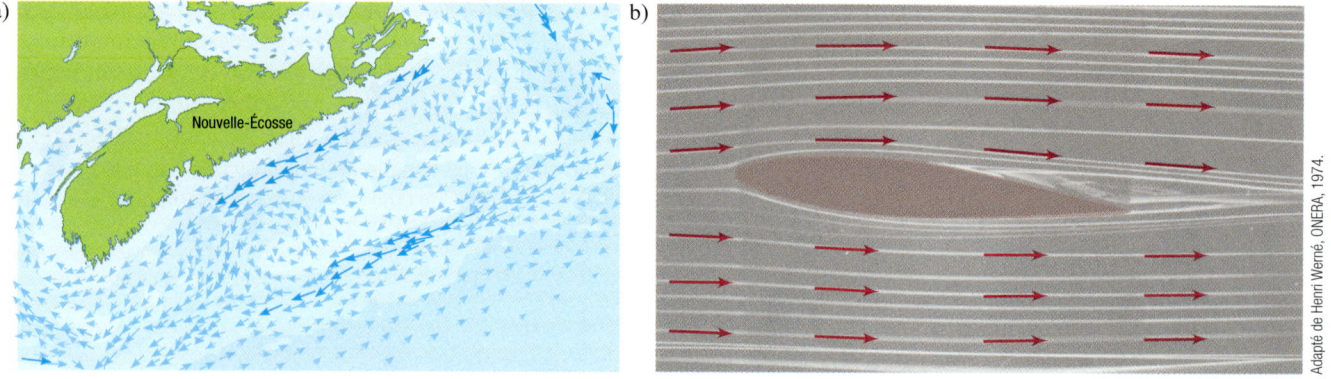

a) Courants marins près de la côte de la Nouvelle-Écosse.

b) Flux de l'air autour d'une surface portante.

FIGURE 2 Des champs de vecteurs vitesses.

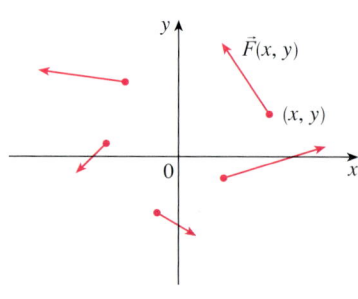

FIGURE 3
Un champ vectoriel dans $\mathbb{R}^2$.

1 DÉFINITION

Soit D un sous-ensemble de $\mathbb{R}^2$ (une région plane). Un **champ vectoriel** (ou **champ de vecteurs**) **dans $\mathbb{R}^2$** est une fonction $\vec{F}$ qui, à chaque point (x, y) de D, associe un vecteur à deux dimensions $\vec{F}(x, y)$.

Une bonne façon de représenter un champ vectoriel est de tracer la flèche représentant le vecteur $\vec{F}(x, y)$ avec son point initial en (x, y). Évidemment, il n'est pas possible de le faire pour tous les points (x, y), mais on obtient un bon aperçu du champ vectoriel $\vec{F}$ en traçant ces flèches pour des points représentatifs de D (voir la figure 3). Puisque $\vec{F}(x, y)$ est un vecteur à deux dimensions, on peut l'exprimer selon ses **fonctions composantes** P et Q, soit

$$\vec{F}(x, y) = P(x, y)\vec{i} + Q(x, y)\vec{j}$$

ou, en abrégé,
$$\vec{F} = P\vec{i} + Q\vec{j}.$$

On remarque que P et Q sont des fonctions scalaires de deux variables. On les appelle parfois des **champs scalaires** pour les distinguer des champs vectoriels.

2 DÉFINITION

Soit E un sous-ensemble de $\mathbb{R}^3$. Un **champ vectoriel dans $\mathbb{R}^3$** est une fonction $\vec{F}$ qui, à chaque point (x, y, z) de E, associe un vecteur à trois dimensions $\vec{F}(x, y, z)$.

La figure 4 représente un champ vectoriel $\vec{F}$ dans $\mathbb{R}^3$. On peut l'exprimer selon ses fonctions composantes P, Q et R, soit

$$\vec{F}(x, y, z) = P(x, y, z)\vec{i} + Q(x, y, z)\vec{j} + R(x, y, z)\vec{k}.$$

Comme dans le cas des fonctions vectorielles de la section 8.1, on peut définir la continuité des champs vectoriels et montrer que $\vec{F}$ est continu si et seulement si ses fonctions composantes P, Q et R sont continues.

On identifie parfois un point (x, y, z) à son vecteur position $\vec{x} = x\vec{i} + y\vec{j} + z\vec{k}$, et on écrit $\vec{F}(\vec{x})$ au lieu de $\vec{F}(x, y, z)$. On considère alors $\vec{F}$ comme une fonction qui associe un vecteur $\vec{F}(\vec{x})$ à chaque vecteur $\vec{x}$.

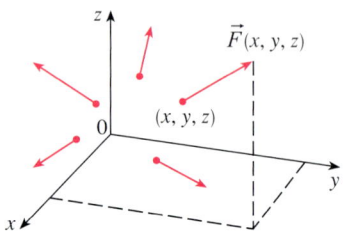

FIGURE 4
Un champ vectoriel dans $\mathbb{R}^3$.

EXEMPLE 1 Soit le champ vectoriel dans $\mathbb{R}^2$ défini par $\vec{F}(x, y) = -y\vec{i} + x\vec{j}$. Décrivons $\vec{F}$ en traçant quelques-uns des vecteurs $\vec{F}(x, y)$, comme à la figure 3.

SOLUTION Puisque $\vec{F}(1, 0) = \vec{j}$, on trace le vecteur $\vec{j}$ avec son point initial en $(1, 0)$ (voir la figure 5). Puisque $\vec{F}(0, 1) = -\vec{i}$, on trace ce vecteur avec son point initial en $(0, 1)$. On calcule plusieurs autres valeurs représentatives de $\vec{F}(x, y)$ (voir le tableau), et on trace les vecteurs correspondants pour représenter le champ vectoriel.

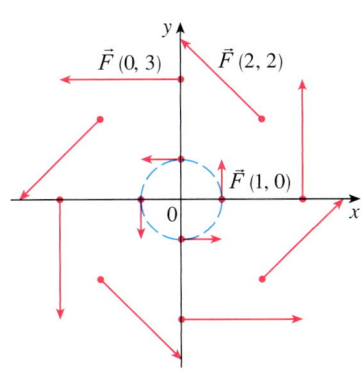

FIGURE 5
$\vec{F}(x, y) = -y\vec{i} + x\vec{j}$.

(x, y)	$\vec{F}(x, y)$	(x, y)	$\vec{F}(x, y)$
$(1, 0)$	$\vec{j}$	$(-1, 0)$	$-\vec{j}$
$(2, 2)$	$-2\vec{i} + 2\vec{j}$	$(-2, -2)$	$2\vec{i} - 2\vec{j}$
$(3, 0)$	$3\vec{j}$	$(-3, 0)$	$-3\vec{j}$
$(0, 1)$	$-\vec{i}$	$(0, -1)$	$\vec{i}$
$(-2, 2)$	$-2\vec{i} - 2\vec{j}$	$(2, -2)$	$2\vec{i} + 2\vec{j}$
$(0, 3)$	$-3\vec{i}$	$(0, -3)$	$3\vec{i}$

Selon la figure 5, chaque flèche est tangente à un cercle centré à l'origine. Pour confirmer ce fait, on calcule le produit scalaire du vecteur position $\vec{x} = x\vec{i} + y\vec{j}$ avec le vecteur $\vec{F}(\vec{x}) = \vec{F}(x, y)$:

$$\vec{x} \cdot \vec{F}(\vec{x}) = (x\vec{i} + y\vec{j}) \cdot (-y\vec{i} + x\vec{j}) = -xy + yx = 0.$$

Par conséquent, $\vec{F}(x, y)$ est perpendiculaire au vecteur position $x\vec{i} + y\vec{j}$ et donc tangent au cercle centré à l'origine et de rayon $\|\vec{x}\| = \sqrt{x^2 + y^2}$. De plus,

$$\|\vec{F}(x, y)\| = \sqrt{(-y)^2 + x^2} = \sqrt{x^2 + y^2} = \|\vec{x}\|,$$

et donc la norme du vecteur $\vec{F}(x, y)$ est égale au rayon du cercle.

Plusieurs logiciels de calcul symbolique permettent de représenter des champs vectoriels à deux ou à trois dimensions. À l'aide d'un ordinateur, on peut tracer un grand nombre de vecteurs représentatifs, ce qui permet d'avoir une meilleure idée d'un champ vectoriel que si l'on trace seulement quelques vecteurs à la main. La figure 6 montre la représentation par ordinateur du champ vectoriel de l'exemple 1. Les figures 7 et 8 présentent deux autres champs vectoriels. On remarque que la longueur des flèches représentant les vecteurs est choisie de manière à ce que ces derniers ne soient pas trop longs, mais tout de même proportionnels à leur norme réelle.

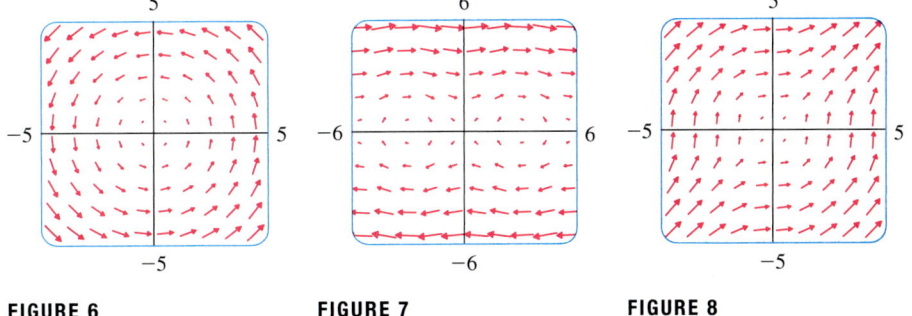

FIGURE 6
$\vec{F}(x, y) = -y\vec{i} + x\vec{j}$.

FIGURE 7
$\vec{F}(x, y) = y\vec{i} + \sin x\, \vec{j}$.

FIGURE 8
$\vec{F}(x, y) = \ln(1 + y^2)\vec{i} + \ln(1 + x^2)\vec{j}$.

EXEMPLE 2 Esquissons le champ vectoriel dans $\mathbb{R}^3$ défini par $\vec{F}(x, y, z) = z\vec{k}$.

SOLUTION La figure 9 (voir la page suivante) montre l'esquisse obtenue. On remarque que tous les vecteurs sont verticaux et qu'ils pointent vers le haut lorsqu'ils sont au-dessus du plan xy ou vers le bas lorsqu'ils sont au-dessous de ce plan. La norme croît avec la distance au plan xy.

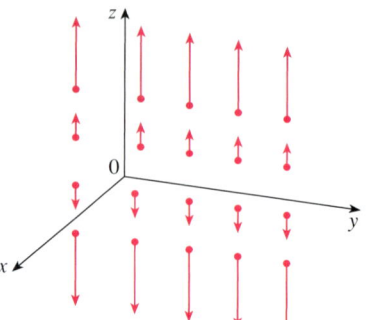

FIGURE 9
$\vec{F}(x, y, z) = z\vec{k}$.

On peut esquisser le champ vectoriel de l'exemple 2 à la main en raison de la simplicité de sa définition. Parce qu'il est très difficile de représenter à la main la plupart des champs vectoriels à trois dimensions, on doit habituellement recourir à un logiciel de calcul symbolique. Les figures 10, 11 et 12 sont des exemples de champs vectoriels à trois dimensions. On remarque que les formules des champs vectoriels représentés aux figures 10 et 11 se ressemblent. Toutefois, la différence est que tous les vecteurs représentés à la figure 11 pointent dans la direction générale de l'axe des y négatifs, car leur composante selon y est –2. Si le champ vectoriel de la figure 12 représentait un champ de vitesses, alors une particule monterait et s'enroulerait en spirale autour de l'axe des z dans le sens horaire lorsqu'on la regarderait du dessus.

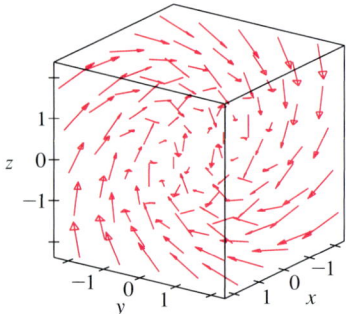

FIGURE 10
$\vec{F}(x, y, z) = y\vec{i} + z\vec{j} + x\vec{k}$.

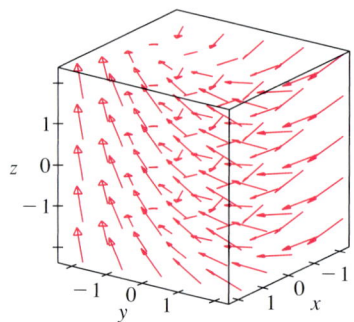

FIGURE 11
$\vec{F}(x, y, z) = y\vec{i} - 2\vec{j} + x\vec{k}$.

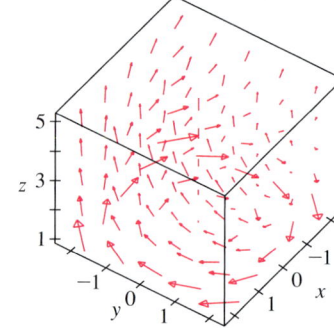

FIGURE 12
$\vec{F}(x, y, z) = \dfrac{y}{z}\vec{i} - \dfrac{x}{z}\vec{j} + \dfrac{z}{4}\vec{k}$.

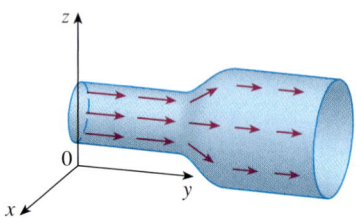

FIGURE 13
Le champ de vitesses d'un fluide en mouvement.

EXEMPLE 3 Considérons un fluide s'écoulant de façon constante dans une canalisation, et soit $\vec{V}(x, y, z)$ le vecteur vitesse au point (x, y, z). Le champ $\vec{V}$ associe un vecteur à chaque point (x, y, z) d'un certain domaine E (l'intérieur de la canalisation), donc $\vec{V}$ est un champ vectoriel dans $\mathbb{R}^3$, appelé **champ de vitesses**. La figure 13 illustre un champ de vitesses possible. En tout point, la longueur de la flèche donne la vitesse scalaire.

On rencontre aussi des champs de vitesses dans d'autres branches de la physique. Par exemple, le champ vectoriel de l'exemple 1, vu comme un champ de vitesses, pourrait être utilisé pour décrire la rotation en sens antihoraire d'une roue. On a également vu d'autres exemples de champs de vitesses aux figures 1 et 2.

EXEMPLE 4 Selon la loi de gravitation de Newton, l'intensité de la force gravitationnelle entre deux objets de masses m et M est

$$\|\vec{F}\| = \dfrac{mMG}{r^2},$$

où r est la distance entre les objets et G, la constante de gravitation. Supposons que l'objet de masse M est à l'origine de $\mathbb{R}^3$. (Ainsi, M pourrait être la masse de la Terre, et l'origine pourrait être son centre.) Soit le vecteur position $\vec{x} = x\vec{i} + y\vec{j} + z\vec{k}$ d'un objet de masse m. Alors, $r = \|\vec{x}\|$ et $r^2 = \|\vec{x}\|^2$. La force gravitationnelle agissant sur ce deuxième objet est orientée vers l'origine, et le vecteur unitaire dans cette direction est

$$-\frac{\vec{x}}{\|\vec{x}\|}.$$

Par conséquent, la force gravitationnelle agissant sur l'objet en $\vec{x} = x\vec{i} + y\vec{j} + z\vec{k}$ est

3
$$\vec{F}(\vec{x}) = -\frac{mMG}{\|\vec{x}\|^3}\vec{x}.$$

(Les physiciens notent souvent le vecteur position $\vec{r}$ au lieu de $\vec{x}$. De plus, on voit parfois la formule 3 écrite sous la forme $\vec{F} = -(mMG/r^3)\vec{r}$.) La fonction donnée par l'équation 3 est un exemple d'un champ vectoriel, à savoir le **champ gravitationnel**, parce qu'il associe un vecteur (la force $\vec{F}(\vec{x})$) à chaque point $\vec{x}$ de l'espace.

La formule 3 est une façon compacte d'écrire le champ gravitationnel, mais on peut aussi écrire ce champ selon ses fonctions composantes en posant $\vec{x} = x\vec{i} + y\vec{j} + z\vec{k}$ et $\|\vec{x}\| = \sqrt{x^2 + y^2 + z^2}$:

$$\vec{F}(x, y, z) = \frac{-mMGx}{(x^2 + y^2 + z^2)^{3/2}}\vec{i} + \frac{-mMGy}{(x^2 + y^2 + z^2)^{3/2}}\vec{j} + \frac{-mMGz}{(x^2 + y^2 + z^2)^{3/2}}\vec{k}.$$

La figure 14 montre le champ gravitationnel $\vec{F}$.

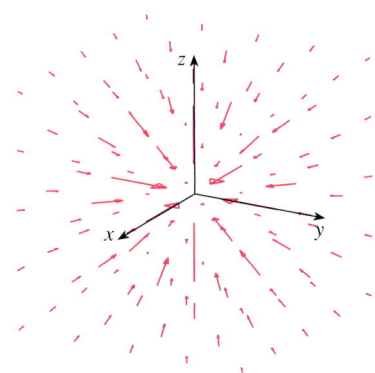

FIGURE 14
Le champ gravitationnel.

EXEMPLE 5 Considérons une charge électrique Q placée à l'origine. Selon la loi de Coulomb, cette charge exerce une force électrique $\vec{F}(\vec{x})$ sur une charge q située en un point (x, y, z), de vecteur position $\vec{x} = x\vec{i} + y\vec{j} + z\vec{k}$, donnée par

4
$$\vec{F}(\vec{x}) = \frac{\varepsilon qQ}{\|\vec{x}\|^3}\vec{x},$$

où ε est une constante (dépendante des unités utilisées). Pour des charges de même signe, $qQ > 0$ et la force est répulsive ; pour des charges de signes contraires, $qQ < 0$ et la force est attractive. Il convient de noter la similitude entre les formules 3 et 4. Ces deux champs vectoriels sont des exemples de **champs de forces**.

Au lieu de considérer la force électrique $\vec{F}$, les physiciens considèrent souvent la force par unité de charge :

$$\vec{E}(\vec{x}) = \frac{1}{q}\vec{F}(\vec{x}) = \frac{\varepsilon Q}{\|\vec{x}\|^3}\vec{x}.$$

Ainsi, $\vec{E}$ est un champ vectoriel dans $\mathbb{R}^3$, appelé **champ électrique** de Q.

LES CHAMPS DE GRADIENTS

Si f est une fonction scalaire de deux variables alors, selon la section 4.4, son gradient ∇f (ou grad f) est, par définition,

$$\nabla f(x, y) = f_x(x, y)\vec{i} + f_y(x, y)\vec{j}.$$

Ainsi, ∇f associe un vecteur à chaque point où les dérivées partielles de f sont définies, et ∇f est un champ vectoriel dans $\mathbb{R}^2$, appelé **champ de gradients**. De même, si f est une fonction scalaire de trois variables, son gradient est un champ vectoriel dans $\mathbb{R}^3$ défini par

$$\nabla f(x,y,z) = f_x(x,y,z)\vec{i} + f_y(x,y,z)\vec{j} + f_z(x,y,z)\vec{k}.$$

EXEMPLE 6 Trouvons le champ de gradients de $f(x,y) = x^2y - y^3$. Représentons ensuite ce champ et un diagramme de courbes de niveau de f. Quelle est la relation entre ce champ et les courbes de niveau ?

SOLUTION Le champ de gradients est défini par

$$\nabla f(x,y) = \frac{\partial f}{\partial x}\vec{i} + \frac{\partial f}{\partial y}\vec{j}$$
$$= 2xy\,\vec{i} + (x^2 - 3y^2)\,\vec{j}.$$

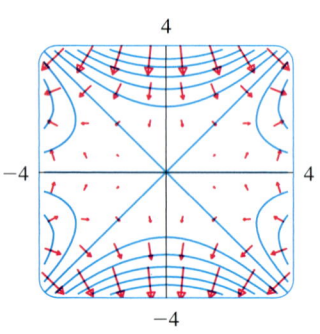

FIGURE 15

La figure 15 montre un diagramme de courbes de niveau de f et le champ de gradients associé à cette fonction. On remarque que les vecteurs gradients sont perpendiculaires aux courbes de niveau, conformément à la section 4.4. On constate aussi que la norme des vecteurs gradients est plus grande lorsque les courbes de niveau sont proches les unes des autres et moins grande lorsque les courbes sont plus espacées. C'est parce que la norme du vecteur gradient est la valeur de la dérivée directionnelle de f et que des courbes de niveau très proches les unes des autres indiquent un graphe ayant une forte pente.

Un champ vectoriel $\vec{F}$ est appelé **champ vectoriel conservatif** s'il est le champ de gradients d'une fonction scalaire, autrement dit s'il existe une fonction f telle que $\vec{F} = \nabla f$. Dans ce cas, f est appelée **fonction potentielle** de $\vec{F}$.

Tous les champs vectoriels ne sont pas conservatifs, mais ce type de champ est fréquent en physique. Ainsi, le champ gravitationnel $\vec{F}$ de l'exemple 4 est conservatif, car

$$f(x,y,z) = \frac{mMG}{\sqrt{x^2 + y^2 + z^2}}$$

est une fonction potentielle. En effet, on a

$$\nabla f(x,y,z) = \frac{\partial f}{\partial x}\vec{i} + \frac{\partial f}{\partial y}\vec{j} + \frac{\partial f}{\partial z}\vec{k}$$
$$= \frac{-mMGx}{(x^2+y^2+z^2)^{3/2}}\vec{i} + \frac{-mMGy}{(x^2+y^2+z^2)^{3/2}}\vec{j} + \frac{-mMGz}{(x^2+y^2+z^2)^{3/2}}\vec{k}$$
$$= \vec{F}(x,y,z).$$

Aux sections 9.3 et 10.3, on explique comment vérifier si un champ vectoriel est conservatif.

LES LIGNES DE COURANT

Les **lignes de courant** d'un champ vectoriel sont les trajectoires d'une particule dont le champ de vitesses est le champ vectoriel donné. Les vecteurs d'un champ vectoriel sont donc tangents aux lignes de courant.

EXEMPLE 7 Soit le champ vectoriel

$$\vec{F}(x,y) = x\vec{i} - y\vec{j}.$$

Trouvons les équations paramétriques des lignes de courant du champ $\vec{F}$. Trouvons ensuite la ligne de courant particulière passant par le point (1, 2).

SOLUTION Soit $\vec{r}(t) = x(t)\vec{i} + y(t)\vec{j}$ une paramétrisation des lignes de courant. Puisque les vecteurs du champ sont parallèles aux lignes de courant, on a

$$\vec{r}'(t) = \vec{F}(x(t), y(t)),$$

c'est-à-dire

$$x'(t)\vec{i} + y'(t)\vec{j} = x(t)\vec{i} - y(t)\vec{j}.$$

En égalant les composantes, on obtient les équations différentielles

$$\frac{dx}{dt} = x \text{ et } \frac{dy}{dt} = -y.$$

Ces équations sont à **variables séparables** et peuvent être résolues en regroupant les variables semblables du même côté puis en intégrant. Par exemple, pour la première équation :

$$\frac{dx}{dt} = x \;\Rightarrow\; \frac{dx}{x} = dt \;\Rightarrow\; \int \frac{dx}{x} = \int dt \;\Rightarrow\; \ln|x| = t + C \;\Rightarrow\; x = C_1 e^t$$

où $C_1 = \pm e^C$ est une constante. De façon semblable, la deuxième équation donne $y = C_2 e^{-t}$. Ainsi, les lignes de courant sont paramétrées par $\vec{r}(t) = C_1 e^t \vec{i} + C_2 e^{-t} \vec{j}$. Notons qu'il y a deux lignes de courant supplémentaires, l'axe des x et l'axe des y, qui peuvent être obtenues en posant $C_1 = 0$ ou $C_2 = 0$.

Pour trouver la ligne de courant particulière, on doit chercher des valeurs de C_1 et C_2 telles que $(1, 2)$ est un point sur la courbe paramétrée par la fonction vectorielle $\vec{r}$ (voir la figure 16). Par exemple, si on suppose que ce point correspond à $t = 0$ alors $\vec{i} + 2\vec{j} = \vec{r}(0) = C_1 \vec{i} + C_2 \vec{j}$ donc $C_1 = 1$ et $C_2 = 2$, et la ligne de courant particulière est paramétrée par $\vec{r}(t) = e^t \vec{i} + 2e^{-t}\vec{j}$.

Dans cet exemple, on remarque que les formules pour x et y impliquent que $xy = K$, où $K = C_1 C_2$. Ainsi, on reconnaît que les lignes de courant sont des hyperboles.

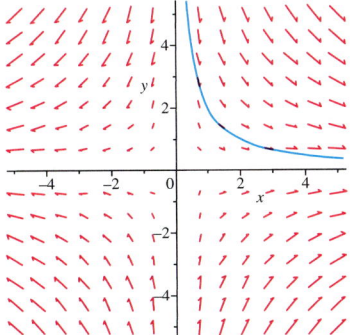

FIGURE 16 Le champ vectoriel $\vec{F}$ et la ligne de courant passant par $(1, 2)$ (en bleu).

Exercices 9.1

1-10 Représentez le champ vectoriel $\vec{F}$ en vous inspirant de la figure 5 (p. 391) ou de la figure 9 (p. 392).

1. $\vec{F}(x,y) = 0{,}3\vec{i} - 0{,}4\vec{j}$
2. $\vec{F}(x,y) = \frac{1}{2}x\vec{i} + y\vec{j}$
3. $\vec{F}(x,y) = -\frac{1}{2}\vec{i} + (y-x)\vec{j}$
4. $\vec{F}(x,y) = y\vec{i} + (x+y)\vec{j}$
5. $\vec{F}(x,y) = \dfrac{y\vec{i} + x\vec{j}}{\sqrt{x^2+y^2}}$
6. $\vec{F}(x,y) = \dfrac{y\vec{i} - x\vec{j}}{\sqrt{x^2+y^2}}$
7. $\vec{F}(x,y,z) = \vec{i}$
8. $\vec{F}(x,y,z) = z\vec{i}$
9. $\vec{F}(x,y,z) = -y\vec{i}$
10. $\vec{F}(x,y,z) = \vec{i} + \vec{k}$

11-14 Associez les champs vectoriels $\vec{F}$ aux représentations I à IV. Justifiez vos associations.

11. $\vec{F}(x,y) = x\vec{i} - y\vec{j}$
12. $\vec{F}(x,y) = y\vec{i} + (x-y)\vec{j}$
13. $\vec{F}(x,y) = y\vec{i} + (y+2)\vec{j}$
14. $\vec{F}(x,y) = \cos(x+y)\vec{i} + x\vec{j}$

I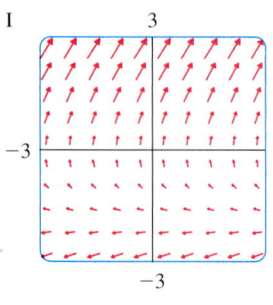

II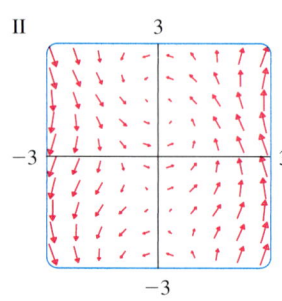

III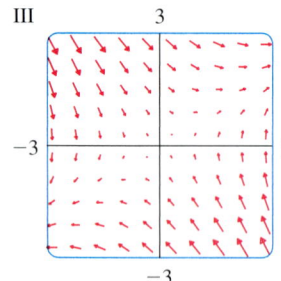

IV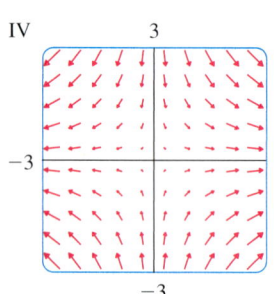

15-18 Associez les champs vectoriels $\vec{F}$ sur $\mathbb{R}^3$ aux représentations I à IV. Justifiez vos associations.

15. $\vec{F}(x,y,z) = \vec{i} + 2\vec{j} + 3\vec{k}$
16. $\vec{F}(x,y,z) = \vec{i} + 2\vec{j} + z\vec{k}$
17. $\vec{F}(x,y,z) = x\vec{i} + y\vec{j} + 3\vec{k}$
18. $\vec{F}(x,y,z) = x\vec{i} + y\vec{j} + z\vec{k}$

I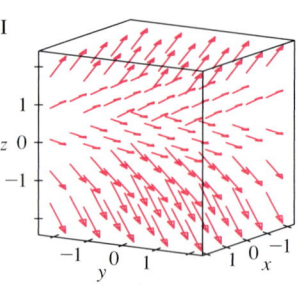

II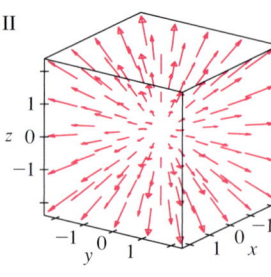

III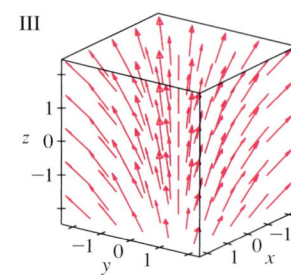

IV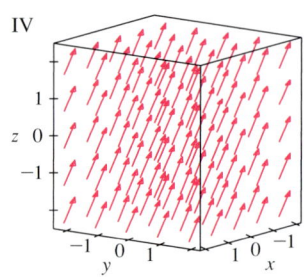

LCS 19. Si vous disposez d'un logiciel de calcul symbolique qui est capable de représenter les champs vectoriels (dans Maple, la commande est `fieldplot`; dans Mathematica, `PlotVectorField`), utilisez-le pour représenter

$$\vec{F}(x,y) = (y^2 - 2xy)\vec{i} + (3xy - 6x^2)\vec{j}.$$

Expliquez l'aspect du champ vectoriel en trouvant l'ensemble des points (x,y) tels que $\vec{F}(x,y) = \vec{0}$.

LCS 20. Soit $\vec{F}(\vec{x}) = (r^2 - 2r)\vec{x}$, où $\vec{x} = x\vec{i} + y\vec{j}$ et $r = \|\vec{x}\|$. Utilisez un logiciel de calcul symbolique pour représenter ce champ vectoriel sur divers domaines jusqu'à ce que vous voyiez clairement ce qui se produit. Décrivez l'aspect du champ vectoriel et expliquez-le en trouvant les points où $\vec{F}(\vec{x}) = \vec{0}$.

21-24 Trouvez le champ de gradients de f.

21. $f(x,y) = y\sin(xy)$
22. $f(x,y) = \sqrt{2x+3y}$
23. $f(x,y,z) = \sqrt{x^2 + y^2 + z^2}$
24. $f(x,y,z) = x^2 y e^{y/z}$

25-26 Trouvez le champ de gradients ∇f de f et représentez-le.

25. $f(x,y) = \frac{1}{2}(x-y)^2$
26. $f(x,y) = \frac{1}{2}(x^2 - y^2)$

LCS **27-28** Représentez le champ de gradients de f et un diagramme de courbes de niveau de cette fonction. Expliquez la relation entre le champ vectoriel et les courbes de niveau.

27. $f(x,y) = \ln(1 + x^2 + 2y^2)$
28. $f(x,y) = \cos x - 2\sin y$

29-32 Associez les fonctions f aux représentations de leurs champs de gradients I à IV. Justifiez vos associations.

29. $f(x,y) = x^2 + y^2$
30. $f(x,y) = x(x+y)$
31. $f(x,y) = (x+y)^2$
32. $f(x,y) = \sin\sqrt{x^2+y^2}$

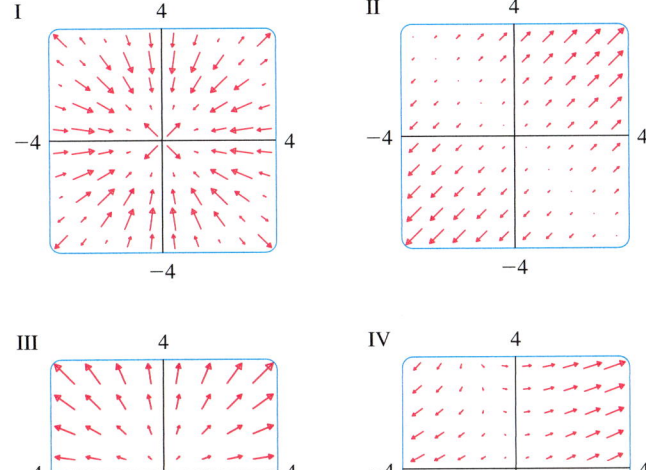

33. Une particule se déplace dans un champ de vitesses $\vec{V}(x, y) = x^2\vec{i} + (x + y^2)\vec{j}$. À l'instant $t = 3$, elle est à la position (2, 1). Estimez sa position à l'instant $t = 3{,}01$.

34. À l'instant $t = 1$, une particule est à la position (1, 3). Elle se déplace dans le champ de vitesses

$$\vec{F}(x, y) = (xy - 2)\vec{i} + (y^2 - 10)\vec{j}.$$

Trouvez sa position approximative à l'instant $t = 1{,}05$.

35. Soit le champ vectoriel $\vec{F}(x, y) = x\vec{i} + y\vec{j}$.
    a) Utilisez une représentation du champ vectoriel $\vec{F}$ pour tracer quelques lignes de courant. À partir de vos représentations, pouvez-vous déduire les équations paramétriques des lignes de courant?
    b) Trouvez les équations paramétriques des lignes de courant en utilisant la méthode de l'exemple 7.
    c) Trouvez l'équation de la ligne de courant qui passe par le point $(2, -1)$.

36. Trouvez les équations paramétriques des lignes de courant du champ vectoriel $\vec{F}(x, y) = x\vec{i} - \vec{j}$.

37. Soit le champ vectoriel $\vec{F}(x, y) = -x^2\vec{i} + y^3\vec{j}$. Trouvez les équations paramétriques de la ligne de courant de $\vec{F}$ passant par le point (1, 2).

38. En généralisant la méthode de l'exemple 7, trouvez les équations paramétriques des lignes de courant du champ vectoriel en trois dimensions $\vec{F}(x, y, z) = \sin(x)\vec{i} + \sin(y)\vec{j} + z^2\vec{k}$.

39. a) Représentez le champ vectoriel $\vec{F}(x, y) = \vec{i} + x\vec{j}$ et quelques lignes de courant. Quelle forme semblent avoir ces lignes de courant?
    b) Si les équations paramétriques des lignes de courant sont $x = x(t)$, $y = y(t)$, quelles équations différentielles ces fonctions vérifient-elles? Déduisez que $dy/dx = x$.
    c) Une particule part de l'origine et se déplace dans un champ de vitesses donné par $\vec{F}$. Trouvez l'équation de sa trajectoire.

40. Soit le champ vectoriel $\vec{F}(x, y) = y^2\vec{i} + x^2\vec{j}$.
    a) Si les équations paramétriques des lignes de courant sont $x = x(t)$ et $y = y(t)$, montrez que x et y satisfont à l'équation à variables séparables

    $$y^2 \frac{dy}{dx} = x^2.$$

    b) Trouvez les équations paramétriques de la ligne de courant passant par (0, 1).

9.2 LES INTÉGRALES CURVILIGNES

Dans cette section, nous définissons une intégrale semblable à l'intégrale simple ordinaire, à la différence près que le domaine d'intégration est une courbe C plutôt qu'un intervalle $[a, b]$. Ces intégrales, appelées «intégrales curvilignes», ont été créées au début du XIXe siècle pour résoudre des problèmes impliquant l'écoulement des fluides, les champs de forces, l'électricité et le magnétisme.

Considérons d'abord une courbe plane C définie par les équations paramétriques

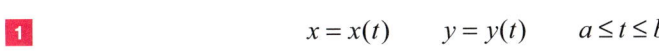

$$\boxed{1} \qquad x = x(t) \qquad y = y(t) \qquad a \leq t \leq b$$

ou, de façon équivalente, par la fonction vectorielle $\vec{r}(t) = x(t)\vec{i} + y(t)\vec{j}$. On suppose que C est une courbe lisse, ce qui signifie que la dérivée $\vec{r}'$ est continue et que $\vec{r}'(t) \neq \vec{0}$ (voir la section 8.3). Si on subdivise l'intervalle du paramètre $[a, b]$ en n sous-intervalles $[t_{i-1}, t_i]$ d'égale longueur, et si on pose $x_i = x(t_i)$ et $y_i = y(t_i)$, alors les points correspondants $P_i(x_i, y_i)$ subdivisent C en n sous-arcs de longueurs $\Delta s_1, \Delta s_2, ..., \Delta s_n$ (voir la figure 1). On choisit un point quelconque $P_i^*(x_i^*, y_i^*)$ sur le i-ième sous-arc. (Cela correspond à un point t_i^* dans $[t_{i-1}, t_i]$.) Si f est une fonction quelconque de deux

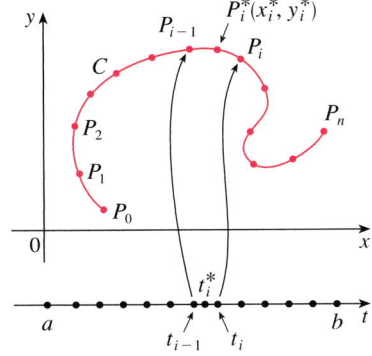

FIGURE 1

variables dont le domaine inclut la courbe C, on calcule f au point (x_i^*, y_i^*), puis on multiplie par la longueur Δs_i du sous-arc et on obtient la somme

$$\sum_{i=1}^{n} f(x_i^*, y_i^*) \Delta s_i.$$

Cette somme est semblable à une somme de Riemann. On prend ensuite la limite de ces sommes lorsque $n \to \infty$ pour définir l'intégrale curviligne par analogie avec l'intégrale simple.

> **2 DÉFINITION**
>
> Si f est définie sur une courbe lisse C paramétrée par les équations 1, alors l'**intégrale curviligne de f le long de C** est
>
> $$\int_C f(x, y)\, ds = \lim_{n \to \infty} \sum_{i=1}^{n} f(x_i^*, y_i^*) \Delta s_i$$
>
> si cette limite existe.

À la section 8.3, on a déterminé que la longueur de C est

$$L = \int_a^b \sqrt{\left(\frac{dx}{dt}\right)^2 + \left(\frac{dy}{dt}\right)^2}\, dt.$$

À partir d'un raisonnement semblable, on peut montrer que si f est une fonction continue, alors la limite de la définition 2 existe toujours, et on peut utiliser la formule suivante pour calculer l'intégrale curviligne:

> **3**
>
> $$\int_C f(x, y)\, ds = \int_a^b f(x(t), y(t)) \sqrt{\left(\frac{dx}{dt}\right)^2 + \left(\frac{dy}{dt}\right)^2}\, dt.$$

La valeur de l'intégrale curviligne ne dépend pas de la paramétrisation de la courbe, pourvu que celle-ci soit parcourue exactement une fois lorsque t varie de a à b.

L'abscisse curviligne s est définie à la section 8.3.

Si $s(t)$ est la longueur de C entre $\vec{r}(a)$ et $\vec{r}(t)$, alors

$$\frac{ds}{dt} = \sqrt{\left(\frac{dx}{dt}\right)^2 + \left(\frac{dy}{dt}\right)^2}.$$

Pour se souvenir de la formule 3, on exprime tous les termes en fonction du paramètre t: on utilise les équations paramétriques pour exprimer x et y en fonction de t, et on écrit ds sous la forme

$$ds = \sqrt{\left(\frac{dx}{dt}\right)^2 + \left(\frac{dy}{dt}\right)^2}\, dt.$$

Dans le cas particulier où C est le segment de droite qui relie $(a, 0)$ à $(b, 0)$ (donc C est l'intervalle $[a, b]$ sur l'axe des x), si on prend x comme paramètre, les équations paramétriques de C sont $x = x$, $y = 0$, $a \leq x \leq b$. La formule 3 devient

$$\int_C f(x, y)\, ds = \int_a^b f(x, 0)\, dx$$

et donc l'intégrale curviligne se ramène à une intégrale simple ordinaire.

Comme dans le cas d'une intégrale ordinaire, on peut considérer l'intégrale curviligne d'une fonction positive comme une aire. En effet, si $f(x, y) \geq 0$ sur C, alors $\int_C f(x, y)\, ds$ représente l'aire d'un côté de la « clôture » ou du « rideau » de la figure 2, de base C et de hauteur $f(x, y)$ au-dessus du point (x, y).

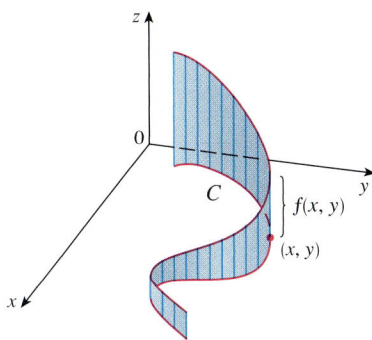

FIGURE 2

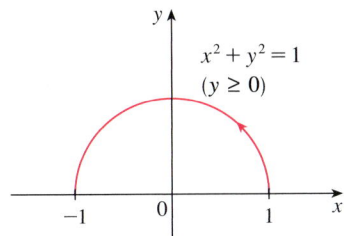

FIGURE 3

EXEMPLE 1 Calculons $\int_C (2 + x^2 y)\, ds$, où C est la moitié supérieure du cercle unité $x^2 + y^2 = 1$.

SOLUTION Pour utiliser la formule 3, il faut d'abord trouver les équations paramétriques de C. On se souvient que le cercle unité peut être paramétré par

$$x = \cos t \qquad y = \sin t$$

et que l'intervalle $0 \leq t \leq \pi$ permet de décrire la moitié supérieure du cercle (voir la figure 3). La formule 3 donne

$$\begin{aligned}
\int_C (2 + x^2 y)\, ds &= \int_0^\pi (2 + \cos^2 t \sin t) \sqrt{\left(\frac{dx}{dt}\right)^2 + \left(\frac{dy}{dt}\right)^2}\, dt \\
&= \int_0^\pi (2 + \cos^2 t \sin t) \sqrt{\sin^2 t + \cos^2 t}\, dt \\
&= \int_0^\pi (2 + \cos^2 t \sin t)\, dt = \left[2t - \frac{\cos^3 t}{3}\right]_0^\pi \\
&= 2\pi + \frac{2}{3}.
\end{aligned}$$

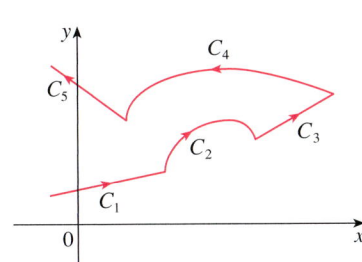

FIGURE 4
Une courbe lisse par morceaux.

On suppose maintenant que C est une **courbe lisse par morceaux**, c'est-à-dire que C est une union d'un nombre fini de courbes lisses $C_1, C_2, ..., C_n$ où, comme l'illustre la figure 4, le premier point de C_{i+1} est le dernier point de C_i. Par définition, l'intégrale de f le long de C est la somme des intégrales de f le long des morceaux lisses de C :

$$\int_C f(x, y)\, ds = \int_{C_1} f(x, y)\, ds + \int_{C_2} f(x, y)\, ds + \cdots + \int_{C_n} f(x, y)\, ds.$$

EXEMPLE 2 Calculons $\int_C 2x\, ds$, où C est constituée de l'arc C_1 de la parabole $y = x^2$ allant de $(0, 0)$ à $(1, 1)$, suivi du segment de droite vertical C_2 allant de $(1, 1)$ à $(1, 2)$.

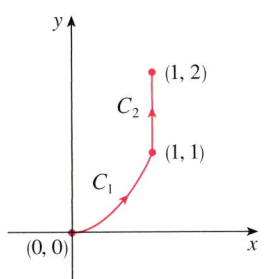

FIGURE 5
$C = C_1 \cup C_2$

SOLUTION La figure 5 montre la courbe C. Comme C_1 est le graphe d'une fonction de x, on peut prendre x comme paramètre. Les équations paramétriques de C_1 sont

$$x = x \qquad y = x^2 \qquad 0 \leq x \leq 1.$$

Par conséquent,

$$\int_{C_1} 2x \, ds = \int_0^1 2x \sqrt{\left(\frac{dx}{dx}\right)^2 + \left(\frac{dy}{dx}\right)^2} \, dx = \int_0^1 2x\sqrt{1+4x^2} \, dx$$

$$= \frac{1}{4} \cdot \frac{2}{3}(1+4x^2)^{3/2}\bigg]_0^1 = \frac{5\sqrt{5}-1}{6}.$$

Sur C_2, on prend y comme paramètre. Les équations paramétriques de C_2 sont

$$x = 1 \qquad y = y \qquad 1 \leq y \leq 2$$

et
$$\int_{C_2} 2x \, ds = \int_1^2 2(1)\sqrt{\left(\frac{dx}{dy}\right)^2 + \left(\frac{dy}{dy}\right)^2} \, dy = \int_1^2 2 \, dy = 2$$

donc
$$\int_C 2x \, ds = \int_{C_1} 2x \, ds + \int_{C_2} 2x \, ds = \frac{5\sqrt{5}-1}{6} + 2.$$

Toute interprétation physique d'une intégrale curviligne $\int_C f(x, y) \, ds$ dépend de l'interprétation de la fonction f. Si on suppose que $\rho(x, y)$ représente la densité linéaire en un point (x, y) d'un fil mince ayant la forme d'une courbe C, alors la masse de la partie du fil allant de P_{i-1} à P_i à la figure 1 est approximativement $\rho(x_i^*, y_i^*)\Delta s_i$, et la masse totale du fil est approximativement $\sum \rho(x_i^*, y_i^*)\Delta s_i$. En prenant de plus en plus de points sur la courbe, on obtient la **masse** m du fil comme limite de la somme de ces approximations :

$$m = \lim_{n \to \infty} \sum_{i=1}^n \rho(x_i^*, y_i^*)\Delta s_i = \int_C \rho(x, y) \, ds.$$

Par exemple, si $f(x, y) = 2 + x^2 y$ est la densité d'un fil semi-circulaire, alors l'intégrale de l'exemple 1 représente la masse du fil. Le **centre de masse** d'un fil de fonction de densité ρ est situé au point $(\bar{x}, \bar{y})$, où

4
$$\bar{x} = \frac{1}{m}\int_C x\rho(x, y) \, ds \qquad \bar{y} = \frac{1}{m}\int_C y\rho(x, y) \, ds.$$

On verra d'autres interprétations physiques des intégrales curvilignes plus loin dans ce chapitre.

EXEMPLE 3 Un fil a la forme du demi-cercle $x^2 + y^2 = 1$, $y \geq 0$, et il est plus épais près de ses extrémités que près de son milieu. Trouvons le centre de masse du fil si la densité linéaire en tout point est proportionnelle à sa distance de la droite $y = 1$.

SOLUTION Comme à l'exemple 1, on paramétrise le demi-cercle par $x = \cos t$, $y = \sin t$, $0 \leq t \leq \pi$ et on vérifie que $ds = dt$. La densité linéaire est

$$\rho(x, y) = k(1 - y),$$

où k est une constante. La masse du fil est

$$m = \int_C k(1-y) \, ds = \int_0^\pi k(1 - \sin t) \, dt = k[t + \cos t]_0^\pi = k(\pi - 2).$$

Selon les équations 4,

$$\bar{y} = \frac{1}{m}\int_C y\rho(x, y) \, ds = \frac{1}{k(\pi-2)}\int_C y k(1-y) \, ds$$

$$= \frac{1}{\pi - 2}\int_0^\pi (\sin t - \sin^2 t) \, dt = \frac{1}{\pi - 2}\left[-\cos t - \frac{1}{2}t + \frac{1}{4}\sin 2t\right]_0^\pi$$

$$= \frac{4 - \pi}{2(\pi - 2)}.$$

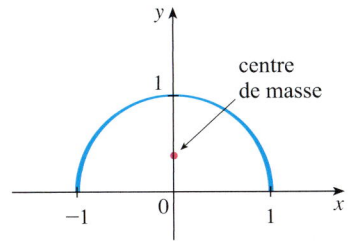

FIGURE 6

Par symétrie, $\bar{x} = 0$. Par conséquent, le centre de masse est

$$\left(0, \frac{4-\pi}{2(\pi-2)}\right) \approx (0, \; 0{,}38)$$

(voir la figure 6).

On obtient deux autres intégrales curvilignes en remplaçant Δs_i par $\Delta x_i = x_i - x_{i-1}$ ou par $\Delta y_i = y_i - y_{i-1}$ dans la définition 2. Ces intégrales sont appelées respectivement l'**intégrale curviligne de f le long de C par rapport à x** et l'**intégrale curviligne de f le long de C par rapport à y** :

5
$$\int_C f(x,y)\,dx = \lim_{n\to\infty} \sum_{i=1}^{n} f(x_i^*, y_i^*)\,\Delta x_i$$

6
$$\int_C f(x,y)\,dy = \lim_{n\to\infty} \sum_{i=1}^{n} f(x_i^*, y_i^*)\,\Delta y_i.$$

Quand on veut distinguer l'intégrale curviligne $\int_C f(x,y)\,ds$ de la définition 2 des intégrales curvilignes des équations 5 et 6, on l'appelle **intégrale curviligne par rapport à l'abscisse curviligne**.

Les formules suivantes montrent qu'on peut aussi calculer les intégrales curvilignes par rapport à x et à y en exprimant tous les termes en fonction de t: $x = x(t)$, $y = y(t)$, $dx = x'(t)\,dt$, $dy = y'(t)\,dt$.

7
$$\int_C f(x,y)\,dx = \int_a^b f\big(x(t), y(t)\big)\,x'(t)\,dt$$
$$\int_C f(x,y)\,dy = \int_a^b f\big(x(t), y(t)\big)\,y'(t)\,dt$$

Les intégrales curvilignes par rapport à x et par rapport à y apparaissent souvent ensemble. Dans ce cas, on adopte l'écriture abrégée

$$\int_C P(x,y)\,dx + Q(x,y)\,dy = \int_C P(x,y)\,dx + \int_C Q(x,y)\,dy.$$

La principale difficulté qui se pose quand on veut établir une intégrale curviligne consiste à trouver une représentation paramétrique d'une courbe définie géométriquement. En particulier, on doit souvent paramétrer un segment de droite, d'où l'importance de se souvenir de la représentation vectorielle suivante d'un segment allant de $\vec{r}_0$ à $\vec{r}_1$:

8
$$\vec{r}(t) = (1-t)\vec{r}_0 + t\vec{r}_1 \qquad 0 \leq t \leq 1.$$

EXEMPLE 4 Calculons $\int_C y^2\,dx + x\,dy$, où a) $C = C_1$ est le segment de droite allant de $(-5, -3)$ à $(0, 2)$ et b) $C = C_2$ est l'arc de la parabole $x = 4 - y^2$ allant de $(-5, -3)$ à $(0, 2)$ (voir la figure 7).

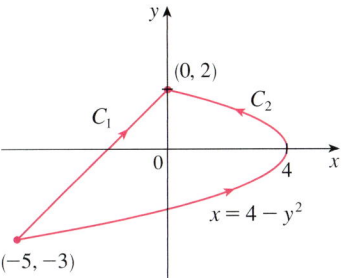

FIGURE 7

SOLUTION

a) Une représentation paramétrique du segment de droite est

$$x = 5t - 5 \qquad y = 5t - 3 \qquad 0 \leq t \leq 1.$$

(On utilise l'équation 8 avec $\vec{r}_0 = -5\vec{i} - 3\vec{j}$ et $\vec{r}_1 = 2\vec{j}$.) On a $dx = 5\,dt$, $dy = 5\,dt$, et les formules 7 donnent

$$\int_{C_1} y^2\,dx + x\,dy = \int_0^1 (5t-3)^2(5\,dt) + (5t-5)(5\,dt)$$

$$= 5\int_0^1 (25t^2 - 25t + 4)\,dt$$

$$= 5\left[\frac{25t^3}{3} - \frac{25t^2}{2} + 4t\right]_0^1 = -\frac{5}{6}.$$

b) Comme cette parabole est une fonction de y, on prend y comme paramètre et on paramétrise C_2 par

$$x = 4 - y^2 \qquad y = y \qquad -3 \leq y \leq 2.$$

On a $dx = -2y\,dy$, et les formules 7 donnent

$$\int_{C_2} y^2\,dx + x\,dy = \int_{-3}^2 y^2(-2y)\,dy + (4 - y^2)\,dy$$

$$= \int_{-3}^2 (-2y^3 - y^2 + 4)\,dy$$

$$= \left[-\frac{y^4}{2} - \frac{y^3}{3} + 4y\right]_{-3}^2 = \frac{245}{6}.$$

On remarque que les parties a) et b) de l'exemple 4 donnent des réponses différentes même si ces deux courbes ont les mêmes extrémités. Cela montre qu'en général la valeur d'une intégrale curviligne ne dépend pas seulement des extrémités de la courbe, mais aussi du chemin. (À la section 9.3, on voit dans quelles conditions l'intégrale est indépendante du chemin.)

On note aussi que les réponses de l'exemple 4 dépendent de la direction, ou orientation, de la courbe. Si $-C_1$ désigne le segment de droite allant de $(0, 2)$ à $(-5, -3)$, on peut vérifier, avec la paramétrisation

$$x = -5t \qquad y = 2 - 5t \qquad 0 \leq t \leq 1,$$

que

$$\int_{-C_1} y^2\,dx + x\,dy = \frac{5}{6}.$$

En général, une paramétrisation $x = x(t)$, $y = y(t)$, $a \leq t \leq b$, détermine une **orientation** de la courbe C et la direction positive correspond aux valeurs croissantes du paramètre t (voir la figure 8), où le premier point A correspond à la valeur a du paramètre et le dernier point B correspond à $t = b$.)

Si $-C$ désigne la courbe constituée des mêmes points que C mais d'orientation contraire (du point B au point A à la figure 8), alors

$$\int_{-C} f(x, y)\,dx = -\int_C f(x, y)\,dx, \qquad \int_{-C} f(x, y)\,dy = -\int_C f(x, y)\,dy.$$

Cependant, si on effectue l'intégration par rapport à l'abscisse curviligne, la valeur de l'intégrale curviligne ne change pas lorsqu'on inverse l'orientation de la courbe :

$$\int_{-C} f(x, y)\,ds = \int_C f(x, y)\,ds.$$

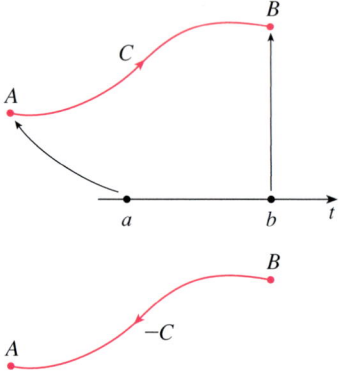

FIGURE 8

La raison est que Δs_i est toujours positif, tandis que Δx_i et Δy_i changent de signe lorsqu'on inverse l'orientation de C.

LES INTÉGRALES CURVILIGNES DANS L'ESPACE

On suppose maintenant que C est une courbe lisse dans l'espace, définie par les équations paramétriques

$$x = x(t) \qquad y = y(t) \qquad z = z(t) \qquad a \leq t \leq b$$

ou, de façon équivalente, par une fonction vectorielle $\vec{r}(t) = x(t)\vec{i} + y(t)\vec{j} + \vec{z}(t)\vec{k}$. Si f est une fonction de trois variables qui est continue sur une région contenant C, alors on définit l'**intégrale curviligne de f le long de C** (par rapport à l'abscisse curviligne) d'une façon analogue à celle des courbes planes :

$$\int_C f(x, y, z)\, ds = \lim_{n \to \infty} \sum_{i=1}^{n} f(x_i^*, y_i^*, z_i^*)\, \Delta s_i.$$

On calcule cette intégrale à l'aide d'une formule analogue à la formule 3 :

9
$$\int_C f(x, y, z)\, ds = \int_a^b f\big(x(t), y(t), z(t)\big) \sqrt{\left(\frac{dx}{dt}\right)^2 + \left(\frac{dy}{dt}\right)^2 + \left(\frac{dz}{dt}\right)^2}\, dt.$$

Il faut noter qu'on peut écrire les intégrales des formules 3 et 9 sous forme compacte en utilisant la notation vectorielle

$$\int_a^b f\big(\vec{r}(t)\big) \|\vec{r}'(t)\|\, dt.$$

Cette dernière formule est valable autant pour les courbes planes que pour les courbes dans l'espace. Dans le cas particulier où $f(x, y, z) = 1$, on obtient

$$\int_C ds = \int_a^b \|\vec{r}'(t)\|\, dt = L,$$

où L est la longueur de la courbe C (voir la formule 3 de la section 8.3).

On peut aussi définir les intégrales curvilignes le long de C par rapport à x, à y et à z. Par exemple,

$$\int_C f(x, y, z)\, dz = \lim_{n \to \infty} \sum_{i=1}^{n} f(x_i^*, y_i^*, z_i^*) \Delta z_i$$
$$= \int_a^b f\big(x(t), y(t), z(t)\big) z'(t)\, dt.$$

Comme dans le cas des intégrales curvilignes dans le plan, on calcule

10
$$\int_C P(x, y, z)\, dx + Q(x, y, z)\, dy + R(x, y, z)\, dz$$

en exprimant x, y, z, dx, dy, dz en fonction du paramètre t.

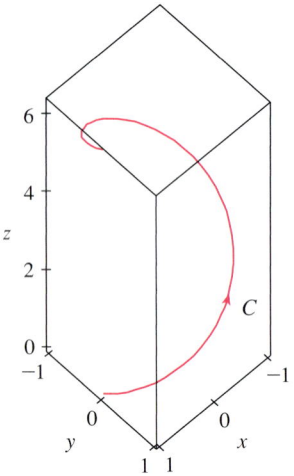

FIGURE 9

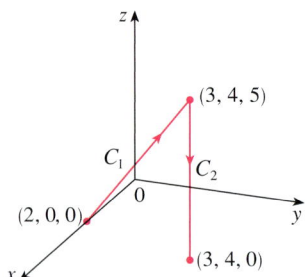

FIGURE 10

EXEMPLE 5 Calculons $\int_C y \sin z \, ds$, où C est l'hélice circulaire définie par les équations $x = \cos t$, $y = \sin t$, $z = t$, $0 \leq t \leq 2\pi$ (voir la figure 9).

SOLUTION La formule 9 donne

$$\int_C y \sin z \, ds = \int_0^{2\pi} (\sin t) \sin t \sqrt{\left(\frac{dx}{dt}\right)^2 + \left(\frac{dy}{dt}\right)^2 + \left(\frac{dz}{dt}\right)^2} \, dt$$

$$= \int_0^{2\pi} \sin^2 t \sqrt{\sin^2 t + \cos^2 t + 1} \, dt = \sqrt{2} \int_0^{2\pi} \tfrac{1}{2}(1 - \cos 2t) \, dt$$

$$= \frac{\sqrt{2}}{2}\left[t - \frac{1}{2}\sin 2t\right]_0^{2\pi} = \sqrt{2}\,\pi.$$

EXEMPLE 6 Calculons $\int_C y \, dx + z \, dy + x \, dz$, où C est constituée du segment de droite C_1 allant de $(2, 0, 0)$ à $(3, 4, 5)$, suivi du segment de droite vertical C_2 allant de $(3, 4, 5)$ à $(3, 4, 0)$.

SOLUTION La figure 10 représente la courbe C. L'équation 8 permet d'écrire C_1 sous la forme

$$\vec{r}(t) = 2(1-t)\vec{i} + t(3\vec{i} + 4\vec{j} + 5\vec{k}) = (2+t)\vec{i} + 4t\vec{j} + 5t\vec{k}$$

ou sous la forme paramétrique

$$x = 2 + t \qquad y = 4t \qquad z = 5t \qquad 0 \leq t \leq 1.$$

On a donc

$$\int_{C_1} y \, dx + z \, dy + x \, dz = \int_0^1 (4t) \, dt + (5t)4 \, dt + (2+t)5 \, dt$$

$$= \int_0^1 (10 + 29t) \, dt = 10t + 29\left.\frac{t^2}{2}\right]_0^1 = 24,5.$$

De même, on peut écrire C_2 sous la forme

$$\vec{r}(t) = (1-t)(3\vec{i} + 4\vec{j} + 5\vec{k}) + t(3\vec{i} + 4\vec{j}) = 3\vec{i} + 4\vec{j} + (5-5t)\vec{k}$$

ou $\qquad x = 3 \qquad y = 4 \qquad z = 5 - 5t \qquad 0 \leq t \leq 1.$

On a alors $dx = 0 = dy$, d'où

$$\int_{C_2} y \, dx + z \, dy + x \, dz = \int_0^1 3(-5) \, dt = -15.$$

L'addition des valeurs de ces intégrales donne

$$\int_C y \, dx + z \, dy + x \, dz = 24,5 - 15 = 9,5.$$

LES INTÉGRALES CURVILIGNES DE CHAMPS VECTORIELS

Le travail effectué par une force variable $f(x)$ pour déplacer une particule de a à b le long de l'axe des x est $W = \int_a^b f(x) \, dx$, tandis que le travail effectué par une force constante $\vec{F}$ pour déplacer un objet d'un point P à un autre point Q dans l'espace est $W = \vec{F} \cdot \vec{D}$, où $\vec{D} = \overrightarrow{PQ}$ est le vecteur déplacement. On généralise maintenant ces deux formules pour calculer le travail effectué par une force variable le long d'une courbe dans l'espace.

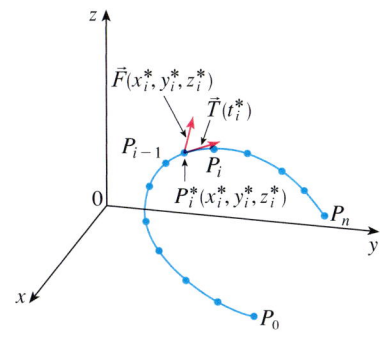

FIGURE 11

On suppose que $\vec{F} = P\vec{i} + Q\vec{j} + R\vec{k}$ est un champ de forces continu sur $\mathbb{R}^3$, tel que le champ gravitationnel de l'exemple 4 de la section 9.1 ou le champ électrique de l'exemple 5 de la section 9.1. (On peut considérer un champ de forces sur $\mathbb{R}^2$ comme un cas particulier où $R = 0$ et où P et Q ne dépendent que de x et de y.) On veut calculer le travail effectué par cette force pour déplacer une particule le long d'une courbe lisse C.

On subdivise C en sous-arcs $P_{i-1}P_i$ de longueurs Δs_i en subdivisant l'intervalle du paramètre $[a, b]$ en sous-intervalles d'égale longueur. (Voir la figure 1 pour le cas à deux dimensions ou la figure 11 pour le cas à trois dimensions.) On choisit un point $P_i^*(x_i^*, y_i^*, z_i^*)$ sur le i-ième sous-arc correspondant à la valeur t_i^* du paramètre. Si Δs_i est petite, alors, lorsque la particule se déplace de P_{i-1} à P_i le long de la courbe, elle le fait approximativement dans la direction de $\vec{T}(t_i^*)$, le vecteur tangent unitaire en P_i^*. Par conséquent, le travail effectué par la force $\vec{F}$ pour déplacer la particule de P_{i-1} à P_i est approximativement

$$\vec{F}(x_i^*, y_i^*, z_i^*) \cdot [\Delta s_i \vec{T}(t_i^*)] = [\vec{F}(x_i^*, y_i^*, z_i^*) \cdot \vec{T}(t_i^*)]\Delta s_i$$

et le travail total effectué pour déplacer la particule le long de C est approximativement

11
$$\sum_{i=1}^{n} [\vec{F}(x_i^*, y_i^*, z_i^*) \cdot \vec{T}(x_i^*, y_i^*, z_i^*)]\Delta s_i,$$

où $\vec{T}(x, y, z)$ est le vecteur tangent unitaire au point (x, y, z) sur C. Intuitivement, on voit que ces approximations devraient s'améliorer lorsque n croît. On définit donc le **travail** W effectué par le champ de forces $\vec{F}$ comme la limite des sommes de Riemann de l'approximation 11, soit

12
$$W = \int_C \vec{F}(x, y, z) \cdot \vec{T}(x, y, z)\, ds = \int_C \vec{F} \cdot \vec{T}\, ds.$$

Selon l'équation 12, le travail est l'intégrale curviligne par rapport à l'abscisse curviligne de la composante tangentielle de la force. Il est important de noter que l'intégrale de l'équation 12 est un cas particulier de l'intégrale curviligne générale 9, où $f(x, y, z) = \vec{F}(x, y, z) \cdot \vec{T}(x, y, z)$.

Si la courbe C est définie par la fonction vectorielle $\vec{r}(t) = x(t)\vec{i} + y(t)\vec{j} + z(t)\vec{k}$, alors $\vec{T}(t) = \vec{r}'(t)/\|\vec{r}'(t)\|$. L'équation 9 permet de réécrire l'équation 12 sous la forme

$$W = \int_a^b \left[\vec{F}(\vec{r}(t)) \cdot \frac{\vec{r}'(t)}{\|\vec{r}'(t)\|}\right] \|\vec{r}'(t)\|\, dt = \int_a^b \vec{F}(\vec{r}(t)) \cdot \vec{r}'(t)\, dt.$$

Cette intégrale, souvent notée $\int_C \vec{F} \cdot d\vec{r}$, apparaît aussi dans d'autres branches de la physique. On a la définition suivante.

---

13 DÉFINITION

Soit $\vec{F}$ un champ vectoriel continu défini sur une courbe lisse C paramétrée par une fonction vectorielle $\vec{r}(t)$, $a \leq t \leq b$. Alors, l'**intégrale curviligne de $\vec{F}$ le long de C** est

$$\int_C \vec{F} \cdot d\vec{r} = \int_a^b \vec{F}(\vec{r}(t)) \cdot \vec{r}'(t)\, dt = \int_C \vec{F} \cdot \vec{T}\, ds.$$

Lorsqu'on utilise la définition 13, il faut se souvenir que $\vec{F}(\vec{r}(t))$ est une abréviation de $\vec{F}(x(t), y(t), z(t))$ et donc que pour calculer $\vec{F}(\vec{r}(t))$, on pose $x = x(t)$, $y = y(t)$ et $z = z(t)$ dans l'expression de $\vec{F}(x, y, z)$. Il faut aussi noter qu'on peut écrire formellement $d\vec{r} = \vec{r}'(t)\, dt$.

EXEMPLE 7 Calculons le travail effectué par le champ de forces $\vec{F}(x,y) = x^2\vec{i} - xy\vec{j}$ pour déplacer une particule le long du quart de cercle $\vec{r}(t) = \cos t\,\vec{i} + \sin t\,\vec{j}$, $0 \leq t \leq \pi/2$.

SOLUTION Puisque $x = \cos t$ et $y = \sin t$, on a

$$\vec{F}(\vec{r}(t)) = \cos^2 t\,\vec{i} - \cos t \sin t\,\vec{j}$$

et

$$\vec{r}'(t) = -\sin t\,\vec{i} + \cos t\,\vec{j}.$$

Par conséquent, le travail effectué est

$$\int_C \vec{F} \cdot d\vec{r} = \int_0^{\pi/2} \vec{F}(\vec{r}(t)) \cdot \vec{r}'(t)\,dt = \int_0^{\pi/2} (-2\cos^2 t \sin t)\,dt$$

$$= 2\left.\frac{\cos^3 t}{3}\right]_0^{\pi/2} = -\frac{2}{3}.$$

La figure 12 montre le champ de forces et la courbe de l'exemple 7. Le travail effectué est négatif, car le champ s'oppose au mouvement le long de la courbe.

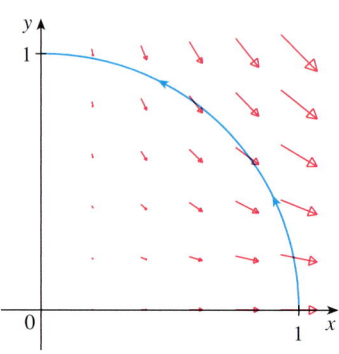

FIGURE 12

NOTE Même si $\int_C \vec{F} \cdot d\vec{r} = \int_C \vec{F} \cdot \vec{T}\,ds$ et les intégrales par rapport à l'abscisse curviligne ne changent pas lorsque l'orientation est inversée, il reste vrai que

$$\int_{-C} \vec{F} \cdot d\vec{r} = -\int_C \vec{F} \cdot d\vec{r},$$

car le vecteur tangent unitaire $\vec{T}$ est remplacé par le même vecteur, mais de sens opposé lorsque C est remplacée par $-C$.

EXEMPLE 8 Calculons $\int_C \vec{F} \cdot d\vec{r}$, où $\vec{F}(x,y,z) = xy\,\vec{i} + yz\,\vec{j} + zx\,\vec{k}$, et C est la cubique gauche définie par

$$x = t \qquad y = t^2 \qquad z = t^3 \qquad 0 \leq t \leq 1.$$

La figure 13 illustre la cubique gauche C de l'exemple 8 et quelques vecteurs de force en trois points de C.

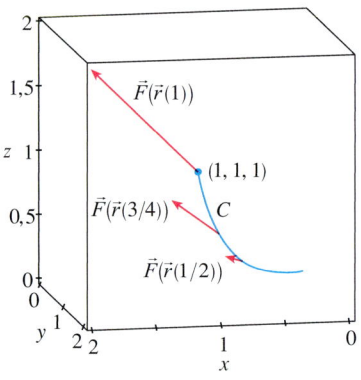

FIGURE 13

SOLUTION On a

$$\vec{r}(t) = t\,\vec{i} + t^2\,\vec{j} + t^3\,\vec{k}$$
$$\vec{r}'(t) = \vec{i} + 2t\,\vec{j} + 3t^2\,\vec{k}$$
$$\vec{F}(\vec{r}(t)) = t^3\,\vec{i} + t^5\,\vec{j} + t^4\,\vec{k}.$$

Par conséquent,

$$\int_C \vec{F} \cdot d\vec{r} = \int_0^1 \vec{F}(\vec{r}(t)) \cdot \vec{r}'(t)\,dt$$

$$= \int_0^1 (t^3 + 5t^6)\,dt = \left.\frac{t^4}{4} + \frac{5t^7}{7}\right]_0^1 = \frac{27}{28}.$$

On termine cette section en établissant un lien entre les intégrales curvilignes des champs vectoriels et les intégrales curvilignes des champs scalaires. On suppose que le champ vectoriel $\vec{F}$ sur $\mathbb{R}^3$ est défini par $\vec{F} = P\vec{i} + Q\vec{j} + R\vec{k}$. Le calcul de l'intégrale curviligne de $\vec{F}$ le long de C, à l'aide de la définition 13, donne

$$\int_C \vec{F} \cdot d\vec{r} = \int_a^b \vec{F}(\vec{r}(t)) \cdot \vec{r}'(t)\,dt$$

$$= \int_a^b (P\vec{i} + Q\vec{j} + R\vec{k}) \cdot (x'\vec{i} + y'\vec{j} + z'\vec{k})\,dt$$

$$= \int_a^b \left[P(x(t), y(t), z(t))x'(t) + Q(x(t), y(t), z(t))y'(t) + R(x(t), y(t), z(t))z'(t)\right] dt.$$

Mais cette dernière intégrale est précisément l'intégrale curviligne 10. Par conséquent,

$$\int_C \vec{F} \cdot d\vec{r} = \int_C P\, dx + Q\, dy + R\, dz, \quad \text{où} \quad \vec{F} = P\vec{i} + Q\vec{j} + R\vec{k}.$$

Par exemple, on pourrait exprimer $\int_C y\, dx + z\, dy + x\, dz$ de l'exemple 6 sous la forme $\int_C \vec{F} \cdot d\vec{r}$, où

$$\vec{F}(x, y, z) = y\vec{i} + z\vec{j} + x\vec{k}.$$

Exercices 9.2

1-16 Calculez l'intégrale curviligne, où C est la courbe donnée.

1. $\int_C y\, ds,\ C: x = t^2,\ y = 2t,\ 0 \leq t \leq 3$

2. $\int_C (x/y)\, ds,\ C: x = t^3,\ y = t^4,\ 1 \leq t \leq 2$

3. $\int_C xy^4 ds$, C est la moitié droite du cercle $x^2 + y^2 = 16$.

4. $\int_C xe^y ds$, C est le segment de droite allant de $(2, 0)$ à $(5, 4)$.

5. $\int_C (x^2 y + \sin x)\, dy$, C est l'arc de la parabole $y = x^2$ allant de $(0, 0)$ à (π, π^2).

6. $\int_C e^x dx$, C est l'arc de la courbe $x = y^3$ allant de $(-1, -1)$ à $(1, 1)$.

7. $\int_C (x + 2y)\, dx + x^2\, dy$, C est constituée des segments de droites allant de $(0, 0)$ à $(2, 1)$ et de $(2, 1)$ à $(3, 0)$.

8. $\int_C x^2\, dx + y^2\, dy$, C est constituée de l'arc du cercle $x^2 + y^2 = 4$ entre les points $(2, 0)$ et $(0, 2)$ suivi du segment de droite allant de $(0, 2)$ à $(4, 3)$.

9. $\int_C x^2 y\, ds,\ C: x = \cos t,\ y = \sin t,\ z = t,\ 0 \leq t \leq \pi/2$

10. $\int_C y^2 z\, ds$, C est le segment de droite allant de $(3, 1, 2)$ à $(1, 2, 5)$.

11. $\int_C xe^{yz}\, ds$, C est le segment de droite allant de $(0, 0, 0)$ à $(1, 2, 3)$.

12. $\int_C (x^2 + y^2 + z^2)\, ds,\ C: x = t,\ y = \cos 2t,\ z = \sin 2t,\ 0 \leq t \leq 2\pi$

13. $\int_C xye^{yz}\, dy,\ C: x = t,\ y = t^2,\ z = t^3,\ 0 \leq t \leq 1$

14. $\int_C y\, dx + z\, dy + x\, dz,\ C: x = \sqrt{t},\ y = t,\ z = t^2,\ 1 \leq t \leq 4$

15. $\int_C z^2\, dx + x^2\, dy + y^2\, dz$, C est constituée des segments de droites allant de $(1, 0, 0)$ à $(4, 1, 2)$.

16. $\int_C (y + z)\, dx + (x + z)\, dy + (x + y)\, dz$, C est constituée des segments de droites allant de $(0, 0, 0)$ à $(1, 0, 1)$ et de $(1, 0, 1)$ à $(0, 1, 2)$.

17. Soit le champ vectoriel $\vec{F}$ représenté sur la figure.
    a) Si C_1 est le segment de droite vertical allant de $(-3, -3)$ à $(-3, 3)$, déterminez si $\int_{C_1} \vec{F} \cdot d\vec{r}$ est positive, négative ou nulle.
    b) Si C_2 est le cercle orienté dans le sens antihoraire, de rayon 3 et centré à l'origine, déterminez si $\int_{C_2} \vec{F} \cdot d\vec{r}$ est positive, négative ou nulle.

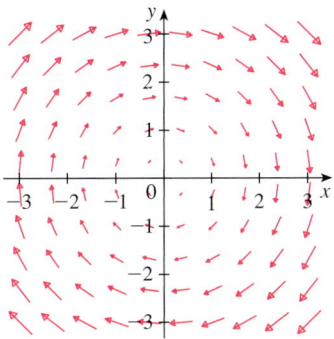

18. La figure représente un champ vectoriel $\vec{F}$ et deux courbes C_1 et C_2. Les intégrales curvilignes de $\vec{F}$ le long de C_1 et de C_2 sont-elles positives, négatives ou nulles ? Expliquez votre réponse.

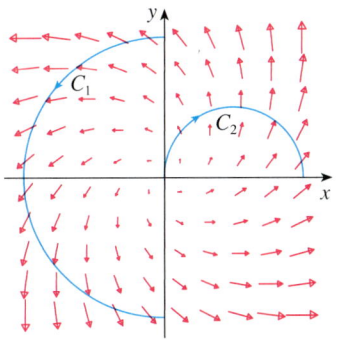

19-22 Calculez l'intégrale curviligne $\int_C \vec{F} \cdot d\vec{r}$, où C est paramétrée par la fonction vectorielle $\vec{r}(t)$.

19. $\vec{F}(x,y) = xy^2\vec{i} - x^2\vec{j}$, $\vec{r}(t) = t^3\vec{i} + t^2\vec{j}$, $0 \leq t \leq 1$

20. $\vec{F}(x,y,z) = (x+y^2)\vec{i} + xz\vec{j} + (y+z)\vec{k}$,
$\vec{r}(t) = t^2\vec{i} + t^3\vec{j} - 2t\vec{k}$, $0 \leq t \leq 2$

21. $\vec{F}(x,y,z) = \sin x\,\vec{i} + \cos y\,\vec{j} + xz\vec{k}$, $\vec{r}(t) = t^3\vec{i} - t^2\vec{j} + t\vec{k}$,
$0 \leq t \leq 1$

22. $\vec{F}(x,y,z) = x\vec{i} + y\vec{j} + xy\vec{k}$, $\vec{r}(t) = \cos t\,\vec{i} + \sin t\,\vec{j} + t\vec{k}$,
$0 \leq t \leq \pi$

23-26 À l'aide d'une calculatrice ou d'un logiciel de calcul symbolique, calculez l'intégrale curviligne avec quatre décimales exactes.

23. $\int_C \vec{F} \cdot d\vec{r}$, où $\vec{F}(x,y) = \sqrt{x+y}\,\vec{i} + (y/x)\vec{j}$ et $\vec{r}(t) = \sin^2 t\,\vec{i} + \sin t \cos t\,\vec{j}$, $\pi/6 \leq t \leq \pi/3$

24. $\int_C \vec{F} \cdot d\vec{r}$, où $\vec{F}(x,y,z) = yze^x\,\vec{i} + zxe^y\,\vec{j} + xye^z\,\vec{k}$ et
$\vec{r}(t) = \sin t\,\vec{i} + \cos t\,\vec{j} + \tan t\,\vec{k}$, $0 \leq t \leq \pi/4$

25. $\int_C xy \arctan z\,ds$, où C a pour équations paramétriques
$x = t^2$, $y = t^3$, $z = \sqrt{t}$, $1 \leq t \leq 2$

26. $\int_C z \ln(x+y)\,ds$, où C a pour équations paramétriques
$x = 1 + 3t$, $y = 2 + t^2$, $z = t^4$, $-1 \leq t \leq 1$

LCS 27-28 Utilisez un graphique du champ vectoriel $\vec{F}$ et de la courbe C pour déterminer si l'intégrale curviligne de $\vec{F}$ sur C est positive, négative ou nulle. Calculez ensuite l'intégrale curviligne.

27. $\vec{F}(x,y) = (x-y)\vec{i} + xy\vec{j}$, C est l'arc du cercle $x^2 + y^2 = 4$, parcouru dans le sens antihoraire, entre les points $(2, 0)$ et $(0, -2)$.

28. $\vec{F}(x,y) = \dfrac{x}{\sqrt{x^2+y^2}}\vec{i} + \dfrac{y}{\sqrt{x^2+y^2}}\vec{j}$, C est l'arc de la parabole $y = 1 + x^2$ allant de $(-1, 2)$ à $(1, 2)$.

29. a) Calculez l'intégrale curviligne $\int_C \vec{F} \cdot d\vec{r}$, où
$\vec{F}(x,y) = e^{x-1}\vec{i} + xy\vec{j}$ et C est définie par
$\vec{r}(t) = t^2\vec{i} + t^3\vec{j}$, $0 \leq t \leq 1$.

b) À l'aide d'une calculatrice graphique ou d'un ordinateur, illustrez la partie a). Tracez C et les vecteurs du champ vectoriel correspondant à $t = 0$, $1/\sqrt{2}$ et 1 (comme à la figure 13).

30. a) Calculez l'intégrale curviligne $\int_C \vec{F} \cdot d\vec{r}$, où
$\vec{F}(x,y,z) = x\vec{i} - z\vec{j} + y\vec{k}$ et C est définie par
$\vec{r}(t) = 2t\vec{i} + 3t\vec{j} - t^2\vec{k}$, $-1 \leq t \leq 1$.

b) À l'aide d'un ordinateur, illustrez la partie a). Tracez C et les vecteurs du champ vectoriel correspondant à $t = \pm 1$ et $\pm 1/2$ (comme à la figure 13).

31. Trouvez la valeur exacte de $\int_C x^3 y^2 z\,ds$, où C est la courbe d'équations paramétriques $x = e^{-t}\cos 4t$, $y = e^{-t}\sin 4t$, $z = e^{-t}$, $0 \leq t \leq 2\pi$.

LCS 32. a) Calculez le travail effectué par le champ de forces $\vec{F}(x,y) = x^2\vec{i} + xy\vec{j}$ sur une particule qui circule une fois autour du cercle $x^2 + y^2 = 4$ orienté dans le sens antihoraire.

b) À l'aide d'un logiciel de calcul symbolique, représentez le champ de forces et le cercle sur la même figure. Expliquez votre réponse à la partie a) en vous basant sur ce graphique.

33. On courbe un fil mince en forme du demi-cercle $x^2 + y^2 = 4$, $x \geq 0$. La densité linéaire est une constante k. Trouvez la masse et le centre de masse du fil.

34. Un fil mince a la forme de la partie du cercle centré à l'origine et de rayon a située dans le premier quadrant. La fonction de densité est $\rho(x,y) = kxy$. Trouvez la masse et le centre de masse du fil.

35. a) Écrivez des formules semblables aux équations 4 pour le centre de masse $(\bar{x}, \bar{y}, \bar{z})$ d'un fil mince ayant la forme d'une courbe C dans l'espace, si la fonction de densité du fil est $\rho(x,y,z)$.

b) Trouvez le centre de masse d'un fil ayant la forme de l'hélice $x = 2\sin t$, $y = 2\cos t$, $z = 3t$, $0 \leq t \leq 2\pi$, sachant que la densité est une constante k.

36. Trouvez la masse et le centre de masse d'un fil ayant la forme de l'hélice $x = t$, $y = \cos t$, $z = \sin t$, $0 \leq t \leq 2\pi$, sachant que la densité en tout point est égale au carré de sa distance à l'origine.

37. Si un fil de densité linéaire $\rho(x,y)$ a la forme d'une courbe plane C, ses **moments d'inertie** par rapport aux axes des x et des y sont respectivement définis par

$$I_x = \int_C y^2 \rho(x,y)\,ds \qquad I_y = \int_C x^2 \rho(x,y)\,ds.$$

Trouvez les moments d'inertie du fil de l'exemple 3.

38. Si un fil de densité linéaire $\rho(x,y,z)$ a la forme d'une courbe C dans l'espace, ses **moments d'inertie** par rapport aux axes des x, des y et des z sont respectivement définis par

$$I_x = \int_C (y^2 + z^2)\rho(x,y,z)\,ds$$
$$I_y = \int_C (x^2 + z^2)\rho(x,y,z)\,ds$$
$$I_z = \int_C (x^2 + y^2)\rho(x,y,z)\,ds.$$

Trouvez les moments d'inertie du fil de l'exercice 35.

39. Trouvez le travail effectué par le champ de forces $\vec{F}(x,y) = x\vec{i} + (y+2)\vec{j}$ pour déplacer un objet le long d'une arche de la cycloïde $\vec{r}(t) = (t - \sin t)\vec{i} + (1 - \cos t)\vec{j}$, $0 \leq t \leq 2\pi$.

40. Calculez le travail effectué par le champ de forces $\vec{F}(x,y) = x^2\vec{i} + ye^x\vec{j}$ sur une particule qui se déplace le long de la parabole $x = y^2 + 1$ entre les points $(1, 0)$ et $(2, 1)$.

41. Calculez le travail effectué par le champ de forces $\vec{F}(x,y,z) = (x - y^2)\vec{i} + (y - z^2)\vec{j} + (z - x^2)\vec{k}$ sur une particule qui se déplace le long du segment de droite allant de $(0, 0, 1)$ à $(2, 1, 0)$.

42. La force exercée par une charge électrique située à l'origine sur une particule chargée au point (x, y, z), de vecteur position $\vec{r} = x\vec{i} + y\vec{j} + z\vec{k}$, est $\vec{F}(\vec{r}) = K\vec{r}/\|\vec{r}\|^3$, où K est une constante (voir l'exemple 5 de la section 9.1). Calculez le travail effectué par $\vec{F}$ lorsque la particule se déplace sur un segment de droite allant de (2, 0, 0) à (2, 1, 5).

43. La position d'un objet de masse m au temps t est donnée par $\vec{r}(t) = at^2\vec{i} + bt^3\vec{j}$, $0 \leq t \leq 1$.
   a) Quelle est la force agissant sur l'objet au temps t?
   b) Quel est le travail effectué par la force durant l'intervalle $0 \leq t \leq 1$?

44. Un objet de masse m se déplace selon la trajectoire définie par la fonction de position $\vec{r}(t) = a\sin t\,\vec{i} + b\cos t\,\vec{j} + ct\,\vec{k}$, $0 \leq t \leq \pi/2$. Trouvez le travail effectué sur l'objet durant cette période.

45. Un homme de 72 kg porte un bidon de peinture de 10 kg vers le haut d'un escalier hélicoïdal qui entoure un silo dont le rayon est de 6 m. La hauteur du silo est de 30 m, et l'homme effectue exactement trois tours complets. Calculez le travail qu'effectuera cet homme contre la gravitation pour atteindre le sommet.

46. Supposez que le bidon de peinture de l'exercice 45 est troué et que 4 kg de peinture s'échappent de façon régulière durant la montée. Calculez le travail effectué.

47. a) Montrez qu'un champ de forces constant effectue un travail nul sur une particule qui se déplace selon un mouvement uniforme autour du cercle $x^2 + y^2 = 1$.
   b) Est-ce vrai dans le cas d'un champ de forces $\vec{F}(\vec{x}) = k\vec{x}$, où k est une constante et $\vec{x} = x\vec{i} + y\vec{j}$?

48. La base d'une clôture circulaire d'un rayon de 10 m est paramétrée par $x = 10\cos t$, $y = 10\sin t$. La hauteur de la clôture à la position (x, y) est donnée par la fonction $h(x, y) = 4 + 0{,}01(x^2 - y^2)$, de sorte que la hauteur varie de 3 à 5 m. Supposez que 1 L de peinture couvre 100 m². Représentez la clôture et calculez le volume de peinture nécessaire pour peindre les deux faces de la clôture.

49. Si C est une courbe lisse définie par une fonction vectorielle $\vec{r}(t)$, $a \leq t \leq b$, et $\vec{v}$ est un vecteur constant, montrez que
$$\int_C \vec{v} \cdot d\vec{r} = \vec{v} \cdot [\vec{r}(b) - \vec{r}(a)].$$

50. Si C est une courbe lisse définie par une fonction vectorielle $\vec{r}(t)$, $a \leq t \leq b$, montrez que
$$\int_C \vec{r} \cdot d\vec{r} = \tfrac{1}{2}\left[|\vec{r}(b)|^2 - |\vec{r}(a)|^2\right].$$

51. Un objet se déplace le long de la courbe C représentée sur la figure, du point (1, 2) au point (9, 8). La norme des vecteurs du champ de forces $\vec{F}$ est exprimée en newtons selon les échelles sur les axes. Calculez le travail effectué par $\vec{F}$ sur l'objet.

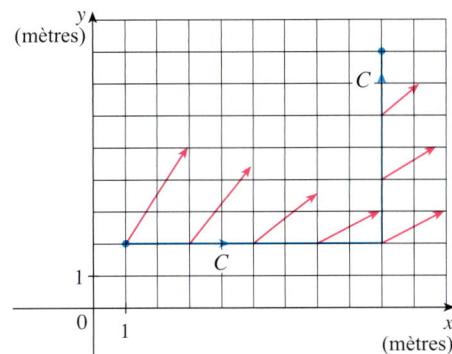

52. Des expériences montrent qu'un courant continu I circulant dans un long fil produit un champ magnétique $\vec{B}$ tangent à tout cercle contenu dans le plan perpendiculaire au fil et dont le centre est l'axe du fil et d'intensité constante sur ce cercle (voir la figure). La **loi d'Ampère**, qui établit le lien entre le courant électrique et ses effets magnétiques, stipule que
$$\int_C \vec{B} \cdot d\vec{r} = \mu_0 I,$$

où I est le courant total qui traverse toute surface bornée par une courbe fermée C et où μ_0 est une constante appelée « permittivité du vide ». Si C est un cercle de rayon r, montrez que l'intensité $B = \|\vec{B}\|$ du champ magnétique à une distance r du centre du fil est
$$B = \frac{\mu_0 I}{2\pi r}.$$

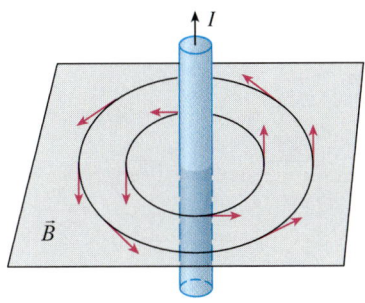

9.3 LE THÉORÈME FONDAMENTAL DES INTÉGRALES CURVILIGNES

Le théorème fondamental du calcul différentiel et intégral affirme que

1
$$\int_a^b F'(x)\,dx = F(b) - F(a),$$

où F est continue sur $[a, b]$. On peut interpréter ce théorème en disant que l'intégrale du taux de variation de F égale la variation totale de cette fonction.

Si on interprète le vecteur gradient ∇f d'une fonction f de deux ou de trois variables comme étant la dérivée de f, alors on peut considérer le théorème suivant comme une version générale du théorème fondamental du calcul pour les intégrales curvilignes.

> **2 THÉORÈME**
>
> Soit une courbe lisse C paramétrée par la fonction vectorielle $\vec{r}(t)$, $a \leq t \leq b$. Soit une fonction différentiable f de deux ou de trois variables dont le vecteur gradient ∇f est continu sur C. Alors,
>
> $$\int_C \nabla f \cdot d\vec{r} = f(\vec{r}(b)) - f(\vec{r}(a)).$$

NOTE Le théorème 2 affirme qu'on peut calculer l'intégrale curviligne d'un champ vectoriel conservatif (le champ de gradients de la fonction potentielle f) si on connaît la valeur de f aux extrémités de C. En fait, selon le théorème 2, l'intégrale curviligne de ∇f est la variation totale de f de $\vec{r}(a)$ à $\vec{r}(b)$. Si f est une fonction de deux variables et si C est une courbe plane dont l'extrémité initiale est $A(x_1, y_1)$ et l'extrémité finale est $B(x_2, y_2)$, comme à la figure 1, alors le théorème 2 devient

$$\int_C \nabla f \cdot d\vec{r} = f(x_2, y_2) - f(x_1, y_1).$$

Si f est une fonction de trois variables et si C est une courbe dans l'espace reliant le point $A(x_1, y_1, z_1)$ au point $B(x_2, y_2, z_2)$, alors

$$\int_C \nabla f \cdot d\vec{r} = f(x_2, y_2, z_2) - f(x_1, y_1, z_1).$$

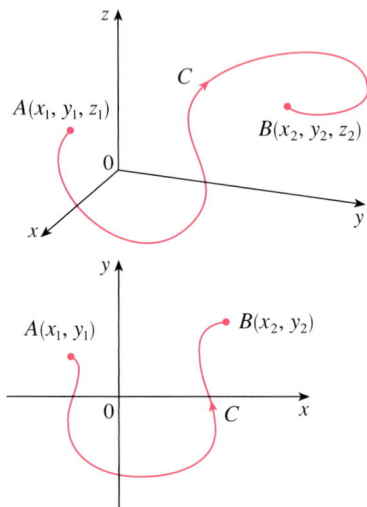

FIGURE 1

On démontre ci-dessous le théorème 2 dans ce cas.

DÉMONSTRATION DU THÉORÈME 2

Selon la définition 13 de la section 9.2 et la règle de dérivation en chaîne,

$$\int_C \nabla f \cdot d\vec{r} = \int_a^b \nabla f(\vec{r}(t)) \cdot \vec{r}\,'(t)\, dt$$
$$= \int_a^b \left(\frac{\partial f}{\partial x} \frac{dx}{dt} + \frac{\partial f}{\partial y} \frac{dy}{dt} + \frac{\partial f}{\partial z} \frac{dz}{dt} \right) dt$$
$$= \int_a^b \frac{d}{dt} f(\vec{r}(t))\, dt$$
$$= f(\vec{r}(b)) - f(\vec{r}(a)).$$

La dernière égalité découle du théorème fondamental du calcul différentiel et intégral (voir l'équation 1). ∎

On a démontré le théorème 2 dans le cas d'une courbe lisse, mais ce dernier est aussi valide dans le cas d'une courbe lisse par morceaux. On démontre ce résultat en subdivisant C en un nombre fini de courbes lisses et en additionnant les intégrales résultantes.

EXEMPLE 1 Calculons le travail effectué par le champ gravitationnel

$$\vec{F}(\vec{x}) = -\frac{mMG}{\|\vec{x}\|^3} \vec{x}$$

pour déplacer une particule de masse m du point $(3, 4, 12)$ au point $(2, 2, 0)$ le long d'une courbe lisse par morceaux C (voir l'exemple 4 de la section 9.1).

SOLUTION Selon la section 9.1, $\vec{F}$ est un champ vectoriel conservatif et $\vec{F} = \nabla f$, où

$$f(x, y, z) = \frac{mMG}{\sqrt{x^2 + y^2 + z^2}}.$$

Par conséquent, selon le théorème 2, le travail effectué est

$$W = \int_C \vec{F} \cdot d\vec{r} = \int_C \nabla f \cdot d\vec{r}$$
$$= f(2, 2, 0) - f(3, 4, 12)$$
$$= \frac{mMG}{\sqrt{2^2 + 2^2}} - \frac{mMG}{\sqrt{3^2 + 4^2 + 12^2}} = mMG\left(\frac{1}{2\sqrt{2}} - \frac{1}{13}\right).$$

On constate que le travail est la différence de potentiel du champ $\vec{F}$ entre les points (3, 4, 12) et (2, 2, 0).

L'INDÉPENDANCE DU CHEMIN

On suppose que C_1 et C_2 sont deux courbes lisses par morceaux (appelées **chemins**), qui ont le même point initial A et le même point terminal B. On a vu à l'exemple 4 de la section 9.2 qu'en général $\int_{C_1} \vec{F} \cdot d\vec{r} \neq \int_{C_2} \vec{F} \cdot d\vec{r}$. Cependant, une des conséquences du théorème 2 est que

$$\int_{C_1} \nabla f \cdot d\vec{r} = \int_{C_2} \nabla f \cdot d\vec{r}$$

partout où ∇f est continu. Autrement dit, l'intégrale curviligne d'un champ vectoriel conservatif dépend seulement du point initial et du point terminal de la courbe.

En général, si $\vec{F}$ est un champ vectoriel continu sur un domaine D, on dit que l'intégrale curviligne $\int_C \vec{F} \cdot d\vec{r}$ est **indépendante du chemin** si $\int_{C_1} \vec{F} \cdot d\vec{r} = \int_{C_2} \vec{F} \cdot d\vec{r}$, quels que soient les chemins C_1 et C_2 dans D ayant les mêmes extrémités. On dit alors que l'intégrale curviligne d'un champ vectoriel conservatif est indépendante du chemin.

Une **courbe** est dite **fermée** si son point terminal coïncide avec son point initial, c'est-à-dire que $\vec{r}(b) = \vec{r}(a)$ (voir la figure 2). Si $\int_C \vec{F} \cdot d\vec{r}$ est indépendante du chemin dans D et si C est un chemin fermé dans D, on peut choisir deux points quelconques A et B sur C, et on peut considérer que C est composé du chemin C_1 allant de A à B, suivi du chemin C_2 allant de B à A (voir la figure 3). On a alors

FIGURE 2
Une courbe fermée.

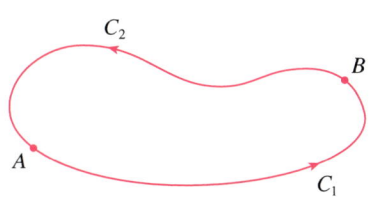

FIGURE 3

$$\int_C \vec{F} \cdot d\vec{r} = \int_{C_1} \vec{F} \cdot d\vec{r} + \int_{C_2} \vec{F} \cdot d\vec{r} = \int_{C_1} \vec{F} \cdot d\vec{r} - \int_{-C_2} \vec{F} \cdot d\vec{r} = 0,$$

puisque C_1 et $-C_2$ ont le même point initial et le même point terminal.

Réciproquement, si $\int_C \vec{F} \cdot d\vec{r} = 0$ pour tout chemin fermé C dans D, alors on démontre l'indépendance du chemin. En effet, soit deux chemins quelconques C_1 et C_2 allant de A à B dans D, et C la courbe constituée de C_1 suivie de $-C_2$. Alors

$$0 = \int_C \vec{F} \cdot d\vec{r} = \int_{C_1} \vec{F} \cdot d\vec{r} + \int_{-C_2} \vec{F} \cdot d\vec{r} = \int_{C_1} \vec{F} \cdot d\vec{r} - \int_{C_2} \vec{F} \cdot d\vec{r}$$

et donc $\int_{C_1} \vec{F} \cdot d\vec{r} = \int_{C_2} \vec{F} \cdot d\vec{r}$. On a démontré le théorème suivant.

> **3 THÉORÈME**
>
> $\int_C \vec{F} \cdot d\vec{r}$ est indépendante du chemin dans D si et seulement si $\int_C \vec{F} \cdot d\vec{r} = 0$ pour tout chemin fermé C dans D.

Puisque l'intégrale curviligne d'un champ vectoriel conservatif $\vec{F}$ est indépendante du chemin, le théorème 3 implique que $\int_C \vec{F} \cdot d\vec{r} = 0$ pour tout chemin fermé. On interprète physiquement ce résultat en disant que le travail effectué par un champ de forces conservatif (tel que le champ gravitationnel ou le champ électrique de la section 9.1), lorsqu'il déplace un objet le long d'un chemin fermé, est nul.

Selon le théorème suivant, seuls les champs vectoriels indépendants du chemin sont conservatifs. On le démontre seulement pour les courbes planes, mais la démonstration est semblable pour les courbes dans l'espace. On suppose que D est un **domaine ouvert**, ce qui signifie que pour tout point P dans D il existe un disque ouvert centré en P et entièrement contenu dans D (donc D ne contient aucun de ses points frontières). De plus, on suppose que D est un **domaine connexe**, c'est-à-dire qu'on peut toujours relier deux points quelconques de D par un chemin entièrement contenu dans D.

> **4 THÉORÈME**
>
> Soit un champ vectoriel $\vec{F}$ continu sur un domaine ouvert et connexe D. Si $\int_C \vec{F} \cdot d\vec{r}$ est indépendante du chemin dans D, alors $\vec{F}$ est un champ vectoriel conservatif sur D, c'est-à-dire qu'il existe une fonction f telle que $\nabla f = \vec{F}$.

DÉMONSTRATION

Soit un point quelconque $A(a, b)$ dans D. On construit la fonction potentielle f définie par

$$f(x, y) = \int_{(a, b)}^{(x, y)} \vec{F} \cdot d\vec{r}$$

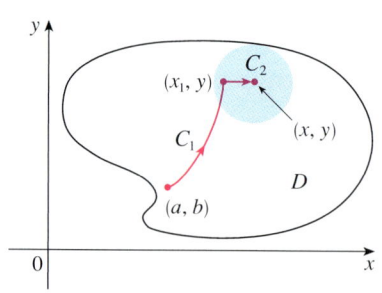

FIGURE 4

pour tout point (x, y) dans D. Puisque $\int_C \vec{F} \cdot d\vec{r}$ est indépendante du chemin, on peut prendre n'importe quel chemin C allant de (a, b) à (x, y) pour calculer $f(x, y)$. Puisque D est ouvert, il existe un disque ouvert contenu dans D et centré en (x, y). On choisit un point (x_1, y) dans ce disque tel que $x_1 < x$, et on définit la courbe C comme étant l'union de n'importe quel chemin C_1 allant de (a, b) à (x_1, y) suivi du segment de droite horizontal C_2 allant de (x_1, y) à (x, y) (voir la figure 4). On a alors

$$f(x, y) = \int_{C_1} \vec{F} \cdot d\vec{r} + \int_{C_2} \vec{F} \cdot d\vec{r} = \int_{(a, b)}^{(x_1, y)} \vec{F} \cdot d\vec{r} + \int_{C_2} \vec{F} \cdot d\vec{r}.$$

On remarque que la première de ces intégrales ne dépend pas de x, donc

$$\frac{\partial}{\partial x} f(x, y) = 0 + \frac{\partial}{\partial x} \int_{C_2} \vec{F} \cdot d\vec{r}.$$

Si on pose $\vec{F} = P\vec{i} + Q\vec{j}$, alors

$$\int_{C_2} \vec{F} \cdot d\vec{r} = \int_{C_2} P\, dx + Q\, dy.$$

Or y est constant sur C_2, donc $dy = 0$. En prenant t comme paramètre, où $x_1 \leq t \leq x$, on a par le théorème fondamental du calcul

$$\frac{\partial}{\partial x} f(x, y) = \frac{\partial}{\partial x} \int_{C_2} P\, dx + Q\, dy = \frac{\partial}{\partial x} \int_{x_1}^{x} P(t, y)\, dt = P(x, y).$$

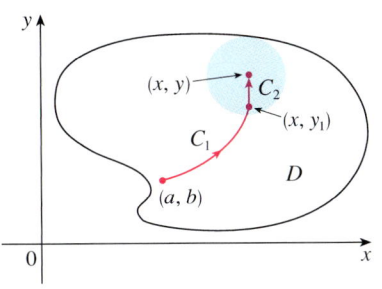

FIGURE 5

Par un raisonnement analogue, en utilisant un segment de droite vertical (voir la figure 5), on montre que

$$\frac{\partial}{\partial y} f(x, y) = \frac{\partial}{\partial y} \int_{C_2} P\, dx + Q\, dy = \frac{\partial}{\partial y} \int_{y_1}^{y} Q(x, t)\, dt = Q(x, y).$$

On a donc

$$\vec{F} = P\vec{i} + Q\vec{j} = \frac{\partial f}{\partial x} \vec{i} + \frac{\partial f}{\partial y} \vec{j} = \nabla f,$$

ce qui montre que $\vec{F}$ est conservatif.

Une question subsiste : comment peut-on déterminer si un champ vectoriel $\vec{F}$ est conservatif ou non ? En pratique, le théorème 4 n'est pas utile pour déterminer si $\vec{F}$ est conservatif, car il faut vérifier que l'intégrale curviligne a la même valeur pour toutes les courbes C, ce qui est impossible. Les théorèmes 5 et 6 donnent des critères plus simples. On suppose que $\vec{F} = P\vec{i} + Q\vec{j}$ est conservatif, où P et Q ont des dérivées partielles premières continues. Alors, il existe une fonction f telle que $\vec{F} = \nabla f$, c'est-à-dire que

$$P = \frac{\partial f}{\partial x} \quad \text{et} \quad Q = \frac{\partial f}{\partial y}.$$

Par le théorème de Clairaut, on a donc

$$\frac{\partial P}{\partial y} = \frac{\partial^2 f}{\partial y \partial x} = \frac{\partial^2 f}{\partial x \partial y} = \frac{\partial Q}{\partial x}.$$

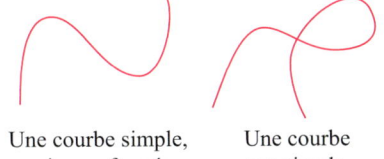

5 THÉORÈME

Si $\vec{F}(x, y) = P(x, y)\vec{i} + Q(x, y)\vec{j}$ est un champ vectoriel conservatif, où P et Q ont des dérivées partielles premières continues sur un domaine D, alors en tout point de D on a

$$\frac{\partial P}{\partial y} = \frac{\partial Q}{\partial x}.$$

Une courbe simple, mais non fermée.   Une courbe non simple, non fermée.

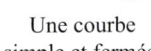

Une courbe simple et fermée.   Une courbe fermée, mais non simple.

FIGURE 6

La réciproque du théorème 5 n'est vraie que pour un type particulier de région. Pour démontrer ce résultat, on introduit le concept de **courbe simple**, soit une courbe qui ne se coupe pas elle-même sauf peut-être en ses extrémités (voir la figure 6 ; $\vec{r}(a) = \vec{r}(b)$ pour une courbe fermée simple, et $\vec{r}(t_1) \neq \vec{r}(t_2)$ lorsque $a < t_1 < t_2 < b$).

Le théorème 4 exige que le domaine soit ouvert et connexe. Toutefois, le théorème suivant exige une condition plus forte. Un **domaine simplement connexe** dans le plan est un domaine connexe D tel que toute courbe fermée simple dans D entoure seulement des points de D. La figure 7 montre que, intuitivement, un domaine simplement connexe ne contient pas de trou et n'est pas constitué de morceaux séparés.

Un domaine simplement connexe.

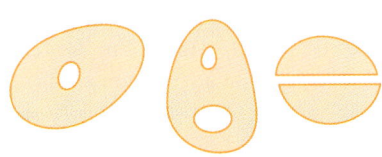

Des domaines qui ne sont pas simplement connexes.

FIGURE 7

Les notions que l'on vient de définir et qui sont illustrées aux figures 6 et 7 relèvent de la branche des mathématiques appelée **topologie**. Elles peuvent sembler abstraites, mais elles sont nécessaires pour garantir la validité de théorèmes tels que celui énoncé dans l'encadré ci-après. Ce fait est mis en évidence à l'exercice 43.

La notion de domaine simplement connexe permet d'énoncer une réciproque partielle du théorème 5 qui fournit une méthode utile pour vérifier si un champ vectoriel sur $\mathbb{R}^2$ est conservatif. La démonstration de ce théorème est esquissée à la prochaine section, comme une conséquence du théorème de Green.

6 THÉORÈME

Soit un champ vectoriel $\vec{F} = P\vec{i} + Q\vec{j}$ défini sur un domaine simplement connexe D. On suppose que P et Q ont des dérivées premières continues et que

$$\frac{\partial P}{\partial y} = \frac{\partial Q}{\partial x} \text{ sur } D.$$

Alors, $\vec{F}$ est conservatif.

EXEMPLE 2 Déterminons si le champ vectoriel

$$\vec{F}(x, y) = (x - y)\vec{i} + (x - 2)\vec{j}$$

est conservatif ou non.

SOLUTION On pose $P(x, y) = x - y$ et $Q(x, y) = x - 2$. Alors,

$$\frac{\partial P}{\partial y} = -1 \qquad \frac{\partial Q}{\partial x} = 1.$$

Puisque $\partial P/\partial y \neq \partial Q/\partial x$, $\vec{F}$ n'est pas conservatif, selon le théorème 5.

Les figures 8 et 9 représentent les champs vectoriels des exemples 2 et 3. Puisque les vecteurs de la figure 8, le long de la courbe fermée C, semblent pointer approximativement dans la même direction que C, il semble que $\int_C \vec{F} \cdot d\vec{r} > 0$. Le champ $\vec{F}$ n'est donc pas conservatif. Le calcul de l'exemple 2 confirme cette intuition. Certains vecteurs proches des courbes C_1 et C_2 de la figure 9 pointent approximativement dans la même direction que les courbes, tandis que d'autres pointent dans la direction opposée. On pourrait donc croire que les intégrales curvilignes autour de tous les chemins fermés sont nulles. L'exemple 3 montre que c'est effectivement le cas puisque $\vec{F}$ est conservatif.

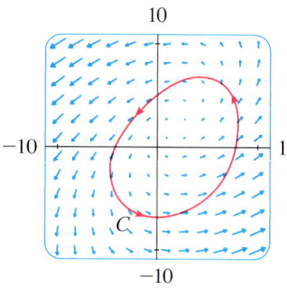

FIGURE 8   **FIGURE 9**

EXEMPLE 3 Déterminons si le champ vectoriel

$$\vec{F}(x, y) = (3 + 2xy)\vec{i} + (x^2 - 3y^2)\vec{j}$$

est conservatif ou non.

SOLUTION On pose $P(x, y) = 3 + 2xy$ et $Q(x, y) = x^2 - 3y^2$. Alors,

$$\frac{\partial P}{\partial y} = 2x = \frac{\partial Q}{\partial x}.$$

Le domaine de $\vec{F}$ est tout le plan ($D = \mathbb{R}^2$), une région ouverte et simplement connexe. On peut donc appliquer le théorème 6 et conclure que $\vec{F}$ est conservatif.

À l'exemple 3, le théorème 6 implique que $\vec{F}$ est conservatif, mais il n'indique pas comment trouver la fonction potentielle f telle que $\vec{F} = \nabla f$. La démonstration du théorème 4 donne une méthode pour trouver f, l'« intégration partielle », comme dans l'exemple suivant.

EXEMPLE 4

a) Soit $\vec{F}(x, y) = (3 + 2xy)\vec{i} + (x^2 - 3y^2)\vec{j}$. Trouvons une fonction f telle que $\vec{F} = \nabla f$.

b) Calculons l'intégrale curviligne $\int_C \vec{F} \cdot d\vec{r}$, où C est la courbe définie par

$$\vec{r}(t) = e^t \sin t\, \vec{i} + e^t \cos t\, \vec{j} \qquad 0 \leq t \leq \pi.$$

SOLUTION

a) Selon l'exemple 3, $\vec{F}$ est conservatif. Il existe donc une fonction f telle que $\nabla f = \vec{F}$, c'est-à-dire que

7 $$f_x(x, y) = 3 + 2xy$$

8 $$f_y(x, y) = x^2 - 3y^2.$$

L'intégration des deux membres de l'équation 7 par rapport à x donne

9 $$f(x, y) = 3x + x^2 y + g(y),$$

où $g(y)$ est une fonction de y seulement, donc indépendante de x. On dérive les deux membres de l'équation 9 par rapport à y:

10 $$f_y(x, y) = x^2 + g'(y).$$

La comparaison des équations 8 et 10 montre que

$$g'(y) = -3y^2.$$

On intègre cette équation par rapport à y:

$$g(y) = -y^3 + K,$$

où K est une constante. On substitue cette fonction dans l'équation 9 pour obtenir

$$f(x, y) = 3x + x^2 y - y^3 + K,$$

qui est la fonction potentielle cherchée.

b) Pour utiliser le théorème 2, il suffit de connaître le point initial et le point terminal de C, à savoir $\vec{r}(0) = (0, 1)$ et $\vec{r}(\pi) = (0, -e^\pi)$ (ici, on identifie un point avec son vecteur position). Dans l'expression de $f(x, y)$ de la partie a), puisque la constante K est arbitraire, on peut prendre $K = 0$. On a alors

$$\int_C \vec{F} \cdot d\vec{r} = \int_C \nabla f \cdot d\vec{r} = f(0, -e^\pi) - f(0, 1) = e^{3\pi} - (-1) = e^{3\pi} + 1.$$

Cette méthode de calcul des intégrales curvilignes est nettement plus rapide que la méthode directe vue à la section 9.2. Cependant, elle ne s'applique que dans le cas d'un champ vectoriel conservatif.

À la section 10.3, on donne une règle pour déterminer si un champ vectoriel $\vec{F}$ sur $\mathbb{R}^3$ est conservatif ou non. Le prochain exemple montre que la méthode de l'exemple 4 pour trouver une fonction potentielle est similaire à celle utilisée pour les champs vectoriels dans $\mathbb{R}^2$.

EXEMPLE 5 Soit $\vec{F}(x, y, z) = y^2 \vec{i} + (2xy + e^{3z})\vec{j} + 3ye^{3z}\vec{k}$. Trouvons une fonction f telle que $\nabla f = \vec{F}$.

SOLUTION Si une telle fonction f existe, alors

$$\boxed{11} \qquad f_x(x, y, z) = y^2$$

$$\boxed{12} \qquad f_y(x, y, z) = 2xy + e^{3z}$$

$$\boxed{13} \qquad f_z(x, y, z) = 3ye^{3z}.$$

L'intégration des deux membres de l'équation 11 par rapport à x donne

$$\boxed{14} \qquad f(x, y, z) = xy^2 + g(y, z),$$

où $g(y, z)$ est une fonction de y et z seulement, indépendante de x. La dérivation de l'équation 14 par rapport à y donne

$$f_y(x, y, z) = 2xy + g_y(y, z)$$

et la comparaison avec l'équation 12 implique que

$$g_y(y, z) = e^{3z}.$$

Par conséquent, $g(y, z) = ye^{3z} + h(z)$, où h est une fonction de z seulement, indépendante de x et y. Selon l'équation 14, on a donc

$$f(x, y, z) = xy^2 + ye^{3z} + h(z).$$

Finalement, en dérivant cette expression par rapport à z et en comparant avec l'équation 13, on obtient $h'(z) = 0$ et donc $h(z) = K$, une constante. La fonction potentielle cherchée est

$$f(x, y, z) = xy^2 + ye^{3z} + K.$$

On vérifie facilement que $\nabla f = \vec{F}$.

LA CONSERVATION DE L'ÉNERGIE

On peut appliquer les idées de cette section à un champ de forces continu $\vec{F}$ qui déplace un objet le long d'un chemin C défini par $\vec{r}(t)$, $a \leq t \leq b$, où $\vec{r}(a) = A$ est le point initial et $\vec{r}(b) = B$ est le point terminal de C. Selon la deuxième loi du mouvement de Newton (voir la section 8.4), la force $\vec{F}(\vec{r}(t))$ en un point sur C est liée à l'accélération $\vec{a}(t) = \vec{r}''(t)$ par l'équation

$$\vec{F}(\vec{r}(t)) = m\vec{r}''(t).$$

Le travail effectué par la force sur l'objet est donc

$$W = \int_C \vec{F} \cdot d\vec{r} = \int_a^b \vec{F}(\vec{r}(t)) \cdot \vec{r}'(t)\, dt = \int_a^b m\vec{r}''(t) \cdot \vec{r}'(t)\, dt$$

$$= \frac{m}{2} \int_a^b \frac{d}{dt}\left[\vec{r}'(t) \cdot \vec{r}'(t)\right] dt \qquad \text{(théorème 3, section 8.2, formule 4)}$$

$$= \frac{m}{2} \int_a^b \frac{d}{dt}\|\vec{r}'(t)\|^2\, dt = \frac{m}{2}\left[\|\vec{r}'(t)\|^2\right]_a^b \qquad \text{(théorème fondamental du calcul)}$$

$$= \frac{m}{2}\left(\|\vec{r}'(b)\|^2 - \|\vec{r}'(a)\|^2\right).$$

On obtient donc

15
$$W = \frac{1}{2}m\|\vec{v}(b)\|^2 - \frac{1}{2}m\|\vec{v}(a)\|^2,$$

où $\vec{v} = \vec{r}\,'$ est la vitesse.

La quantité $K(t) = \frac{1}{2}m\|\vec{v}(t)\|^2$, la moitié du produit de la masse par le carré de la vitesse scalaire, est appelée **énergie cinétique** de l'objet. On peut donc réécrire l'équation 15 sous la forme

16
$$W = K(B) - K(A).$$

Le travail effectué par le champ de forces le long de C est donc égal à la variation de l'énergie cinétique aux extrémités de C.

De plus, si $\vec{F}$ est un champ de forces conservatif, il existe une fonction f telle que $\vec{F} = \nabla f$. En physique, l'**énergie potentielle** d'un objet au point (x, y, z) est, par définition, $P(x, y, z) = -f(x, y, z)$, donc $\vec{F} = -\nabla P$. Par le théorème 2, on a alors

$$W = \int_C \vec{F} \cdot d\vec{r} = -\int_C \nabla P \cdot d\vec{r} = -\left[P(\vec{r}(b)) - P(\vec{r}(a))\right] = P(A) - P(B).$$

La comparaison de cette équation avec l'équation 16 montre que

$$P(A) + K(A) = P(B) + K(B).$$

Selon cette égalité, si un objet se déplace d'un point A à un point B sous l'influence d'un champ de forces conservatif, alors la somme de son énergie potentielle et de son énergie cinétique demeure constante. Ce résultat est appelé **loi de conservation de l'énergie** et justifie pourquoi le champ vectoriel est qualifié de « conservatif ».

Exercices 9.3

1. La figure présente une courbe C et un diagramme de courbes de niveau d'une fonction f dont le gradient est continu. Trouvez $\int_C \nabla f \cdot d\vec{r}$.

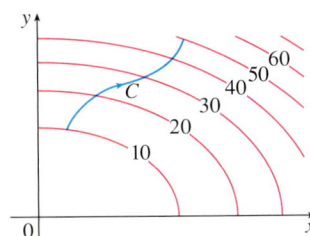

2. Le tableau donne les valeurs d'une fonction f dont le gradient est continu. Trouvez $\int_C \nabla f \cdot d\vec{r}$, où C est paramétrée par
$$x = t^2 + 1 \qquad y = t^3 + t \qquad 0 \le t \le 1.$$

x \ y	0	1	2
0	1	6	4
1	3	5	7
2	8	2	9

3-10 Déterminez si $\vec{F}$ est un champ vectoriel conservatif ou non. Si oui, trouvez une fonction f telle que $\vec{F} = \nabla f$.

3. $\vec{F}(x, y) = (xy + y^2)\vec{i} + (x^2 + 2xy)\vec{j}$

4. $\vec{F}(x, y) = (y^2 - 2x)\vec{i} + 2xy\,\vec{j}$

5. $\vec{F}(x, y) = y^2 e^{xy}\vec{i} + (1 + xy)e^{xy}\vec{j}$

6. $\vec{F}(x, y) = ye^x\vec{i} + (e^x + e^y)\vec{j}$

7. $\vec{F}(x, y) = (ye^x + \sin y)\vec{i} + (e^x + x\cos y)\vec{j}$

8. $\vec{F}(x, y) = (2xy + y^{-2})\vec{i} + (x^2 - 2xy^{-3})\vec{j},\ y > 0$

9. $\vec{F}(x, y, z) = (y + z)\vec{i} + (x - z)\vec{j} + (x - y)\vec{k}$

10. $\vec{F}(x, y, z) = 2xy\,\vec{i} + \left(x^2 + z\cos(yz)\right)\vec{j} + y\cos(yz)\,\vec{k}$

11. Trouvez la fonction potentielle de
$$\vec{F}(x, y) = (\ln y + 2xy^3)\,\vec{i} + (3x^2y^2 + x/y)\,\vec{j}$$
qui vaut 3 au point $(1, 1)$.

12. Trouvez la fonction potentielle de
$$\vec{F}(x, y) = (xy\cosh xy + \sinh xy)\,\vec{i} + (x^2\cosh xy)\,\vec{j}$$
qui vaut -2 au point $(0, 0)$.

13. La figure montre le champ vectoriel $\vec{F}(x,y) = 2xy\vec{i} + x^2\vec{j}$ et trois courbes qui commencent en (1, 2) et se terminent en (3, 2).
    a) Expliquez pourquoi $\int_C \vec{F} \cdot d\vec{r}$ a la même valeur pour les trois courbes.
    b) Quelle est cette valeur commune ?

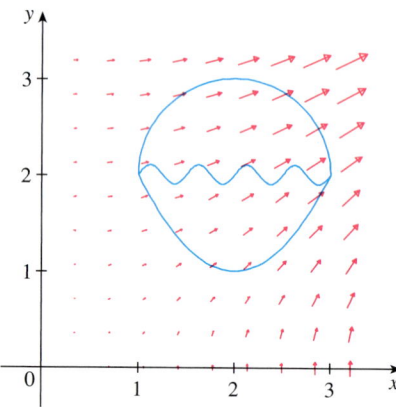

14-20 a) Trouvez une fonction f telle que $\vec{F} = \nabla f$. b) Utilisez la partie a) pour calculer $\int_C \vec{F} \cdot d\vec{r}$ le long de la courbe C donnée.

14. $\vec{F}(x,y) = (3 + 2xy^2)\vec{i} + 2x^2y\vec{j}$,
    C est l'arc de la parabole $y = 1/x$ allant de (1, 1) à $(4, \tfrac{1}{4})$.

15. $\vec{F}(x,y) = x^2y^3\vec{i} + x^3y^2\vec{j}$,
    $C: \vec{r}(t) = (t^3 - 2t)\vec{i} + (t^3 + 2t)\vec{j}$, $0 \le t \le 1$

16. $\vec{F}(x,y) = (1 + xy)e^{xy}\vec{i} + x^2 e^{xy}\vec{j}$,
    $C: \vec{r}(t) = \cos t\, \vec{i} + 2\sin t\, \vec{j}$, $0 \le t \le \pi/2$

17. $\vec{F}(x,y,z) = yz\vec{i} + xz\vec{j} + (xy + 2z)\vec{k}$,
    C est le segment de droite allant de (1, 0, –2) à (4, 6, 3).

18. $\vec{F}(x,y,z) = (y^2z + 2xz^2)\vec{i} + 2xyz\vec{j} + (xy^2 + 2x^2z)\vec{k}$,
    $C: x = \sqrt{t}$, $y = t + 1$, $z = t^2$, $0 \le t \le 1$

19. $\vec{F}(x,y,z) = yze^{xz}\vec{i} + e^{xz}\vec{j} + xye^{xz}\vec{k}$,
    $C: \vec{r}(t) = (t^2 + 1)\vec{i} + (t^2 - 1)\vec{j} + (t^2 - 2t)\vec{k}$, $0 \le t \le 2$

20. $\vec{F}(x,y,z) = \sin y\, \vec{i} + (x\cos y + \cos z)\vec{j} - y\sin z\, \vec{k}$,
    $C: \vec{r}(t) = \sin t\, \vec{i} + t\vec{j} + 2t\vec{k}$, $0 \le t \le \pi/2$

21-22 Montrez que l'intégrale curviligne est indépendante du chemin et calculez-la.

21. $\int_C 2xe^{-y}\, dx + (2y - x^2 e^{-y})\, dy$,
    C est un chemin allant de (1, 0) à (2, 1).

22. $\int_C \sin y\, dx + (x\cos y - \sin y)\, dy$,
    C est un chemin allant de (2, 0) à $(1, \pi)$.

23. Supposez qu'on vous demande de déterminer la courbe qui nécessite le moins de travail pour qu'un champ de forces $\vec{F}$ déplace une particule d'un point à un autre. Vous décidez de commencer par vérifier si $\vec{F}$ est conservatif et vous constatez que c'est le cas. Comment répondriez-vous à cette demande ?

24. Supposez qu'une expérience détermine que la quantité de travail requise pour qu'un champ de forces $\vec{F}$ déplace une particule du point (1, 2) au point (5, –3) le long d'une courbe C_1 est 1,2 J et que le travail effectué par $\vec{F}$ pour déplacer la particule le long d'une autre courbe C_2 entre les deux mêmes points est 1,4 J. Que pouvez-vous dire au sujet de $\vec{F}$? Pourquoi ?

25. Soit C la courbe représentée sur la figure (un quart de cercle suivi d'un segment). Calculez le travail du champ vectoriel $\vec{F}(x,y) = \cos(x)\cos(y)\vec{i} - \sin(x)\sin(y)\vec{j}$ le long de C.

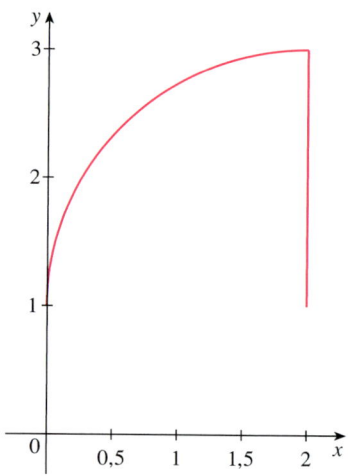

26. Calculez le travail effectué par le champ vectoriel $\vec{F}(x,y,z) = -y^3\vec{i} - 3xy^2\vec{j} + 2z\vec{k}$ le long du segment allant du point (1, 0, 0) au point (0, 2, 1).

27. a) Pour quelle valeur de k le champ vectoriel $\vec{F}(x,y) = (1 + 3xy)\vec{i} + (kx^2 - y^2)\vec{j}$ est-il conservatif ?
    b) Pour la valeur de k trouvée en a), évaluez l'intégrale $\int_C \vec{F} \cdot d\vec{r}$, où C est un arc de cercle reliant le point (1, 0) au point (1, 2).

28. Soit le champ vectoriel
    $\vec{F}(x,y,z) = (3x^2 + yz + 4y^2)\vec{i} + (y^2 + xz + 3kxy)\vec{j} + (xy + z^2)\vec{k}$.
    a) Pour quelle valeur de k le champ $\vec{F}$ est-il conservatif ?
    b) Pour la valeur de k trouvée en a), calculez le travail effectué par le champ $\vec{F}$ à partir du point (1, 0, –1) jusqu'au point (0, 1, 2).

29-30 Calculez le travail effectué par le champ de forces $\vec{F}$ pour déplacer un objet de P à Q.

29. $\vec{F}(x,y) = x^3\vec{i} + y^3\vec{j}$; $P(1, 0), Q(2, 2)$

30. $\vec{F}(x,y) = (2x + y)\vec{i} + x\vec{j}$; $P(1, 1), Q(4, 3)$

31-32 Le champ vectoriel représenté dans la figure est-il conservatif ? Expliquez votre réponse.

31.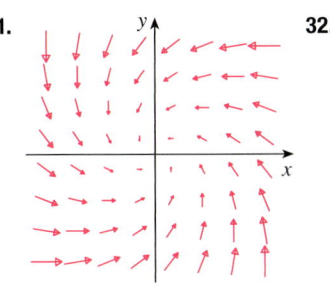

32.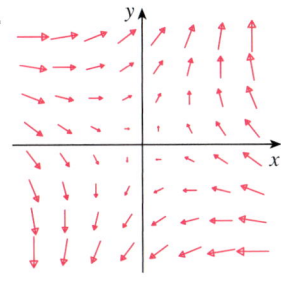

LCS 33. Soit $\vec{F}(x,y) = \sin y\,\vec{i} + (1 + x\cos y)\,\vec{j}$. Utilisez un graphique pour décider si $\vec{F}$ est conservatif ou non. Démontrez ensuite que votre choix est correct.

34. Soit $\vec{F} = \nabla f$, où $f(x,y) = \sin(x - 2y)$. Trouvez des courbes C_1 et C_2 non fermées et qui satisfont aux équations.

a) $\int_{C_1} \vec{F} \cdot d\vec{r} = 0$ b) $\int_{C_2} \vec{F} \cdot d\vec{r} = 1$

35. Soit le champ vectoriel

$$\vec{F}(x,y) = \left(x^4 e^x + \frac{1}{2}x^2 y^2\right)\vec{i} + \left(\frac{1}{3}x^3 + y^2 \sin(y) + \frac{1}{3}x^3 y\right)\vec{j}.$$

Écrivez ce champ comme une somme de deux champs vectoriels $\vec{F} = \vec{F}_1 + \vec{F}_2$, avec $\int_C \vec{F}_1 \cdot d\vec{r} = 0$ et $\int_C \vec{F}_2 \cdot d\vec{r} \neq 0$ où C est une courbe fermée.

36. Soit C_1 l'arc de la parabole $y = x^2$ allant de $(0, 0)$ à $(1, 1)$ et C_2 le segment reliant ces deux mêmes points. Trouvez un champ $\vec{F}$ tel que $\int_{C_1} \vec{F} \cdot d\vec{r} = 0$ et $\int_{C_2} \vec{F} \cdot d\vec{r} = 1$.

37. Montrez que si le champ vectoriel $\vec{F} = P\vec{i} + Q\vec{j} + R\vec{k}$ est conservatif et si P, Q, R ont des dérivées partielles premières continues, alors

$$\frac{\partial P}{\partial y} = \frac{\partial Q}{\partial x} \qquad \frac{\partial P}{\partial z} = \frac{\partial R}{\partial x} \qquad \frac{\partial Q}{\partial z} = \frac{\partial R}{\partial y}.$$

38. Utilisez l'exercice 37 pour montrer que l'intégrale curviligne $\int_C y\,dx + x\,dy + xyz\,dz$ n'est pas indépendante du chemin.

39-42 Déterminez si l'ensemble donné est : a) ouvert, b) connexe ou c) simplement connexe.

39. $\{(x,y) \mid 0 < y < 3\}$

40. $\{(x,y) \mid 1 < |x| < 2\}$

41. $\{(x,y) \mid 1 \leq x^2 + y^2 \leq 4, y \geq 0\}$

42. $\{(x,y) \mid (x,y) \neq (2, 3)\}$

43. Soit $\vec{F}(x,y) = \dfrac{-y\vec{i} + x\vec{j}}{x^2 + y^2}$.

a) Montrez que $\partial P/\partial y = \partial Q/\partial x$.

b) Montrez que $\int_C \vec{F} \cdot d\vec{r}$ n'est pas indépendante du chemin. (*Suggestion*: Calculez $\int_{C_1} \vec{F} \cdot d\vec{r}$ et $\int_{C_2} \vec{F} \cdot d\vec{r}$, où C_1 et C_2 sont respectivement la moitié supérieure et la moitié inférieure du cercle $x^2 + y^2 = 1$ allant de $(1, 0)$ à $(-1, 0)$.) Vos réponses contredisent-elles le théorème 6 ?

44. a) Supposez que $\vec{F}$ est un champ de forces inversement proportionnel au carré de la distance, c'est-à-dire que

$$\vec{F}(\vec{r}) = \frac{c\vec{r}}{\|\vec{r}\|^3}$$

pour une certaine constante c, où $\vec{r} = x\vec{i} + y\vec{j} + z\vec{k}$. Trouvez le travail effectué par $\vec{F}$ pour déplacer un objet d'un point P_1 vers un point P_2 en fonction des distances d_1 et d_2 de ces points à l'origine.

b) Le champ gravitationnel $\vec{F} = -(mMG)\vec{r}/\|\vec{r}\|^3$ vu à l'exemple 4 de la section 9.1 est un champ inversement proportionnel au carré de la distance. Utilisez la partie a) pour trouver le travail effectué par le champ gravitationnel lorsque la Terre se déplace de son aphélie (distance maximale de $1{,}52 \times 10^8$ km du Soleil) à son périhélie (distance minimale de $1{,}47 \times 10^8$ km). (Utilisez les valeurs $m = 5{,}97 \times 10^{24}$ kg, $M = 1{,}99 \times 10^{30}$ kg et $G = 6{,}67 \times 10^{-11}$ N·m²/kg².)

c) Le champ électrique $\vec{F} = \varepsilon q Q \vec{r}/\|\vec{r}\|^3$ vu à l'exemple 5 de la section 9.1 est un autre exemple d'un champ inversement proportionnel au carré de la distance. Supposez qu'un électron de charge de $-1{,}6 \times 10^{-19}$ C est situé à l'origine. Une charge unitaire positive est située à une distance de 10^{-12} m de l'électron et se déplace vers le point situé à la moitié de cette distance de l'électron. Utilisez la partie a) pour trouver le travail effectué par le champ électrique ($\varepsilon = 8{,}985 \times 10^9$).

9.4 LE THÉORÈME DE GREEN

Le théorème de Green établit une relation entre une intégrale curviligne autour d'une courbe fermée simple C et une intégrale double sur la région plane D délimitée par C (voir la figure 1). On suppose que D est constituée de tous les points à l'intérieur de C ainsi que de tous les points sur C. Dans l'énoncé du théorème de Green, par convention, l'**orientation positive** d'une courbe fermée simple C est le parcours de C dans le sens antihoraire. Ainsi, si C est paramétrée par la fonction vectorielle $\vec{r}(t)$, $a \leq t \leq b$, alors la région D est toujours à gauche lorsque le point $\vec{r}(t)$ parcourt C (voir la figure 2 à la page suivante).

FIGURE 1

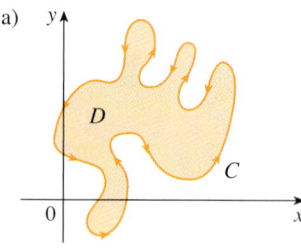 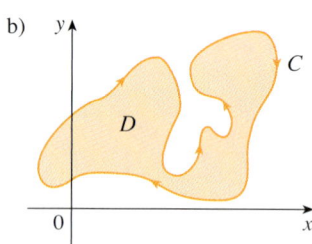

L'orientation positive.   L'orientation négative.

FIGURE 2

Rappelez-vous que le premier membre de cette équation est une autre façon d'écrire l'intégrale $\int_C \vec{F} \cdot d\vec{r}$, où $\vec{F} = P\vec{i} + Q\vec{j}$.

> **THÉORÈME DE GREEN**
>
> Soit C une courbe plane fermée simple, lisse par morceaux et orientée dans le sens positif, et soit D la région délimitée par C. Si P et Q ont des dérivées partielles continues sur un domaine qui contient D, alors
>
> $$\int_C P\,dx + Q\,dy = \iint_D \left(\frac{\partial Q}{\partial x} - \frac{\partial P}{\partial y}\right) dA.$$

NOTE On utilise parfois la notation

$$\oint_C P\,dx + Q\,dy \quad \text{ou} \quad \oint_C P\,dx + Q\,dy$$

pour indiquer qu'on calcule l'intégrale curviligne selon le sens positif de la courbe fermée C. On désigne parfois la courbe frontière de D orientée dans le sens positif par ∂D. L'équation du théorème de Green devient alors

1
$$\iint_D \left(\frac{\partial Q}{\partial x} - \frac{\partial P}{\partial y}\right) dA = \int_{\partial D} P\,dx + Q\,dy.$$

Le théorème de Green est l'analogue du théorème fondamental du calcul différentiel et intégral pour les intégrales doubles. Comparez l'équation 1 avec l'énoncé du théorème fondamental du calcul pour les intégrales ordinaires :

$$\int_a^b F'(x)\,dx = F(b) - F(a).$$

Dans les premiers membres des deux équations, l'intégrande contient des dérivées (F', $\partial Q/\partial x$ et $\partial P/\partial y$). Les deuxièmes membres des deux équations font intervenir les valeurs des fonctions elles-mêmes (F, Q et P) sur la **frontière** du domaine. (En une dimension, le domaine est un intervalle $[a, b]$ dont la frontière est constituée des deux points a et b.)

La démonstration du cas général du théorème de Green dépasse le cadre de cet ouvrage, mais on peut démontrer plus facilement le cas particulier où la région est à la fois de type I et de type II (voir la section 6.2). De telles régions sont appelées **régions simples**.

Le théorème de Green doit son nom au scientifique autodidacte anglais George Green (1793-1841). Green, qui travaillait à temps plein dans la boulangerie de son père dès l'âge de neuf ans, a appris seul les mathématiques dans des livres de la bibliothèque. En 1828, il a publié à son compte *An Essay on the Application of Mathematical Analysis to the Theories of Electricity and Magnetism*, avec un tirage limité à 100 exemplaires qu'il destine principalement à ses amis. Cet ouvrage contient une formule équivalente à celle du théorème de Green énoncé ci-dessus, mais elle est demeurée peu connue à cette époque. À l'âge de 40 ans, Green est entré comme étudiant de premier cycle à l'Université de Cambridge, mais il est décédé quatre ans après l'obtention de son diplôme. En 1846, William Thomson (Lord Kelvin) a découvert un exemplaire de l'essai de Green, a compris son importance et l'a fait réimprimer. Green a été le premier à formuler une théorie mathématique de l'électricité et du magnétisme. Son œuvre a servi de base aux théories subséquentes de Thomson, Stokes, Rayleigh et Maxwell.

DÉMONSTRATION DU THÉORÈME DE GREEN DANS LE CAS OÙ D EST UNE RÉGION SIMPLE

Pour démontrer le théorème de Green, il suffit de montrer que

2
$$\int_C P\,dx = -\iint_D \frac{\partial P}{\partial y} dA$$

et

3
$$\int_C Q\,dy = \iint_D \frac{\partial Q}{\partial x} dA.$$

On démontre l'équation 2 en exprimant D sous la forme d'une région de type I :

$$D = \{(x, y) | a \leq x \leq b, g_1(x) \leq y \leq g_2(x)\},$$

où g_1 et g_2 sont des fonctions continues. On peut alors calculer l'intégrale double du membre de droite de l'équation 2 comme suit :

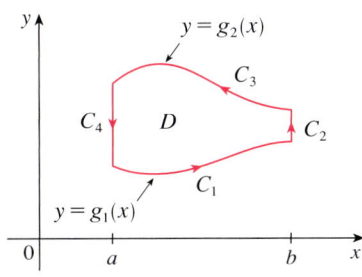

FIGURE 3

$$\boxed{4} \quad \iint_D \frac{\partial P}{\partial y} dA = \int_a^b \int_{g_1(x)}^{g_2(x)} \frac{\partial P}{\partial y}(x, y) \, dy \, dx = \int_a^b [P(x, g_2(x)) - P(x, g_1(x))] \, dx,$$

où la dernière étape découle du théorème fondamental du calcul.

On calcule maintenant le membre de gauche de l'équation 2 en considérant C comme l'union des quatre courbes C_1, C_2, C_3 et C_4 (voir la figure 3). Sur C_1, on prend x pour paramètre et on paramétrise cette courbe par $x = x$, $y = g_1(x)$, $a \leq x \leq b$. On a alors

$$\int_{C_1} P(x, y) \, dx = \int_a^b P(x, g_1(x)) \, dx.$$

On remarque que C_3 est parcourue de droite à gauche et que $-C_3$ est parcourue de gauche à droite. On paramétrise donc $-C_3$ par $x = x$, $y = g_2(x)$, $a \leq x \leq b$. Par conséquent,

$$\int_{C_3} P(x, y) \, dx = -\int_{-C_3} P(x, y) \, dx = -\int_a^b P(x, g_2(x)) \, dx.$$

Sur C_2 ou C_4 (où l'une ou l'autre courbe pourrait être réduite à un point), x est constant, donc $dx = 0$ et

$$\int_{C_2} P(x, y) \, dx = 0 = \int_{C_4} P(x, y) \, dx.$$

Par conséquent,

$$\int_C P(x, y) \, dx = \int_{C_1} P(x, y) \, dx + \int_{C_2} P(x, y) \, dx + \int_{C_3} P(x, y) \, dx + \int_{C_4} P(x, y) \, dx$$
$$= \int_a^b P(x, g_1(x)) \, dx - \int_a^b P(x, g_2(x)) \, dx.$$

La comparaison de cette expression avec celle de l'équation 4 donne

$$\int_C P(x, y) \, dx = -\iint_D \frac{\partial P}{\partial y} \, dA.$$

On démontre l'équation 3 de la même façon en exprimant D sous la forme d'une région de type II (voir l'exercice 36). L'addition des équations 2 et 3 donne la formule du théorème de Green.

EXEMPLE 1 Calculons $\int_C x^4 \, dx + xy \, dy$, où C est la courbe triangulaire constituée des segments de droites allant de $(0, 0)$ à $(1, 0)$, de $(1, 0)$ à $(0, 1)$ et de $(0, 1)$ à $(0, 0)$.

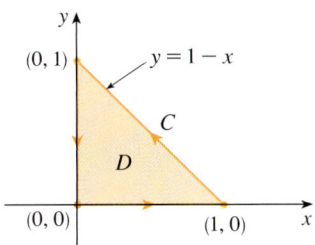

FIGURE 4

SOLUTION Calculer l'intégrale curviligne à l'aide des méthodes habituelles de la section 9.2 nécessiterait de calculer trois intégrales distinctes le long des trois côtés du triangle. On utilise plutôt le théorème de Green pour simplifier le calcul. On remarque que la région D délimitée par C est simple et que l'orientation de C est positive (voir la figure 4). On pose $P(x, y) = x^4$ et $Q(x, y) = xy$, et alors

$$\int_C x^4 \, dx + xy \, dy = \iint_D \left(\frac{\partial Q}{\partial x} - \frac{\partial P}{\partial y} \right) dA = \int_0^1 \int_0^{1-x} (y - 0) \, dy \, dx$$
$$= \int_0^1 \left[\frac{1}{2} y^2 \right]_{y=0}^{y=1-x} dx = \frac{1}{2} \int_0^1 (1-x)^2 \, dx$$
$$= -\frac{1}{6} (1-x)^3 \Big|_0^1 = \frac{1}{6}.$$

Au lieu d'utiliser des coordonnées polaires, on aurait pu utiliser le fait que D est un disque de rayon 3 et écrire

$$\iint_D 4\, dA = 4 \cdot \pi(3)^2 = 36\pi.$$

EXEMPLE 2 Calculons $\oint_C (3y - e^{\sin x})\, dx + (7x + \sqrt{y^4 + 1})\, dy$, où C est le cercle $x^2 + y^2 = 9$.

SOLUTION La région D bornée par C étant le disque $x^2 + y^2 \leq 9$, on utilise les coordonnées polaires après l'application du théorème de Green. On obtient

$$\oint_C (3y - e^{\sin x})\, dx + (7x + \sqrt{y^4 + 1})\, dy = \iint_D \left[\frac{\partial}{\partial x}(7x + \sqrt{y^4 + 1}) - \frac{\partial}{\partial y}(3y - e^{\sin x}) \right] dA$$

$$= \int_0^{2\pi} \int_0^3 (7 - 3)\, r\, dr\, d\theta$$

$$= 4 \int_0^{2\pi} d\theta \int_0^3 r\, dr = 36\pi.$$

Dans les exemples 1 et 2, on a trouvé qu'il est plus facile de calculer une intégrale double qu'une intégrale curviligne. (On s'en convainc rapidement si on essaie de calculer l'intégrale curviligne de l'exemple 2!) Cependant, il est parfois plus facile de calculer l'intégrale curviligne. Dans ce cas, on utilise la formule du théorème de Green dans le sens inverse. Si, par exemple, on sait que $P(x, y) = Q(x, y) = 0$ sur la courbe C, alors, selon le théorème de Green,

$$\iint_D \left(\frac{\partial Q}{\partial x} - \frac{\partial P}{\partial y} \right) dA = \int_C P\, dx + Q\, dy = 0$$

peu importe les valeurs de P et de Q dans la région D.

Le calcul des aires est une autre application du théorème de Green. Comme l'aire de D est $\iint_D 1\, dA$, on choisit P et Q telles que

$$\frac{\partial Q}{\partial x} - \frac{\partial P}{\partial y} = 1.$$

Il existe plusieurs possibilités :

$$P(x, y) = 0 \qquad P(x, y) = -y \qquad P(x, y) = -\tfrac{1}{2} y$$

$$Q(x, y) = x \qquad Q(x, y) = 0 \qquad Q(x, y) = \tfrac{1}{2} x.$$

Le théorème de Green donne alors les formules suivantes pour l'aire de D :

5

$$A = \oint_C x\, dy = -\oint_C y\, dx = \tfrac{1}{2} \oint_C x\, dy - y\, dx.$$

EXEMPLE 3 Trouvons l'aire délimitée par l'ellipse $\dfrac{x^2}{a^2} + \dfrac{y^2}{b^2} = 1$.

SOLUTION Les équations paramétriques de l'ellipse sont $x = a \cos t$ et $y = b \sin t$, où $0 \leq t \leq 2\pi$. La troisième formule de 5 donne

$$A = \frac{1}{2} \int_C x\, dy - y\, dx$$

$$= \frac{1}{2} \int_0^{2\pi} (a \cos t)(b \cos t)\, dt - (b \sin t)(-a \sin t)\, dt$$

$$= \frac{ab}{2} \int_0^{2\pi} dt = \pi ab.$$

GÉNÉRALISATION DU THÉORÈME DE GREEN

Bien qu'on n'ait démontré le théorème de Green que dans le cas où D est simple, on peut le généraliser au cas où D est une union finie de régions simples. Si, par exemple, D est la région représentée à la figure 5, alors on peut écrire $D = D_1 \cup D_2$, où D_1 et

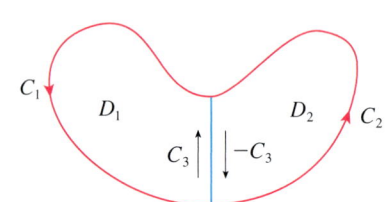

FIGURE 5

D_2 sont des régions simples. La frontière de D_1 est $C_1 \cup C_3$, et la frontière de D_2 est $C_2 \cup (-C_3)$. L'application du théorème de Green à D_1 et à D_2 séparément donne

$$\int_{C_1 \cup C_3} P\,dx + Q\,dy = \iint_{D_1} \left(\frac{\partial Q}{\partial x} - \frac{\partial P}{\partial y}\right) dA$$

$$\int_{C_2 \cup (-C_3)} P\,dx + Q\,dy = \iint_{D_2} \left(\frac{\partial Q}{\partial x} - \frac{\partial P}{\partial y}\right) dA.$$

Si on additionne ces deux équations, les intégrales curvilignes le long de C_3 et de $-C_3$ s'annulent, donc

$$\int_{C_1 \cup C_2} P\,dx + Q\,dy = \iint_{D} \left(\frac{\partial Q}{\partial x} - \frac{\partial P}{\partial y}\right) dA$$

qui est la formule du théorème de Green pour le domaine $D = D_1 \cup D_2$, puisque sa frontière est $C = C_1 \cup C_2$.

Le même type de raisonnement permet de démontrer le théorème de Green pour toute union finie de régions simples qui ne se chevauchent pas (voir la figure 6).

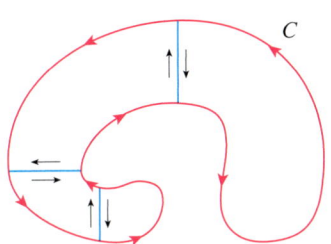

FIGURE 6

EXEMPLE 4 Calculons $\oint_C y^2\,dx + 3xy\,dy$, où C est la frontière du demi-anneau D compris entre les cercles $x^2 + y^2 = 1$ et $x^2 + y^2 = 4$ dans le demi-plan supérieur.

SOLUTION Bien que D ne soit pas un domaine simple, l'axe des y divise D en deux régions simples (voir la figure 7). On peut écrire, en coordonnées polaires,

$$D = \{(r, \theta) \mid 1 \leq r \leq 2,\ 0 \leq \theta \leq \pi\}.$$

Selon le théorème de Green,

$$\oint_C y^2\,dx + 3xy\,dy = \iint_D \left[\frac{\partial}{\partial x}(3xy) - \frac{\partial}{\partial y}(y^2)\right] dA$$

$$= \iint_D y\,dA = \int_0^\pi \int_1^2 (r \sin\theta)\,r\,dr\,d\theta$$

$$= \int_0^\pi \sin\theta\,d\theta \int_1^2 r^2\,dr = \left[-\cos\theta\right]_0^\pi \left[\frac{1}{3}r^3\right]_1^2 = \frac{14}{3}.$$

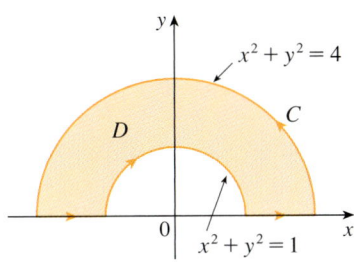

FIGURE 7

On peut aussi généraliser le théorème de Green pour l'appliquer aux régions comprenant des trous, c'est-à-dire aux régions qui ne sont pas simplement connexes. On remarque que la frontière C de la région D de la figure 8 est constituée des deux courbes fermées simples C_1 et C_2. On suppose que ces courbes frontières sont orientées de telle sorte que la région D est toujours à gauche lorsqu'on parcourt la courbe C. L'orientation positive est donc dans le sens antihoraire pour la courbe extérieure C_1 et dans le sens horaire pour la courbe intérieure C_2. La subdivision de D en deux sous-régions, D' et D'', par les segments représentés à la figure 9 et l'application du théorème de Green à D' et à D'', donne

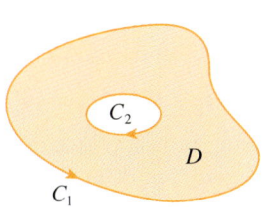

FIGURE 8

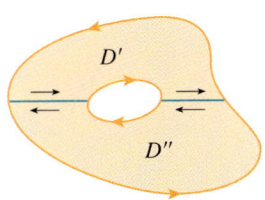

FIGURE 9

$$\iint_D \left(\frac{\partial Q}{\partial x} - \frac{\partial P}{\partial y}\right) dA = \iint_{D'} \left(\frac{\partial Q}{\partial x} - \frac{\partial P}{\partial y}\right) dA + \iint_{D''} \left(\frac{\partial Q}{\partial x} - \frac{\partial P}{\partial y}\right) dA$$

$$= \int_{\partial D'} P\,dx + Q\,dy + \int_{\partial D''} P\,dx + Q\,dy.$$

Les intégrales curvilignes le long des segments communs s'annulent puisqu'ils sont parcourus dans le sens opposé. On a donc

$$\iint_D \left(\frac{\partial Q}{\partial x} - \frac{\partial P}{\partial y}\right) dA = \int_{C_1} P\,dx + Q\,dy + \int_{C_2} P\,dx + Q\,dy = \int_C P\,dx + Q\,dy,$$

qui est le théorème de Green pour la région D.

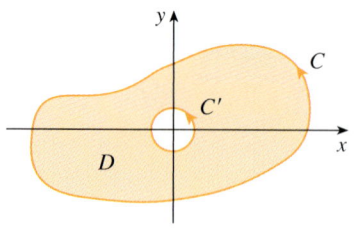

FIGURE 10

EXEMPLE 5 Soit $\vec{F}(x,y) = (-y\vec{i} + x\vec{j})/(x^2 + y^2)$. Montrons que $\int_C \vec{F} \cdot d\vec{r} = 2\pi$ pour toute courbe fermée simple entourant l'origine et orientée dans le sens positif.

SOLUTION Calculer directement l'intégrale est difficile puisque C est un chemin fermé **arbitraire** qui entoure l'origine. On considère plutôt un cercle C' centré à l'origine et de rayon a, orienté dans le sens antihoraire, où a est choisi suffisamment petit pour que C' soit complètement à l'intérieur de C (voir la figure 10). Soit D la région délimitée par C et C'. La frontière de D, orientée dans le sens positif, est $C \cup (-C')$ et la version générale du théorème de Green donne

$$\int_C P\,dx + Q\,dy + \int_{-C'} P\,dx + Q\,dy = \iint_D \left(\frac{\partial Q}{\partial x} - \frac{\partial P}{\partial y}\right) dA$$

$$= \iint_D \left[\frac{y^2 - x^2}{(x^2 + y^2)^2} - \frac{y^2 - x^2}{(x^2 + y^2)^2}\right] dA = 0.$$

Par conséquent, $\int_C P\,dx + Q\,dy = \int_{C'} P\,dx + Q\,dy$,

c'est-à-dire que $\int_C \vec{F} \cdot d\vec{r} = \int_{C'} \vec{F} \cdot d\vec{r}$.

Cette dernière intégrale se calcule facilement grâce à la paramétrisation $\vec{r}(t) = a\cos t\,\vec{i} + a\sin t\,\vec{j}$, $0 \leq t \leq 2\pi$. On obtient

$$\int_C \vec{F} \cdot d\vec{r} = \int_{C'} \vec{F} \cdot d\vec{r} = \int_0^{2\pi} \vec{F}(\vec{r}(t)) \cdot \vec{r}'(t)\,dt$$

$$= \int_0^{2\pi} \frac{(-a\sin t)(-a\sin t) + (a\cos t)(a\cos t)}{a^2\cos^2 t + a^2\sin^2 t} dt = \int_0^{2\pi} dt = 2\pi.$$

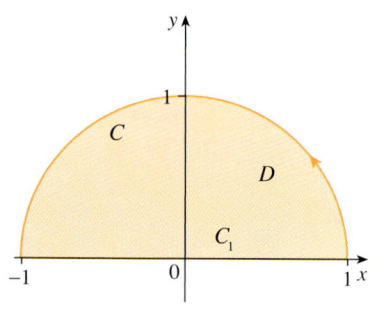

FIGURE 11

EXEMPLE 6 Calculons l'intégrale du champ $\vec{F}(x,y) = (2y - x^2)\vec{i} + (y^4 e^{y^2} - x)\vec{j}$ le long du demi-cercle C de rayon 1 centré à l'origine reliant le point $(1, 0)$ au point $(-1, 0)$.

SOLUTION On remarque que le calcul de l'intégrale le long de C est difficile à cause du terme $y^4 e^{y^2}$ dans la deuxième composante de $\vec{F}$. Par contre, si P et Q désignent les composantes de $\vec{F}$, alors l'expression $\frac{\partial Q}{\partial x} - \frac{\partial P}{\partial y} = -1 - 2 = -3$ est très simple, ce qui suggère d'utiliser le théorème de Green. Cependant, le théorème ne s'applique pas puisque la courbe C n'est pas fermée. Pour contourner cette difficulté, on « ferme » la courbe et on applique le théorème de Green. Soit C_1 le segment reliant le point $(-1, 0)$ au point $(1, 0)$ et $C_2 = C \cup C_1$ (voir la figure 11). La courbe C_2 est fermée, orientée dans le sens positif, et délimite une région D. On applique le théorème de Green à C_2 et D :

$$\int_{C_2} \vec{F} \cdot d\vec{r} = \iint_D \left(\frac{\partial Q}{\partial x} - \frac{\partial P}{\partial y}\right) dA = \iint_D -3\,dA = -3\,\text{aire}(D) = -\frac{3}{2}\pi.$$

Pour obtenir l'intégrale de $\vec{F}$ sur C, on doit retrancher $\int_{C_1} \vec{F} \cdot d\vec{r}$ à ce résultat. Le segment C_1 est paramétré par $x = x$, $y = 0$, $-1 \leq x \leq 1$, et on a $\vec{F}(x, 0) = -x^2\vec{i} - x\vec{j}$. L'intégrale est

$$\int_{C_1} \vec{F} \cdot d\vec{r} = \int_{-1}^1 (-x^2\vec{i} - x\vec{j}) \cdot \vec{i}\,dx = -\int_{-1}^1 x^2\,dx = -\frac{2}{3}.$$

Finalement,

$$\int_C \vec{F} \cdot d\vec{r} = -\frac{3}{2}\pi - \left(-\frac{2}{3}\right) = \frac{2}{3} - \frac{3}{2}\pi.$$

Cette section se termine par l'utilisation du théorème de Green pour démontrer un résultat énoncé à la section précédente.

UNE ESQUISSE DE LA DÉMONSTRATION DU THÉORÈME 6 DE LA SECTION 9.3

On suppose que $\vec{F} = P\vec{i} + Q\vec{j}$ est un champ vectoriel sur un domaine simplement connexe D, que P et Q ont des dérivées partielles premières continues et que

$$\frac{\partial P}{\partial y} = \frac{\partial Q}{\partial x} \text{ sur } D.$$

Si C est un chemin fermé dans D et si R est la région bornée par C, alors le théorème de Green donne

$$\oint_C \vec{F} \cdot d\vec{r} = \oint_C P\, dx + Q\, dy = \iint_R \left(\frac{\partial Q}{\partial x} - \frac{\partial P}{\partial y}\right) dA = \iint_R 0 \ dA = 0.$$

Une courbe qui n'est pas simple se croise elle-même en au moins un point et peut être scindée en plusieurs courbes simples. On a montré que les intégrales curvilignes de $\vec{F}$ le long de ces courbes simples sont toutes nulles et, en additionnant ces intégrales, on voit que $\int_C \vec{F} \cdot d\vec{r} = 0$ pour toute courbe fermée C. Par conséquent, $\int_C \vec{F} \cdot d\vec{r}$ est indépendante du chemin dans D, selon le théorème 3 de la section 9.3. Il s'ensuit que $\vec{F}$ est un champ vectoriel conservatif.

Exercices 9.4

1-4 Calculez l'intégrale curviligne selon deux méthodes : a) directement ; b) en utilisant le théorème de Green.

1. $\oint_C y^2\, dx + x^2 y\, dy$, C est le rectangle de sommets $(0, 0)$, $(5, 0)$, $(5, 4)$ et $(0, 4)$.

2. $\oint_C y\, dx - x\, dy$, C est le cercle centré à l'origine et de rayon 4.

3. $\oint_C xy\, dx + x^2 y^3\, dy$, C est le triangle de sommets $(0, 0)$, $(1, 0)$ et $(1, 2)$.

4. $\oint_C x^2 y^2\, dx + xy\, dy$, C est constituée des segments de droites allant de $(1, 1)$ à $(0, 1)$ et de $(0, 1)$ à $(0, 0)$, et de l'arc de la parabole $y = x^2$ allant de $(0, 0)$ à $(1, 1)$.

5-10 Utilisez le théorème de Green pour calculer l'intégrale curviligne le long de la courbe orientée dans le sens positif.

5. $\int_C ye^x\, dx + 2e^x\, dy$, C est le rectangle de sommets $(0, 0)$, $(3, 0)$, $(3, 4)$ et $(0, 4)$.

6. $\int_C (x^2 + y^2)\, dx + (x^2 - y^2)\, dy$, C est le triangle de sommets $(0, 0)$, $(2, 1)$ et $(0, 1)$.

7. $\int_C \left(y + e^{\sqrt{x}}\right) dx + \left(2x + \cos y^2\right) dy$, C est la frontière de la région bornée par les paraboles $y = x^2$ et $x = y^2$.

8. $\int_C y^4\, dx + 2xy^3\, dy$, C est le cercle $x^2 + 2y^2 = 2$.

9. $\int_C y^3\, dx - x^3\, dy$, C est le cercle $x^2 + y^2 = 4$.

10. $\int_C (1 - y^3)\, dx + (x^3 + e^{y^2})\, dy$, C est la frontière de la région comprise entre les cercles $x^2 + y^2 = 4$ et $x^2 + y^2 = 9$.

11-14 Utilisez le théorème de Green pour calculer $\int_C \vec{F} \cdot d\vec{r}$. (Vérifiez l'orientation de la courbe avant d'appliquer le théorème.)

11. $\vec{F}(x, y) = (y\cos x - xy\sin x)\vec{i} + (xy + x\cos x)\vec{j}$, C est le triangle allant de $(0, 0)$ à $(0, 4)$ à $(2, 0)$ à $(0, 0)$.

12. $\vec{F}(x, y) = (e^{-x} + y^2)\vec{i} + (e^{-y} + x^2)\vec{j}$, C est constituée de l'arc de la courbe $y = \cos x$ allant de $(-\pi/2, 0)$ à $(\pi/2, 0)$ et du segment de droite allant de $(\pi/2, 0)$ à $(-\pi/2, 0)$.

13. $\vec{F}(x, y) = (y - \cos y)\vec{i} + (x\sin y)\vec{j}$, C est le cercle $(x - 3)^2 + (y + 4)^2 = 4$ orienté dans le sens horaire.

14. $\vec{F}(x, y) = (\sqrt{x^2 + 1})\vec{i} + (\arctan x)\vec{j}$, C est le triangle allant de $(0, 0)$ à $(1, 1)$ à $(0, 1)$ à $(0, 0)$.

LCS **15-16** Vérifiez le théorème de Green en utilisant un logiciel de calcul symbolique pour calculer l'intégrale curviligne et l'intégrale double.

15. $P(x, y) = x^3 y^4$, $Q(x, y) = x^5 e^4$, C est constituée du segment de droite allant de $(-\pi/2, 0)$ à $(\pi/2, 0)$ suivi de l'arc de la courbe $y = \cos x$ allant de $(\pi/2, 0)$ à $(-\pi/2, 0)$.

16. $P(x, y) = 2x - x^3 y^5$, $Q(x, y) = x^3 y^8$, C est l'ellipse $4x^2 + y^2 = 4$.

17. Utilisez le théorème de Green afin de calculer le travail effectué par la force $\vec{F}(x, y) = x(x + y)\vec{i} + xy^2 \vec{j}$ pour déplacer une particule à partir de l'origine le long de l'axe des x jusqu'à $(1, 0)$, puis le long d'un segment de droite jusqu'à $(0, 1)$ et, enfin, jusqu'à l'origine le long de l'axe des y.

18. Une particule part de l'origine, se déplace le long de l'axe des x jusqu'à $(5, 0)$ puis le long du quart de cercle $x^2 + y^2 = 25$, $x \geq 0$, $y \geq 0$ jusqu'au point $(0, 5)$, puis

le long de l'axe des y pour revenir jusqu'à l'origine. Utilisez le théorème de Green pour calculer le travail effectué sur cette particule par le champ de forces $\vec{F}(x,y) = (\sin x)\vec{i} + (\sin y + xy^2 + \tfrac{1}{3}x^3)\vec{j}$.

LCS **19-20** Utilisez le théorème de Green comme à l'exemple 6 pour simplifier le calcul de l'intégrale curviligne $\int_C \vec{F} \cdot d\vec{r}$.

19. $\vec{F}(x,y) = (x^2 + xy^2)\vec{i} + (\cos(y^3) + x^2 y)\vec{j}$, C est la courbe constituée des segments allant de (2, 0) à (2, 1), de (2, 1) à (−2, 1) et de (−2, 1) à (−2, 0).

20. $\vec{F}(x,y) = (y + \cos(x))\vec{i} + (x + \sin(y))\vec{j}$, C est le demi-cercle paramétré par $\vec{r}(t) = \cos(t)\vec{i} + \sin(t)\vec{j}$, $-\pi/2 \leq t \leq \pi/2$.

21-25 À l'aide d'une des formules 5, calculez l'aire de la région décrite.

21. La région D délimitée par la courbe, appelée **astroïde**, paramétrée par $\vec{r}(t) = \cos^3(t)\vec{i} + \sin^3(t)\vec{j}$, $0 \leq t \leq 2\pi$.

22. La région D délimitée par la boucle de la **cubique de Tschirnhausen**, paramétrée par $\vec{r}(t) = (1-3t^2)\vec{i} + (t-3t^2)\vec{j}$.

23. La région D délimitée par les deux boucles de la **lemniscate de Gerono**, paramétrée par $\vec{r}(t) = \sin(t)\vec{i} + \sin(t)\cos(t)\vec{j}$, $0 \leq t \leq 2\pi$.

24. La région D bornée par la **chaînette**, paramétrée par
$$\vec{r}(t) = \ln(t)\vec{i} + \left(t + \frac{1}{t}\right)\vec{j}$$
avec $\tfrac{1}{2} \leq t \leq 2$, et la droite horizontale $y = 2$.

25. La région sous une arche de la **cycloïde** $x = t - \sin t$, $y = 1 - \cos t$.

26. Si un cercle C de rayon 1 roule le long de la circonférence du cercle $x^2 + y^2 = 16$, un point fixe P sur C décrit une courbe appelée **épicycloïde**, d'équations paramétriques $x = 5\cos t - \cos 5t$, $y = 5\sin t - \sin 5t$. Représentez l'épicycloïde et utilisez les formules 5 pour calculer l'aire qu'elle délimite.

27. a) Soit le segment de droite C reliant le point (x_1, y_1) au point (x_2, y_2). Montrez que
$$\int_C x\,dy - y\,dx = x_1 y_2 - x_2 y_1.$$
b) Les sommets d'un polygone sont, dans l'ordre antihoraire, $(x_1, y_1), (x_2, y_2), \ldots, (x_n, y_n)$. Montrez que l'aire du polygone défini par ces points est
$$A = \tfrac{1}{2}\big[(x_1 y_2 - x_2 y_1) + (x_2 y_3 - x_3 y_2) + \cdots$$
$$+ (x_{n-1} y_n - x_n y_{n-1}) + (x_n y_1 - x_1 y_n)\big].$$
c) Calculez l'aire du pentagone de sommets (0, 0), (2, 1), (1, 3), (0, 2) et (−1, 1).

28. Soit une région D bornée par une courbe fermée simple C dans le plan xy. Utilisez le théorème de Green pour démontrer que les coordonnées du centroïde $(\bar{x}, \bar{y})$ de D sont
$$\bar{x} = \frac{1}{2A} \oint_C x^2\,dy \qquad \bar{y} = -\frac{1}{2A} \oint_C y^2\,dx,$$
où A est l'aire de D.

29. Utilisez l'exercice 28 pour trouver le centroïde d'un quart de cercle de rayon a.

30. Utilisez l'exercice 28 pour trouver le centroïde d'un triangle de sommets (0, 0), $(a, 0)$ et (a, b), où $a > 0$ et $b > 0$.

31. Une plaque mince et plane, de densité constante $\rho(x,y) = \rho$, occupe une région dans le plan xy bornée par une courbe fermée simple C. Montrez que ses moments d'inertie par rapport aux axes sont
$$I_x = -\frac{\rho}{3} \oint_C y^3\,dx \qquad I_y = \frac{\rho}{3} \oint_C x^3\,dy.$$

32. Utilisez l'exercice 31 pour trouver le moment d'inertie d'un disque circulaire de rayon a et de densité constante ρ par rapport à un diamètre. (Comparez avec l'exemple 4 de la section 6.5.)

33. Utilisez la méthode de l'exemple 5 pour calculer $\int_C \vec{F} \cdot d\vec{r}$, où
$$\vec{F}(x,y) = \frac{2xy\,\vec{i} + (y^2 - x^2)\vec{j}}{(x^2 + y^2)^2}$$
et C est n'importe quelle courbe fermée simple orientée dans le sens positif qui entoure l'origine.

34. Calculez $\int_C \vec{F} \cdot d\vec{r}$, où $\vec{F}(x,y) = (x^2 + y)\vec{i} + (3x - y^2)\vec{j}$ et C est la courbe orientée dans le sens positif qui délimite une région D dont l'aire est égale à 6.

35. Soit le champ vectoriel $\vec{F}$ de l'exemple 5. Montrez que $\int_C \vec{F} \cdot d\vec{r} = 0$ pour toute courbe simple fermée ne passant pas par l'origine et n'entourant pas l'origine.

36. Terminez la démonstration du cas particulier du théorème de Green en démontrant l'équation 3.

37. Utilisez le théorème de Green pour démontrer la formule de changement de variables pour une intégrale double (voir la formule 9 de la section 7.5) pour le cas où $f(x,y) = 1$:
$$\iint_R dx\,dy = \iint_S \left|\frac{\partial(x,y)}{\partial(u,v)}\right| du\,dv.$$

Ici, R est la région du plan xy qui correspond à la région S dans le plan uv par la transformation donnée par $x = g(u,v)$, $y = h(u,v)$.

(*Suggestion*: Remarquez que le membre de gauche est $A(R)$ et appliquez la première partie de l'équation 5. Convertissez l'intégrale curviligne sur ∂R en une intégrale curviligne sur ∂S et appliquez le théorème de Green dans le plan uv.)

CHAPITRE 10
LES INTÉGRALES DE SURFACE ET L'ANALYSE VECTORIELLE DANS L'ESPACE

- **10.1** Les surfaces paramétrées et leurs aires
- **10.2** Les intégrales de surface
- **10.3** Le rotationnel et la divergence
- **10.4** Le théorème de Stokes
- **10.5** Le théorème de flux-divergence

© WDG Photo / Shutterstock

Dans ce chapitre, nous étudions les surfaces paramétrées, qui sont d'un type plus général que celles qui ont été examinées jusqu'à présent. Après avoir calculé l'aire d'une surface paramétrée, nous généralisons les intégrales doubles au cas où le domaine d'intégration est une surface quelconque plutôt qu'une région du plan. Ainsi, nous pourrons définir le flux d'un champ vectoriel à travers une surface, une notion qui possède des applications importantes en dynamique des fluides et en électricité. Enfin, nous verrons deux théorèmes qui établissent un lien entre différents types d'intégrales : le théorème de Stokes, qui met en relation une intégrale curviligne et une intégrale de surface, et le théorème de flux-divergence, qui relie une intégrale de flux à une intégrale triple.

10.1 LES SURFACES PARAMÉTRÉES ET LEURS AIRES

Jusqu'à maintenant, nous avons considéré des types de surfaces particuliers : cylindres, surfaces quadriques, graphes de fonctions de deux variables et surfaces de niveau de fonctions de trois variables. Dans cette section, nous utilisons des fonctions vectorielles pour décrire des surfaces plus générales, appelées « surfaces paramétrées », et nous calculons leurs aires.

LES SURFACES PARAMÉTRÉES

On décrit une surface par une fonction vectorielle $\vec{r}(u, v)$ de deux paramètres u et v de façon semblable à la description d'une courbe dans l'espace à l'aide d'une fonction vectorielle $\vec{r}(t)$ d'un seul paramètre t. On pose

1
$$\vec{r}(u, v) = x(u, v)\vec{i} + y(u, v)\vec{j} + z(u, v)\vec{k}$$

ou $\vec{r}(u, v)$ est une fonction vectorielle définie sur une région D dans le plan uv. Les composantes $x(u, v)$, $y(u, v)$ et $z(u, v)$ de $\vec{r}$, sont des fonctions de deux variables u et v dont le domaine est D. L'ensemble de tous les points (x, y, z) dans $\mathbb{R}^3$, tels que

2
$$x = x(u, v) \quad y = y(u, v) \quad z = z(u, v) \quad (u, v) \in D$$

est appelé une **surface paramétrée**, notée S. Les équations 2 sont appelées les **équations paramétriques** de S. Chaque valeur de u et de v donne un point sur S, et l'ensemble de toutes les valeurs $(u, v, \vec{r}(u, v))$ définit la surface S. Autrement dit, la surface S est tracée par les extrémités des vecteurs position $\vec{r}(u, v)$ lorsque (u, v) parcourt la région D (voir la figure 1).

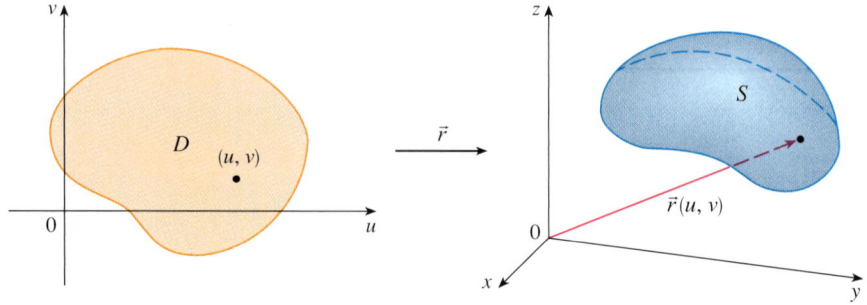

FIGURE 1
Une surface paramétrée.

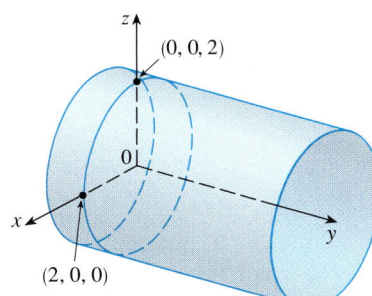

FIGURE 2

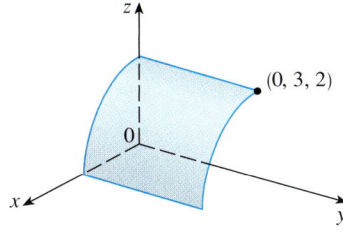

FIGURE 3

EXEMPLE 1 Identifions et traçons la surface paramétrée par

$$\vec{r}(u,v) = 2\cos u\,\vec{i} + v\,\vec{j} + 2\sin u\,\vec{k}.$$

SOLUTION Les équations paramétriques de cette surface sont

$$x = 2\cos u \quad y = v \quad z = 2\sin u.$$

Pour tout point (x, y, z) sur la surface, on constate que

$$x^2 + z^2 = 4\cos^2 u + 4\sin^2 u = 4.$$

Les sections verticales parallèles au plan xz (c'est-à-dire avec y constant) sont des cercles de rayon 2. Puisque $y = v$ et qu'il n'y a pas de restrictions sur v, la surface est un cylindre circulaire de rayon 2 dont l'axe est celui des y (voir la figure 2).

Dans l'exemple 1, on n'a imposé aucune restriction aux paramètres u et v, et, par conséquent, on a obtenu tout le cylindre. Si on restreint u et v au domaine

$$0 \leq u \leq \pi/2 \quad 0 \leq v \leq 3$$

alors $x \geq 0$, $z \geq 0$, $0 \leq y \leq 3$, et l'on obtient le quart de cylindre de longueur 3 illustré à la figure 3.

Si une surface S est paramétrée par une fonction vectorielle $\vec{r}(u, v)$, on identifie deux familles de courbes reposant sur S qu'il est utile de considérer : une famille avec u constant et l'autre avec v constant. Ces familles correspondent à des droites verticales et horizontales dans le plan uv. Si on pose $u = u_0$, alors $\vec{r}(u_0, v)$ est une fonction vectorielle du seul paramètre v et définit une courbe C_1 contenue dans S (voir la figure 4).

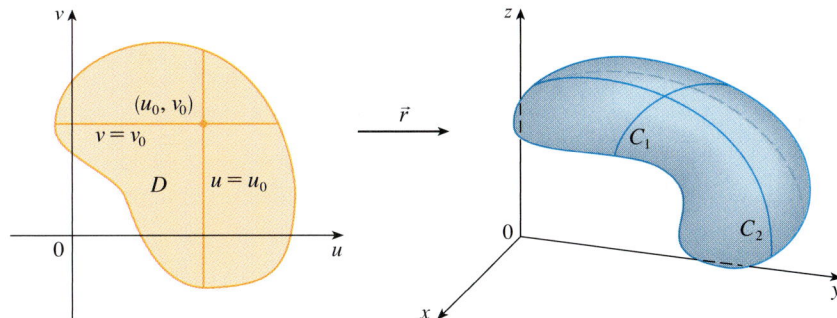

FIGURE 4

De la même façon, si on pose $v = v_0$, on obtient une courbe C_2 paramétrée par $\vec{r}(u, v_0)$ et contenue dans S. À l'exemple 1, les courbes correspondant à u constant sont des droites horizontales, tandis que celles qui correspondent à v constant sont des cercles. En général, un ordinateur trace une surface paramétrée en la représentant à l'aide d'une « grille » qui correspond à des valeurs fixes de u et de v, comme dans l'exemple suivant.

EXEMPLE 2 Utilisons un logiciel de calcul symbolique pour représenter la surface

$$\vec{r}(u,v) = (2+\sin v)\cos u\,\vec{i} + (2+\sin v)\sin u\,\vec{j} + (u+\cos v)\vec{k}.$$

Quelles sont les courbes correspondant à u constant ? Quelles sont celles qui correspondent à v constant ?

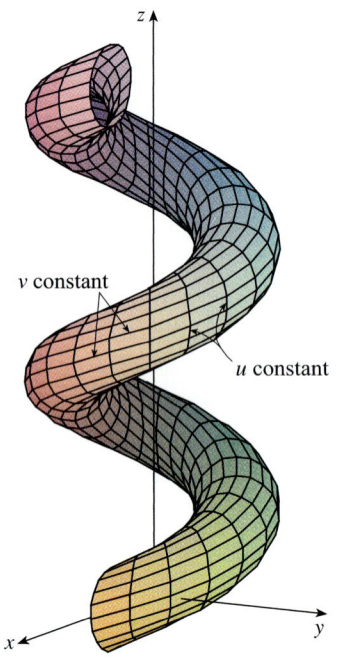

FIGURE 5

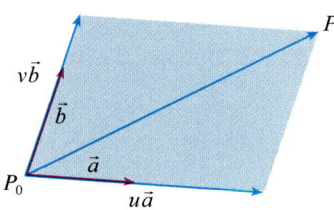

FIGURE 6

SOLUTION La figure 5 montre la portion de la surface correspondant au domaine des paramètres $0 \leq u \leq 4\pi$, $0 \leq v \leq 2\pi$. Elle ressemble à un tube en spirale. Pour identifier les courbes demandées, on considère les équations paramétriques de la surface, soit

$$x = (2 + \sin v)\cos u \quad y = (2 + \sin v)\sin u \quad z = u + \cos v.$$

Si v est constant, alors $\sin v$ et $\cos v$ sont aussi constants, et donc les équations paramétriques ressemblent à celles de l'hélice de l'exemple 5 de la section 8.1. Les courbes correspondant à v constant sont les courbes en spirale de la figure 5. Par conséquent, les courbes correspondant à u constant doivent être les courbes qui ressemblent à des cercles sur la figure. On remarque aussi que si on garde u constant en posant $u = u_0$, alors l'équation $z = u_0 + \cos v$ montre que les valeurs de z varient de $u_0 - 1$ à $u_0 + 1$.

Dans les exemples 1 et 2, on avait une équation vectorielle et on demandait de tracer la surface paramétrée correspondante. Dans les exemples suivants, plus difficiles, on doit trouver une fonction vectorielle représentant une surface donnée, ce qui sera souvent utile dans la suite de ce chapitre.

EXEMPLE 3 Trouvons une fonction vectorielle représentant le plan qui passe par le point P_0 de vecteur position $\vec{r}_0$ et qui contient deux vecteurs non parallèles $\vec{a}$ et $\vec{b}$.

SOLUTION Soit un point quelconque P dans le plan. On peut aller de P_0 à P en se déplaçant d'une certaine distance dans la direction de $\vec{a}$ et d'une certaine distance dans la direction de $\vec{b}$. Il existe donc des scalaires u et v tels que $\overrightarrow{P_0P} = u\vec{a} + v\vec{b}$ (voir la figure 6). Si $\vec{r}$ est le vecteur position de P, alors

$$\vec{r} = \overrightarrow{OP_0} + \overrightarrow{P_0P} = \vec{r}_0 + u\vec{a} + v\vec{b}.$$

On peut écrire l'équation vectorielle du plan comme suit :

$$\vec{r}(u, v) = \vec{r}_0 + u\vec{a} + v\vec{b},$$

où u et v sont des nombres réels.

Si on pose $\vec{r} = x\vec{i} + y\vec{j} + z\vec{k}$, $\vec{r}_0 = x_0\vec{i} + y_0\vec{j} + z_0\vec{k}$, $\vec{a} = a_1\vec{i} + a_2\vec{j} + a_3\vec{k}$ et $\vec{b} = b_1\vec{i} + b_2\vec{j} + b_3\vec{k}$, alors on obtient les équations paramétriques suivantes du plan passant par le point (x_0, y_0, z_0) :

$$x = x_0 + ua_1 + vb_1 \quad y = y_0 + ua_2 + vb_2 \quad z = z_0 + ua_3 + vb_3.$$

EXEMPLE 4 Trouvons une représentation paramétrique de la sphère

$$x^2 + y^2 + z^2 = a^2.$$

SOLUTION Puisque la représentation en coordonnées sphériques de la sphère est simplement $\rho = a$, on choisit les angles ϕ et θ des coordonnées sphériques comme paramètres. En posant $\rho = a$ dans les équations de conversion des coordonnées sphériques aux coordonnées cartésiennes (voir les équations 5 de la section 7.2), on trouve les équations paramétriques suivantes de la sphère

$$x = a\sin\phi\cos\theta \quad y = a\sin\phi\sin\theta \quad z = a\cos\phi$$

ou encore, sous forme vectorielle,

$$\vec{r}(\phi, \theta) = a\sin\phi\cos\theta\,\vec{i} + a\sin\phi\sin\theta\,\vec{j} + a\cos\phi\,\vec{k}.$$

Puisque $0 \leq \phi \leq \pi$ et $0 \leq \theta \leq 2\pi$, le domaine des paramètres est le rectangle $D = [0, \pi] \times [0, 2\pi]$. Les courbes correspondant à ϕ constant sont les cercles de latitude constante, y compris l'équateur. Les courbes correspondant à θ constant sont les méridiens (demi-cercles), qui relient les pôles Nord et Sud (voir la figure 7).

NOTE On a vu dans l'exemple 4 que les courbes obtenues en fixant l'un des paramètres sont les courbes de latitude constante ou de longitude constante. Dans le cas d'une surface paramétrée générale, on crée en réalité une carte, et les courbes obtenues en fixant l'un des paramètres sont semblables aux lignes de latitude et de longitude. Décrire un point d'une surface paramétrée (comme celle de la figure 5) en donnant des valeurs spécifiques de u et de v est similaire à donner la latitude et la longitude d'un point.

EXEMPLE 5 Trouvons une représentation paramétrique du cylindre

$$x^2 + y^2 = 4 \quad 0 \leq z \leq 1.$$

SOLUTION En coordonnées cylindriques, puisque l'équation du cylindre est $r = 2$, on choisit les paramètres θ et z des coordonnées cylindriques. Les équations paramétriques du cylindre sont donc

$$x = 2\cos\theta \quad y = 2\sin\theta \quad z = z$$

où $\quad 0 \leq \theta \leq 2\pi$ et $0 \leq z \leq 1$.

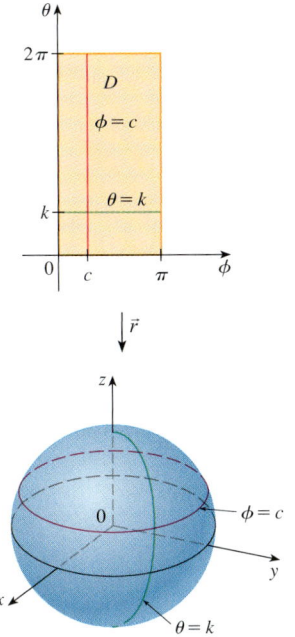

FIGURE 7

Une des utilités des surfaces paramétrées est de faciliter les représentations graphiques par ordinateur. La figure 8 montre le résultat d'une représentation de la sphère $x^2 + y^2 + z^2 = 1$ obtenue si on résout l'équation pour z et qu'on représente séparément les hémisphères supérieur et inférieur. Une partie de la sphère semble être manquante à cause de la grille rectangulaire utilisée par l'ordinateur. La figure 9 montre une représentation nettement meilleure produite par un ordinateur à l'aide des équations paramétriques trouvées à l'exemple 4.

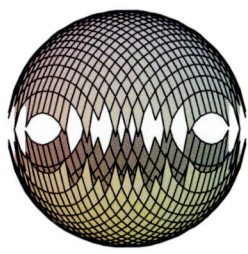

FIGURE 8

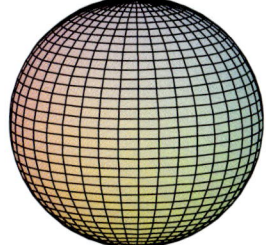

FIGURE 9

EXEMPLE 6 Trouvons une paramétrisation du paraboloïde elliptique $z = x^2 + 2y^2$.

SOLUTION En prenant x et y comme paramètres, on obtient les équations paramétriques

$$x = x \quad y = y \quad z = x^2 + 2y^2$$

ou encore, sous forme vectorielle,

$$\vec{r}(x, y) = x\vec{i} + y\vec{j} + (x^2 + 2y^2)\vec{k}.$$

En général, on peut toujours considérer le graphe d'une fonction f de x et y, d'équation $z = f(x, y)$, comme une surface paramétrée en prenant x et y comme paramètres et les équations paramétriques

$$x = x \quad y = y \quad z = f(x, y).$$

La représentation paramétrique (aussi appelée « paramétrisation ») d'une surface n'est pas unique. L'exemple suivant montre deux façons de paramétrer un cône.

EXEMPLE 7 Trouvons une représentation paramétrique de la surface $z = 2\sqrt{x^2 + y^2}$, c'est-à-dire de la moitié supérieure du cône $z^2 = 4x^2 + 4y^2$.

SOLUTION 1 On obtient une première paramétrisation en prenant x et y comme paramètres :

$$x = x \quad y = y \quad z = 2\sqrt{x^2 + y^2}$$

ou encore, sous forme vectorielle,

$$\vec{r}(x, y) = x\vec{i} + y\vec{j} + 2\sqrt{x^2 + y^2}\,\vec{k}.$$

Dans certains contextes, les représentations paramétriques des solutions 1 et 2 sont également bonnes ; mais dans d'autres situations, on préfère la solution 2. Par exemple, si on ne s'intéresse qu'à la partie du cône située sous le plan $z = 1$, il suffit, dans la solution 2, de prendre pour domaine des paramètres

$$0 \leq r \leq \tfrac{1}{2} \quad 0 \leq \theta \leq 2\pi.$$

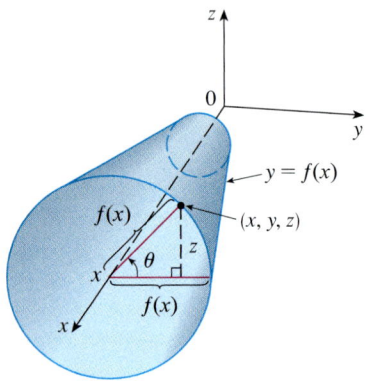

FIGURE 10

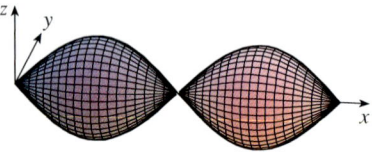

FIGURE 11

SOLUTION 2 On obtient une deuxième paramétrisation en prenant pour paramètres les coordonnées polaires r et θ. Un point (x, y, z) du cône satisfait aux équations $x = r\cos\theta$, $y = r\sin\theta$ et $z = 2\sqrt{x^2 + y^2} = 2r$, d'où la paramétrisation

$$\vec{r}(r, \theta) = r\cos\theta \vec{i} + r\sin\theta \vec{j} + 2r\vec{k}$$

avec $r \geq 0$ et $0 \leq \theta \leq 2\pi$.

LES SURFACES DE RÉVOLUTION

On peut représenter paramétriquement une surface de révolution et utiliser cette paramétrisation pour tracer la surface à l'aide d'un ordinateur. Considérons, par exemple, la surface S obtenue par rotation de la courbe $y = f(x)$, $a \leq x \leq b$, autour de l'axe des x, où $f(x) \geq 0$. Soit l'angle de rotation θ illustré à la figure 10 et un point (x, y, z) sur S. On a

3
$$x = x \quad y = f(x)\cos\theta \quad z = f(x)\sin\theta.$$

Par conséquent, on peut choisir x et θ comme paramètres, et on considère les équations 3 comme paramétrisation de S. Le domaine des paramètres est $a \leq x \leq b$, $0 \leq \theta \leq 2\pi$.

EXEMPLE 8 Trouvons les équations paramétriques de la surface engendrée par la rotation de la courbe $y = \sin x$, $0 \leq x \leq 2\pi$, autour de l'axe des x. Utilisons ces équations pour tracer la surface de révolution.

SOLUTION Selon les équations 3, les équations paramétriques sont

$$x = x \quad y = \sin x \cos\theta \quad z = \sin x \sin\theta$$

et le domaine des paramètres est $0 \leq x \leq 2\pi$, $0 \leq \theta \leq 2\pi$. À l'aide d'un ordinateur, on obtient la représentation de la figure 11.

On peut adapter les équations 3 pour représenter une surface obtenue par la révolution d'une courbe autour de l'axe des y ou des z (voir l'exercice 30).

LES PLANS TANGENTS

On veut maintenant trouver le plan tangent à une surface S paramétrée par une fonction vectorielle

$$\vec{r}(u, v) = x(u, v)\vec{i} + y(u, v)\vec{j} + z(u, v)\vec{k}$$

en un point P_0 de vecteur position $\vec{r}(u_0, v_0)$. En posant $u = u_0$ constant, $\vec{r}(u_0, v)$ est une fonction vectorielle du seul paramètre v qui définit une courbe C_1 contenue dans S (voir la figure 12). On obtient le vecteur tangent à C_1 en P_0 en prenant la dérivée partielle de $\vec{r}$ par rapport à v :

4
$$\vec{r}_v = \frac{\partial x}{\partial v}(u_0, v_0)\vec{i} + \frac{\partial y}{\partial v}(u_0, v_0)\vec{j} + \frac{\partial z}{\partial v}(u_0, v_0)\vec{k}.$$

De la même façon, en posant $v = v_0$ constant, on obtient une courbe C_2 paramétrée par $\vec{r}(u, v_0)$ qui est contenue dans S, et son vecteur tangent en P_0 est

5
$$\vec{r}_u = \frac{\partial x}{\partial u}(u_0, v_0)\vec{i} + \frac{\partial y}{\partial u}(u_0, v_0)\vec{j} + \frac{\partial z}{\partial u}(u_0, v_0)\vec{k}.$$

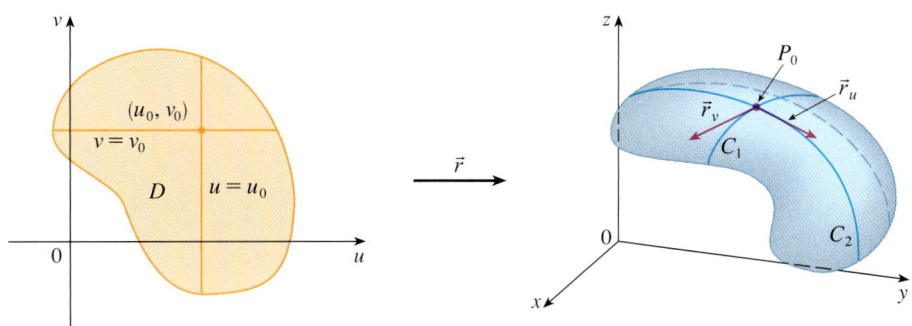

FIGURE 12

Si $\vec{r}_u \times \vec{r}_v$ n'est pas nul, alors la surface S est dite lisse (elle n'a pas de « coins »). Pour une **surface lisse**, le **plan tangent** est le plan qui contient les vecteurs tangents $\vec{r}_u$ et $\vec{r}_v$, et le vecteur $\vec{r}_u \times \vec{r}_v$ est un vecteur normal à ce plan tangent.

EXEMPLE 9 Trouvons le plan tangent à la surface d'équations paramétriques $x = u^2$, $y = v^2$, $z = u + 2v$ au point $(1, 1, 3)$.

SOLUTION On trouve d'abord les vecteurs tangents :

$$\vec{r}_u = \frac{\partial x}{\partial u}\vec{i} + \frac{\partial y}{\partial u}\vec{j} + \frac{\partial z}{\partial u}\vec{k} = 2u\vec{i} + \vec{k}$$

$$\vec{r}_v = \frac{\partial x}{\partial v}\vec{i} + \frac{\partial y}{\partial v}\vec{j} + \frac{\partial z}{\partial v}\vec{k} = 2v\vec{j} + 2\vec{k}.$$

Par conséquent,

$$\vec{r}_u \times \vec{r}_v = \begin{vmatrix} \vec{i} & \vec{j} & \vec{k} \\ 2u & 0 & 1 \\ 0 & 2v & 2 \end{vmatrix} = -2v\vec{i} - 4u\vec{j} + 4uv\vec{k}$$

est un vecteur normal au plan tangent.

On remarque que le point $(1, 1, 3)$ correspond aux valeurs des paramètres $u = 1$ et $v = 1$, de sorte que le vecteur normal en ce point est

$$\vec{n} = -2\vec{i} - 4\vec{j} + 4\vec{k}.$$

Par conséquent, l'équation du plan tangent en $(1, 1, 3)$ est

$$-2(x - 1) - 4(y - 1) + 4(z - 3) = 0$$

ou $\qquad x + 2y - 2z + 3 = 0$.

La figure 13 montre la surface de l'exemple 9 et son plan tangent en $(1, 1, 3)$. On peut observer comment la surface se coupe elle-même.

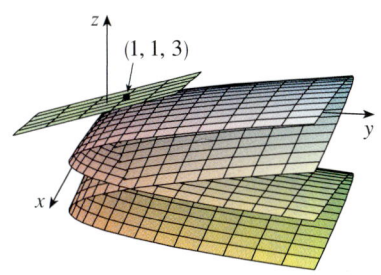

FIGURE 13

L'AIRE D'UNE SURFACE PARAMÉTRÉE

On définit maintenant l'aire d'une surface paramétrée générale définie par l'équation 1. Pour simplifier, on considère dans un premier temps une surface dont le domaine D des paramètres est un rectangle, qu'on subdivise en sous-rectangles R_{ij}. On note (u_i^*, v_j^*) le sommet inférieur gauche de R_{ij} (voir la figure 14 à la page suivante). La partie S_{ij} de la surface S qui correspond à R_{ij} est appelée **élément de surface**. Le point P_{ij} dont le vecteur position est $\vec{r}(u_i^*, v_j^*)$ est l'un des sommets de S_{ij}. Selon les équations 4 et 5, les vecteurs tangents en P_{ij} sont

$$\vec{r}_u^* = \vec{r}_u(u_i^*, v_j^*) \text{ et } \vec{r}_v^* = \vec{r}_v(u_i^*, v_j^*).$$

FIGURE 14
L'image du sous-rectangle R_{ij} est l'élément de surface S_{ij}.

a)

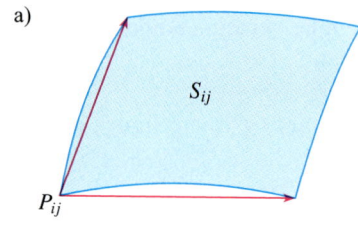

b)

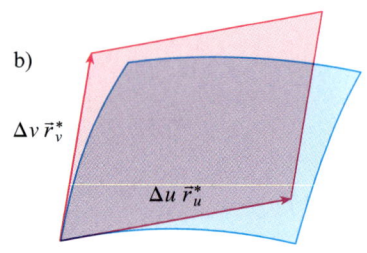

FIGURE 15
L'approximation d'un élément de surface à l'aide d'un parallélogramme.

La figure 15 a) montre comment approximer par des vecteurs les deux côtés de l'élément de surface qui se rencontrent en P_{ij}. Ces vecteurs, à leur tour, peuvent être approximés par les vecteurs $\Delta u\, \vec{r}_u^*$ et $\Delta v\, \vec{r}_v^*$ (comme à la section 7.5), parce qu'on peut approximer les dérivées partielles avec des quotients de différences. On approxime donc S_{ij} à l'aide du parallélogramme déterminé par les vecteurs $\Delta u\, \vec{r}_u^*$ et $\Delta v\, \vec{r}_v^*$. Ce parallélogramme, représenté à la figure 15 b), est dans le plan tangent à S en P_{ij}. L'aire du parallélogramme est

$$\|\Delta u\, \vec{r}_u^* \times \Delta v\, \vec{r}_v^*\| = \|\vec{r}_u^* \times \vec{r}_v^*\|\, \Delta u\, \Delta v$$

et donc

$$\sum_{i=1}^{m} \sum_{j=1}^{n} \|\vec{r}_u^* \times \vec{r}_v^*\|\, \Delta u\, \Delta v$$

est une approximation de l'aire de S.

On sait intuitivement que cette approximation s'améliore lorsqu'on augmente le nombre de sous-rectangles, et on reconnaît dans cette expression une somme de Riemann pour l'intégrale double $\iint_D \|\vec{r}_u \times \vec{r}_v\|\, du\, dv$, ce qui conduit à la définition suivante.

---

6 DÉFINITION

Si une surface lisse S est paramétrée par la fonction vectorielle

$$\vec{r}(u,v) = x(u,v)\vec{i} + y(u,v)\vec{j} + z(u,v)\vec{k} \quad (u,v) \in D$$

et si S est parcourue une seule fois lorsque (u,v) balaie le domaine D des paramètres, alors l'**aire de la surface** S est

$$A(S) = \iint_D \|\vec{r}_u \times \vec{r}_v\|\, dA,$$

où

$$\vec{r}_u = \frac{\partial x}{\partial u}\vec{i} + \frac{\partial y}{\partial u}\vec{j} + \frac{\partial z}{\partial u}\vec{k} \quad \vec{r}_v = \frac{\partial x}{\partial v}\vec{i} + \frac{\partial y}{\partial v}\vec{j} + \frac{\partial z}{\partial v}\vec{k}.$$

EXEMPLE 10 Trouvons l'aire d'une sphère de rayon a.

SOLUTION À l'exemple 4, on a trouvé la représentation paramétrique de la sphère

$$x = a\sin\phi\cos\theta \quad y = a\sin\phi\sin\theta \quad z = a\cos\phi,$$

où le domaine des paramètres est

$$D = \{(\phi, \theta) \mid 0 \leq \phi \leq \pi,\ 0 \leq \theta \leq 2\pi\}.$$

On calcule d'abord le produit vectoriel des vecteurs tangents pour obtenir le vecteur normal :

$$\vec{r}_\phi \times \vec{r}_\theta = \begin{vmatrix} \vec{i} & \vec{j} & \vec{k} \\ \frac{\partial x}{\partial \phi} & \frac{\partial y}{\partial \phi} & \frac{\partial z}{\partial \phi} \\ \frac{\partial x}{\partial \theta} & \frac{\partial y}{\partial \theta} & \frac{\partial z}{\partial \theta} \end{vmatrix} = \begin{vmatrix} \vec{i} & \vec{j} & \vec{k} \\ a\cos\phi\cos\theta & a\cos\phi\sin\theta & -a\sin\phi \\ -a\sin\phi\sin\theta & a\sin\phi\cos\theta & 0 \end{vmatrix}$$
$$= a^2\sin^2\phi\cos\theta\,\vec{i} + a^2\sin^2\phi\sin\theta\,\vec{j} + a^2\sin\phi\cos\phi\,\vec{k}.$$

On a donc

$$\|\vec{r}_\phi \times \vec{r}_\theta\| = \sqrt{a^4\sin^4\phi\cos^2\theta + a^4\sin^4\phi\sin^2\theta + a^4\sin^2\phi\cos^2\phi}$$
$$= \sqrt{a^4\sin^4\phi + a^4\sin^2\phi\cos^2\phi}$$
$$= a^2\sqrt{\sin^2\phi} = a^2\sin\phi,$$

puisque $\sin\phi \geq 0$ pour $0 \leq \phi \leq \pi$. Par conséquent, selon la définition 6, l'aire de la sphère est

$$A = \iint_D \|\vec{r}_\phi \times \vec{r}_\theta\|\,dA = \int_0^{2\pi}\int_0^\pi a^2\sin\phi\,d\phi\,d\theta$$
$$= a^2\int_0^{2\pi}d\theta\int_0^\pi \sin\phi\,d\phi = a^2(2\pi)2 = 4\pi a^2.$$ ∎

L'AIRE DES GRAPHES DE FONCTIONS DE DEUX VARIABLES

Dans le cas particulier d'une surface S d'équation $z = f(x, y)$, où $(x, y) \in D$ et où f possède des dérivées partielles continues, on peut choisir x et y comme paramètres. Les équations paramétriques de S sont alors

$$x = x \quad y = y \quad z = f(x, y),$$

donc

$$\vec{r}_x = \vec{i} + \left(\frac{\partial f}{\partial x}\right)\vec{k} \quad \vec{r}_y = \vec{j} + \left(\frac{\partial f}{\partial y}\right)\vec{k}$$

et

7
$$\vec{r}_x \times \vec{r}_y = \begin{vmatrix} \vec{i} & \vec{j} & \vec{k} \\ 1 & 0 & \frac{\partial f}{\partial x} \\ 0 & 1 & \frac{\partial f}{\partial y} \end{vmatrix} = -\frac{\partial f}{\partial x}\vec{i} - \frac{\partial f}{\partial y}\vec{j} + \vec{k}.$$

Par conséquent,

8
$$\|\vec{r}_x \times \vec{r}_y\| = \sqrt{\left(\frac{\partial f}{\partial x}\right)^2 + \left(\frac{\partial f}{\partial y}\right)^2 + 1} = \sqrt{1 + \left(\frac{\partial z}{\partial x}\right)^2 + \left(\frac{\partial z}{\partial y}\right)^2}.$$

La formule de l'aire d'une surface d'équation $z = f(x, y)$ est

9
$$A(S) = \iint_D \sqrt{1 + \left(\frac{\partial z}{\partial x}\right)^2 + \left(\frac{\partial z}{\partial y}\right)^2}\,dA.$$

Il faut noter la ressemblance entre la formule de l'aire d'une surface de l'équation 9 et la formule de la longueur d'un arc

$$L = \int_a^b \sqrt{1 + \left(\frac{dy}{dx}\right)^2}\,dx.$$

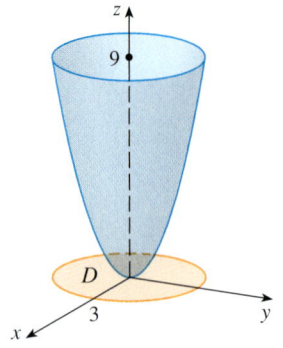

FIGURE 16

EXEMPLE 11 Calculons l'aire de la partie du paraboloïde $z = x^2 + y^2$ qui est située sous le plan $z = 9$.

SOLUTION Le plan coupe le paraboloïde selon le cercle $x^2 + y^2 = 9$, $z = 9$. Par conséquent, la surface considérée est au-dessus du disque D centré à l'origine et de rayon 3 (voir la figure 16). La formule 9 donne

$$A = \iint_D \sqrt{1 + \left(\frac{\partial z}{\partial x}\right)^2 + \left(\frac{\partial z}{\partial y}\right)^2}\, dA = \iint_D \sqrt{1 + (2x)^2 + (2y)^2}\, dA$$

$$= \iint_D \sqrt{1 + 4(x^2 + y^2)}\, dA.$$

Le passage aux coordonnées polaires permet d'obtenir

$$A = \int_0^{2\pi} \int_0^3 \sqrt{1 + 4r^2}\, r\, dr\, d\theta = \int_0^{2\pi} d\theta \int_0^3 r\sqrt{1 + 4r^2}\, dr$$

$$= 2\pi \left(\frac{1}{8}\right) \frac{2}{3}(1 + 4r^2)^{3/2} \Big]_0^3 = \frac{\pi}{6}(37\sqrt{37} - 1).$$

L'AIRE DES SURFACES DE RÉVOLUTION

On examine maintenant le cas d'une surface de révolution engendrée par la rotation de la courbe $y = f(x)$, $a \leq x \leq b$, autour de l'axe des x, où $f(x) \geq 0$ et où f' est continue. Selon les équations 3, les équations paramétriques de S sont

$$x = x \quad y = f(x)\cos\theta \quad z = f(x)\sin\theta \quad a \leq x \leq b \quad 0 \leq \theta \leq 2\pi.$$

Pour calculer l'aire de la surface S, on a besoin des vecteurs tangents

$$\vec{r}_x = \vec{i} + f'(x)\cos\theta\,\vec{j} + f'(x)\sin\theta\,\vec{k}$$

$$\vec{r}_\theta = -f(x)\sin\theta\,\vec{j} + f(x)\cos\theta\,\vec{k}.$$

On a donc

$$\vec{r}_x \times \vec{r}_\theta = \begin{vmatrix} \vec{i} & \vec{j} & \vec{k} \\ 1 & f'(x)\cos\theta & f'(x)\sin\theta \\ 0 & -f(x)\sin\theta & f(x)\cos\theta \end{vmatrix}$$

$$= f(x)f'(x)\vec{i} - f(x)\cos\theta\,\vec{j} - f(x)\sin\theta\,\vec{k}$$

et, par conséquent,

$$\|\vec{r}_x \times \vec{r}_\theta\| = \sqrt{[f(x)]^2[f'(x)]^2 + [f(x)]^2\cos^2\theta + [f(x)]^2\sin^2\theta}$$

$$= \sqrt{[f(x)]^2\left[1 + [f'(x)]^2\right]} = f(x)\sqrt{1 + [f'(x)]^2},$$

car $f(x) \geq 0$. L'aire de la surface S est donc

$$A = \iint_D \|\vec{r}_x \times \vec{r}_\theta\|\, dA = \int_0^{2\pi} \int_a^b f(x)\sqrt{1 + [f'(x)]^2}\, dx\, d\theta$$

$$= 2\pi \int_a^b f(x)\sqrt{1 + [f'(x)]^2}\, dx.$$

EXEMPLE 12 Calculons l'aire de la surface engendrée par la rotation de $y = x^2$, $0 \leq x \leq 1$, autour de l'axe des x.

SOLUTION L'aire est

$$A = 2\pi \int_0^1 x^2 \sqrt{1+(2x)^2}\, dx$$
$$= \frac{\pi}{4} \int_0^2 u^2 \sqrt{1+u^2}\, du$$
$$= \frac{\pi}{4}\left[\frac{u}{8}(1+2u^2)\sqrt{1+u^2} - \frac{1}{8}\ln(u+\sqrt{1+u^2})\right]_0^2$$
$$\approx 3{,}81.$$

L'intégrale a été calculée à l'aide de la formule 22 des tables d'intégrales (page de référence 6).

Exercices 10.1

1-2 Déterminez si les points P et Q sont sur la surface donnée.

1. $\vec{r}(u,v) = (u+v)\vec{i} + (u-2v)\vec{j} + (3+u-v)\vec{k}$
   $P(4,-5,1), Q(0,4,6)$

2. $\vec{r}(u,v) = (1+u-v)\vec{i} + (u+v^2)\vec{j} + (u^2-v^2)\vec{k}$
   $P(1,2,1), Q(2,3,3)$

3-6 Identifiez la surface correspondant à la fonction vectorielle donnée.

3. $\vec{r}(u,v) = (u+v)\vec{i} + (3-v)\vec{j} + (1+4u+5v)\vec{k}$

4. $\vec{r}(u,v) = u^2\vec{i} + u\cos v\vec{j} + u\sin v\vec{k}$

5. $\vec{r}(s,t) = s\cos t\vec{i} + s\sin t\vec{j} + s\vec{k}$

6. $\vec{r}(s,t) = 3\cos t\vec{i} + s\vec{j} + \sin t\vec{k}, \ -1 \le s \le 1$

7-12 À l'aide d'un ordinateur, tracez la surface paramétrée. Imprimez la figure obtenue et marquez les courbes correspondant à u constant et celles qui correspondent à v constant.

7. $\vec{r}(u,v) = u^2\vec{i} + v^2\vec{j} + (u+v)\vec{k}, \ -1 \le u \le 1, \ -1 \le v \le 1$

8. $\vec{r}(u,v) = u\vec{i} + v^3\vec{j} - v\vec{k}, \ -2 \le u \le 2, \ -2 \le v \le 2$

9. $\vec{r}(u,v) = u^3\vec{i} + u\sin v\vec{j} + u\cos v\vec{k}, \ -1 \le u \le 1, \ 0 \le v \le 2\pi$

10. $\vec{r}(u,v) = u\vec{i} + \sin(u+v)\vec{j} + \sin v\vec{k}, \ -\pi \le u \le \pi, \ -\pi \le v \le \pi$

11. $x = \sin v, \ y = \cos u \sin 4v, \ z = \sin 2u \sin 4v, \ 0 \le u \le 2\pi, \ -\pi/2 \le v \le \pi/2$

12. $x = \cos u, \ y = \sin u \sin v, \ z = \cos v, \ 0 \le u \le 2\pi, \ 0 \le v \le 2\pi$

13-18 Associez les équations aux graphiques I à VI et justifiez vos associations. Quelle famille de courbes correspond à u constant? À v constant?

13. $\vec{r}(u,v) = u\cos v\vec{i} + u\sin v\vec{j} + v\vec{k}$

14. $\vec{r}(u,v) = uv^2\vec{i} + u^2v\vec{j} + (u^2-v^2)\vec{k}$

15. $\vec{r}(u,v) = (u^3-u)\vec{i} + v^2\vec{j} + u^2\vec{k}$

16. $x = (1-u)(3+\cos v)\cos 4\pi u, \ y = (1-u)(3+\cos v)\sin 4\pi u,$
    $z = 3u + (1-u)\sin v$

17. $x = \cos^3 u \cos^3 v, \ y = \sin^3 u \cos^3 v, \ z = \sin^3 v$

18. $x = \sin u, \ y = \cos u \sin v, \ z = \sin v$

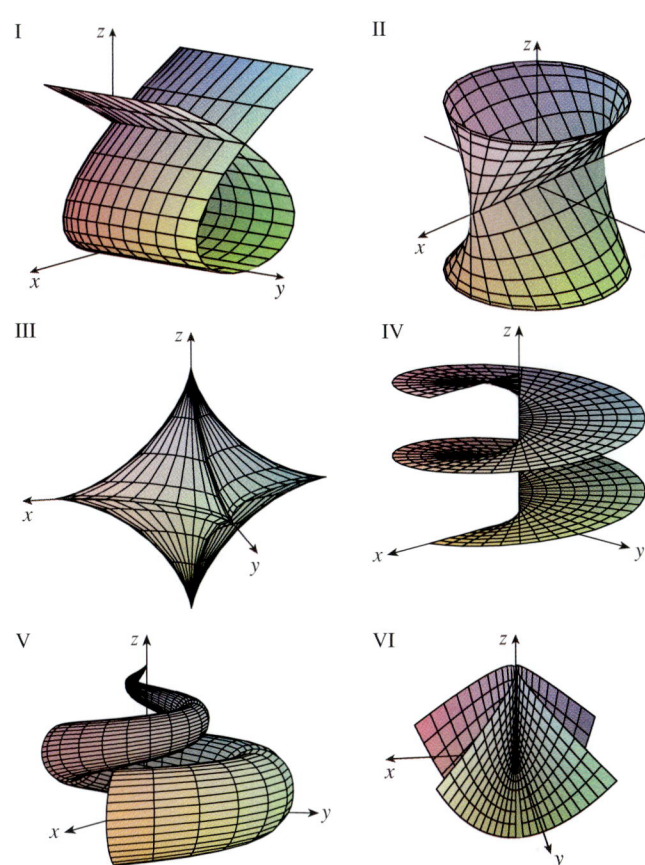

19-26 Trouvez une représentation paramétrique de la surface.

19. Le plan contenant les vecteurs $\vec{i}-\vec{j}$ et $\vec{j}-\vec{k}$

20. Le plan passant par le point $(0, -1, 5)$ et contenant les vecteurs $2\vec{i}+\vec{j}+4\vec{k}$ et $-3\vec{i}+2\vec{j}+5\vec{k}$

21. La partie de l'hyperboloïde $4x^2 - 4y^2 - z^2 = 4$ située devant le plan yz

22. La partie de l'ellipsoïde $x^2 + 2y^2 + 3z^2 = 1$ située à gauche du plan des (x, z)

23. La partie de la sphère $x^2 + y^2 + z^2 = 4$ située au-dessus du cône $z = \sqrt{x^2 + y^2}$

24. La partie du cylindre $x^2 + z^2 = 9$ située au-dessus du plan xy entre les plans $y = -4$ et $y = 4$

25. La partie de la sphère $x^2 + y^2 + z^2 = 36$ comprise entre les plans $z = 0$ et $z = 3\sqrt{3}$

26. La partie du plan $z = x + 3$ à l'intérieur du cylindre $x^2 + y^2 = 1$

LCS 27-28 À l'aide d'un logiciel de calcul symbolique, tracez un graphique qui ressemble à celui qui est présenté.

27.

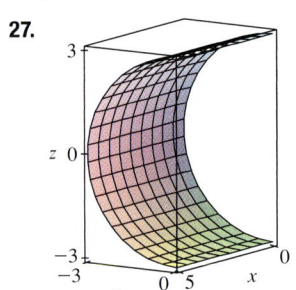

28.

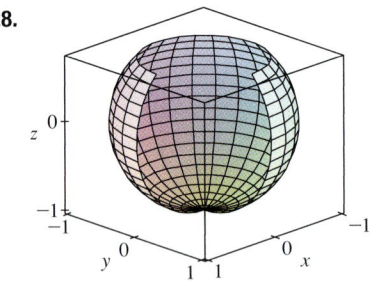

29. Trouvez les équations paramétriques de la surface obtenue par rotation de la courbe $y = 1/(1 + x^2)$, $-2 \leq x \leq 2$, autour de l'axe des x et utilisez-les pour tracer la surface.

30. Trouvez les équations paramétriques de la surface obtenue par rotation de la courbe $x = 1/y$, $y \geq 1$, autour de l'axe des y et utilisez-les pour tracer la surface.

31. a) Que devient le tube en spirale de l'exemple 2 (voir la figure 5) si on remplace $\cos u$ par $\sin u$ et $\sin u$ par $\cos u$?
b) Et si on remplace $\cos u$ par $\cos 2u$ et $\sin u$ par $\sin 2u$?

32. La surface d'équations paramétriques
$$x = 2\cos\theta + r\cos(\theta/2)$$
$$y = 2\sin\theta + r\cos(\theta/2)$$
$$z = r\sin(\theta/2)$$

avec $-\frac{1}{2} \leq r \leq \frac{1}{2}$ et $0 \leq \theta \leq 2\pi$, est appelée **ruban de Möbius**. Représentez cette surface de plusieurs points de vue. Que présente-t-elle d'inhabituel?

33-36 Trouvez une équation du plan tangent à la surface paramétrée donnée au point spécifié. Si vous disposez d'un logiciel qui trace les surfaces paramétrées, utilisez-le pour représenter la surface et le plan tangent.

33. $x = u + v$, $y = 3u^2$, $z = u - v$; $(2, 3, 0)$

34. $x = u^2 + 1$, $y = v^3 + 1$, $z = u + v$; $(5, 2, 3)$

35. $\vec{r}(u, v) = u\cos v\,\vec{i} + u\sin v\,\vec{j} + v\,\vec{k}$; $u = 1, v = \pi/3$

36. $\vec{r}(u, v) = \sin u\,\vec{i} + \cos u \sin v\,\vec{j} + \sin v\,\vec{k}$; $u = \pi/6, v = \pi/6$

37-38 Trouvez une équation du plan tangent à la surface paramétrée donnée au point spécifié. Représentez graphiquement la surface et le plan tangent.

37. $\vec{r}(u, v) = u^2\vec{i} + 2u\sin v\,\vec{j} + u\cos v\,\vec{k}$; $u = 1, v = 0$

38. $\vec{r}(u, v) = (1 - u^2 - v^2)\vec{i} - v\,\vec{j} - u\,\vec{k}$; $(-1, -1, -1)$

39-50 Calculez l'aire de la surface.

39. La partie du plan $3x + 2y + z = 6$ située dans le premier octant

40. La partie du plan paramétrée par $\vec{r}(u, v) = (u + v)\vec{i} + (2 - 3u)\vec{j} + (1 + u - v)\vec{k}$ correspondant à $0 \leq u \leq 2$, $-1 \leq v \leq 1$

41. La partie du plan $x + 2y + 3z = 1$ située dans le cylindre $x^2 + y^2 = 3$

42. La partie du cône $z = \sqrt{x^2 + y^2}$ compris entre le plan $y = x$ et le cylindre $y = x^2$

43. La surface $z = \frac{2}{3}(x^{3/2} + y^{3/2})$, $0 \leq x \leq 1$, $0 \leq y \leq 1$

44. La partie de la surface $z = 4 - 2x^2 + y$ située au-dessus du triangle de sommets $(0, 0)$, $(1, 0)$ et $(1, 1)$

45. La partie de la surface $z = xy$ située dans le cylindre $x^2 + y^2 = 1$

46. La partie de la surface $x = z^2 + y$ située entre les plans $y = 0$, $y = 2$, $z = 0$ et $z = 2$

47. La partie du paraboloïde $y = x^2 + z^2$ située à l'intérieur du cylindre $x^2 + z^2 = 16$

48. L'hélicoïde paramétré par $\vec{r}(u, v) = u\cos v\,\vec{i} + u\sin v\,\vec{j} + v\,\vec{k}$, $0 \leq u \leq 1$, $0 \leq v \leq \pi$

49. La surface paramétrée par $x = u^2$, $y = uv$, $z = \frac{1}{2}v^2$, $0 \leq u \leq 1$, $0 \leq v \leq 2$

50. La partie de la sphère $x^2 + y^2 + z^2 = b^2$ située à l'intérieur du cylindre $x^2 + y^2 = a^2$, où $0 < a < b$

51. Si l'équation d'une surface S est $z = f(x, y)$, où $x^2 + y^2 \leq R^2$, et si vous savez que $|f_x| \leq 1$ et que $|f_y| \leq 1$, que pouvez-vous dire au sujet de $A(S)$?

52-53 Trouvez l'aire de la surface, avec quatre décimales exactes, en vous servant d'une calculatrice pour estimer l'intégrale.

52. La partie de la surface $z = \cos(x^2 + y^2)$ à l'intérieur du cylindre $x^2 + y^2 = 1$

53. La partie de la surface $z = \ln(x^2 + y^2 + 2)$ située au-dessus du disque $x^2 + y^2 \leq 1$

LCS 54. Calculez, avec quatre décimales exactes, l'aire de la partie de la surface $z = (1 + x^2)/(1 + y^2)$ située au-dessus du carré $|x| + |y| \leq 1$. Représentez graphiquement cette partie de la surface.

55. a) Utilisez la règle du point milieu pour les intégrales doubles (voir la section 6.1) avec une partition de six carrés pour approximer l'aire de la surface $z = 1/(1 + x^2 + y^2)$, $0 \leq x \leq 6$, $0 \leq y \leq 4$.

LCS b) À l'aide d'un logiciel de calcul symbolique, approximez l'aire de la surface de la partie a) avec quatre décimales exactes. Comparez votre réponse à celle que vous avez obtenue à la partie a).

LCS 56. Calculez l'aire, avec quatre décimales exactes, de la surface paramétrée par
$$\vec{r}(u, v) = \cos^3 u \cos^3 v \, \vec{i} + \sin^3 u \cos^3 v \, \vec{j} + \sin^3 v \, \vec{k},$$
$0 \leq u \leq \pi$, $0 \leq v \leq 2\pi$.

LCS 57. Calculez la valeur exacte de l'aire de la surface
$$z = 1 + 2x + 3y + 4y^2, \quad 1 \leq x \leq 4, \quad 0 \leq y \leq 1.$$

58. a) Trouvez, sans la calculer, une intégrale double permettant de calculer l'aire de la surface d'équations paramétriques $x = au\cos v$, $y = bu\sin v$, $z = u^2$, $0 \leq u \leq 2$, $0 \leq v \leq 2\pi$.

b) Éliminez les paramètres pour montrer que la surface est un paraboloïde elliptique et trouvez une autre intégrale double donnant l'aire de la surface.

c) Représentez la surface à l'aide des équations paramétriques de la partie a) en prenant $a = 2$ et $b = 3$.

LCS d) Soit $a = 2$ et $b = 3$. À l'aide d'un logiciel de calcul symbolique, calculez l'aire de la surface avec quatre décimales exactes.

59. a) Montrez que les équations paramétriques $x = a\sin u \cos v$, $y = b\sin u \sin v$, $z = c\cos u$, $0 \leq u \leq \pi$, $0 \leq v \leq 2\pi$, représentent un ellipsoïde.

b) Utilisez les équations paramétriques de la partie a) pour représenter l'ellipsoïde lorsque $a = 1$, $b = 2$, $c = 3$.

c) Trouvez, sans l'évaluer, une intégrale double permettant de calculer l'aire de l'ellipsoïde de la partie b).

60. a) Montrez que les équations paramétriques
$$x = a\cosh u \cos v, \quad y = b\cosh u \sin v, \quad z = c\sinh u,$$
représentent un hyperboloïde à une nappe.

b) À l'aide des équations paramétriques de la partie a), représentez graphiquement l'hyperboloïde pour $a = 1$, $b = 2$, $c = 3$.

c) Trouvez, sans l'évaluer, une intégrale double permettant de calculer l'aire de la portion de l'hyperboloïde de la partie b) comprise entre les plans $z = -3$ et $z = 3$.

61. Calculez l'aire de la partie de la sphère $x^2 + y^2 + z^2 = 4z$ située au-dessus du paraboloïde $z = x^2 + y^2$.

62. La figure montre la surface obtenue lorsque le cylindre $y^2 + z^2 = 1$ coupe le cylindre $x^2 + z^2 = 1$. Calculez l'aire de cette surface.

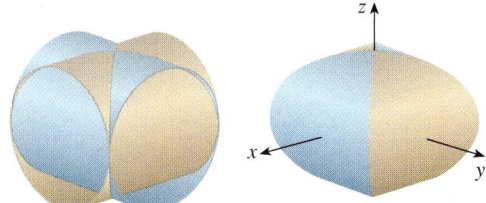

63. Trouvez l'aire de la partie de la sphère $x^2 + y^2 + z^2 = a^2$ située à l'intérieur du cylindre $x^2 + y^2 = ax$.

64. a) Trouvez une représentation paramétrique du tore obtenu par rotation autour de l'axe des z d'un cercle dans le plan xz de centre $(b, 0, 0)$ et de rayon $a < b$. (*Suggestion:* Prenez comme paramètres les angles θ et α montrés sur la figure.)

b) Représentez graphiquement le tore à l'aide des équations paramétriques trouvées à la partie a), pour plusieurs valeurs de a et de b.

c) Servez-vous des équations paramétriques de la partie a) pour trouver l'aire du tore.

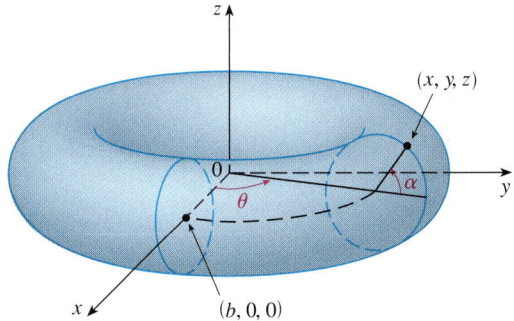

10.2 LES INTÉGRALES DE SURFACE

La relation entre les intégrales de surface et l'aire d'une surface ressemble beaucoup à la relation entre les intégrales curvilignes et l'abscisse curviligne. On suppose que f est une fonction de trois variables dont le domaine contient une surface S. On définit l'intégrale de surface de f sur S de telle façon que, lorsque $f(x, y, z) = 1$, la valeur de l'intégrale de surface soit égale à l'aire de S. On commence avec des surfaces paramétrées, puis on traite le cas particulier où S est le graphe d'une fonction de deux variables.

LES SURFACES PARAMÉTRÉES

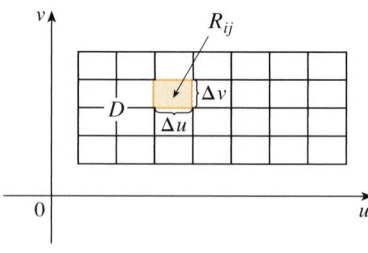

On considère une surface S paramétrée par

$$\vec{r}(u,v) = x(u,v)\vec{i} + y(u,v)\vec{j} + z(u,v)\vec{k} \quad (u,v) \in D.$$

On suppose d'abord que le domaine D des paramètres est un rectangle, qu'on subdivise en sous-rectangles R_{ij} de dimensions Δu et Δv. La surface S est alors subdivisée en éléments de surface correspondants S_{ij} (voir la figure 1). On calcule f en un point P_{ij}^* de chaque élément de surface, on multiplie cette valeur par l'aire ΔS_{ij} de l'élément de surface, puis on construit la somme de Riemann

$$\sum_{i=1}^{m} \sum_{j=1}^{n} f(P_{ij}^*) \Delta S_{ij}.$$

Enfin, on prend la limite lorsque le nombre d'éléments de surface croît et on définit **l'intégrale de surface de f sur S** par

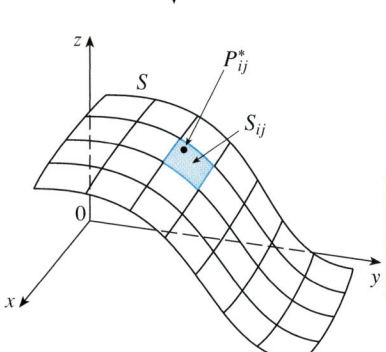

FIGURE 1

$$\boxed{1 \quad \iint_S f(x,y,z)\,dS = \lim_{m,n \to \infty} \sum_{i=1}^{m} \sum_{j=1}^{n} f(P_{ij}^*) \Delta S_{ij}.}$$

Il convient de noter l'analogie avec la définition d'une intégrale curviligne (définition 2 de la section 9.2) et avec celle d'une intégrale double (définition 5 de la section 6.1).

Pour calculer l'intégrale de surface de l'équation 1, on approxime l'aire de l'élément de surface ΔS_{ij} par l'aire d'un parallélogramme situé dans le plan tangent. Lors de l'étude de l'aire d'une surface à la section 10.1, on a fait l'approximation

$$\Delta S_{ij} \approx \|\vec{r}_u \times \vec{r}_v\| \Delta u\, \Delta v,$$

où
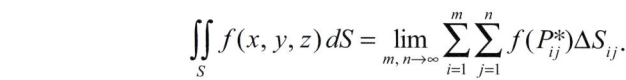
$$\vec{r}_u = \frac{\partial x}{\partial u}\vec{i} + \frac{\partial y}{\partial u}\vec{j} + \frac{\partial z}{\partial u}\vec{k} \quad \vec{r}_v = \frac{\partial x}{\partial v}\vec{i} + \frac{\partial y}{\partial v}\vec{j} + \frac{\partial z}{\partial v}\vec{k}$$

sont les vecteurs tangents en un sommet de S_{ij}. Si les composantes sont continues et si $\vec{r}_u$ et $\vec{r}_v$ sont non nuls et non parallèles en tout point de D, on peut déduire de la définition 1, même lorsque D n'est pas un rectangle, que

On suppose que la surface n'est couverte qu'une seule fois lorsque (u,v) balaie D. On peut démontrer que la valeur de l'intégrale de surface est indépendante de la paramétrisation utilisée.

$$\boxed{2 \quad \iint_S f(x,y,z)\,dS = \iint_D f(\vec{r}(u,v))\|\vec{r}_u \times \vec{r}_v\|\,dA.}$$

La forme de cette intégrale est semblable à celle de la formule de calcul d'une intégrale curviligne :

$$\int_C f(x,y,z)\,ds = \int_a^b f(\vec{r}(t))\|\vec{r}'(t)\|\,dt.$$

On remarque aussi que

$$\iint_S 1\,dS = \iint_D \|\vec{r}_u \times \vec{r}_v\|\,dA = A(S).$$

La formule 2 permet de calculer une intégrale de surface en la convertissant en une intégrale double sur le domaine D des paramètres. Quand on utilise cette formule, il faut se rappeler qu'on calcule $f(\vec{r}(u,v))$ en posant $x = x(u,v)$, $y = y(u,v)$ et $z = z(u,v)$ dans la formule de $f(x,y,z)$.

EXEMPLE 1 Calculons l'intégrale de surface $\iint_S x^2 \, dS$, où S est la sphère unité $x^2 + y^2 + z^2 = 1$.

SOLUTION Comme dans l'exemple 4 de la section 10.1, on utilise la représentation paramétrique

$$x = \sin\phi\cos\theta \quad y = \sin\phi\sin\theta \quad z = \cos\phi \quad 0 \leq \phi \leq \pi \quad 0 \leq \theta \leq 2\pi$$

ou, sous forme vectorielle, $\vec{r}(\phi, \theta) = \sin\phi\cos\theta\,\vec{i} + \sin\phi\sin\theta\,\vec{j} + \cos\phi\,\vec{k}$.

Comme on l'a déjà fait, on peut calculer

$$\|\vec{r}_\phi \times \vec{r}_\theta\| = \sin\phi.$$

Selon la formule 2, on a

$$\iint_S x^2 \, dS = \iint_D (\sin\phi\cos\theta)^2 \|\vec{r}_\phi \times \vec{r}_\theta\| \, dA$$

$$= \int_0^{2\pi} \int_0^\pi \sin^2\phi\cos^2\theta \sin\phi \, d\phi \, d\theta = \int_0^{2\pi} \cos^2\theta \, d\theta \int_0^\pi \sin^3\phi \, d\phi$$

$$= \int_0^{2\pi} \tfrac{1}{2}(1 + \cos 2\theta) d\theta \int_0^\pi (\sin\phi - \sin\phi\cos^2\phi) \, d\phi$$

$$= \tfrac{1}{2}\bigl[\theta + \tfrac{1}{2}\sin 2\theta\bigr]_0^{2\pi} \bigl[-\cos\phi + \tfrac{1}{3}\cos^3\phi\bigr]_0^\pi = \frac{4\pi}{3}.$$

> Ici, on utilise les identités
> $\cos^2\theta = \tfrac{1}{2}(1 + \cos 2\theta)$
> $\sin^2\phi = 1 - \cos^2\phi.$
> On aurait pu aussi utiliser les formules 64 et 67 de la table d'intégrales.

Les intégrales de surface ont des applications semblables à celles des intégrales déjà considérées. Ainsi, si une plaque mince (une feuille d'aluminium, par exemple) a la forme d'une surface S et si la densité (masse par unité d'aire) au point (x, y, z) est $\rho(x, y, z)$, alors la **masse** totale de la plaque est

$$m = \iint_S \rho(x, y, z) \, dS$$

et son **centre de masse** est $(\bar{x}, \bar{y}, \bar{z})$, où

$$\bar{x} = \frac{1}{m}\iint_S x\rho(x, y, z) \, dS \quad \bar{y} = \frac{1}{m}\iint_S y\rho(x, y, z) \, dS \quad \bar{z} = \frac{1}{m}\iint_S z\rho(x, y, z) \, dS.$$

Les moments d'inertie se définissent comme on l'a déjà vu (voir l'exercice 41).

LES GRAPHES DE FONCTIONS DE DEUX VARIABLES

On peut considérer toute surface S d'équation $z = g(x, y)$ comme une surface d'équations paramétriques

$$x = x \quad y = y \quad z = g(x, y).$$

Dans ce cas, on a

$$\vec{r}_x = \vec{i} + \left(\frac{\partial g}{\partial x}\right)\vec{k} \quad \vec{r}_y = \vec{j} + \left(\frac{\partial g}{\partial y}\right)\vec{k},$$

d'où

3

$$\vec{r}_x \times \vec{r}_y = -\frac{\partial g}{\partial x}\vec{i} - \frac{\partial g}{\partial y}\vec{j} + \vec{k}$$

et

$$\|\vec{r}_x \times \vec{r}_y\| = \sqrt{\left(\frac{\partial z}{\partial x}\right)^2 + \left(\frac{\partial z}{\partial y}\right)^2 + 1}.$$

Par conséquent, la formule 2 devient

$$\boxed{4 \quad \iint_S f(x,y,z)\,dS = \iint_D f(x,y,g(x,y))\sqrt{\left(\frac{\partial z}{\partial x}\right)^2 + \left(\frac{\partial z}{\partial y}\right)^2 + 1}\,dA.}$$

On utilise des formules semblables lorsqu'il est plus pratique de projeter S sur le plan yz ou sur le plan xz. Ainsi, si S est une surface d'équation $y = h(x, z)$ et que D est sa projection sur le plan xz, alors

$$\iint_S f(x,y,z)\,dS = \iint_D f(x, h(x,z), z)\sqrt{\left(\frac{\partial y}{\partial x}\right)^2 + \left(\frac{\partial y}{\partial z}\right)^2 + 1}\,dA.$$

EXEMPLE 2 Calculons $\iint_S y\,dS$, où S est la surface $z = x + y^2$, $0 \leq x \leq 1$, $0 \leq y \leq 2$ (voir la figure 2).

SOLUTION On a

$$\frac{\partial z}{\partial x} = 1 \quad \text{et} \quad \frac{\partial z}{\partial y} = 2y.$$

Selon la formule 4, on a

$$\iint_S y\,dS = \iint_D y\sqrt{1 + \left(\frac{\partial z}{\partial x}\right)^2 + \left(\frac{\partial z}{\partial y}\right)^2}\,dA$$

$$= \int_0^1 \int_0^2 y\sqrt{1 + 1 + 4y^2}\,dy\,dx$$

$$= \int_0^1 dx\,\sqrt{2}\int_0^2 y\sqrt{1 + 2y^2}\,dy$$

$$= \sqrt{2}\left(\frac{1}{4}\right)\frac{2}{3}(1 + 2y^2)^{3/2}\Big]_0^2 = \frac{13\sqrt{2}}{3}.$$

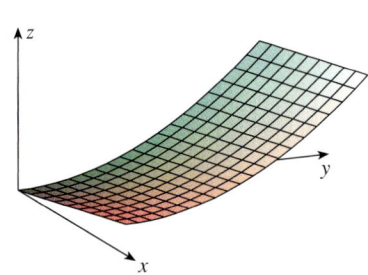

FIGURE 2

Si S est une surface lisse par morceaux, autrement dit si elle est une union finie de surfaces lisses $S_1, S_2, \ldots, S_n$ qui se coupent seulement le long de leurs frontières, alors, par définition, l'intégrale de surface de f sur S est

$$\iint_S f(x,y,z)\,dS = \iint_{S_1} f(x,y,z)\,dS + \iint_{S_2} f(x,y,z)\,dS + \cdots + \iint_{S_n} f(x,y,z)\,dS.$$

EXEMPLE 3 Calculons $\iint_S z\,dS$, où S est la surface dont le côté est formé par le cylindre S_1 d'équation $x^2 + y^2 = 1$, dont la face inférieure S_2 est le disque $x^2 + y^2 \leq 1$ dans le plan $z = 0$ et dont la face supérieure S_3 est la partie du plan $z = 1 + x$ située au-dessus de S_2.

SOLUTION La figure 3 montre la surface S. (La position habituelle des axes a été modifiée afin de donner une meilleure vue de S.) Pour S_1, on prend θ et z comme paramètres (voir l'exemple 5 de la section 10.1) et on écrit ses équations paramétriques

$$x = \cos\theta \quad y = \sin\theta \quad z = z$$

avec

$$0 \leq \theta \leq 2\pi \text{ et } 0 \leq z \leq 1 + x = 1 + \cos\theta.$$

On a donc

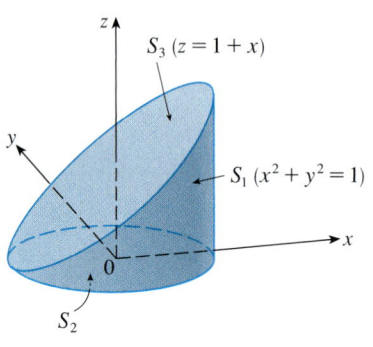

FIGURE 3

$$\vec{r}_\theta \times \vec{r}_z = \begin{vmatrix} \vec{i} & \vec{j} & \vec{k} \\ -\sin\theta & \cos\theta & 0 \\ 0 & 0 & 1 \end{vmatrix} = \cos\theta\,\vec{i} + \sin\theta\,\vec{j}$$

et
$$\|\vec{r}_\theta \times \vec{r}_z\| = \sqrt{\cos^2\theta + \sin^2\theta} = 1.$$

L'intégrale de surface sur S_1 est

$$\iint_{S_1} z\, dS = \iint_D z\, \|\vec{r}_\theta \times \vec{r}_z\|\, dA$$
$$= \int_0^{2\pi} \int_0^{1+\cos\theta} z\, dz\, d\theta = \int_0^{2\pi} \frac{1}{2}(1+\cos\theta)^2\, d\theta$$
$$= \frac{1}{2} \int_0^{2\pi} \left[1 + 2\cos\theta + \frac{1}{2}(1+\cos 2\theta)\right] d\theta$$
$$= \frac{1}{2} \left[\frac{3}{2}\theta + 2\sin\theta + \frac{1}{4}\sin 2\theta\right]_0^{2\pi} = \frac{3\pi}{2}.$$

La surface S_2 est contenue dans le plan $z = 0$, donc

$$\iint_{S_2} z\, dS = \iint_{S_2} 0\, dS = 0.$$

La face supérieure S_3 est au-dessus du disque unité D et fait partie du plan $z = 1 + x$. En posant $g(x, y) = 1 + x$ dans la formule 4 et en passant aux coordonnées polaires, on obtient

$$\iint_{S_3} z\, dS = \iint_D (1+x)\sqrt{1 + \left(\frac{\partial z}{\partial x}\right)^2 + \left(\frac{\partial z}{\partial y}\right)^2}\, dA$$
$$= \int_0^{2\pi} \int_0^1 (1 + r\cos\theta)\sqrt{1+1+0}\, r\, dr\, d\theta$$
$$= \sqrt{2} \int_0^{2\pi} \int_0^1 (r + r^2\cos\theta)\, dr\, d\theta$$
$$= \sqrt{2} \int_0^{2\pi} \left(\frac{1}{2} + \frac{1}{3}\cos\theta\right) d\theta$$
$$= \sqrt{2} \left[\frac{\theta}{2} + \frac{\sin\theta}{3}\right]_0^{2\pi} = \sqrt{2}\pi.$$

Par conséquent,

$$\iint_S z\, dS = \iint_{S_1} z\, dS + \iint_{S_2} z\, dS + \iint_{S_3} z\, dS$$
$$= \frac{3\pi}{2} + 0 + \sqrt{2}\pi = \left(\frac{3}{2} + \sqrt{2}\right)\pi.$$

LES SURFACES ORIENTÉES

Pour définir l'intégrale de surface d'un champ vectoriel, on doit exclure les surfaces non orientables comme le ruban de Möbius (ainsi appelé en hommage au géomètre allemand August Möbius (1790-1868)) représenté à la figure 4. On construit un tel ruban en prenant une longue bande rectangulaire de papier, en la tordant d'un demi-tour et en attachant ses extrémités, comme à la figure 5 (voir la page suivante). Une fourmi qui marcherait le long d'un ruban de Möbius à partir d'un point P arriverait de l'« autre côté » du ruban (autrement dit, sa tête pointerait dans la direction opposée). Si elle continuait ensuite à marcher dans la même direction, elle reviendrait au même point P sans avoir franchi un bord. (Si vous avez construit un ruban de Möbius, essayez de tracer un trait en son milieu.) Un ruban de Möbius n'a donc qu'un seul côté. Vous pouvez tracer un ruban de Möbius à l'aide d'un ordinateur en utilisant les équations paramétriques de l'exercice 32 de la section 10.1.

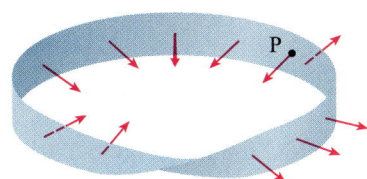

FIGURE 4
Un ruban de Möbius.

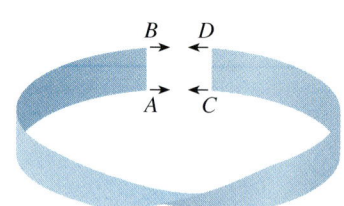

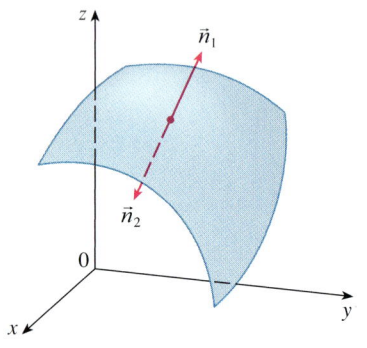

FIGURE 5
La construction d'un ruban de Möbius.

FIGURE 6

À partir de maintenant, on ne considère que les surfaces orientables (à deux côtés). On commence avec une surface S qui possède un plan tangent en chaque point (x, y, z) sur S (sauf peut-être sur sa frontière). Pour de telles surfaces, il existe deux vecteurs normaux unitaires $\vec{n}_1$ et $\vec{n}_2 = -\vec{n}_1$ en (x, y, z) (voir la figure 6).

Si on peut choisir un vecteur normal unitaire $\vec{n}$ en chaque point (x, y, z) de façon que $\vec{n}$ varie continûment sur S, alors S est appelée **surface orientable**, et un choix de $\vec{n}$ assigne une **orientation** à S. Une fois l'orientation choisie, on dit que S est une **surface orientée**. Toute surface orientable admet donc deux orientations possibles (voir la figure 7).

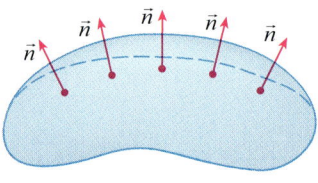 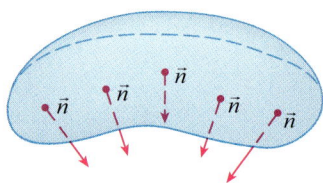

FIGURE 7
Les deux orientations d'une surface orientable.

Pour une surface $z = g(x, y)$, on utilise l'équation 3 afin d'associer à la surface l'orientation naturelle donnée par le vecteur normal unitaire

$$\boxed{5} \quad \vec{n} = \frac{-\dfrac{\partial g}{\partial x}\vec{i} - \dfrac{\partial g}{\partial y}\vec{j} + \vec{k}}{\sqrt{1 + \left(\dfrac{\partial g}{\partial x}\right)^2 + \left(\dfrac{\partial g}{\partial y}\right)^2}}.$$

La composante $\vec{k}$ étant positive, l'orientation de la surface, dans ce cas particulier, est vers le haut.

Si S est une surface orientable lisse donnée sous forme paramétrique par une fonction vectorielle $\vec{r}(u, v)$, alors une orientation est donnée par le vecteur normal unitaire

$$\boxed{6} \quad \vec{n} = \frac{\vec{r}_u \times \vec{r}_v}{\|\vec{r}_u \times \vec{r}_v\|}$$

et l'orientation contraire est donnée par $-\vec{n}$. Ainsi, à l'exemple 4 de la section 10.1, on a trouvé la représentation paramétrique

$$\vec{r}(\phi, \theta) = a\sin\phi\cos\theta\,\vec{i} + a\sin\phi\sin\theta\,\vec{j} + a\cos\phi\,\vec{k}$$

de la sphère $x^2 + y^2 + z^2 = a^2$ et à l'exemple 10 de la section 10.1, on a trouvé le vecteur normal

$$\vec{r}_\phi \times \vec{r}_\theta = a^2\sin^2\phi\cos\theta\,\vec{i} + a^2\sin^2\phi\sin\theta\,\vec{j} + a^2\sin\phi\cos\phi\,\vec{k}$$

et
$$\|\vec{r}_\phi \times \vec{r}_\theta\| = a^2 \sin\phi.$$

L'orientation induite par $\vec{r}(\phi, \theta)$ est définie par le vecteur normal unitaire

$$\vec{n} = \frac{\vec{r}_\phi \times \vec{r}_\theta}{\|\vec{r}_\phi \times \vec{r}_\theta\|} = \sin\phi\cos\theta\vec{i} + \sin\phi\sin\theta\vec{j} + \cos\phi\vec{k} = \frac{1}{a}\vec{r}(\phi,\theta).$$

On constate que $\vec{n}$ pointe dans la même direction que le vecteur position, c'est-à-dire vers l'extérieur de la sphère (voir la figure 8). On obtient l'orientation contraire (vers l'intérieur, comme à la figure 9) en inversant l'ordre des paramètres, car $\vec{r}_\theta \times \vec{r}_\phi = -\vec{r}_\phi \times \vec{r}_\theta$.

Dans le cas d'une **surface fermée**, c'est-à-dire une surface qui est la frontière d'une région solide E, par convention, l'**orientation** est **positive** si les vecteurs normaux pointent vers l'extérieur de E, et elle est **négative** lorsque les vecteurs normaux pointent vers l'intérieur (voir les figures 8 et 9).

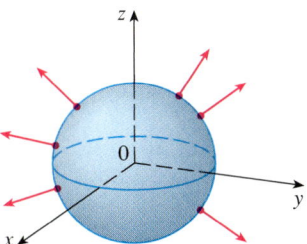

FIGURE 8
L'orientation positive.

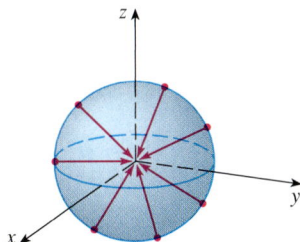

FIGURE 9
L'orientation négative.

LES INTÉGRALES DE SURFACE DE CHAMPS VECTORIELS

On suppose que S est une surface orientée par un vecteur normal unitaire $\vec{n}$, et on imagine qu'un fluide de densité $\rho(x, y, z)$ dont le champ de vitesses est $\vec{v}(x, y, z)$ s'écoule à travers S. (On considère S comme une surface imaginaire qui n'empêche pas le fluide de s'écouler, comme le courant à travers un filet de pêche.) Le flux (masse par unité de temps) par unité d'aire est $\rho\vec{v}$. Si on subdivise S en petits éléments de surface S_{ij}, comme à la figure 10 (comparez avec la figure 1), chaque élément S_{ij} est presque plan et on peut donc approximer la masse de fluide traversant S_{ij} dans la direction du vecteur normal $\vec{n}$ par unité de temps par la quantité

$$(\rho\vec{v} \cdot \vec{n})A(S_{ij}),$$

où ρ, $\vec{v}$ et $\vec{n}$ sont calculés en un certain point sur S_{ij}. (On se souvient que la composante du vecteur $\rho\vec{v}$ dans la direction du vecteur unitaire $\vec{n}$ est $\rho\vec{v} \cdot \vec{n}$.) La sommation de ces quantités et le passage à la limite donne, selon la définition 1, l'intégrale de surface de la fonction $\rho\vec{v} \cdot \vec{n}$ sur S :

7
$$\iint_S \rho\vec{v} \cdot \vec{n}\, dS = \iint_S \rho(x,y,z)\vec{v}(x,y,z) \cdot \vec{n}(x,y,z)\, dS$$

et cette intégrale est interprétée comme le flux du fluide à travers S.

Si on pose $\vec{F} = \rho\vec{v}$, alors $\vec{F}$ est un champ vectoriel sur $\mathbb{R}^3$, et l'intégrale de l'équation 7 devient

$$\iint_S \vec{F} \cdot \vec{n}\, dS.$$

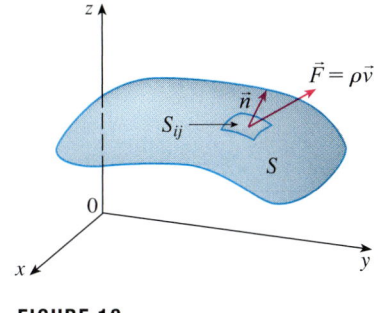

FIGURE 10

Ce type d'intégrale survient souvent en physique, même lorsque $\vec{F}$ n'est pas égal à $\rho\vec{v}$. Elle est appelée « intégrale de surface de $\vec{F}$ sur S » ou « flux de $\vec{F}$ à travers S ».

> **8 DÉFINITION**
>
> Si $\vec{F}$ est un champ vectoriel continu défini sur une surface S orientée par un vecteur normal unitaire $\vec{n}$, alors l'**intégrale de surface de $\vec{F}$ sur S** est
>
> $$\iint_S \vec{F} \cdot d\vec{S} = \iint_S \vec{F} \cdot \vec{n}\, dS.$$
>
> On appelle aussi cette intégrale **flux de $\vec{F}$ à travers S**.

La définition 8 énonce que l'intégrale de surface d'un champ vectoriel sur S est égale à l'intégrale de surface (comme on l'a définie à l'équation 2) de sa composante normale sur S.

Si S est paramétrée par une fonction vectorielle $\vec{r}(u, v)$, alors $\vec{n}$ est donné par l'équation 6, et on a, selon la définition 8 et l'équation 2,

$$\iint_S \vec{F} \cdot d\vec{S} = \iint_S \vec{F} \cdot \frac{\vec{r}_u \times \vec{r}_v}{\|\vec{r}_u \times \vec{r}_v\|} dS$$

$$= \iint_D \left[\vec{F}(\vec{r}(u,v)) \cdot \frac{\vec{r}_u \times \vec{r}_v}{\|\vec{r}_u \times \vec{r}_v\|} \right] \|\vec{r}_u \times \vec{r}_v\|\, dA = \iint_D \vec{F}(\vec{r}(u,v)) \cdot (\vec{r}_u \times \vec{r}_v)\, dA,$$

On peut comparer l'équation 9 à l'expression correspondante pour le calcul des intégrales curvilignes de champs vectoriels dans la définition 13 de la section 9.2 :

$$\int_C \vec{F} \cdot d\vec{r} = \int_a^b \vec{F}(\vec{r}(t)) \cdot \vec{r}\,'(t)\, dt$$

où D est le domaine des paramètres. Par conséquent,

> **9**
>
> $$\iint_S \vec{F} \cdot d\vec{S} = \iint_D \vec{F} \cdot (\vec{r}_u \times \vec{r}_v)\, dA.$$

EXEMPLE 4 Calculons le flux du champ vectoriel $\vec{F}(x, y, z) = z\vec{i} + y\vec{j} + x\vec{k}$ à travers la sphère unité $x^2 + y^2 + z^2 = 1$.

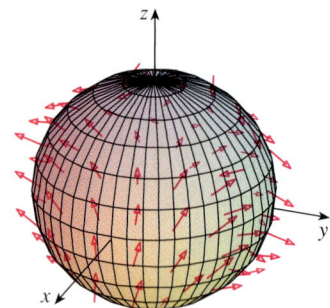

La figure 11 montre le champ vectoriel $\vec{F}$ de l'exemple 4 en certains points sur la sphère unité.

FIGURE 11

SOLUTION La représentation paramétrique de la sphère est

$$\vec{r}(\phi, \theta) = \sin\phi\cos\theta\, \vec{i} + \sin\phi\sin\theta\, \vec{j} + \cos\phi\, \vec{k} \quad 0 \leq \phi \leq \pi \quad 0 \leq \theta \leq 2\pi$$

d'où

$$\vec{F}(\vec{r}(\phi, \theta)) = \cos\phi\, \vec{i} + \sin\phi\sin\theta\, \vec{j} + \sin\phi\cos\theta\, \vec{k}.$$

Selon l'exemple 10 de la section 10.1,
$$\vec{r}_\phi \times \vec{r}_\theta = \sin^2\phi\cos\theta\vec{i} + \sin^2\phi\sin\theta\vec{j} + \sin\phi\cos\phi\vec{k}.$$

Par conséquent,
$$\vec{F}(\vec{r}(\phi,\theta)) \cdot (\vec{r}_\phi \times \vec{r}_\theta) = \cos\phi\sin^2\phi\cos\theta + \sin^3\phi\sin^2\theta + \sin^2\phi\cos\phi\cos\theta$$

et, selon la formule 9, le flux est
$$\iint_S \vec{F} \cdot d\vec{S} = \iint_D \vec{F} \cdot (\vec{r}_\phi \times \vec{r}_\theta)\,dA$$
$$= \int_0^{2\pi}\int_0^\pi \left(2\sin^2\phi\cos\phi\cos\theta + \sin^3\phi\sin^2\theta\right) d\phi\,d\theta$$
$$= 2\int_0^\pi \sin^2\phi\cos\phi\,d\phi \int_0^{2\pi}\cos\theta\,d\theta + \int_0^\pi \sin^3\phi\,d\phi \int_0^{2\pi}\sin^2\theta\,d\theta$$
$$= 0 + \int_0^\pi \sin^3\phi\,d\phi \int_0^{2\pi}\sin^2\theta\,d\theta \quad \left(\text{car } \int_0^{2\pi}\cos\theta\,d\theta = 0\right)$$
$$= \frac{4\pi}{3}$$

avec le même calcul que dans l'exemple 1.

Si le champ vectoriel de l'exemple 4 est un champ de vitesses décrivant l'écoulement d'un fluide de densité 1, alors le résultat, $4\pi/3$, représente le taux d'écoulement à travers la sphère en unités de masse par unité de temps.

Lorsque la surface S est un graphe $z = g(x, y)$, on peut considérer x et y comme des paramètres. Selon l'équation 3, si $\vec{F} = P\vec{i} + Q\vec{j} + R\vec{k}$ alors
$$\vec{F} \cdot (\vec{r}_x \times \vec{r}_y) = (P\vec{i} + Q\vec{j} + R\vec{k}) \cdot \left(-\frac{\partial g}{\partial x}\vec{i} - \frac{\partial g}{\partial y}\vec{j} + \vec{k}\right),$$

et la formule 9 devient

10
$$\iint_S \vec{F} \cdot d\vec{S} = \iint_D \left(-P\frac{\partial g}{\partial x} - Q\frac{\partial g}{\partial y} + R\right) dA.$$

Cette formule convient lorsque S est orientée vers le haut ; si S est orientée vers le bas, on multiplie l'intégrale par -1. On obtient des formules analogues lorsque S est donnée par $y = h(x, z)$ ou $x = k(y, z)$ (voir les exercices 37 et 38).

EXEMPLE 5 Calculons $\iint_S \vec{F} \cdot d\vec{S}$, où $\vec{F}(x, y, z) = y\vec{i} + x\vec{j} + z\vec{k}$ et S est la frontière de la région solide E bornée par le paraboloïde $z = 1 - x^2 - y^2$ et le plan $z = 0$.

SOLUTION S est constituée d'une face supérieure parabolique S_1 et d'une face inférieure circulaire S_2 (voir la figure 12). Comme S est une surface fermée, son orientation positive est, par convention, vers l'extérieur. La surface S_1 est donc orientée vers le haut, et on peut utiliser l'équation 10, D est la projection de S_1 sur le plan xy, soit le disque $x^2 + y^2 \leq 1$. Or

$$P(x, y, z) = y \quad Q(x, y, z) = x \quad R(x, y, z) = z = 1 - x^2 - y^2$$

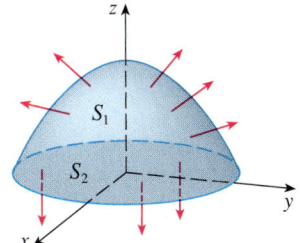

FIGURE 12

sur S_1 et
$$\frac{\partial g}{\partial x} = -2x \qquad \frac{\partial g}{\partial y} = -2y.$$

On a
$$\iint_{S_1} \vec{F} \cdot d\vec{S} = \iint_D \left(-P\frac{\partial g}{\partial x} - Q\frac{\partial g}{\partial y} + R\right) dA$$
$$= \iint_D \left[-y(-2x) - x(-2y) + 1 - x^2 - y^2\right] dA$$
$$= \iint_D (1 + 4xy - x^2 - y^2) dA$$
$$= \int_0^{2\pi} \int_0^1 (1 + 4r^2 \cos\theta \sin\theta - r^2) r \, dr \, d\theta$$
$$= \int_0^{2\pi} \int_0^1 (r - r^3 + 4r^3 \cos\theta \sin\theta) dr \, d\theta$$
$$= \int_0^{2\pi} \left(\frac{1}{4} + \cos\theta \sin\theta\right) d\theta = \frac{1}{4}(2\pi) + 0 = \frac{\pi}{2}.$$

Le disque S_2 est orienté vers le bas et, par conséquent, son vecteur normal unitaire est $\vec{n} = -\vec{k}$ et on a
$$\iint_{S_2} \vec{F} \cdot d\vec{S} = \iint_{S_2} \vec{F} \cdot (\vec{k}) dS - \iint_D (-z) dA = \iint_D 0 \, dA = 0$$

puisque $z = 0$ sur S_2. Finalement, on calcule $\iint_S \vec{F} \cdot d\vec{S}$ qui est, par définition, la somme des intégrales de surface de $\vec{F}$ sur les morceaux S_1 et S_2 :

$$\iint_S \vec{F} \cdot d\vec{S} = \iint_{S_1} \vec{F} \cdot d\vec{S} + \iint_{S_2} \vec{F} \cdot d\vec{S} = \frac{\pi}{2} + 0 = \frac{\pi}{2}.$$

La notion d'intégrale de surface d'un champ vectoriel a été introduite à l'aide de l'exemple d'écoulement d'un fluide, mais on retrouve aussi cette notion dans d'autres contextes physiques. Ainsi, si $\vec{E}$ est un champ électrique (voir l'exemple 5 de la section 9.1), alors l'intégrale de surface

$$\iint_S \vec{E} \cdot d\vec{S}$$

est appelée **flux électrique** de $\vec{E}$ à travers la surface S. Selon la **loi de Gauss**, une des importantes lois de l'électrostatique, la charge nette à l'intérieur d'une surface fermée S est

11
$$Q = \varepsilon_0 \iint_S \vec{E} \cdot d\vec{S},$$

où ε_0 est une constante (appelée « permittivité du vide ») qui dépend des unités utilisées. (Dans le SI, $\varepsilon_0 \approx 8{,}8542 \times 10^{-12}$ C^2/N·m^2.) Si le champ vectoriel $\vec{F}$ de l'exemple 4 représente un champ électrique, on peut conclure que la charge à l'intérieur de S est $Q = 4\pi\varepsilon_0/3$.

On trouve une autre application des intégrales de surface dans l'étude de l'écoulement thermique. On suppose que la température en un point (x, y, z) dans un corps est $T(x, y, z)$. Alors, par définition, l'**écoulement thermique** est le champ vectoriel

$$\vec{F} = -K\nabla T,$$

où K est une constante expérimentale appelée **conductivité** de la substance. Le flux thermique à travers une surface S contenue dans le corps est donné par l'intégrale de surface

$$\iint_S \vec{F} \cdot d\vec{S} = -K \iint_S \nabla T \cdot d\vec{S}.$$

EXEMPLE 6 La température T dans une boule de métal est proportionnelle au carré de la distance au centre de la boule. Calculons le flux thermique à travers une sphère S de rayon a et centrée au centre de la boule.

SOLUTION On prend comme origine le centre de la boule. On a alors

$$T(x, y, z) = C(x^2 + y^2 + z^2),$$

où C est la constante de proportionnalité. L'écoulement thermique est

$$\vec{F}(x, y, z) = -K\nabla T = -KC(2x\vec{i} + 2y\vec{j} + 2z\vec{k}),$$

où K est la conductivité du métal. Ici, on n'utilise pas la paramétrisation habituelle de la sphère comme à l'exemple 4, mais on remarque plutôt que le vecteur normal unitaire vers l'extérieur de la sphère $x^2 + y^2 + z^2 = a^2$ au point (x, y, z) est

$$\vec{n} = \frac{1}{a}(x\vec{i} + y\vec{j} + z\vec{k}).$$

On a donc

$$\vec{F} \cdot \vec{n} = -\frac{2KC}{a}(x^2 + y^2 + z^2).$$

Toutefois, sur S, on a $x^2 + y^2 + z^2 = a^2$ donc $\vec{F} \cdot \vec{n} = -2aKC$. Par conséquent, le flux thermique à travers S est

$$\iint_S \vec{F} \cdot d\vec{S} = \iint_S \vec{F} \cdot \vec{n}\, dS = -2aKC \iint_S dS$$

$$= -2aKC A(S) = -2aKC(4\pi a^2) = -8KC\pi a^3.$$

Exercices 10.2

1. Soit S la surface d'une boîte bornée par les plans $x = \pm 1$, $y = \pm 1$ et $z = \pm 1$. Approximez $\iint_S \cos(x + 2y + 3z)$ en utilisant une somme de Riemann comme dans la définition 1, en prenant pour éléments de surface S_{ij} les rectangles qui sont les faces de la boîte S et pour points P_{ij}^* les centres des rectangles.

2. Soit une surface S constituée du cylindre $x^2 + y^2 = 1$, $-1 \leq z \leq 1$, ainsi que des deux disques fermant le cylindre. Supposez que f est une fonction continue telle que

   $f(\pm 1, 0, 0) = 2 \quad f(0, \pm 1, 0) = 3 \quad f(0, 0, \pm 1) = 4.$

   Approximez $\iint_S f(x, y, z)\, dS$ à l'aide d'une somme de Riemann en prenant pour éléments de surface S_{ij} quatre quarts de cylindre et les disques supérieur et inférieur du cylindre.

3. Soit l'hémisphère H:

   $$x^2 + y^2 + z^2 = 50, \quad z \geq 0.$$

   Supposez que f est une fonction continue telle que $f(3, 4, 5) = 7$, $f(3, -4, 5) = 8$, $f(-3, 4, 5) = 9$ et $f(-3, -4, 5) = 12$.

   Subdivisez H en quatre éléments de surface et approximez $\iint_H f(x, y, z)\, dS$.

4. Supposez que

   $$f(x, y, z) = g\left(\sqrt{x^2 + y^2 + z^2}\right),$$

   où g est une fonction d'une variable telle que $g(2) = -5$. Calculez $\iint_S f(x, y, z)\, dS$, où S est la sphère $x^2 + y^2 + z^2 = 4$.

5-20 Calculez l'intégrale de surface.

5. $\iint_S (x + y + z)\, dS$, S est le parallélogramme paramétré par $x = u + v$, $y = u - v$, $z = 1 + 2u + v$, $0 \leq u \leq 2$, $0 \leq v \leq 1$.

6. $\iint_S xyz\, dS$, S est le cône paramétré par $x = u\cos v$, $y = u\sin v$, $z = u$, $0 \leq u \leq 1$, $0 \leq v \leq \pi/2$.

7. $\iint_S y\, dS$, S est l'hélicoïde paramétré par $\vec{r}(u, v) = u\cos v\,\vec{i} + u\sin v\,\vec{j} + v\vec{k}$, $0 \leq u \leq 1$, $0 \leq v \leq \pi$.

8. $\iint_S (x^2 + y^2)\, dS$, S est la surface $\vec{r}(u, v) = 2uv\,\vec{i} + (u^2 - v^2)\vec{j} + (u^2 + v^2)\vec{k}$, $u^2 + v^2 \leq 1$.

9. $\iint_S x^2 yz\, dS$, S est la partie du plan $z = 1 + 2x + 3y$ au-dessus du rectangle $[0, 3] \times [0, 2]$.

10. $\iint_S xz\, dS$, S est la partie du plan $2x + 2y + z = 4$ située dans le premier octant.

11. $\iint_S x\, dS$, S est la région occupée par le triangle de sommets $(1, 0, 0)$, $(0, -2, 0)$ et $(0, 0, 4)$.

12. $\iint_S y\, dS$, S est la surface $z = \frac{2}{3}(x^{3/2} + y^{3/2})$, $0 \leq x \leq 1$, $0 \leq y \leq 1$.

13. $\iint_S z^2\, dS$, S est la partie du paraboloïde $x = y^2 + z^2$ paramétrée par $0 \leq x \leq 1$.

14. $\iint_S y^2 z^2\, dS$, S est la partie du cône $y = \sqrt{x^2 + z^2}$ paramétrée par $0 \leq y \leq 5$.

15. $\iint_S x\, dS$, S est la surface $y = x^2 + 4z$, $0 \leq x \leq 1$, $0 \leq z \leq 1$.

16. $\iint_S y^2\, dS$, S est la partie de la sphère $x^2 + y^2 + z^2 = 1$ au-dessus du cône $z = \sqrt{x^2 + y^2}$.

17. $\iint_S (x^2 z + y^2 z)\, dS$, S est l'hémisphère $x^2 + y^2 + z^2 = 4$, $z \geq 0$.

18. $\iint_S (x + y + z)\, dS$, S est la partie du demi-cylindre $x^2 + z^2 = 1$, $z \geq 0$ située entre les plans $y = 0$ et $y = 2$.

19. $\iint_S xz\, dS$, S est la frontière de la région bornée par le cylindre $y^2 + z^2 = 9$ et les plans $x = 0$ et $x + y = 5$.

20. $\iint_S (x^2 + z^2)\, dS$, S est la partie du cylindre $x^2 + y^2 = 9$ entre les plans $z = 0$ et $z = 2$, avec les disques supérieur et inférieur.

21-32 Calculez l'intégrale de surface $\iint_S \vec{F} \cdot d\vec{S}$ pour le champ vectoriel $\vec{F}$ et la surface orientée S donnés. Autrement dit, trouvez le flux de $\vec{F}$ à travers S. Pour les surfaces fermées, utilisez l'orientation positive (vers l'extérieur).

21. $\vec{F}(x, y, z) = ze^{xy}\vec{i} - 3ze^{xy}\vec{j} + xy\vec{k}$, S est le parallélogramme de l'exercice 5 orienté vers le haut.

22. $\vec{F}(x, y, z) = z\vec{i} + y\vec{j} + x\vec{k}$, S est l'hélicoïde de l'exercice 7, orienté vers le haut.

23. $\vec{F}(x, y, z) = xy\vec{i} + yz\vec{j} + zx\vec{k}$, S est la partie du paraboloïde $z = 4 - x^2 - y^2$ située au-dessus du carré $0 \leq x \leq 1$, $0 \leq y \leq 1$, et orientée vers le haut.

24. $\vec{F}(x, y, z) = -x\vec{i} - y\vec{j} + z^3\vec{k}$, S est la partie du cône $z = \sqrt{x^2 + y^2}$ entre les plans $z = 1$ et $z = 3$, orientées vers le bas.

25. $\vec{F}(x, y, z) = x\vec{i} + y\vec{j} + z^2\vec{k}$, S est la sphère de rayon 2 centrée à l'origine.

26. $\vec{F}(x, y, z) = y\vec{i} - x\vec{j} + 2z\vec{k}$, S est l'hémisphère $x^2 + y^2 + z^2 = 4$, $z \geq 0$, orienté vers le bas.

27. $\vec{F}(x, y, z) = y\vec{j} - z\vec{k}$, S est constituée du paraboloïde $y = x^2 + z^2$, $0 \leq y \leq 1$ et du disque $x^2 + z^2 \leq 1$, $y = 1$.

28. $\vec{F}(x, y, z) = yz\vec{i} + zx\vec{j} + xy\vec{k}$, S est la surface $z = x \sin y$, $0 \leq x \leq 2$, $0 \leq y \leq \pi$ orientée vers le haut.

29. $\vec{F}(x, y, z) = x\vec{i} + 2y\vec{j} + 3z\vec{k}$, S est le cube de sommets $(\pm 1, \pm 1, \pm 1)$.

30. $\vec{F}(x, y, z) = x\vec{i} + y\vec{j} + 5\vec{k}$, S est la frontière de la région bornée par le cylindre $x^2 + z^2 = 1$ et les plans $y = 0$ et $x + y = 2$.

31. $\vec{F}(x, y, z) = x^2\vec{i} + y^2\vec{j} + z^2\vec{k}$, S est la frontière du demi-cylindre solide $0 \leq z \leq \sqrt{1 - y^2}$, $0 \leq x \leq 2$.

32. $\vec{F}(x, y, z) = y\vec{i} + (z - y)\vec{j} + x\vec{k}$, S est la surface du tétraèdre de sommets $(0, 0, 0)$, $(1, 0, 0)$, $(0, 1, 0)$ et $(0, 0, 1)$.

LCS 33. Calculez $\iint_S (x^2 + y^2 + z^2)\, dS$ avec quatre décimales exactes, où S est la surface $z = xe^y$, $0 \leq x \leq 1$, $0 \leq y \leq 1$.

LCS 34. Calculez la valeur exacte de $\iint_S xyz\, dS$, où S est la surface $z = x^2 y^2$, $0 \leq x \leq 1$, $0 \leq y \leq 2$.

LCS 35. Calculez $\iint_S x^2 y^2 z^2\, dS$ avec quatre décimales exactes, où S est la partie du paraboloïde $z = 3 - 2x^2 - y^2$ située au-dessus du plan xy.

LCS 36. Calculez le flux de
$$\vec{F}(x, y, z) = \sin(xyz)\vec{i} + x^2 y\vec{j} + z^2 e^{x/5}\vec{k}$$
à travers la partie du cylindre $4y^2 + z^2 = 4$ située au-dessus du plan xy et entre les plans $x = -2$ et $x = 2$, orientée vers le haut. À l'aide d'un logiciel de calcul symbolique, tracez le cylindre et le champ vectoriel sur la même figure.

37. Trouvez une formule pour $\iint_S \vec{F} \cdot d\vec{S}$, semblable à la formule 10, pour S donnée par $y = h(x, z)$; $\vec{n}$, le vecteur normal unitaire, pointe vers la gauche.

38. Trouvez une formule pour $\iint_S \vec{F} \cdot d\vec{S}$, semblable à la formule 10, pour S donnée par $x = k(y, z)$; $\vec{n}$, le vecteur normal unitaire, pointe vers l'avant (c'est-à-dire vers l'observateur lorsque les axes sont tracés de la façon habituelle).

39. Trouvez le centre de masse de l'hémisphère $x^2 + y^2 + z^2 = a^2$, $z \geq 0$, sachant que sa densité est constante.

40. Calculez la masse d'un entonnoir mince de forme conique $z = \sqrt{x^2 + y^2}$, $1 \leq z \leq 4$, sachant que sa fonction de densité est $\rho(x, y, z) = 10 - z$.

41. a) Exprimez par une intégrale le moment d'inertie I_z par rapport à l'axe des z d'une plaque mince ayant la forme d'une surface S, sachant que la fonction de densité est ρ.
b) Trouvez le moment d'inertie par rapport à l'axe des z de l'entonnoir de l'exercice 40.

42. Soit S, la partie de la sphère $x^2 + y^2 + z^2 = 25$ située au-dessus du plan $z = 4$. Si la densité de S est une constante k, trouvez : a) le centre de masse et b) le moment d'inertie par rapport à l'axe des z.

43. Un fluide d'une densité de $870\, kg/m^3$ s'écoule à la vitesse $\vec{v} = z\vec{i} + y^2\vec{j} + x^2\vec{k}$, où x, y et z sont exprimées en mètres et les composantes de $\vec{v}$, en mètres par seconde. Calculez le flux vers l'extérieur à travers le cylindre $x^2 + y^2 = 4$, $0 \leq z \leq 1$.

44. De l'eau de mer d'une densité de $1025\, kg/m^3$ s'écoule selon un champ de vitesses $\vec{v} = y\vec{i} + x\vec{j}$, où x, y et z sont exprimées en mètres et les composantes de $\vec{v}$, en mètres par seconde. Trouvez le flux vers l'extérieur à travers l'hémisphère $x^2 + y^2 + z^2 = 9$, $z \geq 0$.

45. Utilisez la loi de Gauss pour trouver la charge contenue dans l'hémisphère solide $x^2 + y^2 + z^2 \leq a^2$, $z \geq 0$, sachant que le champ électrique est
$$\vec{E}(x, y, z) = x\vec{i} + y\vec{j} + 2z\vec{k}.$$

46. Utilisez la loi de Gauss pour trouver la charge contenue dans le cube de sommets $(\pm 1, \pm 1, \pm 1)$, sachant que le champ électrique est
$$\vec{E}(x, y, z) = x\vec{i} + y\vec{j} + z\vec{k}.$$

47. La température au point (x, y, z) d'une substance de conductivité $K = 6{,}5$ est
$$T(x, y, z) = 2y^2 + 2z^2.$$
Trouvez le flux thermique vers l'intérieur à travers la surface cylindrique $y^2 + z^2 = 6$, $0 \leq x \leq 4$.

48. La température en un point d'une boule de conductivité K est inversement proportionnelle à la distance au centre de la boule. Trouvez le flux thermique à travers une sphère S de rayon a et centrée au centre de la boule.

49. Soit $\vec{F}$ un champ inversement proportionnel au carré de la distance, c'est-à-dire que $\vec{F}(\vec{r}) = c\vec{r}/\|\vec{r}\|^3$ pour une certaine constante c, avec $\vec{r} = x\vec{i} + y\vec{j} + z\vec{k}$. Montrez que le flux de $\vec{F}$ à travers une sphère S centrée à l'origine est indépendant du rayon de S.

10.3 LE ROTATIONNEL ET LA DIVERGENCE

Dans cette section, nous étudions deux opérations sur les champs vectoriels. Celles-ci jouent un rôle fondamental dans les applications de l'analyse vectorielle à l'étude de l'écoulement des fluides, de l'électricité et du magnétisme. Ces opérations ressemblent à la différentiation, mais l'une engendre un champ vectoriel tandis que l'autre engendre un champ scalaire.

LE ROTATIONNEL

Si $\vec{F} = P\vec{i} + Q\vec{j} + R\vec{k}$ est un champ vectoriel sur $\mathbb{R}^3$ et si toutes les dérivées partielles de P, de Q et de R existent, alors le rotationnel de $\vec{F}$, noté rot $\vec{F}$, est le champ vectoriel sur $\mathbb{R}^3$ défini par

1
$$\operatorname{rot} \vec{F} = \left(\frac{\partial R}{\partial y} - \frac{\partial Q}{\partial z}\right)\vec{i} + \left(\frac{\partial P}{\partial z} - \frac{\partial R}{\partial x}\right)\vec{j} + \left(\frac{\partial Q}{\partial x} - \frac{\partial P}{\partial y}\right)\vec{k}.$$

Pour faciliter la mémorisation de l'équation 1, on la réécrit en utilisant l'opérateur différentiel vectoriel ∇ (« del » ou « nabla ») :
$$\nabla = \vec{i}\frac{\partial}{\partial x} + \vec{j}\frac{\partial}{\partial y} + \vec{k}\frac{\partial}{\partial z}.$$

Appliqué à une fonction scalaire, on se rappelle que cet opérateur donne le gradient de f :
$$\nabla f = \vec{i}\frac{\partial f}{\partial x} + \vec{j}\frac{\partial f}{\partial y} + \vec{k}\frac{\partial f}{\partial z} = \frac{\partial f}{\partial x}\vec{i} + \frac{\partial f}{\partial y}\vec{j} + \frac{\partial f}{\partial z}\vec{k}.$$

Si l'on considère ∇ comme un vecteur de composantes $\partial/\partial x$, $\partial/\partial y$ et $\partial/\partial z$, on peut aussi considérer le produit vectoriel formel de ∇ et d'un champ vectoriel $\vec{F}$:

$$\nabla \times \vec{F} = \begin{vmatrix} \vec{i} & \vec{j} & \vec{k} \\ \dfrac{\partial}{\partial x} & \dfrac{\partial}{\partial y} & \dfrac{\partial}{\partial z} \\ P & Q & R \end{vmatrix}$$
$$= \left(\frac{\partial R}{\partial y} - \frac{\partial Q}{\partial z}\right)\vec{i} + \left(\frac{\partial P}{\partial z} - \frac{\partial R}{\partial x}\right)\vec{j} + \left(\frac{\partial Q}{\partial x} - \frac{\partial P}{\partial y}\right)\vec{k}$$
$$= \operatorname{rot} \vec{F}.$$

Une façon simple de se souvenir de la définition de rot $\vec{F}$ est d'exprimer le rotationnel à l'aide de l'opérateur ∇ :

2
$$\text{rot}\,\vec{F} = \nabla \times \vec{F}.$$

La plupart des logiciels de calcul symbolique ont des commandes pour calculer le rotationnel et la divergence de champs vectoriels. Si vous disposez d'un tel logiciel, utilisez ces commandes pour vérifier les réponses des exemples et des exercices de cette section.

EXEMPLE 1 Soit $\vec{F}(x, y, z) = xz\vec{i} + xyz\vec{j} - y^2\vec{k}$. Trouvons rot $\vec{F}$.

SOLUTION L'équation 2 donne

$$\text{rot}\,\vec{F} = \nabla \times \vec{F} = \begin{vmatrix} \vec{i} & \vec{j} & \vec{k} \\ \dfrac{\partial}{\partial x} & \dfrac{\partial}{\partial y} & \dfrac{\partial}{\partial z} \\ xz & xyz & -y^2 \end{vmatrix}$$

$$= \left[\dfrac{\partial}{\partial y}(-y^2) - \dfrac{\partial}{\partial z}(xyz)\right]\vec{i} - \left[\dfrac{\partial}{\partial x}(-y^2) - \dfrac{\partial}{\partial z}(xz)\right]\vec{j} + \left[\dfrac{\partial}{\partial x}(xyz) - \dfrac{\partial}{\partial y}(xz)\right]\vec{k}$$

$$= (-2y - xy)\vec{i} - (0 - x)\vec{j} + (yz - 0)\vec{k}$$

$$= -y(2 + x)\vec{i} + x\vec{j} + yz\vec{k}.$$

On se souvient que le gradient d'une fonction f de trois variables est un champ vectoriel sur $\mathbb{R}^3$. On peut donc calculer son rotationnel. Selon le théorème suivant, le rotationnel d'un champ de gradients est nul.

3 **THÉORÈME**

Si une fonction f de trois variables possède des dérivées secondes partielles continues, alors

$$\text{rot}(\nabla f) = \vec{0}.$$

DÉMONSTRATION

On a

$$\text{rot}(\nabla f) = \nabla \times (\nabla f) = \begin{vmatrix} \vec{i} & \vec{j} & \vec{k} \\ \dfrac{\partial}{\partial x} & \dfrac{\partial}{\partial y} & \dfrac{\partial}{\partial z} \\ \dfrac{\partial f}{\partial x} & \dfrac{\partial f}{\partial y} & \dfrac{\partial f}{\partial z} \end{vmatrix}$$

$$= \left(\dfrac{\partial^2 f}{\partial y\,\partial z} - \dfrac{\partial^2 f}{\partial z\,\partial y}\right)\vec{i} + \left(\dfrac{\partial^2 f}{\partial z\,\partial x} - \dfrac{\partial^2 f}{\partial x\,\partial z}\right)\vec{j} + \left(\dfrac{\partial^2 f}{\partial x\,\partial y} - \dfrac{\partial^2 f}{\partial y\,\partial x}\right)\vec{k}$$

$$= 0\vec{i} + 0\vec{j} + 0\vec{k} = \vec{0}$$

selon le théorème de Clairaut.

Puisque $\vec{F} = \nabla f$ dans le cas d'un champ vectoriel conservatif, on peut réécrire le théorème 3 sous la forme suivante :

Comparez cette forme du théorème 3 à l'exercice 37 de la section 9.3.

Si $\vec{F}$ est conservatif, alors rot $\vec{F} = \vec{0}$.

Ce théorème fournit un critère pour montrer qu'un champ vectoriel n'est pas conservatif.

EXEMPLE 2 Montrons que le champ vectoriel $\vec{F}(x,y,z) = xz\vec{i} + xyz\vec{j} - y^2\vec{k}$ n'est pas conservatif.

SOLUTION À l'exemple 1, on a montré que

$$\operatorname{rot}\vec{F} = -y(2+x)\vec{i} + x\vec{j} + yz\vec{k}.$$

Par conséquent, $\operatorname{rot}\vec{F} \neq \vec{0}$, et donc $\vec{F}$ n'est pas conservatif, selon le théorème 3.

La réciproque du théorème 3 n'est pas vraie en général, mais selon le théorème suivant, elle est vraie si $\vec{F}$ est défini partout sur $\mathbb{R}^3$. (Plus généralement, elle est vraie si $\vec{F}$ est défini sur un domaine simplement connexe, c'est-à-dire sans « trous ».) Le théorème 4 est la version tridimensionnelle du théorème 6 de la section 9.3. Sa démonstration fait appel au théorème de Stokes et est ébauchée à la fin de la section 10.4.

4 THÉORÈME

Si $\vec{F}$ est un champ vectoriel défini sur tout $\mathbb{R}^3$ dont les fonctions composantes ont des dérivées partielles continues, et si $\operatorname{rot}\vec{F} = \vec{0}$, alors $\vec{F}$ est un champ vectoriel conservatif.

EXEMPLE 3

a) Montrons que
$$\vec{F}(x,y,z) = y^2z^3\vec{i} + 2xyz^3\vec{j} + 3xy^2z^2\vec{k}$$
est un champ vectoriel conservatif.

b) Trouvons une fonction f telle que $\vec{F} = \nabla f$.

SOLUTION

a) On calcule le rotationnel de $\vec{F}$:

$$\operatorname{rot}\vec{F} = \nabla \times \vec{F} = \begin{vmatrix} \vec{i} & \vec{j} & \vec{k} \\ \dfrac{\partial}{\partial x} & \dfrac{\partial}{\partial y} & \dfrac{\partial}{\partial z} \\ x^2z^3 & 2xyz^3 & 3xy^2z^2 \end{vmatrix}$$
$$= (6xyz^2 - 6xyz^2)\vec{i} - (3y^2z^2 - 3y^2z^2)\vec{j} + (2yz^3 - 2yz^3)\vec{k}$$
$$= \vec{0}.$$

Puisque $\operatorname{rot}\vec{F} = \vec{0}$ et que le domaine de $\vec{F}$ est $\mathbb{R}^3$, $\vec{F}$ est un champ vectoriel conservatif, selon le théorème 4.

b) On a exposé la méthode pour trouver f à la section 9.3. On a

$$f_x(x,y,z) = y^2z^3 \tag{5}$$

$$f_y(x,y,z) = 2xyz^3 \tag{6}$$

$$f_z(x,y,z) = 3xy^2z^2. \tag{7}$$

L'intégration de l'équation 5 par rapport à x donne

$$f(x,y,z) = xy^2z^3 + g(y,z). \tag{8}$$

La dérivation de l'équation 8 par rapport à y donne $f_y(x, y, z) = 2xyz^3 + g_y(y, z)$, et la comparaison avec l'équation 6 donne $g_y(y, z) = 0$. Par conséquent, $g(y, z) = h(z)$ et

$$f_z(x, y, z) = 3xy^2z^2 + h'(z)$$

La comparaison avec l'équation 7 donne $h'(z) = 0$, donc $h(z) = K$ et on obtient

$$f(x, y, z) = xy^2z^3 + K.$$

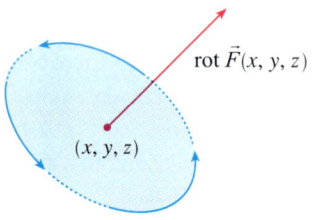

FIGURE 1

L'origine du terme **rotationnel** vient du fait que le vecteur rotationnel est associé à des rotations. Un de ces liens est expliqué à l'exercice 39 ; un autre apparaît lorsque $\vec{F}$ représente le champ de vitesses d'un fluide en mouvement (voir l'exemple 3 de la section 9.1). Les particules du fluide proches de (x, y, z) tendent à tourner autour de l'axe qui pointe dans la direction de rot $\vec{F}(x, y, z)$, et le module de ce vecteur rotationnel est une mesure de la vitesse scalaire à laquelle ces particules tournent autour de l'axe (voir la figure 1). Si rot $\vec{F} = \vec{0}$ en un point P, alors le fluide ne tourne pas en P et $\vec{F}$ est appelé **irrotationnel** en P. Autrement dit, il n'y a pas de tourbillon en P. Si rot $\vec{F} = \vec{0}$, alors une petite roue à aubes se déplace avec le fluide, mais elle ne tourne pas autour de son axe. Si rot $\vec{F} \neq \vec{0}$, la roue à aubes tourne autour de son axe. On explique ce phénomène plus en détail à la section 10.4, comme une conséquence du théorème de Stokes.

LA DIVERGENCE

Si $\vec{F} = P\vec{i} + Q\vec{j} + R\vec{k}$ est un champ vectoriel sur $\mathbb{R}^3$ et si $\partial P/\partial x$, $\partial Q/\partial y$ et $\partial R/\partial z$ existent, alors la **divergence** de $\vec{F}$ est la fonction de trois variables définie par

9
$$\text{div } \vec{F} = \frac{\partial P}{\partial x} + \frac{\partial Q}{\partial y} + \frac{\partial R}{\partial z}.$$

On a vu que rot $\vec{F}$ est un champ vectoriel, mais div $\vec{F}$ est un champ scalaire. L'opérateur gradient $\nabla = (\partial/\partial x)\vec{i} + (\partial/\partial y)\vec{j} + (\partial/\partial z)\vec{k}$ permet d'écrire symboliquement la divergence de $\vec{F}$ sous la forme du produit scalaire de ∇ et de $\vec{F}$:

10
$$\text{div } \vec{F} = \nabla \cdot \vec{F}.$$

EXEMPLE 4 Soit $\vec{F}(x, y, z) = xz\vec{i} + xyz\vec{j} - y^2\vec{k}$. Trouvons div $\vec{F}$.

SOLUTION Selon la définition de la divergence (voir l'équation 9 ou 10),

$$\text{div } \vec{F} = \nabla \cdot \vec{F} = \frac{\partial}{\partial x}(xz) + \frac{\partial}{\partial y}(xyz) + \frac{\partial}{\partial z}(-y^2) = z + xz.$$

Si $\vec{F}$ est un champ vectoriel sur $\mathbb{R}^3$, alors rot $\vec{F}$ est aussi un champ vectoriel sur $\mathbb{R}^3$ et on peut donc calculer sa divergence. Le théorème suivant démontre que le résultat est nul.

11 THÉORÈME

Si $\vec{F} = P\vec{i} + Q\vec{j} + R\vec{k}$ est un champ vectoriel sur $\mathbb{R}^3$ et si P, Q et R ont des dérivées partielles secondes continues, alors

$$\text{div rot } \vec{F} = 0.$$

DÉMONSTRATION

Les définitions de la divergence et du rotationnel permettent d'obtenir

$$\text{div rot}\,\vec{F} = \nabla \cdot (\nabla \times \vec{F})$$
$$= \frac{\partial}{\partial x}\left(\frac{\partial R}{\partial y} - \frac{\partial Q}{\partial z}\right) + \frac{\partial}{\partial y}\left(\frac{\partial P}{\partial z} - \frac{\partial R}{\partial x}\right) + \frac{\partial}{\partial z}\left(\frac{\partial Q}{\partial x} - \frac{\partial P}{\partial y}\right)$$
$$= \frac{\partial^2 R}{\partial x\,\partial y} - \frac{\partial^2 Q}{\partial x\,\partial z} + \frac{\partial^2 P}{\partial y\,\partial z} - \frac{\partial^2 R}{\partial y\,\partial x} + \frac{\partial^2 Q}{\partial z\,\partial x} - \frac{\partial^2 P}{\partial z\,\partial y}$$
$$= 0,$$

car les termes s'annulent deux à deux en vertu du théorème de Clairaut.

EXEMPLE 5 Montrez qu'on ne peut pas écrire le champ vectoriel

$$\vec{F}(x, y, z) = xz\vec{i} + xyz\vec{j} - y^2\vec{k}$$

comme le rotationnel d'un autre champ vectoriel, c'est-à-dire que $\vec{F} \neq \text{rot}\,\vec{G}$.

SOLUTION À l'exemple 4, on a montré que $\text{div}\,\vec{F} = z + xz$. Par conséquent, $\text{div}\,\vec{F} \neq 0$. Si l'égalité $\vec{F} = \text{rot}\,\vec{G}$ était vraie, alors le théorème 11 donnerait

$$\text{div}\,\vec{F} = \text{div rot}\,\vec{G} = 0$$

ce qui contredirait $\text{div}\,\vec{F} \neq 0$. Par conséquent, $\vec{F}$ n'est pas le rotationnel d'un autre champ vectoriel.

Le terme **divergence** s'explique aussi à cause du lien avec l'étude d'un fluide en mouvement. Si $\vec{F}(x, y, z)$ est la vitesse d'un fluide, alors $\text{div}\,\vec{F}(x, y, z)$ représente le taux de variation net (par rapport au temps) de la masse du fluide par unité de volume s'écoulant du point (x, y, z). Autrement dit, $\text{div}\,\vec{F}(x, y, z)$ mesure la tendance du fluide à diverger du point (x, y, z). Si $\text{div}\,\vec{F} = 0$, on dit que $\vec{F}$ est **incompressible**.

> On expliquera la raison de cette interprétation de $\text{div}\,\vec{F}$ à la fin de la section 10.5 comme une conséquence du théorème de flux-divergence.

LE LAPLACIEN

Un autre opérateur différentiel apparaît lorsqu'on calcule la divergence d'un champ de gradients ∇f. Si f est une fonction de trois variables, on a

$$\text{div}(\nabla f) = \nabla \cdot (\nabla f) = \frac{\partial^2 f}{\partial x^2} + \frac{\partial^2 f}{\partial y^2} + \frac{\partial^2 f}{\partial z^2}.$$

Cette expression, qu'on rencontre fréquemment, est abrégée par $\nabla^2 f$. L'opérateur

$$\nabla^2 = \nabla \cdot \nabla$$

est appelé **laplacien** en raison de sa relation avec l'**équation de Laplace**

$$\nabla^2 f = \frac{\partial^2 f}{\partial x^2} + \frac{\partial^2 f}{\partial y^2} + \frac{\partial^2 f}{\partial z^2} = 0.$$

On peut aussi appliquer le laplacien ∇^2 à un champ vectoriel

$$\vec{F} = P\vec{i} + Q\vec{j} + R\vec{k}$$

selon ses composantes :

$$\nabla^2 \vec{F} = \nabla^2 P\vec{i} + \nabla^2 Q\vec{j} + \nabla^2 R\vec{k}.$$

LES FORMES VECTORIELLES DU THÉORÈME DE GREEN

Les opérateurs rot et div permettent de réécrire le théorème de Green sous forme vectorielle, ce qui sera utile plus loin. On suppose que la région plane D, sa courbe frontière C et les fonctions P et Q satisfont aux hypothèses du théorème de Green. On considère le champ vectoriel $\vec{F} = P\vec{i} + Q\vec{j}$ dont l'intégrale curviligne est

$$\oint_C \vec{F} \cdot d\vec{r} = \oint_C P\,dx + Q\,dy.$$

En considérant $\vec{F}$ comme un champ vectoriel sur $\mathbb{R}^3$ dont la troisième composante est nulle, on a

$$\operatorname{rot}\vec{F} = \begin{vmatrix} \vec{i} & \vec{j} & \vec{k} \\ \dfrac{\partial}{\partial x} & \dfrac{\partial}{\partial y} & \dfrac{\partial}{\partial z} \\ P(x,y) & Q(x,y) & 0 \end{vmatrix} = \left(\dfrac{\partial Q}{\partial x} - \dfrac{\partial P}{\partial y}\right)\vec{k}$$

$$(\operatorname{rot}\vec{F}) \cdot \vec{k} = \left(\dfrac{\partial Q}{\partial x} - \dfrac{\partial P}{\partial y}\right)\vec{k} \cdot \vec{k} = \dfrac{\partial Q}{\partial x} - \dfrac{\partial P}{\partial y}.$$

On peut maintenant réécrire la formule du théorème de Green sous la forme vectorielle :

12
$$\oint_C \vec{F} \cdot d\vec{r} = \iint_D (\operatorname{rot}\vec{F}) \cdot \vec{k}\,dA.$$

L'équation 12 exprime l'intégrale curviligne de la composante tangentielle de $\vec{F}$ le long de C comme l'intégrale double de la composante verticale de rot $\vec{F}$ sur la région D bornée par C. On montre maintenant une formule semblable faisant intervenir la composante normale de $\vec{F}$.

Si C est paramétrée par la fonction vectorielle

$$\vec{r}(t) = x(t)\vec{i} + y(t)\vec{j} \quad a \le t \le b,$$

alors le vecteur tangent unitaire (voir la section 8.2) est

$$\vec{T}(t) = \dfrac{x'(t)}{\|\vec{r}'(t)\|}\vec{i} + \dfrac{y'(t)}{\|\vec{r}'(t)\|}\vec{j}.$$

On peut vérifier que le vecteur normal unitaire à C, orienté vers l'extérieur de D, est donné par

$$\vec{n}(t) = \dfrac{y'(t)}{\|\vec{r}'(t)\|}\vec{i} - \dfrac{x'(t)}{\|\vec{r}'(t)\|}\vec{j}$$

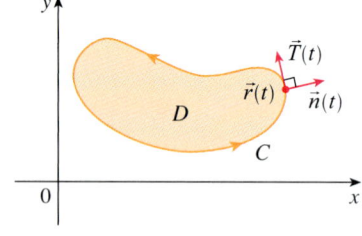

FIGURE 2

(voir la figure 2). L'équation 3 de la section 9.2 donne alors

$$\oint_C \vec{F} \cdot \vec{n}\,ds = \int_a^b (\vec{F} \cdot \vec{n})(t)\,\|\vec{r}'(t)\|\,dt$$

$$= \int_a^b \left[\dfrac{P(x(t), y(t))\,y'(t)}{\|\vec{r}'(t)\|} - \dfrac{Q(x(t), y(t))\,x'(t)}{\|\vec{r}'(t)\|}\right]\|\vec{r}'(t)\|\,dt$$

$$= \int_a^b P(x(t), y(t))\,y'(t)\,dt - Q(x(t), y(t))\,x'(t)\,dt$$

$$= \int_C P\,dy - Q\,dx = \iint_D \left(\dfrac{\partial P}{\partial x} + \dfrac{\partial Q}{\partial y}\right)dA$$

Exercices 10.3

1-8 Trouvez : a) le rotationnel et b) la divergence du champ vectoriel.

1. $\vec{F}(x, y, z) = xy^2z^2\vec{i} + x^2yz^2\vec{j} + x^2y^2z\vec{k}$
2. $\vec{F}(x, y, z) = x^3yz^2\vec{j} + y^4z^3\vec{k}$
3. $\vec{F}(x, y, z) = xye^z\vec{i} + yze^x\vec{k}$
4. $\vec{F}(x, y, z) = \sin yz\,\vec{i} + \sin zx\,\vec{j} + \sin xy\,\vec{k}$
5. $\vec{F}(x, y, z) = \dfrac{\sqrt{x}}{1+z}\vec{i} + \dfrac{\sqrt{y}}{1+x}\vec{j} + \dfrac{\sqrt{z}}{1+y}\vec{k}$
6. $\vec{F}(x, y, z) = \ln(2y+3z)\vec{i} + \ln(x+3z)\vec{j} + \ln(x+2y)\vec{k}$
7. $\vec{F}(x, y, z) = e^x \sin y\,\vec{i} + e^y \sin z\,\vec{j} + e^z \sin x\,\vec{k}$
8. $\vec{F}(x, y, z) = \arctan(xy)\vec{i} + \arctan(yz)\vec{j} + \arctan(zx)\vec{k}$

9-11 Le champ vectoriel $\vec{F}$ est représenté dans le plan xy et est identique dans tous les autres plans horizontaux. (Autrement dit, $\vec{F}$ est indépendant de z, et sa composante en z est nulle.)

a) Est-ce que div $\vec{F}$ est positive, négative ou nulle ? Expliquez votre réponse.

b) Déterminez si rot $\vec{F} = \vec{0}$. S'il n'est pas nul, dans quelle direction le vecteur rot $\vec{F}$ pointe-t-il ?

9.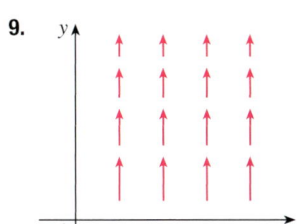

10.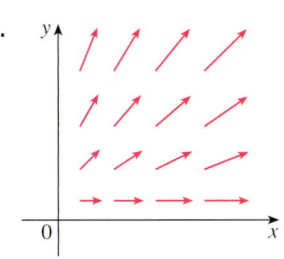

11.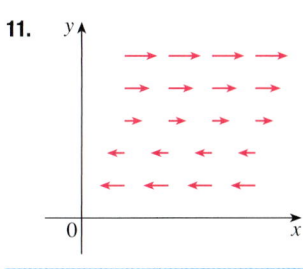

12. Soit un champ scalaire f et un champ vectoriel $\vec{F}$. Déterminez si chacune des expressions suivantes a un sens. Si elle n'en a pas, expliquez pourquoi ; dans le cas contraire, déterminez s'il s'agit d'un champ scalaire ou d'un champ vectoriel.

a) rot f
b) grad f
c) div $\vec{F}$
d) rot(grad f)
e) grad $\vec{F}$
f) grad(div $\vec{F}$)
g) div(grad f)
h) grad(div f)
i) rot(rot $\vec{F}$)
j) div(div $\vec{F}$)
k) (grad f) $\times$ (div $\vec{F}$)
l) div(rot(grad f))

13-18 Déterminez si le champ vectoriel est conservatif. S'il l'est, trouvez une fonction f telle que $\vec{F} = \nabla f$.

13. $\vec{F}(x, y, z) = y^2z^3\vec{i} + 2xyz^3\vec{j} + 3xy^2z^2\vec{k}$
14. $\vec{F}(x, y, z) = xyz^4\vec{i} + x^2z^4\vec{j} + 4x^2yz^3\vec{k}$
15. $\vec{F}(x, y, z) = z\cos y\,\vec{i} + xz\sin y\,\vec{j} + x\cos y\,\vec{k}$
16. $\vec{F}(x, y, z) = \vec{i} + \sin z\,\vec{j} + y\cos z\,\vec{k}$
17. $\vec{F}(x, y, z) = e^{yz}\vec{i} + xze^{yz}\vec{j} + xye^{yz}\vec{k}$
18. $\vec{F}(x, y, z) = e^x \sin yz\,\vec{i} + ze^x \cos yz\,\vec{j} + ye^x \cos yz\,\vec{k}$

19. Existe-t-il un champ vectoriel $\vec{G}$ sur $\mathbb{R}^3$ tel que
$$\operatorname{rot}\vec{G} = x\sin y\,\vec{i} + \cos y\,\vec{j} + (z - xy)\vec{k}\,?$$
Expliquez votre réponse.

20. Existe-t-il un champ vectoriel $\vec{G}$ sur $\mathbb{R}^3$ tel que
$$\operatorname{rot}\vec{G} = xyz\,\vec{i} - y^2z\,\vec{j} + yz^2\vec{k}\,?$$
Expliquez votre réponse.

21. Montrez que tout champ vectoriel de la forme
$$\vec{F}(x, y, z) = f(x)\vec{i} + g(y)\vec{j} + h(z)\vec{k},$$
où f, g et h sont des fonctions dérivables, est irrotationnel.

22. Montrez que tout champ vectoriel de la forme
$$\vec{F}(x, y, z) = f(y, z)\vec{i} + g(x, z)\vec{j} + h(x, y)\vec{k}$$
est incompressible.

23. Le champ vectoriel $\vec{F}(x, y, z) = P(x, y, z)\vec{i}$, où P est une fonction ayant des dérivées partielles continues, est tel que

$$\vec{F}(0, 0, 0) = \vec{0}$$

$$\text{rot } \vec{F}(x, y, z) = 2\sin(z)\vec{j} - 3x^2\vec{k}$$

$$\text{div } \vec{F} = 6xy.$$

Déterminez explicitement le champ $\vec{F}$ et calculez sa valeur au point $(1, -1, 0)$.

24. Soit le champ vectoriel

$$\vec{F}(x, y, z) = (3x^2 + yz + 4y^2)\vec{i} + (y^2 + xz + 3xy)\vec{j} + (xy + z^2)\vec{k}.$$

Décomposez $\vec{F}$ en une somme $\vec{F} = \vec{G} + \vec{H}$, où $\vec{G}$ est irrotationnel et $\vec{H}$ est incompressible. (*Suggestion*: Trouvez d'abord une fonction f telle que $\text{div } \vec{F} = \text{div } \nabla f$.)

25-31 Démontrez l'identité en supposant que les dérivées partielles appropriées existent et qu'elles sont continues. Si f est un champ scalaire et si $\vec{F}$ et $\vec{G}$ sont des champs vectoriels, alors $f\vec{F}$, $\vec{F} \cdot \vec{G}$ et $\vec{F} \times \vec{G}$ sont définis par

$$(f\vec{F})(x, y, z) = f(x, y, z)\,\vec{F}(x, y, z)$$

$$(\vec{F} \cdot \vec{G})(x, y, z) = \vec{F}(x, y, z) \cdot \vec{G}(x, y, z)$$

$$(\vec{F} \times \vec{G})(x, y, z) = \vec{F}(x, y, z) \times \vec{G}(x, y, z).$$

25. $\text{div}(\vec{F} + \vec{G}) = \text{div } \vec{F} + \text{div } \vec{G}$

26. $\text{rot}(\vec{F} + \vec{G}) = \text{rot } \vec{F} + \text{rot } \vec{G}$

27. $\text{div}(f\vec{F}) = f \text{ div } \vec{F} + \vec{F} \cdot \nabla f$

28. $\text{rot}(f\vec{F}) = f \text{ rot } \vec{F} + (\nabla f) \times \vec{F}$

29. $\text{div}(\vec{F} \times \vec{G}) = \vec{G} \cdot \text{rot } \vec{F} - \vec{F} \cdot \text{rot } \vec{G}$

30. $\text{div}(\nabla f \times \nabla g) = 0$

31. $\text{rot}(\text{rot } \vec{F}) = \text{grad}(\text{div } \vec{F}) - \nabla^2 \vec{F}$

32-33 Soit $\vec{r} = x\vec{i} + y\vec{j} + z\vec{k}$ et $r = \|\vec{r}\|$.

32. Vérifiez chacune des identités.

a) $\nabla \cdot \vec{r} = 3$
b) $\nabla \cdot (r\vec{r}) = 4r$
c) $\nabla^2 r^3 = 12r$

33. Vérifiez chacune des identités.

a) $\nabla r = \vec{r}/r$
b) $\nabla \times \vec{r} = \vec{0}$
c) $\nabla(1/r) = -\vec{r}/r^3$
d) $\nabla \ln r = \vec{r}/r^2$

34. Soit $\vec{F} = \vec{r}/r^p$. Trouvez $\text{div } \vec{F}$. Existe-t-il un nombre p pour lequel $\text{div } \vec{F} = 0$?

35. Utilisez la forme du théorème de Green donnée à l'équation 13 pour démontrer la **première identité de Green**:

$$\iint_D f\nabla^2 g \, dA = \oint_C f(\nabla g) \cdot \vec{n} \, ds - \iint_D \nabla f \cdot \nabla g \, dA,$$

où D et C satisfont aux hypothèses du théorème de Green et où les dérivées partielles appropriées de f et de g existent et sont continues. (La quantité $\nabla g \cdot \vec{n} = D_{\vec{n}} g$ qui apparaît dans l'intégrale curviligne est la dérivée dans la direction du vecteur normal $\vec{n}$ et est appelée **dérivée normale** de g.)

36. Utilisez la première identité de Green (voir l'exercice 35) pour démontrer la **deuxième identité de Green**:

$$\iint_D (f\nabla^2 g - g\nabla^2 f)\, dA = \oint_C (f\nabla g - g\nabla f) \cdot \vec{n}\, ds,$$

où D et C satisfont aux hypothèses du théorème de Green et où les dérivées partielles appropriées de f et de g existent et sont continues.

37. Une fonction g est dite « harmonique » sur D si elle satisfait à l'équation de Laplace, autrement dit si $\nabla^2 g = 0$ sur D. Utilisez la première identité de Green (avec les mêmes hypothèses qu'à l'exercice 35) pour démontrer que si g est harmonique sur D, alors $\oint_C D_{\vec{n}} g \, ds = 0$. Ici, $D_{\vec{n}} g$ est la dérivée normale de g définie à l'exercice 35.

38. Utilisez la première identité de Green pour démontrer que si f est harmonique sur D et si $f(x, y) = 0$ sur la courbe frontière C, alors $\iint_D \|\nabla f\|^2 \, dA = 0$ (avec les mêmes hypothèses qu'à l'exercice 35).

39. Cet exercice démontre l'existence d'un lien entre le vecteur rotationnel et les rotations. Soit un corps solide B tournant autour de l'axe des z. On peut décrire cette rotation par le vecteur $\vec{w} = \omega \vec{k}$, où ω est la vitesse angulaire de B, c'est-à-dire la vitesse tangentielle de tout point P de B divisée par la distance d à l'axe de rotation. Soit $\vec{r} = x\vec{i} + y\vec{j} + z\vec{k}$, le vecteur position de P.

a) En considérant l'angle θ de la figure, montrez que le champ de vitesses de B est $\vec{v} = \vec{w} \times \vec{r}$.
b) Montrez que $\vec{v} = -\omega y \vec{i} + \omega x \vec{j}$.
c) Montrez que $\text{rot } \vec{v} = 2\vec{w}$.

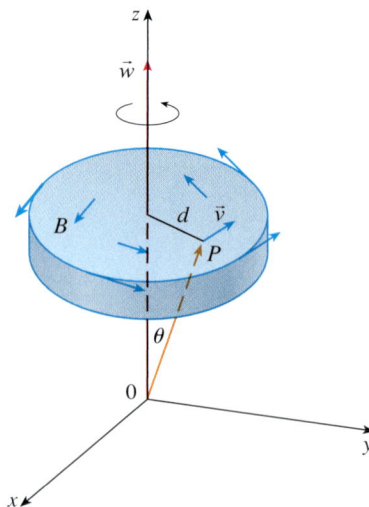

40. On peut écrire de la façon suivante les équations de Maxwell établissant un lien entre le champ électrique $\vec{E}$ et le champ magnétique $\vec{H}$ lorsque ces derniers varient en fonction du temps dans une région ne contenant aucune charge ni aucun courant :

$$\text{div } \vec{E} = 0 \qquad \text{div } \vec{H} = 0$$

$$\text{rot } \vec{E} = -\frac{1}{c}\frac{\partial \vec{H}}{\partial t} \quad \text{rot } \vec{H} = \frac{1}{c}\frac{\partial \vec{E}}{\partial t},$$

où c est la vitesse scalaire de la lumière. Utilisez ces équations pour démontrer les égalités suivantes :

a) $\nabla \times (\nabla \times \vec{E}) = -\frac{1}{c^2}\frac{\partial^2 \vec{E}}{\partial t^2}$

b) $\nabla \times (\nabla \times \vec{H}) = -\frac{1}{c^2}\frac{\partial^2 \vec{H}}{\partial t^2}$

c) $\nabla^2 \vec{E} = \frac{1}{c^2}\frac{\partial^2 \vec{E}}{\partial t^2}$ (*Suggestion* : Utilisez l'exercice 31.)

d) $\nabla^2 \vec{H} = \frac{1}{c^2}\frac{\partial^2 \vec{H}}{\partial t^2}$

41. On a vu que tous les champs vectoriels de la forme $\vec{F} = \nabla g$ satisfont à l'équation rot $\vec{F} = \vec{0}$ et que tous les champs vectoriels de la forme $\vec{F} = \text{rot } \vec{G}$ satisfont à l'équation div $\vec{F} = 0$ (en supposant que les dérivées partielles appropriées sont continues). Cela suggère la question suivante : Existe-t-il une équation que doit satisfaire toute fonction de la forme $f = \text{div } \vec{G}$? Montrez que la réponse à cette question est négative en démontrant que chaque fonction continue f sur $\mathbb{R}^3$ est la divergence d'un certain champ vectoriel. (*Suggestion* : Posez $\vec{G}(x, y, z) = g(x, y, z)\vec{i} + 0\vec{j} + 0\vec{k}$ avec $g(x, y, z) = \int_0^x f(t, y, z)\, dt$.)

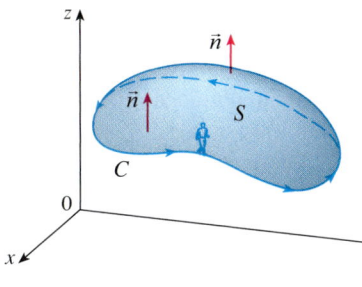

FIGURE 1

Le théorème de Stokes a été nommé en hommage au physicien et mathématicien irlandais Sir George Stokes (1819-1903). Stokes était professeur à l'Université de Cambridge (comme Newton, il y était titulaire de la chaire Lucasian de mathématiques) et s'est fait remarquer par ses études sur la lumière et sur l'écoulement des fluides. En réalité, ce qu'on appelle le « théorème de Stokes » a été découvert par le physicien écossais William Thomson (1824-1907, connu sous le titre de Lord Kelvin). Stokes a pris connaissance de ce théorème dans une lettre écrite par Thomson en 1850. Il a demandé à ses étudiants de le démontrer à l'occasion d'un examen à l'Université de Cambridge en 1854 ; on ignore si au moins l'un d'entre eux a réussi la démonstration.

10.4 LE THÉORÈME DE STOKES

On peut considérer le théorème de Stokes comme une version en dimension supérieure du théorème de Green. Alors que le théorème de Green associe une intégrale double sur une région plane D à une intégrale curviligne autour de sa courbe frontière plane, le théorème de Stokes relie une intégrale de surface sur une surface S à une intégrale curviligne autour de la courbe frontière de S (qui est une courbe dans l'espace). La figure 1 montre une surface orientée avec un vecteur normal unitaire $\vec{n}$. L'orientation de S donne l'**orientation positive de la courbe frontière C** représentée sur la figure. Ainsi, si on se déplace dans la direction positive le long de C, la tête dans la direction de $\vec{n}$, la surface sera toujours sur la gauche. Dans ce cas, on dit que « C est orientée positivement par rapport à S » ou que « les orientations de S et de C sont compatibles ».

THÉORÈME DE STOKES

Soit S, une surface lisse par morceaux orientée et bornée par une courbe frontière C lisse par morceaux, fermée et simple, et orientée positivement par rapport à S. Soit un champ vectoriel $\vec{F}$ dont les composantes ont des dérivées partielles continues sur une région ouverte dans $\mathbb{R}^3$ qui contient S. Alors,

$$\oint_C \vec{F} \cdot d\vec{r} = \iint_S \text{rot } \vec{F} \cdot d\vec{S}.$$

Puisque

$$\oint_C \vec{F} \cdot d\vec{r} = \oint_C \vec{F} \cdot \vec{T}\, ds \quad \text{et} \quad \iint_S \text{rot } \vec{F} \cdot d\vec{S} = \iint_S \text{rot } \vec{F} \cdot \vec{n}\, dS$$

le théorème de Stokes énonce que l'intégrale curviligne autour de la courbe frontière de S de la composante tangentielle de $\vec{F}$ est égale à l'intégrale de surface de la composante normale du rotationnel de $\vec{F}$.

On note souvent la courbe frontière orientée positivement de la surface orientée S par le symbole ∂S, d'où l'expression suivante du théorème de Stokes :

1
$$\iint_S \text{rot } \vec{F} \cdot d\vec{S} = \oint_{\partial S} \vec{F} \cdot d\vec{r}.$$

Le théorème de Stokes, le théorème de Green et le théorème fondamental du calcul différentiel et intégral présentent certaines similarités. Comme on l'a vu, dans le premier membre de l'équation 1, une intégrale contient des dérivées (on se souvient que rot $\vec{F}$ est une sorte de dérivée de $\vec{F}$) et le deuxième membre de cette même équation ne contient que des valeurs de $\vec{F}$ sur la frontière de S.

En fait, dans le cas particulier où la surface S est une partie du plan xy et est orientée vers le haut, le vecteur normal unitaire est $\vec{k}$, l'intégrale de surface devient une intégrale double et le théorème de Stokes devient

$$\oint_C \vec{F} \cdot d\vec{r} = \iint_S \operatorname{rot} \vec{F} \cdot d\vec{S} = \iint_S (\operatorname{rot} \vec{F}) \cdot \vec{k} \, dA.$$

Il s'agit précisément de la forme vectorielle du théorème de Green donnée par l'équation 12 de la section 10.3. Le théorème de Green est donc un cas particulier du théorème de Stokes.

Bien que la démonstration générale du théorème de Stokes soit difficile et déborde le cadre de cet ouvrage, on peut le démontrer lorsque S est le graphe d'une fonction et que $\vec{F}$, S et C se comportent de façon « raisonnable ».

DÉMONSTRATION D'UN CAS PARTICULIER DU THÉORÈME DE STOKES

On suppose que l'équation de S est $z = g(x, y)$, $(x, y) \in D$, où g possède des dérivées partielles secondes continues et où D est une région plane simple dont la courbe frontière C_1 correspond à C. Si S est orientée vers le haut, alors l'orientation positive de C correspond à l'orientation positive de C_1 (voir la figure 2). On a aussi $\vec{F} = P\vec{i} + Q\vec{j} + R\vec{k}$, où les dérivées partielles de P, Q et R sont continues.

Comme S est le graphe d'une fonction, on peut appliquer la formule 10 de la section 10.2 en remplaçant $\vec{F}$ par rot $\vec{F}$. On obtient

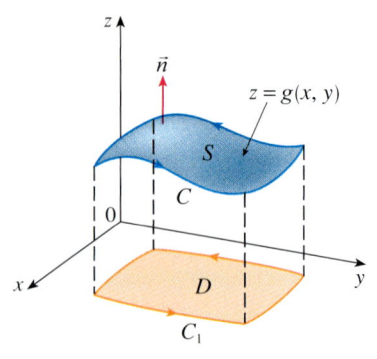

FIGURE 2

$$\boxed{2} \quad \iint_S \operatorname{rot} \vec{F} \cdot d\vec{S} = \iint_D \left[-\left(\frac{\partial R}{\partial y} - \frac{\partial Q}{\partial z}\right)\frac{\partial z}{\partial x} - \left(\frac{\partial P}{\partial z} - \frac{\partial R}{\partial x}\right)\frac{\partial z}{\partial y} + \left(\frac{\partial Q}{\partial x} - \frac{\partial P}{\partial y}\right) \right] dA,$$

où les dérivées partielles de P, Q et R sont calculées en $(x, y, g(x, y))$. Si

$$x = x(t) \quad y = y(t) \quad a \leq t \leq b$$

est une représentation paramétrique de C_1, alors

$$x = x(t) \quad y = y(t) \quad z = g(x(t), y(t)) \quad a \leq t \leq b$$

est une représentation paramétrique de C.

En utilisant la règle de dérivation en chaîne, on obtient

$$\oint_C \vec{F} \cdot d\vec{r} = \int_a^b \left[P\frac{dx}{dt} + Q\frac{dy}{dt} + R\frac{dz}{dt} \right] dt$$

$$= \int_a^b \left[P\frac{dx}{dt} + Q\frac{dy}{dt} + R\left(\frac{\partial z}{\partial x}\frac{dx}{dt} + \frac{\partial z}{\partial y}\frac{dy}{dt}\right) \right] dt$$

$$= \int_a^b \left[\left(P + R\frac{\partial z}{\partial x}\right)\frac{dx}{dt} + \left(Q + R\frac{\partial z}{\partial y}\right)\frac{dy}{dt} \right] dt$$

$$= \int_{C_1} \left(P + R\frac{\partial z}{\partial x}\right) dx + \left(Q + R\frac{\partial z}{\partial y}\right) dy$$

$$= \iint_D \left[\frac{\partial}{\partial x}\left(Q + R\frac{\partial z}{\partial y}\right) - \frac{\partial}{\partial y}\left(P + R\frac{\partial z}{\partial x}\right) \right] dA,$$

où l'on a appliqué le théorème de Green à la dernière étape. En employant à nouveau la règle de dérivation en chaîne et en utilisant le fait que P, Q et R sont des fonctions de x, y et z, et que z est une fonction de x et y, on obtient

$$\oint_C \vec{F} \cdot d\vec{r} = \iint_D \left[\left(\frac{\partial Q}{\partial x} + \frac{\partial Q}{\partial z}\frac{\partial z}{\partial x} + \frac{\partial R}{\partial x}\frac{\partial z}{\partial y} + \frac{\partial R}{\partial z}\frac{\partial z}{\partial x}\frac{\partial z}{\partial y} + R\frac{\partial^2 z}{\partial x \partial y} \right) \right.$$

$$\left. - \left(\frac{\partial P}{\partial y} + \frac{\partial P}{\partial z}\frac{\partial z}{\partial y} + \frac{\partial R}{\partial y}\frac{\partial z}{\partial x} + \frac{\partial R}{\partial z}\frac{\partial z}{\partial y}\frac{\partial z}{\partial x} + R\frac{\partial^2 z}{\partial y \partial x} \right) \right] dA.$$

Quatre termes de cette intégrale double s'annulent, et on peut réorganiser les six termes restants afin qu'ils coïncident avec le deuxième membre de l'équation 2. Par conséquent,

$$\oint_C \vec{F} \cdot d\vec{r} = \iint_S \operatorname{rot} \vec{F} \cdot d\vec{S}.$$

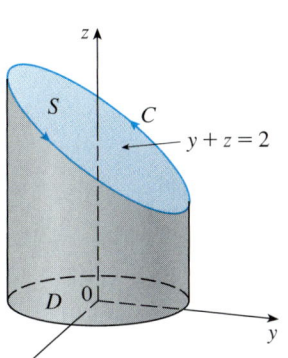

FIGURE 3

EXEMPLE 1 Calculons $\oint_C \vec{F} \cdot d\vec{r}$, où $\vec{F}(x, y, z) = -y^2\vec{i} + x\vec{j} + z^2\vec{k}$ et où C est la courbe d'intersection du plan $y + z = 2$ et du cylindre $x^2 + y^2 = 1$. (La courbe C est orientée de manière que, vue du dessus, elle soit parcourue dans le sens antihoraire.)

SOLUTION La figure 3 représente la courbe C (une ellipse). On pourrait calculer $\oint_C \vec{F} \cdot d\vec{r}$ directement, mais il est plus facile d'utiliser le théorème de Stokes. On calcule d'abord

$$\operatorname{rot} \vec{F} = \begin{vmatrix} \vec{i} & \vec{j} & \vec{k} \\ \dfrac{\partial}{\partial x} & \dfrac{\partial}{\partial y} & \dfrac{\partial}{\partial z} \\ -y^2 & x & z^2 \end{vmatrix} = (1 + 2y)\vec{k}.$$

Il existe plusieurs surfaces dont C est la frontière, mais le choix le plus judicieux est la région elliptique S dans le plan $y + z = 2$ et qui est bornée par C. En orientant S vers le haut, C est orientée positivement par rapport à S. La projection D de S sur le plan xy est le disque $x^2 + y^2 \leq 1$. L'équation 10 de la section 10.2, avec $z = g(x, y) = 2 - y$, donne

$$\oint_C \vec{F} \cdot d\vec{r} = \iint_S \operatorname{rot} \vec{F} \cdot d\vec{S} = \iint_D (1 + 2y)\, dA$$

$$= \int_0^{2\pi} \int_0^1 (1 + 2r\sin\theta)\, r\, dr\, d\theta$$

$$= \int_0^{2\pi} \left[\frac{r^2}{2} + 2\frac{r^3}{3}\sin\theta \right]_0^1 d\theta = \int_0^{2\pi} \left(\frac{1}{2} + \frac{2}{3}\sin\theta \right) d\theta$$

$$= \frac{1}{2}(2\pi) + 0 = \pi.$$

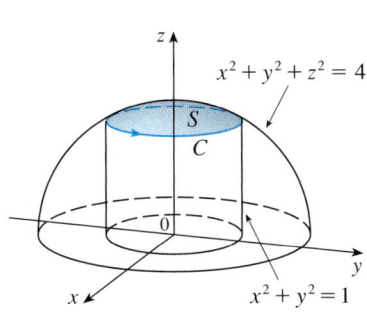

FIGURE 4

EXEMPLE 2 Utilisons le théorème de Stokes pour calculer l'intégrale $\iint_S \operatorname{rot} \vec{F} \cdot d\vec{S}$, où $\vec{F}(x, y, z) = xz\vec{i} + yz\vec{j} + xy\vec{k}$, et S est la partie de la sphère $x^2 + y^2 + z^2 = 4$ située dans le cylindre $x^2 + y^2 = 1$ et au-dessus du plan xy (voir la figure 4).

SOLUTION Pour déterminer la courbe frontière C, on doit résoudre les équations $x^2 + y^2 + z^2 = 4$ et $x^2 + y^2 = 1$. La soustraction des deux équations donne $z^2 = 3$ et donc $z = \sqrt{3}$ (puisque $z > 0$). Par conséquent, C est le cercle défini par les équations $x^2 + y^2 = 1$, $z = \sqrt{3}$, qui est paramétré par

$$\vec{r}(t) = \cos t\,\vec{i} + \sin t\,\vec{j} + \sqrt{3}\,\vec{k} \quad 0 \leq t \leq 2\pi.$$

On a
$$\vec{r}'(t) = -\sin t\,\vec{i} + \cos t\,\vec{j}$$

et
$$\vec{F}(\vec{r}(t)) = \sqrt{3}\cos t\,\vec{i} + \sqrt{3}\sin t\,\vec{j} + \cos t\sin t\,\vec{k}.$$

Selon le théorème de Stokes,

$$\iint_S \operatorname{rot}\vec{F}\cdot d\vec{S} = \oint_C \vec{F}\cdot d\vec{r} = \int_0^{2\pi} \vec{F}(\vec{r}(t))\cdot \vec{r}\,'(t)\,dt$$
$$= \int_0^{2\pi}(-\sqrt{3}\cos t\sin t + \sqrt{3}\sin t\cos t)\,dt$$
$$= \sqrt{3}\int_0^{2\pi} 0\,dt = 0.$$

EXEMPLE 3 Calculons le travail effectué par le champ vectoriel

$$\vec{F}(x, y, z) = (z^2 - e^{x^2})\vec{i} + (x^2 - e^{y^2})\vec{j} + (xy - e^{z^2})\vec{k}$$

le long de la courbe C paramétrée par

$$\vec{r}(t) = 3\cos(t)\,\vec{i} + 3\sin(t)\,\vec{j} + 9\cos^2(t)\,\vec{k},\ 0 \le t \le 2\pi.$$

SOLUTION La courbe C est fermée, car $\vec{r}(0) = 3\vec{i} + 3\vec{k} = \vec{r}(2\pi)$. Les équations paramétriques de C sont $x = 3\cos(t)$, $y = 3\sin(t)$, $z = 9\cos^2(t)$, et on voit que $z = x^2$. La courbe est donc contenue dans le cylindre parabolique $z = x^2$. Soit S la partie de cette surface bornée par C (voir la figure 5).

La courbe C est parcourue dans le sens antihoraire lorsqu'elle est vue du dessus. L'orientation de S compatible avec l'orientation de C est vers le haut. Le cylindre est paramétré par $\vec{r}(x, y) = x\vec{i} + y\vec{j} + x^2\vec{k}$ avec $(x, y) \in D$, où D est le disque $x^2 + y^2 \le 9$. On a

$$\vec{r}_x \times \vec{r}_y = (\vec{i} + 2x\vec{k}) \times \vec{j} = -2x\vec{i} + \vec{k}$$
$$\operatorname{rot}\vec{F} = x\vec{i} + (2z - y)\vec{j} + 2x\vec{k}$$
$$\operatorname{rot}\vec{F}(\vec{r}(x, y)) \cdot (\vec{r}_x \times \vec{r}_y) = -2x^2 + 2x.$$

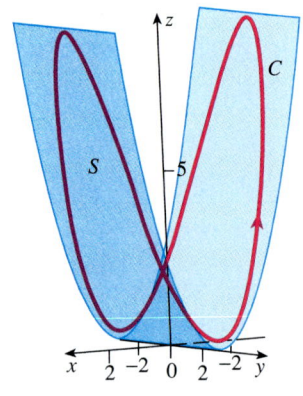

FIGURE 5

La composante en $\vec{k}$ de $\vec{n} = \vec{r}_x \times \vec{r}_y$ étant positive, ce vecteur pointe vers le haut, ce qui donne l'orientation correcte de S. Selon le théorème de Stokes, le travail est donné par

$$W = \oint_C \vec{F}\cdot d\vec{r} = \iint_S \operatorname{rot}\vec{F}\cdot d\vec{S} = \iint_D \operatorname{rot}\vec{F}(\vec{r}(x,y))\cdot(\vec{r}_x \times \vec{r}_y)\,dA = \iint_D (2x - 2x^2)\,dA$$
$$= \int_0^{2\pi}\int_0^3 (2r\cos(\theta) - 2r^2\cos^2(\theta))r\,dr\,d\theta = \int_0^{2\pi}\left(18\cos(\theta) - \frac{81}{2}\cos^2(\theta)\right)d\theta$$
$$= 0 - \frac{81}{2}\int_0^{2\pi}\frac{1 + \cos(2\theta)}{2}\,d\theta = -\frac{81\pi}{2}.$$

À l'exemple 2, on a calculé une intégrale de surface en ne connaissant que les valeurs de $\vec{F}$ sur la courbe frontière C. On peut en conclure que toute autre surface orientée ayant la même courbe frontière C conduirait à une intégrale de surface ayant la même valeur.

En général, si S_1 et S_2 sont des surfaces orientées ayant la même courbe frontière orientée C et si toutes deux satisfont aux hypothèses du théorème de Stokes, alors

3
$$\iint_{S_1} \operatorname{rot}\vec{F}\cdot d\vec{S} = \oint_C \vec{F}\cdot d\vec{r} = \iint_{S_2} \operatorname{rot}\vec{F}\cdot d\vec{S}.$$

On se sert de ce résultat lorsqu'il est difficile d'effectuer l'intégration sur une surface, mais que l'intégration est plus facile sur une autre.

EXEMPLE 4 Soit S l'hémisphère $x^2 + y^2 + z^2 = 1$, $z \geq 0$, orienté vers le haut et
$$\vec{F}(x, y, z) = (xy + e^{xz})\vec{i} + (xz + e^{yz})\vec{j} + e^{z^2}\vec{k}.$$

Calculons l'intégrale $\iint_S \text{rot}\, \vec{F} \cdot d\vec{S}$.

SOLUTION On calcule d'abord le rotationnel du champ vectoriel :

$$\text{rot}\, \vec{F} = \begin{vmatrix} \vec{i} & \vec{j} & \vec{k} \\ \dfrac{\partial}{\partial x} & \dfrac{\partial}{\partial y} & \dfrac{\partial}{\partial z} \\ xy + e^{xz} & xz + e^{yz} & e^{z^2} \end{vmatrix} = -(x + ye^{yz})\vec{i} + xe^{xz}\vec{j} + (z - x)\vec{k}.$$

Étant donné la complexité de cette expression, il serait difficile de calculer directement le flux à travers S. On remarque cependant que le disque $D: x^2 + y^2 \leq 1$ et l'hémisphère S ont la même courbe frontière, soit le cercle $x^2 + y^2 = 1$ (voir la figure 6). Le disque D borné par ce cercle est paramétré par $\vec{r}(x, y) = x\vec{i} + y\vec{j}$, $(x, y) \in D$, donc $z = 0$ sur D, et on a

$$\text{rot}\, \vec{F}(x, y, 0) = -(x + y)\vec{i} + x\vec{j} - x\vec{k}$$

une expression beaucoup plus simple. L'orientation de C compatible avec celle de S est dans le sens antihoraire. L'orientation de D compatible avec celle de C est vers le haut, donc donnée par le vecteur $\vec{k}$. En utilisant l'équation 3, on obtient

$$\iint_S \text{rot}\, \vec{F} \cdot d\vec{S} = \oint_C \vec{F} \cdot d\vec{r} = \iint_D \text{rot}\, \vec{F} \cdot d\vec{S}$$
$$= \iint_D \left[-(x + y)\vec{i} + x\vec{j} - x\vec{k}\right] \cdot \vec{k}\, dA = \iint_D -x\, dA = -\int_0^{2\pi} \int_0^1 r^2 \cos(\theta)\, dr\, d\theta = 0.$$

Le flux à travers l'hémisphère S est donc nul.

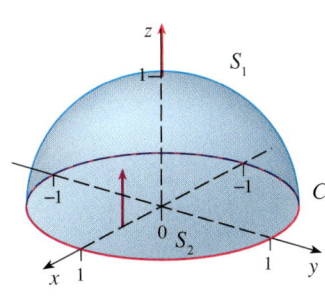

FIGURE 6

EXEMPLE 5 Soit C le cercle défini par $x^2 + y^2 = 4$ et $z = 2$, orienté dans le sens horaire lorsque vu du dessus. Calculons la circulation du champ vectoriel
$$\vec{F}(x, y, z) = yz\vec{i} - xz\vec{j} + \sin(z^2)\vec{k}$$

autour de C.

SOLUTION À cause de la troisième composante du champ, le calcul direct de la circulation semble difficile. Utilisons plutôt le théorème de Stokes. Soit S la partie du cylindre $x^2 + y^2 = 4$ située entre les plans $z = 0$ et $z = 2$. La frontière de S est constituée de deux courbes : le cercle C et le cercle B de rayon 2 centré en $(0, 0, 0)$ dans le plan $z = 0$. Soit $\Gamma = B \cup C$ l'union de ces deux cercles. La courbe Γ est la frontière de S. L'orientation de S compatible avec celle de C est donnée par un vecteur normal qui pointe « vers l'intérieur », c'est-à-dire dans la direction de l'axe vertical.

Selon le théorème de Stokes, on a
$$\oint_\Gamma \vec{F} \cdot d\vec{r} = \iint_S \text{rot}\, \vec{F} \cdot d\vec{S}$$

L'intégrale de gauche se divise en deux :
$$\oint_\Gamma \vec{F} \cdot d\vec{r} = \oint_B \vec{F} \cdot d\vec{r} + \oint_C \vec{F} \cdot d\vec{r}.$$

Or, on remarque que le champ $\vec{F}$ est nul lorsque $z = 0$, de sorte que la première intégrale du membre de droite est égale à zéro.

La surface S est paramétrée par $r(u,v) = 2\cos(u)\vec{i} + 2\sin(u)\vec{j} + v\vec{k}$, $0 \le u \le 2\pi$, $0 \le v \le 2$. On calcule que $\vec{r}_v \times \vec{r}_u = -2\cos(u)\vec{i} - 2\sin(u)\vec{j}$. Ce vecteur normal pointe « vers l'intérieur » du cylindre et donne l'orientation correcte pour S.

On calcule aussi que rot $\vec{F}(x,y,z) = x\vec{i} + y\vec{j} - 2z\vec{k}$ et rot $\vec{F}(\vec{r}(u,v)) = 2\cos(u)\vec{i} + 2\sin(u)\vec{j} - 2v\vec{k}$, de sorte que rot $\vec{F}(\vec{r}(u,v)) \cdot (\vec{r}_v \times \vec{r}_u) = -4\cos^2(u) - 4\sin^2(u) = -4$. On a donc

$$\oint_C \vec{F} \cdot d\vec{r} + 0 = \int_0^{2\pi}\int_0^2 \text{rot}\,\vec{F}(\vec{r}(u,v)) \cdot (\vec{r}_v \times \vec{r}_u)\,dv\,du = \int_0^{2\pi}\int_0^2 -4\,dv\,du = -16\pi.$$

La circulation de $\vec{F}$ autour de C est donc égale à -16π.

UNE INTERPRÉTATION DU ROTATIONNEL

Utilisons maintenant le théorème de Stokes pour donner une interprétation du vecteur rotationnel. On suppose que C est une courbe fermée orientée et que $\vec{v}$ représente le champ de vitesses d'un fluide en mouvement. On considère l'intégrale curviligne

$$\oint_C \vec{v} \cdot d\vec{r} = \oint_C \vec{v} \cdot \vec{T}\,ds.$$

On se rappelle que $\vec{v} \cdot \vec{T}$ est la composante de $\vec{v}$ dans la direction du vecteur tangent unitaire $\vec{T}$. Cela signifie que plus la direction de $\vec{v}$ est proche de la direction de $\vec{T}$, plus la valeur de $\vec{v} \cdot \vec{T}$ est grande. Ainsi, l'intégrale $\int_C \vec{v} \cdot d\vec{r}$ mesure la tendance du fluide à se déplacer autour de C et est appelée la circulation de $\vec{v}$ autour de C (voir la figure 7).

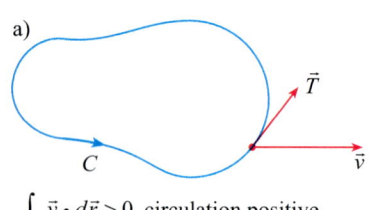

$\int_C \vec{v} \cdot d\vec{r} > 0$, circulation positive.

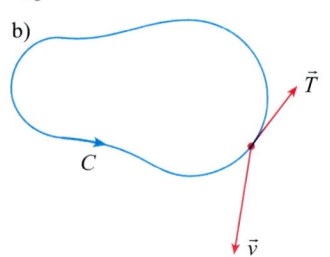

$\int_C \vec{v} \cdot d\vec{r} < 0$, circulation négative.

FIGURE 7

Soit un point $P_0(x_0, y_0, z_0)$ dans le fluide et un petit disque S_a de rayon a et de centre P_0. Alors, rot $\vec{F}(P) \approx$ rot $\vec{F}(P_0)$ pour tout point P sur S_a, car rot $\vec{F}$ est continu. On a l'approximation suivante, selon le théorème de Stokes, de la circulation autour du cercle frontière C_a de S_a :

$$\oint_{C_a} \vec{v} \cdot d\vec{r} = \iint_{S_a} \text{rot}\,\vec{v} \cdot d\vec{S} = \iint_{S_a} \text{rot}\,\vec{v} \cdot \vec{n}\,dS$$

$$\approx \iint_{S_a} \text{rot}\,\vec{v}(P_0) \cdot \vec{n}(P_0)\,dS = \text{rot}\,\vec{v}(P_0) \cdot \vec{n}(P_0)\pi a^2.$$

Imaginez une petite roue à aubes placée en un point P d'un fluide, comme à la figure 8 ; la roue tourne plus vite lorsque son axe est parallèle à rot $\vec{v}$.

Cette approximation s'améliore lorsque $a \to 0$, et

4 $$\text{rot}\,\vec{v}(P_0) \cdot \vec{n}(P_0) = \lim_{a \to 0} \frac{1}{\pi a^2} \oint_{C_a} \vec{v} \cdot d\vec{r}.$$

L'équation 4 donne la relation entre le rotationnel et la circulation. Elle montre que rot $\vec{v} \cdot \vec{n}$ mesure l'effet de rotation du fluide autour de l'axe $\vec{n}$. L'effet de rotation est maximal autour d'un axe parallèle à rot $\vec{v}$.

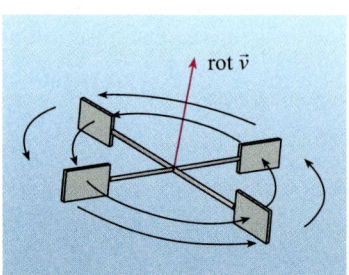

FIGURE 8

LA DÉMONSTRATION DU THÉORÈME 4 DE LA SECTION 10.3

Finalement, il faut noter qu'on peut utiliser le théorème de Stokes pour démontrer le théorème 4 de la section 10.3 (qui établit que si rot $\vec{F} = \vec{0}$ sur tout $\mathbb{R}^3$, alors $\vec{F}$ est conservatif). Selon les théorèmes 3 et 4 de la section 9.3, $\vec{F}$ est conservatif si $\oint_C \vec{F} \cdot d\vec{r} = 0$ pour toute courbe fermée C. Si C est donnée, on suppose qu'on peut trouver une surface orientable S ayant C pour frontière. (La démonstration de cette affirmation est présentée dans des ouvrages plus avancés.) Alors, selon le théorème de Stokes,

$$\int_C \vec{F} \cdot d\vec{r} = \iint_S \text{rot } \vec{F} \cdot d\vec{S} = \iint_S \vec{0} \cdot d\vec{S} = 0.$$

On peut subdiviser une courbe non simple en plusieurs courbes simples, et les intégrales autour de ces courbes simples sont nulles. L'addition de ces intégrales donne $\int_C \vec{F} \cdot d\vec{r} = 0$ pour toute courbe fermée C. Par conséquent, si rot $\vec{F} = 0$, alors l'intégrale de $\vec{F}$ autour de toute courbe fermée est nulle, ce qui implique que $\vec{F}$ est conservatif.

Exercices 10.4

1. Un hémisphère H et une partie P d'un paraboloïde sont représentés. Supposez que $\vec{F}$ est un champ vectoriel sur $\mathbb{R}^3$ dont les composantes ont des dérivées partielles continues. Expliquez pourquoi

$$\iint_H \text{rot } \vec{F} \cdot d\vec{S} = \iint_P \text{rot } \vec{F} \cdot d\vec{S}.$$

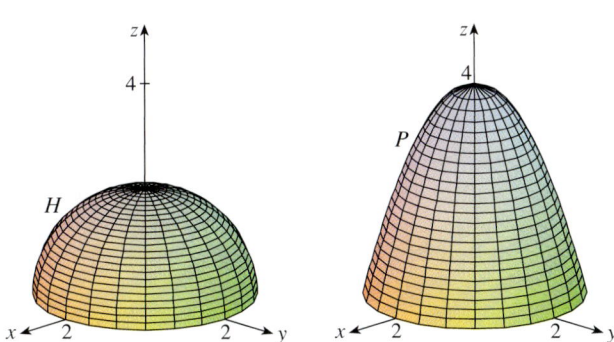

2-6 Utilisez le théorème de Stokes pour calculer $\iint_S \text{rot } \vec{F} \cdot d\vec{S}$.

2. $\vec{F}(x, y, z) = x^2 \sin z \vec{i} + y^2 \vec{j} + xy \vec{k}$, S est la partie du paraboloïde $z = 1 - x^2 - y^2$ située sous le plan xy et orientée vers le haut.

3. $\vec{F}(x, y, z) = ze^y \vec{i} + x \cos y \vec{j} + xz \sin y \vec{k}$, S est l'hémisphère $x^2 + y^2 + z^2 = 16$, $y \geq 0$, orientée dans la direction de l'axe des y positifs.

4. $\vec{F}(x, y, z) = \arctan(x^2 yz^2) \vec{i} + x^2 y \vec{j} + x^2 z^2 \vec{k}$, S est le cône $x = \sqrt{y^2 + z^2}$, $0 \leq x \leq 2$, orienté dans la direction de l'axe des x positifs.

5. $\vec{F}(x, y, z) = xyz \vec{i} + xy \vec{j} + x^2 yz \vec{k}$, S est constituée de la face supérieure et des quatre faces latérales (mais pas de la face inférieure) du cube de sommets $(\pm 1, \pm 1, \pm 1)$, orientée vers l'extérieur. (*Suggestion*: Utilisez l'équation 3.)

6. $\vec{F}(x, y, z) = e^{xy} \cos z \vec{i} + x^2 z \vec{j} + xy \vec{k}$, S est l'hémisphère $x = \sqrt{1 - y^2 - z^2}$, orientée dans la direction de l'axe des x positifs. (*Suggestion*: Utilisez l'équation 3.)

7-10 Utilisez le théorème de Stokes pour calculer $\int_C \vec{F} \cdot d\vec{r}$. Dans chaque cas, C est orientée dans le sens antihoraire lorsqu'on la regarde du dessus.

7. $\vec{F}(x, y, z) = (x + y^2)\vec{i} + (y + z^2)\vec{j} + (z + x^2)\vec{k}$, C est le triangle de sommets $(1, 0, 0)$, $(0, 1, 0)$ et $(0, 0, 1)$.

8. $\vec{F}(x, y, z) = \vec{i} + (x + yz)\vec{j} + (xy - \sqrt{z})\vec{k}$, C est la frontière de la partie du plan $3x + 2y + z = 1$ située dans le premier octant.

9. $\vec{F}(x, y, z) = xy \vec{i} + yz \vec{j} + zx \vec{k}$, C est la frontière de la partie du paraboloïde $z = 1 - x^2 - y^2$ située dans le premier octant.

10. $\vec{F}(x, y, z) = 2y \vec{i} + xz \vec{j} + (x + y)\vec{k}$, C est la courbe d'intersection du plan $z = y + 2$ et du cylindre $x^2 + y^2 = 1$.

11-13 Calculez le travail effectué par $\vec{F}$ autour de C.

11. $\vec{F}(x, y, z) = -y \vec{i} + z^3 \vec{j} + x^2 \vec{k}$, C est la courbe d'intersection des cylindres $x^2 + z^2 = 4$ et $y = 4 - z^2$, orientée dans le sens antihoraire lorsqu'on la regarde depuis le point $(0, 10, 0)$.

12. $\vec{F}(x, y, z) = -(x + z)\vec{i} + y^2 \vec{j} + (y + z^2)\vec{k}$, C est la courbe d'intersection du paraboloïde $z = x^2 + y^2$ avec le plan $z = 1 - 2y$, orientée dans le sens horaire lorsqu'on la regarde du dessus.

13. a) Utilisez le théorème de Stokes pour calculer $\int_C \vec{F} \cdot d\vec{r}$, où
$$\vec{F}(x, y, z) = x^2 z \vec{i} + xy^2 \vec{j} + z^2 \vec{k}$$
et C est la courbe d'intersection du plan $x + y + z = 1$ et du cylindre $x^2 + y^2 = 9$, orientée dans le sens antihoraire lorsqu'on la regarde du dessus.

b) Tracez le plan et le cylindre sur un domaine choisi de façon à bien voir la courbe C et la surface utilisées dans la partie a).

c) Trouvez les équations paramétriques de C et utilisez-les pour tracer cette courbe.

14. a) Utilisez le théorème de Stokes pour calculer $\int_C \vec{F} \cdot d\vec{r}$, où $\vec{F}(x, y, z) = x^2 y \vec{i} + \frac{1}{3} x^3 \vec{j} + xy \vec{k}$ et C est la courbe d'intersection du paraboloïde hyperbolique $z = y^2 - x^2$ et du cylindre $x^2 + y^2 = 1$, orientée dans le sens antihoraire lorsqu'on la regarde du dessus.

b) Représentez le paraboloïde hyperbolique et le cylindre sur un domaine choisi de façon à bien voir la courbe C et la surface utilisées dans la partie a).

c) Trouvez les équations paramétriques de C et utilisez-les pour tracer la courbe.

15-17 Vérifiez que le théorème de Stokes est vrai pour le champ vectoriel $\vec{F}$ et la surface S donnés.

15. $\vec{F}(x, y, z) = -y\vec{i} + x\vec{j} - 2\vec{k}$, S est le cône $z^2 = x^2 + y^2$, $0 \leq z \leq 4$, orienté vers le bas.

16. $\vec{F}(x, y, z) = -2yz\vec{i} + y\vec{j} + 3x\vec{k}$, S est la partie du paraboloïde $z = 5 - x^2 - y^2$ situé au-dessus du plan $z = 1$, orienté vers le haut.

17. $\vec{F}(x, y, z) = y\vec{i} + z\vec{j} + x\vec{k}$, S est l'hémisphère $x^2 + y^2 + z^2 = 1$, $y \geq 0$, orienté dans la direction de l'axe des y positifs.

18. Soit T la partie du **tore** paramétré par

$$\vec{r}(u,v) = (2+\cos(v))\cos(u)\vec{i} + (2+\cos(v))\sin(u)\vec{j} + \sin(v)\vec{k}$$

qui est située au-dessus du plan $z = 0$. La surface T est orientée par un vecteur normal qui pointe « vers le haut ». À l'aide du théorème de Stokes, calculez $\iint \text{rot}\,\vec{F} \cdot d\vec{S}$ pour le champ vectoriel

$$\vec{F}(x, y, z) = ye^z\vec{i} - xe^z\vec{j} + ze^{xy}\vec{k}.$$

19. Soit C la courbe d'intersection du cylindre $x^2 + y^2 = 4$ et du plan $z = x + 5$. À l'aide d'une méthode semblable à celle de l'exemple 5, calculez la circulation du champ vectoriel $\vec{F}(x, y, z) = y\vec{i} - x\vec{j} + \sin(z^2)\vec{k}$ autour de C.

20. Soit une courbe lisse fermée simple C située dans le plan $x + y + z = 1$. Montrez que l'intégrale curviligne

$$\int_C z\,dx - 2x\,dy + 3y\,dz$$

ne dépend que de l'aire de la région bornée par C et non de la forme de C ni de son emplacement dans le plan.

21. Une particule se déplace le long des segments de droites allant de l'origine aux points (1, 0, 0), (1, 2, 1), (0, 2, 1) et revenant à l'origine sous l'action du champ de forces

$$\vec{F}(x, y, z) = z^2\vec{i} + 2xy\vec{j} + 4y^2\vec{k}.$$

Calculez le travail effectué.

22. Calculez

$$\int_C (y + \sin x)\,dx + (z^2 + \cos y)\,dy + x^3\,dz,$$

où C est la courbe $\vec{r}(t) = \sin t\,\vec{i} + \cos t\,\vec{j} + \sin 2t\,\vec{k}$, $0 \leq t \leq 2\pi$. (*Suggestion:* Montrez que C est contenue dans la surface $z = 2xy$.)

23. Calculez $\oint_C \vec{F} \cdot d\vec{r}$, où

$$\vec{F}(x, y, z) = [y + \arctan(x)]\vec{i} + [z + y^2]\vec{j} + z^5\vec{k}$$

et C est paramétrée par $\vec{r}(t) = 5\cos(t)\vec{i} + 5\sin(t)\vec{j} + \cos(2t)\vec{k}$, avec $0 \leq t \leq 2\pi$. (*Suggestion:* Trouvez une surface de la forme $z = f(x, y)$ qui contient la courbe C.)

24. Soit C la courbe paramétrée par

$$\vec{r}(t) = (-2\cos(t) + 6\sin(t))\vec{i} + (6\cos(t) + 2\sin(t))\vec{j}$$
$$+ (1 + 3\cos(t) - 2\sin(t))\vec{k}$$

avec $0 \leq t \leq 2\pi$. Calculez le travail effectué par le champ vectoriel

$$\vec{F}(x, y, z) = (z + \cos(x^2) + 5x^2y)\vec{i} + (x^3 + 2zy + \sin(y^2))\vec{j}$$
$$+ (x + y^2)\vec{k}$$

le long de C. (*Suggestion:* Montrez que C est fermée et contenue dans un plan.)

25. Soit le plan $x - y + z = 1$, orienté par le vecteur $\vec{n} = -\vec{i} + \vec{j} - \vec{k}$. Une courbe fermée C, contenue dans S et orientée dans le sens antihoraire lorsqu'on la regarde du dessus, entoure une région S du plan telle que l'aire de la projection de S sur les plans de coordonnées $x = 0$, $y = 0$ et $z = 0$, est a, b et c respectivement. Évaluez l'intégrale

$$\oint_C (y^2\vec{i} - z^2\vec{j} + x^2\vec{k}) \cdot d\vec{r}.$$

(Votre réponse dépendra de l'une des constantes a, b ou c.)

26. Soit S la surface d'équation $z = (a-x)(a-y)y$ avec $0 \leq x \leq a$, $0 \leq y \leq a$, où a est une constante strictement positive et C, la frontière de S, orientée dans le sens antihoraire lorsqu'on la regarde du dessus. Pour quelle valeur de a la circulation du champ vectoriel

$$\vec{F}(x, y, z) = -y^2\vec{i} - xy^2\vec{j} + z^4\vec{k}$$

autour de C est-elle maximale?

27. Calculez le flux du rotationnel de

$$\vec{F}(x, y, z) = \sqrt{1+z^2}\,\vec{i} + \left(y^2 + \sqrt{2+z^2}\right)\vec{j} + (2x+2z)\vec{k}$$

à travers la partie de la sphère de rayon 1 centrée à l'origine qui est au-dessus du plan $z = 0$, orientée vers le haut.

28. Calculez $\iint_S \text{rot}\,\vec{F} \cdot d\vec{S}$, où S est la partie du paraboloïde $z = x^2 + y^2$ située entre les plans $z = 1$ et $z = 2$, orientée vers l'extérieur, et $\vec{F}(x, y, z) = x\sin(\pi z)\vec{i} + y\cos(\pi z)\vec{j} + z\vec{k}$.

29. Soit une sphère S et un champ vectoriel $\vec{F}$ satisfaisant aux hypothèses du théorème de Stokes. Montrez que $\iint_S \text{rot}\,\vec{F} \cdot d\vec{S} = 0$.

30. On suppose que S et C satisfont aux hypothèses du théorème de Stokes et que f et g ont des dérivées partielles secondes continues. Utilisez les exercices 26 et 28 de la section 10.3 pour démontrer les égalités suivantes:

a) $\int_C (f \nabla g) \cdot d\vec{r} = \iint_S (\nabla f \times \nabla g) \cdot d\vec{S}$

b) $\int_C (f \nabla f) \cdot d\vec{r} = 0$

c) $\int_C (f \nabla g + g \nabla f) \cdot d\vec{r} = 0$

10.5 LE THÉORÈME DE FLUX-DIVERGENCE

À la section 10.3, on a réécrit la formule de Green sous la forme vectorielle

$$\int_C \vec{F} \cdot \vec{n}\, ds = \iint_D \operatorname{div} \vec{F}(x, y)\, dA,$$

où C est la courbe frontière orientée positivement de la région plane D. Si on voulait généraliser cette formule aux champs vectoriels sur $\mathbb{R}^3$, on pourrait penser que

1
$$\iint_S \vec{F} \cdot \vec{n}\, dS = \iiint_E \operatorname{div} \vec{F}(x, y, z)\, dV,$$

où S est la surface frontière de la région solide E. En fait, l'équation 1 est vraie sous certaines hypothèses et est appelée **théorème de flux-divergence**. Il faut noter la similitude avec le théorème de Green et le théorème de Stokes : l'équation 1 relie l'intégrale d'une dérivée d'une fonction (div $\vec{F}$, en l'occurrence) sur une région à l'intégrale de la fonction originale $\vec{F}$ sur la frontière de la région.

Avant de poursuivre, il serait utile de revoir les divers types de régions pour lesquelles on peut facilement calculer les intégrales triples (voir la section 7.1). On énonce et on démontre le théorème de flux-divergence pour les régions E qui sont simultanément de types 1, 2 et 3. De telles régions sont appelées **régions solides simples**. (Ainsi, les régions bornées par des ellipsoïdes ou des boîtes rectangulaires, par exemple, sont des régions solides simples.) La frontière de E est une surface fermée, et on utilise la convention, présentée à la section 10.2, selon laquelle l'orientation positive est donnée par le vecteur normal unitaire $\vec{n}$ qui pointe vers l'extérieur de E.

Le théorème de flux-divergence est aussi appelé « théorème de Gauss », en hommage au grand mathématicien allemand Karl Friedrich Gauss (1777-1855) qui l'a découvert en étudiant l'électrostatique. En Europe orientale, il est appelé « théorème d'Ostrogradski », en hommage au mathématicien russe Mikhail Ostrogradski (1801-1862), qui a publié ce résultat en 1826.

THÉORÈME DE FLUX-DIVERGENCE

Soit une région solide simple E et S la surface frontière de E, orientée positivement (vers l'extérieur). Soit un champ vectoriel $\vec{F}$ dont les fonctions composantes ont des dérivées partielles continues sur une région ouverte qui contient E. Alors,

$$\iint_S \vec{F} \cdot d\vec{S} = \iiint_E \operatorname{div} \vec{F}\, dV.$$

Le théorème de flux-divergence énonce que, sous les hypothèses données, le flux de $\vec{F}$ à travers la surface frontière de E est égal à l'intégrale triple de la divergence de $\vec{F}$ sur E.

DÉMONSTRATION

On pose $\vec{F} = P\vec{i} + Q\vec{j} + R\vec{k}$. Alors,

$$\operatorname{div} \vec{F} = \frac{\partial P}{\partial x} + \frac{\partial Q}{\partial y} + \frac{\partial R}{\partial z},$$

d'où
$$\iiint_E \operatorname{div} \vec{F}\, dV = \iiint_E \frac{\partial P}{\partial x}\, dV + \iiint_E \frac{\partial Q}{\partial y}\, dV + \iiint_E \frac{\partial R}{\partial z}\, dV.$$

Soit $\vec{n}$ le vecteur normal unitaire orienté vers l'extérieur de S. L'intégrale de surface du premier membre du théorème est

$$\iint_S \vec{F} \cdot d\vec{S} = \iint_S \vec{F} \cdot \vec{n}\, dS = \iint_S (P\vec{i} + Q\vec{j} + R\vec{k}) \cdot \vec{n}\, dS$$

$$= \iint_S P\vec{i} \cdot \vec{n}\, dS + \iint_S Q\vec{j} \cdot \vec{n}\, dS + \iint_S R\vec{k} \cdot \vec{n}\, dS.$$

Pour démontrer le théorème de flux-divergence, il suffit de prouver les trois équations suivantes :

2
$$\iint_S P\vec{i} \cdot \vec{n}\, dS = \iiint_E \frac{\partial P}{\partial x}\, dV$$

3
$$\iint_S Q\vec{j} \cdot \vec{n}\, dS = \iiint_E \frac{\partial Q}{\partial y}\, dV$$

4
$$\iint_S R\vec{k} \cdot \vec{n}\, dS = \iiint_E \frac{\partial R}{\partial z}\, dV.$$

Pour démontrer l'équation 4, on utilise le fait que E est une région de type 1 :

$$E = \{(x, y, z) \mid (x, y) \in D,\ u_1(x, y) \leq z \leq u_2(x, y)\},$$

où D est la projection de E sur le plan xy. L'équation 6 de la section 7.1 donne

$$\iiint_E \frac{\partial R}{\partial z}\, dV = \iint_D \left[\int_{u_1(x, y)}^{u_2(x, y)} \frac{\partial R}{\partial z}(x, y, z)\, dz \right] dA$$

et donc, selon le théorème fondamental du calcul,

5
$$\iiint_E \frac{\partial R}{\partial z}\, dV = \iint_D \left[R(x, y, u_2(x, y)) - R(x, y, u_1(x, y)) \right] dA.$$

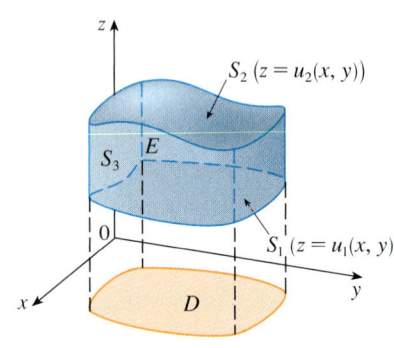

FIGURE 1

La surface frontière S est constituée de trois morceaux : la surface inférieure S_1, la surface supérieure S_2 et possiblement une surface verticale S_3, située au-dessus de la courbe frontière de D (voir la figure 1). Il se peut que S_3 soit absente, comme dans le cas d'une sphère. On remarque que $\vec{k} \cdot \vec{n} = 0$ sur S_3, car $\vec{k}$ est vertical et $\vec{n}$ est horizontal, ce qui implique

$$\iint_{S_3} R\vec{k} \cdot \vec{n}\, dS = \iint_{S_3} 0\, dS = 0.$$

Par conséquent, peu importe qu'il existe ou non une surface verticale, on peut écrire

6
$$\iint_S R\vec{k} \cdot \vec{n}\, dS = \iint_{S_1} R\vec{k} \cdot \vec{n}\, dS + \iint_{S_2} R\vec{k} \cdot \vec{n}\, dS.$$

L'équation de S_2 est $z = u_2(x, y)$, $(x, y) \in D$, et le vecteur normal vers l'extérieur $\vec{n}$ pointe vers le haut. L'équation 10 de la section 10.2 (en remplaçant $\vec{F}$ par $R\vec{k}$) donne

$$\iint_{S_2} R\vec{k} \cdot \vec{n}\, dS = \iint_D R(x, y, u_2(x, y))\, dA.$$

Sur S_1, on a $z = u_1(x, y)$, mais ici le vecteur normal vers l'extérieur $\vec{n}$ pointe vers le bas, donc on multiplie l'intégrale par -1 :

$$\iint_{S_1} R\vec{k} \cdot \vec{n}\, dS = -\iint_D R(x, y, u_1(x, y))\, dA.$$

L'équation 6 donne

$$\iint_S R\vec{k} \cdot \vec{n}\, dS = \iint_D \left[R(x, y, u_2(x, y)) - R(x, y, u_1(x, y)) \right] dA.$$

Remarquez que la méthode de démonstration du théorème de flux-divergence ressemble à celle du théorème de Green.

Si on compare avec l'équation 5, on a

$$\iint_S R\vec{k} \cdot \vec{n}\, dS = \iiint_E \frac{\partial R}{\partial z}\, dV.$$

On démontre les équations 2 et 3 de façon semblable en utilisant les descriptions de E comme région de type 2 ou de type 3.

EXEMPLE 1 Calculons le flux du champ vectoriel $\vec{F}(x, y, z) = z\vec{i} + y\vec{j} + x\vec{k}$ à travers la sphère unité $x^2 + y^2 + z^2 = 1$.

SOLUTION On calcule d'abord la divergence de $\vec{F}$:

$$\operatorname{div} \vec{F} = \frac{\partial}{\partial x}(z) + \frac{\partial}{\partial y}(y) + \frac{\partial}{\partial z}(x) = 1.$$

La sphère unité S est la frontière de la boule unité B définie par $x^2 + y^2 + z^2 \le 1$. Selon le théorème de flux-divergence, le flux est

Comparez la solution de l'exemple 1 à celle de l'exemple 4 de la section 10.2.

$$\iint_S \vec{F} \cdot d\vec{S} = \iiint_B \operatorname{div} \vec{F}\, dV = \iiint_B 1\, dV = V(B) = \frac{4}{3}\pi(1)^3 = \frac{4\pi}{3}.$$

EXEMPLE 2 Calculons $\iint_S \vec{F} \cdot d\vec{S}$, où

$$\vec{F}(x, y, z) = xy\vec{i} + \left(y^2 + e^{xz^2}\right)\vec{j} + \sin(xy)\vec{k}$$

et S est la surface de la région E bornée par le cylindre parabolique $z = 1 - x^2$ et les plans $z = 0$, $y = 0$ et $y + z = 2$ (voir la figure 2).

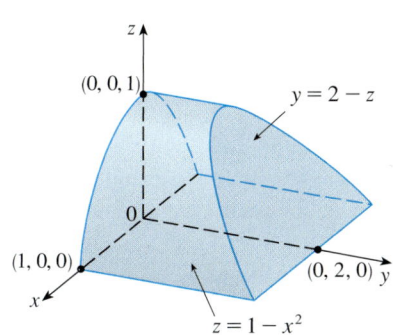

FIGURE 2

SOLUTION Le calcul direct de l'intégrale de surface est extrêmement difficile ; il faudrait calculer les quatre intégrales de surface correspondant aux quatre morceaux de S et, de plus, certaines intégrandes ne possèdent pas de primitive simple. La divergence de $\vec{F}$ est nettement moins compliquée que $\vec{F}$ lui-même :

$$\operatorname{div} \vec{F} = \frac{\partial}{\partial x}(xy) + \frac{\partial}{\partial y}(y^2 + e^{xz^2}) + \frac{\partial}{\partial z}(\sin xy) = y + 2y = 3y.$$

On utilise le théorème de flux-divergence pour transformer l'intégrale de surface en une intégrale triple. Pour calculer l'intégrale triple le plus facilement possible, on exprime E comme une région de type 3 :

$$E = \left\{(x, y, z) \,|\, -1 \le x \le 1,\ 0 \le z \le 1 - x^2,\ 0 \le y \le 2 - z \right\}.$$

Alors,

$$\iint_S \vec{F} \cdot d\vec{S} = \iiint_E \operatorname{div} \vec{F}\, dV = \iiint_E 3y\, dV$$

$$= 3\int_{-1}^1 \int_0^{1-x^2} \int_0^{2-z} y\, dy\, dz\, dx = 3\int_{-1}^1 \int_0^{1-x^2} \frac{(2-z)^2}{2}\, dz\, dx$$

$$= \frac{3}{2}\int_{-1}^1 \left[-\frac{(2-z)^3}{3}\right]_0^{1-x^2} dx = -\frac{1}{2}\int_{-1}^1 \left[(x^2+1)^3 - 8\right] dx$$

$$= -\int_0^1 (x^6 + 3x^4 + 3x^2 - 7)\, dx = \frac{184}{35}.$$

470   CHAPITRE 10   LES INTÉGRALES DE SURFACE ET L'ANALYSE VECTORIELLE DANS L'ESPACE

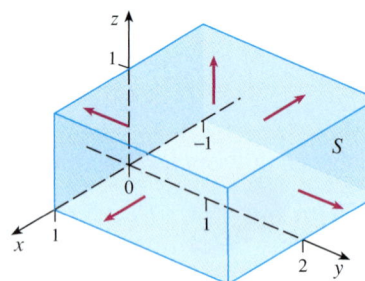

FIGURE 3

EXEMPLE 3 Calculons le flux de $\vec{F}(x,y,z) = (z^2 + 3x)\vec{i} - (y + 4x^3)\vec{j} + (-y^2 + 2z)\vec{k}$ à travers la surface S constituée des plans $x = -1$, $x = 1$, $y = 0$, $y = 2$, $z = 1$, avec $-1 \leq x \leq 1$, $0 \leq y \leq 2$, $0 \leq z \leq 1$, orientée vers l'extérieur, comme sur la figure 3.

SOLUTION   Le calcul direct du flux nécessite le calcul de cinq intégrales de surface, une pour chaque face de S. Une façon plus simple d'effectuer le calcul est de fermer la surface avec le carré $D = [-1, 1] \times [0, 2]$, puis d'utiliser le théorème de flux-divergence avec $S_1 = S \cup D$ et le solide E borné par S_1. On trouve ensuite le flux à travers S en retranchant le flux à travers D.

On a div $\vec{F} = 3 - 1 + 2 = 4$ donc, par le théorème de flux-divergence,

$$\iint_{S_1} \vec{F} \cdot d\vec{S} = \iiint_E \text{div } \vec{F}\, dV = \iiint_E 4\, dV = 4V(E) = 4 \cdot 4 = 16.$$

Le rectangle D est paramétré par $\vec{r}(x, y) = x\vec{i} + y\vec{j}$, $(x,y) \in D$. Le flux à travers D, orienté vers le bas, est

$$\iint_D \vec{F} \cdot d\vec{S} = \int_{-1}^1 \int_0^2 \left(3x\vec{i} - (y + 4x^3)\vec{j} - y^2\vec{k}\right)(-\vec{k})\, dy\, dx = \int_{-1}^1 \int_0^2 y^2\, dy\, dx = \frac{16}{3}.$$

Finalement, le flux cherché est

$$\iint_S \vec{F} \cdot d\vec{S} = \iiint_E \text{div } \vec{F}\, dV - \iint_D \vec{F} \cdot d\vec{S} = 16 - \frac{16}{3} = \frac{32}{3}.$$

On a démontré le théorème de flux-divergence seulement pour les régions solides simples, mais on peut aussi le démontrer pour des régions qui sont des unions finies de régions solides simples. (Le raisonnement est semblable à celui qu'on a utilisé à la section 9.4 pour généraliser le théorème de Green.)

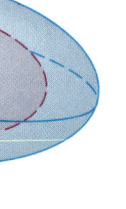

FIGURE 4

On considère, par exemple, la région E comprise entre les surfaces fermées S_1 et S_2, où S_1 est complètement à l'intérieur de S_2. Soit $\vec{n}_1$ et $\vec{n}_2$ les vecteurs normaux vers l'extérieur de S_1 et de S_2. La surface frontière de E est $S = S_1 \cup S_2$, et son vecteur normal $\vec{n}$ est donné par $\vec{n} = -\vec{n}_1$ sur S_1 et $\vec{n} = \vec{n}_2$ sur S_2 (voir la figure 4). L'application du théorème de flux-divergence à S donne

7
$$\iiint_E \text{div } \vec{F}\, dV = \iint_S \vec{F} \cdot d\vec{S} = \iint_S \vec{F} \cdot \vec{n}\, dS$$
$$= \iint_{S_1} \vec{F} \cdot (-\vec{n}_1)\, dS + \iint_{S_2} \vec{F} \cdot \vec{n}_2\, dS$$
$$= -\iint_{S_1} \vec{F} \cdot d\vec{S} + \iint_{S_2} \vec{F} \cdot d\vec{S}.$$

EXEMPLE 4 Dans l'exemple 5 de la section 9.1, on a examiné le champ électrique

$$\vec{E}(\vec{x}) = \frac{\varepsilon Q}{\|\vec{x}\|^3}\vec{x},$$

où la charge électrique Q est située à l'origine et $\vec{x} = (x, y, z)$ est un vecteur position. Utilisons le théorème de flux-divergence pour montrer que le flux électrique de $\vec{E}$ à travers toute surface fermée S_2 qui entoure l'origine est égal à

$$\iint_{S_2} \vec{E} \cdot d\vec{S} = 4\pi \varepsilon Q.$$

SOLUTION   La difficulté rencontrée est que nous n'avons pas d'équation explicite pour S_2, car il s'agit de toute surface fermée entourant l'origine. La plus simple de ces surfaces serait une sphère ; on pose donc que S_1 est une petite sphère de rayon a centrée à l'origine, où a est choisi assez petit pour que S_1 soit entièrement contenue à l'intérieur de S_2.

On peut vérifier que div $\vec{E} = 0$ (voir l'exercice 31). Selon l'équation 7, on a donc

$$\iint_{S_2} \vec{E} \cdot d\vec{S} = \iint_{S_1} \vec{E} \cdot d\vec{S} + \iiint_E \text{div}\, \vec{E}\, dV = \iint_{S_1} \vec{E} \cdot d\vec{S} = \iint_{S_1} \vec{E} \cdot \vec{n}\, dS.$$

Le point important de ce raisonnement est qu'on peut calculer facilement l'intégrale de surface sur S_1 parce que S_1 est une sphère. Le vecteur normal en $\vec{x}$ est $\vec{x}/\|\vec{x}\|$ et donc

$$\vec{E} \cdot \vec{n} = \frac{\varepsilon Q}{\|\vec{x}\|^3} \vec{x} \cdot \left(\frac{\vec{x}}{\|\vec{x}\|}\right) = \frac{\varepsilon Q}{\|\vec{x}\|^4} \vec{x} \cdot \vec{x} = \frac{\varepsilon Q}{\|\vec{x}\|^2} = \frac{\varepsilon Q}{a^2}$$

puisque l'équation de S_1 est $\|\vec{x}\| = a$. Par conséquent,

$$\iint_{S_2} \vec{E} \cdot d\vec{S} = \iint_{S_1} \vec{E} \cdot \vec{n}\, dS = \frac{\varepsilon Q}{a^2} \iint_{S_1} dS$$

$$= \frac{\varepsilon Q}{a^2} A(S_1) = \frac{\varepsilon Q}{a^2} 4\pi a^2 = 4\pi\varepsilon Q.$$

On a donc montré que le flux électrique de $\vec{E}$ à travers toute surface fermée S_2 qui contient l'origine est égal à $4\pi\varepsilon Q$. C'est un cas particulier de la loi de Gauss (voir l'équation 11 de la section 10.2) pour une seule charge. La relation entre ε et ε_0 est $\varepsilon = 1/(4\pi\varepsilon_0)$.

UNE INTERPRÉTATION DE LA DIVERGENCE

On trouve une autre application du théorème de flux-divergence en mécanique des fluides. Soit le champ de vitesses $\vec{v}(x, y, z)$ d'un fluide de densité constante ρ. Alors $\vec{F} = \rho\vec{v}$ est le flux par unité d'aire. Pour un point $P_0(x_0, y_0, z_0)$ du fluide et pour une boule B_a de centre P_0 et de très petit rayon a, div $\vec{F}(P) \approx$ div $\vec{F}(P_0)$ pour tout point de B_a puisque div $\vec{F}$ est continue. On approxime le flux sur la sphère frontière S_a par

$$\iint_{S_a} \vec{F} \cdot d\vec{S} = \iiint_{B_a} \text{div}\, \vec{F}\, dV \approx \iiint_{B_a} \text{div}\, \vec{F}(P_0)\, dV = \text{div}\, \vec{F}(P_0) V(B_a).$$

Cette approximation s'améliore lorsque $a \to 0$ et suggère que

8
$$\text{div}\, \vec{F}(P_0) = \lim_{a \to 0} \frac{1}{V(B_a)} \iint_{S_a} \vec{F} \cdot d\vec{S}.$$

Selon l'équation 8, div $\vec{F}(P_0)$ est le flux sortant net par unité de volume en P_0 (d'où le nom « divergence »). Si div $\vec{F}(P) > 0$, le flux net est « sortant » près de P, et ce point est appelé **source**. Si div $\vec{F}(P) < 0$, le flux net est « entrant » près de P, et ce point est appelé **puits**.

Dans le cas du champ vectoriel illustré à la figure 5, les flèches représentant les vecteurs dont l'extrémité est proche de P_1 sont plus courtes que celles dont l'origine est proche de P_1. Le flux net est sortant près de P_1, div $\vec{F}(P_1) > 0$, et P_1 est une source. Proche de P_2, les flèches entrantes sont plus longues que les flèches sortantes. Ici, le flux net est entrant, div $\vec{F}(P_2) < 0$, et P_2 est un puits. L'examen de la formule définissant $\vec{F}$ confirme cette impression. Comme $\vec{F} = x^2 \vec{i} + y^2 \vec{j}$, on a div $\vec{F} = 2x + 2y$, qui est positive lorsque $y > -x$. Les points au-dessus de la droite $y = -x$ sont donc des sources, et les points au-dessous sont des puits.

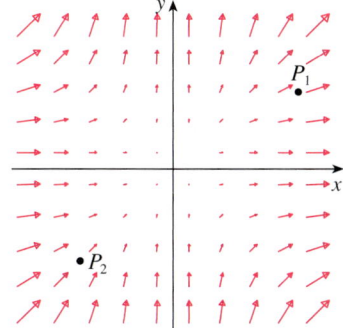

FIGURE 5
Le champ vectoriel $\vec{F} = x^2 \vec{i} + y^2 \vec{j}$.

Exercices 10.5

1-4 Vérifiez que le théorème de flux-divergence est vrai pour le champ vectoriel $\vec{F}$ sur la région E.

1. $\vec{F}(x, y, z) = 3x\vec{i} + xy\vec{j} + 2xz\vec{k}$, E est le cube borné par les plans $x = 0$, $x = 1$, $y = 0$, $y = 1$, $z = 0$ et $z = 1$.

2. $\vec{F}(x, y, z) = y^2z^3\vec{i} + 2yz\vec{j} + 4z^2\vec{k}$, E est le solide borné par le paraboloïde $z = x^2 + y^2$ et le plan $z = 9$.

3. $\vec{F}(x, y, z) = z\vec{i} + y\vec{j} + x\vec{k}$, E est la boule $x^2 + y^2 + z^2 \le 16$.

4. $\vec{F}(x, y, z) = x^2\vec{i} - y\vec{j} + z\vec{k}$, E est le cylindre solide $y^2 + z^2 \le 9$, $0 \le x \le 2$.

5-15 Utilisez le théorème de flux-divergence pour calculer l'intégrale de surface $\iint_S \vec{F} \cdot d\vec{S}$, c'est-à-dire pour calculer le flux de $\vec{F}$ à travers S.

5. $\vec{F}(x, y, z) = xye^z\vec{i} + xy^2z^3\vec{j} - ye^z\vec{k}$, S est la surface de la boîte formée par les plans de coordonnées et les plans $x = 3$, $y = 2$ et $z = 1$.

6. $\vec{F}(x, y, z) = x^2yz\vec{i} + xy^2z\vec{j} + xyz^2\vec{k}$, S est la surface de la boîte bornée par les plans $x = 0$, $x = a$, $y = 0$, $y = b$, $z = 0$, $z = c$, où a, b et c sont des nombres positifs.

7. $\vec{F}(x, y, z) = 3xy^2\vec{i} + xe^z\vec{j} + z^3\vec{k}$, S est la surface du solide borné par le cylindre $y^2 + z^2 = 1$ et les plans $x = -1$ et $x = 2$.

8. $\vec{F}(x, y, z) = (x^3 + y^3)\vec{i} + (y^3 + z^3)\vec{j} + (z^3 + x^3)\vec{k}$, S est la sphère centrée à l'origine, de rayon 2.

9. $\vec{F}(x, y, z) = xe^y\vec{i} + (z - e^y)\vec{j} - xy\vec{k}$, S est l'ellipsoïde $x^2 + 2y^2 + 3z^2 = 4$.

10. $\vec{F}(x, y, z) = z\vec{i} + y\vec{j} + zx\vec{k}$, S est la surface du tétraèdre borné par les plans de coordonnées et le plan
$$\frac{x}{a} + \frac{y}{b} + \frac{z}{c} = 1$$
où a, b et c sont des nombres positifs.

11. $\vec{F}(x, y, z) = (2x^3 + y^3)\vec{i} + (y^3 + z^3)\vec{j} + 3y^2z\vec{k}$, S est la surface du solide borné par le paraboloïde $z = 1 - x^2 - y^2$ et le plan xy.

12. $\vec{F}(x, y, z) = (xy + 2xz)\vec{i} + (x^2 + y^2)\vec{j} + (xy - z^2)\vec{k}$, S est la surface du solide borné par le cylindre $x^2 + y^2 = 4$ et les plans $z = y - 2$ et $z = 0$.

13. $\vec{F} = \vec{r}/\|\vec{r}\|$, où $\vec{r} = x\vec{i} + y\vec{j} + z\vec{k}$, S est constituée de l'hémisphère $z = \sqrt{1 - x^2 - y^2}$ et du disque $x^2 + y^2 \le 1$ dans le plan xy.

14. $\vec{F} = |\vec{r}|^2 \vec{r}$ où $\vec{r} = x\vec{i} + y\vec{j} + z\vec{k}$, S est la sphère de rayon R centrée à l'origine.

15. $\vec{F}(x, y, z) = (x + \sin(z))\vec{i} + (2y + e^{x^2 - z^2})\vec{j} + (1 + 4z)\vec{k}$, S est une surface délimitant un solide E dont le volume est égal à 27.

[LCS] 16. À l'aide d'un logiciel de calcul symbolique, représentez le champ vectoriel
$$\vec{F}(x, y, z) = \sin x \cos^2 y\, \vec{i} + \sin^3 y \cos^4 z\, \vec{j} + \sin^5 z \cos^6 x\, \vec{k}$$

dans le cube découpé dans le premier octant par les plans $x = \pi/2$, $y = \pi/2$ et $z = \pi/2$. Calculez ensuite le flux de $\vec{F}$ à travers la surface du cube.

17. Servez-vous du théorème de flux-divergence pour calculer $\iint_S \vec{F} \cdot d\vec{S}$, où
$$\vec{F}(x, y, z) = z^2x\vec{i} + \left(\tfrac{1}{3}y^3 + \tan z\right)\vec{j} + (x^2z + y^2)\vec{k}$$
et où S est l'hémisphère supérieur de la sphère $x^2 + y^2 + z^2 = 1$ orienté vers le haut. (*Suggestion*: Remarquez que S n'est pas une surface fermée. Calculez d'abord les intégrales sur S_1 et S_2, où S_1 est le disque $x^2 + y^2 \le 1$, orienté vers le bas, et $S_2 = S \cup S_1$.)

18. Soit S la boîte ouverte (sans fond ni couvercle) dont les côtés sont définis par $x = 0$, $y = 0$, $x = 3$ et $y = 3$, $0 \le z \le 4$. Les côtés sont orientés par les vecteurs $\vec{i}$, $\vec{j}$, $-\vec{i}$, $-\vec{j}$, respectivement. Utilisez le théorème de flux-divergence pour évaluer l'intégrale $\iint_S \vec{F} \cdot d\vec{S}$, où
$$\vec{F}(x, y, z) = \left[x^2 + \arctan(z(4 - z))\right]\vec{i} + x(3 - x)z^3\vec{j} + z(z - 4)\vec{k}.$$
(*Suggestion*: Fermez d'abord la surface.)

19. Soit $\vec{F}(x, y, z) = z \arctan(y^2)\vec{i} + z^3 \ln(x^2 + 1)\vec{j} + z\vec{k}$. Trouvez le flux de $\vec{F}$ à travers la partie du paraboloïde $x^2 + y^2 + z = 2$ située au-dessus du plan $z = 1$ et orientée vers le haut.

20. Soit S la partie du cône $z = \sqrt{x^2 + y^2}$ située sous le plan $z = 1$, orientée vers l'intérieur. Calculez le flux du champ vectoriel
$$\vec{F}(x, y, z) = (2x + \cos(\pi z))\vec{i} + (3y - 2z\sin(\pi x))\vec{j}$$
$$+ (x^2 + y^2 + (z - 1)^2)\vec{k}$$
à travers S.

21. Calculez le flux du champ vectoriel
$$\vec{F}(x, y, z) = \sin(\pi y)\vec{i} - x^2\vec{j} + \cos(\pi y)\vec{k}$$
à travers la partie du cylindre $x^2 + z^2 = 4$ située entre les plans $y = 0$ et $y = 2$, orientée vers l'extérieur.

22. Soit $S = S_1 \cup S_2 \cup S_3$ la surface constituée des trois parties suivantes: S_1 est la partie du cylindre parabolique $z = 4 - y^2$ située au-dessus du plan $z = 0$, S_2 est la partie du plan $x = 2$ au-dessus du plan $z = 0$ et au-dessous du cylindre S_1, et S_3 est la partie du plan $x = -1$ au-dessus du plan $z = 0$ et au-dessous du cylindre S_1. La surface S est orientée aux points $(0, 0, 4)$, $(2, 0, 0)$ et $(-1, 0, 0)$ par les vecteurs $\vec{k}$, $\vec{i}$ et $-\vec{i}$, respectivement.
a) Esquissez la surface S en indiquant son orientation.
b) Calculez le flux du champ
$$\vec{F}(x, y, z) = (x^2 + ze^{yz})\vec{i} + (xy + 3ze^{xz})\vec{j} - x\vec{k}$$
à travers S.

23. Soit S le cylindre $x^2 + y^2 = h^2$ fermé à ses extrémités par les plans $z = -h$ et $z = 2h$ et soit le champ vectoriel
$$\vec{F} = (x^3 - y^2)\vec{i} + (y^3 - z^2)\vec{j} + \frac{1}{h^2}(x^2 - z^4)\vec{k}.$$
Pour quelle valeur de h le flux de $\vec{F}$ à travers S est-il minimal?

24. Un solide E est borné sur ses côtés pas les plans $x = 0$, $x = 2$, $y = 0$, $y = 2$, au-dessous par le plan $z = 0$ et au-dessus par une surface $z = h(x, y)$. Soit S, la surface qui borne E. Le flux du champ vectoriel $\vec{F}(x, y, z) = 4x\vec{i} - 3y\vec{j} + (2-z)\vec{k}$ à travers la face de S située dans le plan $x = 2$ est de 10, et le flux à travers la face dans le plan $y = 2$ est de 5. Calculez le flux de $\vec{F}$ à travers la surface $z = h(x, y)$.

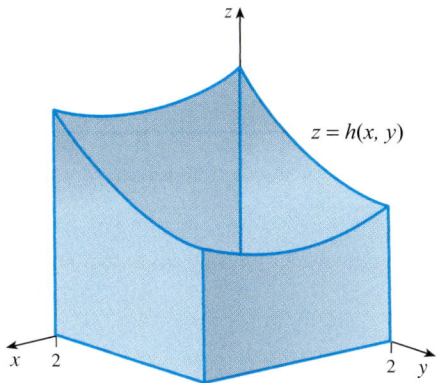

25. Une conduite a la forme de la surface S représentée. La frontière de S est constituée de deux cercles: un cercle C_1, de rayon 3, contenu dans le plan $y = 0$; et un cercle C_2, de rayon 1, contenu dans le plan $z = 4$. Le volume du solide borné par S et les deux disques délimités par C_1 et C_2 est de 12. Calculez le flux à travers S (orientée vers l'extérieur) du champ vectoriel $\vec{F}(x, y, z) = g(y, z)\vec{i} + 8\vec{j} - (2z+3)\vec{k}$, où g est une fonction ayant des dérivées partielles continues.

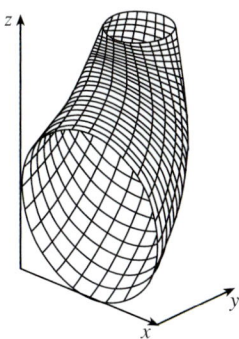

26. Soit $\vec{F}(x, y, z) = (ax - y)\vec{i} - (by - z)\vec{j} + (cz - x)\vec{k}$, où a, b et c sont des constantes strictement positives. Existe-t-il une surface fermée S telle que $\vec{F}$ est tangent à S en tout point.

27. Soit $\vec{F}$ le champ vectoriel représenté. Servez-vous de l'interprétation de la divergence trouvée dans cette section pour déterminer si div $\vec{F}$ est positive ou négative en P_1 et en P_2.

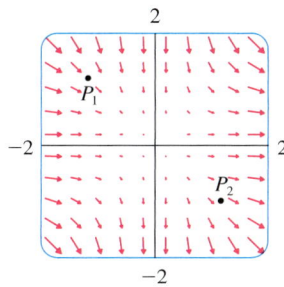

28. a) Considérez le champ vectoriel $\vec{F}$ représenté sur la figure et déterminez si les points P_1 et P_2 sont des sources ou des puits. Expliquez votre réponse en ne considérant que la figure.

b) On donne $\vec{F}(x, y) = x\vec{i} + y^2\vec{j}$. Vérifiez votre réponse à la partie a) à l'aide de la définition de la divergence.

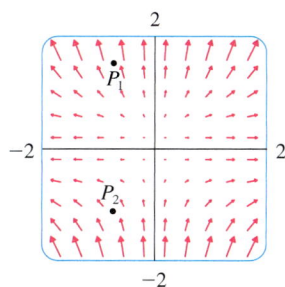

LCS 29-30 Représentez le champ vectoriel et déterminez les points où div $\vec{F} > 0$ et ceux où div $\vec{F} < 0$. Calculez ensuite div $\vec{F}$ pour vérifier si votre réponse est valable.

29. $\vec{F}(x, y) = xy\vec{i} + (x + y^2)\vec{j}$

30. $\vec{F}(x, y) = x^2\vec{i} + y^2\vec{j}$

31. Vérifiez que div $\vec{E} = 0$ pour le champ électrique
$$\vec{E}(\vec{x}) = \frac{\varepsilon Q}{\|\vec{x}\|^3}\vec{x}.$$

32. Utilisez le théorème de flux-divergence pour calculer $\iint_S (2x + 2y + z^2)\, dS$, où S est la sphère $x^2 + y^2 + z^2 = 1$.

33-38 Prouvez chacune des identités suivantes en supposant que S et E satisfont aux conditions du théorème de flux-divergence et que les fonctions scalaires et les composantes des champs vectoriels ont des dérivées partielles secondes continues.

33. $\iint_S \vec{a} \cdot \vec{n}\, dS = 0$, où $\vec{a}$ est un vecteur constant.

34. $V(E) = \frac{1}{3}\iint_S \vec{F} \cdot d\vec{S}$, où $\vec{F}(x, y, z) = x\vec{i} + y\vec{j} + z\vec{k}$.

35. $\iint_S \operatorname{rot} \vec{F} \cdot d\vec{S} = 0$

36. $\iint_S f_{\vec{n}}\, dS = \iiint_E \nabla^2 f\, dV$

37. $\iint_S (f \nabla g) \cdot \vec{n}\, dS = \iiint_E (f \nabla^2 g + \nabla f \cdot \nabla g)\, dV$

38. $\iint_S (f \nabla g - g \nabla f) \cdot \vec{n}\, dS = \iiint_E (f \nabla^2 g - g \nabla^2 f)\, dV$

39. Supposez que S et E satisfont aux conditions du théorème de flux-divergence et que f est une fonction scalaire aux dérivées partielles continues. Démontrez que
$$\iint_S f\vec{n}\, dS = \iiint_E \nabla f\, dV.$$
Ces intégrales de fonctions vectorielles sont des vecteurs définis en intégrant chaque fonction composante. (*Suggestion:* Commencez par appliquer le théorème de flux-divergence à $\vec{F} = f\vec{c}$, où $\vec{c}$ est un vecteur constant arbitraire.)

40. a) Soit f une fonction continue. Démontrez que si $\iiint_E f(x, y, z)\, dV = 0$ quelle que soit la région E, alors $f(x, y, z) = 0$ pour tout (x, y, z).

b) Soit C une courbe fermée simple et S_1, S_2, ..., S_n des surfaces ayant C comme frontière commune. Les surfaces S_i sont toutes orientées de façon compatible avec l'orientation de C. Déterminez des conditions sur $\vec{F}$ qui font en sorte que les intégrales $\iint_{S_i} \vec{F} \cdot d\vec{S}$ aient toutes la même valeur (autrement dit, l'intégrale est indépendante de la surface).

41. À la section 10.2, on a défini le **flux thermique** (ou flux de chaleur) à travers une surface S d'un corps dont la température est donnée par la fonction $T(x, y, z)$ comme étant l'intégrale $-K \iint_S \nabla T \cdot d\vec{S}$. Calculez de deux façons différentes le flux thermique à travers la surface d'une boule de rayon a centrée à l'origine, si sa température est donnée par $T(x, y, z) = z^2$.

42. Un solide occupe une région E de surface S et est immergé dans un liquide de densité constante ρ. On choisit un système de coordonnées telles que le plan xy coïncide avec la surface du liquide et que les valeurs positives de z soient vers le bas du liquide. La pression à la profondeur z est alors de $p = \rho g z$, où g est l'accélération due à la gravité. La poussée verticale totale sur le solide causée par la répartition de la pression est donnée par l'intégrale de surface

$$\vec{F} = -\iint_S p\vec{n}\, dS,$$

où $\vec{n}$ est le vecteur normal unitaire extérieur. Utilisez le résultat de l'exercice 39 pour montrer que $\vec{F} = -W\vec{k}$, où W est le poids du liquide déplacé par le solide. (Remarquez que $\vec{F}$ est orienté vers le haut, puisque l'axe des z est orienté vers le bas.) Ce résultat est le principe d'Archimède: La poussée exercée sur un corps immergé est égale au poids du liquide déplacé.

Révision

Compréhension des concepts

1. Qu'est-ce qu'une fonction vectorielle? Comment calculez-vous sa dérivée et son intégrale?

2. Quel est le lien entre les fonctions vectorielles et les courbes paramétrées?

3. Comment déterminez-vous le vecteur tangent à une courbe lisse en un point donné? Comment trouvez-vous sa tangente et son vecteur tangent unitaire?

4. Supposez que $\vec{u}$ et $\vec{v}$ sont deux fonctions vectorielles dérivables, c est un scalaire et f, une fonction réelle. Écrivez les formules de dérivation des fonctions vectorielles suivantes.
   a) $\vec{u}(t) + \vec{v}(t)$
   b) $c\vec{u}(t)$
   c) $f(t)\vec{u}(t)$
   d) $\vec{u}(t) \cdot \vec{v}(t)$
   e) $\vec{u}(t) \times \vec{v}(t)$
   f) $\vec{u}(f(t))$

5. Comment calculez-vous la longueur d'une courbe paramétrée par une fonction vectorielle $\vec{r}(t)$?

6. a) Définissez la courbure.
   b) Écrivez une formule pour déterminer:
      i) la courbure en fonction de $\vec{r}'(t)$ et de $\vec{T}'(t)$;
      ii) la courbure en fonction de $\vec{r}'(t)$ et de $\vec{r}''(t)$;
      iii) la courbure d'une courbe plane d'équation $y = f(x)$.

7. a) Écrivez les expressions du vecteur normal unitaire et du vecteur binormal d'une courbe lisse $\vec{r}(t)$ dans l'espace.
   b) Expliquez ce qu'est le plan normal à une courbe en un point, et ce que sont le plan osculateur et le cercle osculateur.

8. a) Comment calculez-vous la vitesse, la vitesse scalaire et l'accélération d'une particule qui se déplace le long d'une courbe dans l'espace?
   b) Écrivez l'expression de l'accélération en fonction de sa composante tangentielle et de sa composante normale.

9. Énoncez les lois de Kepler.

10. Qu'est-ce qu'un champ vectoriel? Donnez trois exemples ayant une interprétation physique.

11. a) Qu'est-ce qu'un champ vectoriel conservatif?
    b) Qu'est-ce qu'une fonction potentielle?

12. a) Définissez l'intégrale d'une fonction scalaire par rapport à l'abscisse curviligne le long d'une courbe lisse C.
    b) Comment calculez-vous une telle intégrale curviligne?
    c) Écrivez les expressions de la masse et du centre de masse d'un fil mince ayant la forme d'une courbe C, si la fonction de densité linéaire du fil est $\rho(x, y)$.
    d) Définissez les intégrales curvilignes par rapport à x, à y et à z d'une fonction scalaire f le long de la courbe C.
    e) Comment calculez-vous ces intégrales curvilignes?

13. a) Définissez l'intégrale curviligne d'un champ vectoriel $\vec{F}$ le long d'une courbe lisse C paramétrée par une fonction vectorielle $\vec{r}(t)$.
    b) Si $\vec{F}$ est un champ de forces, que représente cette intégrale curviligne?
    c) Soit $\vec{F} = P\vec{i} + Q\vec{j} + R\vec{k}$. Quelle est la relation entre l'intégrale curviligne de $\vec{F}$ et les intégrales curvilignes des fonctions composantes P, Q et R?

14. Énoncez le théorème fondamental des intégrales curvilignes.

15. a) Que signifie l'expression « $\int_C \vec{F} \cdot d\vec{r}$ est indépendante du chemin »?
    b) Si $\int_C \vec{F} \cdot d\vec{r}$ est indépendante du chemin, que pouvez-vous dire de $\vec{F}$?

16. Énoncez le théorème de Green.

17. Écrivez des formules permettant de calculer l'aire délimitée par une courbe C à l'aide d'intégrales curvilignes autour de C.

18. Supposez que $\vec{F}$ est un champ vectoriel dans $\mathbb{R}^3$.
    a) Donnez la définition de rot $\vec{F}$.
    b) Donnez la définition de div $\vec{F}$.
    c) Si $\vec{F}$ est le champ de vitesses d'un fluide, comment interprétez-vous physiquement les quantités rot $\vec{F}$ et div $\vec{F}$?

19. Soit $\vec{F} = P\vec{i} + Q\vec{j}$. Comment pouvez-vous déterminer si $\vec{F}$ est conservatif? Et si $\vec{F}$ est un champ vectoriel sur $\mathbb{R}^3$?

20. a) Qu'est-ce qu'une surface paramétrée?
    b) Écrivez une expression donnant l'aire d'une surface paramétrée.
    c) Quelle est l'aire d'une surface d'équation $z = g(x, y)$?

21. a) Donnez la définition de l'intégrale d'une fonction scalaire f sur une surface S.
    b) Comment évaluez-vous une telle intégrale si S est paramétrée par une fonction vectorielle $\vec{r}(u, v)$?
    c) Comment évaluez-vous l'intégrale si S est une surface d'équation $z = g(x, y)$?
    d) Supposez qu'une plaque mince a la forme d'une surface S et que sa densité au point (x, y, z) est $\rho(x, y, z)$. Écrivez les expressions donnant la masse et le centre de masse de la plaque.

22. a) Qu'est-ce qu'une surface orientée? Donnez un exemple d'une surface non orientable.
    b) Donnez la définition de l'intégrale de surface (flux) d'un champ vectoriel $\vec{F}$ sur une surface orientée S dont le vecteur normal unitaire est $\vec{n}$.
    c) Comment évaluez-vous une telle intégrale si S est paramétrée par une fonction vectorielle $\vec{r}(u, v)$?
    d) Comment évaluez-vous l'intégrale si S est une surface d'équation $z = g(x, y)$?

23. Énoncez le théorème de Stokes.

24. Énoncez le théorème de flux-divergence.

25. Quelles sont les similarités entre le théorème fondamental des intégrales curvilignes, le théorème de Green, le théorème de Stokes et le théorème de flux-divergence?

Vrai ou faux

Déterminez si la proposition est vraie ou fausse. Si elle est vraie, expliquez pourquoi. Si elle est fausse, expliquez pourquoi ou donnez un contre-exemple.

1. La courbe paramétrée par $\vec{r}(t) = t^3\vec{i} + 2t^3\vec{j} + 3t^3\vec{k}$ est une droite.

2. La courbe $\vec{r}(t) = t^2\vec{j} + 4t\vec{k}$ est une parabole.

3. La courbe $\vec{r}(t) = 2t\vec{i} + (3-t)t\vec{j}$ est une droite qui passe par l'origine.

4. La dérivée d'une fonction vectorielle est obtenue en dérivant chacune des fonctions composantes.

5. Si $\vec{u}(t)$ et $\vec{v}(t)$ sont des fonctions vectorielles dérivables, alors
$$\frac{d}{dt}[\vec{u}(t) \times \vec{v}(t)] = \vec{u}'(t) \times \vec{v}'(t).$$

6. Si $\vec{r}(t)$ est une fonction vectorielle dérivable, alors
$$\frac{d}{dt}\|\vec{r}(t)\| = \|\vec{r}'(t)\|.$$

7. Si $\vec{T}(t)$ est le vecteur tangent unitaire d'une courbe lisse, alors la courbure est $\kappa = \|d\vec{T}/dt\|$.

8. Le vecteur binormal est $\vec{B}(t) = \vec{N}(t) \times \vec{T}(t)$.

9. Supposez que f possède des dérivées première et seconde continues. En un point d'inflexion de la courbe $y = f(x)$, la courbure est nulle.

10. Si $\kappa(t) = 0$ pour tout t, alors la courbe est une droite.

11. Si $\|\vec{r}(t)\| = 1$ pour tout t, alors $\|\vec{r}'(t)\|$ est une constante.

12. Si $\|\vec{r}(t)\| = 1$ pour tout t, alors $\vec{r}'(t)$ est perpendiculaire à $\vec{r}(t)$ pour tout t.

13. Le cercle osculateur d'une courbe C en un point a le même vecteur tangent, le même vecteur normal et la même courbure que C en ce point.

14. Différentes paramétrisations de la même courbe donnent des vecteurs tangents identiques en un point donné de la courbe.

15. Si $\vec{F}$ est un champ vectoriel, alors div $\vec{F}$ est un champ vectoriel.

16. Si $\vec{F}$ est un champ vectoriel, alors rot $\vec{F}$ est un champ vectoriel.

17. Si les dérivées partielles de tout ordre de f sont continues dans $\mathbb{R}^3$, alors div (rot ∇f) = 0.

18. Si f possède des dérivées partielles continues dans $\mathbb{R}^3$ et si C est un cercle quelconque, alors $\int_C \nabla f \cdot d\vec{r} = 0$.

19. Si $\vec{F} = P\vec{i} + Q\vec{j}$ et si $P_y = Q_x$ dans une région ouverte D, alors $\vec{F}$ est conservatif.

20. $\int_{-C} f(x,y)\,ds = -\int_C f(x,y)\,ds$

21. Si $\vec{F}$ et $\vec{G}$ sont des champs vectoriels et si div $\vec{F}$ = div $\vec{G}$, alors $\vec{F} = \vec{G}$.

22. Le travail effectué par un champ de forces conservatif pour déplacer une particule le long d'une trajectoire fermée est égal à zéro.

23. Si $\vec{F}$ et $\vec{G}$ sont des champs vectoriels, alors
$$\text{rot}\,(\vec{F} + \vec{G}) = \text{rot}\,\vec{F} + \text{rot}\,\vec{G}.$$

24. Si $\vec{F}$ et $\vec{G}$ sont des champs vectoriels, alors
$$\text{rot}\,(\vec{F} \cdot \vec{G}) = \text{rot}\,\vec{F} \cdot \text{rot}\,\vec{G}.$$

25. Si S est une sphère et $\vec{F}$ est un champ vectoriel constant, alors $\iint_S \vec{F} \cdot d\vec{S} = 0$.

26. Il existe un champ vectoriel $\vec{F}$ tel que rot $\vec{F} = x\vec{i} + y\vec{j} + z\vec{k}$.

27. L'aire de la région délimitée par la courbe fermée simple et lisse par morceaux C, orientée positivement, est donnée par $A = \oint_C y\,dx$.

Exercices récapitulatifs

1. a) Tracez la courbe paramétrée par
$$\vec{r}(t) = t\vec{i} + \cos\pi t\vec{j} + \sin\pi t\vec{k},\ t \geq 0.$$
   b) Trouvez $\vec{r}'(t)$ et $\vec{r}''(t)$.

2. Soit $\vec{r}(t) = (\sqrt{2-t})\vec{i} + (e^t - 1)/t\,\vec{j} + \ln(t+1)\vec{k}$.
   a) Déterminez le domaine de $\vec{r}$.
   b) Trouvez $\lim_{t \to 0} \vec{r}(t)$.
   c) Calculez $\vec{r}'(t)$.

3. Trouvez une fonction vectorielle qui représente la courbe d'intersection du cylindre $x^2 + y^2 = 16$ et du plan $x + z = 5$.

4. Trouvez les équations paramétriques de la tangente à la courbe $x = 2\sin t$, $y = 2\sin 2t$, $z = 2\sin 3t$ au point $(1, \sqrt{3}, 2)$. Représentez la courbe et sa tangente dans une même figure.

5. Si $\vec{r}(t) = t^2\vec{i} + t\cos\pi t\vec{j} + \sin\pi t\vec{k}$, calculez $\int_0^1 \vec{r}(t)\,dt$.

6. Soit la courbe C d'équations $x = 2 - t^3$, $y = 2t - 1$, $z = \ln t$. Trouvez:
   a) le point où C coupe le plan xy;
   b) les équations paramétriques de la tangente en $(1, 1, 0)$;
   c) l'équation du plan normal à C en $(1, 1, 0)$.

7. Utilisez une somme de Riemann avec $n = 6$ termes pour estimer la longueur de l'arc de la courbe d'équations $x = t^2$, $y = t^3$, $z = t^4$, $0 \leq t \leq 3$.

8. Calculez la longueur de la courbe
$$\vec{r}(t) = 2t^{3/2}\vec{i} + \cos 2t\vec{j} + \sin 2t\vec{k},\ 0 \leq t \leq 1.$$

9. L'hélice $\vec{r}_1(t) = \cos t\,\vec{i} + \sin t\,\vec{j} + t\,\vec{k}$ coupe la courbe $\vec{r}_2(t) = (1+t)\vec{i} + t^2\vec{j} + t^3\vec{k}$ au point (1, 0, 0). Calculez l'angle d'intersection de ces courbes.

10. Reparamétrez la courbe $\vec{r}(t) = e^t\vec{i} + e^t \sin t\,\vec{j} + e^t \cos t\,\vec{k}$ par rapport à l'abscisse curviligne mesurée à partir du point (1, 0, 1) dans la direction des t croissants.

11. Pour la courbe définie par $\vec{r}(t) = \sin^3(t)\vec{i} + \cos^3(t)\vec{j} + \sin^2(t)\vec{k}$, trouvez :
    a) le vecteur tangent unitaire ;
    b) le vecteur normal unitaire ;
    c) le vecteur binormal unitaire ;
    d) la courbure.

12. Trouvez la courbure de l'ellipse $x = 3\cos t$, $y = 4\sin t$ aux points (3, 0) et (0, 4).

13. Trouvez la courbure de la courbe $y = x^4$ au point (1, 1).

14. Trouvez l'équation du cercle osculateur de la courbe $y = x^4 - x^2$ à l'origine. Représentez la courbe et son cercle osculateur.

15. Trouvez l'équation du plan osculateur de la courbe $x = \sin 2t$, $y = t$, $z = \cos 2t$ au point $(0, \pi, 1)$.

16. La figure représente la trajectoire C suivie par une particule dont le vecteur position est $\vec{r}(t)$ à l'instant t.
    a) Dessinez un vecteur qui représente la vitesse moyenne de la particule dans l'intervalle de temps $3 \leq t \leq 3{,}2$.
    b) Écrivez l'expression de la vitesse $\vec{v}(3)$.
    c) Écrivez l'expression du vecteur tangent unitaire $\vec{T}(3)$ et dessinez-le.

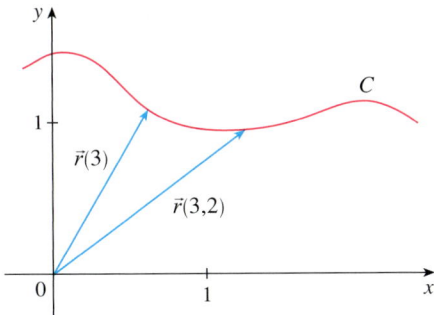

17. Une particule se déplace selon la trajectoire paramétrée par $\vec{r}(t) = t\ln t\,\vec{i} + t\vec{j} + e^{-t}\vec{k}$. Déterminez la vitesse, la vitesse scalaire et l'accélération de la particule.

18. Trouvez la vitesse, la vitesse scalaire et l'accélération d'une particule se déplaçant selon la trajectoire définie par la fonction de position $\vec{r}(t) = (2t^2 - 3)\vec{i} + 2t\,\vec{j}$. Esquissez la trajectoire de la particule et tracez le vecteur position, le vecteur vitesse et le vecteur accélération pour $t = 1$.

19. Une particule part de l'origine avec une vitesse initiale $\vec{i} - \vec{j} + 3\vec{k}$. Son accélération est $\vec{a}(t) = 6t\vec{i} + 12t^2\vec{j} - 6t\vec{k}$. Trouvez sa fonction de position.

20. Un athlète lance un poids avec un angle de 45° par rapport à l'horizontale à une vitesse scalaire de 13 m/s. Il lâche le poids à une hauteur de 2 m au-dessus du sol.
    a) Quelle sera la position du poids 2 secondes plus tard ?
    b) Jusqu'à quelle hauteur maximale le poids montera-t-il ?
    c) Où le poids atterrira-t-il ?

21. On lance un projectile à une vitesse initiale de 40 m/s à partir du plancher d'un tunnel dont la hauteur mesure 30 m. Quel angle d'élévation devrait-on utiliser pour maximiser la portée du projectile ? Quelle est la portée maximale ?

22. Trouvez la composante tangentielle et la composante normale du vecteur accélération d'une particule dont la position est donnée par
$$\vec{r}(t) = t\vec{i} + 2t\vec{j} + t^2\vec{k}.$$

23. Un disque de rayon 1 tourne dans le sens antihoraire à la vitesse angulaire constante ω. Une particule part du centre du disque et se déplace vers le bord le long d'un rayon de telle sorte que sa position à l'instant t, $t \geq 0$, est donnée par $\vec{r}(t) = t\vec{R}(t)$, où
$$\vec{R}(t) = \cos \omega t\,\vec{i} + \sin \omega t\,\vec{j}.$$
   a) Montrez que la vitesse $\vec{v}$ de la particule est
$$v = \cos \omega t\,\vec{i} + \sin \omega t\,\vec{j} + t\vec{v}_d,$$
où $\vec{v}_d = \vec{R}'(t)$ est la vitesse d'un point sur le bord du disque.
   b) Montrez que l'accélération $\vec{a}$ de la particule est
$$\vec{a} = 2\vec{v}_d + t\vec{a}_d,$$
où $\vec{a}_d = \vec{R}''(t)$ est l'accélération d'un point sur le bord du disque. Le terme supplémentaire $2\vec{v}_d$ est appelé **accélération de Coriolis** ; il résulte de l'interaction entre la rotation du disque et le mouvement de la particule. On peut ressentir physiquement cette accélération en se déplaçant vers le bord d'un manège en mouvement.
   c) Déterminez l'accélération de Coriolis d'une particule qui se déplace sur un disque en rotation selon l'équation
$$\vec{r}(t) = e^{-t} \cos \omega t\,\vec{i} + e^{-t} \sin \omega t\,\vec{j}.$$

24. Lors de la conception des **courbes de transfert** pour raccorder des tronçons de voies ferrées rectilignes, il est important que l'accélération du train soit continue, de manière que la force exercée par le train contre les rails soit elle aussi continue. Selon les formules des composantes de l'accélération de la section 8.4, ce sera le cas si la courbure varie de façon continue.
    a) À première vue, la fonction $f(x) = \sqrt{1-x^2}$, $0 < x < 1/\sqrt{2}$, dont le graphe est l'arc de cercle illustré dans la figure (voir la page suivante), semble être une courbe de transfert appropriée pour relier des voies existantes définies par $y = 1$ pour $x \leq 0$ et $y = \sqrt{2} - x$ pour $x \geq 1/\sqrt{2}$. Montrez que la fonction
$$F(x) = \begin{cases} 1 & \text{si } x \leq 0 \\ \sqrt{1-x^2} & \text{si } 0 < x < 1/\sqrt{2} \\ \sqrt{2} - x & \text{si } x \geq 1/\sqrt{2} \end{cases}$$
est continue, que sa pente est continue, mais que sa courbure n'est pas continue. En réalité, f n'est donc pas une bonne courbe de transfert.
    b) Trouvez un polynôme du cinquième degré pouvant servir de fonction de transfert entre les segments de droite suivants : $y = 0$ pour $x \leq 0$ et $y = x$ pour $x \geq 1$. Un

polynôme du quatrième degré conviendrait-il? À l'aide d'une calculatrice graphique ou d'un ordinateur, tracez le graphe de la fonction «raccordée» et vérifiez s'il ressemble à celui de la figure.

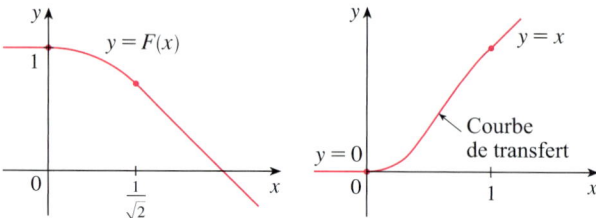

25. Soit le champ vectoriel $\vec{F}$, la courbe C et le point P représentés dans la figure.
    a) Est-ce que $\int_C \vec{F} \cdot d\vec{r}$ est positive, négative ou nulle? Expliquez votre réponse.
    b) Est-ce que div $\vec{F}(P)$ est positive, négative ou nulle? Expliquez votre réponse.

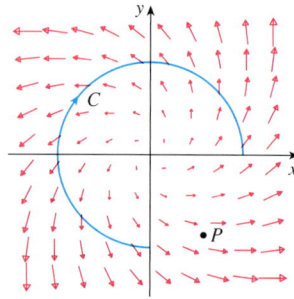

26-33 Calculez l'intégrale curviligne.

26. $\int_C x\,ds$, où C est l'arc de la parabole $y = x^2$ allant de $(0, 0)$ à $(1, 1)$.

27. $\int_C yz \cos x\,ds$, où C: $x = t$, $y = 3\cos t$, $z = 3\sin t$, $0 \le t \le \pi$.

28. $\int_C y\,dx + (x + y^2)\,dy$, où C est l'ellipse $4x^2 + 9y^2 = 36$ orientée dans le sens antihoraire.

29. $\int_C y^3\,dx + x^2\,dy$, où C est l'arc de la parabole $x = 1 - y^2$ allant de $(0, -1)$ à $(0, 1)$.

30. $\int_C \sqrt{xy}\,dx + e^y\,dy + xz\,dz$, où C est paramétrée par $\vec{r}(t) = t^4\vec{i} + t^2\vec{j} + t^3\vec{k}$, $0 \le t \le 1$.

31. $\int_C xy\,dx + y^2\,dy + yz\,dz$, où C est le segment de droite allant de $(1, 0, -1)$ à $(3, 4, 2)$.

32. $\int_C \vec{F} \cdot d\vec{r}$, où $\vec{F}(x, y) = xy\vec{i} + x^2\vec{j}$ et C est paramétrée par $\vec{r}(t) = \sin t\,\vec{i} + (1 + t)\vec{j}$, $0 \le t \le \pi$.

33. $\int_C \vec{F} \cdot d\vec{r}$, où $\vec{F}(x, y, z) = e^z\vec{i} + xz\vec{j} + (x + y)\vec{k}$ et C est paramétrée par $\vec{r}(t) = t^2\vec{i} + t^3\vec{j} - t\vec{k}$, $0 \le t \le 1$.

34. Calculez le travail effectué par le champ de forces $\vec{F}(x, y, z) = z\vec{i} + x\vec{j} + y\vec{k}$ pour déplacer une particule du point $(3, 0, 0)$ au point $(0, \pi/2, 3)$:
    a) le long d'une droite;
    b) le long de l'hélice $x = 3\cos t$, $y = t$, $z = 3\sin t$.

35-36 Montrez que $\vec{F}$ est un champ vectoriel conservatif. Trouvez ensuite une fonction f telle que $\vec{F} = \nabla f$.

35. $\vec{F}(x, y) = (1 + xy)e^{xy}\vec{i} + (e^y + x^2 e^{xy})\vec{j}$

36. $\vec{F}(x, y, z) = \sin y\,\vec{i} + x\cos y\,\vec{j} - \sin z\,\vec{k}$

37-38 Montrez que $\vec{F}$ est conservatif. Utilisez ce résultat pour calculer $\int_C \vec{F} \cdot d\vec{r}$ le long de la courbe donnée.

37. $\vec{F}(x, y) = (4x^3y^2 - 2xy^3)\vec{i} + (2x^4y - 3x^2y^2 + 4y^3)\vec{j}$, où C: $\vec{r}(t) = (t + \sin \pi t)\vec{i} + (2t + \cos \pi t)\vec{j}$, $0 \le t \le 1$.

38. $\vec{F}(x, y, z) = e^y\vec{i} + (xe^y + e^z)\vec{j} + ye^z\vec{k}$, où C est le segment de droite allant de $(0, 2, 0)$ à $(4, 0, 3)$.

39. Vérifiez que le théorème de Green est vrai pour l'intégrale curviligne $\int_C xy^2\,dx - x^2y\,dy$, où C est constituée de l'arc de la parabole $y = x^2$ allant de $(-1, 1)$ à $(1, 1)$ et du segment de droite allant de $(1, 1)$ à $(-1, 1)$.

40. À l'aide du théorème de Green, calculez $\int_C \sqrt{1 + x^3}\,dx + 2xy\,dy$, où C est le triangle de sommets $(0, 0)$, $(1, 0)$ et $(1, 3)$.

41. À l'aide du théorème de Green, calculez $\int_C x^2y\,dx - xy^2\,dy$, où C est le cercle $x^2 + y^2 = 4$ orienté dans le sens antihoraire.

42. Calculez div $\vec{F}$ et rot $\vec{F}$ si
$$\vec{F}(x, y, z) = e^{-x}\sin y\,\vec{i} + e^{-y}\sin z\,\vec{j} + e^{-z}\sin x\,\vec{k}.$$

43. Montrez qu'il n'existe pas de champ vectoriel $\vec{G}$ tel que rot $\vec{G} = 2x\vec{i} + 3yz\vec{j} - xz^2\vec{k}$.

44. Montrez que, en faisant certaines hypothèses sur les champs vectoriels $\vec{F}$ et $\vec{G}$, on a
$$\text{rot}(\vec{F} \times \vec{G}) = \vec{F}\,\text{div}\,\vec{G} - \vec{G}\,\text{div}\,\vec{F} + (\vec{G} \cdot \nabla)\vec{F} - (\vec{F} \cdot \nabla)\vec{G}.$$

45. Soit C, une courbe plane fermée simple et lisse par morceaux et f et g, des fonctions dérivables. Montrez que
$$\int_C f(x)\,dx + g(y)\,dy = 0.$$

46. Supposez que les fonctions f et g sont deux fois différentiables. Montrez que
$$\nabla^2(fg) = f\nabla^2 g + g\nabla^2 f + 2\nabla f \cdot \nabla g.$$

47. Soit une fonction harmonique f, c'est-à-dire que $\nabla^2 f = 0$. Montrez que l'intégrale curviligne $\int_C f_y\,dx - f_x\,dy$ est indépendante du chemin C dans toute région simple D.

48. a) Tracez la courbe C d'équations paramétriques $x = \cos t$, $y = \sin t$, $z = \sin t$, $0 \le t \le 2\pi$.
    b) Calculez
    $$\int_C 2xe^{2y}\,dx + (2x^2 e^{2y} + 2y\cot z)\,dy - y^2 \text{cosec}^2 z\,dz.$$

49. Calculez l'aire de la partie de la surface d'équation $z = x^2 + 2y$ située au-dessus du triangle de sommets $(0, 0)$, $(1, 0)$ et $(1, 2)$.

50. a) Trouvez l'équation du plan tangent au point $(4, -2, 1)$ à la surface S paramétrée par
    $$\vec{r}(u, v) = v^2\vec{i} - uv\vec{j} + u^2\vec{k}, \quad 0 \le u \le 3, \quad -3 \le v \le 3.$$

b) À l'aide d'un ordinateur, représentez graphiquement la surface S et le plan tangent trouvé dans la partie a).

c) Écrivez, sans la calculer, une intégrale donnant l'aire de la surface S.

d) Supposez que
$$\vec{F}(x, y, z) = \frac{z^2}{1+x^2}\vec{i} + \frac{x^2}{1+y^2}\vec{j} + \frac{y^2}{1+z^2}\vec{k}.$$
Calculez la valeur de $\iint_S \vec{F} \cdot d\vec{S}$ avec quatre décimales exactes.

51-54 Calculez l'intégrale de surface.

51. $\iint_S z\, dS$, où S est la partie du paraboloïde $z = x^2 + y^2$ sous le plan $z = 4$.

52. $\iint_S (x^2 z + y^2 z)\, dS$, où S est la partie du plan $z = 4 + x + y$ à l'intérieur du cylindre $x^2 + y^2 = 4$.

53. $\iint_S \vec{F} \cdot d\vec{S}$, où $\vec{F}(x, y, z) = xz\vec{i} - 2y\vec{j} + 3x\vec{k}$, et S est la sphère $x^2 + y^2 + z^2 = 4$ orientée vers l'extérieur.

54. $\iint_S \vec{F} \cdot d\vec{S}$, où $\vec{F}(x, y, z) = x^2\vec{i} + xy\vec{j} + z\vec{k}$, et S est la partie du paraboloïde $z = x^2 + y^2$ sous le plan $z = 1$ et orientée vers le haut.

55. Vérifiez que le théorème de Stokes est vrai pour le champ vectoriel $\vec{F}(x, y, z) = x^2\vec{i} + y^2\vec{j} + z^2\vec{k}$, où S est la partie du paraboloïde $z = 1 - x^2 - y^2$ au-dessus du plan xy et S est orientée vers le haut.

56. À l'aide du théorème de Stokes, calculez $\iint_S \operatorname{rot} \vec{F} \cdot d\vec{S}$, où $\vec{F}(x, y, z) = x^2 yz\vec{i} + yz^2\vec{j} + z^3 e^{xy}\vec{k}$, S est la partie de la sphère $x^2 + y^2 + z^2 = 5$ au-dessus du plan $z = 1$ et S est orientée vers le haut.

57. À l'aide du théorème de Stokes, calculez $\int_C \vec{F} \cdot d\vec{r}$, où $\vec{F}(x, y, z) = xy\vec{i} + yz\vec{j} + zx\vec{k}$, et C est le triangle de sommets $(1, 0, 0)$, $(0, 1, 0)$ et $(0, 0, 1)$, orienté dans le sens inverse des aiguilles d'une montre, vu d'en haut.

58. À l'aide du théorème de flux-divergence, calculez l'intégrale de surface $\iint_S \vec{F} \cdot d\vec{S}$, où $\vec{F}(x, y, z) = x^3\vec{i} + y^3\vec{j} + z^3\vec{k}$, et S est la surface du solide borné par le cylindre $x^2 + y^2 = 1$ et les plans $z = 0$ et $z = 2$.

59. Vérifiez que le théorème de flux-divergence est vrai pour le champ vectoriel $\vec{F}(x, y, z) = x\vec{i} + y\vec{j} + z\vec{k}$, où E est la boule unité $x^2 + y^2 + z^2 \leq 1$.

60. Calculez le flux de
$$\vec{F}(x, y, z) = \frac{x\vec{i} + y\vec{j} + z\vec{k}}{(x^2 + y^2 + z^2)^{3/2}}$$
à travers l'ellipsoïde $4x^2 + 9y^2 + 6z^2 = 36$, orienté vers l'extérieur.

61. Soit
$$\vec{F}(x, y, z) = (3x^2 yz - 3y)\vec{i} + (x^3 z - 3x)\vec{j} + (x^3 y + 2z)\vec{k}.$$

Calculez $\int_C \vec{F} \cdot d\vec{r}$, où C est la courbe de point initial $(0, 0, 2)$ et de point terminal $(0, 3, 0)$ représentée dans la figure.

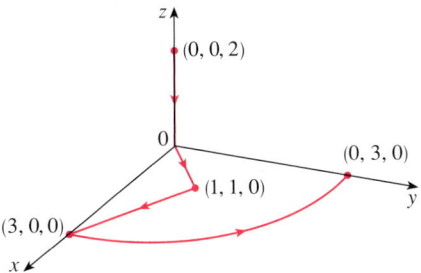

62. Soit
$$\vec{F}(x, y) = \frac{(2x^3 + 2xy^2 - 2y)\vec{i} + (2y^3 + 2x^2 y + 2x)\vec{j}}{x^2 + y^2}.$$

Calculez $\oint_C \vec{F} \cdot d\vec{r}$, où C est la courbe représentée dans la figure.

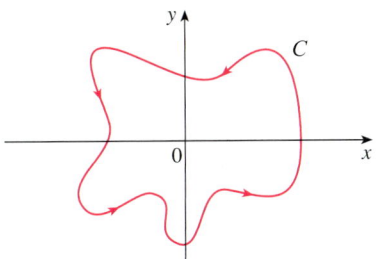

63. Trouvez $\iint_S \vec{F} \cdot \vec{n}\, dS$, où $\vec{F}(x, y, z) = x\vec{i} + y\vec{j} + z\vec{k}$, et S est la surface orientée vers l'extérieur (voir la figure, qui montre la surface frontière d'un cube amputé d'un cube unité à l'un de ses sommets).

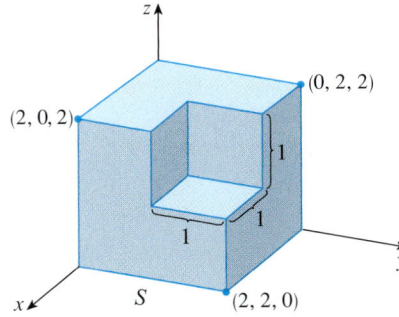

64. Si les composantes de $\vec{F}$ ont des dérivées partielles secondes continues et si S est la surface frontière d'une région solide simple, montrez que $\iint_S \operatorname{rot} \vec{F} \cdot d\vec{S} = 0$.

65. Si $\vec{a}$ est un vecteur constant, $\vec{r} = x\vec{i} + y\vec{j} + z\vec{k}$ et S est une surface lisse orientée bornée par une courbe lisse fermée simple C, orientée positivement, montrez que
$$\iint_S 2\vec{a} \cdot d\vec{S} = \int_C (\vec{a} \times \vec{r}) \cdot d\vec{r}.$$

Problèmes supplémentaires

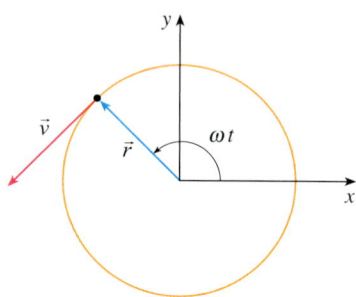

1. Une particule P se déplace à une vitesse angulaire constante ω sur un cercle centré à l'origine et de rayon R. Ce mouvement est appelé « mouvement circulaire uniforme ». Supposez que ce mouvement est en sens antihoraire et que la particule est au point $(R, 0)$ lorsque $t = 0$. Le vecteur position à l'instant $t \geq 0$ est alors

$$\vec{r}(t) = R\cos\omega t\,\vec{i} + R\sin\omega t\,\vec{j}.$$

a) Trouvez le vecteur vitesse $\vec{v}$ et montrez que $\vec{v} \cdot \vec{r} = 0$. Concluez que $\vec{v}$ est tangent au cercle et qu'il pointe dans la direction du mouvement.

b) Montrez que la vitesse scalaire $\|\vec{v}\|$ de la particule est la constante ωR. La période T de la particule est le temps nécessaire pour effectuer un tour complet. Concluez que

$$T = \frac{2\pi R}{\|\vec{v}\|} = \frac{2\pi}{\omega}.$$

c) Trouvez le vecteur accélération $\vec{a}$. Montrez qu'il est proportionnel à $\vec{r}$ et qu'il pointe vers l'origine. Une accélération ayant cette propriété est appelée **accélération centripète**. Montrez que la norme du vecteur accélération est $\|\vec{a}\| = R\omega^2$.

d) Supposez que la masse de la particule est m. Montrez que l'intensité de la force $\vec{F}$ requise pour produire ce mouvement, appelée **force centripète**, est

$$\|\vec{F}\| = \frac{m\|\vec{v}\|^2}{R}.$$

2. Sur une autoroute, un virage en arc de cercle de rayon R est incliné d'un angle θ pour qu'une voiture puisse prendre le virage en toute sécurité sans déraper en l'absence de frottement entre la route et les pneus. Une perte de frottement peut survenir, par exemple, si la chaussée est recouverte d'une mince couche d'eau ou de glace. La vitesse nominale v_R du virage est la vitesse maximale à laquelle une voiture peut prendre le virage sans déraper. Supposez qu'une voiture de masse m prend le virage à la vitesse nominale v_R. Deux forces agissent sur la voiture : une force verticale mg, le poids de la voiture, et une force $\vec{F}$ exercée par la route, normale à celle-ci (voir la figure).

La composante verticale de $\vec{F}$ compense le poids de la voiture, de sorte que $\|\vec{F}\|\cos\theta = mg$. La composante horizontale de $\vec{F}$ applique une force centripète à la voiture de sorte que, selon la deuxième loi de Newton et la partie d) du problème 1,

$$\|\vec{F}\|\sin\theta = \frac{mv_R^2}{R}.$$

a) Montrez que $v_R^2 = Rg\tan\theta$.

b) Calculez la vitesse nominale d'un virage circulaire d'un rayon de 400 m qui est incliné d'un angle de 12°.

c) Supposez que les ingénieurs veulent conserver l'inclinaison de 12°, mais accroître la vitesse nominale de 50 %. Quel devrait être le rayon de l'arc de cercle ?

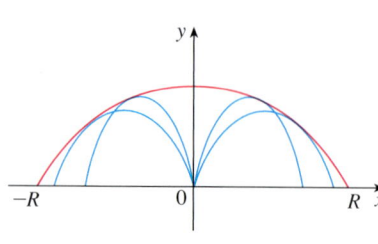

3. On tire un projectile depuis l'origine avec un angle d'élévation α et à une vitesse scalaire initiale v_0. En supposant que la résistance de l'air est négligeable et que la seule force agissant sur le projectile est la force de gravitation g, on a montré à l'exemple 5 de la section 8.4 que le vecteur position du projectile est

$$\vec{r}(t) = (v_0\cos\alpha)t\,\vec{i} + \left[(v_0\sin\alpha)t - \tfrac{1}{2}gt^2\right]\vec{j}.$$

On a aussi montré que la distance horizontale du projectile est maximale lorsque $\alpha = 45°$ et que, dans ce cas, la portée est $R = v_0^2/g$.

a) À quel angle faut-il tirer le projectile pour atteindre une hauteur maximale ? Quelle est cette hauteur ?

b) Fixez la vitesse scalaire initiale v_0 et considérez la parabole $x^2 + 2Ry - R^2 = 0$ dont le graphe est représenté dans la figure. Montrez que le projectile peut atteindre une cible

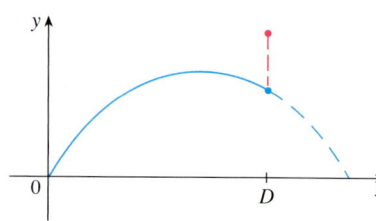

dans la région bornée par la parabole et l'axe des x ou sur sa frontière, et qu'il ne peut atteindre aucune cible en dehors de cette région.

c) Supposez que l'angle d'inclinaison α est réglé pour atteindre une cible suspendue à une hauteur h directement au-dessus d'un point situé à D unités, où D est inférieur à la portée. La cible est lâchée au moment du tir. Montrez que le projectile atteint toujours la cible, peu importe la valeur de v_0, pourvu que le projectile ne frappe pas le sol «avant» D.

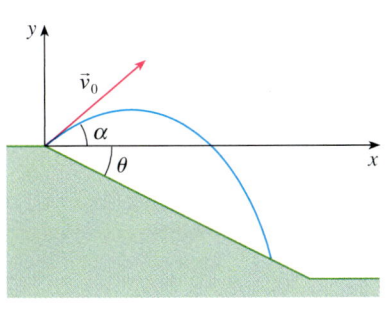

4. a) On tire un projectile depuis l'origine vers le bas d'un plan incliné formant un angle θ avec l'horizontale. L'angle d'élévation et la vitesse scalaire initiale du projectile sont respectivement α et v_0. Trouvez le vecteur position du projectile et les équations paramétriques de sa trajectoire en fonction du temps t. (Négligez la résistance de l'air.)

b) Montrez que l'angle d'élévation α qui maximisera la portée vers le bas est l'angle à mi-chemin entre le plan et la verticale.

c) Supposez qu'on tire le projectile vers le haut d'un plan incliné dont l'angle d'inclinaison est θ. Montrez que pour maximiser la portée (vers le haut), on doit tirer dans la direction à mi-chemin entre le plan et la verticale.

d) Dans une communication présentée en 1686, Edmond Halley a résumé les lois de la gravitation et du mouvement des projectiles et les a appliquées à l'artillerie. Il a notamment décrit le problème du tir d'un projectile pour atteindre une cible située à une distance R vers le haut d'un plan incliné. Montrez que l'angle de tir du projectile pour atteindre la cible tout en minimisant l'énergie est le même que l'angle de la partie c). (Tenez compte du fait que l'énergie nécessaire pour tirer le projectile est proportionnelle au carré de la vitesse scalaire initiale, de sorte que minimiser l'énergie équivaut à minimiser la vitesse scalaire initiale.)

5. Une balle roule jusqu'au bord d'une table à la vitesse scalaire de 30 cm/s puis tombe sur le plancher. La hauteur de la table est de 1 m.

a) Déterminez le point où la balle touche le plancher et trouvez sa vitesse scalaire au moment de l'impact.

b) Calculez l'angle θ entre la trajectoire de la balle et la verticale au point d'impact (voir la figure).

c) La balle rebondit sur le plancher avec un angle égal à celui sous lequel elle l'a frappé, mais perd 20 % de sa vitesse scalaire en raison de l'énergie perdue lors de l'impact. Où la balle touche-t-elle le plancher au deuxième rebond?

6. Trouvez la courbure de la courbe d'équations paramétriques

$$x = \int_0^t \sin\left(\tfrac{1}{2}\pi\theta^2\right) d\theta, \quad y = \int_0^t \cos\left(\tfrac{1}{2}\pi\theta^2\right) d\theta.$$

7. Si on tire un projectile avec un angle d'élévation α et à une vitesse scalaire initiale v, les équations paramétriques de sa trajectoire sont

$$x = (v\cos\alpha)t, \quad y = (v\sin\alpha)t - \tfrac{1}{2}gt^2$$

(voir l'exemple 5 de la section 8.4). On sait que la portée (la distance horizontale parcourue) est maximale lorsque $\alpha = 45°$. Calculez la valeur (exacte au degré le plus proche) de α qui maximise la distance totale parcourue par le projectile.

8. On enroule sans chevauchement un câble de rayon r et de longueur L sur une bobine de rayon R. Déterminez la plus petite longueur de câble enroulé sur la bobine.

9. Soit S une surface paramétrée lisse et P, un point tel que chaque demi-droite issue de P coupe S au plus une fois. L'angle solide $\Omega(S)$ sous-tendu par S en P est l'ensemble des demi-droites issues de P et passant par S. Soit $S(a)$ l'intersection de $\Omega(S)$ avec la surface de la sphère de centre P et de rayon a. Par définition, l'expression (en stéradians) de la mesure de l'angle solide est

$$|\Omega(S)| = \frac{\text{aire de } S(a)}{a^2}.$$

Appliquez le théorème de flux-divergence à la partie de $\Omega(S)$ comprise entre $S(a)$ et S pour montrer que

$$|\Omega(S)| = \iint_S \frac{\vec{r} \cdot \vec{n}}{r^3}\, dS,$$

où $\vec{r}$ est le vecteur position allant de P vers un point de S, $r = \|\vec{r}\|$, et le vecteur normal unitaire $\vec{n}$ est orienté dans le sens opposé à P.

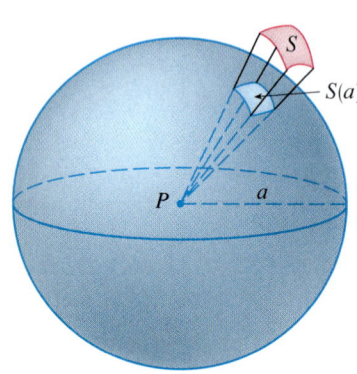

Cela montre que l'expression de la mesure d'un angle solide est indépendante du rayon a de la sphère. Donc, la mesure de l'angle solide est égale à l'aire sous-tendue sur une sphère unité. (Notez l'analogie avec l'expression de la mesure en radians.) L'angle solide total sous-tendu par une sphère en son centre est donc de 4π stéradians.

10. Trouvez la courbe fermée simple orientée positivement C pour laquelle l'intégrale curviligne $\int_C (y^3 - y)\,dx - 2x^3\,dy$ est maximale.

11. Soit C une courbe lisse par morceaux, fermée et simple située dans un plan dont le vecteur normal unitaire est $\vec{n} = a\vec{i} + b\vec{j} + c\vec{k}$ et qui est orientée positivement par rapport à $\vec{n}$. Montrez que l'aire de la région du plan bornée par C est

$$\tfrac{1}{2} \int_C (bz - cy)\,dx + (cx - az)\,dy + (ay - bx)\,dz.$$

12. Étudiez la forme de la surface d'équations paramétriques $x = \sin u$, $y = \sin v$, $z = \sin(u+v)$. Représentez d'abord la surface selon plusieurs points de vue. Expliquez l'apparence des graphiques en déterminant les traces dans les plans horizontaux $z = 0$, $z = \pm 1$ et $z = \pm\tfrac{1}{2}$.

13. Démontrez l'identité suivante :

$$\nabla(\vec{F} \cdot \vec{G}) = (\vec{F} \cdot \nabla)\vec{G} + (\vec{G} \cdot \nabla)\vec{F} + \vec{F} \times \operatorname{rot}\vec{G} + \vec{G} \times \operatorname{rot}\vec{F}.$$

14. La figure illustre la succession des événements dans chacun des quatre cylindres d'un moteur à combustion interne. Chaque piston monte et descend, et il est relié au vilebrequin par une bielle. Soit $P(t)$ et $V(t)$, qui sont respectivement la pression et le volume dans un cylindre à l'instant t, où $a \leq t \leq b$ est la durée d'un cycle. Le graphique montre la variation de P et V durant un cycle d'un moteur à quatre temps.

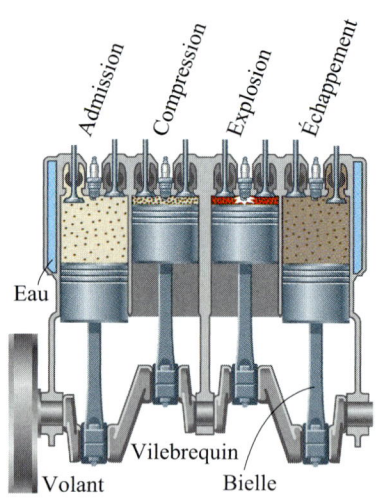

Pendant l'admission (de ① à ②), un mélange d'air et de carburant à la pression atmosphérique est admis dans un cylindre, la soupape d'admission étant ouverte, tandis que le piston se déplace vers le bas. Ensuite, la soupape d'admission ferme l'orifice d'admission, et le piston comprime rapidement le mélange. C'est la phase de compression (de ② à ③), durant laquelle la pression croît et le volume décroît. En ③, la bougie allume le mélange, la température et la pression croissent tandis que le volume reste presque constant jusqu'à ④. Alors, les soupapes étant fermées, l'explosion repousse violemment le piston vers le bas. C'est la phase de combustion (de ④ à ⑤). La soupape d'échappement s'ouvre, la température et la pression chutent, et l'énergie mécanique emmagasinée dans le volant pousse le piston vers le haut, forçant les produits de combustion à s'échapper par l'orifice d'échappement. C'est la phase d'échappement. La soupape d'échappement se ferme, et la soupape d'admission s'ouvre. On est revenu à ①, et le cycle recommence.

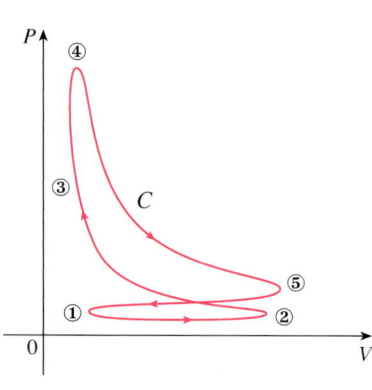

a) Montrez que le travail effectué durant le cycle d'un moteur à quatre temps est $W = \int_C P\,dV$, où C est la courbe, dans le plan PV, qui est représentée dans la figure.

(*Suggestion :* Soit $x(t)$ la distance du piston au sommet du cylindre. La force sur le piston est $\vec{F} = AP(t)\vec{i}$, où A est l'aire du sommet du piston. Alors, $W = \int_{C_1} \vec{F} \cdot d\vec{r}$, où C_1 est paramétrée par $\vec{r}(t) = x(t)\vec{i}$, $a \leq t \leq b$. On peut aussi utiliser directement des sommes de Riemann.)

b) Utilisez la formule 5 de la section 9.4 pour montrer que le travail est égal à la différence des aires délimitée par les deux boucles de C.

ANNEXES

A Les vecteurs et les matrices
B Les équations des droites et des plans
C La démonstration des théorèmes
D Les aires et les longueurs en coordonnées polaires

A LES VECTEURS ET LES MATRICES

LES VECTEURS GÉOMÉTRIQUES

Dans un repère cartésien, le segment orienté allant du point A au point B détermine le vecteur $\overrightarrow{AB}$. Un vecteur est habituellement représenté par une flèche allant de A à B dans le plan ou l'espace. Le point A est l'origine (ou point initial) du vecteur $\overrightarrow{AB}$, et le point B est son extrémité. On note un vecteur en donnant explicitement son origine et son extrémité avec une flèche au-dessus ou encore par une lettre surmontée d'une flèche, comme $\vec{v}$.

Les vecteurs sont utilisés pour représenter des quantités ayant une grandeur, une direction et un sens, par exemple un déplacement, une vitesse, une force, une accélération, etc.

Un vecteur est caractérisé par sa grandeur, appelée **norme**, sa direction (la droite qui supporte le vecteur) et son sens (orientation). Graphiquement, la norme d'un vecteur est la longueur de la flèche qui le représente, et sa direction et son sens sont donnés par la direction et le sens de cette flèche. Lorsqu'il n'y a pas d'ambiguïté, on peut utiliser le terme « direction » pour désigner à la fois la direction et le sens d'un vecteur.

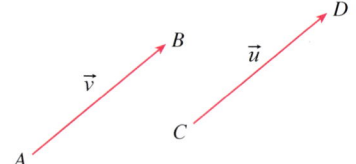

FIGURE 1
Des vecteurs équivalents.

Deux vecteurs ayant la même norme, la même direction et le même sens sont dits équivalents (voir la figure 1). Deux vecteurs équivalents n'ont pas nécessairement les mêmes extrémités, et il existe une infinité de vecteurs équivalents à un vecteur donné. Deux vecteurs ayant la même direction (mais pas nécessairement la même norme ou le même sens) sont dits parallèles.

Deux vecteurs peuvent être additionnés (voir la figure 2).

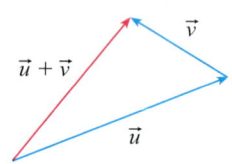

FIGURE 2
La somme de deux vecteurs.

> Si $\vec{u}$ et $\vec{v}$ sont des vecteurs, alors leur **somme** est le vecteur $\vec{w} = \vec{u} + \vec{v}$ dont l'origine est l'origine de $\vec{u}$ et dont l'extrémité est l'extrémité de $\vec{v}$ lorsque l'origine de $\vec{v}$ est placée à l'extrémité de $\vec{u}$.

On définit le produit d'un vecteur par un scalaire comme suit.

> Si c est un nombre réel et $\vec{u}$ est un vecteur, alors le produit de $\vec{u}$ par c est le vecteur $c\vec{u}$ dont la norme est $|c|$ fois la norme de $\vec{u}$, ayant la même direction que $\vec{u}$ et le même sens que $\vec{u}$ si $c > 0$ et le sens opposé si $c < 0$.

Le vecteur $c\vec{u}$ est un **multiple scalaire** de $\vec{u}$. Si $c = 0$ alors $c\vec{u}$ est le **vecteur nul**, noté $\vec{0}$, dont la norme est 0. En particulier, si $c = -1$, le vecteur $-\vec{u}$ est le vecteur opposé à $\vec{u}$.

FIGURE 3

La **différence** de deux vecteurs $\vec{u}$ et $\vec{v}$ est le vecteur

$$\vec{u} - \vec{v} = \vec{u} + (-\vec{v}).$$

EXEMPLE 1 Soit les vecteurs $\vec{u}$ et $\vec{v}$ illustrés à la figure 3. Déterminons le vecteur $\vec{w} = \vec{u} - 2\vec{v}$.

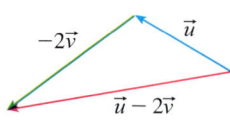

FIGURE 4

SOLUTION Le vecteur $-2\vec{v}$ est un vecteur dont la norme est deux fois celle de $\vec{v}$, ayant la même direction que ce dernier et de sens opposé. Le vecteur $\vec{w}$ est la somme des vecteurs $\vec{u}$ et $-2\vec{v}$ (voir la figure 4).

LES VECTEURS ALGÉBRIQUES

Dans un système de coordonnées cartésien, tout vecteur est équivalent à un vecteur dont le point initial est l'origine du système. Un tel vecteur est déterminé par son extrémité, donc il existe une correspondance entre les points géométriques et les vecteurs à l'origine (voir la figure 5).

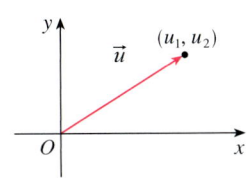

Dans le plan $\mathbb{R}^2$, les vecteurs $\vec{i}$ et $\vec{j}$ correspondant respectivement aux points $(1, 0)$ et $(0, 1)$, forment la **base canonique** de $\mathbb{R}^2$ considéré comme un ensemble de vecteurs en deux dimensions dont les extrémités sont les points (x, y). Ces deux vecteurs de base sont illustrés à la figure 6.

Tout vecteur $\vec{u}$ de $\mathbb{R}^2$ s'exprime comme une **combinaison linéaire** unique des vecteurs $\vec{i}$ et $\vec{j}$, c'est-à-dire comme une somme $\vec{u} = a\vec{i} + b\vec{j}$, où a et b sont des scalaires. Les nombres réels a et b sont les **composantes** du vecteur $\vec{u}$ (voir la figure 7).

Deux vecteurs sont égaux si et seulement si leurs composantes sont égales.

Les opérations d'addition, de multiplication par un scalaire et de soustraction de vecteurs peuvent être exprimées en termes des composantes des vecteurs (voir les figures 8 et 9).

FIGURE 5

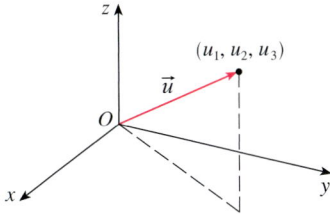

FIGURE 6

La base canonique de $\mathbb{R}^2$.

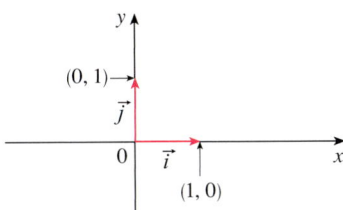

FIGURE 7

$\vec{u} = u_1\vec{i} + u_2\vec{j}$.

1

Si $\vec{u} = u_1\vec{i} + u_2\vec{j}$ et $\vec{v} = v_1\vec{i} + v_2\vec{j}$, et c est un scalaire alors

1. $\vec{u} + \vec{v} = (u_1 + v_1)\vec{i} + (u_2 + v_2)\vec{j}$;
2. $c\vec{u} = cu_1\vec{i} + cu_2\vec{j}$;
3. $\vec{u} - \vec{v} = (u_1 - v_1)\vec{i} + (u_2 - v_2)\vec{j}$.

Si $\|\vec{u}\|$ désigne la norme de $\vec{u} = u_1\vec{i} + u_2\vec{j}$, alors en vertu du théorème de Pythagore, elle se calcule à l'aide de la formule

$$\|\vec{u}\| = \sqrt{u_1^2 + u_2^2}.$$

La norme d'un vecteur est la distance entre les deux points qui le définissent. En particulier, si son point initial est l'origine, alors la norme du vecteur $\vec{u} = u_1\vec{i} + u_2\vec{j}$ est la distance de l'origine au point de coordonnées (u_1, u_2). La norme du **vecteur nul** $\vec{0} = 0\vec{i} + 0\vec{j}$ est égale à 0. Un **vecteur unitaire** est un vecteur dont la norme est égale à 1.

À l'aide des formules 1, on peut démontrer les propriétés suivantes des opérations sur les vecteurs.

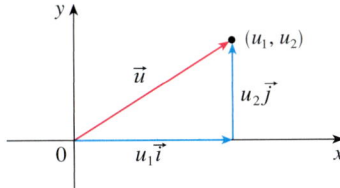

FIGURE 8

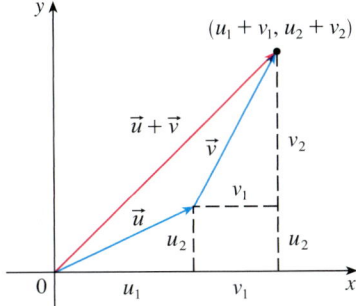

FIGURE 9

---

2 PROPRIÉTÉS DES OPÉRATIONS SUR LES VECTEURS

Si $\vec{u}, \vec{v}, \vec{w}$ sont des vecteurs et c, d sont des scalaires alors

1. $\vec{u} + \vec{v} = \vec{v} + \vec{u}$;
2. $\vec{u} + (\vec{v} + \vec{w}) = (\vec{u} + \vec{v}) + \vec{w}$;
3. $\vec{u} + \vec{0} = \vec{u}$;
4. $\vec{u} - \vec{u} = \vec{0}$;
5. $c(\vec{u} + \vec{v}) = c\vec{u} + c\vec{v}$;
6. $(c + d)\vec{u} = c\vec{u} + d\vec{u}$;
7. $(cd)\vec{u} = c(d\vec{u})$.

Les propriétés 1 peuvent aussi être démontrées géométriquement.

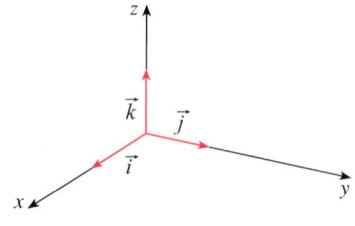

FIGURE 10
La base canonique de $\mathbb{R}^3$.

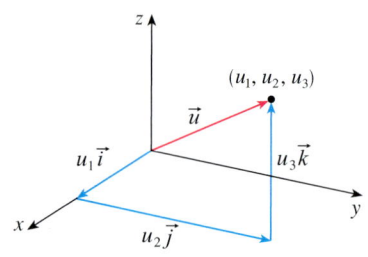

FIGURE 11
$\vec{u} = u_1\vec{i} + u_2\vec{j} + u_3\vec{k}$.

EXEMPLE 2 Soit les vecteurs $\vec{u} = \vec{i} - 2\vec{j}$, $\vec{v} = 4\vec{i} + 3\vec{j}$ et $\vec{w} = -5\vec{j}$. Calculons:

a) $\vec{u} - 2\vec{v} + 3\vec{w}$;

b) $\|\vec{u}\|$ et $\|\vec{w}\|$.

SOLUTION

a) $\vec{u} - 2\vec{v} + 3\vec{w} = (\vec{i} - 2\vec{j}) - 2(4\vec{i} + 3\vec{j}) + 3(-5\vec{j}) = (1 - 8)\vec{i} + (-2 - 6 - 15)\vec{j} = -7\vec{i} - 23\vec{j}$

b) $\|\vec{u}\| = \sqrt{1^2 + (-2)^2} = \sqrt{5}$, $\|\vec{w}\| = \sqrt{0^2 + (-5)^2} = 5$

Dans l'espace, les vecteurs $\vec{i}$, $\vec{j}$ et $\vec{k}$ correspondant respectivement aux points $(1, 0, 0)$, $(0, 1, 0)$ et $(0, 0, 1)$ forment la base canonique de $\mathbb{R}^3$, considéré comme un ensemble de vecteurs à l'origine (voir la figure 10). Tout vecteur de $\mathbb{R}^3$ peut s'écrire comme une combinaison linéaire unique $\vec{u} = a\vec{i} + b\vec{j} + c\vec{k}$, où a, b et c sont des nombres réels (voir la figure 11).

Si $A(x_1, y_1, z_1)$ et $B(x_2, y_2, z_2)$, alors $\overrightarrow{AB}$ est équivalent au vecteur $\vec{v} = (x_2 - x_1)\vec{i} + (y_2 - y_1)\vec{j} + (z_2 - z_1)\vec{k}$.

Les opérations sur les vecteurs sont définies en termes des composantes, de la même façon qu'en deux dimensions.

Si $\vec{u} = u_1\vec{i} + u_2\vec{j} + u_3\vec{k}$ et $\vec{v} = v_1\vec{i} + v_2\vec{j} + v_3\vec{k}$ et c est un scalaire alors

1. $\vec{u} + \vec{v} = (u_1 + v_1)\vec{i} + (u_2 + v_2)\vec{j} + (u_3 + v_3)\vec{k}$;

2. $c\vec{u} = cu_1\vec{i} + cu_2\vec{j} + cu_3\vec{k}$;

3. $\vec{u} - \vec{v} = (u_1 - v_1)\vec{i} + (u_2 - v_2)\vec{j} + (u_3 - v_3)\vec{k}$.

La norme de $\vec{u} = u_1\vec{i} + u_2\vec{j} + u_3\vec{k}$ se calcule à l'aide de la formule

$$\|\vec{u}\| = \sqrt{u_1^2 + u_2^2 + u_3^2}$$

et s'interprète comme la distance de l'origine au point (u_1, u_2, u_3). Le vecteur nul $\vec{0} = 0\vec{i} + 0\vec{j} + 0\vec{k}$ correspond à l'origine.

Les propriétés 2 sont valides pour les vecteurs de $\mathbb{R}^3$.

EXEMPLE 3 Soit les vecteurs $\vec{u} = 3\vec{i} + 2\vec{j} - 5\vec{k}$, $\vec{v} = \vec{i} + \vec{j}$ et $\vec{w} = 2\vec{i} + 4\vec{k}$. Calculons:

a) $2\vec{u} + 5\vec{v} - 3\vec{w}$;

b) $\|\vec{u}\|$ et $\|\vec{v}\|$.

SOLUTION

a) $2\vec{u} + 5\vec{v} - 3\vec{w} = 2(3\vec{i} + 2\vec{j} - 5\vec{k}) + 5(\vec{i} + \vec{j}) - 3(2\vec{i} + 4\vec{k})$
$= (6 + 5 - 6)\vec{i} + (4 + 5)\vec{j} + (-10 - 12)\vec{k} = 5\vec{i} + 9\vec{j} - 22\vec{k}$

b) $\|\vec{u}\| = \sqrt{3^2 + 2^2 + (-5)^2} = \sqrt{38}$ et $\|\vec{v}\| = \sqrt{1^2 + 1^2} = \sqrt{2}$

LE PRODUIT SCALAIRE

Le **produit scalaire** de deux vecteurs est défini comme suit.

> **3 DÉFINITION**
>
> Si $\vec{u} = u_1\vec{i} + u_2\vec{j} + u_3\vec{k}$ et $\vec{v} = v_1\vec{i} + v_2\vec{j} + v_3\vec{k}$, alors le produit scalaire de $\vec{u}$ et $\vec{v}$ est le nombre réel
>
> $$\vec{u} \bullet \vec{v} = u_1v_1 + u_2v_2 + u_3v_3.$$

Dans le cas de vecteurs de $\mathbb{R}^2$, les composantes u_3 et v_3 sont nulles, et le produit scalaire se réduit à

$$\vec{u} \bullet \vec{v} = u_1v_1 + u_2v_2.$$

Il est important de remarquer que $\vec{u} \bullet \vec{v}$ est un scalaire (et non un vecteur).

À l'aide de la définition, on peut démontrer les propriétés suivantes du produit scalaire.

> **4 PROPRIÉTÉS DU PRODUIT SCALAIRE**
>
> Si $\vec{u}$, $\vec{v}$, $\vec{w}$ sont des vecteurs et c est un scalaire alors
>
> 1. $\vec{u} \bullet \vec{u} = \|\vec{u}\|^2$;
> 2. $\vec{u} \bullet \vec{v} = \vec{v} \bullet \vec{u}$;
> 3. $\vec{u} \bullet (\vec{v} + \vec{w}) = \vec{u} \bullet \vec{v} + \vec{u} \bullet \vec{w}$;
> 4. $(c\vec{u}) \bullet \vec{v} = c(\vec{u} \bullet \vec{v}) = \vec{u} \bullet (c\vec{v})$;
> 5. $\vec{0} \bullet \vec{u} = 0$.

EXEMPLE 4 Soit les vecteurs $\vec{u} = \vec{i} - 2\vec{j} - 4\vec{k}$, $\vec{v} = \vec{i} - 7\vec{j} + 2\vec{k}$ et $\vec{w} = 2\vec{i} + 4\vec{k}$. Calculons :

a) $\vec{u} \bullet \vec{v}$;

b) $\|\vec{u}\|$;

c) $(2\vec{v}) \bullet (3\vec{u})$;

d) $(\vec{u} - 2\vec{v}) \bullet \vec{w}$.

SOLUTION

a) $\vec{u} \bullet \vec{v} = 1 \bullet 1 + (-2) \bullet (-7) + (-4) \bullet 2 = 7$

b) $\|\vec{u}\| = \sqrt{\vec{u} \bullet \vec{u}} = \sqrt{1 \bullet 1 + (-2) \bullet (-2) + (-4) \bullet (-4)} = \sqrt{21}$

c) $(2\vec{v}) \bullet (3\vec{u}) = 2 \bullet 3(\vec{v} \bullet \vec{u}) = 6(\vec{u} \bullet \vec{v}) = 6(7) = 42$

d) $(\vec{u} - 2\vec{v}) \bullet \vec{w} = \vec{u} \bullet \vec{w} - 2\vec{v} \bullet \vec{w} = (2 + 0 - 16) - 2(2 + 0 + 8) = -34$

Le produit scalaire possède une interprétation géométrique importante. Soit $\vec{u} = u_1\vec{i} + u_2\vec{j} + u_3\vec{k}$ correspondant au point $A = (u_1, u_2, u_3)$, et $\vec{v} = v_1\vec{i} + v_2\vec{j} + v_3\vec{k}$ correspondant au point $B = (v_1, v_2, v_3)$. Par définition, l'angle θ formé par les deux segments orientés $\overrightarrow{OA}$ et $\overrightarrow{OB}$ (où $O(0, 0, 0)$ est l'origine), mesuré dans le plan qui les contient tous les deux, est **l'angle entre les vecteurs** $\vec{u}$ et $\vec{v}$ (voir la figure 12).

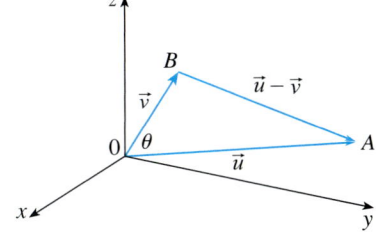

FIGURE 12

La formule du théorème 5 est parfois utilisée comme définition du produit scalaire et elle peut être déduite comme une conséquence de la loi des cosinus.

> **5 THÉORÈME**
>
> Si θ est l'angle entre les vecteurs $\vec{u}$ et $\vec{v}$, alors
> $$\vec{u} \cdot \vec{v} = \|\vec{u}\|\|\vec{v}\|\cos(\theta).$$

Le théorème 5 donne une façon de calculer l'angle entre deux vecteurs : l'angle entre $\vec{u}$ et $\vec{v}$ est donné par

$$\cos(\theta) = \frac{\vec{u} \cdot \vec{v}}{\|\vec{u}\|\|\vec{v}\|}.$$

EXEMPLE 5 Supposons que $\|\vec{u}\| = 2$ et $\|\vec{v}\| = 5$, et que l'angle entre ces vecteurs est $\pi/6$; calculons leur produit scalaire.

SOLUTION On a $\vec{u} \cdot \vec{v} = \|\vec{u}\|\|\vec{v}\|\cos(\theta) = 2 \cdot 5 \cdot \cos(\pi/6) = 5\sqrt{3}$.

EXEMPLE 6 Calculons l'angle entre les vecteurs $\vec{u} = 2\vec{i} + \vec{j} - \vec{k}$ et $\vec{v} = 5\vec{i} - 3\vec{j} + 2\vec{k}$.

SOLUTION On a $\vec{u} \cdot \vec{v} = 10 - 3 - 2 = 5$, $\|\vec{u}\| = \sqrt{4+1+1} = \sqrt{6}$ et $\|\vec{v}\| = \sqrt{25+9+4} = \sqrt{38}$. On a donc

$$\cos(\theta) = \frac{\vec{u} \cdot \vec{v}}{\|\vec{u}\|\|\vec{v}\|} = \frac{5}{\sqrt{6 \cdot 38}} = \frac{5}{\sqrt{228}}.$$

Par conséquent, $\theta = \arccos\left(\frac{5}{\sqrt{228}}\right) \approx 1{,}23$ rad.

Deux vecteurs $\vec{u}$ et $\vec{v}$ non nuls sont **orthogonaux** (ou **perpendiculaires**) si l'angle entre les deux est de $\pi/2$. Dans ce cas, le théorème 5 implique que le produit scalaire des deux vecteurs est nul, car $\cos(\pi/2) = 0$. Réciproquement, si $\vec{u} \cdot \vec{v} = 0$, alors, puisque les normes des deux vecteurs sont strictement positives (car les vecteurs sont non nuls), on doit avoir $\cos(\theta) = 0$, ce qui implique que $\theta = \pi/2$. On a donc le théorème suivant.

> **6 THÉORÈME**
>
> Deux vecteurs $\vec{u}$ et $\vec{v}$ sont orthogonaux si et seulement si $\vec{u} \cdot \vec{v} = 0$.

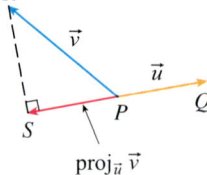
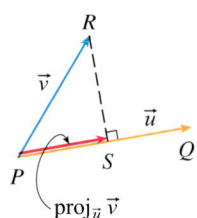

FIGURE 13
La projection de $\vec{v}$ sur $\vec{u}$.

La figure 13 montre deux vecteurs $\vec{u} = \overrightarrow{PQ}$ et $\vec{v} = \overrightarrow{PR}$ ayant le même point initial P. La perpendiculaire abaissée du point R sur le segment PQ détermine un point S sur ce segment. Le vecteur $\overrightarrow{PS}$ est appelé la **projection** de $\vec{v}$ sur $\vec{u}$, et celle-ci est notée $\text{proj}_{\vec{u}}\vec{v}$. La projection est un vecteur ayant la même direction que $\vec{u}$. Le nombre $\|\vec{v}\|\cos(\theta)$ est appelé la **composante de $\vec{v}$ dans la direction de $\vec{u}$**, et celle-ci est notée $\text{comp}_{\vec{u}}\vec{v}$. Sa valeur absolue est égale à la longueur du segment PS (voir la figure 14).

Selon le théorème 5, on a

$$\text{comp}_{\vec{u}}\vec{v} = \|\vec{v}\|\cos(\theta) = \frac{\vec{u} \cdot \vec{v}}{\|\vec{u}\|}.$$

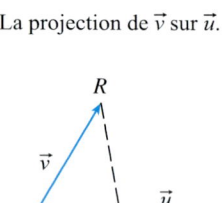

FIGURE 14
La composante de $\vec{v}$ dans la direction de $\vec{u}$.

De plus, puisque $\frac{\vec{u}}{\|\vec{u}\|}$ est un vecteur unitaire de même direction et de même sens que $\vec{u}$, la projection de $\vec{v}$ sur $\vec{u}$ est

$$\text{proj}_{\vec{u}}\vec{v} = \left(\frac{\vec{u} \cdot \vec{v}}{\|\vec{u}\|}\right)\frac{\vec{u}}{\|\vec{u}\|} = \frac{\vec{u} \cdot \vec{v}}{\|\vec{u}\|^2}\vec{u}.$$

On note que si $\vec{u}$ et $\vec{v}$ sont orthogonaux, alors $\text{proj}_{\vec{u}}\vec{v} = \vec{0}$.

LE PRODUIT VECTORIEL

Le **produit vectoriel** de deux vecteurs de $\mathbb{R}^3$ est défini comme suit.

> **7 DÉFINITION**
>
> Si $\vec{u} = u_1\vec{i} + u_2\vec{j} + u_3\vec{k}$ et $\vec{v} = v_1\vec{i} + v_2\vec{j} + v_3\vec{k}$, alors le produit vectoriel de $\vec{u}$ et $\vec{v}$ est le vecteur
>
> $$\vec{u} \times \vec{v} = (u_2v_3 - u_3v_2)\vec{i} + (u_3v_1 - u_1v_3)\vec{j} + (u_1v_2 - u_2v_1)\vec{k}.$$

Le produit vectoriel de $\vec{u}$ et $\vec{v}$ peut aussi être noté $\vec{u} \wedge \vec{v}$. Il est plus facile de se rappeler la formule pour le produit vectoriel lorsque celui-ci est exprimé en termes de déterminants (voir la définition 14 à la page 494). À partir de la définition, on peut facilement vérifier que

$$\vec{u} \times \vec{v} = \begin{vmatrix} u_2 & u_3 \\ v_2 & v_3 \end{vmatrix}\vec{i} - \begin{vmatrix} u_1 & u_3 \\ v_1 & v_3 \end{vmatrix}\vec{j} + \begin{vmatrix} u_2 & u_3 \\ v_2 & v_3 \end{vmatrix}\vec{k}.$$

Or, cette expression peut être écrite symboliquement

$$\vec{u} \times \vec{v} = \begin{vmatrix} \vec{i} & \vec{j} & \vec{k} \\ u_1 & u_2 & u_3 \\ v_1 & v_2 & v_3 \end{vmatrix}$$

si on développe ce déterminant selon la première ligne comme s'il s'agissait du déterminant d'une matrice de dimension 3×3.

EXEMPLE 7 Soit les vecteurs

$$\vec{u} = \vec{i} + 3\vec{j} + 4\vec{k} \text{ et } \vec{v} = 2\vec{i} + 7\vec{j} - 5\vec{k}.$$

Calculons $\vec{u} \times \vec{v}$ et $\vec{u} \times \vec{u}$.

SOLUTION On a

$$\vec{u} \times \vec{v} = \begin{vmatrix} \vec{i} & \vec{j} & \vec{k} \\ 1 & 3 & 4 \\ 2 & 7 & -5 \end{vmatrix} = \begin{vmatrix} 3 & 4 \\ 7 & -5 \end{vmatrix}\vec{i} - \begin{vmatrix} 1 & 4 \\ 2 & -5 \end{vmatrix}\vec{j} + \begin{vmatrix} 1 & 3 \\ 2 & 7 \end{vmatrix}\vec{k}$$
$$= (-15 - 28)\vec{i} - (-5 - 8)\vec{j} + (7 - 6)\vec{k} = -43\vec{i} + 13\vec{j} + \vec{k}$$

et

$$\vec{u} \times \vec{u} = \begin{vmatrix} \vec{i} & \vec{j} & \vec{k} \\ 1 & 3 & 4 \\ 1 & 3 & 4 \end{vmatrix} = \begin{vmatrix} 3 & 4 \\ 3 & 4 \end{vmatrix}\vec{i} - \begin{vmatrix} 1 & 4 \\ 1 & 4 \end{vmatrix}\vec{j} + \begin{vmatrix} 1 & 3 \\ 1 & 3 \end{vmatrix}\vec{k}$$
$$= 0\vec{i} - 0\vec{j} + 0\vec{k} = \vec{0}.$$

Le résultat du deuxième calcul de l'exemple 7 reflète une propriété du produit vectoriel :

$$\vec{u} \times \vec{u} = \vec{0}$$

quel que soit le vecteur $\vec{u}$.

Le produit vectoriel vérifie les propriétés suivantes.

> **8 PROPRIÉTÉS DU PRODUIT VECTORIEL**
>
> Si $\vec{u}, \vec{v}, \vec{w}$ sont des vecteurs et c est un scalaire alors
>
> 1. $\vec{u} \times \vec{v} = -\vec{v} \times \vec{u}$;
> 2. $(c\vec{u} \times \vec{v}) = \vec{u} \times (c\vec{v}) = c(\vec{u} \times \vec{v})$;
> 3. $\vec{u} \times (\vec{v} + \vec{w}) = \vec{u} \times \vec{v} + \vec{u} \times \vec{w}$;
> 4. $\vec{u} \times (\vec{v} \times \vec{w}) = (\vec{u} \cdot \vec{w})\vec{v} - (\vec{u} \cdot \vec{v})\vec{w}$;
> 5. $\vec{u} \times (\vec{v} \times \vec{w}) + \vec{v} \times (\vec{w} \times \vec{u}) + \vec{w} \times (\vec{u} \times \vec{v}) = \vec{0}$.

Une des plus importantes propriétés du produit vectoriel est donnée par le théorème 9.

> **9 THÉORÈME**
>
> Le vecteur $\vec{u} \times \vec{v}$ est orthogonal aux vecteurs $\vec{u}$ et $\vec{v}$.

Ce résultat peut être démontré directement à partir de la définition du produit vectoriel.

EXEMPLE 8 Trouvons un vecteur unitaire orthogonal aux vecteurs $\vec{u} = \vec{i} - \vec{j}$ et $\vec{v} = 2\vec{i} - 3\vec{j} + 4\vec{k}$.

SOLUTION Soit

$$\vec{w} = \vec{u} \times \vec{v} = \begin{vmatrix} \vec{i} & \vec{j} & \vec{k} \\ 1 & -1 & 0 \\ 2 & -3 & 4 \end{vmatrix} = \begin{vmatrix} -1 & 0 \\ -3 & 4 \end{vmatrix}\vec{i} - \begin{vmatrix} 1 & 0 \\ 2 & 4 \end{vmatrix}\vec{j} + \begin{vmatrix} 1 & -1 \\ 2 & -3 \end{vmatrix}\vec{k} = -4\vec{i} - 4\vec{j} - \vec{k}.$$

Selon le théorème 9, le vecteur $\vec{w}$ est orthogonal à $\vec{u}$ et à $\vec{v}$. On peut le vérifier à l'aide du produit scalaire : on calcule $\vec{w} \cdot \vec{u} = -4 + 4 = 0$ et $\vec{w} \cdot \vec{v} = -8 + 12 - 4 = 0$.

Le vecteur unitaire cherché est

$$\vec{a} = \frac{\vec{w}}{\|\vec{w}\|} = \frac{1}{\sqrt{33}}(-4\vec{i} - 4\vec{j} - \vec{k}).$$

Un autre vecteur unitaire orthogonal à $\vec{u}$ et à $\vec{v}$ est $-\vec{a} = \dfrac{1}{\sqrt{33}}(4\vec{i} + 4\vec{j} + \vec{k})$.

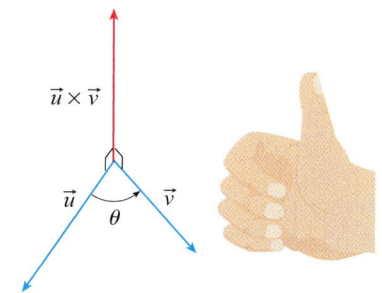

FIGURE 15

La direction et le sens du vecteur $\vec{u} \times \vec{v}$ sont donnés par la **règle de la main droite** : si les doigts de la main droite s'enroulent selon une rotation qui amène $\vec{u}$ vers $\vec{v}$, alors le pouce pointe dans la direction de $\vec{u} \times \vec{v}$ (voir la figure 15).

À l'aide de la définition du produit vectoriel et du théorème 5, on peut démontrer le résultat suivant.

> **10 THÉORÈME**
>
> Si θ est l'angle entre les vecteurs $\vec{u}$ et $\vec{v}$, alors
>
> $$\|\vec{u} \times \vec{v}\| = \|\vec{u}\|\|\vec{v}\|\sin(\theta).$$

Ce théorème implique que si $\vec{u}$ et $\vec{v}$ sont parallèles (donc $\theta = 0$), alors $\|\vec{u} \times \vec{v}\| = 0$ et donc $\vec{u} \times \vec{v} = \vec{0}$.

Puisque les normes de $\vec{i}, \vec{j}$ et $\vec{k}$ sont égales à 1 et que ces vecteurs sont orthogonaux entre eux, le théorème 10 et la règle de la main droite impliquent que

$$\vec{i} \times \vec{j} = \vec{k}, \quad \vec{j} \times \vec{k} = \vec{i}, \quad \vec{k} \times \vec{i} = \vec{j}.$$

Le produit vectoriel possède une interprétation géométrique utile. Si l'origine et l'extrémité du vecteur $\vec{u}$ sont A et B respectivement, et si l'origine et l'extrémité de $\vec{v}$ sont A et C, alors le parallélogramme engendré par $\vec{u}$ et $\vec{v}$ est par définition le parallélogramme déterminé par les sommets A, B, C.

> Si P est le parallélogramme engendré par les vecteurs $\vec{u}$ et $\vec{v}$, alors
> $$\text{aire}(P) = \|\vec{u} \times \vec{v}\|.$$

La figure 16 montre pourquoi cette formule est valide.

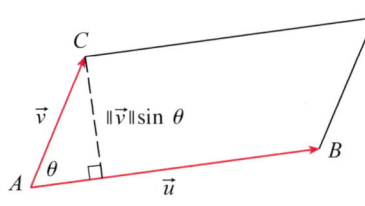

FIGURE 16

EXEMPLE 9 Calculons l'aire du parallélogramme déterminé par les points $A(1, 4, 6)$, $B(-2, 5, -1)$ et $C(1, -1, 1)$.

SOLUTION On détermine d'abord les vecteurs qui engendrent le parallélogramme :
$$\vec{AB} = (-2-1)\vec{i} + (5-4)\vec{j} + (-1-6)\vec{k} = -3\vec{i} + \vec{j} - 7\vec{k}$$
et
$$\vec{AC} = (1-1)\vec{i} + (-1-4)\vec{j} + (1-6)\vec{k} = -5\vec{j} - 5\vec{k}.$$

Le produit vectoriel est
$$\vec{AB} \times \vec{AC} = \begin{vmatrix} \vec{i} & \vec{j} & \vec{k} \\ -3 & 1 & -7 \\ 0 & -5 & -5 \end{vmatrix}$$
$$= \begin{vmatrix} 1 & -7 \\ -5 & -5 \end{vmatrix} \vec{i} - \begin{vmatrix} -3 & -7 \\ 0 & -5 \end{vmatrix} \vec{j} + \begin{vmatrix} -3 & 1 \\ 0 & -5 \end{vmatrix} \vec{k}$$
$$= -40\vec{i} - 15\vec{j} + 15\vec{k}.$$

L'aire du parallélogramme est donc
$$\|\vec{AB} \times \vec{AC}\| = \sqrt{40^2 + 15^2 + 15^2} = \sqrt{2050} \approx 45,28.$$

LES VECTEURS DE $\mathbb{R}^n$

Les notions précédentes se généralisent aux vecteurs à n dimensions. On note $\vec{e}_i$ le vecteur de $\mathbb{R}^n$ correspondant au point dont les coordonnées sont toutes nulles, sauf la i-ième qui est égale à 1. Les vecteurs $\{\vec{e}_1, \vec{e}_2, \ldots, \vec{e}_n\}$ forment la base canonique de $\mathbb{R}^n$. Tout vecteur dans cet espace peut s'écrire comme une combinaison linéaire unique
$$\vec{u} = u_1\vec{e}_1 + u_2\vec{e}_2 + \cdots + u_n\vec{e}_n.$$

Les opérations sur les vecteurs sont définies de la même façon qu'en dimensions 2 et 3.

> Si $\vec{u} = u_1\vec{e}_1 + u_2\vec{e}_2 + \cdots + u_n\vec{e}_n$ et $\vec{v} = v_1\vec{e}_1 + v_2\vec{e}_2 + \cdots + v_n\vec{e}_n$ sont des vecteurs et c est un scalaire alors
>
> **1.** $c\vec{u} = \sum_{i=1}^{n} cu_i\vec{e}_i$; **2.** $\vec{u} \cdot \vec{v} = \sum_{i=1}^{n} u_i v_i$;
>
> **3.** $\vec{u} + \vec{v} = \sum_{i=1}^{n} (u_i + v_i)\vec{e}_i$; **4.** $\|\vec{u}\| = \sqrt{u_1^2 + u_2^2 + \cdots + u_n^2}$;
>
> **5.** $\vec{u} - \vec{v} = \sum_{i=1}^{n} (u_i - v_i)\vec{e}_i$.

Les propriétés 2 et 4 sont aussi valides pour les vecteurs de $\mathbb{R}^n$.

LES MATRICES

Une **matrice** est un tableau de nombres disposés en lignes et en colonnes. Si une matrice possède m lignes et n colonnes alors sa **dimension** (ou sa **taille**) est $m \times n$. Les nombres dans une matrice sont appelés **éléments**. On désigne habituellement une matrice par une lettre majuscule. L'élément de la matrice A situé sur la i-ième ligne et la j-ième colonne est noté a_{ij}.

EXEMPLE 10 La matrice $A = \begin{bmatrix} 1 & 2 \\ 3 & -4 \\ -5 & 6 \end{bmatrix}$ est de dimension 3×2. L'élément a_{21} de A est 3.

La matrice $B = \begin{bmatrix} 0 & 2 & 1 \\ -2 & -1 & 0 \end{bmatrix}$ est de dimension 2×3. L'élément b_{22} de B est -1.

Deux matrices A et B sont égales si et seulement si leurs éléments correspondants sont égaux, c'est-à-dire que $a_{ij} = b_{ij}$ pour tous les i et j.

Une matrice **carrée** est une matrice ayant le même nombre de lignes et de colonnes, c'est-à-dire de dimension $n \times n$. La **diagonale principale** d'une matrice carrée A est constituée des éléments a_{ii}, $i = 1, 2, \ldots, n$. Une matrice **diagonale** est une matrice carrée dont tous les éléments qui ne sont pas sur la diagonale principale sont nuls. La **matrice identité** de dimension n, notée I_n, est la matrice diagonale dont tous les éléments non nuls sont égaux à 1.

EXEMPLE 11 Considérons les matrices

$$A = \begin{bmatrix} 2 & 3 & 0 \\ 2 & 4 & -1 \\ 1 & 0 & -2 \end{bmatrix}, \quad B = \begin{bmatrix} 1 & 0 & 0 \\ 0 & 5 & 0 \\ 0 & 0 & -2 \end{bmatrix}, \quad I_3 = \begin{bmatrix} 1 & 0 & 0 \\ 0 & 1 & 0 \\ 0 & 0 & 1 \end{bmatrix}.$$

Toutes ces matrices sont de dimension 3×3. La matrice A est une matrice carrée dont la diagonale principale est constituée des éléments 2, 4 et -2. La matrice B est une matrice diagonale. La matrice I_3 est la matrice identité de dimension 3.

La **matrice nulle** de dimension $m \times n$ est la matrice, notée $0_{m \times n}$, dont tous les éléments sont 0. Un **vecteur ligne** de taille n est une matrice possédant une seule ligne et n colonnes, c'est-à-dire de dimension $1 \times n$. Un **vecteur colonne** de taille m est une matrice possédant une seule colonne et m lignes, c'est-à-dire de dimension $m \times 1$.

EXEMPLE 12 Considérons les matrices

$$0_{2 \times 2} = \begin{bmatrix} 0 & 0 \\ 0 & 0 \end{bmatrix}, \quad A = \begin{bmatrix} 2 & -1 & 3 \end{bmatrix}, \quad B = \begin{bmatrix} 1 \\ -2 \end{bmatrix}.$$

La matrice $0_{2 \times 2}$ est la matrice nulle de dimension 2×2, A est un vecteur ligne de taille 3 et B est un vecteur colonne de taille 2.

LES OPÉRATIONS SUR LES MATRICES

Si A est une matrice et c est un scalaire alors cA est la matrice dont les éléments sont ceux de A multipliés par c, c'est-à-dire ca_{ij}.

Si A et B sont des matrices de même dimension alors leur **somme** est la matrice C dont l'élément (i, j) est la somme des éléments (i, j) de A et B : $c_{ij} = a_{ij} + b_{ij}$. La somme de deux matrices n'est pas définie si elles n'ont pas la même dimension. On définit la différence de matrices de même dimension par $A - B = A + (-B)$.

EXEMPLE 13 Considérons

$$A = \begin{bmatrix} 1 & -2 & 0 \\ 3 & 1 & -4 \end{bmatrix} \text{ et } B = \begin{bmatrix} 4 & 3 & 2 \\ 0 & -1 & 1 \end{bmatrix}.$$

On a

$$2A = \begin{bmatrix} 2 & -4 & 0 \\ 6 & 2 & -8 \end{bmatrix}, A + B = \begin{bmatrix} 5 & 1 & 2 \\ 3 & 0 & -3 \end{bmatrix} \text{ et } A - B = \begin{bmatrix} -3 & -5 & -2 \\ 3 & 2 & -5 \end{bmatrix}.$$

L'addition de matrices vérifie les propriétés suivantes.

---

11 PROPRIÉTÉS DE L'ADDITION DE MATRICES

Si A, B, C sont des matrices et 0 est la matrice nulle alors

1. $A + B = B + A$;

2. $A + (B + C) = (A + B) + C$;

3. $A + 0 = A$.

Si A est une matrice de dimension $m \times n$ et B est une matrice de dimension $n \times p$, le **produit matriciel** de A et B est la matrice C de dimension $m \times n$ dont l'élément (i, j) est donné par la formule

$$c_{ij} = a_{i1}b_{1j} + a_{i2}b_{2j} + \cdots + a_{in}b_{nj} = \sum_{k=1}^{n} a_{ik}b_{kj}.$$

Si on considère chaque ligne de A et chaque colonne de B comme les composantes d'un vecteur, alors l'élément c_{ij} est le produit scalaire de la i-ième ligne de A et de la j-ième colonne de B. Le produit de deux matrices est défini seulement si le nombre de colonnes de la première est égal au nombre de lignes de la deuxième.

EXEMPLE 14 Le produit de $A = \begin{bmatrix} 0 & 2 & 1 \\ -2 & -1 & 0 \end{bmatrix}$ et $B = \begin{bmatrix} 1 & 2 \\ 3 & -4 \\ -5 & 6 \end{bmatrix}$ est

$$AB = \begin{bmatrix} 0 \cdot 1 + 2 \cdot 3 + 1 \cdot (-5) & 0 \cdot 2 + 2 \cdot (-4) + 1 \cdot 6 \\ -2 \cdot 1 + (-1) \cdot 3 + 0 \cdot (-5) & -2 \cdot 2 + (-1) \cdot (-4) + 0 \cdot 6 \end{bmatrix} = \begin{bmatrix} 1 & -2 \\ -5 & 0 \end{bmatrix}.$$

La multiplication de matrices vérifie les propriétés qui suivent.

---

12 PROPRIÉTÉS DU PRODUIT MATRICIEL

Si A, B, C sont des matrices, 0 est la matrice nulle et I est la matrice identité, alors, lorsque les opérations sont définies,

1. $(AB)C = A(BC)$;   2. $A(B + C) = AB + AC$;

3. $(A + B)C = AC + BC$;   4. $A0 = 0A = 0$;

5. $AI = IA = A$.

Le produit matriciel n'est pas commutatif : en général, $AB \neq BA$.

Si A et B sont des matrices carrées telles que $AB = BA = I$, alors la matrice B est l'**inverse** de A et on la note $B = A^{-1}$. Dans ce cas, on dit que A est **inversible**.

EXEMPLE 15 Considérons les matrices

$$A = \begin{bmatrix} 1 & 1 & 2 \\ 2 & 4 & -3 \\ 3 & 6 & -5 \end{bmatrix}, B = \begin{bmatrix} 1 & 0 \\ 3 & 4 \end{bmatrix} \text{ et } C = \begin{bmatrix} 0 & 2 \\ -2 & 3 \end{bmatrix}.$$

On a $BC = \begin{bmatrix} 0 & 2 \\ -8 & 18 \end{bmatrix}$ et $CB = \begin{bmatrix} 6 & 8 \\ 7 & 12 \end{bmatrix}$, donc $BC \neq CB$.

La matrice $A^{-1} = \begin{bmatrix} 2 & -17 & 11 \\ -1 & 11 & -7 \\ 0 & 3 & -2 \end{bmatrix}$ est l'inverse de A, car $AA^{-1} = A^{-1}A = I_3$.

Un cas particulier important du produit matriciel survient lorsque l'une des matrices est un vecteur ligne ou colonne. Si u est un vecteur colonne de taille p et A est une matrice de dimension $m \times p$, alors le produit Au est un vecteur colonne de taille m. Si v est un vecteur ligne de taille q et A est une matrice de dimension $q \times n$, alors le produit vA est un vecteur ligne de taille n.

Si A est une matrice de dimension $m \times n$, alors sa **transposée** est la matrice A^T de dimension $n \times m$ dont l'élément (i, j) est l'élément (j, i) de A. Autrement dit, A^T est obtenue de A en interchangeant les lignes et les colonnes. À partir de la définition, on peut montrer que

$$(A + B)^T = A^T + B^T \text{ et } (AB)^T = B^T A^T.$$

Une matrice carrée est **symétrique** si $A^T = A$.

EXEMPLE 16 La transposée de la matrice $A = \begin{bmatrix} 1 & 2 & 0 \\ -3 & 4 & 5 \end{bmatrix}$ est $A^T = \begin{bmatrix} 1 & -3 \\ 2 & 4 \\ 0 & 5 \end{bmatrix}$.

La matrice $B = \begin{bmatrix} 3 & 0 & 1 \\ 0 & -2 & -5 \\ 1 & -5 & 1 \end{bmatrix}$ est symétrique, car $B^T = B$.

LES DÉTERMINANTS

Si $A = \begin{bmatrix} a & b \\ c & d \end{bmatrix}$ est une matrice de dimension 2×2, son **déterminant** est le nombre réel défini par

13
$$\det A = \begin{vmatrix} a & b \\ c & d \end{vmatrix} = ad - bc.$$

Par exemple,

$$\begin{vmatrix} 2 & 1 \\ -6 & 4 \end{vmatrix} = 2 \cdot 4 - 1 \cdot (-6) = 14.$$

Si A est une matrice de dimension 3×3, alors son déterminant est défini par

14
$$\det A = \begin{vmatrix} a_{11} & a_{12} & a_{13} \\ a_{21} & a_{22} & a_{23} \\ a_{31} & a_{32} & a_{33} \end{vmatrix} = a_{11} \begin{vmatrix} a_{22} & a_{23} \\ a_{32} & a_{33} \end{vmatrix} - a_{12} \begin{vmatrix} a_{21} & a_{23} \\ a_{31} & a_{33} \end{vmatrix} + a_{13} \begin{vmatrix} a_{21} & a_{22} \\ a_{31} & a_{32} \end{vmatrix}.$$

On remarque que $\det A$ est obtenu par un développement selon la première ligne, comme suit. Chacun des trois termes de la somme est le produit d'un élément de la première ligne de A et du déterminant de la matrice 2×2 obtenue à partir de A en enlevant la ligne et la colonne correspondant à cet élément. Le signe de chaque terme alterne : d'abord +, puis − et + à nouveau.

On peut calculer le déterminant de A en le développant selon n'importe quelle ligne ou colonne de la même façon que selon la première ligne, en faisant alterner les signes comme on peut le voir ci-dessous.

$$\begin{bmatrix} + & - & + \\ - & + & - \\ + & - & + \end{bmatrix}$$

La valeur du déterminant ne dépend pas de la ligne ou de la colonne utilisée pour le développement.

EXEMPLE 17 Calculons le déterminant de la matrice $A = \begin{bmatrix} 1 & 1 & 2 \\ 2 & 4 & -3 \\ 3 & 6 & -5 \end{bmatrix}$ de deux façons.

SOLUTION 1 On développe le déterminant selon la première ligne :

$$\det A = \begin{vmatrix} 1 & 1 & 2 \\ 2 & 4 & -3 \\ 3 & 6 & -5 \end{vmatrix} = 1 \cdot \begin{vmatrix} 4 & -3 \\ 6 & -5 \end{vmatrix} - 1 \cdot \begin{vmatrix} 2 & -3 \\ 3 & -5 \end{vmatrix} + 2 \cdot \begin{vmatrix} 2 & 4 \\ 3 & 6 \end{vmatrix}$$
$$= (4 \cdot (-5) - (-3) \cdot 6) - (2 \cdot (-5) - (-3) \cdot 3) + 2(2 \cdot 6 - 4 \cdot 3) = -2 + 1 + 0 = -1.$$

SOLUTION 2 On développe le déterminant selon la deuxième colonne :

$$\det A = \begin{vmatrix} 1 & 1 & 2 \\ 2 & 4 & -3 \\ 3 & 6 & -5 \end{vmatrix} = -1 \cdot \begin{vmatrix} 2 & -3 \\ 3 & -5 \end{vmatrix} + 4 \cdot \begin{vmatrix} 1 & 2 \\ 3 & -5 \end{vmatrix} - 6 \cdot \begin{vmatrix} 1 & 2 \\ 2 & -3 \end{vmatrix}$$
$$= -(2 \cdot (-5) - (-3) \cdot 3) + 4(1 \cdot (-5) - 2 \cdot 3) - 6(1 \cdot (-3) - 2 \cdot 2) = 1 - 44 + 42 = -1.$$

Le calcul du déterminant pour une matrice de dimension $n \times n$ se fait aussi en développant selon une ligne ou une colonne, avec des signes alternés pour les termes de la somme, en commençant par + si le numéro de la ligne ou colonne est impair et par − s'il est pair. En général, ce développement donne lieu à des déterminants de dimension $(n-1) \times (n-1)$, que l'on calcule de la même façon.

Dans le cas où A est une matrice diagonale, le déterminant est simplement le produit des éléments diagonaux : $\det A = a_{11} a_{22} \cdots a_{nn}$. En particulier, $\det I = 1$.

EXEMPLE 18 Calculons le déterminant des matrices

$$A = \begin{bmatrix} 1 & 0 & 2 & -1 \\ 2 & 1 & 1 & 1 \\ -2 & 1 & -2 & 0 \\ 0 & 2 & 2 & 0 \end{bmatrix} \text{ et } B = \begin{bmatrix} 6 & 0 & 0 \\ 0 & -2 & 0 \\ 0 & 0 & 1 \end{bmatrix}.$$

SOLUTION On développe le déterminant de A selon la quatrième colonne, car la présence de zéros simplifiera le calcul :

$$\det A = \begin{vmatrix} 1 & 0 & 2 & -1 \\ 2 & 1 & 1 & 1 \\ -2 & 1 & -2 & 0 \\ 0 & 2 & 2 & 0 \end{vmatrix} = -(-1) \cdot \begin{vmatrix} 2 & 1 & 1 \\ -2 & 1 & -2 \\ 0 & 2 & 2 \end{vmatrix} + 1 \cdot \begin{vmatrix} 1 & 0 & 2 \\ -2 & 1 & -2 \\ 0 & 2 & 2 \end{vmatrix} - 0 \cdot \begin{vmatrix} 1 & 0 & 2 \\ 2 & 1 & 1 \\ 0 & 2 & 2 \end{vmatrix} + 0 \cdot \begin{vmatrix} 1 & 0 & 2 \\ 2 & 1 & 1 \\ -2 & 1 & -2 \end{vmatrix}$$
$$= \left(2 \cdot \begin{vmatrix} 1 & -2 \\ 2 & 2 \end{vmatrix} - 1 \cdot \begin{vmatrix} -2 & -2 \\ 0 & 2 \end{vmatrix} + 1 \cdot \begin{vmatrix} -2 & 1 \\ 0 & 2 \end{vmatrix}\right) + \left(1 \cdot \begin{vmatrix} 1 & -2 \\ 2 & 2 \end{vmatrix} - 0 \cdot \begin{vmatrix} -2 & -2 \\ 0 & 2 \end{vmatrix} + 2 \cdot \begin{vmatrix} -2 & 1 \\ 0 & 2 \end{vmatrix}\right) - 0 + 0$$
$$= (2 \cdot 6 - (-4) + (-4)) + (6 - 0 + 2 \cdot (-4)) = 10.$$

La matrice B est diagonale, donc $\det B = 6 \cdot (-2) \cdot 1 = -12.$

Le déterminant vérifie les propriétés suivantes, qui peuvent être démontrées directement à partir de la définition.

> **15 PROPRIÉTÉS DES DÉTERMINANTS**
>
> 1. $\det A^T = \det A$.
>
> 2. Si A et B sont des matrices carrées de même dimension alors
> $$\det(AB) = \det A \det B.$$
>
> 3. Si C est la matrice obtenue de A en multipliant une ligne ou une colonne par une constante c, alors $\det C = c \det A$.
>
> 4. Si C est la matrice obtenue de A en interchangeant deux lignes ou deux colonnes alors $\det C = -\det A$.
>
> 5. Si A possède deux lignes ou deux colonnes identiques alors $\det A = 0$.

Une autre propriété importante du déterminant est la suivante :

> **16 THÉORÈME**
>
> Une matrice carrée A est inversible si et seulement si $\det A \ne 0$.

Si A est inversible alors
$$\det A^{-1} = \frac{1}{\det A}.$$

LES VALEURS PROPRES

Les **valeurs propres** d'une matrice carrée de dimension $n \times n$ sont les racines du polynôme de degré n en t
$$p(t) = \det(A - tI_n).$$

EXEMPLE 19 Calculons les valeurs propres de la matrice $A = \begin{bmatrix} 2 & 1 \\ 1 & 2 \end{bmatrix}$.

SOLUTION On a
$$p(t) = \det(A - tI_2) = \det\left(\begin{bmatrix} 2 & 1 \\ 1 & 2 \end{bmatrix} - t\begin{bmatrix} 1 & 0 \\ 0 & 1 \end{bmatrix}\right)$$
$$= \det\begin{bmatrix} 2-t & 1 \\ 1 & 2-t \end{bmatrix} = (2-t)^2 - 1 = t^2 - 4t + 3,$$

et les racines de p sont $t = 1$ et $t = 3$, qui sont les valeurs propres de A.

Si A est une matrice diagonale, alors le calcul de ses valeurs propres est simple : les valeurs propres sont les éléments diagonaux de A.

EXEMPLE 20 Les valeurs propres de la matrice
$$A = \begin{bmatrix} -1 & 0 & 0 & 0 \\ 0 & 2 & 0 & 0 \\ 0 & 0 & 0 & 0 \\ 0 & 0 & 0 & 3 \end{bmatrix}$$

sont -1, 2, 0 et 4.

B LES ÉQUATIONS DES DROITES ET DES PLANS

LES DROITES DANS L'ESPACE

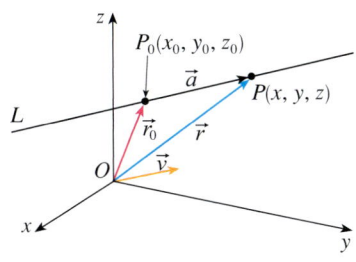

FIGURE 1

L'équation d'une droite du plan xy peut être déterminée à partir d'un de ses points et de sa direction (pente ou angle d'inclinaison).

De façon semblable, une droite L dans un espace à trois dimensions est déterminée par la donnée d'un de ses points $P_0(x_0, y_0, z_0)$ et de sa direction. Dans l'espace, la direction d'une droite est définie par un vecteur $\vec{v}$ parallèle à L, appelé **vecteur directeur** de la droite. Soit $P(x, y, z)$, un point arbitraire de L et soit $\vec{r_0}$ et $\vec{r}$, les vecteurs position correspondant à P_0 et à P ($\vec{r_0} = \overrightarrow{OP_0}$, $\vec{r} = \overrightarrow{OP}$). Si on note $\vec{a}$ le vecteur $\overrightarrow{P_0P}$, comme à la figure 1, alors on a $\vec{r} = \vec{r_0} + \vec{a}$. Comme $\vec{a}$ et $\vec{v}$ sont des vecteurs parallèles, il existe un scalaire t tel que $\vec{a} = t\vec{v}$, donc

1
$$\vec{r} = \vec{r_0} + t\vec{v}.$$

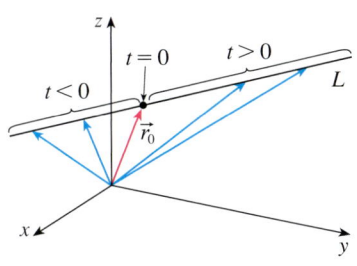

FIGURE 2

Si t parcourt l'ensemble des nombres réels, cette dernière expression représente une **équation vectorielle** de L. Pour chaque valeur du **paramètre** t, on obtient le vecteur position $\vec{r} = \vec{r}(t)$ d'un point de L. Lorsque t varie, l'extrémité du vecteur $\vec{r}$ se déplace sur la droite. Comme on peut le voir à la figure 2, les valeurs positives de t correspondent aux points de L situés d'un côté de P_0, et les valeurs négatives de t correspondent aux points situés de l'autre côté de P_0. Lorsque $t = 0$, l'extrémité de $\vec{r}(0)$ correspond à P_0.

Si on note $\vec{r} = x\vec{i} + y\vec{j} + z\vec{k}$ le vecteur position d'un point quelconque de L, $\vec{r_0} = x_0\vec{i} + y_0\vec{j} + z_0\vec{k}$ et $\vec{v} = a\vec{i} + b\vec{j} + c\vec{k}$, alors l'équation vectorielle 1 s'écrit comme suit :

$$x\vec{i} + y\vec{j} + z\vec{k} = (x_0 + ta)\vec{i} + (y_0 + tb)\vec{j} + (z_0 + tc)\vec{k}.$$

Étant donné que deux vecteurs sont égaux si et seulement si leurs composantes sont égales, on obtient les trois équations scalaires :

2
$$x = x_0 + at \quad y = y_0 + bt \quad z = z_0 + ct, \text{ où } t \in \mathbb{R}.$$

Ces équations sont appelées **équations paramétriques** de la droite L passant par le point $P_0(x_0, y_0, z_0)$ et parallèle au vecteur $\vec{v} = a\vec{i} + b\vec{j} + c\vec{k}$. On obtient la même droite L, peu importe le choix du point P_0 appartenant à L et le choix du vecteur directeur $\vec{v}$ de la droite.

La figure 3 montre la droite L de l'exemple 1 et sa relation avec le point donné et le vecteur donnant sa direction.

EXEMPLE 1

a) Trouvons l'équation vectorielle et les équations paramétriques de la droite qui passe par le point $(5, 1, 3)$ et qui est parallèle au vecteur $\vec{i} + 4\vec{j} - 2\vec{k}$.

b) Trouvons deux autres points de la droite.

SOLUTION

a) Ici, $\vec{r_0} = 5\vec{i} + \vec{j} + 3\vec{k}$ et $\vec{v} = \vec{i} + 4\vec{j} - 2\vec{k}$. L'équation vectorielle 1 s'écrit donc

$$\vec{r} = (5\vec{i} + \vec{j} + 3\vec{k}) + t(\vec{i} + 4\vec{j} - 2\vec{k})$$

ou

$$\vec{r} = (5 + t)\vec{i} + (1 + 4t)\vec{j} + (3 - 2t)\vec{k}.$$

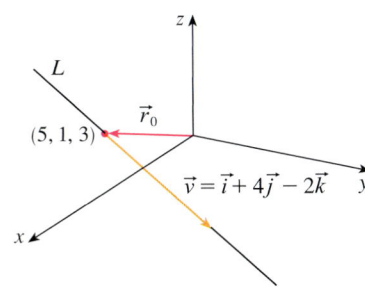

FIGURE 3

Les équations paramétriques sont

$$x = 5+t \quad y = 1+4t \quad z = 3-2t \quad t \in \mathbb{R}.$$

b) En prenant $t = 1$, on obtient $x = 6$, $y = 5$ et $z = 1$ et $(6, 5, 1)$ est un point de la droite. De même, $t = -1$ donne le point $(4, -3, 5)$.

L'équation vectorielle et les équations paramétriques d'une droite ne sont pas uniques. Si on change le point ou le symbole du paramètre, ou encore si on choisit un autre vecteur directeur, parallèle à $\vec{v}$, les équations changent mais l'ensemble des points de L reste le même.

La figure 4 représente la droite L de l'exemple 2 et le point P où elle coupe le plan xy.

EXEMPLE 2

a) Trouvons les équations paramétriques de la droite passant par les points $A(2, 4, -3)$ et $B(3, -1, 1)$.

b) En quel point cette droite coupe-t-elle le plan xy ?

SOLUTION

a) Dans ce cas, le vecteur parallèle à la droite n'est pas fourni explicitement, mais la direction de la droite est donnée par le vecteur $\vec{v} = \overrightarrow{AB}$, qui est parallèle à la droite :

$$\vec{v} = (3-2)\vec{i} + (-1-4)\vec{j} + (1-(-3))\vec{k} = \vec{i} - 5\vec{j} + 4\vec{k}.$$

En prenant $P_0 = (2, 4, -3)$, les équations paramétriques 2 deviennent

$$x = 2+t \quad y = 4-5t \quad z = -3+4t \quad t \in \mathbb{R}.$$

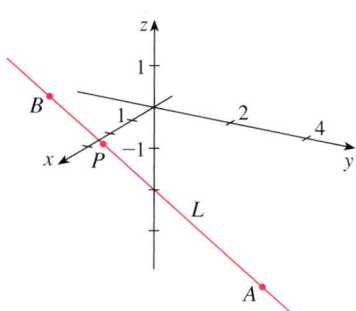

FIGURE 4

b) Puisque la droite coupe le plan xy lorsque $z = 0$, on a

$$-3 + 4t = 0 \Rightarrow t = \frac{3}{4}.$$

Substituant cette valeur dans les expressions de x et de y, on obtient $x = \frac{11}{4}$ et $y = \frac{1}{4}$. La droite coupe le plan xy au point $\left(\frac{11}{4}, \frac{1}{4}, 0\right)$.

Dans plusieurs applications, on doit décrire non pas toute une droite, mais seulement un segment de droite. Par exemple, on peut vouloir décrire le segment de droite $\overline{AB}$ de l'exemple 2. En posant $t = 0$ dans les équations paramétriques de l'exemple 2 a), on obtient le point $(2, 4, -3)$ et en posant $t = 1$, on obtient $(3, -1, 1)$. On conclut que les équations paramétriques du segment $\overline{AB}$ sont

$$x = 2+t \quad y = 4-5t \quad z = -3+4t \quad 0 \leq t \leq 1$$

et l'équation vectorielle correspondante est

$$\vec{r}(t) = (2+t)\vec{i} + (4-5t)\vec{j} + (-3+4t)\vec{k} \quad 0 \leq t \leq 1.$$

En général, en vertu de l'équation 1, l'équation vectorielle d'une droite passant par l'extrémité du vecteur $\vec{r}_0$ dans la direction d'un vecteur $\vec{v}$ est $\vec{r} = \vec{r}_0 + t\vec{v}$. Si la droite passe aussi par l'extrémité du vecteur $\vec{r}_1$, on peut prendre $\vec{v} = \vec{r}_1 - \vec{r}_0$ comme vecteur directeur, et son équation vectorielle est donnée par l'expression

$$\vec{r} = \vec{r}_0 + t(\vec{r}_1 - \vec{r}_0) = (1-t)\vec{r}_0 + t\vec{r}_1.$$

La restriction des valeurs de t à l'intervalle de paramètre $0 \leq t \leq 1$ donne le segment de droite reliant l'extrémité de $\vec{r}_0$ à celle de $\vec{r}_1$.

> **3** L'équation vectorielle suivante représente le segment de droite reliant l'extrémité de $\vec{r}_0$ à celle de $\vec{r}_1$,
>
> $$\vec{r}(t) = (1-t)\vec{r}_0 + t\vec{r}_1 \quad 0 \leq t \leq 1.$$

Les droites L_1 et L_2 de l'exemple 3, représentées à la figure 5, sont des droites gauches.

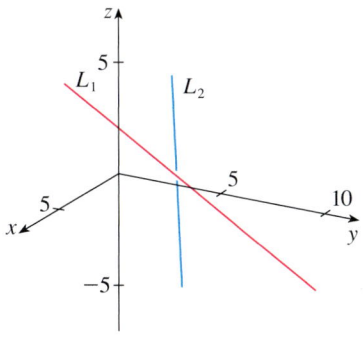

FIGURE 5

EXEMPLE 3 Montrons que les droites L_1 et L_2 d'équations paramétriques

$$x = 1 + t \quad y = -2 + 3t \quad z = 4 - t$$

et

$$x = 2s \quad y = 3 + s \quad z = -3 + 4s$$

sont des **droites gauches**, c'est-à-dire qu'elles ne se coupent pas et qu'elles ne sont pas parallèles. Cela implique que ces droites ne sont pas dans un même plan. Il est important de noter que les expressions des deux droites n'utilisent pas le même paramètre (ici t et s).

SOLUTION Ces droites ne sont pas parallèles, car leurs vecteurs directeurs respectifs $\vec{i} + 3\vec{j} - \vec{k}$ et $2\vec{i} + \vec{j} + 4\vec{k}$ ne sont pas parallèles. Il suffit de vérifier que leurs composantes ne sont pas proportionnelles ou que leur produit vectoriel est non nul. Si L_1 et L_2 avaient un point d'intersection, il existerait des valeurs de t et de s telles que

$$1 + t = 2s$$
$$-2 + 3t = 3 + s$$
$$4 - t = -3 + 4s.$$

La résolution des deux premières équations donne $t = \frac{11}{5}$ et $s = \frac{8}{5}$. Cependant, ces valeurs ne vérifient pas la troisième équation. Il n'existe donc pas de valeurs de t et de s qui vérifient les trois équations et, de ce fait, L_1 et L_2 ne se coupent pas. Par conséquent, L_1 et L_2 sont des droites gauches.

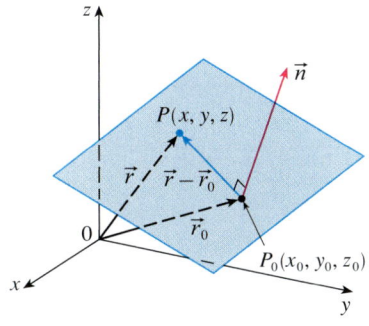

FIGURE 6

LES PLANS

Un plan dans l'espace est déterminé par la donnée d'un point $P_0(x_0, y_0, z_0)$ du plan et d'un vecteur $\vec{n}$ orthogonal au plan. Le vecteur orthogonal $\vec{n}$ est appelé le **vecteur normal** au plan. On prend habituellement un vecteur $\vec{n}$ unitaire, mais ce n'est pas obligatoire. Soit un point arbitraire $P(x, y, z)$ du plan et les vecteurs position $\vec{r}_0$ et $\vec{r}$ d'extrémités P_0 et P, respectivement. On a donc $\overrightarrow{P_0 P} = \vec{r} - \vec{r}_0$ (voir la figure 6). Le vecteur normal $\vec{n}$ est orthogonal à tout vecteur parallèle au plan considéré. En particulier, $\vec{n}$ est orthogonal à $\vec{r} - \vec{r}_0$, donc le produit scalaire de ces deux vecteurs est nul :

4
$$\vec{n} \cdot (\vec{r} - \vec{r}_0) = 0$$

ou encore

5
$$\vec{n} \cdot \vec{r} = \vec{n} \cdot \vec{r}_0.$$

L'équation 4 (ou l'équation 5) est une **équation vectorielle du plan**. Si $\vec{n} = a\vec{i} + b\vec{j} + c\vec{k}$, $\vec{r} = x\vec{i} + y\vec{j} + z\vec{k}$ et $\vec{r}_0 = x_0\vec{i} + y_0\vec{j} + z_0\vec{k}$, l'équation 4 devient

$$[a\vec{i} + b\vec{j} + c\vec{k}] \cdot [(x - x_0)\vec{i} + (y - y_0)\vec{j} + (z - z_0)\vec{k}] = 0$$

ou encore

6
$$a(x - x_0) + b(y - y_0) + c(z - z_0) = 0.$$

L'équation 6 est l'**équation scalaire du plan passant par** $P_0(x_0, y_0, z_0)$ et de vecteur normal $\vec{n} = a\vec{i} + b\vec{j} + c\vec{k}$.

EXEMPLE 4 Trouvons l'équation du plan passant par le point $(2, 4, -1)$ et de vecteur normal $\vec{n} = 2\vec{i} + 3\vec{j} + 4\vec{k}$. Trouvons aussi ses intersections avec les axes de coordonnées et esquissons le plan.

SOLUTION On pose $a = 2$, $b = 3$, $c = 4$, $x_0 = 2$, $y_0 = 5$ et $z_0 = -1$ dans l'équation 6. L'équation du plan recherché est

$$2(x-2) + 3(y-4) + 4(z+1) = 0$$

ou encore

$$2x + 3y + 4z = 12.$$

Pour trouver l'intersection avec l'axe des x, on pose $y = z = 0$ dans la dernière équation. On trouve $x = 6$. De la même façon, l'intersection avec l'axe des y est 4, et l'intersection avec l'axe des z est 3. La figure 7 illustre la portion du plan située dans le premier octant.

Si on regroupe les termes dans l'équation 6, on obtient l'équation suivante pour un plan :

7
$$ax + by + cz + d = 0$$

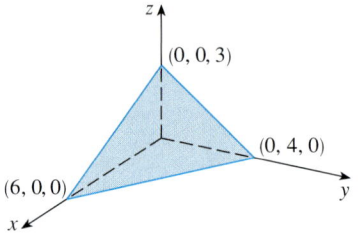

FIGURE 7

avec $d = -(ax_0 + by_0 + cz_0)$. L'équation 7 est appelée l'**équation linéaire** (ou **affine**) du plan en x, y et z. Réciproquement, on peut montrer que si a, b et c ne sont pas tous nuls, alors l'équation linéaire 7 représente un plan de vecteur normal $\vec{n} = a\vec{i} + b\vec{j} + c\vec{k}$.

EXEMPLE 5 Trouvons l'équation du plan passant par les points $P(1, 3, 2)$, $Q(3, -1, 6)$, et $R(5, 2, 0)$.

SOLUTION On trouve d'abord un vecteur normal au plan. Soit

$$\vec{a} = \overrightarrow{PQ} = 2\vec{i} - 4\vec{j} + 4\vec{k} \quad \text{et} \quad \vec{b} = \overrightarrow{PR} = 4\vec{i} - \vec{j} - 2\vec{k}.$$

Puisque $\vec{a}$ et $\vec{b}$ sont dans le plan, leur produit vectoriel $\vec{n} = \vec{a} \times \vec{b}$ est orthogonal à celui-ci. On pose

$$\vec{n} = \vec{a} \times \vec{b} = \begin{vmatrix} \vec{i} & \vec{j} & \vec{k} \\ 2 & -4 & 4 \\ 4 & -1 & -2 \end{vmatrix} = 12\vec{i} + 20\vec{j} + 14\vec{k}.$$

À l'aide du point $P(1, 3, 2)$ et du vecteur normal $\vec{n}$, on obtient l'équation du plan

$$12(x-1) + 20(y-3) + 14(z-2) = 0$$

La figure 8 montre la partie du plan de l'exemple 5 qui est limitée par le triangle PQR.

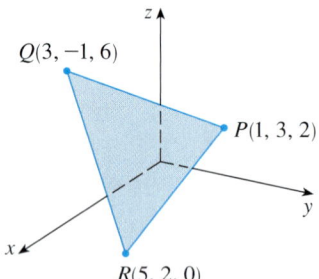

FIGURE 8

ou encore $6x + 10y + 7z = 50$.

EXEMPLE 6 Déterminons en quel point la droite d'équations paramétriques $x = 2 + 3t$, $y = -4t$, $z = 5 + t$ coupe le plan $4x + 5y - 2z = 18$.

SOLUTION Si on substitue les expressions de x, y et z dans l'équation du plan, on obtient

$$4(2+3t) + 5(-4t) - 2(5+t) = 18$$

ou encore $-10t = 20$, d'où $t = -2$. Le point d'intersection est obtenu lorsque $t = -2$. On substitue cette valeur de t dans les équations paramétriques de la droite et on obtient $x = 2 + 3(-2) = -4$, $y = -4(-2) = 8$ et $z = 5 - 2 = 3$. Le point d'intersection est donc $(-4, 8, 3)$.

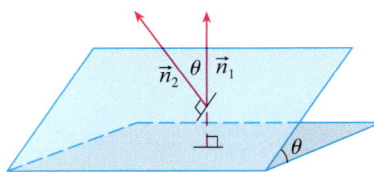

FIGURE 9

Deux plans sont **parallèles** si leurs vecteurs normaux sont parallèles. Ainsi, les plans $x + 2y - 3z = 4$ et $2x + 4y - 6z = 3$ sont parallèles, car leurs vecteurs normaux sont $\vec{n}_1 = \vec{i} + 2\vec{j} - 3\vec{k}$ et $\vec{n}_2 = 2\vec{i} + 4\vec{j} - 6\vec{k}$, et $\vec{n}_2 = 2\vec{n}_1$. Si deux plans ne sont pas parallèles, alors ils se coupent selon une droite et l'angle entre les deux plans est, par définition, l'angle aigu entre leurs vecteurs normaux (voir l'angle θ à la figure 9).

EXEMPLE 7

a) Déterminons l'angle entre les plans $x + y + z = 1$ et $x - 2y + 3z = 1$.

b) Trouvons les équations paramétriques de la droite d'intersection L de ces deux plans.

SOLUTION

a) Les vecteurs normaux des plans sont

$$\vec{n}_1 = \vec{i} + \vec{j} + \vec{k} \quad \vec{n}_2 = \vec{i} - 2\vec{j} + 3\vec{k}.$$

En vertu du théorème 5 de l'annexe A, l'angle θ entre les plans vérifie

$$\cos\theta = \frac{\vec{n}_1 \cdot \vec{n}_2}{\|\vec{n}_1\|\|\vec{n}_2\|} = \frac{1(1) + 1(22) + 1(3)}{\sqrt{1+1+1}\sqrt{1+4+9}} = \frac{2}{\sqrt{42}},$$

donc

$$\theta = \arccos\left(\frac{2}{\sqrt{42}}\right) \approx 72°.$$

La figure 10 représente les plans de l'exemple 7 et leur droite d'intersection L.

On peut aussi trouver la droite d'intersection en exprimant deux variables des équations des plans en fonction de la troisième, qui peut alors servir de paramètre.

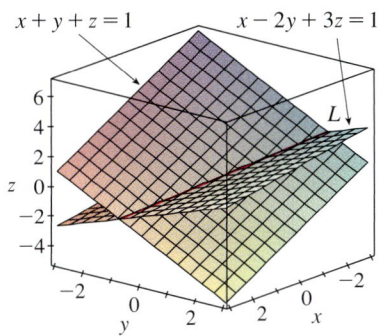

FIGURE 10

b) On doit d'abord trouver un point de la droite L. Si $z = 0$, les équations des plans sont réduites aux expressions $x + y = 1$ et $x - 2y = 1$. La solution de ces deux équations est $x = 1$, $y = 0$. Le point $(1, 0, 0)$ est donc sur L.

Puisque la droite L est contenue dans les deux plans, son vecteur directeur $\vec{v}$ est perpendiculaire aux deux vecteurs normaux. Par conséquent, un candidat pour $\vec{v}$ est le produit vectoriel des deux normales :

$$\vec{v} = \vec{n}_1 \times \vec{n}_2 = \begin{vmatrix} \vec{i} & \vec{j} & \vec{k} \\ 1 & 1 & 1 \\ 1 & -2 & 3 \end{vmatrix} = 5\vec{i} - 2\vec{j} - 3\vec{k}.$$

Les équations paramétriques de L sont donc

$$x = 1 + 5t, \; y = -2t, \; z = -3t, \; t \in \mathbb{R}.$$

EXEMPLE 8 Trouvons une formule pour la distance d d'un point $P_1(x_1, y_1, z_1)$ au plan d'équation $ax + by + cz + d = 0$.

SOLUTION Soit $P_0(x_0, y_0, z_0)$ un point arbitraire du plan donné et $\vec{b}$ le vecteur $\overrightarrow{P_0P_1}$, c'est-à-dire

$$\vec{b} = (x_1 - x_0)\vec{i} + (y_1 - y_0)\vec{j} + (z_1 - z_0)\vec{k}.$$

Selon la figure 11, la distance d de P_1 au plan est égale à la norme de la projection de $\vec{b}$ sur le vecteur normal $\vec{n} = a\vec{i} + b\vec{j} + c\vec{k}$ (voir l'annexe A). On a donc

$$d = \|\operatorname{proj}_{\vec{n}} \vec{b}\| = \frac{|\vec{n} \cdot \vec{b}|}{\|\vec{n}\|}$$

$$= \frac{|a(x_1 - x_0) + b(y_1 - y_0) + c(z_1 - z_0)|}{\sqrt{a^2 + b^2 + c^2}}$$

$$= \frac{|(ax_1 + by_1 + cz_1) - (ax_0 + by_0 + cz_0)|}{\sqrt{a^2 + b^2 + c^2}}.$$

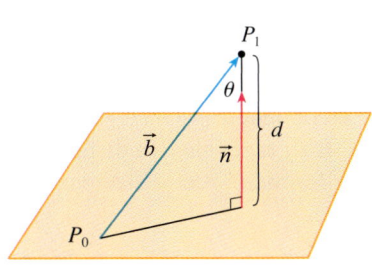

FIGURE 11

Puisque P_0 appartient au plan, ses coordonnées vérifient l'équation de celui-ci, c'est-à-dire que $ax_0 + by_0 + cz_0 + d = 0$. En substituant cette équation dans l'expression de d, on trouve

8
$$d = \frac{|(ax_1 + by_1 + cz_1 + d)|}{\sqrt{a^2 + b^2 + c^2}}.$$

EXEMPLE 9 Calculons la distance entre les plans parallèles $10x + 2y - 2z = 5$ et $5x + y - z = 1$.

SOLUTION Ces plans sont parallèles, car leurs vecteurs normaux $10\vec{i} + 2\vec{j} - 2\vec{k}$ et $5\vec{i} + \vec{j} - \vec{k}$ sont parallèles. Pour calculer la distance d entre ces plans, il suffit de prendre un point arbitraire sur un plan et de calculer la distance de ce point à l'autre plan (voir la formule 8). En particulier, en posant $y = z = 0$ dans l'équation du premier plan, on obtient $10x = 5$ et donc $(\frac{1}{2}, 0, 0)$ est un point de ce plan. Selon la formule 8, la distance entre $(\frac{1}{2}, 0, 0)$ et le plan $5x + y - z - 1 = 0$ est

$$d = \frac{|5(\frac{1}{2}) + 1(0) - 1(0) - 1|}{\sqrt{5^2 + 1^2 + (-1)^2}} = \frac{\frac{3}{2}}{3\sqrt{3}} = \frac{\sqrt{3}}{6}.$$

La distance entre les plans est donc égale à $\sqrt{3}/6$.

EXEMPLE 10 L'exemple 3 a permis de montrer que les deux droites ci-dessous sont gauches.

$$L_1: \quad x = 1 + t \quad y = -2 + 3t \quad z = 4 - t$$
$$L_2: \quad x = 2s \quad y = 3 + s \quad z = -3 + 4s.$$

Calculons la distance entre ces deux droites.

SOLUTION Si deux droites sont gauches, elles appartiennent à deux plans parallèles P_1 et P_2 distincts. La distance entre L_1 et L_2 est donc égale à la distance entre les plans P_1 et P_2 (voir l'exemple 9). Le vecteur normal $\vec{n}$ commun aux deux plans doit être orthogonal aux deux vecteurs directeurs $\vec{v}_1 = \vec{i} + 3\vec{j} - \vec{k}$ et $\vec{v}_2 = 2\vec{i} + \vec{j} + 4\vec{k}$ des droites L_1 et L_2. On calcule ce vecteur à l'aide du produit vectoriel :

$$\vec{n} = \vec{v}_1 \times \vec{v}_2 = \begin{vmatrix} \vec{i} & \vec{j} & \vec{k} \\ 1 & 3 & -1 \\ 2 & 1 & 4 \end{vmatrix} = 13\vec{i} - 6\vec{j} - 5\vec{k}.$$

Si on pose $s = 0$ dans les équations paramétriques de la droite L_2, on obtient le point $(0, 3, -3)$ sur cette droite, et donc l'équation de P_2 est

$$13(x - 0) - 6(y - 3) - 5(z + 3) = 0 \quad \text{ou} \quad 13x - 6y - 5z + 3 = 0.$$

Si on pose $t = 0$ dans les équations de la droite L_1, on obtient le point $(1, -2, 4)$, qui appartient au plan P_1. Finalement, la distance entre L_1 et L_2 est égale à la distance de $(1, -2, 4)$ au plan d'équation $13x - 6y - 5z + 3 = 0$. Par la formule 8, cette distance est

$$d = \frac{|13(1) - 6(-2) - 5(4) + 3|}{\sqrt{13^2 + (-6)^2 + (-5)^2}} = \frac{8}{\sqrt{230}} \approx 0{,}53.$$

C LA DÉMONSTRATION DES THÉORÈMES

Dans cette annexe, nous présentons la démonstration de certains théorèmes énoncés dans le texte principal. La section où le théorème apparaît la première fois est indiquée dans la marge.

Section 2.1

Pour la démonstration du théorème 3 de la section 2.1, on a besoin des résultats suivants.

> **THÉORÈME**
>
> 1. Si une série entière $\sum c_n x^n$ converge lorsque $x = b$ (où $b \neq 0$), alors elle converge pour tout x tel que $|x| < |b|$.
>
> 2. Si une série entière $\sum c_n x^n$ diverge lorsque $x = d$ (où $d \neq 0$), alors elle diverge pour tout x tel que $|x| > |d|$.

DÉMONSTRATION DE LA PARTIE 1 On suppose que $\sum c_n b^n$ converge. Par le théorème 6 de la section 1.2, on a alors $\lim_{n \to \infty} c_n b^n = 0$. Cela signifie, selon la définition 2 de la section 1.1 avec $\varepsilon = 1$, qu'il existe un entier positif N tel que $|c_n b^n| < 1$ lorsque $n \geq N$. Par conséquent, pour $n \geq N$, on a

$$|c_n x^n| = \left|\frac{c_n b^n x^n}{b^n}\right| = |c_n b^n| \left|\frac{x}{b}\right|^n < \left|\frac{x}{b}\right|^n.$$

Si $|x| < b$, alors $|x/b| < 1$ et, donc, $\sum |x/b|^n$ est une série géométrique convergente. En vertu du test de comparaison, la série $\sum_{n=N}^{\infty} |c_n x^n|$ converge. En conséquence, la série $\sum c_n x^n$ est absolument convergente et converge donc. ▬

DÉMONSTRATION DE LA PARTIE 2 On suppose que $\sum c_n d^n$ diverge. Si $|x| > |d|$ alors $\sum c_n x^n$ ne peut pas converger car, selon la partie 1, la convergence de $\sum c_n x^n$ impliquerait la convergence de $\sum c_n d^n$. Par conséquent, $\sum c_n x^n$ diverge lorsque $|x| > |d|$. ▬

> **THÉORÈME**
>
> Pour une série entière $\sum c_n x^n$, les trois situations possibles sont :
>
> 1. La série converge seulement lorsque $x = 0$.
>
> 2. La série converge pour tout x.
>
> 3. Il existe un nombre positif R tel que la série converge si $|x| < R$ et diverge si $|x| > R$.

DÉMONSTRATION On suppose que ni le cas 1 ni le cas 2 ne sont vérifiés. Il existe donc des nombres non nuls b et d tels que $\sum c_n x^n$ converge pour $x = b$ et diverge pour $x = d$. Par conséquent, l'ensemble $S = \{x \mid \sum c_n x^n \text{ converge}\}$ n'est pas vide. Par le théorème précédent, la série diverge si $|x| > |d|$, donc $|x| \leq |d|$ pour tout $x \in S$, ce qui signifie que $|d|$ est une borne supérieure pour S. Par l'axiome de complétude (voir la section 1.1), S possède une plus petite borne supérieure R. Si $|x| > R$ alors $x \notin S$ et $\sum c_n x^n$ diverge. Si $|x| < R$ alors $|x|$ n'est pas une borne supérieure pour S et il existe donc $b \in S$ tel que $b > |x|$. Puisque $b \in S$, $\sum c_n b^n$ converge donc et par le théorème précédent, $\sum c_n x^n$ converge. ▬

> **THÉORÈME**
>
> Pour une série entière $\sum c_n(x-a)^n$, les trois situations possibles sont :
>
> **1.** La série converge seulement lorsque $x = a$.
>
> **2.** La série converge pour tout x.
>
> **3.** Il existe un nombre positif R tel que la série converge si $|x-a| < R$ et diverge si $|x-a| > R$.

DÉMONSTRATION Si on effectue le changement de variable $u = x - a$, alors la série entière devient $\sum c_n u^n$ et on peut appliquer le théorème précédent à cette série. Dans le cas 3, la série converge si $|u| < R$ et diverge si $|u| > R$. Par conséquent, la série converge pour $|x-a| < R$ et diverge pour $|x-a| > R$.

Section 4.1

> **THÉORÈME DE CLAIRAUT**
>
> Soit une fonction f définie sur un disque D qui contient le point (a, b). Si les fonctions f_{xy} et f_{yx} sont continues sur D, alors $f_{xy}(a, b) = f_{yx}(a, b)$.

DÉMONSTRATION Pour de petites valeurs de h, avec $h \neq 0$, on considère la différence

$$\Delta(h) = [f(a+h, b+h) - f(a+h, b)] - [f(a, b+h) - f(a, b)].$$

Si on pose $g(x) = f(x, b+h) - f(x, b)$ alors

$$\Delta(h) = g(a+h) - g(a).$$

Par le théorème de la valeur moyenne, il existe un nombre c entre a et $a+h$ tel que

$$g(a+h) - g(a) = g'(c)h = h[f_x(c, b+h) - f_x(c, b)].$$

Une deuxième application du théorème de la valeur moyenne, cette fois-ci à la fonction f_x, donne un nombre d entre b et $b+h$ tel que

$$f_x(c, b+h) - f_x(c, b) = f_{xy}(c, d)h.$$

En mettant ensemble ces deux dernières équations, on obtient

$$\Delta(h) = h^2 f_{xy}(c, d).$$

Si $h \to 0$, alors $(c, d) \to (a, b)$ et, par la continuité de f_{xy} en (a, b), on a

$$\lim_{h \to 0} \frac{\Delta(h)}{h^2} = \lim_{(c,d) \to (a,b)} f_{xy}(c, d) = f_{xy}(a, b).$$

De façon semblable, en posant

$$\Delta(h) = [f(a+h, b+h) - f(a, b+h)] - [f(a+h, b) - f(a, b)]$$

et en utilisant deux fois le théorème de la valeur moyenne ainsi que la continuité de f_{yx} en (a, b), on obtient

$$\lim_{h \to 0} \frac{\Delta(h)}{h^2} = f_{yx}(a, b).$$

Il s'ensuit que $f_{xy}(a, b) = f_{yx}(a, b)$.

Section 4.2

> **THÉORÈME**
>
> Si les dérivées partielles f_x et f_y existent autour de (a, b) et sont continues en (a, b) alors f est différentiable en (a, b).

DÉMONSTRATION Soit
$$\Delta z = f(a+\Delta x,\ b+\Delta y) - f(a,\ b).$$

Selon la définition 7 de la section 4.2, pour montrer que f est différentiable en (a, b), il faut montrer que Δz peut s'écrire sous la forme
$$\Delta z = f_x(a,\ b)\Delta x + f_y(a,\ b)\Delta y + \varepsilon_1 \Delta x + \varepsilon_2 \Delta y,$$

où ε_1 et ε_2 tendent vers 0 lorsque $(\Delta x, \Delta y) \to (0, 0)$.

On peut écrire (voir la figure 1)

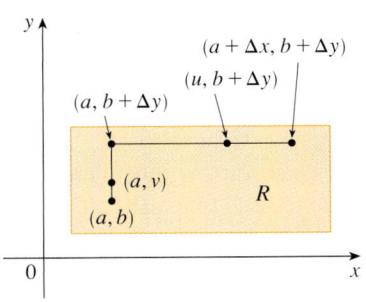

FIGURE 1

1 $\quad \Delta z = [f(a+\Delta x,\ b+\Delta y) - f(a,\ b+\Delta y)] + [f(a,\ b+\Delta y) - f(a,\ b)].$

La fonction d'une seule variable
$$g(x) = f(x,\ b+\Delta y)$$

est définie sur l'intervalle $[a, a+\Delta x]$, et $g'(x) = f_x(x,\ b+\Delta y)$. Si on applique le théorème de la valeur moyenne à g, on obtient
$$g(a+\Delta x) - g(a) = g'(u)\Delta x,$$

où u est un nombre entre a et $a + \Delta x$. En termes de f, cette équation devient
$$f(a+\Delta x,\ b+\Delta y) - f(a,\ b+\Delta y) = f_x(u,\ b+\Delta y)\Delta x.$$

On obtient alors une expression pour la première partie du membre de droite de l'équation 1. Pour la deuxième partie, on pose $h(y) = f(a, y)$. La fonction d'une seule variable h est alors définie sur l'intervalle $[b, b+\Delta y]$ et $h'(y) = f_y(a, y)$. Une nouvelle application du théorème de la valeur moyenne donne
$$h(b+\Delta y) - h(b) = h'(v)\Delta y,$$

où v est un nombre entre b et $b + \Delta y$. En termes de f, cette équation devient
$$f(a,\ b+\Delta y) - f(a,\ b) = f_y(a,\ v)\Delta y.$$

On substitue maintenant ces expressions dans l'équation 1 et on obtient

$$\begin{aligned}\Delta z &= f_x(u,\ b+\Delta y)\Delta x + f_y(a,\ v)\Delta y \\ &= f_x(a,\ b)\Delta x + [f_x(u,\ b+\Delta y) - f_x(a,\ b)]\Delta x + f_y(a,\ b)\Delta y + [f_y(a,\ v) - f_y(a,\ b)]\Delta y \\ &= f_x(a,\ b)\Delta x + f_y(a,\ b)\Delta y + \varepsilon_1 \Delta x + \varepsilon_2 \Delta y,\end{aligned}$$

où
$$\varepsilon_1 = f_x(u,\ b+\Delta y) - f_x(a,\ b)$$
$$\varepsilon_2 = f_y(a,\ v) - f_y(a,\ b).$$

Puisque $(u, b+\Delta y) \to (a, b)$ et $(a, v) \to (a, b)$ lorsque $(\Delta x, \Delta y) \to (0, 0)$ et puisque, de plus, f_x et f_y sont continues en (a, b), on voit que $\varepsilon_1 \to 0$ et $\varepsilon_2 \to 0$ lorsque $(\Delta x, \Delta y) \to (0, 0)$.

Par conséquent, f est différentiable en (a, b).

D LES AIRES ET LES LONGUEURS EN COORDONNÉES POLAIRES

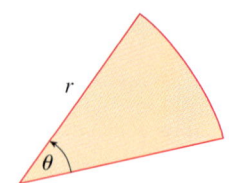

FIGURE 1

Dans cette annexe, on détermine la formule de l'aire d'une région bornée par une frontière qui est définie par une équation polaire. On utilise la formule de l'aire d'un secteur circulaire de rayon r et d'angle au centre de θ radians (voir la figure 1) :

1
$$A = \tfrac{1}{2} r^2 \theta.$$

La formule 1 découle du fait que l'aire d'un secteur est proportionnelle à son angle au centre, si on sait que l'aire totale d'un disque de rayon r est πr^2. Par conséquent $A = (\theta/2\pi)\pi r^2 = \tfrac{1}{2} r^2 \theta$.

Soit la région R, illustrée à la figure 2, bornée par la courbe polaire $r = f(\theta)$ et par les rayons $\theta = a$ et $\theta = b$, où f est une fonction continue positive et où $0 < b - a \leq 2\pi$. On divise l'intervalle $[a, b]$ des angles en sous-intervalles d'extrémités $\theta_1, \theta_2, \ldots, \theta_n$, et de même longueur $\Delta\theta$. Les rayons $\theta = \theta_i$ divisent R en n sous-régions d'angle au centre égal à $\Delta\theta = \theta_i - \theta_{i-1}$. Si on choisit θ_i^* dans le i-ième sous-intervalle $[\theta_{i-1}, \theta_i]$, l'aire ΔA_i de la i-ième sous-région est approximée par l'aire du secteur circulaire d'angle au centre $\Delta\theta$ et de rayon $f(\theta_i^*)$ (voir la figure 3). D'où, selon la formule 1,

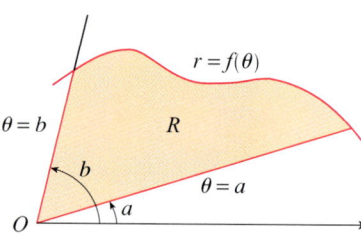

FIGURE 2

$$\Delta A_i \approx \frac{1}{2}\bigl[f(\theta_i^*)\bigr]^2 \Delta\theta.$$

Par conséquent, l'aire totale A de la région R est approximativement égale à

2
$$A \approx \sum_{i=1}^{n} \frac{1}{2}\bigl[f(\theta_i^*)\bigr]^2 \Delta\theta.$$

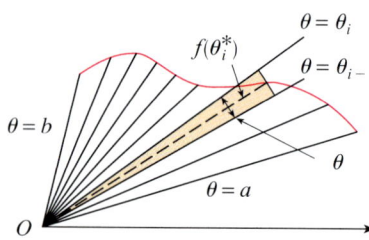

FIGURE 3

En se référant à la figure 3, on voit que l'approximation de A par une somme finie (obtenue avec la formule 2) convergera, avec les hypothèses appropriées, vers A lorsque $n \to \infty$. Or, les sommes dans l'approximation 2 sont des sommes de Riemann de la fonction $g(\theta) = \tfrac{1}{2}[f(\theta)]^2$ et donc

$$\lim_{n \to \infty} \sum_{i=1}^{n} \frac{1}{2}\bigl[f(\theta_i^*)\bigr]^2 \Delta\theta = \int_a^b \frac{1}{2}\bigl[f(\theta)\bigr]^2 d\theta.$$

On conclut (et on peut le démontrer) que la formule de l'aire A de la région polaire R est

3
$$A = \int_a^b \frac{1}{2}\bigl[f(\theta)\bigr]^2 d\theta.$$

On écrit souvent la formule 3 sous la forme

4
$$A = \int_a^b \frac{1}{2} r^2 \, d\theta,$$

où $r = f(\theta)$. Il faut noter la ressemblance des formules 1 et 4.

Il est utile, lorsqu'on applique la formule 3 ou 4, d'interpréter le calcul de l'aire comme étant le résultat d'un balayage par un rayon tournant (en rotation) qui passe par l'origine O et se déplace à partir de l'angle a jusqu'à l'angle b.

EXEMPLE 1 Calculons l'aire de la région bornée par la boucle entourant un pétale de la rosace à quatre pétales $r = \cos 2\theta$.

SOLUTION On se réfère à l'illustration de la courbe $r = \cos 2\theta$ décrite à l'exemple 8 de la section 6.3. À la figure 4, on remarque que la région bornée par la boucle à droite est balayée par un rayon d'angle $\theta = -\pi/4$ au départ jusqu'à un angle $\theta = \pi/4$. Selon la formule 4, l'aire est donnée par l'expression

$$A = \int_{-\pi/4}^{\pi/4} \frac{1}{2} r^2 \, d\theta = \frac{1}{2} \int_{-\pi/4}^{\pi/4} \cos^2 2\theta \, d\theta = \int_0^{\pi/4} \cos^2 2\theta \, d\theta \quad \text{(cos étant une fonction paire)}$$

$$= \int_0^{\pi/4} \frac{1}{2} (1 + \cos 4\theta) \, d\theta = \frac{1}{2} \left[\theta + \frac{1}{4} \sin 4\theta \right]_0^{\pi/4} = \frac{\pi}{8}.$$

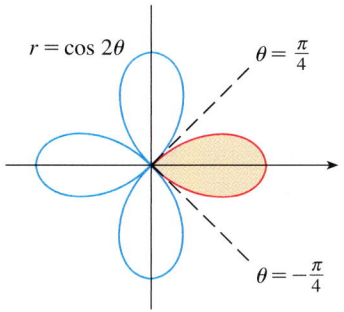

FIGURE 4

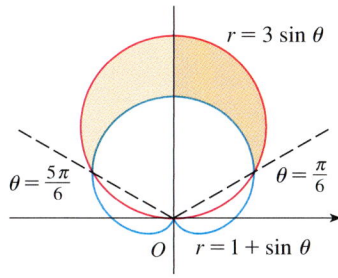

FIGURE 5

EXEMPLE 2 Calculons l'aire de la région à l'intérieur du cercle $r = 3 \sin \theta$ et à l'extérieur de la cardioïde $r = 1 + \sin \theta$.

SOLUTION La figure 5 représente la cardioïde (voir l'exemple 7 de la section 6.3), le cercle et la région colorée dont on cherche l'aire. On détermine les angles limites du balayage, a et b, de la formule 4 en trouvant les points d'intersection des deux courbes. Ces courbes polaires se coupent lorsque $3 \sin \theta = 1 + \sin \theta$, donc lorsque $\sin \theta = 1/2$, soit à $\theta = \pi/6$ et à $\theta = 5\pi/6$. On trouve l'aire cherchée en soustrayant l'aire de la cardioïde comprise entre $\theta = \pi/6$ et $\theta = 5\pi/6$ de l'aire du cercle comprise entre $\pi/6$ et $5\pi/6$. Par conséquent,

$$A = \frac{1}{2} \int_{\pi/6}^{5\pi/6} (3 \sin \theta)^2 \, d\theta - \frac{1}{2} \int_{\pi/6}^{5\pi/6} (1 + \sin \theta)^2 \, d\theta.$$

La région étant symétrique par rapport à l'axe vertical $\theta = \pi/2$, on obtient, selon la loi du demi-angle pour la fonction sinus,

$$A = 2 \left[\frac{1}{2} \int_{\pi/6}^{\pi/2} 9 \sin^2 \theta \, d\theta - \frac{1}{2} \int_{\pi/6}^{\pi/2} (1 + 2 \sin \theta + \sin^2 \theta) \, d\theta \right]$$

$$= \int_{\pi/6}^{\pi/2} (8 \sin^2 \theta - 1 - 2 \sin \theta) \, d\theta$$

$$= \int_{\pi/6}^{\pi/2} (3 - 4 \cos 2\theta - 2 \sin \theta) \, d\theta$$

$$= 3\theta - 2 \sin 2\theta + 2 \cos \theta \Big]_{\pi/6}^{\pi/2} = \pi.$$

L'exemple 2 illustre la marche à suivre pour trouver l'aire de la région bornée par deux courbes polaires. De façon générale, on considère une région R (voir la figure 6) bornée par des courbes d'équations polaires $r = f(\theta)$, $r = g(\theta)$, $\theta = a$ et $\theta = b$, où $f(\theta) \geq g(\theta) \geq 0$ et $0 < b - a \leq 2\pi$. On trouve l'aire A de R en soustrayant l'aire à l'intérieur de $r = g(\theta)$ de l'aire à l'extérieur de $r = f(\theta)$. On obtient, par soustraction des aires et en vertu de la formule de l'aire, que

$$A = \int_a^b \frac{1}{2} \left[f(\theta) \right]^2 d\theta - \int_a^b \frac{1}{2} \left[g(\theta) \right]^2 d\theta = \frac{1}{2} \int_a^b \left(\left[f(\theta) \right]^2 - \left[g(\theta) \right]^2 \right) d\theta.$$

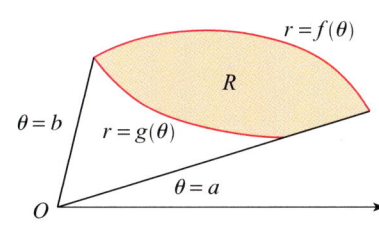

FIGURE 6

⊘ ATTENTION Étant donné qu'un point du plan cartésien possède plusieurs représentations en coordonnées polaires (par exemple $r = 1$, $\theta = 0$ ou 2π pour le point cartésien $(1, 0)$), il est parfois difficile de trouver tous les points d'intersection de deux courbes polaires. À titre d'exemple, en se référant à la figure 5, on observe que le cercle et la cardioïde ont trois points d'intersection. Or, à l'exemple 2, l'égalité $3 \sin(\theta) = 1 + \sin(\theta)$ ne permet de trouver que deux de ces trois points, soit $(3/2, \pi/6)$ et $(3/2, 5\pi/6)$. Par ailleurs, le point d'intersection à l'origine ne peut être isolé simultanément des équations des deux courbes, car il ne possède pas de représentation commune en coordonnées polaires sur les deux courbes. En effet, les coordonnées polaires $(0, 0)$ ou $(0, \pi)$ pour le cercle $r = 3 \sin \theta$ correspondent à l'origine, tandis que sur la cardioïde

$r = 1 + \sin\theta$, l'origine est atteinte par les coordonnées polaires $(0, 3\pi/2)$. Si deux points se déplacent le long des courbes pour des valeurs du paramètre θ allant de 0 à 2π, alors l'origine est atteinte à $\theta = 0$ et $\theta = \pi$ pour une courbe et à $\theta = 3\pi/2$ pour l'autre courbe. Les points n'entrent pas en collision à l'origine, car ils atteignent celle-ci à des instants θ différents. Pour trouver tous les points d'intersection de deux courbes polaires, on recommande donc de tracer leurs graphiques à l'aide d'une calculatrice ou d'un ordinateur afin de faciliter la recherche des intersections.

LA LONGUEUR D'UN ARC

Pour trouver la longueur d'une courbe polaire $r = f(\theta)$, $a \leq \theta \leq b$, on considère θ comme un paramètre et on utilise les équations paramétriques de la courbe

$$x = r\cos\theta = f(\theta)\cos\theta \quad y = r\sin\theta = f(\theta)\sin\theta.$$

On obtient, en utilisant la règle de dérivation du produit de deux fonctions,

$$\frac{dx}{d\theta} = \frac{dr}{d\theta}\cos\theta - r\sin\theta \quad \frac{dy}{d\theta} = \frac{dr}{d\theta}\sin\theta + r\cos\theta.$$

On vérifie facilement, à l'aide de l'identité trigonométrique $\cos^2\theta + \sin^2\theta = 1$, que

$$\left(\frac{dx}{d\theta}\right)^2 + \left(\frac{dy}{d\theta}\right)^2 = \left(\frac{dr}{d\theta}\right)^2 \cos^2\theta - 2r\frac{dr}{d\theta}\cos\theta\sin\theta + r^2\sin^2\theta$$
$$+ \left(\frac{dr}{d\theta}\right)^2 \sin^2\theta + 2r\frac{dr}{d\theta}\sin\theta\cos\theta + r^2\cos^2\theta$$
$$= \left(\frac{dr}{d\theta}\right)^2 + r^2.$$

Si on suppose que f' est continue, alors la longueur d'arc (voir le théorème 1 de la section 8.3) est égale à

$$L = \int_a^b \sqrt{\left(\frac{dx}{d\theta}\right)^2 + \left(\frac{dy}{d\theta}\right)^2}\, d\theta.$$

La longueur d'une courbe d'équation polaire $r = f(\theta)$, $a \leq \theta \leq b$ est donc donnée par l'intégrale suivante

5
$$L = \int_a^b \sqrt{r^2 + \left(\frac{dr}{d\theta}\right)^2}\, d\theta.$$

EXEMPLE 3 Calculons la longueur de la cardioïde $r = 1 + \sin\theta$.

SOLUTION La figure 7 représente la cardioïde en question (voir l'exemple 7 à la section 6.3). L'intervalle $0 \leq \theta \leq 2\pi$ du paramètre correspond à un parcours unique autour de la courbe. Selon la formule 5, on obtient

$$L = \int_0^{2\pi} \sqrt{r^2 + \left(\frac{dr}{d\theta}\right)^2}\, d\theta = \int_0^{2\pi} \sqrt{(1+\sin\theta)^2 + \cos^2\theta}\, d\theta$$
$$= \int_0^{2\pi} \sqrt{2 + 2\sin\theta}\, d\theta.$$

On peut calculer cette intégrale en multipliant et en divisant l'intégrande par $\sqrt{2 - 2\sin\theta}$. On trouve $L = 8$.

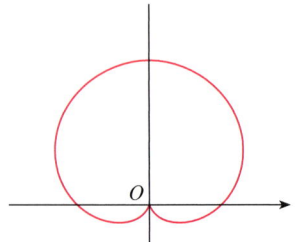

FIGURE 7
$r = 1 + \sin\theta$

RÉPONSES AUX EXERCICES IMPAIRS

CHAPITRE 1

EXERCICES 1.1
Abréviations: C, converge; D, diverge

1. a) Une suite est une liste ordonnée de nombres. On peut la définir comme une fonction dont le domaine de définition est l'ensemble des entiers positifs.
   b) Les termes a_n tendent vers 8 lorsque n devient grand.
   c) Les termes a_n deviennent arbitrairement grands lorsque n devient grand.

3. $\frac{2}{3}, \frac{4}{5}, \frac{8}{7}, \frac{16}{9}, \frac{32}{11}$ 5. $\frac{1}{5}, -\frac{1}{25}, \frac{1}{125}, -\frac{1}{625}, \frac{1}{3125}$ 7. $\frac{1}{2}, \frac{1}{6}, \frac{1}{24}, \frac{1}{120}, \frac{1}{720}$

9. 1, 2, 7, 32, 157   11. $2, \frac{2}{3}, \frac{2}{5}, \frac{2}{7}, \frac{2}{9}$ 13. $a_n = 1/(2n)$

15. $a_n = -3\left(-\frac{2}{3}\right)^{n-1}$ 17. $a_n = (-1)^{n+1}\dfrac{n^2}{n+1}$

19. 0,4286, 0,4615, 0,4737, 0,4800, 0,4839, 0,4865, 0,4884, 0,4898, 0,4909, 0,4918; oui; $\frac{1}{2}$

21. 0,5000, 1,2500, 0,8750, 1,0625, 0,9688, 1,0156, 0,9922, 1,0039, 0,9980, 1,0010; oui; 1

23. 5   25. D   27. 0   29. 1   31. 2   33. D   35. 0
37. 0   39. D   41. 0   43. 0   45. 1   47. e^2 49. ln 2
51. $\pi/2$ 53. D   55. D   57. D   59. $\pi/4$ 61. D   63. 0

65. a) 1060, 1123,60, 1191,02, 1262,48, 1338,23   b) D

67. b) 5734   69. $-1 < r < 1$

71. Elle est convergente en vertu du théorème sur les suites monotones; $5 \leq L < 8$

73. Décroissante; oui   75. Non monotone; non
77. Croissante; oui   79. 2   81. $\frac{1}{2}(3+\sqrt{5})$
83. b) $\frac{1}{2}(1+\sqrt{5})$ 85. a) 0   b) 9, 11

EXERCICES 1.2

1. a) Une suite est une liste ordonnée de nombres tandis qu'une série est la somme d'une liste de nombres.
   b) Une série est convergente lorsque la suite de ses sommes partielles est convergente. Une série est divergente lorsque la suite des sommes partielles est divergente.

3. 2

5. 0,5, 0,55, 0,5611, 0,5648, 0,5663, 0,5671, 0,5675, 0,5677; C

7. 0,8415, 1,7508, 1,8919, 1,1351, 0,1762, 0,1032, 0,5537, 1,5431; D

9. −2,400 00, −1,920 00, −2,016 00, −1,996 80, −2,000 64, −1,999 87, −2,000 03, −1,999 99, −2,000 00, −2,000 00; convergente, somme = −2

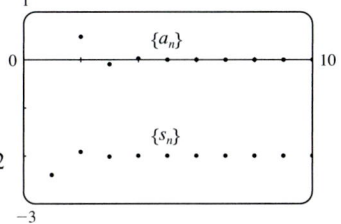

11. 0,447 21, 1,154 32, 1,986 37, 2,880 80, 3,809 27, 4,757 96, 5,719 48, 6,689 62, 7,665 81, 8,646 39; divergente

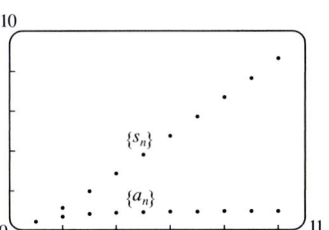

13. 1,000 00, 1,333 33, 1,500 00, 1,600 00, 1,666 67, 1,714 29, 1,750 00, 1,777 78, 1,800 00, 1,818 18; convergente, somme = 2

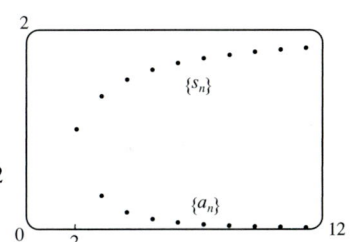

15. a) C   b) D

17. D   19. $\frac{25}{3}$ 21. $\frac{400}{9}$ 23. $\frac{1}{7}$ 25. D   27. D   29. D

31. 9   33. D   35. $\dfrac{\sin 100}{1-\sin 100}$ 37. D   39. D

41. $e/(e-1)$ 43. $\frac{3}{2}$ 45. $\frac{11}{6}$ 47. $e-1$

49. b) 1   c) 2   d) Tous les nombres rationnels avec une représentation décimale finie, sauf 0

51. $\frac{8}{9}$ 53. $\frac{838}{333}$ 55. 45,679/37,000

57. $-\dfrac{1}{5} < x < \dfrac{1}{5}; \dfrac{-5x}{1+5x}$ 59. $-1 < x < 5; \dfrac{3}{5-x}$

61. $x > 2$ ou $x < -2; \dfrac{x}{x-2}$ 63. $x < 0; \dfrac{1}{1-e^x}$

65. 1

67. $a_1 = 0$, $a_n = \dfrac{2}{n(n+1)}$ pour $n > 1$, somme = 1

69. a) 120 mg; 124 mg
    b) $Q_{n+1} = 100 + 0{,}20 Q_n$ c) 125 mg

71. a) 157,875 mg; $\frac{3000}{19}(1-0{,}05^n)$ b) 157,895 mg

73. a) $S_n = \dfrac{D(1-c^n)}{1-c}$ b) 5

75. $\tfrac{1}{2}(\sqrt{3}-1)$ **79.** $\dfrac{1}{n(n+1)}$

81. Par exemple $a_n = b_n = \dfrac{1}{n}$.

87. $\{s_n\}$ est bornée et croissante.

89. a) $0, \tfrac{1}{9}, \tfrac{2}{9}, \tfrac{1}{3}, \tfrac{2}{3}, \tfrac{7}{9}, \tfrac{8}{9}, 1$

91. a) $\tfrac{1}{2}, \tfrac{5}{6}, \tfrac{23}{24}, \tfrac{119}{120}; \dfrac{(n+1)!-1}{(n+1)!}$ c) 1

EXERCICES 1.3

1. C

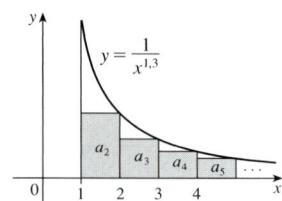

3. C **5.** D **7.** D **9.** C **11.** C **13.** D **15.** C

17. C **19.** D **21.** D **23.** C **25.** C

27. La fonction f n'est ni positive, ni décroissante.

29. $p > 1$ **31.** $p < -1$ **33.** $]1, \infty[$

35. a) $\dfrac{9}{10}\pi^4$ b) $\dfrac{1}{90}\pi^4 - \dfrac{17}{16}$

37. a) 1,549 77, erreur $\leq 0{,}1$ b) 1,645 22, erreur $\leq 0{,}005$
c) $n > 1000$

39. 0,001 45   **45.** $0 \leq b < 1/e$

47. a) Rien b) C

49. C **51.** D **53.** C **55.** D **57.** C **59.** C

61. D **63.** D **65.** C **67.** D **69.** C **71.** D

73. C **75.** C **77.** D

79. 0,1993, erreur $< 2{,}5 \times 10^{-5}$

81. 0,0739, erreur $< 6{,}4 \times 10^{-8}$

91. Oui

EXERCICES 1.4

1. a) Une série dont les termes sont alternativement positifs et négatifs.
b) $0 < b_{n+1} \leq b_n$ et $\lim_{n\to\infty} b_n = 0$, avec $b_n = |a_n|$
c) $|R_n| \leq b_{n+1}$

3. D **5.** C **7.** D **9.** C **11.** C **13.** D **15.** C

17. C **19.** D **21.** $-0{,}5507$ **23.** 5 **25.** 5 **27.** $-0{,}4597$

29. $-0{,}1050$

31. Une sous-estimation

33. p n'est pas un entier négatif.

35. Parce que $\{b_n\}$ n'est pas décroissante.

EXERCICES 1.5

Abréviations: AC, absolument convergente;
SC, simplement convergente
CC, conditionnellement convergente

1. a) D b) C c) Peut converger ou diverger.

3. CC **5.** AC **7.** AC **9.** D **11.** AC **13.** AC

15. D **17.** AC **19.** AC **21.** AC **23.** D **25.** AC

27. AC **29.** D **31.** CC **33.** AC **35.** D **37.** AC

39. D **41.** AC **43.** a) et d)

47. a) $\tfrac{661}{960} \approx 0{,}688\,54$, erreur $< 0{,}005\,21$
b) $n \geq 11$; 0,693 109

51. La série est divergente.   **53.** b) $\sum_{n=2}^{\infty} \dfrac{(-1)^n}{n \ln n}$; $\sum_{n=1}^{\infty} \dfrac{(-1)^{n-1}}{n}$

EXERCICES 1.6

1. D **3.** SC **5.** D **7.** D **9.** C **11.** C **13.** C

15. C **17.** C **19.** C **21.** D **23.** D **25.** C **27.** C

29. C **31.** D **33.** C **35.** D **37.** C

CHAPITRE 2

EXERCICES 2.1

1. Une série de la forme $\sum_{n=0}^{\infty} c_n (x-a)^n$, où x est une variable et où a et c_n sont des constantes.

3. Seulement b) **5.** $1, (-1, 1)$ **7.** $1, [-1, 1)$ **9.** $\infty, (-\infty, \infty)$

11. $4, [-4, 4]$ **13.** $\tfrac{1}{4}, \left(-\tfrac{1}{4}, \tfrac{1}{4}\right]$ **15.** $2, [-2, 2)$ **17.** $1, [1, 3]$

19. $2, [-4, 0)$ **21.** $\infty, (-\infty, \infty)$ **23.** $b, (a-b, a+b)$

25. $0, \left\{\tfrac{1}{2}\right\}$ **27.** $\tfrac{1}{5}, \left[\tfrac{3}{5}, 1\right]$ **29.** $\infty, (-\infty, \infty)$

31. a) Oui b) Non   **33.** k^k **35.** Non

37. a) $]-\infty, \infty[$
b), c)

39. $]-1, 1[, f(x) = (1+2x)/(1-x^2)$ **43.** 2

EXERCICES 2.2

1. 10   **3.** $\sum_{n=0}^{\infty}(-1)^n x^n$, $]-1, 1[$

5. $2\sum_{n=0}^{\infty}\frac{1}{3^{n+1}}x^n$, $]-3, 3[$ **7.** $\sum_{n=0}^{\infty}\frac{(-1)^n x^{4n+2}}{2^{n+4}}$, $(-2, 2)$

9. $-\frac{1}{2}-\sum_{n=1}^{\infty}\frac{(-1)^n 3x^n}{2^{n+1}}$, $(-2, 2)$ **11.** $\sum_{n=0}^{\infty}\left(-1-\frac{1}{3^{n+1}}\right)x^n$, $(-1, 1)$

13. a) $\sum_{n=0}^{\infty}(-1)^n(n+1)x^n$, $R = 1$

b) $\frac{1}{2}\sum_{n=0}^{\infty}(-1)^n(n+2)(n+1)x^n$, $R = 1$

c) $\frac{1}{2}\sum_{n=2}^{\infty}(-1)^n n(n-1)x^n$, $R = 1$

15. $\ln 5 - \sum_{n=1}^{\infty}\frac{x^n}{n5^n}$, $R = 5$ **17.** $\sum_{n=0}^{\infty}(-1)^n 4^n(n+1)x^{n+1}$, $R = \frac{1}{4}$

19. $\sum_{n=0}^{\infty}(2n+1)x^n$, $R = 1$

21. b) $\ln(x+2) = \sum_{n=0}^{\infty}(-1)^n\frac{(x+1)^{n+1}}{n+1} = \sum_{n=1}^{\infty}(-1)^{n-1}\frac{(x+1)^n}{n}$

23. $x = \pm\frac{1}{\sqrt{2}}$

25. $\sum_{n=0}^{\infty}(-1)^n x^{2n+2}$, $R = 1$

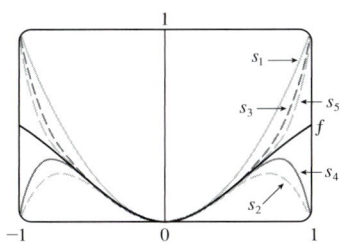

27. $\sum_{n=0}^{\infty}\frac{2x^{2n+1}}{2n+1}$, $R = 1$

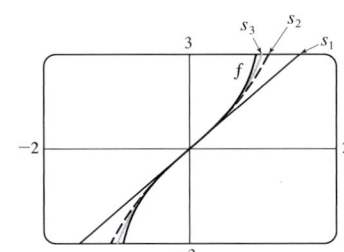

29. $C + \sum_{n=0}^{\infty}\frac{t^{8n+2}}{8n+2}$, $R = 1$ **31.** $C + \sum_{n=1}^{\infty}(-1)^n\frac{x^{n+3}}{n(n+3)}$, $R = 1$

33. 0,044522 **35.** 0,000 395 **37.** 0,197 40

39. b) 0,920 **43.** $[-1, 1]$, $[-1, 1[$, $]-1, 1[$

EXERCICES 2.3

1. $b_8 = f^{(8)}(5)/8!$ **3.** $\sum_{n=0}^{\infty}(n+1)x^n$, $R = 1$

5. a) Une série de MacLaurin est une série entière. Or, la série donnée n'est pas une série entière (puissances de $\sin(x)$ au lieu de x).

b) $1 + x + \frac{x^2}{2} - \frac{x^4}{8}$

7. a) L'un des coefficients c_i, $i = 0,1,2,3$ est nul, c'est-à-dire que l'une des dérivées $f(0)$, $f'(0)$, $f''(0)$, $f'''(0)$ est nulle.

b) $f(0) = 2$, $f'(0) = -1$, $f''(0) = 0$

9. $x + x^2 + \frac{1}{2}x^3 + \frac{1}{6}x^4$

11. $2 + \frac{1}{12}(x-8) - \frac{1}{288}(x-8)^2 + \frac{5}{20{,}736}(x-8)^3$

13. $\frac{1}{2} + \frac{\sqrt{3}}{2}\left(x - \frac{\pi}{6}\right) - \frac{1}{4}\left(x - \frac{\pi}{6}\right)^2 - \frac{\sqrt{3}}{12}\left(x - \frac{\pi}{6}\right)^3$

15. $\sum_{n=0}^{\infty}(n+1)x^n$, $R = 1$ **17.** $\sum_{n=0}^{\infty}(-1)^n\frac{x^{2n}}{(2n)!}$, $R = \infty$

19. $\sum_{n=0}^{\infty}\frac{(\ln 2)^n}{n!}x^n$, $R = \infty$ **21.** $\sum_{n=0}^{\infty}\frac{x^{2n+1}}{(2n+1)!}$, $R = \infty$

23. $50 + 105(x-2) + 92(x-2)^2 + 42(x-2)^3 + 10(x-2)^4 + (x-2)^5$, $R = \infty$

25. $\ln 2 + \sum_{n=1}^{\infty}(-1)^{n+1}\frac{1}{n2^n}(x-2)^n$, $R = 2$

27. $\sum_{n=0}^{\infty}\frac{2^n e^6}{n!}(x-3)^n$, $R = \infty$ **29.** $\sum_{n=0}^{\infty}\frac{(-1)^{n+1}}{(2n+1)!}(x-\pi)^{2n+1}$, $R = \infty$

35. $1 - \frac{1}{4}x - \sum_{n=2}^{\infty}\frac{3\times 7\times\cdots\times(4n-5)}{4^n\times n!}x^n$, $R = 1$

37. $\sum_{n=0}^{\infty}(-1)^n\frac{(n+1)(n+2)}{2^{n+4}}x^n$, $R = 2$

39. $\sum_{n=0}^{\infty}(-1)^n\frac{1}{2n+1}x^{4n+2}$, $R = 1$ **41.** $\sum_{n=0}^{\infty}(-1)^n\frac{2^{2n}}{(2n)!}x^{2n+1}$, $R = \infty$

43. $\sum_{n=0}^{\infty}(-1)^n\frac{1}{2^{2n}(2n)!}x^{4n+1}$, $R = \infty$

45. $\frac{1}{2}x + \sum_{n=1}^{\infty}(-1)^n\frac{1\times 3\times 5\times\cdots\times(2n-1)}{n!2^{3n+1}}x^{2n+1}$, $R = 2$

47. $\sum_{n=1}^{\infty}(-1)^{n+1}\frac{2^{2n-1}}{(2n)!}x^{2n}$, $R = \infty$ **49.** $\sum_{n=0}^{\infty}(-1)^n\frac{1}{(2n)!}x^{4n}$, $R = \infty$

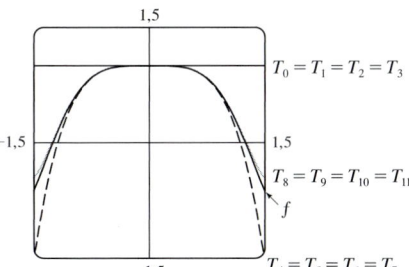

51. $\sum_{n=1}^{\infty}\frac{(-1)^{n-1}}{(n-1)!}x^n$, $R = \infty$

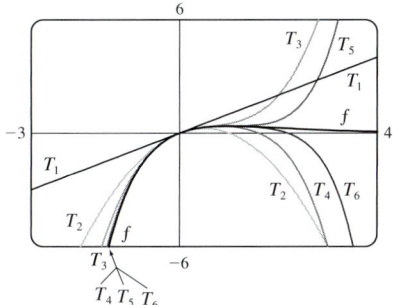

53. 0,996 19

55. a) $1+\sum_{n=1}^{\infty}\dfrac{1\times 3\times 5\times \cdots \times (2n-1)}{2^n n!}x^{2n}$

b) $x+\sum_{n=1}^{\infty}\dfrac{1\times 3\times 5\times \cdots \times (2n-1)}{(2n+1)2^n n!}x^{2n+1}$

57. $C+\sum_{n=0}^{\infty}\binom{\frac{1}{2}}{n}\dfrac{x^{3n+1}}{3n+1},\ R=1$

59. $C+\sum_{n=1}^{\infty}(-1)^n\dfrac{1}{2n(2n)!}x^{2n},\ R=\infty$

61. 0,0059 **63.** 0,401 02 **65.** $\frac{1}{10}$ **67.** $\frac{1}{2}$ **69.** $\frac{1}{120}$

71. $\frac{3}{5}$ **73.** $1-\frac{3}{2}x^2+\frac{25}{24}x^4$ **75.** $1+\frac{1}{6}x^2+\frac{7}{360}x^4$

77. $x-\frac{2}{3}x^4+\frac{23}{45}x^6$ **79.** e^{-x^4} **81.** $\ln\frac{8}{5}$ **83.** $1/\sqrt{2}$

85. e^3-1 **87.** $x=\ln(\sqrt{2}/2)$

EXERCICES 2.4

1. a) $T_0(x)=0,\ T_1(x)=T_2(x)=x,\ T_3(x)=T_4(x)=x-\frac{1}{6}x^3$,
$T_5(x)=x-\frac{1}{6}x^3+\frac{1}{120}x^5$

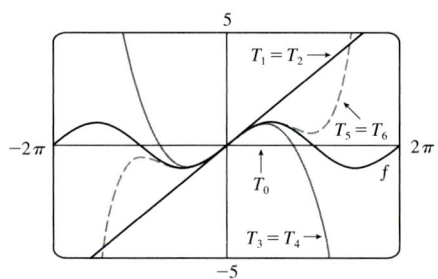

b)

x	f	T_0	$T_1=T_2$	$T_3=T_4$	T_5
$\pi/4$	0,7071	0	0,7854	0,7074	0,7071
$\pi/2$	1	0	1,5708	0,9268	1,0045
π	0	0	3,1416	−2,0261	0,5240

c) À mesure que n augmente, $T_n(x)$ est une bonne approximation de $f(x)$ sur un intervalle de plus en plus grand.

3. $e+e(x-1)+\frac{1}{2}e(x-1)^2+\frac{1}{6}e(x-1)^3$

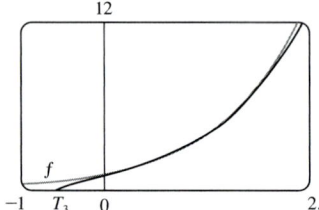

5. $-\left(x-\dfrac{\pi}{2}\right)+\dfrac{1}{6}\left(x-\dfrac{\pi}{2}\right)^3$

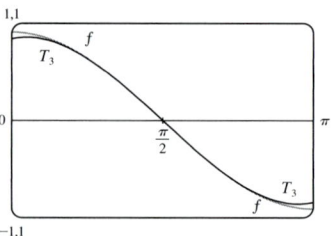

7. $(x-1)-\frac{1}{2}(x-1)^2+\frac{1}{3}(x-1)^3$

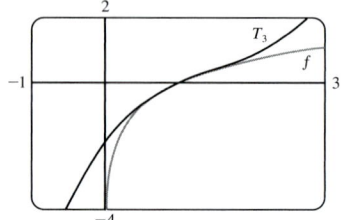

9. $x-2x^2+2x^3$

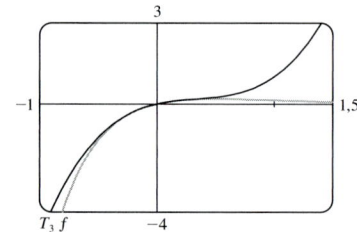

11. $T_5(x)=1-2\left(x-\dfrac{\pi}{4}\right)+2\left(x-\dfrac{\pi}{4}\right)^2-\dfrac{8}{3}\left(x-\dfrac{\pi}{4}\right)^3$
$+\dfrac{10}{3}\left(x-\dfrac{\pi}{4}\right)^4-\dfrac{64}{15}\left(x-\dfrac{\pi}{4}\right)^5$

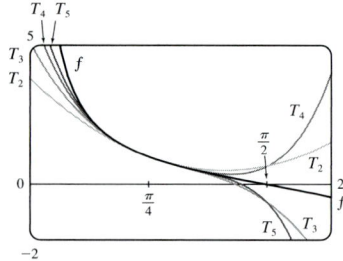

13. a) $1-(x-1)+(x-1)^2$ b) 0,006 482 7

15. a) $1+\frac{2}{3}(x-1)-\frac{1}{9}(x-1)^2+\frac{4}{81}(x-1)^3$
b) 0,000 097

17. a) $1+\frac{1}{2}x^2$ b) 0,0015 **19.** a) $1+x^2$ b) 0,000 06

21. a) $x^2-\frac{1}{6}x^4$ b) 0,042 **23.** 0,173 65 **25.** Quatre

27. $-1,037<x<1,037$ **29.** $-0,86<x<0,86$

31. Environ $[-3/5, 3/5]$

33. a) $T_2(x)=1+2(x-2)+3(x-2)^2$ b) $f(1)\approx 2,\ |\text{erreur}|<1$
c) $|R_2(x)|\le 8$

35. b) $\frac{5}{7!}$ c) $1+\frac{1}{2}x+\frac{1}{2^2\cdot 2!}x^2+\frac{1}{2^3\cdot 3!}x^3+\cdots$ d) $e^{x/2}$

37. b) $1+2x+\frac{2^2}{2!}x^2+\frac{2^3}{3!}x^3+\cdots$ c) $\frac{6\cdot 3^n}{(n+1)!}$ e) $n=10$

39. 21 m ; non

45. c) La différence est d'environ 8×10^{-9} km.

EXERCICES 2.5

1. $8-4i$ **3.** $13+18i$ **5.** $12-7i$ **7.** $\frac{11}{13}+\frac{10}{13}i$

9. $\frac{1}{2}-\frac{1}{2}i$ **11.** $2i$ **13.** $5i$ **15.** $12+5i$, 13 **17.** $4i$, 4

19. $\pm\frac{3}{2}i$ **21.** $-1\pm 2i$ **23.** $-\frac{1}{2}\pm\left(\sqrt{7}/2\right)i$ **25.** -1, $\pm 2i$

27. $\left(-1\pm\sqrt{2}\right)i$ **31.** ± 1, $\pm i$, $\pm 2i$

33. $3\sqrt{2}[\cos(3\pi/4)+i\sin(3\pi/4)]$

35. $5\{\cos[\arctan(\frac{4}{3})]+i\sin[\arctan(\frac{4}{3})]\}$

37. $4[\cos(\pi/2)+i\sin(\pi/2)]$,
$\cos(-\pi/6)+i\sin(-\pi/6)$,
$\frac{1}{2}[\cos(-\pi/6)+i\sin(-\pi/6)]$

39. $4\sqrt{2}[\cos(7\pi/12)+i\sin(7\pi/12)]$,
$(2\sqrt{2})[\cos(13\pi/12)+i\sin(13\pi/12)]$,
$\frac{1}{4}[\cos(\pi/6)+i\sin(\pi/6)]$

41. -1024 **43.** $-512\sqrt{3}+512i$

45. ± 1, $\pm i$, $(1/\sqrt{2})(\pm 1\pm i)$ **47.** $\pm\left(\sqrt{3}/2\right)+\frac{1}{2}i$, $-i$

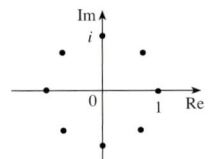   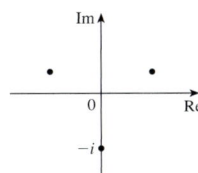

49. i **51.** $\frac{1}{2}+(\sqrt{3}/2)i$ **53.** $-e^2$

55. $\cos 3\theta=\cos^3\theta-3\cos\theta\sin^2\theta$, $\sin 3\theta=3\cos^2\theta\sin\theta-\sin^3\theta$

PARTIE I - RÉVISION

VRAI OU FAUX

1. Faux   **3.** Vrai   **5.** Faux   **7.** Faux   **9.** Faux

11. Vrai   **13.** Vrai   **15.** Faux   **17.** Vrai   **19.** Vrai

21. Vrai

EXERCICES RÉCAPITULATIFS

1. $\frac{1}{2}$ **3.** D   **5.** 0   **7.** e^{12} **9.** 2   **11.** C   **13.** C

15. D   **17.** C   **19.** C   **21.** C   **23.** CC   **25.** AC

27. $\frac{1}{11}$ **29.** $\pi/4$ **31.** e^{-e} **35.** 0,9721

37. 0,189 762 24, erreur $<6,4\times 10^{-7}$ **41.** 4, $[-6, 2[$

43. 0,5, $[2,5 ; 3,5[$ **45.** $R=\infty$, $]-\infty, \infty[$

47. $\frac{1}{2}\sum_{n=0}^{\infty}(-1)^n\left[\frac{1}{(2n)!}\left(x-\frac{\pi}{6}\right)^{2n}+\frac{\sqrt{3}}{(2n+1)!}\left(x-\frac{\pi}{6}\right)^{2n+1}\right]$

49. $\sum_{n=0}^{\infty}(-1)^n x^{n+2}$, $R=1$ **51.** $\ln 4-\sum_{n=1}^{\infty}\frac{x^n}{n4^n}$, $R=4$

53. $\sum_{n=0}^{\infty}(-1)^n\frac{x^{8n+4}}{(2n+1)!}$, $R=\infty$

55. $\frac{1}{2}+\sum_{n=1}^{\infty}\frac{1\times 5\times 9\times\cdots\times(4n-3)}{n!2^{6n+1}}x^n$, $R=16$

57. $T_0(x)=1$, $T_1(x)=1-2x$, $T_2(x)=1-2x+\frac{5}{2}x^2$,
$T_3(x)=1-2x+\frac{5}{2}x^2-\frac{1}{2}x^3$

59. $C+\ln|x|+\sum_{n=1}^{\infty}\frac{x^n}{n\cdot n!}$

61. a) $1+\frac{1}{2}(x-1)-\frac{1}{8}(x-1)^2+\frac{1}{16}(x-1)^3$

b)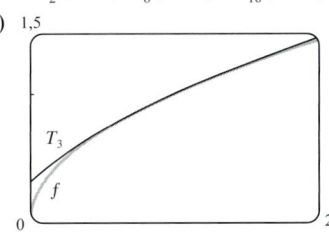

c) 0,000 006

63. a) $\sum_{n=0}^{\infty}(-1)^n\frac{(n+2)(n+1)}{2}(x-1)^n$

65. $-\frac{1}{6}$ **69.** $4i$ **71.** $-i$ **73.** $-\frac{3}{2}-\frac{1}{2}i$ **75.** $\pm\frac{i}{2}$

77. 1, $\pm 2i$ **79.** $2\sqrt{2}e^{(19\pi/12)i}$ **81.** $-128+128\sqrt{3}i$

83. 2, $-1\pm\sqrt{3}i$ **85.** $2^{1/20}e^{(\pi/40+k\pi/5)i}$, $k=1, 2, \ldots, 10$

PROBLÈMES SUPPLÉMENTAIRES

1. $15!/5!=10\,897\,286\,400$

3. b) 0 si $x=0$, $(1/x)-\cot x$ si $x\neq k\pi$, k un entier

5. a) $s_n=3\cdot 4^n$, $l_n=1/3^n$, $p_n=4^n/3^{n-1}$ c) $\frac{2}{5}\sqrt{3}$

9. $(-1, 1)$, $\frac{x^3+4x^2+x}{(1-x)^4}$ **11.** $\ln\frac{1}{2}$

13. a) $\frac{250}{101}\pi\left(e^{-(n-1)\pi/5}-e^{-n\pi/5}\right)$ b) $\frac{250}{101}\pi$

15. $\left(\frac{\pi}{2\sqrt{3}}-1\right)$ **17.** $-\left(\frac{\pi}{2}-\pi k\right)^2$, où k est un entier positif

CHAPITRE 3

EXERCICES 3.1

1. a) -27 ; une température de -15 °C avec un vent soufflant à 40 km/h est ressentie comme une température d'environ -27 °C sans vent.

b) Lorsque la température est de -20 °C, quelle est la vitesse du vent telle que la température ressentie est de -30 °C ? 20 km/h.

c) Lorsque le vent souffle à 20 km/h, quelle est la température réelle telle que la température ressentie est de −49 °C ? −35 °C.

d) Une fonction de la vitesse du vent qui donne la température ressentie lorsque la température réelle est de −5 °C.

e) Une fonction de la température réelle qui donne la température ressentie lorsque la vitesse du vent est de 50 km/h.

3. La production annuelle du fabricant est de 94,2 millions de dollars pour 120 000 heures de travail et un investissement de 20 millions de dollars.

5. a) 1,62 ; la surface totale d'une personne qui mesure 1,6 m et qui pèse 60 kg est approximativement de 1,62 m².

7. a) 7,6 ; un vent de 40 nœuds soufflant pendant 15 heures produira des vagues d'une hauteur d'environ 7,6 m.
b) $f(30, t)$ est une fonction de t donnant la hauteur des vagues produites par un vent dont la vitesse est de 30 nœuds soufflant pendant t heures.
c) $f(v, 30)$ est une fonction de v donnant la hauteur des vagues produites par un vent soufflant à une vitesse de v nœuds pendant 30 heures.

9. a) 1   b) $\mathbb{R}^2$ c) $[-1, 1]$

11. a) 3
b) $\{(x, y, z) \mid x^2 + y^2 + z^2 < 4, x \geq 0, y \geq 0, z \geq 0\}$, intérieur de la sphère de rayon 2, centrer l'origine, dans le premier octant

13. $\{(x, y) \mid x \geq 2, y \geq 1\}$ **15.** $\{(x, y) \mid \frac{1}{9}x^2 + y^2 < 1\}$

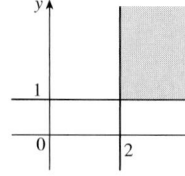

17. $\{(x, y) \mid y \neq -x\}$ **19.** $\{(x, y) \mid y \geq x^2, x \neq \pm 1\}$

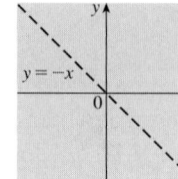 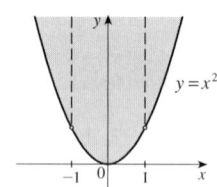

21. $\{(x, y, z) \mid -2 \leq x \leq 2, -3 \leq y \leq 3, -1 \leq z \leq 1\}$

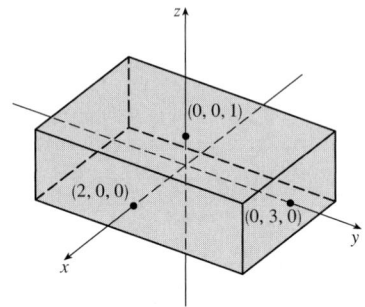

23. $z = y$, plan passant par l'axe des x

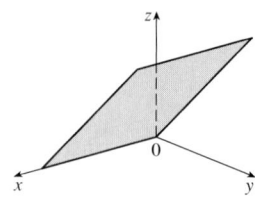

25. $4x + 5y + z = 10$, plan

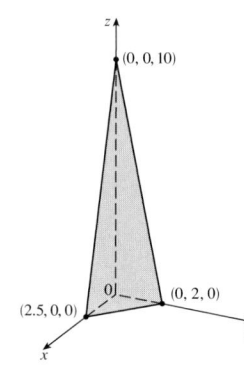

27. $z = \sin x$, surface cylindrique

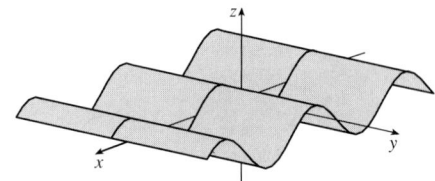

29. $z = x^2 + 4y^2 + 1$, paraboloïde elliptique

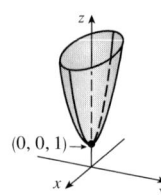

31. $z = \sqrt{4 - 4x^2 - y^2}$, partie supérieure d'un ellipsoïde

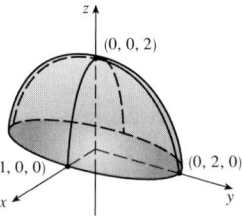

33. ≈ 56, ≈ 35

35. 11 °C ; 19,5 °C

37. a) $g(P) \approx 98$ $g(Q) = 90$ b) Non

39. a) $f(x, y) = x^2 + y^2$ b) $f(x, y) = x^2 + y^2$
c) $f(x, y) = \sin(x)$

41.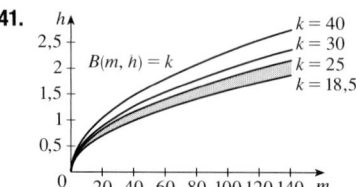

43. pente raide ; presque plat

45. 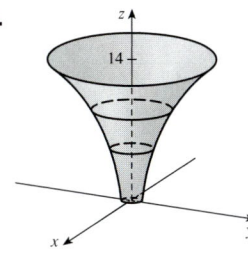 **47.**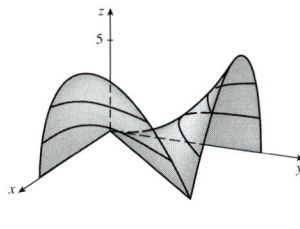

49. $x^2 - y^2 = k$ **51.** $y = -\sqrt{x} + k$

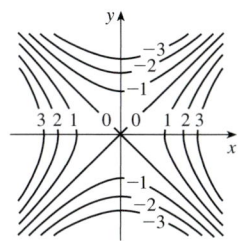 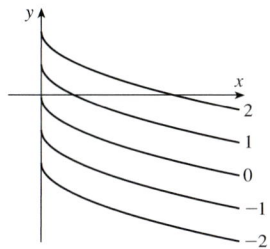

53. $y = ke^{-x}$ **55.** $x^2 + y^2 = k^3 \, (k \geq 0)$

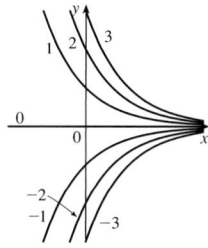 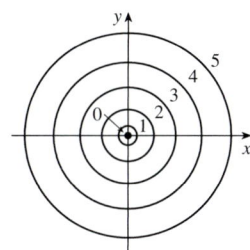

57. $x^2 + 9y^2 = k$

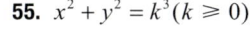

59. 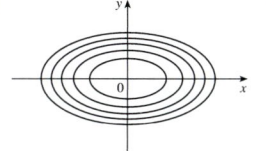 **61.**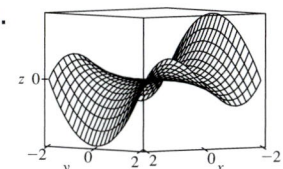

63.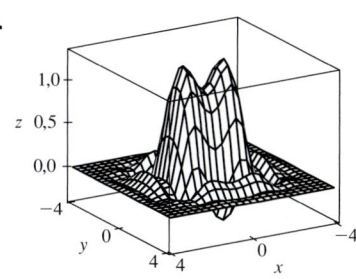

65. a) C b) II **67.** a) F b) I

69. a) B b) VI

71. Une famille de plans parallèles

73. Une famille de cylindres circulaires ayant l'axe des x comme axe. Le niveau $k = 0$ est l'axe des x.

75. a) Une translation de 2 unités vers le haut du graphe de f
b) Un allongement vertical d'un facteur 2 du graphe de f
c) Une réflexion du graphe de f à travers le plan des xy
d) Une translation de 2 unités vers le haut du graphe de f après une réflexion à travers le plan xy

77. a) $f(x, y) = -2x + 5y$
b) $f(x, y) = x^2 + 9xy - 3y^2$
c) $f(x, y) = 4x^2 - xy + 2y^2 + 2x + y$
d) $f(x, y, z) = x^2 + 2xy + 2y + 3z$

79. f semble atteindre un maximum dont la valeur est d'environ 15. Il y a deux maximums locaux mais pas de minimum.

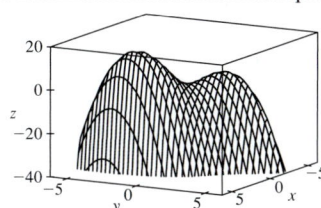

81. La fonction tend vers 0 lorsque x et y deviennent grands ; lorsque (x, y) s'approche de l'origine, f tend vers $\pm\infty$ ou 0, selon le chemin d'approche.

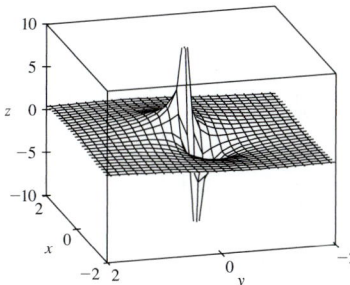

83. $c = -2, 0, 2$ **85.** b) $y = 0{,}75x + 0{,}01$

EXERCICES 3.2

1. Rien ; si f est continue, $f(3, 1) = 6$

3. $-\frac{5}{2}$ **5.** 56 **7.** $\pi/2$ **9.** N'existe pas.

11. N'existe pas. **13.** 0 **15.** N'existe pas. **17.** 2

19. $\sqrt{3}$ **21.** N'existe pas.

23. Le graphe montre que la fonction tend vers différentes valeurs le long de droites différentes.

25. $h(x, y) = (2x + 3y - 6)^2 + \sqrt{2x + 3y - 6}$; $\{(x, y) | 2x + 3y \geq 6\}$

27. Le long de la droite $y = x$ **29.** $\mathbb{R}^2$

31. $\{(x, y) | x^2 + y^2 \neq 1\}$ **33.** $\{(x, y) | x^2 + y^2 \leq 1, x \geq 0\}$

35. $\{(x, y, z) | x^2 + y^2 + z^2 \leq 1\}$ **37.** $\{(x, y) | (x, y) \neq (0, 0)\}$

39. 0   **41.** −1

43. f est continue dans $\mathbb{R}^2$.

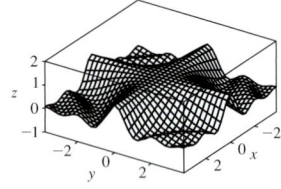

EXERCICES 3.3

1. a) Parabole
b) Cylindre parabolique avec génératrice parallèle à l'axe des z
c) Cylindre parabolique avec génératrice parallèle à l'axe des x

3. Cylindre circulaire   **5.** Cylindre parabolique

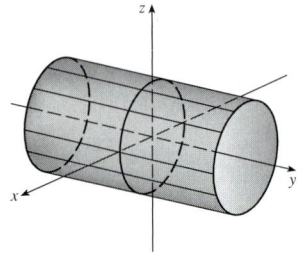 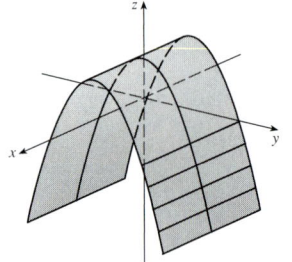

7. Cylindre hyperbolique

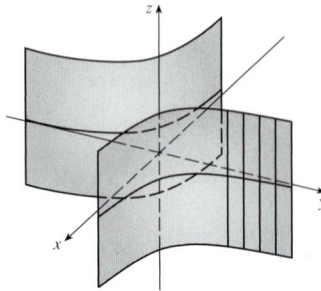

9. a) $x = k$, $y^2 - z^2 = 1 - k^2$, hyperbole ($k \neq \pm 1$);
$y = k$, $x^2 - z^2 = 1 - k^2$, hyperbole ($k \neq \pm 1$);
$z = k$, $x^2 + y^2 = 1 + k^2$, cercle
b) L'hyperboloïde a subi une rotation, donc son axe est l'axe des y.
c) L'hyperboloïde a subi une translation d'une unité dans la direction de l'axe des y négatifs.

11. Paraboloïde elliptique dont l'axe est l'axe des x

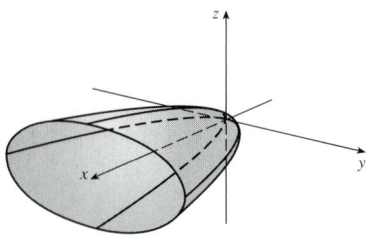

13. Cône elliptique dont l'axe est l'axe des x

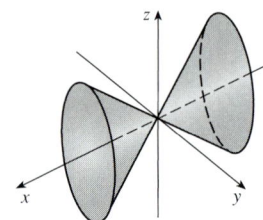

15. Hyperboloïde à une nappe dont l'axe est l'axe des x

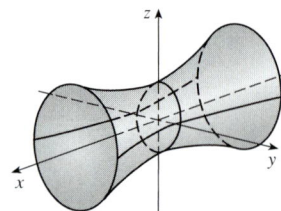

17. Ellipsoïde   **19.** Paraboloïde hyperbolique

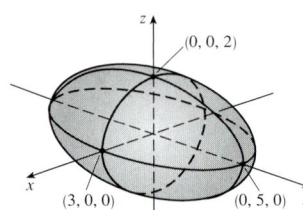 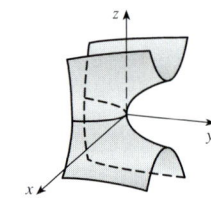

21. VII   **23.** II   **25.** VI   **27.** VIII

29. Paraboloïde circulaire

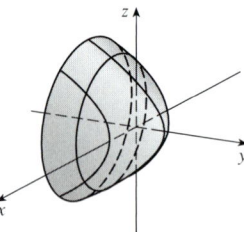

31. $y^2 = x^2 + \dfrac{z^2}{9}$

Cône elliptique dont l'axe est l'axe des y

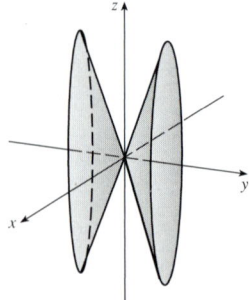

33. $y = z^2 - \dfrac{x^2}{2}$
Paraboloïde hyperbolique

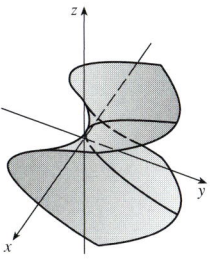

35. $z = (x-1)^2 + (y-3)^2$
Paraboloïde circulaire de sommet (1, 2, 3) dont l'axe vertical est $x = 1, y = 3$

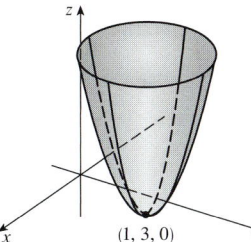

37. $\dfrac{(x-2)^2}{5} - \dfrac{y^2}{5} + \dfrac{(z-1)^2}{5} = 1$
Hyperboloïde à une nappe de centre (2, 0, 1) dont l'axe horizontal est $x = 2, z = 1$

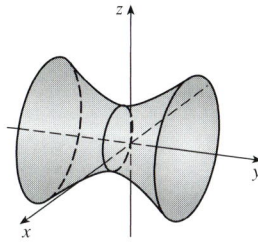

39. a) Paraboloïde elliptique
b) Paraboloïde elliptique
c) Paraboloïde hyperbolique

41. 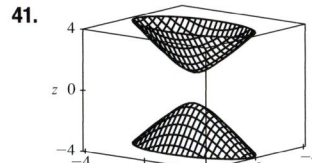 **43.**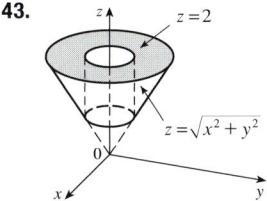

45. $x = y^2 + z^2$ **47.** $-4x = y^2 + z^2$, paraboloïde

49. a) $\dfrac{x^2}{(6378,137)^2} + \dfrac{y^2}{(6378,137)^2} + \dfrac{z^2}{(6356,523)^2} = 1$
b) Cercle   c) Ellipse

53.

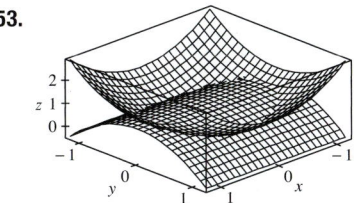

CHAPITRE 4

EXERCICES 4.1

1. a) Le taux de variation de la température en fonction de la longitude lorsque la latitude et le temps sont fixés ; le taux de variation lorsque seule la latitude varie ; le taux de variation lorsque seul le temps varie.
b) Positive, négative, positive

3. a) $f_T(-15, 30) \approx 1{,}3$; pour une température de -15 °C et un vent soufflant à 30 km/h, la température ressentie croît de 1,3 °C pour chaque degré additionnel de la température réelle. $f_v(-15, 30) \approx -0{,}15$; pour une température de -15 °C et un vent soufflant à 30 km/h, la température ressentie décroît de 0,15 °C pour chaque augmentation de 1 km/h de la vitesse du vent.
b) Positive, négative   c) 0

5. a) Positif   b) Négatif   **7.** a) Positif   b) Négatif

9. a) Positif   b) Positif   c) Positif   d) Positif   e) Positif

11. $c = f, b = f_x, a = f_y$

13. $f_x(1, 2) = -8 =$ pente de C_1, $f_y(1, 2) = -4 =$ pente de C_2

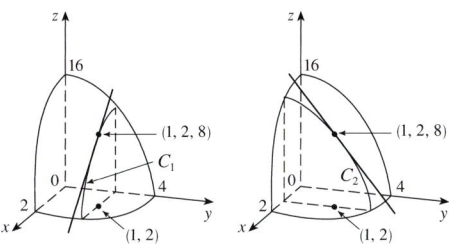

15.

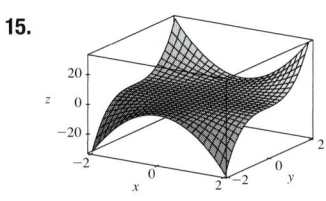 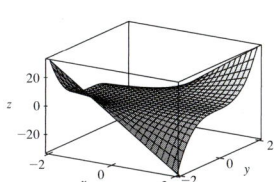

$f(x, y) = x^2 y^3$ $f_x(x, y) = 2xy^3$

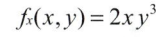

$f_y(x, y) = 3x^2 y^2$

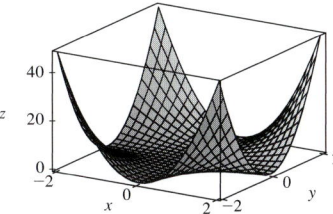

17. $f_x(x, y) = 4x^3 + 5y^3, f_y(x, y) = 15xy^2$

19. $f_x(x, t) = -t^2 e^{-x}, f_t(x, t) = 2te^{-x}$

21. $\dfrac{\partial z}{\partial x} = \dfrac{1}{x+t^2}, \dfrac{\partial z}{\partial t} = \dfrac{2t}{x+t^2}$

23. $f_x(x, y) = 1/y, f_y(x, y) = -x/y^2$

25. $f_x(x, y) = \dfrac{(ad-bc)y}{(cx+dy)^2}, f_y(x, y) = \dfrac{(bc-ad)x}{(cx+dy)^2}$

27. $g_u(u, v) = 10uv(u^2v - v^3)^4, g_v(u, v) = 5(u^2 - 3v^2)(u^2v - v^3)^4$

29. $R_p(p, q) = \dfrac{q^2}{1+p^2q^4}, R_q(p, q) = \dfrac{2pq}{1+p^2q^4}$

31. $F_x(x, y) = \cos(e^x), F_y(x, y) = -\cos(e^y)$

33. $f_x = 3x^2yz^2, f_y = x^3z^2 + 2z, f_z = 2x^3yz + 2y$

35. $\partial w/\partial x = 1/(x+2y+3z)$, $\partial w/\partial y = 2/(x+2y+3z)$,
$\partial w/\partial z = 3/(x+2y+3z)$

37. $\partial p/\partial t = 2t^3/\sqrt{t^4+u^2\cos v}$,
$\partial p/\partial u = u\cos v/\sqrt{t^4+u^2\cos v}$,
$\partial p/\partial v = -u^2\sin v/(2\sqrt{t^4+u^2\cos v})$

39. $h_x = 2xy\cos(z/t)$, $h_y = x^2\cos(z/t)$,
$h_z = (-x^2y/t)\sin(z/t)$, $h_t = (x^2yz/t^2)\sin(z/t)$

41. $\partial u/\partial x_i = x_i/\sqrt{x_1^2+x_2^2+\cdots+x_n^2}$

43. $\dfrac{\partial u}{\partial x_k} = kx_k^{k-1}$ **45.** 1 **47.** $\dfrac{1}{6}$

49. $f_x(x,y) = y^2 - 3x^2y$, $f_y(x,y) = 2xy - x^3$

51. $\dfrac{\partial z}{\partial x} = -\dfrac{x}{3z}$, $\dfrac{\partial z}{\partial y} = -\dfrac{2y}{3z}$ **53.** $\dfrac{\partial z}{\partial x} = \dfrac{yz}{e^z - xy}$, $\dfrac{\partial z}{\partial y} = \dfrac{xz}{e^z - xy}$

55. a) $f'(x)$, $g'(y)$ b) $f'(x+y)$, $f'(x+y)$

57. $f_{xx} = 12x^2y - 12xy^2$, $f_{xy} = 4x^3 - 12x^2y = f_{yx}$, $f_{yy} = -4x^3$

59. $z_{xx} = \dfrac{8y}{(2x+3y)^3}$, $z_{xy} = \dfrac{6y-4x}{(2x+3y)^3} = z_{yx}$, $z_{yy} = \dfrac{12x}{(2x+3y)^3}$

61. $v_{ss} = 2\cos(s^2-t^2) - 4s^2\sin(s^2-t^2)$,
$v_{st} = 4st\sin(s^2-t^2) = v_{ts}$,
$v_{tt} = -2\cos(s^2-t^2) - 4t^2\sin(s^2-t^2)$

67. $24xy^2 - 6y$, $24x^2y - 6x$ **69.** $(2x^2y^2z^5 + 6xyz^3 + 2z)^{xyz^2}$

71. $\tfrac{3}{4}v(u+v^2)^{-5/2}$ **73.** $4/(y+2z)^3$, 0 **75.** $6yz^2$

77. $\approx 12,2$; $\approx 16,8$; $\approx 23,25$

79. a) $f_x(1,1) \approx 5$, $f_y(1,1) \approx 4$
b) $f_{xx}(1,1) \approx 25/2$, $f_{yy}(1,1) \approx 0$, $f_{xy}(1,1) \approx 10$

81. a) $T_x(1,1) \approx -4$, $T_y(1,1) \approx -2$ b) $T_{xx}(1,1) \approx 2$, $T_{yy}(1,1) \approx -2$
c) Oui

89. R^2/R_1^2

93. $\dfrac{\partial T}{\partial P} = \dfrac{V-nb}{nR}$, $\dfrac{\partial P}{\partial V} = \dfrac{2n^2a}{V^3} - \dfrac{nRT}{(V-nb)^2}$

99. $\partial P/\partial v = 3Av^2 - \dfrac{B(mg/x)^2}{v^2}$ est le taux de changement de puissance nécessaire durant la nage en respectant la vélocité de l'oiseau quand la masse et la fraction entre les battements de nageoire demeure constant; $\partial P/\partial x = -\dfrac{2Bm^2g^2}{x^3v}$ est le taux auquel la puissance change quand juste une fraction du temps employé aux battements varie; $\partial P/\partial m = \dfrac{2Bmg^2}{x^2v}$ est le taux de changement de puissance quand juste la masse varie.

101. Non

103. $\dfrac{\partial A}{\partial a} = \dfrac{a}{bc\sin A}$, $\dfrac{\partial A}{\partial b} = \dfrac{c\cos A - b}{bc\sin A}$, $\dfrac{\partial A}{\partial c} = \dfrac{b\cos A - c}{bc\sin A}$

105. $x = 1+t$, $y = 2$, $z = 2-2t$ **109.** -2

EXERCICES 4.2

1. $z = 4x - y - 6$ **3.** $z = x - y + 1$ **5.** $x + y + z = 0$

7.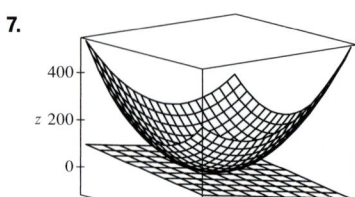

9.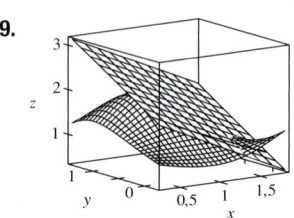

11. $L(x,y) = 6x + 4y - 23$ **13.** $L(x,y) = 2x + y - 1$

15. $L(x,y) = 2x + 2y + \pi - 4$ **17.** $L(x,y,z) = 2\pi - \pi y - z$

19. $L(x_1, x_2, \ldots, x_n) = 1 + x_1 + x_2 + \cdots + x_n$

21. $L(x,y) = \tfrac{\pi}{2}(x-1) + y$ **25.** 6,3

27. $\tfrac{3}{7}x + \tfrac{2}{7}y + \tfrac{6}{7}z$; 6,9914

29. $L(T,H) \approx 2T + 0,2H - 33$; $I(25,78) \approx 32,6$ °C

31. $dz = -2e^{-2x}\cos 2\pi t\, dx - 2\pi e^{-2x}\sin 2\pi t\, dt$

33. $dm = 5p^4q^3 dp + 3p^5q^2 dq$

35. $dR = \beta^2\cos\gamma\, d\alpha + 2\alpha\beta\cos\gamma\, d\beta - \alpha\beta^2\sin\gamma\, d\gamma$

37. $du = \sum\limits_{i=1}^{n} 2x_i dx_i$ **39.** $z = 0,9225$; $dz = 0,9$

41. 5,4 cm^2; 0,75 % **43.** 16 cm^3

45. $\approx -0,0165 mg$; diminue **47.** 3,2 m^2

49. $\tfrac{1}{17} \approx 0,059$ Ω **51.** 2,3 %

53. a) $0,8264m - 34,56h + 38,02$ b) 18,801

55. $\varepsilon_1 = x$, $\varepsilon_2 = y$

EXERCICES 4.3

1. $2t(y^3 - 2xy + 3xy^2 - x^2)$

3. $\dfrac{1}{2\sqrt{t}}\cos x\cos y + \dfrac{1}{t^2}\sin x\sin y$

5. $e^{y/z}[2t - (x/z) - (2xy/z^2)]$

7. $\dfrac{\partial z}{\partial s} = 5(x-y)^4(2st - t^2)$, $\dfrac{\partial z}{\partial t} = 5(x-y)^4(s^2 - 2st)$

9. $\dfrac{\partial z}{\partial s} = \dfrac{1}{3+2y}(3\sin t - 2t\sin s)$, $\dfrac{\partial z}{\partial t} = \dfrac{1}{3+2y}(3s\cos t + 2\cos s)$

11. $\dfrac{\partial z}{\partial s} = e^r\left(t\cos\theta - \dfrac{s}{\sqrt{s^2+t^2}}\sin\theta\right)$, **13.** 62 **15.** 7,2
$\dfrac{\partial z}{\partial t} = e^r\left(s\cos\theta - \dfrac{t}{\sqrt{s^2+t^2}}\sin\theta\right)$

17. $\dfrac{\partial u}{\partial r} = \dfrac{\partial u}{\partial x}\dfrac{\partial x}{\partial r} + \dfrac{\partial u}{\partial y}\dfrac{\partial y}{\partial r}$, $\dfrac{\partial u}{\partial s} = \dfrac{\partial u}{\partial x}\dfrac{\partial x}{\partial s} + \dfrac{\partial u}{\partial y}\dfrac{\partial y}{\partial s}$,

$\dfrac{\partial u}{\partial t} = \dfrac{\partial u}{\partial x}\dfrac{\partial x}{\partial t} + \dfrac{\partial u}{\partial y}\dfrac{\partial y}{\partial t}$

19. $\dfrac{\partial T}{\partial x} = \dfrac{\partial T}{\partial p}\dfrac{\partial p}{\partial x} + \dfrac{\partial T}{\partial q}\dfrac{\partial q}{\partial x} + \dfrac{\partial T}{\partial r}\dfrac{\partial r}{\partial x}$,

$\dfrac{\partial T}{\partial y} = \dfrac{\partial T}{\partial p}\dfrac{\partial p}{\partial y} + \dfrac{\partial T}{\partial q}\dfrac{\partial q}{\partial y} + \dfrac{\partial T}{\partial r}\dfrac{\partial r}{\partial y}$,

$\dfrac{\partial T}{\partial z} = \dfrac{\partial T}{\partial p}\dfrac{\partial p}{\partial z} + \dfrac{\partial T}{\partial q}\dfrac{\partial q}{\partial z} + \dfrac{\partial T}{\partial r}\dfrac{\partial r}{\partial z}$

21. 1582, 3164, −700 **23.** 2π, -2π **25.** $\dfrac{5}{144}, -\dfrac{5}{96}, \dfrac{5}{144}$

27. $\dfrac{2x + y \sin x}{\cos x - 2y}$ **29.** $\dfrac{1 + x^4 y^2 + y^2 + x^4 y^4 - 2xy}{x^2 - 2xy - 2x^5 y^3}$

31. $-\dfrac{x}{3z}, -\dfrac{2y}{3z}$ **33.** $\dfrac{yz}{e^z - xy}, \dfrac{xz}{e^z - xy}$

35. 2 °C/s **37.** a) 6 m³/s b) 10 m²/s c) 0 m/s

39. ≈ −0,27 L/s **41.** Environ 15,8 km/h

43. $-1/\left(12\sqrt{3}\right)$ rad/s

45. a) $\partial z/\partial r = (\partial z/\partial x) \cos \theta + (\partial z/\partial y) \sin \theta$, $\partial z/\partial \theta$
$= -(\partial z/\partial x)r \sin \theta + (\partial z/\partial y)r \cos \theta$

49. $\dfrac{\partial f}{\partial s} = 0$

51. $\dfrac{\partial F}{\partial t} = x\dfrac{\partial f}{\partial t}(tx, ty, tz) + y\dfrac{\partial f}{\partial t}(tx, ty, tz) = z\dfrac{\partial f}{\partial t}(tx, ty, tz)$

55. $4rs\partial^2 z/\partial x^2 + (4r^2 + 4s^2)\partial^2 z/\partial x \partial y + 4rs\partial^2 z/\partial y^2 + 2\partial z/\partial y$

EXERCICES 4.4

1. ≈ −0,08 mb/km **3.** ≈ 0,778 **5.** $2 + \sqrt{3}/2$

7. a) $f(x, y) = 2\cos(2x + 3y)\vec{i} + 3\cos(2x + 3y)\vec{j}$
b) $2\vec{i} + 3\vec{j}$
c) $\sqrt{3} - \dfrac{3}{2}$

9. a) $e^{2yz}\vec{i} + 2xze^{2yz}\vec{j} + 2xye^{2yz}\vec{k}$ b) $\vec{i} + 12\vec{j}$ c) $-\dfrac{22}{3}$

11. 23/10 **13.** $-8/\sqrt{10}$ **15.** $4/\sqrt{30}$ **17.** $9/(2\sqrt{5})$

19. 2/5 **21.** $4\sqrt{2}$, $-\vec{i} + \vec{j}$ **23.** 1, $\vec{j}$

25. 1, $3\vec{i} + 6\vec{j} - 2\vec{k}$ **27.** b) $-12\vec{i} + 92\vec{j}$

31. Tous les points de la droite $y = x + 1$

33. a) $-40/(3\sqrt{3})$

35. a) $32/\sqrt{3}$ b) $38\vec{i} + 6\vec{j} + 12\vec{k}$ c) $2\sqrt{406}$

37. $\dfrac{327}{13}$

39. a) Positive b) Positive c) Positive
d) Positive e) Négative f) Négative

41. a) $f_{\vec{i}+\vec{j}}(0, 1)$ b) 0 **43.** $F = f'(x)\vec{i} + g'(y)\vec{j}$

49. a) $x + y + z = 11$ b) $x = 3 + t, y = 3 + t, z = 5 + t$

51. a) $x + y + z = 11$ b) $x − 3 = y − 3 = z − 5$

53. a) $x + 2y + 6z = 12$ b) $x − 2 = \dfrac{y − 2}{2} = \dfrac{z − 1}{6}$

55. 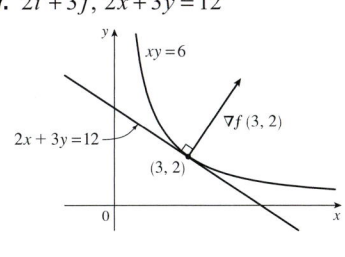 **57.** $2\vec{i} + 3\vec{j}$, $2x + 3y = 12$

65. $\left(-\dfrac{5}{4}, -\dfrac{5}{4}, \dfrac{25}{8}\right)$

69. $x = -1 - 10t$, $y = 1 - 16t$, $z = 2 - 12t$

71. $P = (-1, 0, 1), \theta = \arccos\left(\dfrac{1}{\sqrt{5(\pi^2 + 1)}}\right)$

75. Si $\vec{u} = a\vec{i} + b\vec{j}$ et $\vec{v} = c\vec{i} + d\vec{j}$, alors $af_x + bf_y$ et $cf_x + df_y$ sont connus. Il faut donc résoudre le système d'équations linéaires en f_x et f_y.

EXERCICES 4.5

1. $L(x, y) = -2x + 2y$ **3.** $L(x, y) = 1$

5. $L(x, y) = \sqrt{2} + \dfrac{\sqrt{2}}{4}x + \dfrac{\sqrt{2}}{4}y$

7. $Q(x, y) = \sqrt{2} + \dfrac{\sqrt{2}}{2}\left(x - \dfrac{\pi}{4}\right) + \dfrac{\sqrt{2}}{2}\left(y - \dfrac{\pi}{4}\right)$
$- \dfrac{\sqrt{2}}{4}\left(x - \dfrac{\pi}{4}\right)^2 - \dfrac{\sqrt{2}}{4}\left(y - \dfrac{\pi}{4}\right)^2$

9. $Q(x, y) = \dfrac{\pi}{2} + \dfrac{\pi}{2}x - y - xy$ **11.** $|E_L(x, y)| \leq \sqrt{2}$

13. $|E_Q(x, y)| \leq \dfrac{\sqrt{2}e}{12}$ **15.** $|E_Q(x, y)| \leq 0,02$

17. a) $f_x(1, 2) \approx 5$, $f_y(1, 2) \approx -3$
b) $L(x, y) \approx -1 + 5x - 3y$; $f(1,1; 1,9) \approx -1,2$

19. a) $g_x(0, 0) \approx 4$, $g_y(0, 0) \approx -\dfrac{10}{3}$
b) $L(x, y) \approx 5 + 4x - \dfrac{10}{3}y$; $g(0,5; 0,5) \approx \dfrac{16}{3}$
c) $|E_L(x, y)| \approx 0,42$

21. a) $a = A$ b) (x_1, y_1) c) Ils sont opposés.

CHAPITRE 5

EXERCICES 5.1

1. a) f possède un minimum local en $(1, 1)$.
b) f admet un point de selle en $(1, 1)$.

3. Minimum local en $(1, 1)$, point de selle en $(0, 0)$

5. Minimum $f\left(\dfrac{1}{3}, -\dfrac{2}{3}\right) = -\dfrac{1}{3}$

7. Points de selle en (1, 1), (−1, −1)

9. Minimums $f\left(\dfrac{1}{\sqrt{2}}, -\dfrac{1}{\sqrt{2}}\right) = f\left(-\dfrac{1}{\sqrt{2}}, \dfrac{1}{\sqrt{2}}\right) = -\dfrac{1}{4}$,
point de selle en (0, 0)

11. Maximum $f(-1, 0) = 2$, minimum $f(1, 0) = -2$, points de selle en $(0, \pm 1)$

13. Maximum $f(0, -1) = 2$, minimums $f(\pm 1, 1) = -3$, points de selle en $(0, 1), (\pm 1, -1)$

15. Aucun point critique

17. Minimums $f(x, y) = 1$ pour tous les points (x, y) sur l'axe des x et sur l'axe des y

23. Minimums locaux en $(1, \pm 1)$ et $(-1, \pm 1)$ avec $f(1, \pm 1) = 3$, $f(-1, \pm 1) = 3$

25. Maximum local en $(\pi/3, \pi/3)$ avec $f(\pi/3, \pi/3) = 3\sqrt{3}/2$, minimum local en $(5\pi/3, 5\pi/3)$ avec $f(5\pi/3, 5\pi/3) = -3\sqrt{3}/2$, point de selle en (π, π)

27. Minimums $f(0, -0{,}794) \approx -1{,}191$, $f(\pm 1{,}592, 1{,}267) \approx -1{,}310$, points de selle en $(\pm 0{,}720, 0{,}259)$, les points les plus bas sur le graphe sont $(\pm 1{,}592, 1{,}267, -1{,}310)$

29. Maximum $f(0{,}170, -1{,}215) \approx 3{,}197$, minimums $f(-1{,}301, 0{,}549) \approx -3{,}145$, $f(1{,}131, 0{,}549) \approx -0{,}701$, points de selle en $(-1{,}301, -1{,}215)$, $(0{,}170, 0{,}549)$, $(1{,}131, -1{,}215)$, aucun point plus élevé ou moins élevé sur le graphe

31. Maximum $f(0, \pm 2) = 4$, minimum $f(1, 0) = -1$

33. Maximum $f(\pm 1, 1) = 7$, minimum $f(0, 0) = 4$

35. Maximum $f(0, 3) = f(2, 3) = 7$, minimum $f(1, 1) = -2$

37. Maximum $f(1, 0) = 2$, minimum $f(-1, 0) = -2$

39.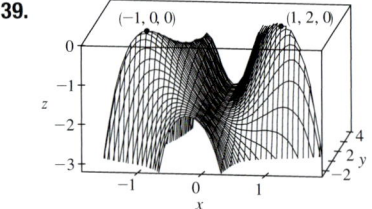

41. $2/\sqrt{3}$ 43. $(2, 1, \sqrt{5}), (2, 1, -\sqrt{5})$ 45. $\dfrac{100}{3}, \dfrac{100}{3}, \dfrac{100}{3}$

47. $8r^3/(3\sqrt{3})$ 49. $\dfrac{4}{3}$ 51. Cube d'arête $c/12$

53. Base carrée de 40 cm de côté et de 20 cm de hauteur

55. $L^3/(3\sqrt{3})$

EXERCICES 5.2

1. Définie positive
3. Définie positive
5. Définie positive
7. Point de selle en $(-1, 0, 3)$
9. Minimim local en $(1, 1, -1)$; point de selle en $(1, -1, -1)$
11. Minimum local en $(1, 1, 1, 2)$; points de selle en $(1, -1, 1, 2)$, $(1, 1, 1, -2)$, $(1, -1, 1, -2)$

13. Minimum global en $(0, 0, ..., 0)$

15. Points de selle en $(0, 0, 0, 0), (\pm 1, 0, 0, 0), (0, \pm 1, 0, 0)$; minimums globaux en $(\pm 1, \pm 1, 0, 0)$

17. Minimum global en $(4, 2, 2, ..., 2, 2, 4)$

19. Maximum global en $(0, 0, ..., 0)$

25. a)   27. b)

29. a) $(x^1, y^1, z^1) = (-0{,}5019;\ -0{,}6023;\ 0{,}1004)$
b) Minimum global en $(-0{,}5;\ -0{,}6;\ 0{,}1)$

31. Point initial $(0{,}25;\ 0{,}25)$: les points obtenus convergent vers le point critique $(0, 0)$.

k	x^k	y^k
0	0,25	0,25
1	0,003423	0,003423
2	0,000025	0,000025
3	0,000000	0,000000

Point initial $(1, 1)$: à la première itération, $h'(t) = 0$ n'a pas de solution, donc la méthode du gradient ne converge pas.

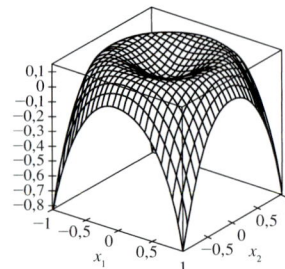

33. La suite de points produits aura tendance à « zigzaguer » très longtemps avant de converger vers le point critique.

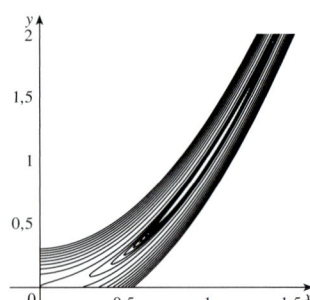

35. Les points produits sont

k	x^k	y^k	$\|\nabla f(x^k, y^k)\|$	$f(x^k, y^k)$
0	1	1	10,20	5,0000
1	−0,052536	0,789493	1,610	0,631587
2	0,094014	0,567409	0,5786	0,029814
3	−0,002496	0,037489	0,0763	0,001420
4	0,004457	0,002674	0,0273	0,000067
5	−0,000117	0,001759	0,0036	0,000003
6	0,000551	0,000126	0,0013	0,000000
7	−0,000006	0,000083	0,0002	0,000000

37. a) La courbe avec $c_1 = 113$, $c_2 = 119$, $c_3 = 0{,}18$ semble le mieux s'adapter aux données.

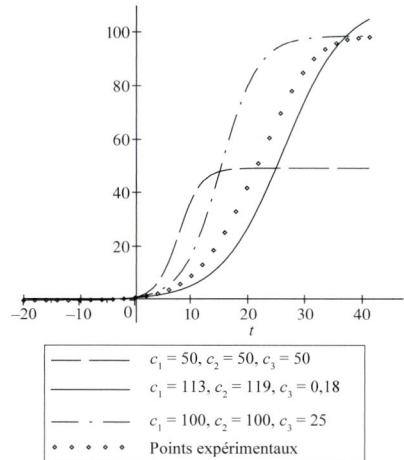

b) Huit itérations de la méthode du gradient donnent les valeurs $c_1 = 100{,}6308$; $c_2 = 117{,}7965$; $c_3 = 0{,}2204$.

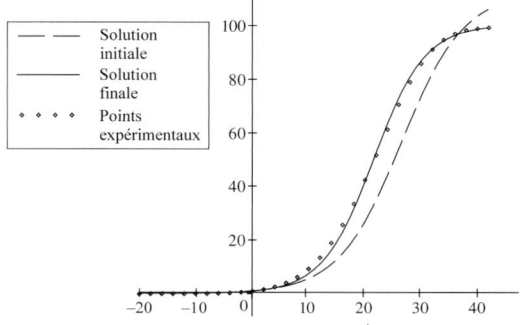

EXERCICES 5.3

1. $\approx 59{,}30$

3. Les courbes de niveau montrent que les optimums sont en $(\sqrt{2}/2, \sqrt{2}/2)$ et $(-\sqrt{2}/2, -\sqrt{2}/2)$ avec valeurs minimale $f(-\sqrt{2}/2, -\sqrt{2}/2) = -\sqrt{2}$ et valeur maximale $f(\sqrt{2}/2, \sqrt{2}/2) = \sqrt{2}$

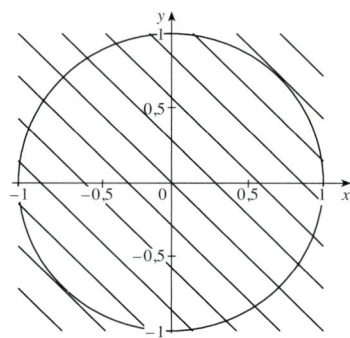

5. Maximum $f(\pm 1, 0) = 1$, minimum $f(0, \pm 1) = -1$
minimum $f(1, -2) = f(-1, 2) = -2$

7. Maximum $f(1, 2) = f(-1, -2) = 2$,
minimums $f(1, -2) = f(-1, 2) = -2$

9. Maximum $f(2, 2, 1) = 9$, minimum $f(-2, -2, -1) = -9$

11. Minimum $f(\pm\sqrt{2}, 0, \mp\sqrt{2}) = -2$, maximum $f(0, \pm 2, 0) = 4$

13. Maximum $\sqrt{3}$, minimum 1

15. Maximum $f(\tfrac{1}{2}, \tfrac{1}{2}, \tfrac{1}{2}, \tfrac{1}{2}) = 2$,
minimum $f(-\tfrac{1}{2}, -\tfrac{1}{2}, -\tfrac{1}{2}, -\tfrac{1}{2}) = -2$

17. Minimum $f(-3/2, -3/2, 11/2) = -7$,
maximum $f(3/2, 3/2, -7/2) = 5$

19. Maximum $f(0, 1, \sqrt{2}) = 1 + \sqrt{2}$,
minimum $f(0, 1, -\sqrt{2}) = 1 - \sqrt{2}$

21. Minimum $f(\sqrt{2}, \sqrt{2}/2, -\sqrt{2}/2) = 1/2$,
maximum $f(\sqrt{2}, \sqrt{2}/2, \sqrt{2}/2) = 3/2$

23. Minimum $f(1, 1) = f(-1, -1) = 2$

25. Minimum $\approx -1{,}975$, maximum $\approx 1{,}975$

27. Minimum $\approx -2{,}25$, maximum $\approx 4{,}5$

29. Maximum $\approx \tfrac{21}{20}\sqrt{n}$, minimum $\approx -\tfrac{21}{20}\sqrt{n}$

31. Minimum $\approx 0{,}51$, maximum $\approx 1{,}47$

33. Maximums $f(\pm 1/\sqrt{2}, \mp 1/(2\sqrt{2})) = e^{1/4}$,
minimums $f(\pm 1/\sqrt{2}, \pm 1/(2\sqrt{2})) = e^{-1/4}$

35. Pas de minimum ou de maximum

37. Maximum = 2, minimum = −1

39. Maximum = $\tfrac{2}{5}$, minimum = $-\tfrac{1}{2}$

41. Pas de maximum, minimum = 1

49–59. Voir exercices 41–55 de la section 5.1

61. $L^3/(3\sqrt{3})$ **63.** Hauteur = rayon = 10 cm

65. Le plus proche : $(\tfrac{1}{2}, \tfrac{1}{2}, \tfrac{1}{2})$, le plus éloigné : $(-1, -1, 2)$

67. Maximum $\approx 9{,}7938$, minimum $\approx -5{,}3506$

77. a) c/n b) lorsque $x_1 = x_2 = \cdots = x_n$

PARTIE 2 - RÉVISION

VRAI OU FAUX

1. Vrai   **3.** Faux   **5.** Faux
7. Vrai   **9.** Faux   **11.** Vrai

EXERCICES RÉCAPITULATIFS

1. $\{(x, y) \mid y > -x - 1\}$ **3.**

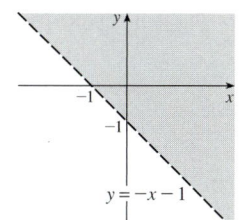
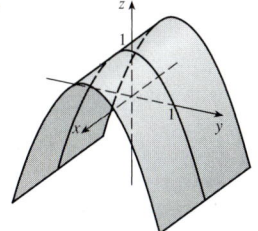

5. **7.**

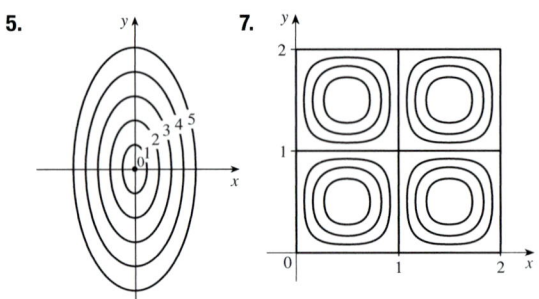

9. $\frac{2}{3}$

11. a) $\approx 3,5\,°C/m, -3,0\,°C/m$
b) $\approx 3,5\,°C/m$ selon l'équation 9 de la section 4.4 (la définition 2 de la section 4.4 donne $\approx 1,1\,°C/m$.)
c) $-0,25$

13. $f_x = 32xy(5y^3 + 2x^2y)^7$, $f_y = (16x^2 + 120y^2)(5y^3 + 2x^2y)^7$

15. $F_\alpha = \dfrac{2\alpha^3}{\alpha^2+\beta^2} + 2\alpha \ln(\alpha^2+\beta^2)$, $F_\beta = \dfrac{2\alpha^2\beta}{\alpha^2+\beta^2}$

17. $S_u = \arctan(v\sqrt{w})$, $S_v = \dfrac{u\sqrt{w}}{1+v^2w}$, $S_w = \dfrac{uv}{2\sqrt{w}(1+v^2w)}$

19. $f_{xx} = 24x$, $f_{xy} = -2y = f_{yx}$, $f_{yy} = -2x$

21. $f_{xx} = k(k-1)x^{k-2}y^l z^m$, $f_{xy} = klx^{k-1}y^{l-1}z^m = f_{yx}$,
$f_{xz} = kmx^{k-1}y^l z^{m-1} = f_{zx}$, $f_{yy} = l(l-1)x^k y^{l-2} z^m$,
$f_{yz} = lmx^k y^{l-1} z^{m-1} = f_{zy}$, $f_{zz} = m(m-1)x^k y^l z^{m-2}$

25. a) $z = 8x + 4y + 1$
b) $x = 1+8t, y = -2+4t, z = 1-t$

27. a) $2x - 2y - 3z = 3$
b) $x = 2+4t, y = -1-4t, z = 1-6t$

29. a) $4x - y - 2z = 6$
b) $x = 3+8t, y = 4-2t, z = 1-4t$

31. $(2, \frac{1}{2}, -1), (-2, -\frac{1}{2}, 1)$

33. $60x + \frac{24}{5}y + \frac{32}{5}z - 120$; $38,656$

35. $L(x,y) = x$, $Q(x,y) = x + \dfrac{y^2}{2}$

37. $\sqrt{1,22} = \sqrt{(1,1)^2 + (0,1)^2} \approx Q(1,1; 0,1) = 1,105$

39. $2xy^3(1+6p) + 3x^2y^2(pe^p + e^p) + 4z^3(p\cos p + \sin p)$

41. $-47, 108$ **47.** $ze^{x\sqrt{y}}(z\sqrt{y}\vec{i} + xz/(2\sqrt{y})\vec{j} + 2\vec{k})$

49. $\frac{43}{5}$ **51.** $\sqrt{145}/2, 4\vec{i} + \frac{9}{2}\vec{j}$ **53.** $\approx \frac{5}{13}$ nœuds/km

55. Minimum $f(-4, 1) = -11$

57. Maximum $f(1, 1) = 1$; points de selle en $(0, 0), (0, 3), (3, 0)$

59. Points de selle en $(-2, -1/3, 2/3)$ et $(-2, 1/2, -1)$

61. Point de selle en $(1/2, -1, -2,0)$

63. Maximum $f(1, 2) = 4$, minimum $f(2, 4) = -64$

65. Maximum $f(-1, 0) = 2$, minimum $f(1, \pm 1) = -3$, points de selle $(-1, \pm 1), (1, 0)$

67.

k	x^k	y^k	z^k
0	1	0	0
1	2,20	0,00	0,60
2	2,06	0,00	0,90

69. Maximum $f(\pm\sqrt{2/3}, 1/\sqrt{3}) = 2/(3\sqrt{3})$,
minimum $f(\pm\sqrt{2/3}, -1/\sqrt{3}) = -2/(3\sqrt{3})$

71. Maximum 1, minimum -1

73. Maximum $\approx 0,3791$, minimum $\approx -0,3791$

75. Maximum $\approx \frac{9}{10}$, minimum $\approx -\frac{9}{10}$

77. $(\pm 3^{-1/4}, 3^{-1/4}\sqrt{2}, \pm 3^{1/4}), (\pm 3^{-1/4}, -3^{-1/4}\sqrt{2}, \pm 3^{1/4})$

79. $P(2-\sqrt{3}), P(3-\sqrt{3})/6, P(2\sqrt{3}-3)/3$

PROBLÈMES SUPPLÉMENTAIRES

1. $L^2W^2, \frac{1}{4}L^2W^2$

3. a) $x = w/3$, base $= w/3$ b) Oui

7. $\sqrt{6}/2, 3\sqrt{2}/2$

CHAPITRE 6

EXERCICES 6.1

1. a) 288 b) 144 **3.** a) 0,990 b) 1,151

5. $U < V < L$ **7.** a) ≈ 248 b) $\approx 15,5$

9. $24\sqrt{2}$ **11.** 3

13. $2 + 8y^2, 3x + 27x^2$ **15.** 222

17. $\frac{5}{2} - e^{-1}$ **19.** 18

21. $\frac{15}{2}\ln 2 + \frac{3}{2}\ln 4$ ou $\frac{21}{2}\ln 2$ **23.** 6

25. $\frac{31}{30}$ **27.** 2 **29.** $9\ln 2$

31. $\frac{1}{2}(\sqrt{3}-1) - \frac{1}{12}\pi$ **33.** $\frac{1}{2}e^{-6} + \frac{5}{2}$

35.   **37.** 51 **45.** $21e - 57$

39. $\frac{166}{27}$

41. $\frac{8}{3}$

43. $\frac{64}{3}$

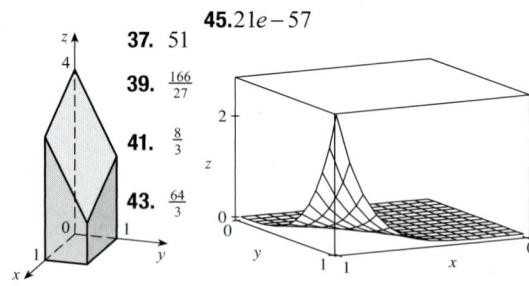

47. $\frac{5}{6}$ **49.** 0

51. Le théorème de Fubini ne s'applique pas, car l'intégrande est discontinue à l'origine.

EXERCICES 6.2

1. $\frac{868}{3}$ **3.** $\frac{1}{6}(e-1)$ **5.** $\frac{1}{3}\sin 1$

7. $\frac{1}{4}\ln 17$ **9.** $\frac{1}{2}(1-e^{-9})$ **11.** $\frac{1}{3}$

13. $\frac{1}{2}(1-\cos 1)$ **15.** $\frac{11}{3}$ **17.** 0
19. $\frac{3}{4}$ **21.** $\frac{31}{8}$ **23.** $\frac{16}{3}$
25. $\frac{128}{15}$ **27.** $\frac{1}{3}$ **29.** 0 ; 1,213 ; 0,713
31. $\frac{64}{3}$ **33.** $\frac{10}{3\sqrt{2}}$ ou $\frac{5\sqrt{2}}{3}$

35.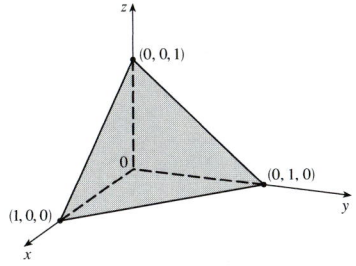

37. 13 984 735 616/14 549 535 **39.** $\pi/2$
41. $\int_0^1 \int_x^1 f(x,y)\, dy\, dx$ **43.** $\int_0^1 \int_0^{\arccos y} f(x,y)\, dx\, dy$

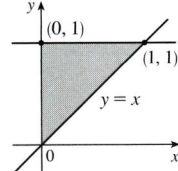 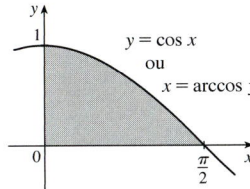

45. $\int_0^{\ln 2} \int_{e^y}^2 f(x,y)\, dx\, dy$

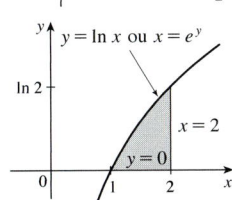

47. $\frac{1}{6}(e^9 - 1)$ **49.** $\frac{2}{9}(2\sqrt{2} - 1)$
51. $\frac{1}{3}(2\sqrt{2} - 1)$ **53.** 1 **55.** $\frac{43}{8}$
57. $\frac{\sqrt{3}}{2}\pi \leq \iint_S \sqrt{4-x^2 y^2}\, dA \leq \pi$
59. $\frac{3}{4}$ **63.** 48 **65.** 0
67. Parce que $f(x,y) \geq 0$. Le solide est un cône circulaire de rayon 2 et hauteur 2. Volume = $\frac{8}{3}\pi$.

EXERCICES 6.3

1. a) 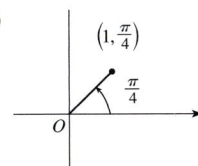 b)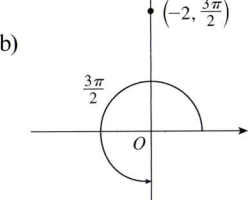

(1, $9\pi/4$), (-1, $5\pi/4$) (2, $\pi/2$), (-2, $7\pi/2$)

c)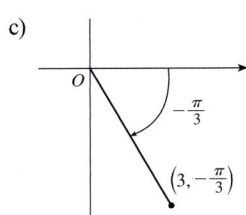

3. a) 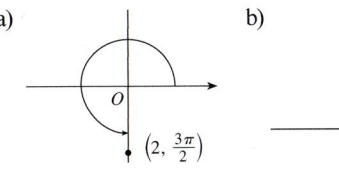 b)

(0, -2) (1, 1)

c)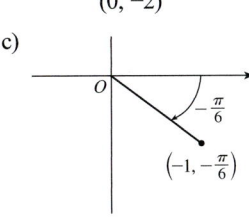

$(-\sqrt{3}/2, 1/2)$

5. a) i) $(4\sqrt{2}, 3\pi/4)$ ii) $(-4\sqrt{2}, 7\pi/4)$
   b) i) $(6, \pi/3)$ ii) $(-6, 4\pi/3)$

7. 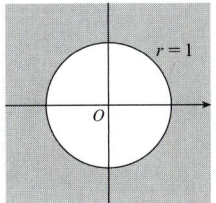 **9.**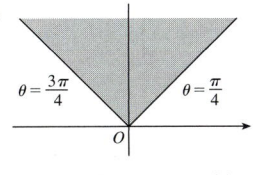

(3, $5\pi/3$), (-3, $2\pi/3$)

11. 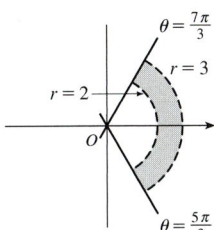 **13.** $2\sqrt{7}$

15. Cercle de centre O et de rayon $\sqrt{5}$
17. Cercle de centre $(5/2, 0)$ et de rayon $5/2$
19. Hyperbole, centre O, foyer sur l'axe des x
21. $r = 2\sec\theta$
23. $r = 1/(\sin\theta - 3\cos\theta)$
25. $r = 2c\cos\theta$
27. a) $\theta = \pi/6$ b) $x = 3$

29. 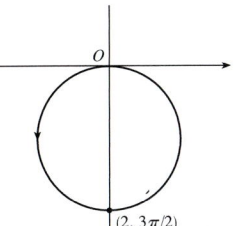 **31.**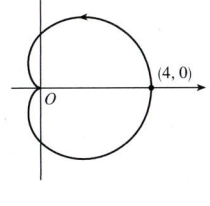

33. 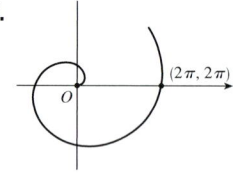 **35.**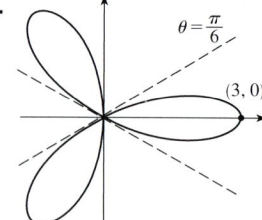

37. 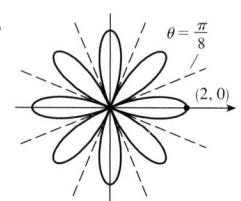 **39.**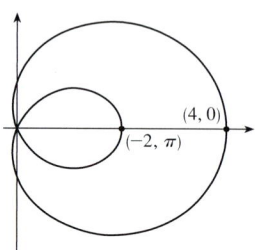

41. 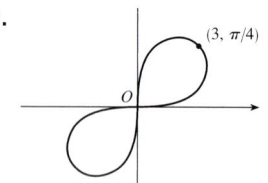 **43.**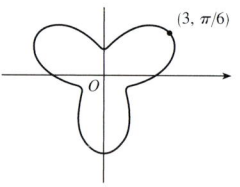

45. 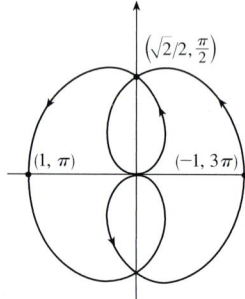 **47.**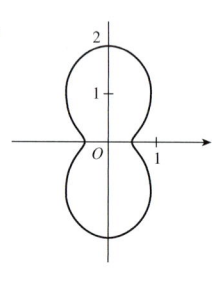

49. 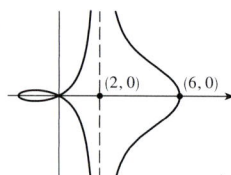 **51.**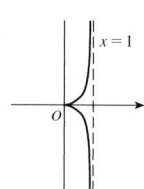

53. a) Si $c < -1$, la boucle intérieure commence à $\theta = \arcsin(-1/c)$ et se termine à $\theta = \pi - \arcsin(-1/c)$; si $c > 1$, elle commence à $\theta = \pi + \arcsin(1/c)$ et se termine à $\theta = 2\pi - \arcsin(1/c)$.

55. 0 **57.** $1/\sqrt{3}$

59. $-\pi$ **61.** 1

63. Horizontale à $(3/\sqrt{2}, \pi/4)$, $(-3/\sqrt{2}, 3\pi/4)$; verticale à $(3, 0)$, $(0, \pi/2)$

65. Horizontale à $(\frac{3}{2}, \pi/3)$, $(0, \pi)$ [le pôle], et $(\frac{3}{2}, 5\pi/3)$; verticale à $(2, 0)$, $(\frac{1}{2}, 2\pi/3)$, $(\frac{1}{2}, 4\pi/3)$

67. Centre $(b/2, a/2)$, rayon $\sqrt{a^2 + b^2}/2$

69. 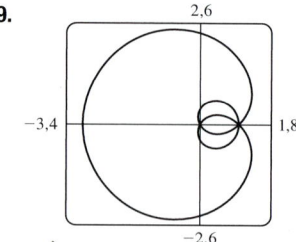 **71.**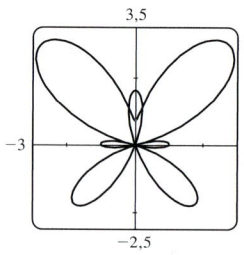

73.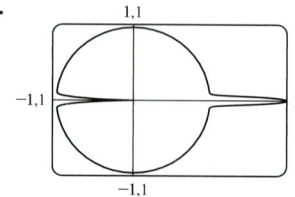

75. Par une rotation d'angle $\pi/6$, $\pi/3$, ou α autour de l'origine dans le sens antihoraire

75. Pour $c = 0$, la courbe est un cercle centré à l'origine. Pour $0 < c < 1$, un cercle aplati. Pour $c = 1$, une cardioïde vers la droite. Pour $c > 1$, une boucle apparaît à l'intérieur de la cardioïde. Si $c < 0$, la courbe est reflétée à travers l'axe vertical.

EXERCICES 6.4

1. $\int_0^{2\pi} \int_2^5 f(r\cos\theta, r\sin\theta)\, r\, dr\, d\theta$

3. $\int_\pi^{2\pi} \int_0^1 f(r\cos\theta, r\sin\theta)\, r\, dr\, d\theta$

5.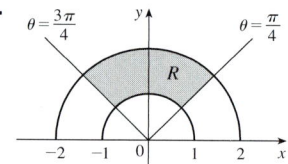

7. $\frac{1250}{3}$ **9.** $(\pi/4)(\cos 1 - \cos 9)$ **11.** $(\pi/2)(1 - e^{-4})$
13. $\frac{3}{64}\pi^2$ **15.** $\frac{4}{3}\pi - \frac{\sqrt{2}}{3} + \frac{\ln(2)}{6} - \frac{\ln(2+\sqrt{2})}{3}$ **17.** $\pi/12$
19. $\frac{\pi}{3} + \frac{\sqrt{3}}{2}$ **21.** $\frac{1}{2} + \frac{\pi}{16}$ **23.** $\frac{625}{2}\pi$ **25.** 4π **27.** $\frac{4}{3}\pi a^3$
29. $(\pi/3)(2 - \sqrt{2})$ **31.** $(8\pi/3)(64 - 24\sqrt{3})$
33. $(\pi/4)(1 - e^{-4})$ **35.** $\frac{1}{120}$ **37.** 4,5951 **39.** 46,8 m³
41. $2/(a+b)$ **43.** $\frac{15}{16}$ **45.** a) $\sqrt{\pi}/4$ b) $\sqrt{\pi}/2$

EXERCICES 6.5

1. 285 C **3.** 42k, $(2, \frac{85}{28})$ **5.** 6, $(\frac{3}{4}, \frac{3}{2})$

7. $\frac{8}{15}k$, $(0, \frac{4}{7})$ **9.** $\frac{1}{8}(1 - 3e^{-2})$, $\left(\frac{e^2 - 5}{e^2 - 3}, \frac{8(e^3 - 4)}{27(e^3 - 3e)}\right)$

11. $(\frac{3}{8}, 3\pi/16)$ **13.** $(0, 45/(14\pi))$

15. $(2a/5, 2a/5)$ si le sommet est $(0, 0)$ et les côtés sont parallèles aux axes de coordonnées positifs

17. 409,2k, 182k, 591,2k

19. $7ka^6/180$, $7ka^6/180$, $7ka^6/90$ si le sommet est $(0, 0)$ et les côtés sont parallèles aux axes de coordonnées positifs

21. $m = 3\pi/64$, $(\bar{x}, \bar{y}) = \left(\dfrac{16384\sqrt{2}}{10395\pi}, 0\right)$,
$I_x = \dfrac{5\pi}{384} - \dfrac{4}{105}$, $I_y = \dfrac{5\pi}{384} + \dfrac{4}{105}$, $I_0 = \dfrac{5\pi}{192}$

23. $\rho b h^3/3$, $\rho b^3 h/3$; $b/\sqrt{3}$, $h/\sqrt{3}$

25. $\rho a^4 \pi/16$, $\rho a^4 \pi/16$; $a/2$, $a/2$

27. a) $\frac{1}{2}$ b) 0,375 c) $\frac{5}{48} \approx 0{,}1042$

29. b) i) $e^{-0,2} \approx 0{,}8187$ c) 2,5
     ii) $1 + e^{-1,8} - e^{-0,8} - e^{-1} \approx 0{,}3481$

31. a) $\approx 0{,}500$ b) $\approx 0{,}632$

33. a) $\iint_D (k/20)\left[20 - \sqrt{(x-x_0)^2 + (y-y_0)^2}\right] dA$, où D est le disque de rayon 10 km dont le centre est au centre de la ville
b) $200\pi k/3 \approx 209k$, $200(\pi/2 - \frac{8}{9})k \approx 136k$, sur le bord

CHAPITRE 7

EXERCICES 7.1

1. $\frac{27}{4}$ **3.** $\frac{16}{15}$ **5.** $\frac{5}{3}$ **7.** $\frac{2}{3}$ **9.** 4   **11.** $9\pi/8$

13. $\frac{65}{28}$ **15.** $\frac{8}{15}$ **17.** $16\pi/3$ **19.** $\frac{16}{3}$ **21.** $\frac{8}{15}$ **23.** $\frac{8}{45}$

25. a) $\int_0^1 \int_0^x \int_0^{\sqrt{1-y^2}} dz\, dy\, dx$ b) $\frac{1}{4}\pi - \frac{1}{3}$

27. $\approx 0{,}985$ **29.**

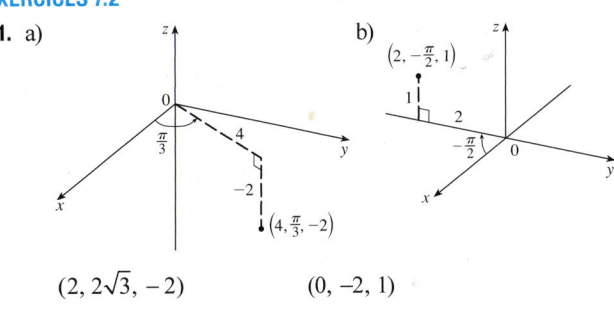

31. $\int_{-2}^2 \int_0^{4-x^2} \int_{-\sqrt{4-x^2-y}/2}^{\sqrt{4-x^2-y}/2} f(x,y,z)\, dz\, dy\, dx$
$= \int_0^4 \int_{-\sqrt{4-y}}^{\sqrt{4-y}} \int_{-\sqrt{4-x^2-y}/2}^{\sqrt{4-x^2-y}/2} f(x,y,z)\, dz\, dx\, dy$
$= \int_{-1}^1 \int_0^{4-4z^2} \int_{-\sqrt{4-y-4z^2}}^{\sqrt{4-y-4z^2}} f(x,y,z)\, dx\, dy\, dz$
$= \int_0^4 \int_{-\sqrt{4-y}/2}^{\sqrt{4-y}/2} \int_{-\sqrt{4-y-4z^2}}^{\sqrt{4-y-4z^2}} f(x,y,z)\, dx\, dz\, dy$
$= \int_{-2}^2 \int_{-\sqrt{4-x^2}/2}^{\sqrt{4-x^2}/2} \int_0^{4-x^2-4z^2} f(x,y,z)\, dy\, dz\, dx$
$= \int_{-1}^1 \int_{-\sqrt{4-4z^2}}^{\sqrt{4-4z^2}} \int_0^{4-x^2-4z^2} f(x,y,z)\, dy\, dx\, dz$

33. $\int_{-2}^2 \int_{x^2}^4 \int_0^{2-y/2} f(x,y,z)\, dz\, dy\, dx$
$= \int_0^4 \int_{-\sqrt{y}}^{\sqrt{y}} \int_0^{2-y/2} f(x,y,z)\, dz\, dx\, dy$
$= \int_0^2 \int_0^{4-2z} \int_{-\sqrt{y}}^{\sqrt{y}} f(x,y,z)\, dx\, dy\, dz$
$= \int_0^4 \int_0^{2-y/2} \int_{-\sqrt{y}}^{\sqrt{y}} f(x,y,z)\, dx\, dz\, dy$
$= \int_{-2}^2 \int_0^{2-x^2/2} \int_{x^2}^{4-2z} f(x,y,z)\, dy\, dz\, dx$
$= \int_0^2 \int_{-\sqrt{4-2z}}^{\sqrt{4-2z}} \int_{x^2}^{4-2z} f(x,y,z)\, dy\, dx\, dz$

35. $\int_0^1 \int_{\sqrt{x}}^1 \int_0^{1-y} f(x,y,z)\, dz\, dy\, dx$
$= \int_0^1 \int_0^{y^2} \int_0^{1-y} f(x,y,z)\, dz\, dx\, dy$
$= \int_0^1 \int_0^{1-z} \int_0^{y^2} f(x,y,z)\, dx\, dy\, dz$
$= \int_0^1 \int_0^{1-y} \int_0^{y^2} f(x,y,z)\, dx\, dz\, dy$
$= \int_0^1 \int_0^{1-\sqrt{x}} \int_{\sqrt{x}}^{1-z} f(x,y,z)\, dy\, dz\, dx$
$= \int_0^1 \int_0^{(1-z)^2} \int_{\sqrt{x}}^{1-z} f(x,y,z)\, dy\, dx\, dz$

37. $\int_0^1 \int_y^1 \int_0^y f(x,y,z)\, dz\, dx\, dy = \int_0^1 \int_0^x \int_0^y f(x,y,z)\, dz\, dy\, dx$
$= \int_0^1 \int_z^1 \int_y^1 f(x,y,z)\, dx\, dy\, dz = \int_0^1 \int_0^y \int_y^1 f(x,y,z)\, dx\, dz\, dy$
$= \int_0^1 \int_0^x \int_z^x f(x,y,z)\, dy\, dz\, dx = \int_0^1 \int_z^1 \int_z^x f(x,y,z)\, dy\, dx\, dz$

41. $\frac{3}{2}\pi$, $(0, 0, \frac{1}{3})$ **43.** a^5, $(7a/12, 7a/12, 7a/12)$

45. Pour $a > \frac{1}{2}$ **47.** $I_x = I_y = I_z = \frac{2}{3}kL^5$ **49.** $\frac{1}{2}\pi kha^4$

51. a) $m = \int_{-1}^1 \int_{x^2}^1 \int_0^{1-y} \sqrt{x^2+y^2}\, dz\, dy\, dx$

b) $(\bar{x}, \bar{y}, \bar{z})$, où
$\bar{x} = (1/m)\int_{-1}^1 \int_{x^2}^1 \int_0^{1-y} x\sqrt{x^2+y^2}\, dz\, dy\, dx$,
$\bar{y} = (1/m)\int_{-1}^1 \int_{x^2}^1 \int_0^{1-y} y\sqrt{x^2+y^2}\, dz\, dy\, dx$
et $\bar{z} = (1/m)\int_{-1}^1 \int_{x^2}^1 \int_0^{1-y} z\sqrt{x^2+y^2}\, dz\, dy\, dx$

c) $\int_{-1}^1 \int_{x^2}^1 \int_0^{1-y} (x^2+y^2)^{3/2}\, dz\, dy\, dx$

53. a) $\frac{3}{32}\pi + \frac{11}{24}$

b) $(\bar{x}, \bar{y}, \bar{z}) = \left(\dfrac{28}{9\pi+44}, \dfrac{30\pi+128}{45\pi+220}, \dfrac{45\pi+208}{135\pi+660}\right)$

c) $\frac{1}{240}(68+15\pi)$

55. a) $\frac{1}{8}$ b) $\frac{1}{64}$ c) $\frac{1}{5760}$ **57.** $L^3/8$

59. a) La région bornée par l'ellipsoïde $x^2 + 2y^2 + 3z^2 = 1$
b) $4\sqrt{6}\,\pi/45$

EXERCICES 7.2

1. a) $(2, 2\sqrt{3}, -2)$ b) $(0, -2, 1)$

3. a) $(\sqrt{2}, 3\pi/4, 1)$ b) $(4, 2\pi/3, 3)$

5. Cylindre circulaire de rayon 2 et un axe sur l'axe des z

7. Sphère de rayon 2, centrée à l'origine

9. Plan vertical $x = 1$

11. a) $z^2 = 1 + r\cos\theta - r^2$ b) $z = r^2 \cos 2\theta$

13.

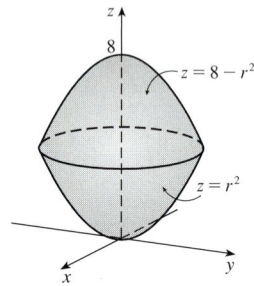

15. Coordonnées cylindriques : $6 \leq r \leq 7$, $0 \leq \theta \leq 2\pi$, $0 \leq z \leq 20$

17. a)

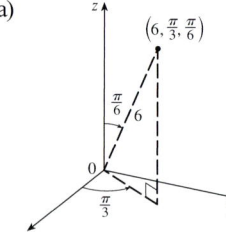

$\left(\dfrac{3}{2}, \dfrac{3\sqrt{2}}{2}, 3\sqrt{3}\right)$

b)

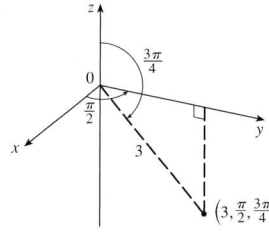

$\left(0, \dfrac{3\sqrt{2}}{2}, -\dfrac{3\sqrt{2}}{2}\right)$

19. a) $(2, 3\pi/2, \pi/2)$ b) $(2, 3\pi/4, 3\pi/4)$

21. Demi-cône   **23.** Plan horizontal

25. Sphère de rayon 1, centrée en $(0, 0, 1)$

27. a) $\rho = 3$ b) $\rho^2(\sin^2\phi \cos 2\theta - \cos^2\phi) = 1$

29.

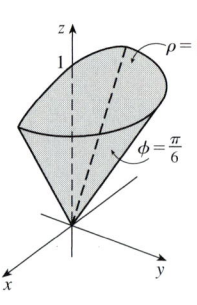

31.

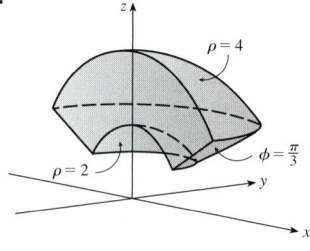

33. $0 \leq \phi \leq \pi/4$, $0 \leq \rho \leq \cos\phi$

35. a) $[\cos(\theta) - \sin(\theta)]\vec{i} + [\sin(\theta) + \cos(\theta)]\vec{j} + \vec{k}$

b) $\cos(\theta)\vec{i} + \sin(\theta)\vec{j} - 2\vec{k}$

c) $[\sin(\phi)\cos(\theta) - \sin(\theta) + \cos(\phi)\cos(\theta)]\vec{i}$
$\quad - [\sin(\phi)\sin(\theta) + \cos(\theta) + \cos(\phi)\sin(\theta)]\vec{j}$
$\quad + [\cos(\phi) - \sin(\phi)]\vec{k}$

d) $[-3\sin(\theta) + \cos(\phi)\cos(\theta)]\vec{i}$
$\quad + [3\cos(\theta) + \cos(\phi)\sin(\theta)]\vec{j} - \sin(\phi)\vec{k}$

37. a) $[\sin(\phi)\cos(\theta) - \sin(\phi)\sin(\theta) - \cos(\phi)]\vec{e}_\rho$
$\quad - [\sin(\theta) + \cos(\theta)]\vec{e}_\theta$
$\quad + [\cos(\phi)\cos(\theta) - \cos(\phi)\sin(\theta) + \sin(\phi)]\vec{e}_\phi$

b) $[3\sin(\phi)\sin(\theta) + 4\cos(\phi)]\vec{e}_\rho$
$\quad + 3\cos(\theta)\vec{e}_\theta$
$\quad + [3\cos(\phi)\sin(\theta) - 4\sin(\phi)]\vec{e}_\phi$

c) $[\sin(\phi)\cos(\theta) - 2\sin(\phi)\sin(\theta)]\vec{e}_\rho$
$\quad - [\sin(\theta) + 2\cos(\theta)]\vec{e}_\theta$
$\quad + [\cos(\phi)\cos(\theta) - 2\cos(\phi)\sin(\theta)]\vec{e}_\phi$

41. a) $\nabla f = -\dfrac{r}{\sqrt{1-r^2}}\vec{e}_r$

b) $\nabla f = -\dfrac{\rho\sin^2(\phi)}{\sqrt{1-\rho^2\sin^2(\phi)}}\vec{e}_\rho - \dfrac{\rho\sin(\phi)\cos(\phi)}{\sqrt{1-\rho^2\sin^2(\phi)}}\vec{e}_\phi$

43. $\vec{n} = -\cos\phi\,\vec{e}_\rho + \sin\phi\,\vec{e}_\phi$ **45.** $\vec{e}_\rho - \vec{e}_\theta - \vec{e}_\phi$

EXERCICES 7.3

1.

3. 384π **7.** $2\pi/5$

11. a) $\dfrac{512}{3}\pi$

b) $(0, 0, 23/2)$

13. Hauteur moyenne = $80\sqrt{10}$; volume = $\dfrac{8}{5}\pi$

15. $\pi K a^2/8$, $(0, 0, 2a/3)$ **17.** 0

19. a) $\iiint_C h(P)g(P)\,dV$, où C est le cône   b) $\approx 4{,}1 \times 10^{18}$ J

EXERCICES 7.4

1. $(9\pi/4)(2-\sqrt{3})$

3. $\int_0^{\pi/2}\int_0^3\int_0^2 f(r\cos\theta, r\sin\theta, z)\, r\, dz\, dr\, d\theta$

5. $312{,}500\pi/7$ 7. $1688\pi/15$ 9. $\pi/8$

11. $(\sqrt{3}-1)\pi a^3/3$ 13. $(0, 0, \frac{21}{10})$

15. a) 10π b) $(0\,;0\,;2{,}1)$

17. a) $(0, 0, 7/12)$ b) $11K\pi/960$

19. a) $(0, 0, \frac{3}{8}a)$ b) $4K\pi a^5/15$

21. $(2\pi/3)[1-(1/\sqrt{2})], (0, 0, 3/[8(2-\sqrt{2})])$

25. $5\pi/6$ 27. $\approx 22{,}0$ C   29. $(4\sqrt{2}-5)/15$

31.   33. $136\pi/99$

EXERCICES 7.5

1. -6 3. s 5. $2uvw$

7. Le parallélogramme de sommets $(0, 0), (6, 3), (12, 1), (6, -2)$

9. La région bornée par la droite $y = 1$, l'axe des y et la courbe $y = \sqrt{x}$

15. -3 17. 6π 19. $2\ln 3$

25. a) $\frac{4}{3}\pi abc$ b) $1{,}083\times 10^{12}$ km^3

27. $\frac{8}{5}\ln 8$ 29. $\frac{3}{2}\sin 1$ 31. $e-e^{-1}$

33. $\sqrt{3}-1+\ln(3)\left(\frac{3}{3}\sqrt{2}-\frac{1}{3}\right)$

PARTIE 3 - RÉVISION

VRAI OU FAUX

1. Vrai   3. Vrai   5. Vrai   7. Vrai   9. Vrai

EXERCICES RÉCAPITULATIFS

1. $\approx 64{,}0$ 3. $4e^2-4e+3$ 5. $\frac{1}{2}\sin 1$ 7. $\frac{2}{3}$

9. $\int_0^\pi\int_2^4 f(r\cos\theta, r\sin\theta)\, r\, dr\, d\theta$

17. La région à l'intérieur de la boucle de la rosace à quatre boucles $r = \sin 2\theta$ qui est dans le premier quadrant.

19. $\frac{1}{2}\sin 1$ 21. $\frac{1}{2}e^6-\frac{7}{2}$ 23. $\frac{1}{4}\ln 2$ 25. 8

27. $81\pi/5$ 29. $40{,}5$ 31. $\pi/96$ 33. $\frac{64}{15}$

35. 17   37. $\frac{2}{3}$ 39. $2ma^3/9$

41. a) $\frac{1}{4}$ b) $\left(\frac{1}{3}, \frac{8}{15}\right)$

c) $I_x = \frac{1}{12}, I_y = \frac{1}{24}; \bar{\bar{y}} = 1/\sqrt{3}, \bar{\bar{x}} = 1/\sqrt{6}$

43. a) $(0, 0, h/4)$ b) $\pi a^5 h/15$

47. $97{,}2$ 49. $0{,}0512$ 51. a) $\frac{1}{15}$ b) $\frac{1}{3}$ c) $\frac{1}{45}$

53. $\int_0^1\int_0^{1-z}\int_{-\sqrt{y}}^{\sqrt{y}} f(x, y, z)\, dx\, dy\, dz$

55. $-\ln 2$ 57. 0

PROBLÈMES SUPPLÉMENTAIRES

1. 30   3. $\frac{1}{2}\sin 1$ 7. b) $0{,}90$

CHAPITRE 8

EXERCICES 8.1

1. $(-1, 3)$ 3. $\vec{i}+\vec{j}+\vec{k}$ 5. $-1\vec{i}+\pi/2\vec{j}+0\vec{k}$

7. 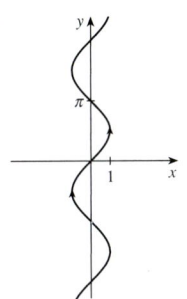   9.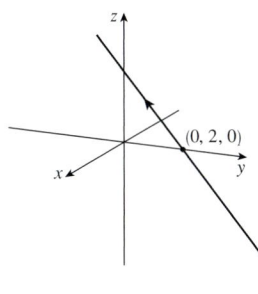

11. 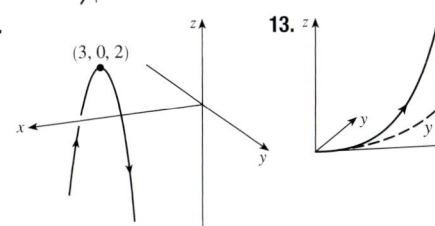   13.

17. $\vec{r}(t) = (2+4t)\vec{i}+2t\vec{j}-2t\vec{k}, 0\le t\le 1$;
$x = 2+4t, y = 2t, z = -2t, 0\le t\le 1$

19. $\vec{r}(t) = \frac{1}{2}t\vec{i}-(1+\frac{4}{3}t)\vec{j}+(1-\frac{3}{4}t)\vec{k}, 0\le t\le 1$;
$x = \frac{1}{2}t, y = -1+\frac{4}{3}t, z = 1-\frac{3}{4}t, 0\le t\le 1$

21. II   23. V   25. IV

27. 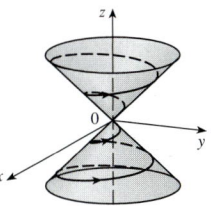   31. $(0, 0, 0), (1, 0, 1)$

33. 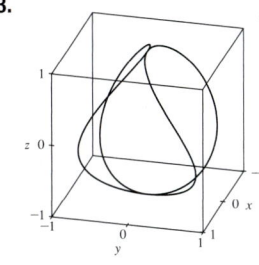   35.

39.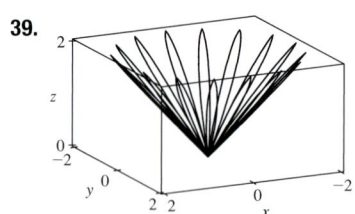

43. $\vec{r}(t) = t\vec{i} + \frac{1}{2}(t^2-1)\vec{j} + \frac{1}{2}(t^2+1)\vec{k}$

47. $x = 2\cos t, y = \sin t, z = 4\cos^2 t$ **49.** Oui

EXERCICES 8.2

1. a)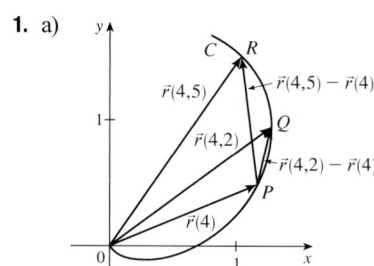

b), d)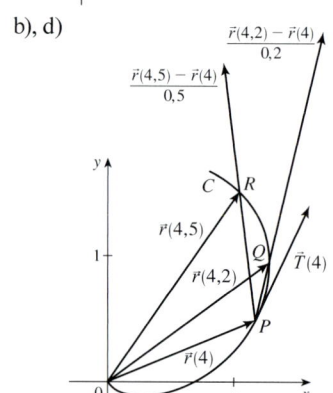

c) $\vec{r}'(4) = \lim_{h \to 0} \dfrac{\vec{r}(4+h) - \vec{r}(4)}{h}$; $\vec{T}(4) = \dfrac{\vec{r}'(4)}{\|\vec{r}'(4)\|}$

3. a), c) 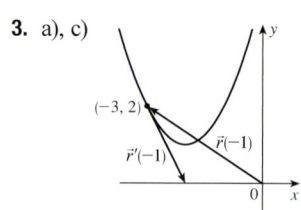   b) $\vec{r}'(t) = \vec{i} + 2t\vec{j}$

5. a), c)   b) $\vec{r}'(t) = 2e^{2t}\vec{i} + e^t\vec{j}$

7. a), c)

b) $\vec{r}'(t) = 4\cos t\,\vec{i} + 2\sin t\,\vec{j}$

9. $\vec{r}'(t) = \dfrac{1}{2\sqrt{t-2}}\vec{i} + 0\vec{j} + -\dfrac{2}{t^3}\vec{k}$

11. $\vec{r}'(t) = 2t\vec{i} - 2t\sin(t^2)\vec{j} + 2\sin t\cos t\,\vec{k}$

13. $\vec{r}'(t) = (t\cos t + \sin t)\vec{i} + e^t(\cos t - \sin t)\vec{j} + \left(\cos^2 t - \sin^2 t\right)\vec{k}$

15. $\vec{r}'(t) = \vec{b} + 2t\vec{c}$ **17.** $\frac{2}{7}\vec{i} + \frac{3}{7}\vec{j} + \frac{6}{7}\vec{k}$ **19.** $\frac{3}{5}\vec{j} + \frac{4}{5}\vec{k}$

21. $\vec{i} + 2t\vec{j} + 3t^2\vec{k}, \frac{1}{\sqrt{14}}\vec{i} + \frac{2}{\sqrt{14}}\vec{j} + \frac{3}{\sqrt{14}}\vec{k}, 2\vec{j} + 6t\vec{k}, 6t^2\vec{i} - 6t\vec{j} + 2\vec{k}$

23. $x = 2 + 2t, y = 4 + 2t, z = 1 + t$

25. $x = 1 - t, y = t, z = 1 - t$ **29.** $x = t, y = 1 - t, z = 2t$

31. $x = -\pi - t, y = \pi + t, z = -\pi t$

33. 66°   **35.** $2\vec{i} - 4\vec{j} + 32\vec{k}$

37. $(\ln 2)\vec{i} + (\pi/4)\vec{j} + \frac{1}{2}\ln 2\,\vec{k}$

39. $\tan t\,\vec{i} + \frac{1}{8}(t^2+1)^4\,\vec{j} + \left(\frac{1}{3}t^3 \ln t - \frac{1}{9}t^3\right)\vec{k} + \vec{c}$

41. $t^2\vec{i} + t^3\vec{j} + \left(\frac{2}{3}t^{3/2} - \frac{2}{3}\right)\vec{k}$ **47.** $2t\cos t + 2\sin t - 2\cos t \sin t$

EXERCICES 8.3

1. $10\sqrt{10}$ **3.** $e - e^{-1}$ **5.** $\frac{1}{27}(13^{3/2} - 8)$

7. 18,6833   **9.** 10,3311   **11.** 42

13. a) $s(t) = \sqrt{26}\,(t-1)$;

$\vec{r}(t(s)) = \left(4 - \dfrac{s}{\sqrt{26}}\right)\vec{i} + \left(\dfrac{4s}{\sqrt{26}} + 1\right)\vec{j} + \left(\dfrac{3s}{\sqrt{26}} + 3\right)\vec{k}$

b) $\left(4 - \dfrac{4}{\sqrt{26}}, \dfrac{16}{\sqrt{26}} + 1, \dfrac{12}{\sqrt{26}} + 3\right)$

15. $(3\sin 1, 4, 3\cos 1)$

17. a) $1/\sqrt{10}\,\vec{i} + (-3/\sqrt{10})\sin t\,(\vec{j}\,(3/\sqrt{10})\cos t)\vec{k}$,   b) $\frac{3}{10}$
$0\vec{i} - \cos t\,\vec{j} + -\sin t\,\vec{k}$

19. a) $\dfrac{1}{e^{2t}+1}(\sqrt{2}e^t\vec{i} + e^{2t}\vec{j} - \vec{k})$,

$\dfrac{1}{e^{2t}+1}\left[(1-e^{2t})\vec{i} + \sqrt{2}e^t\vec{j} + \sqrt{2}e^t\vec{k}\right]$

b) $\sqrt{2}e^{2t}/(e^{2t}+1)^2$

21. $6t^2/(9t^4 + 4t^2)^{3/2}$ **23.** $\dfrac{\sqrt{6}}{2(3t^2+1)^2}$

25. $\frac{1}{7}\sqrt{\frac{19}{14}}$ **27.** $12x^2/(1+16x^6)^{3/2}$

29. $e^x |x+2|/[1 + (xe^x + e^x)^2]^{3/2}$

31. $\left(-\frac{1}{2}\ln 2, 1/\sqrt{2}\right)$; tend vers 0   **33.** a) P b) 1,3 ; 0,7

35.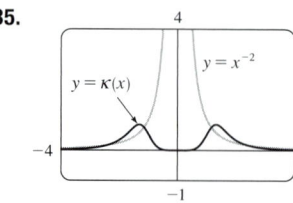

39. a est $y = f(x)$, b est $y = \kappa(x)$

41. $\kappa(t) = \dfrac{6\sqrt{4\cos^2 t - 12\cos t + 13}}{(17 - 12\cos t)^{3/2}}$

Pour les multiples entiers de 2π

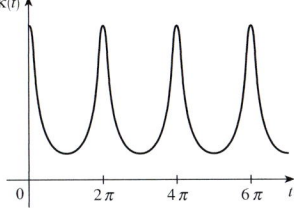

43. $6t^2/(4t^2 + 9t^4)^{3/2}$

47. $\tfrac{2}{3}\vec{i} + \tfrac{2}{3}\vec{j} + \tfrac{1}{3}\vec{k}$, $-\tfrac{1}{3}\vec{i} + \tfrac{2}{3}\vec{j} - \tfrac{2}{3}\vec{k}$, $-\tfrac{2}{3}\vec{i} + \tfrac{1}{3}\vec{j} + \tfrac{2}{3}\vec{k}$

49. $x - 2z = -4\pi$, $2x + z = 2\pi$

51. $\left(x + \tfrac{5}{2}\right)^2 + y^2 = \tfrac{81}{4}$, $x^2 + \left(y - \tfrac{5}{3}\right)^2 = \tfrac{16}{9}$

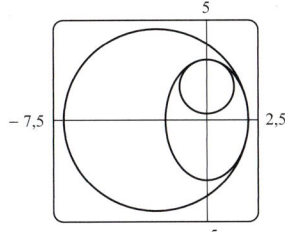

53. $(-1, -3, 1)$ **65.** $2/(t^4 + 4t^2 + 1)$ **67.** $2{,}07 \times 10^{10}$ Å ≈ 2 m

EXERCICES 8.4

1. a) $1{,}8\vec{i} - 3{,}8\vec{j} - 0{,}7\vec{k}$; $2{,}0\vec{i} - 2{,}4\vec{j} - 0{,}6\vec{k}$;
$2{,}8\vec{i} + 1{,}8\vec{j} - 0{,}3\vec{k}$; $2{,}8\vec{i} + 0{,}8\vec{j} - 0{,}4\vec{k}$
b) $2{,}4\vec{i} - 0{,}8\vec{j} - 0{,}5\vec{k}$, $2{,}58$

3. $\vec{v}(t) = -t\vec{i} + \vec{j}$
$\vec{a}(t) = -\vec{i}$
$\|\vec{v}(t)\| = \sqrt{t^2 + 1}$

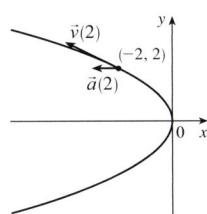

5. $\vec{v}(t) = -3\sin t\,\vec{i} + 2\cos t\,\vec{j}$
$\vec{a}(t) = -3\cos t\,\vec{i} - 2\sin t\,\vec{j}$
$\|\vec{v}(t)\| = \sqrt{5\sin^2 t + 4}$

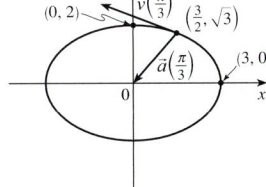

7. $\vec{v}(t) = \vec{i} + 2t\vec{j}$
$\vec{a}(t) = 2\vec{j}$
$\|\vec{v}(t)\| = \sqrt{1 + 4t^2}$

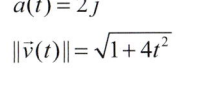
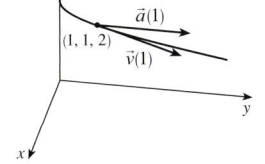

9. $(2t + 1)\vec{i} + (2t - 1)\vec{j} + 3t^2\vec{k}$, $2\vec{i} + 2\vec{j} + 6t\vec{k}$, $\sqrt{9t^4 + 8t^2 + 2}$

11. $\sqrt{2}\vec{i} + e^t\vec{j} - e^{-t}\vec{k}$, $e^t\vec{j} + e^{-t}\vec{k}$, $e^t + e^{-t}$

13. $e^t\left[(\cos t - \sin t)\vec{i} + (\sin t + \cos t)\vec{j} + (t+1)\vec{k}\right]$,
$e^t\left[-2\sin t\,\vec{i} + 2\cos t\,\vec{j} + (t+2)\vec{k}\right]$,
$e^t\sqrt{t^2 + 2t + 3}$

15. $\vec{v}(t) = (2t + 3)\vec{i} - \vec{j} + t^2\vec{k}$,
$\vec{r}(t) = (t^2 + 3t)\vec{i} + (1 - t)\vec{j} + (\tfrac{1}{3}t^3 + 1)\vec{k}$

17. a) $\vec{r}(t) = \left(\tfrac{1}{3}t^3 + t\right)\vec{i} + (t - \sin t + 1)\vec{j} + \left(\tfrac{1}{4} - \tfrac{1}{4}\cos 2t\right)\vec{k}$
b)

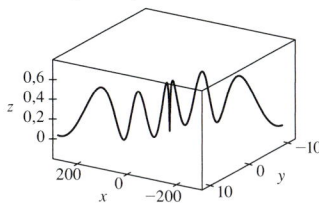

19. $t = 4$ **21.** $\vec{r}(t) = t\vec{i} - t\vec{j} + \tfrac{5}{2}t^2\vec{k}$, $\|\vec{v}(t)\| = \sqrt{25t^2 + 2}$

23. a) ≈ 22 km   b) $\approx 3{,}2$ km   c) 500 m/s

25. 30 m/s   **27.** $\approx 10{,}2°$, $\approx 79{,}8°$

29. $13{,}0° < \theta < 36{,}0°$; $55{,}4° < \theta < 85{,}5°$

33. a) 16 m   b) $\approx 23{,}6°$ en amont

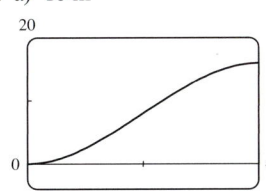
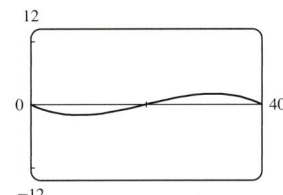

37. $6t$, 6 **39.** 0, 1 **41.** $e^t - e^{-t}$, $\sqrt{2}$

43. $4{,}5$ cm/s^2; $9{,}0$ cm/s^2 **45.** $t = 1$

CHAPITRE 9

EXERCICES 9.1

1.
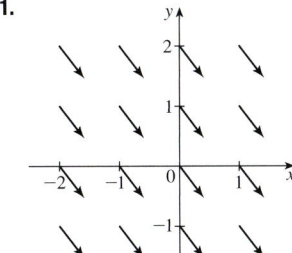

3.
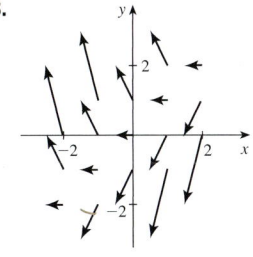

5.
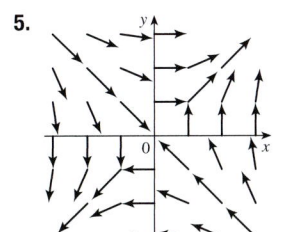

7.
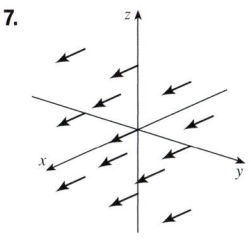

9. 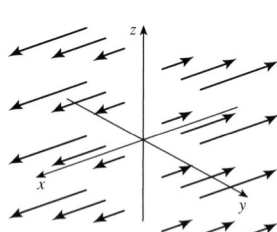   **11.** II **13.** I **15.** IV **17.** III

b) $dx/dt = 1$, $dy/dt = x$ c) $y(t) = \dfrac{t^2}{2} + C$

EXERCICES 9.2

1. $\tfrac{4}{3}(10^{3/2} - 1)$ **3.** 1638,4 **5.** $\tfrac{1}{3}\pi^6 + 2\pi$ **7.** $\tfrac{5}{2}$
9. $\sqrt{2}/3$ **11.** $\tfrac{1}{12}\sqrt{14}(e^6 - 1)$ **13.** $\tfrac{2}{5}(e - 1)$ **15.** $\tfrac{35}{3}$
17. a) Positif b) Négatif **19.** $\tfrac{1}{20}$
21. $\tfrac{6}{5} - \cos 1 - \sin 1$ **23.** 0,5424 **25.** 94,8231
27. $3\pi + \tfrac{2}{3}$

19.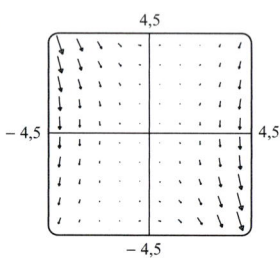

La droite $y = 2x$

21. $\nabla f(x,y) = y^2\cos(xy)\vec{i} + [xy\cos(xy) + \sin(xy)]\vec{j}$

23. $\nabla f(x,y,z) = \dfrac{x}{\sqrt{x^2+y^2+z^2}}\vec{i} + \dfrac{y}{\sqrt{x^2+y^2+z^2}}\vec{j} + \dfrac{z}{\sqrt{x^2+y^2+z^2}}\vec{k}$

25. $\nabla f(x,y) = (x-y)\vec{i} + (y-x)\vec{j}$ **27.**

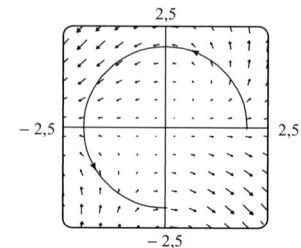

29. a) $\tfrac{11}{8} - 1/e$ b) 1,6

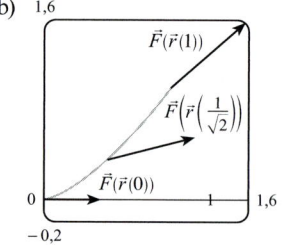

31. $\tfrac{172\,704}{5\,632\,705}\sqrt{2}(1 - e^{-14\pi})$ **33.** $2\pi k$, $(4/\pi, 0)$

35. a) $\bar{x} = (1/m)\int_C x\rho(x,y,z)\,ds$, $\bar{y} = (1/m)\int_C y\rho(x,y,z)\,ds$,
$\bar{z} = (1/m)\int_C z\rho(x,y,z)\,ds$, où $m = \int_C \rho(x,y,z)\,ds$
b) $(0, 0, 3\pi)$

37. $I_x = k\left(\tfrac{1}{2}\pi - \tfrac{4}{3}\right)$, $I_y = k\left(\tfrac{1}{2}\pi - \tfrac{2}{3}\right)$ **39.** $2\pi^2$ **41.** $\tfrac{7}{3}$

43. a) $2ma\,\vec{i} + 6mbt\,\vec{j}$, $0 \le t \le 1$ b) $2ma^2 + \tfrac{9}{2}mb^2$

45. 21 180 J **47.** b) Oui **51.** ≈ 22 J

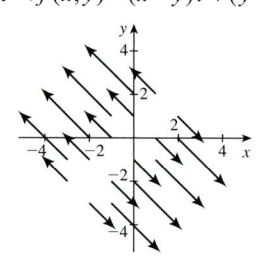 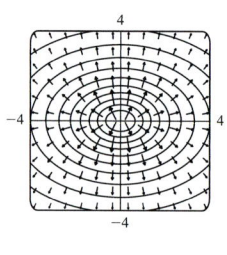

29. III **31.** II **33.** (2,04, 1,03)

35. a)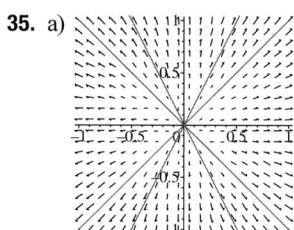

b) $x(t) = C_1 e^t$, $y(t) = C_2 e^t$ et $(x(t), y(t)) = (0, 0)$ ou $x(t) = t$, $y(t) = Ct$
c) $x(t) = t$, $y(t) = -\tfrac{1}{2}t$

37. $x(t) = \dfrac{16}{9 + 16t}$, $y(t) = \sqrt{\dfrac{8}{9 - 16t}}$

39. a)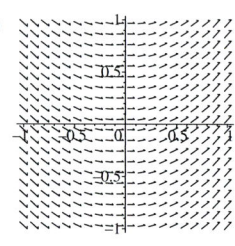

EXERCICES 9.3

1. 40 **3.** Non conservatif **5.** $f(x,y) = ye^{xy} + K$
7. $f(x,y) = ye^x + x\sin y + K$
9. $f(x,y,z) = xy + xz - yz + K$
11. $f(x,y) = x\ln y + x^2 y^3 + 2$ **13.** b) 16
15. a) $f(x,y) = \tfrac{1}{3}x^3 y$ b) -9
17. a) $f(x,y,z) = xyz + z^2$ b) 77
19. a) $f(x,y,z) = ye^{xz}$ b) 4 **21.** $\tfrac{4}{e}$
23. On peut choisir toute courbe reliant les deux points.
25. $\sin(2)\cos(1)$ **27.** a) $k = \tfrac{3}{2}$ b) -1 **29.** $\tfrac{31}{4}$
31. Non **33.** Conservatif
35. $\vec{F}_1(x,y) = \left(x^4 e^x + \tfrac{1}{2}x^2 y^2\right)\vec{i} + \left(y^2\sin(y) + \tfrac{1}{3}x^3 y\right)\vec{j}$,
$\vec{F}_2(x,y) = \tfrac{1}{3}x^3\vec{j}$

39. a) Oui b) Oui c) Oui

41. a) Oui b) Oui c) Non

EXERCICES 9.4

1. 120   **3.** $\frac{2}{3}$ **5.** $4(e^3-1)$ **7.** $\frac{1}{3}$

9. -24π **11.** $-\frac{16}{3}$ **13.** 4π

15. $\frac{1}{15}\pi^4 - \frac{4144}{1125}\pi^2 + \frac{7\,578\,368}{253\,125} \approx 0{,}0779$

17. $-\frac{1}{12}$ **19.** $-\frac{16}{3}$ **21.** $3\pi/8$

23. $\frac{4}{3}$ **25.** 3π **27.** c) $\frac{9}{2}$

29. $(4a/3\pi, 4a/3\pi)$ si la région est la portion du disque $x^2 + y^2 = a^2$ dans le premier quadrant

35. 0

CHAPITRE 10

EXERCICES 10.1

1. P: oui; Q: non

3. Plan passant par le point $(0, 3, 1)$ et contenant les vecteurs $\vec{i} + 4\vec{k}$, $\vec{i} - \vec{j} + 5\vec{k}$

5. Cône circulaire sur l'axe des z

7.

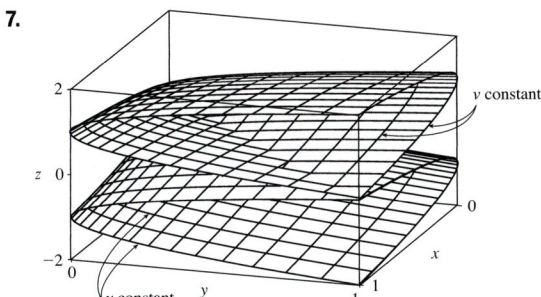

9.

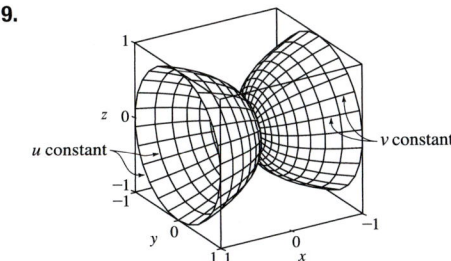

11.

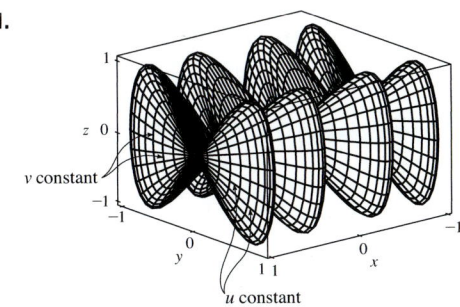

13. IV   **15.** I   **17.** III   **19.** $x = u$, $y = v - u$, $z = -v$

21. $y = y$, $z = z$, $x = \sqrt{1 + y^2 + \frac{1}{4}z^2}$

23. $x = 2\sin\phi\cos\theta$, $y = 2\sin\phi\sin\theta$,
$z = 2\cos\phi$, $0 \le \phi \le \pi/4$, $0 \le \theta \le 2\pi$
[ou $x = x$, $y = y$, $z = \sqrt{4 - x^2 - y^2}$, $x^2 + y^2 \le 2$]

25. $x = 6\sin\phi\cos\theta$, $y = 6\sin\phi\sin\theta$, $z = 6\cos\phi$,
$\pi/6 \le \phi \le \pi/2$, $0 \le \theta \le 2\pi$

29. $x = x$, $y = \dfrac{1}{1+x^2}\cos\theta$, $y = \dfrac{1}{1+x^2}\sin\theta$,
$-2 \le x \le 2$, $0 \le \theta \le 2\pi$

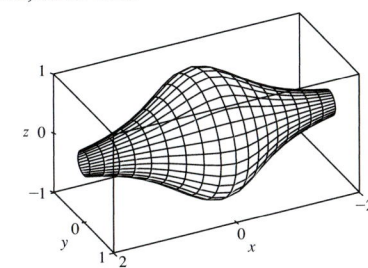

31. a) La spirale tourne en sens inverse.
b) Le nombre de boucles double.

33. $3x - y + 3z = 3$ **35.** $\dfrac{\sqrt{3}}{3}x - \dfrac{1}{2}y + z = \dfrac{\pi}{3}$

37. $-x + 2z = 1$ **39.** $3\sqrt{14}$ **41.** $\sqrt{14}\,\pi$

43. $\frac{4}{15}(3^{5/2} - 2^{7/2} + 1)$ **45.** $(2\pi/3)(2\sqrt{2} - 1)$

47. $(\pi/6)(65^{3/2} - 1)$ **49.** 4   **51.** $\pi R^2 \le A(S) \le \sqrt{3}\pi R^2$

53. 3,5618   **55.** a) 24,2055 b) 24,2476

57. $\frac{45}{8}\sqrt{14} + \frac{15}{16}\ln\left[(11\sqrt{5} + 3\sqrt{70})/(3\sqrt{5} + \sqrt{70})\right]$

59. b)

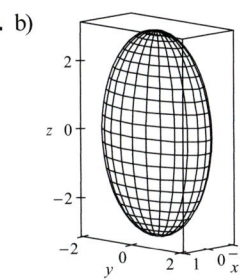

c) $\displaystyle\int_0^{2\pi}\int_0^{\pi} \sqrt{36\sin^4 u\cos^2 v + 9\sin^4 u\sin^2 v + 4\cos^2 u\sin^2 u}\,du\,dv$

61. 4π **63.** $2a^2(\pi - 2)$

EXERCICES 10.2

1. $\approx -6{,}93$ **3.** 900π **5.** $11\sqrt{14}$ **7.** $\frac{2}{3}(2\sqrt{2} - 1)$

9. $171\sqrt{14}$ **11.** $\sqrt{21}/3$ **13.** $(\pi/120)(25\sqrt{5} + 1)$

15. $\frac{7}{4}\sqrt{21} - \frac{17}{12}\sqrt{17}$ **17.** 16π **19.** 0   **21.** 4

23. $\frac{713}{180}$ **25.** $8\pi/3$ **27.** 0   **29.** 48   **31.** $2\pi + \frac{8}{3}$

33. 4,5822   **35.** 3,4895

37. $\iint_S \vec{F}\cdot d\vec{S} = \iint_D \left[P(\partial h/\partial x) - Q + R(\partial h/\partial z)\right]dA$, où D est la projection de S dans le plan xy

39. $(0, 0, a/2)$

41. a) $I_z = \iint_S (x^2 + y^2) \rho(x, y, z) dS$ b) $4329\sqrt{2}\pi/5$

43. 0 kg/s   **45.** $\frac{8}{3}\pi a^3 \varepsilon_0$ **47.** 1248π

EXERCICES 10.3

1. a) $\vec{0}$ b) $y^2z^2 + x^2z^2 + x^2y^2$

3. a) $ze^x\vec{i} + (xye^z - yze^x)\vec{j} - xe^z\vec{k}$ b) $y(e^z + e^x)$

5. a) $-\dfrac{\sqrt{z}}{(1+y)^2}\vec{i} - \dfrac{\sqrt{x}}{(1+z)^2}\vec{j} - \dfrac{\sqrt{y}}{(1+x)^2}\vec{k}$

b) $\dfrac{1}{2\sqrt{x}(1+z)} + \dfrac{1}{2\sqrt{y}(1+x)} + \dfrac{1}{2\sqrt{z}(1+y)}$

7. a) $-e^y \cos z\vec{i} - e^z \cos x\vec{j} - e^x \cos y\vec{k}$

b) $e^x \sin y + e^y \sin z + e^z \sin x$

9. a) Négatif   b) rot $\vec{F} = \vec{0}$

11. a) Zéro   b) rot $\vec{F}$ pointe dans la direction des z négatifs

13. $f(x, y, z) = xy^2z^3 + K$ **15.** Pas conservatif

17. $f(x, y, z) = xe^{yz} + K$ **19.** Non

23. $\vec{F}(x, y, z) = (3x^2y - 2\cos z + 2)\vec{i}$, $\vec{F}(1, -1, 0) = -3\vec{i}$

EXERCICES 10.4

3. 16π **5.** 0   **7.** -1 **9.** $-\frac{17}{20}$ **11.** 0

13. a) $81\pi/2$

b)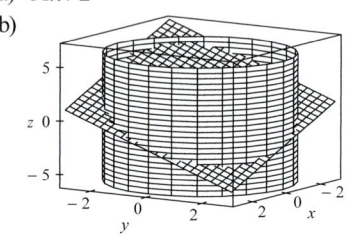

c) $x = 3\cos t$, $y = 3\sin t$, $z = 1 - 3(\cos t + \sin t)$, $0 \le t \le 2\pi$

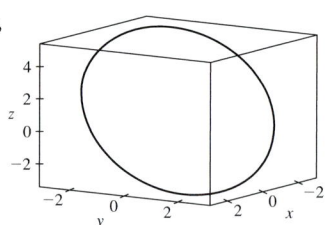

15. -32π **17.** $-\pi$ **19.** 3

EXERCICES 10.5

5. 9/2   **7.** $9\pi/2$ **9.** 0   **11.** π **13.** 2π

15. 189   **17.** $13\pi/20$ **19.** $3\pi/2$ **21.** 0

23. $h = 8/3$ **25.** $83\pi - 24$

27. Négative en P_1, positive en P_2

29. div $\vec{F} > 0$ dans les premier et deuxième quadrants ; div $\vec{F} < 0$ dans les troisième et quatrième quadrants

PARTIE IV - RÉVISION

VRAI OU FAUX

1. Vrai   **3.** Faux   **5.** Faux   **7.** Faux   **9.** Vrai
11. Faux   **13.** Vrai   **15.** Faux   **17.** Vrai   **19.** Faux
21. Faux   **23.** Vrai   **25.** Vrai   **27.** Faux

EXERCICES RÉCAPITULATIFS

1. a)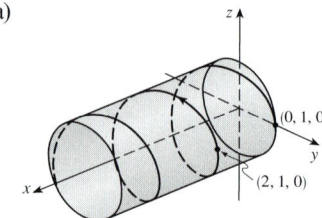

b) $\vec{r}'(t) = \vec{i} - \pi \sin \pi t\vec{j} + \pi \cos \pi t\vec{k}$,
$\vec{r}''(t) = -\pi^2 \cos \pi t\vec{j} - \pi^2 \sin \pi t\vec{k}$

3. $\vec{r}(t) = 4\cos t\vec{i} + 4\sin t\vec{j} + (5 - 4\cos t)\vec{k}$, $0 \le t \le 2\pi$

5. $\frac{1}{3}\vec{i} - (2/\pi^2)\vec{j} + (2/\pi)\vec{k}$

7. $\approx 116{,}7290$ si on utilise les extrémités droites des sous-intervalles comme points échantillons

9. $\pi/2$

11. a) $\dfrac{1}{\sqrt{13}} 3\sin t\vec{i} - 3\cos t\vec{j} + 2\vec{k}$ b) $\cos t\vec{i} + \sin t\vec{j} + 0\vec{k}$

c) $\dfrac{1}{\sqrt{13}} -2\sin t\vec{i} + 2\cos t\vec{j} + 3\vec{k}$

d) $\dfrac{3}{13 \sin t \cos t}$ ou $\dfrac{3}{13} \sec t \csc t$

13. $12/17^{3/2}$ **15.** $x - 2y + 2\pi = 0$

17. $\vec{v}(t) = (1 + \ln t)\vec{i} + \vec{j} - e^{-t}\vec{k}$, $\|\vec{v}(t)\| = \sqrt{2 + 2\ln t + (\ln t)^2 + e^{-2t}}$,
$\vec{a}(t) = (1/t)\vec{i} + e^{-t}\vec{k}$

19. $\vec{r}(t) = (t^3 + t)\vec{i} + (t^4 - t)\vec{j} + (3t - t^3)\vec{k}$

21. $\approx 37{,}3°$, $\approx 157{,}4$ m   **23.** c) $-2e^{-t}\vec{v}_d + e^{-t}\vec{R}$

25. a) Négative   b) Positive   **27.** $6\sqrt{10}$ **29.** $\frac{4}{15}$

31. $\frac{110}{3}$ **33.** $\frac{11}{12} - 4/e$ **35.** $f(x, y) = e^y + xe^{xy} + K$ **37.** 0

39. 0   **41.** -8π **49.** $\frac{1}{6}(27 - 5\sqrt{5})$

51. $(\pi/60)(391\sqrt{17} + 1)$ **53.** $-64\pi/3$ **55.** 0

57. $-\frac{1}{2}$ **59.** 4π **61.** -4 **63.** 21

PROBLÈMES SUPPLÉMENTAIRES

1. a) $\vec{v} = \omega R(-\sin \omega t\vec{i} + \cos \omega t\vec{j})$ c) $\vec{a} = -\omega^2 \vec{r}$

3. a) $\dfrac{\pi}{2}$, $v_0^2/(2g)$

5. a) $\approx 0{,}14$ m à la droite du bord de la table, à une vitesse de 4,44 m/s

b) $\approx 3{,}9°$ c) $\approx 0{,}31$ m à droite du bord de la table

7. 56°

INDEX

Abscisse curviligne, 368–369
Accélération, 376–378
    centripète, 480
    composantes
        normale, 380–381
        tangentielle, 380–381
    de Coriolis, 477
Aire
    d'une région polaire, 506–508
    d'une surface, 434–435
        de révolution, 436–437
Airy, fonction d,' 60
Alembert, critère d,' 46–47
Ampère, loi d,' 409
Angle, entre les vecteur(s), 487–488, 490
Approximation(s)
    erreur d,' 42–43, 198–200
    linéaire, 164–169, 195–198
    quadratique, 195–197
Argand-Cauchy, plan d,' 92
Argument, 94
Astroïde, 426
Axe polaire, 281
Axiome de complétude, 11

Base canonique, 485–486, 491
Bernoulli, équation de, 248
Bessel, fonction de, 56–57, 63
    d'ordre 1, 60

Cardioïde, 284, 507–508
Carte(s)
    des précipitations mondiales, 118–119
    météorologique, 117–119
    topographique, 117
Catastrophe ultraviolette, 91
Cauchy, critère de, 48, 52, 59
Cauchy-Schwarz, inégalité de, 212, 246, 255
Centre de masse
    d'un fil, 400–401
    d'un solide, 313–314
    d'une plaque mince, 297–299, 441
Centroïde d'un solide, 313
Cercle osculateur, 372–373
Champ(s)
    de forces, 389, 393, 405–406
    de gradients, 393–394
    de vecteurs, 390
        vitesses, 389
    de vitesses, 392
    électrique, 393
    gravitationnel, 393–394
    scalaire, 390
    vectoriel, 390–392
    conservatif, 394, 410–415, 417, 452–453, 464–465
    flux de, 446–448
    incompressible, 455
    irrotationnel, 454
    lignes du courant d'un, 395–396
Changement(s) de variables
    dans une intégrale double, 336–342
    dans une intégrale triple, 342–343
Charge électrique totale
    dans un objet solide, 313
    dans une plaque mince, 296–297
Chemin(s), 411
    indépendance du, 411–412
Circulation de champ vectoriel, 463–464
Cissoïde de Dioclès, 288
Clairaut, théorème de, 152, 504
Cobb-Douglas, fonction de production de, 113–115, 120, 155–156
Coefficient binomial, 74
Coin sphérique, 329–330
Combinaison linéaire, 485
Comparaison, test de, 33–37, 51–52
Conchoïde, 288
Conductivité, 448
Conjugué, 92–94
Conservation
    de l'énergie, loi de, 416
    du moment cinétique, loi de, 385
Convergence
    absolue, 44–48
    choix de teste de, 51–52
    critère de Cauchy de, 48, 52, 58
    intervalle de, 57–59, 61–62
    pour les séries
        à termes positifs, 27–31
        alternées, 40–42
        entières, 55–59, 503–504
    rayon de, 57–59, 62–64
Coordonnées
    cartésiennes, 280
    et polaires, 282
    cylindriques, 318–319
    polaires, 94, 280–282, 289–291, 506–508
    sphériques, 321–324, 330
Coriolis, accélération de, 477
Courbe(s)
    de niveau, 116–121, 207, 267–269
    de transfert, 477-478
    fermée, 411
    lisse, 369
        par morceaux, 399
    papillon, 289
    paramétrée(s), 354–356
        abscisse curviligne d'une, 368–369
        longueur d'une, 366–368
        orientation d'une, 402
        représentation graphique, 356–358
    polaire(s), 283–285
        représentation graphique, 285–287
        symétrie d'une, 285
    simple, 413
Courbure de courbe paramétrée, 369-372

Critère
    d'Alembert, 46–47
    de convergence de Cauchy, 48, 52, 58
    de Sylvester, 219–220, 418
Cubique
    de Tschirnhausen, 426
    gauche, 354, 357
Cycloïde, 358
Cylindre, 137-138
    génératrices de, 137
    parabolique, 137

De Moivre, formule de, 96
Densité
    d'un solide, 313–314
    d'une plaque mince, 296
Dérivation
    en chaîne, 173–177
    implicite, 177–179
    terme à terme, 62–63
Dérivée(s)
    directionnelle, 182–187
        maximale, 187–189
    d'une fonction vectorielle, 361–362
        seconde, 362
    normale, 458
    partielle(s), 146–151
        d'ordre supérieur, 151–153
        équations aux, 153–155
        méthode de calcul, 148
        secondes, 152–153, 206
    totale, 174
Déterminant, 494–496
Différentielle(s), 166–169
    totale, 166–167
Direction
    de descente, 225
    de montée, 227
Distribution normale, 303
Divergence, 454–455, 471
    test de, 22–23
Domaine, 111–112
    connexe, 412
    ouvert, 412
    simplement connexe, 413–414
Doppler, effet, 180
Droite(s)
    équation
        paramétrique d'une, 497
        vectorielle d'une, 497–499
    gauches, 499, 502
    génératrice, 137
    normale, 189–190
    vecteur directeur d'une, 497

Écoulement thermique, 448–449
Effet Doppler, 180
Ellipsoïde, 138, 140
Enchaînement, règle d,' 173
Énergie
    cinétique, 86, 417
    potentielle, 417

Ensemble(s)
    borné, 210
    de Cantor, 26
    de niveau, 117, 121–122
    fermé, 210
Épicycloïde, 426
Équation(s)
    aux dérivées partielles, 153–155
    de Bernoulli, 248
    de conduction de la chaleur, 160
    de Laplace, 153–154, 455
    de Maxwell, 458–459
    d'onde, 154
    linéaire d'un plan, 500
    logistique, 15–16
    paramétriques
        de surface, 428–432
        d'une courbe, 354
        d'une droite, 497–499
    polaire, 283, 506
    scalaire d'un plan, 500
    sphérique, 323
    vectorielle, 497–499
Équipotentielle, 126
Espérance mathématique, 303–304
Euler
    constante d,' 38
    formule d,' 98
Extremum, 204–205, 209–211

Fibonacci, suite de, 4, 107
Flocon de Von Koch, 104
Flux
    de champ vectoriel, 446–448
    -divergence, théorème de, 467–471
    électrique, 448
    thermique, 448–449, 474
Fonction(s)
    composantes d'une, 353
    continue, 133–135
    d'Airy, 60
    de Bessel, 56–57, 63
        d'ordre 1, 60
    de densité
        conjointe, 301, 303, 313
        de probabilité, 300–302
    de deux variables, 111–121
        approximation de, 195–198
    de production de Cobb-Douglas, 113–115, 120–121, 128, 155–156
    de Riemann, 38
    de trois variables et plus, 121–123, 134–135, 151, 168–169, 186–187
    différentiable, 165, 173–177, 505
    domaine de, 111–112
    d'une variable
        approximation de, 81–87
    exponentielle complexe, 97–98
    graphe d'une, 114–117, 204, 441–443
    harmonique, 153
    homogène de degré *n*, 181
    image de, 111
    implicites, théorème des, 178–179
    intégrable, 261
    limite de, 129–132
    linéaire, 115
    polynomiale, 133
    potentielle, 394
    rationnelle, 133
    représentation en série entière d'une, 61–65, 67–76
    valeur moyenne d'une, 317
    vectorielle(s), 353
        continue, 354
        dérivée d'une, 361–362
        intégrale définie d'une, 364
        règles de dérivation d'une, 363–364
Force(s)
    centripète, 378, 480
    champ de, 389
    gravitationnelle, 379, 392–393
Formule(s)
    de De Moivre, 96
    de Frenet-Serret, 375
    d'Euler, 98
Frontière d'un domaine, 420
Fubini, théorème de, 265–266, 307

Gauss, loi de, 448
Gradient en coordonnées
        cylindriques, 321
        sphériques, 324
    méthode du, 224–227
    vecteur, 185–191
Graphe(s)
    d'une fonctions, 114–117, 204, 441–443
    d'une suite, 9
Green
    deuxième identité de, 458
    première identité de, 458
    théorème de, 419–425
        formes vectorielles du, 456–457
Gregory, série de, 64

Hélice, 355, 358, 362, 372–373
Hippopède, 289
Humidex, 146–147
Hyperboloïde
    à deux nappes, 140
    à une nappe, 140
Hypersphère, 317

Identités de Green, 458
Image
    de fonction, 111
    de point, 335
    de région, 335–336
Indice
    de bien-être, 146–147
    de chaleur, 146–147, 166
    de refroidissement éolien, 112–113, 161
Induction mathématique, 12
Inégalité
    de Cauchy-Schwarz, 212, 246, 255
    de Taylor, 69–70, 72
Intégrale(s)
    curviligne(s), 397–400
        dans l'espace, 403–404
    d'un champ vectoriel, 404–406
    indépendante du chemin, 411–412
    par rapport à l'abscisse
        curviligne, 401
    par rapport à x, 401
    par rapport à y, 401
    théorème fondamental des, 409
    de surface, 440–441
        de champ vectoriel, 445–448
    double(s), 260–263
        en coordonnées polaires, 289
        passage aux coordonnées
            polaires, 291
        propriétés des, 269, 277–278
        sur des domaines généraux, 271–277
    itérée(s), 263–267, 276–277, 307–308, 311–312
    linéarité de l,' 269
    simple, 259
    test de l,' 27–31
    triple(s), 307–311
        en coordonnées cylindriques, 326–327
        en coordonnées sphériques, 329–332, 342–343
        méthode du point milieu, 315
        sur un parallélépipède rectangle, 307
        sur une région bornée
            générale, 308
Intégration
    partielle, 264, 415–416
    terme à terme, 62
Isotherme, 117–119, 127

Jacobien, 338, 342

Kepler, loi de, 381–383, 386–387

Lagrange
    forme du reste de, 70
    multiplicateur(s) de, 231–234, 236–239
Laplace, équation de, 153–154, 455
Laplacien, 455
Lemniscate de Gerono, 426
Lignes de courant, 394–395
Limaçons, 286–287
Limite(s)
    d'une fonction, 129–132
        vectorielle, 353
    d'une suite, 5–7
Linéarisation, 164–168
Linéarité de l'intégrale, 269
Logistique
    équation, 15–16
    suite, 15–16
Loi
    d'Ampère, 409
    de conservation
        de l'énergie, 417
        du moment cinétique, 385
    de Gauss, 448
    de Kepler, 381–383, 386–387
    de Newton
        de la gravitation, 349, 382, 392
        deuxième, 378, 382

de Planck, 91
de Rayleigh-Jeans, 91
Longueur
 d'onde, 91
 d'une courbe
  paramétrée, 366–368
  polaire, 508

MacLaurin, série de, 68, 70–78
Masse
 d'un fil, 400
 d'un solide, 313
 d'une plaque mince, 296–298, 441
  centre de, 297–298, 441
Matrice(s)
 carrée, 492
 définie
  négative, 219–220
  positive, 219–220
 déterminant d'une, 494–496
 diagonale, 220, 224, 492
  principale d'une, 492
 dimension d'une, 492
 éléments d'une, 492
 hessienne, 200–201, 212, 221–224
 identité, 492
 inverse, 493
 inversible, 220, 493, 496
 nulle, 492
 opérations sur les, 492–494
 semi-définie
  négative, 219, 222
  positive, 219, 221
 signe d'une, 219–220, 223–224
 symétrique, 219, 494
 taille d'une, 492
 transposée, 494
 valeurs propres d'une, 219, 496
Maximum(s)
 absolu, 204–205, 209–211
 global, 217
 local(aux), 204–206, 217
Maxwell, équation de, 458–459
Méthode
 de calcul des dérivées partielles, 148
 des moindres carrés, 212
 des multiplicateurs de Lagrange, 232, 236, 240
 du gradient, 224–227
 du point milieu
  pour les intégrales doubles, 263
  pour les intégrales triples, 315
Mineur principal dominant, 219–220
Minimum
 absolu, 204–205, 209–211
 global, 217
 local, 204–206, 217–218, 222
  conditions pour un, 218–219, 223
Möbius, ruban de, 438, 443
Module, 93
Moment(s)
 cinétique, 385
 d'inertie, 299
  d'un fil, 408
  d'un solide, 313–314

  d'une plaque mince, 299–300
 polaire, 299
 premier, 297
 second, 299–300
Moyenne
 arithmético-géométrique, 15
 d'une fonction
  de deux variables, 267–269
  d'une variable, 267
 d'une variable aléatoire, 303
Multiple scalaire, 484
Multiplicateur(s) de Lagrange, 231–234, 236–241

Néphroïde de Freeth, 289
Newton
 lois de, 349, 378, 382, 386, 392
 méthode de, 255, 376
Nœud de trèfle, 356
Nombre(s) complexe(s), 92
 conjugué, 92–94
 forme polaire de, 95–96
 module, 93
 opérations sur les, 92–93
 partie
  imaginaire d'un, 92
  réelle d'un, 92
 racines d'un, 96–97
Normale unitaire, 372
Norme d'un vecteur, 484–486

Opérations
 sur des séries entières, 77–78
 sur les matrices, 492–494
 sur les nombres complexes, 92–93
 sur les vecteurs, 484–486, 491
Optimisation
 avec deux contraintes d'égalité, 235–236
 avec une contrainte d'égalité, 230–235
 avec une contrainte d'inégalité, 241–242
 sans contraintes, 217–224
Optique
 du premier ordre, 87
 du troisième ordre, 87
 gaussienne, 87
Orbite géosynchrone de Clarke, 387
Orientation
 d'une courbe, 402
  positive, 419–420
 d'une surface, 444–445
Ovales de Cassini, 289

Paraboloïde
 elliptique, 139–140, 163
 hyperbolique, 139–140
Paramètre
 d'une courbe, 354
 d'une droite, 497
Permittivité du vide, 448
Plan(s)
 complexe, 92
 d'Argand-Cauchy, 92
 équation

  linéaire du, 500
  scalaire du, 500
  vectorielle du, 499
 normal, 372–373
 osculateur, 372–373
 parallèles, 501–502
 tangent(s), 162–163, 432–433
  à la surface de niveau F, 189
Point(s)
 admissible, 217
 critique(s), 205–209, 218–219, 239
 de selle, 205–206, 219
 échantillon, 259–260, 307
 réalisable, 217
 stationnaire, 205
Pôle, 281
Polynôme(s) de Taylor, 69, 72, 197, 201
 approximation des fonctions
  en deux variables par, 195–198
  en une variable par, 81–87
Probabilités, 300–302
Productivité marginale, 155
Produit
 de nombres complexes, 92
 matriciel, 493–494
 scalaire, 487–488
 vectoriel, 489–491
Projection d'un vecteur, 488

Quadrifolium, 284, 293

Racine
 carrée principale de -1, 93
 d'un nombre complexe, 96–97
Raisonnement par récurrence, 12
Rayon
 de convergence, 57–59
 de giration, 300
Rayonnement stellaire, 91–92
Réarrangement, série, 48–49
Rectangle
 fermé, 260
 polaire, 290–291
Refroidissement éolien, indice de, 112–113
Région(s)
 plane
  de type I, 272–274
  de type II, 273–275
  polaire, aire d'une, 506–508
  simples, 420
 solide(s)
  de type 1, 308–309
  de type 2, 310
  de type 3, 310–311
  simples, 467
Règle
 de dérivation en chaîne, 173–177
 de la main droite, 490
 de l'Hospital, 8–9, 354
 d'enchaînement, 173
Riemann
 série de, 30–31, 34–37, 44–45, 51–52, 58
 somme de
  double, 262–263
  triple, 307, 330

Rosace, 284, 506–507
Rotationnel, 451–454, 464
Ruban de Möbius, 438, 443

Série(s)
    à termes positifs, 27–37
    absolument convergente, 44–49
    alternée(s), 40–43
        test de convergence, 40–42
        théorème d'estimation des, 42–43, 65, 76
    binomiale, 74–75
    convergente, 17–23, 503–504
    de Gregory, 64
    de MacLaurin, 68, 70–78
    de puissances, 55
    de Riemann, 30–31, 34–37, 51–52
    de Taylor, 67–68, 71, 73, 75–76
    divergente, 17–19, 21–22, 503
    entière(s), 55–59
        coefficient d'une, 55
        dérivation de, 62–64
        intégration de, 62, 64
        intervalle de convergence, 57–59, 61–62
        opérations sur, 77
        rayon de convergence, 57–59, 62–64
        représentation de fonctions en, 62–65, 67–78
    géométrique, 18–21, 34, 51, 55–56, 58, 61
    harmonique, 21
        alternée, 41
    infinie, 16, 28–29
    réarrangement d'une, 48–49
    reste d'une, 31–32, 36–37
    semi-convergente, 45, 49
    simplement convergente, 45, 49
    somme, 17–23
        estimation, 31–33, 36–37, 42–43
        partielle, 17, 19–22
Somme
    de matrices, 492–493
    de nombres complexes, 92
    de Riemann
        double, 262–263
        pour une fonction d'une variable, 259
        triple, 307, 330
    de vecteurs, 484–485
    d'une série, 17–23
        estimation, 31–33, 36–37, 42–43
Sphère bosselée, 333
Spirale toroïdale, 356
Stokes, théorème de, 459–463
Suite(s)
    bornée, 11
    convergente, 7–12
    croissante, 10
    de Fibonacci, 4, 14, 107
    de Riemann, 4
    décroissante, 10
    définie par récurrence, 12
    divergente, 6–11
    graphe d'une, 9
    limite d'une, 5–7
    logistique, 15–16
    monotone, 10–11
    plus petite borne supérieure d'une _, 11
Surface(s)
    aire de la, 434–435
    de niveau, 121–122
    de révolution, 432
        aire des, 436–437
    élément de, 433
    fermée, 445
    lisse, 433
    négative, 445
    orientable, 444
    orientée, 443
    orthogonales, 195
    paramétrées, 428–432
        intégrale de, 440–441
    partielle, 414
    positive, 445
    quadrique(s), 138–141
        applications des, 141–142
    réglée, 144
Sylvester, critère de, 219–220, 418
Système de coordonnées
    cylindriques, 318
    polaires, 280–281
    sphériques, 321

Tangente, 361–362
Tapis de Sierpinski, 27
Taux de variation, 151, 182–183
Taylor
    inégalité de, 69–70, 82–86
    polynôme de, 69, 72, 81–87, 194–198
    série de, 67–68, 71, 73, 75–76
Test
    de comparaison, 33–37, 51–52
        forme limite, 35–36
    de divergence, 22–23, 51–52
    de l'intégrale, 27–31, 52
        estimation du reste, 32
    des dérivées secondes, 206–209, 211–212
    du rapport, 46–47, 51–52, 56–59
    pour les séries alternées, 40–42, 51–52
Théorème
    de Clairaut, 152, 504
    de flux-divergence, 467–471
    de Fubini, 265–266, 307
    de Gauss, 467
    de Green, 419–421, 460–461
        formes vectorielles du, 456
        généralisation du, 422–425
    de la moyenne pour les intégrales doubles, 348
    de la série binomiale, 74
    de Stokes, 459–465
    des fonctions implicites, 178–179
    des suites monotones, 11
    des valeurs extrêmes, 210, 240
    d'Ostrogradski, 467
    du sandwich, 7, 71–72
    fondamental
        de l'algèbre, 94
        des intégrales curvilignes, 409–411
Topologie, 413

Transformation, 335
    de classe C1, 335
    en coordonnées polaires, 339
    inverse, 335
Travail, 404–406, 417–418
Trochoïde, 358

Valeur(s)
    absolue, 93
    extrême, 204–205, 209–211
        théorème des, 240
    minimale, 217
    moyenne d'une fonction, 317
    optimale, 217
        estimation de la nouvelle, 237–239
    propres d'une matrice, 219, 496
Variable(s)
    aléatoire(s)
        indépendantes, 302
        moyenne de, 303
    dépendante, 111, 175
    indépendante, 111, 175
        d'une fonction vectorielle, 353
    intermédiaire, 175
    séparable, 395
Vecteur(s)
    à n dimensions, 491
    algébrique, 485
        égaux, 485
    angle entre les, 487–488, 490
    binormal, 372
    champ de, 390
    colonne, 492, 494
    composante d'un, 485, 488
    de base
        en coordonnées cylindriques, 319–320
        en coordonnées sphériques, 323–324
    directeur d'une droite, 497
    direction du, 484
    extrémité de, 498
    géométriques, 484
        équivalents, 484
    gradient, 185–191
    ligne, 492, 494
    normal, 499
        unitaire principal, 372
    norme du, 484–486
    nul, 484–485
    opérations sur les, 484–486
    opposé, 484
    orthogonaux, 488, 490
    paramétriques, 497
    perpendiculaires, 488
    position, 354, 376–377, 497
    tangent, 361–362
        unitaire, 361–362
    unitaire, 485
    vitesse, 376–377
        champ de, 389
Vitesse
    angulaire, 378
    scalaire, 376–377
Volume, 260–262, 274–275, 291–294, 312–313, 317, 328–329
Von Koch, flocon de, 104

PAGES DE RÉFÉRENCE

ALGÈBRE

OPÉRATIONS ÉLÉMENTAIRES

$a(b+c) = ab + ac$

$\dfrac{a}{b} + \dfrac{c}{d} = \dfrac{ad+bc}{bd}$

$\dfrac{a+c}{b} = \dfrac{a}{b} + \dfrac{c}{b}$

$\dfrac{\frac{a}{b}}{\frac{c}{d}} = \dfrac{a}{b} \times \dfrac{d}{c} = \dfrac{ad}{bc}$

EXPOSANTS ET RADICAUX

$x^m x^n = x^{m+n}$

$\dfrac{x^m}{x^n} = x^{m-n}$

$(x^m)^n = x^{mn}$

$x^{-n} = \dfrac{1}{x^n}$

$(xy)^n = x^n y^n$

$\left(\dfrac{x}{y}\right)^n = \dfrac{x^n}{y^n}$

$x^{1/n} = \sqrt[n]{x}$

$x^{m/n} = \sqrt[n]{x^m} = (\sqrt[n]{x})^m$

$\sqrt[n]{xy} = \sqrt[n]{x}\sqrt[n]{y}$

$\sqrt[n]{\dfrac{x}{y}} = \dfrac{\sqrt[n]{x}}{\sqrt[n]{y}}$

FORMULES DE FACTORISATION

$x^2 - y^2 = (x+y)(x-y)$

$x^3 + y^3 = (x+y)(x^2 - xy + y^2)$

$x^3 - y^3 = (x-y)(x^2 + xy + y^2)$

FORMULES BINOMIALES

$(x+y)^2 = x^2 + 2xy + y^2 \qquad (x-y)^2 = x^2 - 2xy + y^2$

$(x+y)^3 = x^3 + 3x^2 y + 3xy^2 + y^3$

$(x-y)^3 = x^3 - 3x^2 y + 3xy^2 - y^3$

$(x+y)^n = x^n + nx^{n-1}y + \dfrac{n(n-1)}{2}x^{n-2}y^2$

$\qquad + \cdots + \binom{n}{k}x^{n-k}y^k + \cdots + nxy^{n-1} + y^n$

où $\binom{n}{k} = \dfrac{n(n-1)\cdots(n-k+1)}{1\times 2 \times 3 \times \cdots \times k}$

RACINES DU TRINÔME DU SECOND DEGRÉ

Si $ax^2 + bx + c = 0$, alors $x = \dfrac{-b \pm \sqrt{b^2 - 4ac}}{2a}$.

INÉGALITÉS ET VALEUR ABSOLUE

Si $a < b$ et $b < c$, alors $a < c$.

Si $a < b$, alors $a + c < b + c$.

Si $a < b$ et $c > 0$, alors $ca < cb$.

Si $a < b$ et $c < 0$, alors $ca > cb$.

Si $a > 0$, alors

$\qquad |x| = a \quad$ signifie $\quad x = a \quad$ ou $\quad x = -a$

$\qquad |x| < a \quad$ signifie $\quad -a < x < a$

$\qquad |x| > a \quad$ signifie $\quad x > a \quad$ ou $\quad x < -a$

GÉOMÉTRIE

FORMULES DE GÉOMÉTRIE

Aire A, circonférence C, et volume V:

Triangle
$A = \tfrac{1}{2}bh$
$\ = \tfrac{1}{2}ab\sin\theta$

Cercle
$A = \pi r^2$
$C = 2\pi r$

Secteur circulaire
$A = \tfrac{1}{2}r^2\theta$
$s = r\theta$ (θ en radians)

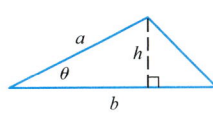 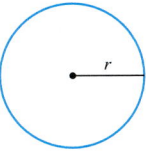 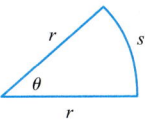

Sphère
$V = \tfrac{4}{3}\pi r^3$
$A = 4\pi r^2$

Cylindre
$V = \pi r^2 h$

Cône
$V = \tfrac{1}{3}\pi r^2 h$
$A = \pi r \sqrt{r^2 + h^2}$

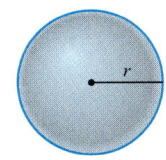 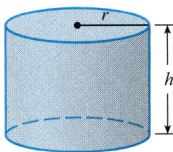 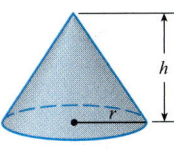

DISTANCE ET POINT MILIEU

Distance entre $P_1(x_1, y_1)$ et $P_2(x_2, y_2)$:

$$d = \sqrt{(x_2 - x_1)^2 + (y_2 - y_1)^2}$$

Point milieu de $\overline{P_1 P_2}$: $\left(\dfrac{x_1 + x_2}{2}, \dfrac{y_1 + y_2}{2}\right)$

DROITES

Pente qui passe par $P_1(x_1, y_1)$ et $P_2(x_2, y_2)$:

$$m = \dfrac{y_2 - y_1}{x_2 - x_1}$$

Équation d'une droite qui passe par $P_1(x_1, y_1)$ de pente m:

$$y - y_1 = m(x - x_1)$$

Équation d'une droite de pente m et d'ordonnée à l'origine b:

$$y = mx + b$$

CERCLES

Équation du cercle de rayon r centré en (h, k):

$$(x - h)^2 + (y - k)^2 = r^2$$

TRIGONOMÉTRIE

MESURE D'UN ANGLE

π radians $= 180°$

$1° = \dfrac{\pi}{180}$ rad $\qquad$ 1 rad $= \dfrac{180°}{\pi}$

$s = r\theta$

(θ en radians)

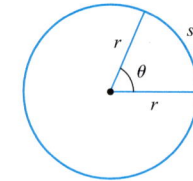

TRIGONOMÉTRIE DU TRIANGLE RECTANGLE

$\sin\theta = \dfrac{\text{opp}}{\text{hyp}} \qquad \csc\theta = \dfrac{\text{hyp}}{\text{opp}}$

$\cos\theta = \dfrac{\text{adj}}{\text{hyp}} \qquad \sec\theta = \dfrac{\text{hyp}}{\text{adj}}$

$\tan\theta = \dfrac{\text{opp}}{\text{adj}} \qquad \cot\theta = \dfrac{\text{adj}}{\text{opp}}$

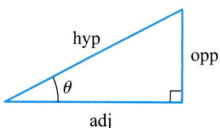

FONCTIONS TRIGONOMÉTRIQUES

$\sin\theta = \dfrac{y}{r} \qquad \csc\theta = \dfrac{r}{y}$

$\cos\theta = \dfrac{x}{r} \qquad \sec\theta = \dfrac{r}{x}$

$\tan\theta = \dfrac{y}{x} \qquad \cot\theta = \dfrac{x}{y}$

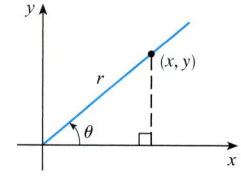

GRAPHES DES FONCTIONS TRIGONOMÉTRIQUES

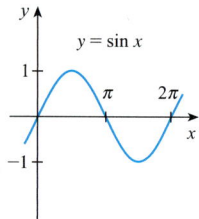
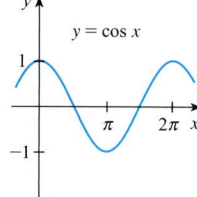
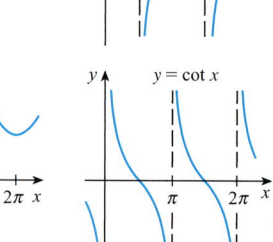

VALEURS REMARQUABLES DES FONCTIONS TRIGONOMÉTRIQUES

θ	radians	$\sin\theta$	$\cos\theta$	$\tan\theta$
0°	0	0	1	0
30°	$\pi/6$	1/2	$\sqrt{3}/2$	$\sqrt{3}/3$
45°	$\pi/4$	$\sqrt{2}/2$	$\sqrt{2}/2$	1
60°	$\pi/3$	$\sqrt{3}/2$	1/2	$\sqrt{3}$
90°	$\pi/2$	1	0	—

IDENTITÉS TRIGONOMÉTRIQUES

$\csc\theta = \dfrac{1}{\sin\theta} \qquad\qquad \sec\theta = \dfrac{1}{\cos\theta}$

$\tan\theta = \dfrac{\sin\theta}{\cos\theta} \qquad\qquad \cot\theta = \dfrac{\cos\theta}{\sin\theta}$

$\cot\theta = \dfrac{1}{\tan\theta} \qquad\qquad \sin^2\theta + \cos^2\theta = 1$

$1 + \tan^2\theta = \sec^2\theta \qquad 1 + \cot^2\theta = \csc^2\theta$

$\sin(-\theta) = -\sin\theta \qquad\quad \cos(-\theta) = \cos\theta$

$\tan(-\theta) = -\tan\theta \qquad\quad \sin\left(\dfrac{\pi}{2} - \theta\right) = \cos\theta$

$\cos\left(\dfrac{\pi}{2} - \theta\right) = \sin\theta \qquad \tan\left(\dfrac{\pi}{2} - \theta\right) = \cot\theta$

LOIS DES SINUS

$\dfrac{\sin A}{a} = \dfrac{\sin B}{b} = \dfrac{\sin C}{c}$

LOIS DES COSINUS

$a^2 = b^2 + c^2 - 2bc \cos A$

$b^2 = a^2 + c^2 - 2ac \cos B$

$c^2 = a^2 + b^2 - 2ab \cos C$

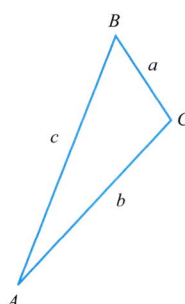

FORMULES D'ADDITION ET DE SOUSTRACTION

$\sin(x + y) = \sin x \cos y + \cos x \sin y$

$\sin(x - y) = \sin x \cos y - \cos x \sin y$

$\cos(x + y) = \cos x \cos y - \sin x \sin y$

$\cos(x - y) = \cos x \cos y + \sin x \sin y$

$\tan(x + y) = \dfrac{\tan x + \tan y}{1 - \tan x \tan y}$

$\tan(x - y) = \dfrac{\tan x - \tan y}{1 + \tan x \tan y}$

FORMULES DE DUPLICATION

$\sin 2x = 2 \sin x \cos x$

$\cos 2x = \cos^2 x - \sin^2 x = 2\cos^2 x - 1 = 1 - 2\sin^2 x$

$\tan 2x = \dfrac{2 \tan x}{1 - \tan^2 x}$

FORMULES DE BISSECTION

$\sin^2 x = \dfrac{1 - \cos 2x}{2} \qquad \cos^2 x = \dfrac{1 + \cos 2x}{2}$

PAGES DE RÉFÉRENCE

FONCTIONS DE BASE

FONCTIONS DE PUISSANCE $f(x) = x^a$

i) $f(x) = x^n$, n entier positif

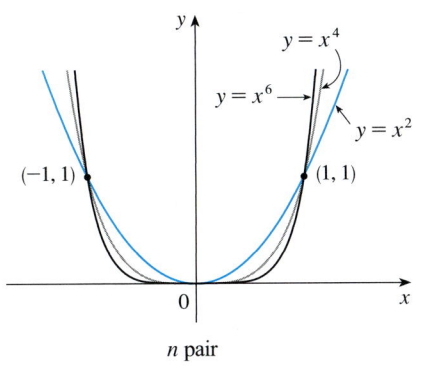

n pair

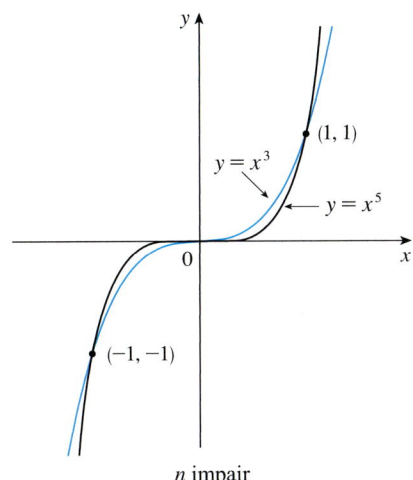

n impair

ii) $f(x) = x^{1/n} = \sqrt[n]{x}$, n entier positif

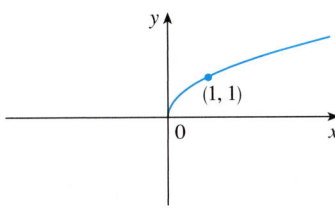

$f(x) = \sqrt{x}$

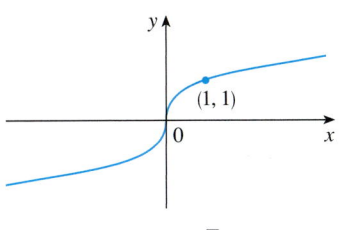

$f(x) = \sqrt[3]{x}$

iii) $f(x) = x^{-1} = \dfrac{1}{x}$

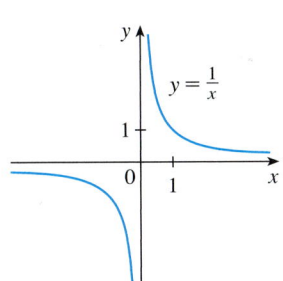

FONCTIONS TRIGONOMÉTRIQUES RÉCIPROQUES

$\arcsin x = \sin^{-1} x = y \iff \sin y = x$ et $-\dfrac{\pi}{2} \le y \le \dfrac{\pi}{2}$

$\arccos x = \cos^{-1} x = y \iff \cos y = x$ et $0 \le y \le \pi$

$\arctan x = \tan^{-1} x = y \iff \tan y = x$ et $-\dfrac{\pi}{2} < y < \dfrac{\pi}{2}$

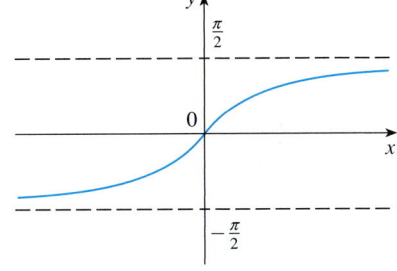

$y = \arctan x$

$\displaystyle\lim_{x \to -\infty} \arctan x = -\dfrac{\pi}{2}$

$\displaystyle\lim_{x \to \infty} \arctan x = \dfrac{\pi}{2}$

PAGES DE RÉFÉRENCE

FONCTIONS DE BASE

FONCTIONS EXPONENTIELLES ET LOGARITHMES

$\log_a x = y \iff a^y = x$

$\ln x = \log_e x$, où $\ln e = 1$

$\ln x = y \iff e^y = x$

Réciprocité

$\log_a(a^x) = x \qquad a^{\log_a x} = x$

$\ln(e^x) = x \qquad e^{\ln x} = x$

Lois des logarithmes

1. $\log_a(xy) = \log_a x + \log_a y$
2. $\log_a\left(\dfrac{x}{y}\right) = \log_a x - \log_a y$
3. $\log_a(x^r) = r \log_a x$

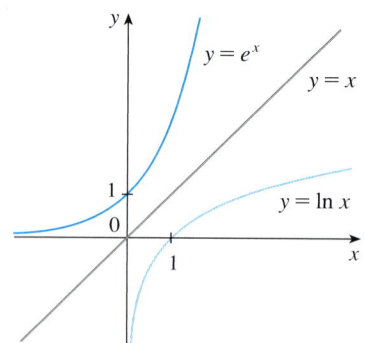

$\lim_{x \to -\infty} e^x = 0 \qquad \lim_{x \to \infty} e^x = \infty$

$\lim_{x \to 0^+} \ln x = -\infty \qquad \lim_{x \to \infty} \ln x = \infty$

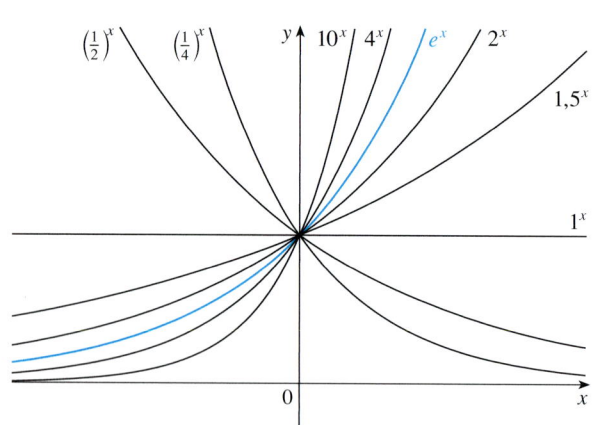

Fonctions exponentielles

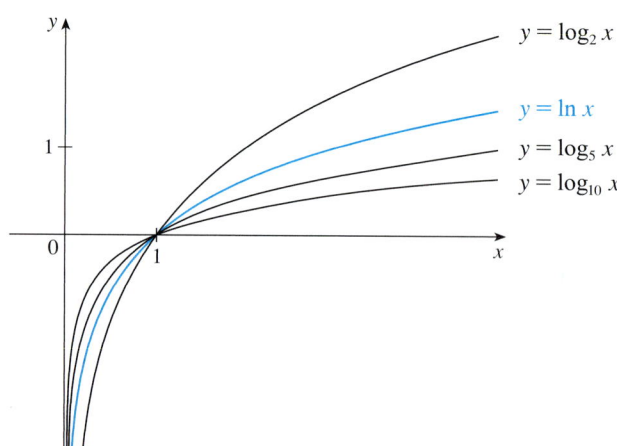

Fonctions logarithmiques

FONCTIONS HYPERBOLIQUES

$\sinh x = \dfrac{e^x - e^{-x}}{2} \qquad \operatorname{csch} x = \dfrac{1}{\sinh x}$

$\cosh x = \dfrac{e^x + e^{-x}}{2} \qquad \operatorname{sech} x = \dfrac{1}{\cosh x}$

$\tanh x = \dfrac{\sinh x}{\cosh x} \qquad \coth x = \dfrac{\cosh x}{\sinh x}$

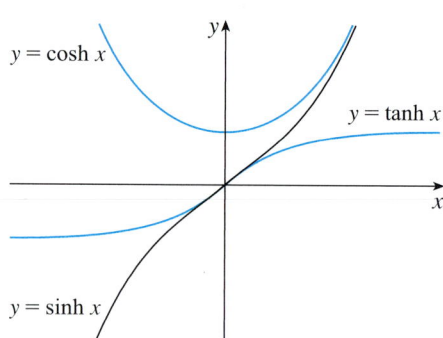

FONCTIONS HYPERBOLIQUES RÉCIPROQUES

$y = \operatorname{arcsinh} x = \sinh^{-1} x \iff \sinh y = x \qquad \operatorname{arcsinh} x = \ln(x + \sqrt{x^2 + 1})$

$y = \operatorname{arccosh} x = \cosh^{-1} x \iff \cosh y = x$ et $y \geq 0 \qquad \operatorname{arccosh} x = \ln(x + \sqrt{x^2 - 1})$

$y = \operatorname{arctanh} x = \tanh^{-1} x \iff \tanh y = x \qquad \operatorname{arctanh} x = \tfrac{1}{2}\ln\left(\dfrac{1+x}{1-x}\right)$

PAGES DE RÉFÉRENCE

FORMULES DE DÉRIVATION

FORMULES GÉNÉRALES

1. $\dfrac{d}{dx}(c) = 0$

2. $\dfrac{d}{dx}[cf(x)] = cf'(x)$

3. $\dfrac{d}{dx}[f(x) + g(x)] = f'(x) + g'(x)$

4. $\dfrac{d}{dx}[f(x) - g(x)] = f'(x) - g'(x)$

5. $\dfrac{d}{dx}[f(x)g(x)] = f(x)g'(x) + g(x)f'(x)$
   (Règle du produit)

6. $\dfrac{d}{dx}\left[\dfrac{f(x)}{g(x)}\right] = \dfrac{g(x)f'(x) - f(x)g'(x)}{[g(x)]^2}$
   (Règle du quotient)

7. $\dfrac{d}{dx}f(g(x)) = f'(g(x))g'(x)$
   (Règle de dérivation en chaîne)

8. $\dfrac{d}{dx}(x^n) = nx^{n-1}$
   (Règle de dérivation d'une puissance)

FONCTIONS EXPONENTIELLES ET LOGARITHMIQUES (VOIR PAGE 4)

9. $\dfrac{d}{dx}(e^x) = e^x$

10. $\dfrac{d}{dx}(a^x) = a^x \ln a$

11. $\dfrac{d}{dx} \ln |x| = \dfrac{1}{x}$

12. $\dfrac{d}{dx}(\log_a x) = \dfrac{1}{x \ln a}$

FONCTIONS TRIGONOMÉTRIQUES

13. $\dfrac{d}{dx}(\sin x) = \cos x$

14. $\dfrac{d}{dx}(\cos x) = -\sin x$

15. $\dfrac{d}{dx}(\tan x) = \sec^2 x$

16. $\dfrac{d}{dx}(\csc x) = -\csc x \cot x$

17. $\dfrac{d}{dx}(\sec x) = \sec x \tan x$

18. $\dfrac{d}{dx}(\cot x) = -\csc^2 x$

FONCTIONS TRIGONOMÉTRIQUES RÉCIPROQUES

19. $\dfrac{d}{dx}(\arcsin x) = \dfrac{1}{\sqrt{1-x^2}}$

20. $\dfrac{d}{dx}(\arccos x) = -\dfrac{1}{\sqrt{1-x^2}}$

21. $\dfrac{d}{dx}(\arctan x) = \dfrac{1}{1+x^2}$

22. $\dfrac{d}{dx}(\text{arccsc}\, x) = -\dfrac{1}{x\sqrt{x^2-1}}$

23. $\dfrac{d}{dx}(\text{arcsec}\, x) = \dfrac{1}{x\sqrt{x^2-1}}$

24. $\dfrac{d}{dx}(\text{arccot}\, x) = -\dfrac{1}{1+x^2}$

FONCTIONS HYPERBOLIQUES

25. $\dfrac{d}{dx}(\sinh x) = \cosh x$

26. $\dfrac{d}{dx}(\cosh x) = \sinh x$

27. $\dfrac{d}{dx}(\tanh x) = \text{sech}^2 x$

28. $\dfrac{d}{dx}(\text{csch}\, x) = -\text{csch}\, x \coth x$

29. $\dfrac{d}{dx}(\text{sech}\, x) = -\text{sech}\, x \tanh x$

30. $\dfrac{d}{dx}(\coth x) = -\text{csch}^2 x$

FONCTIONS HYPERBOLIQUES RÉCIPROQUES

31. $\dfrac{d}{dx}(\text{arcsinh}\, x) = \dfrac{1}{\sqrt{1+x^2}}$

32. $\dfrac{d}{dx}(\text{arccosh}\, x) = \dfrac{1}{\sqrt{x^2-1}}$

33. $\dfrac{d}{dx}(\text{arctanh}\, x) = \dfrac{1}{1-x^2}$

34. $\dfrac{d}{dx}(\text{arccsch}\, x) = -\dfrac{1}{|x|\sqrt{x^2+1}}$

35. $\dfrac{d}{dx}(\text{arcsech}\, x) = -\dfrac{1}{x\sqrt{1-x^2}}$

36. $\dfrac{d}{dx}(\text{arccoth}\, x) = \dfrac{1}{1-x^2}$

TABLE D'INTÉGRALES

FONCTIONS USUELLES

1. $\int u\, dv = uv - \int v\, du$

2. $\int u^n\, du = \dfrac{u^{n+1}}{n+1} + C,\ n \neq -1$

3. $\int \dfrac{du}{u} = \ln|u| + C$

4. $\int e^u\, du = e^u + C$

5. $\int a^u\, du = \dfrac{a^u}{\ln a} + C$

6. $\int \sin u\, du = -\cos u + C$

7. $\int \cos u\, du = \sin u + C$

8. $\int \sec^2 u\, du = \tan u + C$

9. $\int \csc^2 u\, du = -\cot u + C$

10. $\int \sec u \tan u\, du = \sec u + C$

11. $\int \csc u \cot u\, du = -\csc u + C$

12. $\int \tan u\, du = \ln|\sec u| + C$

13. $\int \cot u\, du = \ln|\sin u| + C$

14. $\int \sec u\, du = \ln|\sec u + \tan u| + C$

15. $\int \csc u\, du = \ln|\csc u - \cot u| + C$

16. $\int \dfrac{du}{\sqrt{a^2 - u^2}} = \arcsin \dfrac{u}{a} + C$

17. $\int \dfrac{du}{a^2 + u^2} = \dfrac{1}{a} \arctan \dfrac{u}{a} + C$

18. $\int \dfrac{du}{u\sqrt{u^2 - a^2}} = \dfrac{1}{a} \operatorname{arcsec} \dfrac{u}{a} + C$

19. $\int \dfrac{du}{a^2 - u^2} = \dfrac{1}{2a} \ln\left|\dfrac{u+a}{u-a}\right| + C$

20. $\int \dfrac{du}{u^2 - a^2} = \dfrac{1}{2a} \ln\left|\dfrac{u-a}{u+a}\right| + C$

FONCTIONS CONTENANT $\sqrt{a^2 + u^2}$, $a > 0$

21. $\int \sqrt{a^2 + u^2}\, du = \dfrac{u}{2}\sqrt{a^2 + u^2} + \dfrac{a^2}{2} \ln(u + \sqrt{a^2 + u^2}) + C$

22. $\int u^2 \sqrt{a^2 + u^2}\, du = \dfrac{u}{8}(a^2 + 2u^2)\sqrt{a^2 + u^2} - \dfrac{a^4}{8} \ln(u + \sqrt{a^2 + u^2}) + C$

23. $\int \dfrac{\sqrt{a^2 + u^2}}{u}\, du = \sqrt{a^2 + u^2} - a \ln\left|\dfrac{a + \sqrt{a^2 + u^2}}{u}\right| + C$

24. $\int \dfrac{\sqrt{a^2 + u^2}}{u^2}\, du = -\dfrac{\sqrt{a^2 + u^2}}{u} + \ln(u + \sqrt{a^2 + u^2}) + C$

25. $\int \dfrac{du}{\sqrt{a^2 + u^2}} = \ln(u + \sqrt{a^2 + u^2}) + C$

26. $\int \dfrac{u^2\, du}{\sqrt{a^2 + u^2}} = \dfrac{u}{2}\sqrt{a^2 + u^2} - \dfrac{a^2}{2} \ln(u + \sqrt{a^2 + u^2}) + C$

27. $\int \dfrac{du}{u\sqrt{a^2 + u^2}} = -\dfrac{1}{a} \ln\left|\dfrac{\sqrt{a^2 + u^2} + a}{u}\right| + C$

28. $\int \dfrac{du}{u^2 \sqrt{a^2 + u^2}} = -\dfrac{\sqrt{a^2 + u^2}}{a^2 u} + C$

29. $\int \dfrac{du}{(a^2 + u^2)^{3/2}} = \dfrac{u}{a^2 \sqrt{a^2 + u^2}} + C$

TABLE D'INTÉGRALES

FONCTIONS CONTENANT $\sqrt{a^2-u^2}$, $a > 0$

30. $\displaystyle\int \sqrt{a^2-u^2}\, du = \frac{u}{2}\sqrt{a^2-u^2} + \frac{a^2}{2}\arcsin\frac{u}{a} + C$

31. $\displaystyle\int u^2\sqrt{a^2-u^2}\, du = \frac{u}{8}(2u^2-a^2)\sqrt{a^2-u^2} + \frac{a^4}{8}\arcsin\frac{u}{a} + C$

32. $\displaystyle\int \frac{\sqrt{a^2-u^2}}{u}du = \sqrt{a^2-u^2} - a\ln\left|\frac{a+\sqrt{a^2-u^2}}{u}\right| + C$

33. $\displaystyle\int \frac{\sqrt{a^2-u^2}}{u^2}du = -\frac{1}{u}\sqrt{a^2-u^2} - \arcsin\frac{u}{a} + C$

34. $\displaystyle\int \frac{u^2\, du}{\sqrt{a^2-u^2}} = -\frac{u}{2}\sqrt{a^2-u^2} + \frac{a^2}{2}\arcsin\frac{u}{a} + C$

35. $\displaystyle\int \frac{du}{u\sqrt{a^2-u^2}} = -\frac{1}{a}\ln\left|\frac{a+\sqrt{a^2-u^2}}{u}\right| + C$

36. $\displaystyle\int \frac{du}{u^2\sqrt{a^2-u^2}} = -\frac{1}{a^2 u}\sqrt{a^2-u^2} + C$

37. $\displaystyle\int (a^2-u^2)^{3/2}\, du = -\frac{u}{8}(2u^2-5a^2)\sqrt{a^2-u^2} + \frac{3a^4}{8}\arcsin\frac{u}{a} + C$

38. $\displaystyle\int \frac{du}{(a^2-u^2)^{3/2}} = \frac{u}{a^2\sqrt{a^2-u^2}} + C$

FONCTIONS CONTENANT $\sqrt{u^2-a^2}$, $a > 0$

39. $\displaystyle\int \sqrt{u^2-a^2}\, du = \frac{u}{2}\sqrt{u^2-a^2} - \frac{a^2}{2}\ln\left|u+\sqrt{u^2-a^2}\right| + C$

40. $\displaystyle\int u^2\sqrt{u^2-a^2}\, du = \frac{u}{8}(2u^2-a^2)\sqrt{u^2-a^2} - \frac{a^4}{8}\ln\left|u+\sqrt{u^2-a^2}\right| + C$

41. $\displaystyle\int \frac{\sqrt{u^2-a^2}}{u}du = \sqrt{u^2-a^2} - a\arccos\frac{a}{|u|} + C$

42. $\displaystyle\int \frac{\sqrt{u^2-a^2}}{u^2}du = -\frac{\sqrt{u^2-a^2}}{u} + \ln\left|u+\sqrt{u^2-a^2}\right| + C$

43. $\displaystyle\int \frac{du}{\sqrt{u^2-a^2}} = \ln\left|u+\sqrt{u^2-a^2}\right| + C$

44. $\displaystyle\int \frac{u^2\, du}{\sqrt{u^2-a^2}} = \frac{u}{2}\sqrt{u^2-a^2} + \frac{a^2}{2}\ln\left|u+\sqrt{u^2-a^2}\right| + C$

45. $\displaystyle\int \frac{du}{u^2\sqrt{u^2-a^2}} = \frac{\sqrt{u^2-a^2}}{a^2 u} + C$

46. $\displaystyle\int \frac{du}{(u^2-a^2)^{3/2}} = -\frac{u}{a^2\sqrt{u^2-a^2}} + C$

TABLE D'INTÉGRALES

FONCTIONS CONTENANT $a + bu$

47. $\displaystyle\int \frac{u\,du}{a+bu} = \frac{1}{b^2}(a+bu - a\ln|a+bu|) + C$

48. $\displaystyle\int \frac{u^2\,du}{a+bu} = \frac{1}{2b^3}[(a+bu)^2 - 4a(a+bu) + 2a^2\ln|a+bu|] + C$

49. $\displaystyle\int \frac{du}{u(a+bu)} = \frac{1}{a}\ln\left|\frac{u}{a+bu}\right| + C$

50. $\displaystyle\int \frac{du}{u^2(a+bu)} = -\frac{1}{au} + \frac{b}{a^2}\ln\left|\frac{a+bu}{u}\right| + C$

51. $\displaystyle\int \frac{u\,du}{(a+bu)^2} = \frac{a}{b^2(a+bu)} + \frac{1}{b^2}\ln|a+bu| + C$

52. $\displaystyle\int \frac{du}{u(a+bu)^2} = \frac{1}{a(a+bu)} - \frac{1}{a^2}\ln\left|\frac{a+bu}{u}\right| + C$

53. $\displaystyle\int \frac{u^2\,du}{(a+bu)^2} = \frac{1}{b^3}\left(a+bu - \frac{a^2}{a+bu} - 2a\ln|a+bu|\right) + C$

54. $\displaystyle\int u\sqrt{a+bu}\,du = \frac{2}{15b^2}(3bu - 2a)(a+bu)^{3/2} + C$

55. $\displaystyle\int \frac{u\,du}{\sqrt{a+bu}} = \frac{2}{3b^2}(bu - 2a)\sqrt{a+bu} + C$

56. $\displaystyle\int \frac{u^2\,du}{\sqrt{a+bu}} = \frac{2}{15b^3}(8a^2 + 3b^2u^2 - 4abu)\sqrt{a+bu} + C$

57. $\displaystyle\int \frac{du}{u\sqrt{a+bu}} = \frac{1}{\sqrt{a}}\ln\left|\frac{\sqrt{a+bu}-\sqrt{a}}{\sqrt{a+bu}+\sqrt{a}}\right| + C$, si $a > 0$

$\qquad = \frac{2}{\sqrt{-a}}\arctan\sqrt{\frac{a+bu}{-a}} + C$, si $a < 0$

58. $\displaystyle\int \frac{\sqrt{a+bu}}{u}\,du = 2\sqrt{a+bu} + a\int \frac{du}{u\sqrt{a+bu}}$

59. $\displaystyle\int \frac{\sqrt{a+bu}}{u^2}\,du = -\frac{\sqrt{a+bu}}{u} + \frac{b}{2}\int \frac{du}{u\sqrt{a+bu}}$

60. $\displaystyle\int u^n\sqrt{a+bu}\,du = \frac{2}{b(2n+3)}\left[u^n(a+bu)^{3/2} - na\int u^{n-1}\sqrt{a+bu}\,du\right]$

61. $\displaystyle\int \frac{u^n\,du}{\sqrt{a+bu}} = \frac{2u^n\sqrt{a+bu}}{b(2n+1)} - \frac{2na}{b(2n+1)}\int \frac{u^{n-1}\,du}{\sqrt{a+bu}}$

62. $\displaystyle\int \frac{du}{u^n\sqrt{a+bu}} = -\frac{\sqrt{a+bu}}{a(n-1)u^{n-1}} - \frac{b(2n-3)}{2a(n-1)}\int \frac{du}{u^{n-1}\sqrt{a+bu}}$

TABLE D'INTÉGRALES

FONCTIONS TRIGONOMÉTRIQUES

63. $\int \sin^2 u \, du = \frac{1}{2}u - \frac{1}{4}\sin 2u + C$

64. $\int \cos^2 u \, du = \frac{1}{2}u + \frac{1}{4}\sin 2u + C$

65. $\int \tan^2 u \, du = \tan u - u + C$

66. $\int \cot^2 u \, du = -\cot u - u + C$

67. $\int \sin^3 u \, du = -\frac{1}{3}(2 + \sin^2 u)\cos u + C$

68. $\int \cos^3 u \, du = \frac{1}{3}(2 + \cos^2 u)\sin u + C$

69. $\int \tan^3 u \, du = \frac{1}{2}\tan^2 u + \ln|\cos u| + C$

70. $\int \cot^3 u \, du = -\frac{1}{2}\cot^2 u - \ln|\sin u| + C$

71. $\int \sec^3 u \, du = \frac{1}{2}\sec u \tan u + \frac{1}{2}\ln|\sec u + \tan u| + C$

72. $\int \csc^3 u \, du = -\frac{1}{2}\csc u \cot u + \frac{1}{2}\ln|\csc u - \cot u| + C$

73. $\int \sin^n u \, du = -\frac{1}{n}\sin^{n-1} u \cos u + \frac{n-1}{n}\int \sin^{n-2} u \, du$

74. $\int \cos^n u \, du = \frac{1}{n}\cos^{n-1} u \sin u + \frac{n-1}{n}\int \cos^{n-2} u \, du$

75. $\int \tan^n u \, du = \frac{1}{n-1}\tan^{n-1} u - \int \tan^{n-2} u \, du$

76. $\int \cot^n u \, du = \frac{-1}{n-1}\cot^{n-1} u - \int \cot^{n-2} u \, du$

77. $\int \sec^n u \, du = \frac{1}{n-1}\tan u \sec^{n-2} u + \frac{n-2}{n-1}\int \sec^{n-2} u \, du$

78. $\int \csc^n u \, du = \frac{-1}{n-1}\cot u \csc^{n-2} u + \frac{n-2}{n-1}\int \csc^{n-2} u \, du$

79. $\int \sin au \sin bu \, du = \frac{\sin(a-b)u}{2(a-b)} - \frac{\sin(a+b)u}{2(a+b)} + C$

80. $\int \cos au \cos bu \, du = \frac{\sin(a-b)u}{2(a-b)} + \frac{\sin(a+b)u}{2(a+b)} + C$

81. $\int \sin au \cos bu \, du = -\frac{\cos(a-b)u}{2(a-b)} - \frac{\cos(a+b)u}{2(a+b)} + C$

82. $\int u \sin u \, du = \sin u - u \cos u + C$

83. $\int u \cos u \, du = \cos u + u \sin u + C$

84. $\int u^n \sin u \, du = -u^n \cos u + n \int u^{n-1} \cos u \, du$

85. $\int u^n \cos u \, du = u^n \sin u - n \int u^{n-1} \sin u \, du$

86. $\int \sin^n u \cos^m u \, du = -\frac{\sin^{n-1} u \cos^{m+1} u}{n+m} + \frac{n-1}{n+m}\int \sin^{n-2} u \cos^m u \, du$
$= \frac{\sin^{n+1} u \cos^{m-1} u}{n+m} + \frac{m-1}{n+m}\int \sin^n u \cos^{m-2} u \, du$

FONCTIONS TRIGONOMÉTRIQUES RÉCIPROQUES

87. $\int \arcsin u \, du = u \arcsin u + \sqrt{1-u^2} + C$

88. $\int \arccos u \, du = u \arccos u - \sqrt{1-u^2} + C$

89. $\int \arctan u \, du = u \arctan u - \frac{1}{2}\ln(1+u^2) + C$

90. $\int u \arcsin u \, du = \frac{2u^2-1}{4}\arcsin u + \frac{u\sqrt{1-u^2}}{4} + C$

91. $\int u \arccos u \, du = \frac{2u^2-1}{4}\arccos u - \frac{u\sqrt{1-u^2}}{4} + C$

92. $\int u \arctan u \, du = \frac{u^2+1}{2}\arctan u - \frac{u}{2} + C$

93. $\int u^n \arcsin u \, du = \frac{1}{n+1}\left[u^{n+1}\arcsin u - \int \frac{u^{n+1} du}{\sqrt{1-u^2}}\right], \quad n \neq -1$

94. $\int u^n \arccos u \, du = \frac{1}{n+1}\left[u^{n+1}\arccos u + \int \frac{u^{n+1} du}{\sqrt{1-u^2}}\right], \quad n \neq -1$

95. $\int u^n \arctan u \, du = \frac{1}{n+1}\left[u^{n+1}\arctan u - \int \frac{u^{n+1} du}{1+u^2}\right], \quad n \neq -1$

TABLE D'INTÉGRALES

FONCTIONS EXPONENTIELLES ET LOGARITHMIQUES

96. $\int u e^{au} \, du = \dfrac{1}{a^2}(au-1)e^{au} + C$

97. $\int u^n e^{au} \, du = \dfrac{1}{a} u^n e^{au} - \dfrac{n}{a} \int u^{n-1} e^{au} \, du$

98. $\int e^{au} \sin bu \, du = \dfrac{e^{au}}{a^2 + b^2}(a \sin bu - b \cos bu) + C$

99. $\int e^{au} \cos bu \, du = \dfrac{e^{au}}{a^2 + b^2}(a \cos bu + b \sin bu) + C$

100. $\int \ln u \, du = u \ln u - u + C$

101. $\int u^n \ln u \, du = \dfrac{u^{n+1}}{(n+1)^2}[(n+1)\ln u - 1] + C$

102. $\int \dfrac{1}{u \ln u} \, du = \ln|\ln u| + C$

FONCTIONS HYPERBOLIQUES

103. $\int \sinh u \, du = \cosh u + C$

104. $\int \cosh u \, du = \sinh u + C$

105. $\int \tanh u \, du = \ln \cosh u + C$

106. $\int \coth u \, du = \ln|\sinh u| + C$

107. $\int \operatorname{sech} u \, du = \arctan|\sinh u| + C$

108. $\int \operatorname{csch} u \, du = \ln|\tanh \tfrac{1}{2} u| + C$

109. $\int \operatorname{sech}^2 u \, du = \tanh u + C$

110. $\int \operatorname{csch}^2 u \, du = -\coth u + C$

111. $\int \operatorname{sech} u \tanh u \, du = -\operatorname{sech} u + C$

112. $\int \operatorname{csch} u \coth u \, du = -\operatorname{csch} u + C$

FONCTIONS CONTENANT $\sqrt{2au - u^2}$, $a > 0$

113. $\int \sqrt{2au - u^2} \, du = \dfrac{u-a}{2}\sqrt{2au-u^2} + \dfrac{a^2}{2}\arccos\left(\dfrac{a-u}{a}\right) + C$

114. $\int u\sqrt{2au - u^2} \, du = \dfrac{2u^2 - au - 3a^2}{6}\sqrt{2au-u^2} + \dfrac{a^3}{2}\arccos\left(\dfrac{a-u}{a}\right) + C$

115. $\int \dfrac{\sqrt{2au-u^2}}{u} \, du = \sqrt{2au-u^2} + a \arccos\left(\dfrac{a-u}{a}\right) + C$

116. $\int \dfrac{\sqrt{2au-u^2}}{u^2} \, du = -\dfrac{2\sqrt{2au-u^2}}{u} - \arccos\left(\dfrac{a-u}{a}\right) + C$

117. $\int \dfrac{du}{\sqrt{2au-u^2}} = \arccos\left(\dfrac{a-u}{a}\right) + C$

118. $\int \dfrac{u \, du}{\sqrt{2au-u^2}} = -\sqrt{2au-u^2} + a \arccos\left(\dfrac{a-u}{a}\right) + C$

119. $\int \dfrac{u^2 \, du}{\sqrt{2au-u^2}} = -\dfrac{(u+3a)}{2}\sqrt{2au-u^2} + \dfrac{3a^2}{2}\arccos\left(\dfrac{a-u}{a}\right) + C$

120. $\int \dfrac{du}{u\sqrt{2au-u^2}} = -\dfrac{\sqrt{2au-u^2}}{au} + C$